Auf einen Blick

Taschenatlas der allgemeinen Pathologie

Pathologische Prinzipien – Assoziierte Krankheiten – Folgezustände

Ursus-Nikolaus Riede

unter Mitarbeit von

Gabriele Köhler
Marzenna Orlowska-Volk
Georg Schwarzkopf

1100 Abbildungen

1998
Georg Thieme Verlag Stuttgart · New York

Prof. Dr. med. Ursus-Nikolaus Riede
Pathologisches Institut der Universität
Albertstr. 19
D-79104 Freiburg

Illustrationen: Otto Nehren, Ladenburg

Umschlaggestaltung: Martina Berge, Erbach-Ernsbach

Die Deutsche Bibliothek – CIP-Einheitsaufnahme

Riede, Ursus-Nikolaus:
Taschenatlas der allgemeinen Pathologie : pathologische Prinzipien – assoziierte Krankheiten – Folgezustände / Ursus-Nikolaus Riede. Unter Mitarb. von Gabriele Köhler ... – Stuttgart ; New York : Thieme, 1998

Wichtiger Hinweis: Wie jede andere Wissenschaft ist die Medizin ständigen Entwicklungen unterworfen. Forschung und klinische Erfahrung erweitern unsere Erkenntnisse, insbesondere was Behandlung und medikamentöse Therapie anbelangt. Soweit in diesem Werk eine Dosierung oder eine Applikation erwähnt wird, darf der Leser zwar darauf vertrauen, daß Autoren, Herausgeber und Verlag große Sorgfalt darauf verwandt haben, daß diese Angabe **dem Wissensstand bei Fertigstellung des Werkes** entspricht.
Für Angaben über Dosierungsanweisungen und Applikationsformen kann vom Verlag jedoch keine Gewähr übernommen werden. **Jeder Benutzer ist angehalten,** durch sorgfältige Prüfung der Beipackzettel der verwendeten Präparate und gegebenenfalls nach Konsultation eines Spezialisten festzustellen, ob die dort gegebene Empfehlung für Dosierungen oder die Beachtung von Kontraindikationen gegenüber der Angabe in diesem Buch abweicht. Eine solche Prüfung ist besonders wichtig bei selten verwendeten Präparaten oder solchen, die neu auf den Markt gebracht worden sind. **Jede Dosierung oder Applikation erfolgt auf eigene Gefahr des Benutzers.** Autoren und Verlag appellieren an jeden Benutzer, ihm etwa auffallende Ungenauigkeiten dem Verlag mitzuteilen.

Printed in Germany

Satz: Mitterweger Werksatz GmbH, Plankstadt

Druck: Druckhaus Götz, Ludwigsburg

Buchbinder: Koch, Tübingen

ISBN 3-13-115451-9 1 2 3 4 5 6

Lernen
ist, herausfinden, was Du schon weißt.

Handeln
ist, zeigen, daß Du es weißt.

Lehren
ist, andere wissen lassen, daß sie es genauso gut wissen wie Du selbst.

aus: Richard Bach „Illusionen"

Geleitwort

Ein neuer Atlas für Pathologie –
gar ein Taschenatlas?

Verdammt, die Last der Himmelskugel zu tragen, war dem mythischen Riesen Atlas das Mitleid der antiken Welt sicher. Bemerkenswert ist die Übertragung seines Namens auf Folianten, denen immense Inhalte vorwiegend bildlicher Art anvertraut werden. Bemerkenswert aber auch das Ansinnen, solche Inhalte in dem „Diminutiv" davon, einem *Taschen*-Atlas, unterzubringen.

Ein ständig an Umfang und Detailreichtum zunehmendes Wissen in eine Form zu fassen, die bei unseren Studenten nicht das Gefühl des mit uferloser Last bestraften Atlas aufkommen läßt, ist heute schwerer denn je. Ursus-Nikolaus Riede, der Verfasser dieses Werkes, nutzt hierzu Mittel der Kommunikation unserer Tage, indem er Textbotschaften in prägnanter Kürze mit überlegt gestalteter Graphik kombiniert. Diese ursprünglich von der Werbeindustrie entwickelte Darstellungsweise auf ernsthafte, wissenschaftliche Inhalte zu übertragen, ist sicher ein Wagnis, das aber von jedem, der mit den suggestiven Strategien von Reklame und der Mnemotechnik moderner Didaktik vertraut ist, als willkommenes Experiment begrüßt werden sollte.

In dem hier vorliegenden Werk wurde, ohne Verzicht auf Inhalte, eine extreme Datenkompression vorgenommen. Vergeblich sucht man den literarisch anspruchsvoll gestalteten Text, wie ihn Franz Büchner in seiner unvergessenen „Allgemeinen Pathologie" so unnachahmlich hinterlassen hat. Statt dessen gleitet das Auge über Stichworte, Pfeile und Ausrufezeichen, um sich auf ästhetisch wie inhaltlich gehaltvollen bildlichen Darstellungen ausruhen zu dürfen. Keine Frage, dieser Taschenatlas soll nicht das klassische Lehrbuch und schon gar nicht die heute immer wichtiger werdende Vorlesung mit ihren einmaligen Möglichkeiten zur Querverknüpfung auch scheinbar entfernt liegender Inhalte ersetzen. Für den fortgeschrittenen Studenten wird dieser Atlas aber nicht nur zur Vorbereitung auf das Examen, sondern auch zur raschen Orientierung und Standortbestimmung außerordentlich hilfreich sein, wobei unsere meist biphasische Lernstrategie von der durchgehend gebotenen Kombination gedanklicher Inhalte mit plakativ einprägsamen Abbildungen profitieren wird.

Freiburg, im Sommer 1998

Hans-Eckart Schaefer

Vorwort

Im Medizinstudium ist die *Pathologie* dasjenige Lehrfach, das sich auf die Mechanismen einer Krankheit und der dadurch hervorgerufenen gestaltlichen Gewebsveränderung konzentriert. Es bietet sich somit an, dem Studierenden den Einstieg in die Pathologie mit möglichst vielen Bildern zu erleichtern und nicht mit dröger Theorie zu erschweren. Zur Umsetzung dieses Buchvorhabens wählten wir das *Konzept eines Thieme-Taschenatlas*, weil es vorsieht, Lehrtext und Abbildungen themenweise auf einer Doppelseite unterzubringen.

Der Schwerpunkt des vorliegenden Pathologiebuches ist die *„Allgemeine Pathologie"*, wie sie vom Gegenstandskatalog GK-II für den Ersten Abschnitt der Ärztlichen Prüfung abgedeckt wird. In diesem GK-II sind neben Themen der Allgemeinen Pathologie auch Grundlagen zur Pathologie der Atmung, Leber, Verdauung, Ausscheidung sowie des Nerven- und endokrinen Systems angesprochen. Alle diese Themen finden sich im vorliegenden Buch als organ- und gewebsübergreifende Schädigungsprinzipien. In ihrer integralen Summe charakterisieren sie das „Lebendige": Stoffwechsel und -transport, Reizbeantwortung, Individualitätswahrung, Zellwachstum und -Differenzierung sowie Vererbung. Damit dieses Gliederungsprinzip der vorliegenden „Allgemeinen Pathologie" verständlich wird und überdies noch ein „medizinisches" Gesicht erhält, haben wir immer einen engen Bezug zur Klinik hergestellt. Auf diese Weise dient die Allgemeine Pathologie zur Erklärung von Abläufen in der Speziellen (Organ-)Pathologie, und die Spezielle Pathologie verdeutlicht beispielhaft die Prozesse der Allgemeinen Pathologie. Um der Spannbreite einer solchen Pathologie didaktisch gerecht zu werden, sind wir folgendermaßen vorgegangen:

Kapitelgliederung: Jedes der 25 Kapitel wird dem Leser durch eine schlagwortartige „Dachzeile" vorgestellt, die den Kapitelinhalt auf den Punkt bringt. Die daran anschließende *Zusammenfassung* gibt in journalistischer Prägung eine Übersicht über das Lehrziel des jeweiligen Kapitels und schafft einen anschaulichen Einstieg ins Thema, wohingegen eine *Überleitung* am Kapitelende den Bogen zum nächsten Abschnitt spannt.

Lehrtext: Damit die einzelnen Krankheitsprozesse ohne Umblättern auf einen Blick erfaßbar sind, haben wir den Text bewußt knapp gehalten und in seinem sprachlichen Aufbau so vereinfacht, daß Erklärungen und krankheitsbestimmende Abläufe in Form *„pathogenetischer Kettenreaktionen"* linear angeordnet sind. Dabei sind die einzelnen, sich bedingenden Fakten durch „Folgepfeile" (→) miteinander verbunden. Kausalsätze mit ihren rückverweisenden Begründungen oder Relativsätze mit ihren abschweifenden Präzisierungen haben wir weitgehend vermieden. Gleichwohl bieten wir dem Leser, wenn immer möglich, *„bildhafte Vergleiche"* an, die als Wortskizze den Sachverhalt erläutern und auch als Merkkürzel nützlich sind.

Das medizinische Denken, das zur klinisch relevanten Diagnose führt, ist einerseits algorithmisch, anderseits aber auch assoziativ. Bedenkt man, daß der Großteil der klinischen Diagnosen häufig und der verbleibende Rest zwar selten ist, aber in diagnostisch scheinbar ausgeloteten Fällen manchmal doch zutrifft, so wird deutlich, weshalb auch diese Sonderfälle dem Arzt bekannt sein müssen. Aus diesem Grund haben wir uns bemüht, die klinisch relevanten Prozesse mit einem kurzen Vermerk zur *Häufigkeit* zu versehen und auch darauf hinzuweisen, für welches pathogenetische Prinzip sie als *„Musterkrankheit"* stehen. Da einige dieser Prinzipien bei mehreren Krankheitsprozessen vorkommen, haben wir in Form von *Rekapitulations*-Empfehlungen darauf hingewiesen.

Jeder Krankheitsprozeß wird durch die Teilbereiche *Definition*, *Pathogenese* und *Morphologie* beschrieben und durch folgende Gliederungsmittel ergänzt:

Klinik: Hier findet man Angaben zur Epidemiologie, Symptomatik und Komplikationen mit direktem Bezug zum jeweiligen Krankheitsprozeß.

Assoziierte Krankheiten: Sie gehorchen dem unmittelbar zuvor besprochenen allgemeinpathologischen Prinzip und stellen Beispiele dar, die nach didaktischen Gesichtspunkten ausgewählt einen eindrücklichen Organ- bzw. Gewebsbezug haben.

Folgekrankheiten: Dies sind klinisch eigenständige Krankheiten, die sich vom unmittelbar zuvor besprochenen, allgemeinpathologischen Prinzip herleiten.

Merke: Hier sind Merksätze, Faustregeln und Eselsbrücken untergebracht. Sie wurden teilweise bereits von früheren Pathologen-Lehrmeistern geprägt.

Prominente Patienten: Mit dieser Rubrik haben wir versucht, die Anonymität einer Krankheit zu durchbrechen und einer Krankheit ein ganz persönliches Gesicht zu geben. Sie soll verständlich machen, daß jede Krankheit jeden von uns treffen kann und uns somit auch menschlich etwas angeht. In dieser Rubrik finden sich biologische Rekorde, die uns anhand von Extrembeispielen das biologisch noch Mögliche verdeutlichen; aber auch traurige Beispiele von Menschenversuchen tauchen hier auf, die nicht nur von Ärzten des Dritten Reiches, sondern auch von Ärzten der USA, UdSSR und China durchgeführt wurden. Sie sollen als Extreme des Unmenschlichen der nachfolgenden Ärztegeneration in Erinnerung bleiben.

Bei der Abfassung des Textes hatten wir immer die *Zielgruppe* des Buches – die Anfänger im medizinischen und krankenpflegerischen Beruf – vor Augen, wissend, daß sie in dieser Phase der Ausbildung mit einer Unzahl an griechisch-lateinischen und englischen Fachausdrücken konfrontiert werden, und dies meist ohne Latein- und Griechischvorkenntnisse. Um diesen Leserkreis nicht zwingen zu müssen, bei der Lektüre gleichzeitig ein Klinisches Wörterbuch zu konsultieren, haben wir folgendes Konzept ausgearbeitet und konsequent angewandt:

Soforterklärung: Griechisch-lateinische Fachausdrücke werden an der Stelle im Text, an der sie zum erstenmal auftauchen, als deutscher Kurzbegriff wiedergegeben.

Glossar: Alle Begriffe, Fachausdrücke und molekularbiologischen Kürzel, die aus Gründen des Platzes oder der Didaktik im Text nicht oder nicht umfassend erklärt werden können, sind in einem ausführlichen Glossar aufgeführt. In ihm haben wir auf die Kurzdefinition eines Begriffes ebenso Wert gelegt wie auf seine ethymologische Herleitung.

Abbildungen: Besondere Aufmerksamkeit und viel Mühe haben wir der Herstellung und Auswahl der Abbildungen angedeihen lassen. Die meisten Abbildungen wurden nach aufwendiger Präparation speziell für diesen Atlas angefertigt. Dabei wurde auf folgendes geachtet:

Normalgewebe: Die Normalstrukturen der wichtigsten Organe und Gewebe wurden, wo immer möglich, zum Vergleich herangezogen. Denn ein solcher Vergleich ist eindrücklicher und verständlicher als jede Beschreibung der veränderten Struktur.

Makro-, Mikrostruktur: Der endoskopisch und chirurgisch tätige Arzt wird stets mit dem makroskopischen Aspekt einer Krankheit konfrontiert. Aus diesem Grunde haben wir auf die gemeinsame Darstellung von makroskopischen und mikroskopischen Gewebsveränderungen Wert gelegt. Zur Verdeutlichung der histologischen Veränderungen wurden moderne Untersuchungstechniken wie Enzymhistochemie, Immunhistochemie und Lektinhistochemie angewandt und mit Hilfe der Elektronenmikroskopie und Molekularbiologie auf den ultrastrukturellen und supramolekularen Bereich ausgedehnt.

Schemata, Comics: Viele Sachverhalte und Abläufe einer Krankheit sind histologisch nicht darstellbar. Um sie aber dennoch verständlich zu machen, haben wir Schemata ausgearbeitet, die sich auf die Darstellung des Wesentlichen – nach Möglichkeit in linearer Gliederung – konzentrieren. Damit aber trotz dieser informativen Sachlichkeit der Buchinhalt nicht zu trokken wird, haben wir es an einigen Stellen gewagt, einen Krankheitsprozeß als „pathologischen Comic" darzustellen.

Mit Wort und Bild sind somit diejenigen abnormen Äußerungen des Lebens besprochen, die zu einem Leiden führen. Die Pathologie, direkt als „Lehre des Leidens" übersetzt, soll lehren, woran man ein bestimmtes Leiden in seiner individuellen Ausprägung erkennt und seinen Ablauf begreiflich machen, damit der behandelnde Arzt gezielt lindern kann. Auf diese Weise leistet die Pathologie einen wichtigen gesellschaftspolitischen Beitrag. Denn eine Gesellschaft, der das Leiden des einzelnen gleichgültig ist, wird rücksichtlos und unmenschlich. Mehr noch, die Auseinandersetzung mit dem Leiden kann für den einzelnen sogar einen Gewinn bedeuten. Denn der Grund, weshalb unsere Seele von einem Körper umgeben wird, könnte der sein, daß sie nur darin fähig ist zu leiden, so daß sie sich anderen mitteilt, um so schließlich die wichtigste Dimension der Schöpfung zu erfahren: die Liebe.

Freiburg, im Sommer 1998

Ursus-Nikolaus Riede

Danksagung

An dieser Stelle möchte ich allen danken, die mitgeholfen haben, dem Buch die vorliegende Form zu geben:
Im Georg Thieme Verlag, Stuttgart, danke ich Herrn Albrecht Hauff für sein umsichtiges Management und Herrn Dr. med. Jürgen Lüthje, Frau Marianne Mauch und Frau Waltraud Haberberger für das sorgfältige und kenntnisreiche Lektorat.
Außerdem gilt mein Dank denjenigen Kollegen, die uns durch ihr Bildmaterial unterstützt haben:

Prof. Dr. C. P. Adler, Patholog. Institut, Freiburg (359B-D)
Prof. Dr. R. Bässler, Patholog. Institut der Städt. Kliniken, Fulda (337A)
Prof. Dr. G. Bauer, Hygiene-Institut, Freiburg (129B-C)
Prof. Dr. K. A. Bienz, Hygiene-Institut, Basel (239D, 241B-C, 243A, 243D, 245A, 245D, 251E)
Prof. Dr. A. Böcking, Zytopatholog. Institut, Düsseldorf (375F)
Prof. Dr. N. Böhm, Patholog. Institut, Freiburg (17E, 25C-D, 45B, 65B-C, 65D-F, 93A-B, 101E-F, 289C-F, 325A-C, 383B, 383D, 383F)
Prof. Dr. B. Christ, Anat. Institut, Freiburg (297A-B)
Prof. Dr. H. Denk, Patholog. Institut, Graz (15B, 35E-F, 145C)
Prof. Dr. N. Freudenberg, Patholog. Institut, Freiburg (9D, 11D, 133F, 275D, 343A-B, 375D)
Prof. Dr. L. Hansen, Univ. Augenklinik, Freiburg (75D, 81F)
Dr. U. Hellerich, Patholog. Institut, Freiburg (119E)
Prof. Dr. E. Herbst, Patholog. Institut, Freiburg (179C)
Dr. C. Ihling, Patholog. Institut, Freiburg (173E, 183E, 391)
Prof. Dr. H. K. Koch, Patholog. Institut, Freiburg (83A-B, 249F)
Prof. Dr. G. Klöppel, Patholog. Institut, Kiel (79A-F, 121A-B, 121E, 187B, 187D)
Prof. Dr. G. Mall, Patholog. Institut, Darmstadt (117G)
Prof. Dr. H. P. Meister, Patholog. Institut, Städt. Krankenhaus München-Harlaching (351B)
Prof. Dr. M. Mihatsch, Patholog. Institut, Basel (139A, 191F, 373F)
Prof. Dr. C. Mittermayer, Abt. Pathologie, RWTH Aachen (217A, 397D, 407B)
PD Dr. H.-J. Müller, Univ.-Kinderklinik, Basel (17B-C, 55D, 67B, 113E, 123E-F, 291A, 291F-G, 325B, 325D)
Prof. Dr. H. Müntefering, H., Patholog. Institut, Mainz (301E, 303A, 301D-E, 305A, 301C)
Prof. Dr. A. Olah, Anatom. Institut, Bern (83D-E, 127A-D)
Prof. Dr. H. H. Peter, Abt. Rheumatologie, Univ.-Klinikum Freiburg (11B, 181A, 181C, 185A, 187A, 187C, 249E)
Prof. Dr. B. Rahn, AO-Forschungsinstitut, Davos (315A-C)
Prof. Dr. F. Rintelen, Univ.-Augenklinik, Basel (87D)
Prof. Dr. R. Rohrbach, Patholog. Institut, Freiburg (81A-B)
Prof. Dr. W. Saeger, Abt. Pathologie, Marienkrankenhaus Hamburg (389A)
Prof. Dr. H.-E. Schaefer, Patholog. Institut, Freiburg (19E, 45A, 49D, 75B, 75E, 83F-G, 87A, 89B, 89D-F, 91A-B, 99E, 101A, 101C, 103D, 181B, 187E, 191A-B, 219G, 243E, 247A-B, 249D, 251A, 257F, 259A, 263A-B, 263D, 269A, 271F, 275A, 275C, 277C, 277E, 279A, 281B, 283A, 283C, 285C, 319D, 333D, 365D, 401B)
Prof. Dr. W. Schlote, Neurolog. Institut, Frankfurt (25E-F, 93D-E, 253A, 369A-B)
Prof. Dr. R. Schuppli, Univ.-Hautklinik, Basel (81E, 89C-D, 115A, 177C, 213D, 247D, 255D, 263E, 263F, 275E, 385A, 427A)
Prof. Dr. M. A. Spycher, Patholog. Institut, Zürich (31C-D, 67A, 67C-D, 77A, 77D, 93C)
Prof. Dr. J. Staubesand, Anatom. Institut, Freiburg (149C, 405D, 407A)
Prof. Dr. B. Steinmann, Univ.-Kinderklinik, Zürich (39A, 49A)
Prof. Dr. W. Sterry, Univ.-Hautklinik, Charite, Berlin (169A, 173A, 177D-E, 181D, 251C, 251F, 367C-D, 401A)
Prof. Dr. M. Stolte, Patholog. Institut, Bayreuth (133C)
Dr. K. Technau, Patholog. Institut, Freiburg (409A-B, 411C, 421E)
Prof. Dr. J. Torhorst, Patholog. Institut, Basel (251G, 289A)
W. Villiger, Biozentrum, Basel (163C-D)
Prof. Dr. B. Volk, Neurozentrum, Freiburg (35A, 51E, 95D-E, 127F, 145E-F, 369D-F, 421C-D)
Prof. Dr. O. D. Wiestler, Neuropatholog. Institut, Bonn (35B, 51F, 115C-D, 193E-F)
Prof. Dr. C. Wittekind, Patholog. Institut, Leipzig (377A-D)
Prof. Dr. H. Wehner, Patholog. Inst., Kreiskrankenhaus Lahr (173C-D, 185D)
Prof. Dr. U. Wetterauer, Abt. Urologie, Univ.-Klinikum Freiburg (221A)
Prof. Dr. Z. Yoshi, Mikrobiol. Institut, Univ. Ube, Japan (255A-B, 259D, 259F, 261A-B, 263A, 263C, 273A, 275F)

Quellennachweis

243 C aus: Carruthers GB. 400 Krankheitsbilder zur Schulung des diagnostischen Könnens. Weinheim: VCH; 1986
149 B, 405 D aus: Zatouroff M. Farbatlas zur Blickdiagnostik in der Allgemeinmedizin. Schattauer 1977

Inhalt

1 Pathologie – Grundlagen

2 Zellpathologie

3 Bindegewebsläsion

4 Anorganische Stoffwechselstörungen

5 Organische Stoffwechselstörungen

6 Pigment-Läsion

7 Subletale Zellschädigung

8 Letale Zellschädigung

9 Verkalkung und Steinleiden

10 Chemische Zellschäden

11 Physikalische Zellschäden

12 Immunpathologie

13 Entzündungspathologie

14 Virale Läsion

15 Bakterielle Läsion

16 Mykotische Läsion

17 Protozoonotische Läsion

18 Helminthotische Läsion

19 Erbkrankheiten

20 Fehlbildungen

21 Regeneration

22 Tumorpathologie

23 Generalisierte Kreislaufstörungen

24 Lokalisierte Kreislaufstörungen

25 Ödeme

1 Der Krankheit auf der Spur
Pathologie – Grundlagen

Zusammenfassung

Die Pathologie (= Lehre des Leidens) ist in der Medizin dasjenige Fach, welches Ursache, Entstehung und Gestalt (= Morphe) einer Krankheit wissenschaftlich analysiert. Das Aufgabenfeld eines Pathologen umspannt folglich die Feststellung und Klassifikation eines Leidens an Gewebe und/oder Zellen des Lebenden, aber auch die Ermittlung des zum Tode des Patienten führenden Krankheitskomplexes. Dazu untersucht der Pathologe Gewebsproben von Lebenden (Biopsie) und Verstorbenen (Autopsie).

Pathologie

Die Pathologie ist das Fach in der Medizin, welches die Ursachen, Entstehungsmechanismen und morphologischen Manifestationen einer Krankheit mit naturwissenschaftlichen Methoden analysiert. Da beinahe jede Krankheit mit einer Funktionsstörung einhergeht, die sich auf Organ-, Zell- oder Organellenebene auswirkt, kann der Pathologe aus krankhaft veränderten Strukturen Funktionsschäden und die Kaskade von Krankheitsabläufen ableiten.

Methodik

Allgemeine Methodik: Anhand von intravital entnommenem Gewebe – sei es durch eine Hohlnadel in Form einer Nadelbiopsie oder durch das Endoskop in Form einer Probeexzision (Knipsbiopsie, Zangenbiopsie, Keilexzision) – ist der Pathologe imstande, z. B. die verschiedenen Entzündungsformen eines Organs oder die Gut- und Bösartigkeit eines Tumors anhand von paraffineingebetteten und gefärbten 4 µm dicken Gewebsschnitten zu beurteilen (► B). Voraussetzung ist, daß das Biopsiematerial in ausreichender Menge adäquat (meist in 4 %igem Formaldehyd) fixiert dem Pathologen zugesandt wird.

Schnellschnittdiagnostik: Hierzu wird Gewebe bereits während der Operation entnommen und dem Pathologen unfixiert zugesandt, so daß er davon Gefrierschnitte (► A) herstellen und innerhalb von 5 – 10 Minuten den klinischen Verdacht eines bösartigen Tumors abklären kann. Die Treffsicherheit ist allerdings wegen des schnellen Fixierverfahrens und der größeren Schnittdicke im Vergleich zur konventionellen Fixation geringer.

Quetschpräparatdiagnostik: Unklare Raumforderungen im Gehirn werden stereotaktisch angesteuert. Daraus wird mittels einer Nadelbiopsie Gewebe gewonnen und zwischen zwei Objektträgern so gequetscht, daß man nach entsprechender Färbung die darin enthaltenen Zellen innerhalb weniger Minuten beurteilen kann (► C, D).

Punktionszytologie: Sie erlaubt eine rasche morphologische Tumordiagnostik. Dabei wird das kranke Organ wie Prostata oder die flüssigkeitsangefüllte Körperhöhle mit einer dünnen Nadel (= Feinnadelbiopsie) angestochen und die mit einer Spritze angesaugten Zellen auf einen Objektträger ausgestrichen (► E). Treffsicherheit: recht hoch.

Exfoliativzytologie: Hierzu werden Zellen von Gewebeoberflächen wie Cervix uteri abgestrichen (► F) oder aus Körperflüssigkeiten durch Abzentrifugieren gewonnen und auf einen Objektträger aufgebracht.

> **!** **Merke:** *Gewebsfixation für Histologie:*
> 4 % Formaldehyd gepuffert bei pH 7,5.

> **!** **Merke:** *Gewebsentnahme/Diagnostik:*
> Jedes exzidierte Gewebe muß histologisch untersucht werden (Unterlassung ist Kunstfehler)!

A **Gallertkrebs** (Schnellschnitt)
250x

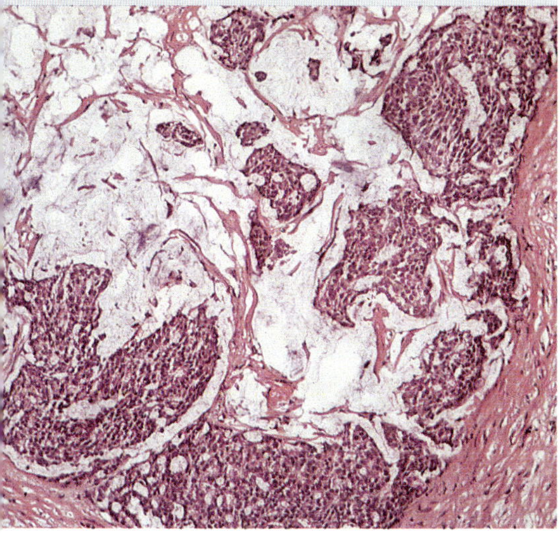

B **Gallertkrebs** (Paraffineinbettung)
250x

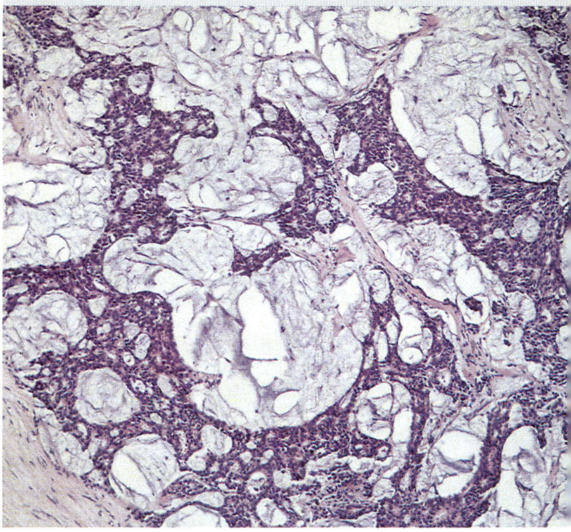

C **Pilozytisches Astrozytom**
350x

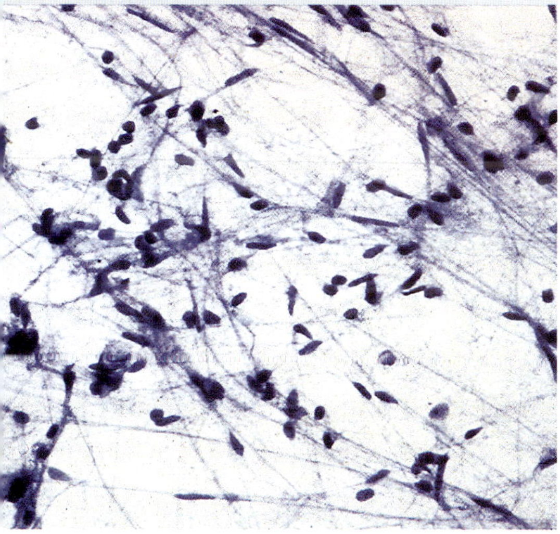

D **Anaplastisches Astrozytom**
350x

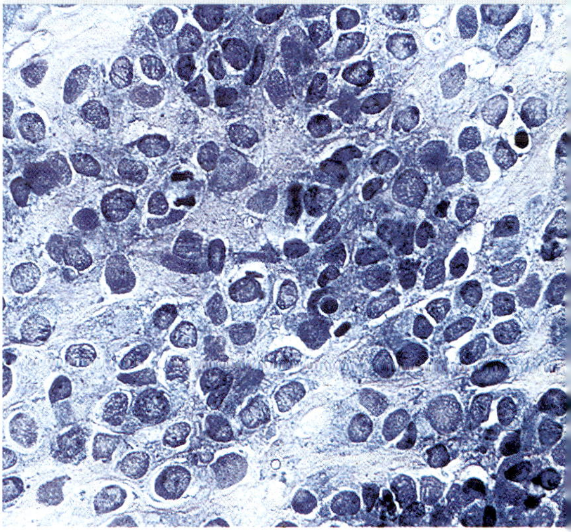

E **Mesotheliomzellen**
MGG, 600x

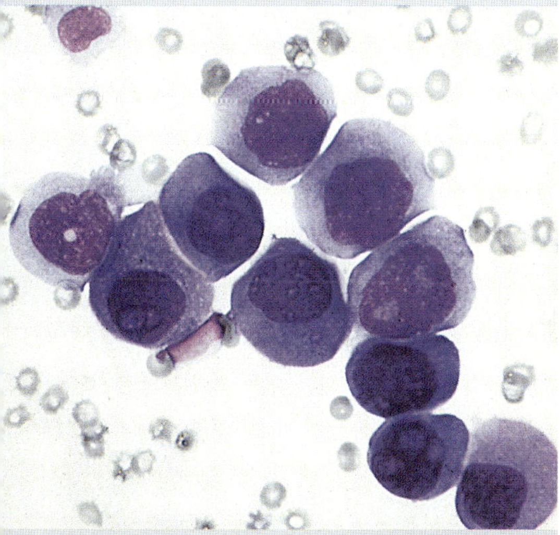

F **Zervixepithelien**
Pap, 600x

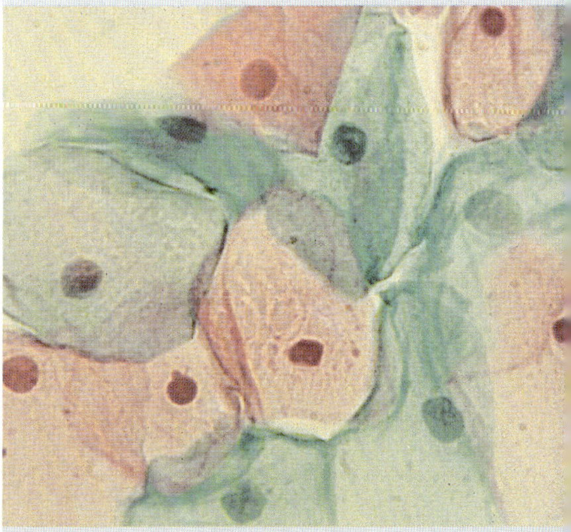

Krankheit

Unter Krankheit versteht man eine Störung der Lebensvorgänge, die den Gesamtorganismus oder seine Teile so verändert, daß der betroffene Mensch subjektiv, klinisch oder sozial hilfsbedürftig wird.

Ätiologie

Sie befaßt sich mit Noxen und Erregern, die Krankheiten und Fehlbildungen verursachen.

Kausale Pathogenese

Sie beantwortet die Frage, weshalb eine bestimmte Noxe bei einem bestimmten Individuum „krankmachend" wirkt. Sie beschreibt die Entstehungsbedingungen von Krankheiten, also das Zusammenspiel von Krankheitsursachen und Krankheitsbereitschaft des Organismus. Dazu gehören:

Peristatische Faktoren = Umweltfaktoren (z.B. Größe von Quarzstäuben bei der Auslösung der Quarzstaublunge),

Disposition: Krankheitsbereitschaft eines Organismus abhängig vom Ausmaß der Anpassungsfähigkeit (S. 116) und Konstitution des betreffenden Individuums,

Resistenz: Widerstandskraft eines Organismus gegenüber krankheitsauslösenden Faktoren durch Zusammenwirken aller unspezifischen Abwehrmechanismen ohne Beteiligung der spezifischen Abwehrmechanismen (= Immunität; S. 156).

Formale Pathogenese

Sie beschreibt den im Verlauf der Krankheit beobachteten Strukturwandel, der zum krankheitsspezifischen Struktur- oder Funktionsschaden führt.

Krankheitsverlauf

Perakute Krankheiten: Fulminant, meist in wenigen Tagen zum Tode führend.

Akute Krankheiten: (Meist heftig), sich über wenige Tage oder Wochen erstreckend. Ausheilung mit völliger Wiederherstellung (= Restitutio ad integrum) möglich.

Subakute Krankheiten: Einschleichender Krankheitsbeginn → über Wochen sich hinauszögernder Verlauf. Heilung oft fraglich.

Chronische Krankheiten: (Meist milde), stadienartig über Monate verlaufend:

- *Primär chronische Krankheiten:* Ohne klinisch bekannte akute Phase → progredient schubweiser Verlauf.
  Ausheilung nicht möglich.
- *(Sekundär) chronische Krankheiten:* Folgestadium einer aufgrund von Komplikationsfaktor(en) nicht abheilenden akuten Entzündung.
  Ausheilung: Nach Abklingen der Krankheit bleiben Strukturschäden und Funktionsausfälle zurück (= Defektheilung) → Einschränkung der funktionellen und/oder sozialen Anpassungsfähigkeit (= Leiden).

Rezidiv: Wiederaufflammen einer meist chronisch verlaufenden Krankheit nach einer gewissen Zeit (S. 350).

Remission: Temporäres Verschwinden der Krankheitserscheinungen (S. 350).

Tod (= Exitus letalis)[1].

> **!** **Merke:** *WHO-Definition „Gesundheit":*
> Zustand vollkommenen körperlichen, geistigen und sozialen Wohlbefindens.

[1] exitus letalis, lat. = tödlicher Ausgang

Todeszeichen

Das Erlöschen aller lebenswichtigen Funktionsabläufe ist klinisch an folgenden Zeichen erkennbar:

Unsichere Todeszeichen

Sie bestehen in Herzstillstand, Pulslosigkeit, Atemstillstand, Areflexie und Körpertemperaturabfall (= klinischer Tod).

Hirntod

Ein Patient gilt als biologisch tot, wenn bei ihm aufgrund folgender Kriterien der Hirntod feststellbar ist:
- EEG-Nullinie über 24 Stunden lang,
- zweimaliger angiographischer Nachweis (im Abstand von 30 Minuten) des stillstehenden Hirnkreislaufs,
- irreversibles Fehlen der Spontanatmung,
- irreversible Areflexie (Kornea-, Pupillenreflex!).

Sichere Todeszeichen

Totenflecken (= Livores): Da sich das Blut nach dem Herzstillstand im venösen Gefäßsystem aufgrund der Schwerkraft in den tiefstgelegenen Körperpartien ansammelt, entstehen rotviolette, wegdrückbare Flecken.

Totenstarre (= Rigor mortis): Sie beginnt sich 3–6 Stunden nach dem Tod kranial auszubilden (wegen ATP-Mangel und konsekutiver Aktin- und Myosinfilamentvernetzung), schreitet kaudal fort und bildet sich auf dem gleichen Wege wieder zurück (Nysten-Regel).

Autolyse, Leichenfäulnis (S. 132): Durch den Ausfall der Zellatmung werden die körpereigenen (von Lysosomen, S. 26) und -fremden (von Darmbakterien) Proteasen aktiv und lösen die organischen Bestandteile des Organismus auf (Fäulnis).

> ! **Merke:** Vita reducta wie z. B. bei Barbituratintoxikation kann einen todähnlichen Zustand vortäuschen (= Scheintod).

Statistische Maßzahlen

Mittlere Lebenserwartung: Zeitspanne, nach der 50 % einer bestimmten Bevölkerungsgruppe (z. B. Frauen) verstorben sind.

Lebenserwartung: ♀ = 79 Jahre; ♂ = 73 Jahre.

Inzidenz: Anzahl der Neuerkrankungen an einer bestimmten Krankheit pro Jahr und pro 100 000 Einwohner.

Prävalenz: Anzahl der Personen pro 100 000 Einwohner, die an einem bestimmten Tag an einer bestimmten Krankheit leiden.

Morbidität: Anzahl derjenigen Personen, die pro Jahr und pro 100 000 Einwohner an einer bestimmten Krankheit leiden.

Mortalität: Anzahl der pro Jahr und pro 100 000 Einwohner an einer bestimmten Krankheit Gestorbenen.

Letalität: Quotient aus der Anzahl der an einer bestimmten Krankheit Gestorbenen und der Anzahl der an derselben Krankheit Erkrankten.

Autopsie

Synonym: Obduktion

Definition: Innere Leichenschau nach pathologisch-anatomischen Gesichtspunkten.

Verwaltungsobduktion: Gesetzlich vorgeschrieben in Fällen mit plötzlichem Tod aus unklarer und/oder unnatürlicher Ursache oder bei Tod infolge Fremd- oder Selbstverschuldens.
Anordnung durch Staatsanwalt; Durchführung: (meist) Rechtsmediziner.

Seuchenobduktion: Vorzunehmen in Fällen mit klinisch nicht abgeklärtem Verdacht auf ansteckende Infektionskrankheiten.
Anordnung durch Gesundheitsamt.

Klinische Obduktion: Obduktion der in Krankenhäusern verstorbenen Patienten (Qualitätssicherung!).
Zustimmung durch Angehörige.

Versicherungsobduktion: Von Versicherung vorgeschrieben in folgenden Fällen:
- plötzlicher Tod aus unklarer und/oder unnatürlicher Ursache,
- berufliche Exposition mit bestimmten Noxen.
  Anordnung durch Versicherungsträger.

> ! **Merke:** Eine Versicherungsobduktion zur Abklärung eines Versicherungsanspruchs wird von den Angehörigen praktisch nie abgelehnt!

2 Irrungen im Membranlabyrinth
Zellpathologie

Zusammenfassung

Leben ist erst dann möglich, wenn die chemischen Elemente eines Organismus in eine gesetzmäßige Beziehung zueinander treten. Diese Beziehung kommt nur durch eine räumliche Gliederung und somit auch Strukturierung zustande. Die proportionalen Relationen zwischen den chemischen Elementen werden vom Organismus den jeweiligen Anforderungen so angepaßt, daß sich die einzelnen Strukturelemente weder verkleinern noch vergrößern lassen, ohne gleichzeitig ihre Funktion zu ändern. Diese räumliche Gliederung entspricht in einer Zelle morphologisch abtrennbaren Kompartimenten, den Zellorganellen, denen definierte Funktionen zukommen.

Zellkern-Läsion

Orthologie: Der Zellkern (= Nukleus) wird von einer Doppelmembran umhüllt, die von selektiv durchlässigen Kernporen durchsetzt ist. Er kontrolliert als Bewahrer der Erbanlagen ständig die Gesamtfunktion der Zelle.

Kernformen

Interphasenkern: Er weist neben einem RNS-haltigen Kernkörperchen (= Nukleolus) Chromatin in lockerer (= Euchromatin) und kompakter Anordnung (= Heterochromatin) auf.

Euchromatin: genetisch aktiv;
Heterochromatin: genetisch inaktiv.

Mitosekern: Mit sichtbaren Chromosomen.

Chromosomen

Sie sind hierarchisch gegliederte Verpackungs- und Transporteinheiten des Erbguts. Gene sind die Grundeinheiten der Vererbung, welche die Information für ein bestimmtes Merkmal oder eine bestimmte Funktion enthalten.

Während der Metaphase bestehen die Chromosomen aus 2 „Armen" (= Chromatiden), die am Zentromer (Spindelansatzstelle) zusammengehalten werden (► A).

Gliederung der Metaphasenchromosomen:
- Chromosomen-Kurzarm → **p** (petit),
- Chromosomen-Langarm → **q**.

Karyogramm der Metaphasenchromosomen: Chromosomen einer Zelle werden zu einem Karyogramm zusammengestellt → Chromosomenbeschreibung mit Kurzformel nach folgenden Kriterien:
- Gesamtzahl der Chromosomen,
- Geschlechtschromosomenstatus,
- allfällige Aberrationen.

DNS-Reparaturdefekte

Die Funktion der DNS und RNS ist mit einer modernen Datenverarbeitungsanlage vergleichbar. In der Software (= Programm, Basensequenz) sind die Weisungen für die Progammabschrift (= DNS-Replikation), für die Reparatur von Programmdefekten (= DNS-Reparaturvorgänge) sowie die Weisungen, um mit Unterprogrammen Struktur- und Funktionsproteine herzustellen, enthalten. Die Replikation, Transkription und Translation entspräche demnach der Hardware (= Computer).

Die DNS ist während des ganzen Lebens den Organismus schädigenden Einflüssen ausgesetzt. Dadurch entstehen fehlerhafte DNS-Duplikate, die normalerweise aber durch Reparaturmechanismen wieder "geflickt" werden können. Dabei wird das defekte Stück aus dem DNS-Strang „herausgeschnitten" und die ursprüngliche Basensequenz mit Hilfe des noch intakten DNS-Stranges neu zusammengestellt. Angeborene Defekte dieses DNS-Reparatursystems wirken sich verheerend aus (S. 290):

Xeroderma pigmentosum[1]

Musterkrankheit für DNS-Reparaturdefekt

Definition: Seltene, erbliche DNS-Reparaturstörung wegen Endonukleasedefekt.

Pathogenetische Kettenreaktion: UV-Strahlen → DNS-Schädigung in Hautzellen → Anhäufung von DNS-Schäden in Hautzellen. Folgen davon sind:
- Hautausdünnung (Hautatrophie) → Anpassungsreaktion an UV-Einfluß → übermäßige Verhornung, Pigmentüberproduktion (► B, C) und
- Zellteilungsstörung in der Epidermis → Hauttumoren.

✚ **Klinik:** Folgende Läsionen treten bei den Patienten bereits in der Jugend auf:
- schuppend trockene (daher: Xeroderma), fleckig überpigmentierte Haut (daher: pigmentosum);
- Hautkrebsvorläufer (S. 85) → später: multiple Hautkrebse wie Basaliom (S. 384), Plattenepithelkarzinom und Pigmentzellkrebse (= maligne Melanome; S. 366).

Chromosomenstörungen

s. Fehlbildungen (S. 294), Tumorentstehung (S. 336).

[1] Xeroderma pigmentosum, gr./lat. = pigmentierte „Trockenhaut"

A **Chromosomenaufbau** (Schema)

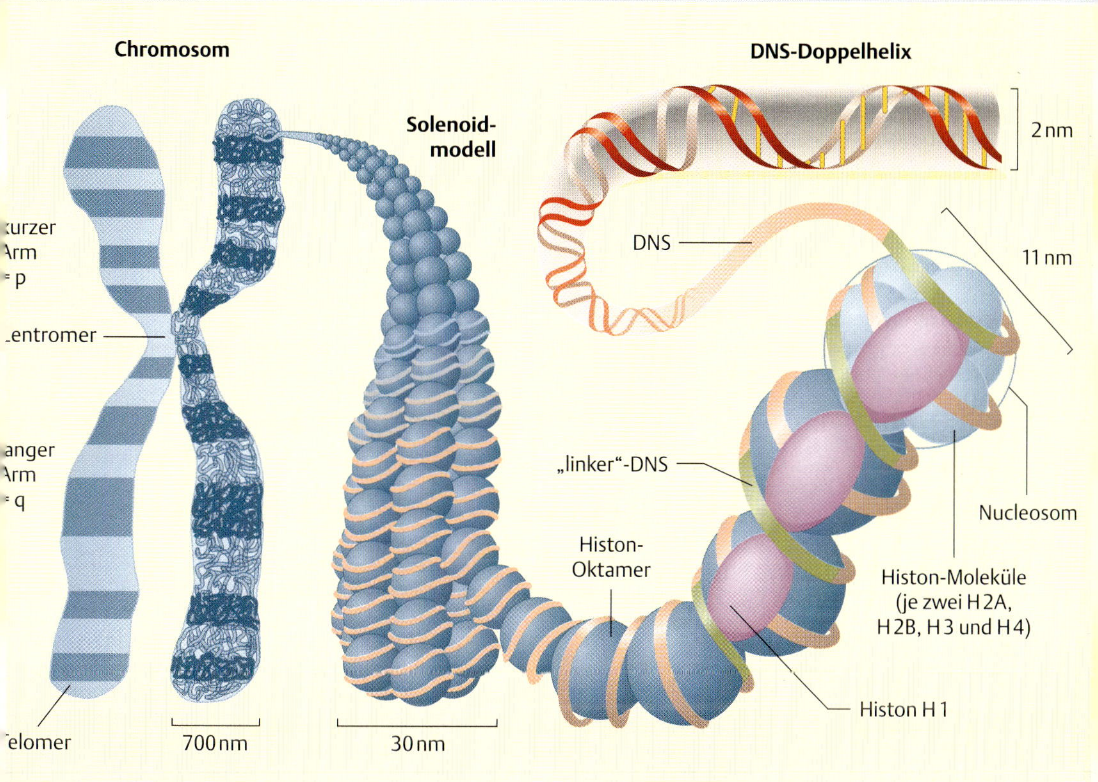

B **Xeroderma pigmentosum**

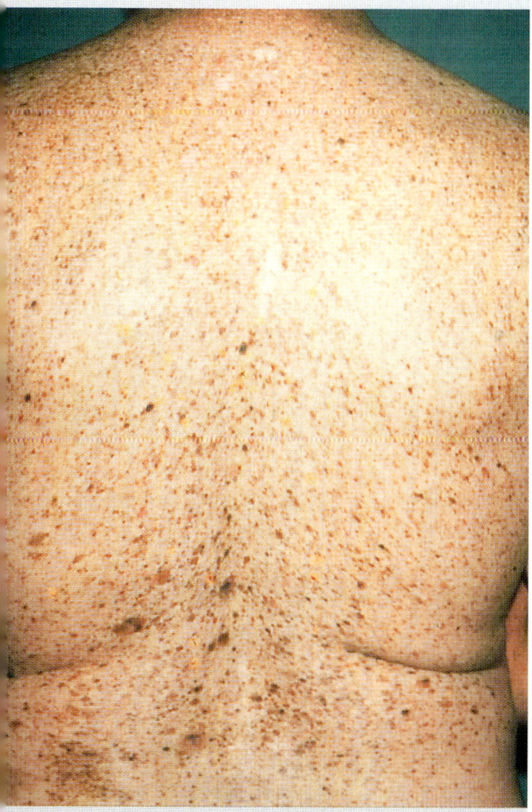

C **Xeroderma pigmentosum**

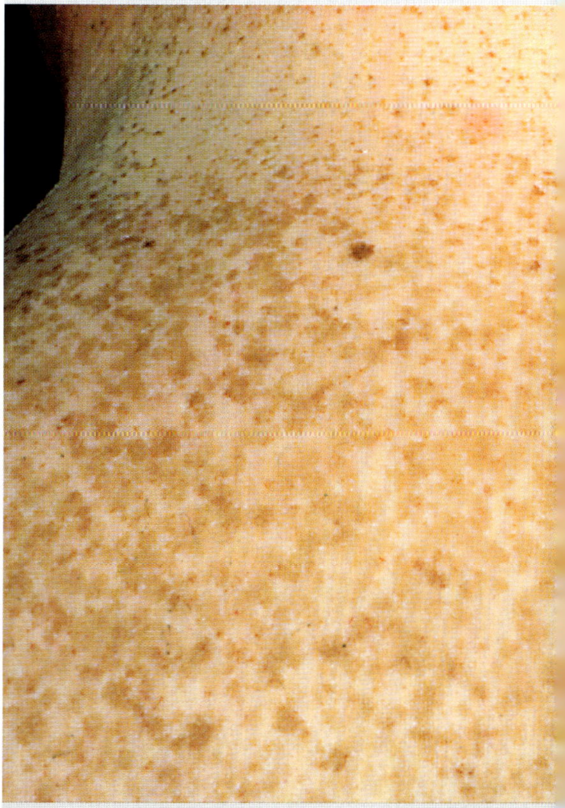

Kerngrößen-Veränderung

Abkürzung: CH = Chromosom

Kern-Plasma-Relation: Die Kerngröße ist der Zellgröße angepaßt. Sie hängt außerdem vom DNS-Gehalt und dem Funktionszustand des Kerns ab.

Kerneuploidie: Normaler haploider oder diploider CH-Satz.

Kernpolyploidie: Vervielfachter CH-Satz.

Die meisten Körperzellen enthalten diploide Kerne mit doppeltem CH-Satz. Proliferierende Zellen verdoppeln in der Synthesephase ihre DNS; sie sind folglich vorübergehend tetraploid und nach der Mitose wieder diploid (► A). Findet nach der Synthesephase keine Mitose statt und/oder schließen sich eine oder mehrere weitere Synthesephasen an → polyploide Zellkerne (► B). Haploide Zellkerne mit halbem CH-Satz finden sich nur in Zellen der Spermio- und Oogenese.

Morphologischer Hinweis auf belastungsbedingte Anpassungsreaktion.

Beispiele:
— *Barbituratabusus* (Schlafmittelmißbrauch) → metabolische Mehrleistung der Leber → Leberzellpolyploidie.
— *Herzklappenfehler* → funktionelle Mehrleistung des Myokards → Myokardzellpolyploidie.

Kernaneuploidie: Abweichung vom euploiden CH-Satz, bei der einzelne CH nicht in normaler Anzahl vorhanden sind.

Morphologische Folge einer Kernaneuploidie (► C): Variabilität der Kerngröße (= Kernpolymorphie) und des Chromatingehalts (= Kernpolychromasie). Beides sind wichtige Malignitätskriterien eines Tumors (S. 342).

! **Faustregeln:**
Je größer die Zelle, desto größer der Kern.

Großer Zellkern → Zellaktivität.
Kleiner Zellkern → Zellinaktivität.

! **Merke:** *Tumor-Malignitätskriterien:*
- Kernpolymorphie, Kernpolychromasie;
- Proliferation: Mitosezahl pro Gesichtsfeld;
- Dyskaryosen (s. u.).

Chromatin-Veränderung

Hyperheterochromasie: Schachbrettartige Chromatinkondensierung als Zeichen eines Transkriptionsstopps.

Dyskaryosen: Ungleichmäßige grob- und feinschollige Heterochromasie, die bei Krebszellen als Pfeffer-und-Salz-Aspekt imponiert.

Kernwandhyperchromatose: Chromatinkondensation im Bereich der inneren Kernmembran. Dies ist ein frühes Zelltodzeichen (Apoptose; S. 132) → später vollständige Chromatinverklumpung = Kernpyknose.

Karyolyse: Kernverkleinerung infolge Chromatinauflösung. Dies ist ein spätes Zelltodzeichen.

Einschlüsse

Zytoplasmaeinschlüsse: Verlagerung von Zytoplasmateilen in den Zellkern bei Störung der telophasischen Zelltrennung → rundliche flaue Kernaufhellung = „Milchglaskerne".

Beispiel: Papilläres Schilddrüsenkarzinom (► D).

Paraplasmaeinschlüsse: Verlagerung von Paraplasmateilen in den Zellkern durch eine Kernmembraneinstülpung oder Telophasenstörung.

Glykogeneinschlüsse nach Alkoholfixierung → Lochkerne (► E). Sie sind ein Hinweis auf eine diabetische Stoffwechsellage (S. 78).

Fetteinschlüsse nach Paraffineinbettung → Lipidlochkerne = Unna-Lochkerne. Sie sind typisch für fettgewebsbildende Tumoren wie Liposarkome (S. 356).

Immunglobulineinschlüsse → PAS-positive Globuli (= Fahey-Dutcher-Körperchen). Sie sind typisch für maligne Lymphozytentumoren wie z. B. das lymphoplasmozytische Lymphom (S. 362).

Viruseinschlüsse: Sie bestehen meist aus parakristallin angeordneten Virusproteinen (► F).

A **Kerndiploidie** (Schilddrüse)
Feulgen, 400x

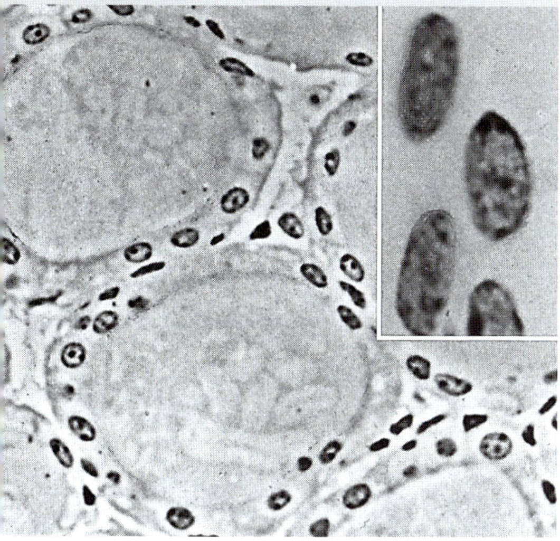

B **Kernpolyploidie** (Schilddrüse)
Feulgen, 400x

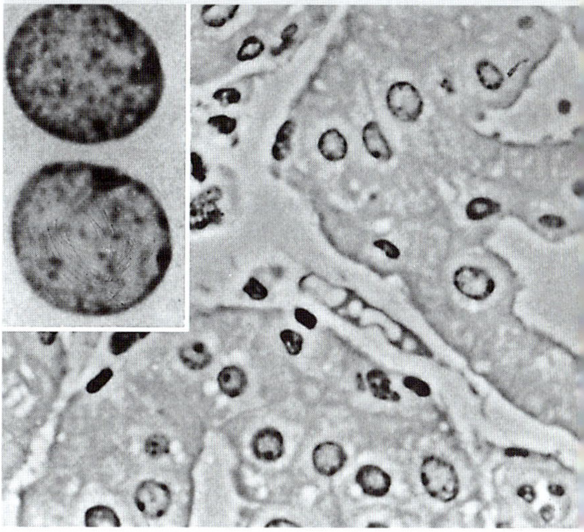

C **Kernaneuploidie** (Tumor)
800x

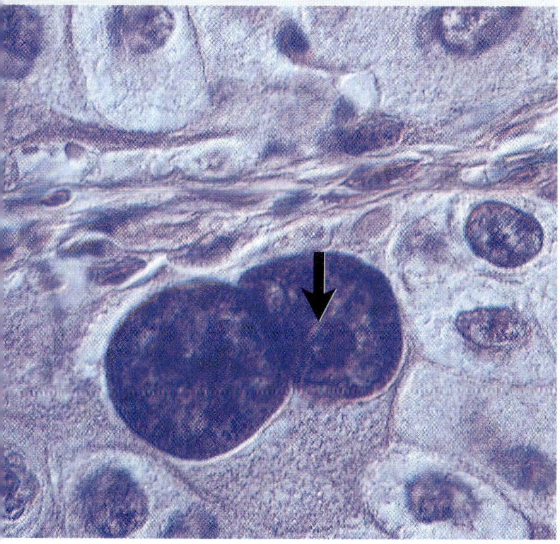

D **Milchglaskern** (Schilddrüsenkrebs)
MGG, 800x

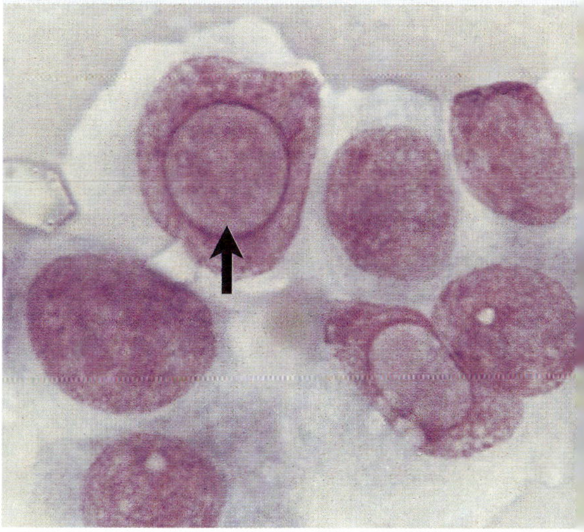

E **Glykogenlochkern**
800x

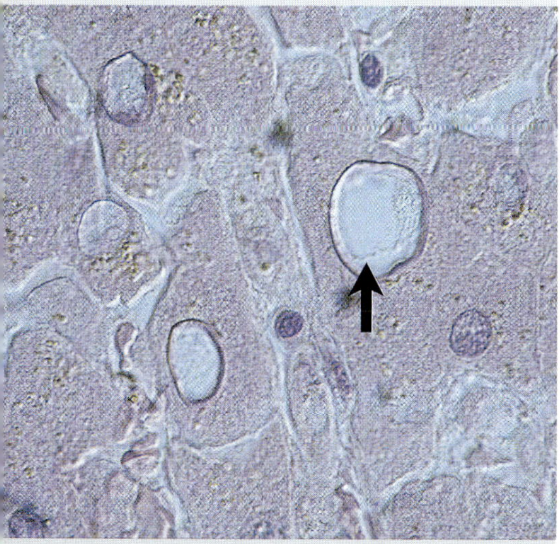

F **Virale Kerneinschlüsse**
300x

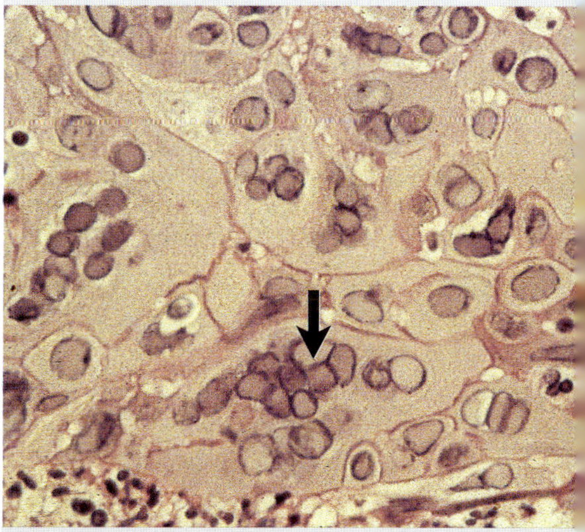

Kernzahl-Veränderung

Mehrkernigkeit

Definition: Auftreten von 2 oder mehr Kernen in einer Zelle unter physiologischen und pathologischen Bedingungen.

Ätiologisch kommen hierfür folgende 2 Mechanismen in Betracht:

Zellfusion von zwei oder mehreren Zellen zu einer großen oder riesigen Zelle. Dadurch entstehen folgende mehrkernige Riesenzellen:
- *resorptive Riesenzelle (Osteoklast)* aus fusionierten Histiozyten mit resorptiver Kapazität;
- *entzündliche Riesenzellen* aus fusionierten Histiozyten (= Epitheloidzellen) mit sekretorischer Kapazität, die einen Entzündungsherd abriegeln;
- *Synzytiotrophoblasten der Plazenta* aus resorptiven Chorionzellen;
- *virale Riesenzellen* aus virusinfizierten Zellen, die mittels Fusionspeptid verschmolzen sind.

Mitosestörung, wobei auf eine normale mitotische Kernteilung die Zytoplasmadurchtrennung ausbleibt. (z. B. mehrkernige Riesenzellen nach Tumor-Zytostase oder in „verwilderten" Tumoren).

Riesenzell-Typen (= RZ)

Resorptive RZ:
- Osteoklasten (histiozytär),
- Chondroklasten (histiozytär),
- Touton-RZ (histiozytär; S. 90),
- Synzytiotrophoblasten (chorial),
- Fremdkörper-RZ (histiozytär).

Entzündliche RZ:
- Langhans-RZ (geordnet),
- Fremdkörper-RZ (ungeordnet).

Virale RZ:
- Whartin-Finkeldey-RZ (Masern),
- Adenovirale-RZ,
- Herpetische-RZ (Herpes simplex),
- HIV-RZ (► A).

Tumor-RZ.

Kernlosigkeit: Sie findet man physiologischerweise nur bei Erythrozyten und Thrombozyten (kurze Lebenszeit, keine Zellteilung!).

Antinukleäre Autoantikörper

Definition und Pathogenese: Bei einigen Autoaggressionskrankheiten entstehen AK (S. 180) gegen folgende nukleäre oder nukleoläre Bestandteile des eigenen Organismus:
- doppelsträngige DNS (► B),
- einzelsträngige DNS,
- Histon-Proteine,
- Nicht-Histon-Proteine,
- Zentromere,
- DNS-Topoisomerase,
- RNS-Polymerase.

Nukleolen-Veränderung

Orthologie: Die Nukleolen (= Kernkörperchen) sind als „Orte der Transkription ribosomaler RNS" Gradmesser der zellulären Proteinsynthese.

Entzündungsnukleolen: Prominente, rundliche Nukleolen in aktivierten Zellen eines entzündeten Gewebes.

Tumornukleolen: Krebszelltypische, vergrößerte, plumpe, kantige, oft exzentrische Nukleolen (► C, D) in malignen Tumorzellen.

Riesennukleolen: Exzessive Nukleolenvergrößerung auf nahezu Lymphozytenkerngröße.

Beispiele für Riesennukleolen:
- ***Zytomegalievirusinfektion*** (S. 248): CMV-Virus = DNS-Virus. CMV-Virusvermehrung im Zellkern → nukleolenartige Kerneinschlüsse → Kernvergrößerung und Bildung eines sehr großen „viralen Pseudonukleolus" → Eulenaugenzellen (► E).
- ***Lymphogranulomatose Hodgkin*** (S. 362) Dies ist eine Gruppe bösartiger Geschwülste des lymphatischen Systems, gekennzeichnet durch folgende Charakteristiken:
  - Hodgkin-Zellen = einkernige Riesenzellen mit Meganukleolen,
  - Sternberg-Reed-Zellen = zwei- oder mehrkernige Riesenzellen mit Meganukleolen (► F) und
  - entzündliches Begleitinfiltrat.

A **HIV-Riesenzellen**
600x

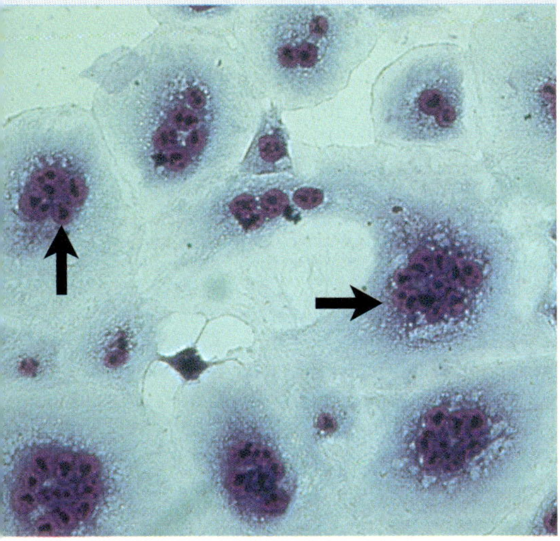

B **Antinukleäre Antikörper**
IF, 400x

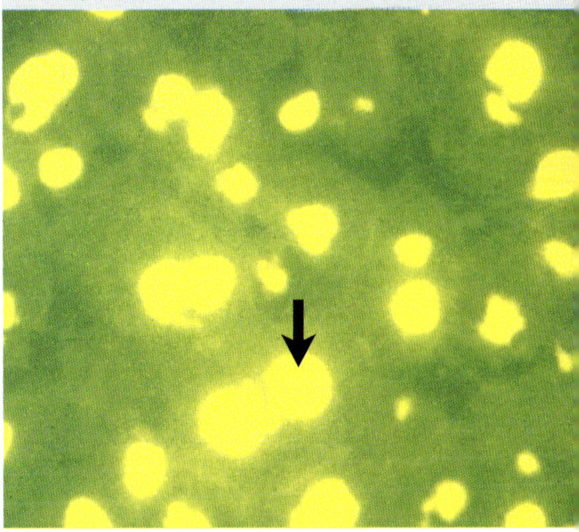

C **Tumornukleolen**
600x

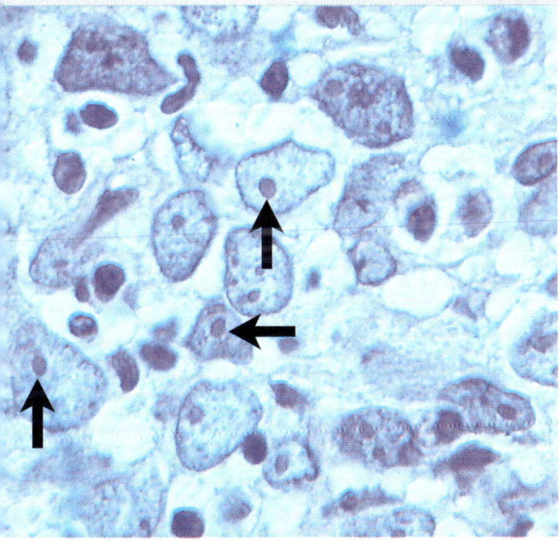

D **Tumornukleolen**
MGG, 1200x

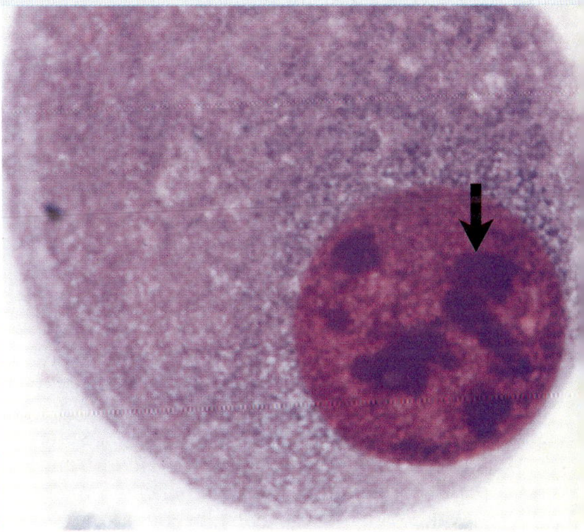

E **CMV-Riesennukleolen**
IF, 600x

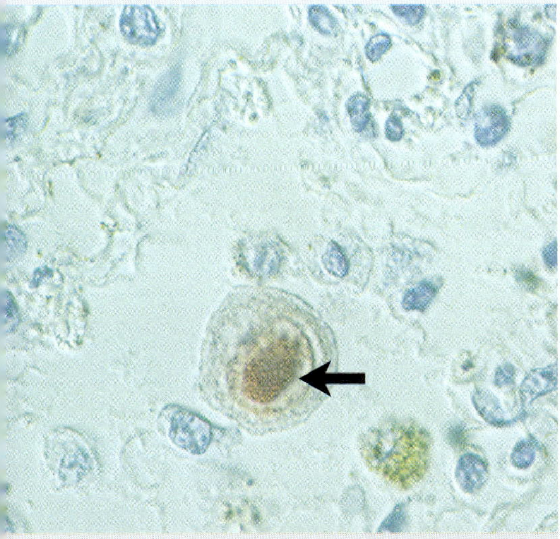

F **Tumor-Riesennukleolen**
600x

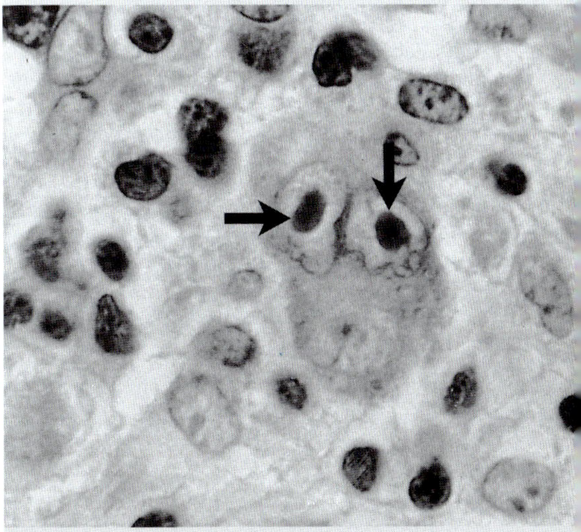

RER-Läsion

Abkürzung: RER = rough endoplasmatic reticulum

Orthologie: Das RER (= rauhes endoplasmatisches Retikulum) bildet als „Proteinfabrik" Zisternen, denen außen Ribosomen angeheftet sind. Die von der mRNS kodierten Peptidketten gelangen in das Zisternenlumen des RER, wo sie zu Proteinen strukturiert werden. Wegen des hohen RNS- und Proteingehaltes färbt sich das RER histologisch verstärkt basophil. Diese basophilen Schollen werden auch als Ergastoplasma, in den Ganglienzellen als Nissl-Schollen bzw. Tigroidsubstanz bezeichnet.

Mengenveränderung

Zisternenvermehrung: Sie kommt in allen Zellen mit hoher Proteinproduktion und -sekretion (z. B. Plasmazellen) vor.

Zisternenverminderung: Sie charakterisiert inaktive Zellen mit gedrosselter Proteinsynthese (z. B. Hungerleber, S. 124).

Formveränderung

RER-Fragmentierung: Das RER-Membransystem bricht als Ausdruck einer unspezifischen Zellschädigung in kleine Einheiten auf (= Fragmentierung), die sich – lichtmikroskopisch nicht erkennbar – in Bläschen umwandeln (= RER-Vesikulierung).

RER-Vakuolisierung: Diese lichtmikroskopisch sichtbare, reversible Zellschädigung (► A) beruht auf einer Unterbrechung im Energiestoffwechsel mit folgender Reaktionskette: Na^+-K^+-ATPase versagt → Wasser strömt in Zelle und RER-Zisternensystem ein. Kommt noch eine Schwellung von SER (= smooth endoplasmic reticulum) und Mitochondrien dazu → vakuolige Zytoplasmadegeneration (vgl. S. 68).

RER-Ballonierung: Diese histologisch als „hydropische Schwellung" bezeichnete, irreversible Zellschädigung ist der morphologische Endzustand eines zusammengebrochenen Energiestoffwechsels (S. 68) und manifestiert sich in blasenförmigen Zytoplasmavakuolen. Sie ist das morphologische Äquivalent eines sog. akzidentellen Zelltodes (= Onkose; S. 130).

RER-Zisternenkollaps: Er ist Folge einer peroxidativen Membranschädigung (z. B. CCl_4-Intoxikation) (► B) und das morphologische Äquivalent eines beginnenden programmierten Zelltodes (S. 128, 132).

Einschlüsse

Amorphe Einschlüsse: Sie stellen Synthesematerial dar, das sich wegen einer abartigen oder gestörten Synthese- und Sekretionstätigkeit der Zelle im Zisternenlumen anhäuft (► C).

Beispiele:
- genetische Stoffwechselstörungen,
- medikamentös-toxische Stoffwechselstörungen,
- tumorbedingte Stoffwechselstörungen.

Kristalline Einschlüsse: Sie sind Folge einer Sekretionsverzögerung bei Enzymopathien und sezernierenden Tumoren. Beim Plasmozytom (S. 364), einem malignen Plasmazelltumor, bestehen sie aus Immunglobulinketten (S. 160) → Histologie: „Russell-Körperchen" (► D).

Partikuläre Einschlüsse: Virale Partikel (z. B. CMV).

Onkofetale Läsion

Definition: Abartig angeordnete RER-Zisternen, die in dieser Form nur im fetalen und neoplastischen Gewebe vorkommen (S. 340):

Ribosomen-Lamellenkomplexe: Stapel aus RER-Zisternen und zwischengelagerten Ribosomenreihen (► E).

Annulierte Lamellen: Stapel aus perinukleären RER-Zisternen mit (Kern-)Poren (► F).

Mitochondrien-Lamellenkomplexe: Stapel aus länglich komprimierten Mitochondrien und RER-Zisternen.

A **RER-Vakuolisierung** (Leber)
EvG, 200x

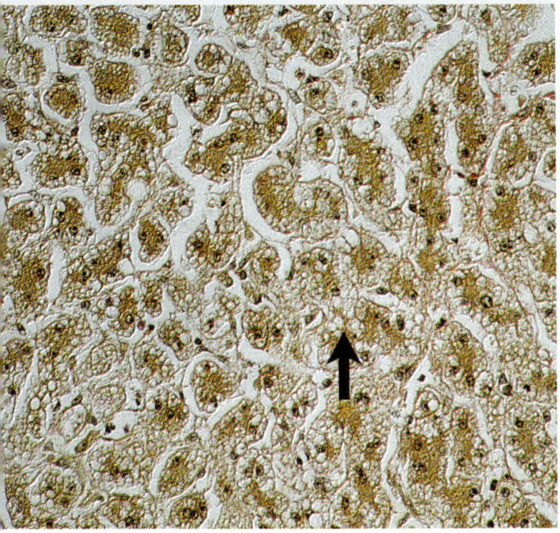

B **RER-Zisternenkollaps** (Leber)
TEM, 20000x

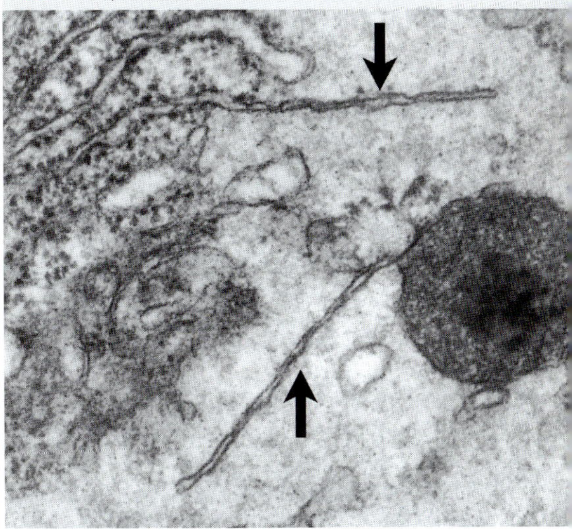

C **RER-Einschluß**
TEM, 10000x

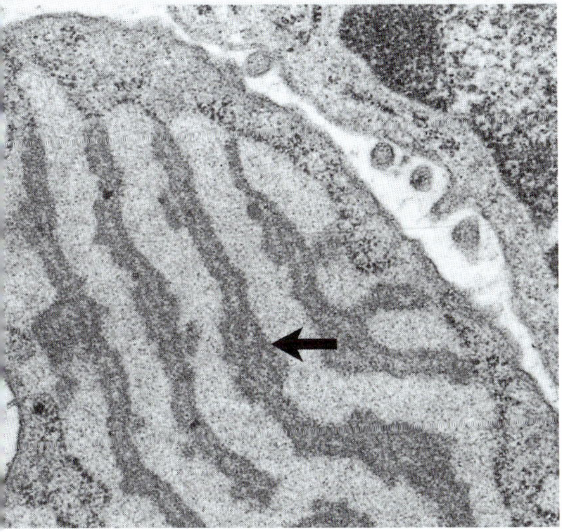

D **Russel-Körperchen**
400x

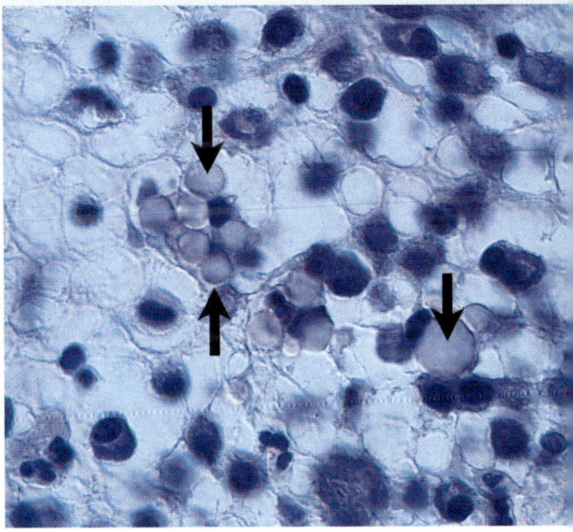

E **Ribosomen-Lamellenkomplexe**
TEM, 10000x

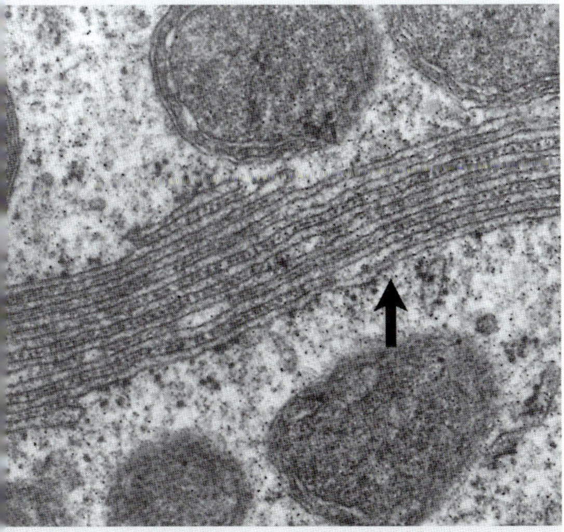

F **Annulierte Lamellen**
TEM, 20000x

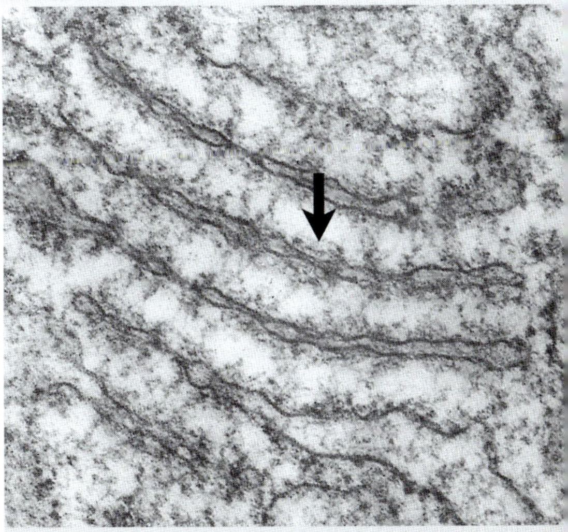

SER-Läsion

Abkürzung: SER = smooth endoplasmatic reticulum

Orthologie: Das SER (= glattes endoplasmatisches Retikulum) bildet ein System aus verzweigten Tubuli, das mit dem RER in Verbindung steht. Es enthält Demethylasen, Decarboxylasen, Deaminasen und Glucuronidasen sowie eine mischfunktionelle Oxidase, deren terminale Oxidase Cytochrom P-450 ist. Infolgedessen ist das SER in der Lage, Steroidkörper aufzuspalten, Arzneimittel und Gifte nicht nur zu inaktivieren, sondern auch ausscheidbar zu machen. Mit seiner mischfunktionellen Oxidase kann es aber auch krebserzeugende Stoffe bioaktivieren.

Mengenveränderung

SER-Proliferation

Definition: Vermehrung von tubulären SER-Elementen.

Morphologie: Als Folge der SER-Proliferation (► A) ist die betroffene Zelle vergrößert und enthält einen großen, homogenen, leicht basophilen Zytoplasmaherd, der durch einen hellen Saum von der Zellmembran abgesetzt ist. Solche Zellen werden deshalb auch als „Milchglaszellen" bezeichnet (► B).

Eine SER-Proliferation ist das morphologische Korrelat folgender pathologischer Vorgänge:

- ***Enzyminduktion***: Chronische Noxenexposition (z. B. Barbiturat-Abusus) → Vermehrung der detoxifizierenden SER-Enzyme samt SER-Membranen.
  Resultat: „Viele Enzyme, viele Membranen" → gesteigerte Entgiftung.

  Ausnahme: Hypoaktives hyperplastisches SER bei Gallerückstau in Leberparenchymzellen in Form der Cholestase (S. 110).
  Resultat: „wenig Enzyme, viele Membranen" → Funktionsverlust.

- ***Virusmaterialproduktion:*** Hepatitis B (S. 248) → intratubuläre HBs-Antigen-Bildung (= surface antigen) mit entsprechender SER-Proliferation.

SER-Atrophie

Definition: SER-Verkümmerung mit Reduktion der SER-Membranen.
Resultat: Drosselung des Stoffwechsels mit Organ-/Gewebsreduktion (s. Atrophie allgemein, S. 124).

Ausnahme: Hyperaktives hypoplastisches SER bei Fructosedauergabe.
Resultat: Paradoxe Enzymvermehrung trotz Membraneinbuße.

Formveränderung

SER-Vesikulierung

Definition und Pathogenese: Fragmentierung dilatierter SER-Tubuli im Rahmen einer vakuoligen Zytoplasmadegeneration. Letztere reicht von der Vesikulierung bis zur Vakuolisierung. Die Vesikulierung ist ein unspezifisches Zeichen für eine Zellschädigung (vgl. S. 130).

Zytoplasma-Nebenkerne

Definition und Pathogenese: Histologisches Korrelat zwiebelschalenartiger SER-Membranhaufen (= Fingerprint-Degeneration, ► C). Sie weisen auf eine blockierte Enzym- und/oder entkoppelte Cholesterinsynthese hin, wie man sie gelegentlich bei blockierter oder abartig ablaufender Proteinsynthese vorfindet.

Einschlüsse

Pathogenese: Sie sind typisch für

- Lipoproteinsynthesestörungen (→ intratubuläre Lipidansammlungen, S. 88) oder
- Hepatitis B (→ intratubulärer Anstau filamentöser Virushüllproteine, ► D).

Störungen innerhalb des endoplasmatischen Retikulums betreffen die primären Syntheseprodukte: Diese bleiben in der Zelle liegen, weil sie abartig zusammengesetzt sind und daher im Membranlabyrinth stecken bleiben.

Störungen im Golgi-Apparat, wo bekanntlich die Syntheseprodukte zur Ausscheidung aus der Zelle vorbereitet werden, betreffen hingegen immer die Absonderung von Sekreten in eine Drüsenlichtung, die Abgabe von zusammengesetzten Syntheseprodukten in die Blutbahn oder die Ausschleusung von bindegewebigen Baubestandteilen in den Extrazellulärraum. Dadurch bleibt derartiges Material in den Zellen liegen und behindert deren Funktion. Die nachfolgend aufgeführten Beispiele der Golgi-Läsionen erläutern dies.

A **SER-Proliferation**
TEM, 10000x (M=Mitochondrium)

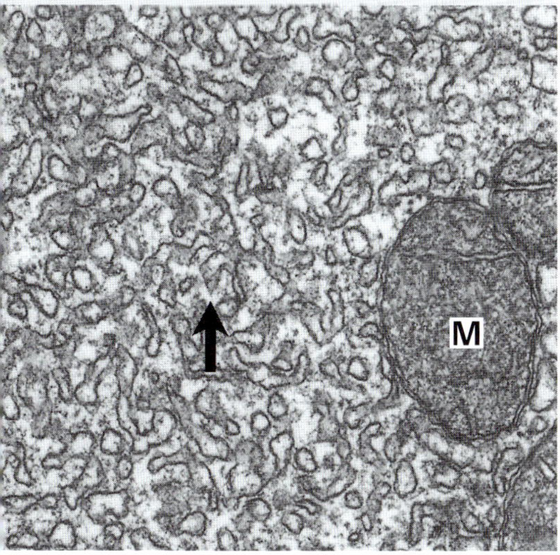

B **Milchglaszellen** (Leber)
300x

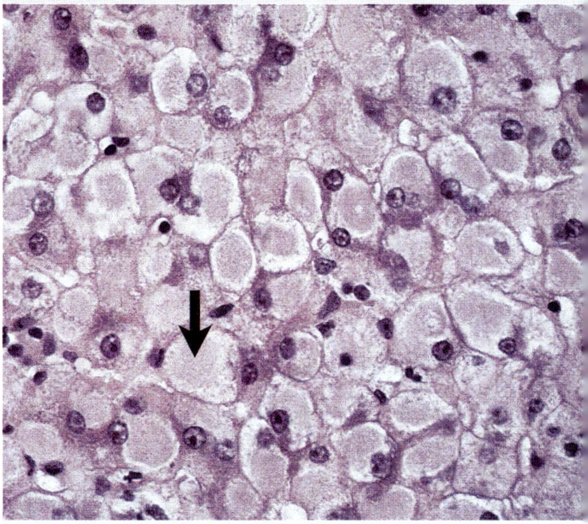

C **Zytoplasma-Nebenkern**
TEM, 10000x (M=Mitochondrium)

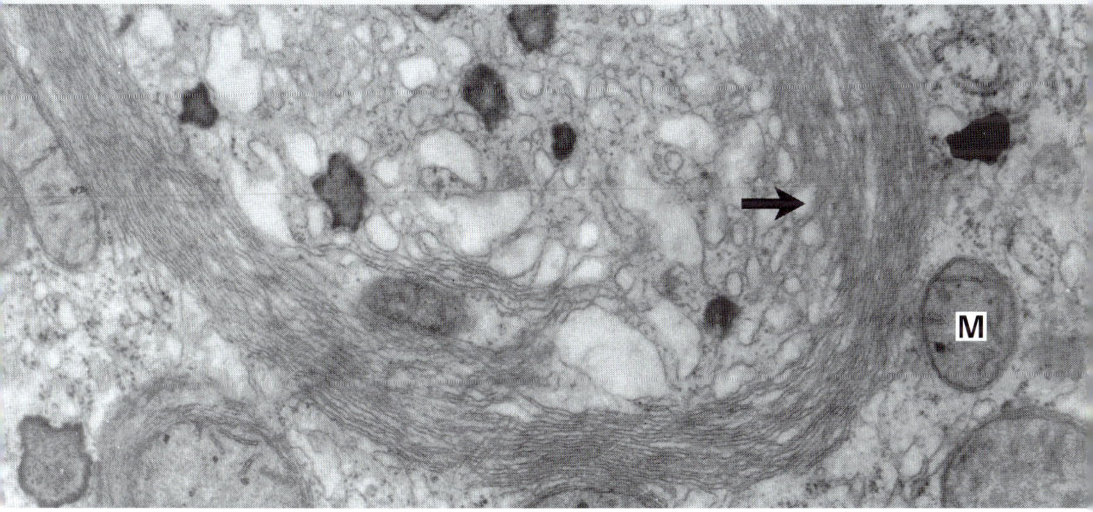

D **SER-Einschluß** (Hepatitis B)
TEM, 20000x

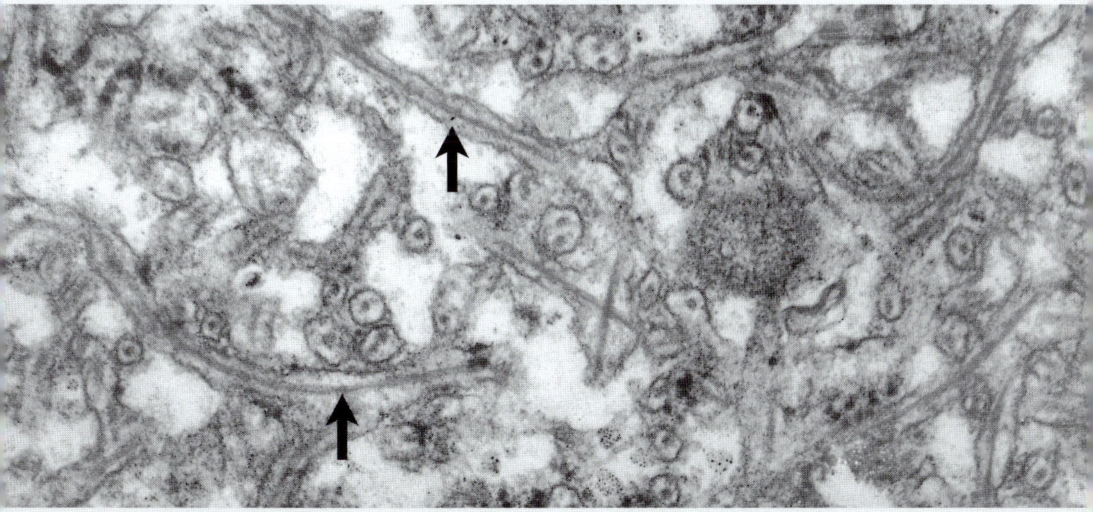

Golgi-Läsion

Abkürzung: GA = Golgi-Apparat

Orthologie: Der GA besteht aus einem Stapel hufeisenförmig gekrümmter, abgeplatteter Säcke. Die GA-Funktion läßt sich bildhaft mit der Versandabteilung einer Herstellerfirma vergleichen:
Die in der RER-Proteinfabrik vorfabrizierten Produkte gelangen über den "Lieferanteneingang" (= Bildungsseite) in den GA. Ihr weiteres Schicksal hängt vom Sekretionsmodus der jeweiligen Zelle ab:

- *Regulierte Sekretion:* In Zellen mit regulierter Sekretion (Typ Pankreaszelle) werden die RER-Produkte zunächst in GA-Vakuolen gelagert (= Kondensationsvakuolen). Durch Vermittlung von GA-eigenen Glykosyltransferasen und Sulfatasen werden komplexe Verbindungen hergestellt und mit Trägersubstanzen zu Lipoproteinen, Glykoproteinen und Proteoglykanen verbunden (= Proteinmodifikation). Durch die Anknüpfung von Oligosaccharidgruppen erhalten die zellulären Syntheseprodukte eine gewisse Adressierung.
- *Unregulierte Sekretion:* In Zellen mit unregulierter Sekretion (Typ Plasmazelle) gelangen die vorfabrizierten RER-Produkte direkt in den Extrazellulärraum.

Golgi-Atrophie

Allgemeine Pathogenese: Die GA-Atrophie ist das ultrastrukturelle Korrelat einer gestörten Proteinsynthese mit/ohne Störung der posttranslationalen Proteinmodifikation (s. a. Atrophie allgemein, S. 124). Sie ist somit typisch für

- „verwilderte" Tumoren,
- an Sauerstoffmangel leidende Zellen und
- kernverlierende Zellen (z. B. Erythroblasten).

Golgi-Hypertrophie

Allgemeine Pathogenese: Eine Golgi-Hypertrophie wird bei jeder Polyploidisierung einer sezernierenden Zelle beobachtet. Ferner findet man sie bei Sekretrückstau in GA-Vakuolen. (S. a. Hypertrophie allgemein, S. 116.)

Golgi-Assoziierte Krankheiten

Einigen Krankheiten liegt eine Sekretionsstörung und eine damit verbundene Funktionsstörung des GA zugrunde. Damit ändert sich auch der Inhalt der GA-Vakuolen:

Cholestase

Pathogenese (s. a. S. 110): Galleabflußstörung → Gallerückstau in GA-Zisternen (► A).

Leberverfettung

Pathogenese: Erbliche oder erworbene Störungen des Lipoprotein-Stoffwechsels (S. 88) → Anstau von nicht zusammengefügten Lipoproteinbestandteilen in GA-Zisternen → Leberzellverfettung (s. a. S. 84).

Chondrodystrophie

Synonym: Achondroplasie

Definition: Erbliche Störung der enchondralen Ossifikation bei intakter desmaler Ossifikation mit disproportionalem Kleinwuchs (Zwergwuchs; ► B).

Pathogenese: Erblicher Defekt des Rezeptors für den Fibroblastenwachstumsfaktor (FGF) → defizitäre Steuerung der chondrozytären Proliferation und Differenzierung → Störung der Proteoglykansynthese → Proteoglykanrückstau in GA-Zisternen der Chondrozyten → keine Knorpelreifungszone (keine Blasenknorpelzone), keine Eröffnungszone (► E1, vgl. F) → Bildung plumper primärer Spongiosa mit verzögertem Umbau in sekundäre Spongiosa (► E2) → Verplumpung der langen Röhrenknochen mit kappenförmigem Epiphysenknorpel (► D) → Zwergwuchs. Hingegen normaler Ablauf der desmalen Ossifikation → Schädelseitenwand und -dach wachsen normal, Schädelbasis bleibt klein → Gesichtsdysmorphie (Gesichtsfehlform).

> ! **Merke:** *Chondrodystrophie-Charakteristik:* Großschädlig-kleingliedriger Kleinwüchsiger („Zwerg") ohne geistige Behinderung.

☺ **Prominente Patienten:** Clowns im Zirkus. Beispiel aus der Tierwelt: Dackelhunde.

Alveolarproteinose

Definition: Ätiologisch ungeklärte, intraalveoläre Surfactant[1]-Ansammlung mit konsekutiver Atemnot.

Pathogenese: Überproduktion und Reutilisierungsstörung von Surfactant-Proteinen → Rückstau in GA-Zisternen der Alveolardeckzellen-Typ-II → Surfactant-Anstau in Lungenbläschen → produktiver Husten; außerdem Atemnot und Infektneigung.

[1] Surfactant = **surf**ace **act**ive **a**ge**nt** = Anti-Verklebungsfaktor der Lungenbläschen

A **Golgi-Hypertrophie**
TEM, 10000x (N=Zellkern)

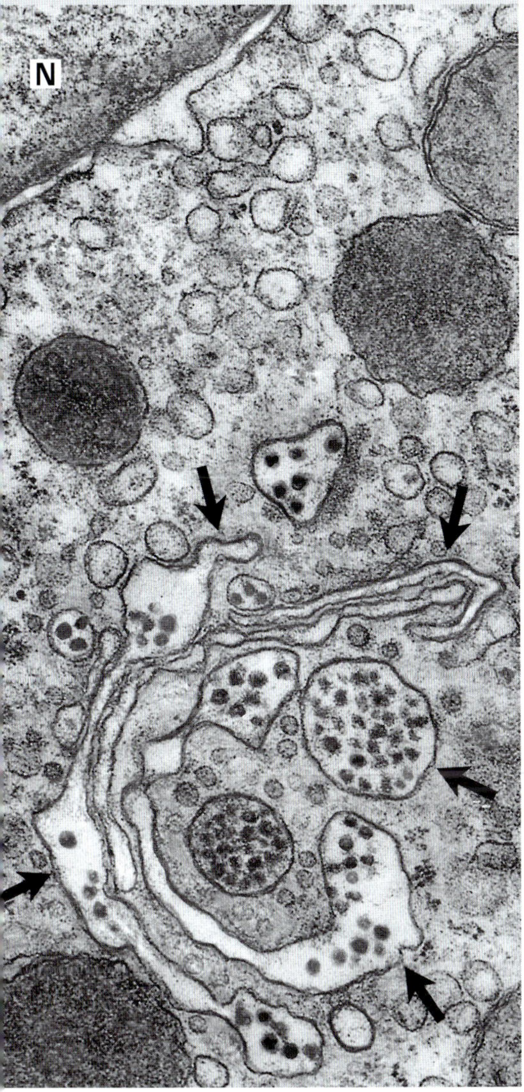

B **Chondrodystrophie**

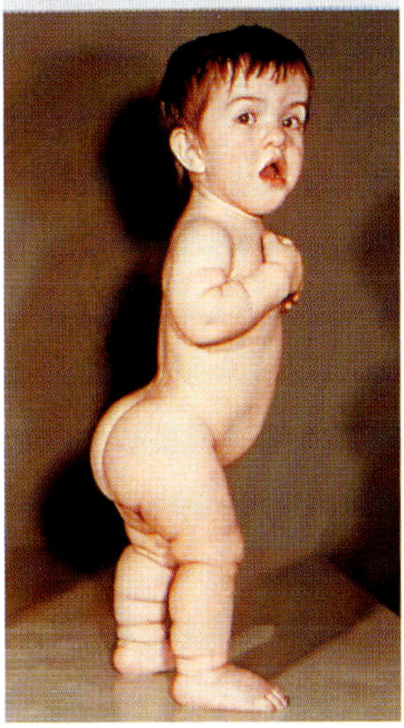

C **Normalwüchsiger**

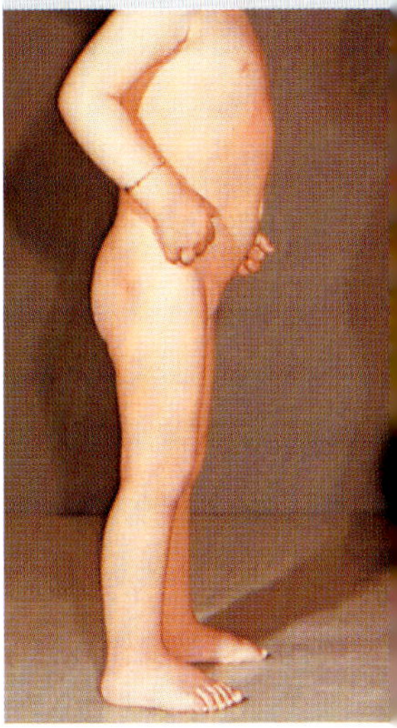

D **Chondrodystrophie:** Epiphysenknorbel

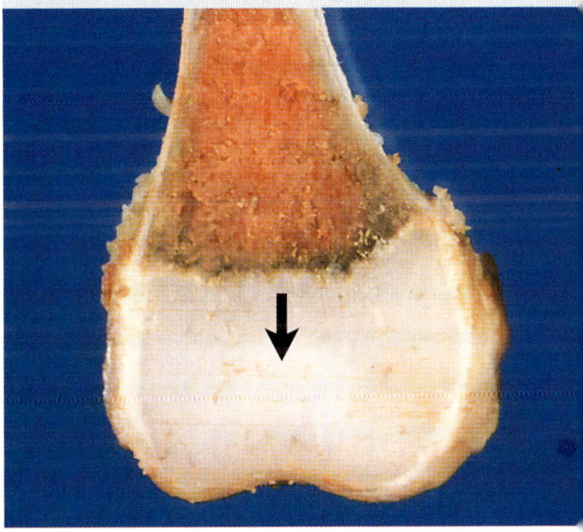

E **Chondrodystrophie Spongiosa**
200x

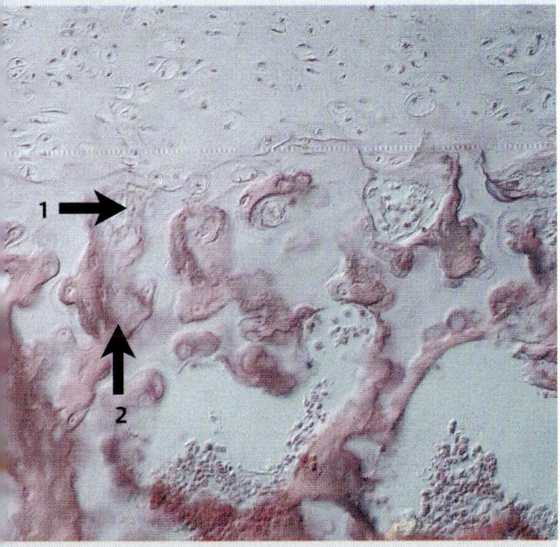

F **Normale Spongiosa**
200x

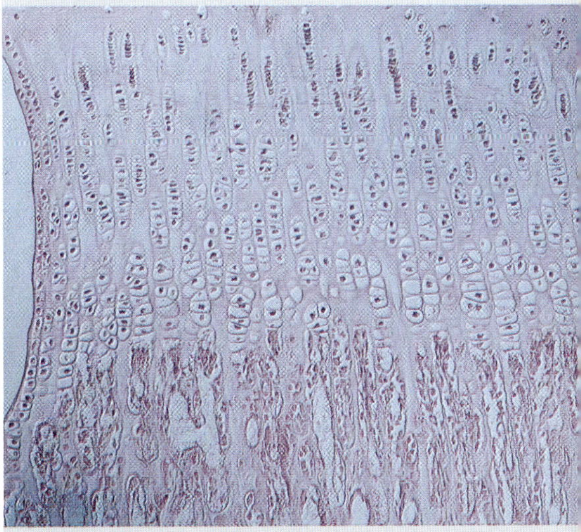

Mitochondrien-Läsion

Abkürzung: MT = Mitochondrien, mt = mitochondrial

Orthologie: Die MT liefern als „Kraftwerke der Zelle" die lebenswichtigen energiereichen Substrate. Sie sind faden- oder kugelförmig und von einer Doppelmembran umhüllt. Die Innenmembran weist platten- (= Cristae) oder schlauchförmige (= Tubuli) Einstülpungen auf, an die im supramolekularen Bereich Oxysomen angeheftet sind. In der MT-Matrix findet man mt-RNS und -DNS sowie die Calciosomen in Form der MT-Grana (S. 20). In der Matrix laufen die β-Oxidation, die oxidative Decarboxylierung, der Citratzyklus und der Harnstoffzyklus ab. In der Innenmembran sind die Bestandteile der Atmungskette und der oxidativen Phosphorylierung lokalisiert, in der Außenmembran die Transferasen des Kohlenhydrat- und Fettstoffwechsels.

Mengenänderung

Die MT können sich, ähnlich wie Bakterien, durch eine Spaltteilung unabhängig von der Zellteilung reduplizieren (► A) → MT-Vermehrung (= MT-Proliferation).

Mitochondrienvermehrung

Sie ist Ausdruck einer Anpassungsreaktion an eine anhaltende funktionelle Mehrbelastung mit Funktionssteigerung einer Zelle bzw. eines Gewebes (z. B. beim Body building).

Onkozyten[1]

Definition: Geschwollene Zellen mit eosinophilkörnigem Zytoplasma.

Pathogenese: mt-DNS-Mutation → Störung der ATP-Synthese → kompensatorische Mitochondrienvermehrung. Folge davon: Das Zytoplasma der betreffenden Zelle wird MT-reich und schwillt an = onkozytäre Zytoplasmatransformation (► B).

> **Merke:** Onkozyt = deskriptiver Begriff für MT-reiche Zelle.

> **Merke:** Onkozyt ≠ Tumorzelle.

> **Merke:** Speicheldrüsen- und Schilddrüsenkarzinome können ganz oder teilweise onkozytär transformiert sein:
> - onkozytäres Schilddrüsenkarzinom,
> - onkozytäres Speicheldrüsenkarzinom.

Onkozytom

Musterkrankheit für Tumor wegen mt-DNS-Mutation mit gestörter Zellatmung.

Vorkommen: Speicheldrüse, Schilddrüse, Niere.

Definition: Gutartige Tumoren aus onkozytär transformierten Zellen mit mahagonibrauner Eigenfarbe wegen hohem Zytochromgehalt (► B, C).

Mitochondrienverarmung

Als Folge eines gesteigerten MT-Abbaus ist sie ultrastrukturelles Korrelat einer Zellschädigung. Als Resultat einer gedrosselten MT-Genese ist sie ein Zeichen für unreife und/oder entdifferenzierte Zellen oder für Muskelschwund im Rahmen der Atrophie (S. 124).

Größenänderung

Megamitochondrien

Pathogenese: Megamitochondrien entstehen im Rahmen schwerer Mangelzustände (v. a. Mangel an Vit.-B-Komplex, Alkoholismus, S. 144) durch defekte Spaltteilung oder durch Fusion (nicht durch toxische Schwellung!).

Mitochondrienschwellung

Definition: Ultrastrukturelles Korrelat der bereits von R. Virchow 1852 beschriebenen „trüben Schwellung" der parenchymatösen Organe. Sie tritt meist zusammen mit einer vakuoligen Degeneration des Gesamtzytoplasmas auf.

Makroskopie der Organe: Vergrößerung mit teigig-trüber Schnittfläche.

Mikroskopie der Zellen: Schwellung mit granulärem, aufgehelltem Zytoplasma (► D).

Ultrastrukturell beginnt sie wegen des veränderten osmotischen Druckes mit einer Matrixkondensation (► E) und Schwellung des intracristalen Raumes (= Cristatyp). Darauf folgt eine Auflösung von MT-Matrix und MT-Cristae (= Matrixtyp).

[1] Onkozyt: onkos, gr. = geschwollen

A **Mitochondrienteilung**
TEM, 10000x (M=Mitochondrien)

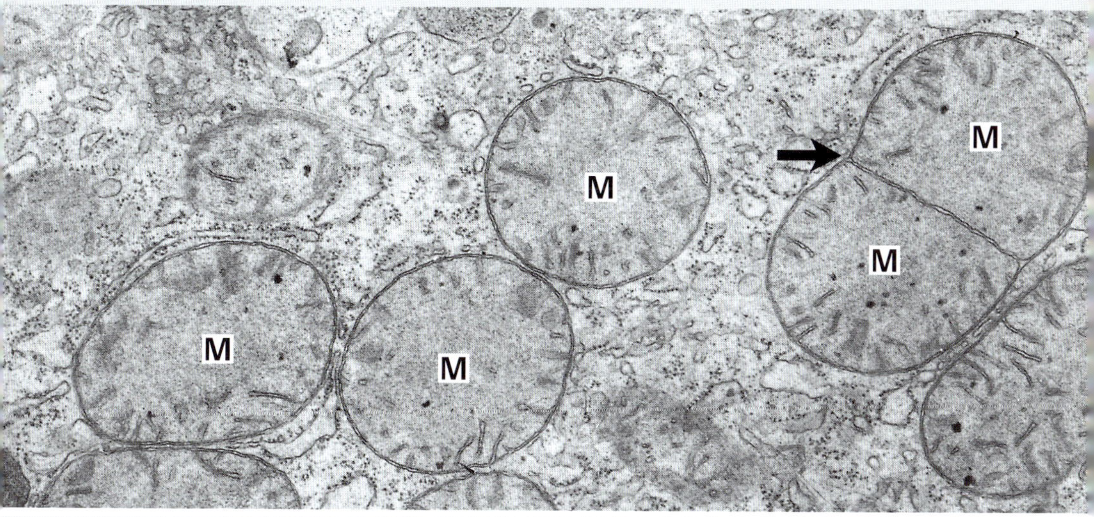

B **Onkozyten**
600x

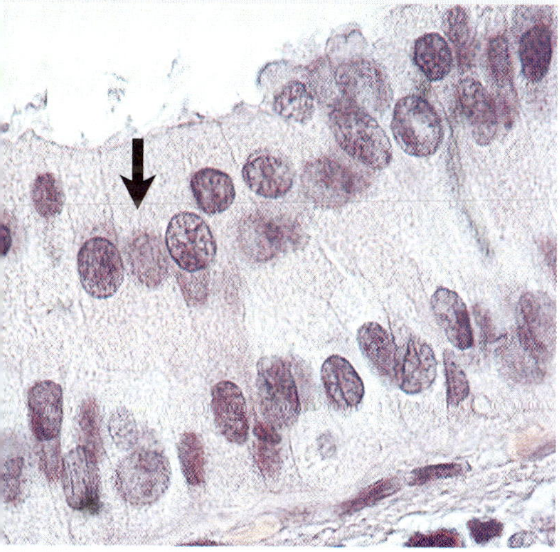

C **Onkozytom**
600x

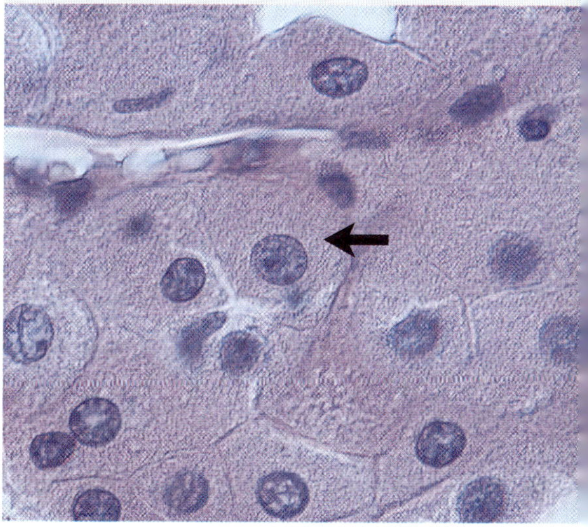

D **Trübe Zellschwellung** durch Mitochondrienschwellung
600x

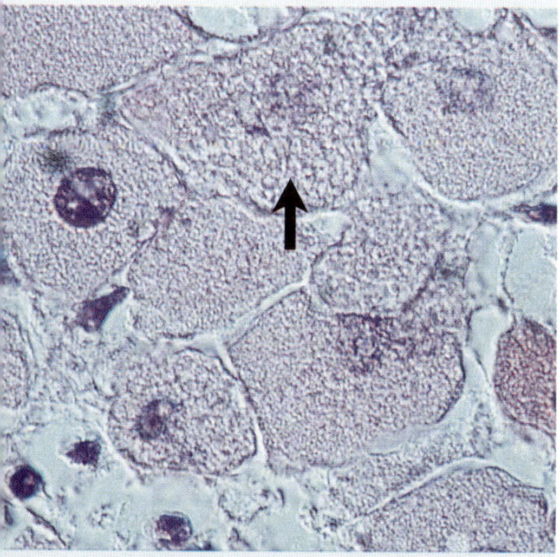

E **Mitochondrienschwellung**
TEM, 10000x

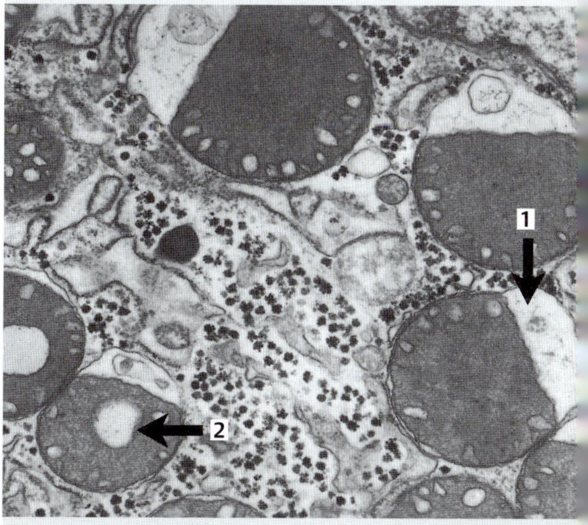

mt-DNS-Strukturänderung

Abkürzung: MT = Mitochondrien, mt = mitochondrial

Orthologie: Die MT enthalten eine eigene DNS (= mt-DNS), die in ihrem Basencode von der Kern-DNS verschieden ist. Sie reicht zur Codierung von einigen hydrophoben Proteinen der Mitochondriencristae und Untereinheiten der Zytochromoxidase aus.

In den menschlichen Geweben tritt die mt-DNS in folgenden Varianten auf:
- *katenierte Form* (= Kettengliederform). Vorkommen: alle Zellen.
- *zirkuläre Dimerform* (= Achterschlaufenform). Vorkommen: maligne Tumorzellen, Onkozytome (Onkozyt = MT-überreiche Zelle);

mt-DNS-Mutationen

Angeborene Formen

Pathogenese: Punktmutationen der mt-DNS mit mütterlichem Vererbungsmodus (maternaler Erbgang).

Beispiele:
- hereditäre Neuro-Myopathien (s. u.),
- mitochondrialer Diabetes mellitus (S. 78),
- zusätzlich: neurologische Symptome wie Ataxie und Hörstörungen.

Erworbene Formen:

Vorkommen: Myokardischämie.

Pathogenese: Nach einem Durchblutungsstopp häufen sich im Gewebe während der Reperfusionsphase toxische Sauerstoffmetabolite an → dadurch mt-DNS-Schädigung.

Cristae-Veränderungen

Membranproliferation: Cristaevermehrung wegen folgender zellulärer Anpassungsmechanismen:

- *Proportionale Membran- und Enzymvermehrung* (► A): Sie wird durch eine gesteigerte funktionelle Beanspruchung wie Training hervorgerufen:
  Klinisches Resultat: „Viele Membranen, viele Enzyme" → Funktionssteigerung.

- *Disproportionale Membran- und Enzymvermehrung:* Sie ist Ausdruck einer Fehladaptation an einen Mangel von essentiellen Bausteinen (z. B. Riboflavin).
  Klinisches Resultat: „Viele Membranen, wenig Enzyme" → Erhaltung einer verminderten Zellfunktion in einer (extremen) Mangelsituation.

Membranverlust (► B): Die MT-Cristae sind Indikatorstrukturen des Energiestoffwechsels. Ihr Verlust beruht bei letalen[1] Zellschäden (S. 128) wie Sauerstoffmangel auf einer Membranzerstörung, bei subletalen Zellschäden auf einer Membranneubildungsstörung.

Einschlüsse

Pathogenese: MT-Einschlüsse (= Inklusionen) beruhen auf einer fehlgeleiteten mitochondrialen Membransynthese und/oder auf einem Metabolitanstau. Sie kommen in folgenden Varianten vor:

Matrixinklusionen sind meist amorph und liegen in der MT-Matrix (► C). Sie kommen meist bei chronischen Durchblutungsstörungen (S. 416) vor.

Cristaeinklusionen bestehen aus Depots abartiger Enzym-Protein-Komplexe und liegen in den MT-Cristae zwischen den Cristaemembranen (► D, E). Sie sind v. a. für mitochondriale Myopathien (= Muskelerkrankungen mit Kraftverlust) typisch (S. 22).

Granainklusionen: MT sind die eigentliche Drehscheibe in der physiologischen (= orthotopen) Verkalkung, weil sie in ihrem Inneren (= Chondrioplasma) kleine körnchenartige Gebilde enthalten (Grana mitochondrialia = Calciosomen). Diese fangen einerseits überschüssiges intrazelluläres Calcium ab und reichern andererseits das für viele Zellfunktionen wichtige Calcium an. Somit verwundert es nicht, wenn die MT auch eine wesentliche Rolle bei der pathologischen (= heterotopen) Gewebsverkalkung (S. 134) spielen und in den MT-Grana die ersten Calciumphosphatablagerungen auftreten.

---

[1] letal, lat. = tödlich

A **Cristaeproliferation**
TEM, 20000x

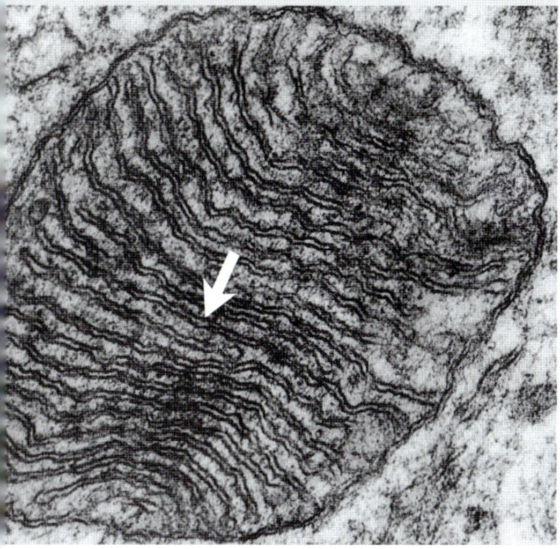

B **Cristaeverlust**
TEM, 10000x

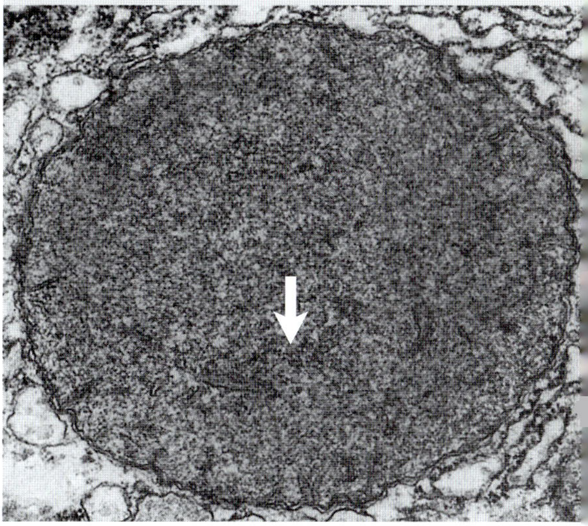

C **Matrixeinschluß**
TEM, 5000x

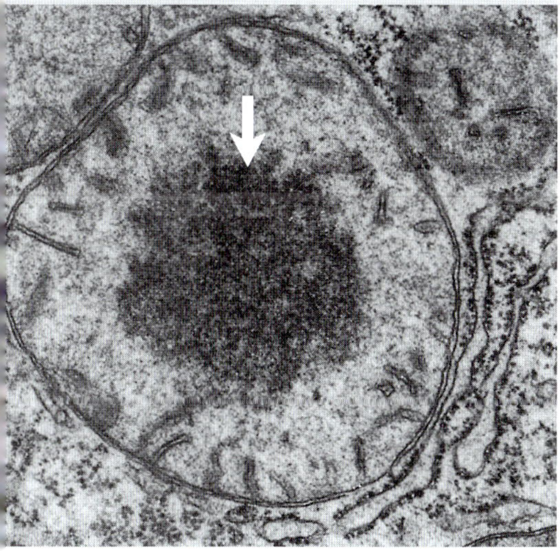

D **Cristaeeinschlüsse**
TEM, 20000x

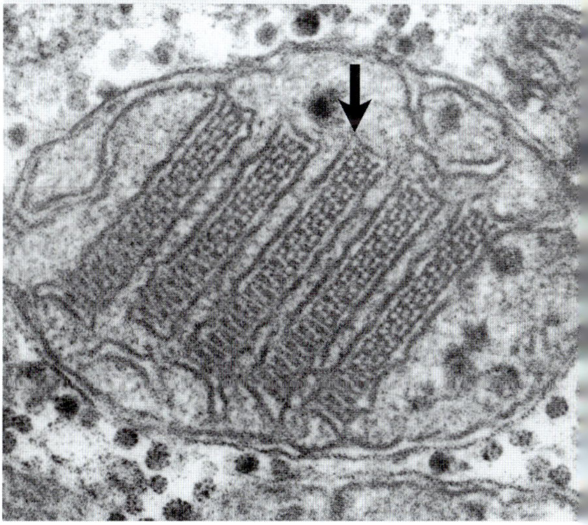

E **Cristaeeinschlüsse**
TEM, 40000x

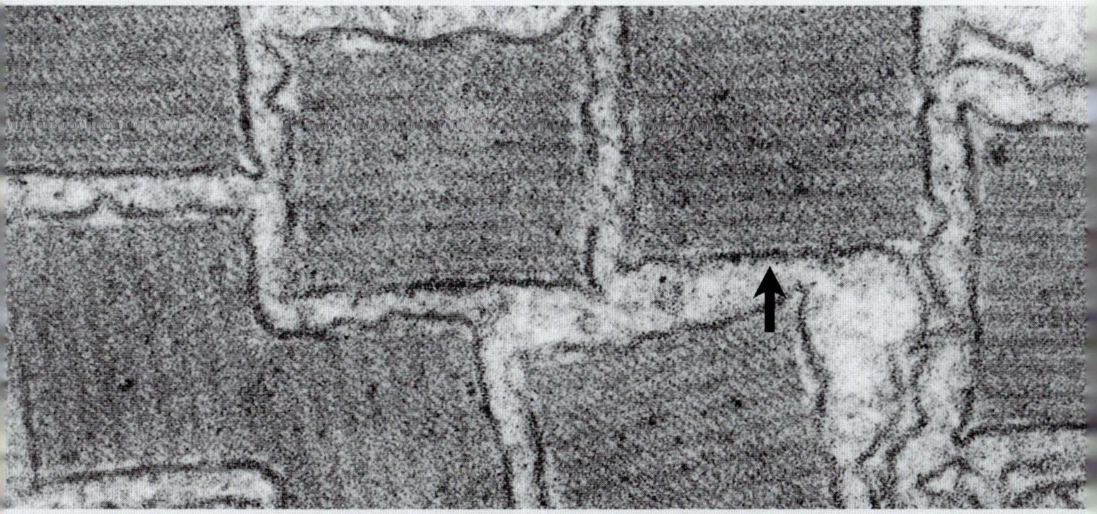

2 Zellpathologie

Mitochondriopathien

Allgemeine Definition: Krankheitsbilder, bei denen sich ein wesentlicher pathogenetischer Prozeß in den Mitochondrien abspielt.

Mitochondriale Myopathien

Definition: Seltene Erkrankungen, die sowohl die Skelettmuskulatur als auch das Gehirn betreffen und folglich als mitochondriale Enzephalomyopathien bezeichnet werden.

Sie gehen auf Störungen folgender Prozesse zurück:
- mitochondrialer Substrattransport,
- mitochondriale Substratverwertung,
- mitochondriale Energiekonservierung,
- mitochondriale Energieüberführung,
- mitochondriale DNS (Mutationen).

Hypoxidosen

Musterkrankheit für Krankheiten bei/wegen gestörter Zellatmung (S. 68).

Definition: Häufige Krankheitsbilder infolge Störung der normalen oxidativen Energiegewinnung (► A). Hypoxidosen zählen zu den möglichen Ursachen der Herzinsuffizienz (s. Merke).

Hypoxämische[1] Hypoxidosen (► B)

Pathogenese: Verminderter O_2-Gehalt des arteriellen Blutes (= Hypoxämie) aufgrund folgender Ursachen:
- verminderter O_2-Partialdruck in der Außenluft (Höhenkrankheit!),
- gedrosselte O_2-Zufuhr (= Ventilationsstörung),
- gedrosselte pulmonale Blutzufuhr (= Perfusionsstörung),
- blockierter pulmonaler Gasaustausch (= Diffusionsstörung),
- gestörter O_2-Transport und -Aufnahme durch Erythrozyten.

Ischämische[2] Hypoxidosen (► C)

Pathogenese: Unzureichende Gewebsversorgung mit arterialisiertem Blut (= Ischämie) → Mangel an O_2 und oxidierbaren Substraten → defiziente Entsorgung der Stoffwechselschlacken (v. a. von CO_2) im Gewebe → Gewebsazidose.

Folgezustände:
- akute Ischämie → Nekrose (S. 74),
- chronische Ischämie → degenerative Verfettung (S. 49), Fibrose (S. 23).

Hypoglykämische Hypoxidosen (► D)

Pathogenetische Ursachen:
- *Maldigestion:* unzureichende Bereitstellung oxidierbarer Substanzen wie Glucose durch mangelhafte Nahrungszufuhr, Verdauung (S. 82);
- *Malabsorption:* unzureichende Substrataufnahme im Darmtrakt (S. 82).

Histotoxische Hypoxidosen (► E)

Pathogenetische Ursachen: Blockierung der intrazellulären Energiegewinnung infolge Behinderung folgender Prozesse:
- zelluläre Stoffaufnahme,
- Substratoxidation,
- Elektronentransportkette (z. B. Blausäurevergiftung),
- Koppelung der oxidativen Phosphorylierung und ATP-Bildung (z. B. Bakterientoxine).

! **Merke:** *Ursachen der Herzinsuffizienz:*
- Myokardiozytenzerstörung,
- gestörte β-adrenerge Signaltransduktion (zu wenig Hormon, zu wenig Rezeptoren),
- gestörte intrazelluläre Calciumverfügbarkeit,
- Hypoxidose.

Mitochondriale Autoantikörper

Definition: Autoreaktive Antikörper (S. 160) gegen Mitochondrienbestandteile (= AMA).

Beispiele: Man findet AMA bei einigen Erkrankungen mit selbstzerstörerisch verlaufender Entzündung (= Autoimmunerkrankung; S. 180):
- ***Pseudolupus*** (AMA in 100 % der Fälle) = Lupus-erythematodes-artiges Krankheitsbild (S. 180) ohne Kernantikörper (keine Beteiligung der Nieren oder des ZNS!).
- ***Primär biliäre Zirrhose*** (AMA in 98 % der Fälle) = autoaggressiv-entzündliche Zerstörung der Gallengänge mit bis zur Leberzirrhose (S. 42) fortschreitender Vernarbung.
- ***Chronisch-aggressive Hepatitis*** vom lupoiden Typ (AMA in 30 % der Fälle) = autoaggressiv-entzündliche Zerstörung der Leberzellen, bis zur Leberzirrhose (S. 42) fortschreitend.
- ***Lymphozytäre Thyreoiditis Hashimoto*** = autoaggresiv-lymphozytäre Zerstörung der Follikel → Schilddrüsenunterfunktion (S. 186).
- ***Sjögren-Syndrom*** = autoaggressiv-lymphozytäre Zerstörung der Tränen- und Mundspeicheldrüsen mit kompensatorischer Wucherung der myoepithelähnlichen Schaltstückepithelien (lymphoepitheliale Läsion) → Trockenheitssyndrom (= Sicca-Syndrom) → trockener Mund, trockene Augen (S. 184).

[1] Hypoxämie, gr. = „Mindersauerstoff-Blut"
[2] Ischämie: ischo, gr. = aufhalten; haima, gr. = Blut

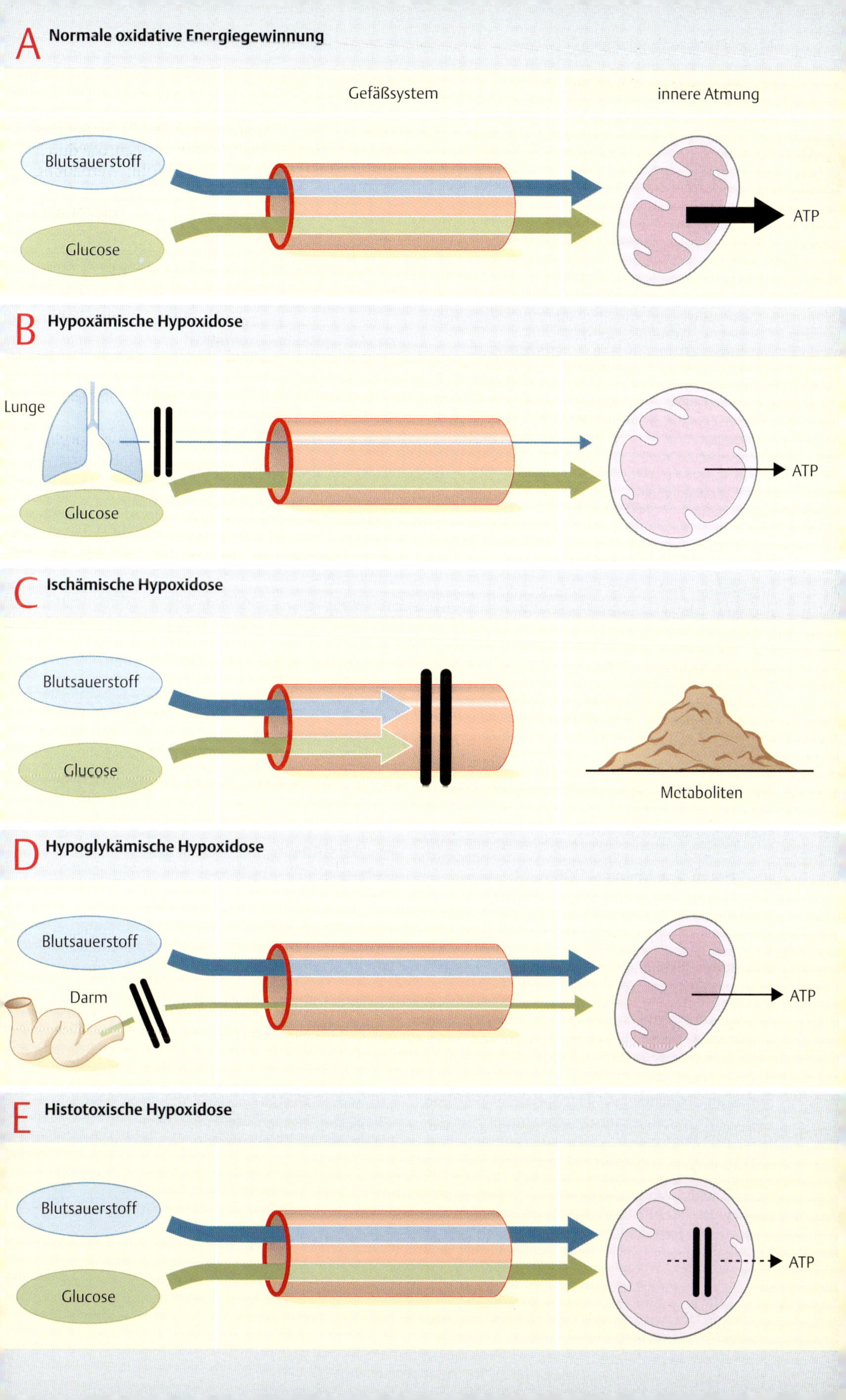
A Normale oxidative Energiegewinnung
Gefäßsystem
innere Atmung
Blutsauerstoff
Glucose
ATP
B Hypoxämische Hypoxidose
Lunge
Glucose
ATP
C Ischämische Hypoxidose
Blutsauerstoff
Glucose
Metaboliten
D Hypoglykämische Hypoxidose
Blutsauerstoff
Darm
ATP
E Histotoxische Hypoxidose
Blutsauerstoff
Glucose
ATP

Peroxisomen-Läsion

Abkürzung: PX = Peroxisomen

Orthologie: Die PX sind kleine Organellen mit Membrankontinuität zum RER (► A) und SER (► B). Ihr Abbau erfolgt durch Selbstauflösung oder Autophagie (s. u.).

Funktionen der Peroxisomen:
Fettstoffwechsel:
- β-Oxidation sehr langkettiger Fettsäuren und von C_{12}-Dicarboxylsäuren aus der ω-Oxidation;
- Phytansäure-α-Hydroxylase → Abbau der C_{20}-verzweigtkettigen Fettsäure aus Chlorophyll.
- Biosynthese von Ätherphospholipiden (= Plasmalogen) → Membranbiogenese.
- 3-Hydroxy-3-methylglutaryl-CoA-Reduktase, → Cholesterol-Biosynthese.

Peroxidabbau: Katalase → H_2O_2-Abbau.
- Kohlenhydratstoffwechsel:
- Reoxidierung von NADH durch L-α-Hydroxysäureoxidase;
- Unterstützung des Fructoseabbaus durch α-Glycerophosphatdehydrogenase.

Gallensäurebiosynthese: Umwandlung von Trihydroxycoprostansäure in Cholsäure.

Peroxisomale Krankheiten

Allgemeine Definition: Erkrankungen wegen primärer Störung einer oder mehrerer PX-Funktionen.

Akatalasämie

Definition und Pathogenese: Erbliche Dysstabilität der Katalase → Mangel an ausreichend verfügbarer Katalase in Leber und anderen Organen.

Klinik: Autosomal rezessiver Erbgang. Selten. Chronisch gangräneszierende Stomatitis (= Mundfäule).

Refsum-Krankheit (s. S. 86)

Zerebrohepatorenales Syndrom

Synonym: Zellweger-Syndrom

Definition: Erblicher PX-Defekt mit Fehlbildungssyndrom.

Pathogenese: Punktmutation des „peroxisome assembly factors" → keine „Endmontage" der PX-Bausteine zu funktionstüchtigen Organellen → gestörter Elektronentransport zwischen Succinatdehydrogenase-Flavoprotein und Coenzym Q, defizienter peroxisomaler Fettsäure- und Phytansäureabbau, defiziente Plasmalogen- und Gallesäurebiosynthese.

Morphologie: Keine katalasehaltigen PX in Hepatozyten, Nierentubuli sowie in anderen Organzellen. Entwicklungsbedingte Fehlgestalt des Gesichtsschädels (= Dysmorphien), Hirnfehlbildungen mit gestörter Markscheidenbildung und kleinen Hirnwindungen (= Mikrogyrie, ► C, D), Hepatomegalie (= Lebervergrößerung) mit Ikterus (= Gelbsucht, S. 108) → Leberzirrhose (S. 42), glomeruläre Mikrozysten der Nieren.

Klinik: Autosomal rezessiver Erbgang. Zerebrale Retardierung mit Epilepsie, Muskelhypotonie, spastische Paresen, Taubheit, Leberinsuffizienz → Tod im Säuglingsalter. Selten!

Adrenoleukodystrophie:

Synonym: familiärer Morbus Addison

Definition: Erbliche neurometabolische Krankheit.

Pathogenese: Defekter „peroxisome assembly factor" → peroxisomaler Enzymdefekt → Hemmung des Abbaus langkettiger Fettsäuren sowie verminderte Plasmalogenbildung in Gehirn und Nebennierenrinde → Fettsäurespeicherung.

Morphologie: Diffuser neurozerebraler Entmarkungsprozeß der weißen Substanz (► E) unter Verschonung der subkortikalen Bahnen; mit spangenförmig gebogenen, plattenartigen Lipideinschlüssen in Gehirn-Abräumzellen (► F), Schwann-Zellen und NNR-Zellen.

Klinik: Manifestationsalter 5 – 10 J. X-chromosomal oder autosomal rezessiver Erbgang. Selten!
- ZNS: Entmarkung der weißen Substanz → sekundäre Degeneration der Kortikospinalbahnen → Paresen, Sehstörungen.
- *Nebennieren:* Rindenatrophie → NNR-Insuffizienz → Morbus Addison (S. 112,186).

Systemischer Carnitinmangel

Definition: PX-Krankheit mit Lipidspeichermyopathie.

Pathogenese: Defizienz der peroxisomalen Carnitinacetyltransferase → Carnitin als Carrier für langkettige Fettsäuren fehlt → keine β-Oxidation der langkettigen Fettsäuren → vakuoläre Fettspeicherung in Muskulatur → Muskelatrophie (= Muskelschwund).

Klinik: Carnitinmangel in Skelettmuskel, Blutserum und Leber → belastungsabhängige Muskelschwäche, Lähmung proximaler und peripherer Muskelgruppen, episodenartige Leber- und Hirndysfunktion. Selten.

A **Peroxisom und RER**
TEM, 10000x

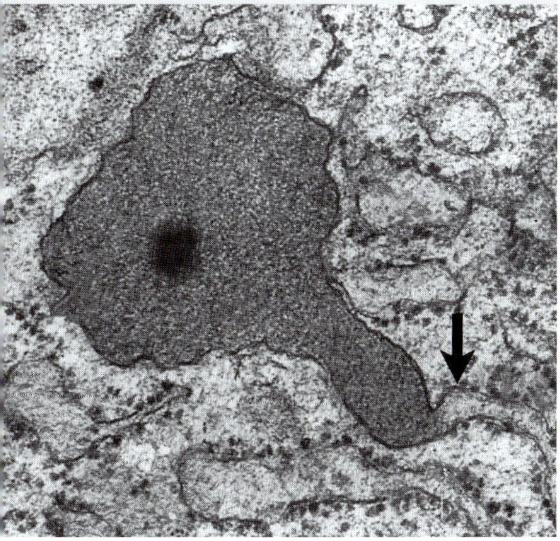

B **Peroxisomen und SER**
TEM, 5000x

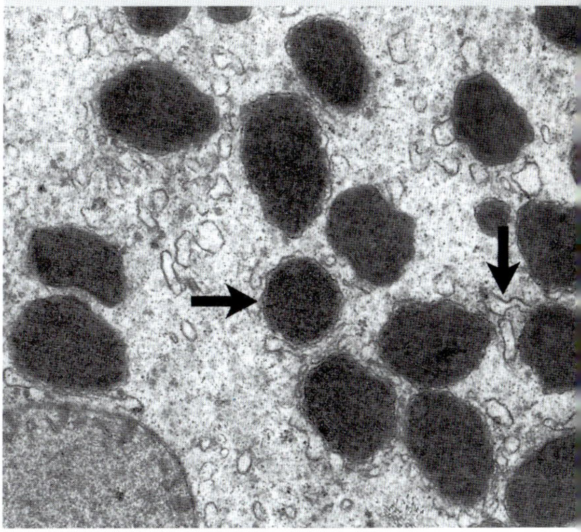

C **Zellweger-Syndrom:** Mikrogyrie

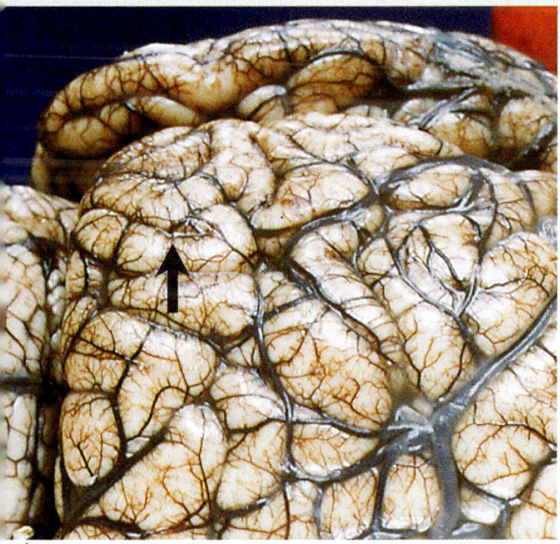

D **Zellweger-Syndrom:** Mikrogyrie

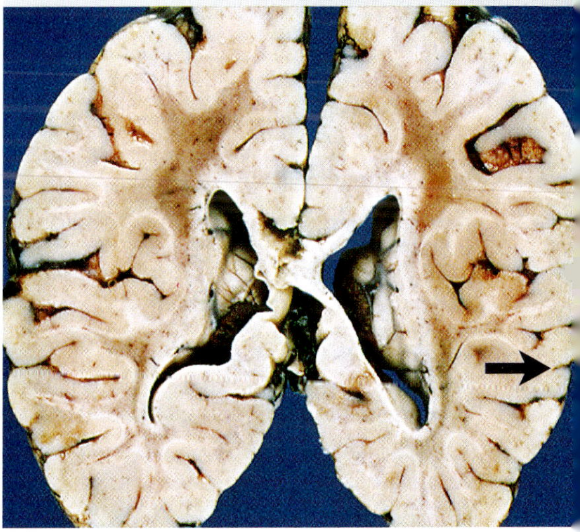

E **Adrenoleukodystrophie:** Entmarkung
GTri, 50x

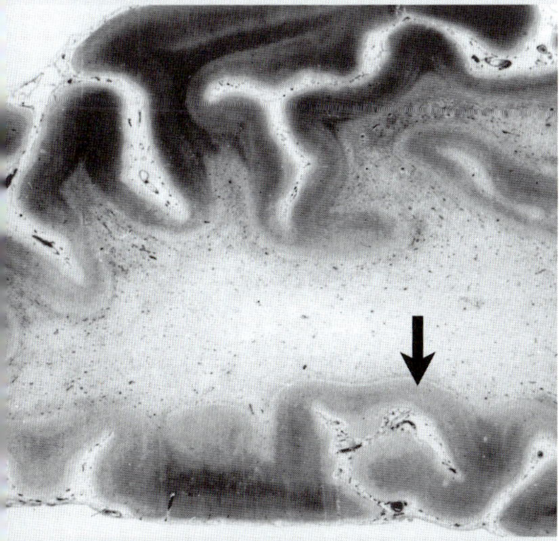

F **Adrenoleukodystrophie:** Abräumzellen
vG, 200x

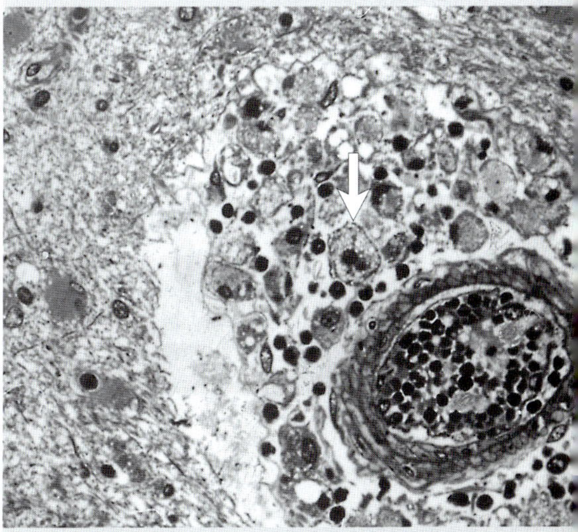

Lysosomale Läsion

Orthologie der Lysosomenfunktionen:
- *Kläranlage:* Verhinderung einer Zellverseuchung durch Abbau von Schadstoffen und Bakterien (= Heterophagie);
- *Betriebsoptimierung:* Abbau unnütz gewordener Zellbestandteile (= Autophagie);
- *Mülldeponie:* Entsorgung von Zellschutt (= Telolysosomen);
- *Recycling:* Wiederverwertung desselben.

Störungen im zellulären Entsorgungssystem führen zu folgenden lysosomalen Krankheiten:
- *Speicherkrankheiten* bei Blockade der Müllbeseitigung und -wiederverwertung;
- *Labilisierungskrankheiten* bei lokalen Flurschäden durch überlaufende Kläranlage;
- *Stabilisierungskrankheiten* bei Zellverschmutzung wegen Bummelstreik der Müllabfuhr.

Die Lysosomenaktivtität wird in folgende Phasen und Funktionskreise aufgeteilt:

Prälysosomale Phase

Heterophagie

Definition: Zelluläre Aufnahme von Fremdmaterial (= Phagozytose) und dessen Abbau.

Die zelluläre Aufnahme zellfremden Materials gliedert sich in folgende 3 Phasen:

Erkennungsphase: Die Freßzelle (= Phagozyt) muß zunächst das Fremdmaterial als solches erkennen (► A, B). Hierzu sind „Aufspür"-Proteine notwendig, z. B. Immunglobuline (S. 160) und C3b-Komplementfaktor (S. 162), welche die Fremdstoffe der Freßzelle schmackhaft machen (= Opsonisierung). Nun können sie von den Phagozytenrezeptoren aufgespürt werden.

Aufnahmephase: Nach Kontaktnahme mit Fremdmaterial reichern sich die „Aufspür"-Rezeptoren auf der Phagozytenmembran am Ort der Kontaktnahme an (► C, D) → Fremdmaterial „klebt" besser auf der Membran. Der Phagozyt bildet tentakelartige Zellausläufer aus (► B) und umschließt damit das Fremdmaterial → Verschmelzung der Tentakelenden → Freßzelle verleibt sich Fremdmaterial samt Rezeptoren in Form einer Verdauungsvakuole (= Heterophagievakuole) ein (► E). Damit sind aber alle Rezeptoren auf der Freßzelloberfläche verbraucht. Die Phagozytosetätigkeit des Phagozyten ist also so lange blockiert, bis Rezeptoren den Fremdstoff loslassen können und an die Zelloberfläche zurückkehren.

Verdauungsphase: Der Kontakt mit dem Freßmaterial aktiviert die Freßzelle. Sie generiert mit ihren Enzymsystemen wie NADPH-Oxidase und NO-Synthase toxische Sauerstoffverbindungen in Form von –OH und H_2O_2 sowie toxische Stickstoffverbindungen in Form von NO. Diese werden mittels Myeloperoxidase zu HClO und mittels NO-Synthase zu Peroxynitril umgewandelt. Beide Verbindungen sind bakteriotoxisch und reichern sich ebenso wie die Hydrolasen aus primären Lysosomen in der lysosomalen Verdauungsvakuole an: Die Verdauung des Fremdmaterials (z. B. eines Bakteriums, ► F) beginnt, und damit die lysosomale Phase (S. 28).

Autophagie

Bei der Autophagie wird zelleigenes Sondergut abgebaut. Dabei wird ein geschädigtes Zytoplasmaareal durch eine Doppelmembran (Golgi-assoziierte RER-Zisterne) abgegrenzt, so daß eine Selbstverdauungsvakuole (= Autophagievakuole) entsteht.

> **Merke:** *Freßzelle = Phagozyt:*
> - Makrophagen → Histiozyten,
> - Neutrophile = „Mikrophagen".

> **Merke:** *RHS-Blockade:*
> In bestimmten Fällen, wie Shwartzman-Sanarelli-Reaktion und Kreislaufschock (S. 394), fallen im zirkulierenden Blut kleinste Fibringerinnsel an. Sie werden unter „Verbrauch" der zuständigen Rezeptoren phagozytiert. Daraus resultiert eine vorübergehende Blockade aller Makrophagen des retikulohistiozytären Systems (= RHS-Blockade).

> **Merke:** Die plötzliche Generierung von toxischen Sauerstoffmetaboliten durch Neutrophile und Makrophagen wird auch als „respiratory burst"-Reaktion bezeichnet.

A **Phagozytose:** Erkennungsphase

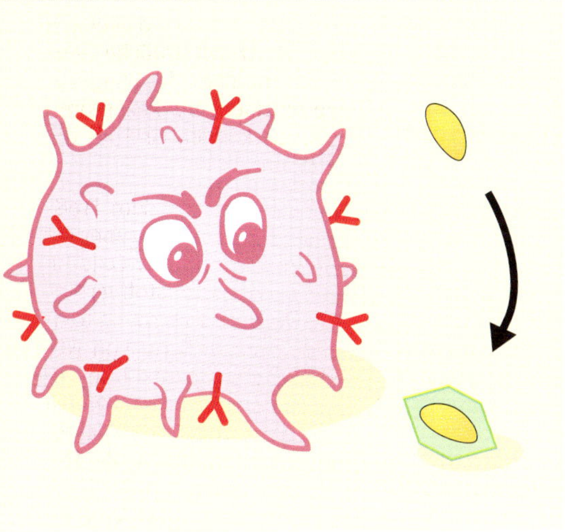

B REM, 1000x

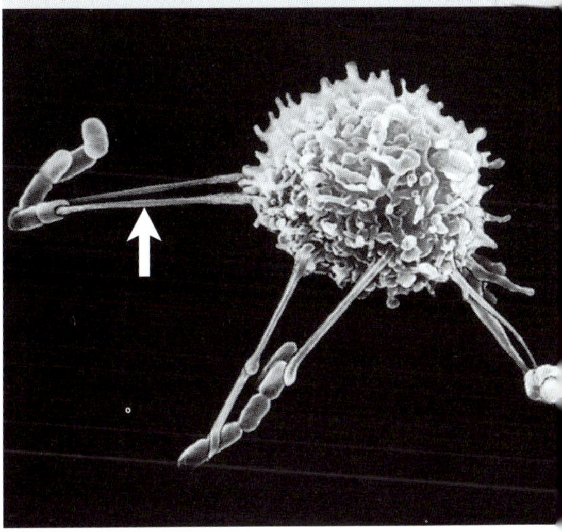

C **Phagozytose:** Aufnahmephase

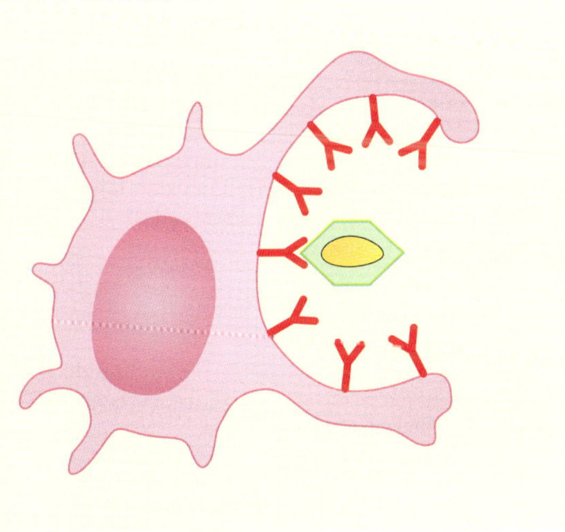

D TEM, 2000x (B=Bakterium)

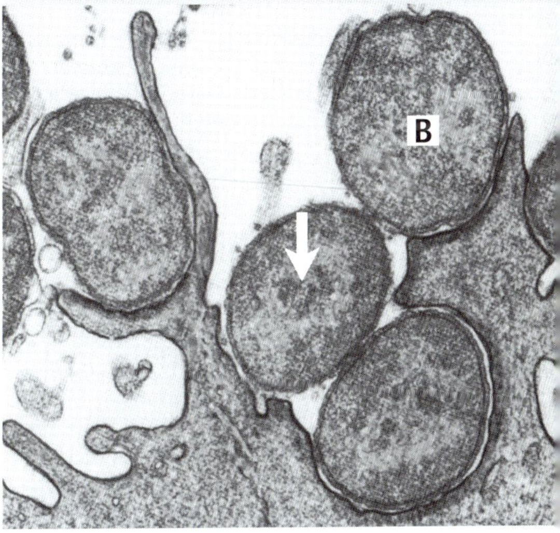

E **Phagozytose:** Verdauungsphase

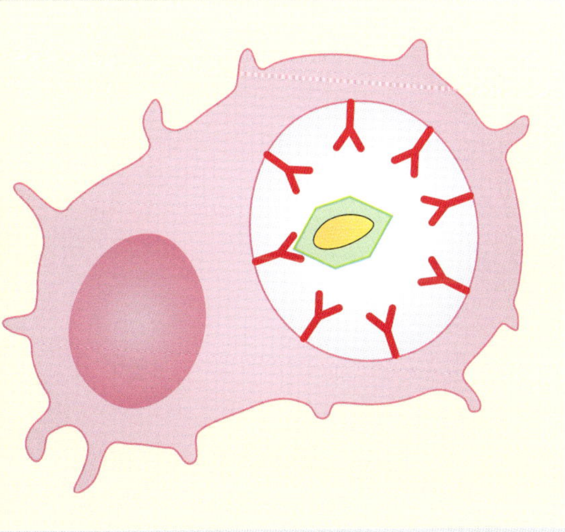

F TEM, 2500x (M=Mitochondrium)

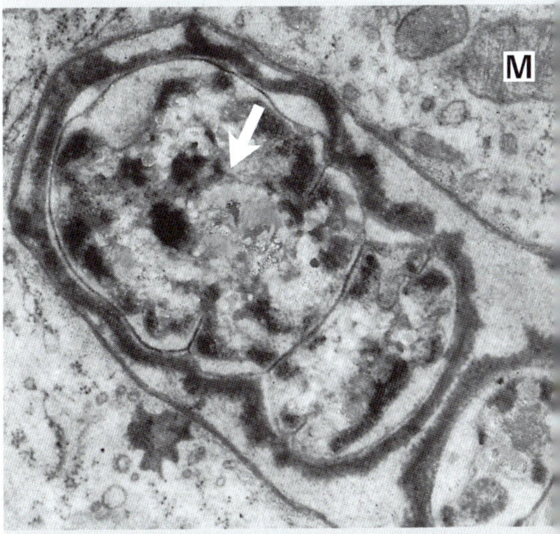

Lysosomale Phase

Heterophagie

In der lysosomalen Phase verschmilzt die Heterophagievakuole samt Fremdinhalt (z. B. Goldpartikel, ► A) zur Abgabe ihrer Verdauungsenzyme mit einem intrazellulären Hydrolasebehälter (primäres Lysosom). Dadurch entsteht ein Heterophagosom: Der Abbau beginnt.

Autophagie

Ist das für den lysosomalen Abbau vorgesehene Zytoplasmaareal in Form einer Autophagievakuole umschlossen (= Segregation, ► B), werden durch Auflösung der inneren Vakuolenmembran sowie durch Fusion mit lysosomalen Hydrolasebehältern katabole Enzyme eingeschleust. Aus dem Autophagosom wird ein Autophagolysosom: Die Verdauung beginnt.

Postlysosomale Phase

Die Auto- und Heterophagolysosomen können, wenn der Abbau des intravakuolären Materials abgeschlossen ist, in der postlysosomalen Phase entweder als Telolysosomen (= Restkörper → lysosomale Lipopigmente) in der Zelle verweilen oder über Exozytose in Form einer zellulären Defäkation in den Extrazellulärraum ausgeschieden werden.

Lysosomale Lipopigmente

Pathogenese: In alternden Telolysosomen führt oft eine zunehmende Ansammlung nicht endgültig abbaubarer Substanzen zu pigmentierten Restkörpern. Die gelbliche oder später braune Eigenfarbe dieser Pigmente beruht auf ihrem Gehalt an oxidativ vernetzten Fettsäuren. Ultrastrukturell bestehen die Restkörper aus Lipidtropfen (► C1), myelinartig angeordneten Strukturen (► C2) und amorph-granulärem Material (► C3).

Die lysosomalen Lipopigmente lassen sich formalpathogenetisch in zwei Hauptgruppen unterteilen:

Lipofuszin[1]: Die Lipopigmentbildung nimmt mit dem Zellalter zu. So fallen beim alten Menschen in zentrolobulären Hepatozyten und in Myokardiozyten reichlich gelbbraune Lipofuszinkörnchen auf (► D; s. a. S. 114). Dadurch bekommen gealterte Organe eine dunkelbraune Gewebsfarbe (Altersatrophie, S. 124). Wegen ihres Hinweises auf das Zellalter und ihres Vorhandenseins in Telolysomen hat L. Aschoff die Lipofuszine1910 auch als „Abnützungspigment" bezeichnet.

Zeroid[2]: Ein gesteigerter Lipidumsatz in Makrophagen führt zu einem mehr grobscholliq homogen erscheinenden Lipopigment, das als Zeroid bezeichnet wird (► E). Histochemisch (Ziehl-Neelsen-Färbung für wachshüllenhaltige Bakterien) färbt sich Zeroid wie die Wachshüllen von Mykobakterien rötlich an (► F). Zeroid wird typischerweise in der Leber im Resorptionsstadium einer akuten Virushepatitis (S. 240) oder im resorptiven Granulationsgewebe (S. 224) um Blutungsherde beobachtet. Im Falle eines gleichzeitigen Hämoglobinabbaus kann Zeroid auch mit dem eisenhaltigen Hämosiderinpigment untermischt sein (S. 106).

> **!** **Merke:** *Färbeverhalten der Lipofuszine:*
> - PAS-Reaktion: negativ,
> - Eisen-Reaktion: negativ.

> **!** **Merke:** *Zeroid/Lipofuszin:*
> - Zeroide (= „Abräumpigment"): Entstehung durch Heterophagie in Makrophagen;
> - Lipofuszin („Alterungspigment", „Abnützungspigment"): Entstehung durch Autophagie in Organzellen.

[1] Lipofuszin: fuscus, lat. = gelb
[2] Zeroid: cera, lat. = Wachs

A Heterophagie von Goldpartikeln
TEM, 2000x

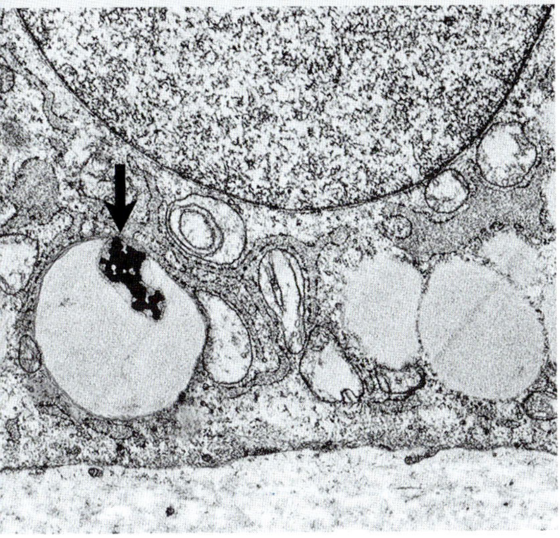

B Autophagie: Abgegrenztes Zytoplasmaareal
TEM, 2000x

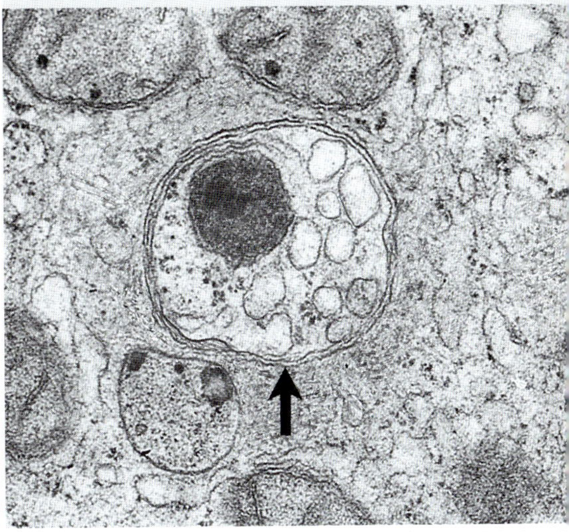

C Lipofuszin (Hepatozyt)
TEM, 10000x

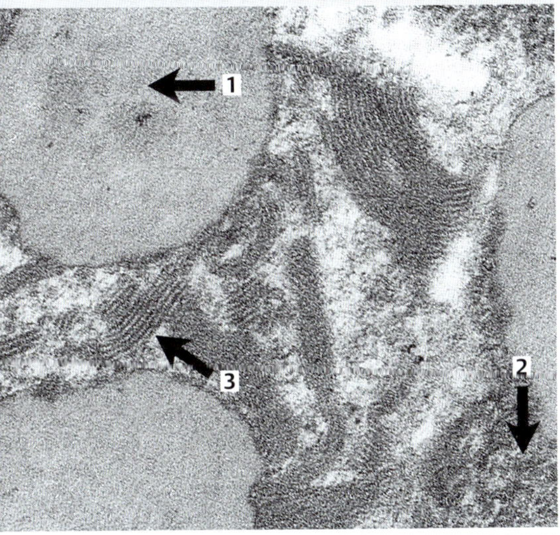

D Lipofuszin (Hepatozyten)
HE, 600x

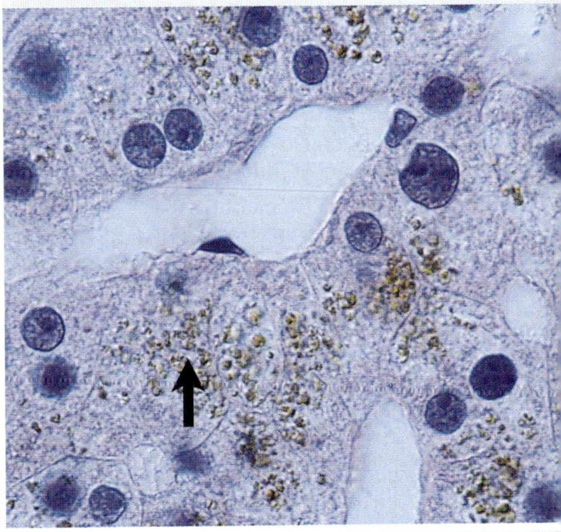

E Zeroid (Sternzellen)
HE, 600x

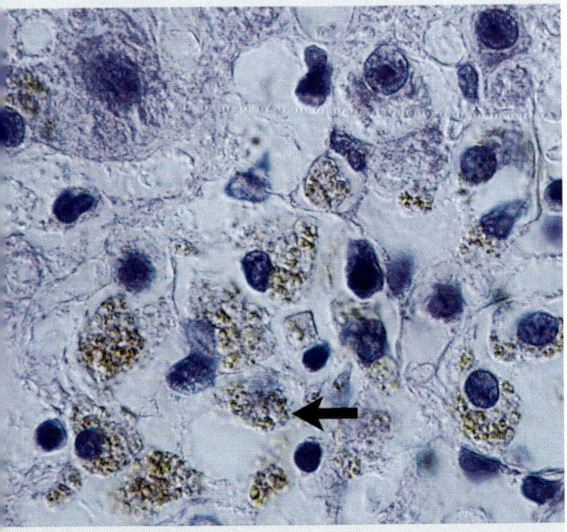

F Zeroid (Sternzellen)
PAS, 600x

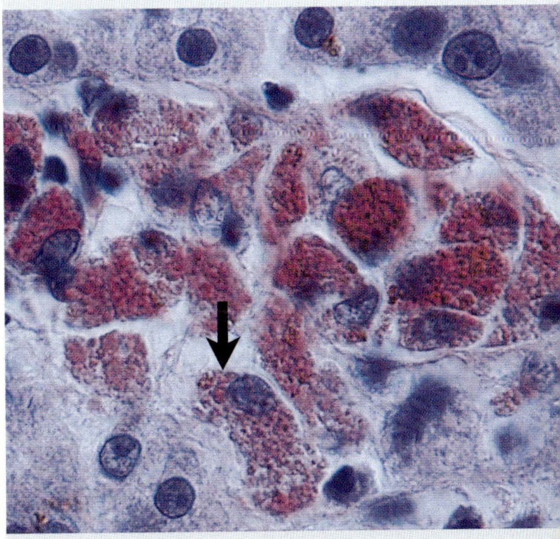

Lysosomale Krankheiten

Sie beruhen auf folgenden Mechanismen:
- verzögerte lysosomale Enzymfreisetzung,
- gesteigerte lysosomale Enzymfreisetzung,
- lysosomaler Enzymmangel.

Verzögerte Enzymfreisetzung

Chediak-Higashi-Syndrom

Definition: Seltene, erbliche (lysosomale) Stoffwechselkrankheit mit leukozytären „Riesengranula", okulokutanem Albinismus (S. 112), eitrigen Infektionen, Hepatosplenomegalie.

Pathogenese: Mutationsbedingte, übergroße Primärlysosomen mit Fusionsschwäche bei autosomal rezessivem Erbgang. Folgen davon:
- Riesengranula (= primäre Lysosomen) in Granulozyten (Lympho-, Monozyten).
- Bildung von Phagolysosomen gestört → Behinderung der Phagozytose → defiziente Infektabwehr → Infekte mit Eitererregern → Frühsterblichkeit.
- Aufnahme pigmenthaltiger Melanosomen in die Hautkeratinozyten gestört → Pigmentierungsblock → okulokutaner Albinismus (S. 112, 196).

Gesteigerte Enzymfreisetzung

Freisetzung ohne Phagozytose: Bei akuten Entzündungen durch physikalische, bakterielle, virale Noxen, Immunkomplexe mit Komplementaktivierung (S. 162).

Freisetzung nach Phagozytose: Viele Fremdkörper werden phagozytiert, ohne die Phagozyten zu schädigen. Ausnahme: kristalline Substanzen wie Quarz (S. 236), Oxalate (S. 98) und Urate (S. 102). Diese verkleben über Wasserstoffbrükken mit der Phagosomenmembran → Membraneinriß im Rahmen der Zelleigenbewegung → Freisetzung von Proteasen → Weichgewebsentzündung.

Lysosomaler Enzymmangel

Synonyme: Lysosomale Speicherkrankheiten, lysosomale Thesaurismosen.

Allgemeine Definition: Erbliche Krankheiten mit intrazellulärer Speicherung von lysosomal nicht abbaubaren Stoffwechselprodukten in sog. Speicherlysosomen.

Der lysosomalen Enzymbestückung entsprechend werden Metabolite nachstehender Stoffgruppen gespeichert:
- Kohlenhydrate → Glykogenosen (S. 76);
- Lipide → Gangliosidosen (S. 94), Sphingolipidosen (S. 92);
- Mukopolysaccharide → Mukopolysaccharidosen (S. 66), Mukolipidosen (S. 66).

Allgemeine Kausalpathogenese: Mißverhältnis zwischen lysosomaler Enzymausstattung und dem im Rahmen der Auto-/Heterophagie zum hydrolytischen Abbau anfallenden Material → das nicht abbaubare Material bleibt in der Zelle zurück und wird in Vakuolen (Speicherlysosomen) gespeichert vakuoläre Zytoplasmaumwandlung in den Speicherzellen → Speicherzellen sammeln sich im Gewebe an.

Die resultierende Zell- und Gewebsschädigung geht auf einen der folgenden Prozesse zurück:
- funktionelle Störung des Zellstoffwechsels wegen räumlicher Beengung durch lysosomales Speichermaterial (► B, C, D),
- Zelltod durch unvollständig entgiftete Abbauprodukte,
- sekundäre Enzyminaktivierung durch lysosomales Speichermaterial,
- funktionelle Zellschädigung durch beeinträchtigtes Recycling von Stoffwechselzwischenprodukten.

Klinisches Resultat: Bildung vergrößerter, funktionell ineffektiver Speicherorgane (Organ-„megalie").

Allgemeine Formalpathogenese: Die Beschaffenheit des lysosomalen Speicherprodukts hängt grundsätzlich von der Substratspezifität des defizienten Enzyms ab:

1 Enzym → 1 Substrat: defektes Enzym greift normalerweise nur 1 Stoffgruppe an → Speicherlysosomen (► A1) enthalten nur 1 homogenes Material (z. B. Glykogenose Typ II, S. 76).

1 Enzym → 2 Substrate: defektes Enzym greift normalerweise 2 Substrate an → 2 Speicherlysosomen-Typen (► A2). Zu ihnen können je nach Organzelle noch Vakuolen des telolysosomalen Formenkreises hinzukommen (z. B. Morbus Wolman).

1 Enzym → mehrere Substrate: defektes Enzym greift normalerweise mehrere Substrate an → Polymorphie (► A3) des gespeicherten Materials (z. B. GM_1-Gangliosidose, ► D; S. 94).

A **Lysosomaler Enzymmangel** (Speicherkrankheiten)

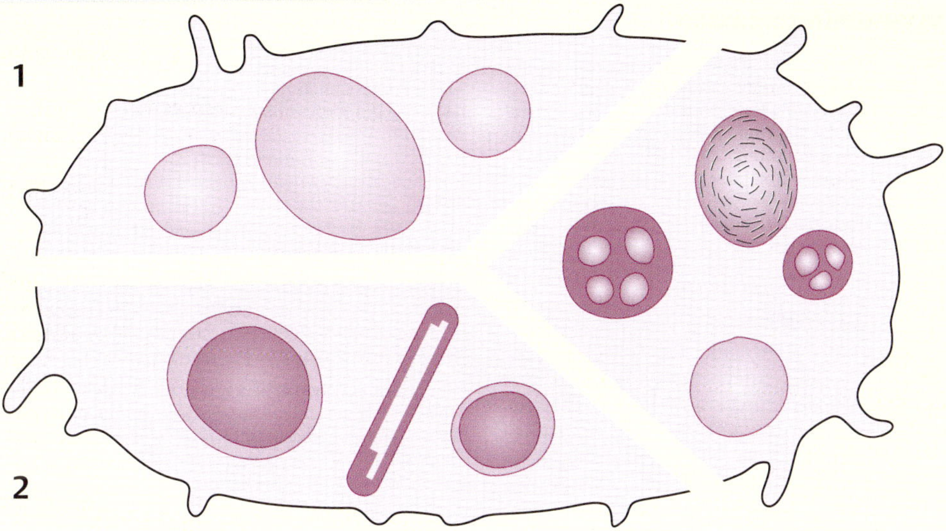

B **Normal-Hepatozyt** (Ultrastruktur)
TEM, 5000x (N=Zellkern; M–Mitochondrium)

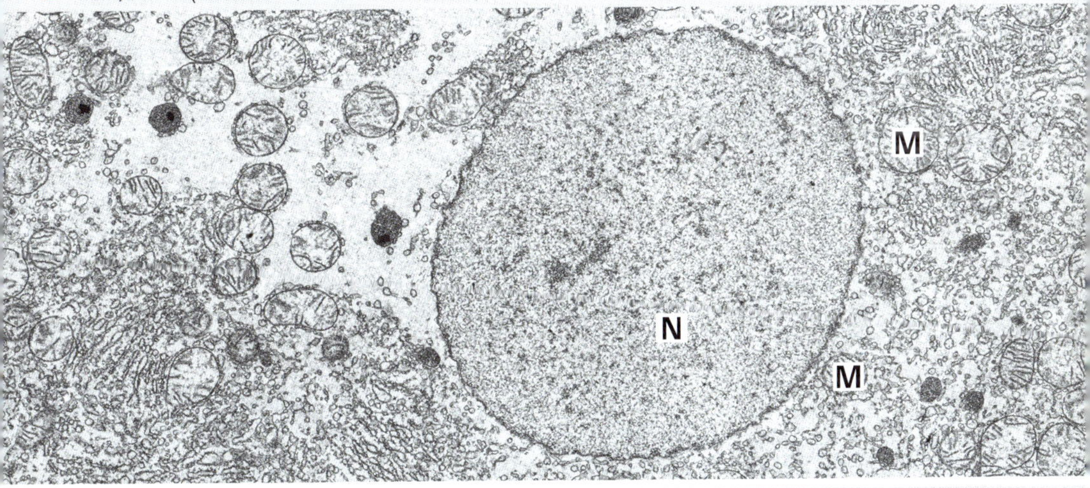

C **Mukolipidose Typ IV**
TEM, 5000x (N=Zellkern; M=Mitochondrium)

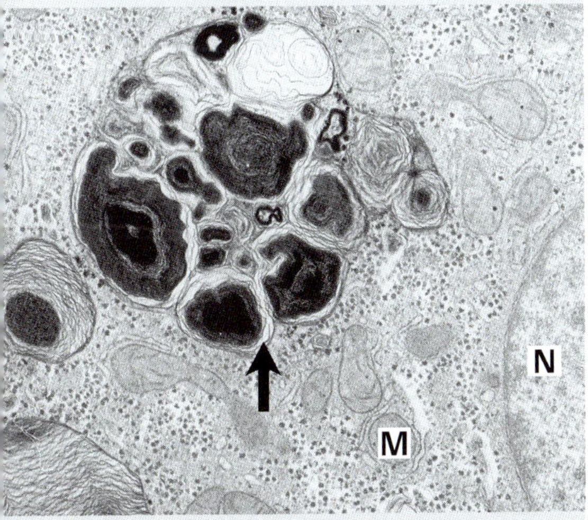

D **GM_1-Gangliosidose Typ I**
TEM, 5000x (N=Zellkern; M=Mitochondrium)

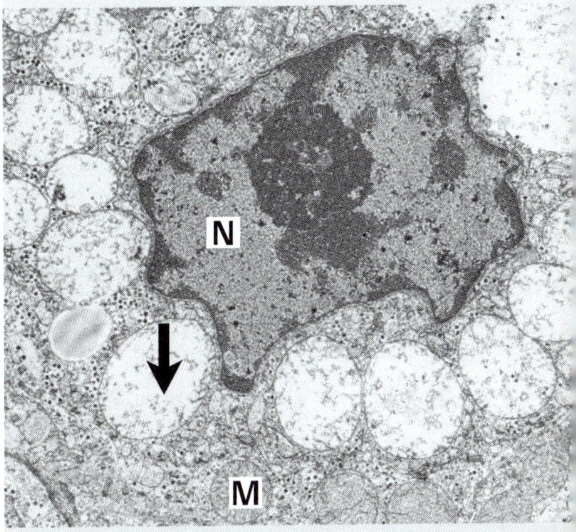

Zytomembran-Läsion

Orthologie: Die äußere Zellmembran reguliert zusammen mit dem inneren Membransystem den Stoffaustausch zwischen den verschiedenen Zellkompartimenten. Sie grenzt die einzelnen Zellen von ihren Nachbarn ab und enthält Rezeptoren, über die sie Signalstoffe (= Liganden) erkennt. Deren Botschaft wird über ein zellinternes Kommunikationssystem zum Zellkern als ausführende Organelle weitergeleitet. Dazu trägt auch das Zytoskelett bei, mit dem die Zellmembran verbunden ist.

Apikales Zellödem

Definition und Pathogenese: Bei Zellschädigungen durch defizienten Energiestoffwechsel (z. B. Ischämie) fällt die Verankerung des Mikrotubuli- und/oder des perizellulären Mikrofilamentsystems aus (S. 34) → blasenförmige Aussackung der Zellmembran durch Zellödem im Bereich der Zellspitze (= Zellapexbereich, ► A). Nach Reperfusion und adäquater Energieversorgung der Zelle werden die apikalen Zellblasen sequestriert → die Zelle wird vorübergehend schmaler (S. 69).

Klinisches Beispiel: Akutes Nierenversagen beim Kreislaufschock: apikales Zellödem in Nierentubuli → Tubulusverstopfung → Anurie (keine Harnproduktion) → Sequestrierung → Epithelabflachung → Aspekt der „weiten Tubuli" (► B).

Kommunikationsstörung

Pathogenese: Als Zeichen dafür, daß Tumorzellen ihre Zellspezifität durch Veränderung ihrer genetischen Ausstattung eingebüßt haben, verschwinden die typische Oligosacharidbestükkung auf ihrer Zellmembran (= Lektinbindungsstellen[1]) in Form von Blutgruppenantigenen und/oder die Adhäsionsmoleküle, die sie als Normalzellen noch hatten → Verlust der Zell-Zell-/ Zell-Matrix-Kommunikation → Tumorzellen teilen sich trotz Kontakt mit Nachbarzellen weiter (= keine Kontaktinhibition; S. 338, 344).

Merke: *Lektine* = (Glyko-)Proteine (meist aus Pflanzensamen, Wirbellosen) mit spezifischer Bindung an bestimmte Oligosaccharide.

Rezeptor-Läsion

Orthologie: Die verschiedenen Signalsubstanzen (= Liganden) der Zelle werden durch spezifische Rezeptorproteine erkannt (► C1). Die Zelloberflächenrezeptoren bestehen aus extrazellulären, intramembranösen und intrazellulären Anteilen. Aufgabe des extrazellulären Rezeptoranteils ist die Signalerkennung.

Die Signalübermittlung beginnt oft mit der Bindung des Ligand-Rezeptor-Komplexes an *G-Proteine* (► C2). Diese dissoziieren nach Austausch des von ihnen gebundenen GDP mit GTP vom Rezeptor ab → Anheftung an Adenylatcyclase mit Aktivierung → Bildung von cAMP. Dieses wiederum stimuliert die zytosolische Proteinkinase-C, welche das Effektorprotein durch Phosphorylierung aktiviert und die spezifische Zellantwort auslöst. Nach Hydrolyse des GTP durch das G-Protein löst dieses sich wieder von der Adenylatcyclase und verbindet sich erneut mit dem Rezeptor.

Das Rezeptorenzym kann aber auch selbst eine *Tyrosinkinase* sein (► C3), so daß die Ligand-Rezeptor-Bindung zur Autophosphorylierung des Rezeptorenzyms und damit zur Aktivierung des Effektorproteins führt.

Bei einigen Zelloberflächenrezeptoren besteht das Rezeptorenzym aus einer *Phosphodiesterase* (► C4), welche das Phosphatidyl-Inositol-Bisphosphat zu Inositol-Triphosphat und Diacylglycerin überführt und eine intrazelluläre Calciumanreicherung nach sich zieht.

Schließlich gibt es auch *Calciumkanal-assoziierte Rezeptoren* (► C5), die nach Ligandbindung zur Öffnung von transmembranösen Calciumkanälen führen.

Rezeptorstörung: Sie beruht auf folgenden Prozessen:

- ein atypisches Hormon besetzt den Rezeptor, aber stimuliert den Effektor nicht;
- Antikörper verbinden sich mit den Rezeptorbindungsstellen;
- Antikörper mit hormonartiger Wirkung besetzt den Rezeptor und stimuliert den Effektor;
- ein Überschuß an Hormon A kann die Rezeptorbindung für Hormon B unterdrücken oder verstärken;
- die Rezeptorzahl wird nicht mehr umgekehrt proportional zur zirkulierenden Hormonmenge gesteuert;
- die Koppelung zwischen Bindung des Liganden und Aktivierung des Effektors bleibt aus;
- der Ligand (= Hormon, Wachstumsfaktor) wird von derselben Zelle gebildet, die auch die entsprechenden Rezeptoren dafür exprimiert (= autokrine Sekretion, S. 321);
- Mutation des Rezeptors.

[1] Lektine: legere, lat. = herauslesen

A Apikales Zellödem
TEM, 5000x

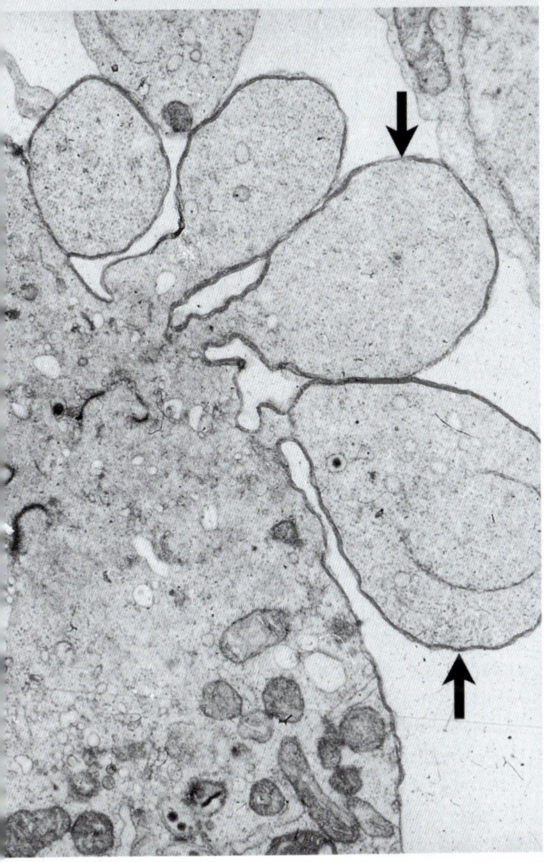

B Apikales Zellödem
100x

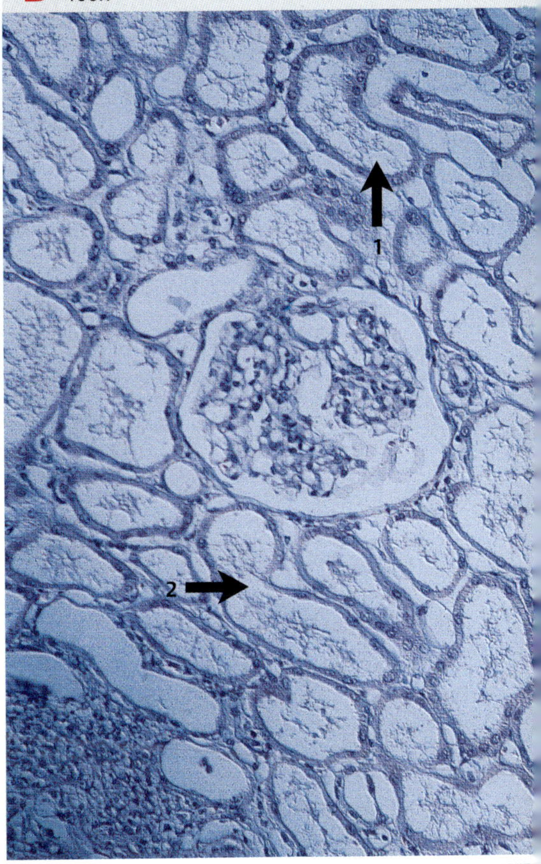

C Rezeptorstörungen

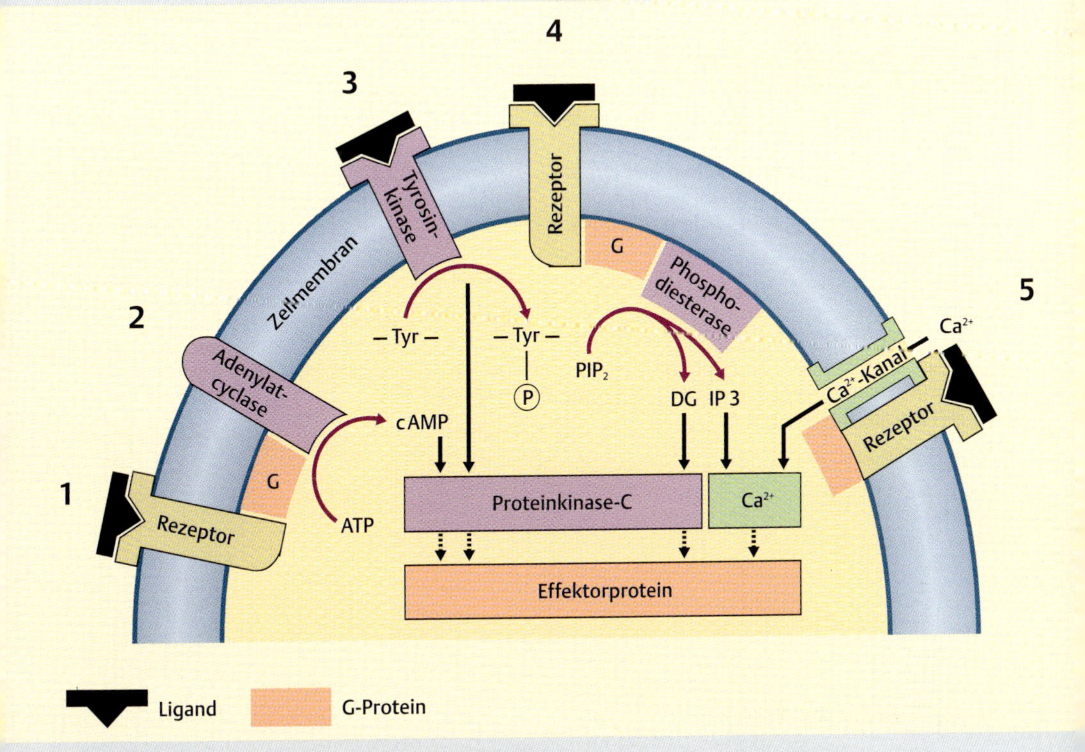

Zytoskelett-Läsion

Orthologie des Zytoskeletts:

Mikrotubuli: spiralig zu ultrastruktureller Röhrenform angeordnete, globuläre Proteine (= Tubulin) → Signalübertragungs-, Gerüst-, Transportfunktion.

Intermediärfilamente: Sie kommen in folgenden 6 Arten vor:

- *Keratin* = epitheltypisch: enge Beziehung zu Desmosomen → Scherkraftresistenz;
- *Desmin* = muskeltypisch: enge Beziehung zu muskulären Z- und Glanzstreifen;
- *Vimentin* = mesenchymtypisch: enge Beziehung zum Zellkern (Zellkernverankerung);
- *Neurofilamente*: intrazelluläre Verankerungs-, Signalüberträgerfunktion,
- *Gliafilamente*: intrazelluläre Verankerungs,- Signalüberträgerfunktion.
- *Aktinfilamente*: Sie sind 6 nm dick und liegen meist unter der Zellmembran. Sie stellen gewissermassen eine zellinterne „Muskulatur" dar. Anheftung an gleiche Membranmoleküle wie außen die Fibronektinfilamente.

Mikrotubuli-Läsion

Polymerisierungsblock

Pathogenese: Wegen gehemmter Tubulin-Selbstaggregation kommt es zur Hemmung folgender Prozesse:

- Mitose,
- Sekretausschleusung und
- Lysosomenfreisetzung.

Beispiel: Colchizin-Therapie bei Gichtanfall (S. 102).

Mikrofilament-Läsion

Helikale Doppelfilamente

engl.: paired helical filaments

Definition: In den Nervenzellen als grobfädige, zopfartige Verdichtungen (► A2) imponierende Filamentläsionen. Sie sind Ausdruck einer Zytoskelettstörung (► A1) und bestehen aus hypophosphorylierten Neurofilamenten, mikrotubuliassoziierten Proteinen und dem Streßprotein Ubiquitin.

Beispiel: Morbus Alzheimer (S. 126).

Lewy-Korpuskel

Definition: Kreisrunde, eosinophile Zytoplasmaeinschlüsse aus Neurofilamenthaufen und dem Streßprotein Ubiquitin (► B).

Beispiel: Morbus Parkinson (S. 114).

Mikrofilamentretraktion

Pathogenese: Durch Blockierung des Energiestoffwechsels wird die kontaktvermittelnde Verknüpfung der Mikrofilamente mit dem restlichen Zytoskelett gelöst. Als Folge davon stülpt sich an solchen Stellen die Zellmembran blasenartig aus (► C) → apikales Zellödem (S. 32).

Beispiele: Organischämie, Apoptose-Frühphase (S. 128).

Intermediärfilament-Läsion

Aktinkorpuskel

Definition: PAS-positive Aktinfilamentknäuel in Myofibroblasten (► D).

Beispiel: Infantile digitale Fibromatose = knotenförmige, tumorartige Läsion aus gewucherten (Myo-) Fibroblasten im Fingerknöchelbereich von Kindern.

Mallory-Korpuskel

Pathogenese: Sie leiten sich vom keratinhaltigen Zytoskelett mit Beimengungen von Ubiquitin (= Streßprotein) her, grenzen oftmals geschädigte Zytoplasmabezirke ab (wobei unklar ist, ob sie Ursache oder Auswirkung der Schädigung sind) und locken nach Zerstörung der Zellmembran Leukozyten an, so daß sich diese um die Mallory-Korpuskel wie Schakale ums Lagerfeuer versammeln.

Histologie: meist perinukleär gelegene, hirschgeweihförmige hyaline Körperchen (= epitheliales Hyalin, ► E).

Ultrastrukturell bestehen sie aus Intermediärfilamenten (► F) mit „ausgefranster" Korpuskelkontur.

Beispiel: Alkoholhepatitis (S. 144).

> **Merke:** Mallory-Korpuskel sind Hinweis auf, aber nicht Beweis für einen alkoholtoxischen Leberschaden!

Die bisher besprochen Krankheiten beruhen auf Enzymdefekten und Funktionsstörungen bestimmter Zellorganellen. Im folgenden werden Krankheiten erörtert, die durch abartige Auf- oder Abbauprozesse der Extrazellulärmatrix ausgelöst werden. Sie repräsentieren Störungen des Strukturstoffwechsels.

A **Alzheimer-Fibrillen**
Ag, 200x

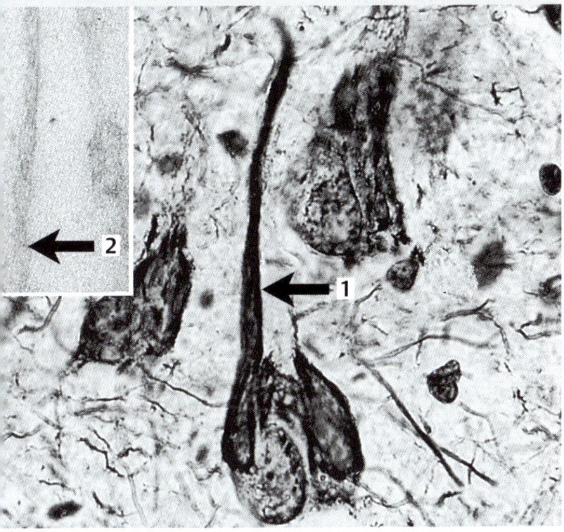

B **Lewy-Korpuskel**
200x

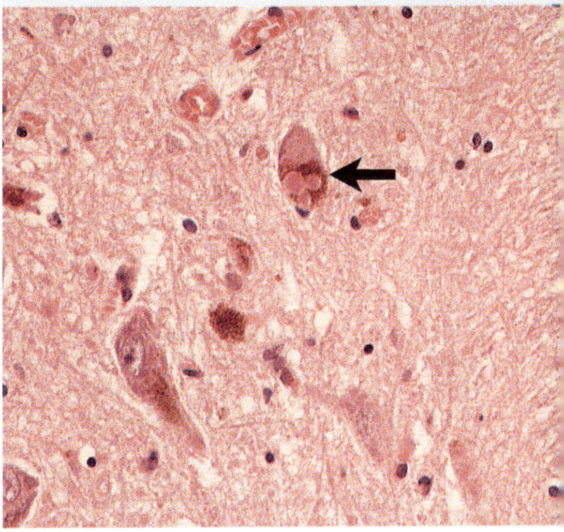

C **Mikrofilamentretraktion**
TEM, 3000x

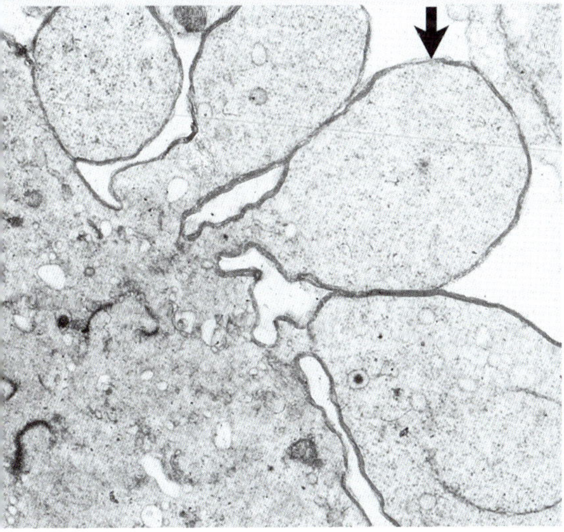

D **Aktinkorpuskel**
PAS, 200x (N=Zellkern)

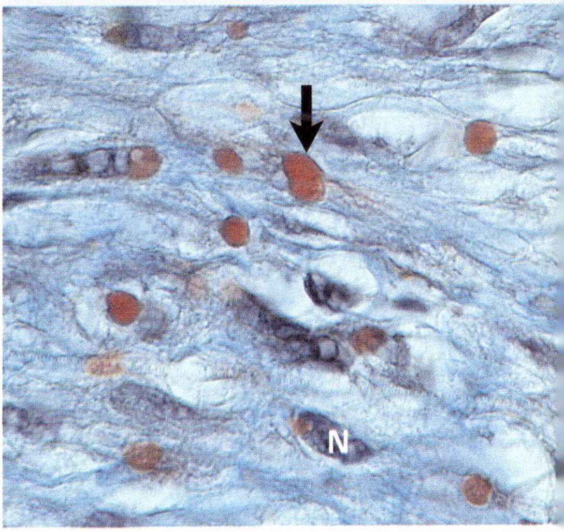

E **Mallory-Korpuskel**
600x (N=Zellkern)

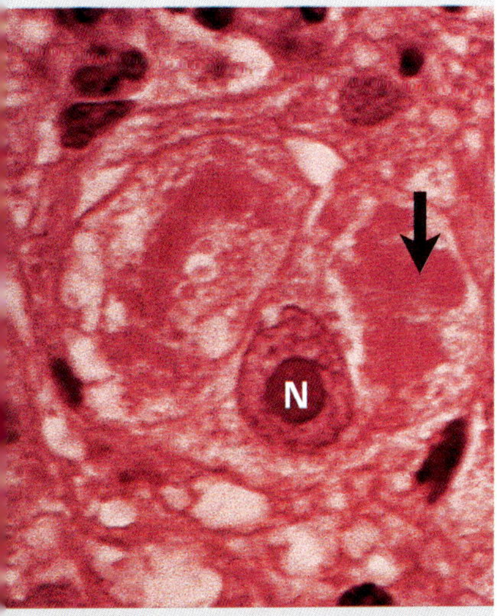

F **Mallory-Korpuskel**
TEM, 2000x

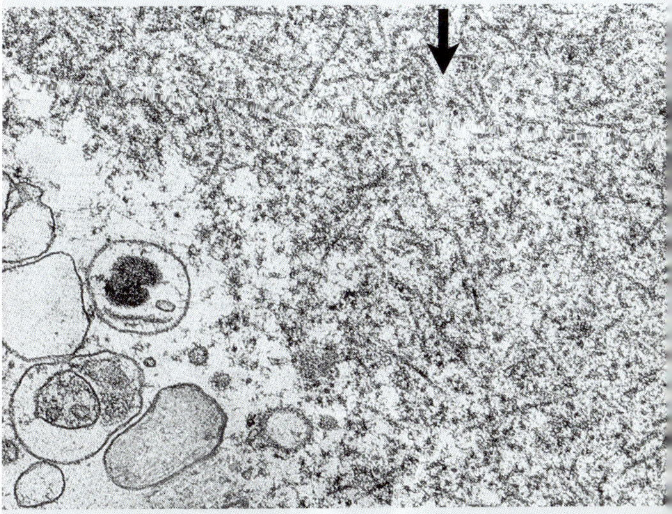

3 Wenn Moleküle schwach werden
Bindegewebsläsion

Zusammenfassung

Die extrazelluläre Matrix ist aus kollagenen, elastischen Fasern und Proteoglykanen aufgebaut. Sie garantiert die Gewebsfestigkeit und -verformbarkeit und übt ferner Wegweiser- und Differenzierungsfunktionen für die darin oder darauf befindlichen Zellen aus.

▶ **Kollagen:** Seine Bedeutung wird bei all den Läsionen deutlich, bei denen seine Reißfestigkeit vermindert ist. Dies ist der Fall bei strukturdefekten Kollagenmolekülen, Vernetzungsstörungen, fehlerhafter Zusammensetzung der Kollagenketten sowie entzügelter Kollagenolyse. Die wichtigsten angeborenen Störungen der Kollagenneogenese werden als Ehlers-Danlos-Syndrom zusammengefaßt.

▶ **Basalmembran:** Bereits kleine Moleküldefekte ihrer kollagenen Komponente reichen aus, um z. B. die Nierenfunktion zu stören oder die Verankerung der Haut auf der Unterhaut zu schwächen.

▶ **Mikrofibrillen:** Sie bestehen vor allem aus Fibrillin. Sie sind ein Baustein der elastischen Fasern und helfen, Zellen auf der Basalmembran zu befestigen. Ihr Funktionsspektrum wird am Marfan-Syndrom deutlich: Hier ist ein Fibrillin-Gen defekt. Die Patienten sind schlaksig, haben brüchig ausgelatschte Gefäße und Schlottergelenke. Auch die Faltblatt-β-Fibrillen gehören zu den Mikrofibrillen. Ihre Anhäufung im Gewebe wird als Amyloid bezeichnet und behindert die Organfunktion.

▶ **Elastin:** Es ist als elastisch verformbares Makromolekül ein wichtiges Strukturelement der Haut und Gefäße. Folgerichtig äußert sich ein angeborener Elastinmangel in einer Hautstarre, eine Elastinfehlbildung in einer Hauthyperelastizität, eine ungebremste Elastinolyse hingegen in einer Gefäßaussackung.

▶ **Proteoglykane** (= Mukopolysaccharide): Dies sind kollagenassoziierte Baustoffe von Knorpel und Schleim. Deshalb wundert es nicht, wenn angeborene Defekte mit Skelettwachstumsstörungen einhergehen und ein überbordender Abbau wie z. B. bei der rekurrierenden Polychondritis dem Patienten über einen Luftröhrenkollaps die Luft abschnürt. Bei den Mukopolysaccharidosen hingegen stauen sich Spaltprodukte der Proteoglykane wegen einer angeborenen Abbaustörung solange im Gewebe an, bis sie bestimmte Skelettabschnitte verunstalten und das Gehirn schädigen.

Kollagen-Läsion

Abkürzung: COL = Kollagen

Orthologie des Kollagenauf- und -abbaus:

Kollagenbiogenese: Nach dem Ablesen der mRNS-Matrize durch die Ribosomen bilden sich COL-Vorläufer (= Pro-α_1-Kette und Pro-α_2-Kette) mit je einen amino- und carboxyterminalen Peptid an einem Ende.

Die Pro-α-Ketten gelangen in die RER-Zisternen, wo eine Lysinhydroxylase ihre Prolin- und Lysingruppen hydroxyliert. Nun werden anhand der beiden terminalen Pro-COL-Peptide die für das betreffende Gewebe „richtigen" Pro-COL-Ketten ausgewählt und durch Disulfidbrücken miteinander verbunden. Daran schließt sich die Glykosylierung der Hydroxylysingruppen an. An den Hydroxyprolingruppen der Pro-α-Kette bilden sich Wasserstoffbrückenbindungen aus, so daß jeweils drei Pro-α-Ketten in Form einer rechtsdrehenden Dreikettenspirale (=Tripelhelix) miteinander zum fadenförmigen Pro-COL verdrillt werden. Dieses wird zwar bereits in den Extrazellulärraum abgegeben, muß aber noch weiter „bearbeitet" werden:

Zunächst wird durch eine Pro-COL-N-Protease das aminoterminale Peptid und durch eine Pro-COL-C-Protease das carboxyterminale Peptid vom eigentlichen COL-Bereich des Pro-COL abgetrennt → das COL-Molekül erhält Fibrillenstruktur. Der nächste Schritt besteht in einer End-zu-End- und Seit-zu-Seit-Anlagerung der COL-Moleküle. Dazu müssen aber die Hydroxylysin- und Lysingruppen des COL durch eine kupferhaltige Lysyloxidase zu Aldehydderivaten oxidiert werden → Aldolkondensation der COL-Moleküle → Vernetzung der COL-Moleküle. Dadurch erhält das COL seine definitive Festigkeit.

Kollagenolyse: Zunächst müssen inaktive Kollagenasevorstufen aktiviert und natürliche Kollagenasehemmer wie das α_2-Makroglobulin und der β_1-Kollagenaseinhibitor inaktiviert werden. Das Kathepsin-D spaltet dann zunächst das COL vom damit komplexierten Proteoglykan ab und zerstört den Kollagenaseinhibitor, so daß die aktive Kollagenase in die bindegewebige Grundsubstanz eindringen und die COL-Fibrillen abbauen kann.

Kollagentypen

Bei erhaltener Quartärstruktur weist das Kollagen eine charakteristische Bänderung auf.

Kollagen Typ I (▶ A, B):
- Vorkommen: Haut, Sehnen, Knochen, Dentin;
- Funktion: Zugfestigkeit.

Kollagen Typ II (▶ C, D):
- Vorkommen: hyaliner Knorpel;
- Funktion: Druckelastizität.

Kollagen Typ III (▶ E, F):
- Vorkommen: Haut, Aorta, Uterus;
- Funktion: Verschieblichkeit.

A Kollagen Typ I

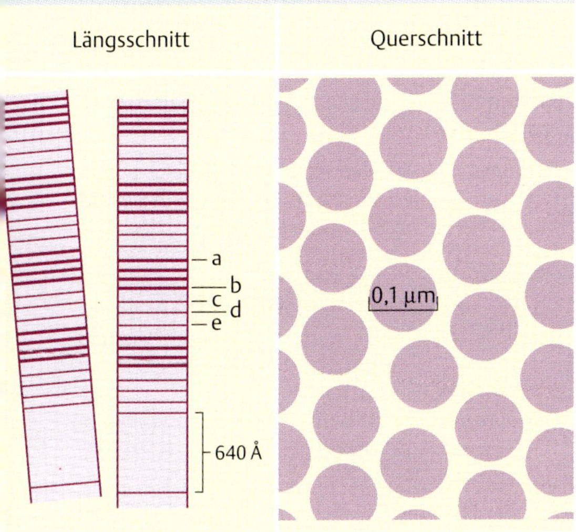

B TEM, 20000x

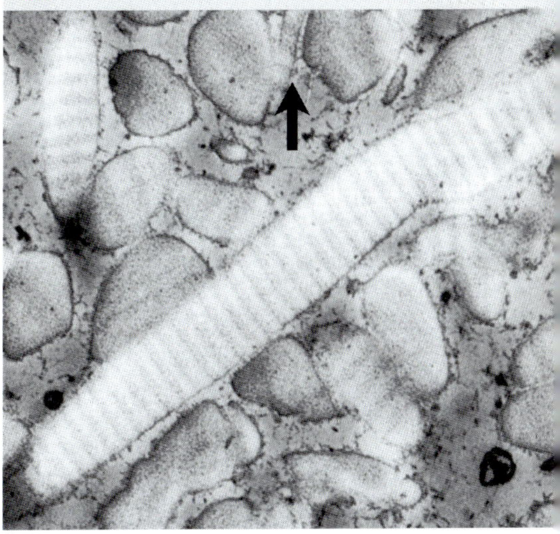

C Kollagen Typ II

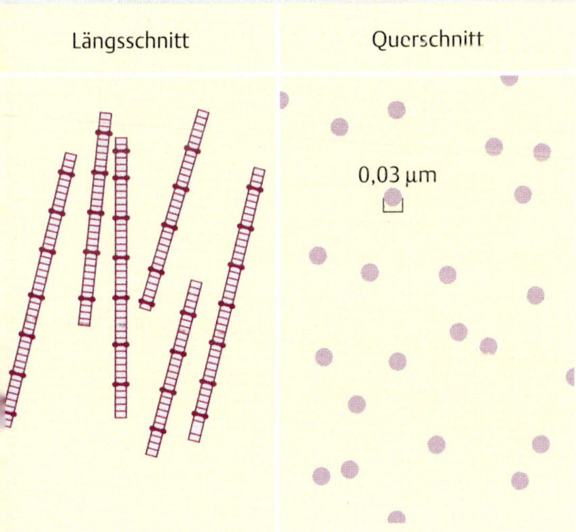

D TEM, 60000x

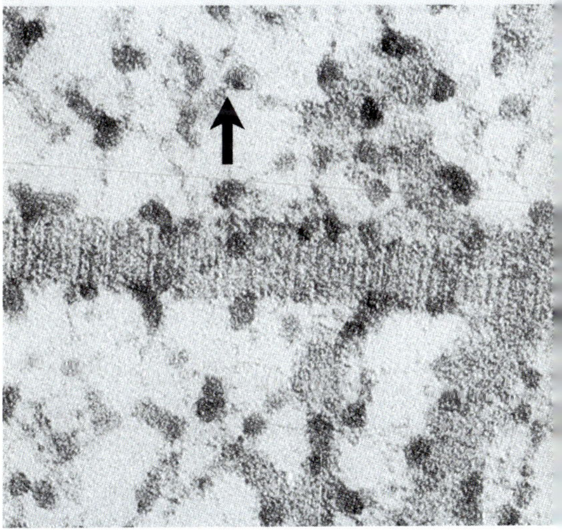

E Kollagen Typ III

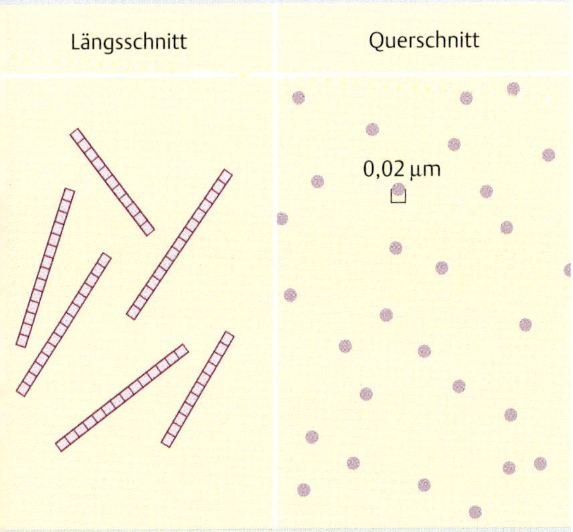

F TEM, 50000x

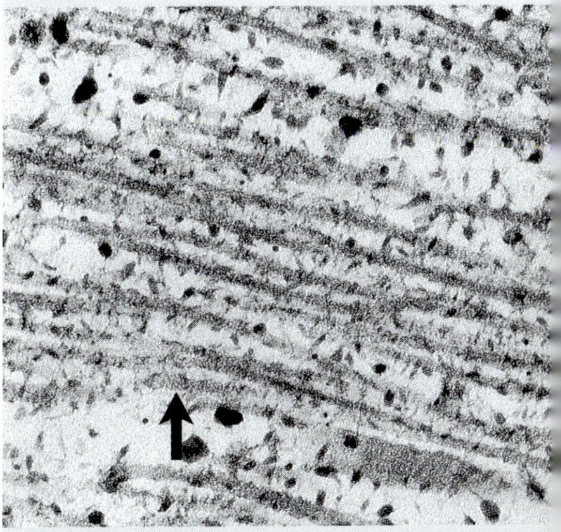

Biogenesestörungen

Abkürzung: COL = Kollagen

Ehlers-Danlos-Syndrom (= EDS)

Musterkrankheit für seltene, erbliche „Bindegewebsschwäche" → „Schlangenmenschen".

EDS Typ I–III

Definition: Erbliche COL-Pathie mit Haut- und Gelenküberdehnbarkeit.

Pathogenese: Transkriptionsstörung der Pro-COL-Typ-1-Ketten → Fibrillogenesestörung → COL-Fibrillen mit bärentatzenartigem Querschnitt = „Bärentatzen-Kollagen" (► B).

Klinik: Autos. dom. Erbgang. Symptomentrias (bei schwerer Form):
- *„Gummihaut"* (► A): in großen Falten abhebbar (= kutane Hyperextensibilität), reißt nach Bagatelltraumen (= Dermatorhexis);
- *„Gummigelenke"*: wegen schlaffem Bandapparat → überdehnbar, leicht dislozierbar;
- *„Bindegewebsschwächling"* als Kind: Leistenbruch (Hernie), Darmwandaussackungen (Divertikulose), Darmvorfall (Rektumprolaps).

EDS Typ IV

Definition: Erbliche COL-Pathie mit Gewebszerreißlichkeit.

Pathogenese: Punktmutation in dem für die Pro-α_1-Kette des COL Typ III kodierenden Allels → keine COL-Typ-III-Bildung durch Fibroblasten der Haut, Aorta, großen Gefäße, Hohlorgane und Lunge.

Klinik: Autos. dom. Erbgang. Gewebe zerreißt wie „nasses Löschpapier" → Symptomenquartett:
- *Hautzerreißlichkeit* (Dermatorhexis),
- *Arterienaussackungen* (Aneurysma, S. 62),
- *Lungenbläschenriß* (Spontanpneumothorax),
- *Hohlorganrupturen* intestinal, genital.

EDS Typ V: s. S. 54.

EDS Typ VI

Synonym: okuloskoliotischer EDS-Typ

Definition: Erbliche COL-Pathie mit Augenfragilität und Wirbelsäulenverkrümmung.

Pathogenese: Aktivitätsdefizit der Lysinhydroxylase → Pro-COL enthält kaum Hydroxylysin für die Vernetzung → unterschiedlich dünne, kaum zugfeste COL-Fibrillen.

Klinik: Autos. rez. Erbgang. Symptomenduett:
- *Wirbelsäulenverkrümmung* = Kyphoskoliose;
- *leichte Augenverletzbarkeit:* Netzhautablösung, Augapfelruptur (= Augenfragilität).

EDS Typ VII

Synonym: Arthrochalasis multiplex congenita

Definition: Erbliche COL-Pathie mit Schlottergelenken.

Pathogenese: Bei beiden Pro-COL-Ketten des COL Typ I fehlen die aminoterminalen Peptide → mechanische Gelenkinstabilität.

Klinik: Autos. dom. Erbgang. Gelenkhypermobilität → Gelenkluxation (meist Hüftgelenk); kaum Hautbeteiligung.

Skorbut:

Definition: Mit Vitamin-C-Mangel assoziierte Bindegewebserkrankung.

Vitamin-C = Cofaktor der Prolinhydroxylase; hält deren Ferment-Eisen in der zweiwertigen Form.

Pathogenese: Vit.-C-Mangel → Prolinhydroxylase-Ineffizienz → Glykosylierungsstörung → Störung der COL-Fibrillogenese → v. a. Gefäßbrüchigkeit → Rhexisblutung (S. 398).

Klinik: v. a. Zahnfleischbluten, Paradontose, fleckige Hautblutungen (► C), Gelenkblutungen, Wundheilungsstörung, Anämie.

Osteogenesis imperfecta:

Synonym: Glasknochenkrankheit

Musterkrankheit für seltene, erbliche „COL-Schwäche".

Definition: Erbliche mechanische Insuffizienz von Knochen, Bandapparat, Skleren, Dentin.

Pathogenese: Mutation der Pro-α_1-Kette von COL Typ I. Je nach Mutationsort andere Morphologie und klinischer Verlauf.

Tardaform: Mutation im N-terminalen COL-Kettenbereich.

Klinik: Autos. dom. Erbgang. Spät → Symptomenquartett:
- *Brüchige Knochen* → „Glasknochenkrankheit": in langen Röhrenknochen ist die enchondrale Ossifikation weitgehend intakt. Es werden nur kümmerliche Spongiosabälkchen gebildet. Diese sind von persistierendem Knorpelgewebe (► D1) und von unverkalktem Osteoid (► D2) umgeben → keine Umwandlung in stabilen Lamellenknochen;
- *Gelenküberdehnbarkeit*;
- *Hautlädierbarkeit*;
- *blaue Skleren*, weil dünn;
- (oft noch Dentinbildungsstörungen).

Letalform: Mutation im mittleren bis C-terminalen COL-Kettenbereich.

Klinik: Autos. dom. Erbgang. Frühmanifestation mit intrauterinen Knochenfrakturen.

A „Gummimann“, EDS Typ I

B Bärentatzen-Kollagen
TEM, 20000x

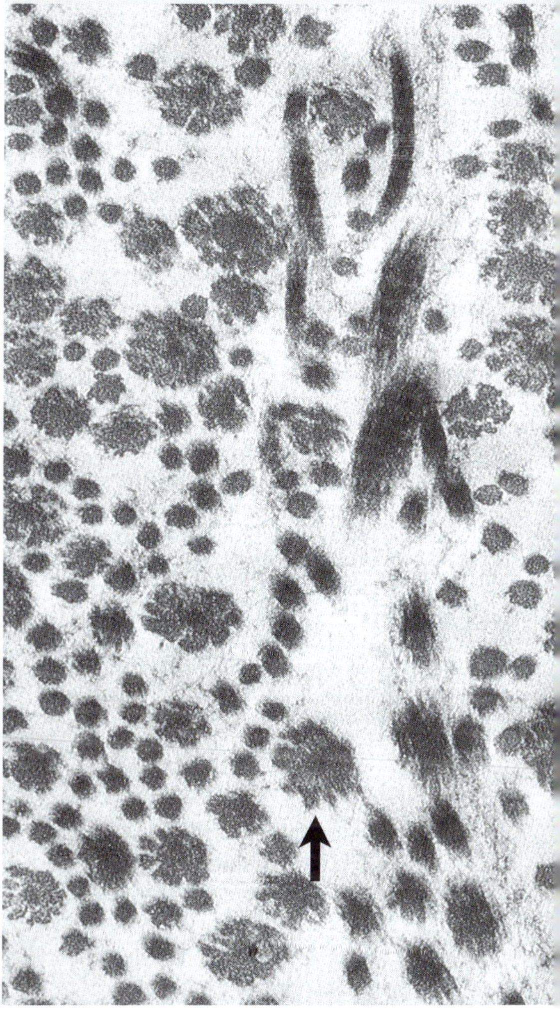

C Skorbut-Haut

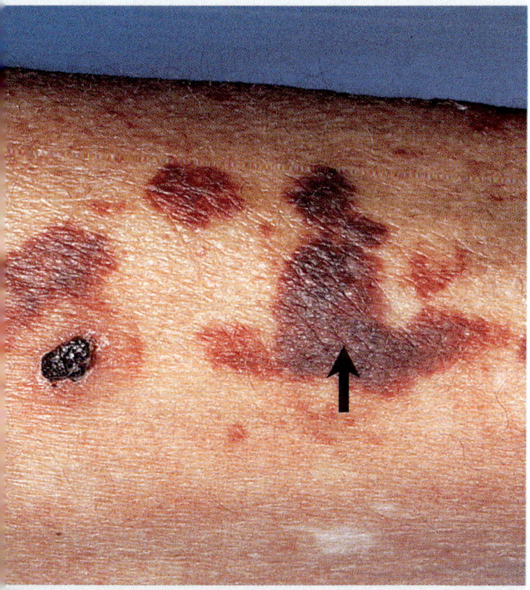

D Osteogenesis imperfecta
200x

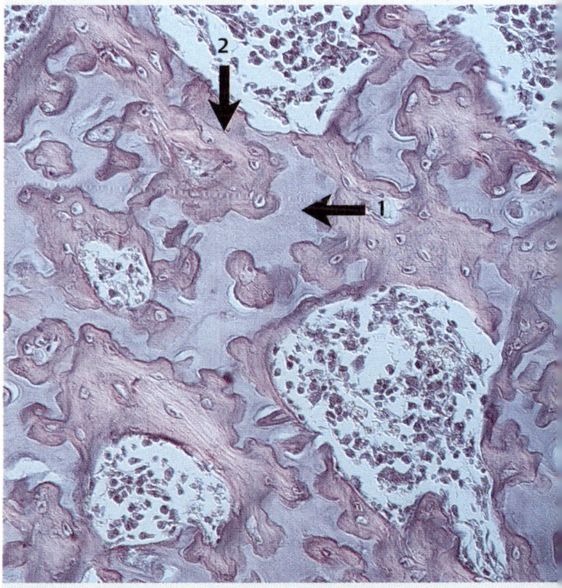

Fibrose

Abkürzungen: FB = Fibroblast; FS = Fibrose

Allgemeine Definition: Ungewöhnlich hoher Kollagenfasergehalt pro Volumeneinheit Gewebe.

Allgemeine Pathogenese: Entzündung, Trauma, Stase → Expression von Wachstumsfaktoren (S. 296) → Proliferation und Stimulation der (Myo-)FB → vermehrte Kollagensynthese mit gesteigerter Kollagenvernetzung → Faserhyalinisierung (S. 46) → krankhafte Gewebsverhärtung sowie Organ-, Gewebsschrumpfung (evtl. Stenose) → Beeinträchtigung der Organfunktion.

Sonderformen *der Fibrose:*
- ***Induration:*** umschriebene oder diffuse krankhafte fibrotische Verhärtung eines Gewebes oder Organs;
- ***Sklerose:*** krankhafte, z. T. systemische Verhärtung von Geweben und Organen durch Vermehrung verbreiterter Kollagenfasern;
- ***Narbe:*** Restzustand nach Wundheilung;
- ***Schwiele:*** derbe flächenhafte Narbe;
- ***Kallus:*** derb-narbiges Füllgewebe im Randbereich von Gewebsdefekten → kallöses Geschwür, Frakturkallus;
- ***Zirrhose:*** progressiv-destruktive Fibrose mit Schrumpfung und Verhärtung eines Organs.

Fibrose-Folgekrankheiten

Lungenfibrose (= Lungen-FS)

Definition: Reaktionsmuster der Lungen auf eine Parenchymschädigung mit Ersatz durch kollagenfaserreiches Gewebe.

Kausalpathogenetisch und klinisch sind folgende *Formen* der Lungen-FS relevant:

Herdförmige Lungen-FS

Tuberkulose (S. 264):
- FS nach herdförmiger Nekrose → Lungen(spitzen)-Schwiele,
- FS nach fortgeschrittenem Gewebszerfall mit Höhlenbildung nach Aushusten des Zerfallsmaterials → zirrhotische Lungentuberkulose.

Silikose: Quarzstaubexposition (S. 30) → granulomatöse Entzündungsreaktion (S. 236) → diffuse und knötchenförmige Lungen-FS (► A, B).

Stauungsfibrose (= diffuse FS)

Früh: Erschwerter Blutfluß zum linken Herzen (z. B. Mitralstenose) → Blutstauung vor dem linken Herzen → Blutrückstau in Alveolarwandkapillaren → Abpressen von Blutserum → intraalveoläres Ödem (S. 424).
Resultat: rote Stauungsinduration.

Spät: Alveolarmakrophagen exprimieren Wachstumsfaktoren (S. 296) für FB → reaktive Fibrosierung der Alveolarwände (► C, D1), Alveolarmakrophagen phagozytieren „Mikro"-Alveolarblutungen und wandeln Hämoglobin zum eisenhaltigen, braunen Hämosiderin (S. 106) um → „Herzfehlerzellen" (► D2).
Resultat: braune Stauungsinduration.

Interstitielle Lungen-FS (= diffuse FS)

Idiopathische Lungen-FS:

engl.: usual interstitial pneumonia = UIP

Definition: Fibrosierung des interstitiellen Bindegewebes in den Alveolarwänden nach vorheriger Entzündung ungeklärter Genese.

Diffuses Alveolarschadensyndrom:

Definition: Häufiges Reaktionsmuster der Lunge auf physikalisch-, chemisch-, mikrobiell bedingte Alveolenschädigungen.

Früh: Exsudative Alveolitis mit Schädigung der Alveolarepithelien; dadurch: herdförmiger Alveolenkollaps → Alveolarmakrophagenstimulation → Makrophagen exprimieren FB-Wachstumsfaktor → FS.

Spät: Fibrosierende Alveolitis mit FS der kollabierten Alveolen (→ Kollaps-FS) und des Lungeninterstitiums (► E, vgl. C) → regeneratorischer Ersatz der membranösen Alveolarepithelien durch kubische Alveolarepithelien (kubische Epitheltransformation). Resultat: grauweiß-fibrotische Lungenschnittfläche (► F) mit Diffusionsstörung für Sauerstoff.

> **Klinik:** Adult respiratory distress syndrome (= ARDS = Atemnotsyndrom des Erwachsenen).
>
> **Komplikation:** Beatmung → Verdichtung des serofibrinösen Exsudates in respiratorischen Bronchiolen zu hyalinen Membranen (= hyaline Membrankrankheit). Überblähung des Restparenchyms → Wabenlunge → Tod in respiratorischer Insuffizienz.

> **Merke:** *Elastosen* = elastinfaserreiches Pendant der FS.

> **Merke:** FS und Narben neigen zur Schrumpfung und stellen „Ersatzgewebe" dar.

A **Sillkose-Granulom**
50x

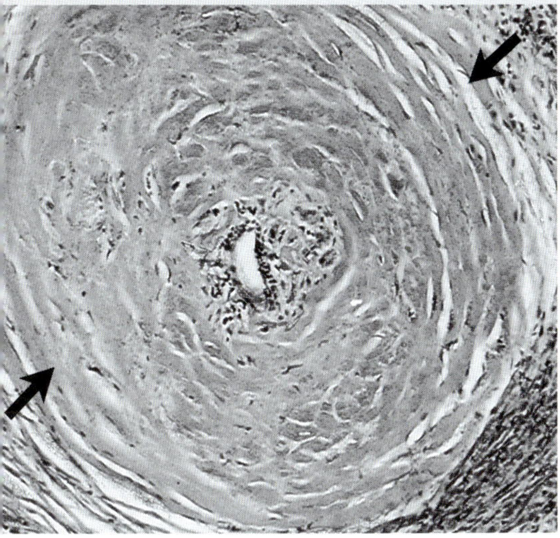

B **Silikose-Lunge**
FRö, 20x

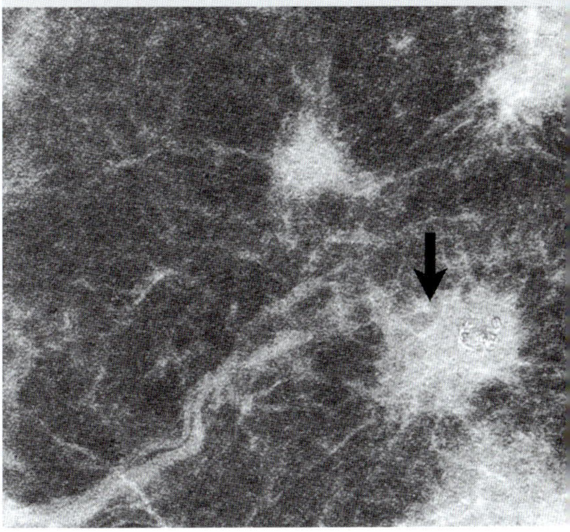

C **Normallunge**
LH, 200x

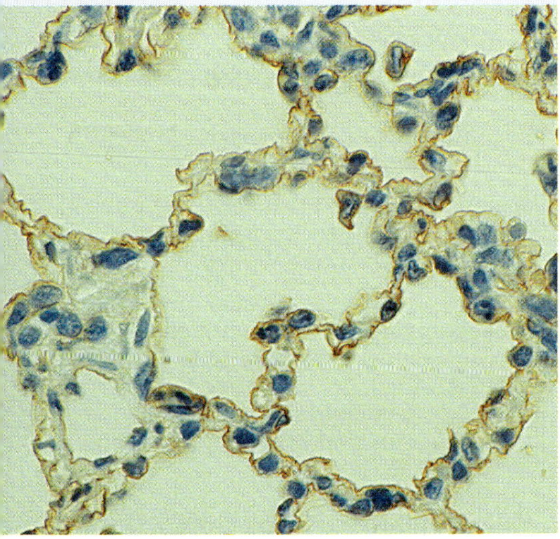

D **Stauungslunge**
Fe, 200x

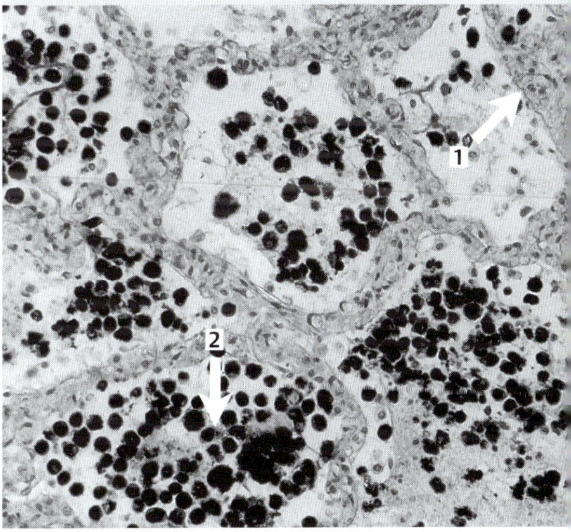

E **Lungenfibrose**
Ag, 100x

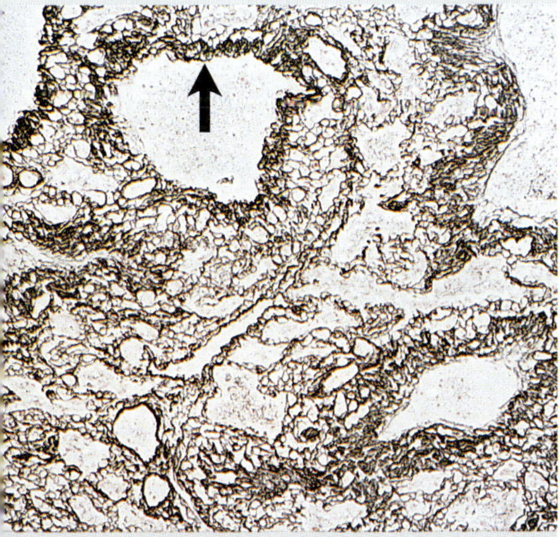

F **Lungenfibrose**

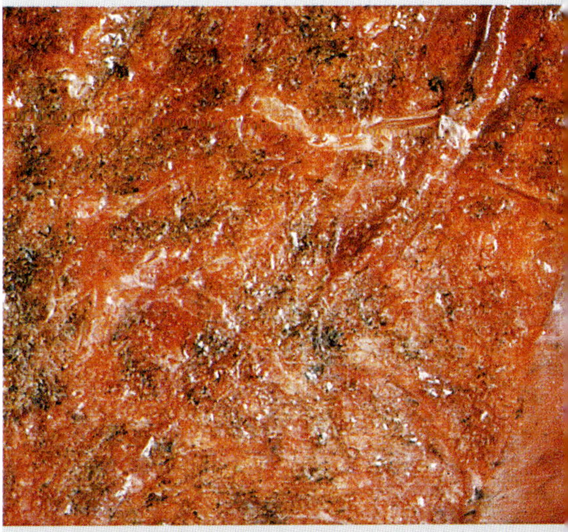

Fibrose-
Folgekrankheiten (Forts.)

Leberzirrhose

Definition: Knotiger Umbau der Leber wegen Nekrosen, Regeneration und reparativ-destruktiver Fibrosierung mit Störung ihrer Durchblutung und Funktion.

Ätiologische Zirrhoseformen:
- ***Alkoholische Zirrhose:*** in westlichen Industrienationen häufigster Typ (60 %).
- ***Posthepatitische Zirrhose:*** weltweit häufigster Typ (Mitteleuropa 20 %).
- ***Metabolische Zirrhose:*** Endstadium erblicher Stoffwechselstörungen (Hämochromatose, S. 72; Morbus Wilson, S. 74; α1-Antitrypsinmangel, S. 44).
- ***Biliäre Zirrhose:*** Endstadium destruktiver Gallengangsentzündungen (Mitteleuropa 5 %).
- ***Medikamentös-toxische Zirrhose:*** Endstadium nach chronischer Exposition mit Chemikalien.
- ***Kongestive Zirrhose:*** Endstadium nach Leberschädigung durch chronische Blutstauung oder Lebervenenverschluß (= Venookklusionskrankheit = venoocclusive disease).
- ***Kryptogene Zirrhose:*** ätiologisch ungeklärt (Mitteleuropa 1 %).

Pathogenetische Zirrhoseformen:
- ***Postnekrotische Zirrhose:*** Vernarbungsprozeß verbindet massive Nekrosen, die von den Portalfeldern zu den Zentralvenen ziehen.
- ***Posthepatitische Zirrhose:*** Vernarbungsprozeß folgt chronisch-destruktiver Entzündung des Leberparenchyms, die von den Portalfeldern aus durch das Leberläppchen kriecht.
- ***Biliäre Zirrhose:*** Vernarbungsprozeß im Rahmen einer chronisch-destruktiven Gallengangsentzündung (→ Gallefreisetzung → Leberzellschädigung); er durchstößt von den Portalfeldern aus das Leberläppchen.

Formalpathogenetisches Prinzip: Von Entzündungszellen freigesetzte Zytokine bewirken die Transformation der Ito-Zellen (= Fettspeicherzellen) der Leber zu Myofibroblasten. Dadurch entstehen bindegewebige Septen, die wie eine Schere die Kontinuität der normalen Läppchenarchitektur zerschneiden (► B).
- ***Aktive Septen*** gehen aus einem Granulationsgewebe (S. 224,312) mit histiolymphozytärem Infiltrat hervor und folgen den sog. Mottenfraßnekrosen. Diese schwelen in den Portalfeldern vor sich hin und greifen auf das Leberläppchen über (► C).
- ***Passive Septen*** sind ein entzündungsfreies Narbengewebe, welches nekrotisch-kollabiertes Leberparenchym ersetzt. Sie bilden Narbenbrücken unter den Läppchen (► D).

Morphologische Zirrhoseformen:

Mikronoduläre Zirrhose

Synonyme: monolobuläre Z., portale Z., septale Z., Laennec-Zirrhose.

Ätiologische Typen: metabolisch, alkoholisch, toxisch, posthepatitisch, biliär, kongestiv.

Makroskopie: Derbe, meist verkleinerte Leber. Schnittfläche: nahezu gleichförmige, maximal 5 mm große Parenchymknötchen (► D, E, vgl. A).

Histologie: Leberläppchen wird durch narbige Bindegewebssepten in Segmente zergliedert (► C). Von Läppchensegmenten geht Regeneration aus → Bildung von Regeneratknötchen (Pseudoleberläppchen). Wenn die Noxe beseitigt ist, können daraus große Regeneratknoten entstehen → Übergang in makronoduläre Zirrhose. In Portalfeldern proliferieren regeneratorisch meist auch die Gallengänge.

Makronoduläre Zirrhose

Synonyme: multilobuläre Z., postnekrotische Zirrhose; Extremform: „Kartoffelleber"

Ätiologische Typen: metabolisch, alkoholisch, toxisch, posthepatitisch.

Makroskopie: Derbe, meist verkleinerte Leber. Schnittfläche: ungleichförmige 3 mm–3 cm große Parenchymknoten (► F, vgl. A).

Histologie: Die von der Nekrose ausgesparten Parenchymabschnitte (aus mehreren Leberläppchen) werden durch narbige Bindegewebssepten umrahmt. Das Leberparenchym regeneriert → große multilobuläre Regeneratknoten. In Portalfeldern proliferieren regeneratorisch meist auch die Gallengänge.

+ **Komplikationen** der Leberzirrhose:
- *Portale Hypertonie* (S. 392);
- *Aszites* (= Bauchhöhlen-Wassersucht);
- *Leberkoma* = Feinmotorikstörung (flapping tremor) → Bewußtlosigkeit;
- *Leberinsuffizienz* (Ikterus, Blutungsneigung, hepatischer Diabetes, Lactatazidose);
- *Leberzellkrebs* (= hepatozelluläres Karzinom, S. 328,332).

Prominenter Patient: Ludwig van Beethoven, dtsch. Komponist (1770 – 1827).

! **Merke:** *Zirrhosediagnostik:*
- Sonographie beurteilt das „**Ob**",
- Biopsie beurteilt das „**Wie**".

A **Normalleber**

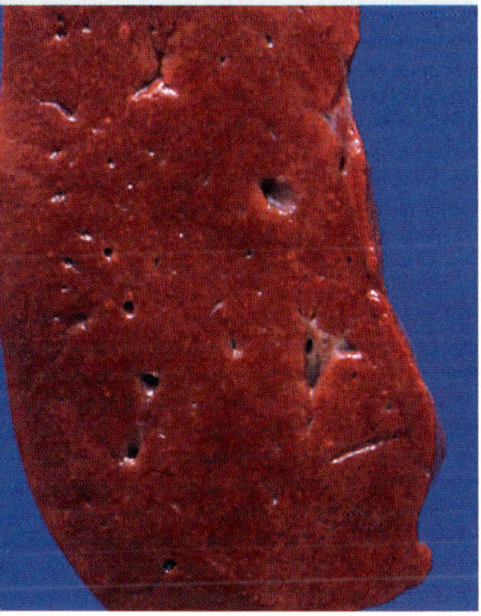

B **Normales Leberläppchen**
EvG, 50x

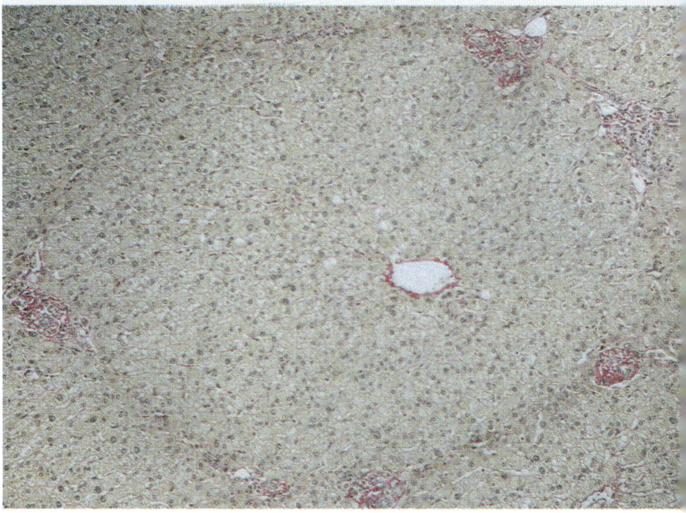

C **Leberzirrhose, aktives Septum**
EvG, 150x

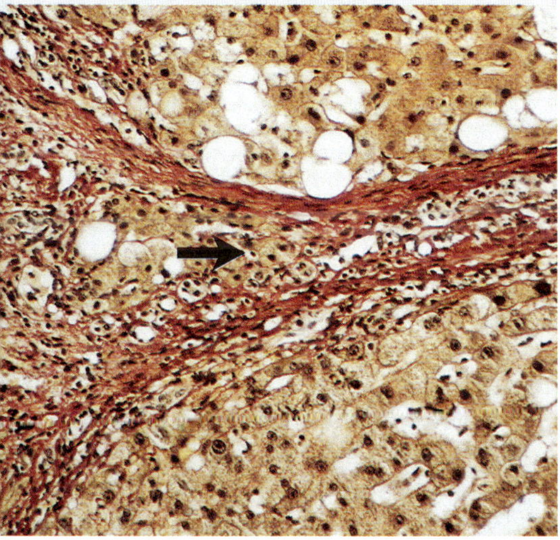

D **Leberzirrhose, passive Septen**
EvG, 20x

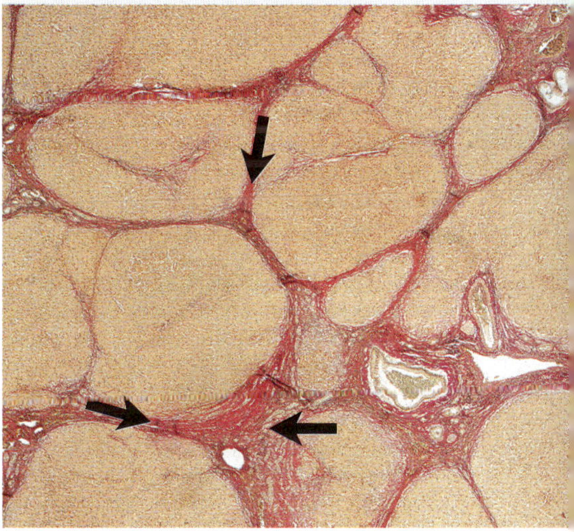

E **Mikronoduläre Leberzirrhose**

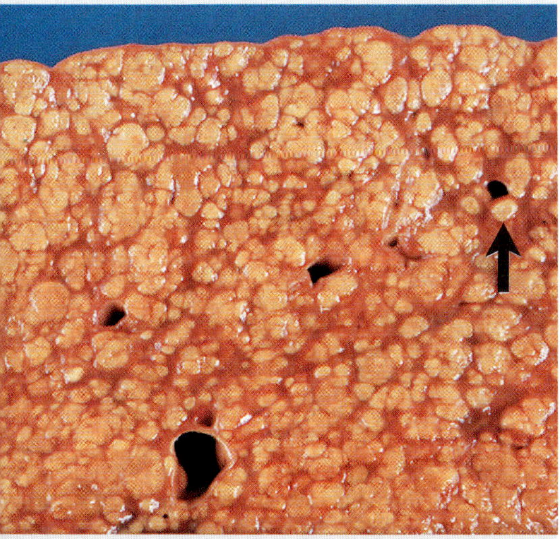

F **Makronoduläre Leberzirrhose**

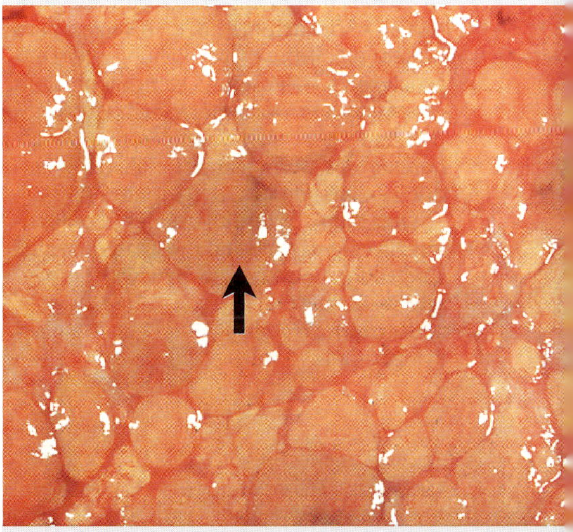

Kollagenolysestörungen

Abkürzung: AT = Antitrypsin

α_1-Antitrypsin-Mangel

Primärer α_1-AT-Mangel

Musterkrankeit für Systemkrankheit wegen defektem Proteinaseinhibitor.

Definition: Erblicher Defekt eines Hauptinhibitors der Proteinasen mit Leberzirrhose, Lungenemphysem[1] und Ehlers-Danlos-Symptomatik (S. 38).

Pathogenese: Punktmutation des Chromosoms 14.

Der Gendefekt ist mit 3 Allelen assoziiert. Anhand ihrer elektrophoretischen Wanderungsgeschwindigkeit bezeichnet man sie als M = medium, S = slow und Z = zero. Wenn 1 normales Allel (M) vorhanden ist → keine Symptomatik.
- *M-Allel:* → normales Genprodukt.
- *Z-Allel:* Das Glutamin in Position 342 ist durch Lysin ersetzt → unvollständige Glykosylierung → verlangsamte Sekretion des Proteinasehemmers → 10 % Enzymaktivität.
- *S-Allel:* Glutamin in Position 264 durch Valin ersetzt → 60 % Enzymaktivität.

Formalpathogenetisch bestimmen folgende 2 Mechanismen das Krankheitsbild:
- ***Enzymsekretionsstörung*** → Rückstau von α_1-AT-Vorstufen in hepatozellulären RER-Vakuolen (S. 12 und ► A) → Histologie: diastaseresistente, PAS-positive Kügelchen (rötliche Zytoplasmaeinschlüsse, ► B). Sekretstau → Leberzellschädigung → zirrhotischer Leberumbau.
- ***Enzyminhibierungsstörung:*** Keine Hemmung der Proteinasen im Gewebe → ungebremster Kollagen- und Elastinabbau (S. 36, 54) → proteolytische Lungen- und Mesenchymschädigung.

Morphologische Charakteristika:
- ***Lungenschädigung:*** Proteolyseentgleisung → Aufweichung des alveolären Stützgerüstes → Schwächung der Alveolenwand → dadurch: diffuse Überblähung aller Lungenalveolen → Resultat: *panazinäres* Lungenemphysem → dehnungsbedingte Kompression der Alveolarkapillaren → Erhöhung des pulmonalen Gefäßwiderstandes → pulmonale Hypertonie (S. 390). Später: subpleurale Einrisse der überdehnten Alveolentrennwände → blasenförmige Lungenüberdehnung → *bullöses* Emphysem (► D, vgl. C).
- ***Mesenchymschädigung*** → Ehlers-Danlos-Symptomatik (S. 38).

! **Merke:** Diagnostik eines α_1-AT-Mangels:
- fetale Blutanalyse, Amniozentese,
- häufige Läsion mit unterschiedlicher Expression.

Sekundärer α_1-AT-Mangel

Definition und Pathogenese: Erworbene α_1-AT-Mangelzustände wegen absolutem oder relativem Aktivitätsverlust des an sich normalen α_1-AT-Moleküls durch folgende Mechanismen:
- *Oxidative Molekülschädigung* des α_1-AT durch Zigarettenrauch und/oder Peroxide, generiert durch Phagozyten bei Entzündung (S. 26, 200);
- *Proteasenüberschuß* mit konsekutiv relativem α_1-AT-Mangel bei Lungenschädigung durch toxische (Industrieabgase) und/oder mineralische (Bergwerkarbeiter!) Inhalantien.

! **Merke:** *Einteilung der Lungenemphyseme*:
Je nach betroffenem Abschnitt des Lungenazinus unterscheidet man folgende Formen:
- *Zentroazinäres Emphysem:* toxische Inhalantien (andere als Zigarettenrauch) → chronisch-destruktive Bronchiolitis (= small airway disease) → Ausweitung der *proximalen* Azinusanteile in Form der respiratorischen Bronchiolen (► E).
- *Panazinäres Emphysem:* Patienten mit α_1-AT-Mangel, Marfan-Syndrom (S. 48) oder Zigarettenraucher → Ausweitung *aller* Azinusanteile (► D) → großblasiges Emphysem (= bullöses Emphysem, v. a. subpleural, ► F).
- *Periazinäres Emphysem:* chronische Bronchitis (v. a. bei Rauchern) → chronischer Husten → mechanisch-proteolytische Schädigung der *peripheren* Azinusabschnitte, die mit Interlobärsepten verwachsen sind. Häufig in Kombination mit anderen Emphysemtypen.
- *Narbenemphysem*: chronisch-entzündliche Schädigung des Lungenparenchyms → Reparation durch Narbengewebe → Narbenschrumpfung → irreguläres Emphysem mit teils riesigen sklerosierten Emphysemblasen.

! **Merke:** *Sonderformen der Lungenemphyseme*:
- *Obstruktionssemphysem:* Ventilmechanismus. Akut (bei Asthma bronchiale [S. 168], Fremdkörperaspiration): reversibel. Chronisch: irreversibel.
- *Kompensatorisches Emphysem:* Überdehnung der Restlunge nach Pneumektomie.
- *Altersemphysem:* Altersdegeneration.
- *Interstitielles Emphysem:* Einpressen von Luft ins septale Interstitium der Lunge. Luft kann aber wegen Ventilmechanismus bei Exspiration nicht mehr zurück → Mediastinalemphysem → Hautemphysem.

[1] *Emphysem-Definition* (im engeren Sinne): Abnorme, durch Destruktion hervorgerufene, anhaltende Erweiterung des respiratorischen Teils der Lunge distal des terminalen Bronchiolus.

A **Rückstau von α_1-AT-Vorstufen im RER** (Hepatozyt)
TEM, 5000x

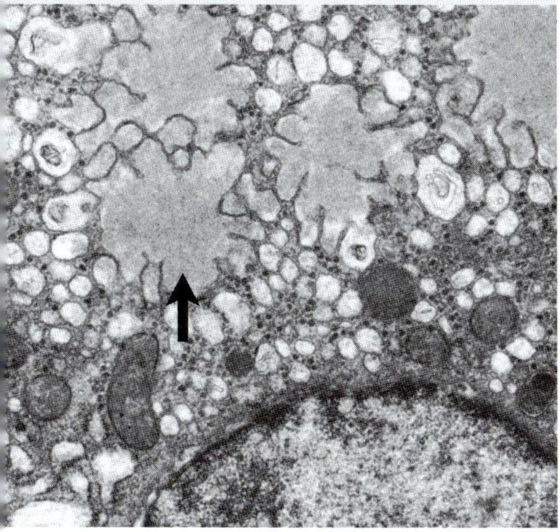

B **Retiniertes α_1-AT** (Leber)
PAS, 300x

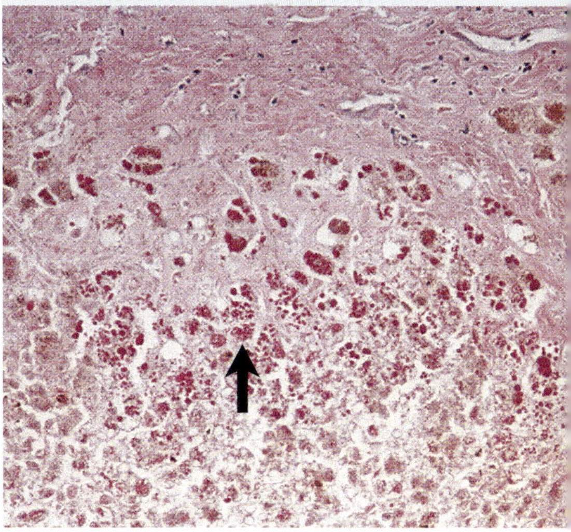

C **Normallunge**
FRö, 4x

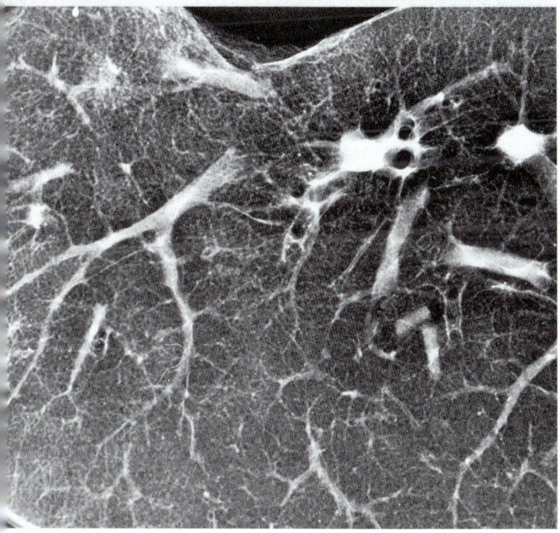

D **Panazinäres Lungenemphysem**
FRö, 4x

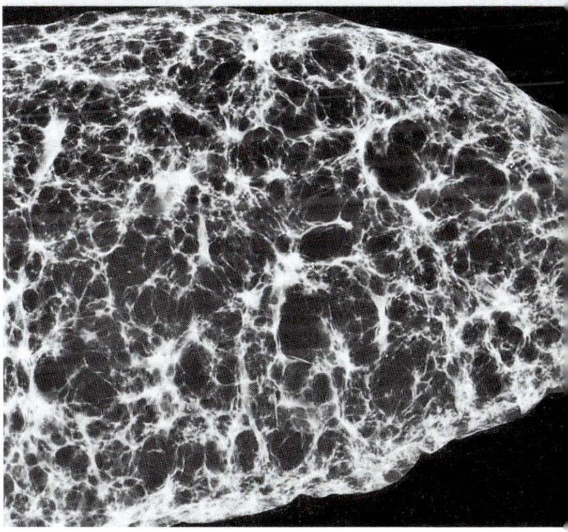

E **Zentroazinäres Lungenemphysem**

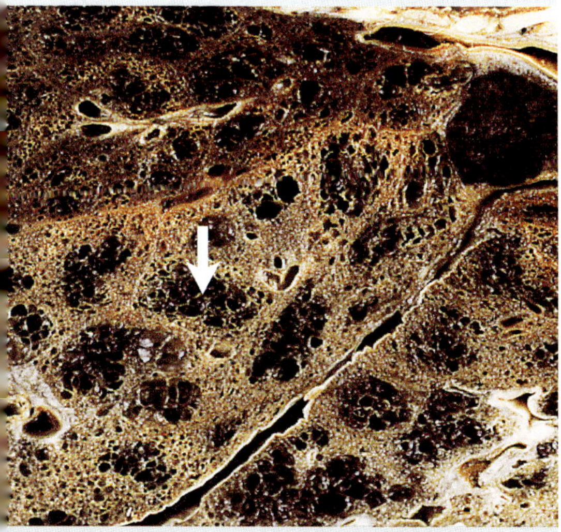

F **Bullöses Lungenemphysem**

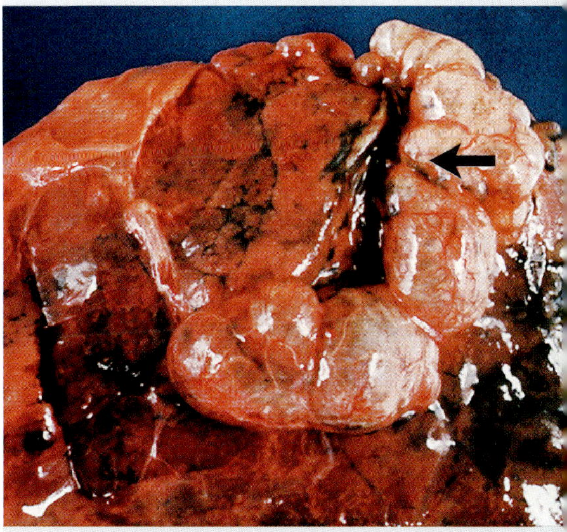

Kollagennekrosen

Synonym: Fibrinoide Nekrose

Abkürzung: COL = Kollagen

Allgemeine Definition: COL-Veränderungen als Begleiterscheinung von Nekrosen (S. 128 ff) und/oder Entzündungen (S. 196 ff), bei denen sich die COL-Fasern wie Fibrin anfärben.

Nach kausalpathogenetischen Gesichtspunkten sind folgende Typen der COL-Nekrose relevant:

Quellungsfibrinoid

Pathogenese: Kollagenase (oder Säureeinwirkung) → homogene COL-Faser-Aufquellung → COL-Faser-Homogenisierung.

Ultrastrukturell besteht diese in einer Aufspleißung der COL-Fasern zu entspiralisierten COL-Filamenten (► A1 längs, A2 quer).

Präzipitationsfibrinoid

Synonym: Immundepot-Fibrinoid

Pathogenese: Ablagerungen von Immunkomplexen auf COL-Fasern (S. 162,170) → Umhüllung der COL-Fasern → histologisch und -chemisch wie Quellungsfibrinoid (vgl. S. 234).

Nekrosefibrinoid

Synonym: Insudationsfibrinoid

Pathogenese: In entzündlichen oder nicht-entzündlichen Schädigungsbezirken oberflächenbegrenzender Gewebe (Haut, Schleimhäute, Gefäßwand) sickern Plasmabestandteile ein → dadurch: Durchtränkung der aufgequollenen COL-Fasern mit Plasmabestandteilen → Homogenisierung der COL-Fasern mit fibrinartigem Aspekt (z. B. Magenulkus, ► B; s. a. S. 218), chemotherapiebedingte Vaskulitis mit COL-Hyalinisierung (► C).

Kollagenhyalinisierung

Allgemeine Definition: Keine Immunpathogenese. Hyalin[1] = homogene Ablagerung oder Strukturveränderung im Gewebe. Histologisch imponiert sie als eosinophiler, makroskopisch als weißlicher Gewebsbezirk.

Bindegewebiges Hyalin

Definition: Zellarmer Filz aus homogenisierten, breiten COL-Faserbündeln wegen abnormer COL-Faservernetzung bei chronischer Entzündung und/oder Blutstauung. Makroskopisch fällt die Veränderung als porzellan-weißlicher Gewebsbezirk auf (► D, E, F).

Beispiele:
- Pleura → Schwarte, Plaques (► D);
- Milz → Zuckergußmilz (► E);
- Gallenblase → Porzellangallenblase (► F).

! **Merke:** *Non-kollagene Hyalinformen:*
- *Vaskuläres Hyalin:* Intramurale Depots von Basalmembranbestandteilen und Plasmaproteinen in der Arteriolenwand (= Gefäßhyalinose).
- *Epitheliales Hyalin:*
  - Depots von intrazellulärem Sekret,
  - Depots von Sekret in Drüsen (z. B. Schilddrüsenfollikel).

Kollagenosen

Synonym: Immunpathologische Systemerkrankungen

Allgemeine Definition: Autoaggressionskrankheiten mit Immunkomplexbildung (S. 180 ff) wegen autoreaktiver Antikörper (S. 180), die mit fibrinoider COL-Nekrose und COL-Vermehrung (Name!) einhergehen.

Kollagenoseformen:
- Lupus erythematodes disseminatus (S. 180),
- progressiv systemische Sklerose (S. 182),
- Dermatomyositis (S. 182),
- Panarteriitis nodosa (S. 58),
- Sjögren-Syndrom (S. 184),
- Wegener-Granulomatose (S. 184),

sowie:
- Pseudolupus erythematodes,
- gemischte Bindegewebskrankheit (= Sharp-Syndrom) mit Lupus erythematodes, Sklerodermie und Dermatomyositis,
- rheumatisches Fieber (S. 234),
- rheumatoide Arthritis (S. 184).

! **Faustregel:** Bei Kollagenosen ist die COL-Läsion nur ein spektakulärer Nebenschauplatz einer immunologischen Systemerkrankung.

Krankheiten können nicht nur durch isolierte Kollagen- sondern auch durch isolierte Elastindefekte ausgelöst werden. Vor deren Besprechung werden im folgenden Krankheiten erörtert, die auf Störungen der Mikrofibrillen, einer weiteren Komponente der Extrazellulärmatrix, beruhen.

[1] Hyalin: hyalos, gr. = gläsern

A Quellungsfibrinoid
TEM, 2000x

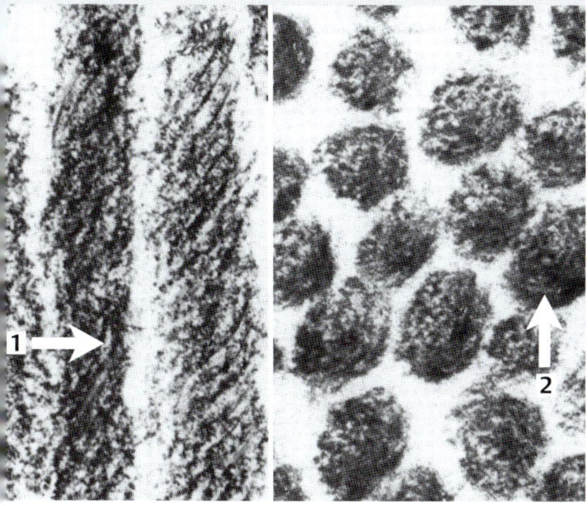

B Nekrosefibrinoid
TriG, 150x

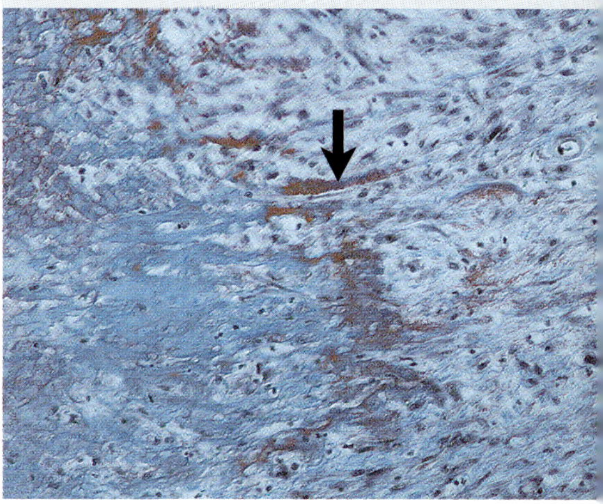

C Nekrosefibrinoid
150x

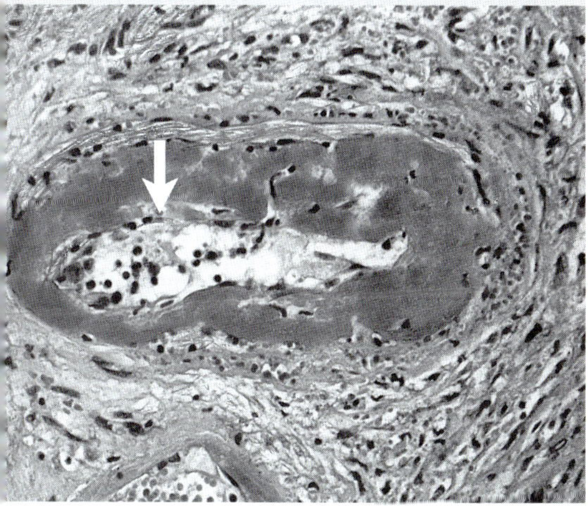

D Pleuraplaque

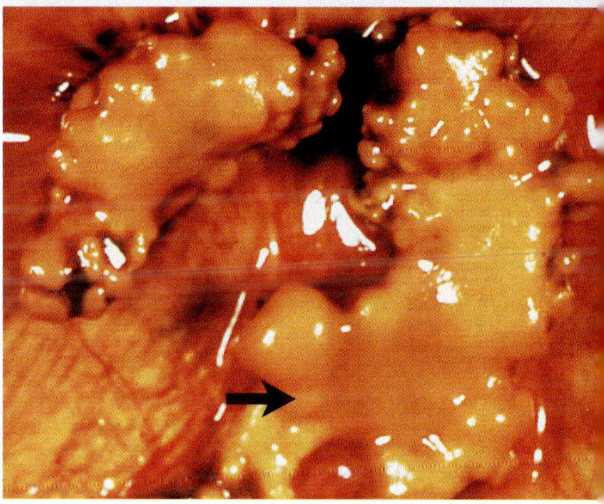

E Zuckergußmilz

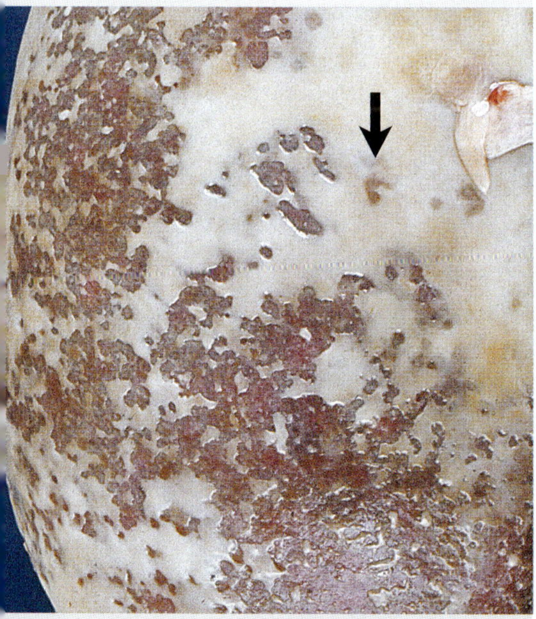

F Porzellangallenblase

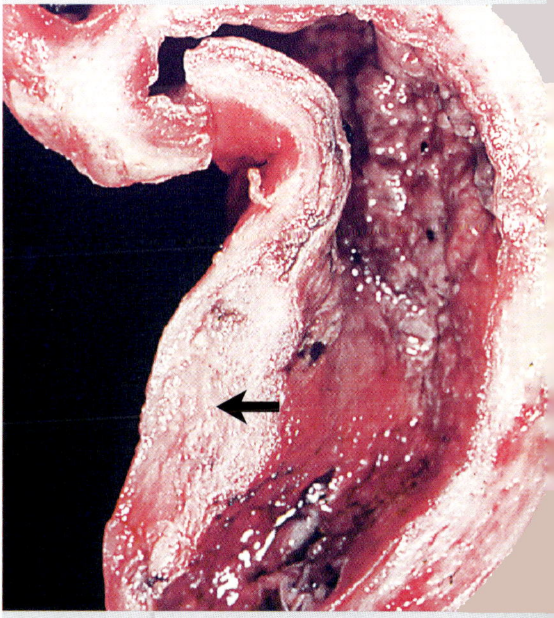

Mikrofibrillen-Läsion

Orthologie: Die Mikrofibrillen sind integraler Bestandteil der elastischen Fasern mit Vorkommen in Haut, Sehne, Knorpel, Perichondrium, Periost, Muskel, Niere, Blutgefäßen, Pleura, Dura mater und Aufhängeapparat der Augenlinse (= Zonulafasern). Ihre wichtigste Strukturkomponte ist das Fibrillin, das durch das FBN-1-Gen und FBN-2-Gen kodiert wird und calciumbindende EGF-Module enthält (EGF = epidermal growth factor). Durch die Calciumbindung werden die Mikrofibrillen stabil. Calciumentzug desintegriert sie.

Marfan-Syndrom (= MFS)

Musterkrankheit für erbliche Systemkrankheit wegen Mikrofibrillendefekt.

Definition: Häufigste erbliche Gruppe von Bindegewebserkrankungen mit unterschiedlich ausgeprägter Manifestation von okulären, skeletalen, kardiovaskulären und duralen Läsionen.

Pathogenese: FBN-1/2-Gendefekt (meist im calciumbindenen EGF-Teil) → Mikrofibrillen verlieren ihre mechanische Resistenz → reduzierte Zugfestigkeit der Gewebe.

Morphologische Hauptkriterien:

1. Skelettläsionen: Periost und Perichondrium bilden für das Knochenwachstum kein Widerlager mehr → überlange Metacarpalia (= Mittelhandknochen) und Phalangen (= Finger, Zehen) (► A).

Folgen davon:
- *Spinnenfingrigkeit* (= Arachnodaktylie);
- *Dolichostenomelie* (= Langschmalgliedrigkeit): lange schmale Extremitäten;
- *Wirbelsäulenverkrümmung* (= Skoliose);
- *Trichterbrust*;
- *Plattfuß* (= Pes planus) wegen Abgleiten des Innenknöchels nach medial.

2. Kardiovaskuläre Läsionen:
- *Aortenaneurysma* (S. 60, 62): Die Aortenmedia ist ausgedünnt (= atrophisch). Ihre elastischen Fasern sind dünn, fragmentiert und durch Proteoglykanherde auseinandergedrängt (► C). Folge davon: Aorta wirkt „ausgelatscht" (= ektatisch) und ist leicht zerreißlich → Aorta reißt oft metachron an mehreren Stellen ein (S. 60) → (rezidivierendes) dissezierendes Aneurysma (► B) → Verblutungstod;
- *Aortenklappeninsuffizienz*;
- (manchmal) *Mitralklappenprolaps* (S. 60).

3. Duraüberdehnbarkeit: Lumbosakrale Ektasien der harten Hirnhäute.

4. Augenlinsenluxation: Verschiebung der Linse (= Ectopia lentis) wegen Defekt der Zonulafasern → Sehstörung.

Morphologische Nebenkriterien:

1. Lungenüberdehnbarkeit → destruktives Lungenemphysem (S. 44) → Lungeneinriß → Spontanpneumothorax.

2. Hautüberdehnbarkeit mit strichförmig weißlichen Narben (= Striae atrophicae).

+ Klinik: Autosomal dominanter Erbgang (Pränataldiagnostik: Amniozentese). Je nach Subtyp und Defektlokalisation des FBN-Gens kommt es zu folgenden MFS-Formen:
- *Neonatales MFS:* Hauptkiterien 1–4.
- *Isolierter Skelettphänotyp:* Hauptkriterium 1.
- *Dominante Ectopia lentis:* Hauptkriterium 4.
- *MMASS-Phänotyp* (Myopie, Mitralklappenprolaps, Aortendilatation, Striae, Skelettläsion).
- *Familiäres Aortenaneurysma* (-Dissektion).
- *Kongenitale kontrakturelle Arachnodaktylie.*

Prominente Patienten:
Abraham Lincoln: US-Präsident (1809–1865);
Nicolo Paganini: ital. Geigenvirtuose, Komponist (1782–1840). Er beherrschte auf der Geige den extrem weiten Decimen-Griff!

Amyloidosen[1]

Synonym: β-Fibrillosen

Allgemeine Definitionen

Amyloid[1] = kongophil-hyalines Material mit Glykoproteincharakter und Mikrofibrillenstruktur, das systemisch oder lokal im Extrazellulärraum abgelagert wird → glasig-wächserner Aspekt der betroffenen Gewebe.

Amyloidosen: Gruppe ätiologisch unterschiedlicher Krankheiten mit Amyloidablagerung im Gewebe. Je nach Ablagerungsort unterscheidet man folgende Formen:
- *systemische Amyloidosen* mit Amyloidablagerungen in mehreren Organen und/oder Geweben;
- *lokalisierte Amyloidosen* mit Amyloidablagerung in einem Organ und/oder einem Gewebe.

Beispiele:
- *Zungenamyloidose* (► D): Das mit Lugol-Lösung braun gefärbte Amyloid ist entlang der Basalmembran abgelagert.
- *Milzamyloidose* (► E): Durch die Amyloidablagerung wird das Organparenchym glasig-transparent.

! Merke: *Amyloidnachweis:*
- mit Lugol-Lösung (an sich Stärkenachweis! daher Name: „Amyloid");
- Kongorot-positiv;
- Polarisationsoptik: grünlich doppelbrechend.

! Merke: *Amyloidlokalisation:* immer extrazellulär.

---

[1] Amyloid: amylon, gr. = Stärke

A Spinnenfingrigkeit

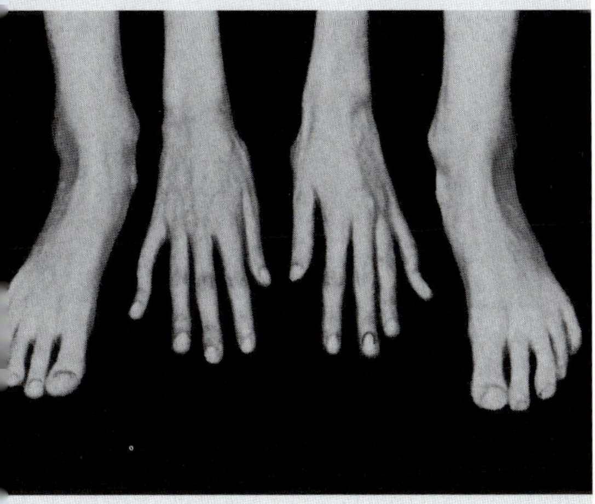

B Aortenaneurysmen

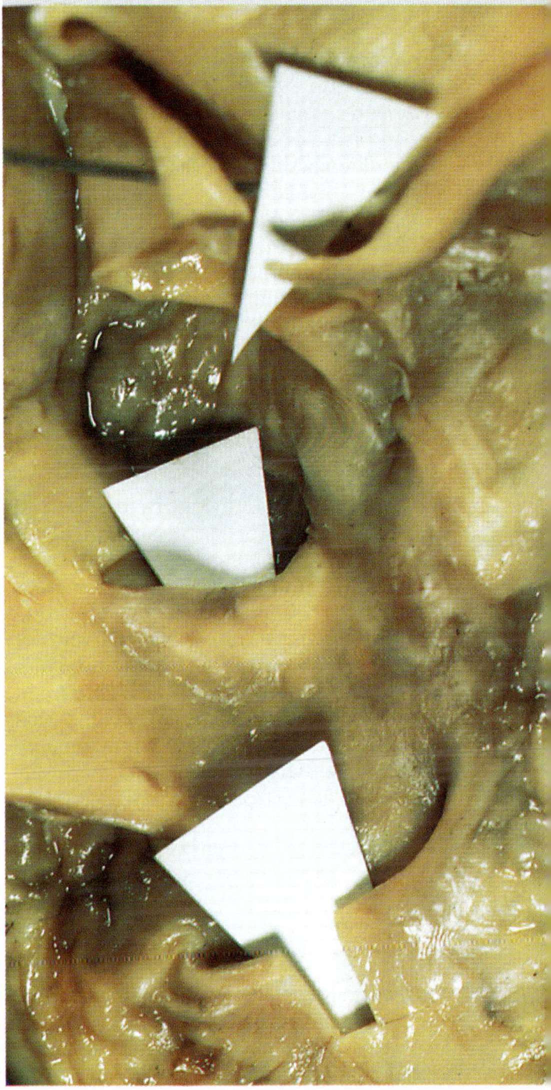

C Aortenatrophie
EvG, 100x

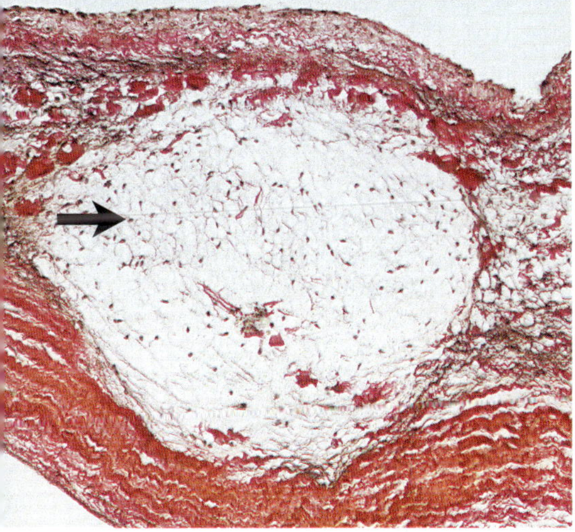

D Zungenamyloidose

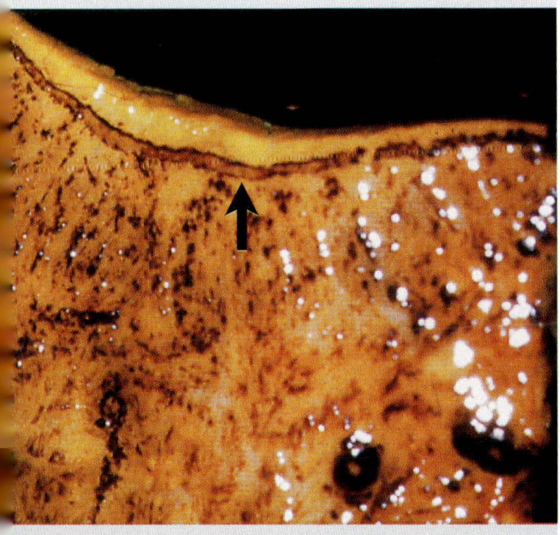

E Milzamyloidose

Amyloidaufbau

Allen Amyloidarten sind folgende Komponenten gemeinsam:
- *Fibrilläres Protein* mit β-Faltblattstruktur = β-Fibrillen. Dieses Protein variiert mit der Grundkrankheit und ist namensgebend für den Amyloidtyp.
- *Amyloid-P-Komponente:* Entstehung aus SAP (= Amyloid-P-Komponente = physiologisches Serumprotein, Bestandteil der glomerulären Basalmembran).
- *Heparansulfat-Proteoglykane:* Sie sind Proteoglykane vom Basalmembrantyp.

Amyloidarten

AL-Amyloid

Synonym: Leichtketten-Amyloid

Pathogenese: Das AL-Amyloid ist das Derivat von variablen Teilen (S. 160) der Immunglobulin-Leichtketten (λ- häufiger als κ-Ketten): Immunologischer Stimulus → Proliferation eines Plasmazellklons → Bildung eines monoklonalen Immunglobulins mit Überschuß leichter Ketten (S. 160) → unvollständiger lysosomaler Abbau der Immunglobulin-Leichtketten in den Makrophagen → dadurch Bildung von freien λ- oder κ-Leichtkettenfragmenten → diese kondensieren zu β-Fibrillen mit β-Faltblattstruktur.

Manifestation als systemische Amyloidosen: Primäre Amyloidoseformen (S. 52).

AA-Amyloid

Synonym: Amyloid-A

Pathogenese: Das AA-Amyloid ist das Derivat eines HDL-Apolipoproteins (SAA = Serumamyloid-A-Vorläuferprotein):
Bei einer Entzündung werden in der Leber während der Akutphase die sog. Akutphasenproteine synthetisiert (S. 202), darunter auch das SAA → SAA-Abgabe ins Serum → SAA-Phagozytose durch Zellen des Makrophagensystems → lysosomale Abspaltung des amyloidogenen Fragments → die Fragmente kondensieren zu β-Fibrillen mit β-Faltblattstruktur.

Manifestation als systemische Amyloidosen: Sekundäre Amyloidoseformen (S. 52).

AF-Amyloid

Synonym: Familiäres Amyloid

Pathogenese: Das AF-Amyloid ist ein Derivat von Transthyretin (= Transportprotein für Thyroxin und Retinol der Präalbuminfraktion). Durch eine Punktmutation des Transthyretrins bilden sich daraus (ohne vorherige proteolytische Aufspaltung) amyloidogene Fragmente → diese kondensieren zu β-Fibrillen mit β-Faltblattstruktur.

Manifestation als lokalisierte Amyloidosen:
- *Nierenamyloidose* (S. 52);
- *Prädominant distale Polyneuropathien:* Amyloidablagerung → Nervenschädigung mit Sensibilitätsstörung und Reflexabschwächung
- *Hypertrophe Kardiomyopathie* (S. 52, 116): Amyloidablagerung im Myokard zwischen den Muskelzellen; dadurch speckige Myokardverfestigung.

AE-Amyloid

Synonym: endokrines Amyloid

Pathogenese: Das AE-Amyloid stammt von endokrinen Zellen:
Endokrine Zellen → Bildung abnormer Peptide → unvollständiger proteolytischer Abbau → amyloidogene Fragmente → diese kondensieren zu β-Fibrillen mit β-Faltblattstruktur.

Manifestation als lokalisierte Amyloidosen:
- *Insel-Amyloidose:* Amyloidablagerung in Pankreasinseln → Verdrängung der endokrinen Zellen (► A, B) → Diabetes mellitus Typ II (S. 78).
- *Calcitonin-Amyloid*: Die ballenartig angeordneten Zellen des thyreoidalen C-Zell-Karzinoms (► C1) bilden AE-Amyloid (→ schollenförmige Amyloidablagerung im Tumorstroma; ► C2) und exprimieren Calcitonin (► D).

AS-Amyloid

Synonym: amyloid senile brain

Pathogenese: Das AS-Amyloid wird in pathologisch alternden Gehirnen produziert:
Mutation eines Gens auf Chromosom 21 (kodiert normalerweise für einen Proteinaseinhibitor) → Kodierung eines atypischen β-Amyloid-precursor-Proteins (β-APP) → die β-APP kondensieren zu β-Fibrillen mit β-Faltblattstruktur.

Manifestation als lokalisierte Amyloidosen:
- *Senile Demenz = Morbus Alzheimer* (S. 126): herdförmige Amyloidablagerung im Gehirn (sog. „amyloid cores"; ► E, F), umgeben z. T. von aufgetriebenen Nervenendigungen mit pathologischem Zytoskelett (S. 34).
- *Down-Syndrom* (= Trisomie 21; S. 288).

Merke: Es gibt 2 Formen der Peptidkettenstabilisierung:
- α-Helix-Anordnung der Peptidketten,
- β-Faltblatt-Anordnung der Peptidketten.

A **Normal-Insel**
EvG, 100x

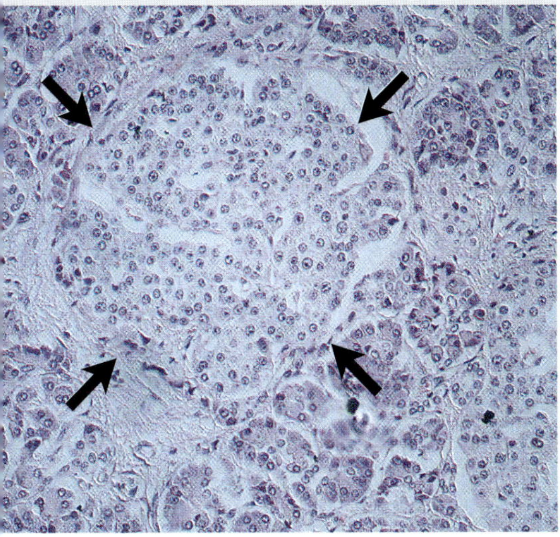

B **Inselamyloidose**
100x

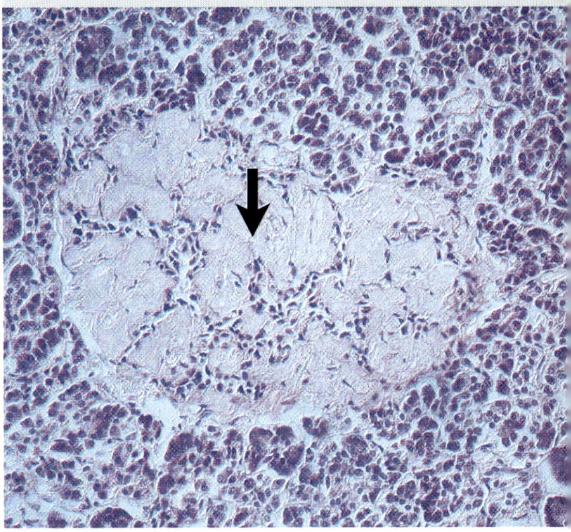

C **C-Zell-Karzinom**
100x

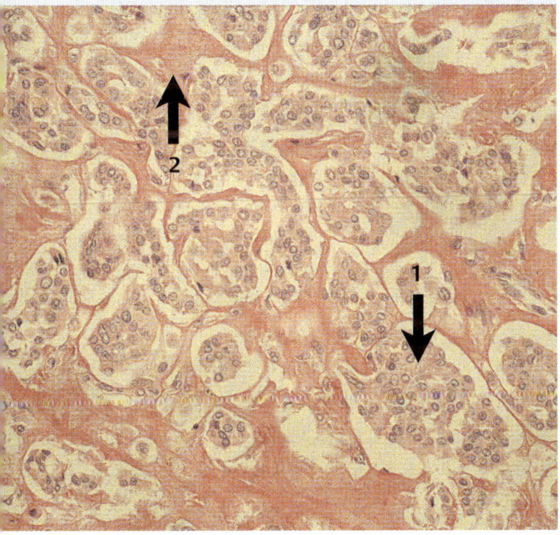

D **C-Zell-Karzinom**
IH (Calcitonin), 100x

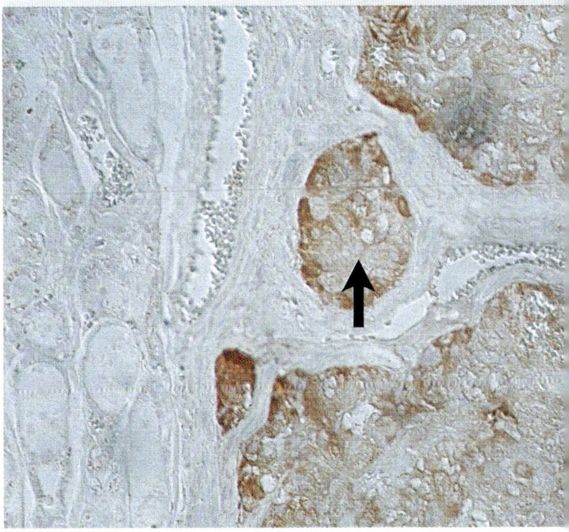

E **Alzheimer-Plaque**
Ag, 100x

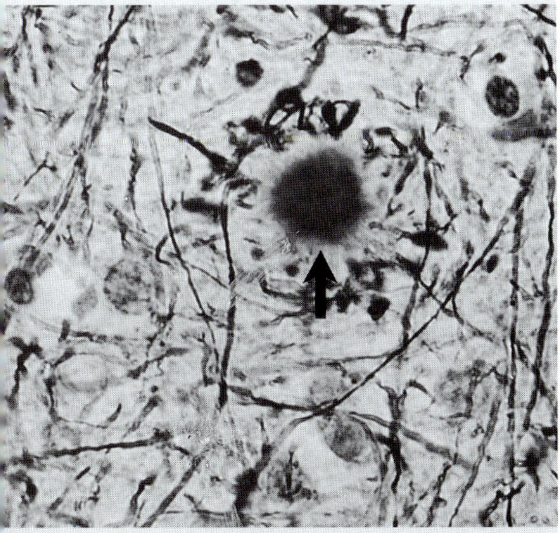

F **Alzheimer-Plaque**
IH (βAPP), 100x

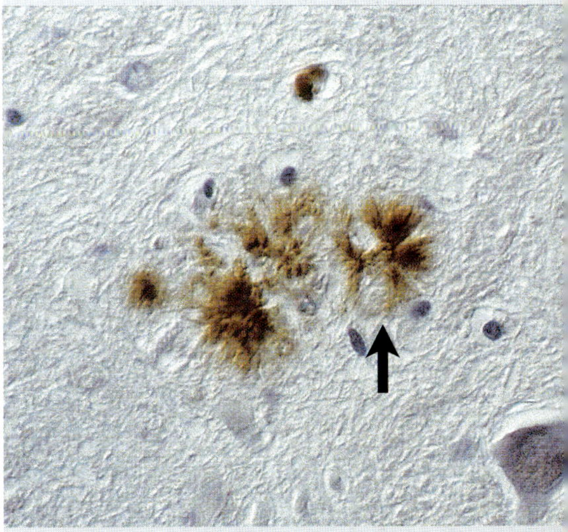

Amyloidosen: Einteilung

Systemische Amyloidosen

Primäre Amyloidosen

Synonym: atypische Amyloidosen

Pathogenese: Die primären Amyloidosen treten ohne erkennbare Vorkrankheit oder erkennbare Ätiologie auf.

Dazu gehören auch die „Paramyloidosen". Bei diesen kommt es im Rahmen lymphoplasmozytärer Neoplasien zu einer generalisierten Amyloidablagerung v. a. in mesenchymalen Geweben, die bei der klassischen sekundären Amyloidose weniger betroffen sind: Zunge, Skelettmuskulatur, Myokard; seltener Nerven, Gehirn, Haut, Lungen.

Sekundäre Amyloidosen

Synonyme: typische generalisierte Amyloidosen; Begleitamyloidosen

Pathogenese: Die Amyloidose folgt auf
- *chronische Infekte* wie Osteomyelitis, Tuberkulose (S. 264), oder
- *chronisch autoaggressive Entzündungen* wie rheumatoide Arthritis (S. 234).

Morphologie: Das Amyloid wird v. a. in den parenchymatösen Organen wie Milz, Leber (► C, D), Niere (► E, F), Nebenniere und Darm in folgenden 2 Spielarten abgelagert:
- *Sagomilztyp;* selektive Amyloidablagerung im Bereich von Milzfollikeln (► A1) um die Milzarterien (► A2) herum oder im Disse-Raum der Leber (kaum in Nierenglomeruli).
- *Schinkenmilztyp:* diffuse Amyloidablagerungen im Milzpulpa-Retikulum (► B1) unter Aussparung der Milzfollikel mit ihren zentralen Milzarterienästen (► B2), in den Nierenglomeruli und Organarterien.

Lokalisierte Amyloidosen

Organbegrenzte oder innerhalb von Organen lokalisierte Amyloidoseformen:
- Gehirn → zerebrale Amyloidose,
- Nerven → polyneuropathische Amyloidose,
- Herz → kardiomyopathische Amyloidose,
- Lunge → Respirationstrakt-Amyloidose,
- Niere → nephropathische Amyloidose,
- Auge → okuläre Amyloidose,
- Endokrinium → AE-Amyloidose,
- Haut → lichenoide Hautamyloidose.

! **Merke:** *Amyloidose und Nierenbefall:*
- primäre Amyloidosen: < 50 % Nierenbefall,
- sekundäre Amyloidosen: > 75 % Nierenbefall.

! **Merke:** *Diagnostik der AL- und AA-Amyloidosen:* Rektumbiopsie mit Erfassung der Submukosa.

+ Klinik der Amyloidosen:

AL-Amyloidosen

Erstsymptome:
- *Karpaltunnelsyndrom* der Hand infolge Amyloidablagerungen im Lig. carpi transversum mit konsekutiver Druckschädigung des N. medianus → Schwund der vom N. medianus versorgten Daumenballenmuskulatur.
- *Makroglossie* mit Schluckbeschwerden (= Dysphagie) infolge Amyloidablagerungen in der Zunge.
- *Haut:* Papilläre Läsionen, Purpura (= punktförmige Blutungen).
- *Gelenke:* Arthritische Beschwerden in den großen Gelenken.

Spätsymptome:
- *Herz:* Therapierefraktäre Herzinsuffizienz, gelegentlich mit Erregungsleitungsstörung infolge restriktiver Kardiomyopathie: Wegen Amyloidablagerung im Myokard geht dessen Kontraktions- und Dehnungsfähigkeit verloren → reaktive Myokardverdickung (Hypertrophie) mit Ventrikeleinengung ohne mechanische Effizienz.
- *Leber:* Hepatomegalie (= Lebervergrößerung) wegen perisinusoidaler Amyloidablagerung (► C, D) → Atrophie der Leberzellbalken mit auffällig geringer Funktionsstörung.
- *Dünndarm:* Amyloidablagerung in Submukosa und periarteriell → Obstruktionen, Schleimhautblutungen, Diarrhoe bei Befall des autonomen Nervensystems.
- *Nerven:* Periphere Neuropathie mit meist sensiblen Ausfällen.
- *Lunge:* Respiratorische Insuffizienz nur bei diffuser Amyloidablagerung im alveolären und extraalveolären Interstitium (Bronchialwand).

AA-Amyloidosen
- *Niere:* Amyloidablagerung in Mesangium und Schlingen der Glomeruli (► E, F) und/oder prädominant in Arterienästen (AA > 50 %; AL 15 %; AF 25 %) → Nierenfunktionsstörung in Form eines „nephrotischen Syndroms", gekennzeichnet durch:
  - Proteinurie (= „Eiweißharnen"),
  - Bluteiweißmangel (= Hypo-, Dysproteinämie),
  - Blutfettanstieg (= Hyperlipidämie),
  - Gewebsschwellungen (= Ödeme): bei Erwachsenen v. a. Unterschenkelödeme, bei Kindern v. a. Lidödeme.
- *Leber:* Hepatosplenomegalie mit kaum merklichem Funktionsausfall.
- *Dünndarm:* Obstruktion, Schleimhautblutung.

Im folgenden werden Krankheiten besprochen, die vornehmlich auf einer Synthese- oder Abbaustörung der aus Mikrofibrillen aufgebauten „elastischen Fasern" beruhen. Sie verdeutlichen das Funktionsspektrum des Elastins.

A **Sagomilz**
KRot, 75x

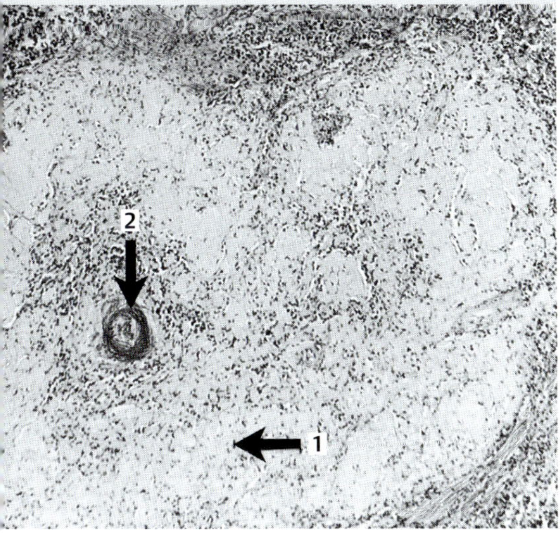

B **Schinkenmilz**
KRot, 75x

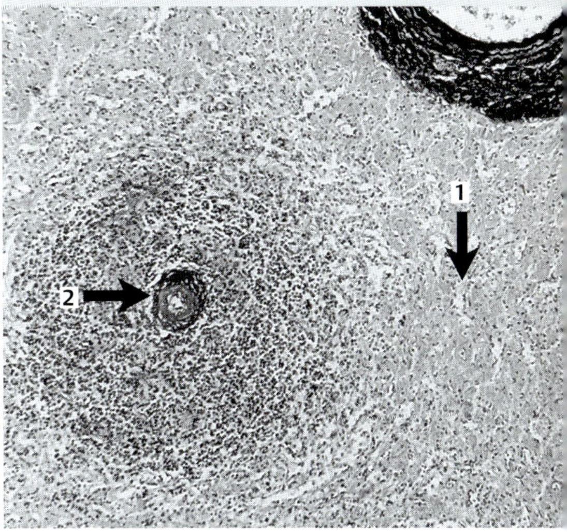

C **Leberamyloidose**
KRot, 150x

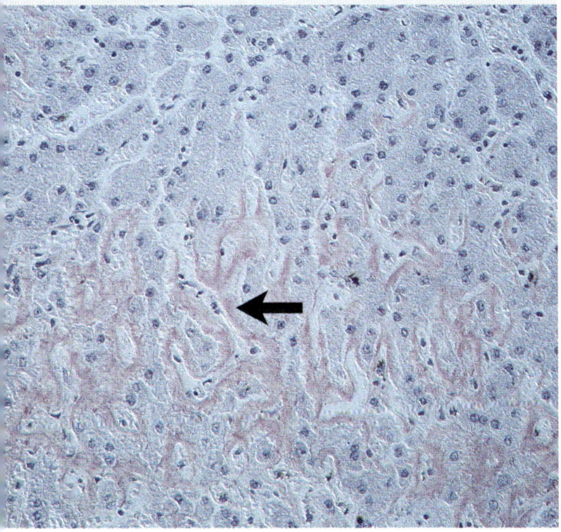

D **Leberamyloidose**
KRot; PO, 150x

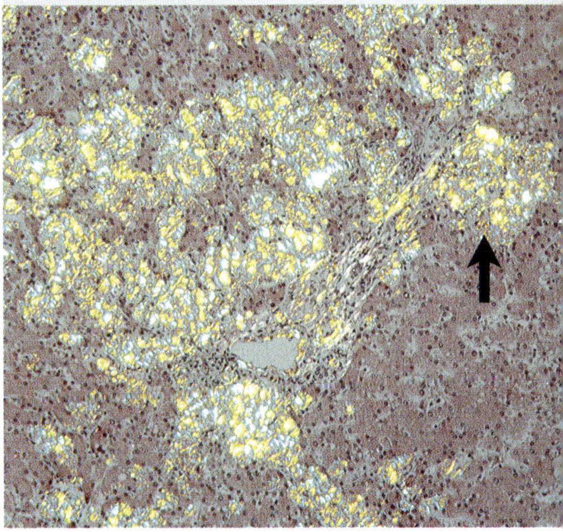

E **Nierenamyloidose**
Lugol

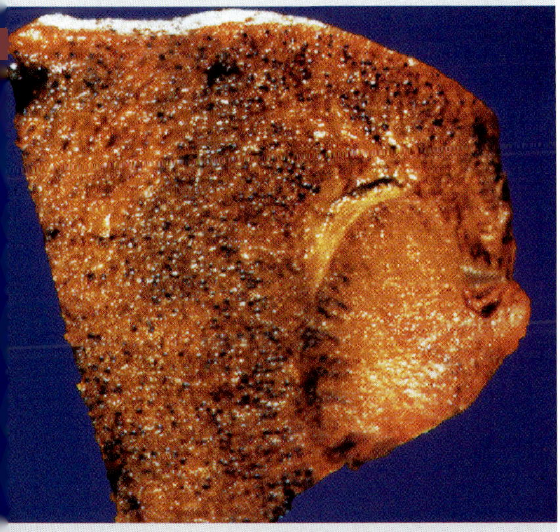

F **Nierenamyloidose**
KRot, 200x

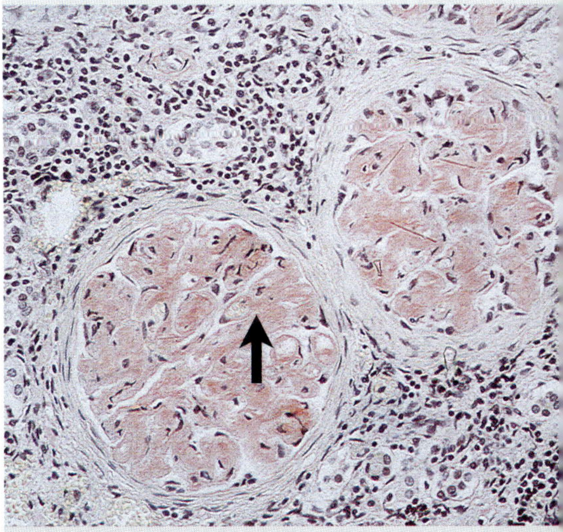

Elastin-Läsion

Abkürzung: EL = Elastin

Orthologie des Elastinauf- und Abbaus:

Elastinbiogenese: Noch nicht ganz geklärt. „Elastoblasten" sind die Gefäßwandmyozyten, die Fibrozyten der Subkutis und der Ligg. nuchae sowie die Chondrozyten des elastischen Ohrknorpels. Sie sind imstande, fibrillinhaltige Mikrofibrillen und EL zu synthetisieren, die beiden Baukomponenten der EL-Fasern. Nach seiner Sekretion verbindet sich das EL mit den Mikrofibrillen und maskiert sie. Daraufhin Desaminierung des EL durch eine kupferhaltige Lysyloxidase → Vernetzung zu EL-Fasern.

Elastinolyse: Die *Pankreaselastase* liegt im Gewebe als inaktive Proelastase vor und muß durch Trypsin und/oder die Enterokinase aktiviert werden. Die *Granulozytenelastase*, eine Serinprotease, wird durch spezifische, im Blutserum vorkommende Inhibitoren gehemmt (ähnlich wie die Kollagenase durch α_1 -Antitrypsin und α_2 -Makroglobulin). Die *Makrophagenelastase* als Metalloprotease besitzt keine derartigen Inhibitoren.

Biogenesestörungen

Restriktive Dermopathie

Musterkrankheit für Elastinmangelkrankheit

Definition: Erblicher Elastogenesedefekt, der wegen einer Versteifung von Haut und Lungen zu einer fetalen Hypo- bzw. Akinesie (= Bewegungsarmut) führt und mit dem Leben nicht vereinbar ist.

Pathogenese: Nahezu fehlende Bildung von EL-Fasern bei abnorm gesteigerter Kollagenfaservernetzung.

> **Klinik und Morphologie:** Autosomal rezessiver Erbgang. Sehr selten.
> - *Haut:* Sie enthält keine EL-Fasern in der Kutis (► A) und ist deshalb atrophisch versteift → Extremitäten-Kontrakturen und Gesichtsdysmorphien in Form eines klaffenden Mundes (► B).
> - *Lunge:* Keine Entfaltung des Lungenparenchyms → pulmonale Hypoplasie → respiratorische Insuffizienz.

Alterselastopathie

Definition: Sehr häufige altersbedingte Organveränderungen wegen defekter Elastogenese (Altershaut, -aorta, -lunge, sog. Altersemphysem, u. a.).

Pathogenese: Verringerung und Fragmentierung der EL-Fasern → Elastizitätsverlust der Gewebe.

Trichopoliodystrophie

Synonym: Menke-Stahlhaarkrankheit

Definition: Erbliche Störung der Kupferverteilung mit Kraushaarigkeit, Kleinhirnstörungen und Skorbutsymptomatik (S. 74).

Pathogenese: Kupfer = Kofaktor der Lysyloxidase (wichtig für Vernetzung von Kollagen und EL). Defekte Kupfertransport-ATPase → niedrige Kupferkonzentration in Leber, Gehirn, Haut und Gefäßen → EL-Vernetzungsstörung mit Vermehrung der Mikrofibrillen und Reduktion des EL-Gehalts → Schlängelung der Haare (= Kraushaarigkeit) und Hirngefäße.

Histologie: Fragmentierung und Aufspleißung der arteriellen Elastica interna.

Makroskopie: Gefäßschlängelungen, -ektasie, aneurysmen (S. 62), -rupturen.

> **Klinik:** X-chromosomaler Erbgang. Sehr selten. Kraushaarigkeit, Kleinhirn-, Skorbutsymptomatik, Inzindenz 1:100 000.

Ehlers-Danlos-Syndrom Typ V

Definition: Erbliche Elastopathie mit überdehnbaren Gelenken und Haut sowie Gefäßaussakkungen (vgl. S. 38).

Pathogenese: Ein Lysyloxidasemangel sowie ein noch nicht identifizierter Elastaseinhibitor beeinträchtigen zusammen die Elastogenese (und Kollagenese).

Histologie: In Haut und Arterienwänden sind sehr dünne und unreife EL-Fasern angehäuft und die Kollagenfasern korkenzieherartig angeordnet (► C).

> **Klinik:** X-chromosomaler rezessiver Erbgang. Selten. Hautüberdehnbarkeit → Hautzerreißlichkeit (= Hyperelastosis cutis); Gefäßektasien; Überstreckbarkeit der Gelenke (► D).

> **Merke:** *Ehlers-Danlos-Syndrom:*
> Keine Krankheitsentität!
> Verschiedenartige Enzymdefekte führen zum Hauptsymptom der Gewebsüberdehnbarkeit.

A **Restriktive Dermopathie** (Haut)
TriG, 150x

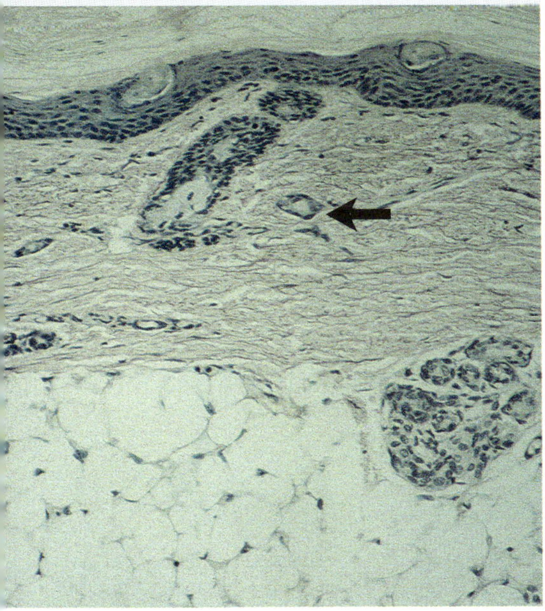

B **Restriktive Dermopathie**

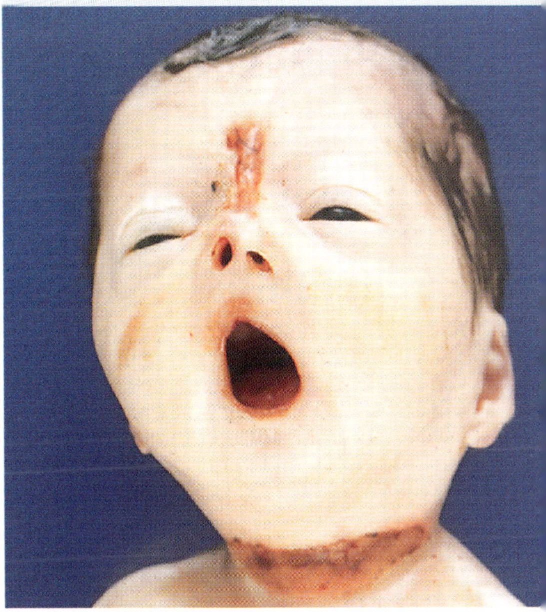

C **EDS-Typ IV** (Kollagen)
EvG, 400x

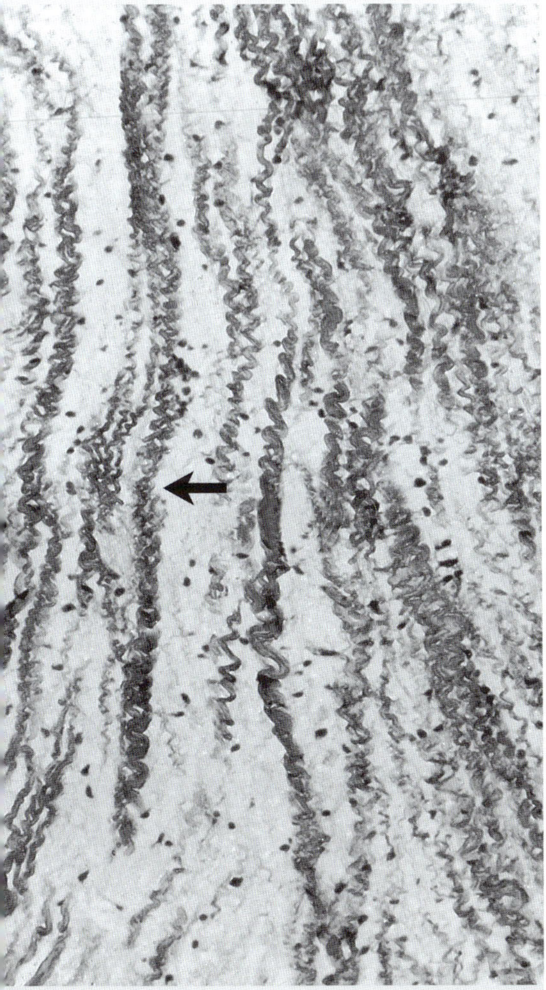

D **EDS-Typ IV**

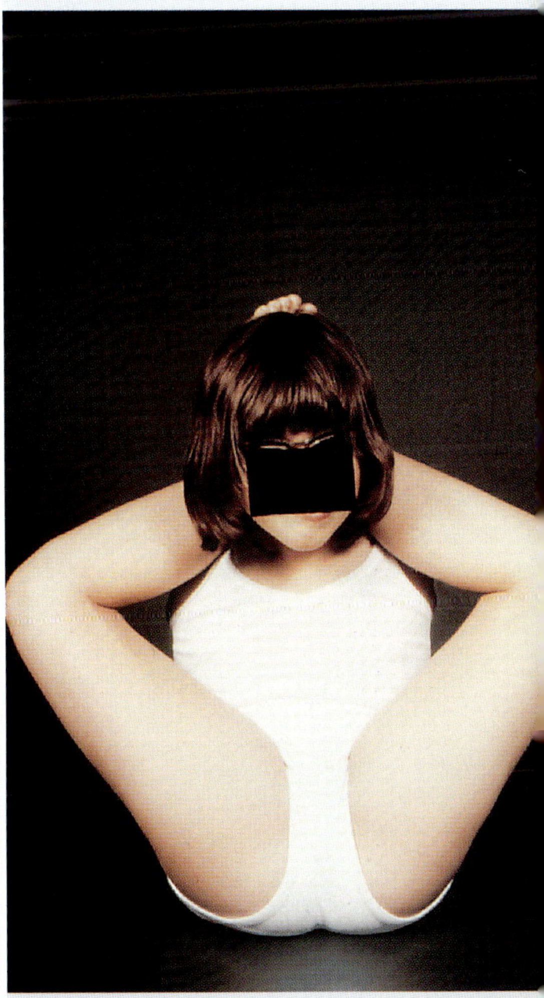

Elastosen

Abkürzung: EL = Elastin

Aktinische Elastose

Definition: Häufige UV-(Strahlen-)bedingte Hautschädigung.

Pathogenese: Strahlenschädigung (S. 150) der Hautfibroblasten; v. a. beim älteren Menschen an sonnenexponierten Hautstellen (Gesicht, Nacken, Handrücken).

Histologie: Atrophische Epidermis (► A1). Im oberen Drittel der Kutis findet sich ein Gewirr von plumpen, basophil gefärbten EL-Fasern (► A2). Mit zunehmender Strahlenexpositionsdauer verklumpen, fragmentieren sie und sintern schließlich zu einem schollig amorphen Material zusammen.

Pseudoxanthoma elasticum

Synonym: Groenblad-Strandberg-Syndrom = Elastorhexis generalisata

Definition: Erbliche Systemerkrankung des elastischen Bindegewebes mit Haut- und Gefäßbeteiligung.

Pathogenese: Basisdefekt = abnorme Proteoglykaneinlagerung in die EL-Fasern mit Verminderung des EL-Gehalts; keine Kollagenveränderung.

Histologie: EL-Fasern sind fragmentiert, basophil und würstchenförmig (► B). Ultrastrukturell imponieren sie als kugelähnliche Haufen mit einem Proteoglykankernstück, in dem Calcium-Magnesium-Salze abgelagert sind.

Klinik: Autosomal rezessiver Erbgang. Selten. Manifestationsalter 20 – 40 J. Allgemeine Hypoelastizitätssymptomatik:
- *Haut:* faltenartig verändert mit zahlreichen gelblichen, verkalkten Plaques (= Pseudoxanthoma elasticum).
- *Retina:* Kaliberschwankungen der Arterien („angoid streaks“) verbunden mit Chorioretinitis (= Entzündung der Ader- und Netzhaut).
- *Magendarmtrakt:* Blutungen.

Fibroelastosen

Allgemeine Pathogenese: Metabolische Transformation der Gefäßwandmyozyten und/oder Endokardmyozyten durch Virusinfekt oder Überproduktion von Serotonin (s. u. und S. 202) → Myozyten stellen sich auf Fasersynthese ein und produzieren in überschießendem Maße elastische, aber auch kollagene Fasern zusammen mit Proteoglykanhaufen.

Histologie: EL-Fasern sind fragmentiert und aufgespleißt und liegen verfilzt mit Kollagenfasern in Proteoglykanhaufen.

Makroskopie: Weißgraue Verdickung der kardiovaskulären Gewebe.

Fibroelastose-Folgekrankheiten

Intima-Fibroelastose

Pathogenese = allgemeines „Reaktionsmuster der Arterienwand“ auf eine hämodynamische oder entzündliche Fehlbelastung → Stimulation der intimanahen Mediamyozyten → dadurch: reaktive Kollagen- und EL-Faserbildung → reaktive Fibroelastose der Intima (► C). Resultat: stukturelle Gefäßwandstabilisierung.

Endokard-Fibroelastose

Ätiologie: Sie hat je nach Patientenalter eine andere Ursache:
- *Kindesalter*: intrauterine Infektion mit Mumpsviren (S. 242) oder Coxsackieviren (?);
- *Erwachsenenalter:* z. B. Dünndarmkarzinoid (= maligner neuroendokriner Tumor) mit Bildung von Serotonin, das auf Fibroblasten mitogen wirkt (S. 384).

Pathogenese: Reaktive, reparative Vermehrung der Kollagen- und EL-Fasern (► D). Folgen davon: grau-weißliche Endokardverdickung → Verkleinerung des Herzkammerinnenraums (= Ventrikelvolumens) → Einschränkung der Herzfunktion → restriktive Kardiomyopathie.

Merke: *Definition der „Kardiomyopathie“:* nichtentzündliche Myokarderkrankung ungeklärter Ätiologie.

A **Aktinische Elastose** (Haut)
200x

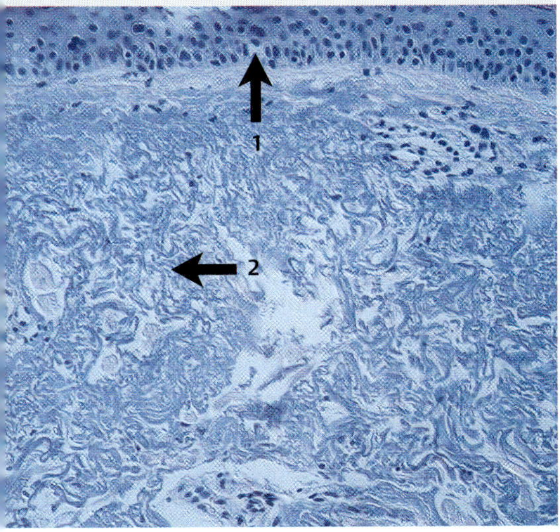

B **Pseudoxanthoma elasticum**
EvG, 250x

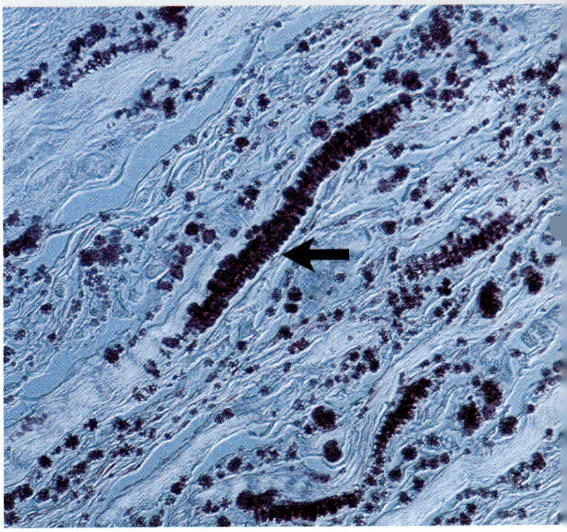

C **Intima-Fibroelastose**
EvG, 200x

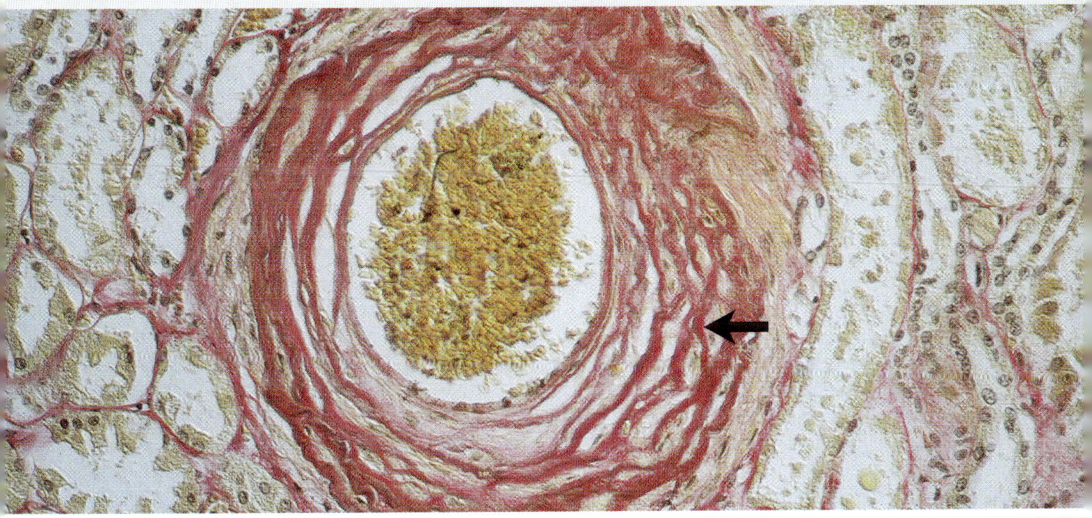

D **Endokard-Fibroelastose**
EvG, 100x

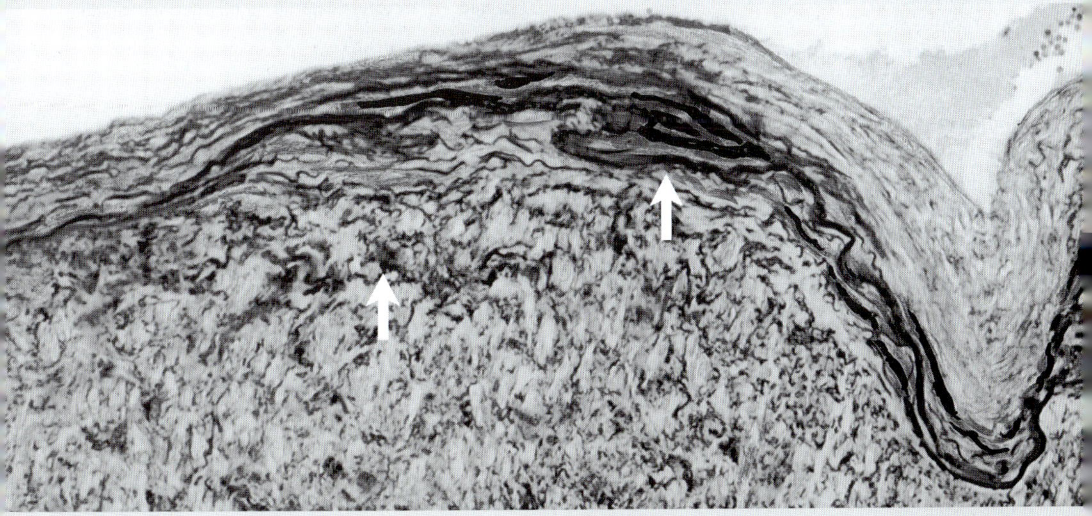

Elastinolysestörungen

Abkürzung: EL = Elastin

Allgemeine Pathogenese: Entzündliche Elastasehyperaktivität oder Mangel an Elastaseinhibitoren bei meist gleichzeitiger Steigerung des Kollagenabbaus → Histologie: Ruptur, Fragmentierung oder Aufspleißung der EL-Fasern.

> **Merke:** EL-Fasern = nekroseresistenteste, organische Gewebsstruktur.

Elastinolyse-Folgekrankheiten

Panarteriitis nodosa

Synonym: Periarteriitis nodosa, Periarteriitis Kussmaul-Maier

Definition: Segmentale und sektorförmige Entzündung v. a. mittelgroßer Organarterien mit tastbaren perlschnurartigen Verdickungen.

Pathogenese und Morphologie: Unbekannter Auslösefaktor → autoaggressive Entzündungsreaktion mit Immunkomplexbildung (S. 162, 170) → Aktivierung des Komplementsystems (S. 162) → Intimaschädigung mit fibrinoider Nekrose → Abdeckung des Schadensbezirks durch Blutgerinnsel (= Thrombus; S. 404) → Schadensbezirk lockt Neutrophile an (S. 200) → diese weichen proteolytisch die Gefäßwand auf und zerspalten die EL-Fasern (► A1). Die Entzündung (► A2) schreitet von der Intima zur Adventitia fort (Name: *Panarteriitis*!) → umschriebene, knotige Gefäßwandaussackung (► B) → entzündliches Aneurysma (Name: *nodosa*!). Organisation des Gefäßwanddefekts durch Granulationsgewebe (S. 224, 312). Dieses dringt von der Adventitia her in die Gefäßwand ein (Name: *Periarteriitis*!) und wandelt auch den bedeckenden Thrombus narbig um.

Resultat: narbiger Gefäßverschluß (= Obliteration) → Gewebsnekrose.

Arteriitis temporalis

Synonym: Horton-Arteriitis

Definition: Systemische riesenzellhaltige Gefäßentzündung (Name: *Arteriitis*!) mit Bevorzugung der Karotisäste, v. a. der Temporalarterie (Name: *temporalis*!).

Pathogenese: Unbekannter Auslösefaktor → Fragmentierung der Elastica (► C1, D1) → autoaggressive Entzündungsreaktion → Immunkomplexbildung (S. 162,170) → Myozytenschädigung und Bedeckung der Elasticafragmente durch Immunkomplexe → Anlockung von lymphohistiozytären Entzündungszellen und resorptiven Riesenzellen (S. 200). Riesenzellen (► C2, D2) kriechen auf Elasticafragmenten wie Schnecken auf dem Salat → Folge davon: entzündliche wurmartige Gefäßverdikkung. Später: Abschottung des entzündeten Gefäßbezirks durch Blutgerinnsel.

Resultat: Kopfschmerzen, Sehstörungen → Erblindung (Claudicatio visualis).

Mesaortitis luica

Musterkrankheit für Elastolysekrankheit

Definition: Chronische Entzündung der Aorta im Tertiärstadium der Lues mit Mediadestruktion und Progression zum Aneurysma.

Pathogenese und Morphologie: „Jugendsünde" → Infektion mit Treponema pallidum (S. 262) → Lues (= Syphilis) → „Primärstadium" in Form des luischen Geschwürs im Genitalbereich → „Sekundärstadium" mit Entzündungsgeneralisierung → „Tertiärstadium" mit Organmanifestationen und granulomatöser Entzündungsreaktion (S. 232).
Folgen davon: Ernährungsgefäßchen der Media (= Vasa vasorum) reagieren mit entzündlicher, intimafibrotischer Gefäßeinengung (= Endarteriitis luica obliterans → Mediabezirk wird nicht mehr ernährt → Mediamyozyten gehen zugrunde → parallel ausgerichtete EL-Membransysteme (► E) werden herdförmig zerstört (► F), was als „Mottenfraßaspekt" bezeichnet wird → narbig-reparative Sklerose im Defektbereich → Narbenschrumpfung → innere Aortenoberfläche verschrumpelt baumrindenartig (= Intima-Chagrinierung).

Resultat: Gefäßwandschwäche → luisches (entzündliches) Aneurysma (S. 62) v. a. im Bereich des Aortenbogens → Aneurysmaruptur → Verblutung.

A **Panarteriitis nodosa**
EvG, 150x

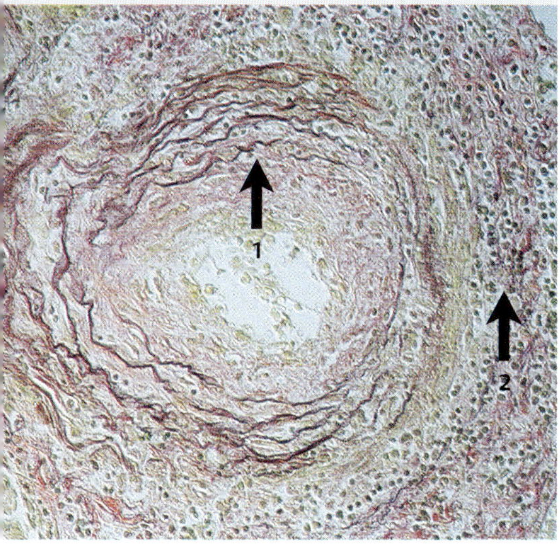

B **Panarteriitis nodosa**
EvG, 150x

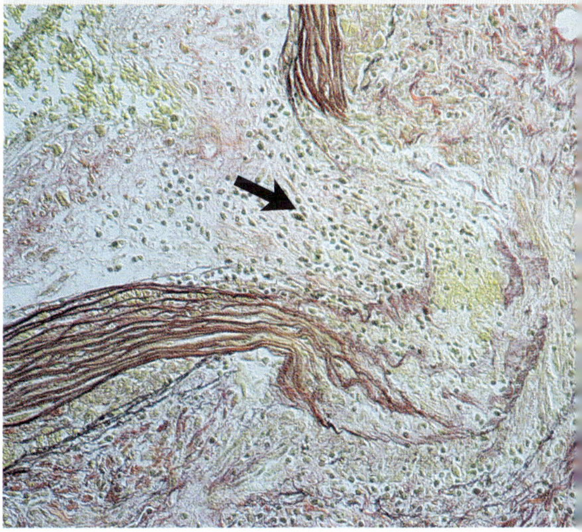

C **Arteriitis temporalis**
EvG, 150x

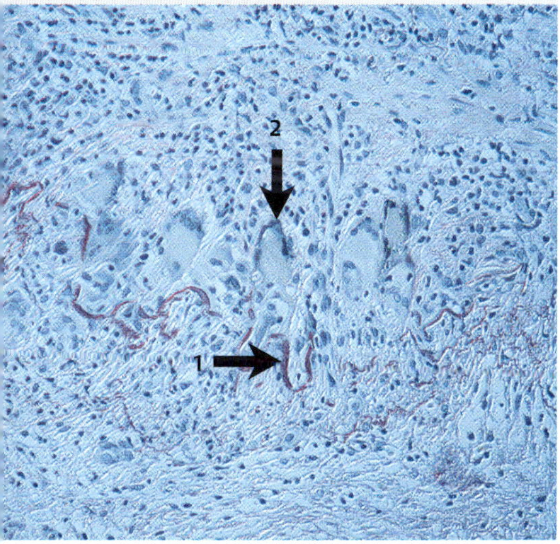

D **Arteriitis temporalis**
EvG, 800x

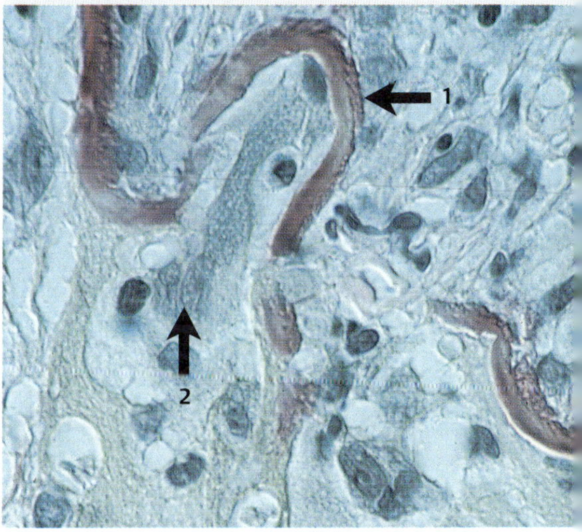

E **Normalaorta**
EvG, 150x

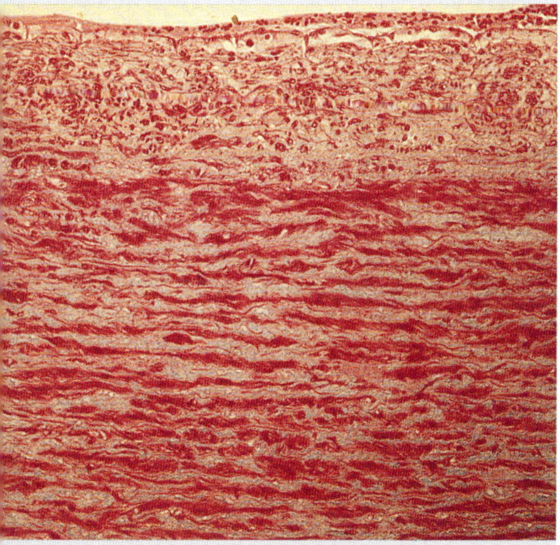

F **Mesaortitis luica**
EvG, 100x

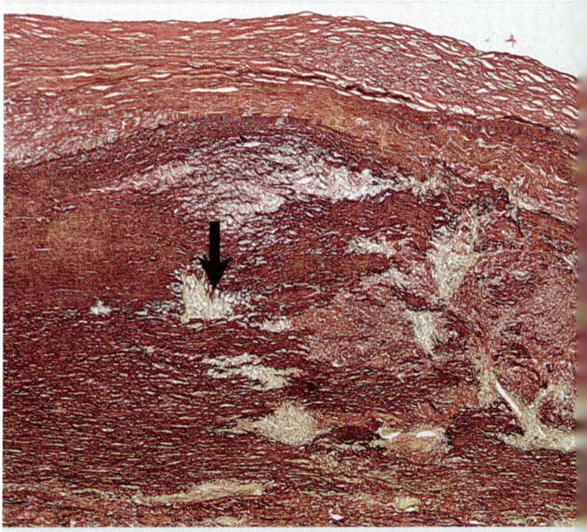

Proteoglykan-Läsion

Abkürzungen: PG = Proteoglykan; MPS = Mukopolysaccharide

Orthologie des PG-Auf- und -Abbaus:

Proteoglykanbiogenese: Start an den RER-Ribosomen mit der Synthese des Proteinskeletts. Im Golgi-Apparat: Konjugation mit Glykosaminoglykanen (MPS) → Sekretion in den Extrazellulärraum. Die PG sind für die Organisation der Interzellularsubstanz von Binde- und Stützgewebe wichtig.

Proteoglykanabbau: Er läuft größtenteils intrazellulär ab und setzt die Wiederaufnahme der PG in die Bindegewebszelle voraus. Die proteoglykanolytischen Enzyme sind mehrheitlich lysosomalen Ursprungs; zu ihnen zählen Kathepsin B und D. Nur zu einem geringen Teil werden PG extrazellulär abgebaut, u. a. weil im Extrazellulärraum Proteinase-Inhibitoren vorhanden sind, die den PG-Abbau kontollieren.

PG-Komplexierungsstörungen

Mukoide Degeneration

Allgemeine Pathogenese: Häufiges mesenchymales Reaktionsmuster mit folgender Reaktionskette: örtlicher mechanischer Streß → abnorme Reaktion der Bindegewebszellen (weshalb?) →

- Zellschädigung → fokale Apoptose der Bindegewebszellen (S. 128);
- fehlerhafte PG-Zusammensetzung → Störung der Kollagen-PG-Komplexbildung → schleimige Umwandlung der Interzellularsubstanz.

Resultat: mechanische Gewebsschwäche → Gewebsschwächung → Ruptur.

Mukoide Degeneration: Folgekrankheiten

(Mukoide) Meniskopathie

Pathogenese: Meniskusfehlbelastung (Untertagebau, Fußballspieler) → mukoide Degeneration → Bildung eines mit MPS angefüllten Hohlraums (► A) → Strukturschwächung des fibrokartilaginären Gewebes → lateraler Meniskusriß.

> **Merke:** *Ätiologie der Meniskusruptur:*
> - Trauma → **me**dialer Men. rupturiert;
> - Degeneration → lateraler Men. rupturiert.

Ganglion

Pathogenese: Fehlbelastung → mukoide Degeneration → Bildung eines meist mehrfach gekammerten, pseudozystischen Hohlraums ohne Epithelauskleidung (► B1) in Sehnenscheide oder Gelenkkapsel (meist Handgelenk). Dieses Hohlraumsystem ist mit wäßrig gequollenen MPS angefüllt (► B2, z. T. präparativ herausgelöst). Es wird auch als „Hygrom" (= Wassersack) bezeichnet.

Zystische Gefäßdegenerationen

Allgemeine Pathogenese: Mukoide Degeneration der Arterien und Herzklappen mit Zerstörung der elastischen Fasern durch MPS-Seen.

Dissezierendes Aortenaneurysma

Synonym: Morbus Erdheim-Gsell

Definition „Aneurysma" s. S. 62.

Pathogenese: Sie beruht z. T. auf einem Fibrillindefekt (S. 48): Mukoide Degeneration → intramurale MPS-Seen (► C) → zystische Media-„Nekrose" → Elasticadefekte (► D).

Resultat: Aortenwandschwäche → Aortenwandaussakkung (= Aneursyma) → Aortenruptur (s. u.) → Verblutungstod.

Zystische Popliteadegeneration

Pathogenese: Mukoide Degeneration → intramurale MPS-Seen in der Adventitia der Arterie → zystische Degeneration der Adventitia (► E1). Sie engt zusammen mit der reaktiven Intimafibrose (► E2) die Gefäßlichtung ein. Seltene Läsion.

Resultat: Periphere Durchblutungsstörung.

Mitralklappenprolaps-Syndrom

Synonym: Barlow-Syndrom

Pathogenese (z. T. auf angeborenem Fibrillin-Defekt beruhend; S. 48): Mukoide Klappendegeneration → intramurale MPS-Ansammlung in Klappenstützgerüst → Schwächung der mechanischen Festigkeit → Mitralklappe schlägt am Ende der Systole in den Vorhof zurück (= Klappenprolaps; ► F).

Resultat: Insuffizienz der Mitralklappe (häufige Läsion).

> **Merke:** *PG-Darstellung:*
> - epithelialer Schleim (saure, neutrale MPS): PAS-Reaktion;
> - nicht-epithelialer Schleim: Alcianblau.

A **Mukoide Degeneration** (Meniskus)
150x

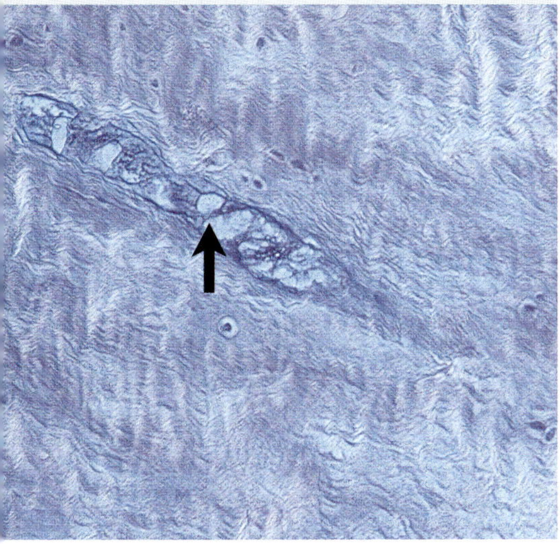

B **Ganglion** (Gelenkkapsel)
100x

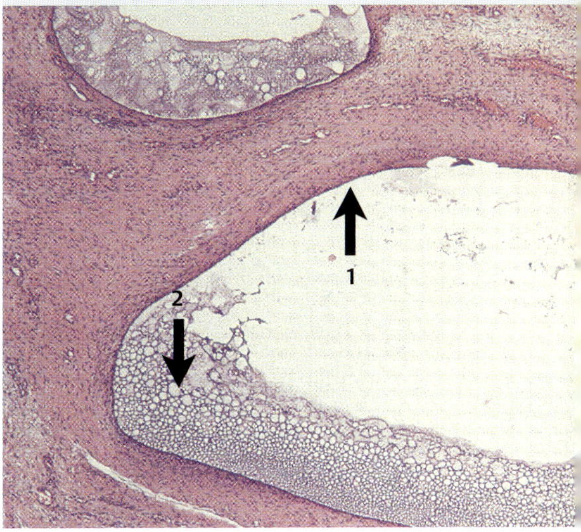

C **Mukoide Degeneration** (Aorta)
150x

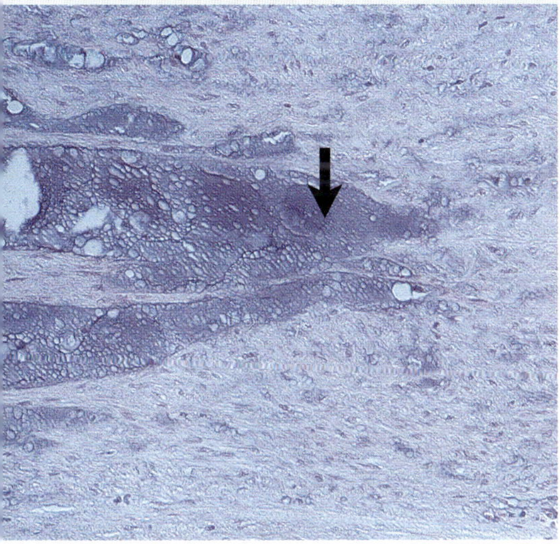

D **Mukoide Degeneration** (Aorta)
EvG, 150x

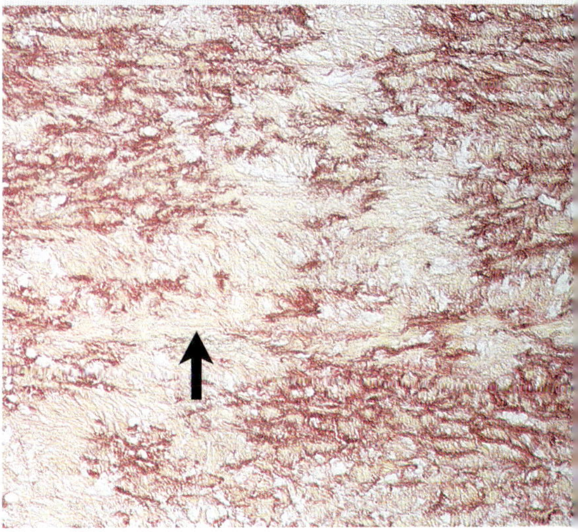

E **Zystische Popliteadegeneration**
EvG, 100x

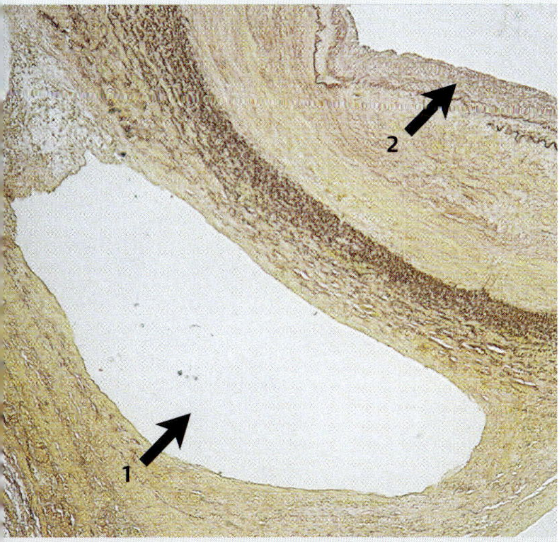

F **Mitralklappenprolaps**

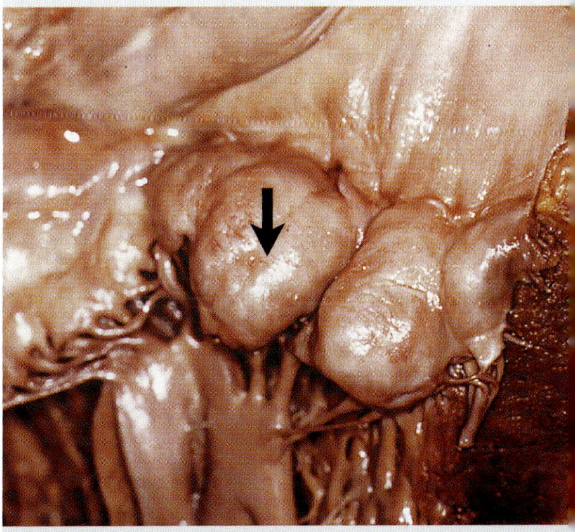

Mukoide Degeneration: Folgekrankheiten (Forts.)

Aneurysma dissecans

Definition: Umschriebene Wandaussackung eines arteriellen Gefäßes infolge Aufspaltung der Wandung in Strömungsrichtung auf dem Boden einer angeborenen oder erworbenen Texturstörung.

Kausalpathogenetische Faktoren des Aneurysma dissecans:

- *Mukoide Degeneration* (= zystische Media-"Nekrose").
  Sie tritt im Rahmen folgender Läsionen auf:
  - kongenitale Gefäßfehlbildung;
  - kongenitale Bindegewebskrankheit (S. 38, 48, 54);
  - endokrine Bindegewebskrankheit (Hypothyreose, Hyperprogesteronismus, -Kortizismus.
- *Hyperlipoproteinämie* (S. 88) → Atherosklerose (S. 90).
- *Luische Mesaortitis* (S. 58).

Formalpathogenese: Der Krankheitsbegriff „Aneurysma dissecans" beinhaltet 2 Prozesse:

Aneurysma: Arterien-Ausweitung (Einteilung s. u.).

Dissektion: Mukoide Degeneration der Arterienwand (meist Aorta, s. S. 60) → Wandschichten werden gegeneinander verschieblich → Scherkräfte durch Blutdruckschwankungen werden wirksam.
Folgen davon:

- *1. Intimaeinriß* (= proximaler Eingangsriß); dadurch Einpressung von Blut in die Gefäßwand → Aufspaltung der Gefäßwand (► A2, C1) → Bildung eines Pseudogefäßlumens innerhalb der Gefäßwand (► A2, C2) →
- *2. Intimaeinriß* (= distaler Ausgangsriß) mit erneutem Anschluß ans ursprüngliche Gefäßlumen → das Pseudogefäßlumen wird nur durch eine hauchdünne Schicht aus Mediarest und Adventitia zusammengehalten → Gefäßwandaussackung (= Aneurysma). Darin bilden sich Strömungswirbel des Blutes → Generierung von gefäßwandhaftenden Abscheidungsgerinnseln (S. 404f) in Form parietaler Thromben (► F). Gefahr der Aneurysmaruptur → Verblutungstod.

Klinik: Starker „Decrescendo-Brustschmerz" mit Wanderungstendenz. Sehr häufig.
Symptomatik je nach betroffenem Gefäß:
- Lumbalgefäße → Paraplegie (Lähmung);
- Nierenarterien → Nierenversagen;
- Intestinalarterien → Ileus (Darmlähmung);
- Iliacalgefäße → Claudicatio (Gehunfähigkeit).

Komplikation: Aneurysmaruptur → Kreislaufschock (S. 222) → Verblutungstod.

Merke: *Lokalisation und Ätiologie von Aneurysmen:*
- Aorta ascendens und Aortenbogen (90 %): Manifestation einer Mesaortitis;
- Bauchaorta (10 %): Folge einer Atherosklerose.

Merke: Einteilung der Aneurysmen nach *betroffenen Wandschichten:*
- *Aneurysma verum* (= echtes A.): A. besteht aus allen 3 Gefäßwandschichten (► A1, E, F);
- *Aneurysma dissecans:* A. besteht nur aus Teilen der Gefäßwand (► A2, C).
- *Aneurysma spurium* (= falsches A.): A. besteht aus periadventitiellem Gewebe und stellt ein endothelialisiertes, posttraumatisches, periarterielles Hämatom dar (= Blutung; ► A3, D2), welches neben dem ursprünglichen Gefäßlumen (hier: Gefäßprothese) liegt (► D1).

Merke: Einteilung der Aneurysmen nach *morphologischen Gesichtspunkten:*
- *beerenförmig:* wenige cm große Ausweitung eines ganzen Gefäßsegments (alle Wandschichten);
- *spindelförmig:* Ausweitung eines ganzen Gefäßsegments mit allmählichem Übergang in Normalwand (alle Wandschichten; ► B1);
- *sackförmig:* ballonförmige Ausweitung eines ganzen Gefäßsegments (nach Wandeinriß; ► B2);
- *zylindrisch:* walzenförmige Ausweitung mit abruptem Übergang in Normalwand (nach Wandeinriß);
- *kahnförmig:* einseitige Aussackung (nach Gefäßverletzung oder -Wandeinriß; ► B3);
- *geschlängelt:* mehrere, dicht aufeinander folgende, asymmetrische Ausweitungen auf jeweils einer Gefäßwandseite (► B4) .

A **Aneurysmatypen**
(nach betroffenen Wandschichten)

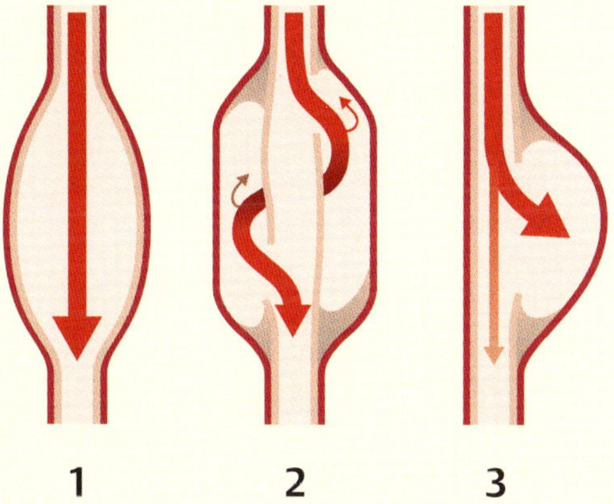

B **Aneurysmatypen**
(nach Morphologie)

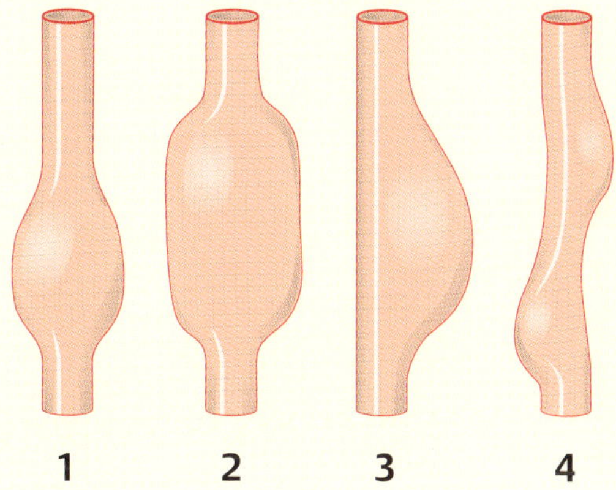

C **Aneurysma dissecans**

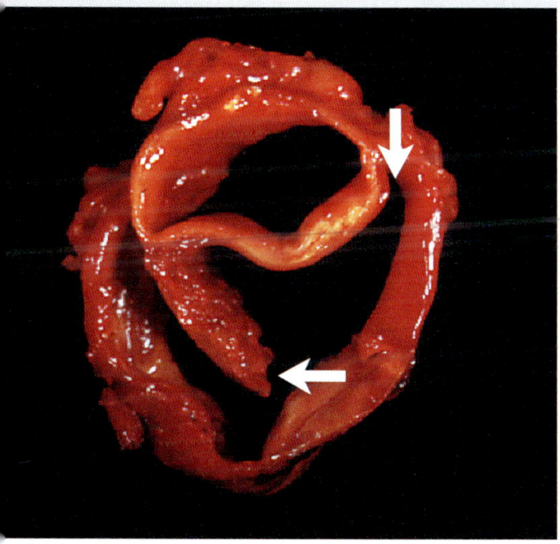

D **Aneurysma spurium**

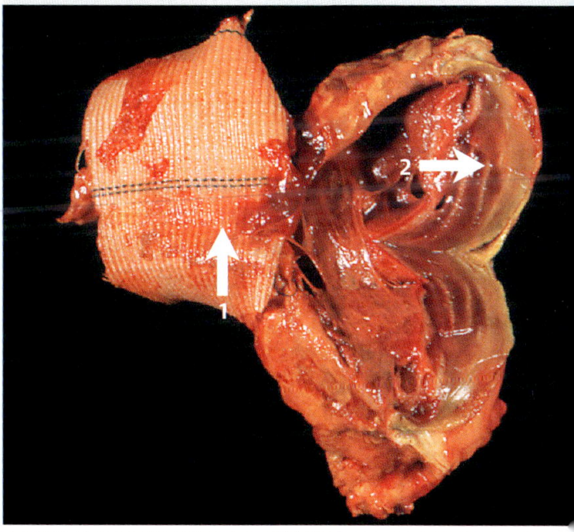

E **Aneurysma verum**
(von außen)

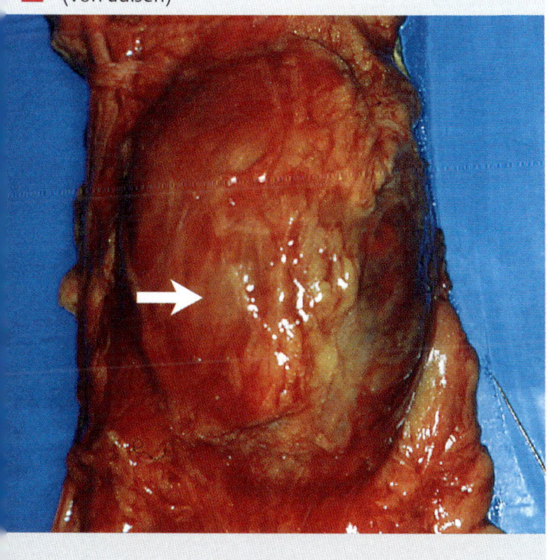

F **Aneurysma verum**
(von innen)

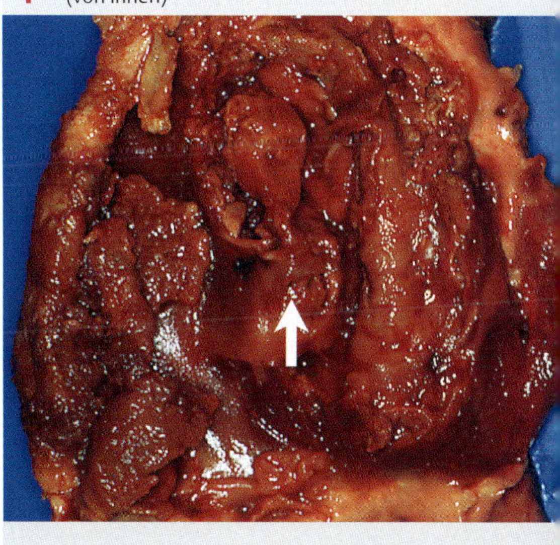

PG-Sekretionsstörungen

Zystische Fibrose

Synonym: Mukoviszidose

Musterkrankheit für erblichen Ionenkanaldefekt

Definition: Erblicher Defekt eines Chloridionen-transportierenden Anionenkanals, der eine Störung der exokrinen Sekretion bewirkt → hochvisköser Schleim im Atmungs- und Verdauungstrakt. Folge davon ist ein Schleimrückstau im Gewebe (Mukostase).

Kausalpathogenese: Punktmutation des **c**ystic **f**ibrosis **t**ransmembrane **c**onductance **r**egulators (= CFTR-Proteins), der als Membranprotein den Chloridkanal bildet.

Formalpathogenese: Das CFTR-Protein wird nur von bestimmten Epithelzellen gebildet.

Dies sind v. a.:
- Dick-, Dünndarm: Kryptenepithelien;
- Pankreas: Schaltstückepithelien;
- Leber: Gallengangsepithelien;
- Bronchialdrüsen: Gangepithelien;
- Speichel-, Tränen-, Schweißdrüsenepithelien;
- Niere: proximale Tubulusepithelien;
- Lymphozyten, Myokardiozyten (Funktion?).

Das Fehlen dieses Chloridkanals verhindert die normale Rückresorption von Cl^-, z. B. aus dem Primärschweiß → hohe NaCl-Konzentration im Endschweiß (Schweißtest!) und verminderte Cl^--Leitfähigkeit → Sekretion eines zähen Schleims in Bronchialdrüsen (► A, C1, D), Sublingualdrüsen, Darmschleimhaut (► B1), Pankreas (► E, F) und Gallengängen → Verstopfung des Ausführgangs durch Schleim-und „Sekretpfröpfe“ → obstruktive Mukostase.

Mukoviszidose-Folgekrankheiten

Bronchiektasen: Mukostasen in Becherzellen (► A) und Drüsen sowie Zilienhypomotilität mit eingeschränkter mukoziliärer Clearance → Sekretstau → Bronchitis → abnorme irreversible Bronchienausweitung (► D; Lumina teilweise mit eingedicktem weißlichen Sekret angefüllt) → peribronchiales Weiterschwelen der Entzündung.

Folgezustände:
- *Peribronchiektatisches Emphysem* wegen Alveolenüberblähung (► C2) → chronisch obstruktive Lungenerkrankung;
- *reaktive Lungenfibrose* (Endstadium = zystische Wabenlunge) → restriktive respiratorische Insuffizienz;
- *rezidivierende Lungenentzündung* (= Pneumonie): pulmonaler Schleimstau → vermehrte Asialogangliosid-Bildung = Haftstrukturen für Bakterien wie Pseudomonas aeruginosa.

Zystische Pankreasfibrose: Mukostase in Ausführungsgängen (► E) → Eindickung des Sekrets → Speichelsteinbildung und Gangausweitung (► F1) → Retentionszysten → periduktale resorptive Entzündung → narbige Ummantelung der Ausführungsgänge (► F2) → progressiver Schwund (Atrophie) der exokrinen Azinusepithelien mit kleinzystischer Azinusumwandlung und Fettgewebsersatz.

Folgezustände:
- *Destruktive zystische Pankreasfibrose* (daher Name!) → Pankreasinsuffizienz;
- *sekundärer Diabetes mellitus* (S. 78) wegen Zerstörung der Pankreasinseln;
- *Lungenfibrose, Lungenentzündung* (s. o.).

Mekoniumileus: Bildung eines hochviskösen Darmschleims → obstruktive Mukostase mit wurzelartigem Steckenbleiben des Schleimpfropfes in den Dickdarmkrypten (► B2) → beim Neugeborenen: Darmlähmung durch eingedicktes Mekonium (= Mekoniumileus).

Leberzirrhose: Wegen Maldigestion (S. 42) → Eiweißmangel → Leberverfettung in Form einer Steatosis retentiva (S. 84) → „Fettleber“ mit Periportalfibrose → Leberzirrhose (S. 42) → Pfortaderhochdruck (S. 392).

Klinik der Mukoviszidose:
Autosomal rezessiver Erbgang. 5 % der Bevölkerung sind heterozygote Merkmalsträger. Nur homozygote Merkmalsträger erkranken. Inzidenz ca. 1:2000.
- Rezidivierende Bronchopulmonalinfekte;
- Blutspucken wegen Bronchiektasen;
- respiratorische Insuffizienz wegen Lungenfibrose
- Maldigestionssyndrom wegen Pankreasinsuffizienz (S. 82);
- Störung der Schweißsekretion → Neigung zu Hitzschlag (S. 146).

Merke: Pränataldiagnostik der Mukoviszidose durch Amniozentese.

A **Becherzellmukostase** (Bronchien)
200x

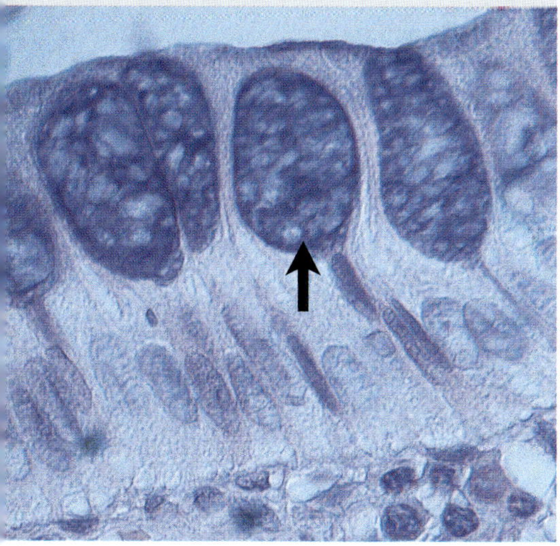

B **Kryptenmukostase** (Kolon)
PAS, 50x

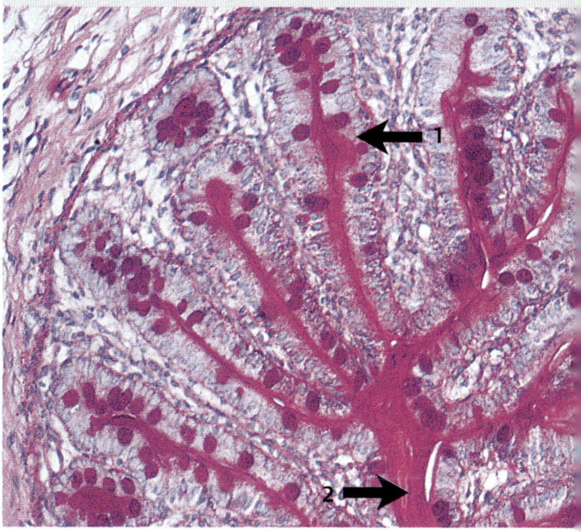

C **Bronchienmukostase**
PAS, 50x

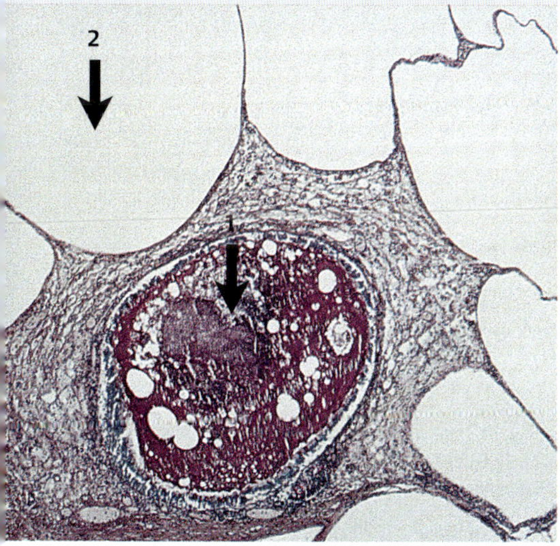

D **Bronchiektasen**

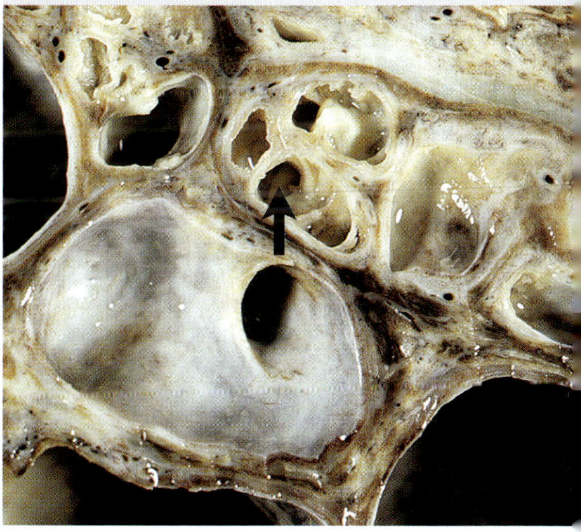

E **Pankreas: Mukostase** (19. SSW)
PAS, 60x

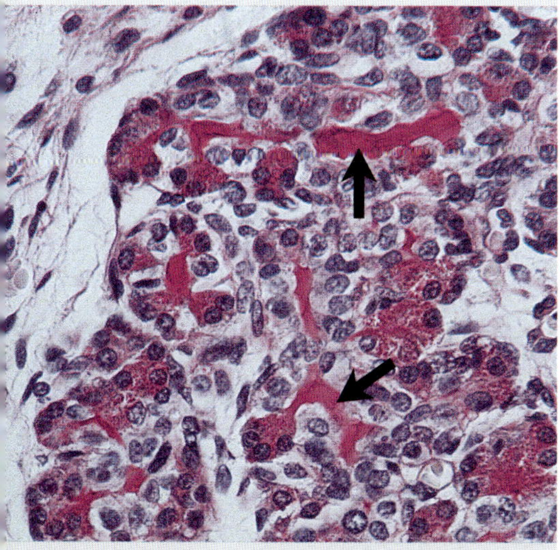

F **Pankreas: zystische Mukostase** (Neugeborenes)
EvG, 75x

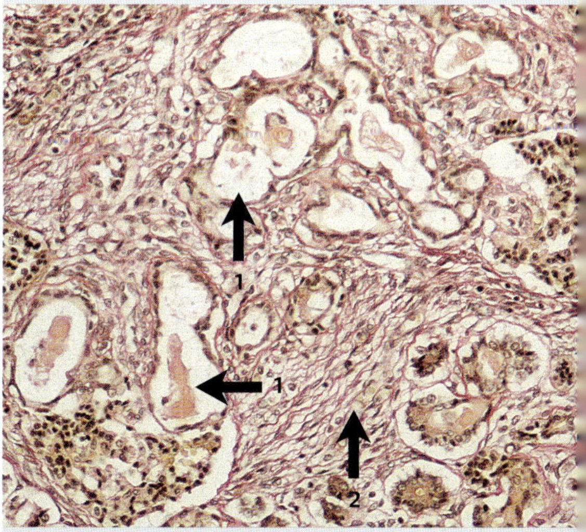

Proteoglykanolyse-Störungen

Abkürzung: MPS = Mukopolysaccharide

Mukopolysaccharidosen

Musterkrankeiten für lysosomale Speicherkrankheiten mit Fehlbildungssyndromen

Allgemeine Definition: Seltene, erbliche lysosomale Störung des Glykosaminoglykanabbaus mit Speicherung und Ausscheidung von MPS-Spaltprodukten.

Allgemeine Pathogenese: Autosomal rezessiver Enzymmangel (Ausnahme: Morbus Hunter!) → vollständiger Abbau der MPS nicht möglich → Speicherung von MPS-Spaltprodukten in Lysosomen → feinvakuolär-wabige Zytoplasmaumgestaltung. Bei Überfüllung der lysosomalen MPS-Speicher → Überlauf ins Blut → Ausscheidung der MPS-Spaltprodukte im Urin (Diagnose!).

Die Speicherung von MPS-Spaltprodukten erfolgt in folgenden Zellen:
- Chondrozyten (Gelenke, Epiphysenknorpel);
- Fibrozyten (Faszien, Meningen);
- Mediamyozyten, Endothelien (Gefäße);
- Keratozyten (Kornea);
- Hepatozyten (Leber);
- Makrophagen (Organe des RHS).

Allgemeine Morphologie:
- *Gargoylismus:* Vorzeitige Verknöcherung der Schädelnähte → rückversetzte Stirne (= Balkonstirne), eingedrückter Nasenrücken und vorstehender Oberkiefer (= Prognathie) → Wasserspeier-artiges Gesicht (► C, D);
- *Zwergwuchs:* Retardiertes und abnormes Knochenwachstum → Kleinwuchs, Buckel, Klauenhände;
- *Hepatosplenomegalie:* MPS-Speicherung im RHS von Leber und Milz;
- *zerebrale Degeneration:* MPS-Speicherung in Gehirnzellen → Idiotie, Innenohrtaubheit oder Spastik;
- *Störung der Kollagenvernetzung:* Fehlerhafter MPS-Abbau → Störung der Kollagenvernetzung → Korneatrübung, frühzeitige Arteriosklerose, Aortenklappeninsuffizienz.

! **Merke:** Diagnostik:
- Detektion von Genträgern anhand von Blutleukozyten;
- Pränataldiagnostik: Amniozentese.

Nachstehend werden die beiden bestumschriebenen Formen der Mukopolysaccharidosen besprochen:

Morbus Pfaundler-Hurler

Synonym: MPS Typ I H

Definition: Erbliche MPS-Speicherkrankheit wegen defizienter α-L-Iduronidase mit MPS-Urie.

Morphologische Charakteristiken: Die Speicherzellen besitzen im Gegensatz zu Normalzellen (► B) ein wabiges Zytoplasma mit PAS-positivem Material in lysosomalen Vakuolen. „Speicherlysosomen" (S. 30) = große Vakuolen mit feingranulärem Speichermaterial (► A).

+ Klinik und Morphologie:
Befunde = „Hurler-Symptomatik":
- Gargoylismus (s. o.; ► C, D), Kleinwuchs, Idiotie, Arteriosklerose, Aorteninsuffizienz, Hepatosplenomegalie, Korneatrübung;
- MPS im Urin: Dermatan-, Heparansulfat.

Maximale Überlebenszeit: 10 Jahre.

Morbus Hunter

Definition: Erbliche MPS-Speicherkrankheit wegen defizienter α-L-Iduronat-Sulfatase mit MPS-Urie.

+ Klinik und Morphologie: wie Morbus Pfaundler-Hurler, jedoch ohne Korneatrübung und mit milderem klinischen Verlauf.
MPS im Urin: Dermatan-, Heparansulfat.

Mukolipidosen

Allgemeine Definition: Sehr seltene, lysosomale Speicherkrankheiten infolge von Enzymdefekten im MPS-Abbau ohne MPS-Urie.

Allgemeine Pathogenese: Defekt im MPS-Abbau → intrazelluläre Anhäufung von MPS-Spaltprodukten und Glykolipiden (Name!).

Allgemeine Morphologie:
- *Skelettsystem:* Minderwuchs, Dysostosen, Dysmorphien;
- *Markscheidendegenerationen* → Idiotie, neurologische Symptome.
- *Hepatosplenomegalie:* intralysosomale Speicherung von MPS-Spaltprodukten in Zellen des RHS von Leber und Milz. Speicherlysosomen (z. B. Mukolipidose Typ IV) enthalten Lipidmaterial mit myelinartiger Konfiguration (► E, F).

A **GM_1-Gangliosidose** (Hepatozyt)
TEM, 5000x (N=Zellkern)

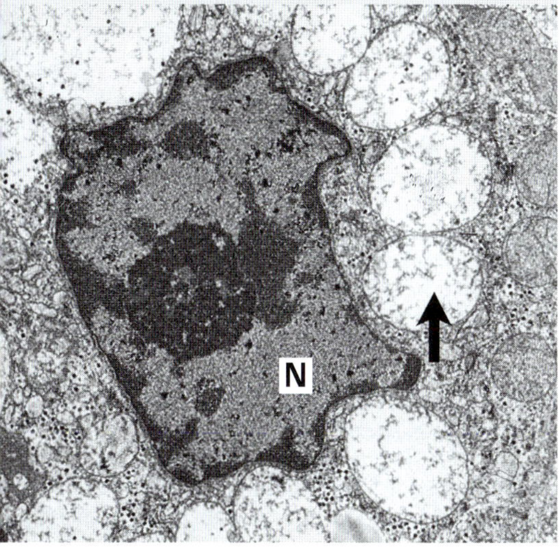

B **Normalhepatozyt** (Ultrastruktur)
TEM, 5000x (N=Zellkern)

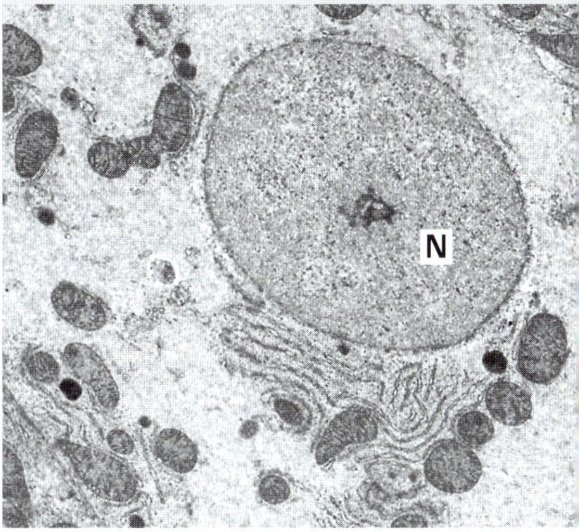

C **Hurler-Gesicht**

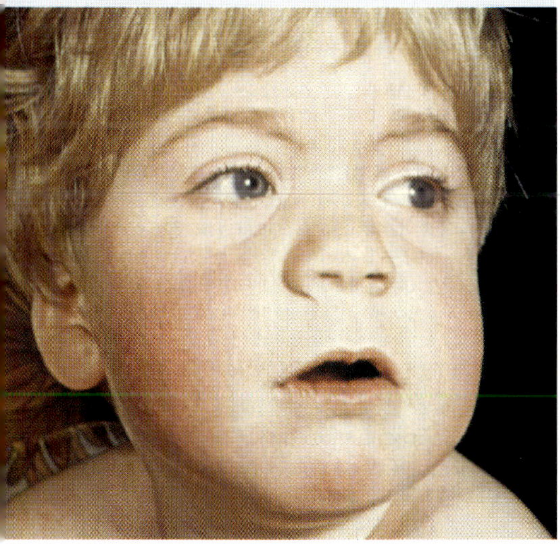

D **Gotischer Wasserspieler**

E **Mukolipidose Typ IV**
TEM, 1000x (N=Zellkern)

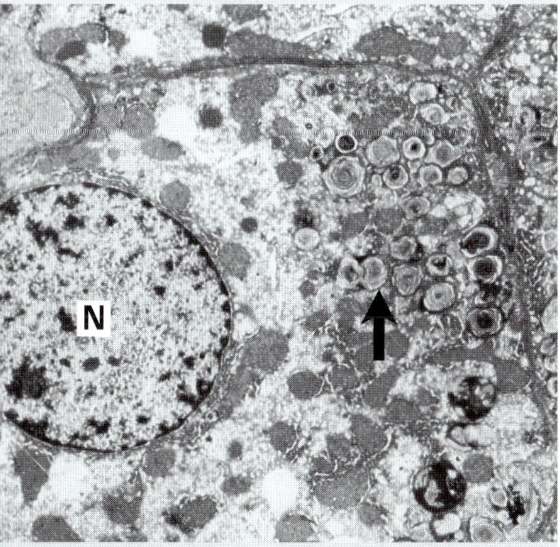

F **Mukolipidose Typ IV**
TEM, 5000x

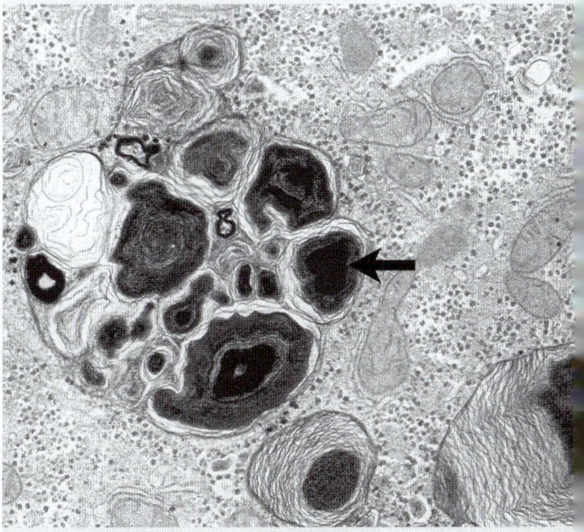

4 *Fehlschläge im Ionen-Pingpong*
Anorganische Stoffwechselstörungen

Zusammenfassung

Bestimmte anorganische Stoffe wie Sauerstoff, Calcium, Eisen und Kupfer spielen eine wichtige Rolle im zellulären Stoffwechsel und/oder bei der zellulären Signalvermittlung. Um zu gewährleisten, daß sie in adäquaten Mengen vorkommen, gibt es entsprechende Transportproteine. Reichern sie sich in freier ionisierter Form im Gewebe an, so wirkt sich das für die Zelle ebenso fatal aus wie ihr Mangel: Die Zelle geht allmählich zugrunde. Das Gewebe stirbt im lebenden Organismus ab (= Nekrose), wobei es vorher noch „Alarmsignale" aussendet, die aber letztlich nur noch das Abräumen des toten Gewebes mit Hilfe einer Entzündungsreaktion (S. 194) in Gang setzen. Anorganische Stoffe können somit auch Entzündungsauslöser sein.

▶ **Sauerstoff:** Wohl die wichtigste Störung des anorganischen Stoffwechsels sind die verschiedenen Formen der Hypoxidosen, die abhängig von der Sauerstoffempfindlichkeit des betroffenen Gewebes und je nach Zeitdauer des Sauerstoffmangels unterschiedliche Folgeschäden induzieren.

▶ **Calcium:** Unter den Calciumstoffwechselstörungen sind besonders die Hypo- und Hyperkalzämien infolge beeinträchtigter intestinaler Resorption, renaler Ausscheidung und Mobilisierung aus dem Skelettsystem von Bedeutung.

▶ **Eisen:** Ein Eisenmangel äußert sich am schwerwiegendsten in einer Anämie, betrifft aber auch mehr oder minder alle eisenabhängigen Enzymsysteme. Eine Speicherung von toxischem, ionisiertem Eisen in verschiedenen Organgeweben ist die pathogenetische Basis der idiopathischen Hämochromatose.

▶ **Kupfer:** Eine exzessive Speicherung von ionisiertem Kupfer spielt vor allem in Form des Morbus Wilson eine wichtige Rolle. Diese Krankheit äußert sich in Leber- und Stammganglienläsionen.

Sauerstoff

Akute allgemeine Hypoxidose

Musterkrankheit für häufige Systemkrankheiten wegen Mitochondriendysfunktion

Definition: Durch Sauerstoffmangel hervorgerufene Gewebsschädigung, die allerdings nicht bei jedem Gewebe gleich ausgeprägt ist.

Daraus ergibt sich die Vulnerabilität und Wiederbelebungszeit eines Gewebes, die wie folgt definiert sind:

- ***Vulnerabilität:*** Nekroseanfälligkeit eines Gewebes bei einer hypoxidotischen Schädigung;
- ***Wiederbelebungszeit:*** maximale Dauer der durch die Hypoxidose bedingten Energiebildungsstörung, nach deren Beseitigung die für die Organfunktion entscheidende Mehrheit der Zellen gerade noch überlebt.

Formale Pathogenese: Auf subzellulärer Ebene sind in erster Linie die Mitochondrien in Form einer „trüben Schwellung" mit Calciumablagerungen betroffen (S. 18, 20). Dabei löst die allgemeine Hypoxidose folgende pathogenetische Reaktionskette aus:

Hypoxidose → Umstellung auf anaerobe Glykolyse → rascher Abfall des zellulären ATP-Gehalts → intrazellulärer Lactatanstieg → Versagen der Na^+-K^+-Pumpe → Einstrom von Natrium, Calcium und Wasser in die Zelle → vakuolige Zytoplasmadegeneration (S. 12, 14) und/oder apikales Zellödem (S. 32) → Zellkernschwellung → Kernpyknose (S. 8).

Morphologie: Die histologischen Veränderungen treten in den einzelnen Organen abhängig von ihrer Vulnerabilität in nachstehend aufgeführter Reihenfolge auf:

- *Gehirn:* symmetrische Pallidumnekrosen[1] mit Untergang von Ganglienzellen sowie Nekrosen in den subthalamischen Kernen, Substantia nigra und Ammonshorn.
- *Herz:* disseminierte Myokardnekrosen, die zuerst in den Papillarmuskeln und erst dann in der Innenschicht des linken Ventrikels (Subendokardialzone) auftreten.
- *Leber:* sog. läppchenzentrale (= perivenöse) Nekrosen.

☺ **Klinischer Rekord:** Längster überlebter Herzstillstand mit konsekutiver Hypoxidose: Der norwegische Fischer J. E. Refsdahl fiel am 7.12.1987 ins eisige Meerwasser → Körpertemperatur fiel auf 24 °C → Herzstillstand → erfolgreiche Reanimation nach 4 Stunden.

[1] Nekrose: nekros, gr. = Tod = abgestorbenes Gewebe im lebenden Körper mit mehr oder weniger deutlicher Abwehrreaktion (S. 129)

Akute lokale Hypoxidose

Pathogenese: Der Grad der Gewebsschädigung hängt von der Art, Dauer und Intensität der Hypoxidose sowie von einer allfälligen Wiederdurchblutung ab. Denn während des Durchblutungsstopps (Ischämie) treten DNS- und/oder RNS-Schädigungen mit konsekutiver Synthese zellschädigender Peptide auf. Da die parenchymatösen Organzellen gegenüber Hypoxidosen vulnerabler sind als die mesenchymalen Zellen des Organstromas, kann sich bei einer akuten Hypoxidose die Nekrose auf das Parenchym beschränken (= Partialnekrose). Wird das Stroma mit einbezogen, spricht man von Totalnekrose. Ein infolge Durchblutungsstopps entstandener nekrotischer Gewebsbezirk wird als „Infarkt" (S. 412) bezeichnet.

Chronische Hypoxidose

Pathogenese: Je nach Gewebe und Dauer der Hypoxidose manifestiert sie sich in folgenden 3 Läsionsmustern, die oft kombiniert sind:

Fettige Degeneration (S. 84)

Synonym: Energiemangelverfettung

Morphologie: Sie besteht in einer intrazellulären Triglyceridanhäufung. Diese beruht in erster Linie auf einer herabgesetzten Fettsäureoxidation in den Mitochondrien (= Energiemangelverfettung; S. 22) und in zweiter Linie auf einer gestörten Lipoproteinsynthese mit verzögertem Lipidabtransport. Die fettige Degeneration liegt immer im Grenzbereich eines Gewebsgebietes, das von 2 Arterienästen versorgt wird. Die entsprechende großtropfige Zellverfettung ist deshalb in den einzelnen Organen immer herdförmig verteilt:
- *Myokard:* Fetttropfen liegen vorwiegend im Bereich des Z-Streifens und der Mitochondrien → Myokardtigerung (v. a. erkennbar am Papillarmuskel mit Tigerung quer zum Ansatz des Sehnenfadens, s. S. 85D);
- *Leber:* läppchenzentrale (= perivenöse) Verfettung mit perinukleären und peribiliären Fetttropfen;
- *Niere:* Tubulusverfettung, basal in den Epithelien des Haupt- und Mittelstücks beginnend;
- *Meniskus:* längerzeitige, chronische Meniskuskompression → ischämische Gewebsschädigung → Verfettung des fibrokartilaginären Meniskusgewebes mit Aufhebung der polarisationsoptischen Fasertextur → chronisch-degenerative Meniskopathie (S. 60).

Organatrophie (S. 126)

Synonym: hypoxidotische Kümmerorgane

Morphologie: Bei einer zeitlich befristeten Hypoxidose reagieren in der Skelett- und Herzmuskulatur die Mitochondrien mit einer Volumen- und Cristaevermehrung (S. 20). Hält die Hypoxidose jedoch an, so nehmen die betroffenen Organzellen an Masse ab, werden kleiner und stapeln in ihrem Zytoplasma Lipofuszingranula (S. 28) → Resultat: braune Atrophie der inneren Organe; dazu interstitielle Fibrose der Gewebe (S. 40).

Interstitielle Fibrose

Morphologie: Bei einer chronischen Hypoxidose wird v. a. in Gehirn und Myokard der atrophiebedingte Parenchymverlust durch eine Vermehrung von kollagenfaserreichem Bindegewebe ausgeglichen → Resultat: Parenchymfibrose je nach Organ:
- *Myokard:* Fibrosierung des myokardialen Interstitiums → Reduktion der Herzschlagkraft → Verschlechterung der Myokarddurchblutung → zusätzliche Fibrosierung des Interstitiums → Ventrikelwand gibt dem Innendruck nach → Dilatation (= dilatative Kardiomyopathie).
- *Gehirn:* Hier wird die interstitielle Sklerose als „Fasergliose" bezeichnet. Sie ist ein indirekter Hinweis auf eine chronische hypoxische Gewebsschädigung.

Prominente Patienten: Die allgemeine Hypoxidose ist Ursache der sog. *Höhenkrankheit*. NS-Ärzte erforschten sie im Dritten Reich an zahllosen Juden, Polen, Sinti und Roma, in dem sie deren Tod in Unterdruckkammern planten, beschrieben, auswerteten und publizierten.

Merke: *Nekrose* = Abgestorbenes Gewebe im lebenden Organismus mit mehr oder weniger deutlicher Abwehrreaktion.

Calcium

Abkürzung: Ca = Calcium

Orthologie: Ca- und Phosphatstoffwechsel sind eng miteinander verknüpft: So werden Ca und Phosphat in der Niere umgekehrt proportional zueinander ausgeschieden.

Erniedrigung der Serum-Ca-Konzentration (► A1) → gesteigerte Ausschüttung von Parathormon (► A2) → Stimulation der osteoklastären Resorption (► A3) und der renalen Ca-Rückresorption (► A4) → Anhebung des Ca-Spiegels. Gleichzeitig stimuliert Parathormon die renale Synthese von 1,25-Vitamin-D_3 (► A5). Dieser Vit.-D_3-Metabolit wirkt synergistisch zum Parathormon und schafft v. a. im Darm die Voraussetzungen zur ausreichenden Ca-Aufnahme (► A6).

Erhöhung der Serum-Ca-Konzentration (► A7) → inverser Regulationsmechanismus mit Hemmung der Parathormon- und 1,25-Vitamin-D_3-Freisetzung sowie Stimulation der Calcitoninausschüttung (► A8) → reduzierte osteoklastäre Ca-Freisetzung (► A9).

Hypokalzämie

Definition: Absinken der Ca-Konzentration im Blutserum unter 2,2 mmol/l.

Ätiologische Faktoren:
- idiopathischer, postoperativer Hypoparathyreoidismus,
- Pseudohypoparathyreoidismus,
- Malabsorptionssyndrom (S. 82),
- Vitamin-D_3-Mangel wegen Niereninsuffizienz.

Morphologie: Die morphologischen Bilder bei Hypokalzämie sind entsprechend der unterschiedlichen Ätiologie mannigfaltig:
- ***Ineffektivität des Parathormons:*** Dadurch reduzierte Aktivität der Osteoklasten und Osteoblasten → verminderter Knochenumsatz → „Knochensprödigkeit“ = „low turnover“-Osteoporose (S. 126).
- ***Vitamin-D_3-Mangel:*** Malabsorptionssyndrom (S. 82) → Niereninsuffizienz → regulative Aktivierung der Nebenschilddrüsen → vermehrte Parathormonausschüttung (sekundärer Hyperparathyreoidismus) → exzessive Erhöhung des Knochenumsatzes → intensive Knochenresorption, indem sich Osteoklasten Tunnel in die Knochenbälkchen bohren (= dissezierende Knochenresorption) → resorptive Zystenbildung. Gleichzeitig vermehrte Bildung unverkalkten Osteoids in Form breiter, osteoblastenbesetzter Osteoidsäume (= Faserosteoidbildung) → reaktive Fibrose um Trabekel (= Endostfibrose).

+ Klinik: Gesteigerte neuromuskuläre Erregbarkeit (bis zu tetanischen Krämpfen), myokardiale Erregungsausbreitungsstörungen ("tetanisches Syndrom"). Oft Adynamie und Muskelschwäche. Bei chronischen Fällen: geistige Retardierung, Basalganglienverkalkungen, Katarakt (Schichtstar), Skelett-, Zahndeformationen, Prädestination zur Soor-Pilzinfektion (S. 70).

Hyperkalzämie

Definition: Ansteigen des Ca-Spiegels im Blutserum über 2,8 mmol/l.

Ätiologische Faktoren:
- osteolytische Knochenmetastasen,
- parathormonartige Tumor-“Hormone“,
- primärer Hyperparathyreoidismus.

Morphologisch führt eine endokrin ausgelöste Hyperkalzämie zu folgenden Gewebsveränderungen:
- ***Osteopenie*** (= Knochenschwund): Parathormonüberschuß → Knochenbälkchen werden durch viele Osteoklasten „angenagt“ (= dissezierende Knochenresorption) und gleichzeitig durch viele Osteoblasten mit unverkalktem (Faser-)Osteoid belegt → peritrabekuläre Fibrose.
  Resultat: Hebung des Ca-Spiegels.
- ***Nierenverkalkungen*** (S. 138): Nierensteinleiden (= Nephrolithiasis) oder sog. metastastische Nierenparenchymverkalkung (= Nephrokalzinose).
- ***Gallensteinleiden*** (S. 138) = Cholelithiasis → Cholezystitis.
- ***Speichelsteinbildung***
  - in Ausführgängen des Pankreas → Pankreatolithiasis (= Pankreassteinleiden) → Entzündung;
  - in Ausführgängen der Speicheldrüsen → Sialolithiasis (= Speicheldrüsensteinleiden) → Entzündung.
- ***Magen-Zwölffingerdarm-Geschwür*** = Ulcus ventriculi duodeni (20 %) wegen Ca- und/oder Parathormon-induzierter Steigerung der Gastrinsekretion (S. 218).
- ***Korneaverkalkung*** = Bandkeratopathie.

+ Klinik: Hyperkalziurie, Hyposthenurie (= verminderte Harnkonzentierungsfähigkeit der Niere), metabolische Alkalose, Exsikkose (= allgemeine Austrockung), Verkürzung der QT-Zeit im EKG mit Tachykardie (= „Herzjagen“).

! Merkspruch: Klinik des Hyperparathyreoidismus:
- Bein (= Osteopenie),
- Stein (= Urolithiasis, Gewebsverkalkungen),
- Magen-Pein (= Gastroduodenalulzera).

A Calciumstoffwechsel

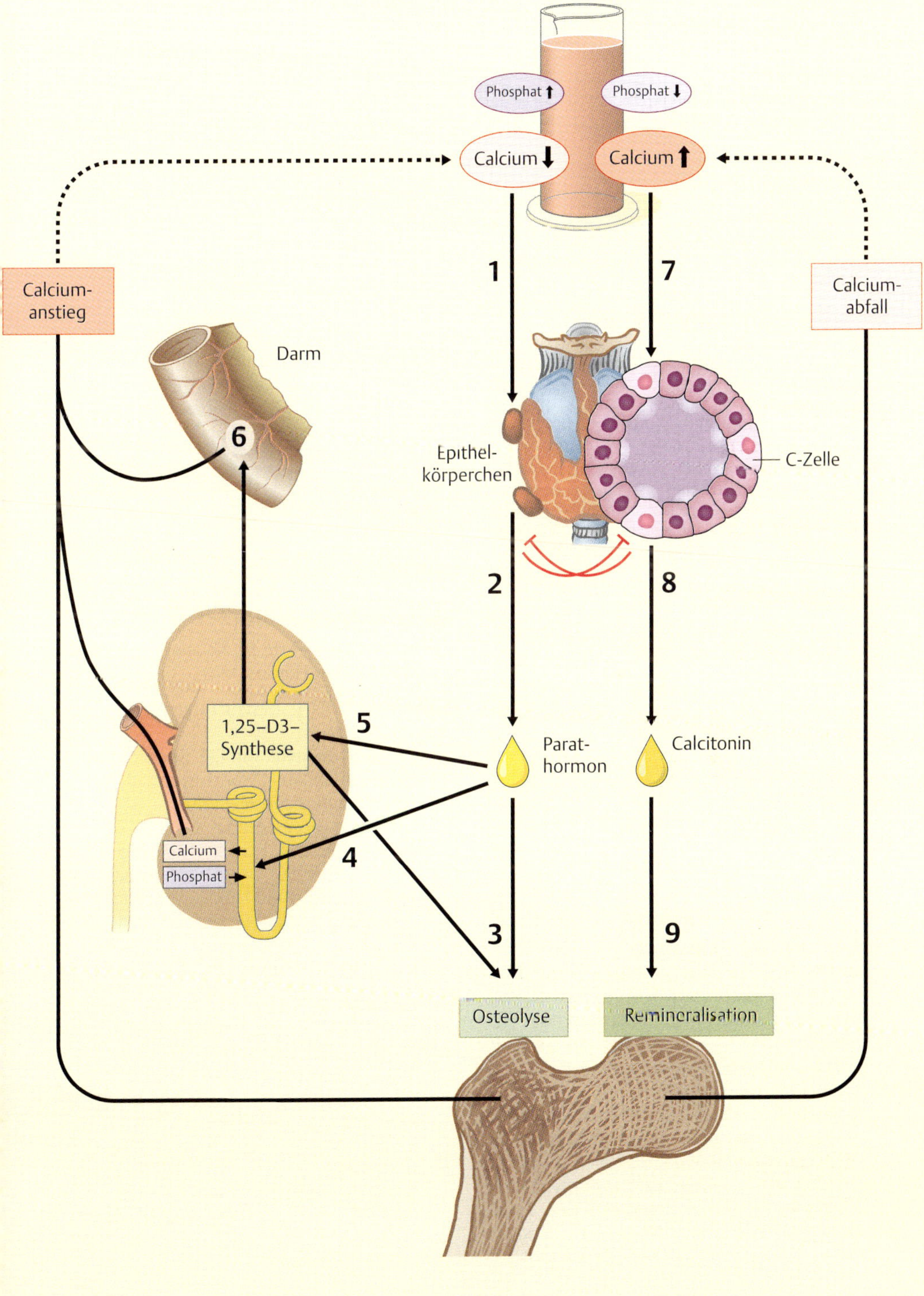

Eisen

Abkürzung: Fe = Eisen

Orthologie: Der normale Gesamt-Fe-Gehalt des Menschen beträgt etwa 3–4 g. Insgesamt liegen 67 % dieses Fe als Hämoglobineisen vor!

Eisenmangel

Allgemeine Definition und Pathogenese: Fe-Mangel kann absolut oder relativ sein:

Absoluter Eisenmangel

Synonym: Fe-Angebot-Mangel

Ätiologische Faktoren:
- *Blutverlust* (groß oder chronisch, S. 398);
- *Eisenresorptionsstörung* bei Magen-Darm-Erkrankungen.

Relativer Eisenmangel

Ätiologische Faktoren:
- *Eisentransportstörung:* Wegen eines genetischen Defekts fehlt das Transferrin (= kongenitale Atransferrinämie) → Fe-Transport im Blut sowie die durch das Transferrin vermittelte Fe-Aufnahme in die Erythroblasten ist gestört.
- *Verwertungsstörung* des resorbierten Fe: Wegen einer defekten Hämsynthese kann das Fe nicht in das Hämoglobin eingebaut werden → normales Fe-Angebot wird nicht genutzt → „Fe-nicht-verwertende" (= sideroachrestische) Anämie.

Eisenüberschuß

Hämochromatose

Synonym: Morbus von-Recklinghausen-Appelbaum

Definition: Erbliche Fe-Speicherkrankheit mit systemischen Organläsionen aufgrund vermehrter Fe-Resorption.

Pathogenese: Infolge einer noch ungeklärten Fehlsteuerung ist die enterale Fe-Resorption im Verhältnis zum Ferritinspiegel inadäquat hoch. Im Frühstadium der Krankheit wird also vermehrt Fe aus dem Dünndarmlumen resorbiert; im Spätstadium kann die Fe-Resorption allerdings subnormal sein.

Morphologische Charakteristiken:
- *Leber:* Frühe Fe-Überladung → Fe-Speicherung in Hepatozyten (► A, B) und Gallengangsepithelien mit Braunfärbung des Parenchyms (► C) → chronische Leberschädigung → portale Leberzirrhose (S. 42) = „Pigmentzirrhose" (► D).
- *Myokard:* Fe-Ablagerungen in den Myokardiozyten → toxische Myokardfibrose mit Schlagkrafteinbuße → reaktive „Myokardverdickung → sekundäre Kardiomyopathie.
- *Pankreas:* Fe-Ablagerungen in den Zellen exo- und endokriner Drüsen (► G) bewirken insgesamt eine toxische Drüsenuntüchtigkeit (= pluriglanduläre Insuffizienz), so u. a. eine progrediente Pankreasfibrose (sog. „Pankreaszirrhose") mit bräunlicher Färbung des Pankreasparenchyms (sog. „Rostpankreas"; ► E, F) und einen sekundären Diabetes mellitus (S. 78). Diesen bezeichnet man wegen der bronzefarbenen Hauthyperpigmentierung auch als „Bronzediabetes".
- *Gelenke:* Aus pathogenetisch noch ungeklärter Ursache kommt es bei einem Teil der Patienten v. a. im Finger-Hand-Bereich zu einer Arthropathie in Form von Gelenkbeschwerden wegen Knorpelverkalkung (= Chondrokalzinose).
- *Knochenmark:* Ein recht häufiger hämatologischer Befund ist die Plasmazellsiderose.
- *Milz:* Fe-Ablagerung in RHS-Zellen → Fibrose → „rostbraune Milzinduration".
- *Haut:* Hemmung von Glutathion durch nichtproteingebundenes Eisen → vermehrte Melaninbildung (S. 112) → Hautbräunung.

Klinik: Beginn selten vor dem 30. Lebensjahr; bei ♀ wegen des menstruationsbedingten Fe-Verlustes erst nach der Menopause. Autosomal rezessiver Erbgang mit variabler Penetranz. Inzidenz 1:500. Assoziation mit HLA-A3 (S. 164).
Diagnostischer Hinweis: Bestimmung der Ferritin- und Transferrinwerte im Blut!

Sekundäre Siderosen (= Hämosiderosen)

Definition: Vermehrte Fe-Ablagerung im Gewebe in Form von Hämosiderin.

Pathogenese: Es kommen folgende Mechanismen in Betracht:
- ***Eisenüberangebot*** infolge gesteigerten Hämoglobinabbaus (Transfusionssiderose),
- ***Eisennutzungsstörung*** infolge Häm- bzw. Globinsynthesestörung,
- ***nutritiv-toxische Leberschädigung*** durch a) Alkoholabusus → Ablagerung von „Säufer-Fe" in Milz und Leber (wegen erhöhtem Fe-Gehalt in den vergorenen Obstsäften) und/oder
  b) Mangelernährung (sog. Bantu-Siderose).

Morphologie: Im Gegensatz zur Hämochromatose wird bei den Hämosiderosen das Fe zunächst von den Zellen des Makrophagensystems (= RHS) aufgenommen und erst später auch in den Parenchymzellen gespeichert → Braunfärbung der Organe.

Faustregel:
- Hämochromatose = Parenchym-Siderose.
- Sekundärsiderose = Phagozyten-Siderose.

A **Hämochromatose-Hepatozyten**
Fe, 200x

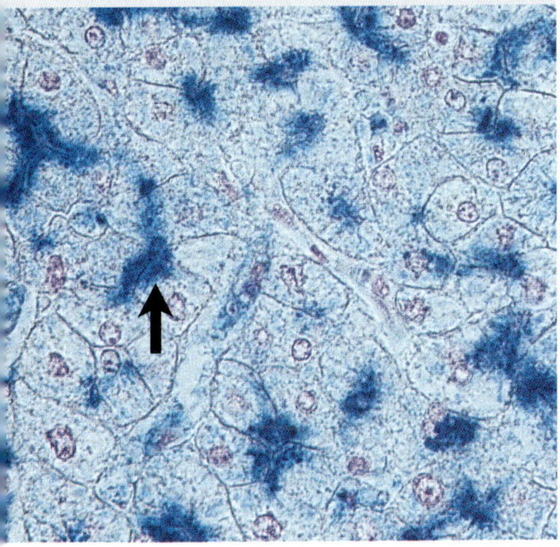

B **Normalhepatozyten**
200x

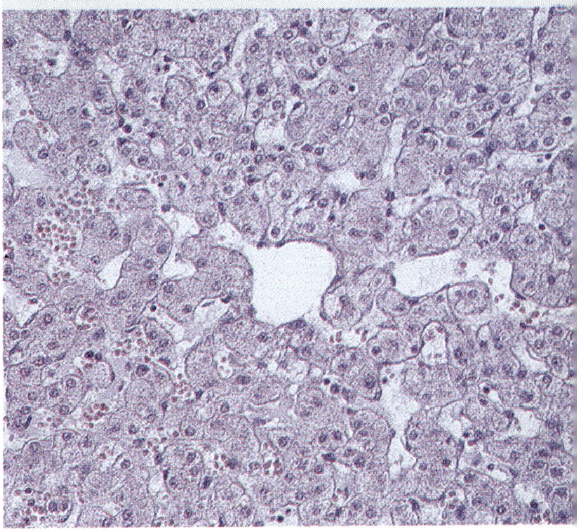

C **Hämochromatose-Leber**

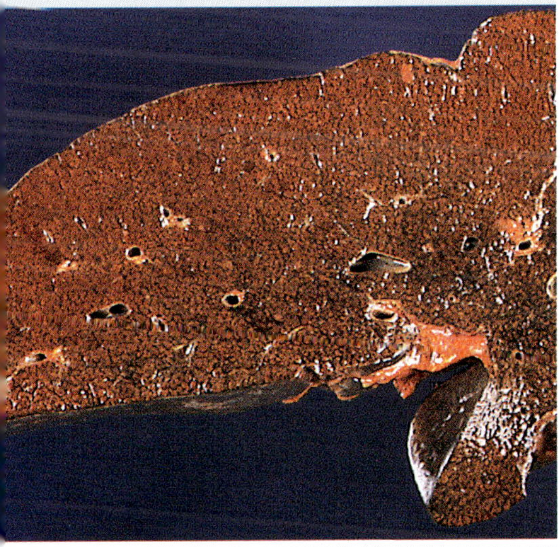

D **Pigmentzirrhose**
Fe, 100x

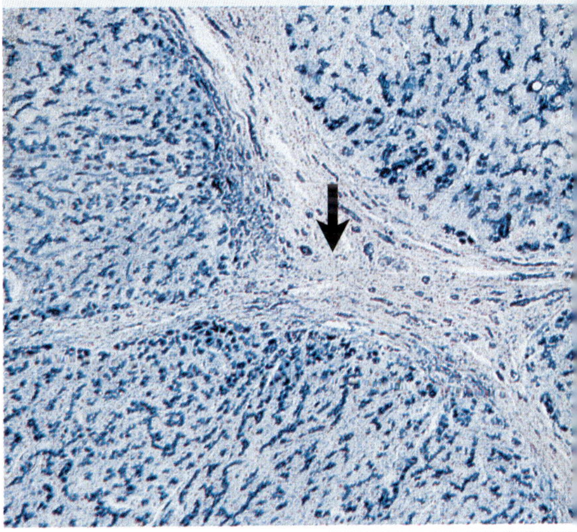

E **Normalpankreas**

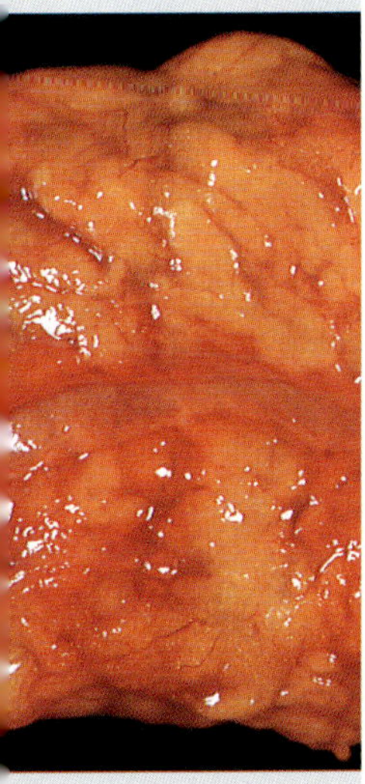

F **„Rostpankreas“**

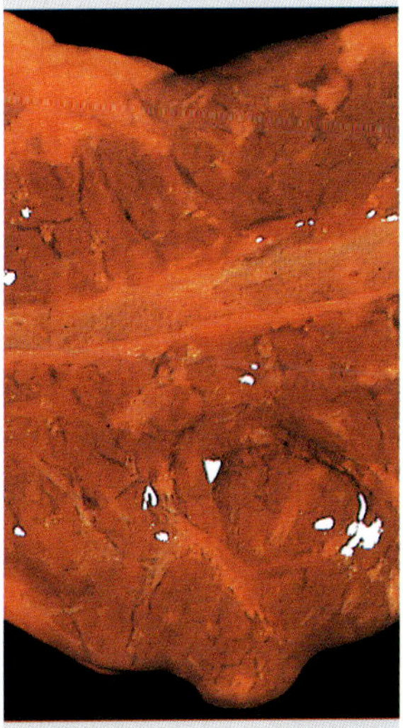

G **Hämochromatose-Pankreas**
Fe, 100x

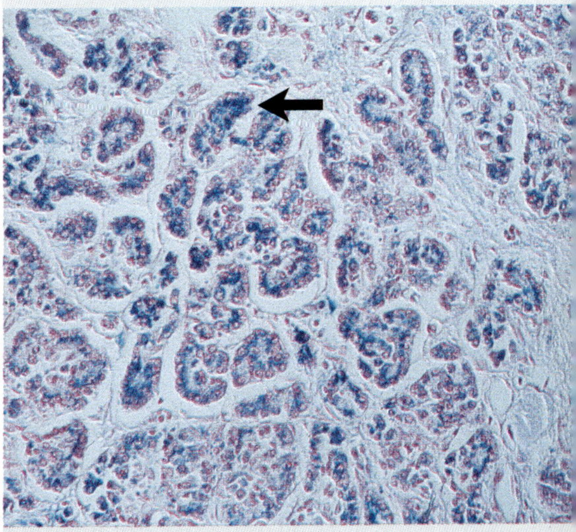

Kupfer

Abkürzung: Cu = Kupfer

Orthologie: Cu ist ein wichtiger Bestandteil der Cuproenzyme (z. B. Cytochrom-C-Oxidase). Es wird nach seiner Resorption im Serum zu 95 % an ein Transportprotein (= Coeruloplasmin) und zu 5 % an Albumin gebunden. Cu-Ausscheidung: v. a. über die Galle.

Kupfermangel

Chronischer Kupfermangel

Pathogenese: Der chronisch-alimentäre Cu-Mangel ist beim Menschen selten. Er verursacht eine Blutpanzytopenie (Mangel an Erythro-, Leuko- und Thrombozyten).

Trichopoliodystrophie

Synonym: Menkes-Stahlhaarkrankheit

Definition: Erbliche Cu-Verteilungsstörung.

Pathogenese: Defekte Cu-Transport-ATPase → niedrige Cu-Werte in Leber, Gehirn, Haut, Gefäßen; normale Cu-Werte in Darm, Niere, Muskeln, Pankreas (S. 54).
Wegen des Cu-Mangels sind die verschiedenen Cuproenzyme in den betroffenen Organen defizient. Die Cuproenzyme sind am Elektronentransport bei der Zellatmung sowie am Aufbau von Myelin, Elastin, Kollagen und Keratin beteiligt → Folgen (S. 54):
- *Kleinhirn:* Differenzierungsstörung der Purkinje-Zellen mit entsprechender Atrophie der Kleinhirnrinde und zerebellären Störungen (mentale Retardierung);
- *Haare:* Keratinfehlbildung mit Kraushaarigkeit des Kopfhaares;
- *Gefäße:* skorbutähnliche Symptomatik (S. 38) mit Gefäßaneurysmen (S. 62) und erhöhter Knochenbrüchigkeit.

Kupferüberschuß

Morbus Wilson

Synonym: Hepatolentikuläre Degeneration

Definition: Erbliche, systemische Cu-Toxikose, die auf einer Störung der biliären Cu-Ausscheidung beruht und zu einer Schädigung von Leber und Stammganglien (Linsenkerndegeneration) führt.

Pathogenese: Defekte kupferbindende ATPase vom P-Typ (= Cu-bindendes Transportprotein in der kanalikulären Zellmembran) → Mangel an Serum-Coeruloplasmin → selektive Störung der Cu-Ausscheidung in die Gallekapillaren → ionisiertes Cu (toxisch!) wird in den perikanalikulären Lysosomen der Hepatozyten zurückgehalten (► B) → später: Cu-Speicherung auch in anderen Organen.

Morphologie:
- *Leber:* Asymptomatische Fälle: meist nur geringe Verfettung. Symptomatische Fälle: federartig-vakuolisierende Leberzelldegeneration (► E, D1) → chronische Leberentzündung (► D2) mit fortschreitender Parenchymzerstörung (► D2; chronisch-aggressive Hepatitis) → Übergang in eine Leberzirrhose (► A).
- *Hirnkerne* (Putamen, Nucleus lentiformis, Nucleus caudatus, Substantia nigra): Ganglienzellen häufen Cu an → Degeneration (v. a. Verschmälerung des Striatums) in Form einer spongiformen Dystrophie (= schwammartige Hirngewebsschädigung) mit Astrozytenvermehrung und Kapillarwucherung → Störung des extrapyramidalen Systems.
- *Niere:* Cu-Ablagerung in Nierentubuli → Verlust des tubulären Bürstensaums → Tubulopathie → Glucosurie, Aminoazidurie und Phosphatdiabetes (= Fanconi-Syndrom, S. 100).
- *Kornea:* ringförmige, braun-grünliche Cu-Speicherung in Korneaperipherie = Kayser-Fleischer-Kornealring (► C).
- *Augenlinse:* Cu-Speicherung → Sonnenblumen-Katarakt.
- *Erythrozyten:* → hämolytische Anämie (= Blutmangel wegen Erythrozytenauflösung) mit Ikterus (= Gelbsucht; S. 108).
- *Knochengewebe:* Spontanfrakturen, Osteomalazie (= Knochenerweichung).

+ Klinik: Autosomal rezessiver Erbgang. Genhäufigkeit in der Gesamtbevölkerung 1:500. Nur homozygote Genträger sind symptomatisch →Inzidenz 1:100000.
- Hepatopathie: chronisch aktive Hepatitis → Leberzirrhose; Ikterus wegen Hämolyse.
- Nephropathie (Fanconi-Syndrom).
- Okulopathie (Katarakt, Kornealring).
- Neuropathie: Extrapyramidalsymptomatik.

Im folgenden werden die häufigsten oder die für das pathobiochemische Verständnis wichtigsten Stoffwechselstörungen „organischer Stoffe" besprochen. Diejenigen unter ihnen, die auf einem vererbtem Enzymdefekt beruhen, können bereits vor der Geburt durch Amniozentese erkannt werden.

A Wilson-Leberzirrhose

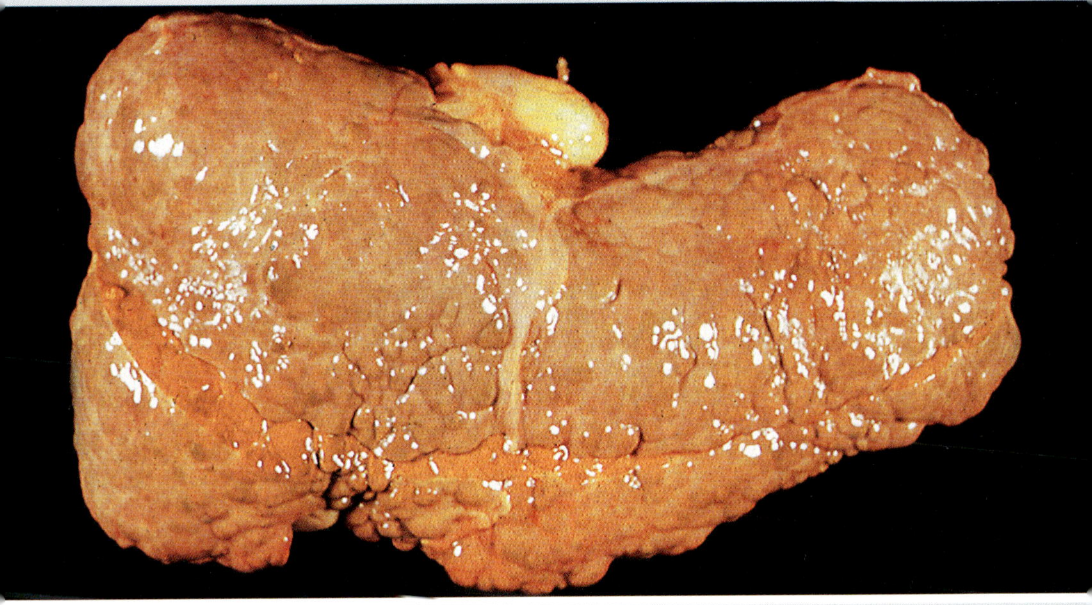

B Kupferspeicherung in der Leber
Cu, 300x

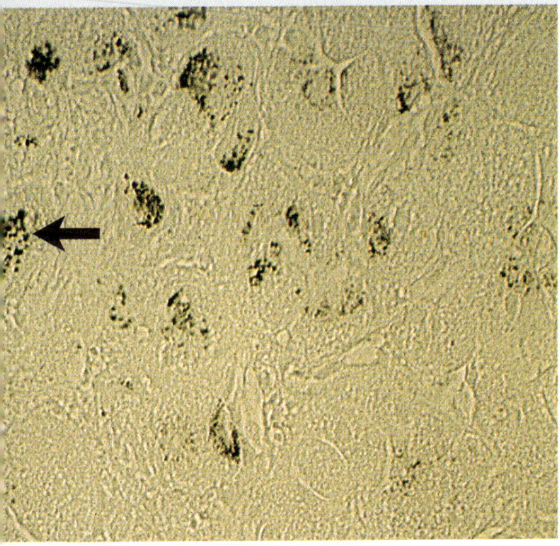

C Kayser-Fleischer-Kornealring

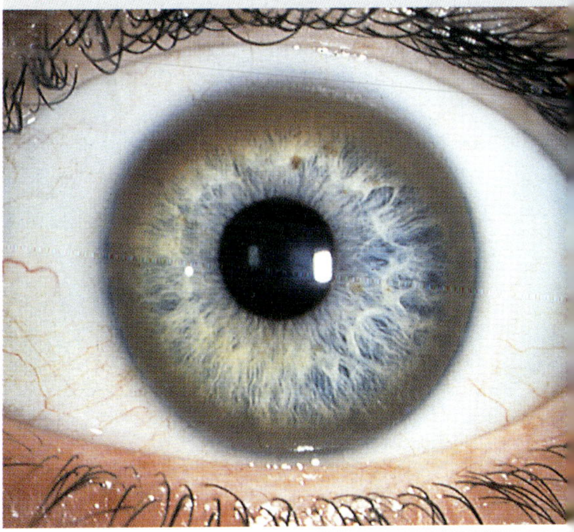

D Wilson-Hepatitis
100x

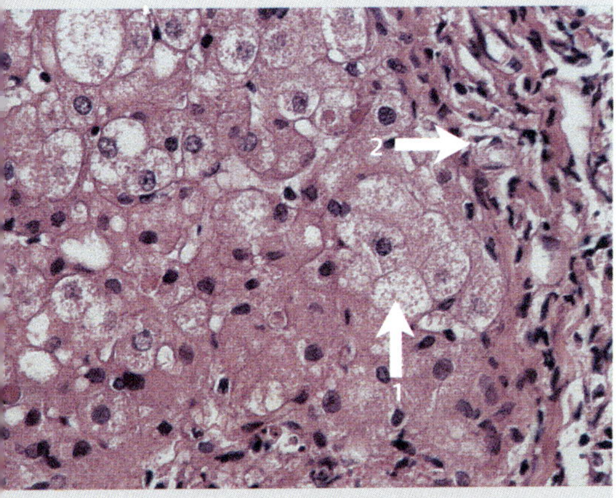

E Wilson-Hepatitis
100x

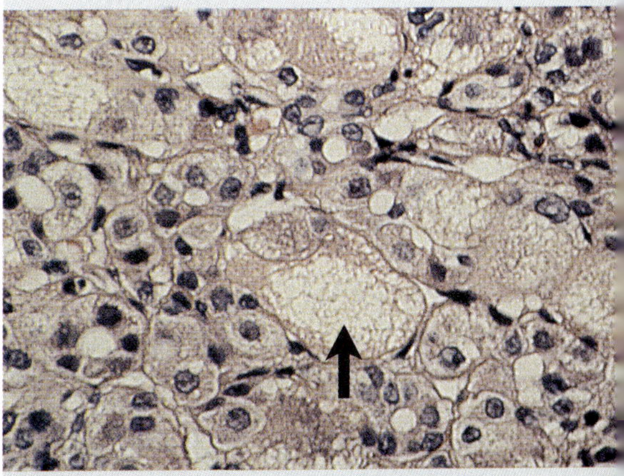

5 Tauschhandel unter Molekülen
Organische Stoffwechselstörungen

Zusammenfassung

Organische Stoffe sind Struktur- und Betriebsstoffe. Ihr fehlhafter Auf- oder Abbau führt zum Anstau von besonderen Metaboliten, welche die Zellen zum Absterben bringen, nachdem sie zuvor Steuerstoffe der Entzündung (S. 194) gebildet haben.

▶ **Kohlenhydrate:** Die meist autosomal rezessiv vererbten Glykogenosen beruhen auf Defekten des Glykogenabbaus und äußern sich v. a. bei den Typen I – III in einer Hepatomegalie und/oder Muskelschwäche. Beim seltenen Typ IV wird wegen eines defekten Zweigungsenzyms ein pathologisches Glykogen in der Leber gespeichert, was sie zirrhotisch zugrunde richtet. Die häufigste Verwertungsstörung der Kohlenhydrate ist der Diabetes mellitus.

▶ **Lipide:** Fettresorptionsstörungen gehören zum Kreis der Malassimilationssyndrome. Die häufigste Fettabbaustörung ist die Adipositas; die häufigste Fetttransportstörung die Hyperlipoproteinämie. Sie wird meist durch eine Arteriosklerose kompliziert. Bei den Sphingolipidosen wird infolge lysosomaler Enzymdefekte Abbaumaterial gespeichert.

▶ **Proteine:** Neben den Defektproteinämien sind v. a. die Störungen des Aminosäurestoffwechsels pathologisch-anatomisch relevant. Der Abbau der Aminosäuren führt zur Bildung von Ammoniak, der in Harnstoff überführt wird. Die Purinkörper werden zu Harnsäure abgebaut. Die wichtigste Störung des Harnsäurestoffwechsels ist die Gicht.

Kohlenhydrate

Glykogenosen

Abkürzungen: GK = Glykogen, GK–ose = Glykogenose

Allg. Def.: Krankheitsgruppe mit pathol. GK-Speicherung infolge eines erblichen Enzymdefekts.

Glykogenose Typ I

Synonyme: Morbus v. Gierke, hepatorenale GK-ose

Definition: GK-ose mit Hepatorenomegalie.

Pathogenese: Defekt der Glucose-6-Phosphatase → Unfähigkeit der Hepatozyten (und renalen Hauptstückepithelien), aus gespeichertem GK Glucose zu bilden → Glucose-6-Phosphat-Anhäufung. Dieses fließt v. a. in die anaerobe Glykolyse → Lactatanstieg → Lactatazidose.

- *Hyperurikämie* wegen gehemmter renaler Harnsäureausscheidung (S. 102),
- *Hyperlipidämie* wegen Fettmobilisation.

Morphologie: Die Leber- und Tubulusepithelien speichern GK im Zytoplasma (▶ A1) und im Zellkern (= GK-Lochkerne, ▶ A2) und werden dadurch pflanzenzellähnlich (▶ B).
Resultat: gelb-braune, vergrößerte Leber (▶ C) und Niere.

Klinik: Manifestation bereits im Säuglingsalter: Hypoglykämie, Skelettwachstumsstörung, Hyperlipidämie, Persistenz des Bichat-Wangenfettpropfes (Puppengesicht), oft Fettnacken, Hepatorenomegalie, Infektanfälligkeit. Patienten erreichen selten Erwachsenenalter.

Glykogenose Typ II

Synonyme: Morbus Pompe, generalisierte GK-ose

Definition: Erbliche, generalisierte, lysosomale GK-ose mit Muskelschwäche.

Pathogenese: Defekt der sauren α(1,4)-Glucosidase in Lysosomen von Leber-, Herz- und Skelettmuskelzellen, ZNS und Lymphozyten → Blockierung des lysosomalen GK-Abbaus → GK-Anstau in Lysosomen (▶ D) → spinnenförmige GK-Speicherzellen (= Arachnozyten) → Zellschädigung.

Morphologie: Kompensatorische Hypertrophie von Herz-, Skelett-, Zungenmuskulatur. Resultat: abnorme Herzvergrößerung, z. T. auch große, plumpe Zunge.

Klinik: Muskelschwäche, periphere Hyporeflexie; Kardiomegalie → Herzinsuffizienz; z. T. Makroglossie. Tod meist im Kleinkindalter.

Erstbeschreiber: J.C. Pompe (1901 – 1945), wurde als niederländ. Widerstandskämpfer nach Sprengung einer Zuglinie von SS-Milizionären erschossen.

Glykogenose Typ III

Synonyme: Morbus Forbes, kardiohepatomegale GK-ose, Grenzdextrinose, Lebermuskel-GK-ose

Definition: GK-ose mit Kardiohepatomegalie und Muskelschwäche.

Pathogenese: Defekt der Amylo-1,6-Glucosidase (= Entzweigungsenzym) in Herz-, Skelettmuskelzellen, Hepato-, Enterozyten.

Morphologie: GK-Speicherung in Hepatozyten und Muskelzellen (v. a. Herz).
Resultat: Kardiohepatomegalie.

Klinik: Muskelschwäche, Herzinsuffizienz. Patienten erreichen Erwachsenenalter.

Merke: *Diagnose der Glykogenosen:*
- Typ I durch Leberbiopsie,
- Typ II durch Muskelbiopsie,
- Typ III durch Muskelbiopsie.

Merksatz *zu GK-ose:* Kleinkind mit Herzinsuffizienz ohne Vitium → GK-ose-Verdacht.

A **Glykogenose Typ I** (Hepatozyt)
TEM, 2500x (GK: Glykogen; N: Nucleus; Nc: Nucleolus)

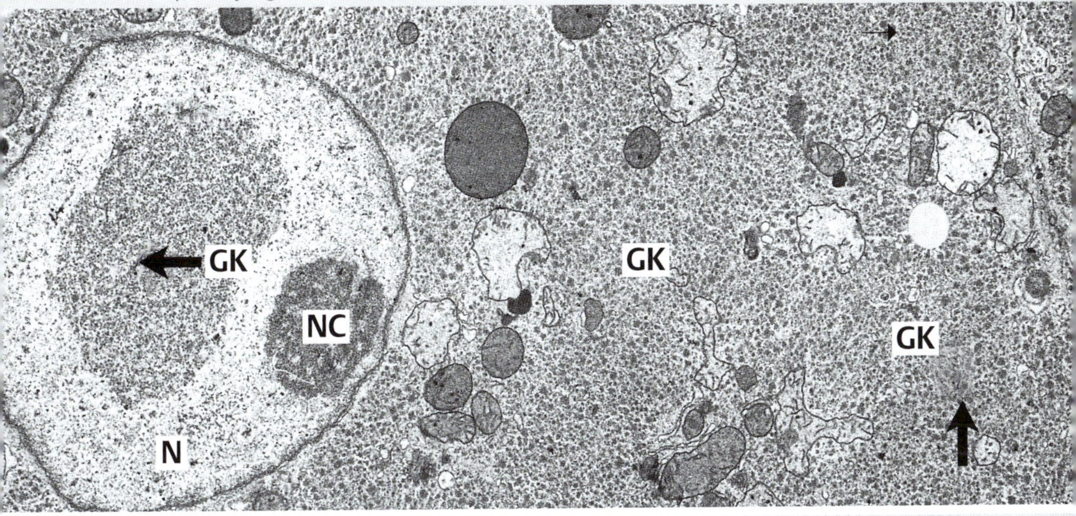

B **Glykogenose Typ I** (Leber)
150x

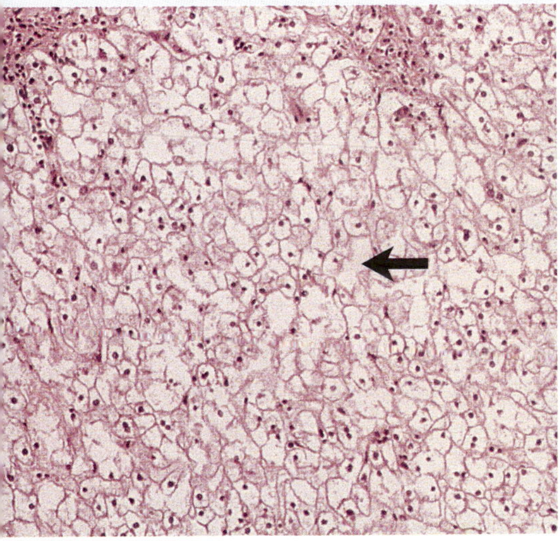

C **Glykogenose Typ I** (Leber)

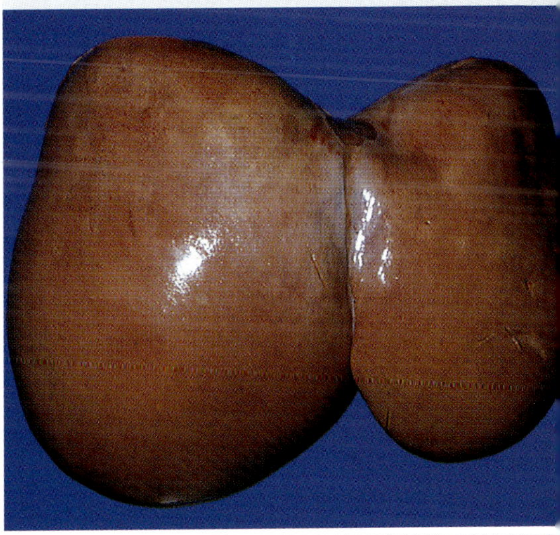

D **Glykogenose Typ II** (Hepatozyt)
TEM, 5000x (M: Mitochondrium; GK: Glykogen in Lysosom)

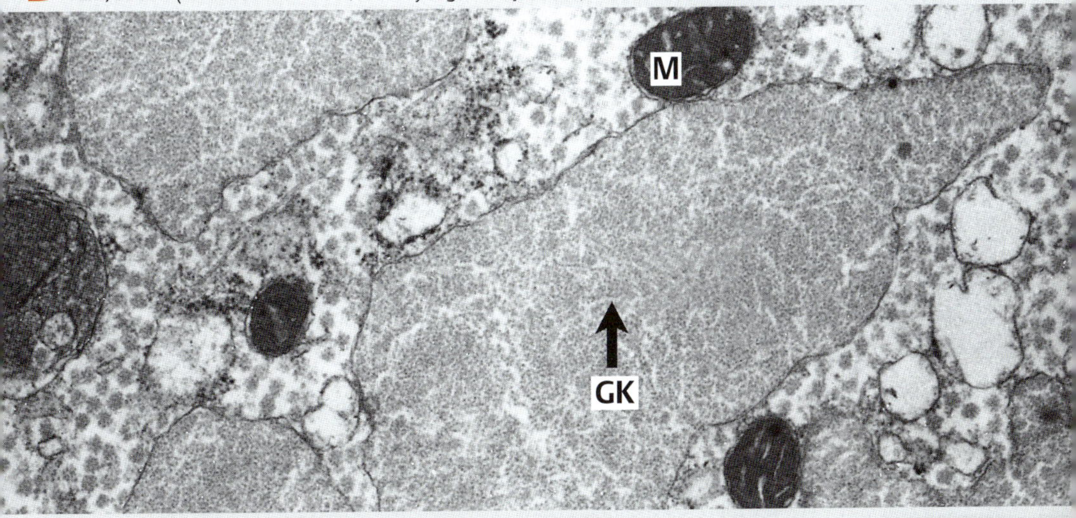

Kohlenhydratmalresorption

Abkürzung: DM = Diabetes mellitus

Lactoseintoleranz

Definition: Durchfallerkrankung wegen Milchzuckerunverträglichkeit infolge eines erblichen oder erworbenen Lactasemangels.

Pathogenese: Lactasemangel → die nicht hydrolysierte Lactose wird kaum enteral resorbiert. Bei Lactosebelastung (milchhaltige Nahrung) → bakterielle Fermentation → Lactat- und kurzkettige Fettsäurenbildung → v. a. osmotische Diarrhoe.

Morphologie: Normale Darmhistologie. Histochemisch keine Disaccharidase-Aktitivät in den Mikrovilli der Darmenterozyten.

Klinik: 5 % der weißen und 40 % der ostasiatischen Bevölkerung haben Lactasemangel. Symptome: Diarrhoe nach Milchnahrung.

Saccharose-Isomaltose-Intoleranz

Definition: Seltene Durchfallerkrankung wegen Disaccharid-Unverträglichkeit infolge eines Mangels an Saccharase-Isomaltase.

Pathogenese: Der Enzymmangel führt über ähnlichen Mechanismus wie bei der Lactoseintoleranz zur osmotischen Diarrhoe.

Gluconeogenesestörungen

Fructose-1,6-Diphosphatase-Mangel

Definition: Erbliche Störung der Gluconeogenese mit Ketoazidose.

Pathogenese: Enzymmangel → Blockierung der Gluconeogenese: Glucose wird nur durch Glykogenabbau bereitgestellt.

Klinik: Autosomal rezessiver Erbgang. Selten. Hypoglykämie → epileptische Anfälle mit Hyperventilation, Ketose und Lactatazidose.

Hereditäre Fructoseintoleranz

Definition: Erbliche Fruchtzuckerunverträglichkeit mit Leberschädigung.

Pathogenese: Verminderte Aktivität der Fructose-1-Phosphat-Aldolase.

Klinik: Autosomal rezessiver Erbgang. Selten. Fructoseeinnahme führt zu Hypoglykämie, Erbrechen und Koma. Patienten entwickeln eine Abneigung gegen „Süßes" → keine Zahnkaries. Bei langer alimentärer Fructoseexposition → Leberzirrhose (S. 42).

Kohlenhydratdysregulation

Diabetes mellitus

Musterkrankheit: ***die*** Glucosestoffwechselstörung

Allgemeine Definition: Chronische Störung des Glucosestoffwechsels mit Erhöhung des Blutzuckerspiegels, ausgelöst durch Zustände, die mit einem relativen oder absoluten Insulinmangel einhergehen.

Primärer DM *(s. u.):* Insulinmangel wegen
- Inselschädigung durch autoaggressive Entzündung (Typ-I-DM; S. 186),
- Funktionsstörung der pankreatischen insulinbildenden Zellen (Typ-II-DM; mitochondrialer DM, S. 20).

Sekundärer DM: Insulinmangel wegen
- Inselschädigung im Rahmen einer Pankreatopathie wie Pankreatitis, Hämochromatose (S. 72), Mukoviszidose (S. 64);
- Überproduktion von Hormonen wie Cortison und STH mit Insulin-antagonistischer Wirkung.

Pathogenese primärer DM-Formen:

Diabetes mellitus Typ I

Synonyme: juveniler DM, insulinabhängiger DM

Autoaggressive lymphozytäre Insulitis (► C) bei genetischer Prädisposition (HLA-DR4 und/oder -DR3): Bildung von autoreaktiven T-Lymphozyten und Inselzell-Antikörpern (S. 186) → Zerstörung der B-Zellen (► A) bei intakten glucagonbildenden Zellen (► B) → insulinabhängiger DM.

Diabetes mellitus Typ II

Synonyme: Erwachsenen-DM, Altersdiabetes
- DM Typ IIa ohne Adipositas;
- DM Typ IIb mit Adipositas (S. 49).

B-Zellen bilden zusammen mit Insulin das Amylin (= Insel-Amyloid-Polypetid) → Kondensation zu AE-Amyloid (► D; s. a. S. 50) → „Erstickung" der Inselfunktion. Außerdem sind die peripheren Erfolgsorgane v. a. bei adipösen Patienten gegenüber Insulin resistent (= Endorganresistenz) → insulinunabhängiger DM. Immunhistochemie: kein Verlust an insulin- (► E) und glucagonbildenden Zellen (► F).

Prominenter Patient: Friedrich Dürrenmatt, schweiz. zeitgen. Dramatiker und Schriftsteller.

Merke: *Diabetes-Therapie:*
- Typ I: Insulin
- Typ II: Sulfonylharnstoff

A **DM Typ I: B-Zell-Verlust**
IH, Insulin 200x

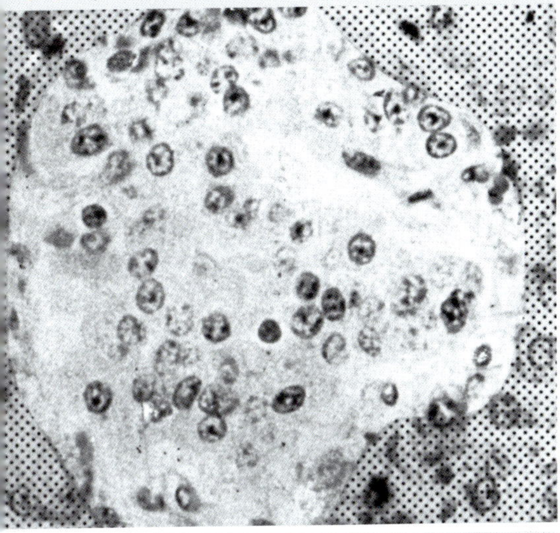

B **DM Typ I: A-Zell-Dominanz**
IH, Glucagon 200x

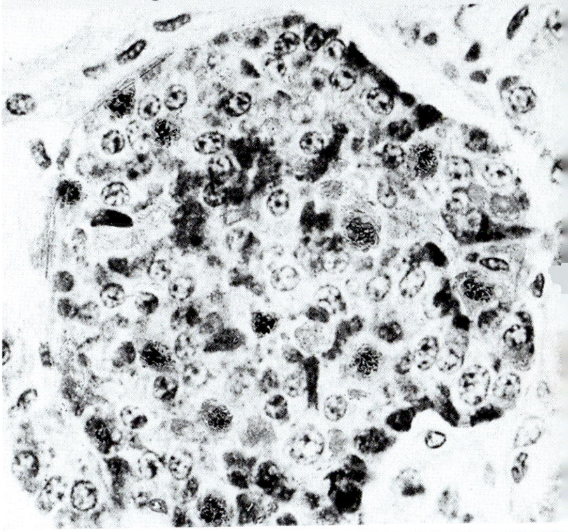

C **Insulitis**
200x

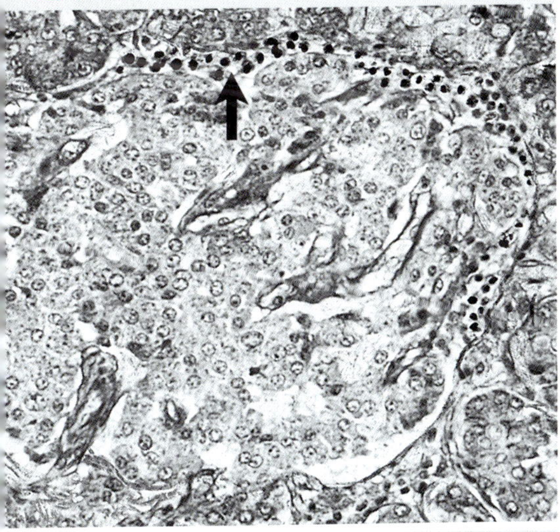

D **Inselamyloidose**
200x

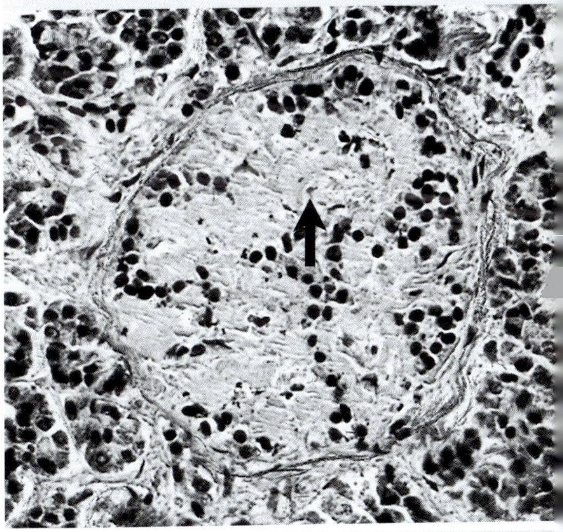

E **DM Typ II: B-Zellen**
IH, Insulin 200x

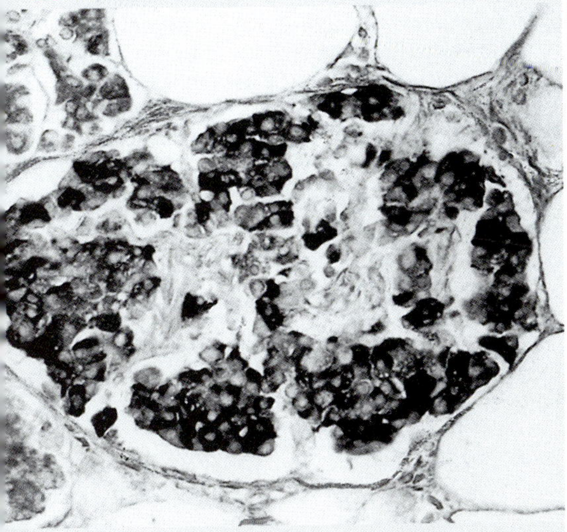

F **DM Typ II: A-Zellen**
IH, Glucagon 200x

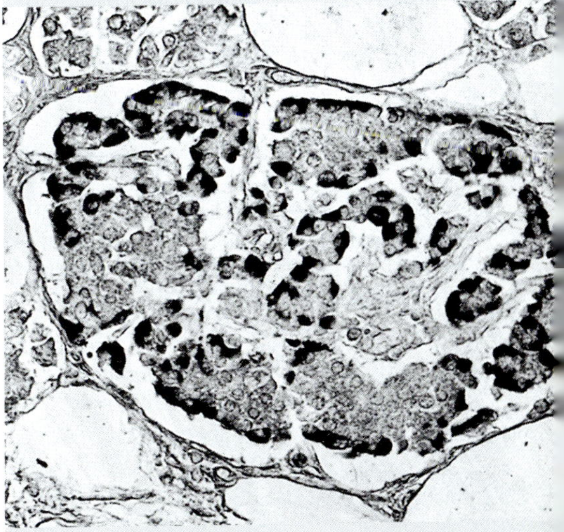

Diabetes mellitus: Folgekrankheiten

Diabetische Makroangiopathie: Sie entspricht der Atherosklerose (S. 90).

+ Komplikationen:
- Koronarsklerose → Myokardinfarkt;
- Zerebralsklerose → Hirninfarkt;
- Poplitealsklerose → Gangrän.

Diabetische Mikroangiopathie: Chronisch erhöhte Glucosekonzentration → Glykosylierung von Proteinen → Strukturstörung der mikrovaskulären Basalmembran mit Verbreiterung (► A, B) → Permeabilitätsstörung.

+ Komplikationen:
- ***Retinopathia diabetica*** (Spätkomplikation): Kapillar-Mikroaneurysmen, Arteriolosklerose → Mikroinfarkte (= Punkt-Klecks-Hämorrhagien; ► F). Außerdem: (gefäß-)proliferierende Retinitis → Glaskörperschrumpfung → Netzhautablösung (= Amotio).
- ***Diabetische Glomerulosklerose:*** *Synonym:* Kimmelstiel-Wilson-Syndrom Synthese- und Abbaustörung der glomerulären Basalmembran → Basalmembranverdickung (► B) → diffuse (► C), später noduläre Ablagerung (► D) von PAS-positivem Material im Mesangium und zwischen glomerulären Deckzellen und Basalmembran → Proteinurie → Niereninsuffizienz.

Cataracta diabetica (= Zuckerstar): Osmotische, vakuoläre Degeneration der Linsenepithelien → Linsentrübung.

Diabetische Leber: Sekundäre Glykogenose (Glykogenlochkerne, S. 8) in Abhängigkeit vom Blutglucosespiegel; eine gleichzeitige Verfettung (S. 85) korreliert mit der Adipositas bei Typ-IIb-Diabetes.

Diabetische Polyneuropathie: Nach ca. 25-jähriger Diabetesdauer kommt es bei 50 % der Patienten zu einer Zerstörung der Axone und/oder der Markscheiden → Hyporeflexie, Störung der Tiefensensibilität.

+ Komplikationen: diabetische Makroangiopathie + diabetische Polyneuropathie → Zehengangrän (► E).

Infektanfälligkeit: Störung der Erregerabwehr durch „lahme" Granulozyten (Chemotaxisstörung) → eitrig-abszedierende Entzündungen (Furunkulose!), Pilzinfektionen (Candidamykose; S. 270).

Diabetische Fetopathie (Embryopathie): Bei schlecht eingestelltem mütterlichem Diabetes.

+ Folgezustände:
- ***Riesenbabies*** mit pastös-adipösem Habitus infolge reaktiver STH-Sekretion.
- ***Hyaline Membrankrankheit:*** Unreife der Lungenepithelien → (Alveolardeckzellen) → insuffiziente Synthese von Surfactant (verhindert das Verkleben der Alveolen) →
  - keine Alveolenentfaltung → Alveolen verkleben → Atelektase (= unvollständige Lungenausdehnung);
  - Erhöhung der alveolären Oberflächenspannung → Ausschwitzung von Fibrin in Alveolargänge → membranartige Fibrinverdichtung → Bildung hyaliner Membranen → respiratorische Insuffizienz (kindliches Atemnotsyndrom = IRDS).
- ***Transitorische Hypoglykämien:*** Mütterlicher Insulinmangel → Fetus reagiert mit Hyperplasie der insulinproduzierenden B-Zellen → fetale Pankreasinseln sind vergrößert (= Makronesie) und zahlenmäßig vermehrt (= Polynesie) → Gefahr des postnatalen hypoglykämischen Schocks.

! Merke: *Diabetesspezifische Krankheitsbilder:*
- diabetische Retinopathie und Zuckerstar,
- diabetische Nephropathie,
- diabetische Neuropathie,
- diabetische (Fuß-)Gangrän.

Galactosämie

Definition: Defekt eines Galactoseverwertungsenzyms mit Leber-, Gehirn und Linsenschädigung.

Pathogenese: Defekte Galactose-1-Phosphat-Uridyltransferase → keine Umwandlung von Galactose in Glucose möglich → Anstau von Galactose-1-Phosphat (= Galactitol) in Leber, Niere, Gehirn, Nebennieren, Augenlinsen, Erythrozyten und Amnionepithel.

Morphologische Organmanifestationen:
- *Leber:* Galactitolstau → Leberverfettung mit entzündlichem Hepatozytenuntergang (= Fettleberhepatitis) → narbiger Ersatz (S. 42) → Leberzirrhose (= Speicherzirrhose).
- *Niere:* Galactitolstau → Störungen des tubulären Transports → renale Aminoazidurie (Fanconi-Syndrom; S. 100).
- *Augenlinse:* Galactitolstau → osmotische Linsenepithelschädigung → Linsentrübung → Galactosekatarakt (Spätkomplikation).
- *Gehirn:* Galactitolstau → Nervenzellschädigung → Störung der Myelinisierung → mentale Retardierung.

+ Klinik: Pränataldiagnostik: Amniozentese. Autosomal rezessiver Erbgang. Inzidenz 1:20000. Symptome:
- Speicherzirrhose,
- Fanconi-Syndrom (S. 100),
- Katarakt,
- mentale Retardierung.

A **Normale Basalmembran** (Glomerulus)
TEM, 10000x

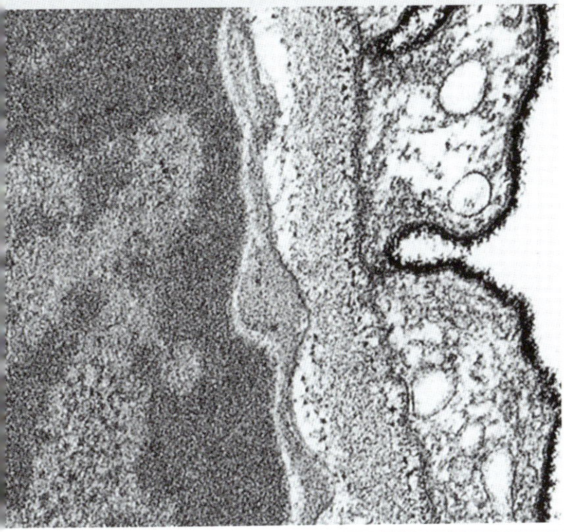

B **Diabetische Basalmembran** (Glomerulus)
TEM, 10000x

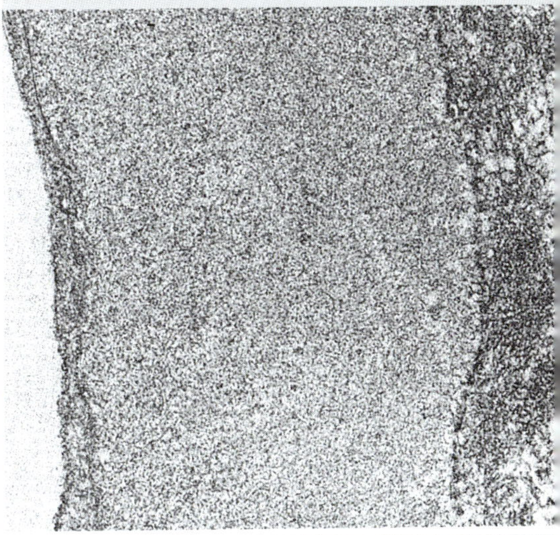

C **Diabetische Glomerulosklerose**
PAS, 300x

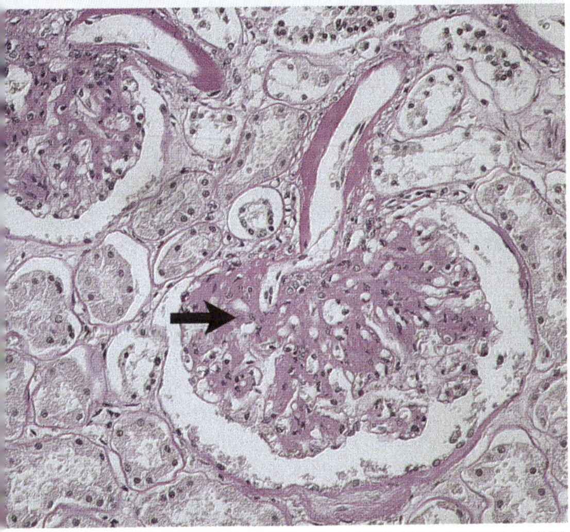

D **Diabetische Glomerulosklerose**
AG, 300x

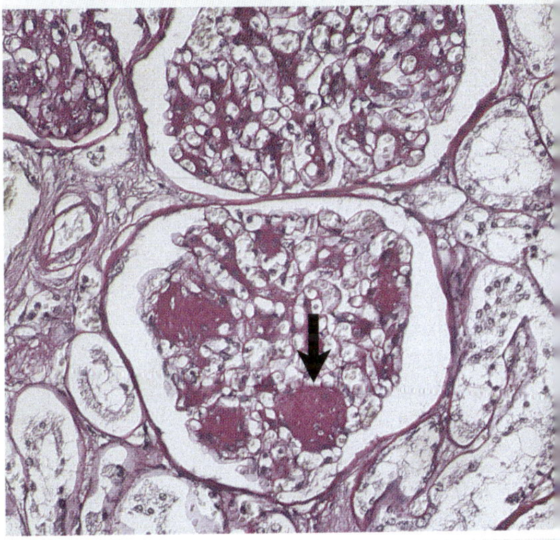

E **Diabetische Gangrän**

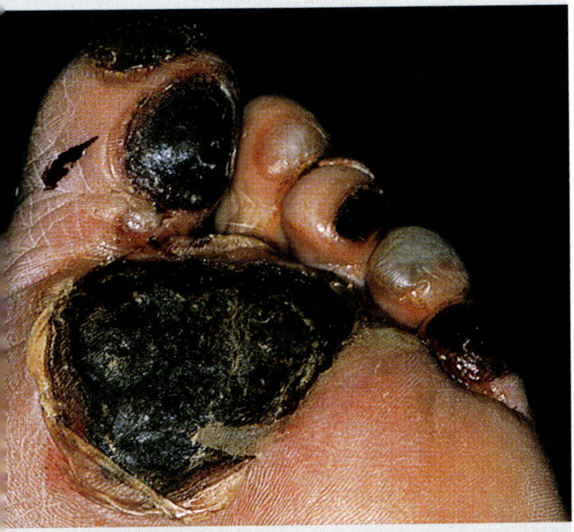

F **Diabetische Retinopathie**

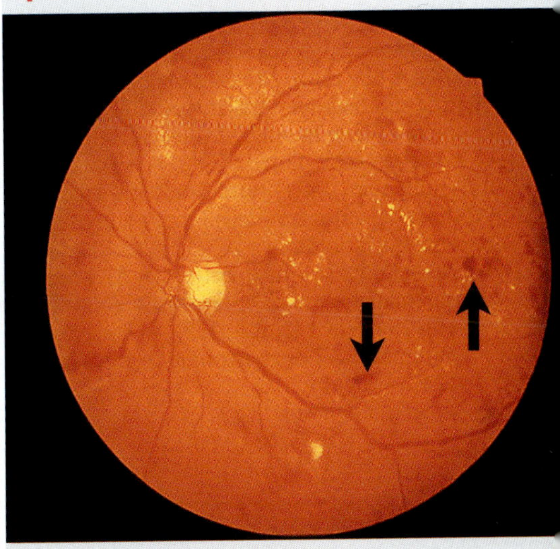

Lipide

Fettaufnahmestörungen

Malassimilationssyndrome

Allgemeine Definition: Erkrankungen, bei denen a) die Resorption der Nahrungsstoffe (v.a Neutralfette) aus dem Darmlumen oder b) deren Ableitung ins intestinale Lymphsystem gestört ist.

Je nach Auslösemechanismus unterscheidet man nachstehende Formen:

- ***Maldigestion*** = „Störung der intraluminalen Fettverdauung" aufgrund folgender Läsionen:
  - *hepatogen* (Cholepathien): Gallesäuremangel;
  - *pankreatogen* (Pankreatopathien): Lipasemangel;
  - *gastrogen (Gastrektomie): keine Lipaseaktivierung.*
- ***Malabsorption*** = „Störung des Fetttransports durch die Intestinalschleimhaut" aufgrund folgender Läsionen:
  - *infektiös:* tropische Sprue (Infekt?), Morbus Whipple;
  - *autoaggressiv:* glutensensitive Enteropathie (= einheimische Sprue);
  - *enzymatisch:* Lactasemangel → Gärungsdurchfälle;
  - *dysproteinämisch:* A-β-Lipoproteinämie (S. 86).
- ***Intestinale Lymphabflußstörung*** aufgrund folgender Läsion:
  - *infektiös:* Morbus Whipple.

Malabsorption-Assoziierte Krankheiten

Glutensensitive Enteropathie

Synonyme: Zöliakie, Sprue

Definition: Autoaggressive Darmentzündung aufgrund angeborener Überempfindlichkeit gegen Gluten[1].

Bezeichnung je nach Manifestationsalter:
- Zöliakie im Kindesalter,
- Sprue[2] im Erwachsenenalter.

Pathogenese: Genetische Prädisposition (HLA-DR3, HLA-B8) führt bei Glutenexposition zur Bildung autoreaktiver Antikörper (S. 180) gegen epitheliale Verankerungsfibrillen (= Retikulin) → autoaggressive Entzündung → nekrotische Ablösung von Darm- und Hautepithelzellen. Weshalb die autoaggressive Entzündung resultiert, ist noch unklar.

- *Dünndarm:* Normale Zotten (► A) werden geschädigt, so daß Enterozyten Zellselbstmord begehen (S. 128, 132) → Zotten verkümmern → Zottenatrophie (► B, C; s.a. S. 124).
- *Haut:* Epidermisablösung → Bildung von Hautblasen (= Dermatitis herpetiformis).

Morphologie: Lymphoplasmozytäres Entzündungsinfiltrat in Dünndarmmukosa (► C1) mit Zottendestruktion → Zottenatrophie („flat mucosa") → kompensatorische Vertiefung (Hyperplasie) der Dünndarmkrypten (► B, C2).

Histologisches Resultat: „kryptenhyperplastische Zottenatrophie" (► B).

> **Klinik:** Seltenes Malabsorptionssyndrom wegen mangelnder Fettresorption →
> - *Fettstühle* (= Steatorrhoe) mit Mangel an essentiellen Fetten → v. a. Mangel an fettlöslichen Vitaminen (v. a. Vitamin D).
> - *Osteomalazie:* Mangelhafte Resorption von Vitamin D1 → dadurch kann im Knochengewebe das Spongiosa-Osteoid nicht verkalken → Resultat: Spongiosa mit breiten Osteoidsäumen (► D, E) bei normalem osteoklastärem Knochenabbau → Knochenerweichung (= Osteomalazie) → Knochendeformationen.

Morbus Whipple

Synonym: Lipodystrophia intestinalis

Musterkrankheit für bakteriell ausgelöste Stoffwechselstörung.

Definition: Darmerkrankung wegen bakteriell ausgelöster Störung des lymphogenen Fettabtransports, oft mit Allgemeinsymptomen.

Pathogenese: Genetische Prädisposition (welche?) → Defekt in zellulärer Immunität → Infektion mit Whipple-Bakterien (= Tropheryma whipplei) → Bakterien überleben Phagozytose (► F) → Bakterien (mit sichelartiger Eigenform) sammeln sich in Dünndarmhistiozyten an → Histiozyten werden dadurch zu sog. SPC-Zellen (= **s**ickle-form **p**articles **c**ontainig cells) → Behinderung des Abtransports von chylusreicher Lymphe → Malabsorptionssyndrom.

Morphologie: Anschoppung der Dünndarmmukosa sowie der Regionallymphknoten mit Bakterien und Fett speichernden Histiozyten (= SPC-Zellen, ► G) → Behinderung des Fettabtransports.

> **Klinik:** Seltenes Malabsorptionssyndrom → Fettstühle (= Steatorrhoe), Gewichtsverlust, Lymphknotenvergrößerung (= Lymphadenie). Besserung nach Antibiotikabehandlung.

[1] Gluten = Gliadin = Weizenkleberprotein

[2] Sprue: sprouw, holl. = Bläschen (-Dermatitis!)

Errata

S. 127, Abb. C/D:	Die Bilder des osteoporotischen und des normalen Femurs sind vertauscht.
S. 155, Abb. A:	Die Pfeile 1 und 2 sind vertauscht.
S. 211, Abb. F:	Es handelt sich um die gelbe Hepatisation.
S. 277, Abb. E:	Es handelt sich um einen Amöbenabszeß im Dickdarm.
S. 333, Abb. E/F:	Die Bildüberschriften sind vertauscht. E: Initiales Leberzellkarzinom (200x), F: HBV (IF, 200x).
S. 370, linke Spalte:	*(Drüsen-)Ausführgang-Papillome* ...Immunhistochemisch sind die Myoepithelien wie in entsprechenden Adenomen durch den Aktinnachweis darstellbar (➤ C).

U.-N. Riede:
Taschenatlas der allgemeinen Pathologie
Georg Thieme Verlag Stuttgart
ISBN 3-13-115451-9

A **Normale Dünndarmzotten**
REM, 2000x

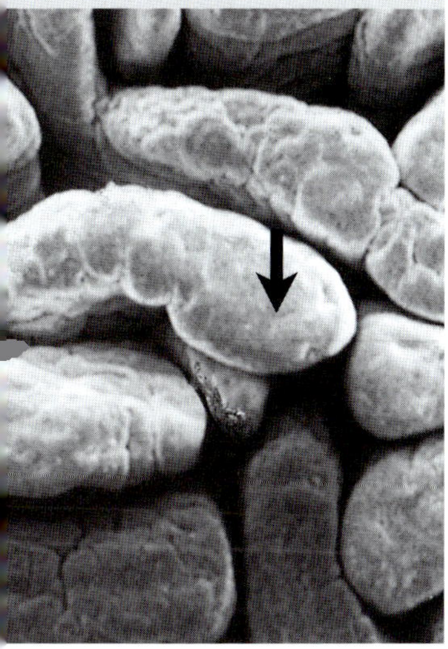

B **Kryptenhyperplasie** (Zölakie)
REM, 2000x

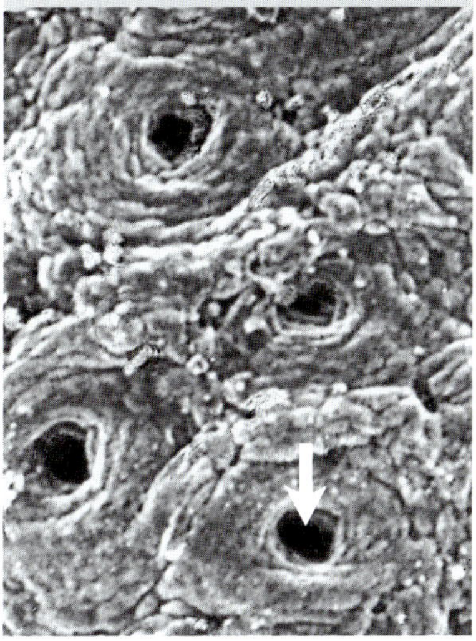

C **Zölakie-Dünndarm**
PAS, 300x

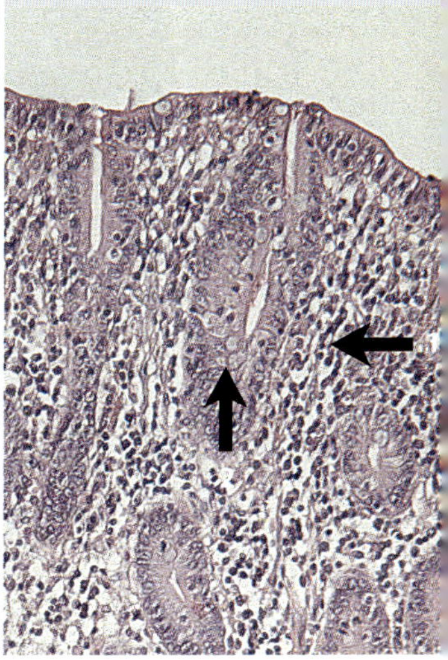

D **Normale Spongiosa**
TriG, 100x

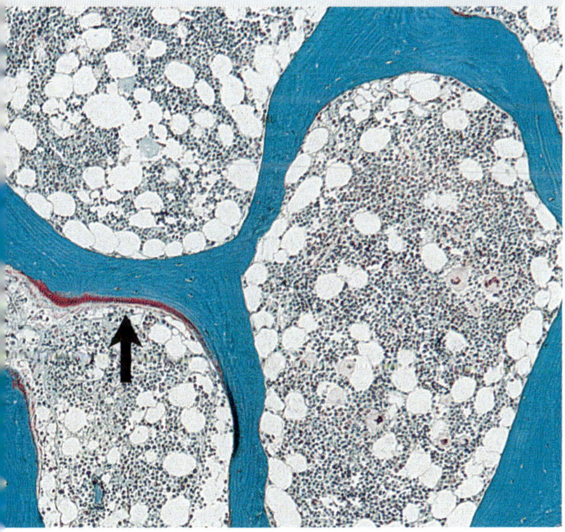

E **Osteomalazie-Spongiosa**
TriG, 100x

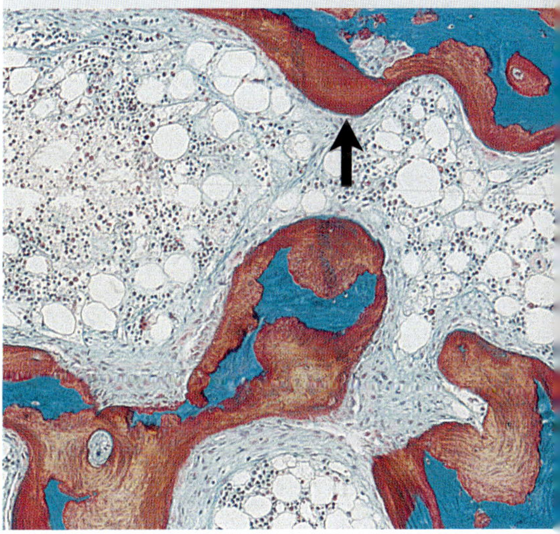

F **Tropheryma whipplei**
TEM, 10000x

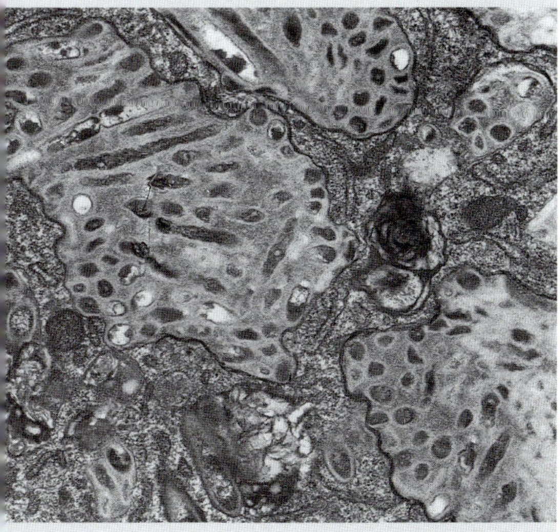

G **Whipple-Dünndarm**
ÖRot, 50x

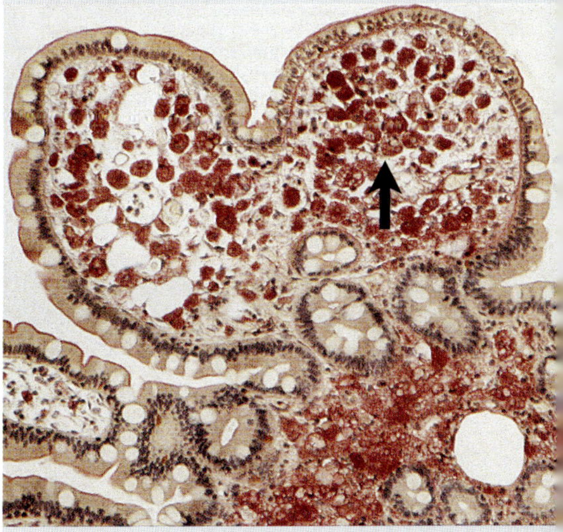

Fettfehlverwertung

Synonym: fettige Degeneration

Definition: Zustände mit abnormer Fettspeicherung wegen gestörtem Verhältnis von „Fettangebot“ und „-nachfrage“.

Mastfettsucht

Synonym: Steatosis nutritiva

Vermehrte intestinale Aufnahme von Fetten und Kohlenhydraten → Überforderung des Fetttransports und -abbaus → großtropfige Verfettung läppchenzentraler Leberepithelien (► A) oder Nierentubuli (► B).

Kulinarisches Beispiel: „Gänseleberpastete“.

Transportbedingte Verfettung

Synonym: Steatosis transportativa

Ätiologische Faktoren:
- ***endokrin:*** Vermehrte Fettmobilisation wegen a) Ausschüttung von Adrenalin, STH, ACTH oder b) Insulinmangel;
- ***nutritiv:*** Hypolipoproteinämische Fetttransportstörung wegen Hunger, Mangelernährung, Kwashiorkor (= Mehlmangelernährung). Folge davon: vermehrter Fettabtransport → läppchenzentrale Leberverfettung.

Resorptive Verfettung

Synonym: Steatosis resorptiva

Ätiologische Faktoren: Vermehrter örtlicher Lipidanfall wegen:
- ***Nekroseabraum:*** Hirnerweichungsherd mit Myelinscheidenzerfall, chronischer Abszeß (S. 226) mit Leukozytenzerfall, Fettgewebsnekrose (S. 132) → Histiozyten phagozytieren Fette → werden dadurch zu Schaumzellen (► C);
- ***Hypercholesterinämie*** (S. 88): Folgen davon: gesteigerte Phagozytose von Lipiden oder Cholesterin mit intravakuolärer Speicherung → Umwandlung der Histiozyten zu Schaumzellen, der Mikrogliazellen zu Fettkörnchenzellen.

Retentionsverfettung

Synonym: Steatosis retentiva

Ätiologische Faktoren:
- ***Hypoxidose*** → verminderte Fettsäureoxidation → a) läppchenzentrale Leberverfettung, b) fleckförmige Myokardverfettung (= Myokardtigerung, ► D, s. a. S. 69).
- ***Enzymmangel:*** Mangel an Fettverwertungsenzymen.
- ***Intoxikation:*** Zellschädigung (z. B. Alkohol!) → kleintropfige Verfettung läppchenzentraler Hepatozyten (► E).

! **Merke:** Ziehe aus der Lokalisation der Verfettung im Leberläppchen keine Rückschlüsse auf die Ätiologie!

Fettabbaustörungen

Chronischer Hunger

Definition: S. 124.

Pathogenese und Morphologie: Chronischer Hunger → Abbau von Depotfetten → Umwandlung von Fettgewebe zu retikulärem Bindegewebe → Wassereinlagerung (= gallertige Fettgewebsdegeneration) → Gefäße liegen in sulzig-gallertigem Bindegewebe (► F).

Adipositas

Synonym: Fettsucht

Musterkrankheit: als „Freßsucht“ simplifizierte Volkskrankheit (mit polygener Vererbung).

Allgemeine Definition: Pathologische Zunahme der Fettmasse mit Überschreiten des Normalgewichts um 20 %.
- ***Primäre Adipositas:*** Überschreiten des Sollgewichts ohne erkennbare Grundkrankheit mit geschlechtsspezifischer Fettablagerung:
  ♀: Hüften, Oberarme, Oberschenkel und Gesäß;
  ♂: vordere Bauchwand, Rücken und Nacken.
- ***Sekundäre Adipositas:*** wegen endokriner, zerebraler, psychischer Erkrankungen.

Pathogenese der primären Adipositas: Leptin (= Fettzell-Proteohormon, Produkt des „obesity“-Gens) reduziert die Nahrungsaufnahme und steigert den gesamten Energieverbrauch. Bei Adipösen bindet das Leptin vermindert an Rezeptoren im Hypothalamus → keine Drosselung des hypothalamischen Sättigungszentrums → Steigerung des Hungergefühls und Hyperleptinämie. Diese führt zur Insulinresistenz (Mechanismus ungeklärt) → Reduktion der Glucoseverwertung → Fettmasse und Körpergewicht nehmen zu.

Adipositas-Sonderform:
Pickwick-Syndrom: Kombination aus Adipositas, einer haltungsabhängigen, periodisch-alveolären Hypoventilation und gleichzeitiger Schlafneigung.

☺ **Klinischer Rekord:** J.B. Minnoch (1941 – 1983) aus Washington, USA, wog 635 kg.

! **Merke:** Normales Körpergewicht = Körperlänge in cm – 100 (in Kilogramm).

Ketonämie

Definition: Häufige Störung des Säure-Basen- und Elektrolythaushalts durch Ketonkörper-„Überflutung“ bei gesteigertem Fettabbau.

Pathogenese: Hunger, Diabetes mellitus → Fettsäuremobilisation → Ketonämie.

+ **Komplikation:** Die Ketonkörper (Aceton, Acetoacetat, β-Hydroxybutyrat) werden als normale Stoffwechselabbauprodukte im peripheren Gewebe abgebaut → normalerweise nur niedrige Blutkonzentrationen. Ketonämie (häufige Stoffwechselläsion!) → metabolische Ketoazidose → Störung des Säure-Basen-Haushalts; Ketonurie mit Störung der Elektrolytausscheidung.

A **Nutritive Leberverfettung**
200x

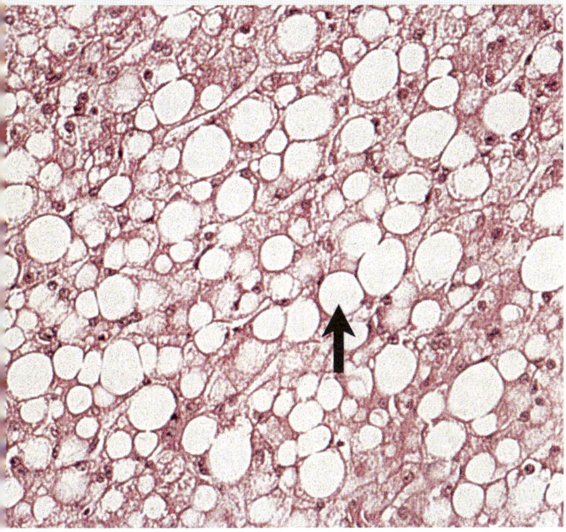

B **Nierentubulusverfettung**
ÖRot, 150x (G=Glomerulus)

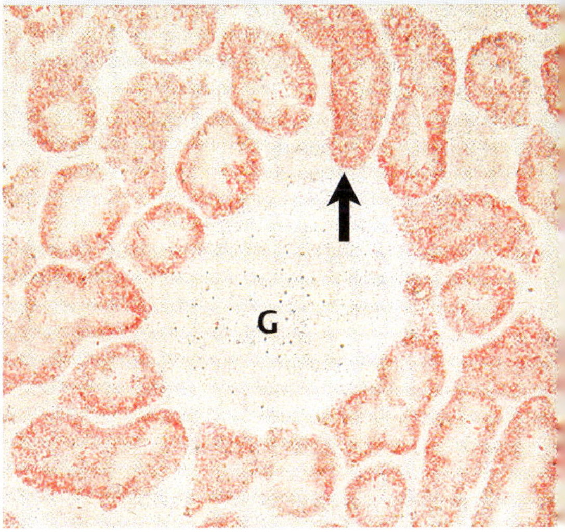

C **Schaumzellen**
200x

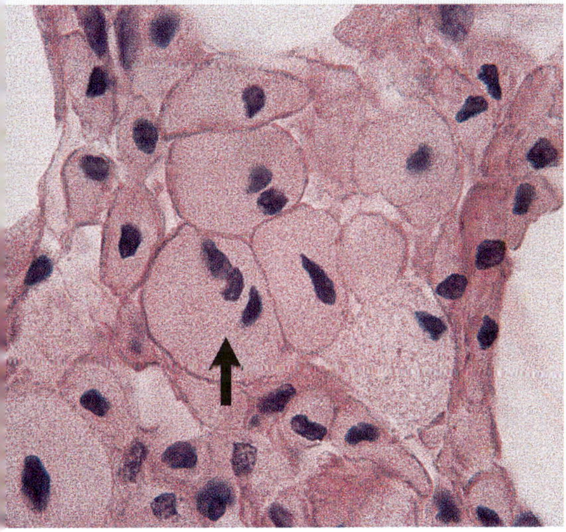

D **Myokardtigerung**

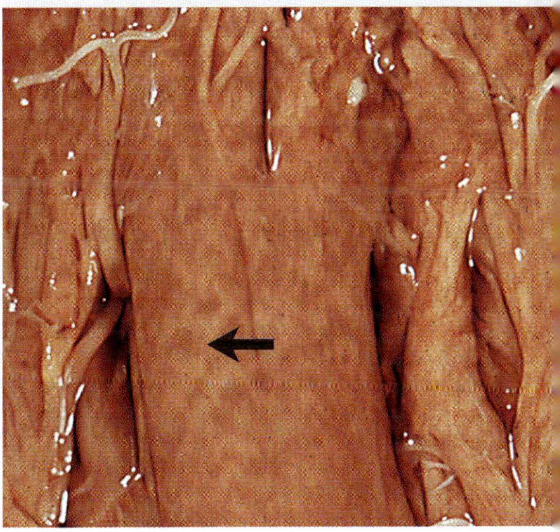

E **Toxische Leberverfettung**
TEM, 5000x (N=Zellkern)

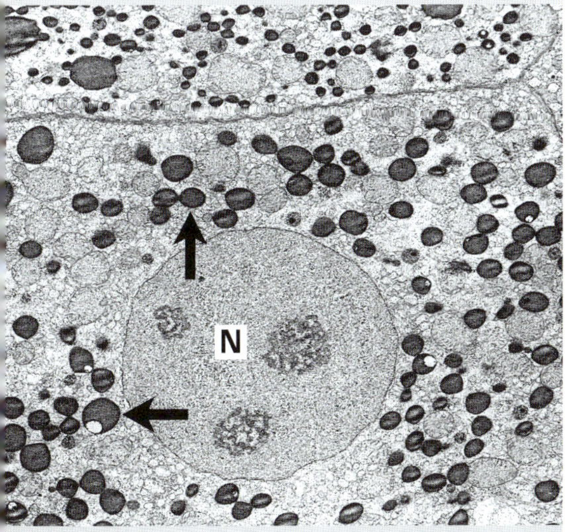

F **Epikard: Gallertdegeneration**

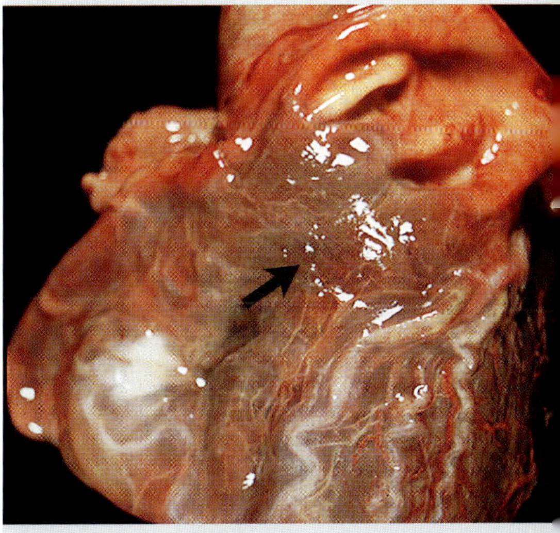

Phytansäurelipidose

Synonyme: Refsum-Syndrom, Heredopathia atactica polyneuritiformis

Definition: Neurologische Krankheit wegen peroxisomalem Enzymdefekt mit Ablagerung verzweigtkettiger Fettsäuren (vom Typ der Phytansäure) in Markscheiden.

Pathogenese: Defekt der peroxisomalen Phytansäure-α-Hydroxylase → Anhäufung von Phytansäure aus Chlorophyll in a) Blut, b) Geweben, c) Ganglien- und Schwann-Zellen. Phytansäureeinbau in Myelin → Markscheidenzerfall → Ganglienzellnekrosen in spinalen Vorderhörnern, Kleinhirn, Hirnstamm.

Histologie: Abnorme reparative Wucherung der Schwann-Zellen → zwiebelschalenartige Verdickung der peripheren Nerven (demyelinisierende Polyneuropathie). Fibröse Verdickung der Leptomeningen mit lipidbeladenen Makrophagen.

Klinik: Autosomal rezessiver Erbgang. Selten. Chronische Polyneuropathie, zerebelläre Ataxie (= gestörte Bewegungskoordination mit torkelndem Gang), Nachtblindheit, atypische Retinitis pigmentosa (s. Merke).

Propionatämie

Definition: Seltener erblicher Propionyl-CoA-Carboxylase-Defekt mit Propionatämie.

Pathogenese: Enzymdefekt → verzweigte Fett- und Aminosäuren werden nur bis zum Propionyl-CoA abgebaut → Propionatämie und metabolische Azidose → Propionsäureausscheidung im Urin (z.T. als Natriumsalz) → Elektrolytverlust.

Methylmalonaturie

Definition: Seltener erblicher Defekt der Methylmalonat-CoA-Mutase mit Ketoazidose.

Pathogenese: Enzymdefekt → keine Isomerisierung von L-Methylmalonat-CoA zu Succinyl CoA → Methylmalonatämie, -urie.

Hypolipoproteinämien

Allgemeine Definition: Erbliche Störungen der Apolipoproteinsynthese mit verminderten Serumwerten des entsprechenden Lipoproteins.

Allgemeine Pathogenese: Aufgrund eines Gendefekts ist die Synthese von Apolipoprotein-A oder -B beeinträchtigt. Darunter leidet je nach Hypolipoproteinämie-Typ entweder der Abtransport der resorbierten Fette einschließlich des Cholesterins, oder aber das Cholesterin bleibt liegen und wird in Phagozyten gespeichert.

A-β-Lipoproteinämie

Synonym: Bassen-Kornzweig-Syndrom

Definition und Pathogenese: Erbliche Störung der Apo-B-Proteinsynthese → keine β-Lipoproteinbildung. Folgen des β-Lipoproteinmangels:

- ***Hypolipidämie:*** kein Abtransport von enteral resorbierten Triglyceriden und Cholesterin → Lipide bleiben in Enterozyten liegen (► A, B).
- ***Membransynthesestörung:*** keine Lipide → Störung der Myelinisierung und der Membransynthese → Erythrozyten nehmen Stechapfelform an → Akanthozytose (► C).

Klinik und Morphologie: Sehr selten. Meist autosomal rezessiver Erbgang. Bei der autosomal dominant erblichen Hypo-β-Lipoproteinämie ist die β-Lipoprotein-Synthese zwar nur vermindert, zeigt aber die gleiche Symptomatologie wie die A-β-Lipoproteinämie.

- *Malabsorptionssyndrom:* Die Fette können zwar von Darmenterozyten aufgenommen, aber von dort aus nicht abtransportiert werden → zur Zottenspitze fortschreitende Enterozytenverfettung (► A,B) → Enterozyten nehmen kein Fett mehr auf →
- *Steatorrhoe:* Fett bleibt im Stuhl → allgemeiner Mangel an Lipiden und fettlöslichen Vitaminen (v. a. Vit. D, E).
- *Demyelinisierung* wegen Lipidmangel (v. a. Vit. E) → neurologische Symptome, Retinitis pigmentosa (► D).

An-α-Lipoproteinämie

Synonym: Tangier-Krankheit

Definition und Pathogenese: Erblich bedingtes Fehlen von HDL im Blutplasma. Dadurch → Cholesterinexport aus Makrophagen in die Leber behindert → RHS-Phagozyten speichern intravakuolär v.a. Cholesterinoleat (→ „Schaumzellen").

Klinik und Morphologie: Autosomal rezessiver Erbgang. Sehr selten.

- *Blutwerte* hoch für Cholesterin, Phospholipide, Triglyceride. HDL fehl bei homozygoten Merkmalsträgern fast vollständig.
- *Cholesterinoleatspeicherung:*
  - Kindesalter: in Tonsillen (→ Gelbfärbung).
  - Erwachsenenalter: in Milz (→ Splenomegalie mit Anämie wegen Hyperspleniismus), Leber, Knochenmark, Schwann-Zellen (→ Neuropathien).

Merke: *Retinitis pigmentosa:*
(Synonym: Retinopathia pigmentosa):

Erbliche, metabolisch bedingte Rezeptordystrophie mit Netzhautdegeneration und v. a. peripherer dunkelbräunlicher Pigmentabladung (► D)
→ Nachtblindheit → röhrenförmiges Gesichtsfeld
→ Amaurose (= Erblindung).

A **A-β-Lipoproteinämie** früh: Enterozyt
TEM, 3500x

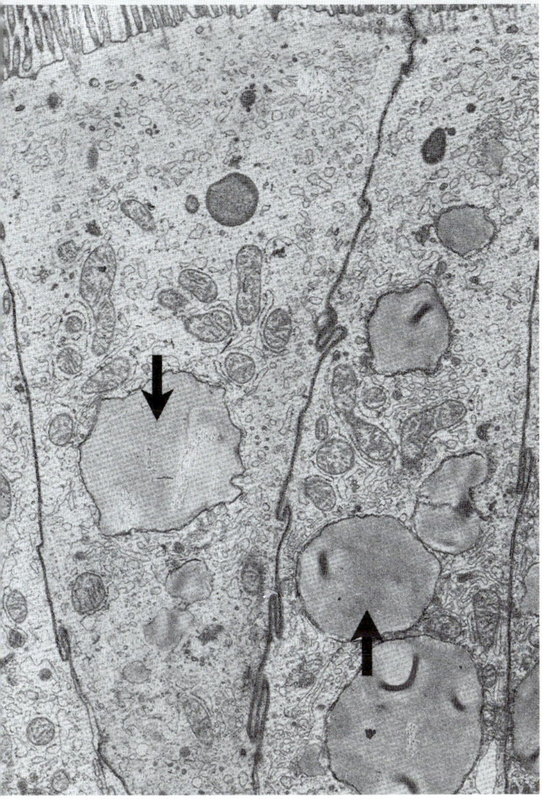

B **A-β-Lipoproteinämie** spät: Enterozyt

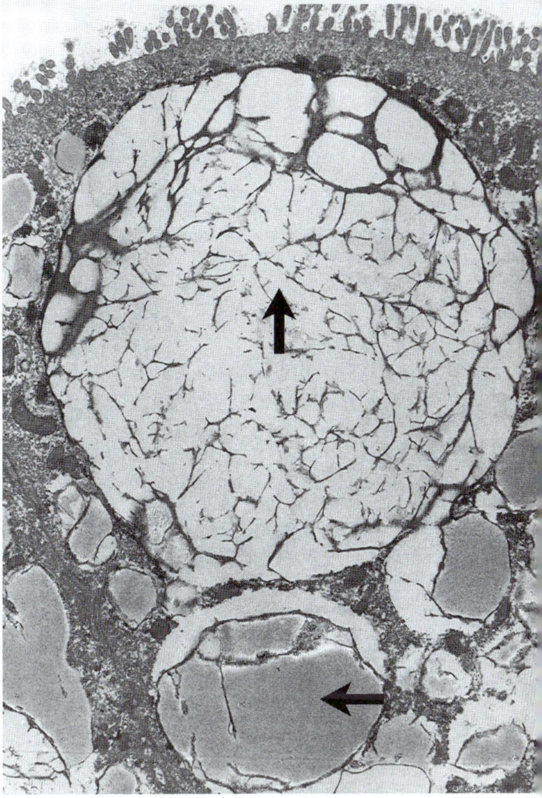

C **Stechapfel-Erythrozyt**
REM, 3000x

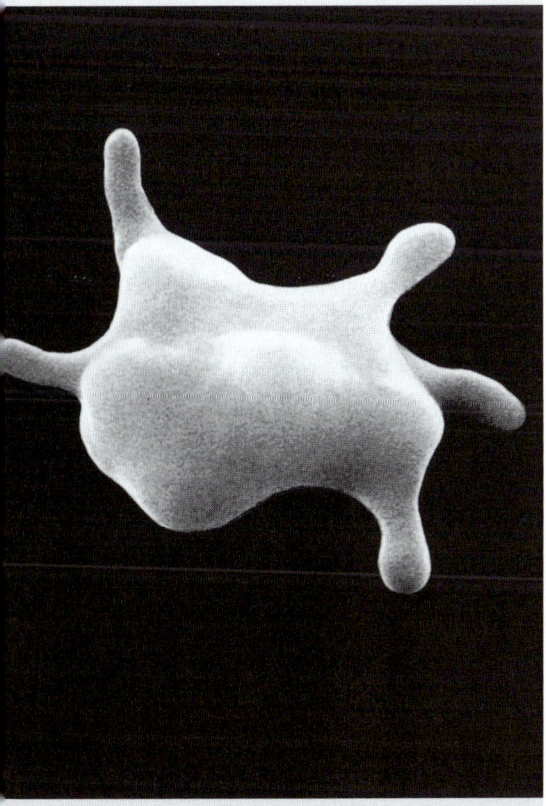

D **Retinitis pigmentosa**

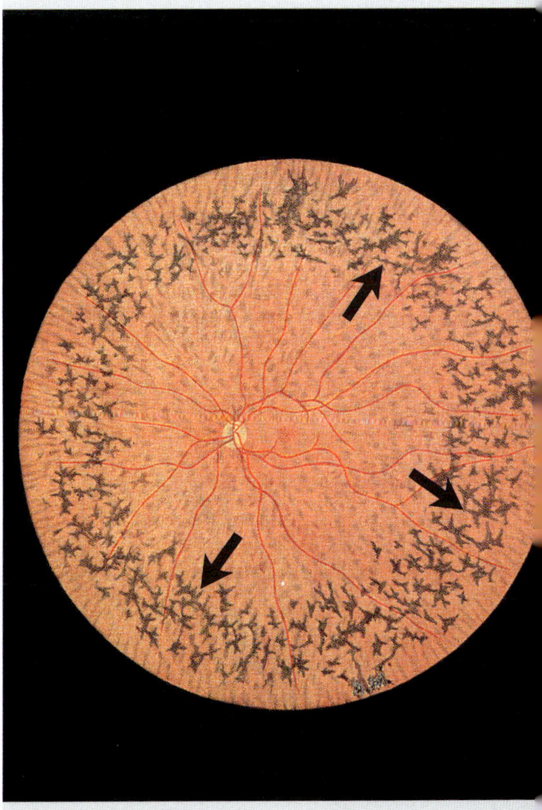

Hyperlipoproteinämien

Abkürzung: CH = Cholesterin

Allgemeine Definition: Fettstoffwechselstörungen mit Vermehrung einer oder mehrerer Lipidfraktionen im Blutserum. Die meisten dieser Störungen sind recht häufig.

- *Primäre Formen* bei genetischem Defekt (Pränataldiagnostik: Amniozentese!);
- *Sekundäre Formen* bei Diabetes mellitus, Alkoholismus (S. 144), Adipositas (S. 84), primär-biliärer Leberzirrhose (S. 22), nephrotischem Syndrom und Hypothyreose (z.b. S. 186).

Hyperlipoproteinämie Typ I

Definition: Hyperchylomikronämie und Hypertriglyzeridämie ohne erhöhtes Atheroskleroserisiko infolge eines autosomal rezessiv erblichen Defekts der Lipoproteinlipase.

Pathogenese: Lipasedefekt → Chylomikronen werden verlangsamt abgebaut (► A) → verzögerter Abtransport der Triglyzeride aus dem Blut.

+ Klinik und Morphologie: Selten!
- *Eruptive Xanthome* (s. S. 90): Hautläsion an Extremitätenaußenseite (► E), Gesäß, Rücken.
- *Hepatosplenomegalie:* Organvergrößerung durch histiozytäre Schaumzellenansammlungen.
- *Lipaemia retinalis:* Lipideinlagerung in Retina.
- *Rezidivierende Pankreatitis:* nach Fettkonsum (S. 132, 216).

Hyperlipoproteinämie Typ II

Definition: Hypercholesterinämie wegen LDL-Rezeptormangel mit Xanthombildung und frühzeitiger Atherosklerose.

Pathogenese: V.a. Fibroblasten und Gefäßwandmyozyten haben keine Rezeptoren für LDL (► C) → nehmen kein CH auf, sondern decken ihren CH-Bedarf durch Eigensynthese → Hypercholesterinämie.

+ Klinik und Morphologie: Häufig!
- *Tuberöse Xanthome* (s. u.) bei Jugendlichen (Extremitäten, Schultern, Rücken, Sehnen);
- *Xanthelasmen* = Fettablagerungen im Lidbereich;
- *Arcus lipoides cornea* = gelblicher Kornealring.
- *Atherosklerose* → kardiovaskuläre Komplikationen.

Hyperlipoproteinämie Typ III

Definition: Fettstoffwechselstörung infolge Gendefekt des Apolipoprotein-E mit Xanthomen und erhöhtem Atheroskleroserisiko.

Pathogenese: Defektes Apolipoprotein-E → verminderte Bindungsaffinität für hepatozellulären LDL-Rezeptor → keine endozytotische Aufnahme von VLDL und Chylomikronen → Anstau von abnormen VLDL im Blut (= Dys-β-Lipoproteinämie).

+ Klinik und Morphologie: Häufig!
- *Plane Xanthome* (s. S. 90): Hautläsionen (Palmarfalten).
- *Tuberöse Xanthome* (s. S. 90): erhabene Hautläsionen (Finger, Ellbögen, Sehnen; ► F).
- *Atherosklerose* → kardiovaskuläre Komplikationen.

Hyperlipoproteinämie Typ IV

Definition und Pathogenese: Hypertriglyzeridämie infolge defizienten VLDL-Abbaus mit erhöhtem Atheroskleroserisiko.

Pathogenetisch gibt es 2 Formen:
- ***Autosomal dominant erblich:*** Defekt im Abbau der VLDL (durch Kohlenhydratzufuhr steigerbar);
- ***Symptomatisch*** (sekundäre Hyperlipoproteinämien).

+ Klinik und Morphologie: Häufig!
- *Atherosklerose:* kardiovaskuläre Komplikation im Erwachsenenalter. Keine Xanthome, keine Pankreatitis.

Hyperlipoproteinämie Typ V

Definition und Pathogenese: Hyperchylomikronämie (Ursache?) mit hohem Atherosklerose- und Herzinfarktrisiko bei erhöhter VLDL-Konzentration (► B) und gering erhöhtem Serum-CH-Spiegel. Selten.

Morphologie wie Hyperlipoproteinämie Typ I.

Familiärer CAT-Mangel

Definition: Erblicher Defekt der Lecithin:Cholesterin-Acyltransferase (LCAT) mit Hämolyseneigung.

Die Lecithin:Cholesterin-Acyltransferase katalysiert die Veresterung von Fettsäuren aus dem Lecithin. Daher ist CH im Blutplasma nur in lipoproteingebundener Form (mehrheitlich mit Fettsäure verestert) vorhanden.

Pathogenese: Enzymdefekt → Absenkung der CH- und HDL-Spiegel (► D) → Plasmatriglyceride erhöht → Membranen von Endothelzellen und Erythrozyten mit fehlerhafter Lipidkomposition (zuviel unverestertes CH).

+ Klinik und Morphologie: Recht häufig!
- *Anämie:* Membranfehler der Erythrozyten → dadurch Bildung von Schießscheibenerythrozyten → Hämolyseneigung → normochrome Anämie.
- *Nephropathie:* Membranfehler der Endothelzellen → subepitheliale Lipidablagerungen in Glomeruli → Proteinurie, Hypertonie (S. 386).
- *Arteriopathie:* Membranfehler der Endothelzellen → verkalkende Arterio-/ Arteriolosklerose der Niere bereits in der 4. Lebensdekade.

A **Chylomikron-Mizellen**
TEM, 300000x

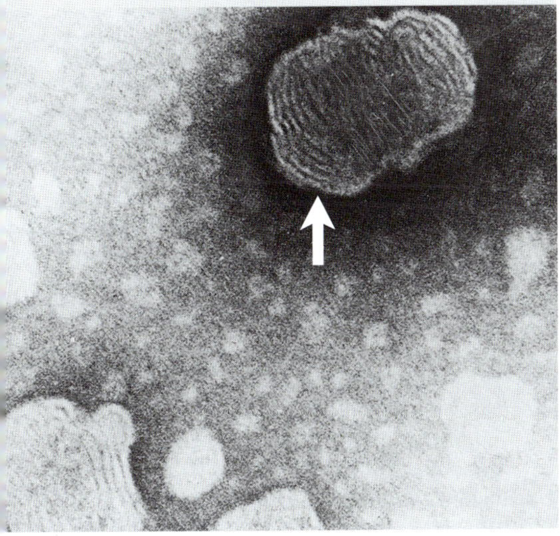

B **VLDL**
TEM, 300000x

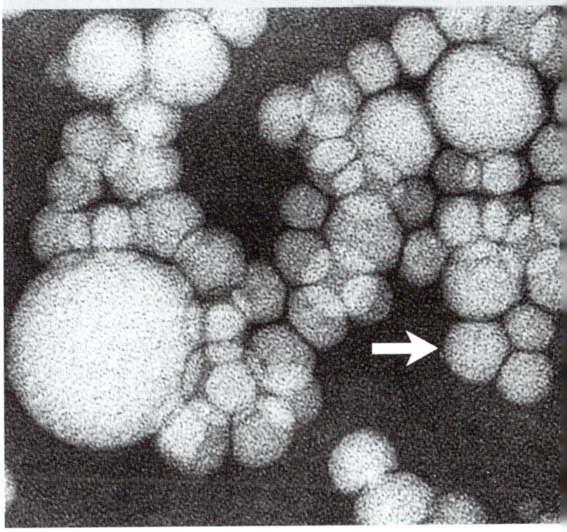

C **LDL**
TEM, 300000x

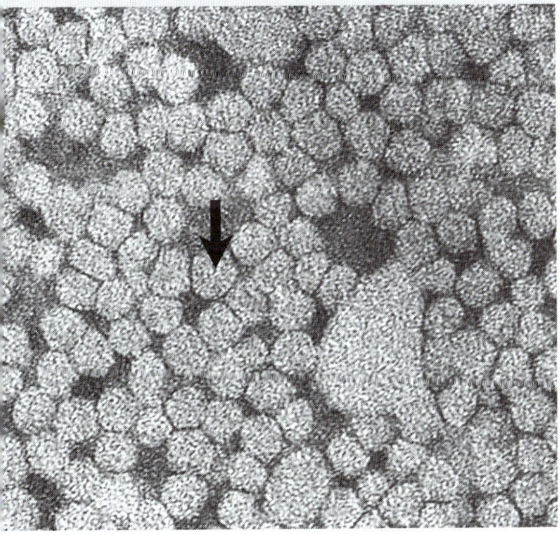

D **HDL**
TEM, 300000x

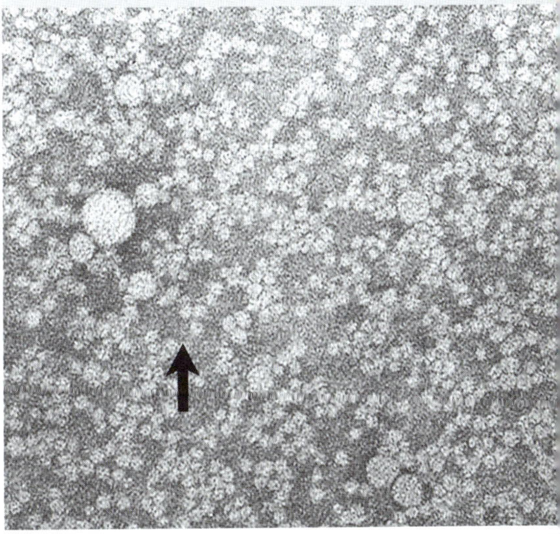

E **Eruptive Xanthome**

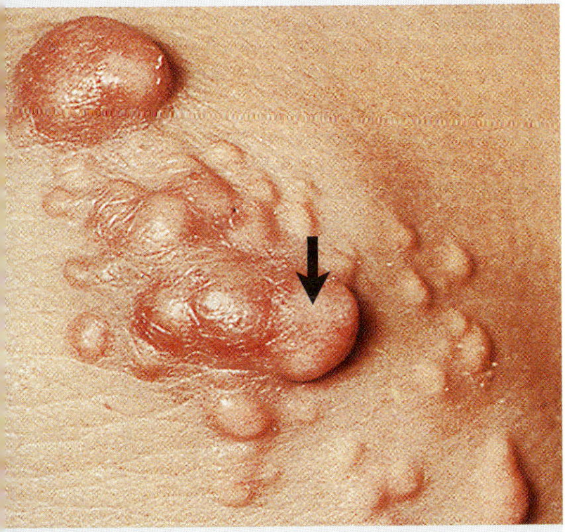

F **Tuberöse Xanthome**

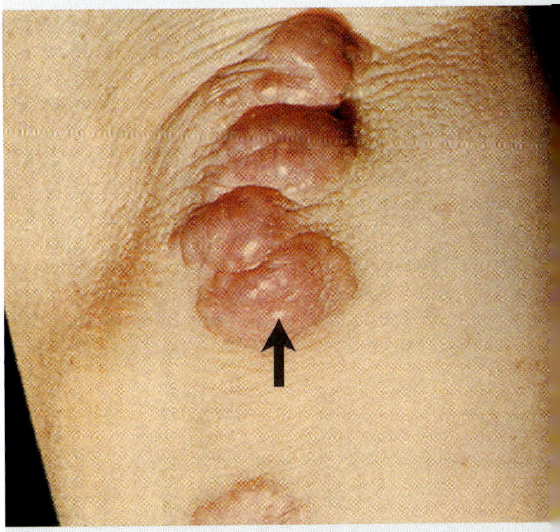

Hyperlipoproteinämie-Folgekrankheiten

Abkürzungen: CH = Cholesterin, MPH = Makrophage, LPH = Lipophage

> **Merke:** *Lipoprotein-Transportroute:* HDL und LDL passieren Endothelschranke → gelangen in die Media → dort: Phagozytose durch Myozyten. HDL nimmt CH aus entsprechenden Speicherzellen auf → Abtransport zur Leber → dort: Verstoffwechselung.

Atherosklerose

Musterkrankheit: ***die*** „Volkskrankheit" schlechthin

Definition: Von Intima auf Media übergreifende Arterienerkrankung mit herdförmigen Lipidansammlungen *(Athero-)*, diffuser *Sklerose*, formalpathogenetisch geprägt durch eine chronische Entzündung.

Risikofaktoren:
- *Hyperlipidämie*: v. a. bei Hyperlipopropteinämie Typ II und IV mit erhöhtem LDL, das als „Fernlaster" Fett in die Peripherie bringt.
- *Hypertonie:* → Gefäßschädigung (S. 388).
- *Zigarettenrauchen:* Zigarettenrauch-CO → Gewebsischämie. Rauch-Mutagene → Proliferation der Mediamyozyten. Rauchinhaltsstoffe → Aktivierung von Gerinnungsfaktor-VIII → Gerinnselbildung (S. 402) in der Gefäßwand.
- *Geschlecht:* Prämenopausale ♀ haben niedrigeren LDL-Spiegel als ♂. Rauchen und orale Antikonzeptiva heben den Vorteil jedoch wieder auf.

Pathogenese: Sie ist multifaktoriell (Chlamydien-assoziiert?) und verläuft etwa so:
- ***Lipidplaque:*** Viel LDL in Blut und Gefäßwand → LDL bleibt im Subintimalraum liegen, wird alt (oxidiertes LDL = oxLDL) → MPH „riechen" über sog. Scavenger-Rezeptoren oxLDL und fressen es → MPH werden zu LPH. Diese versammeln sich zur Lipidphagozytose in der Subintima (► A: LPH rot gefärbt; ► B: Lipide rot gefärbt).
  Resultat: „Lipidplaques" (= gelblich erhabener Herd auf Arterieninnenseite).
- ***Atherosklerotische Plaque:*** LPH können CH nicht verdauen, so daß CH auskristallisiert und sie daran sowie an den „Sticheleien" (= Perforine) der anwesenden zytotoxischen T-Lymphozyten zugrunde gehen → Lipidplaque in der Subintima wird zum „MPH-Grab". Dieses besteht aus einem Fettbrei (gr.: athyre) mit CH-Kristallen (= „Atherom"). Die noch lebenden LPH geben proinflammatorische Substanzen (Endothelin-1, Interleukin-1) ab und stimulieren damit die Mediamyozyten. Diese bilden Kollagenfasern zur Gefäßwandfestigung. Die dadurch ebenfalls stimulierten Endothelien bewirken das gleiche: sie locken über ihren Plättchenaktivierungsfaktor (S. 202) Thrombozyten an, die mit ihrem Myofibroblasten-Wachstumsfaktor (PDGF) die Fibrosierung fortsetzen.
  Resultat: „stabile Plaque" (► D; vgl. C).
  Wegen der makrophago- und lymphozytär inszenierten Entzündungsreaktion geht das Endothel herdförmig zugrunde.
  Resultat: Okklusionsthrombus (S. 406).
- ***Atherosklerotisches Ulkus:*** Allmählich gehen die Myozyten in der fibrotischen Atheromdecke apoptotisch zugrunde. MPH setzen Metalloproteinasen frei → Lockerung der sklerotischen Plaquewand.
  Resultat: „instabile Plaque".
  Plaque reißt ein → „Plaquefissur" → Blutung in Plaque → dadurch rasche Plaqueschwellung (Stenosegefahr) und Plättchenaggregation → Plasminaktivierung → Bildung von Thrombin und Blutgerinnsel in und auf der Gefäßwand → Plättchen setzen PDGF frei → Proliferation der Myofibroblasten → reparative Sklerosierung. Gelingt dies nicht → Plaque bricht auf → „Plaqueruptur".
  Resultat: „atherosklerotisches Ulkus" (► E) → Okklusionsthrombus.

> **Komplikationen:**
> - *Gefäßverschluß* → Infarkt (S. 414).
> - *Cholesterinembolie* wegen Entleerung des Atherominhalts in Gefäßlumen (S. 412).
> - *Atherosklerotisches Aneurysma* (v. a. in Bauchaorta) wegen Arterienwandschwächung → Rupturgefahr.

Xanthome

Definition: Tumorförmige Ansammlung von fettspeichernden MPH im Gewebe bei Hyperlipoproteinämien.

Xanthomtypen nach Makroskopie:
- *plane* = flach (Palmarfalten);
- *tuberöse* = knotig (Ellbogen, Knie, Finger; S. 88 ► F);
- *eruptive* = klein-papulär (S. 88 ► E). Sie kommen und gehen je nach Lipidspiegel (Rumpf).

Morphologie: Gelbe Herde (xanthos gr. gelb) aus LPH (► F1) mit schaumigem Zytoplasma. Diese fusionieren z. T. zu Touton-Riesenzellen (► F2). Bei LPH-Nekrose → CH-Entleerung ins Gewebe → Fremdkörperentzündung (S. 236).

> **Merke:** *Touton-Riesenzellen* = mehrkernige Zellen mit schaumigem Zytoplasma und zellperipherem Kernkranz (► G).

A **Atherosklerose**
sPase, 50x

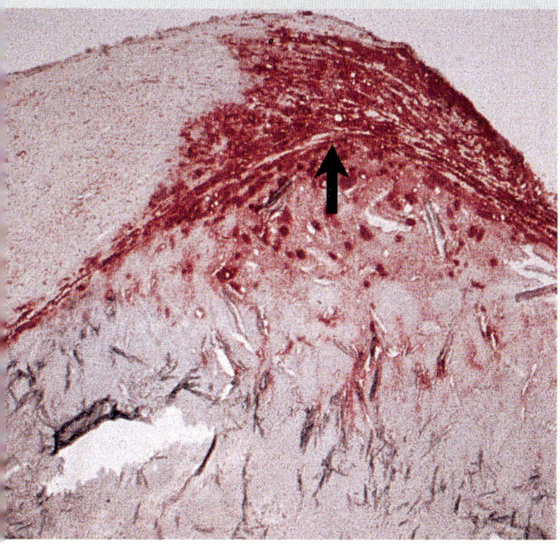

B **Atherosklerose**
ÖRot, 50x

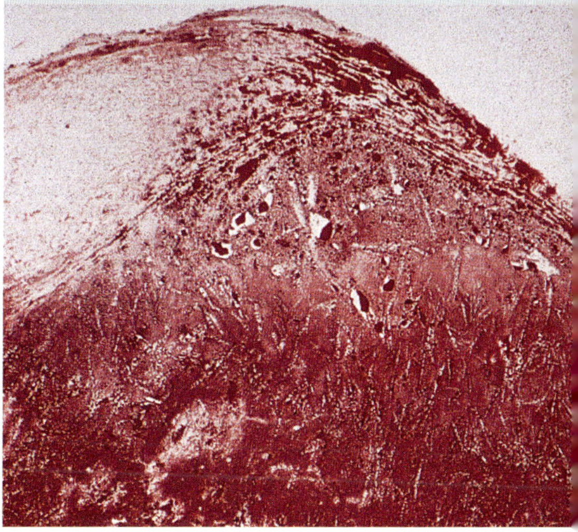

C **Normalaorta**

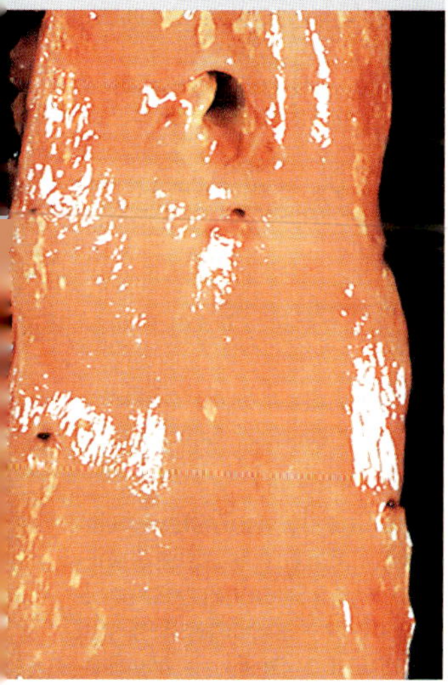

D **Atherosklerose-Aorta**

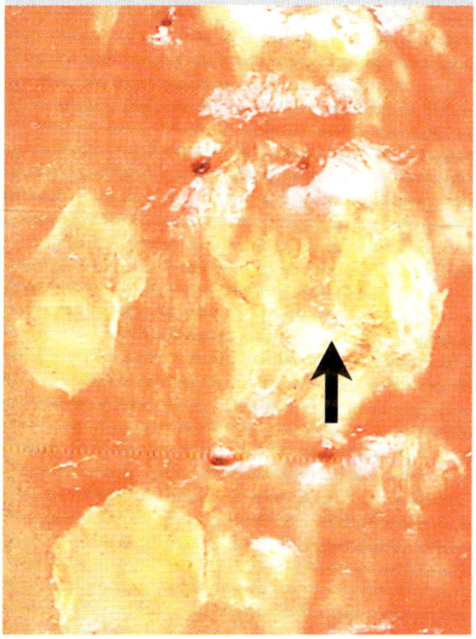

E **Atherosklerotisches Ulkus**

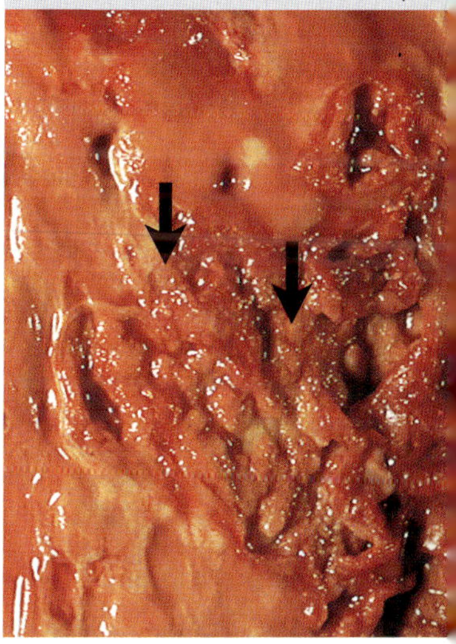

F **Xanthom**
200x

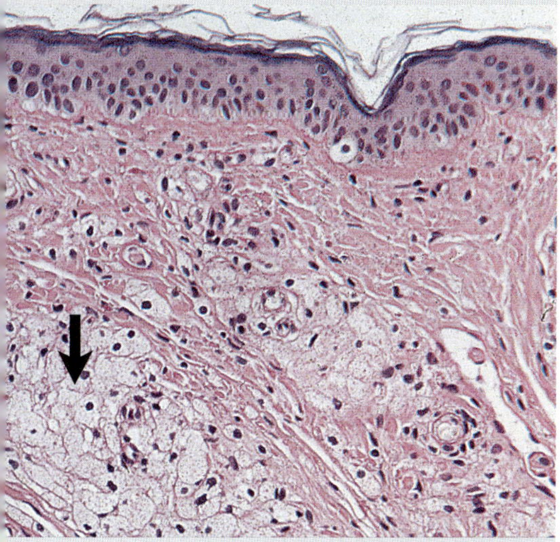

G **Touton-Riesenzelle**
EvG, 700x

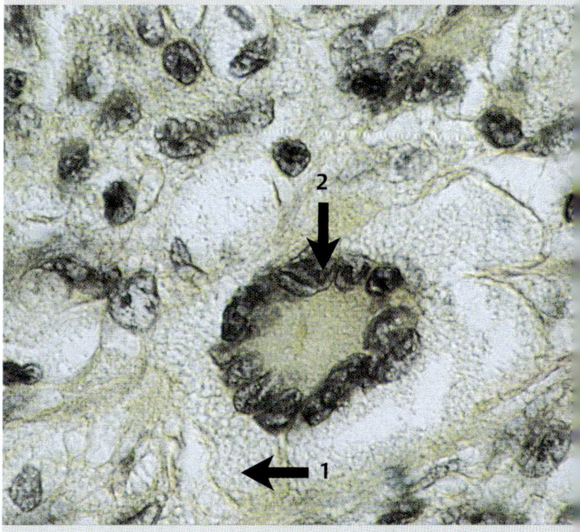

Sphingolipidosen

Allgemeine Definition: Seltene, erbliche Störungen des lysosomalen Sphingolipidabbaus.

Die Sphingolipide sind v. a. Markscheidenbestandteile. Die Sphingolipidosen manifestieren sich daher als a) neuronale Erkrankungen, b) Viszeromegalie (Riesenorgane) wegen Speicherung im RHS.

Glucosylzeramidlipidose

Synonym: Morbus Gaucher, Glukozerebrosidose

Definition: Speicherkrankheit wegen unterschiedlich stark ausgeprägtem Cerebrosidhydrolasemangel v. a. in Phagozyten.

Pathogenese: Die Aktivität der lysosomalen β-Glucosidase (= Cerebrosidhydrolase) ist in den Phagozyten (sowie auch in Endothelzellen, Nervenzellen) reduziert oder fehlt → phagozytierte Zellmembranen (v. a. Erythrozytenmembranen) können nur unvollständig abgebaut werden → Stapelung cerebrosidhaltigen Materials in Verdauungsvakuolen (► A, B) → Gaucher-Zellen. Ähnliche Vakuolen findet man auch in Nervenzellen und Gefäßendothelien.

Morphologie: Die bis zu 30 μm großen Gaucher-Zellen fallen durch ein seidenpapierartig geknittertes Zytoplasma auf (► C)

- *Speicherorgane:* Leber (► D), Milz, Lymphknoten → Splenohepatomegalie, Lymphadenie.
- *Knochen:* bei der adulten Form infolge von Knochenmarksherden → Osteoporose, Panzytopenie. Erlenmeyer-Kolben-förmige Auftreibung des distalen Femurs.
- *Gehirn* (bei der infantilen Form): Speicherung in Ganglienzellen → Zelluntergang → Entmarkung, Hirnschäden (Nucleus dentatus, Thalamus, Großhirnrinde).

Klinik: Sie variiert je nach Manifestationsalter.
- *Typ II* (akute kindliche neuropathische Form): mit Hirnnervenausfällen, Extrapyramidalsymptomatik.
- *Typ III* (subakute kindliche neuropathische Form).
- *Typ I* (chronische erwachsene Form ohne Neuropathien): Osteoporose (S. 126), thrompozytopenische Blutungen (S. 400).

Sphingomyelinlipidose

Synonym: Morbus Niemann-Pick

Definition: Speicherkrankheit wegen defekter Sphingomyelinase-Isoenzyme mit viszeralen und/oder neurologischen Symptomen.

Pathogenese: Je nach Typ verschieden.
- ***Typ I:*** Sphingomyelinase fehlt in den RHS-Zellen, Glia- und Ganglienzellen → intralysosomale Speicherung von Sphingomyelinen (und Cholesterol) als osmophil- lamelläre Korpuskel → Speicherzellen (= Pick-Zellen) imponieren als Schaumzellen.
- ***Typ II:*** keine Enzymdefekte bekannt.

Morphologie (Typ I): Veränderungen wie bei der Tay-Sachs Krankheit (S. 94), daneben findet man folgende Läsionen:
- *Speicherorgane:* Hepatosplenomegalie mit gelblich-weißer Schnittfläche und Speicherzellnestern aus „seeblauen Histiozyten";
- *Gehirn:* Ballonierung der Ganglienzellen durch Speicherung sudanophilen Materials → Neurodegeneration → Konsistenzerhöhung und Atrophie der weißen Hirnsubstanz.

Klinik: Autosomal rezessiver Erbgang. Symptomatik abhängig vom Manifestationsalter:
- *Typ I* (Säuglingsalter) → Krämpfe, Ophthalmoplegie (= Augenmuskellähmung) → Tod
- *Typ II* (Erwachsenenalter) → Hepatosplenomegalie.

Erstbeschreiber: Prof. Dr. med. Ludwig Pick (1868 – 1944), wurde als Jude im Konzentrationslager Theresienstadt vergast.

Globoidzellige Leukodystrophie

Synonym: Morbus Krabbe

Definition: Speicherkrankheit wegen Galactosylceramidasemangel mit rascher Schädigung der weißen Hirnsubstanz.

Pathogenese: Defizienz einer lysosomalen β-Galactosidase, die für das Galactosylceramid spezifisch ist → Ausbildung von Speicherriesenzellen in Form mehrkerniger Globoidzellen mit kugeligen Speichervakuolen (► E) → Myelinzerstörung → Degeneration der weißen Hirnsubstanz (= globoidzellige Leukodystrophie).

Morphologie: Symmetrische Entmarkung (► F) des Groß- und Kleinhirns (Leukodystrophie!) zusammen mit einer diffusen Sklerose. Dementsprechend ist die weiße Substanz stark geschrumpft, grau getönt und oft gummiartig umgewandelt.

Klinik: Autosomal rezessiver Erbgang.
- *Spastik* (= Beuger-Strecker-Simultanerregung).
- *Ataxie* (= Störung der Bewegungsabläufe und Haltungsinnervation mit gestörter Abstimmung der entsprechenden Muskeln).
- *Dezerebrierung* (= Hirnrindendefekt).

A **Normale Zelle**
TEM, 10000x (M=Mitochondrium)

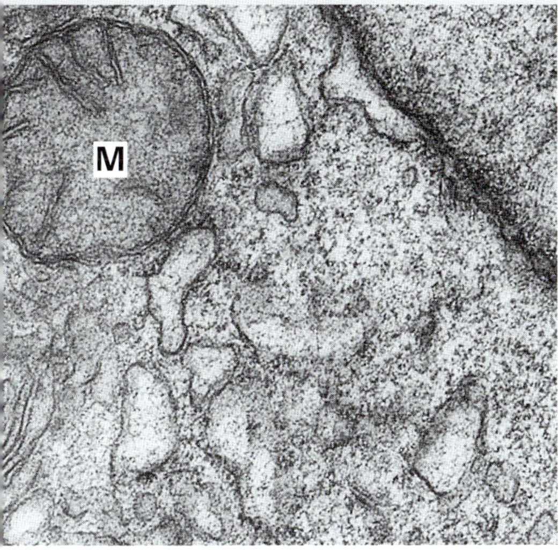

B **Gaucher-Histiozyt**
TEM, 1000x (M=Mitochondrium)

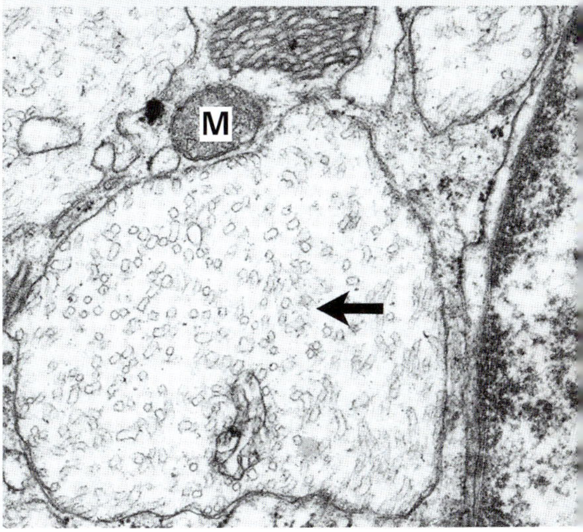

C **Gaucher-Zellen**
300x

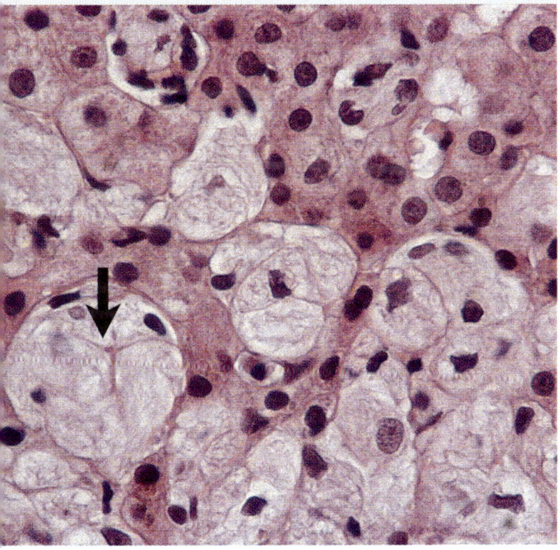

D **Gaucher-Leber**
75x

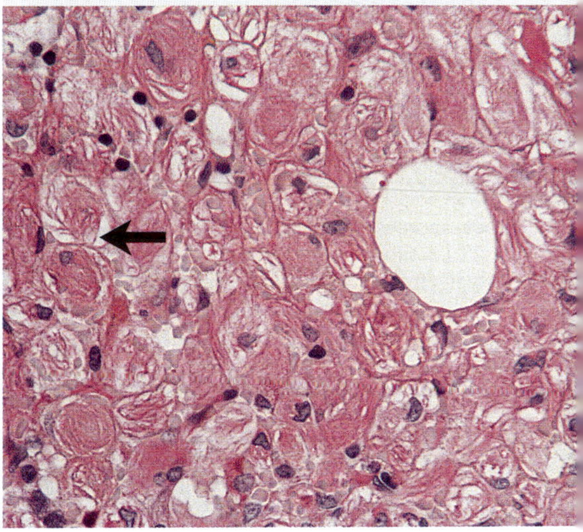

E **Globoidzellige Leukodystrophie**
MS, 20x

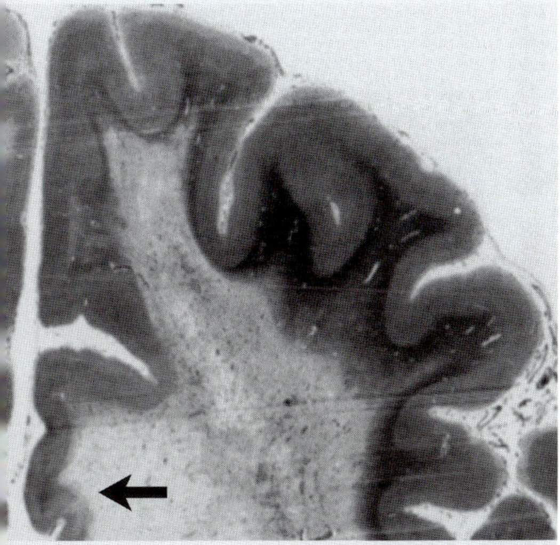

F **Globoidzellige Leukodystrophie**
PAS, 200x

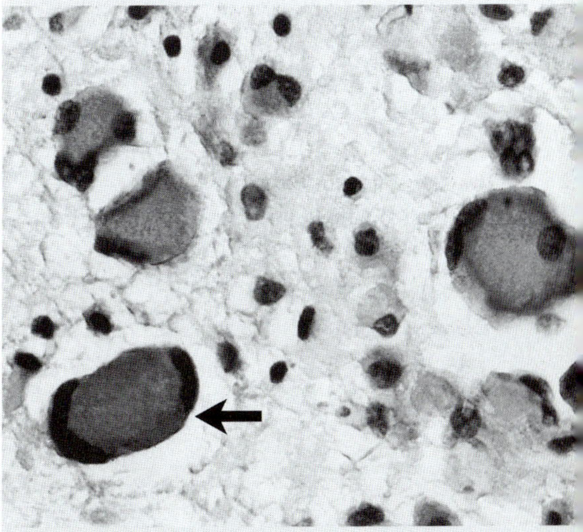

Metachromatische Leukodystrophie

Definition: Lysosomale Speicherkrankheit wegen defizienter Zerebrosidsulfatasen mit Hirnstamm- und Stammganglienschaden.

Pathogenese: Defekt der lysosomalen Zerebrosidsulfatasen (v. a. Arylsulfatase-A) → kein Abbau der Zerebrosidsulfate (= Myelinhauptbestandteil) → intralysosomale Zerebrosidsulfat-Speicherung v. a. in Lysosomen von Oligodendroglia-, Schwann- und Nervenzellen (v. a. Stammganglien, Hirnstamm).

Morphologie: Das Hirnmark ist wegen der Entmarkung grauweiß und diffus derb oder gummiartig wabig verändert. Histologie: Abräumzellen mit PAS-positiven Speichergranula (Metachromasie!). Dies sind Lysosomen mit myelinartigen Schollen (► A).

Klinik: Autosomal rezessiver Erbgang. Sehr selten. Hypotone Spastik. Arylsulfatasurie.
Diagnostik: Nervus-suralis-Biopsie!

Morbus Fabry

Synonyme: Glykosphingolipidose, Angiokeratoma corporis diffusum

Definition: Lysosomale Speicherkrankheit mit Angiokeratombildung.

Pathogenese: Defekt der α-Galactosidase (= Ceramidtrihexosidase) in Endothelien und Fibroblasten (Haut, Leber, Niere, Darm) → Speicherung von Ceramidtrihexosid → „Maulbeerzellen".

Klinik und Morphologie: X-gebunden rezessiver Erbgang. Sehr selten.
- *Haut:* „Angiokeratome" = glasstecknadelkopfgroße, dunkelrote Flecken mit Kapillarwucherung unter verdickter Epidermis; z. T. mit Hyperkeratose wegen intralysosomaler Glykolipidspeicherung in Endothelien und Perizyten subepidermaler Kapillaren (in Form von myelinförmig-tubulärem Speichermaterial; ► B).
- *Niere:* Glykolipidspeicherung in Glomerulusendothelien und Tubulusepithelien → Niereninsuffizienz.
- *Augenhintergrund:* Phlebektasien → Sehstörungen.
- *Herz* → Herzinsuffizienz.

GM_2-Gangliosidose Typ I

Allgemeine Definition: Lysosomale Krankheiten mit neuronaler Gangliosidspeicherung.

Morbus Tay-Sachs

Synonym: infantile GM_2-Gangliosidose

Definition: Seltene Gangliosidspeicherkrankheit mit Erblindung und Idiotie.

Pathogenese: Defekt der β-N-Acetylgalactosaminidase → lysosomale Speicherung von GM_2-Monosialogangliosid in Glia- und Ganglienzellen → Zelltod; keine Speicherung im Makrophagensystem.

Morphologie: Teils abnorm große, teils atrophische Gehirne mit Rindenverschmälerung (v. a. bei Kleinhirnrindenatrophie). Speicherung lipidhaltigen, ultrastrukturell zwiebelschalenförmig geschichteten, myelinartigem Materials (► C, D) in Nervenzellen → vakuoläre Degeneration (► E) und Untergang der Ganglienzellen v. a. im Neokortex mit Astrozytenvermehrung und Fasergliose (S. 69).

Klinik: Autosomal rezessiver Erbgang.
- *Demyelinisierung* von weißer Substanz und Rückenmark sowie Achsenzylinderuntergang → Idiotie.
- *Retinopathie:* Neuronenuntergang in der Retina → Erblindung (= Amaurose) und Retinaverdünnung → durchschimmernde Chorioidea → kirschroter Fleck (daher das Synonym „amaurotische Idiotie").

Merke: *Diagnostik* des Morbus Tay-Sachs:
- Augenhintergrund,
- pränatal: Amniozentese.

GM_1-Gangliosidose

Synonym: Viszeraler Morbus Tay-Sachs

Definition: Seltene Speicherkrankheit wegen defizienter β-Galactosidase (am Glykosaminoglykanabbau beteiligt).

Pathogenese: Enzymdefekt → intrazytoplasmatisch-vakuoläre Speicherung von a) GM_1-Gangliosiden in Ganglienzellen der grauen Hirnsubstanz und b) sauren Proteoglykanen in RHS-Zellen (Histiozyten) → Transformation der Speicherzellen zu Schaumzellen.

Klinik und Morphologie: Autosomal rezessiver Erbgang.
- *Neuropathie:* psychomotorische Störung mit Tetraspastik und Ataxie; Krampfanfälle.
- *Retinopathie* (wie bei Morbus Tay-Sachs).
- *Renohepatosplenomegalie* wegen Proteoglykan-Speicherung.
- *Knochendeformation* = Dysostosis multiplex: Wachstumsbedingte Deformierungen von Schädel und Wirbelsäule mit Verplumpungen von Rippen, Schulterblättern und langen Röhrenknochen.
  - Typ I (v. a. mit Retinopathie, Neuropathie): Tod im Säuglingsalter.
  - Typ II (meist ohne Retinopathie, aber mit Viszeromegalie): Tod um 10. Lebensjahr.

A **Metachromatische Leukodystrophie**
TEM, 2000x

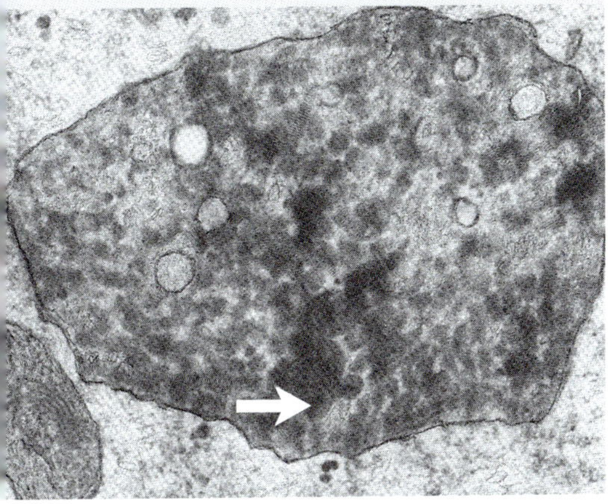

B **Morbus Fabry**
TEM, 60000x

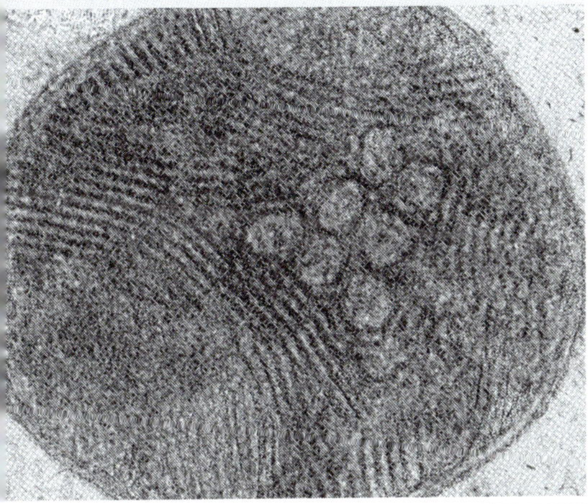

C **Morbus Tay-Sachs**
TEM, 2000x

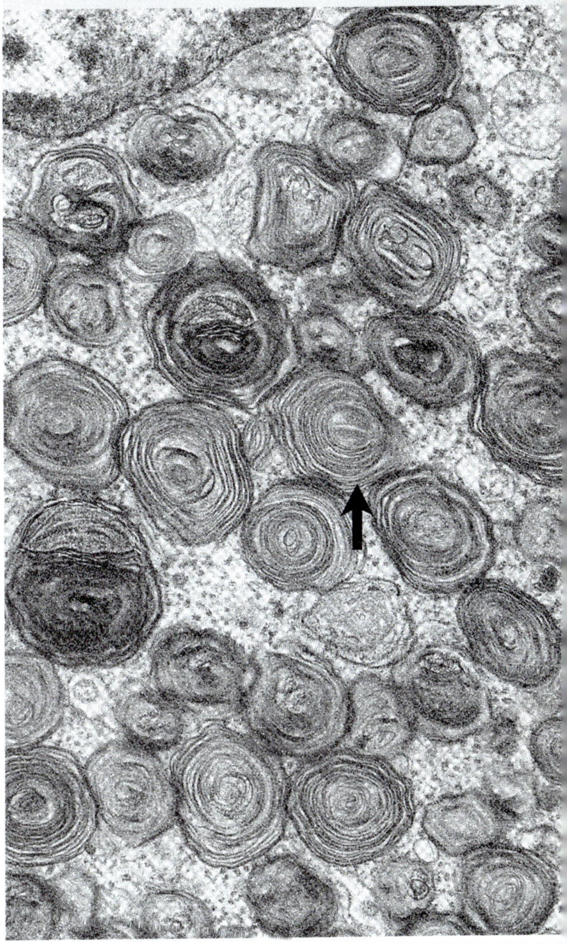

D **Morbus Tay-Sachs**
GÄZ, 40000x

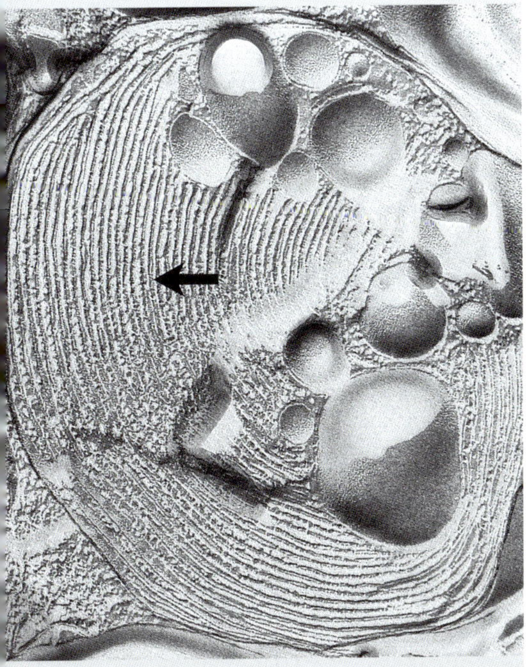

E **Morbus Tay-Sachs**
Toluidin, 300x

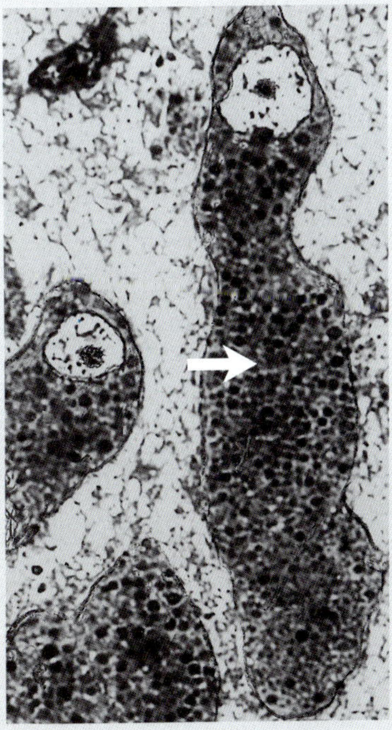

Proteine

Defektproteinämien

Definition: Erkrankungen infolge genetischer Unfähigkeit, einzelne Plasmaproteine regelrecht zu synthetisieren.

Hierzu gehören:
- *Analbuminämie:* Serumalbuminmangel (< 1 % der Norm) mit Ödemneigung;
- *Immunglobulinmangel;*
- *Komplementfaktormangel;*
- *α_1-Antitrypsinmangel;*
- *Defekthämoglobinämien;*
- *Gerinnungsfaktormangel, Afibrinogenämie;*
- *Hyper- und*
- *Alipoproteinämien.*

Aminoazidopathien

Allgemeine Definition: Krankheiten infolge enzymatischer Störung im Aminosäurestoffwechsel.

Im folgenden werden Aminoazidopathien besprochen, die sehr häufig sind oder deren Früherkennung zur Vermeidung von Spätschäden wichtig ist.

Phenylketonurie:

Synonyme: Oligophrenia phenylpyruvica, Morbus Fölling

Definition: Erbliche Stoffwechselstörung des Phenylalanins, die unbehandelt zur Oligophrenie (Schwachsinnigkeit) führt.

Pathogenese: Defekt der hepatozellulären Phenylalaninhydroxylase → keine Hydroxylierung des Phenylalanins in Parastellung → keine Tyrosinbildung, gedrosselte Neurotransmittersynthese. Die vor dem Enzymblock angestauten Metabolite werden z. T. transaminiert und an atypischer Stelle oxidiert.

Klinik und Morphologie: Autosomal rezessiver Erbgang. Recht häufig.
- *Pigmentarmut* von Haaren, Haut und Pupillen wegen kompetitiver Hemmung der an der Melaninsynthese beteiligten Tyrosinase durch Phenylalanin (S. 112).
- *Hirnschädigung* (ohne diätetische Behandlung) mit verminderter Myelinisierung des zentralen und peripheren Nervensystems, manchmal verbunden mit Achsenzylinderuntergang und Gliavermehrung → schwammförmige Auflockerung des Hirngewebes (= spongiöse Dystrophie) → Schwachsinnigkeit (= Oligophrenie; daher Name!) und Krampfneigung.
- *Haut:* „Mäuseartiger Körpergeruch" wegen mit dem Schweiß ausgeschiedener Indolessigsäure.

Merke: *Frühdiagnose* der Phenylketonurie:
- pränatal: Amniozentese
- postnatal: Guthrie-Test (= Windel-Test).

Albinismus

Definition: Sehr seltene Krankheitsgruppe mit fehlender Pigmentierung von Haut, Haaren und/oder Augen wegen genetisch bedingter Blockade der Melaninbildung.

Ätiologie: Sie ist je nach Typ verschieden:
- ***Okulärer Albinismus*** (nur die Augen sind unpigmentiert): Ätiologie unklar.
- ***Okulokutaner Albinismus*** (Haut, Haare und Augen sind unpigmentiert; S. 112).
  - *Typ-I:* Tyrosinase fehlt → keine Melaninbildung.
  - *Typ-II:* Tyrosinase vorhanden, aber wegen gestörten Transports fehlt in Melanozyten das Tyrosin → keine Melaninbildung.

Klinik: Pränataldiagnostik: Aminiozentese.
- Extreme Lichtempfindlichkeit → aktinische Hauttumoren (S. 150);
- Photophobie (= Lichtscheuheit).

Alkaptonurie[1]

Synonym: Ochronose, Schwarzharnkrankheit

Musterkrankheit für „inborn error of metabolism"

Definition: Erbliche Störung des Homogentisinsäureabbaus mit Mesenchymschädigung durch braunschwarze Pigmentablagerung.

Pathogenese: Keine Homogentisinsäure-Dioxygenase → Niere scheidet Homogentisinsäure aus → Oxidation derselben an der Luft – v. a. im alkalischen Bereich (Name!) – zu braunschwarzem chinoiden Farbstoff (= „Schwarzharnkrankheit"). Im Körper wird mittels p-Diphenoloxidase ein polymerer chinoider Farbstoff gebildet → Farbstoffdiffusion in kollagenfaserdichte Gewebe wie Knorpel (► A). Farbstoffanlagerung (► B1) an Kollagenfibrillen (► B2) → dunkelbraune Gewebsverfärbung und Bindegewebsdegeneration.

Morphologie: Knorpelgewebe mit schwarzbraunem, tafelförmigem Pigment (► C) → Gelenkknorpelschwund → Arthrose → Gelenkversteifung (S. 114). Außerdem: Braunfärbung von Intervertebraldisci (► E, F), Sehnen, Aorta (► D), Herzklappen und Skleren.

Klinik: Autosomal rezessiver Erbgang. Gehäuft in Gebieten mit Verwandtenehen (Hof-Erbfolge). Blickdiagnose: „schwarze Urinflecken in der Unterwäsche".

[1] Alkaptonurie: Alkali-hapto: al-kalij, arab. = kalzinierte Asche; haptein, gr. = packen; uron, gr. = Harn

A **Ochronose-Rippenknorpel**

B **Ochronose-Pigment**
TEM, 1000x

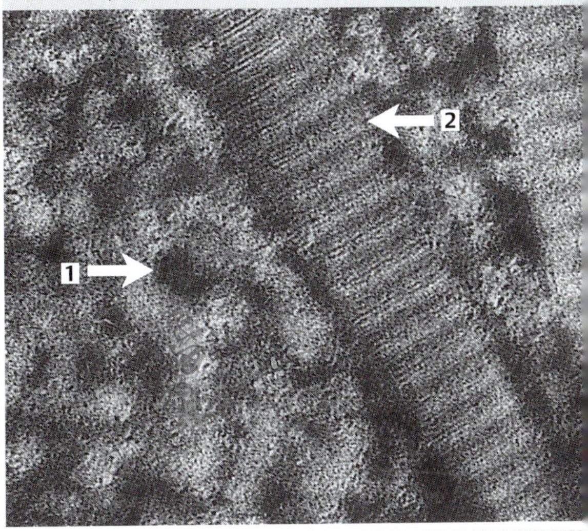

C **Ochronose-Pigment**
Safranin, 300x

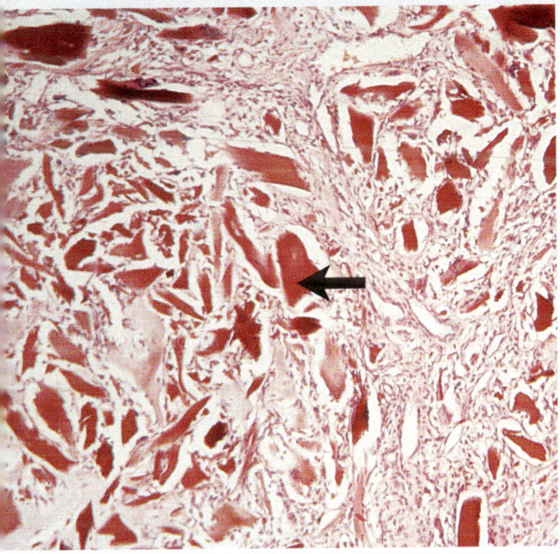

D **Ochronose-Aorta**

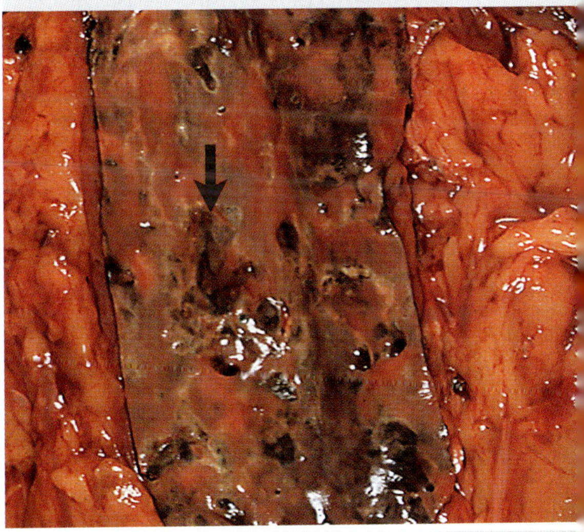

E **Ochronose-Diskopathie** (nativ)

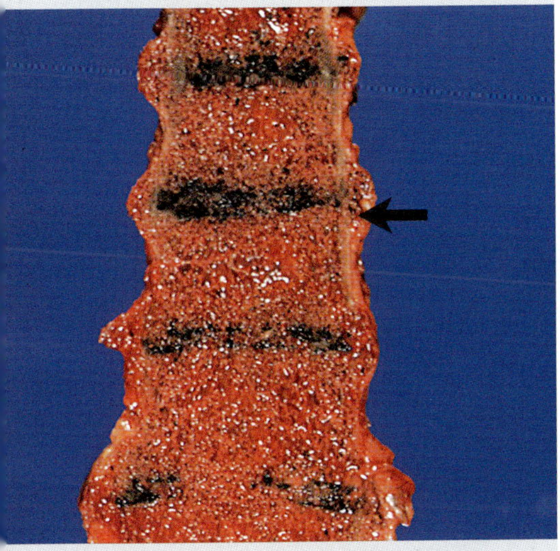

F **Ochronose-Diskopathie** (mazeriert)

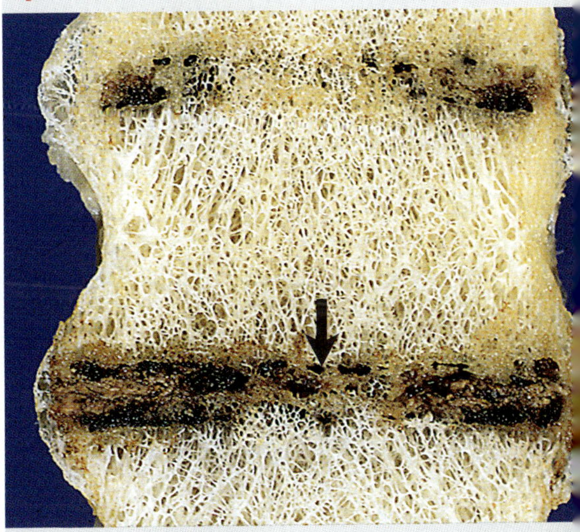

Ahornsirupkrankheit

Synonym: Verzweigtkettenketonurie

Definition: Genetisch heterogene Krankheitsgruppe (5 verschiedene Phänotypen!) infolge gestörter Verstoffwechselung der verzweigtkettigen Aminosäuren.

Pathogenese: Verminderte oxidative Decarboxylierung der verzweigtkettigen Aminosäuren (Valin, Leucin und Isoleucin) im Anschluß an die Transaminierung oder oxidative Desaminierung → Anhäufung dieser Aminosäuren samt deren α-Keto- und α-Hydroxysäuren sowie massive metabolische Azidose → Blockierung anderer Enzyme → Störung des renotubulären und intestinalen Transports für zahlreiche Monoamino-monocarboxylsäuren.

Klinik und Morphologie:
- *Gehirn:* Myelinisierungsstörung → Astrozytose und Spongiose der weißen Substanz → zerebrale Bewegungsstörung mit Krampfneigung und psychischen Alterationen.
- *Harn:* Uringeruch wie Ahornsirup bzw. süßliche Suppenwürze.
- *Haut:* Intestinale Resorptionsstörung → grauweiße Scheckung = Pellagra-artige Hautveränderung.

Merke: *Pellagra:*
Grauweiß-bräunliche, gescheckte Hautveränderung wegen Nicotinsäuremangel.

Primäre Hyperoxalurie

Synonym: Oxalose

Definition: Krankheitsgruppe mit erblichen Enzymdefekten des Glycinstoffwechsels, die über eine vermehrte renale Oxalatausscheidung zum Harnsteinleiden führt.

Je nach Enzymdefekt unterscheidet man 2 Typen:

Primäre Hyperoxalurie Typ I: Defiziente α-Ketoglutarat-glyoxylat-carboligase, die normalerweise u. a. in Leber, Niere und Milz die Synthese der α-Hydroxy-β-Ketoadipinsäure katalysiert → Glyoxylatanhäufung → vermehrte Oxidation zu Oxalsäure oder Reduktion zu Glykolsäure (= glykolische Azidurie).

Primäre Hyperoxalurie Typ II: Defiziente D-Glycerat-Dehydrogenase → Anstau von β-Hydroxy-Pyruvat → Reduktion desselben durch Lactatdehydrogenase zu L-Glycerat → Ausscheidung im Urin. Diese Reduktion ist enzymatisch mit der Oxidation von Glyoxylat zu Oxalat gekoppelt → vermehrte renale Oxalatausscheidung (= L-glyzerische Azidurie).

Pathogenese: Calciumoxalat hat bei neutralem und schwach alkalischem pH geringe Löslichkeit. Bei hohen Oxalatkonzentrationen kommt es daher zur Ablagerung von Calciumoxalatkristallen in Niere, Skelettsystem, Knochenmark, Myokard und Testes.

Klinik und Morphologie: Hier stehen die Folgen des im interstitiellen Gewebe der Niere auskristallisierten Oxalats im Vordergrund (► A, B):
- *Steinbildung* (Oxalatsteine) wegen Oxalurie → Pyelonephritis (S. 214);
- *Tubulusschädigung:* Rückresorption und Auskristallisierung von Oxalat (► D) → Schädigung der Epithelien (► C1) der proximalen Tubuli mit konsekutiver Basalmembranverdickung (► C2).
- *Fremdkörperentzündung:* Ablagerung von doppelbrechenden, rosettenförmigen Oxalatkristallen (► E1) in Interstitium und Gefäßwänden → chronische Fremdkörperentzündung (S. 236) mit mehrkernigen resorptiven Riesenzellen (► E2) → tubulointerstitielle Nierenparenchymentzündung (Pyelonephritis) → entzündliche Parenchymschrumpfung → Schrumpfniere → Niereninsuffizienz.
- *Extrarenale Organmanifestationen:* Oxalatablagerung in Myokard, Gelenken, Knochenmark → chronische Entzündung → Myokarditis, metabolische Arthritis mit Gelenkversteifung.

Homozystinurie (Typ I)

Definition: Erbliche Stoffwechselstörung mit Mesenchymerkrankung und klinischer Trias: Linsenektopie, Langgliedrigkeit, Kardiovaskularschäden.

Die Homozystinurie gehört zur Gruppe „Stoffwechselstörungen schwefelhaltiger Aminosäuren".

Pathogenese: (Multifaktorieller ?) Cystathioninsynthetasemangel → Anhäufung von Homocystin und Methionin. Cystin und Cystein müssen exogen zugeführt werden. Bildung enzymblokkierender Homocystinmetabolite. Folgen davon sind:
- Mesenchym-, Gefäßschädigung durch Störung der Kollagen-/Elastinbiogenese,
- Gehirnschäden.

Klinik und Morphologie: Autosomal rezessiver Erbgang. Häufig.
- *Auge:* Okulopathie mit Linsensubluxation.
- *Arterien:* Myozytenatrophie, Elastikafragmentierung und Endothelnekrosen mit rezidivierenden Thromben (S. 406) → periphere Durchblutungsstörung.
- *Skelettsystem:* Osteoporose (S. 126), Marfan-Symptomatik (S. 48).
- *Gehirn:* reduzierte Myelinisierung → Störung der geistigen Entwicklung.

A **Oxalatauskristallisierung**
TEM, 1000x

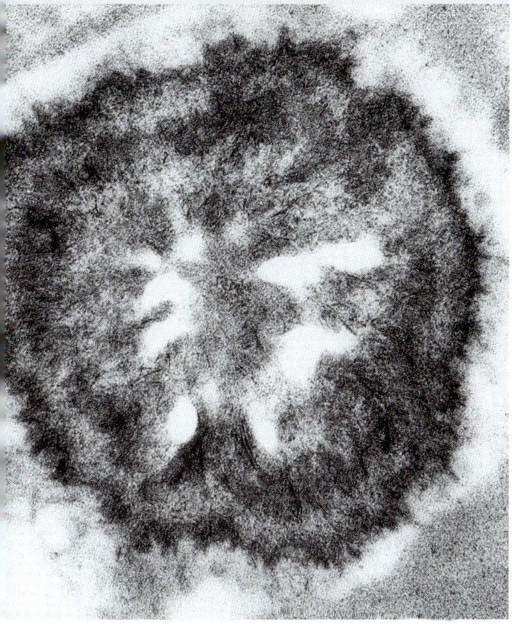

B **Oxalatauskristallisierung**
TEM, 1000x

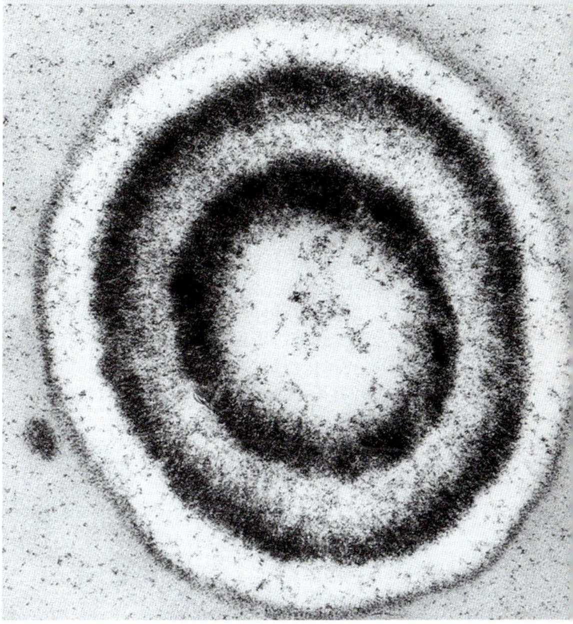

C **Oxalose-Tubulopathie**
TEM, 300x (N=Zellkern)

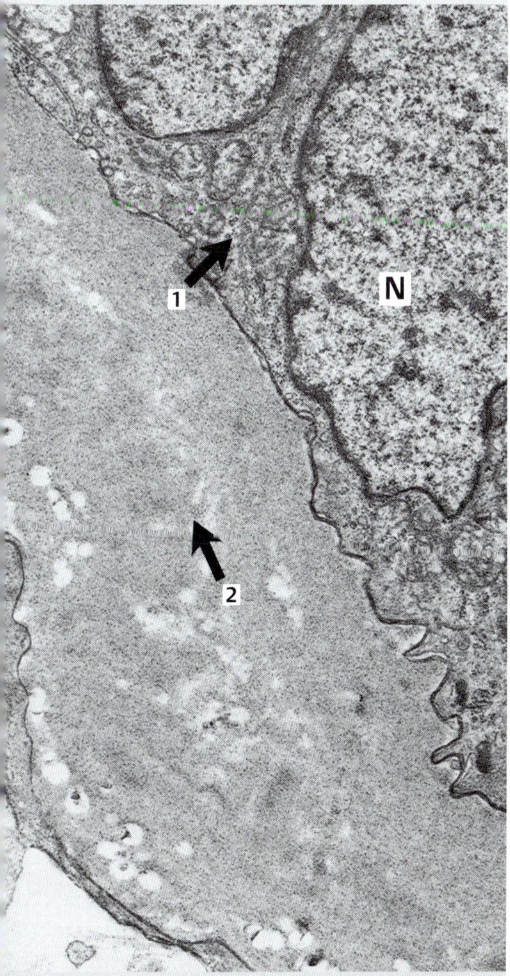

D **Oxalose-Niere**
PO, 200x

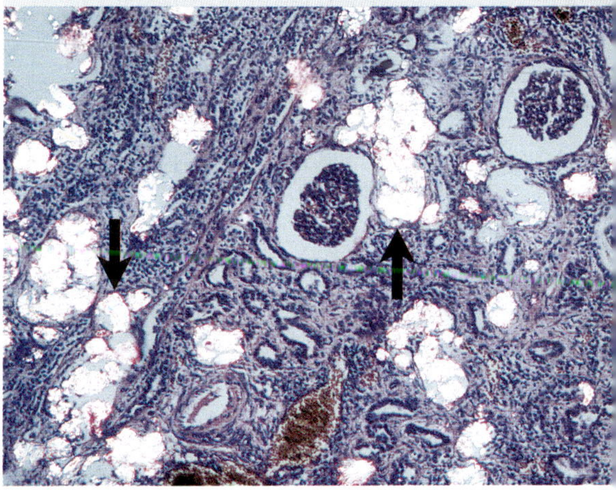

E **Oxalose-Niere**
PO, 400x

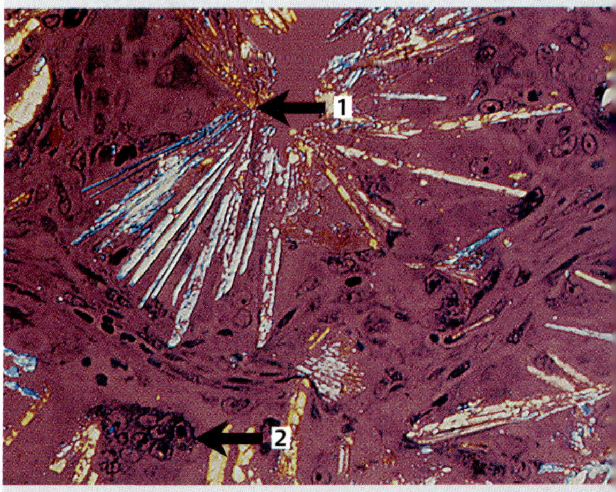

Zystinurie

Definition: Erbliche Tubulopathie mit Urolithiasis wegen gestörtem Cystintransport.

Die Zystinurie gehört zur Gruppe „Stoffwechselstörungen schwefelhaltiger Aminosäuren".

Pathogenese: Mutation im Gen eines Membrantransporters für dibasische Aminosäuren → limitierte tubuläre Rückresorption von Cystin (und Lysin, Arginin, Ornithin) in der Niere → Urinübersättigung mit Cystin → Auskristallisierung (► A) → Cystinsteinbildung → Nephrolithiasis und/oder Urozystolithiasis (S. 138) → Kristalldepots im Interstitium → entzündliche Fremdkörperreaktion mit Ausdehnung auf Interstitium und Tubuli.

Klinik: Tubulointerstitielle Nierenparenchymentzündung (= Pyelonephritis) → entzündliche Parenchymschrumpfung → Niereninsuffizienz.

Zystinose

Synonyme: Zystinspeicherkrankheit

Definition: Lysosomale Speicherkrankheit mit Fanconi-Syndrom (s. Merke).

Die Zystinose gehört zur Gruppe „Stoffwechselstörungen schwefelhaltiger Aminosäuren".

Pathogenese: Wegen ungeklärter Funktionsstörung enthalten viele Körperzellen, v. a. Granulozyten, in ihren Lysosomen (► C1) abnorm hohe Cystinkonzentrationen → Kristallspeicherung (► C2, D) und Ablagerung von L-Cystinkristallen im Interstitium.

Morphologisch findet man hexagonale Cystinkristallablagerungen in der Niere, der Kornea und den Organen des Makrophagensystems (► B1). In der Niere liegen die hexagonalen Kristalle v. a. in Histiozyten des Interstitiums → entzündliche Fremdkörperreaktion (S. 236) → tubulointerstitielle Nierenparenchymentzündung (= Pyelonephritis) → Schrumpfniere. Nur vereinzelt finden sich Kristallablagerungen in Hauptstückepithelien, Podozyten, Mesangiumzellen und Gefäßendothelien. Typisch ist die sog. Schwanenhalsdeformation der proximalen Tubuli mit Epithelabflachung (= swanneck lesion). Die Kristallablagerungen sind bereits makroskopisch auf Schnittfläche (► E) und nativem Gewebsschnitt der Milz (► F) zu erkennen.

Klinik: Autosomal rezessiver Erbgang.
- *Nephropathie:* Gestörte Rückresorption von Glucose, Phosphat und Aminosäuren im proximalen Nierentubulus in Form eines Fanconi-Syndroms mit Aminoazidurie (= Aminosäurediabetes), Phosphaturie und Glucosurie.
- *Osteopathie:* Nephropathie → sekundärer Hyperparathyreoidismus mit Vitamin-D-refraktärer Rachitis = Störung der enchondralen Ossifikation (gestörte Mineralisierung und Knorpelresorption → verbreiterte Epiphysenfugen) → Kleinwüchsigkeit (= Zwergwuchs).
- *Korneopathie:* Cystinkristalle in der Kornea → Trübung → Sehbehinderung und Photophobie (Lichtscheuheit).

Merke: *Fanconi-Syndrom:*
Definition: Gruppe renotubulärer Transportstörungen mit Hyperaminoazidurie, Phosphaturie, Glukosurie, Urikosurie.

Vorkommen:
- *Erbliche Tubulopathien* wie:
  - Zystinose,
  - Glykogenose,
  - Galaktosämie,
  - Morbus Wilson,
  - Koproporphyrinurie.
- *Erworbene Tubulopathien* wie:
  - tubulotoxische Gifte (Hg, Pb, zersetztes Tetrazyklin),
  - Paraprotein-Nephrose.

Störungen des Harnstoffzyklus

Allgemeine Pathogenese: Beim Abbau der Aminosäuren wird im Organismus Ammoniak frei; dieses ist für viele Zellen zytotoxisch (v. a. Ganglienzellen, Astrozyten) und muß deshalb enzymatisch zum nichttoxischen, leicht ausscheidbaren Harnstoff abgebaut werden. An dieser Entgiftung sind 5 Leberenzyme beteiligt:
- Carbamylphosphatsynthetase,
- Ornithincarbamyltransferase,
- Argininsuccinatsynthetase,
- Argininsuccinatlyase,
- Arginase.

Jedes dieser Enzyme kann durch einen genetischen Defekt (selten!) in seiner Aktivität gedrosselt sein → Blockade des Harnstoffzyklus.

Allgemeine Morphologie (aller bisher untersuchten Fälle): Ganglienzelluntergang mit Gliaproliferation und Spongiose.

Allgemeine Klinik:
- *Blut:* stark erhöhte Ammoniakkonzentration.
- *Gehirn:* Geistige und körperliche (somatische) Entwicklungsstörungen, neurologische Symptome.

A **Zystinurie**
PO, 350x

B **Zystinose-Leber**
PO, 50x

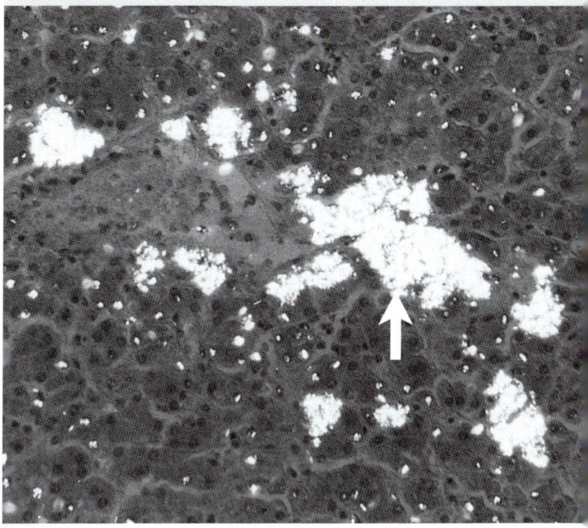

C **Zystinose-Histiozyt**
TEM, 8000x

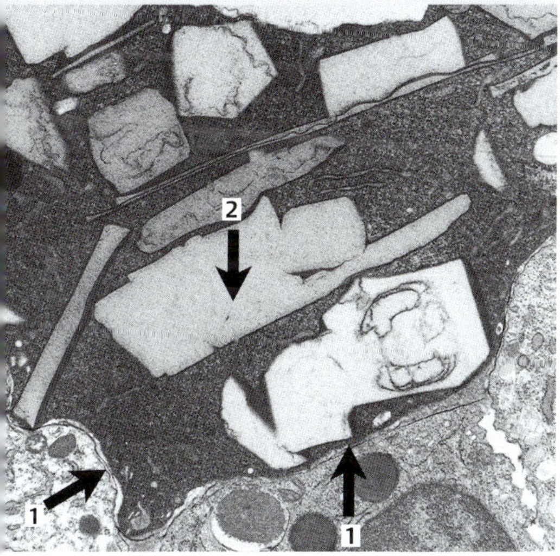

D **Zystinose-Histiozyt**
TEM, 8000x

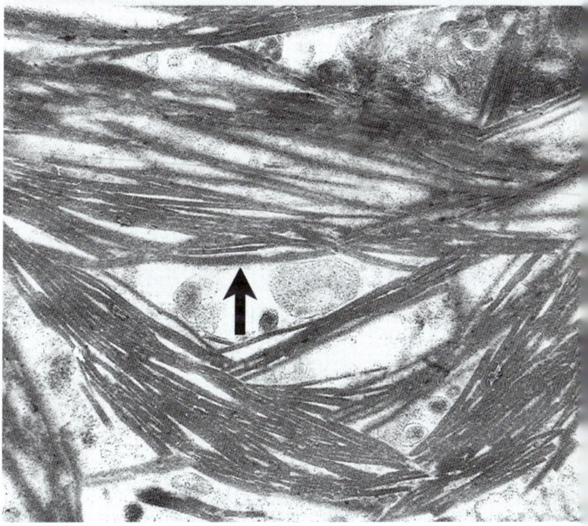

E **Zystinose-Milz** (Schnittfläche)

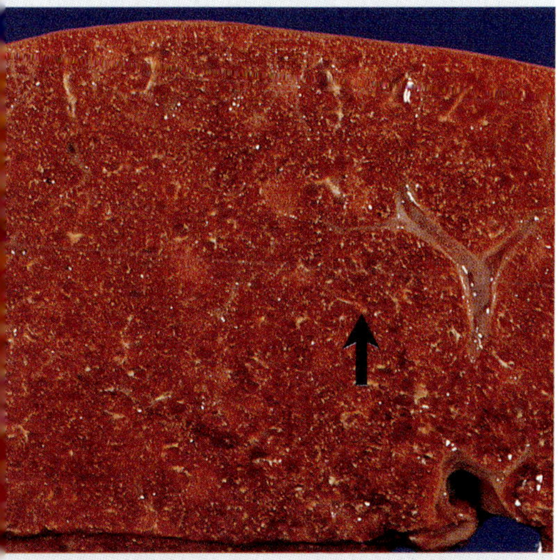

F **Zystinose-Milz** (nativer Abstrich)
PO

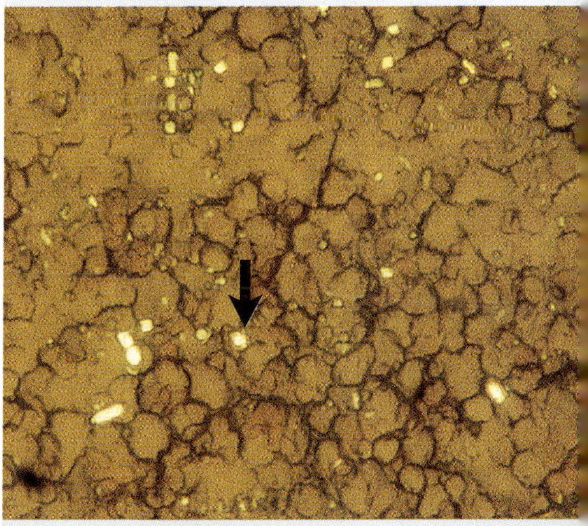

Nukleotide

Abkürzung: HS = Harnsäure

Hyperurikämie

Allgemeine Definition: Krankheitsgruppe mit hohen HS-Werten im Blut wegen gestörtem Purinstoffwechsel (= Gicht).

Primäre Gicht

Allgemeine Definition: Familiäre Purinstoffwechselstörungen mit klinischen Symptomen wegen Urat-Ablagerung im Gewebe.

Je nach Patientenalter unterscheidet man folgende Formen der primären Gicht:

Kindergicht

Synonym: Lesch-Nyhan-Syndrom

Definition: Erblicher Defekt der Hypoxanthin-Guanin-Phosphoribosyltransferase mit renozerebraler Symptomatik.

Pathogenese: Enzymdefekt → Hypoxanthinmangel → reaktive Enthemmung der Purinsynthese → Hyperurikämie.

Klinik und Morphologie: X-chromosomal rezessiver Erbgang (nur ♂ betroffen). Selten.
- *Niere:* Gicht-Nephropathie (s. u.),
- *Gehirn* (ohne nachweisbare Schäden):
  - zerebrale Bewegungsstörung mit spastischer Quadriplegie (= obere und untere Extremitäten gleich betroffen) und Athetose (= überschießende Bewegungen bei abruptem Tonuswechsel) sowie
  - Aggressivität mit Selbstverstümmelung (Mutilation).

Erwachsenengicht

Definition: Uneinheitlicher Defekt im Purinstoffwechsel mit Manifestation der Gichtsymptomatik im Erwachsenenalter.

Pathogenese: (Meist multifaktoriell) vererbte Veranlagung in Form von:
- *renaler HS-Ausscheidungsstörung;*
- *gesteigerter HS-Synthese* wegen a) endogener Aktivitätserhöhung von Purinbasen-Recycling-Enzymen mit konsekutiver Enthemmung der HS-Synthese, oft provoziert durch b) exogene (alimentäre) Zufuhr von Purinbasen.

Resultat: Hyperurikämie → HS-Auskristallisierung → Uratphagozytose durch Neutrophile → Uratkristalle verletzen deren Lysosomenmembran → Proteasenfreisetzung mit Generierung u. a. von folgenden, sich gegenseitig in ihrer Aktivität aufschaukelnden Entzündungsmediatoren:
- Gerinnungsfaktor XII,
- Kallikrein-, Kininsystem,
- Komplementsystem.

Resultat: schmerzhafte Entzündungsattacke.

Merke: Ohne Neutrophile keine Gichtattacken.

Erwachsenengicht-Folgekrankheiten

Arthritis urica

Definition: Durch HS-Ablagerung induzierte, attackenweise Gelenkentzündung.

Pathogenese: Ablagerung wasserlöslicher, negativ doppelbrechender, fächerförmig angeordneter Uratkristalle (► A, B1) im Bindegewebe v. a. der unteren Extremität und dort v. a. in der Synovia der Großzehengrundgelenke (► A) zu knotenartigem Gebilde mit tuffsteinartiger Schnittfläche und nachfolgender riesenzellhaltiger (► B2) Fremdkörperentzündung (► B3; S. 236) = Gichtknoten (= Gichttophus). Später: Uratablagerung im Gelenkknorpel und subchondralem Knochen, was makroskopisch als „Gipsbelag" imponiert (► C). Spätfolge: entzündliche Knorpel-Knochen-Zerstörung, Tophus bricht durch die Haut → Entleerung von „Tophusbrei".

Klinik: Plötzliche, schmerzhafte Rötung und Schwellung an nur einem Gelenk (► E) mit jahrelang schmerzfreien Intervallen in folgender Reihenfolge der Häufigkeit:
- Podagra = gichtische Großzehenschmerzen,
- Gonagra = gichtische Knieschmerzen,
- Chiragra = gichtische Fingerschmerzen.

Merke: *Pseudogicht:* Gichtähnliche Arthropathie durch Ablagerung von Calciumpyrophosphat.

Harnsäurenephropathie

Synonym: Gichtniere, Nephritis chronica urica

Definition: Destruktive, tubulo-interstitielle Nephritis wegen Uratablagerungen.

Pathogenese: Uratablagerung in Sammelrohren sowie im intertubulären Stroma → graugelbliche Nierenpapillenstreifen (= HS-Infarkte, ► D). Folgen davon:
- *Riesenzellhaltige Fremdkörperentzündung* → destruktive tubulo-interstitielle Nierenentzündung (= Pyelonephritis) mit Nierenschrumpfung, -insuffizienz.
- *Reaktive Mesangiumwucherung* → gichtische Glomerulosklerose → Glomerulushyalinisierung → Hypertonie (S. 388) HS-Steine in 20 % der Fälle (S. 138).

Prominenter Patient: Friedrich II. der Große (1712 – 1786).

Sekundäre Gicht

Definition: Spätfolge einer anderweitigen, bekannten Stoffwechselstörung. Z. B.:
- *Glucose-6-Phosphatase-Mangel* (= Morbus Gierke; S. 75) mit Hemmung der Harnsäureausscheidung.
- *Zellzerfall* → exzessive Harnsäurebildung bei
  - Leukämien (Blutzellkrebs),
  - hämolytischen Anämien,
  - Tumor-Chemotherapie.
  - Chronische Niereninsuffizienz → reduzierte Harnsäureausscheidung.

A **Gichttophus**
75x

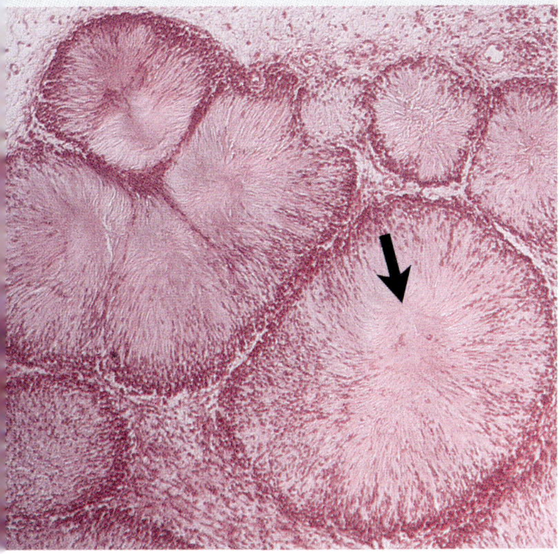

B **Gichttophus**
PO, 150x

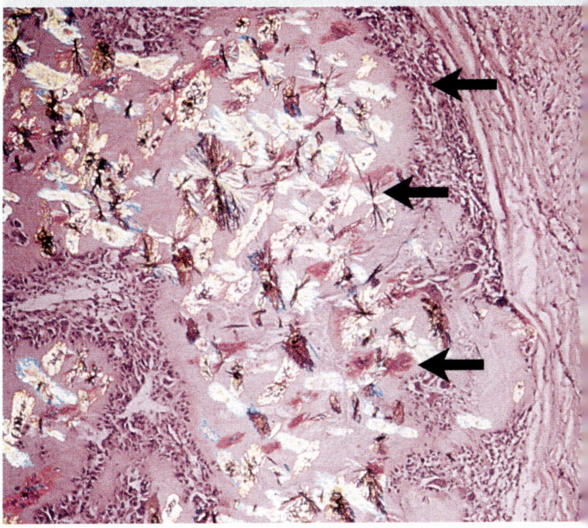

C **Gichtgelenk**

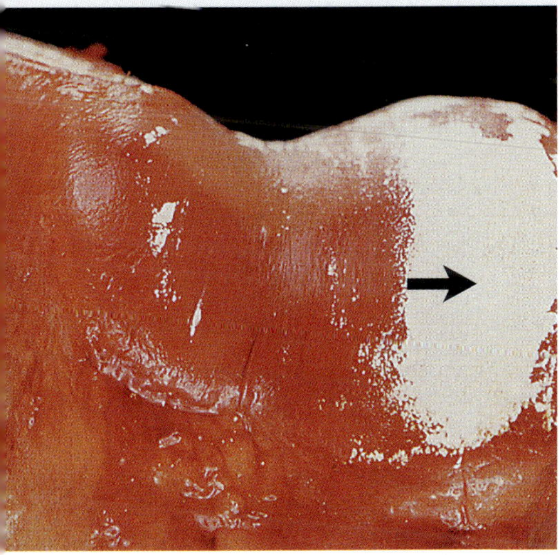

D **Gichtniere**

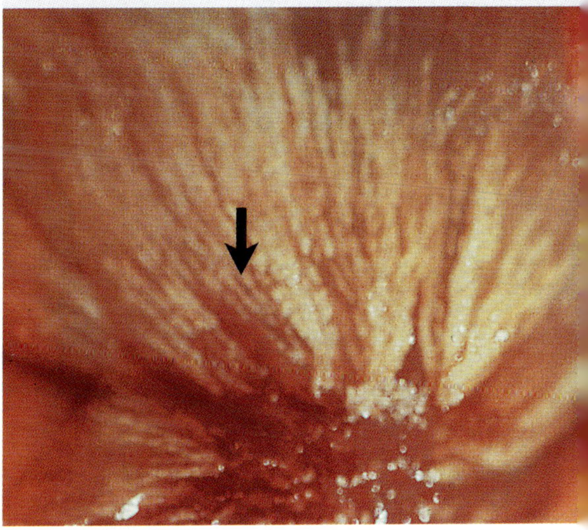

E **Podagra**

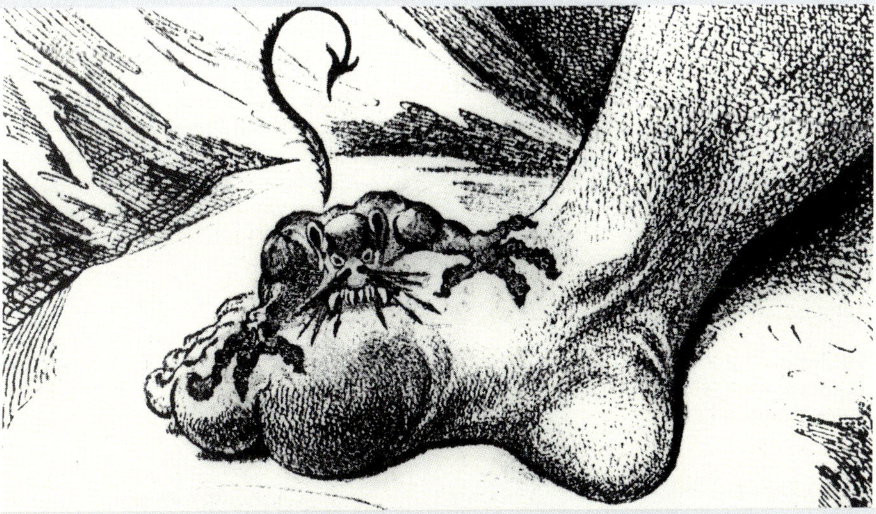

6 Pigment-Läsion

Wenn eine Krankheit Farbe bekennt

Zusammenfassung

Pigmente sind Stoffe, die aufgrund ihrer Eigenfarbe bereits im lebenden Gewebe erkannt werden können. Sie sind im Körper selbst entstanden (= endogene Pigmente) oder auf bzw. in den Körper gebracht worden (= exogene Pigmente). Der eine Teil der Pigmente ist „inert" und bleibt vom Organismus „unbeachtet" in oder auf dem Gewebe liegen; der andere Teil wirkt auf den Organismus „fremd" oder „giftig" und löst letztlich eine entzündliche Abwehrreaktion aus (S. 194).

▶ **Exogene Pigmente** spielen als kosmetische Allergene oder als Umgebungsfärbung von Metallimplantaten eine klinisch untergeordnete Rolle.

▶ **Endogene Pigmente** haben wichtige biologische Funktionen. Ihre Synthese- oder Abbaustörung kann weitreichende Folgen haben, da die wichtigsten unter ihnen entweder mehrere Stoffwechselschritte oder bestimmte Schritte in der Sinnesphysiologie katalysieren. Aufgrund ihrer Eigenfarbe verrät ihr Fehlen oder ihre Anhäufung eine Gewebsschädigung. Je nach Herkunft werden folgende Gruppen endogener Pigmente unterschieden:

- ***Hämatogene Pigmente*** sind z. T. eisenhaltig. Bei ihnen ist entweder die Porphyrinsynthese gestört (Porphyrie), was meist mit einer Photodermatose, Leberschädigung und bei einigen Unterformen auch mit einer Anämie einhergeht, oder die Verstoffwechslung und Ausscheidung von Bilirubin ist auf einer bestimmten Stufe blockiert. Das sich im Blut anstauende Bilirubin äußert sich klinisch in einer Gelbsucht (= Ikterus). Zu den hämatogenen Pigmenten gehört auch das Malariapigment.
- ***Tyrosinogene Pigmente*** spielen als Hautmelanin eine wichtige Rolle als „Sonnenschutzfaktor"; Störungen des Neuromelanins führen zu neurologischen und sinnesphysiologischen Beeinträchtigungen wie Morbus Parkinson („Schüttellähmung"), Retinopathia pigmentosa (Erblindung) und Waardenburg-Syndrom (Innenohrtaubheit).
- ***Lipogene Pigmente*** haben lediglich als „Sehpurpur" (Rhodopsin) eine potentiell pathologische Bedeutung, wohingegen Lipofuszin und Zeroid „Farbmarken" einer „Gewebsabnutzung" sind.

Exogene Pigmente

Kosmetische Pigmente

Bei der Tätowierung (► A, B) gelangen Kohle, Tusche oder Zinnober in die Haut → Phagozytose → Ablagerung im Bindegewebe → Abtransport zum nächsten Lymphknoten.

Berufstoxische Pigmente

Anthrakose: Fleckförmige Schwarzfärbung der Lunge (► C, D) mit eingeatmetem Kohlestaub (Ruß, Zigarettenrauch) → Phagozytose durch Alveolarmakrophagen → Abtransport via Lymphgefäße. Häufig.

Gleiches geschieht mit den eisenhaltigen Stäuben bei Keramik- und Stahlarbeitern.

Saturnismus: Ausgelöst durch eine chronische Bleivergiftung (S. 142), Folge: Fäulniserreger in den Zahnfleischtaschen (Gingivo-Paradontitis) wandeln Blei in Bleisulfid um → saumförmige Ablagerung in der Gingiva.

Chalkose: Kupferhaltige Abgase und Stäube von kupferverarbeitender Industrie → Grünfärbung der Haare. Selten.

Iatrogene Pigmente

Argyrismus: Chronische Gabe von silberhaltigen Medikamenten → graue Gewebsfärbung. Selten.

Amalgamose: Chronischer Abrieb von quecksilberhaltigen Zahnfüllungen → graublaue Schleimhautfärbung (► E), mit Metallablagerung im Schleimhautstroma (► F). Häufig.

Tetracycline: Bei Kindern Einbau ins Knochen- und Zahngewebe → irreversible Gelbfärbung.

Carotinismus: Karottenüberfütterung von Säuglingen → Karotineinlagerung → Orangegelbfärbung von Haut und Fettgewebe.

Ähnliches bewirkt die Einnahme von β-Carotin-haltigen Kosmetika zur Veränderung des Hautteints.

A **Hauttätowierung**
tätowiert von L. Atkinson, Stuttgart

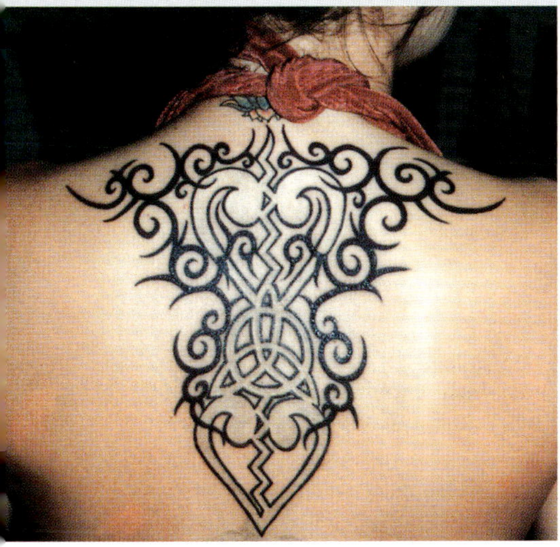

B **Hauttätowierung**
tätowiert von L. Atkinson, Stuttgart

C **Anthrakose-Lunge**

D **Anthrakose-Lunge**
nativ, 100x

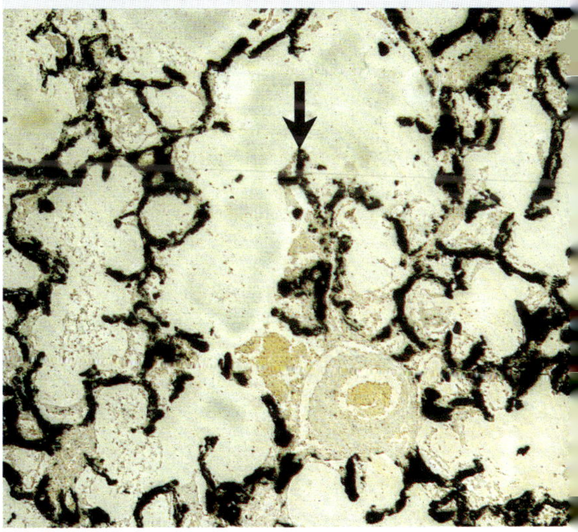

E **Amalgamose-Gingiva**

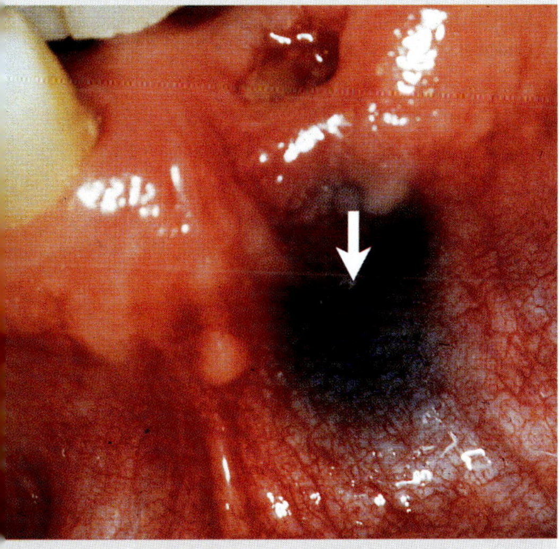

F **Amalgamose-Gingiva**
150x

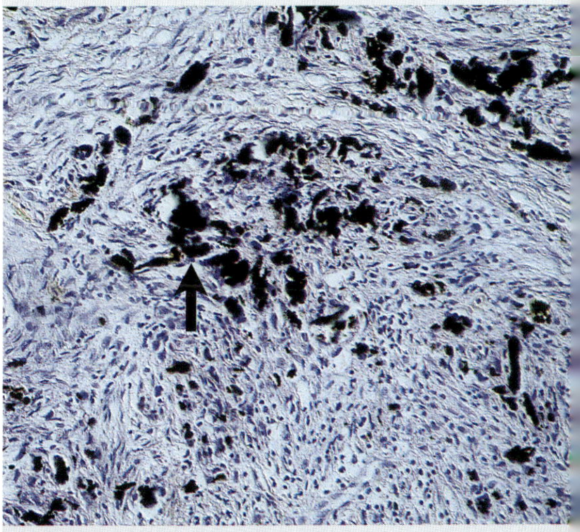

Endogene Pigmente

Hämatogene Pigmente

Porphyrien

Allgemeine Definition: Krankheitsgruppe mit Auftreten atypischer Porphyrine und wechselnder Haut-, Leber und Blutschädigung infolge gestörter Porphinsynthese.

– Primäre Porphyrien: angeborene Enzymdefekte,
– sekundäre Porphyrien: toxische Enzymblockade.

Allgemeine Pathogenese: Bildung atypischer Metabolite der Hämsynthese (Porphyrine). Sie werden z. T. im Stuhl und Urin ausgeschieden → je nach Porphyrietyp Rotfärbung. Intralysosomale Porphyrinablagerung in Erythroblasten, Epidermis-, Knorpel-/Knochen- sowie Leberzellen → Braunfärbung.

Porphyrie-Prototyp: Morbus Günther

Synonym: kongenital-erythropoetische Uroporphyrie

Morphologie:

– *Haut:* Nach Lichtexposition entstehen aus gespeicherten Porphyrinen Peroxidradikale → Schädigung der Epidermiszellen → Photodermatose beginnend mit suprabasaler, blasenförmiger Epidermisabhebung (= Hydroa varicelliformis; ► B); Abheilung mit Narbenbildung, Hyperpigmentierung und Hypertrichose (Gesichtsbehaarung).
– *Knorpel-Knochen-Gewebe:* Porphyrinspeicherung → Zellschädigung → Gewebszerstörung mit Deformierungen und Verstümmelungen im Gesicht (Nase), an den Händen und Ohrmuscheln (= Mutilation; ► A).
– *Zähne:* Porphyrinablagerung → UV-Licht: „rote Zähne" (= Erythrodontie).
– *Blut:* Beladung der Erythroblasten mit atypischen Porphyrinen → reduzierte osmotische Resistenz → meist normochrome, normozytäre hämolytische Anämie (= klinisches Leitsymptom).
– ***Leber:*** Bei den hepatischen Porphyrien ist auch die peroxidbeseitigende Katalase (= Metalloporphyrin) stark vermindert → Leberzellschädigung: Verfettung → fokale Zellnekrosen (S. 128) → aggressive Hepatitis → portale Fibrose (evtl. sogar Leberzirrhose; S. 42). Eisen kann nicht in das Häm eingebaut werden → Eisenspeicherung in Leber (= Hepatosiderose).

Klinik: Die Symptome der kongenital-erythropoetischen Porphyrie beschreiben den Grafen Drakula (Vampir) und den Werwolf.

Merksprüche:
„Drakula-Symptome":
- Tagschläfer (Photophobie),
- Blutzähne (Erythrodontie),
- Totenblässe (Anämie).

„Werwolf-Symptome":
- Gesichtsbehaarung (Hypertrichose),
- Blutzähne (Erythrodontie),
- Nasen-Fingerlosigkeit (Mutilation).

Hämoglobinabbaupigmente

Hämatoidin:
Definition: Eisenfreies, pyrrolhaltiges rot- braunes Pigment = indirektes Bilirubin.

Pathogenese: Im Inneren einer Blutung kommen Makrophagen nicht an Erythrozyten heran → Hämoglobinzerfall → Eisenabspaltung → Auskristallisierung des Pyrrolring-haltigen Restmaterials (► C). Die Entstehung benötigt 3 Wochen.

Merke: Wo Hämoglobin in Phagozyten abgebaut wird, entsteht grünes *Biliverdin* und danach gelbes *Bilirubin* (vgl. Farbwechsel eines Hämatoms = „blauer Fleck").

Hämosiderin:
Definition: Eisenhaltiges, pyrrolfreies gelbbraunes Pigment (= Siderin).

Pathogenese: Entsteht nur in lebenden Zellen (benötigt mindestens 2 Tage), die auch das phagozytierte Eisen in dieser Form speichern (= RHS-Zellen) → Braunfärbung des Speichergewebes (► D, E).

Merke: Hämosiderin = Produkt lebender Zellen.

Hämatin:
Definition: Schwarzbraunes Pigment.

Pathogenese: Entsteht bei einer oberen Gastrointestinalblutung nach Zusammentreffen des Hämoglobins mit HCl (► F) → erbrochenes „Magenblut" ist daher schwarz (Kaffeesatzerbrechen = Hämatamesis).

Hämatozoidin:
Definition: Braungraues Malariapigment (z. T. kristallines Hämatin).

Pathogenese: Gebildet vom lebenden Malariaerreger (= Plasmodium, S. 278) beim Erythrozytenparasitismus → Speicherung in RHS-Zellen (► G).

A **Porphyrie** (Erstbeschreibung)

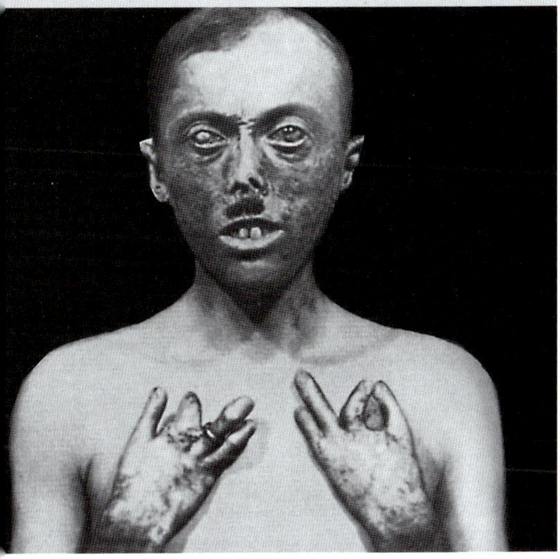

B **Hydroa varicelliformis**
150x

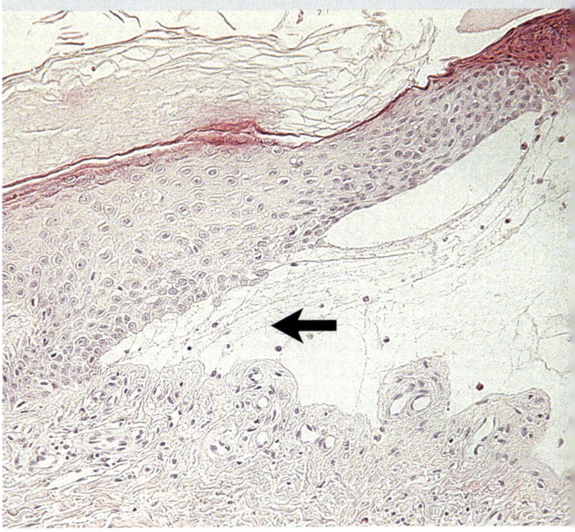

C **Hämatoidin**
150x

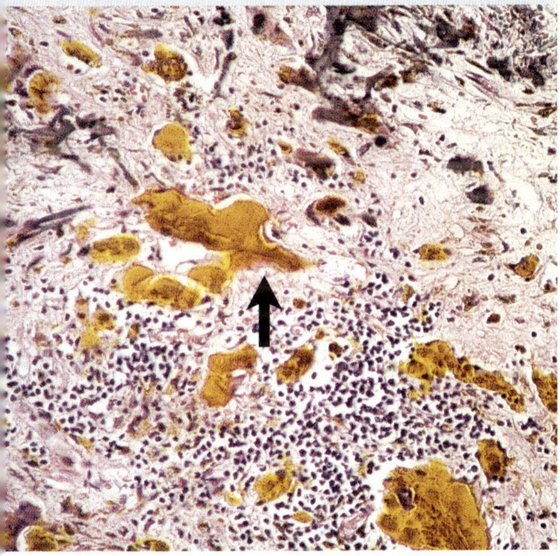

D **Normalleber**

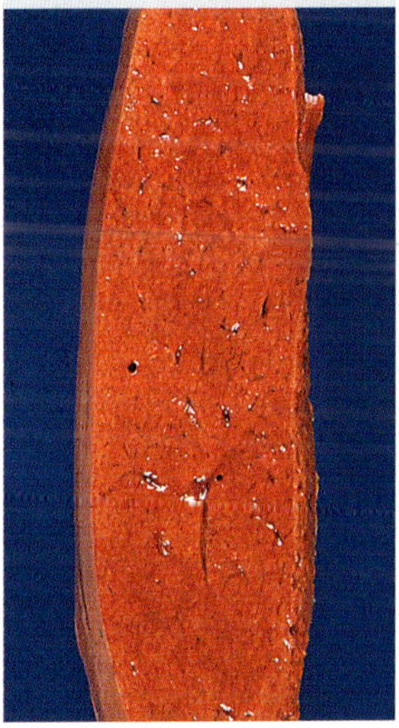

E **Siderose-Leber**

F **Hämatin** (Magen)

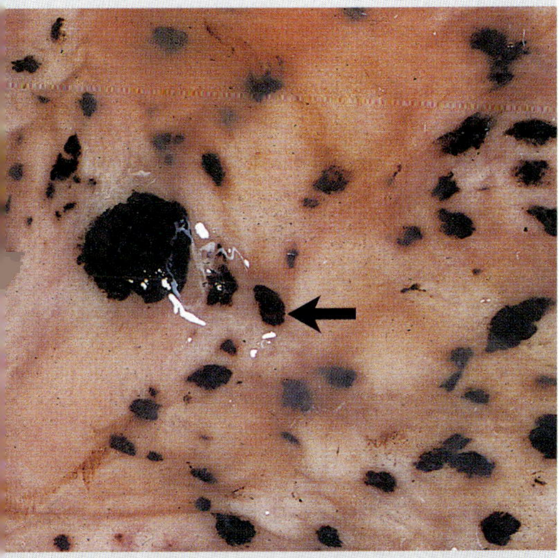

G **Hämatozoidin**
400x

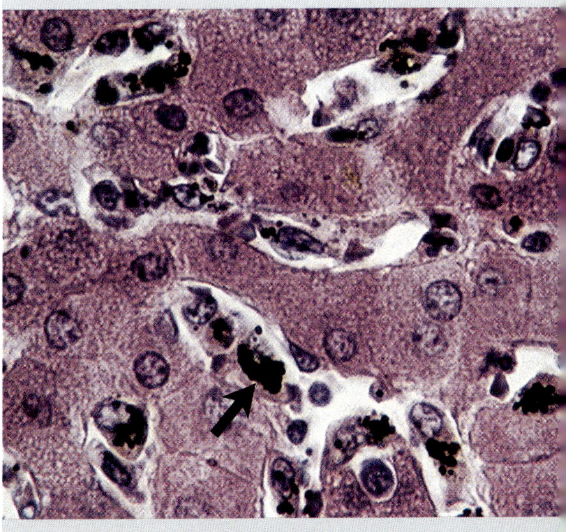

Hyperbilirubinämie

Abkürzung: BR = Bilirubin

Allgemeine Definition: Leitsymptom, erkennbar an einem Ikterus mit Gelbfärbung von Haut (► A), Skleren, weichem Gaumen und inneren Organen (► E, F).

Allgemeine ätiologische Faktoren einer Hyperbilirubinämie (einzeln oder in Kombination wirksam):
- BR-Überangebot an die Zelle;
- Störung der Aufnahme und des Transports von BR in die Leberzelle;
- BR-Konjugationstörung in der Leber;
- Ausscheidungsstörung von konjugiertem BR aus der Leberzelle in die Gallenkapillaren;
- intra- oder extrahepatische Cholestase (S. 110).

Im folgenden werden die wichtigsten Hyperbilirubinämien zusammen mit dem physiologischen Ablauf des BR-Abbaus besprochen.

Bilirubinabbau (Anfang): Abbau des Häms aus Hämoglobin, Myoglobin und Cytochromen → BR. Dieser Prozeß ist bei allen Krankheiten mit Hämolyse oder Myolyse gesteigert (= hämolytischer Ikterus). Er beginnt in den RHS-Zellen, in denen die Hämoxygenase das Häm zu Biliverdin oxidiert. In einem weiteren Schritt wird das Biliverdin durch die Biliverdinreduktase zu BR reduziert. Dieses BR ist praktisch unlöslich (= indirektes BR) und wird von den RHS-Zellen in den Blutstrom des großen Kreislaufs abgegeben, wo jeweils zwei BR-Moleküle von einem Albuminmolekül gebunden werden.

Bilirubinüberproduktion

Hämolyse

Ätiologische Faktoren:
- *Hämolyse* (= Erythrozytenzerfall)
  Dabei gehen die Erythrozyten massenhaft vorzeitig zugrunde wegen
  - Membran-, Enzym-, Hämoglobinfehler oder
  - mechanischer, toxischer, immunologischer oder mikrobieller Schädigung

  → vermehrter Erythrozytenabbau in der Milz: Sinus sind mit ausgelaugten Erythrozyten angeschoppt (► C), Sinusendothelien sind wegen Erythrozytenphagozytose eisenhaltig (► D).
- *Hämatomabbau* bei Gewebsblutungen → extravaskuläre Erythrozytenzerstörung → vermehrter BR-Anfall (► B).

Resultat: Glucuronierungskapazität der Leber, oft auch ihre Transportkapazität für glucuroniertes BR ist überfordert → Hyperbilirubinämie.

Primäre Shunthyperbilirubinämie

Synonym: chronisch unkonjugierte Hyperbilirubinämie ohne Hämolyse, Israels-Syndrom

Definition: Erbliche BR-Stoffwechselstörung vor dem eigentlichen Hämabbau.

Pathogenese: Erythropoesestörung mit ineffizientem Hämoglobineinbau → vorzeitige Zerstörung abnormer Erythroblasten → Hämabbau kurz nach der Synthese.

> **+ Klinik:** Autosomal rezessiver Erbgang. Äußerst selten. Meist mit der Pubertät auftretender, wechselnder Ikterus mit unkonjugierter Hyperbilirubinämie und Zeichen einer kompensierten Hämolyse.

Bilirubinabbau (Fortsetzung): Das BR-Albumin gelangt zur Leber → aktiver Transport in die Hepatozyten durch ein Carriersystem → im Zytosol BR-Bindung an die Bindungsproteine Ligandin, Y- und Z-Protein.

Bilirubinaufnahmestörung

Morbus Gilbert

Synonym: Icterus intermittens juvenilis Meulengracht

Definition und Pathogenese: Erbliche Hyperbilirubinämie aufgrund
- gestörter BR-Aufnahme aus dem Blut in die Hepatozyten und
- Aktivitätsminderung der BR-UDP-Glucuronyltransferase.

Morphologie: unauffällige Leberhistologie.

> **+ Klinik:** Selten. Vor Pubertät schubweise einsetzende unkonjugierte Hyperbilirubinämie. Ikterusschub durch Streß provozierbar

Bilirubinabbau (Fortsetzung): Im hepatozellulären SER erfolgt die Konjugation des BR (= Glucuronidierung) durch Glucuronyltransferase → BR wird wasserlöslich und „gallefähig“ (= direktes BR).

Bilirubinkonjugationsstörungen

Crigler-Najjar-Syndrom

Definition und Pathogenese: Erblicher Mangel der BR-UDP-Glucuronyltransferase.

> **+ Klinik:** Autosomal rezessiver Erbgang; selten. Bei vollständigem Enzymmangel Manifestation eines Kernikterus (= ikterische Verfärbung der Hirnkerne = Stammganglien) bereits im Neugeborenenalter → Tod.

Physiologischer Neugeborenenikterus

Definition und Pathogenese: Enzymunreife → relativer BR-UDP-Glucuronyltransferase-Mangel infolge vorübergehender Hyperbilirubinämie am 2.–5. Tag nach der Geburt. Häufig.

> **! Merke:** *Hyperbilirubinämie:*
> - Subikterus: Serum-BR > 1,0 mg/dl,
> - Ikterus: Serum-BR > 2,0 mg/dl.

> **! Merke:** *Cholestase*-Begriff je nach Disziplin:
> - Morphologie → Galleretention in Gallenwegen,
> - Physiologie → Galleabflußstörung,
> - Klinik → Retention von gallepflichtigen Substanzen.

A **Haut-Ikterus**

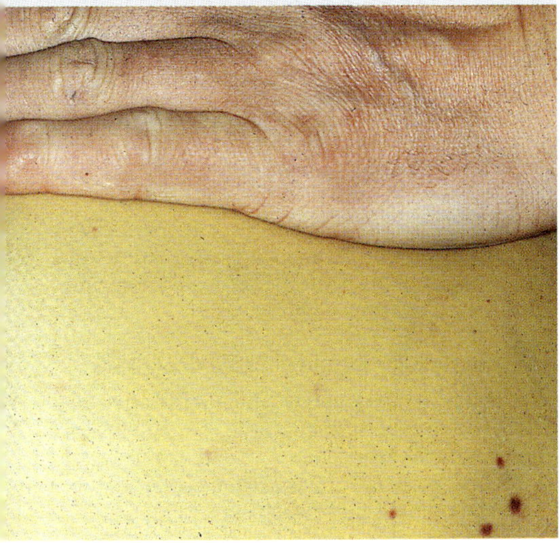

B **Bilirubin bei Hämatomabbau**
250x

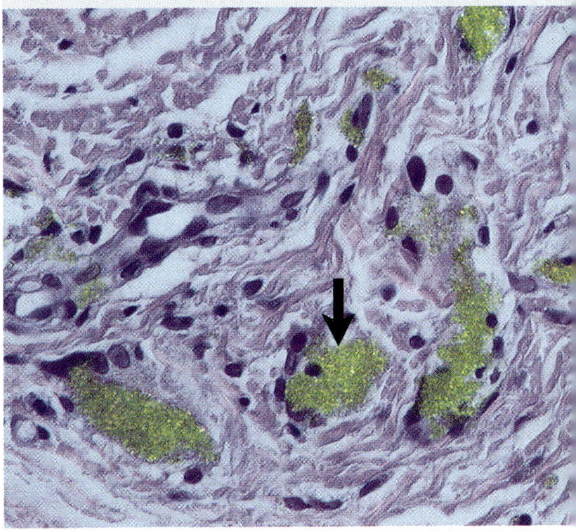

C **Milz:** Immunhämolyse
100x

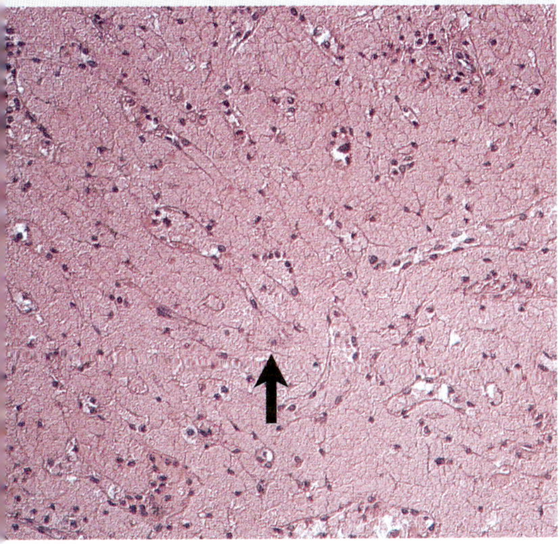

D **Milz:** Immunhämolyse
Fe, 200x

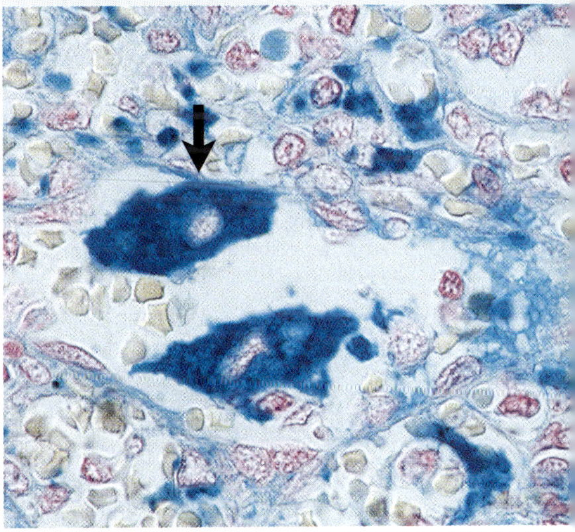

E **Normalleber**

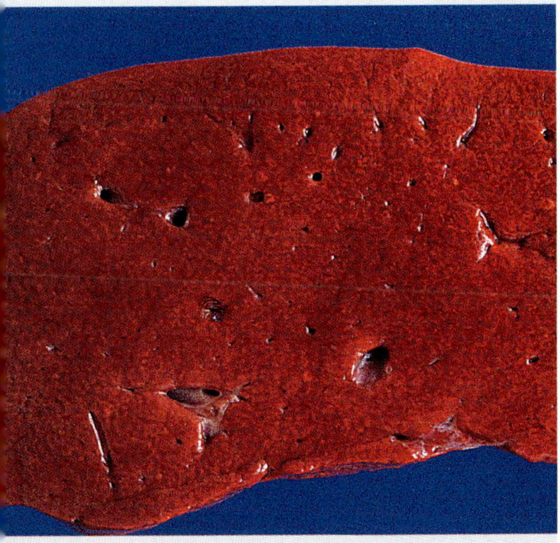

F **Ikterus-Leber**

Abkürzung: BR = Bilirubin

Lucey-Driscoll-Syndrom

Synonym: familiäre, passagere Neugeborenen-Hyperbilirubinämie

Definition und Pathogenese: Intensive, aber passagere, indirekte Neugeborenen-Hyperbilirubinämie wegen eines BR-Konjugations-Hemmers (= prostagenes Steroid) im mütterlichen und kindlichen Serum.

Klinik: Äußerst selten. Sehr starker Ikterus innerhalb der ersten 48 Stunden nach Geburt mit Gefahr des Kernikterus.

Bilirubinabbau (Fortsetzung): Durch einen aktiven Transport mit geringer Abtransportkapazität im Vergleich zur Glucuronidierungskapazität wird das BR-Glucuronid (= direktes BR) in die Gallenkapillaren sezerniert.

Bilirubinsekretionsstörung

Dubin-Johnson-Syndrom

Synonym: Sprinz-Nelson-Syndrom

Definition und Pathogenese: Erbliche Exkretionsschwäche der Leber für BR und andere organische Anionen → Porphyrinstoffwechselstörung mit Koproporphyrin-I-urie, gleichzeitig Ausscheidungsstörung der Katecholaminmetabolite → Komplexierung zu Pigment (= atypisches Adrenochrom) → Ablagerung zusammen mit Lipofuszin in peribiliären Telolysosomen. *Resultat*: grauschwarze Färbung des Leberparenchyms (► A).

Klinik: Autosomal rezessiver Erbgang mit variabler Penetranz. Selten. Wechselnd stark ausgeprägter Ikterus. Kaum Beschwerden. Gallensteinneigung. Meist normale Lebenserwartung.

Rotor-Syndrom

Definition und Pathogenese: Erbliche BR-Exkretionsstörung → chronisch-fluktuierende direkte Hyperbilirubinämie wie Dubin-Johnson-Syndrom aber ohne Leberfehlpigmentierung.

Klinik: Autosomal rezessiver Erbgang. Selten. Fluktuierender Ikterus. Kaum Beschwerden. Gallensteinneigung. Meist normale Lebenserwartung.

Bilirubinabbau (Ende): Das BR-Glucuronid in der Galle gelangt via Gallengänge in den Darm.

Hepatozellulärer Ikterus

Pathogenese: BR-Ausscheidungsstörung bei Hepatopathien, wobei das konjugierte BR vermutlich aus den Hepatozyten ins Blutplasma regurgitiert (Mechanismus?).

Intralobulär intrahepatische Cholestase

Pathogenese: Hepatozellulärer Exkretionsdefekt. Ursachen:
- medikamentös-toxische Cholestase,
- hepatitische Cholestase,
- Schwangerschaftscholestase,
- postoperative Cholestase,
- venostatische Cholestase.

Morphologie: Wie bei mechanischen Ikterusformen (extralobulär intrahepatische Cholestase und extrahepatische Cholestase).

Extralobulär intrahepatische Cholestase

Pathogenese: Destruktive Cholangitis oder zirrhotischer Leberumbau (S. 42) → Zerstörung der intrahepatischen Gallenabflußwege → Störung der intrahepatischen Gallenpassage → (intrahepatischer) Obstruktionsikterus.

Extrahepatische Cholestase

Pathogenese: Gallensteine (S. 138), Tumoren, entzündliche Strikturen oder Gallenwegsfehlbildungen → mechanische Blockade der Galleexkretion → Okklusionsikterus.

Morphologie: Grünliche, mittunter geweihförmige Gallezylinder in erweiterten intrazellulären Canaliculi (= Gallethromben) sowie Galletröpfchen (► B1) in den Leberepithelien (Läppchenzentren > Läppchenperipherie). Extrahepatischer Verschlußikterus → Gallerückstau in Läppchenperipherie und Galleaustritt aus den Ductuli. Folgen davon:
- Grünfärbung des Leberparenchyms (► C),
- Schädigung der Leber- und Gallengangsepithelien → federartige Hepatozyten Degeneration (= Ballonierung, S. 12; ► B2) → gallige Durchtränkung der Gruppennekrose (= Galleinfarkte) → Phagozytose der ausgetretenen Galletröpfchen durch Sternzellen → Histiozyteneinwanderung in Portalfelder → Beseitigung des nekrotischen Gewebes.
- Duktulusproliferation von unterbrochenen Gallengängen in den Portalfeldern.

Klinische Komplikationen der Cholestase:
- *Sekundär biliäre Leberzirrhose:* Bei Persistenz der Cholestase → Fortschreiten der Leberzellnekrose von Portalfeld bis Zentralvene (= portovenöse Nekrosen) → zirrhotischer Leberumbau → derbe grüne Leber mit knotiger Schnittfläche (► D)
- *Cholämische Nephrose:* Gallenpigmentanreicherung in den Lichtungen der Nierentubuli → Bildung grün-gelblicher zylinderförmiger Tubulusausgüsse → Gallezylinder (► E) → Grünfärbung des Nierenparenchyms (► F, G).

Merke: Gallezylinder sind Folge und nicht Ursache eines leberschadenbedingten Nierenversagens.

A Dubin-Johnson-Syndrom
Fe, 100x

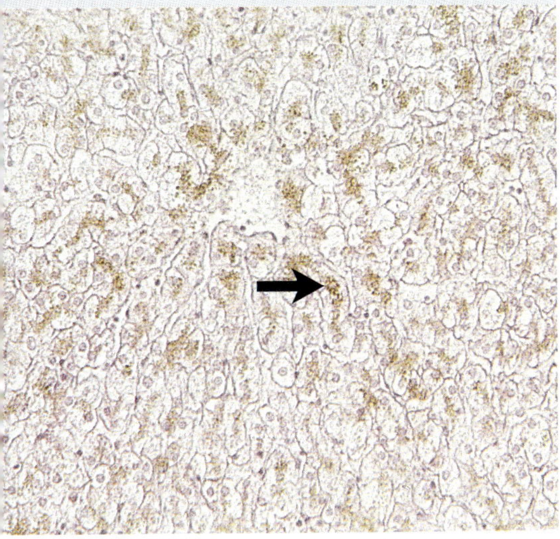

B Cholestase
Kernechtrot, 400x

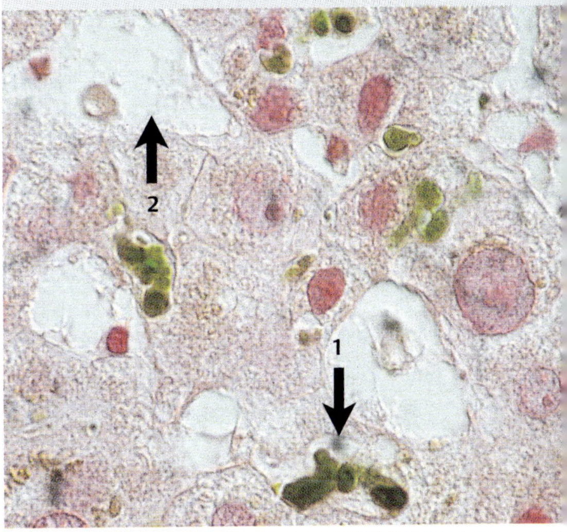

C Cholestase-Leber

D Cholestatische Leberzirrhose

E Cholämische Nephrose
Hämatoxilin, 150x

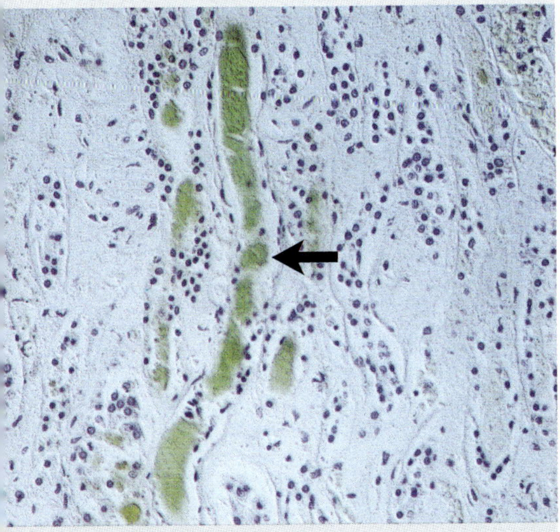

F Normalniere

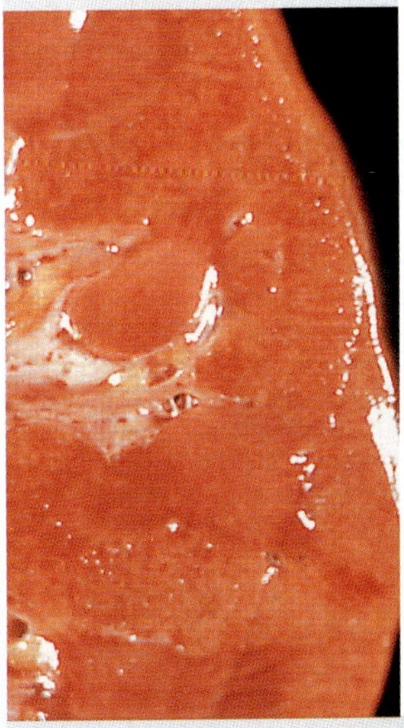

G Cholämische Nephro

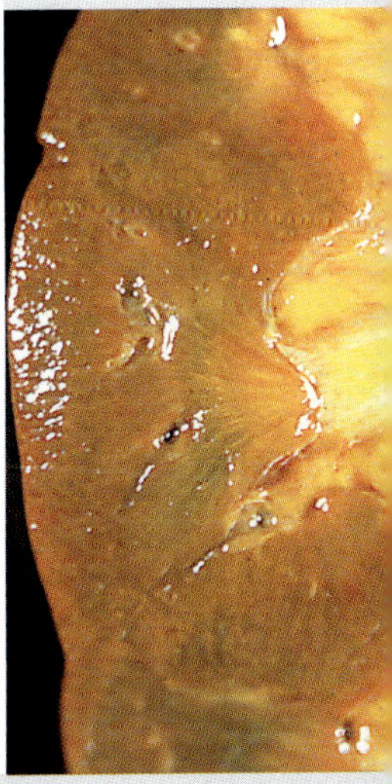

Tyrosinogene Pigmente

Abkürzungen: ML = Melanin, NNR = Nebennierenrinde.

Hautmelanin

Orthologie: ML ist ein braun-schwarzes Pigment. Es wird in Form kleiner Körnchen in normalen Melanozyten und in Melanom-Zellen (► B; S. 366) gebildet.

Im folgenden werden die wichtigsten ML-Störungen zusammen mit dem physiologischen Ablauf der ML-Bildung (= Melanogenese) besprochen.

Melanogenese (Anfang): Die ML-Bildung beginnt in den Melanoblasten aus der Neuralleiste. Sie bilden Zellfamilien, die erst in der 8. Schwangerschaftswoche mosaikartig zunächst in die Epidermis und später in die Haarfollikel auswandern.

Vitiligo

Definition: Herdförmig fehlende Hautpigmentierung („Zebraeffekt"). Selten.

Pathogenese: Genetisch festgelegter, örtlich programmierter Tod (= Apoptose S. 128, 132) bestimmter Melanoblasten → keine Melanoblastenbesiedelung bestimmter Hautgebiete.

Melanogenese (Fortsetzung; ► A): Melanoblasten differenzieren sich in der Haut zu Melanozyten. Voraussetzungen für die Melanogenese sind:

- Ribosomale Synthese der Tyrosinase, wofür ein Gen im Albinolocus zuständig ist,
- Tyrosinase-Überführung in RER-Zisternen (► A1),
- aktiver Membrantransport des Tyrosins in die Melanozyten (► A2).

Die Tyrosinase gelangt in den Golgi-Apparat (► A3) und wird zusammen mit Tyrosin in Melanosomen verpackt (► A4). Dort erfolgt die Synthese des ML. Sie wird durch Tyrosinase (= Phenoloxidase) gesteuert: Tyrosin → Dopa → Dopachinon → Indolchinon → Polymerisierung und Proteinbindung.

Albinismus (Pathogenese S. 96)

- ***Tyrosinasenegativer Albino:*** Defekter Albinolocus → kein Tyrosinasesystem → keine ML-Bildung → keine Haut-, Augen- und Haarpigmentierung (► C).
- ***Tyrosinasepositiver Albino:*** Defekter Genlocus für Melanosomenmatrix → kein ML-Einbau in Melanosomen.

> **+ Klinik:** Extreme Lichtempfindlichkeit → aktinische Hauttumoren (S. 150), Sehstörungen, Photophobie (= Lichtscheuheit). Pränataldiagnostik: Amniozentese!

Melanogenese (Fortsetzung): Sie läßt sich abhängig vom Zellzyklus hemmen oder stimulieren: In der G1-Phase bewirkt eine Tyrosinaseaktivierung (ACTH, Östrogene) eine vermehrte ML-Bildung. In der G2-Phase stimuliert das Melanotropin (= MSH) die ML-Bildung. Zu den Inhibitoren des Tyrosinasesystems gehören Melatonin (= Epiphysenhormon), Phenylalanin und Glutathion.

Hämochromatose (S. 72) Inaktivierung von Glutathion durch nicht-proteingebundenes Eisen → Enthemmung des Tyrosinasesystems → vermehrte ML-Bildung.

Resultat: Hautbräunung.

Morbus Addison

Definition: Unterfunktionssyndrom der NNR mit Glucocorticoidmangel (= Hypokortizismus). Häufig.

Ätiologische Morbus Addison Formen:

- *Primäre Formen (= adrenale Form):* erbliche (Stoffwechselstörung, Fehlbildung), entzündliche (autoaggressiv, tuberkulös), neoplastische, zirkulatorische oder nekrotische NNR-Schädigung.
- *Sekundäre Formen (= hypophysäre Form):* erbliche (Hirnfehlbildung), nekrotische oder neoplastische Hypophysenschädigung.

Primäre Formen: NNR-Schädigung → Erniedrigung der Glucocorticoide, Androgene und des Aldosterons → reaktive ACTH- und MSH-Überproduktion → Melanozytenstimulation → Steigerung der ML-Bildung.

> **+ Klinik:** „Brauner Addison" mit v. a. perioraler Hautbräune (= Bronzehautkrankheit), Hypotonie, Adynamie, Exsikkose, schüttere Geschlechtsbehaarung.

☺ **Prominenter Patient:** John F. Kennedy, 35. US-amerikan. Präsident (1917 – 1963).

Sekundäre Formen: Hypophysenschädigung → Erniedrigung von ACTH und MSH → adrenale Glucocorticoiderniedrigung, aber keine Aldosteronerniedrigung (wird über Renin-Angiotensin-System reguliert!). MSH-Mangel → keine Melanozytenstimulation → keine ML-Bildung.

> **+ Klinik:** „Weißer Addison" mit Hautblässe, Hypotonie.

Phenylketonurie (S. 96) Mangel an Phenylalaninhydroxylase → vermehrt Phenylalanin im Blut → kompetitive Hemmung der Tyrosinase → keine ML-Synthese → Hypopigmentierung von Haut, Haaren und Augen.

Melangogenese (Ende): Die Melanosomen werden von den Melanozyten in die basalen Keratinozyten transportiert, wo sie in aggregierter Form (► A5) bei den Weißen (► D) und in disperser Form (► A6) bei den Schwarzen (► E) die Haut pigmentieren.

A **Schema:** Melanogenese

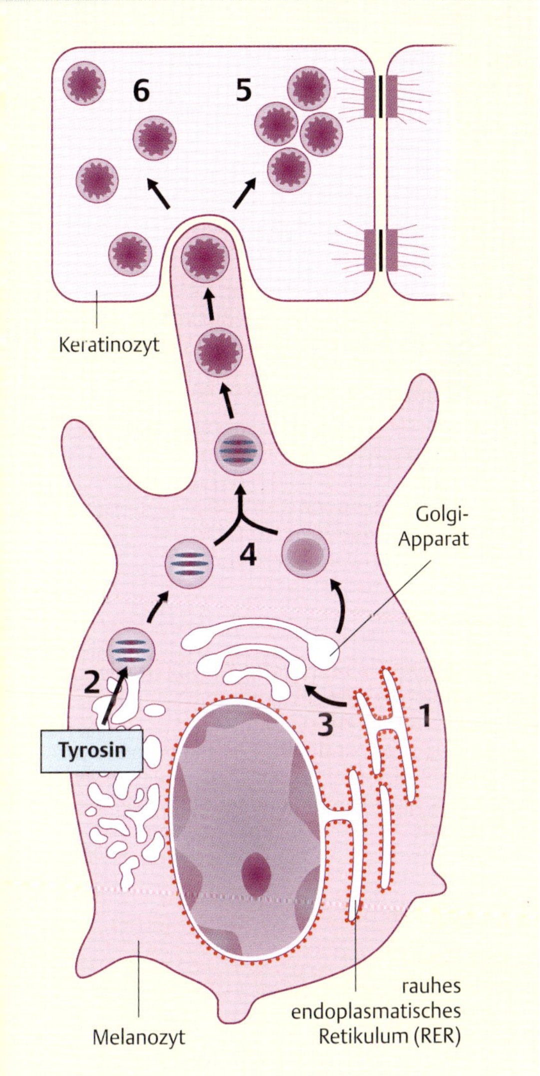

B **Malignes Melanom**
400x

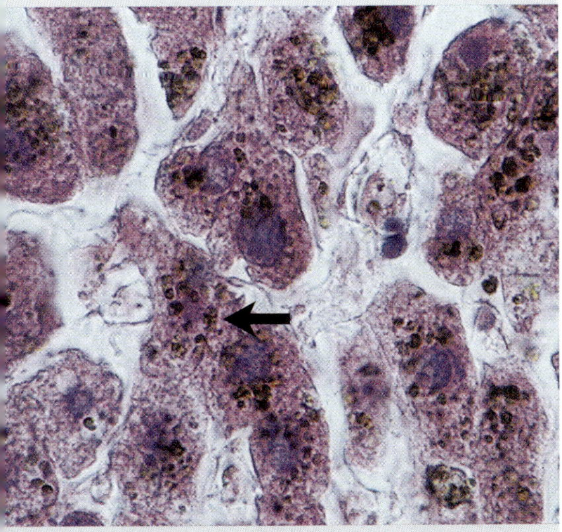

C **Albino-Patient**

D **Normalhaut:** Weißer
100x

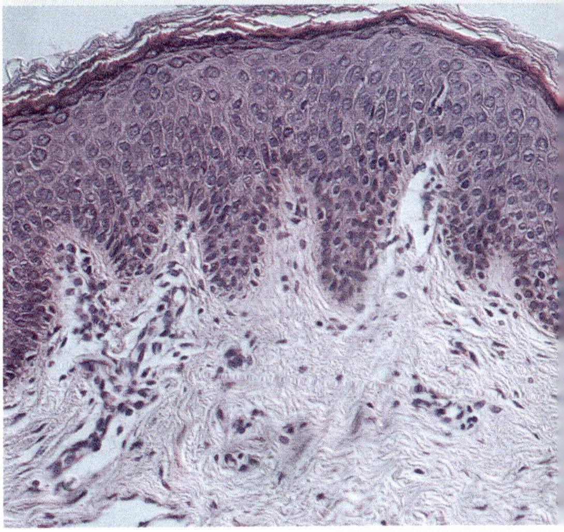

E **Normalhaut:** Schwarzer
100x

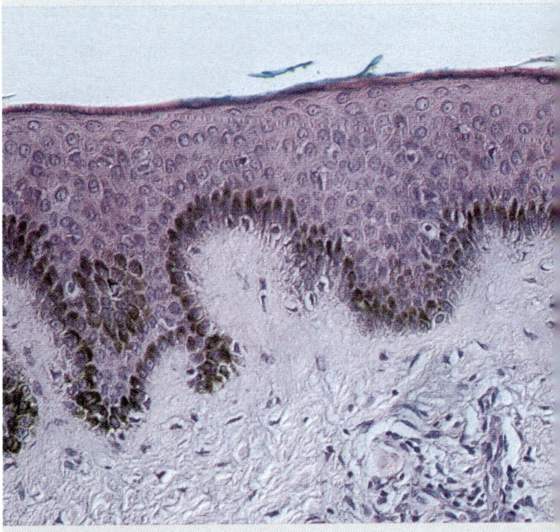

Chloasma uterinum

Synonym: Melasma uterinum.

Pathogenese: Viel Östrogen (orale Antikonzeptiva, Gravidität). → Melanozytenstimulation → maskenförmige, meist reversible Pigmentierung um den Mund herum (► A).

Neuromelanin

Neuromelanin hat eine wichtige Rolle bei der Erregungsübertragung in katecholaminergen Nervenzellsystemen. Die folgenden Gehirn- und Sinnesorganerkrankungen weisen einen Neuromelaninverlust auf:
- *Retinitis pigmentosa* (= Retinopathia pigmentosa, S. 94) → Erblindung.
- *Waardenburg-Syndrom:* Ein komplexes Fehlbildungssyndrom mit Lateralisierung der medialen Augenbegrenzung, Innenohrtaubheit (Depigmentierung der Stria vascularis), Pigmentierungsstörung von Iris, Haut und Haaren und Papageiennase. Sehr selten.
- *Morbus Parkinson* (= Schüttellähmung).

Morbus Parkinson

Definition: (Allgemeine) neurodegenerative Krankheit mit gestörter Neuromelaninbildung und Extrapyramidalsymptomatik.

Pathogenese: Einwirkung von Neurotoxin (welches?) und/oder mt-DNS-Mutation → Apoptose (S. 128, 132) neuromelaninhaltiger dopaminerger Nervenzellen überwiegend in der Zona compacta der Substantia nigra, deren Axone zum Linsenkern ziehen (→ Transmitter-Dysbalance: zuviel cholinerge, zuwenig dopaminerge Stimuli) → Abblassung der Substantia nigra (► C, D) → Verteilung des freigewordenen Neuromelanins in der ehemaligen Zona nigra (= Pigmentstreuung) → Pigmentphagozytose durch Gliazellen. Außerdem: Zytoskelettstörung in Nervenzellen → Lewy-Korpuskel (S. 34).

+ Klinik: Erbliche oder erworbene Krankheit. Häufig. *Klassische Trias:*
- *Tremor* (= unwillkürliche Schüttelbewegung),
- *Rigor* (= Tonuserhöung),
- *Akinese* (= Bewegungsarmut bis Bewegungslosigkeit).

Früh: Verstimmungszustände, Gliederrigidität.
Spät: Verarmte Ausdrucksbewegungen (Salbengesicht), Speichelfluß, Verlust der lauten Stimme, Propulsions- und Retropulsionsbewegungen (= Zurückfallen des Patienten beim Versuch eine Rückwärtsbewegung zu stoppen).

☺ Prominente Patienten:
Muhamed Ali: Boxweltmeister im Schwergewicht, Adolf Hitler (1889 – 1945): österreichischer „Führer und Reichskanzler“ des Deutschen Volkes.

Non-Melanine

Melanosis coli

Pathogenese: Chronische Obstipation → chronische Einnahme anthrachinonhaltiger Abführmittel (Laxantien) → intralysosomaler Anstau (Mechanismus?) von gelb-braunen Granula in Dickdarmhistiozyten (= koprogenes Pigment). Das koprogene Pigment ist tyrosin- und fetthaltig.

Morphologie: Histiozyten mit PAS-positiven Pigmentgranula in Kolonschleimhaut (► E) → Braunfärbung der Kolonschleimhaut (► F).

Ochronose (Pathogenese S. 96)

Ochronotisches Pigment ist tyrosinogen. Irreversible Pigmentablagerung im Binde- und Stützgewebe → Dunkelbraunfärbung und Bindegewebsdegeneration. Durch Pigmentablagerung im Knorpelgewebe kommt es zur Folgekrankheit Arthropathia ochronotica.

Folgekrankheit

Arthropathia ochronotica: Pigmentablagerung im Knorpelgewebe → Chondrozytenschädigung → Chondrozytenuntergang → Umwandlung des hyalinen Gelenkknorpels in „faserigen“ Knorpel → mechanischer Abrieb des Gelenkknorpels → kompensatorische Verdickung des subchondralen Knochengewebes (= Osteosklerose) → Gelenkversteifung (S. 96).

Lipogene Pigmente (Lipopigmente)

Lipochrome:
Definition: Farbstoffe, die als β-Carotin (Vorstufe = Lycopin) mit der Nahrung aufgenommen werden und das Fettgewebe dottergelb färben (z. B. Corpus luteum).

Sehpurpur:
Synonym: Rhodopsin

Definition: Vitamin-A-Protein-Komplex zur Steuerung des Sehvorgangs.

+ Klinik: Bei Rhodopsinmangel → Nachtblindheit.

Lipofuszin (S. 28):
Definition: Autophagisches, goldgelbes, eisennegatives Alterungs- und Abnützungspigment (► B) in Parenchymzellen.

Zeroid (S. 28):
Definition: Heterophagisches, gelbes „Zellschutt-Pigment“ in Zellen des RHS.

A **Chloasma uterinum**

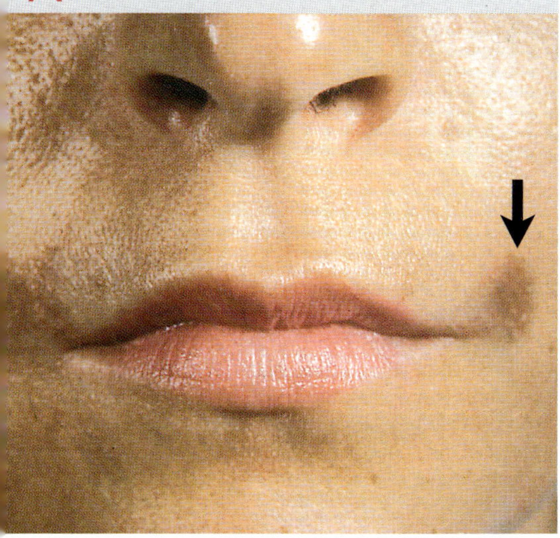

B **Lipofuszin**
Fe, 400x

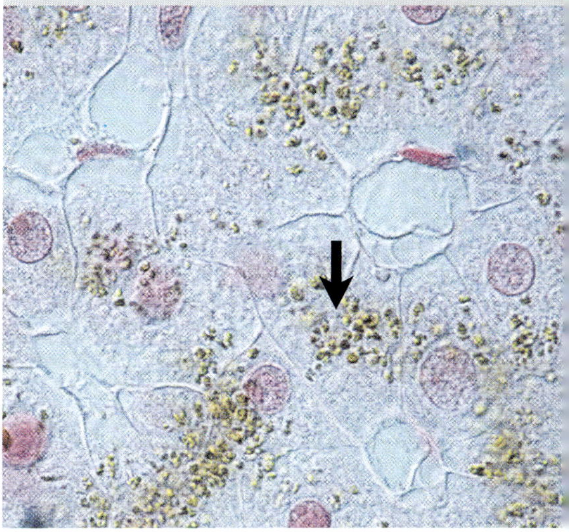

C **Substantia nigra**
normal

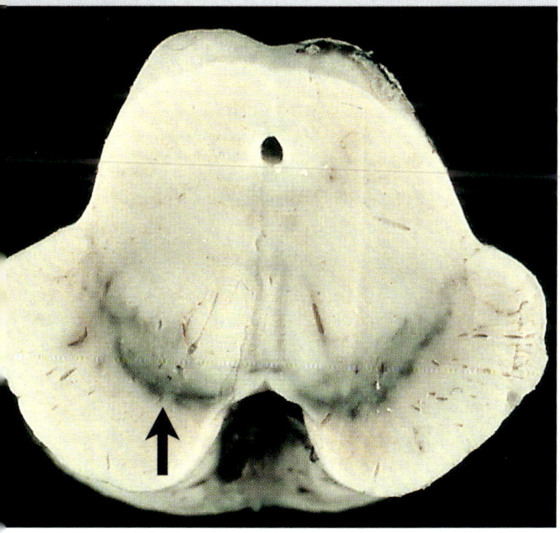

D **Morbus Parkinson**

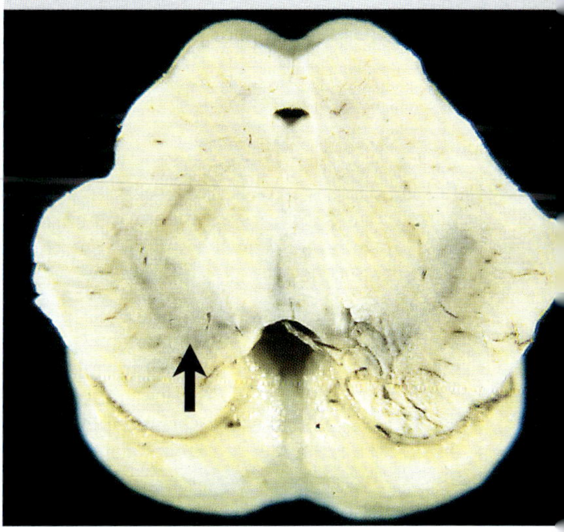

E **Melanosis coli**
200x

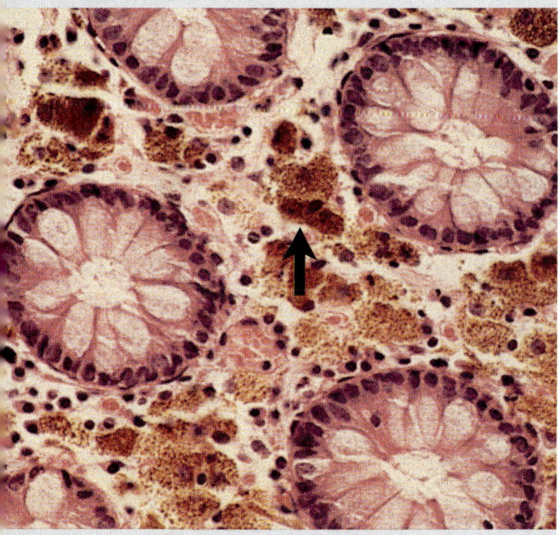

F **Melanosis coli**

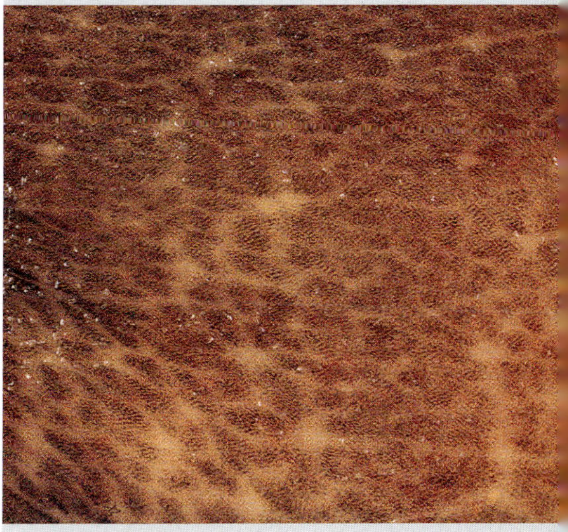

7 Subletale Zellschädigung

Wachsen und Gesundschrumpfen um zu überleben

Zusammenfassung

Schäden, die eine Zelle nicht zugrunde richten, werden von ihr durch eine Leistungssteigerung oder -minderung beantwortet, die auf Veränderungen des Struktur- und Funktionsstoffwechsels zurückgehen und die Zellvermehrung (= Proliferation) mit einbeziehen. Dies gilt für den aus der vorbiochemischen Ära stammenden Begriff „Dystrophie", mit dem (infolge ursprünglich vermuteter „falscher Ernährung") bei einigen nicht-entzündlichen Muskel- und Gehirnerkrankungen die Entstehung von „Kümmerstrukturen" bezeichnet wurde sowie für den Begriff „Degeneration" (= Abartigkeit), der die Umwandlung eines Gewebes in ein minderwertiges bezeichnet.

▶ **Anpassungsreaktion mit Leistungssteigerung (Hypertrophie und Hyperplasie):** Sie äußert sich in einer Hypertrophie, wenn die funktionellen Zellbinnenstrukturen zunehmen, so daß auch das betroffene Organ an Volumen gewinnt. Bei der Hyperplasie wird die Organvergrößerung noch durch eine zahlenmäßige Zellvermehrung ergänzt, wobei in diesen Fällen das abartige Zellwachstum noch nach den Regeln der Zellteilung und -Reifung abläuft. Die histologischen Grenzen zum autonomen Zellwachstum eines Tumor sind z. T. unscharf.

▶ **Anpassungsreaktion mit Leistungsminderung (Atrophie):** Sie manifestiert sich in einer Atrophie, bei der zunächst nur die funktionellen Zellbinnenstrukturen (einfache Atrophie), später auch die Gesamtzellzahl eines Organs (numerische Atrophie) rarefiziert werden. Die zahlenmäßige Zellverminderung vollzieht sich dabei über ein geplantes Absterben einzelner Zellen.

Hypertrophie

Abkürzung: HT = Hypertrophie

Definition: Organ- bzw. Zellvergrößerung, hervorgerufen durch Volumenzunahme der einzelnen Organzellen mit Vermehrung der funktionellen Substanz.

Pathogenese: Funktionssteigernder Stimulus → Aktivierung von Protoonkogenen (S. 157) → Expression von Transkriptionsfaktoren → Steigerung der RNS-, Protein- und später auch der DNS-Synthese (→ Kernpolyploidisierung) → Steigerung der intrazellulären Wachstumsvorgänge mit Organellenvermehrung (S. 12, 15, 18) bei gleichzeitiger Zellteilungshemmung durch Wachstumsinhibitoren. Limitierender Faktor für die Organfunktion ist die nicht adäquat mitwachsende Kapillardichte des Gewebes.

> ! **Merke:** Alle physiologischen HT sind reversibel, wenn der Auslösereiz wegfällt.

Hypertrophiearten

- *Kompensatorische HT* wegen vermehrter Arbeitsbelastung eines Organs. Beispiele: Krafttraining → Skelettmuskel-HT. Aortenklappenstenose → HT des linken Ventrikels (▶ A, B; vgl. S. 388).
- *Endokrine HT* wegen funktioneller Mehrbelastung. Beispiel: Schwangerschaft → Östrogene → Uterus-HT.

Hypertrophie: Assoziierte Krankheiten

Hypertrophische Kardiomyopathie

Synonym: idiopath. hypertrophe Subaortenstenose (= IHSS)

Definition: Meist erbliche (nicht-entzündliche) Störung des myokardialen Strukturstoffwechsels mit resultierenden Funktionseinbuße und kompensatorischer Myokard-HT.

Pathogenese der obstruktiven Formen: Gendefekt der Myosin-β-Schwerketten → Synthese eines „Unsinn"-Myosins → keine funktionelle Ausrichtung der Myofibrillen- (▶ F, G) und Kardiomyozyten (▶ C, E) → Texturstörung mit wirrer sternförmiger Myozytenanordnung (▶ E).

Resultat: Schlagkrafteinbuße → (pathologische) Myokard-HT (▶ D) v. a. unterhalb der Aortenklappe → IHSS.

Infantile Pylorusstenose

Synonym: (primärer) Pylorusspasmus

Definition: Angeborene Pylorusstenose.

Pathogenese: Defekte NO-Synthase in glatter Pylorusmuskulatur → kein muskelrelaxierendes NO → Tonussteigerung und wulstartige Pylorusmuskulatur-HT → Speisebrei kommt aus dem Magen nicht ins Duodenum.

> ✚ **Klinik:** ♂ : ♀ = 5:1. Häufigkeit: etwa 0,3 % aller Neugeborenen. Symptomatik: schwallartiges Erbrechen kurz nach dem Füttern.

A Normalherz
245 G

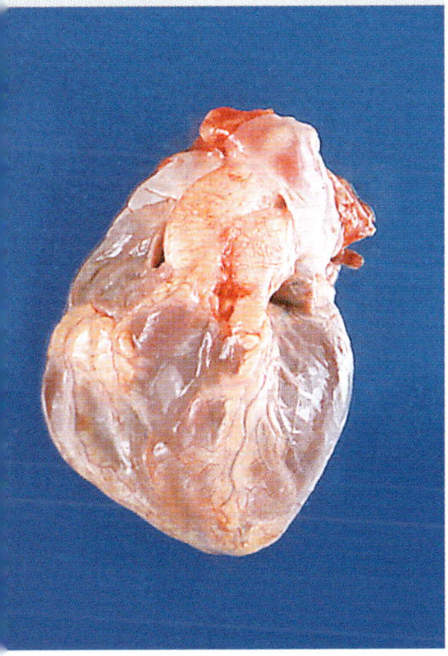

B Herzhypertrophie
675 g

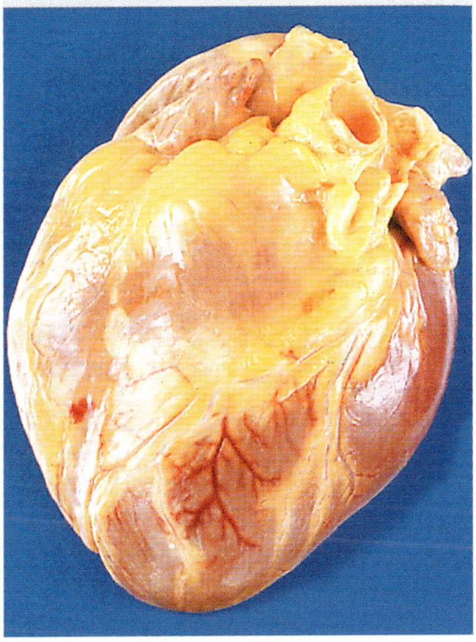

C Normalmyokard
75x

D Myokardhypertrophie

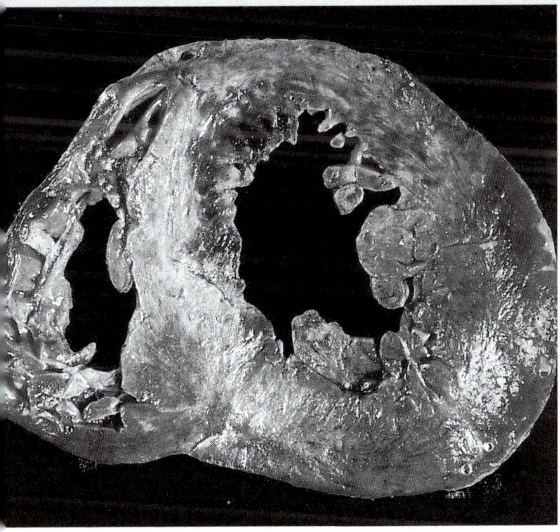

E IHSS
75x

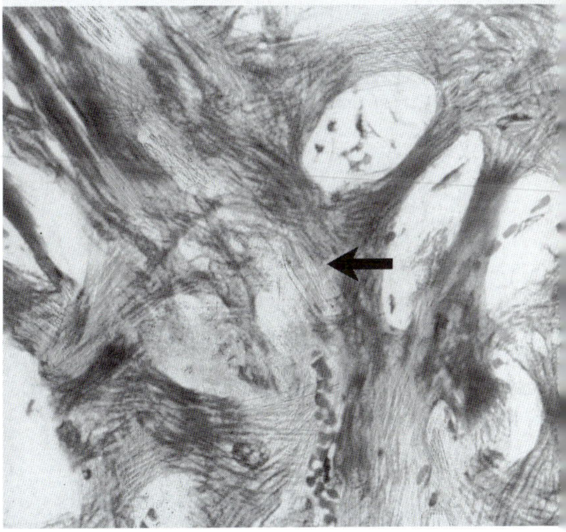

F Normalmyokard
75x

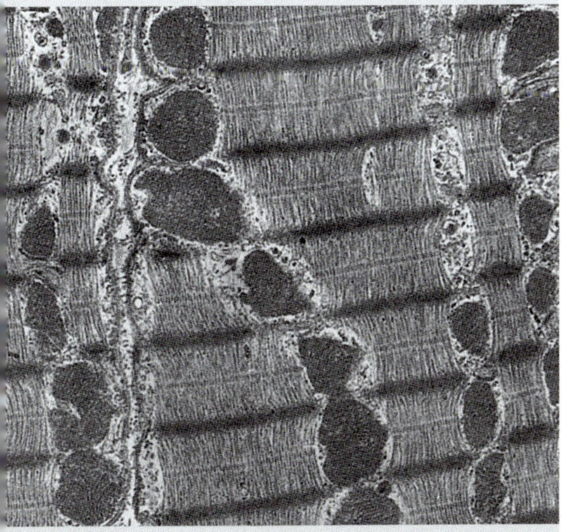

G IHSS-Myokard
TEM, 7500x

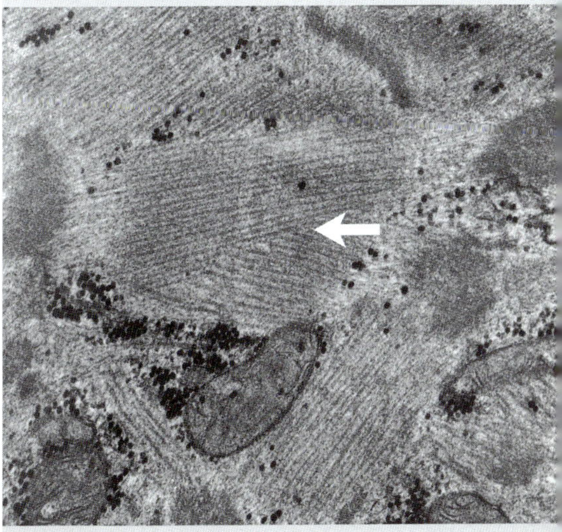

Hyperplasie

Abkürzung: HP = Hyperplasie, PS = Prostata

Definition: Organvergrößerung durch eine Vermehrung der Parenchymzellen.

Pathogenese: Gewebebeanspruchung → Zellhypertrophie → Überschreiten der kritischen Zellmasse → Protoonkogenaktivierung (S. 157) → Expression von Mitoseauslösefaktoren (= Mitogene) → Zellvermehrung (= Proliferation). Limitierender Faktor für die Organfunktion ist die nicht adäquat mitwachsende Kapillardichte.

Hyperplasiearten

Einteilung nach pathogenetischen Gesichtspunkten:
- *Überlastungshyperplasie:* Funktionelle Dauerbelastung eines Organs.
- *Regeneratorische Hyperplasie:* Struktureller und funktioneller Ausgleich eines Gewebeschadens in regenerationsfähigen Organen.
- *Hyperregeneratorische Hyperplasie:* Dauerschädigung → überschießende Regeneration.
- *Dysendokrine Hyperplasie:*
  - Substratmangelzustand → verminderte Hormonsynthese → kompensatorische HP des hormonbildenden Organs,
  - Störung des endokrinen Feedback-Mechanismus,
  - vermehrtes Hormonangebot → HP des (endokrinen) Erfolgsorgans.

! **Merke:** Überlastungshyperplastische Organe → erhöhte Leistung, verringerte Reserve.

! **Merke:** Eine HP hat nur bei entsprechender funktioneller Beeinträchtigung einen Krankheitswert.

Hyperplasie: Assoziierte Krankheiten

Endometriumhyperplasie

Definition: Durch zu hohes Angebot an endo- oder exogenen Östrogenen hervorgerufene Endometrium-HP.

Pathogenese: Hyperöstrogenismus → Wachstum und Proliferation der Endometriumdrüsen → unregelmäßige Endometriumverdickung (► A) mit zahlreichen zystisch ausgeweiteten Drüsen (= „glandulär-zystische HP"; ► C). Bei Fortbestehen des Hyperöstrogenismus → Drüsenproliferation → Drüsen rücken nahe zusammen (Rücken-an-Rücken-Stellung der Drüsen), Drüsenepithel wird mehrreihig (= „adenomatöse HP"; ► E). Bei Überschreiten der kritischen Schleimhauthöhe → Nekrose (S. 128) der Schleimhaut mit Blutung (= Abstoßungsreaktion).

+ **Klinik und Komplikationen:** Häufige Läsion älterer ♀. Metrorrhagie, maligne Entartung.

! **Merke:** *Genitalblutungen:* **Menorrhagie:** zu starke Regelblutung, **Metrorrhagie:** Außerregel-Blutung.

! **Merke:** *Endometrium-HP* = hormonelle Drüsen-HP.

Prostatahyperplasie

Synonym: Adenomyomatose der Prostata

Definition: Gutartige, knotige PS-Vergrößerung durch hormonelle Dysbalance.

Pathogenese: Aktivitäszunahme der 5α-Reduktase im PS-Stroma (Ursache?) → Gewebeanreicherung mit Dihydrotestosteron, Androstendiol und 17-β-Östradiol → Testosteron-Östrogen-Dysbalance → Expression von Fibroblasten-Wachstumsfaktoren (FGF, TGF, EGF) → Expression von Protoonkogen → Transkriptionsfaktor → Stromaproliferation mit Aktivierung der glatten Muskelzellen. HP-Beginn in der kraniozentralen Drüsenzone in Form eines in die Harnblase hineinragenden Knotens (= „Home-Mittellappen"; ► B1) → pseudokapselartige Kompression der peripher-kaudalen Drüsenteile → Urethrakompression → Harnabflußstörung.

Morphologisches Resultat: Diffuse, teils knotenförmige Vermehrung aktinhaltiger glatter Muskulatur (► F) bei geringgradiger Drüsenvermehrung (► D) → Sekretionsstörung → mikrozystische Drüsenumwandlung → Sekreteindickung zu geschichteten Psammomkörperchen → Verkalkung → PS-Steine (= „Prostatolithen") → schwarze Pünktelung der PS-Schnittfläche („Schnupftabak-PS") → reaktive Prostatitis.

Makroskopie: Vergrößerte, knotig umgestaltete PS-Drüsenlappen mit gelblicher, feinst siebförmig-durchlöcherter PS-Schnittfläche und milchigem Sekret.

+ **Klinik und Komplikationen:** Häufige Läsion älterer ♂ mit Harnabflußstörung. Folgen davon:
Balkenharnblase (► B2): Kompensatorische HP der Harnblasenmuskulatur → balkenartiges Relief der Harnblaseninnenseite (= Balkenharnblase) mit Wandaussackungen zwischen den hypertrophierten Muskelbündeln, die v. a. aus Mukosa-Submukosaanteilen bestehen (= PS-Pseudodivertikel).
Hydronephrose: Harnrückstau → allmähliche sackförmige Nierenbeckenausweitung mit druckbedingtem Parenchymschwund v. a. im Rindenbereich → Umwandlung der Niere in einen uringefüllten „Wassersack" (= Hydronephrose) → Niereninsuffizienz.

! **Merke:** *Prostatahyperplasie* = hormonelle Stromahyperplasie

A **Glanduläre Endometriumhyperplasie**

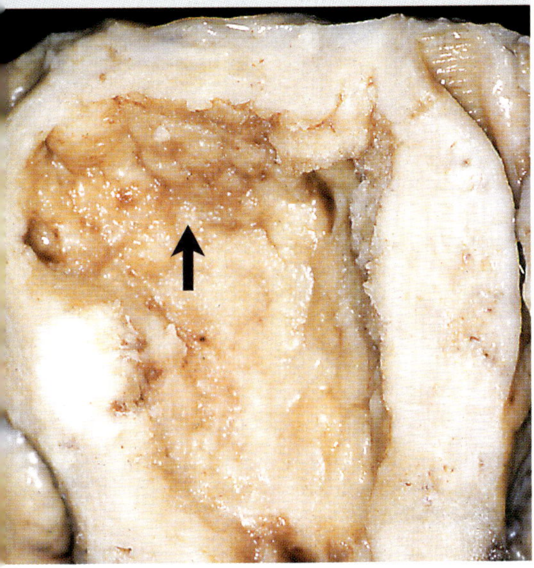

B **Prostatahyperplasie** (Balkenharnblase)

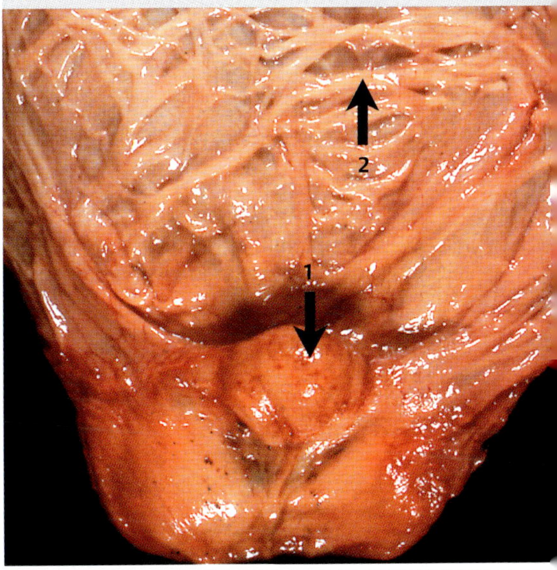

C **Glandulär-zystische Endometriumhyperplasie**
50x

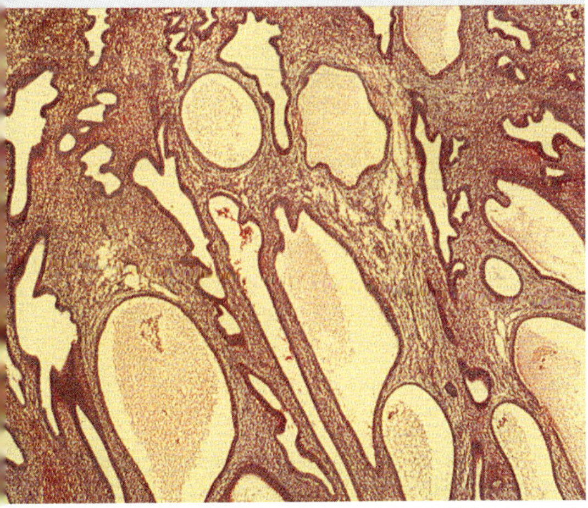

D **Prostatahyperplasie**
250x

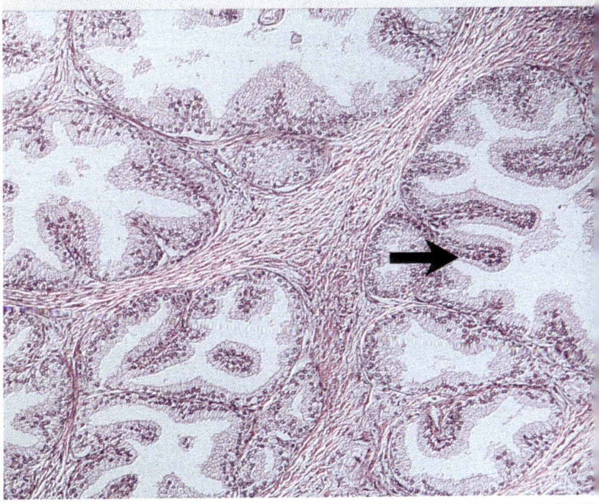

E **Glanduläre Endometriumhyperplasie**
(Östrogen-Rezeptorprotein) IH, 300x

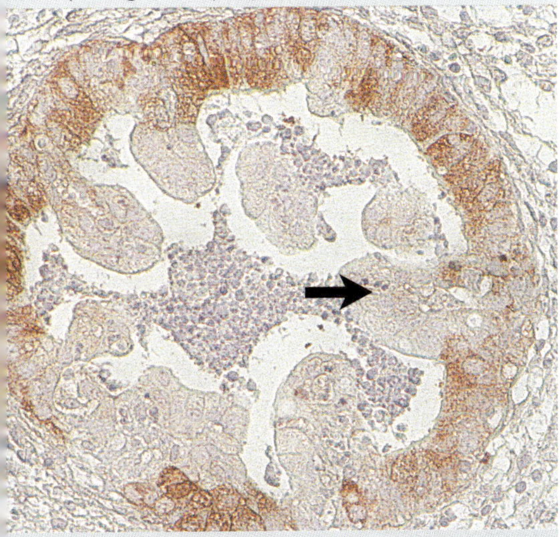

F **Prostatahyperplasie**
IH, 300x

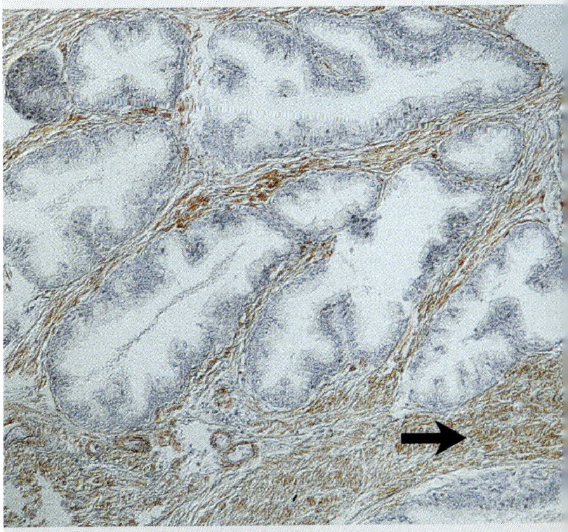

Endokrine Hyperplasien

Abkürzung: SD = Schilddrüse, TC = Thyreozyt(en)

Allgemeine Definition: Hyperplasie-assoziierte Krankheiten wegen endokriner Fehlsteuerung (S. 117).

Thyreoideahyperplasien

Allgemeine Definition: Regulative Hyperplasie der SD-Follikel mit sicht- und/oder tastbarer SD-Vergrößerung.

> **Merke:** *Jede (nicht-neoplastische) SD-Vergrößerung = Struma = Kropf.*

> **Merke:** *Geographische Häufigkeit der Struma:*
> - endemisch: > 10 % der Bevölkerung
> - sporadisch: < 10 % der Bevölkerung

Euthyreote Struma

Synonym: Jodmangelstruma, blande Struma

Musterkrankheit für häufigste Endokrinopathie

Definition: Struma mit ausreichender SD-Hormonbildung bei Jodmangel.

Pathogenese: Relativer oder absoluter Jodmangel aus endo- oder exogener Ursache. Folge: Expression von Wachstumsfaktoren (EGF) → TC-Proliferation → SD-Follikelhyperplasie.

Morphologie: Anfänglich diffuse (Struma diffusa), später knotige SD-Vergrößerung (= „Struma nodosa“ ► A) mit Kolloidspeicherung (► C1); Folge: Follikelvergrößerung (= „Struma makrofollicularis colloides“) mit Auskleidung durch flache TC (► C2); später regressive Veränderungen mit dystropher Verkalkung (= „Struma regressiva“).

Hyperthyreote, diffuse Struma

Synonym: Morbus Basedow

Musterkrankheit für endokrine Fehlregulationshyperplasie

Definition: Struma mit diffuser SD-Überfunktion wegen fehlerhafter TSH-Rezeptorfunktion.

Pathogenese: Bildung autoreaktiver IgG-Antikörper (S. 96) mit Bindung an TSH-Rezeptoren. Folgen davon:
- Adenylatzyklaseaktivierung → TC-Dauerstimulation → T_3/T_4-Überproduktion,
- TC-Dauerproliferation → exzessives SD-Wachstum.

Morphologie: TC-Proliferation und -Hypertrophie → polsterförmige bis papillenartige Wucherung des hochzylindrischen Follikel-TC (= „Sanderson-Polster“ ► D1). TC-Aktivierung → vakuolige Kolloidresorption an der Follikelperipherie (= Resorptionsvakuolen ► D2).

Makroskopie: diffuse Struma (► B).

> **Klinik:** Häufiger in sporadischen Kropfgebieten.
> *Klinische Symptome:* ***Merseburger-Trias:***
> - Struma (= Kropf),
> - Exophthalmus (= Froschaugen),
> - Tachykardie (= Herzjagen).
>
> Außerdem: prätibiale Ödeme, Gewichtsabnahme, feucht-warme Haut, Schweißausbrüche.

> **Merkspruch:** *Basedow-Klinik:*
> *Das Herz jagt* (Tachykardie),
> *das Auge rollt* (Exophthalmus),
> *der Hals grollt* (Schwirrgeräusch wegen Hyperämie über Struma).

Hypothyreote Struma

Synonym: Jodfehlverwertungsstruma

Definition: Strumaform mit SD-Unterfunktion infolge erblichem Defekt eines Enzyms in der SD-Hormonsynthese.

Pathogenese: Enyzmdefekt → Hormondefizit in der Peripherie → hypophysäre TSH-Ausschüttung → TC-Dauerproliferation (jedoch ohne endokrine Stimulation).

Morphologie: Anfänglich diffuse, später knotige Struma mit kolloidarmen SD-Follikeln, die von unstimulierten flachen TC ausgekleidet sind.

> **Klinik:** Selten. Stoffwechseldepression, teigige Haut, Myxödem, Hyporeflexie.

Parathyreoidea-Hyperplasie

Definition: Diffuse und/oder knotige Hyperplasie aller 4 Epithelkörperchen (v. a. Hauptzell- oder Klarzellvermehrung).

Je nach Ätiologie unterscheidet man folgende Formen:
- *Primäre Hyperplasie* (selten):
  - 70 % Ursache unbekannt,
  - 30 % Teil des multiplen endokrinen Neoplasie Syndroms Typ I.
- *Sekundäre Hyperplasie* (häufig):
  - chronische Niereninsuffizienz → Hypokalzämie,
  - mangelhafte Bildung von Vitamin-D-Vorstufen (25-Cholecalciferol).

Morphologie der häufigsten Form des primären Hyperparathyreoidismus*:* Epithelkörperchen sind ungleichmäßig vergrößert (► E) und mehrere Gramm schwer. Knotige Hauptzellwucherung in solider z. T. follikulärer Anordnung (► F) → Verdrängung der Stromafettzellen → kein Fettgewebe mehr in Epithelkörperchen.

> **Klinik:** Je nach Ätiologie:
> - *Primäre Hyperplasie* → primärer Hyperparathyreoidismus (S. 39).
> - *Sekundäre Hyperplasie* → sekundärer Hyperparathyreoidismus (S. 39) → Hyperkalzämie → metastatische Weichteilverkalkungen (S. 136).

A Knotenstruma

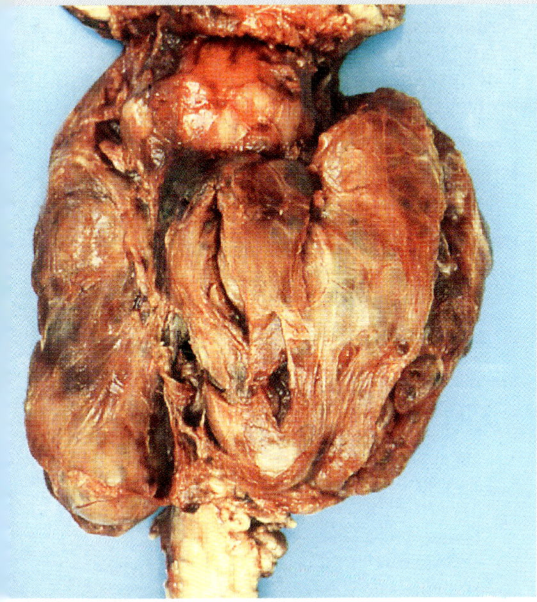

B Diffuse Struma

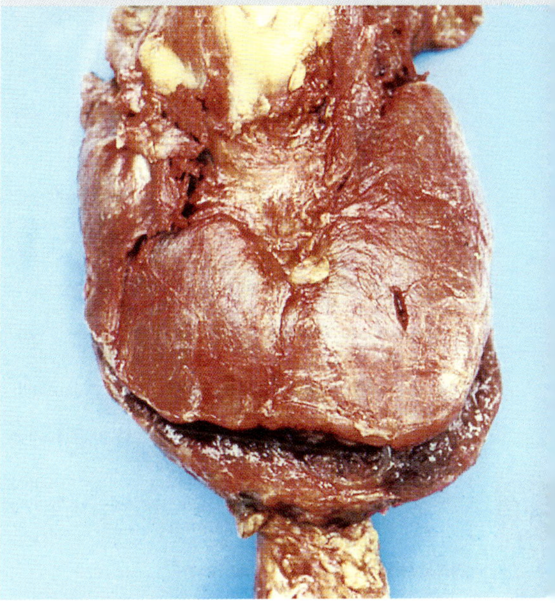

C Euthyreote Struma
150x

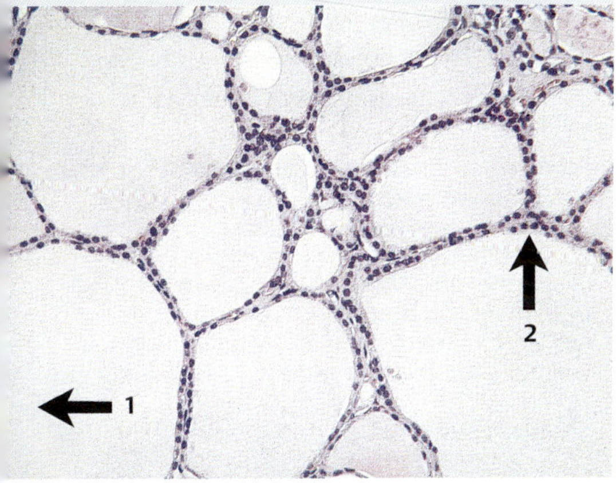

D Hyperthyreote Struma
250x

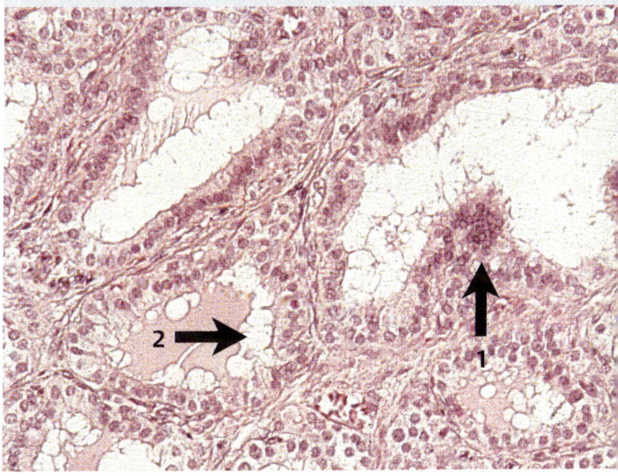

E Epithelkörperchen-Hyperplasie

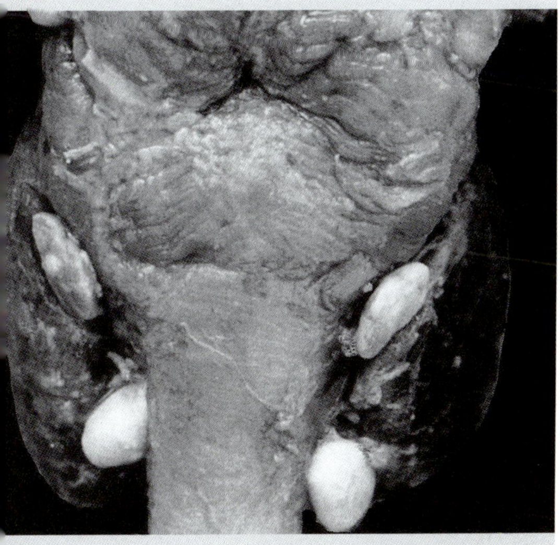

F Epithelkörperchen-Hauptzellhyperplasie
250x

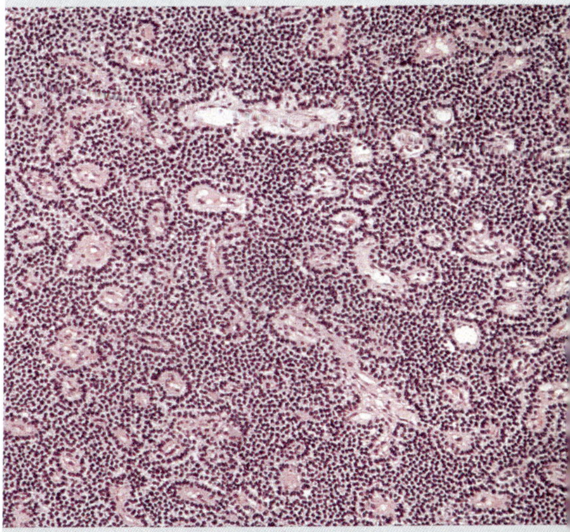

Abkürzung: NNR = Nebennierenrinde

NNR-Hyperplasie

Allgemeine Definition: Mit Überfunktion der NNR einhergehende Hyperplasie (= Hyperkortizismus). Gewicht beider NNR > 15g.

Ätiologische Hyperplasieformen: Je nach betroffener NNR-Zelle wird ein anderes Hormon im Überschuß gebildet:
- *Glomerulosazellen:* Hyperaldosteronismus,
- *Fasciculata-Reticularis* → Hyperkortisolismus (Cushing-Syndrom),
- *Fasciculata-Reticularis* → adrenogenitales Syndrom.

Je nach Auslösemechanismus der entsprechenden Zellvermehrung unterscheidet man:
- *Primäre Formen:* autonomes Wachtum → Tumor (Adenom),
- *Sekundäre Formen:* Reaktion auf übergeordnetes Releasing-Hormon oder adaptatives Wachstum auf Mangelsignal → Hyperplasie.

NNR-Überfunktionssyndrome

Hyperaldosteronismus

Primäre Form: NNR-Adenom (= Conn-Syndrom) in Form eines gelblichen Gewebsknotens in der NNR (► A1); der Knoten ist kapselartig von der Restnebenniere (► A2) abgegrenzt und besteht aus hellzelligen, verfetteten Zellen (► B) = hellzelliges Adenom mit Aldosteron-Überproduktion. Selten.
Sekundäre Form: Extraadrenale Stimuli wie Angiotensin II, Natriumentzug, Kaliumzufuhr, ACTH → NNR-Stimulation → Aldosteronproduktion.

Klinik: Arterielle Hypertonie (S. 388), Hypokaliämie, Proteinurie, Muskelschwäche, Polyurie, Parästhesien (Gefühl des „Ameisenlaufens").

Hyperkortisolismus

Synonym: Cushing-Syndrom

Primär hypothalamisch-hypophysäre Form (= Morbus Cushing): Hypophysenvorderlappen-Adenom → ACTH-Dauerproduktion → NNR-Dauerstimulation → Fasciculata-Reticularis-Hyperplasie.

Primär adrenale Form: Meist gelblich-braun gescheckter Tumor (► C1); er geht von der NNR aus (► C2) und besteht aus kompakten (► D1) und hellzytoplasmatischen Zellen (► D2) = gemischtzelliges Adenom → Unterdrückung der kortikotropen Hypophysenfunktion → Atrophie der gesunden NNR (► C2).

Paraneoplastische Form (= ektopes ACTH-Syndrom): Extra-adrenaler (oder -hypohysärer) Tumor mit ACTH-Peptidbildung (z. B. kleinzelliges Bronchialkarzinom, S. 378).

Iatrogene Form: Als unerwünschte Nebenwirkung einer Glukokortikoid- oder ACTH-Therapie.

Klinik des Hyperkortisolismus:
- *Skelett:* Cortison-Osteoporose (S. 67),
- *Muskulatur:* Muskelschwund → Spatzenbeine,
- *Blut:* Lymphozyten-, Eosinophilenschwund,
- *Haut:* atrophische Verdünnung → Bildung gelblich-weißer Hautstreifen (= Striae),
- *Fettgewebe:* Stammfettsucht,
- *Kreislauf:* arterielle Hypertonie (S. 386),
- *Stoffwechsel:* sekundärer Diabetes mellitus,
- *Magen:* Neigung zum peptischen Magengeschwür.

Merke: Corticosteroid-Nebenwirkungen:
- Osteoporose (S. 126),
- Wundheilungsstörung (S. 312),
- Infektionsneigung,
- Nebennieren-Suppression.

Adrenogenitales Syndrom (= AGS)

Synonym: Sexualhormon-Überfunktionssyndrom

Musterkrankheit für enzymatisch fehlgesteuerte Geschlechtsentwicklung

Pathogenese: Erblicher Enzymdefekt der Steroidhormonsynthese:
- 21-Hydroxylasedefekt (90 % der Fälle),
- 11-Hydroxylasedefekt (5 % der Fälle).

Folgen davon: Kongenitale NNR-Hyperplasie → Bildung von Hormonvorstufen mit androgener Wirkung; gelegentlich auch von Hormonvorstufen mit Aldosteron- oder ACTH-Wirkung.

Klinik: Sehr selten. Ob auch erworbene AGS-Formen vorkommen wird diskutiert.
Die AGS-Symptomatik ist geschlechtsabhängig:
- *Mädchen:* Vermännlichung (= Virilisierung) der äußeren Geschlechtsmerkmale mit Klitorishypertrophie (► E), männlicher Sexualbehaarungstyp und Labienverwachsung bei normalem inneren Genitale → Pseudohermaphroditismus femininus. Vorzeitige Pubertät.
- *Knaben:* Verstärkte Skrotalhautpigmentierung. Vorzeitige Pubertät (► F).
- *Bei Knaben und Mädchen:* Zunächst Wachstumsbeschleunigung → vorzeitiger Schluß der Epiphysenfugen → Wachstumsstillstand → Minderwuchs.

A **Hellzelliges NNR-Adenom**

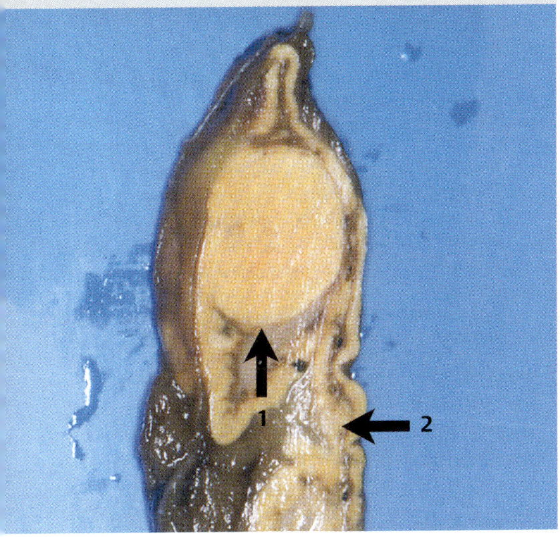

B **Hellzelliges NNR-Adenom**
200x

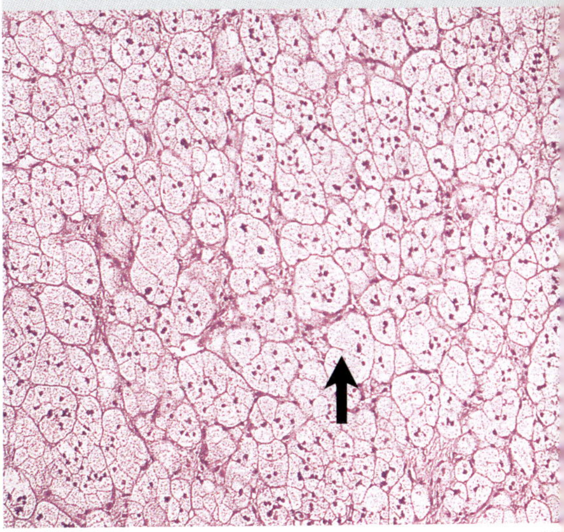

C **Gemischtzelliges NNR-Adenom**

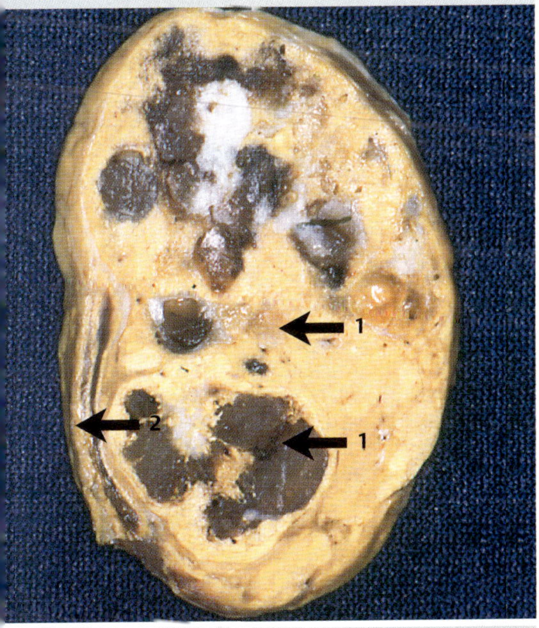

D **Gemischtzelliges NNR-Adenom**

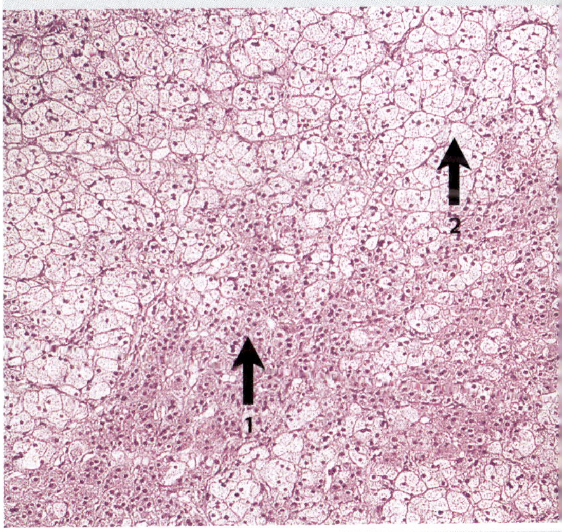

E **AGS:** Virilisierung

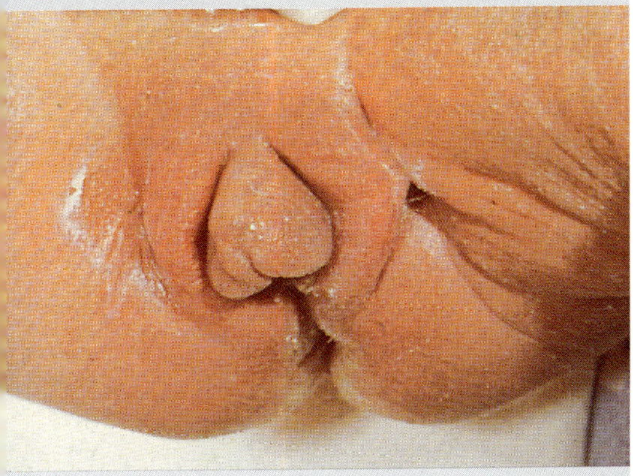

F **AGS:** Pubertas praecox (3jähriger Junge)

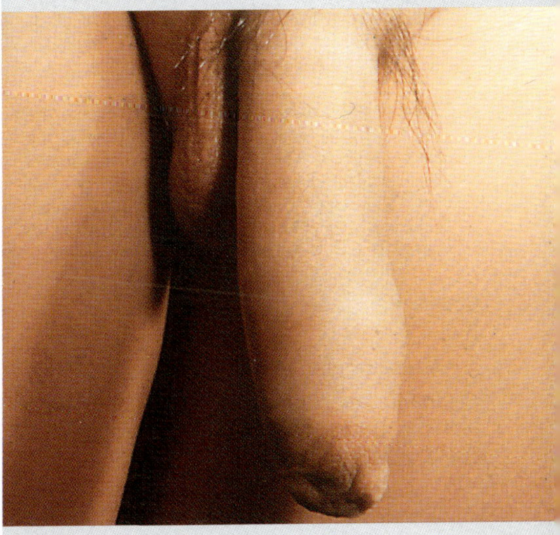

Atrophie

Abkürzung: AT = Atrophie

Definition: Organ-/Gewebeverminderung wegen Verkleinerung der Parenchymzellen:
- *Einfache Atrophie:* Organverkleinerung wegen volumetrischer Zellverkleinerung;
- *Numerische Atrophie:* Organverkleinerung wegen numerischer und volumetrischer Zellverminderung.

Pathogenese: Die AT ist das Korrelat einer Zelladaptation an eine verminderte Aktivität, Arbeitsbelastung, Blutversorgung, Ernährung sowie an eine reduzierte neurale und/oder endokrine Stimulation.

Die AT läuft nach folgenden zwei Mustern ab:
- ***Autophagischer Zellabbau*** (S. 26) → Verlust an funktioneller Substanz → Volumenverlust der Zelle → einfache AT. Wenn Noxe persistiert →
- ***zellulärer Selbstmord*** (Apoptose; S. 128) → zahlenmäßiger Zellverlust → numerische AT.

Atrophiearten

Einteilung nach pathogenetischen Gesichtspunkten:
- ***Involutionsatrophie:*** Rückbildung von Organen, die während der Embryogenese (z. B. Ductus Botalli) vorübergehend gebildet oder im Verlauf des Lebens vorübergehend vergrößert (z. B. Mamma lactans) werden.
- ***Inaktivitätsatrophie:*** Wegfall der funktionellen Belastung → Rückbildung.
  Beispiel: Bettlägerigkeit, Lähmung: → Muskel-AT mit Vakatfettwucherung (► A1, B1) zwischen atrophen Muskelfasern (► A2, B2).
- ***Trophoneurotische Atrophie:*** Peripher- oder zentralnervöse Gefäßstörung → Drosselung der Gewebsdurchblutung.
  Beispiel: Tabes dorsalis (= luischer Rükenmarkschwund) → Mal perforant der Füße (= Fußsohlengeschwür wegen gestörter Trophik).
- ***Vaskuläre Atrophie:*** Durchblutung-Beanspruchungsmißverhältnis.
  Beispiel: Pfortaderverschluß → Leberlappen-AT.
- ***Druckatrophie:*** Mechanische Überbeanspruchung.
  Beispiel: Pulsierendes Aneurysma → Wirbelkörper-AT; Lungenüberblähung → Zwerchfelldruck → Leberdruckfurchen.
- ***Endokrine Atrophie:*** Kein Freisetzungshormon → kein Anreiz für Hormonbildung im endokrinen Erfolgsorgan → AT des endokrinen Erfolgsorgans.
  Beispiel: Schilddrüseninaktivtität: kein FSH → Follikel-AT → Resorptionsvakuolen als Aktivitätszeichen wie in einer endokrin aktiven Schilddrüse fehlen (► C, D1) → Kolloidstau in Follikeln (► D2).

Generalisierte Atrophie: Assoziierte Krankheiten

Altersatrophie (Altern)

Definition: Summe aller Veränderungen im Verlauf des Lebens, die bei allen Menschen als Funktion der Zeit auftreten.

Ätiologische Mechanismen:
- ***Molekulare DNS-Alterung:*** wegen angeborener (S. 6) oder erworbener Defekte im DNS-Reparatursystem → DNS-Fehlerkatastrophe.
- ***Telomeren-Erosion:*** Die Chromosomen verlieren durch den Zellteilungsprozeß im Telomerenbereich fortwährend genetisches Material (= telomerische Erosion). Bei Überschreiten eines Grenzwerts werden die chromosomalen Enden „klebrig" und verschmelzen miteinander. Dieser molekulare Schaden wird von „Genomwächter-Proteinen" geahndet. Gelingt der betroffenen Zelle die Reparatur des Chromosomenschadens nicht, wird das „Zellsterbeprogramm" eingeschaltet (S. 128, 132).

Morphologie: Alters-Reduktion der funktionellen Substanz → Organ-AT mit Braunfärbung wegen Lipofuszinanreicherung (beim physiologischen Altern erst nach dem 70. Lebensjahr augenfällig!) und Faservermehrung.

☺ **Biologischer Rekord:** Mit 120 Jahren und 237 Tagen hat bisher der Japaner Shigechiyo Izumi am längsten gelebt (offiziell bestätigt).

! **Merke:** Ausnahmen im Zellalterungsprozeß:
- *Zellen der Erneuerungsgewebe* (S. 309) besitzen eine Telomerase (= „Unsterblichkeitsenzym") → permanente Reparation des telomerischen Materialverlusts → keine Zellalterung → Immortalisierung.
- *Krebszellen* besitzen aktive Telomerase.

Inanitionsatrophie (= Kachexie).

Ätiologische Faktoren:
- unzureichende Nahrungszufuhr,
- unzureichende Nahrungsaufnahme.

Pathogenese: Aus normalem Ernährungszustand heraus reichen die Energievorräte eines Erwachsenen für mindestens 40 – 50 Tage. Beim Hungern wird am 1. Tag das Leberglykogen verbraucht; danach wird das Depotfett abgebaut (z. B. im Omentum majus; ► E, F) → Abmagerung → später: Verbrauch der Körperproteinreserven → Drosselung der Proteinsynthese → Hypoproteinämie v. a. Hypoalbuminämie → Apoptose (S. 128) → (numerische) AT des hämatolymphopoetischen Apparats.

+ **Klinik:** Sehr häufige Läsion in Entwicklungsländern. Hungerödeme (Hungerbauch), Anämie und Infektanfälligkeit. Tod im hypoglykämischen Koma bei Ketoazidose.

☺ **Klinischer Rekord** im Hungern gehalten von A. Barbieri (Tayport, GB): 382 Tage. Sein Anfangsgewicht von 214 kg reduzierte sich dabei auf 81 kg.

A **Muskelatrophie**

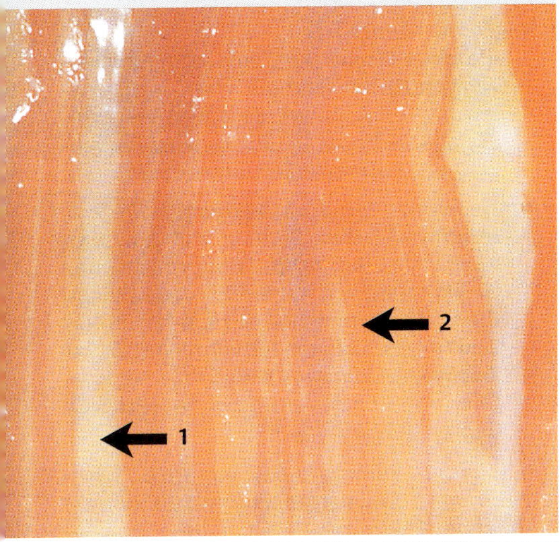

B **Muskelatrophie**
EGV, 75x

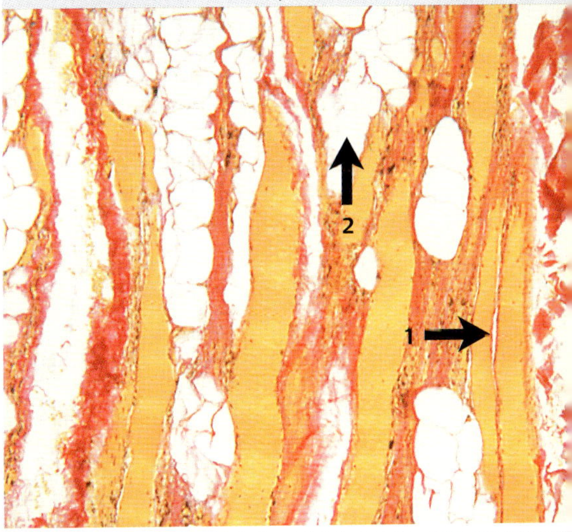

C **Endokrin aktive Schildrüse**
100x

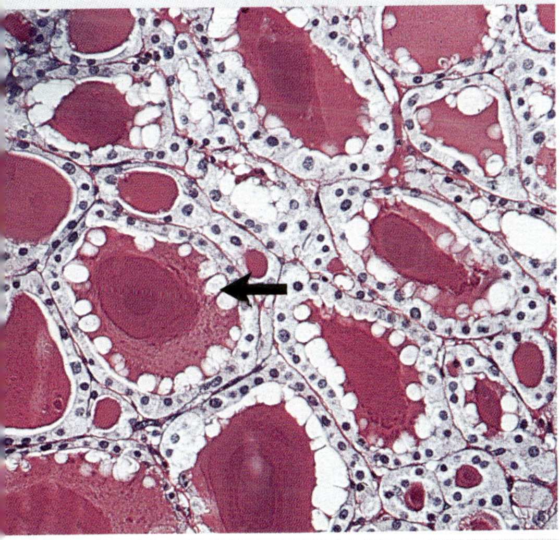

D **Endokrine Atrophie** (Schildrüse)
100x

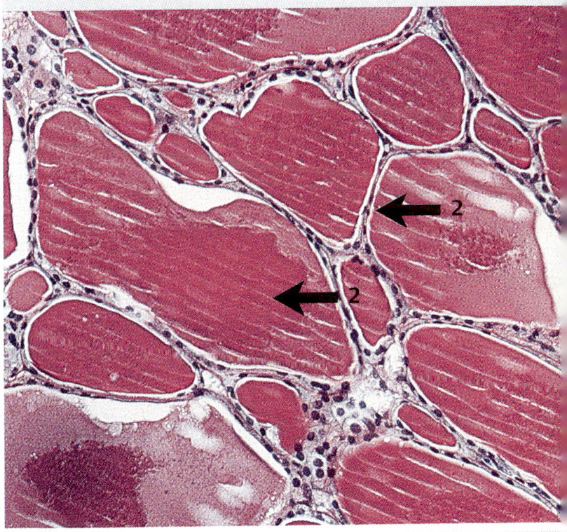

E **Normales Omentum majus**

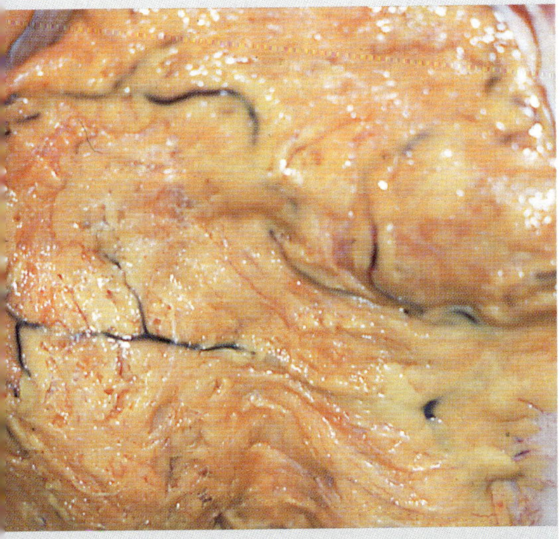

F **Kachexie** (Omentum majus)

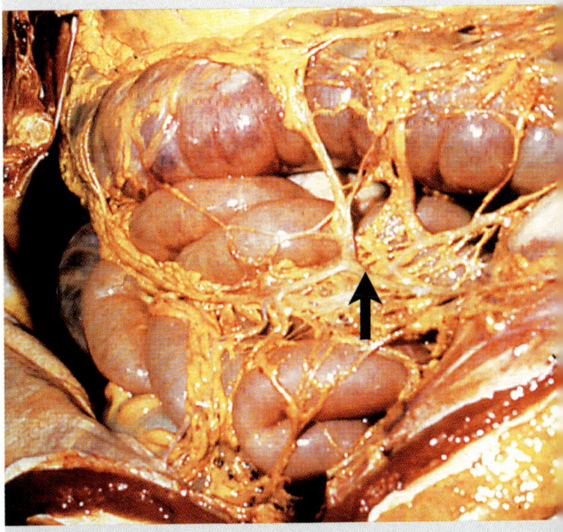

Organatrophie: Assoziierte Krankheiten

Osteoporose

Musterkrankheit für Knochenatrophie

Definition: Jeder Verlust von Knochensubstanz, der das alterungsbedingte, physiologische Ausmaß übersteigt.

Ätiologische Osteoporoseformen:
- *Primäre Osteoporosen:* Ursache unklar. ♀ > ♂ (postmenopausaler Östrogenmangel?),
- *Sekundäre Osteoporosen:* Ursachen:
  - hormonell: Hyperkortizismus, Hyperthyreose,
  - biomechanisch: Inaktivität.

Folgen davon: Apoptoseauslösung (S. 128) → numerischer Osteoblastenschwund.

Pathogenetisches Prinzip: Exzessiver Knochenabbau und/oder gedrosselte Knochenneubildung.
Folgen davon: Andauernde, systemische negative Bilanz des Knochenumbaus → osteoklastäre Resorptionslakunen auf der Spongiosaoberfläche werden wegen Osteoblasteninaktivität nicht mit neuer Knochensubstanz aufgefüllt → Atrophie der Knochenbälkchen.

Resultat: Knochengewebe wird porös und brüchig (Name: Osteo-„porose"!).

Morphologie (primäre Osteoporose): Verlust und Verschmälerung der Knochentrabekel (= „Trabekelatrophie"; ► A2; B2) → rarefizierende Auslichtung der Spongiosabälkchen (► C, D), später auch Kompaktaverschmälerung. Zeichen der Osteoblasteninaktivität: keine Osteoidbildung → weitgehend fehlende Osteoidsäume (► A1; B1).

Klinik: Sehr häufige Erkrankung. Spontanfrakturen, Deckplatteneinbrüche in Wirbelkörpern (v. a. BWS, LWS) → Fischwirbelbildung. Bei ventraler Wirbelzusammensinterung → Keilwirbelbildung. Verminderung der Körpergröße durch Zusammensintern der Wirbelsäule.

Morbus Alzheimer

Musterkrankheit für Hirnatrophie

Definition: Vorzeitige, pathologische Alterung des Gehirns aus dem Formenkreis „neurodegenerative Erkrankungen" mit Verfall der geistigen Fähigkeiten.

Pathogenese: Unbekannter Defekt im Strukturstoffwechsel der Ganglienzellen → Bildung von AS-Amyloid (sog. A4-Amyloid; S. 50) mit Lokalisation des Amyloidvorläufer-Proteinlokus im Chromosom-21.

(deshalb: Morbus Alzheimer obligat bei Trisomie 21)

Folgen: Alzheimer-Trias:
- ***Alzheimer-Plaque:*** konzentrische Amyloidablagerung im Neuropil[1] von Ganglienzellen mit konsekutiver degenerativer Zytoskelettschädigung in umliegenden Nervenzell- und Astrozytenfortsätzen (S. 34).

Weitere Folge der Zytoskelettschädigung:
- ***Alzheimer-Fibrillen:*** Bildung und Ansammlung von helikalen Doppelfilamenten (S. 34) zusammen mit Streßprotein Ubiquitin und Mikrotubuli-assoziiertem Protein „tau" in geschädigten Nervenzellfortsätzen.
- ***Amyloidangiopathie*** (= kongophile Angiopathie): Amyloidablagerung in den Hirngefäßen.

Morphologie: Rindenatrophie von Stirn-, Scheitelhirn und Schläfenlappen; mikroskopische Alzheimer-Trias:
- Alzheimer-Plaque v. a. im Assoziationskortex, Stirnhirn und Hippokampus,
- Alzheimer-Fibrillen (S. 33),
- Amyloidangiopathie

Klinik: Recht häufige Läsion.Progrediente Demenz mit Gedächtnisverlust und Verlust der kognitiven Funktionen. Sprachzerfall.

Prominenter Patient: Ronald Reagan, zeitg. US-amerikanischer Präsident.

Morbus Pick

Definition: Vorzeitige, pathologische Alterung des Gehirns aus dem Formenkreis „neurodegenerative Erkrankungen" mit Wesensveränderungen und Demenz.

Pathogenese: Defekt im Strukturstoffwechsel der Ganglienzellen → Zytoskelettschädigung in Form von Neurofilamenthaufen mit Beimengung des Streßproteins Ubiquitin (= „Pick-Kugeln") → schwammartige Hirngewebsschädigung (= Status spongiosus) → Apoptoseauslösung (S. 128) → (numerische) Rindenatrophie im Stirn-Schläfenhirnbereich (► E, F).

Klinik: Seltenere Läsion. Wesensveränderung, Enthemmung, Antriebs- und Sprachverarmung, Demenz.

Prominenter Patient: Maurice Ravel, franz. Komponist (1875 – 1937).

Merke Atrophieausgleichsprinzip:
Organismus ist bemüht, atrophie-bedingten Schwund an Gewebemasse durch Füllmaterial wieder auszugleichen:
- Hirnatrophie → Hydrozephalus e vacuo,
- Nieren-Atrophie → Lipomatose des Nierenhilus,
- Muskelatrophie → Fettvakatwucherung.

[1] Neuropil = Geflecht aus Ganglienzellfortsätzen

A **Normale Knochenspongiosa**
TrG, 75x

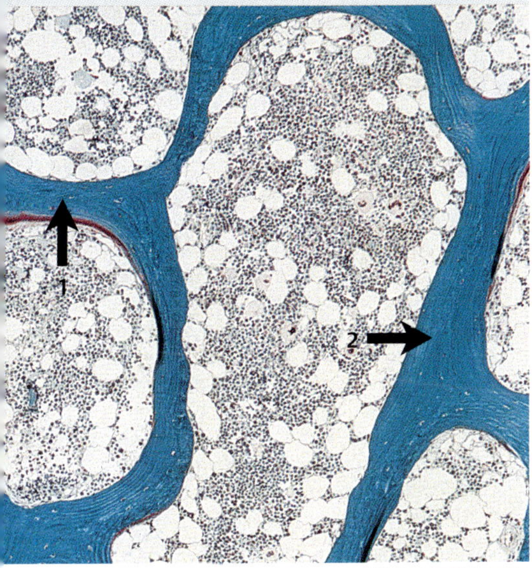

B **Osteoporose-Spongiosa**
TrG, 75x

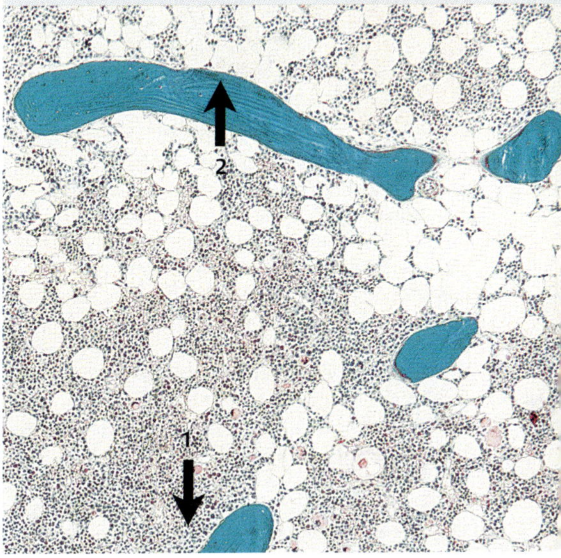

C **Normal-Femur**

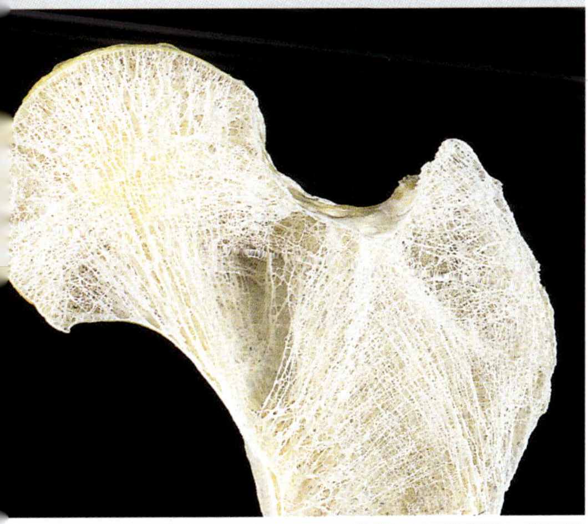

D **Osteoporose-Femur**

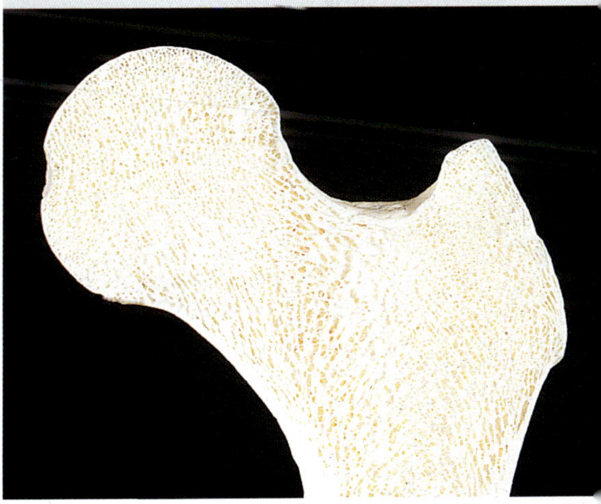

E **Normalhirn**

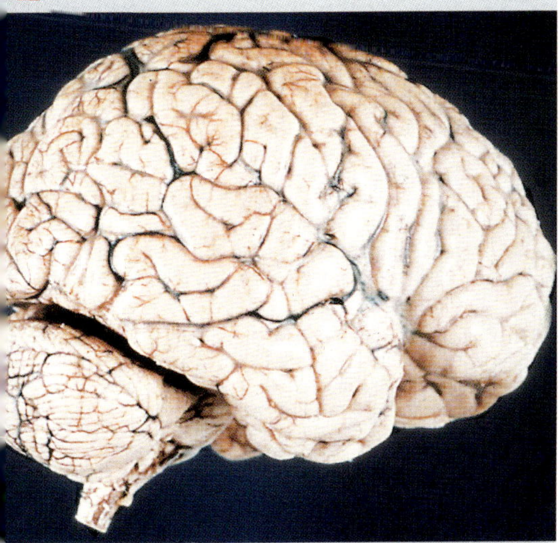

F **Stirnhirnatrophie**

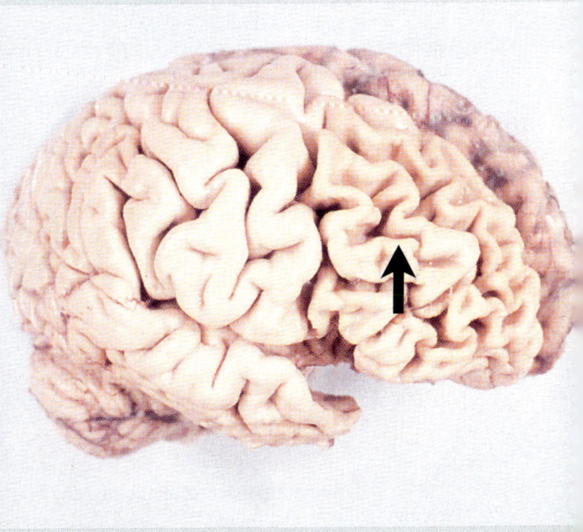

8 Zellsterben als letzter Ausweg
Letale Zellschädigung

Zusammenfassung

Das Absterben von Zellen und Gewebe im Rahmen letaler Zellschädigungen verläuft entweder über eine „innere Vorschrift" oder über einen „äußeren Zwang". Das tote Gewebe imponiert als Nekrose. Sie kann über den Mechanismus einer alterativen Entzündung (S. 194) repariert werden. Im toten Organismus löst sich das Gewebe enzymatisch und durch Fäulnis selbst auf (Autolyse).

▶ **Programmierter selektiver Zelltod** (= Apoptose): In diesem Fall beruht das Absterben einer Zelle entweder auf einem selbstausgelösten Todesprogramm (Zell-*Selbstmord*) oder auf einem von Umgebungszellen signalisierten Todesprogramm (Zell-*Brudermord*). Das Resultat ist eine Schrumpfnekrose. Störungen des Apoptoseablaufs führen zu Fehl- und zu Überschußbildungen (Tumoren).

▶ **Akzidenteller Zelltod** (= Onkose): Durch die Einwirkung exogener oder endogener Noxen wird die Zelle schwer getroffen. Ihr Aufbäumen dagegen ist an begleitenden Adaptationsvorgängen erkennbar und gibt dem Zelltod in Form der Nekrose ein histologisches Gesicht (Nekrophanerose), je nach Auslösemechanismus werden folgende zwei Nekroseformen unterschieden:

- ***Koagulationsnekrose***, wenn Eiweißdenaturierung und Dehydrierung dominieren.
- ***Kolliquationsnekrose***, wenn ein hydrolytischer Abbau vorherrscht.

Programmierter Zelltod

Synonym: Apoptose

Abkürzung: ZTP = zelluläres Todesprogramm

Definition: Aufgrund eines Gen-vermittelten ZTP ausgelöstes Absterben von Zellen mit konsekutivem Schrumpfen und Zerfallen der gestorbenen Zellen, ohne reaktive Begleitentzündung.

Dies kann auf 2 Wegen geschehen:

- *Programmierter zellulärer Selbstmord:* Bei numerischer Atrophie, Alterung (S. 124) und Noxenexposition entstehen genomische Schäden → ZTP-Auslösung.
- *Programmierter zellulärer Brudermord:* In der Embryogenese (S. 296) und bei der zytotoxischen Abwehr von Fremdzellen (S. 158) wird das ZTP durch andere Zellen desselben Organismus ausgelöst.

Allgemeine Pathogenese:

Auslösesituationen des ZTP (u. a.):

- *Erreichen einer bestimmten Mitosezahl* beim Entwicklungswachstum embryonaler Gewebe (S. 293).
- *Erreichen eines bestimmten Zellalters* bei Erythropoese, enchondraler Ossifikation, Mausergewebe.
- *Verlust funktionserhaltender Signalstoffe* z. B. in endokrinen Organe, Endometrium.
- *Verlust der Zell-Extrazellulärmatrix-Kommunikation.*
- *Todeskontakt mit bestimmten Abwehrzellen.*
- *Exposition mit bestimmten Noxen.*

Induktoren des ZTP (u. a.)

- *Suppressorgene* wie das p53 (S. 295, 323). p53 hält als „Genomwächterprotein" die Zelle in der G_1-Phase an, so daß sie die Möglichkeit hat, einen DNS-Schaden zu reparieren. Gelingt dies nicht, leitet p53 das ZTP ein.
- *Wachstumsfaktor-Entzug.*
- *Tumornekrosefaktor* (TNFα) aus Makrophagen.
- *Perforine* von Lymphozyten und Natürlichen-Killerzellen.
- *Chemische Noxen* wie O_2-, NO_2-Radikale, Mikrobentoxine, Zytostatika.
- *Hormone:* Glucocorticoide.
- *Physikalische Noxen* wie Hitze, Strahlen.

Inhibitoren des ZTP (u. a.)

- *Wachstumsfaktoren.*
- *Protoonkogene* wie das bcl-2 (S. 321). Bcl-2 hemmt das ZTP durch Vermeidung folgender Prozesse:
  - oxidativer Streß über eine Entkoppelungshemmung der oxidativen Phosphorylierung,
  - *Hormone* wie Östrogene, Androgene.
  - CASPASE[1]-Aktivierung (s. u.)
  - *Virusproteine* wie Adenovirus-E1B und EBV-LMP-1, S. 331). Sie verhindern eine Elimination virushaltiger Zellen.

Ablaufprinzip des ZTP:

- *(Endo-/exogener) Stimulus:* Er kann abhängig vom „Gesundheitszustand" einer Zelle an Zellmembran, Zytoplasma oder Nukleus angreifen.
- *Signaltransduktion* (wie?): Sie wird durch bestimmte Protoonkogene (c-myc) und Suppressorgene (p53, RB) moduliert.
- *Effektormechanismen* (= gemeinsame ZTP-Endstrecke):
  - Transglutaminaseaktivierung → Proteinvernetzung und Resistenzerhöhung der Zellmembran. Folgen davon: a) keine Freisetzung zellulärer Entzündungsfaktoren, b) Zellschrumpfung, -Abkugelung (▶ A1).
  - Aktivierung der „Zelltod-Protease" (= CASPASE) → Spaltung zellulärer und nukleärer Proteine.
  - Endonukleaseaktivierung → DNS-Fragmentierung (nach bestimmtem Muster) → sog. DNA-laddering in der Gel-Elektrophorese → histologisch homogenisierende Chromatinverklumpung (▶ A2).

Morphologischer ZTP-Nachweis: Die apoptotischen DNS-Fragmente lassen sich mit der **T**dT-mediated **dU**TP-biotin **n**ick and **e**nd **l**abeling-Methode (= TUNEL-Methode) darstellen (▶ B) oder mit Bisbenzimidine sichtbar machen (▶ C).

Morphologie der selektiv abgestorbenen (apoptotischen) Zellen S. 131. Sie entspricht der Schrumpfnekrose.

[1] CASPASE = cysteine-aspartate-proteine cleaving enzyme

A **Apoptotische Leberzelle**
TEM, 5000x

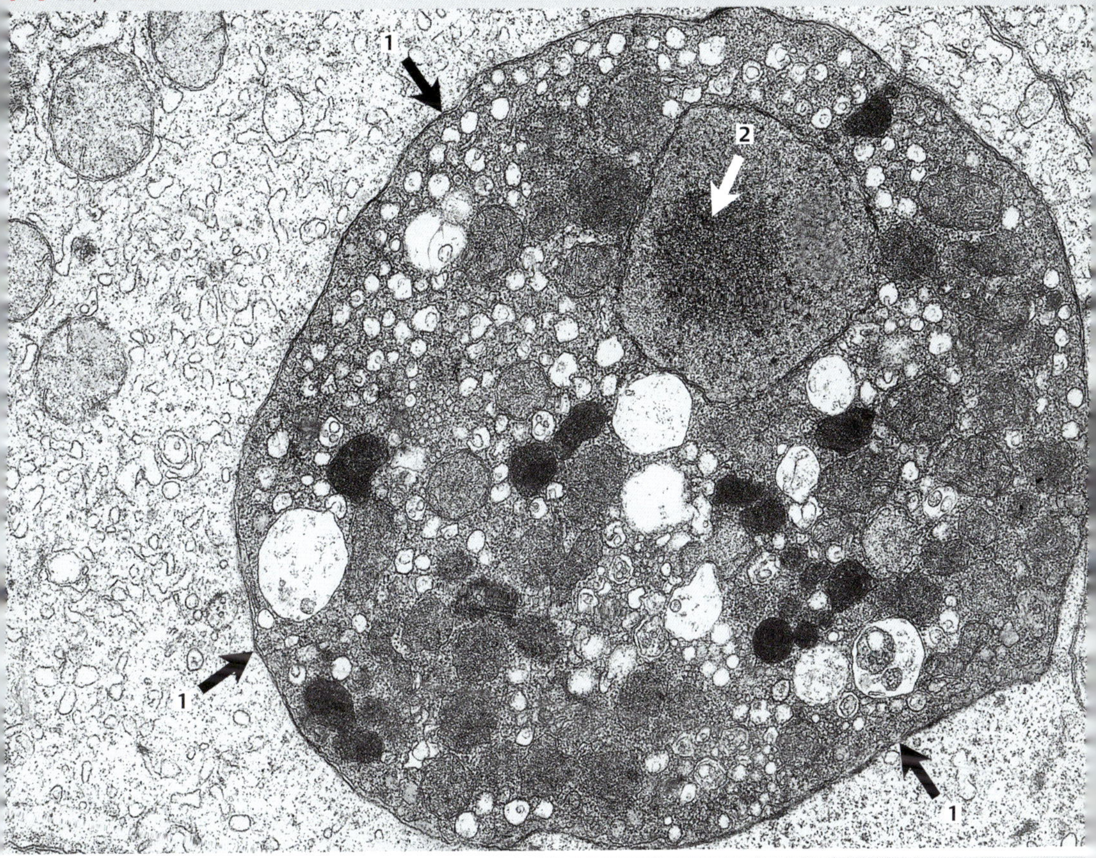

B **Apoptotische Fibroblasten**
ZK, FL, TUNEL, 400x

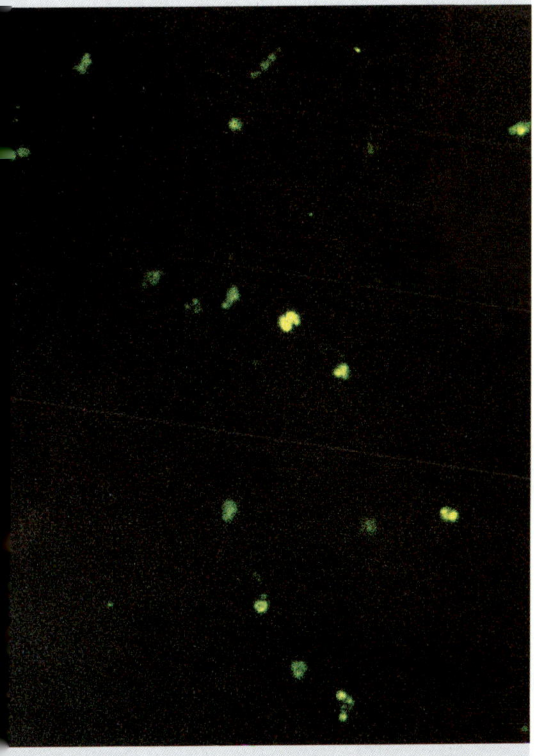

C **Apoptotische Fibroblasten**
ZK, FI, Bisbenzimidine, 400x

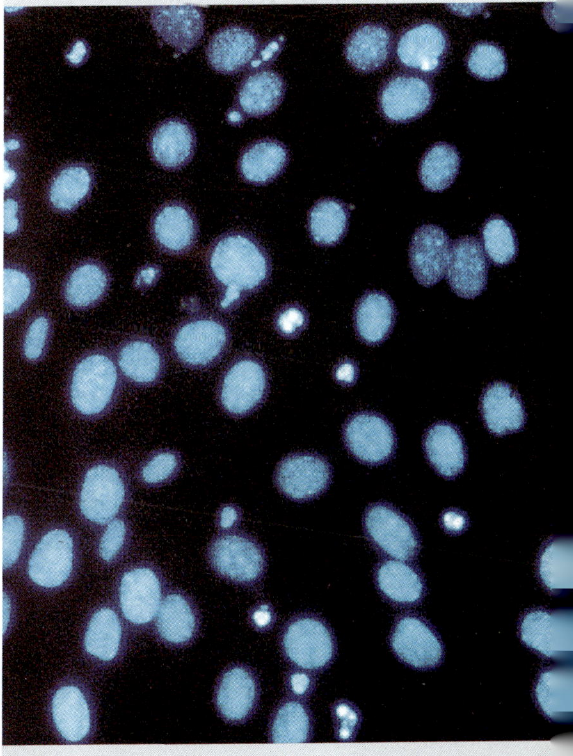

Akzidenteller Zelltod

Synonym: Onkose

Definition: Aufgrund einer irreversiblen (meist oxidativen) Stoffwechselstörung erzwungenes Absterben von Zellen mit konsekutiver vakuolärer Zellschwellung und reaktiver Begleitentzündung, aber ohne Auslösung durch ein Zelltodesprogramm.

Morphologisches Resultat des akzidentellen Zelltods ist die (Zell-) „Nekrose".

> **!** **Merke:** *Zelltod ≠ Zellnekrose:*
> Lebende Zelle in Formaldehyd eingetaucht und fixiert ist zwar chemisch tot, aber vom strukturellen Standpunkt aus intakt (resp. „vital").

Nekrose

Allgemeine Definition: Überbegriff für die Summe aller morphologischen Erscheinungen nach erfolgtem partiellem oder totalem Zell- oder Gewebstod im lebenden Organismus.

Fokale Zytoplasmanekrose

Definition und Pathogenese: Nicht jede letale Zellschädigung führt zur Nekrose der ganzen Zelle. Oft gelingt es der Zelle, den irreversiblen Schaden über den Vorgang der Autophagie (S. 28) in eine Membran einzuwickeln (► A1) und so vom intakten Zytoplasma abzugrenzen.

Resultat: Autophagievakuole = fokale Zytoplasmanekrose = partielle Zellnekrose (► A2; S. 26).

Koagulationsnekrose

Definition: Makroskopischer Begriff für die Umwandlung eines total abgestorbenen Gewebebezirks in eine gelblich, trockene, mörtelartige Masse infolge einer Eiweißfällung (► B = Milzinfarkt).

Je nach Strukturerhalt in der Gewebsnekrose unterscheidet man folgende Nekroseformen:

- ***Strukturierte Nekrose:*** Dabei bleibt die grobarchitektonische Gewebs- und Histostruktur (v. a. die elastischen Fasern von Gefäßen) wenn auch schattenhaft über längere Zeit erhalten (► D = anämischer Milzinfarkt; S. 418). Dies trifft für die meisten Koagulationsnekrosen zu.
- ***Unstrukturierte Nekrosen:*** Bei totaler Gewebezerstörung im Rahmen einer verkäsenden Nekrose (s. u.).

Morphologie: Herde mit Koagulationsnekrose sind anfänglich geschwollen. Ihre Transparenz ist vermindert und ihre Gewebezeichnung verwischt; das Zytoplasma der betroffenen Zellen ist verstärkt eosinophil (► C). Allmählich nimmt die Gewebskonsistenz zu, das Gewebe sieht wie „gekocht" aus und bekommt eine meist lehmgelbe Eigenfarbe. Nekrotisches Gewebe setzt entzündungsvermittelnde Substanzen frei (Zytokine wie IL-2) → „Schädigungsentzündung" (= alterative Entzündung) → Anlockung von Entzündungszellen mit proteolytischer Abräumkapazität → Nekroseaufweichung (Rupturgefahr!). Ausbildung eines reparativen kapillarreichen Mesenchyms (Granulationsgewebe, S. 224, 312) → dunkelroter Randsaum um Nekroseherd (= „hämorrhagische Randzone" ► E). Später wird die Nekrosezone in eine gelb-weißliche Gewebemasse umgewandelt, in der histologische Strukturen nur noch schattenhaft erkennbar sind (► D).

Koagulationsnekrose: Sonderformen

Gangrän:

- *Trockener Brand* (= Gangraena sicca): Er entspricht in seinen geweblichen Einzelheiten dem Summationseffekt aus (strukturerhaltender) Koagulationsnekrose und Austrocknung → Mumifizierung: Gewebe sieht wie verbrannt aus (► F).
- *Feuchter Brand* (= Gangraena humida): Auslösung durch primäre oder sekundäre Besiedlung einer Nekrose durch Anaerobier (= Fäulniserreger) → Kolliquationsnekrose (s.u).

Schorfnekrose: Bei Koagulationsnekrose der Haut und/oder Schleimhäute: Wasserabdunstung und Fibrinexsudation → weißlich-schmutziger, abwischbarer Belag.

Verkäsung: Dies ist eine für die Tuberkulose (S. 264) typische Form der Koagulationsnekrose mit reichlichem Granulozytenuntergang → nekrotisches Gewebe enthält viel Lipide. Das Resultat ist eine Gewebeveränderung, die an krümeligen Frischkäse erinnert.

Fibrinoide Nekrose (S. 46).

Zenker-Degeneration (= wachsartige Degeneration): = Nekrosen der Skelettmuskulatur im Rahmen hochfebriler Infektionskrankheiten (z. B. Abdominaltyphus, S. 260) → Muskulatur wird trüb-wachsartig, leicht zerreißlich und verliert Querstreifung. Später: Ersatz durch Bindegewebe; keine Regeneration durch residuale Skelettmuskulatur.

Idiopathische Knochennekrosen: Nekrosen des Knochengewebes samt Knochenmark im Bereich der Wachstums- oder Verknöcherungszonen unbekannter Ätiologie (nicht-infektiös) bei jugendlichen Patienten. Selten.

A **Fokale Zytoplasmanekrose**
TEM, 5000x

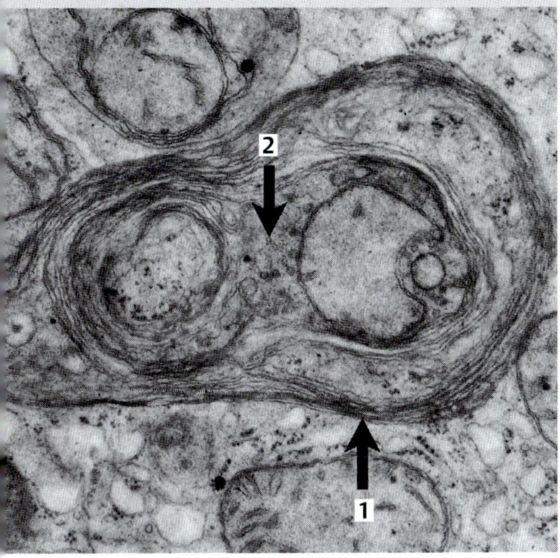

B **Koagulationsnekrose** (Milz)

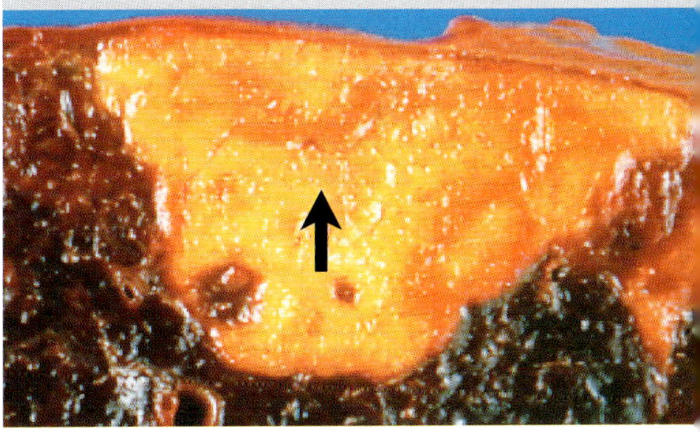

C **Koagulationsnekrose** (Muskel)

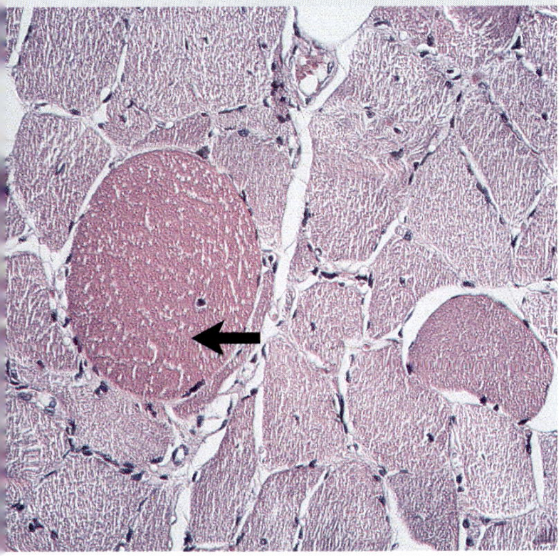

D **Koagulationsnekrose** (Milz)
100x

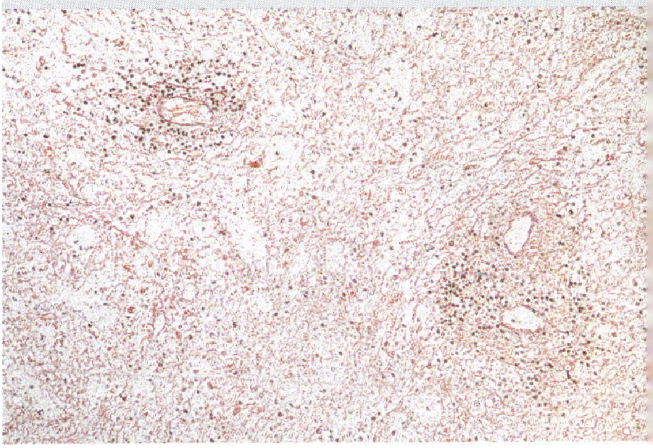

E **Knochennekrose**

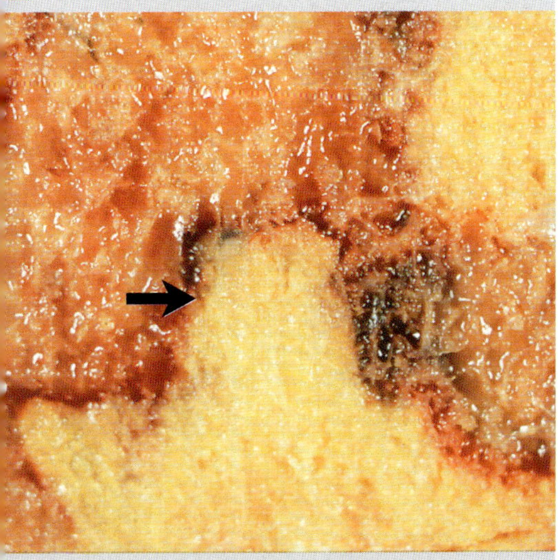

F **Fußgangrän**

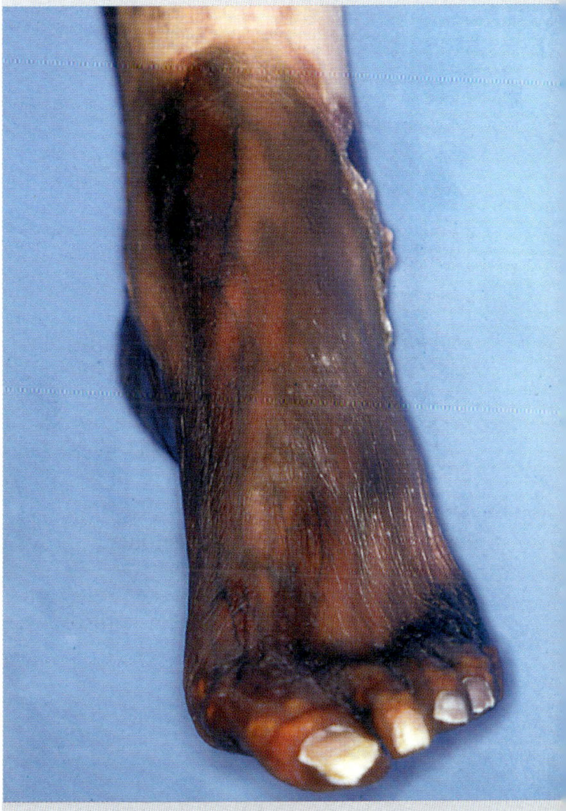

Kolliquationsnekrose

Definition: Makroskopischer Begriff für die matschig-weiche Umwandlung eines abgestorbenen Gewebebezirks infolge rascher enzymatischer Auflösung oder Laugeneinwirkung.

Pathogenetische Kettenreaktion:
Im betroffenen Gewebe kommen kaum koagulierbare Eiweiße (Gehirn) oder massenhaft Proteasen vor (Pankreas) → Überwiegen des hydrolytischen Gewebsabbau:
Nach anfänglicher Gewebeschwellung → rasche enzymatische Auflösung des nekrotischen Gewebes → Erweichungsherd (= Malazie). Das Gewebe nimmt eine matschig-schmierige Konsistenz an (► A2, C) → später Nekroseverflüssigung, nach deren Resorption große Defekte zurückbleiben. Werden dabei auch Gefäße zerstört → Gewebsblutungen → „hämorrhagische Nekrose" (► A1; s. a. S. 216).

Kolliquationsnekrose: Sonderformen

Einfache Fettgewebsnekrose: Ursache: Hypoxische Nekrose oder mechanische Schädigung von Fettzellen. Folgen: Das bei Körpertemperatur flüssige Fett wird als ölige Masse frei → Bildung von Ölzysten.

Lipolytische Fettgewebsnekrose: Ursache: akute Pankreatitis (S. 216; ► A, C) →
- Schädigung exokriner Pankreaszellen → Freisetzung von Pankreaslipase und Trypsin →
- Hydrolyse von Triglyceriden im intra- und peripankreatischen (► A2■, C) oder auch weiter entfernten Fettgewebe (bis ins Mesenterium und Retroperitonealgewebe reichend) ohne Beteiligung von Phagozyten →
- fleckförmige Fettgewebsnekrosen. Die frei werdenden Fettsäuren binden Calcium → lokale Ausfällung unlöslicher Kalkfettseifen (► E) → Bildung von makroskopisch tropfenartigen (wie Wachs an einer Kerze) Nekroseherden (= Kalkspritzernekrose = Steatonekrosen).

Klinik: Serumcalciumspiegel sinkt parallel zur Ausdehnung der Pankreatitis.

Schrumpfnekrose

Definition: Histologisch-ultrastruktureller Begriff für selektive Nekrosen gleichartig differenzierter Zellen in einem Gewebe aufgrund eines zelleigenen Todesprogramms (Apoptose), charakterisiert durch Schrumpfung und Zerplatzen der Zelleichen.

Morphologie: Diese Nekroseform wird nie von einer demarkierenden Entzündung begleitet und spielt sich an einzelnen Zellen oder an Zellgruppen gleichartig differenzierter Zellen ab, die wie dürre Blätter von einem herbstlichen Baum, mal hier, mal dort, abfallen.

Morphologisch vollzieht sich eine Apoptose nach folgendem Fahrplan:
- *Kernperiphere Chromatinverklumpung:* Endonukleaseaktivierung → (meist) halbmondförmige Chromatinverklumpung im Kernmembranbereich (► B1) → Auflösung der Zellkontakte → Zellabkugelung (► B2).
- *Zytoplasmablasenbildung:* An mehreren Stellen der Zelloberfläche stülpen sich Zytoplasmablasen aus (► D).
- *Apoptosekörperbildung:* Zelle zerfällt explosionsartig in mehrere Teile mit strukturell (noch) intakten Organellen (► F).
- *Apoptosekörpersequestrierung* durch Abstoßung in ein Drüsenlumen oder durch Phagozytose von Nachbarzellen und/oder Makrophagen.

Vorkommen:
- Gewebsmauserung
- Zellverlust bei der numerischen Atrophie.
- Zytotoxische Lymphozyten töten Fremdzellen.
- Graft-versus-host-Krankheit: Spenderlymphozyten töten Wirtszellen → Satellitennekrose.
- Tumorigenese: Defekte Apoptose → Immortalisierung der Tumorzellen (S. 321).

! **Faustregel zur Nekrose:**
- *Koagulationsnekrose* = strukturierte Massennekrose,
- *Kolliquationsnekrose* = strukturlose Massennekrose,
- *Apoptose* = Einzelzellnekrose oder Gruppennekrose gleichartig differenzierter Zellen.

Autolyse

Definition: Morphologischer Begriff für Gewebe und Zellen, die zusammen mit dem Gesamtkörper oder in einem vom Gesamtkörper abgetrennten Organ (z. B. amputiertes Bein) abgestorben sind.

Pathogenese: Der Organismus kann auf die „globale" Schädigung nicht mehr mit abgrenzenden, abräumenden oder reparativen Gegenmaßnahmen antworten. Er löst sich durch seine eigenen, katabolen, meist lysosomalen Enzyme auf (= Autolyse) und geht sekundär unter Mitwirkung anaerober Bakterien, die postmortal oder bereits intravital von der inneren (= Darmlumen) oder äußeren Körperoberfläche (= Haut) in den Organismus eingedrungenen sind, in Fäulnis über → Organaufweichung (z. B. Gastromalazia acida = postmortale Magenwandaufweichung).

Während sich bei der Autolyse das Gewebe des toten Organismus durch Fäulnis auflöst, versucht der lebende Organismus, die Nekrosen zu sequestrieren. Dies wird im folgenden besprochen.

A **Kolliquationsnekrose** (Pankreas)

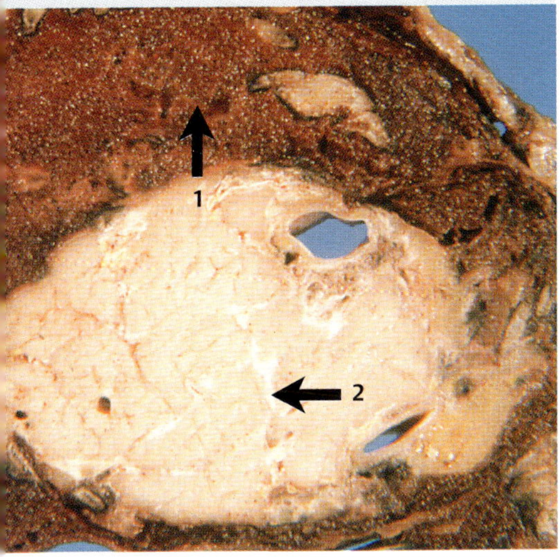

B **Apoptose**
TEM, 5000x

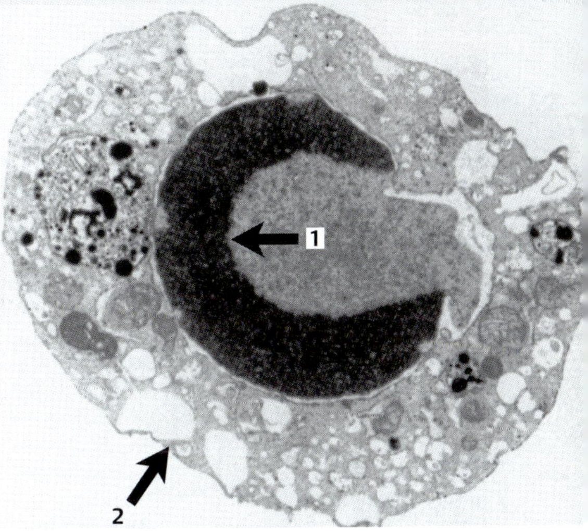

C **Kolliquationsnekrose** (Pankreas)
75x

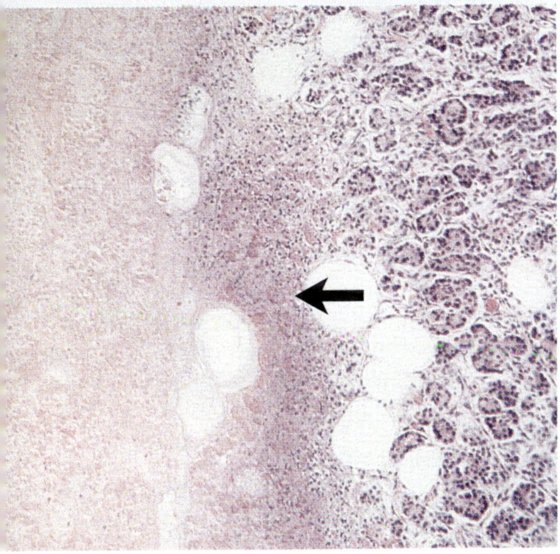

D **Apoptose**
ZK, 75x

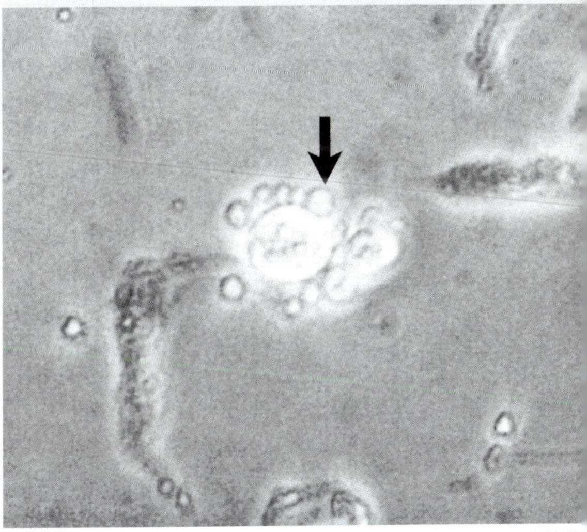

E **Fettgewebsnekrose**

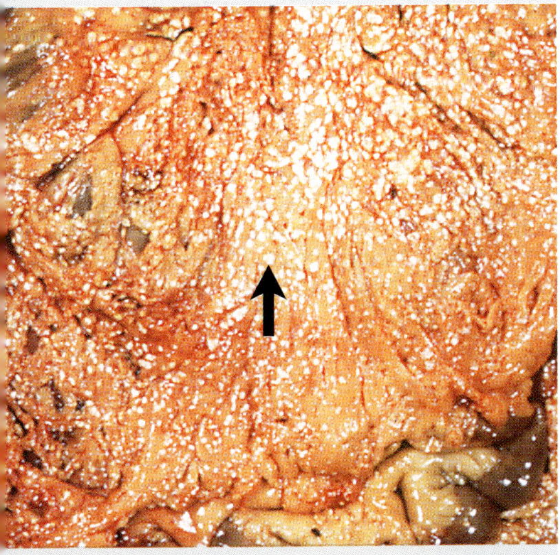

F **Apoptosekörper**
200x

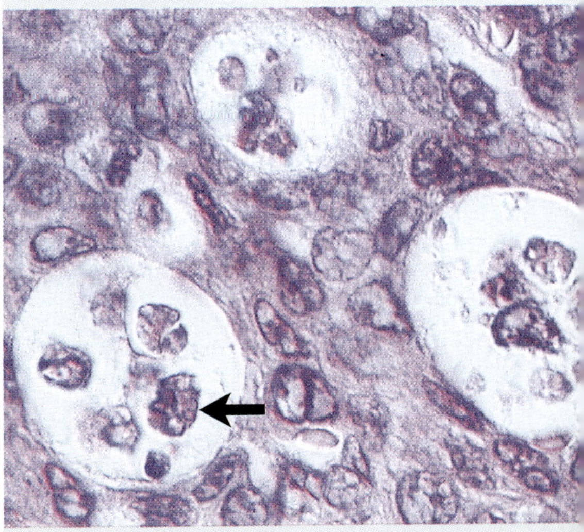

9 Wenn der „Rest“ verkalkt oder versteinert
Verkalkung und Steinleiden

Zusammenfassung

▶ Heterotope Verkalkung: Werden in Gewebe, die physiologischerweise nicht verkalken, Calciumsalze eingelagert so bezeichnet man dies als „heterotope Verkalkung“. Aus kausalpathogenetischer Sicht läßt sich diese in folgende 2 Formen untergliedern:
Dystrophische Verkalkung: Hat sich in einem Gewebe nach einer entzündlichen oder ischämischen Katastrophe soviel degeneratives oder nekrotisches Material angesammelt, daß die Freßzellen (Makrophagen) mit dessen Beseitigung überfordert sind, so schaltet der Organismus ein besonderes Reaktionsmuster ein: Der Müll wird mit Kalksalzen imprägniert. Gelegentlich „knabbern“ noch mehrkernige Riesenzellen daran herum, weil ihnen solche Müllhalden fremd vorkommen (Fremdkörperentzündungsreaktion). In anderen Fällen wird eine solcher Kalkherd in Knochengewebe umgewandelt.
Metastastische Verkalkung: Es kommt aber auch vor, daß mehr Calcium aus dem Knochengewebe herausgelöst wird, als der Organismus verarbeiten kann. Zunächst springen die Mitochondrien ein und speichern einen Teil dieses Calciums ab. Doch besonders in Geweben, die „von Berufs wegen“ saure Valenzen abgeben, wird Calciumphosphat solange in den Zellen ausgefällt, bis sie sozusagen in Kalk erstarren.

▶ Steinleiden: In einigen Ausscheidungsorganen (Leber, Niere) können Stoffwechselstörungen und Sekretstau dazu führen, daß sich bestimmte salzbildende Metabolite in den Ausscheidungsprodukten anreichern. Kommt noch eine Entzündung oder sogar eine Hyperkalzämie hinzu, entstehen Steine. Zelleichen spielen dabei als Fremdkörper die Rolle von Kristallnukleatoren, ähnlich wie bei den Zuchtperlen. Auf gleichem Wege führt ein Sekretstau des Speichels zur Bildung von Speichelsteinen und ein Stau des Prostatasekrets zur Bildung von Prostatasteinen, was meist eine Entzündungsreaktion (S. 194) und Schmerzen nach sich zieht.

Verkalkung

Dystrophische Verkalkung

Abkürzung: VK = Verkalkung

Definition: Lokalisierte Calciumablagerung in nekrotischem oder degeneriertem Gewebe bei normalem allgemeinen Calcium-Phosphat-Stoffwechsel. (Häufig.)

Formalpathogenetisch verläuft die dystrophische VK von nekrotischem Gewebe anders als von degeneriertem Gewebe:

Degenerationsverkalkung

Klassisches Tiermodell = *Kalziphylaxiesyndrom:* Lokale Verabreichung eines Induktors (z. B. $KMnO_4$) nach vorheriger Auslösung einer Hyperkalzämie → vielerorts ablaufende, steuerbare Gewebs-VK.

Pathogenese: Noxe → Apoptoseauslösung (S. 128) → Freisetzung von Telolysosomen (S. 28) und bläschenförmigen Zellmembranderivaten in Form von Matrixvesikeln (▶ A, B1). Diese enthalten ATPase und Pyrophosphatase und führen zur extrazellulären Phosphatanreicherung → Ablagerung kristalliner Calciumapatitkristalle = VK (▶ B2).

> **Merke:** *Degenerations-VK* = Apoptose-VK ohne Mitochondrienhilfe.

Degenerationsverkalkung: Assoziierte Krankheiten

Calcinosis cutis: Lokale entzündliche Sklerosierung der Dermis → herdförmige Haut-VK (▶ C1, D1) unter der Epidermis (▶ C2) mit entzündlicher Fremdkörperreaktion (S. 236) und resorptiven Riesenzellen (▶ D2). (Recht seltene Läsion.)

Myositis calcificans: Trauma → Blutung → lokale entzündliche Sklerosierung der nekrotischen Muskulatur → VK → Verknöcherung. (Seltene Läsion.)

Herzklappenverkalkung: Entzündliche oder degenerative Klappenschädigung → Klappen-VK (-Verknöcherung) → Klappenstenose. (Häufige Läsion.)

Arterienverkalkung (Typ Mönckeberg): Hämodynamische Fehlbelastung → Elasticaschädigung → spangenförmige Elastica-VK (▶ E) → Media-VK (ohne Entzündung) → Progression bis zur heterotopen riffelartigen Knochenbildung → Makroskopie: gänsegurgelartiger Aspekt der Arterie (▶ F). (Recht häufige Läsion.)

> **Merke:** *Kalkanfärbung:*
> - HE-Färbung: körnig, dunkelblau;
> - Kossa-Färbung: schwarz.

A **Matrixvesikel**
GÄz, 2000x

B **Matrixvesikel**
TEM, 2000x

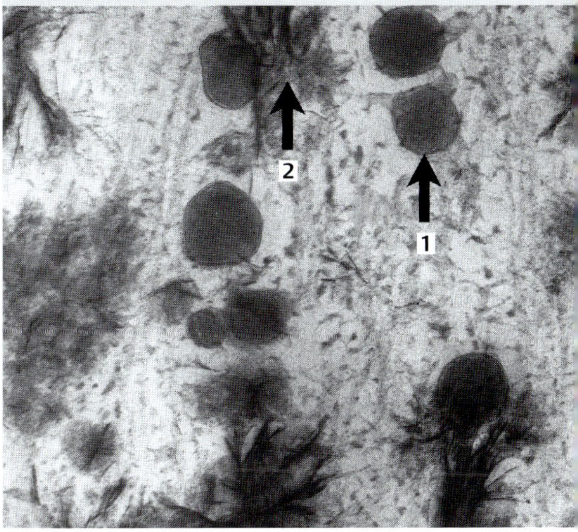

C **Calcinosis cutis**
50x

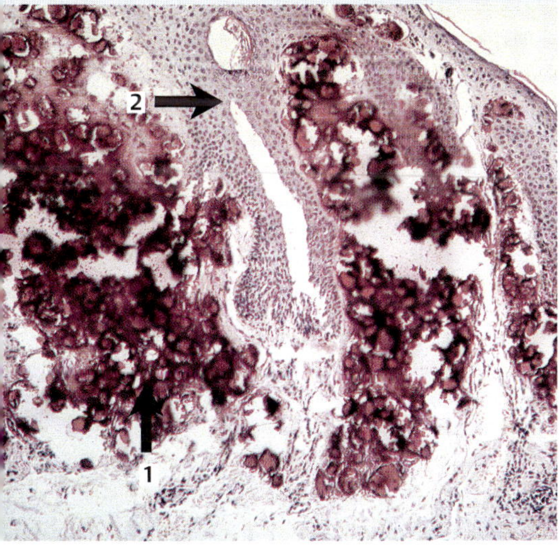

D **Calcinosis cutis**
200x

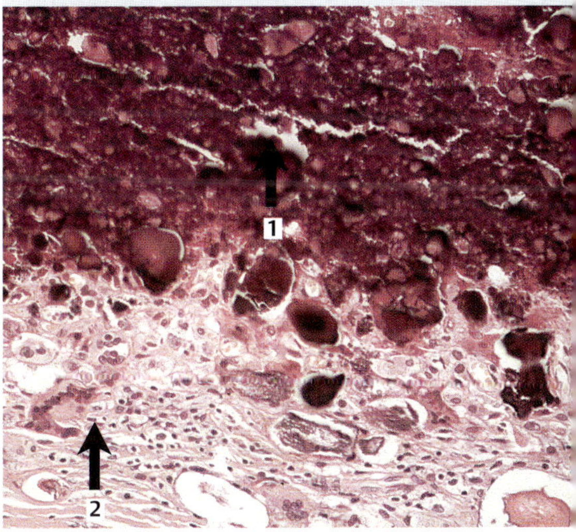

E **Arterienverkalkung**

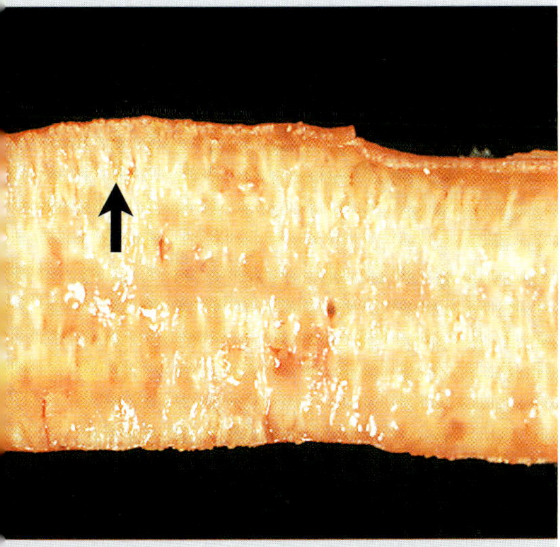

F **Arterienverkalkung**
75x

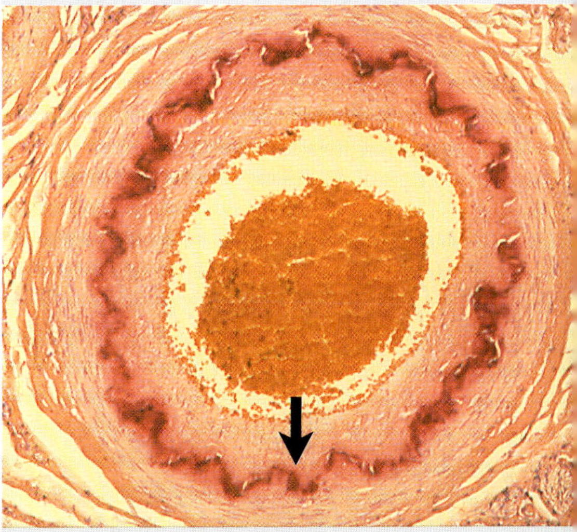

Nekroseverkalkung

Abkürzung: VK = Verkalkung

Klassisches Tiermodell = *Kalziergiesyndrom:* Lokale Verabreichung eines Induktors (z. B. $KMnO_4$) ohne vorherige Hyperkalzämie → lokale Gewebsverkalkung, z. B. Haut-VK (► A).

Pathogenese (Prototyp: Infarktverkalkung): Durchblutungsstopp im Gewebe → Stopp der mitochondrialen ATP-Produktion → Stillstand des ATP-abhängigen Calciumtransports durch die Zellmembran. Wird das Gewebe reperfundiert, so strömen Ca^{2+} und H_2O in die Zelle und in die Mitochondrien ein → Ca^{2+} wird von Mitochondrien abgefangen. Akkumulation von Calcium und Phosphat in den Mitochondriengrana (S. 20) bis die Mitochondrien platzen → VK des übrigen Zytoplasmas.

Vorkommen:
- *Tuberkulöse Kreideherde:* Verkäsungsherd-VK;
- *Muskelverkalkung:* Infarkt-VK nach Reperfusion (► C, D);
- *Lithopaidion* (= „Steinkind"): intrauterine Fruchtod-VK;
- *Phlebolith* (= „Venenstein"): venöse Blutgerinnsel-VK;
- *Psammomkörper:* verkalkte nekrotische Epithelhäufchen bei Sekretstau (Prostata, Lunge), bei lokaler Ausreifung und Apoptose (Meningeom), bei Apoptose papillärer Strukturen in papillären Karzinomen (Schildrüse, Ovar).

! **Merke:** *Nekroseverkalkung* mit Mitochondrienhilfe oder Apoptoseverkalkung.

Metastatische Verkalkung

Klassisches Tiermodell = *Hyperkalzämiesyndrom:* Gabe eines Sensibilisators (Vitamin-D3, Parathormon) → nicht steuerbare VK an vielen Stellen im Organismus ohne vorherige Induktorgabe.

Ätiologische Faktoren der Hyperkalzämie:
- *Knochendemineralisationssyndrome:* Inaktivitätsosteoporose, Hyperparathyreoidismus, osteolytische Metastasen, Paraneoplasie;
- *D-Hypervitaminose;*
- *Sarkoidose* (S. 230) wegen makrophagozytärer 1-25-OH-Vitamin-D_3-Synthese;
- *Morbus Addison:* keine Vitamin-D-Antagonisierung;
- *Milchalkalisyndrom* wegen exzessiver Calciumaufnahme bei Magenübersäuerung;
- *Calciumminderausscheidung* wegen Verabreichung von Thiazid-Diuretika.

Pathogenese: Zustand mit länger andauernder Herauslösung von Calciumsalzen aus dem Knochengewebe → Hyperkalzämie (s. u.) mit Überschreiten des Löslichkeitsprodukts → Calciumphosphat-Ausfällung in anderen Organen/Geweben → „metastatische" VK.

Formalpathogenetisch steht die calciumkonzentrierende Rolle der Mitochondrien (S. 20) im Vordergrund.

Vorkommen: v. a. in Geweben mit Abgabe saurer Valenzen → Alkalitätsneigung:
- *Lunge* (CO_2): Pneumokalzinose (► B),
- *Niere* (Urat): Nephrokalzinose (► E),
- *Magenkorpus* (HCl): Gastrokalzinose,
- *Myokard:* Myokardkalzinose,
- *Kornea:* Bandkeratopathie.

Metastatische Verkalkung: Assoziierte Erkrankungen

Dies sind seltene Läsionen, weil zur Entwicklung des Vollbilds die Grundkrankheit über längere Zeit (unbehandelt) bestanden haben muß.

Pneumokalzinose

Synonym: Tuffsteinlunge

Diffuse, oft auch herdförmige VK der pulmonalen Gefäßwände, v. a. aber des bindegewebigen Alveolarwandgerüsts (► B) → reaktive Alveolarwandfibrose → Versteifung des Lungenparenchyms →

Resultat: respiratorische Insuffizienz.

Nephrokalzinose: Kalkanreicherung in renalen Tubulusepithelien (streifenförmige Nephron-VK). VK und Abstoßung nekrotischer Tubulusepithelien → Zusammenballung zu zylinderförmigen Kalkpfröpfen in Tubuli (= Kalkzylinder) → streifenförmige VK (► E1) im medullären Interstitium zwischen den Tubuli (► E2); dazu kommen noch Gefäßwand-VK →

Resultat: progressives Nierenversagen.

Gastrokalzinose: VK der Magenfundusdrüsen (→ streifenförmige Mukosaverkalkung) und der submukösen Gefäße → Sekretionsstörung des Magens → reaktive chronische Magenschleimhautentzündung →

Resultat: chronische Gastritis.

Myokardkalzinose: Streifenförmige VK einzelner Myokardiozytengruppen (► F) → reaktive Myokardfibrose → Strukturschädigung des Myokards als muskuläre Pumpe mit kompensatorischer Myokardhypertrophie = sekundäre (metabolische) Kardiomyopathie →

Resultat: Herzinsuffizienz.

In einigen Hohlorganen mit Ausscheidungsaufgaben kann es auf dem Boden von Nekrosen aber auch von gestörter Zusammensetzung der Sekrete zu Steinbildungen kommen. Sie werden im folgenden besprochen.

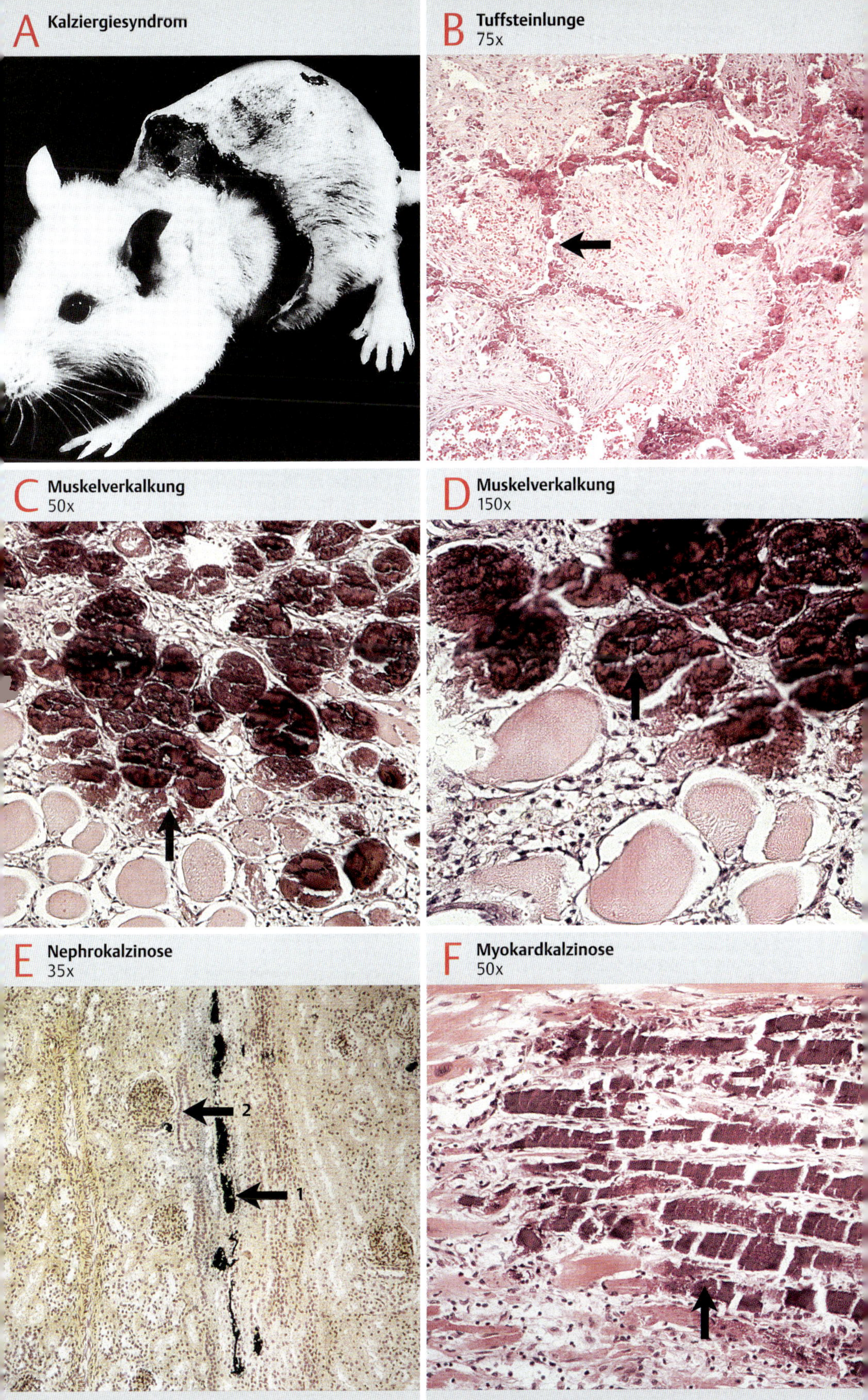
A Kalziergiesyndrom
B Tuffsteinlunge
75x
C Muskelverkalkung
50x
D Muskelverkalkung
150x
E Nephrokalzinose
35x
2
1
F Myokardkalzinose
50x

Steinleiden

Abkürzungen: HS = Harnstein, GS = Gallenstein

Urolithiasis

Definition: Konkrementbildung aus Harnbestandteilen in der Lichtung und/oder in Blindsäcken der ableitenden Harnwege.

Ätiologische Faktoren:
- *Salzanreicherung im Urin* infolge von:
  - Dehydration (Schwitzen);
  - Stoffwechselstörungen mit Metabolitanreicherung im Blut (Hyperurikämie, Hyperkalzämie, Hyperoxalurie, Zystinurie) → Ausscheidung im Urin.
- *Mangel an Komplexbildnern* wie Magnesium.
- *Hoher pH* (wegen Bakterien-Urease) → Magnesium-Ammonium-Phosphat-HS; bei Hyperkalzämie → Calciumphosphat-HS.
- *Niedriger pH* → Urat-, Zystin-HS.
- *Steinbildungsinhibitoren:* Natürliche Inhibitoren wie Urin-Pyrophosphate können fehlen.
- *Kristallnukleatoren:* Zelldetritus, nekrotisch-sequestrierte Papillen, Blutgerinnsel und Bakterien.

Morphologie:
- ***Calciumoxalat-HS:*** hart, braun-schwarz, klein, maulbeerförmig, röntgendicht.
- ***Calciumphosphat-HS:*** brüchig, grau-weiß, 5–10 mm, röntgendicht.
- ***Magnesium-Ammonium-Phosphat-HS:*** brökkelig, weiß-gelb, hirschgeweihförmig, 3–5 cm, röntgendicht.
- ***Urat-HS:*** weich oder hart, gelb-braun, ovalär, 3–5 cm, röntgennegativ.
- ***Cystin-HS:*** kristallin, radiär-blättrig brechend, gelb-grün, 3–5 cm, röntgennegativ.

Klinik: ♂ > ♀. Häufiges Leiden. Symptomatik je nach HS-Größe:

Kleine HS: Abgang in Ureter → Auslösung krampfartiger Schmerzen (Nierenkolik). Mögliche Folgen: Harnrückstau → Harnwegsausweitung mit Druckatrophie des Nierenparenchyms (Hydrourether, -nephrose) → bakterielle Harnwegsentzündung (Ureteritis) → aufsteigende Entzündung mit Übergriff auf Nierenbecken und -Tubuli (eitrige Pyelonephritis). Harnstein → Urothelverletzung → Hämaturie (= Blutharnen).

Große HS: bleiben im Nierenbecken stecken (► A) → Verletzung → Mikrohämaturie, Pyelonephritis.

Prominenter Patient: Ludwig van Beethoven, dtsch. Komponist (1770–1827).

Cholelithiasis

Definition: Konkrementbildung aus Gallebestandteilen in der Gallenblase (= Cholecystolithiasis) und/oder in den ableitenden Gallenwegen (= Choledocholithiasis).

Ätiologische Faktoren:
- *Anreicherung präzipitierender Substanzen:*
  - *Cholesterinübersättigung* → verminderte Cholesterinbindung wegen: a) Cholesterinhypersekretion (bei Adipositas, (Alters)-Diabetes mellitus, Hyperlipoproteinämie) Typ IV, Mehrfachgravidität) und b) Gallensäurehyposekretion (bei Leberzirrhose).
  - Bilirubinübersättigung: vermehrte Bildung unkonjugierten Bilirubins durch: a) durch Bakterien-β-Glucuronidase, b) Ca^{2+}-Freisetzung aus nekrotischen Gallengängen und c) Erythrozytenzerstörung.
- *Verzögerte Entleerung der Gallenblase* → Galleeindickung → bakterielle Entzündung.
- *Kristallnukleatoren:* Zelldetritus, Muzine.

Morphologie:
- ***Cholesterin-GS*** = Stoffwechsel-GS: groß, glatt, gelblich, radiär-strahlige Bruchfläche (► B), röntgennegativ.
- ***Cholesterinpigment-GS*** = Stoffwechsel-GS: solitärer Tonnenstein (► C) oder multipel facettiert (► E) oder maulbeerförmig. Bruchfläche: ringförmige Schichtung, gelb-braunschwarz-weiß (► C), röntgennegativ.
- ***Schwarze Pigmentkalk-GS*** = Hämolyse-GS: klein, maulbeerförmig, multipel, schwarz (► D), röntgendicht.
- ***Braune Pigment-GS*** = Cholangitis-GS: ellipsoid-zylindrisch, krümelig, erdig.

Klinik: ♀ > ♂. Sehr häufiges Leiden. Symptomatik je nach GS-Größe:

Kleine GS → Abgang in Gallengänge → Auslösung krampfartiger Schmerzen (Gallenkolik). Galleabflußstörung. Mögliche Folgen:
- Cholangitis (= Gallengangsentzündung), mechanischer Ikterus (= Cholestase) → cholangitische Leberzirrhose → akute Pankreatitis (bei gemeinsamer Mündung des Ductus hepaticus und pancreaticus);
- Cholezystitis (Gallenblasenentzündung) → chronische Vernarbung → Schrumpfgallenblase.

Große GS bleiben in der Gallenblase → Entzündung → Cholecystolithiasis → *GS* drückt auf die Wandung → ulzeröse Cholezystitis → Drucknekrosen → Gallenblasenperforation. Folgen:
- Durchbruch und Galleentleerung in die Bauchhöhle (= Cholaskos) → (gallige) Bauchfellentzündung;
- Durchbruch in Nachbarorgan → Biliodigestivfistel;
- Druchbruch und GS-Übertritt in Dünndarm → Darmverlegung → Darmlähmung (= Ileus).

Klinischer Rekord: Dr. H. Arthure (London) entfernte 6,29 kg schweren GS bei einer 80jährigen.

Merke: *Risikofaktoren* der Cholelithiasis = „5F“:
- **F**at (adipös),
- **F**emale (weiblich),
- **F**air (hellhäutig, v. a. blond),
- **F**ourty (> 40jährig)
- **F**ertile (im noch gebährfähigen Alter)

Therapieprinzip: Therapeutische Infestation mit Steinläusen der Gattung Petrophaga lorioti (► F).

A **Nierenbeckenstein**

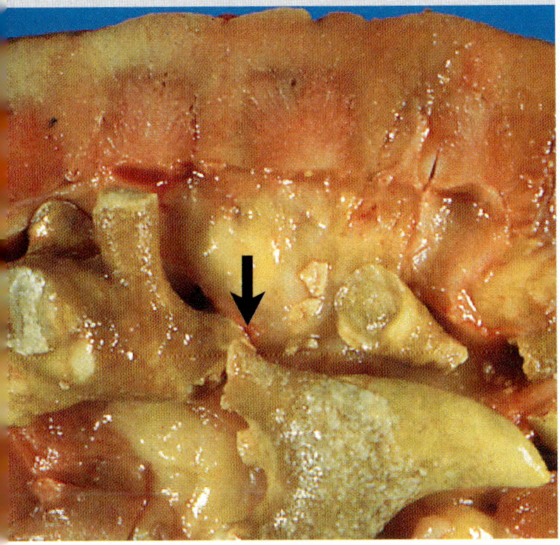

B **Cholesterinstein**

C **Cholesterinpigmentstein**

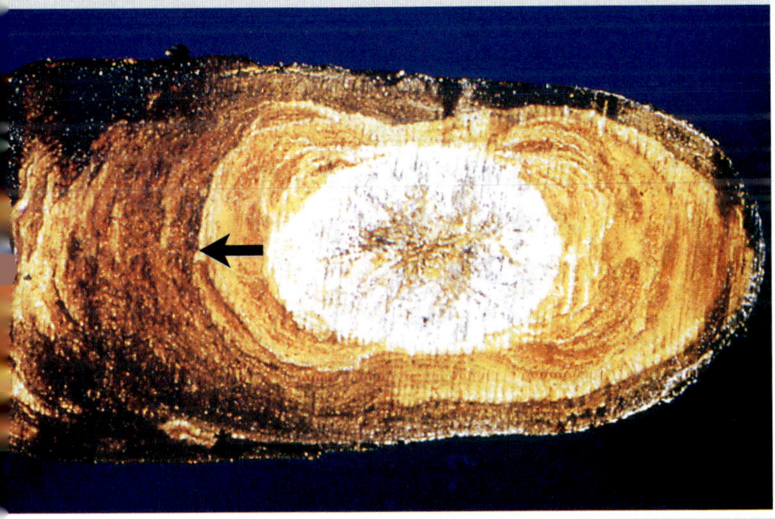

D **Cholesterinpigmentsteine**

E **Pigmentkalksteine**

F **Steinlaus:** Petrophaga lorioti

10 Wenn Gifte sich ins Leben einmischen
Chemische Zellschäden

Zusammenfassung

Die Schädlichkeit eines Giftes hängt wesentlich von seiner Resorbierbarkeit sowie von seiner Anreicherung und Einwirkzeit am Wirkort ab. Im Organismus angelangt, entwickeln vor allem die hydrophilen Gifte ihre zellschädigende Wirkung, indem sie sich an bestimmte zelluläre Strukturen binden; lipophile Substanzen reichern sich vornehmlich im Fettgewebe an. Von der schier unbegrenzten Zahl möglicher Wirkungsmechanismen giftiger Fremdsubstanzen ist die Beeinflussung von Enzymen am schwerwiegendsten. Andere Giftstoffe entwickeln ihre schädliche Wirkung, indem sie das Hämoglobin so verändern, daß es nicht mehr für den Sauerstofftransport taugt. Eine große Gruppe von Giftstoffen und auch Arzneimitteln hemmt die neurohumorale Erregungsübertragung oder greift in den genetischen oder den immunologischen Apparat ein. Nach entsprechender Interaktion mit dem Gift versuchen die Zellen des betroffenen Gewebes, die giftige Substanz entweder enzymatisch abzubauen oder durch Anschwemmung von Körperflüssigkeiten (Sekretion, Exsudation) am Schädigungsort zu verdünnen. Nur bei hohen Giftmengen verlieren die Zellen den Abwehrkampf.

▶ **Arzneimittel** können die Erythro-, Leuko- oder Thrombozyten schädigen, so daß eine Blutarmut, Leukozytenmangel oder punktförmige Blutungen resultieren. An der Haut lösen sie vorwiegend Exantheme aus. Darüber hinaus können sie hepatitisartige Leberzellschäden oder tubuläre und glomeruläre Nierenschäden hervorrufen.

▶ **Umweltgifte:** Die Palette dieser Gifte ist breit. Exemplarisch werden die wichtigsten und/oder schwerwiegendsten davon besprochen: Die häufigste Intoxikation mit einer gasförmigen Noxe ist die CO-Vergiftung, die mit der O_2-Bindung an den Blutfarbstoff interferiert, sowie die Intoxikation mit bleihaltigen Abgasen, die vor allem zu Anämien und Nervenschädigungen führt. Asbest, früher bedenkenlos industriell eingesetzt, „rächt" sich als Umweltstaub mittlerweile bei entsprechend exponierten Patienten in Form von Brustfellkrebsen (= Mesotheliome).

▶ **Alimentäre Gifte:** Neben den zwar seltenen, aber molekularpathologisch bekannten Vergiftungen mit dem Knollenblätterpilz ist v. a. der Äthylalkohol nicht nur ein Suchtmittel, sondern auch ein schweres Organgift für Leber, Gehirn und Embryo.

Medikamentöse Läsion

Medikamentöse Blutzellschäden

Pathogenese: Medikamente können die Blutzellen über folgende Mechanismen schädigen:

- Direkte toxische Schädigung der reifen Blutzellen (z. B. Hämolyse = Erythrozytenauflösung);
- direkte Schädigung der reifen Blutzellen über eine Überempfindlichkeitsreaktion (S. 170);
- direkte Schädigung bestimmter Blutzellvorstufen im Knochenmark (z. B. aplastische Anämien);
- indirekte Schädigung der Blutzellen wegen vorbestehendem Stoffwechseldefekt derselben (z. B. Glucose-6-Phosphat-Dehydrogenase-Mangel der Erythrozyten → Therapie mit dem Antimalariamittel Primaquin → hämolytische Anämie).

✚ Klinik und Morphologie:

- *Agranulozytose* = drastischer Leukozytenmangel,
- *Anämie* = drastischer Erythrozytenmangel,
- *Thrombozytopenie* = drastischer Plättchenmangel.

Medikamentöse Hautschäden

Pathogenese: Die Haut ist das häufigste Manifestationsorgan bei unerwünschten Arzneimittelreaktionen. Grundätzlich beruhen die schwerwiegendsten medikamentösen Hautschäden auf Überempfindlichkeitsreaktionen (S. 166f).

✚ Klinische Beispiele:

- *Exantheme:* Ursache: Typ-I-Überempfindlichkeitsreaktion → Histaminfreisetzung → juckende exsudative Entzündung (S. 196).
- *Fixe Arzneimittelexantheme:* Einige Medikamente (z. B. Barbiturat) induzieren an einer bestimmten Körperstelle eine Hautrötung, die bei Wiedereinnahme an gleicher Stelle in gleicher Form wieder aufblüht.
- *Urtikaria (= Nesselfieber):* Ursache: Typ-III-Überempfindlichkeitsreaktion (S. 170) → stark juckende, allergische Gefäßentzündungen im Kutisbereich (leukozytoklastische Vaskulitis) mit Quaddelbildung. Sie können bis zu blasenförmigen Abhebungen der Epidermis führen → Lyell-Syndrom[1].
- *Kontaktdermatitis:* Ursache: Arzneimittel oder Noxe mit Haptenwirkung → Typ-IV-Überempfindlichkeit, oft mit Typ I (S. 166).

---

[1] Lyell-Syndrom: Syndrom der verbrühten Haut mit blasiger Abhebung der irreversibel geschädigten Epidermis

Medikamentöse Leberschäden

Pathogenese: Eine Großzahl von Arzneimitteln sind leberschädigend.

Obligate Hepatotoxine wirken voraussagbar bei *allen* Patienten a) durch direkte Zellschädigung oder b) indirekt durch eine Stoffwechselstörung wie folgt leberschädigend:

- ***hepatozytotoxisch:*** Leberzellschädigung und Gewebsbild wie bei akuter Virushepatitis (z. B. Tuberkulostatika) oder chronisch-aggressiver Hepatitis (z. B. Halothan);
- ***cholangiopathisch:*** Funktionsbeeinträchtigung der intrahepatischen Gallenwege → Cholestase (z. B. Chlorpromazin);
- ***phlebotoxisch:*** Schädigung der Lebervenen (z. B. kontrazeptive Steroide) → thrombotischer Venenverschluß → Venookklusionskrankheit;
- ***hepatofibrotisch:*** Fibrotischer (periportaler) Leberumbau (z. B. Vinylchlorid) → portale Hypertonie (S. 392).

Fakultative Hepatotoxine rufen *dosisunabhängig* und nur bei solchen Patienten Leberschäden hervor, die bereits a) an einer allergischen Überempfindlichkeitsreaktion und/oder b) an einer Stoffwechselabnormität leiden. Diese Hepatotoxine wirken

- ***hepatozytotoxisch*** und/oder
- ***cholangiopathisch*** (Cholestase).

Medikamentöse Nierenschäden

Pathogenese: Eine Großzahl von Arzneimitteln oder deren harnpflichtige Metabolite sind wegen folgender Eigenschaften nierenschädigend:

- ***tubulotoxisch:*** Nephrotoxine (z. B. Gentamycin) zerstören selektiv die Tubulusepithelien → Tubulusnekrose → Diffusion der Noxe ins Markinterstitium → Schädigung der proteoglykanhaltigen Grundsubstanz → destruktiv-interstitielle Nephritis → Vernarbung;
- ***glomerulotoxisch:*** Schädigung der Glomerulusschlingen (z. B. D-Penicillamin) → Glomerulusentzündung (= Glomerulonephritis) → Störung der Sekundärharnbereitung → Blut- und Proteinbeimengung im Urin sowie Hypertonie;
- ***vaskulotoxisch:*** Auslösung einer Überempfindlichkeitsreaktion (Typ I, III, IV; z. B. Sulfonamide) → allergische Gefäßentzündung (= Angiitis);
- ***erythrozytotoxisch:*** Primäre Erythroztenschädigung (z. B. Rifampicin) → Auslösung einer Hämolyse → Tubulusverstopfung durch verklumptes Hämoglobin → Nierenversagen (= Chromoproteinnephrose[1])

Medikamentöse Lungenschäden

Pathogenese: Einige Arzneimittel wirken auf folgende Weise lungenschädigend:

- ***allergisch-toxisch:*** Die entsprechende Reaktion spielt sich an Lunge und/oder Pleura ab: Medikament → a) toxisches Lungenödem (= diffuses Alveolarschaden-Syndrom = DAS-Syndrom) mit Exsudation eines Ödems ins alveoläre Interstitium (S. 40) oder b) eosinophile Pneumonie oder c) entzündliche pleuropulmonale Fibrose.
- ***alveozytotoxisch:*** Direkte Schädigung der Alveolarepithelien (z. B. Busulfan) → entzündlich-fibrosierende Entzündung im alveolären Interstitium → überschießende Alveozytenregeneration (membranöse Alveozyten werden kubisch und polyploid) → chronisch-schwelende Entzündung im interstitiellen Lungengewebe → interstitielle Pneumonie (= CIP) → respiratorische Insuffizienz (S. 40);
- ***bronchiolotoxisch:*** Direkte Schädigung der bronchiolären Epithelien (z. B. Bleomycin) → destruktiv-fibrosierende Entzündung des alveolären Lungenparenchyms mit Verstopfung (Obstruktion) der Bronchioli respiratorii → Schleimverhaltung → chronische Lungenentzündung → Bronchiolitis-obliterans-organisierende-Pneumonie-Syndrom (= BOOP-Syndrom);
- ***arteriotoxisch:*** Direkte Schädigung der Lungenarterien: (z. B. Amphetamin) → obstruierende Lungenarterienfibrose → pulmonale Hypertonie (S. 392);
- ***venotoxisch:*** Direkte Schädigung der Lungenvenen (z. B. Bleomycin) → thrombotisch obstruierende Lungenvenenfibrose → Venookklusionskrankheit.

Medikamentöse Nervenschäden

Pathogenese: Bestimmte Arzneimittel schädigen das zentrale und/oder periphere Nervensystem. Mechanismen:

- ***Störung der Hirn-Liquor-Schranke:*** → toxisches Hirnödem (z. B. Barbituratintoxikation);
- ***Hirnrindennekrosen:*** (z. B. Barbituratintoxikation);
- ***nekrotisierende Leukenzephalopathie:*** (z. B. Methotrexat);
- ***Gangliosidabbaustörung:*** (z. B. Chloroquin) → Ganglienzellschädigung (= Speicherdystrophie);
- ***toxische Schädigung der Nervenzellen:*** (z. B. Vincristin) → neuronale Polyneuropathie;
- ***toxische Schädigung der Schwann-Zellen:*** → Zerstörung der Markscheiden → demyelinisierende Polyneuropathie → reparative Schwann-Zell-Reaktion mit wiederholter Remyelinisierung → zwiebelschalenartige Schwann-Zell-Vermehrung → Nervenverdickung.

---

[1] Nephrose = nephrotisches Syndrom: Sammelbegriff für Nierenkrankheiten mit 1. Proteinurie, 2. Hypo-/Dysproteinämie, 3. Hyperlipidämie und Hypercholesterinämie und 4. Ödembildung (v. a. Lidödeme).

Peristatische Läsion

Abkürzungen: CO = Kohlenmonoxid; Pb = Blei; AB = Asbest

Kohlenmonoxidintoxikation

Pathogenese: Bei CO-Intoxikation bildet sich Carboxyhämoglobin (= COHb). COHb kann keinen Sauerstoff mehr aufnehmen und setzt nur langsam das CO wieder frei.

Folgekrankheiten

- **Perakute CO-Vergiftung:** Erstickungstod.
- **Akute CO-Vergiftung:** (frühestens nach 3tägiger Überlebensdauer sichtbar) → Nekrosen in Basalganglien, grauer Rindensubstanz und in subendokardialem Myokard.
- **Chronische CO-Vergiftung:** Zystische Degeneration in Basalganglien und grauer Rindensubstanz. Fruchtschäden.

Bleiintoxikation

Pathogenese: Nach gastrointestinaler Pb-Resorption → Pb-Ablagerung im Skelettsystem anstelle von Calcium. Von dort aus verzögerte Pb-Freisetzung → Pb-Ablagerung in verschiedenen Organgeweben.

Folgekrankheiten

- **Metaphysäre Bleilinien** im wachsenden Skelett: Pb hemmt den osteoklastären Knochenumbau und verweilt so über mehrere Jahre im Knochengewebe.
- **Erworbene Porphyrie:** Pb blockiert sulfhydrylhaltige Enzyme der Hämsynthese (α-Aminolävulinsäure-Dehydrogenase, Koproporphyrin-III-Decarboxylase) → Defizienz an hämhaltigen Zytochromen → Porphyrinurie.
- **Anämie:** Pb → Ferrochelatase-Hemmung → kein Eiseneinbau ins Häm → hypochrome (zuwenig Häm), sideroachrestische (keine Eisenverwertung) Anämie.
- **Erythrozytenschädigung:** Pb → Ribosomenverklumpung → basophile Tüpfelung in Erythrozyten und deren Vorstufen.
- **Bleinephropathie:** Pb → Tubulusdysfunktion → Fanconi-Syndrom (S. 100).
- **Encephalopathia saturnica:** Pb-Ablagerung v. a. in der grauen Rindensubstanz und den Basalganglien → Ganglienzellnekrosen, Demyelinisierung → Demenz.
- **Polyneuropathie:** Pb → segmentale Demyelinisierung und Axondegeneration
  - Kind → Peronäuslähmung,
  - Erwachsener → Radialislähmung.

☺ **Prominente Patienten:** Die Patrizier des Römischen Reiches wegen ihrer Wasserleitungen aus Blei.

Asbestose

Definition: Durch AB verursachte Leiden (meist Berufskrankheiten!).

Pathogenese: AB-Fasern (Staubpartikel) → Inhalation → Phagozytose durch Makrophagen und Alveozyten. Verschleppung über Lymphabtransport a) ins Lungeninterstitium → Fibroblastenaktivierung, b) in pleurale Mesothelien und c) via Sputum → Darmtrakt → Lymphe in peritoneale Mesothelien. Nach der Phagozytose umhüllen die Freßzellen die AB-Fasern mit einem Ferritin-Protein-Gemisch → keulenförmige AB-Körperchen (► A, B) → Phagozyten geben Zytokine und Wachstumsfaktoren ab → entzündliche Fibrosierung von Lunge und Pleura.

Auf welchem Wege AB karzinogen wirkt, ist noch unklar; es ist ein Cokarzinogen zum Zigarettenrauch.

Folgekrankheiten

- **Pneumokoniose** (= Asbeststaublunge) mit Fibrose des Lungeninterstitiums.
- **Pleuraplaques:** Umwandlung der Pleura (laterale Brustwand) in eine knorpelartig feste Faserplatte → Atembehinderung.
- **Maligne Mesotheliome:** Maligne Tumoren mit diffuser, flächenhafter Ausbreitung als markige Gewebsmasse in Pleura-/ Peritonealspalt und Pleura-/Peritonealblättern (► C, D); selten metastasierend.

Histologische Einteilung der Subtypen nach vorherrschender Komponente.

- *Mesotheliale Komponente* → mesotheliales Mesotheliom: Polymorphe, gewucherte Mesothelien bilden mehrheitlich gangartige Spalten in einem fibrösen Stroma (► E).
- *Mesenchymale Komponente* → sarkomatöses Mesotheliom: Polymorphe, gewucherte Mesothelzellen sind fibroblastenartig schmal ausgezogen und bilden ein fibrös-bindegewebiges Wachstumsmuster (► F).

> **!** **Merke:** *Mesotheliom-Immunhistochemie:*
> - Zytokeratin-Vimentin-Doppelexpression,
> - keine CEA-Expression (S. 326).

> **!** **Merke:** *Asbest:*
> - Sammelbegriff für hitzebeständige, hydratisierte, nach mechanischer Zerkleinerung faserige Silikate.
> - Verwendung: Zement-, Textil-, Isolationsmaterial-, Gummireifen- und Bremsbelag-Herstellung.

10 Chemische Zellschäden

A **Asbestkörper**
150x

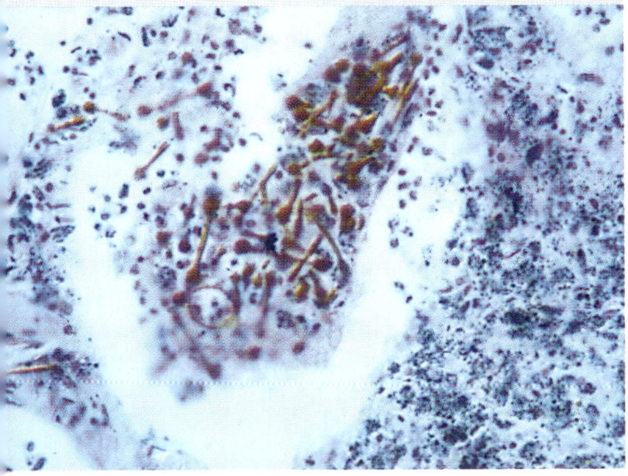

B **Asbestkörper**
Fe, 150x

C **Pleuramesotheliom**

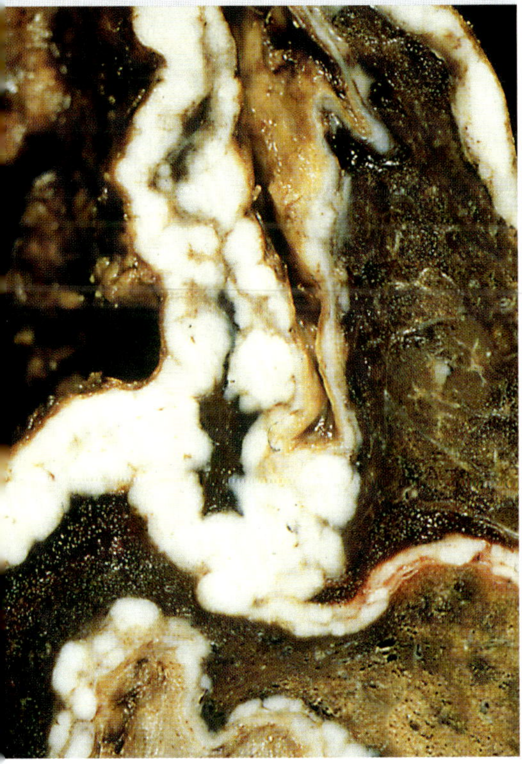

D **Pleuramesotheliom**

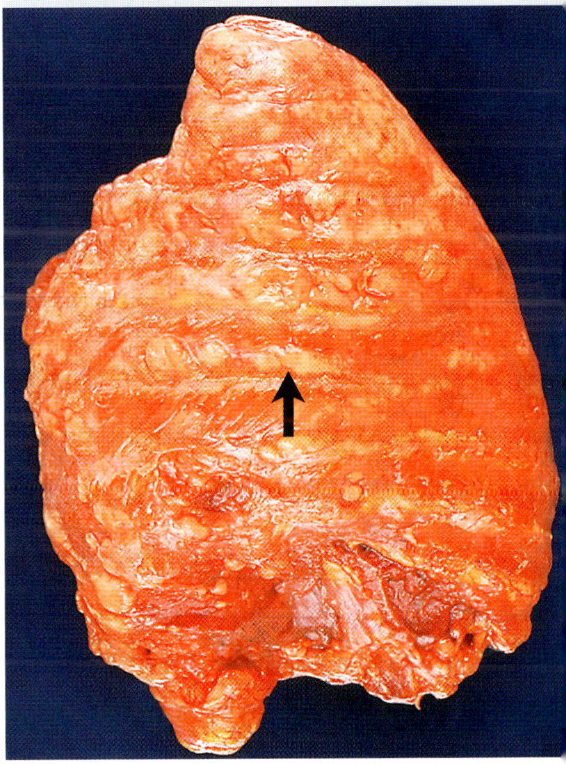

E **Epitheliales Mesotheliom**
100x

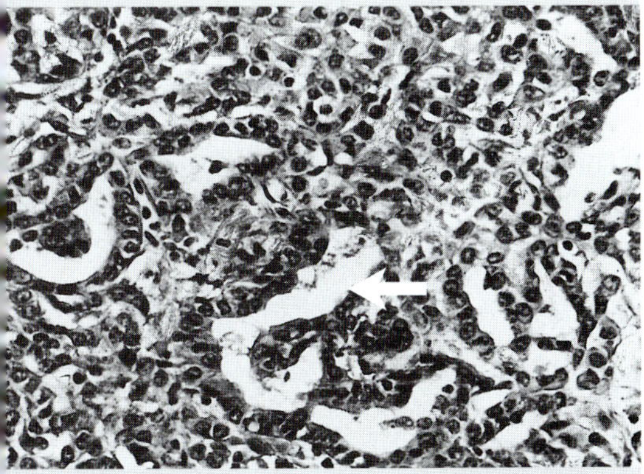

F **Sarkomatöses Mesotheliom**
100x

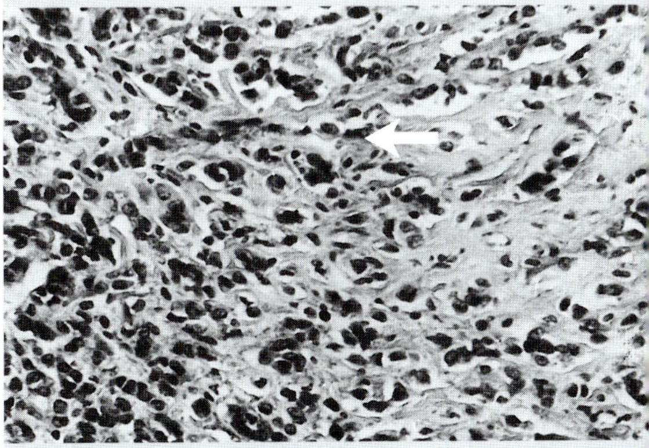

Alimentäre Läsion

Abkürzung: EtOH = Ethanol

α-Amanitin-Vergiftung

Pathogenese: „Genuß" von Knollenblätterpilzen → selektive Bindung des Pilzgiftes an Hepatozytenkerne → Hemmung der RNS-Polymerase-B → Block der RNS-Transkription und der Proteinsynthese → Zytotoxizität.

Morphologische Vergiftungszeichen:
- Leber: Zytoplasmaverfettung und hydropische Schwellung (S. 12) → läppchenzentrale Nekrosen → Ikterus (S. 108) → Leberversagen.
- Endothel: Endothelnekrosen → disseminierte intravasale Gerinnung (S. 402).

Merke: *Knollenblätterpilzvergiftung:*
Knollenblätterpilz = Amanita phalloides.
Verwechslung mit eßbaren Champignons!
Hauptgift = α-Amanitin (Oktapeptid). Die Giftmenge von einem Pilz kann tödlich sein.

Alkoholkrankheit

Synonym: Alkoholismus
Musterkrankheit: häufigste Suchtkrankheit mit der legalen Droge „Alkohol"

Definition: Suchtkrankheit infolge EtOH-Abhängigkeit.

Alkoholstoffwechsel: EtOH-Resorption im oberen Magen-Darm-Trakt → rasche EtOH-Verteilung in allen Geweben → konstanter EtOH-Abbau in der Leber (100 mg pro Stunde und kg Körpergewicht) durch die EtOH-Dehydrogenase im Zytosol, die Katalase der Peroxisomen und das ethanoloxidierende Enzymsystem des SER → Acetaldehyd → Weiteroxidation zu Acetyl-CoA, das zusammen mit dem vermehrt anfallenden $NADH_2$ zur Fettsynthese verwendet wird. Schließlich: Abbau des Acetyl-CoA im Citratzyklus (intramuskulär) zu CO_2 und H_2O.

Pathogenetisch beruht die Toxizität des EtOH auf folgenden Mechanismen:
- *Acetaldehyd* = toxischer EtOH-Metabolit → Hemmung der ribosomalen und mitochondrialen Proteinsynthese → Zellschäden.
- *Hypovitaminose:* „Flüssigernährung" des Alkoholikers → chronischer Protein- und Vitaminmangel (v. a. Vit.-B-Komplex).

Prominenter Patient: E. Hemingway: US-amer. Schriftsteller und Nobelpreisträger (1899 – 1961).

Alkohol-Folgekrankheiten

Alkoholische Fettleber

Pathogenese: EtOH → verminderte Fettsäureoxidation → verzögerte Lipidabgabe durch die Leber → Hemmung der VLDL-Bildung → Hyperlipidämie → läppchenzentrale, großtropfige Verfettung der Hepatozyten (>50 %) → laparoskopisch gelbe Leber (► A, B) →

Alkoholhepatitis

Pathogenese: EtOH → Schädigung des Zytoskeletts → Mallory-Körper (► C1, s. a. S. 34) → Hepatozytennekrose → Anlockung von Neutrophilen (► C2) → Neutrophile umlagern Mallory-Körper wie „Schakale das Lagerfeuer" → faseriger Nekroseersatz → sog. Maschendrahtfibrose mit Umrahmung der läppchenzentrale Hepatozyten; Nekrose von Gallengangepithelien mit reaktiver Entzündung und regeneratorischer Gallengangproliferation. Außerdem: Eisenablagerung im RHS („Säufereisen") →

Alkoholzirrhose

Pathogenese: EtOH → fortschreitende Zerstörung von Hepatozyten und Gallengängen → fibrotisch-narbige Reparation → progressiver fibrotischer Umbau des Leberparenchyms zu kleinen Parenchymknoten → Zirrhose (► D).

Megaloblastäre Anämie

Pathogenese: EtOH → Folsäuremangel → Störung der Erythrozytenreifung → abnorm große, kernhaltige Erythrozytenvorstufen (= Megaloblasten) im Blut.

Wernicke-Korsakoff-Syndrom

Pathogenese: EtOH → Thiaminmangel (Vit. B_1) → Hirnschaden mit rezidivierenden Blutungen. Folgen davon:
- Hämosiderinablagerung im Gewebe → Braunfärbung des Hirngewebes, v. a. der Mamillarkörper (► E, F);
- schwammartige Gewebsauflockerung (= spongiöse Gewebsdystrophie) v. a. in Mamillarkörpern, Hypothalamus-, untere Vierhügel- und Aquädukt-Region und Kernen des N. oculomotorius.

Klinik: Somnolenz (= Schläfrigkeit), Gedächtnisstörung, Ataxie (= Gangstörungen), Augenmuskellähmung.

Kardiomyopathie

Pathogenese: EtOH → Hypovitaminose B_1 und B_6 → Störung der mitochondrialen Enzymbildung → Hemmung der Zellatmung → Herzmuskelerkrankung → kompensatorische, dilatative Herzwandverdickung (vgl. S. 116) mit feinfleckiger Fibrose und Verfettung.

Merkspruch zu *Alkoholschäden:*
EtOH sticht die Leber, schont's Gefäß!
(Kaum Atherosklerose wegen HDL-Erhöhung).

A **Normalleber**

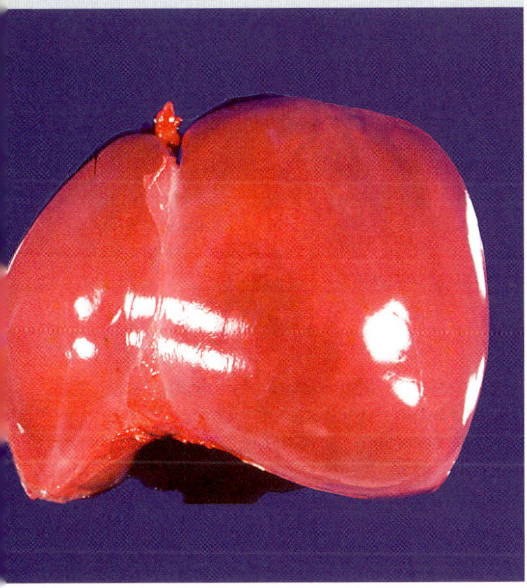

B **Fettleber**

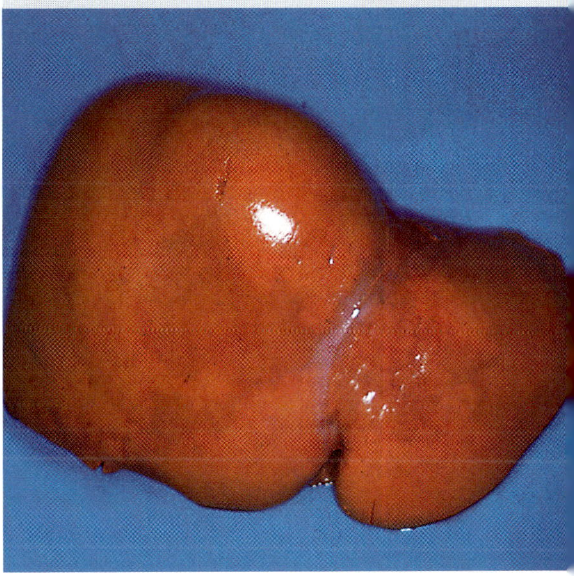

C **Mallory-Körper**
CAB, 120x

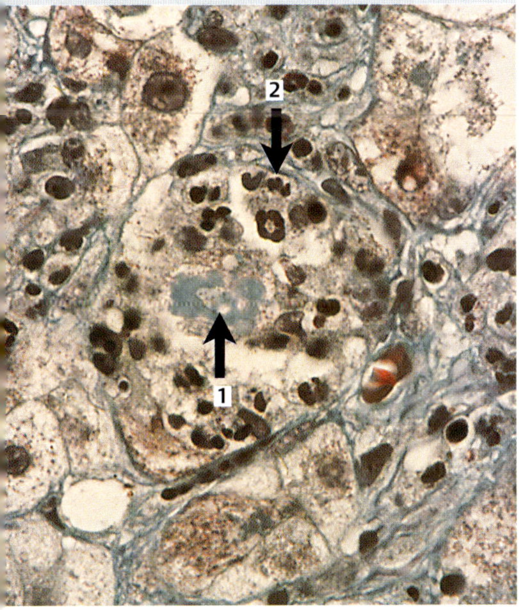

D **Alkoholzirrhose**

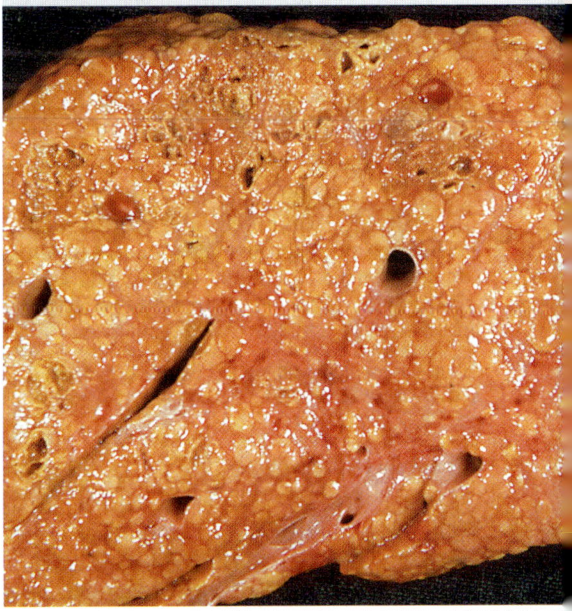

E **Mamillarkörperhämorrhagie**

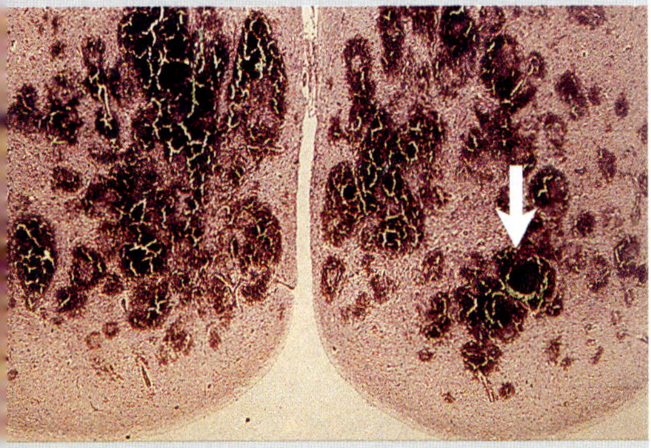

F **Mamillarkörpersiderose**

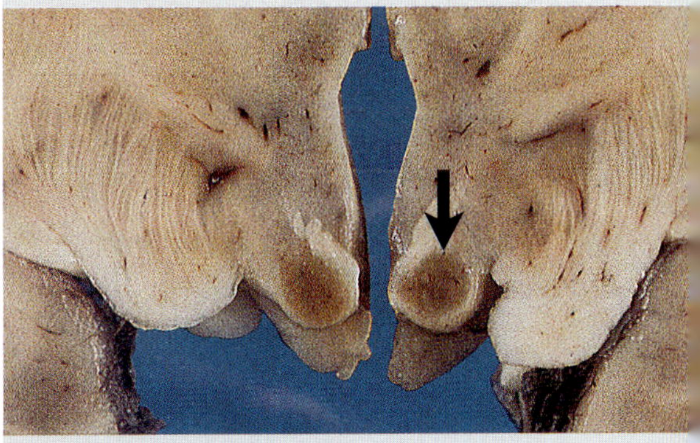

11 Überleben im molekularen Bombardement
Physikalische Zellschäden

Zusammenfassung

Physikalische Zellschäden können systemische und lokale Gewebsläsionen hervorrufen und umfassen neben mechanischen Verletzungen, die im Rahmen der Wundheilung besprochen werden, vorwiegend thermische, elektrische und aktinische (strahlenbedingte) Schäden. Bei diesen Schäden erweist sich oft die Beeinträchtigung der vaskulären Endstrombahn als Schrittmacher der resultierenden Gewebsläsion. Sie imponiert in der Frühphase als Entzündungsreaktion (S. 194) und in der Spätphase als fibrotische Verödung.

Thermische Läsion

Hitzeschäden

Hitzschlag

Synonym: Hitzepyrexie

Ätiologie: Zu hohe Umgebungstemperatur, verbunden mit hoher Luftfeuchtigkeit und/oder Unvermögen Wärme abzugeben wegen:
- Muskelarbeit (Extremsport),
- ungeeignete Kleidung oder Fettleibigkeit,
- mangelhafte körperliche Anpassungsfähigkeit.

Pathogenese: Nähert sich die Kerntemperatur der gefährlichen Grenze von 41 °C, so besteht akute Lebensgefahr. Ausschlaggebend ist die Endothelschädigung → disseminierte intravaskuläre Gerinnung (S. 402) → Kreislaufschock (S. 392).

Morphologie: Mikrothromben in kleinen Hirngefäßen → punktförmige Ringblutungen um kleinere Gefäße (= Purpura cerebri) und Ganglienzelluntergänge. Ähnliche Gewebeschäden in Leber, Herz und Nieren mit Apoptosen.

☺ **Klinischer Rekord:** Die höchste Körpertemperatur (Hitzepyrexie) von 46,5 °C überlebte der 52jährige W. Jones in Atlanta (Georgia, USA).

Lokale Hyperthermie

Synonym: Verbrennung, Verbrühung

Pathogenese: Zellschäden treten bei Hitzeexposition über 65 °C ein → Einweißdenaturierung → Koagulationsnekrose → Bildung toxischer Eiweiße („Verbrennungstoxin") → Schädigung der Endstrombahn und Generation von Entzündungsmediatoren (S. 202) →
- lokal: exsudative Entzündungsreaktion (S. 196),
- systemisch: Verbrennungsschock mit gastroduodenalen Streßulzera[1] und Nierenversagen.

Morphologie: Eine Hautverbrennung kann folgende Intensitätsgrade erreichen:
- ***Verbrennung 1. Grades*** (= *Hitzeerythem*): → Gefäßerweiterung → Hyperämie mit Rötung. Abheilung ad integrum.
- ***Verbrennung 2. Grades*** (= *Brandblase*): Hitzebedingte Störung der Mikrozirkulation mit Permeabilitätserhöhung (S. 198) → Absonderung (Ausschwitzung) von Blutserum (exsudative Entzündungsreaktion) → blasenförmige Epidermisabhebung (= subepidermale Blasenbildung; ► A) → Zerstörung der epithelialen Blasendecke → Geschwürbildung bei intakter Dermis (► B). Abheilung ad integrum möglich.
- ***Verbrennung 3. Grades*** (= *Brandschorf*): Unterschiedlich tiefgreifende, hitzebedingte, dunkelbraune Nekrosen, z. T. mit weniger geschädigten Bezirken (► C). → Abstoßung der untergegangenen Gewebspartien → zurück bleiben oft Geschwüre. Abheilung über einen stark schrumpfenden Vernarbungsprozeß → Keloidbildung (S. 312), Kontrakturen (► D).
- ***Verbrennung 4. Grades*** (= *Verkohlung*): Extrem starke Hitzeeinwirkung → Gewebsverkohlung. Abheilung wie Brandschorf.

! **Merke:** Die Oberflächenausdehnung einer Verbrennung ist entscheidender als der Verbrennungsgrad. Sie wird nach der Neunerregel bestimmt (► E).

! **Merke:** *Todesursachen nach Verbrennung:*
- *früh:* hypovolämischer Schock, Verbrennungsschock (S. 394).
- *spät* (nach 1 Woche): Urämie wegen Nierenschaden.

☺ **Prominente „Patienten":**
Häftlinge des KZ-Buchenwald (1943) mit experimentellen Verbrennungen zur Testung des Präparats Echinacin der Firma Madaus.
Ingeborg Bachmann, österreich. Schriftstellerin (1926 – 1973), Verbrennungstod;
Napalmbomben-Opfer der Zivilbevölkerung (► D) im Vietnamkrieg (1964 – 1973).

---

[1] Streßulkus (engl./lat. „Belastungs-Geschwür") = meist peptisches Magengeschwür (S. 217)

A **Hautverbrennung 2. Grades** (Brandblase)

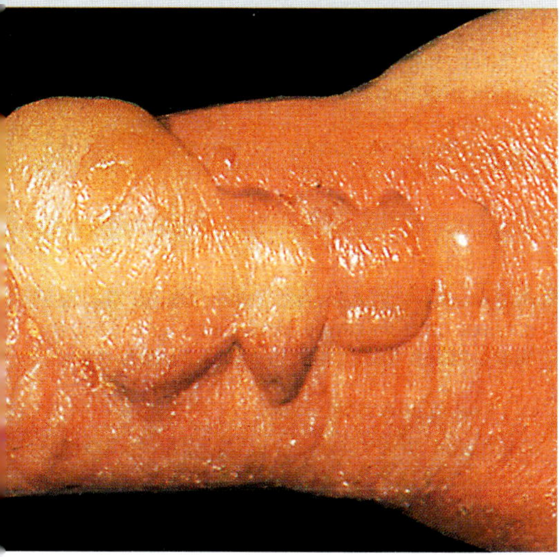

B **Hautverbrennung 2. Grades**
25x

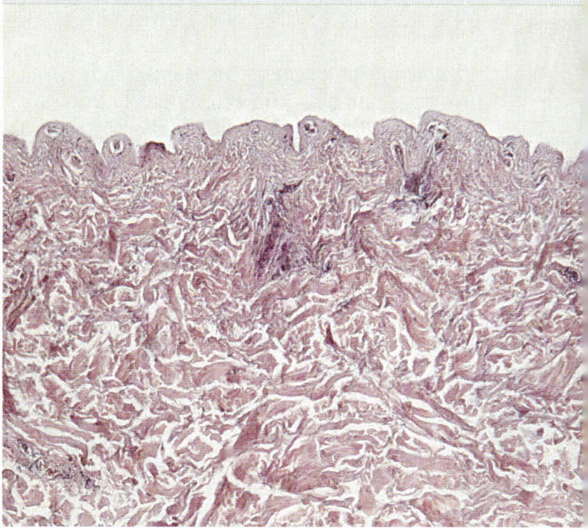

C **Hautverbrennung 3. Grades**

D **Napalmbomben-Verbrennungsopfer**

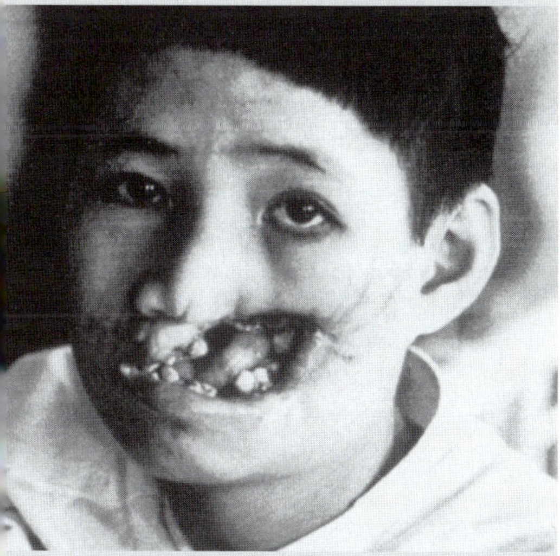

E **Neunerregel** (Erwachsene)

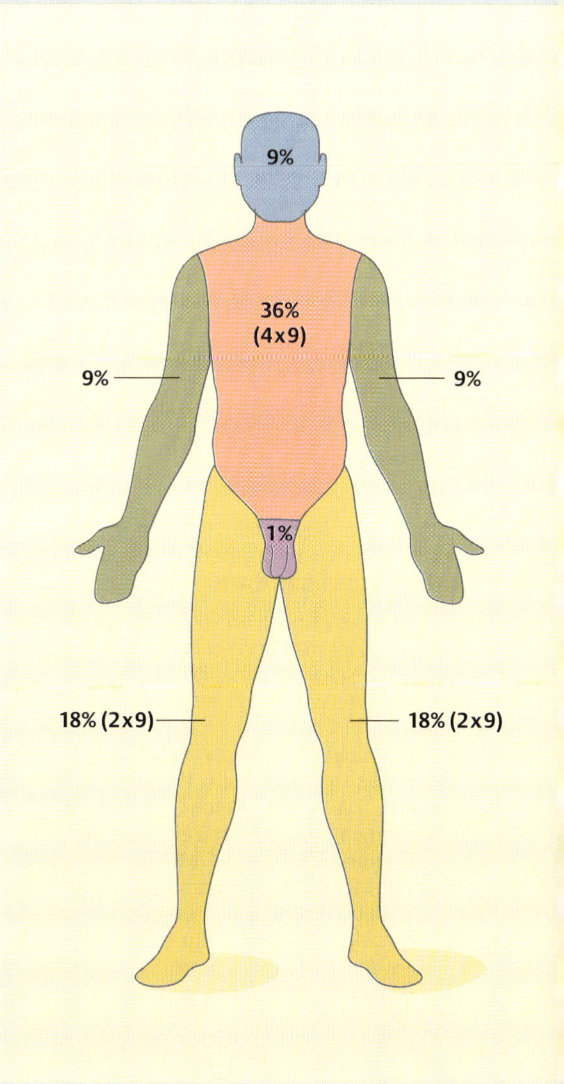

Kälteschäden

Allgemeine Pathogenese: Der menschliche Organismus ist auf eine Körpertemperatur von mindestens 35 °C angewiesen. Sinkt die Körpertemperatur unter 25 °C → Verlangsamung aller biologischer Prozesse → Verzögerung der Sauerstoffdissoziation vom Hämoglobin und Anstieg der CO_2-Löslichkeit im Plasma. Reduktion des Glucoseverbrauchs in den Geweben → Bewußtlosigkeit → Herzstillstand. Fällt die Temperatur allmählich unter den Gefrierpunkt → Auskristallisation von Wasser → restliche Gewebsflüssigkeit wird hyperton → Zelle platzt.

Hypothermie

Synonym: Unterkühlung

Ätiologische Faktoren: = Mißverhältnis zwischen Wärmeproduktion und Wärmeabgabe mit konsekutivem Absinken der Körpertemperatur. Die Wärmeproduktion wird gestört durch:
- körperliche Inaktivität oder
- durch Vorerkrankungen mit gestörter Kälteabwehr. Folge davon ist ein Absinken der Körperkerntemperatur.

Pathogenese: Absinken der Kerntemperatur unter 25 °C → Herz-/Kreislaufversagen mit Gefäßthrombosierung (S. 404) → Organinfarzierung (S. 414) und/oder Versagen des Atemzentrums.

Klinischer Rekord: Die niedrigste Körpertemperatur von 16 °C überlebte der 2jährige in den Schnee gefallene M. Troke in Milwaukee (Wiskonsin, USA).

Prominente „Patienten“: Zahlreiche Juden starben an Unterkühlung, weil NS-Ärzte des Dritten Reiches bei ihnen die Überlebensdauer in Abhängigkeit zur Außentemperatur untersuchten (Eisbad-Experimente).

Erfrierungen

Synonym: Lokale Hypothermie

Pathogenese: Beschränkt sich die Kälteeinwirkung auf einzelne Körperbezirke, so können örtliche Erfrierungen auftreten.

Morphologie: Ähnlich wie bei der Verbrennung unterscheidet man auch bei der Erfrierung verschiedene Schweregrade, die ihr Vollbild nach der Wiedererwärmung des Gewebes entwikkeln:
- ***Erfrierung 1. Grades*** (= *Kälteerythem*): Die Gefäße bleiben nach Wiedererwärmung weit → die geschädigten Gewebspartien erscheinen über längere Zeit hyperämisch.
- ***Erfrierung 2. Grades*** (= *Frostblasen*): Bei Wiedereinsetzen der Blutströmung → alterative Entzündung mit Exsudation (S. 196) → starke Flüssigkeitsdurchtränkung des Gewebes mit blasenförmiger Abhebung der Epidermis von der Unterlage.
- ***Erfrierung 3. Grades*** (= *Frostgangrän*): Es besteht eine irreversible Gefäßlähmung mit Stase und Thrombosierung → Frostgangrän der Haut und tiefer gelegener Gewebe → brandiger Aspekt der betroffenen Gliedmaße (► A, B).
- ***Erfrierung 4. Grades*** (= *Vereisung*): Völlige Gewebszerstörung.

Kälte-Folgekrankheiten

Allgemeine Pathogenese: Typisch und folgenschwer sind folgende Veränderungen an den Blutgefäßen kältegeschädigter Gewebe.

Endangiitis obliterans

Definition: Reaktiv-entzündliche, intimafibrotische Gefäßstenose.

Pathogenese: Passagere Kälteschädigung der Gewebe mit apoptotischer Schrumpfnekrose der Endothelzellen (► C1) bis zur Entblößung der Subintima (► C2) → Thrombozytenaggregation auf Subintima → reaktiv-entzündliche und stenosierende Intimaverdickung an Venen und Arterien → Einengung der Gefäßlichtung → herabgesetzte Durchblutung der betroffenen Gewebsbezirke → Kälteanfälligkeit → Raynaud-Syndrom.

Raynaud-Syndrom

Definition: Kälte → Störung der peripheren Durchblutungsregulation → bei späterer Kältexposition → symmetrische, 15–30 min dauernde Abblassung der Akren (Digitus mortuus = „Totenbeinchen“) wegen mangelhafter Durchblutung (nie im Daumenbereich!) mit Trikolore-Phänomen.

Merke: *Trikolore-Phänomen* (weiß-blau-rot):
- *weiß:* initiale Blässe mit Parästhesien →
- *blau:* Zyanose wegen Venostase →
- *rot:* Hyperämie wegen Vasodilatation.

Merke: *Raynaud-Syndrom/Raynaud-Phänomen:*
- *Morbus Raynaud* (primäres Raynaud-Syndrom) = akrale Durchblutungsstörung wegen zentralnervös bedingten Gefäßkrämpfen.
- *(Sekundäres) Raynaud-Syndrom* (Raynaud-Phänomen): akrale Durchblutungsstörung wegen primärer Gefäßschäden.

Merke: *Zeichen für Tod durch Erfrieren:*
- livide Hautverfärbungen (außer Totenflecken),
- Magenschleimhauterosionen,
- streifenförmige Blutungen im M. iliopsoas,
- Azetonämie.

A Frostgangrän

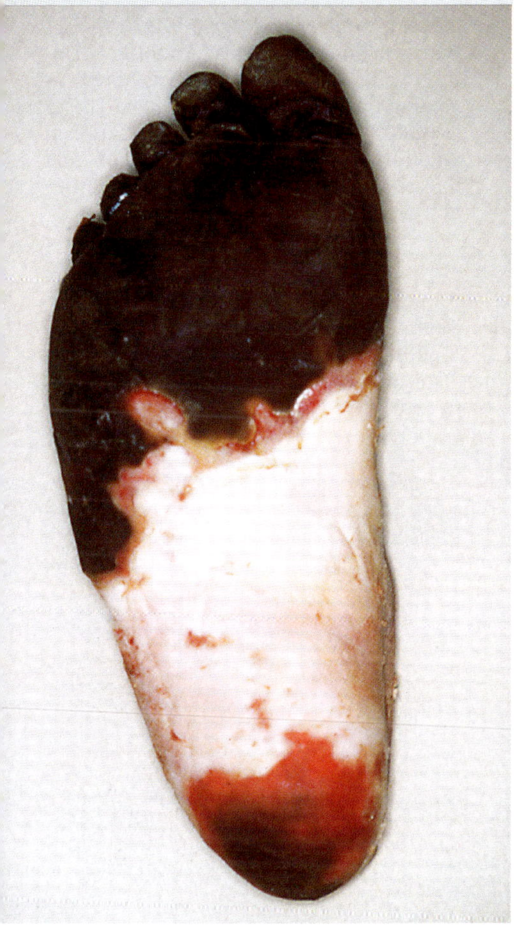

B Frostgangrän

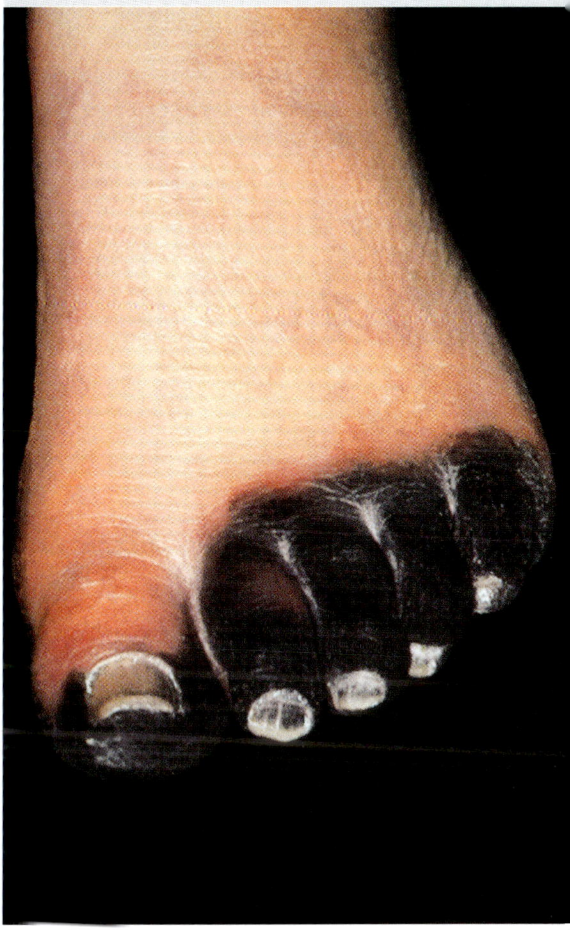

C Endothel nach Kälteexposition
TEM, 3000x

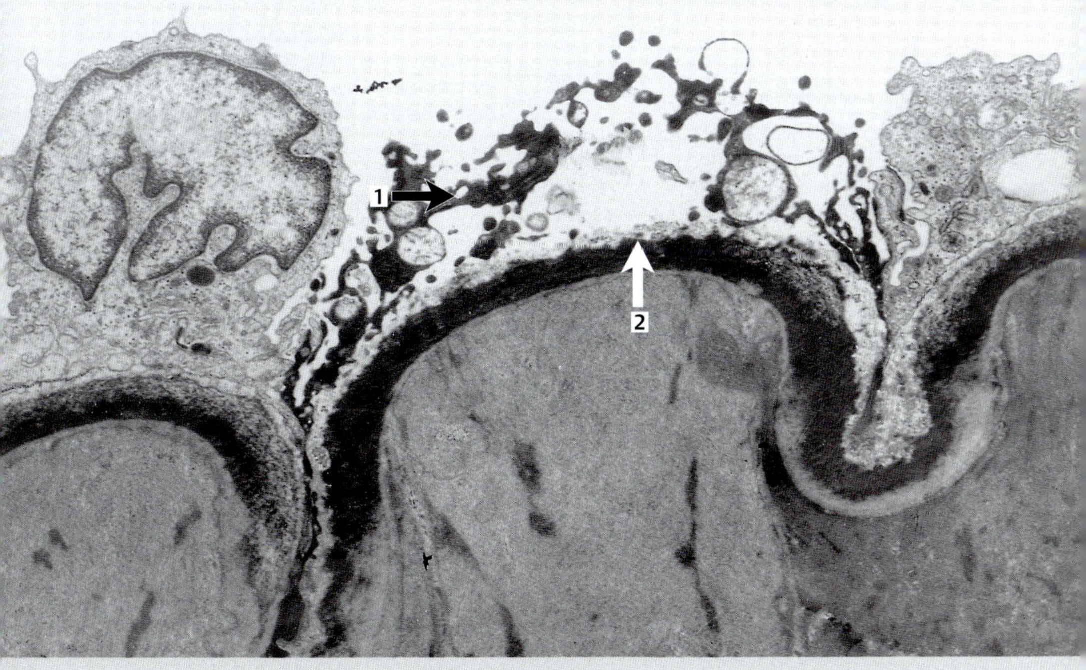

Elektrische Läsion

Stromschäden

Pathogenese: Ein Unfall mit elektrischem Strom wird in 4 Stromstärkebereiche eingeteilt.

- *Stromstärkebereich I:* 9–25 mA → Muskelverkrampfungen der Skelett-, Atem- und Herzmuskulatur → (ohne rechtzeitige Unterbrechung des Stromkontaktes) Atemstillstand. Noch keine histologischen Schäden, keine direkte Herzbeteiligung.
- *Stromstärkebereich II:* 25 – 80 mA → Herzbeteiligung in Form einer Reizbildungs- und -leitungsstörung. Bleibende Spätschäden im EKG sind selten.
- *Stromstärkebereich III:* > 80 mA → Tod im Herzkammerflimmern.
- *Stromstärkebereich IV:* Spannungen über 1000 V (= Hochspannung) und Stromstärken über 3–8 A → Verbrennungen durch die Hitzewirkung des Lichtbogens, Muskelkontrakturen und Herzstillstand.

Morphologische Charakteristiken sind:

- ***Strommarken*** an Strome in- und/oder -Austrittsstellen (meist an den Händen) bei Unfällen mit Stromstärke II und III.
  Makroskopie: kleine, grauweiße Hautveränderungen mit zentraler Eindellung. Bei Hochspannungsunfällen: größere Strommarken mit Nekrosen (► A).
  Histologisch findet man an dieser Stelle eine Koagulationsnekrose (S. 130) der Epidermis mit büschelförmig ausgezogenen Kernen der Epithelzellen. Sie sind in der Randregion fischzugartig auf das Koagulationszentrum ausgerichtet (= „Garbenbildung").
- ***Myolysen*** (Muskelauflösung) → Myoglobin gelangt ins Blut und verstopft die Nierentubuli → Nierenversagen = Chromoproteinnephrose (S. 141).
- ***Kreislaufschock*** → Nierenversagen.

Aktinische Läsion

Mikrowellen und Infrarotstrahlen

Pathogenese: Mikrowellen/Infrarotstrahlen penetrieren Gewebe und bringen deren Atome und Moleküle in Schwingung → Hitzeerzeugung → Eiweißdenaturierung und Wasserverdunstung.

> ! **Merke:** Infrarotstrahlen penetrieren die Haut höchstens 5–10 mm → Hitzeschäden sind bei Mikrowellen größer als bei Infrarot.

Licht- und Ultraviolettstrahlen

Pathogenese:

- ***Direkte Strahleneinwirkung:*** Bei der Absorption von Wellenlängen aus dem kurzwelligen UV-Bereich übersteigt die zugeführte Quantenenergie die Bindungsenergie der Hautmoleküle → Herausschlagen der Elektronen aus ihren Bindungen = Ionisation.
- ***Indirekte Strahleneinwirkung:*** Durch Ionisation → Bildung hochaktiver Radikale → Diffusion oder Abtransport in die weitere Umgebung → oxidative Reaktionen. Dieser Lichtabsorption folgen Dunkelreaktionen wie Dissoziationen, Dehydrierungen und Decarboxylierungen → Funktionsänderungen getroffener Moleküle.

Licht-Folgekrankheiten

Akute Lichtdermatosen: UV-Einwirkung → Überforderung des natürlichen Lichtschutzmechanismus der Haut → DNS-Schäden und akute exsudative Entzündung (S. 204) mit blasiger Epidermisabhebung (= Sonnenbrand).

Chronische Lichtdermatosen: Überforderung des natürlichen Lichtschutzmechanismus der Haut über Jahrzehnte (Latenzzeit) → nach einer Latenzzeit von Jahren → irreversibler UV-Schaden → Komplikationen.

> **+ Komplikationen:**
> - *Aktinische Elastose* (S. 56);
> - *Teleangiektasie:* bleibende Erweiterung der kleinen venösen Hautgefäße (sichtbares Hautgefäßnetz!);
> - *Aktinische Keratose* (= Präkanzerose; S. 340): bleibende DNS-Schäden → Epidermisepithelien zeigen zwar eine Kernpolymorphie (► B1) und -polychromasie sowie eine überschießende Bildung kernhaltiger Hornschuppen (= Parakeratose; ► B2), durchbrechen aber die Basalmembran nicht (► B3).

LASER-Strahlen

Definition und Pathogenese: Durch Emission induzierte, kohärente Verstärkung elektromagnetischer Lichtschwingung hohe Fokussierbarkeit → dadurch: Benutzung als „Strahlenmesser". Das Gewebe wird 100 μm um den Laserungskanal herum nekrotisch (► C).

Beispiel: Transmyokardiale Laser-Revaskularisation: Bei Patienten mit therapieresistenter, inoperabler koronarer Herzkrankheit werden mittels „Laserkanone" zahlreiche transmyokardiale Laserkanäle (► D) angelegt → Durchblutungsverbesserung.

A **Strommarke**

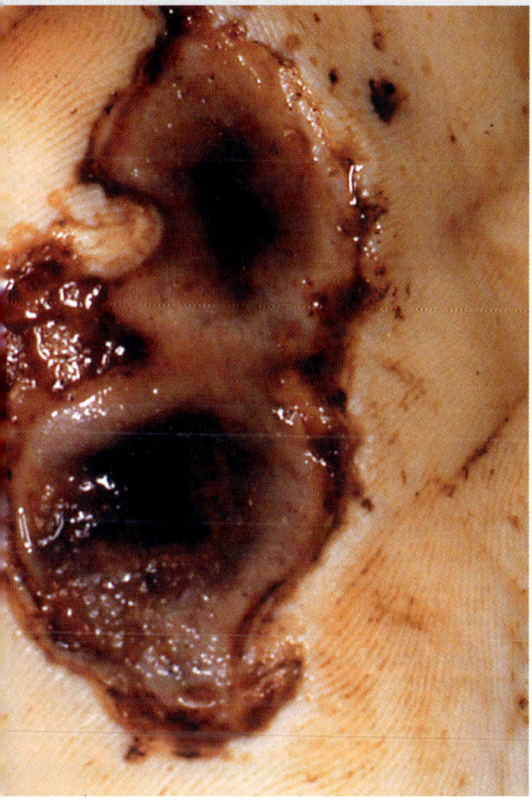

B **Aktinische Keratose**
100x

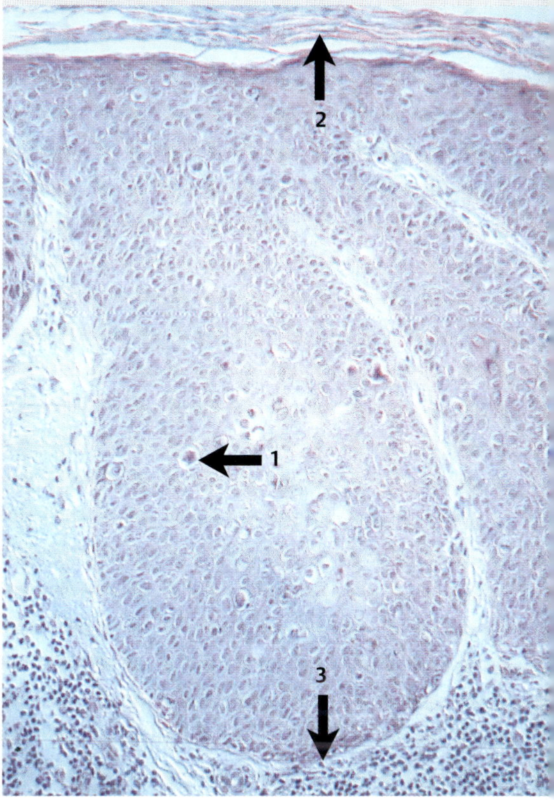

C **Laser-"Kanal"** (Myokard)
50x

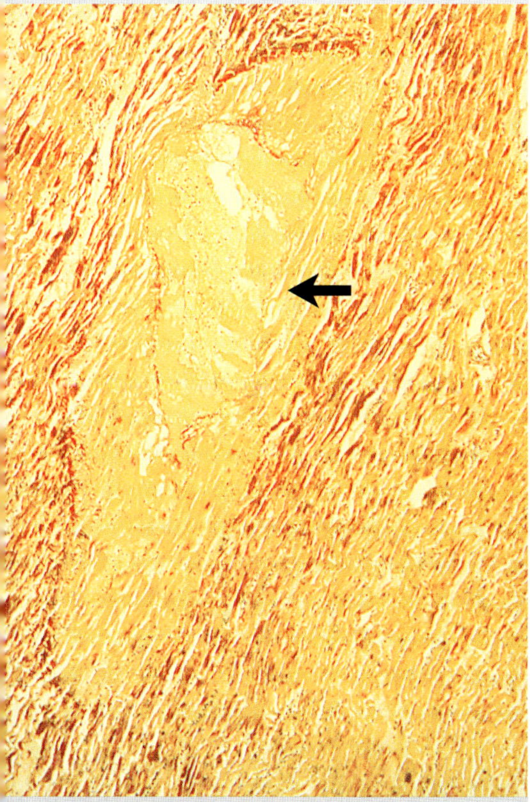

D **Laser-"Kanäle"** (Herz)

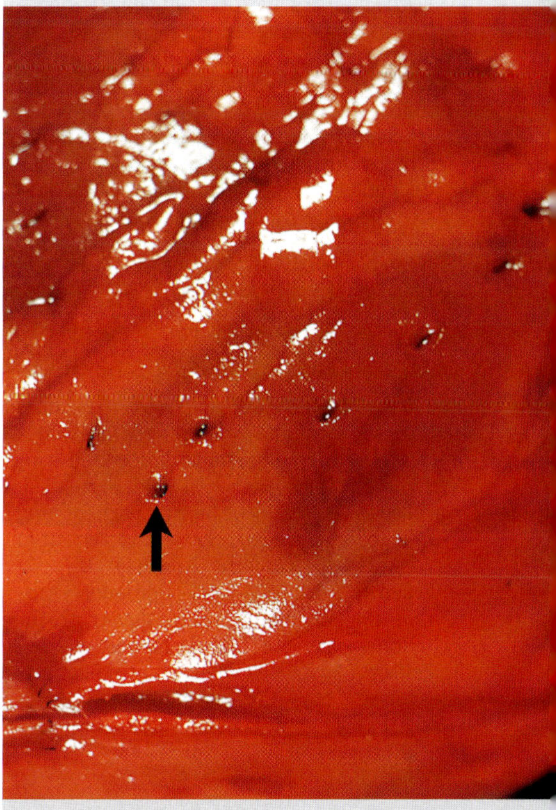

Korpuskuläre Strahlen

Orthologie: Strahlung = „Energiewanderung durch den Raum". Sie wird durch energiegeladene Partikel (= Korpuskularstrahlen) hervorgerufen. Zu den *Korpuskularstrahlen* gehören die Elektronen (= β-Strahlen), Protonen, α-Strahlen (= Atomkerne des Heliums), Neutronen, pi-Mesonen und schweren Ionen. Die kinetische Energie der korpuskulären Strahlung ist bestimmt durch die Masse der Teilchen, deren elektrische Ladung und deren Geschwindigkeit.

Beim Durchgang durch die Materie ändern die Teilchen ihre Richtung und verlieren Energie. Die elektrisch ungeladenen und masselosen Partikel wie Röntgen- und γ-Strahlen verlieren ihre Energie im Gewebe durch wenige zufällige Zusammenstöße mit Molekülen. Ebenso verlieren elektrisch geladene Partikel wie β-Strahlen durch abbremsende Zusammenstöße mit Elektronen des bestrahlten Gewebes Energie. Solche Bremsstrahlen lassen sich autoradiographisch in Form von Bahnspuren darstellen (► A: Thoriumablagerung im Gewebe [A1] mit Bahnspuren [A2]; S. 334).

Durch einen solchen Zusammenstoß kann eines der Elektronen, die einen Atomkern umkreisen, entweder völlig aus dem Elektronenverband des betreffenden Atoms getrieben oder in eine neue Umlaufbahn verlegt werden. Damit ist das an sich neutrale Atom elektrisch instabil geworden → Ionisierung (Dauer: 10^{-13} Sekunden) → Radiolyse des Zellwassers mit Bildung aggressiver Radikale (Dauer: 10^{-9} Sekunden) → Reaktion der Radikale mit dem Zellwasser → Peroxidbildung (Dauer: wenige Sekunden) → Reaktion der Radiolyseprodukte mit DNS, RNS, Enzym- und Membranlipiden.

Zelluläre Strahlenempfindlichkeit: Sie hängt von folgenden Faktoren ab:

- ***Differenzierungsgrad*** der Zellen;
- ***Zellzyklusphase:*** Bei Zellen in der G2 – Phase führt Bestrahlung i.d.R. zur Mitosehemmung, während sie bei Zellen in der M-, G2- und frühen S-Phase oft zum Zelltod führt.
- ***Erholungsmöglichkeit:*** Wird die gesamte Strahlendosis in mehrere zeitlich voneinander getrennte Fraktionen aufgeteilt, so kann sich die Zelle wieder erholen.

> **Merke:** Grobes Maß für die *Zelldifferenzierung sind die Kern-Plasma-Relation und die Organellenmenge.*

Strahlen-Folgekrankheiten

Allgemeine Pathogenese: Je nachdem, in welcher Zyklusphase sich eine Zelle befindet, resultieren durch ionisierende Stahlen folgende Läsionen:

- *Zellen in G0-Phase* → Chromatinschädigung → Apoptose (S. 128, 132) → Kern zerfällt in Fragmente (= Karyorhexis; ► B1).
- *Zellen in S-Phase* → DNS- und/oder Chromosomenschädigung. Folgen davon: a) Mutation → maligne Transformation oder b) Zelltod (Apoptose) in der nachfolgenden Mitose.
- *Zellen in M-Phase* → Spindelapparatzerstörung → (bei erhaltener DNS-Synthese) Bildung polyploider und/oder mehrkerniger Riesenzellen (S. 10).

> **Merke:** *Prinzip einer radiogenen Gewebsschädigung:* Ionisierende Strahlen → Auslösung einer „Schädigungs"-Entzündung (= alterative E.): Beginn als exsudative Entzündung (S. 196); Ende: als vernarbende Sklerosierung.

Strahlenvaskulitis

Kapillarschäden

- *Früh:* In bestrahlten Geweben reagieren die Endothelien frühestens 10 Tage nach der Bestrahlung mit Schwellung. Bei massiver Strahlenschädigung (> 60 Gy) → Endothelnekrose (Apoptose) innerhalb weniger Tage → Gewebsblutung (= Hämorrhagie; S. 398) → thrombotischer Gefäßverschluß. Regenerierende Endothelzellen werden mehrkernig und/oder polyploid (S. 8).

  Resultat: „radiogene Kapillarnekrose".
- *Spät:* Bleibende Kapillarausweitung im Bestrahlungsfeld (= Strahlenteleangiektasie) oder herdförmige Kapillarausweitung (= Kapillaraneurysma) → gesteigerte Gefäßverletzlichkeit → Blutungsneigung.

  Resultat: „radiogene Teleangiektasie" (► D).

Arterienschäden

- *Früh:* Endothelschädigung (► C1) → vermehrte Gefäßpermeabilität → Einsickern von Plasma in die Intima → Intimaschwellung (► C2), zusätzlich Thrombus (S. 404) auf Endotheldefekt (► C3) mit reaktiver Entzündung sowie einzelne Myozytenapoptosen (► C4). Nach Wochen: Endothelregeneration (S. 310).

  Resultat: „radiogene Intimaläsion".
- *Spät:* Regenerationsfähigkeit erlischt → disseminiert apoptotische Myozytennekrosen (► C5) → Aufsplitterung der Elastica interna (► C6) → Einsickern von Plasma und Fibrinogen in die Gefäßwand (= Insudation; ► C7) → alternative Entzündungsreaktion → narbige Reparation → sklerotische Umwandlung des Insudates in der Intima (► C8) →

  Resultat: „radiogene Gefäßsklerose" (► E).

A **Thoriumablagerungen** (Bahnspuren der Bremsstrahlen)
AR, 100x

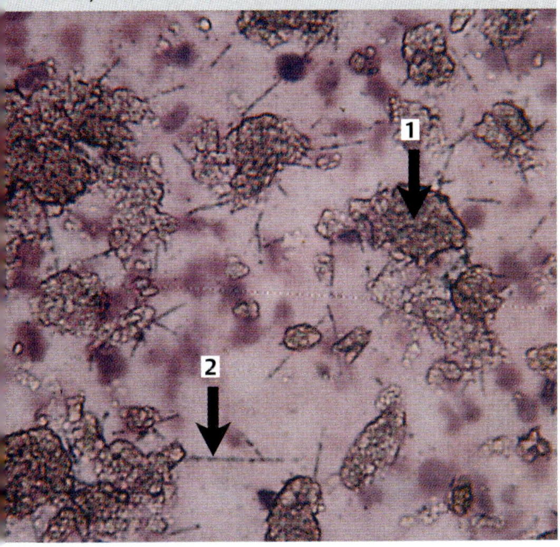

B **Strahlen-Karyorhexis**
400x

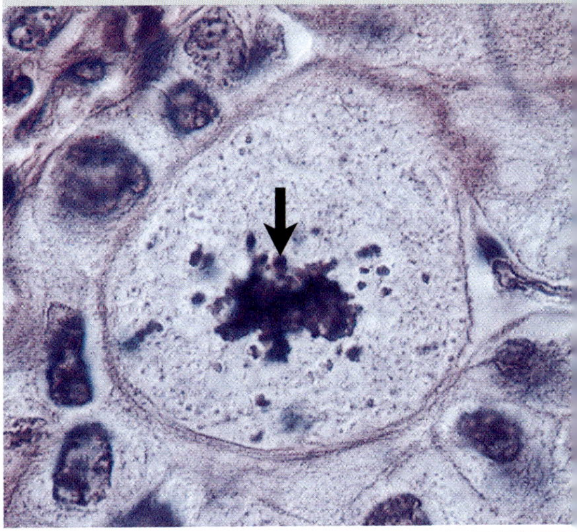

C **Strahlenvaskulopathie**

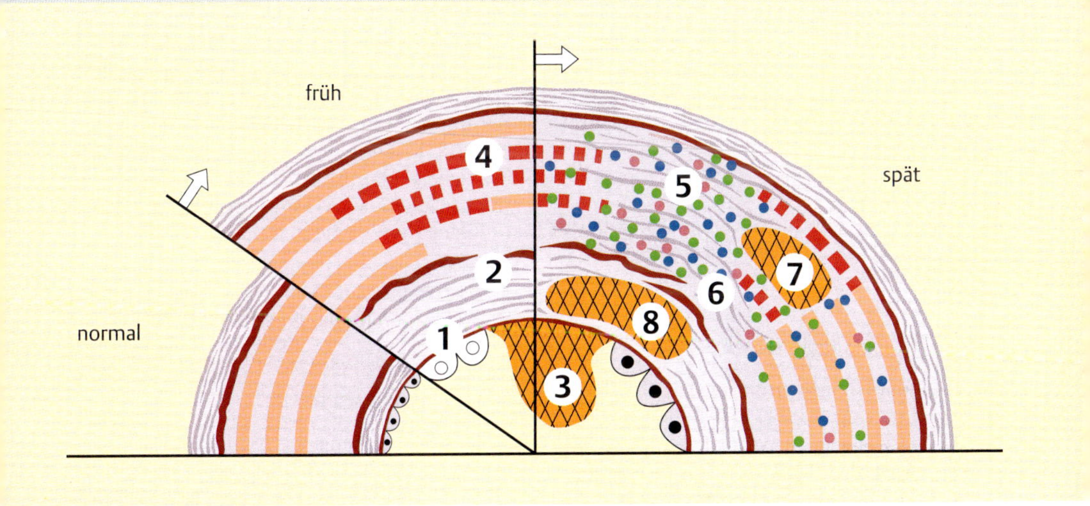

D **Radiogene Teleangiektasie** (Haut)
50x

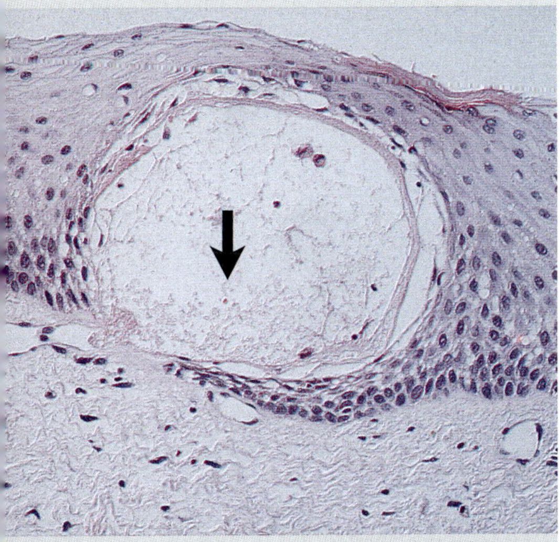

E **Radiogene Gefäßsklerose**
EvG, 50x

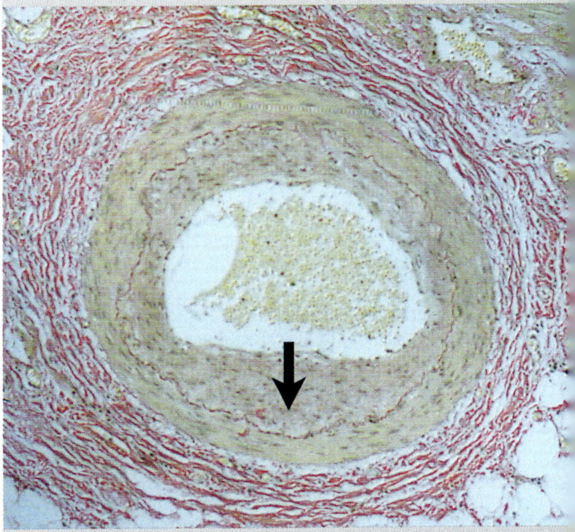

Strahlendermatitis

- *Früh:* Nur Basalzellen (► A1) und Anhangsgebilde der Haut sind strahlensensibel → dadurch: Basalzellschädigung → Verlust der Zellkontakte im Stachelzellbereich (= Akantholyse; ► A2) → herdförmige Kolliquationsnekrose (S. 132) → Strahlengeschwür („Strahlenulkus"). Hinzu kommt eine Strahlenvaskulitis → exsudative Entzündung (S. 196) → Ödem (► A3; S. 424).

  Resultat: „radiogenes Hautödem, -Ulkus".

- *Spät:* Hautteleangiektasie. Bizarr geformte, polyploide, krebszellähnliche „Strahlen-Fibroblasten" (Pseudosarkom-Aspekt; ► B) → atrophische Sklerose von Haut samt Anhangsgebilden

  Resultat: „radiogene Hautsklerose".

Strahlenenteritis

- *Früh:* Hohe Strahlensensibilität der Enterozyten → apoptotische Epithelnekrose und/oder hydropische Epithelschwellung → hinzu kommt: Gefäßschädigung → submuköses Ödem → akute erosive Enteritis → Progression der Nekrose → ulzeröse Enteritis.

  Resultat: „radiogene Enteritis".

- *Spät:* Begleitende Strahlenvaskulopathie → verzögerte Abheilung der Ulzera → Fistelbildung → Abheilung mit narbigen Strikturen

  Resultat: „radiogene Darmsklerose".

Strahlenosteonekrosen

- *Früh:* Sie treten meist innerhalb von 3 Jahren nach der Bestrahlung auf und können von einer Entzündungsreaktion (Strahlenostitis und/oder Strahlenosteomyelitis) überlagert sein → Sequestrierung des nekrotischen Knochens. Sein lamellärer Aufbau ist dabei histologisch verwaschen, die osteozytären Lakunen sind leer (► C).

  Resultat: „radiogene Ostitis" → „Osteonekrose".

- *Spät:* Der Markraum wird narbig fibrosiert und mit Teleangiektasien durchsetzt. Keine osteoblastäre oder -klastäre Aktivität an den Spongiosabälkchen.

  Resultat: „radiogene Osteosklerose" → Strahlenosteosarkom (S. 358).

> **!** **Merke:** *Osteomyelitis* = Entzündung von Knochengewebe einschließlich Knochenmark.

Strahlenleukozytopathie: Die Strahlenempfindlichkeit der hämato- und lymphopoetischen Zellsysteme hängt a) von der Größe des jeweiligen Proliferationskompartiments (S. 308) und b) von der Verweildauer der betreffenden Zellen im Differenzierungskompartiment (S. 308) ab. Diese ist z. B. für Erythrozyten wesentlich länger als für die Leukozyten.

Resultat: Strahlenagranulozytose (bereits 2–3 Wochen); Strahlenanämie folgt später.

> **!** **Merke:** *Zeitliche Abfolge der radiogenen Blutzellschäden:*
> 1. Lymphopenie,
> 2. Thrombozytopenie,
> 3. Neutropenie,
> 4. Anämie.

> **!** **Merke:** *Biologische Strahlendosimeter* (d. h. besonders strahlenempfindliche Strukturen im Organismus):
> - Gewebe: Haut und Schleimhäuten
> - Zellen: Zellkern (Polyploidie).

> **!** **Merke:** *Indikator für Strahlenspätschäden: Gefäße* (Strahlenvaskulopathie).

Strahlentherapie

Strahlenschäden an malignen Tumoren gleichen solchen am Normalgewebe. Am auffälligsten sind die Zellkernveränderungen (S. 8). Dabei imponieren v. a. pathologische Mitosefiguren, oft in Form von mercedessternförmigen Triaden (► D), bizarren Kernvergrößerungen (Riesenzellen; ► A1) und unruhigem Kernbild (= Kernpolymorphie).

Klinische Komplikation: Fibrose des Bestrahlungsfeldes. ***Beispiel:*** Peritubuläre Hodenfibrose nach Bestrahlung (► E): Die Hodentubuli sind verödet und kollagenfasrig ummantelt (► E1); sie enthalten nur noch Sertolizellen (► E2) und keine Elemente der Spermatogenese mehr.

☺ Prominente „Patienten":
Atombomben-Opfer: Hiroshima und Nagasaki (Japan) im 2. Weltkrieg (1945) mit Vernichtung des Individuums → übrig geblieben ist nur noch seine Uhr (► F).
Atomtest-Opfer: Bewußte Exposition von US-amerikanischen Soldaten bei oberirdischen Nuklearwaffentests in Nevada 1952.
Atommüll-Opfer: Bewußte Exposition von Bergungsarbeitern nach dem atomaren Riesenunfall des KKW in Tschernobyl 1986.

Bisher wurde gezeigt, daß chemische und physikalische Noxen Gewebsschäden hervorrufen können, die mit brennenden Schmerzen einhergehen. Der Patient empfindet dies als „Entzündung". Ihre Pathobiologie ist Gegenstand der folgenden Kapitel. Zunächst wird besprochen, wie der Organismus durch Schädigung entfremdetes Gewebe oder fremde Zellen erkennt (Immunpathologie), und anschließend wird gezeigt, wie er damit fertig wird (Entzündungspathologie).

A **Strahlendermatitis**
75x

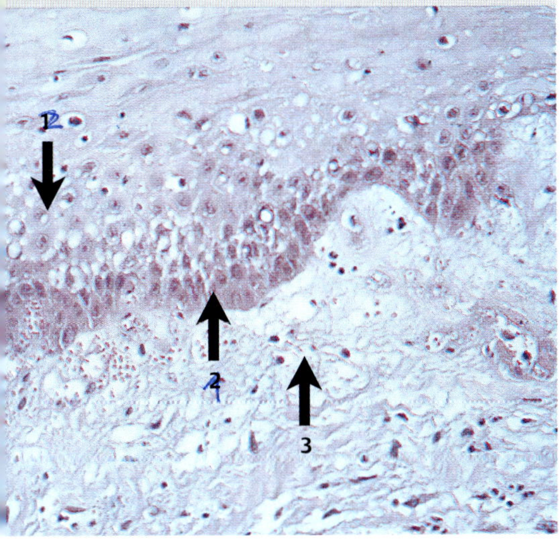

B **Strahlenfibroblasten**
100x

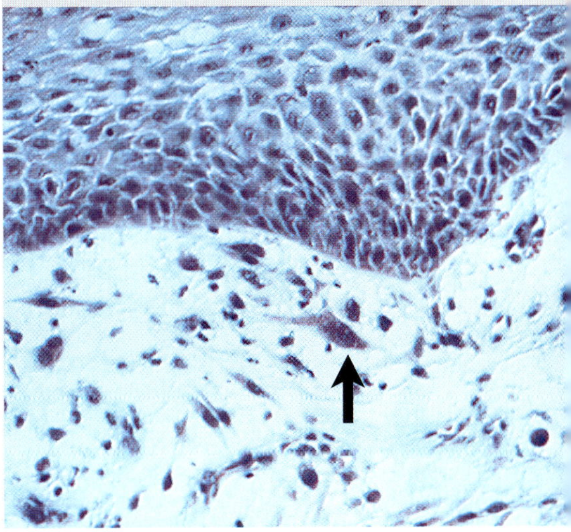

C **Radiogene Osteonekrose**
75x

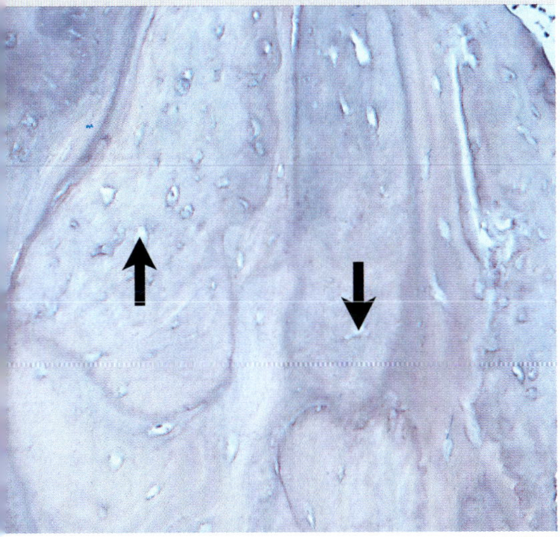

D **Triaden-Teilungsfigur**
400x

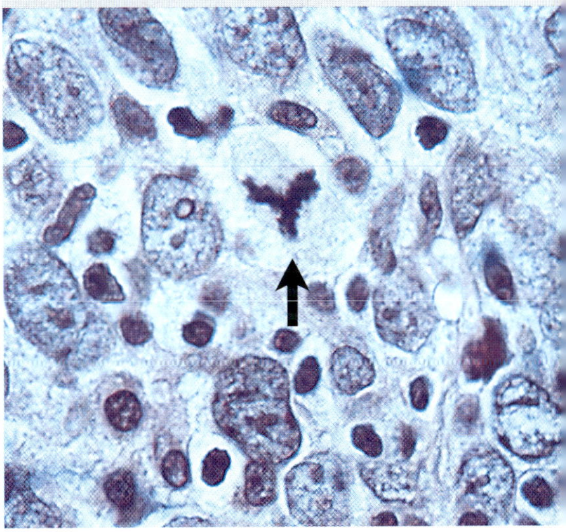

E **Radiogene Hodenfibrose**
EvG, 100x

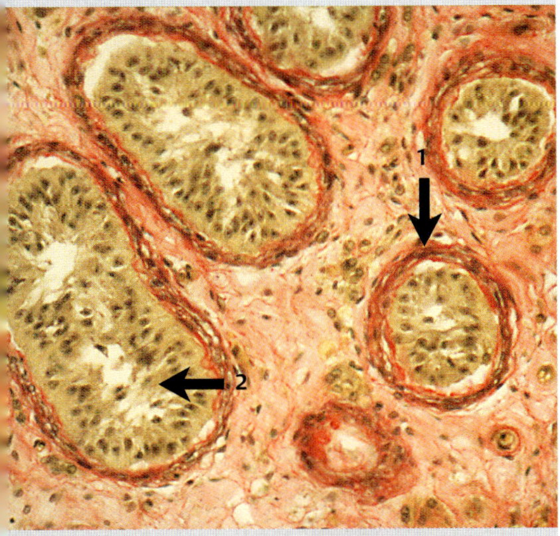

F **"Atomuhr"**

12 Selbsterkennung und Selbstverteidigung
Immunpathologie

Zusammenfassung

Auf den riesigen Oberflächenstrukturen unseres Organismus leben zahlreiche Mikroorganismen. Er muß sich daher seiner eigenen Haut wehren und seine Individualität durch unspezifische (= Resistenz) und spezifischen Abwehrmechanismen (= Immunität) behaupten. Die Immunität beruht auf der Fähigkeit des Organismus, körpereigene („selbst") von körperfremden („nicht-selbst") Substanzen zu unterscheiden und wird durch das Immunsystem gewährleistet. Dieses läßt sich in zwei funktionell verschiedene Zellfamilien untergliedern: die B- und die T-Lymphozyten. Die B-Zellen sind für die humorale Immunität zuständig. Ihr Effektormechanismus besteht aus den von ihnen produzierten Antikörpern, die vom kaskadenartig aktivierbaren Komplementsystem unterstützt werden. Die T-Zellen sind für die zelluläre Immunität zuständig. Ihre Effektivität verdanken sie den von ihnen gebildeten Zytokinen sowie Killer-Zellen aus den eigenen Reihen. Dies macht verständlich, daß Defekte der Immunglobulinsynthese, des Komplementsystems und der interleukozytären Kommunikation zu folgenden pathogenen Immunreaktionen führen:

▶ **Hypersensitivitätsreaktionen:** Hier beantwortet ein Organismus den erneuten Kontakt mit einem Antigen, das er schon kennt und auf das er überempfindlich ist.

- *Überempfindlichkeitsreaktionen Typ I* werden bei Patienten hervorgerufen, die auf ein bestimmtes Antigen (= Allergen) mit einer abnormen Produktion von IgE reagieren. IgE hat eine besondere Affinität zu den Mastzellen und provoziert deren Histaminausschüttung.
- Bei *Überempfindlichkeitsreaktionen Typ II* werden humorale Antikörper gegen körpereigene Antigene gebildet und nach entsprechender Bindung an eine Zielzelle von Zellen mit Killerpotential (Makrophagen) als „Tötungsaufforderung" verstanden.
- *Überempfindlichkeitsreaktionen Typ III* führen zur Immunkomplexkrankheit, bei der im Körper Antigen-Antikörper-Komplexe zirkulieren und nach Ablagerung Gefäßschäden verursachen.
- *Überempfindlichkeitsreaktionen Typ IV* werden durch T-Lymphozyten vermittelt, die auf a) pathogene Keime (Infektallergie), b) Antigene, die an der Haut haften (Kontaktallergie) oder c) Spenderorganantigene (Transplantatallergie) eine gewisse Zeitlang quasi abgerichtet worden sind.

▶ **Autoimmunkrankheiten** (= Autoaggressionserkrankungen): Bei diesen Erkrankungen verletzt der Organismus den Schutz seiner eigenen Individualität und greift sich selbst an. Dementsprechend stehen im Mittelpunkt ihrer Pathogenese autoreaktive Antikörper oder autoreaktive Lymphozyten, die sich gegen körpereigene Substrate richten.

▶ **Defektimmunopathien** (= Immunmangelsyndrome): Ihnen liegt eine defiziente Immunreaktion des Organismus auf verschiedene Antigenstimuli zugrunde. Die *angeborenen B-Zell-Defekte* fallen klinisch aufgrund einer Resistenzminderung gegenüber bakteriellen Infektionen auf, während primäre T-Zell-Defekte durch eine Schutzlosigkeit gegenüber Viren und Pilzen imponieren. Patienten mit kombinierten B- und T-Zell-Defekt sind kaum überlebensfähig. Bei den *erworbenen Defektimmunopathien* ist vor allem die Gammopathie infolge neoplastischer Vermehrung eines Plasmazellklons und AIDS infolge einer Infektion mit dem humanen Immundefektvirus (HIV) hervorzuheben.

Antigen[1]

Definition: Substanz, die vom Organismus als „fremd" erkannt wird und eine spezifische Abwehrreaktion (= Immunreaktion) auslöst.

Komplettes Antigen (= Voll-AG): Substanz, die eine Immunreaktion induziert und mit dem daraus resultierenden Produkt (Antikörper) spezifisch reagieren kann.

Inkomplettes Antigen (= Hapten): Niedermolekulare Substanz (kurze Peptide, Pharmaka), die erst nach Bindung an Makromoleküle antigen wirkt.

AG-Ausschaltung

Um ein AG unschädlich zu machen, setzt der Organismus folgende Strategien ein:

Humorale Immunität: Sie geht mit der Bildung von „Gegengiften" (= Antikörpern) durch die B-Lymphozyten einher, die in den Körperflüssigkeiten zirkulieren.

Zellvermittelte Immunität: Sie wird von den T-Lymphozyten getragen, die gelernt haben, körpereigenes („Selbst") und -fremdes („Nicht-Selbst") Material zu unterscheiden.

Diese Zweiteilung des Immunsystems in ein B- und T-Zell-System ist didaktisch richtig, aber biologisch artifiziell, denn beide Teilsysteme kooperieren durch ein genetisch festgelegtes Kontrollsystem (HLA-System) und durch ein System aus besonderen Botenstoffen (= Zytokine).

1 Antigen = Abkürzung von **Anti**somato**gen** (= AG)

Immunorgane

Orthologie: Das Immunsystem des Menschen besteht etwa aus einer Billion Lymphozyten und wiegt ca. 1 kg. Es setzt sich aus Geweben zusammen, die zum lymphatischen und zum retikulohistiozytären System (= RHS) gehören. Die Lymphozyten kreisen im Blut und werden vorübergehend auch in den Immunorganen seßhaft.

Anatomisch werden die Immunorgane wie folgt untergliedert:

Zentrale Immunorgane

Thymus

Bis zum Ende des zweiten embryonalen Monats ist der Thymus ein rein epitheliales Organ. Danach wandern aus blutbildenden embryonalen Geweben unreife lymphoide Zellen in den Thymus ein, wo sie von Ammenzellen (interdigitierenden Zellen) umhegt das Lymphozyten-ABC (Erkennung von „selbst „und nicht-selbst") beigebracht bekommen. Danach sind sie „streitbare „Thymuslymphozyten (= T-Lymphozyten). Als solche schwärmen sie in die Blutbahn aus und besiedeln die peripheren lymphatischen Organe.

Bursa Fabricii / Knochenmark

Die Bursa Fabricii kommt nur bei Vögeln vor und liegt in der Nähe der Kloake. Beim Säuger scheint dem Knochenmark die Rolle der Bursa Fabricii zuzukommen. Das Knochenmark gilt deshalb bezüglich der ontogenetischen Immunsystementwicklung als Bursa-Äquivalent. Dementsprechend werden die davon abgeleiteten Lymphozyten auch als B-Lymphozyten bezeichnet.

Periphere Immunorgane

Lymphknoten

Ihre follikelhaltige Rindenzone mit Primär- und Sekundärfollikeln sowie die Markzone mit den Sinus des Lymphknotens enthalten B-Lymphozyten, während die Parakortikalzone mit ihren venolenhaltigen Tertiärfollikeln T-Lymphozyten beherbergt.

Milz

In der Milz gehören die periarteriellen Lymphscheiden der Pulpaarterien als Verzweigung der Trabekelarterie zum T-Zell-System, während die Milzfollikel der Follikelarterien und zum Teil die rote Pulpa zum B-Zell-System zu rechnen sind. Die Follikelarterien ergießen ihren Inhalt zum raschen Abtransport direkt in die Sinus (= schnelles Kompartiment) oder zum langsamen Absieben in die Pulpastränge (= langsames Kompartiment). Danach geht es über die Trabekelvene weiter.

MALT

(= **m**ukosa**a**ssoziiertes **l**ymphatisches Gewebe = **t**issue). Zum MALT gehören folgende Strukturen:
- *Lymphatischer Rachenring* mit den Rachen-, Zungen- und Gaumen-Tonsillen,
- *darmassoziiertes lymphatisches Gewebe* (= GALT = gut associated lymphatic tissue) mit den Peyer-Plaques des Dünndarms, Appendixfollikeln, Solitärfollikeln des Kolons und den immunkompetenten Zellen in der Darmmukosa,
- *bronchienassoziiertes lymphatisches Gewebe* (= BALT) mit dem lymphatischen Gewebe in der peribronchialen Bindegewebsmanschette,
- *exokrine Drüsen* (Speicheldrüsen, Pankreas),
- *Brustdrüse.*

Charakteristischerweise ist das MALT in der Wandung bakterienhaltiger Hohlräume (Verdauungs-, Respirationstrakt) lokalisiert und steht mit pathogenen Keimen und anderem AG-Material in Kontakt. AG aus dem Intestinaltrakt werden folgendermaßen bearbeitet:
In das follikelassoziierte Darmepithel sind „membranöse Zellen" (= M-Zellen) eingestreut. Sie reichen AG aus dem Darmlumen an intraepitheliale Lymphozyten weiter. Das resorbierte AG wird von Makrophagen und dendritischen Zellen empfangen und so bearbeitet, daß im benachbarten Lymphfollikel T- und/oder B-Zellen dagegen „scharf" gemacht werden. Sie machen sich auf die Suche nach diesem AG, schwärmen via Lymphsystem ins periphere Blut aus, finden aber wegen ihrer aufgestempelten Heimatadresse (Homing-Rezeptoren) wieder zu den Endothelien der Heimat-Organgefäße in die Darmschleimhaut sowie auch in die übrigen MALT-Gewebe zurück. Nach einer Auseinandersetzung mit einem AG produzieren sie v. a. Immunglobulin vom IgA-Typ (s. u.), das auch in Sekrete wie Muttermilch gelangt. Davon profitiert der Säugling. Er nimmt mit der Muttermilch spezifische IgA-Antikörper gegen Krankheitserreger auf, mit denen bereits das MALT-Immunsystem der Mutter gerungen hat.

SALT

(= **s**kin **a**ssociated **l**ymphatic **t**issue).

> **!** **Merke:** *Lymphozytenursprung:*
> Thymus → **T**-Lymphozyten
> Bone marrow (= Knochenmark) → **B**-Lymphozyten

Dieser anatomischen Gliederung des Immunsystems in die Immunorgane steht eine funktionelle Aufteilung des Immunsystems gegenüber, die auf den Eigenschaften der B-Lymphozyten (= B-Zellen) und T-Lymphozyten basiert. Sie wird im folgenden besprochen.

Zellvermittelte Immunität

Abkürzungen: HLA = Histokompatibilitäts-AG, MHC = major histocompatibility complex (S. 164), IL = Interleukin(e)

Definition: Abwehrreaktionen, die durch T-Lymphozyten vermittelt erst 24 – 48 Stunden nach AG-Kontakt wirksam werden.

> **Merke:** *Zellvermittelte Immunität:*
> = Spätreaktion,
> = Immunreaktion vom verzögerten Typ.

T-Lymphozyten

Orthologie: Die T-Lymphozyten stammen von pluripotenten Zellen des hämatopoetischen Systems ab, wandern in den Thymus ein und besiedeln dort zunächst die Rinde.
Dort „lernen" sie, Selbst-AG von Nichtselbst-AG zu unterscheiden, die ihnen in Kombination mit einem Membran-AG (= HLA) präsentiert werden, das sie auch selbst besitzen (= MHC-Restriktion). Dabei durchlaufen sie folgende 2 Prozesse:
- *Negative Selektion:* Vorläufer-T-Zellen, die gegen Selbst-AG-Peptide in Kombination mit Selbst-HLA reagieren, zerfallen apoptotisch.
- *Positive Selektion:* Vorläufer-T-Zellen, die Selbstpeptide zusammen mit eigenen HLA-Molekülen (= Selbst-HLA) erkennen, erhalten Überlebenssignale in Form von bestimmten IL. Die anderen Zellen zerfallen apoptotisch.

Resultat: „Selbst"-AG-Toleranz.
Beide Selektionsprozesse hängen wesentlich von der Ausstaffierung des T-Zell-Rezeptors durch genomische Rekombination (seiner αβ- oder γδ-Ketten) ab und führen über entsprechende Ausreifung schließlich dazu, daß die T-Zellen je nach Differenzierung CD4- oder CD8-Moleküle exprimieren.

Immunologische Erstantwort

Ein Fremd-AG dringt in den Organismus ein (► A1) → das Fremd-AG wird von AG-Präsentationszellen der T-Zell-Zone im Lymphknoten (= interdigitierende Retikulumzellen, ► A2) und von Langerhans-Zellen der Haut (► B1) abgefangen, aufgearbeitet und den T-Zellen mit Hilfe von HLA-AG präsentiert (► A2, B2) → (Fremd)-AG verbindet sich mit rezeptormäßig passenden Lymphozyten (► A3)→ Zellteilungssignal für eine ganz bestimmte Lymphozytenfamilie (= Klon-Selektion) → Umbildung zu Immunoblasten (► A4) → Proliferation von AG-spezifischen T-Zell-Subpopulationen (► A5):

Effektormechanismen

T-Helferlymphozyten

Synonym: CD4⁺-T-Zellen, T_H-Zellen

Sie enthalten T-Zell-Rezeptoren aus αβ-Ketten und exprimieren CD3 und CD4. Von dem durch die AG-Präsentationszellen verdauten Fremd-AG wird nur das immunogene Peptidbruchstück durch HLA-Klasse-II-Strukturen den T-Zellen zur „Schau" gestellt (► B2). Von diesen sprechen aber nur die T_H-Zellen darauf an, weil sie auf ihrer Oberfläche das CD4-AG enthalten, das an HLA-Klasse-II-Moleküle mit CD3 als Koligand binden kann (► B3)→ Signaltransduktion (► B4)→ T_H-Zellen geben IL ab (► B5) und werden je nach Funktion unterteilt in:
- *T_{H1}-Zellen:* Viren und Bakterien → Aktivierung natürlicher Killerzellen[2] → Freisetzung von Interferon-γ und IL-12 → T_{H1}-Aktivierung → Aktivierung von Makrophagen und zytotoxischen T-Zellen. T_{H1}-Zell-Hemmung durch IL-4.
- *T_{H2}-Zellen:* Würmer und andere Parasiten → Freisetzung von IL-4 → Folgen davon: a) B-Zell-Aktivierung → IgG- und IgE-Produktion und b) Eosinophilen-Mastzellrekrutierung. T_{H2}-Zell-Hemmung durch Interferon-γ.

γδ-T-Lymphozyten

Sie enthalten T-Zell-Rezeptoren aus γδ-Ketten und exprimieren weder CD4 noch CD8 → HLA-unabhängige AG-Interaktion.

Vorkommen: MALT.

Zytotoxische T-Lymphozyten

Synonym: CD8⁺-T-Zellen

Sie enthalten T-Zell-Rezeptoren aus αβ-Ketten und exprimieren CD3 und CD8.
Ist ein Fremd-AG in den Fängen eines HLA Klasse-I-Moleküls auf irgendeiner Körperzelle, so wird es von zytotoxischen T-Zellen erkannt, weil sie CD8-Oberflächenmoleküle mit Aktivität zu HLA-Klasse-I-Strukturen aufweisen. Sowohl bei den CD4- als auch bei den CD8-tragenden T-Zellen wird nach dem HLA-Fremd-AG-Kontakt das entscheidende Aktivierungssignal über das CD3-Oberflächenmolekül vermittelt, das mit dem T-Zell-Rezeptor assoziiert ist. Zur Zellzerstörung benützen zytotoxische T-Lymphozyten membranperforierende Moleküle (= Perforine) → Apoptose (= induzierter, zellulärer „Brudermord"; S. 128).

Mediatorstoffe

Die Effizienz des T-Zell-Systems hängt wesentlich von der Zell-Zell-Kommunikation ab und wird durch folgende Mechanismen gesteuert:
- *Interleukine* = von Lymphozyten und Makrophagen produzierte Signalstoffe (► A6, B5).
- *Adhäsionsmoleküle* wie Immunglobulin-Superfamilie, Integrine, Selektine und Cadherine.

Immunologische Zweitantwort

Aus der Proliferationswelle der immunologischen Erstantwort leiten sich langlebige Lymphozyten ab, die in der Eigenschaft ruhender Stammzellen auf ihrer Oberfläche AG-spezifische Rezeptoren ausgebildet haben. Dies sind die Gedächtniszellen (= Memory-Zellen, ► A7). Von ihnen geht die immunologische Zweitantwort aus.

> **Merke:** Lymphokine = Interleukine.

1 CD = cluster of differentiation = Differentierungs-AG, die durch Gruppen (cluster) von monoklonalen AK definiert sind.
2 Natürliche Killerzellen lösen bei MHC-losen Zellen via Perforin eine Apoptose aus.

A T-Zell-Reaktion

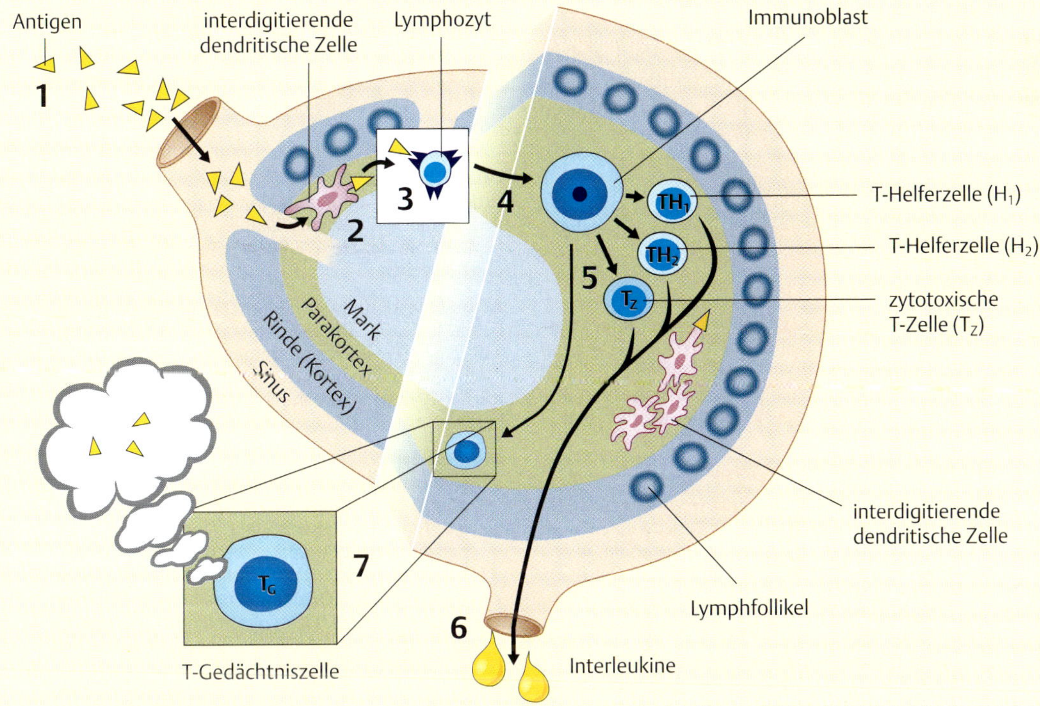

B AG-Präsentationsmechanismus

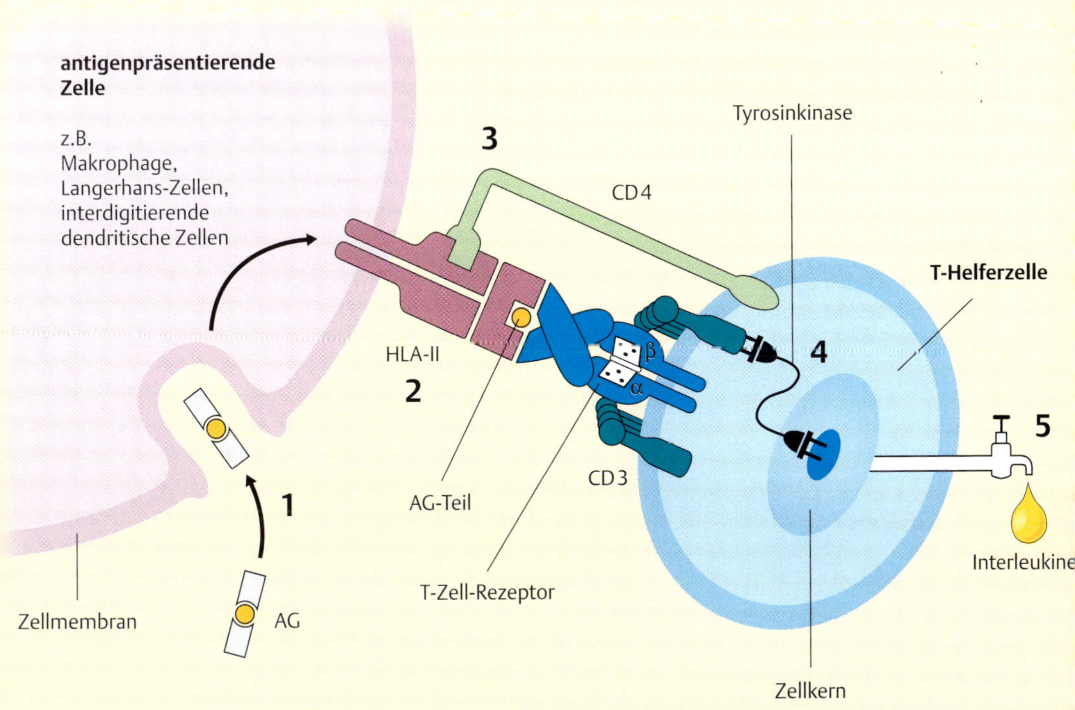

Humorale Immunität

Abkürzung: AK = Antikörper, AG = Antigen

Definition: Abwehrreaktionen, die durch zielgerichtete Antikörper mit Unterstützung durch das Komplementsystem innerhalb von Minuten nach AG-Kontakt einsetzen.

Merke: *Humorale Immunität:*
= Sofortreaktion,
= Immunreaktion vom Soforttyp.

B-Lymphozyten

Orthologie: Die B-Lymphozyten weisen auf ihrer Oberfläche viele Immunglobuline auf. Nach Kontakt mit AG (Polysaccharide, Pharmaka, Erregertoxinen, Zell-AG) wandeln sie sich über weitere Proliferations- und Reifungsschritte in AK-sezernierende Plasmazellen um.

Immunologische Erstantwort

Gelangt ein AG in den Organismus, so wird es entweder über die Lymphbahnen in einen Lymphknoten oder über die Blutbahn in die Milz eingeschwemmt, wo es zahlreiche B-Lymphozyten gibt. Sie alle können zu einem AG die adäquaten AK als Rezeptoren auf ihrer Oberfläche besitzen und nach AG-Kontakt passende Antikörper synthetisieren.
B-Zellen sind hervorragende AK-Bildner gegen Proteine. Sie sind dazu meist erst in der Lage, wenn sie die Dienste von T-Helferzellen in Anspruch genommen haben. Die Intensität der Immunantwort hängt von der AG-Präsentation ab. Diese Rolle übernehmen antigenpräsentierende Makrophagen wie Marginalzonenmakrophagen und follikuläre dendritische Zellen (► A, B1). Sie verleiben sich das AG endozytotisch ein (► A1), schließen es proteolytisch auf (► A2) und präsentieren es den T-Helferzellen (► A3, B2). Das gleiche können auch B-Lymphozyten tun (► A4). Auf diese Weise kooperieren die B-Zellen mit den T-Zellen (► B3). Die B-Zellen wiederum werden sowohl durch den AG-Kontakt (► A4) als auch durch die T-Zell-Lymphokine stimuliert (► A5) und wandeln sich entweder zu Immunoblasten um oder bilden Keimzentren (► B4).

- B-Immunoblasten gehen über einige Zwischenstufen in Plasmazellen über (► A6, B6). Dabei verlieren sie ihre membranständigen AK, können aber humorale AK produzieren (► A7, B7).
- Die Zentroblasten der Keimzentren bilden Zentrozyten, aus denen neben B-Immunoblasten (► B5) auch B-Gedächtniszellen (= B2-Lymphozyten, ► B8) hervorgehen. Von B2-Gedächtniszellen geht bei einem erneuten AG-Kontakt eine rasche Immunantwort aus (= anamnestische Reaktion).

Effektormechanismen

Das B-Zell-System garantiert die humorale Abwehr und setzt dazu AK als Abwehrwaffen ein. Diese wirken zusammen mit dem Komplementsystem (s. u.) zellzerstörend. Je nach AG wird das B-Zell-System durch Makrophagen und/oder Mastzellen unterstützt.

Antikörper

Definition: Makromolekulare Serumproteine aus der Gruppe der γ-Globuline (= Immunglobuline), die mit den ihnen entsprechenden AG-Bindungsstellen (= AG-Determinante = Epitope) eine spezifische Bindung eingehen.

AK-Struktur: AK sind aus 2 identischen leichten L-(Light-)Ketten und 2 identischen schweren H-(Heavy-)Ketten aufgebaut. Die humanen Immunglobuline werden je nach H-Kette klassifiziert als IgG, IgA, IgM, IgD und IgE. Die H-Ketten werden mit griechischen Buchstaben bezeichnet: γ, α, μ, δ, ε.

AK-Eigenschaften:

- ***IgM:*** Erster spezifischer AK bei der humoralen Immunreaktion. Haupt-AK der Primärantwort.
- ***IgG:*** Hat normalerweise von allen Immunglobulinen die höchste Serumkonzentration. Bei bakterieller Abwehr spielen sie als neutralisierende AK eine wichtige Rolle. Bei humoralen Immunreaktionen lösen sie die zunächst auftretenden IgM-AK ab. Sie sind die Haupt-AK der Sekundärantwort und können die Plazenta passieren.
- ***IgA:*** Hauptimmunglobulin in den Körpersekreten. Keiminvasion: IgA → Aktivierung des Komplementsystems (klassischer Weg) → Bakteriolyse → „Immunschutzmantel der Schleimhäute".
- ***IgD:*** Oft zusammen mit IgM auf der Oberfläche vieler B-Lymphozyten. Reguliert die Interaktion von B- und T-Zellen.
- ***IgE:*** (= Reagine). Sie werden v. a. vom MALT (S. 157) des Respirations- und Verdauungstrakts gebildet und können sich v. a. an Mastzellen festsetzen (= zytotrope AK). Daneben setzen sie sich auch auf den AG-präsentierenden Zellen der Haut (Langerhans-Zellen) fest.

AK-Bildung: Erstkontakt mit AG → B-Zellen bilden IgM (das sie auch als Antigenrezeptor auf ihrer Oberfläche tragen). Später: T-Zell-Zytokine → Beeinflussung der B-Zellen → beim Kopieren des AK-Bauplans wird anstatt des Codes für die schwere Kette Typ μ derjenige für Typ γ abgeschrieben → Bildung von IgG-AK → Abgabe von IgG-AK ins Serum mit Bindungsspezifität für das ursprüngliche AG (= Isotype-Switch, AK-Klassenwechsel).

A Makrophagen-Lymphozyten-Kooperation

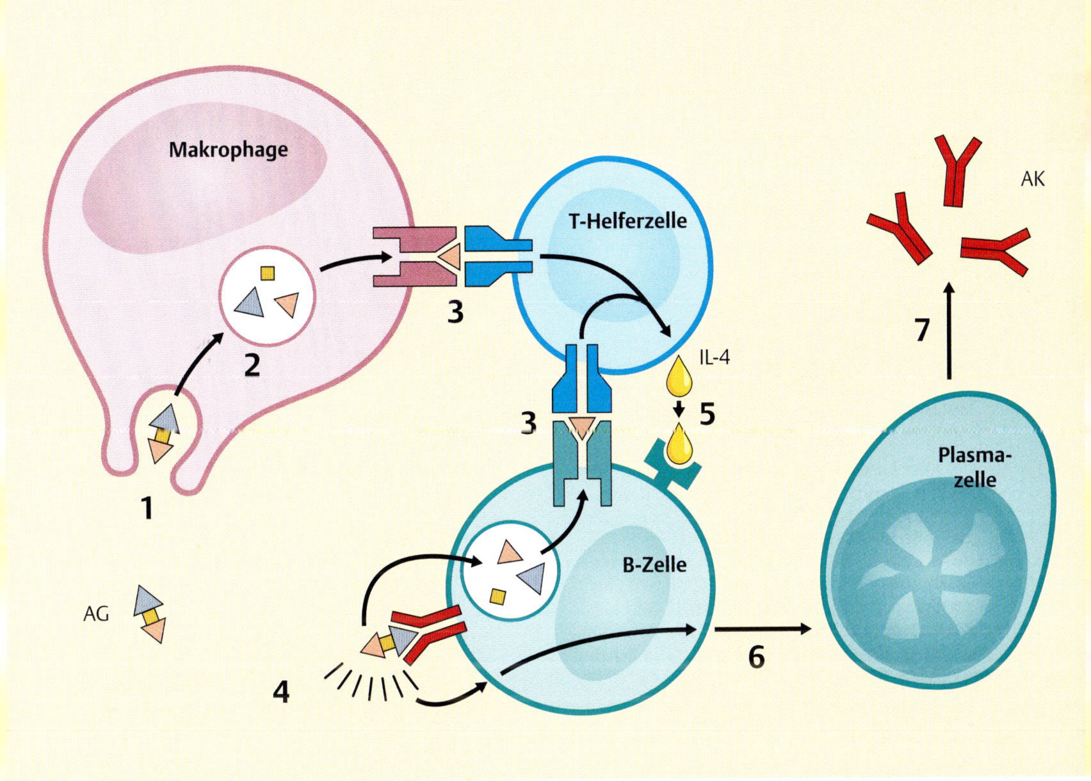

B B-Zell-Reaktion

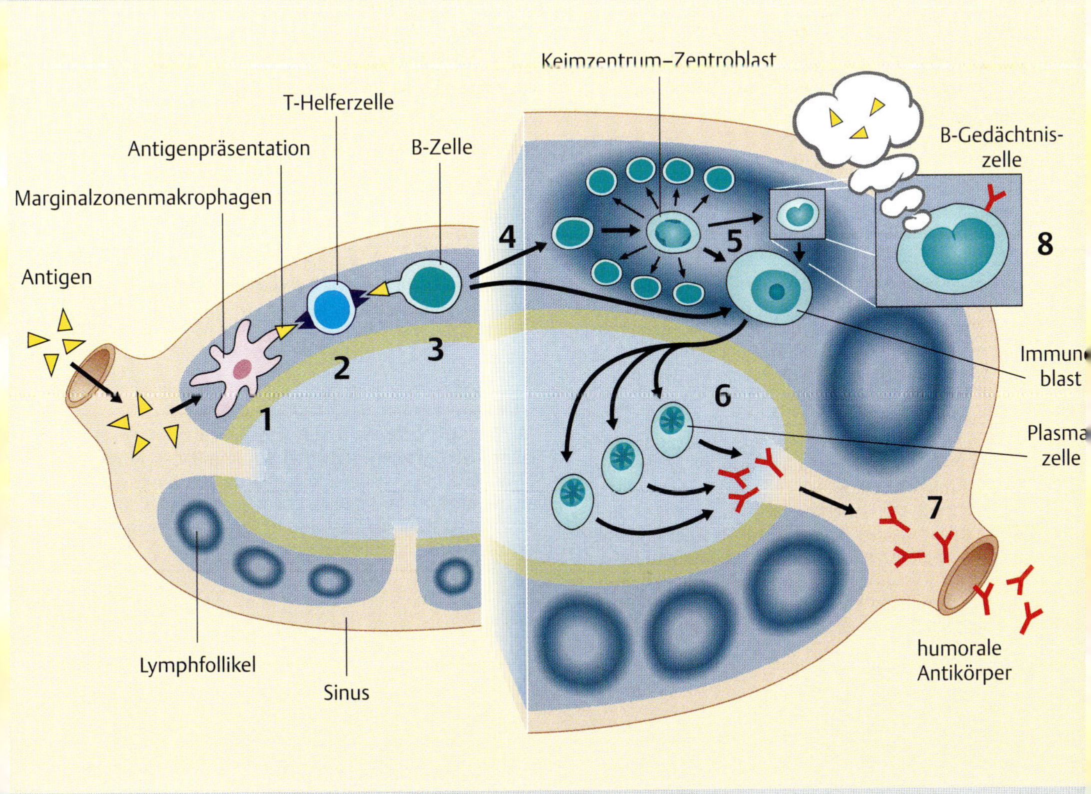

Antigen-Antikörper-Reaktion:
Abkürzung: IC = **i**mmuno **c**omplexes

AG-AK-Reaktion → AG-AK-Komplexbildung (= Immunkomplexe). Ihr Schicksal hängt von ihrer Größe und Löslichkeit ab. Die Löslichkeit eines IC wird von der Natur der beteiligten Komponenten und von ihrem Mengenverhältnis bestimmt:
- *AG-Überschuß* → Haftstellen auf den wenigen AK werden mit isolierten AG besetzt → kleine IC (► A1).
- *AK-Überschuß* → alle Determinanten am AG sind mit einzelnen AK besetzt → keine Bildung eines netzwerkartigen IC → IC bleiben klein (► A2).
- *AG-AK-Äquivalenzbereich* = Gleichgewicht zwischen AG- und AK-Menge → Bildung großer IC. Diese bleiben nicht in Lösung sondern präzipitieren (► A3). Auch bei der Reaktion zellgebundener AG (Blutgruppen-AG) mit freien AK (IgG) bildet sich ein IC-Netzwerk = Agglutinat (► A4).

Schicksal eines Immunkomplex-Netzwerks:
- *Große, präzipitierende Immunkomplexe:* Rasche IC-Aufnahme durch Makrophagen. Bei großen Mengen → Arthus-Phänomen (S. 174).
- *Große, lösliche Immunkomplexe:* IC-Penetration in Gefäßwand → Ablagerung auf Basalmembran → Gewebsschädigung bei anhaltender IC-Bildung.
- *Kleine, lösliche Immunkomplexe:* IC-Ausscheidung; IC können aber auch ohne Folge lange in der Blutzirkulation bleiben.

AG-AK-Folgereaktionen:
- *AG-Neutralisation.*
- *Eliminierung.*
- *Opsonisierung:* AK-Ablagerung (IgG mit, IgM ohne Komplementunterstützung) auf der Oberfläche pathogener Keime → AG-"Markierung „für Makrophagen → Phagozytose.
- *AK-abhängige zellvermittelte Zytotoxizität:* Killerzellen (weder B- noch T-Zellen) mit Rezeptoren für IgG-AK → Komplement-unabhängige Zerstörung einer mit spezifischen AK besetzten Zielzelle.
- *Aktivierung des Komplementsystems.*

Komplementsystem

Effektorsystem in der AG-AK-Auseinandersetzung, bestehend aus den 9 Plasmaglykoproteinen C1 – C9. Seine Komponenten werden kaskadenartig über 2 Wege aktiviert:
- *Klassischer Aktivierungsweg* (► B) = spezifische Aktivierung unter Beteiligung humoraler AK. Er beginnt mit Erkennung des an ein AG gebundenen Antikörpers durch C1-Komponenten (= Erkennungseinheit; ► C) → danach Aktivierung von C2 und C4 (= Aktivierungseinheit) → anschließend Spaltung von C3 und C5 in entzündungssteuernde Fragmente → Bildung eines porenbildenden Membran-attackierenden Komplexes (= Membranzerstörungseinheit, ► D).
- *Alternativer Aktivierungsweg:* Unspezifische direkte Aktivierung der Komplement-Aktivierungseinheit mit Spaltung von C3 und C5 in entzündungssteuernde Fragmente (= Nebenschlußaktivierung) durch Substanzen wie Lipopolysaccharide (z. B. Endotoxine) ohne Beteiligung von humoralen AK.

Komplementeffekte (► B):
- *Permeabilitätssteigerung* der Endstrombahn: Durch die C2-Aktivierung entsteht ein Fragment mit Kinin-Wirkung (= C-Kinin; S. 202) → Steigerung der Gefäßpermeabilität.
- *Anaphylaktische Reaktion* (S. 166): Fragmente C3a und C5a (= Anaphylatoxine) reagieren mit Rezeptoren auf der Oberfläche von Mastzellen und Basophilen → Histaminfreisetzung (S. 202). Daneben: Kontraktion glatter Muskulatur, Freisetzung lysosomaler Enzyme und Entstehung zytotoxischer Sauerstoffverbindungen.
- *Immunadhärenz:* C3b (geringfügig C4b) auf der Oberfläche einer Zielzelle oder IC → Andocken von Entzündungszellen.
- *Opsonierung* v. a. durch Fragment C3b.
- *Chemotaxis:* Fragment C5a → Anlocken von Neutrophilen und Makrophagen ins Entzündungsgebiet (S. 200).
- *Zytolyse* durch Einfügung des Membran-attackierenden Komplexes in die Zellmembran → Porenbildung (► D) → Membranperforation → Zellauflösung.

Immunologische Hilfszellen

- ***Makrophagen*** sind AG-Präsentatoren und Entzündungszellen (S. 200), vertilgen Bakterien, Zellreste, Fremdkörper und AG-AK-Komplexe und enthalten Rezeptoren für IgG und C3b. Sie werden durch Kommandostoffen (= Lymphokine) von aktivierten T-Lymphozyten ins Entzündungsgebiet eingewiesen: ein Faktor lockt sie chemotaktisch an, einer hindert sie am Weiterwandern, einer ermuntert sie zur Arbeit, einer macht sie zytotoxisch.
- ***Mastzellen*** liegen in der Nähe von Gefäßen, Haut, Atem- und Verdauungstrakt und haben Rezeptoren für IgG, IgE und C5a. Kontakt mit zellständigem IgE → Generierung von Entzündungsmediatoren (S. 202).

Immunologische Zweitantwort

AG gelangt erneut in den Organismus → zirkulierende AK der Erstantwort fangen AG ab → IC-Bildung. Diese werden an Fc- und Komplementrezeptoren der dendritischen Zellen in den B-Arealen der Lymphknoten und Milz gebunden → Stimulation und Proliferation von B-Gedächtniszellen. Diese wandeln sich entweder zu Immunoblasten um oder bilden Keimzentren. Immunoblasten → IgG-bildende Plasmazellen. Zentroblasten → Bildung neuer Gedächtniszellen.

Die B- und T-Zellen sind anatomisch nicht zu einem einheitlichen Gewebeverband zusammengeschlossen. Daß sie dennoch eine aufeinander abgestimmte Funktionseinheit bilden, liegt an ihrem besonderen Kommunikationssystem. Dieses besteht aus den nachstehend besprochenen Immunregulations-AG.

A AG-AK-Reaktionsmuster

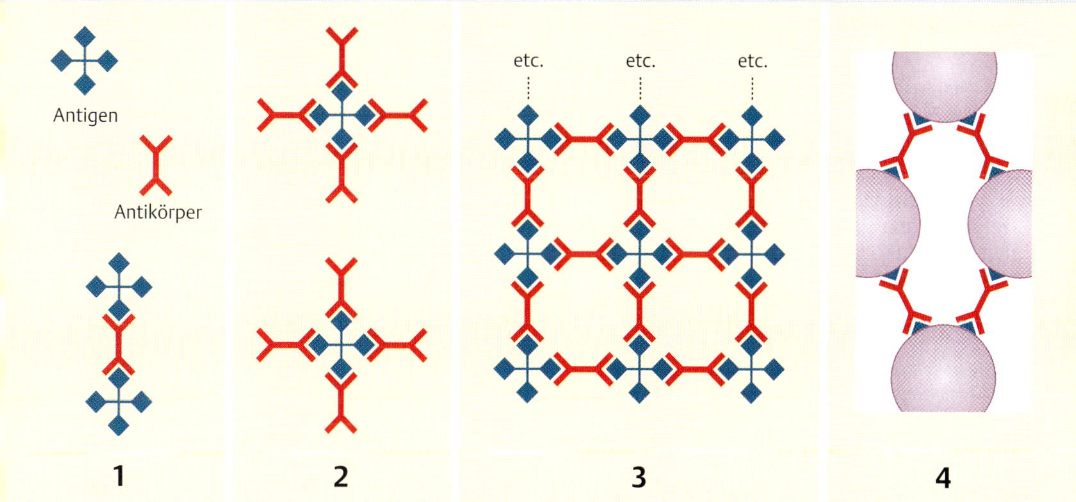

B Komplementkaskade

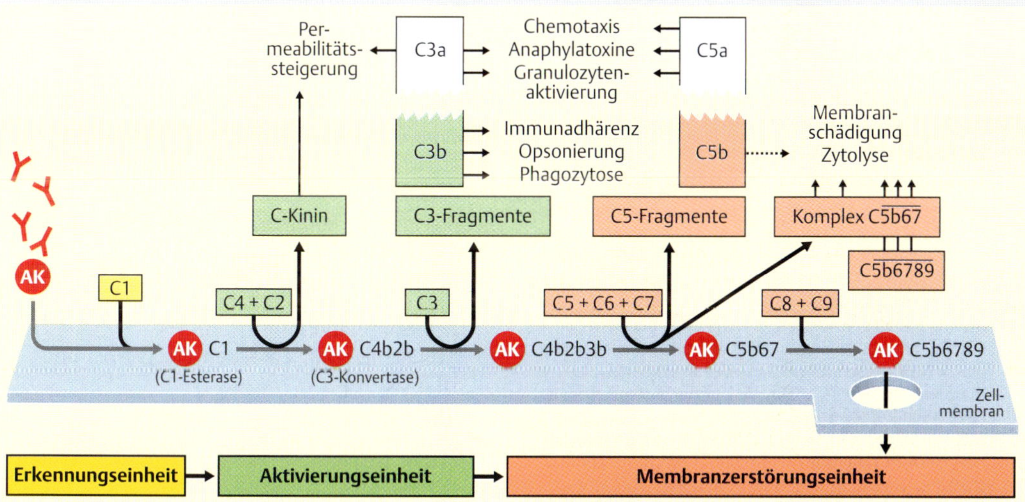

C Komplementfaktor C1q
TEM, 1000000x

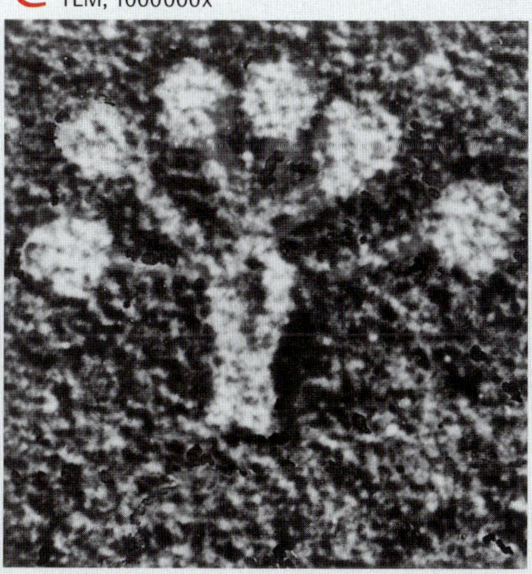

D Zellmembran mit porenbildenden Komplexen
TEM, 100000x

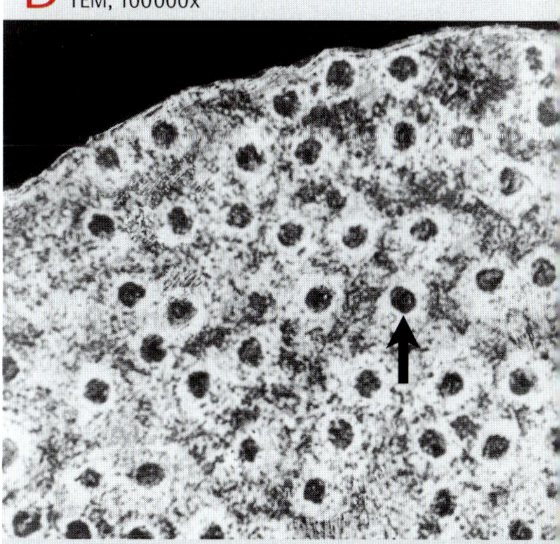

Immunregulationsantigene

Synonyme: MHC = major histocompatibility complex, HLA = human leucocyte antigen = Transplantationsantigen
Abkürzung: TZR = T-Zell-Rezeptor

Allgemeine Definition: Zelluläre Oberflächen-AG, die es den T-Lymphozyten ermöglichen, fremde Zellen unter den eigenen herauszufinden und dadurch „selbst" von „nicht-selbst" zu unterscheiden.

Klassifizierung der HLA-Gene

Klasse I: Vorkommen auf nahezu allen kernhaltigen Zellen. Sie umfaßt die Genorte HLA-A, -B, -C. Diese lösen in einem fremden Organismus die Produktion komplementbindender AK aus und stimulieren zytotoxische T-Zellen → z. B. Spenderzellzerstörung.

Klasse II: Sie umfaßt die Genorte HLA-DP, HLA-DQ, HLA-DR. Sie kommen nicht auf allen Zellen vor, sondern finden sich v. a. auf B-Zellen, Makrophagen, Langerhans-Zellen der Haut, interdigitierenden sowie dendritischen Retikulumzellen.

Klasse III: Sie umfaßt die eng zusammenliegenden Genloci für die Komplementfaktoren C2, C4 und Faktor B sowie auch die Genloci für die Zytokine TNFα und TNFβ.

Funktion der HLA-Antigene

Die Makrophagen spüren im Organismus AG-tragende Eindringlinge auf, verarbeiten deren AG und präsentieren es auf der Zelloberfläche den T-Helferzellen, geben aber ihre Information auch an andere T-Zellen und B-Zellen weiter. Um eine wirksame Immunantwort in Gang zu bringen, muß die T-Zelle einen identischen immunogenen Komplex aus AG und HLA-Klasse-II-Molekül auf den Makrophagen oder auf den B-Zellen erkennen (= MHC-Restriktion). Die T-Zellen erkennen also nur dann ein Fremd-AG, wenn sie auf der entsprechenden Zelle auch körpereigene HLA und somit „Selbst"-Merkmale vorfinden. Die B- und T-Zellen benutzen somit das HLA-System gleichsam als privates Kommunikationssystem zur Erfüllung folgender Aufgaben:

- *Antiviraler Schutz* (► A): Eine körpereigene durch ein Virus infizierte Zelle präsentiert mit Hilfe eines HLA-I-Moleküls (HLA-I) auf ihrer Oberfläche ein virales AG. Dieses AG wird vom TZR in Verbindung mit dem CD8-Oberflächenmolekül einer zytotoxischen T-Zelle erkannt → Apoptoseauslösung in der fremd gewordenen „Selbstzelle" durch T-Zell-Perforin (► A: Symbol „Stichpfeil").
- *Antibakterieller Schutz* (► B): Ein Fremd-AG (z. B. Bakterium) gelangt in den Organismus → Phagozytose durch Makrophagen → Verarbeitung des Fremd-AG durch Makrophagen → Makrophage präsentiert das Fremd-AG dem TZR einer T-Helferzelle mit Hilfe eines HLA-Klasse-II-Moleküls (HLA-II). Die T-Zelle erkennt verarbeitetes Fremd-AG mit ihrem TZR in Verbindung mit dem CD4-Oberflächenmolekül → Sekretion von Signalstoffen (= Lymphokinen) für B-Zellen (► B: Symbol „Tropfen„) → B-Zell-Aktivierung → AK-Produktion.
- *Zellulärer Überfremdungsschutz* (► C): Eine fremde Zelle (z. B. Transplantatzelle) gelangt in den Organismus → die zytotoxische T-Zelle erkennt sie am inkompatiblen HLA-Klasse-I-Molekül (HLA-I) mit Hilfe ihres TZR in Verbindung mit dem CD8-Oberflächenmolekül → Apoptoseauslösung in der Fremdzelle (► C: Symbol „Stichpfeil").

HLA-assoziierte Krankheiten

Allgemeine Pathogenese: Eine Reihe von Krankheiten sind mit bestimmten HLA-AG-Expressionstypen assoziiert. Dabei handelt es sich um folgende Assoziationen:

Entzündungen mit HLA-B27:
Vorkommen: seronegative Gelenkentzündungen (Arthritiden) wie
- Spondylarthritis ankylopoetica (= Morbus Bechterew) in Form einer Wirbelsäulen-versteifenden Verknöcherung der Zwischenwirbelräume und (v. a. im Iliosakralgelenk) und
- postinflammatorische Arthritis (v. a. nach Darmentzündungen).

Pathogenese: (vermutlich) Kreuzreaktivität zwischen Erreger-AG und HLA-Typ.

Stoffwechselkrankheit mit HLA-A3:
Vorkommen: Hämochromatose (S. 72).

Pathogenese: unbekannt.

Autoimmunkrankheiten mit HLA-DR-Loci.
Vorkommen (S. 180 ff): Goodpasture-, Sjögren-Syndrom, Autoimmunendokrinopathien.

Pathogenetisch kommen folgende Mechanismen in Betracht:
- Dysbalance in der Aktivität von T-Helfer- und T-Suppressorzellen → inadäquate B-Zell-Stimulation;
- Kreuzreaktivität zwischen Erreger-AG und HLA-AG-Typ;
- Inadäquate HLA-Klasse-II-Expression.

Merke: *Lymphokine (= Interleukine)*
= Signalstoffe von Leukozyten (Lymphozyten, Makrophagen, Neutrophile) für Leukozyten

Merke: *Histokompatibilitäts-AG:*
Von ihnen hängt bei der Transplantation die Gewebeverträglichkeit ab.

Im folgenden werden Krankheiten besprochen, bei denen kleine Abweichungen in der Immunantwort eine übers Ziel hinausschießende, „überempfindliche „Reaktion des Organismus nach sich ziehen. Dies sind die pathogenen Immunreaktionen. Im Gegensatz zu den bisherigen physiologischen Mechanismen des Immunsystems „machen sie krank".

A **Funktionsmuster des HLA-Systems**

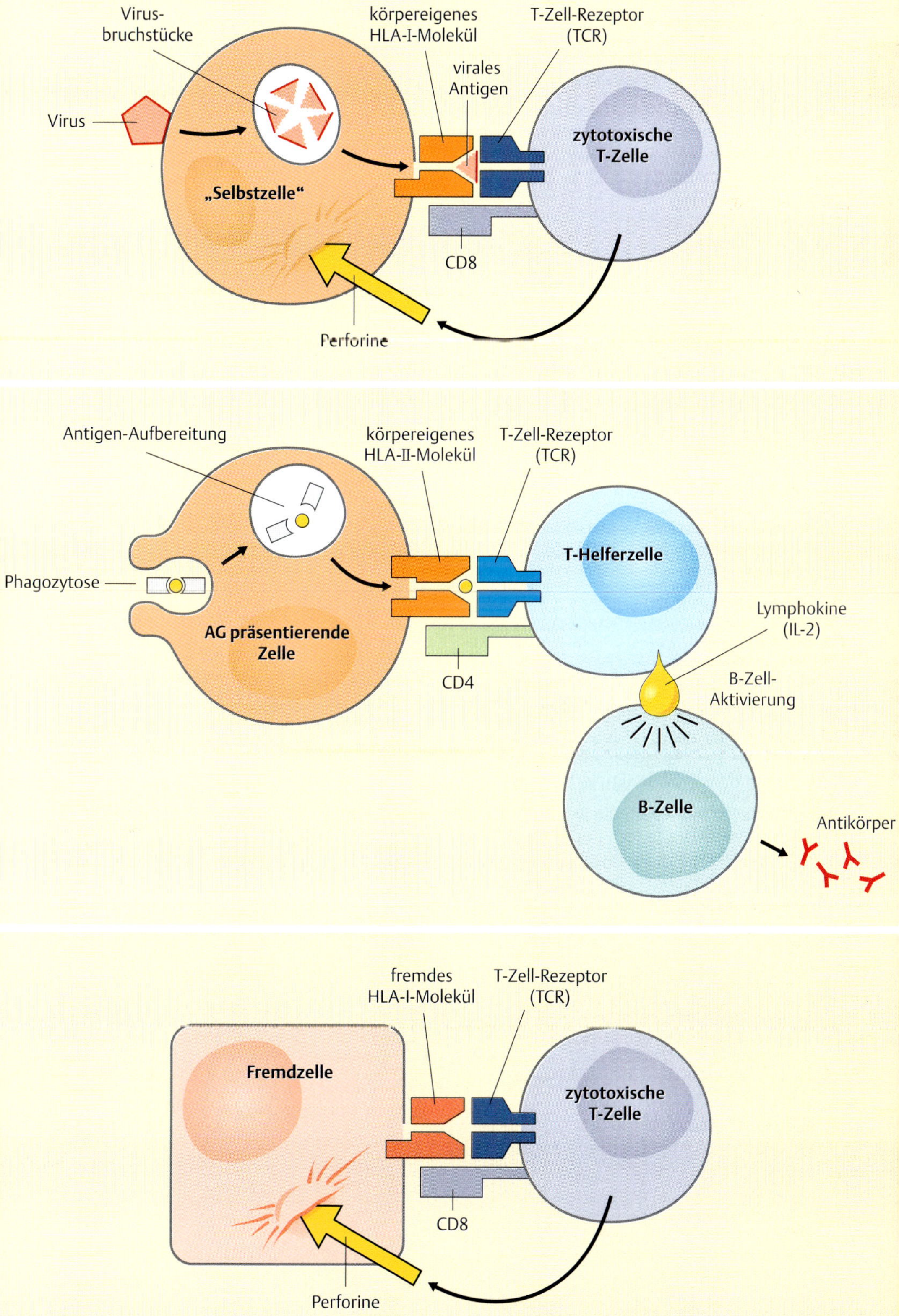

Pathogene Immunreaktionen

Hypersensitivitätsreaktionen

Synonym: Überempfindlichkeitsreaktionen
Abkürzung: HR = Hypersensitivitätsreaktion

Allgemeine Definition: Übersteigerte und krankmachende Reaktion eines bereits sensibilisierten Organismus auf erneuten Kontakt mit dem sensibilisierenden AG.

Anaphylaktische Reaktion

Synonyme: HR Typ I; IgE-bedingte Allergie, IgE-vermittelte HR.

Definition: AG-induzierte Kettenreaktion, an deren Ende die IgE-induzierte Freisetzung entzündungsvermittelnder Substanzen aus Mastzellen und/oder Basophilen steht.

Zu diesen Substanzen gehören:

- *Histamin* → Steigerung der Gefäßpermeabilität, Bronchokonstriktion, Schleimsekretion;
- *Prostaglandine* v.a. PG-D_2, PG-E_2, PG-$F_{2\alpha}$ (S. 202) und Thromboxan → Steigerung der Gefäßpermeabilität, Bronchodilatation;
- *Leukotriene* LT-C4, LT-D4, LT-E4: langsam einsetzende Bronchokonstriktion (S. 202);
- *Leukozytenlockstoff* (= LT-B4): für Neutrophile, Eosinophile und Makrophagen;
- *Plättchenaktivierungsfaktor* (= PAF): → Plättchenaggregation, Steigerung der Gefäßpermeabilität;
- *Kininsystemaktivierung* → Stimulation der „Schmerznerven", Steigerung der Gefäßpermeabilität.

Pathogenese: Die Mastzellen und Basophilen besitzen Rezeptoren für IgE und für die Anaphylatoxine aus der Komplementkaskade (C3a, C5a), durch die sie auch aktivierbar sind.

Grundsätzlich kann jeder eine anaphylaktische Reaktion entwickeln: jedoch nur etwa 15 % der Bevölkerung leiden darunter. Die pathogenen AG – meist Allergene – sind großmolekular (Proteine, Polysaccharide) oder niedermolekular (Haptene) und rekrutieren sich aus folgenden Stoffen:

- Pflanzenpollen (Gräser, Bäume, Blumen),
- manche Nahrungsmittel (Hühnereiweiß),
- manche Medikamente (Penicillin),
- Diagnostika (Röntgenkontrastmittel),
- Insektengifte (Mellitin),
- Milbenkot in Matratzen, Tier-, Kopfhaaren,
- Parasiten-AG.

1. AG-Kontakt: Diese AG (► A1) werden nach Phagozytose von den AG-präsentierenden Zellen einer T-Zelle gezeigt (► A2) → Stimulation der T-Zellen → diese sezernieren Zytokine wie IL-4 (► A3) → dadurch: bestimmte B-Zellen exprimieren beim ersten Kontakt mit dem Auslöse-AG AK vom IgM-Typ auf ihrer Oberfläche. T-Zellen steuern Zytokinproduktion falsch (Mechanismus?) → B-Zellen produzieren über einen Isotyp-Switch statt IgM IgE mit gleicher AG-Bindungsspezifität (► A4).

Dieser Immunglobulinwechsel (= Isotyp-Switch) wird dadurch erreicht, daß B-Zellen beim Abschreiben des AK-Bauplans den Bauplan der schweren Ketten Typ μ gegen Typ ε austauschen. Da sich in diesem Teil des Immunglobulins auch der Fc-Teil befindet, der an die Fc-Rezeptoren der jeweiligen Effektorzelle bindet, bekommt das IgE eine besondere Affinität zu Mastzellen und Basophilen (gering auch zu Thrombozyten und Eosinophilen) → IgE = zytotroper AK.

Schließlich reifen die B-Zellen zu Plasmazellen aus → IgE-Sekretion → IgE-AK-Bindung auf Mastzellen-(Basophilen-) Membran (► A5). Da Allergene rasch abgebaut werden kommt es zu keiner nennenswerten AG-AK-Reaktion.

2. AG-Kontakt: AG wird an die IgE-AK gebunden, die seit dem Erstkontakt auf der Mastzellen-(Basophilen-) Membran sitzen (► A6) → Signal für Mastzell-Degranulierung (► A7) → Freisetzung der o.g. Entzündungsmediatoren → allergische Reaktion mit phasenartigem Ablauf:

- ***Sofortphase*** → Histaminwirkung → Reaktion innerhalb von Minuten nach Allergenkontakt.
- ***Spätphase*** → Prostaglandin-Leukotrienwirkung → Reaktion frühestens 5 Stunden nach Allergenkontakt.

> **!** **Merke:** *Funktion der HR Typ I:*
> AG wird durch Exsudation ausgeschwemmt, an Schleim gebunden ausgehustet und durch Bronchusverengung vermindert inhaliert.

> **!** **Merke:** *Ausnahme: IgE→ Sofortreaktion:*
> IgE wird auch auf Langerhans-Zellen der Haut gebunden (S. 177) → dadurch können inhalative Allergene nicht nur eine Sofortreaktion, sondern auch ekzematöse Reaktionen vom Spättyp auslösen (S. 176).

☺ **„Prominente" Patienten:** KZ-Häftlinge starben in Buchenwald und Auschwitz (1943) an Anaphylaxiefolgen nach erzwungener Einnahme von „Medikamenten" der Hoechst Pharmawerke.

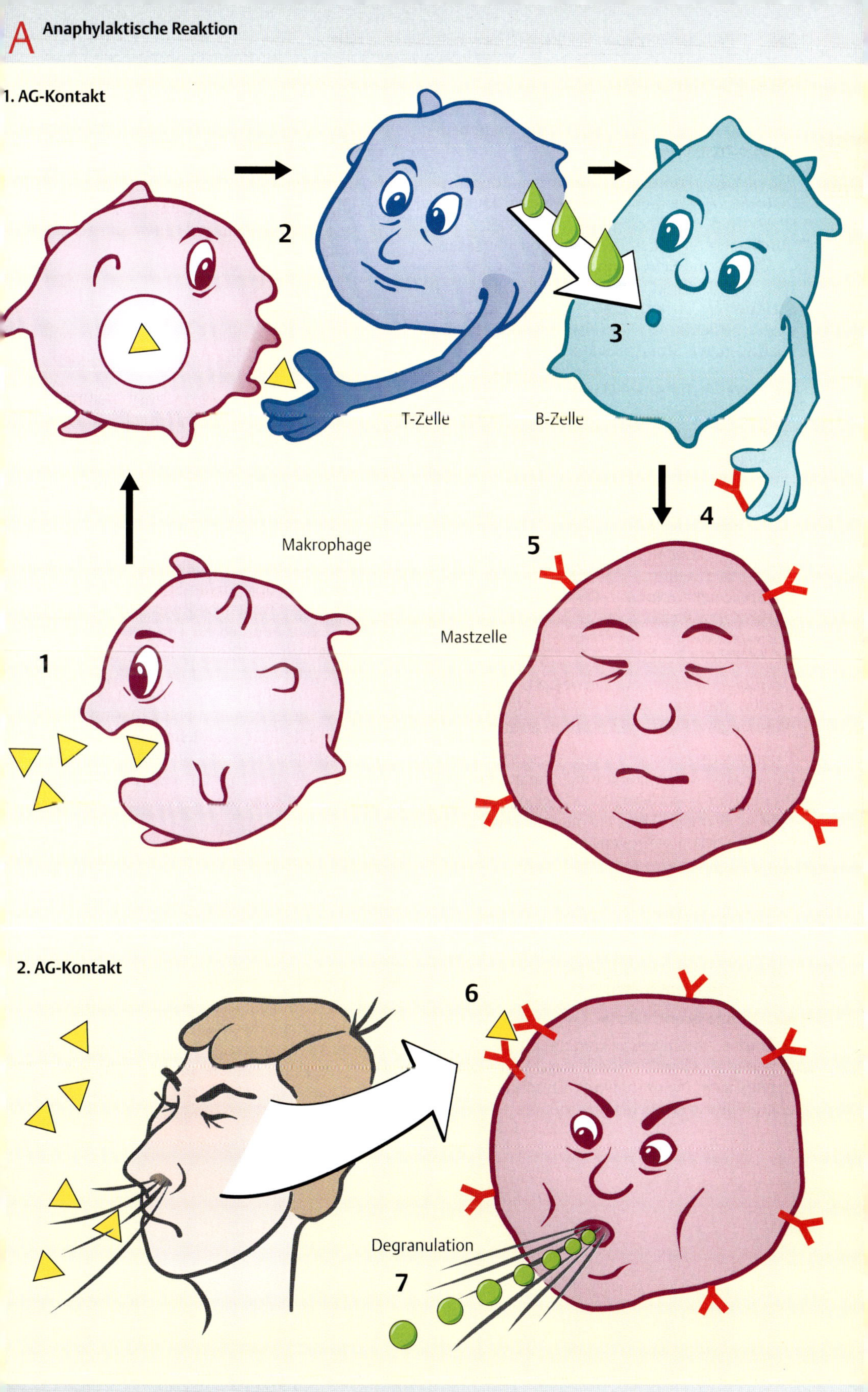
A Anaphylaktische Reaktion
1. AG-Kontakt
2
3
T-Zelle
B-Zelle
4
5
Makrophage
Mastzelle
1
2. AG-Kontakt
6
Degranulation
7

Lokale Anaphylaxie

Definition: Binnen Minuten an der Stelle einer erneuten subkutanen AG-Injektion entstehende Sofortreaktion.

Pathogenese: Freisetzung von Entzündungsmediatoren → die Gefäße der Mikrozirkulation (Kapillaren, Arteriolen) werden weit und durchlässig → „Ausschwitzen" von Blutserum → Rötung und Schwellung des Gewebes (= seröse Entzündung; S. 204) → Bildung einer Quaddel (= Urtika), meist multipel in Form einer Urtikaria (= Nesselsucht). Bildet sich nach wenigen Stunden wieder zurück.

Systemische Anaphylaxie

Definition und Pathogenese: Systemische Sofortreaktion ausgelöst durch folgende Faktoren:
- Lokale Reinjektion eines AG,
- Kontakt mit großen AG-Mengen,
- intravenöse AG-Verabreichung.

Zielorgane beim Menschen:
- *Lunge:* Bronchien → Konstriktion, Schleimhautschwellung → Atemnot.
- *Kreislaufperipherie* → Dysregulation → anaphylaktischer Schock.

Atopische Reaktion

Definition: Reaktion auf Umwelt-AG, die bei Patienten mit genetischer Prädisposition auch ohne ungewöhnliche Exposition auftritt.

Pathogenetisch entscheidend: gestörte T-Zell-Funktion → übermäßige und anhaltende IgE-Produktion → pathologische Eosinophilenaktivität → normalerweise harmlose Umweltstoffe (S. 166) wirken pathogen.

Vorkommen:
- Hautekzem (= atopische Dermatitis; ► A),
- Rhinitis anaphylactica,
- Asthma bronchiale.

HR Typ I - Assoziierte Krankheiten

Asthma bronchiale (► C-F)

Definition: Atemwegserkrankung mit Hyperreagibilität, charakterisiert durch vorübergehende, sich wiederholende Dyspnoe infolge entzündlicher Bronchialobstruktion.

Pathogenetisches Prinzip: „hyperreagibles Bronchialsystem" aufgrund folgender Auslösemechanismen:
- ***Exogen-allergisches Asthma*** (= extrinsic Asthma): Allergenkontakt → anaphylaktische Reaktion → Mastzellaktivierung → primäre Mediatorfreisetzung (S. 202) mit:
  - Generierung spasmogener Substanzen und
  - Generierung chemotaktischer Faktoren (S. 200).

  Folgen davon:
  a) Bronchusobstruktion, und b) Eosinophileninfiltrat → sekundäre Mediatorfreisetzung → Asthma-Trias (s. u.).
- ***Endogenes Asthma*** (= intrinsic Asthma): keine allergische Genese, keine IgE-vermittelte Bronchusobstruktion → Asthma-Trias.

Morphologie = Asthma-Trias:

- ***Hypertrophe Bronchialmuskulatur*** (► F1) = Bronchospasmuszeichen (► D).
- ***Hyperdyskrinie*** = Überproduktion eines viskösen Schleims → Pfropfbildung mit Spiralstruktur (= Curschmann-Spiralen; ► F2) → ventilartige Bronchusobstruktion (► C1, D, F) → Überdehnung der Lungenalveolen (= Überdehnungsemphysem).
- ***Schleimhautödem*** (= Endourtikaria): Eosinophileninfiltrat in der Schleimhaut (► B, C2, F3) → Generierung von Entzündungsmediatoren (S. 202) → Schleimhautschwellung → Auskristallisierung von Eosinophilenenzymen → wetzsteinförmige Charcot-Leyden-Kristalle (► F4).

☺ Prominente Patienten:
Arnold Schönberg: Musiker und Komponist „Zwölftonmusik" (1874 – 1951).
Marc Chagall (1887 – 1962): russ.-franz. Maler mit surrealist.-religiösen Themen.
Mark A. Spitz (USA): 9facher Goldmedaillengewinner (Schwimmen) an den Olympiaden 1968 und 1972.

Rhinosinusitis allergica

Definition und Pathogenese: Lokale/atopische anaphylaktische Reaktion → seromuköse Schleimhautentzündung (S. 204) in Nase und/oder Nasennebenhöhlen mit Lymphozyten-, Eosinophileninfiltrat (► B) und Schleimdrüsenhypertrophie → (Heu)Schnupfen.

A **Atopische Dermatitis** (Expositionstest)

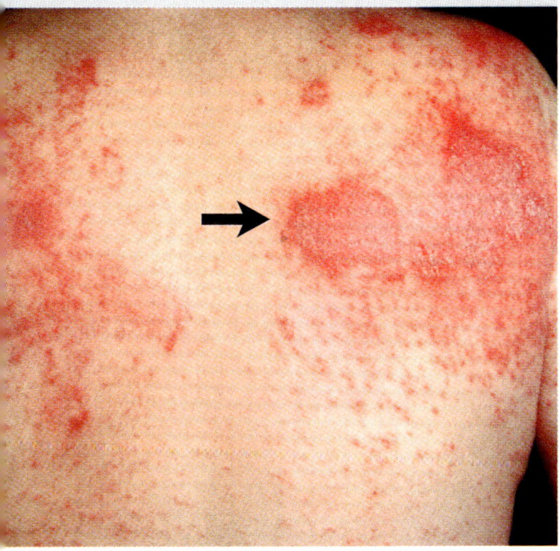

B **Eosinophiler Granulozyt**
TEM, 5000x

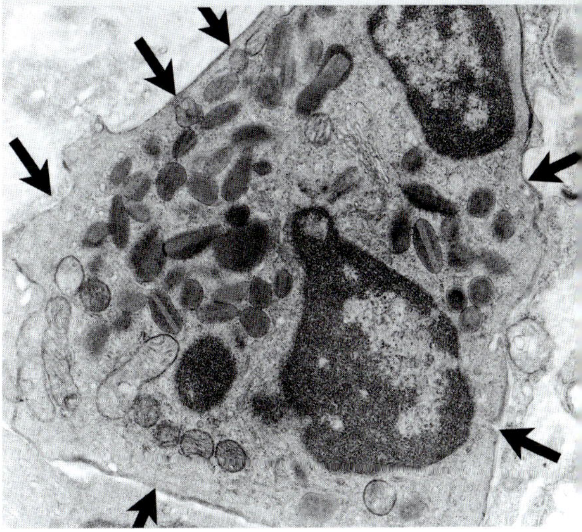

C **Asthma bronchiale**
HE, 50x

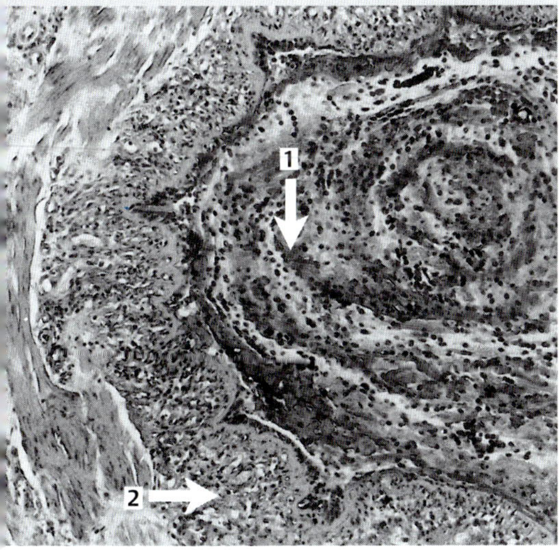

D **Asthma bronchiale**
PAS, 50x

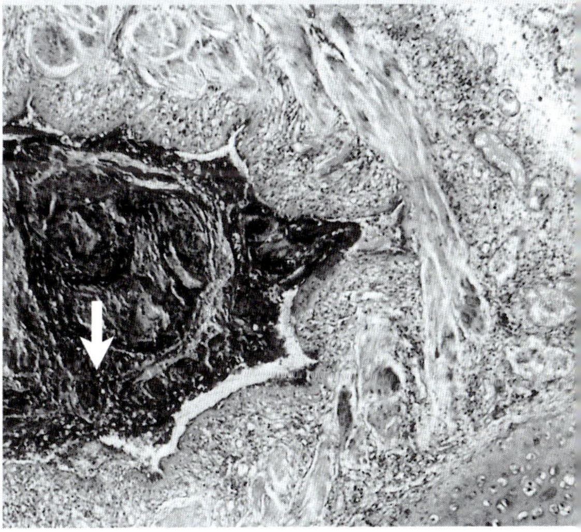

E **Normalbronchus**

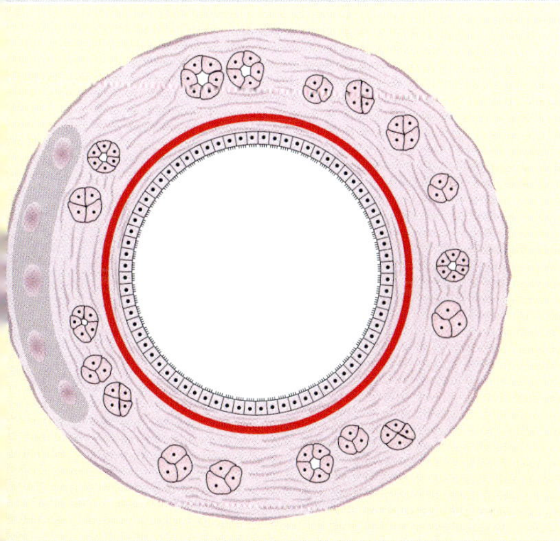

F **Bronchus bei Asthma bronchiale**

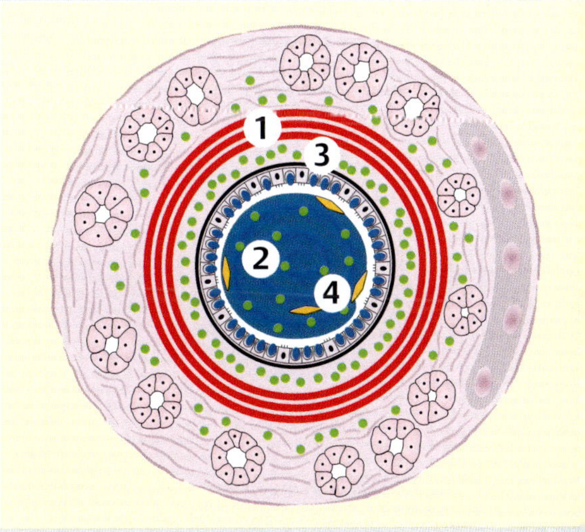

Zytotoxische Reaktionen

Synonym: HR Typ II, AK-vermittelte zytotoxische HR, IgG- und IgM-vermittelte HR

Definition: Immunreaktionen, die durch humorale, gegen gewebs- oder zelleigene AG gerichtete AK ausgelöst werden.

Pathogenese: Zur Auslösung dieser Immunreaktionen kommen folgende AG in Betracht:
- Transplantations-AG,
- Blutgruppen-AG,
- tumorassoziierte AG,
- Selbst-AG (= Auto-AG),
- AK gegen Komplexe aus zellmembrangebundenen Medikamenten.

Der Grundmechanismus bei dieser HR besteht in der Bildung humoraler AK (► A1), deren Spezifität sich gegen AG auf der Oberfläche von Zellen (► A2) oder anderen Gewebskomponenten richtet. Sowie sich diese humoralen AK mit den entsprechenden AG verbunden haben, folgt eine
- zytotoxische Zellschädigung unter Beteiligung der *Komplementkaskade* (► A3) oder eine
- zytotoxische Zellschädigung unter Beteiligung von *Makrophagen:* Die Fc-Teile von AK, die auf einer Fremdzelle (Fremdstoff) gebunden sind (► A4), kontaktieren Fc-Rezeptoren auf Makrophagen (► A5).
  Resultat: Zelle wird abgetötet („Zellkilling").

Beispiele:
- *Rhesus-Blutgruppenunverträglichkeit* (= Rhesus-Inkompatibilität): Durch diatransplazentare Einschwemmung (oder durch Bluttransfusion) gelangen Rh-positive Erythrozyten des Fetus ins Blut der Rh-negativen Mutter → Mutter produziert Rhesus-AK gegen Rh-AG → bei zweiter Schwangerschaft (oder Bluttransfusion): Bildung eines AG-AK-Netzwerks (S. 162) mit Verklumpung der fetalen Erythrozyten (= Agglutinationen) → Erythrozytenauflösung (= Hämolyse).
- *Transfusionszwischenfall* aufgrund einer ABO-Blutgruppenunverträglichkeit mit Erythrozytenagglutination (► C, D).
- *Idiopathische thrombozytopenische Purpura* aufgrund antithrombozytärer AK.
- *Goodpasture-Syndrom* (S. 182).

Immunkomplexkrankheiten

Synonym: HR Typ III, Immunkomplexreaktionen
Abkürzung: IC = **i**mmuno **c**omplexes

Rekapitulation: Kollagennekrose (S. 46)

Allgemeine Definition: Immunreaktionen, bei denen AG-AK-Komplexe im Blut und anderen Körperflüssigkeiten zirkulieren, so daß sie in und/oder um Blutgefäße abgelagert eine Entzündungsreaktion auslösen.

Allgemeine Pathogenese: Folgende AG kommen ursächlich in Betracht:

Fremd-AG: Persistierende Infektionen mit Viren (Hepatitis-B), Bakterien (Strepto-, Staphylokokken), Pilzen (Aspergillus), Protozoen (Malaria), Fremdeiweiß (Serum);

Selbst-AG: DNS, RNS, Zytoplasma-, Gewebsbestandteile.
Nach Kontakt mit einem dieser AG folgt AG-AK-Reaktion → Bildung (► B1) großer, löslicher IC (IgG oder IgM-Typ) → Clearance-Funktion des Makrophagensystems wird überschritten → keine Beseitigung von IC durch Makrophagensystem → IC zirkulieren im Blut, penetrieren Gefäßwand (Niere, Gelenke, Herz) → IC-Ablagerung in Gefäßwand (► B2, fluoreszenzmikroskopisch nachweisbar!) → Aktivierung der Komplementkaskade (S. 162) → Auslösung einer IC-Vaskulitis mit konsekutiver Gewebeschädigung nach folgendem Muster:
- ***Leukozytoklasie***[1]: IC-Ablagerung in oder um Gefäßwand → Neutrophilenchemotaxis (► B3) → Neutrophilenapoptose → Neutrophile zerfallen in Bruchstücke (► B4, daher der Name: Leukozytoklasie!) →
- ***Fibrinoide Gefäßwandnekrose:*** Freisetzung von Neutrophilenproteasen → Aktivierung der Gerinnungskaskade → Mikrothrombenbildung (► B5) → Gefäßwandschädigung →
- ***Seröse Gewebsentzündung:*** Permeabilitätsstörung (► B6) → exsudative Entzündungsreaktion (S. 196) → Gewebeschädigung.

1 Leukozyto-„klasie": klazo, gr. = spalten („weiße Blutkörperchenspaltung")

A **Zytotoxische Reaktion**

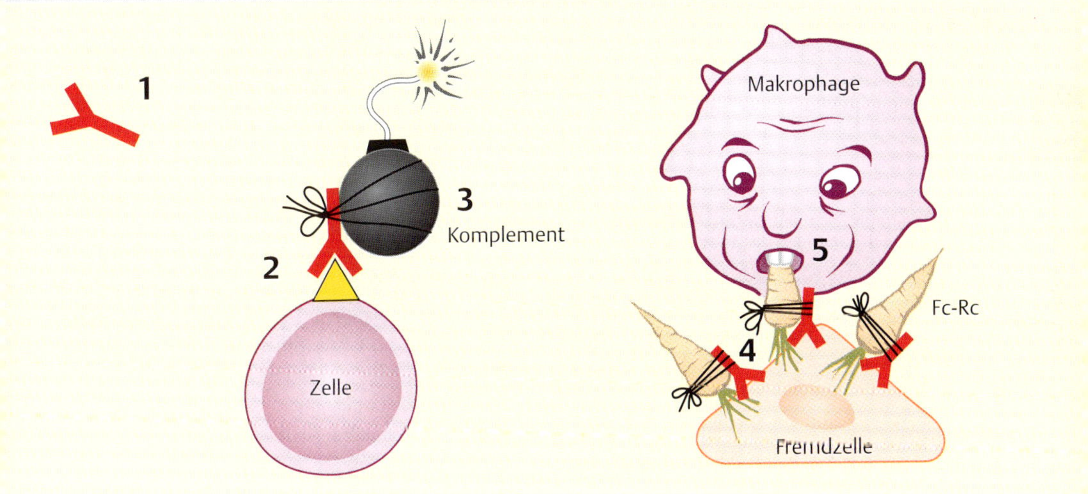

B **Pathogenese von Immunkomplexkrankheiten**

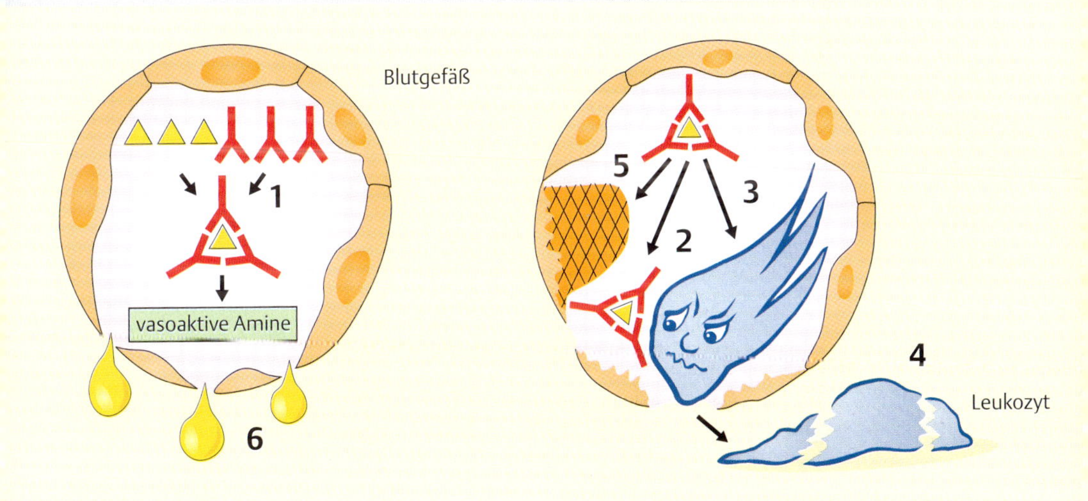

C **Normale Erythrozyten**
TEM, 5000x

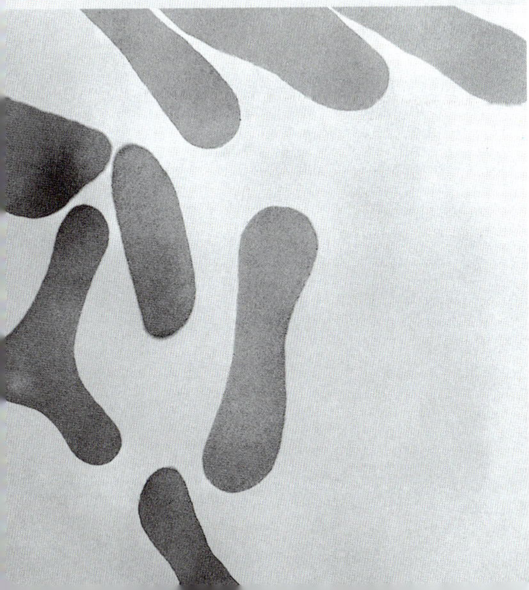

D **Erythrozyten-Agglutinate**
TEM, 5000x

Serumkrankheit

Abkürzung: IC = **i**mmuno **c**omplexes
Synonym: systemische IC-Krankheit

Definition: Immunreaktion aufgrund einer Unverträglichkeit von Fremdserum.

Ätiologische Faktoren:
- Fremdserum,
- Fremdglobuline, andere Fremdeiweiße,
- Haptene wie Penicillin.

Pathogenese: Mehrfachverabreichung von Fremd-AG → Bildung von löslichen, zirkulierenden IC → IC-Anlagerung und/oder IC-Durchdringen der Gefäßwand → Gewebsschädigung (v. a. von Nieren, Gelenken, Herz).

+ Klinik: 3 Tage nach Fremdeiweißgabe → Urtikaria, Gelenkschmerzen, Proteinurie (= „Eiweißharn„), Hämaturie (= „Blutharn").

Serumkrankheit: Assoziierte Krankheiten

Immunkomplexvaskulitis

Pathogenese: Das Ausmaß der IC-bedingten Gefäßschäden hängt im wesentlichen davon ab, wie effizient die IC und der entstandene Schaden beseitigt wird.

Urtikaria: Sie betrifft Kapillaren → rasche IC-Beseitigung → Bildung von juckenden Hautquaddeln (ohne bleibende Endothelschädigung).

Leukozytoklastische Vaskulitis: Sie betrifft Venolen (► A1) → langsame IC-Beseitigung → Endothelschädigung → Neutrophilenchemotaxis (S. 200) → extravasale Leukozytoklasie (► A2) und Fibrinausfällung → kleinfleckige Hautblutung (S. 398) mit zentraler Nekrose.

Panarteriitis nodosa: Sie betrifft mittelgroße Organarterien. Keine IC-Beseitigung → fibrinoide Gefäßwandnekrose → stenosierende Gefäßreparation (S. 58).

Lupus-Vaskulitis (S. 180): Sie betrifft kleine und mittelgroße Arterien.
- *Früh:* Permanente AG-Präsenz, keine IC-Beseitigung → sektorförmige, fibrinoide Nekrose der Gefäßwand begleitet von einem lymphozytären Infiltrat (► B).
- *Später:* langsamer Reparationsmechanismus: Endothelschädigung → Thrombozytenaktivierung → Freisetzung von Fibroblastenwachstumsfaktor (PDGF) → Proliferation der Media-Myozyten → konzentrisch-zwiebelschalenartige Intima-Media-Fibrose (= Zwiebelschalenarteriopathie) → Gefäßstenosierung (S. 180) ohne nennenswertes Entzündungsinfiltrat.

Immunkomplexnephritis

Humanpathogenetischer Prototyp: Glomerulusentzündung im Anschluß an Streptokokkeninfekt (S. 254) = Poststreptokokkenglomerulonephritis.

Klassisches Tiermodell: *Serumnephritis:* Dabei läuft folgende pathogenetische Kettenreaktion ab:

1. AG-Kontakt: Intravenöse Injektion von Rinderalbumin als Fremdserum (AG_R im Überschuß) in Kaninchen → Kaninchen bildet AK gegen Rinderalbumin (AK_K gegen AG_R).

2. AG-Kontakt: Intravenöse Injektion dieser AK (AK_K gegen AG_R) in ein Rind → Erzeugung eines AK-Überschusses → Bildung löslicher, zirkulierender AG-AK-Komplexe → IC passieren die glomeruläre Basalmembran der Niere → IC-Ablagerung auf der Basalmembranaußenseite → Bildung subepithelialer IC-Höcker (engl. Humps) → immunfluoreszenzmikroskopisch peripher-granuläres Ablagerungsmuster (► C). IC aktivieren das Komplementsystem → Kapillarschädigung mit Permeabilitätssteigerung → Protein- und Erythrozytenaustritt → Hämaturie und Proteinurie.

Morphologie der Poststreptokokkenglomerulonephritis:
- *Früh:* Geschwollene Glomeruli mit Endothelschädigung. Kapillarlichtungen z. T. durch Granulo-, Monozyten und Fibringerinnsel (Mikrothromben) verstopft (► D). Subepitheliale Humps (► E).
- *Spät:* Reaktive Endothel- und Mesangiumzellproliferation.

Makroskopie: hyperämische Nierenschwellung mit flohstichartigen Blutungen auf der Oberfläche (► F).

+ Klinik *der Poststreptokokkenglomerulonephritis:* ♂ : ♀ = 2 : 1. Alter: Jugendliche. Hämaturie, Proteinurie, Hypertonie, Ödembildung. In 80 % der Fälle Ausheilung möglich.

A **Leukozytoklastische Vaskulitis**
75x

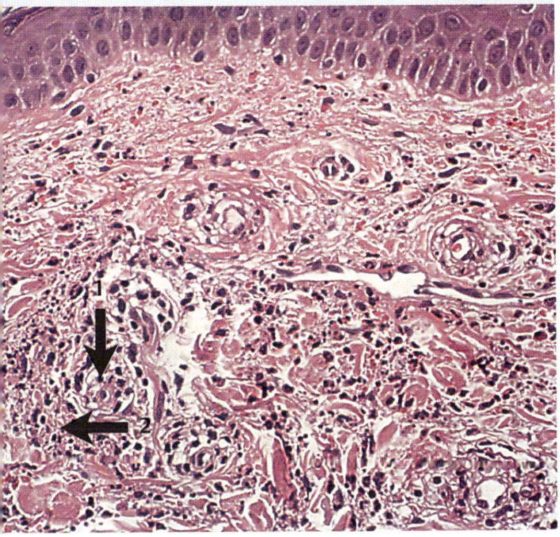

B **Lupus-Vaskulitis**
50x

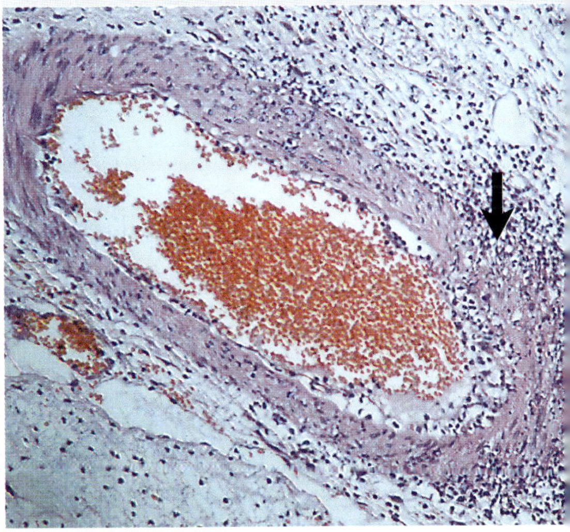

C **Immunkomplexnephritis** (IgG)
IF, 50x

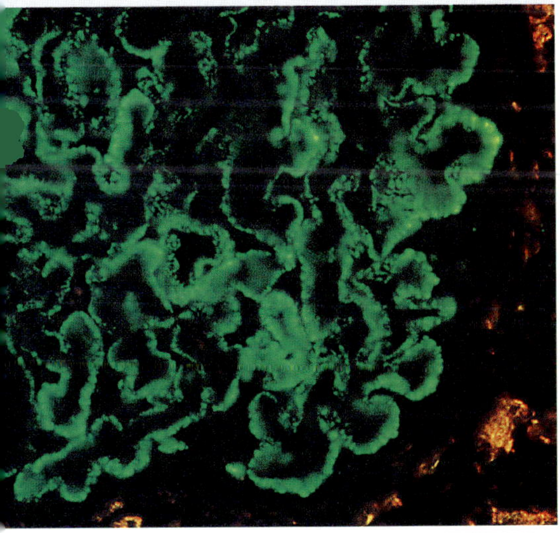

D **Immunkomplexnephritis**
IF, 75x

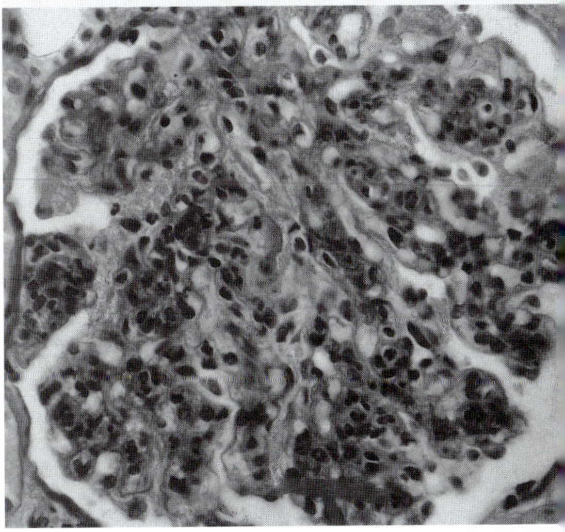

E **Niere:** Humps
IH-TEM, 15000x

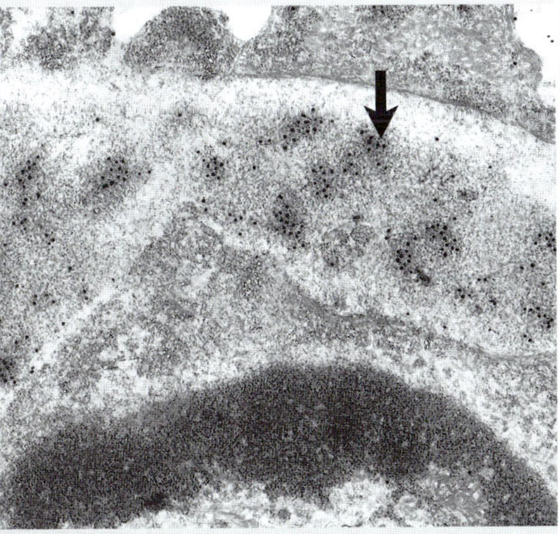

F **Glomerulonephritis**

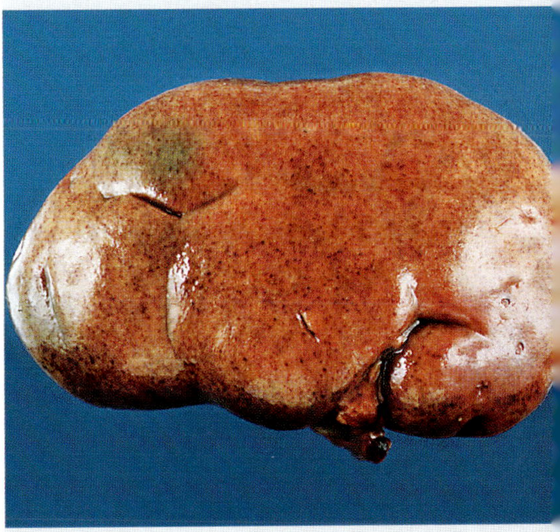

Lokale Immunkomplexkrankheit

Abkürzung: IC = **i**mmuno **c**omplexes

Pathogenese:

Klassisches Tiermodell = *Arthus-Reaktion:*
Dabei spielt sich folgende pathogenetische Kettenreaktion ab:

1. AG-Kontakt: intravenöse AG-Injektion → Bildung zirkulierender AK gegen AG.

2. AG-Kontakt: 2 Wochen nach 1. AG-Injektion: subkutane AG-Injektion → wenige Stunden nachher → örtliche Ausfällung der Immunkomplexe → Aktivierung der Komplementkaskade → IC-Vaskulitis → Gewebsschädigung an Injektionsstelle.

Histologie: Leichte Formen: akute seröse Entzündungsreaktion (S. 204) mit ödematöser Gewebeschwellung. Schwere Formen: hämorrhagische Entzündung (S. 216) mit Granulozyteninfiltration der kleinen Gefäße → Rupturblutung (= Hämorrhagie; S. 398). Verstopfung der kleinen Blutgefäße durch Blutgerinnsel (Thrombosierung; S. 402) → Nekrosen.

Lokale Immunkomplexkrankheit: Assoziierte Krankheit

Exogen-allergische Alveolitis

Synonym: Überempfindlichkeitspneumonie

Definition: Lungenerkrankungen wegen Inhalation von organischen allergenen Stäuben.

Pathogenese: Inhalation von Aktinomyzes-, Aspergillus- oder Vogelprotein-haltigen Stäuben (S. 256, 272) → 24 Stunden später: pathogenetische Kettenreaktion → Bildung von IgG-AK gegen Fremdeiweiß (Präzipitine) → IC-Bildung → lymphoplasmozytäre Infiltration vom Bronchiolus auf Alveolen übergreifend → Fieber, Husten, Atemnot. Hinzu kommt oft noch eine HR Typ IV mit Bildung von epitheloidzelligen Granulomen[1] (► A; S. 176, 230).

Bei chronischer Allergenexposition: allergenphagozytierende Makrophagen sezernieren Wachstumsfaktoren und Zytokine → Fibroblastenproliferation in Alveolarwand (S. 40) → interstitielle Lungenfibrose (► B; S. 40).

+ Klinisch besonders gefährdet sind:
- Landwirte → Farmerlunge,
- Käsewäscher → Käsewäscherlunge,
- Vogelzüchter → Vogelzüchterlunge (► B).

Zellvermittelte HR

Synonym: HR Typ IV; zellvermittelte, verzögerte HR

Definition: Zeitlich verzögerte HR, die durch spezifisch sensibilisierte T-Lymphozyten (= T-Lymphozyten der verzögerten Hypersensitivität) vermittelt wird.

Pathogenetisches Prinzip = Kettenreaktion auf AG-Kontakt (► C):

1. AG-Kontakt (► C1): AG wird den T-Zellen von Makrophagen präsentiert (► C2) → Sensibilisierung von T-Zellen und Bildung von T-Gedächtniszellen (► C3).

2. AG-Kontakt: AG stößt jetzt auf T-Gedächtniszellen aus 1. AG-Kontakt (► C4) → Transformation zu Lymphoblasten → Proliferation und Reifung (► C5): T-Gedächtniszellen werden zu T_D-Lymphozyten (= Effektorzellen der verzögerten Immunität) → Freisetzung von folgenden Makrophagen-dirigierenden Zytokinen:

- MAF = Makrophagen-Aktivierungsfaktor, damit sie Keime abtöten können (► C6),
- MCF = Makrophagen-Anlockfaktor (macrophage chemotactic factor),
- MIF = Abwanderungshemmfaktor (macrophage inhibitor factor), damit Makrophagen im Entzündungsgebiet bleiben (► C7),
- MFF = Makrophagen-Fusionsfaktor zur Umwandlung in mehrkernige Riesenzellen (► C8).

Daneben tauchen im Entzündungsgebiet auch zytotoxische T-Zellen (Killerzellen) auf → Abtöten der Zielzellen durch T-Zellen und/oder Makrophagen mit Hilfe folgender Mechanismen:
- ***Apoptose*** (S. 128) nach „Beschuß" mit membranperforierenden Proteinen (= Perforine) durch sensibilisierte zytotoxische T-Zellen;
- ***Proteolyse*** nach Phagozytose (S. 26) durch T-Zell-aktivierte Makrophagen.

Je nach zeitlichem Auftreten der an der HR beteiligten Zellen werden 4 Formen der HR Typ IV unterschieden:
- kutane basophile HR,
- Kontaktallergie,
- Tuberkulinreaktion,
- granulomatöse HR.

1 granulom, lat. = kleines Korn → knötchenförmige Anordnung von Entzündungszellen

A Exogen-allergische Alveolitis
50x

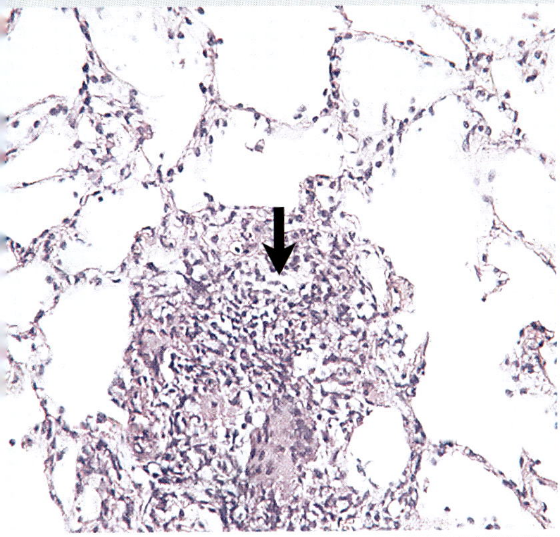

B Vogelzüchterlunge

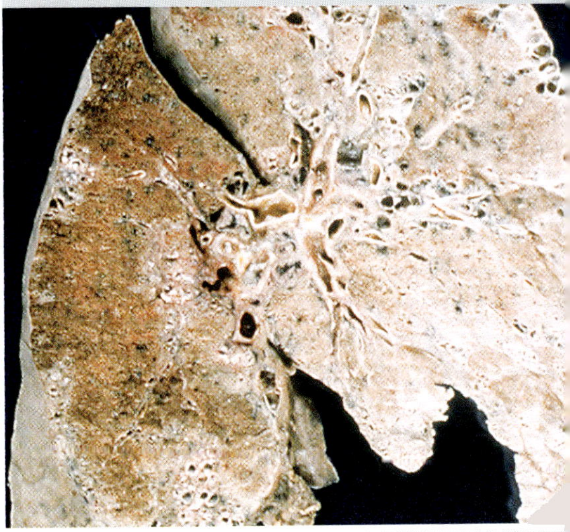

C Zellvermittelte HR

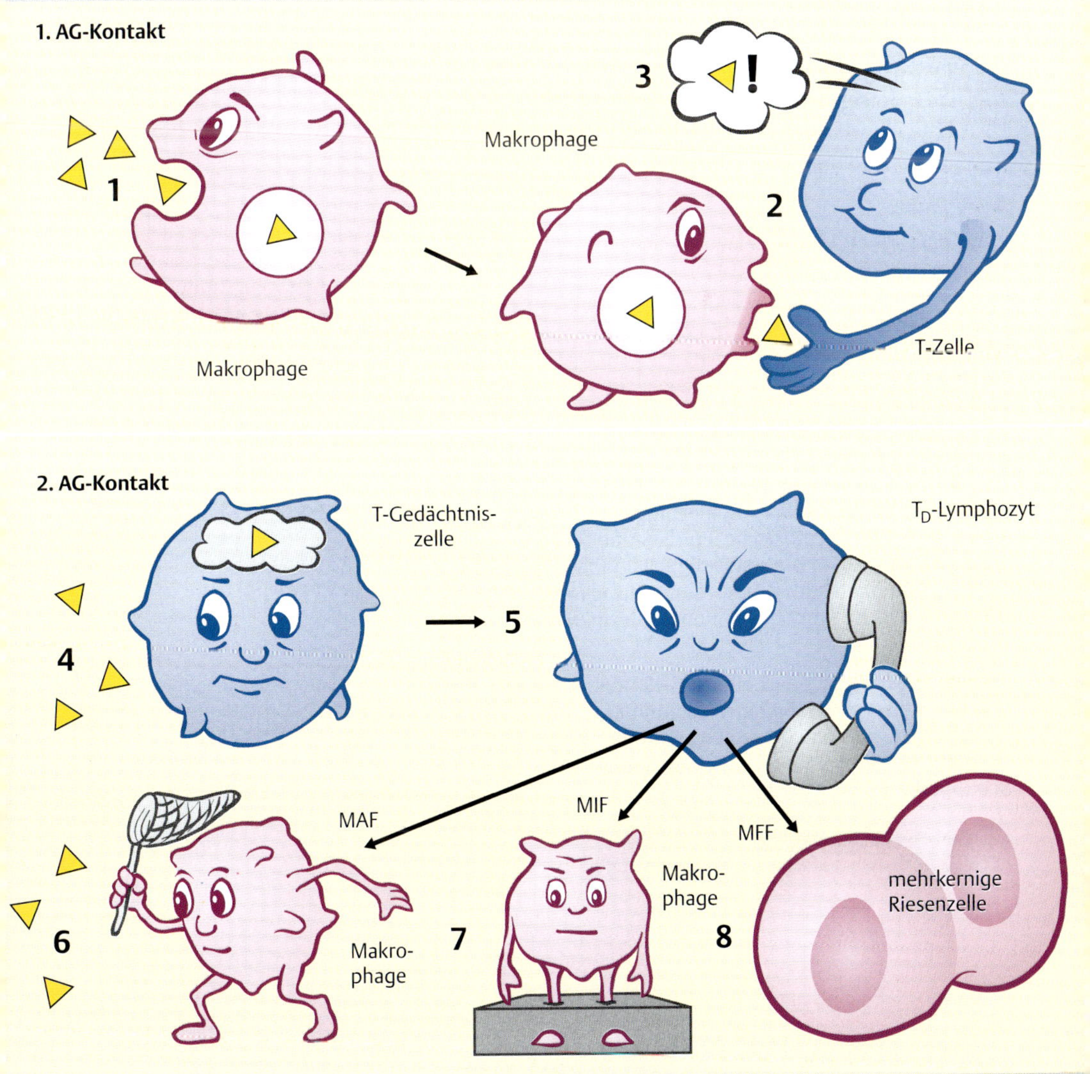

Kutane basophile HR

Synonym: Jones-Motte-Reaktion

Definition: Kutane Manifestation der HR Typ IV mit den Folgen einer Mastzell-Basophilen-Aktivierung.

Pathogenese:

Klassisches Tiermodell: *Jones-Motte Reaktion.*
Dabei spielt sich folgende pathogenetische Kettenreaktion ab:

1. AG-Kontakt: Subkutane Injektion von gering antigenem Fremdeiweiß wie Ovalbumin in Freud-Adjuvans in Meerschweinchen.

2. AG-Kontakt (1 Woche später): Wiederholte subkutane Injektion des Fremdeiweißes → 24 Stunden nach der Injektion → Chemotaxis und Aktivierung von Basophilen und Mastzellen durch T_D-Zellen → Entzündungsreaktion am Injektionsort mit Hautrötung und Mastzell-Basophilen-Infiltrat.

> **+ Klinische Bedeutung:** Hautverletzungen durch Parasiten (Zerkarien) oder Insekten und Kontakt mit deren Allergenen.

Kontaktallergie

Definition: Epidermale Manifestationsform der HR Typ IV am Ort des AG-Kontakts.

Pathogenetischer Ablauf:

Akute Phase:

1. AG-Kontakt: Hautkontakt mit AG-wirksamer Substanz (meist Hapten wie Nickel in Schmuck ► C) → Bindung an Körpereiweiß → dadurch: Bildung eines Immunogens (= AG) → Langerhans-Zellen der Haut präsentieren AG den T-Zellen (► A, B).
2. AG-Kontakt: → 2 – 3 Tage später: Einwanderung von sensibilisierten T_D- Zellen mit Homing-Rezeptoren für kutane Kapillarendothelien und Hautmakrophagen → Zytokinbildung → interzelluläres Epidermisödem → schwammartige zytotoxische Epithelauflockerung (Spongiose) → blasenförmige Hautabhebung → lymphohistiozytäres Hautinfiltrat (► D) am Ort des AG-Kontakts (= Kontaktdermatitis; ► C).

Chronische Phase: Wiederholter AG-Kontakt → reaktiv „schützende" Epidermisverdikung mit überstürzter (kernhaltiger) und verstärkter Verhornung (= Parakeratose) → Hautrötung mit Schuppung (► E) = seborrhoisches Ekzem.

> **+ Klinische Bedeutung:** Modeschmuck-Allergie, Berufskrankheiten, toxische Pflanzeninhaltsstoffe.

Tuberkulinreaktion

Definition: Kutane Manifestationsform einer HR Typ IV nach postinfektiöser AG-Injektion.

Pathogenese:

Klassisches Tiermodell: *Tuberkulinreaktion.*
Dabei spielt sich folgende pathogenetische Kettenreaktion ab:

1. AG-Kontakt: Meerschweinchen werden mit Tuberkelbazillen (S. 264) infiziert.

2. AG-Kontakt: intrakutane Injektion von Tuberkulin als AG (= Tuberkuloproteine). 2 – 3 Tage danach: Entzündungsreaktion am Applikationsort mit Rötung und knötchenförmiger Schwellung.

> **+ Klinische Bedeutung:** Tuberkulin-Test.

Granulomatöse HR

Definition: HR Typ IV mit knötchenförmiger Entzündungszellgruppierung bei AG-Persistenz (S. 226).

Pathogenese: AG-Persistenz → AG-AK-Komplexe oder nicht-immunogene Substanzen in Makrophagen → Dauerstimulation → T-Zellen geben Zytokine (s.o.) ab → frühestens nach 2 Wochen wandern Makrophagen zum Ort des AG und sammeln sich dort an→ Umwandlung der Makrophagen zu epitheldicht gelagerten, zytokinproduzierenden Zellen „ohne phagozytotische Ambitionen" (= Epitheloidzellen) → z.T. Verschmelzung zu mehrkernigen Riesenzellen → Bildung eines „Entzündungszellhaufens" (= Granulom) mit Epitheloidzellen im Zentrum und Lymphozyten in der Peripherie (S. 226).

> **+ Klinische Bedeutung:** Formalpathogenetisches Prinzip bei folgenden Infektionen:
> - Mykobakteriosen (Lepra, Tuberkulose),
> - Spirochätosen (Lues),
> - Brucellosen (Bang-Fieber),
> - Yersiniosen (Pseudotuberkulose),
> - Pilze, Parasiten z. T. auch Viren.

Eine gewissermaßen iatrogene Sonderform einer HR stellt die Transplantation von körperfremden Organen und Geweben dar, bei welcher der Organismus medikamentös gezwungen wird, Fremd-AG zu tolerieren. Diese HR wird nachstehend besprochen.

A **Langerhans-Zellen der Haut** (S-100)
IH, 100x

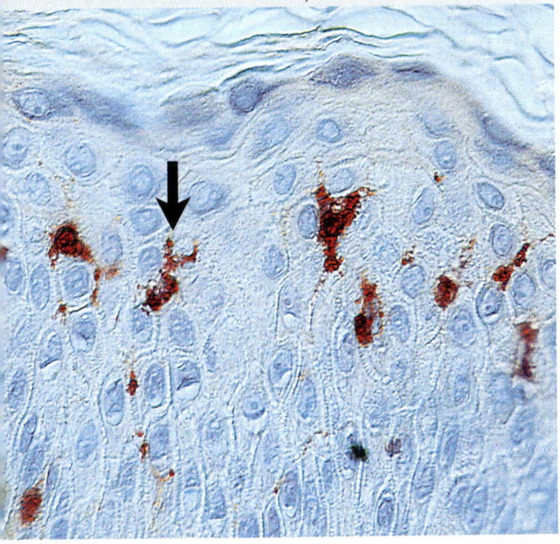

B **Langerhans-Zellen der Haut**
TEM, 500x

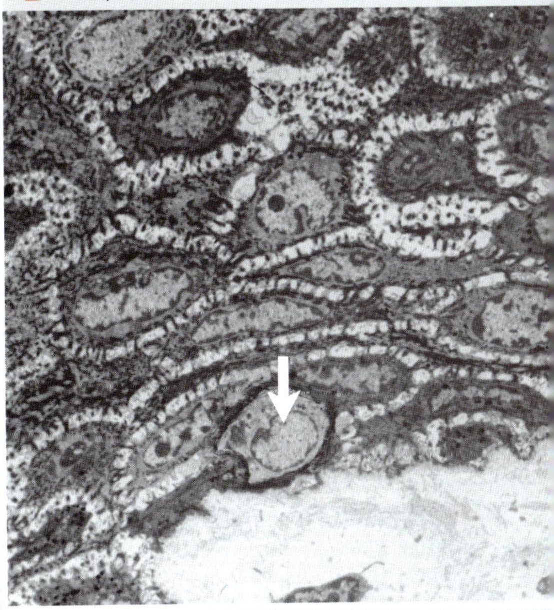

C **Kontaktekzem**

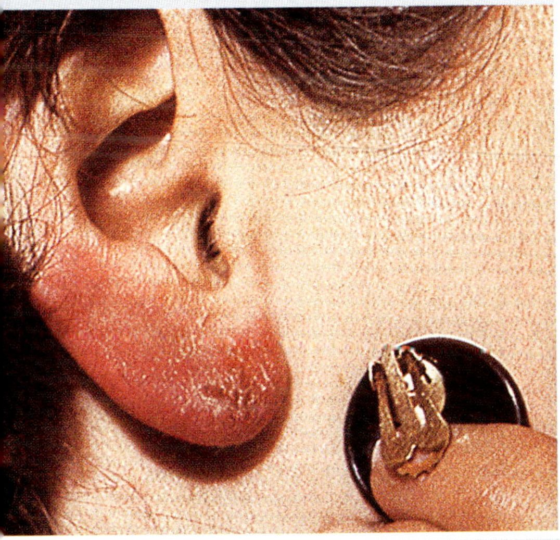

D **Kontaktdermatitis**
50x

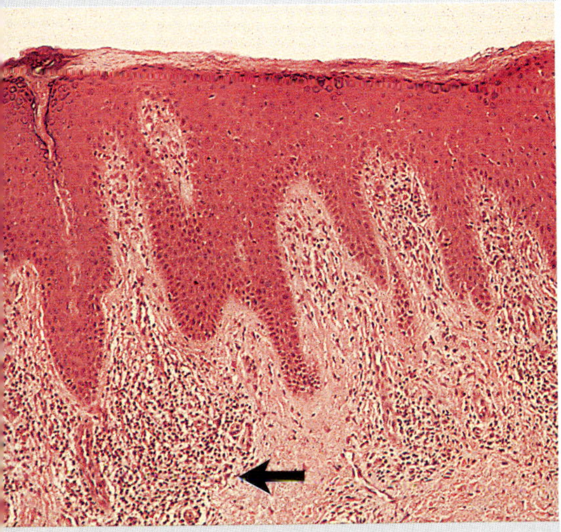

E **Seborrhoisches Ekzem**

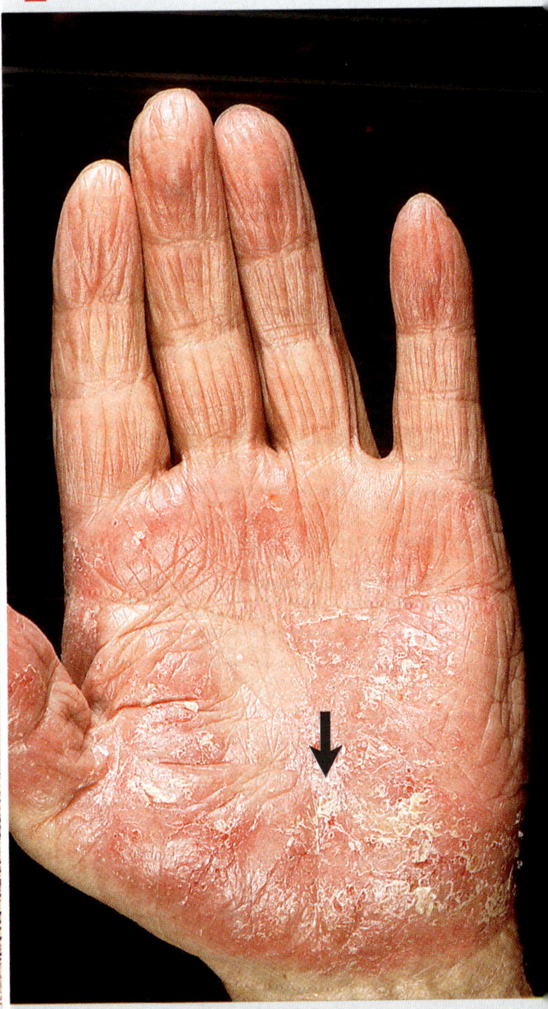

Transplantationspathologie

Abkürzung: Transplantat = TP

Definition der Transplantation: Übertragung von Organen und Geweben an eine andere Stelle desselben Organismus oder in einen fremden Organismus.

Auto-TP: TP stammt aus dem Wirtsorganismus selbst (= autologes TP; z. B. Haut-TP).

Iso-TP: TP stammt von genetisch identischem Individuum (monozygoter Zwilling → monozygoter Zwilling).

Allo-TP: TP stammt von genetisch differentem Individuum derselben Spezies (z. B. Mensch → Mensch; z. B. Herz-TP).

Xeno-TP: TP stammt von Individuum einer unterschiedlichen Spezies (z. B. Schwein → Mensch; z. B. Herzklappen-TP = Bio-Herzklappen).

Transplantat-Allergie

Je nach Übereinstimmung der HLA-AG von Spender und Empfänger kommt es zu folgenden Abstoßungsreaktionen:

Hyperakute Abstoßung

Synonym: Sofortige immunologische TP-Schädigung

Pathogenese: Bei Patienten, die bereits vor der Organtransplantation zirkulierende AK gegen das TP-Gewebe gebildet haben → HR Typ II → innerhalb von Minuten oder wenigen Stunden nach Gefäßkommunikation zwischen TP und Empfängerorganismus: Arteriitis und Arteriolitis mit Thrombosierung → Durchblutungsstopp → ischämische Nekrosen → gelb-rot-scheckige Organzeichnung.

Akute Abstoßung

Synonym: Immunologische TP-Schädigung nach 2 Wochen bis 4 Monaten

Pathogenetische Mechanismen:

- ***Zelluläre Immunreaktion:*** Spender-HLA-AG-Persistenz → Sensibilisierung von zytotoxischen T-Zellen → interstitielles Lymphozyteninfiltrat → lymphozytäre Endothelschädigung → Gefäßobliteration.
- ***Humorale Immunreaktion:*** Spender-HLA-AG-Persistenz → Bildung von Anti-HLA-AK → stenosierende Entzündung der Arterienintima (= akute TP-Vaskulopathie) → Thrombose (S. 404) → Infarkte (► A; S. 412).

Chronische Abstoßung

Synonym: Immunologische TP-Schädigung nach Monaten bis Jahren

Pathogenese: Komplexbildung von Transplantations-AG mit Wirts-AK → permanente lymphozytäre Intimaschädigung im TP (► B) → obliterierende Arteriopathie mit zwiebelschalenartiger Intimafibrose (= chronische TP-Vaskulopathie) → ischämische Organläsion.

Graft-versus-host-Disease

Synonym: TP-gegen-Wirt-Reaktion
Abkürzung: GvHD

Definition: Zytotoxische Immunreaktionen von implantierten oder infundierten, immunkompetenten T-Zellen gegen immunologisch geschwächten Empfängerorganismus.

Pathogenetisch steht eine zellgebundene Immunreaktion gegen den Wirtsorganismus mit erheblicher Makrophagenaktivierung im Vordergrund. Dabei werden die gegen Wirts-AG sensibilisierten Spenderzellen zu zytotoxischen Effektorzellen und vernichten die Wirtszellen, indem sie deren Selbstmordprogramm (Apoptose; S. 128) auslösen und somit autoreaktiv werden →
Resultat: Einzelzelluntergang im Empfängergewebe in der Nähe von Lymphozyten (= Satellitennekrose).

Die GvHD spielt sich v. a. an folgenden Geweben ab:

- *Darm:* lymphozytär-apoptotische Enterozytenzerstörung v. a. in Krypten (► C) → Schleimhautulzeration (► D) → Diarrhoe.
- *Epidermis:* lymphozytäre Epidermisschädigung durch Apoptose → Dermatitis (► E) Epidermisabhebung → Ulzeration (► F).
- *Leber:* lymphozytäre Epithelschädigung der Gallengänge → Gallengangzerstörung („Syndrom der verdämmernden Gallengänge„) → cholangiopathische Hepatitis → cholestatischer Ikterus.

☺ **„Prominente“ Patienten:** Zahlreichen Häftlingen werden z.Z. in der Volksrepublik China nach der Exekution zu Transplantationszwecken Organe entnommen.

Im folgenden werden Krankheiten besprochen, denen eine Generierung von AK gegen körpereigene AG zugrunde liegt. Kommt es dabei zur Bildung von Immunkomplexen, so resultiert eine systemische Autoimmunkrankheit. Richten sich die AK gegen organspezifische Zellrezeptoren, beschränkt sich die Läsion auf das betroffene Organ.

A **Transplantatabstoßung** (Niere)

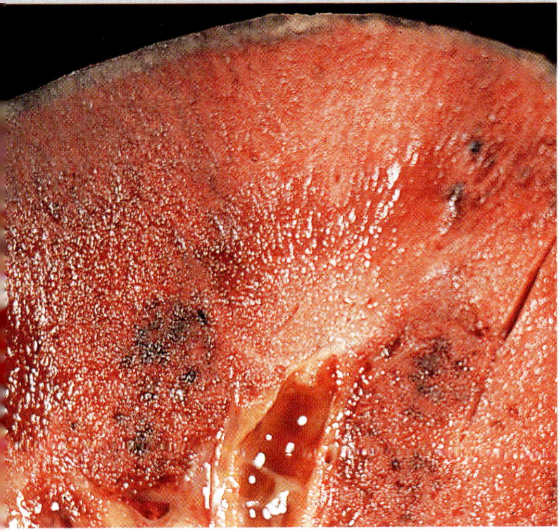

B **Transplantatvaskulitis**
EvG, 75x

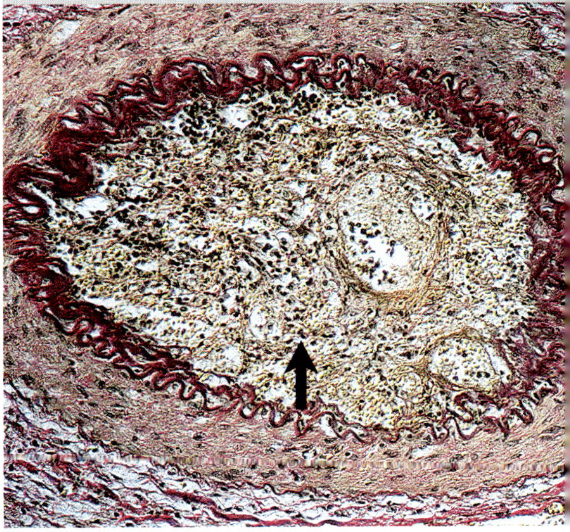

C **GvHD:** Colon
100x

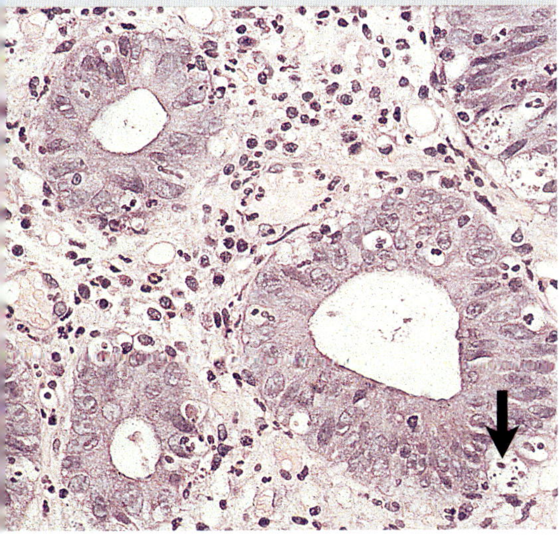

D **GvHD:** Colon

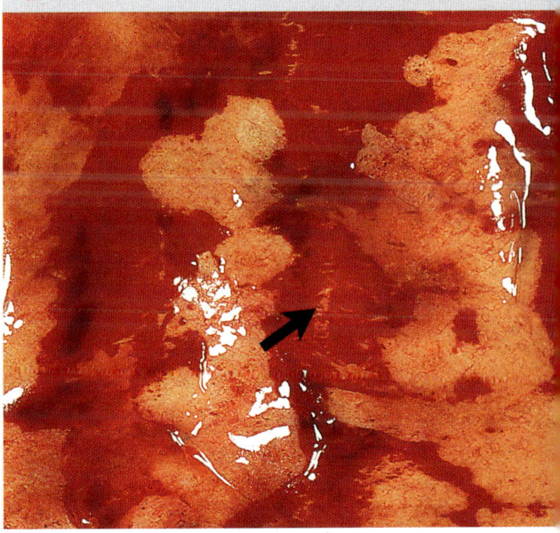

E **GvHD:** Haut

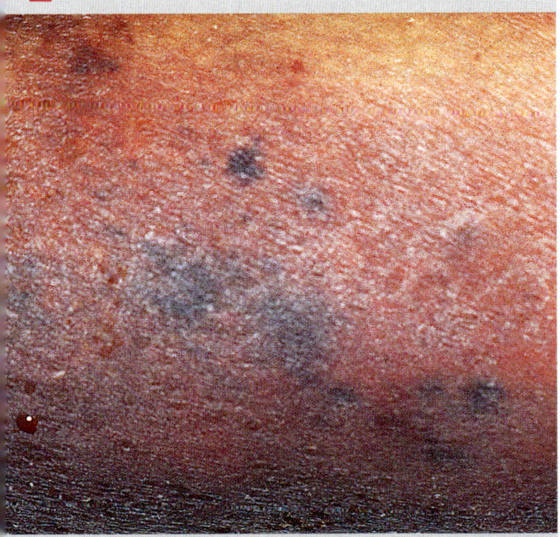

F **GvHD:** Haut

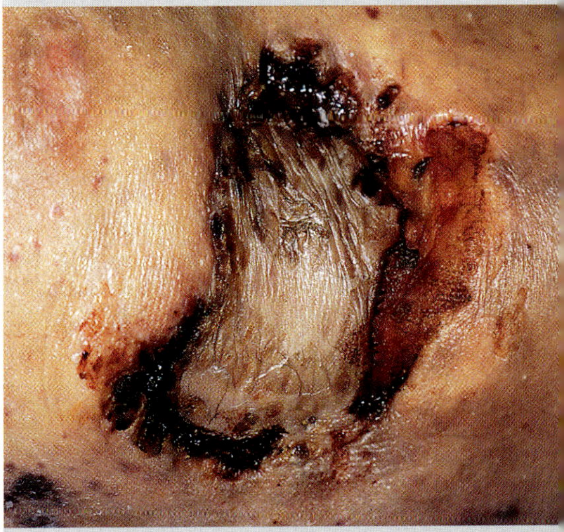

Autoimmunkrankheiten

Abkürzungen: AIK = Autoimmunkrankheiten; IC = **i**mmuno **c**omplexes

Allgemeine Definition: Krankheitsbilder, die ohne weitere äußere Einflüsse zeitlebens durch Immunreaktionen – humoraler und/oder zellgebundener Art – unterhalten werden, die spezifisch gegen körpereigene Substrate gerichtetet sind (besser: Auto**aggressions**erkrankungen).

Allgemeine Pathogenese: Ein normaler Organismus reagiert nicht gegen eigene Gewebebestandteile (= Autoimmuntoleranz). Die Autoimmuntoleranz kann durch folgende Mechanismen durchbrochen werden, so daß körpereigenes Gewebe pathogen wirkt:

- ***Aktivitätsverlust der T-Suppressorzellen*** mit Proliferationsenthemmung von B-Zell-Klonen mit Rezeptoren für köpereigene Substrate.
- ***Bildung von Anti-AK*** (= Anti-Idiotypen).
- ***Bildung kreuzreagierender AK*** mit Spezifität gegen Erreger- und Selbst-HLA-AG (molekulares Mimikry, AG-Mimikry).
- ***Auto-AG-Freisetzung*** wie Mitochondrienanteile (AMA) und Myosin (ASMA) durch Gewebezerstörung.
- ***Inadäquate HLA-Expression***, so daß autoreaktive T-Helferzellen potentielle Auto-AG auf Zellen erkennen, die normalerweise keine HLA-Klasse II-AG exprimieren.

Formalpathogenetisch liegt den AIK eine HR Typ II oder HR Typ III zugrunde, die durch folgende Mechanismen ausgelöst wird:

- ***Komplementbindende AK***, die gegen körpereigene Zellen (v. a. Blutzellen) und Gewebebestandteile (v. a. Basalmembranen) gerichtet sind (= autoreaktive AK).
- ***Nicht-komplementbindende AK***, die gegen körpereigene Zellrezeptoren gerichtet sind (= autoreaktive AK). In diesem Fall können die gebildeten AK entweder als stimulatorisches oder als blockierendes Zellsignal wirken.

Systemische AIK

Hierzu gehören folgende Krankheiten:

- systemischer Lupus erythematodes,
- progressiv systemische Sklerose,
- Dermatomyositis,
- Goodpasture-Syndrom,
- Wegener-Granulomatose,
- rheumatoide Arthritis,
- Sjörgen-Syndrom.

Systemischer Lupus erythematodes

Synonym: „Zehrrose„
Abkürzung: SLE = systemischer Lupus erythematodes
Musterkrankheit für systemische AIK

Definition: Systemkrankheit, gekennzeichnet durch immunkomplexinduzierte Zellschädigung bei der antinukleäre AK (► A; S. 10) pathogenetisch entscheidend sind. Selten.

Kausalpathogenese: (Ursache?). Antinukleäre AK sind v. a. gegen doppelsträngige DNS (= Anti-ds DNS), nukleäres Ribonukleoprotein und Histone gerichtet.

Formalpathogenese: (Ursache?) Bildung autoreaktiver AK → Bildung zirkulierender IC → dadurch: Komplementaktivierung (S. 162) → nekrotisierende IC-Vaskulitis (= Lupusarteriitis) → Endstadium: Zwiebelschalenarteriopathie (► F; S. 172).

Klinik und Morphologie: ♀ > ♂.
Altersgipfel 2.–5. Lebensdekade.

- *Schmetterlingserythem:* Wangenseitige Hautentzündung v. a. auf Nasenrücken und Jochbogen (► C). Histologie: bandförmige IC-Ablagerung zwischen Epidermis und Korium → fokales lymphozytäres Infiltrat (► D1) mit fibrinoider Kollagennekrose (S. 46) → Degeneration der Basalzellschicht; Hyperkeratose in Trichter der Haarfollikel (► D2).
- *IC-Vaskulitis* (= Lupusarteriitis; S. 172).
  Endokarditis Libman-Sachs: Mit grobwarzigen Fibrinauflagerungen auf Schließungsrändern von Mitral-, Trikuspidalklappen (► E) → Gefahr einer Embolie!
- *IC-Nephritis:* Sie ist vom fokal-segmentalen Typ[1] mit meist ausgedehnten subendothelialen, aber auch subepithelialen Immundepots (= Lupusnephritis) → Niereninsuffizienz → Urämie.
- *Lupus-Arthritis.*

Merke: *LE-Phänomen:* Die Kerne geschädigter Zellen reagieren mit antinukleären AK → Umwandlung zu homogenen Korpuskeln (► B1) → Anfärbbarkeit mit Hämatoxylin (= Hämatoxylinkörper). Derartige Zellkerne werden – oft nur in vitro nachweisbar – von neutrophilen Granulozyten und Makrophagen phagozytiert (► B2).

1 fokal-segmentale Glomerulonephritis: fokal = nicht alle Glomeruli betroffen, segmental = nur Glomerulusteile betroffen.

A **Antinukleäre AK**
IF, 100x

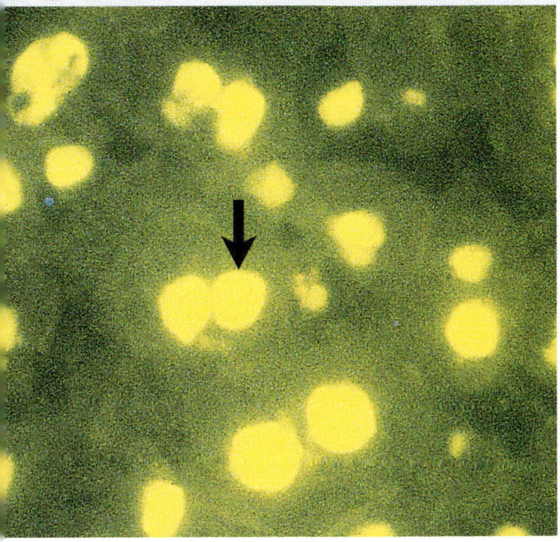

B **LE-Phänomen**
200x

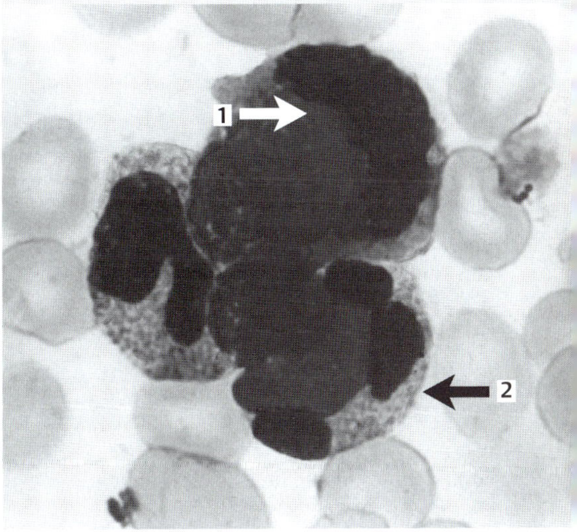

C **Schmetterlingserythem**

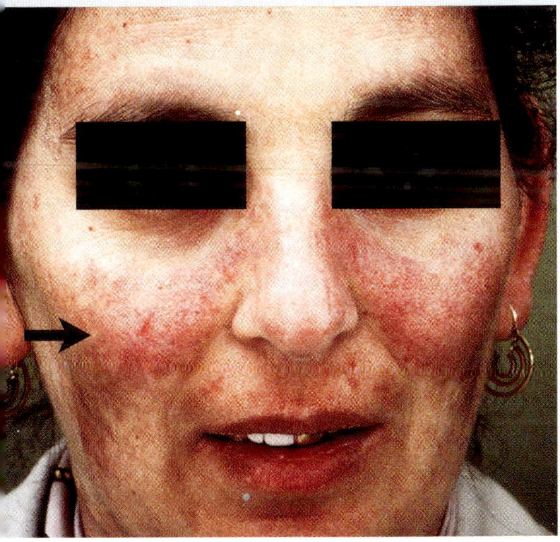

D **LE-Dermatitis**
50x

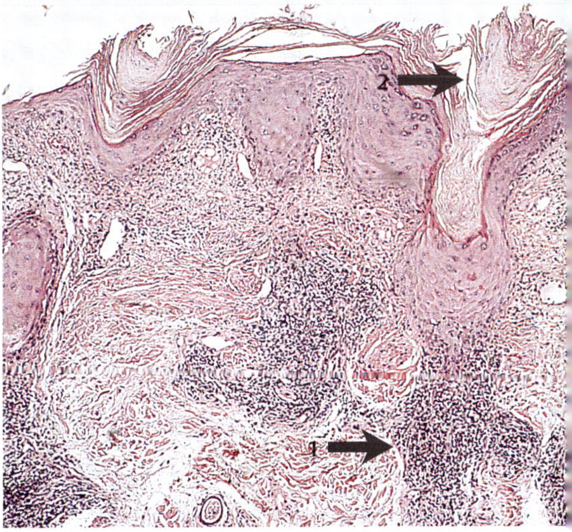

E **Lupus-Endokarditis**

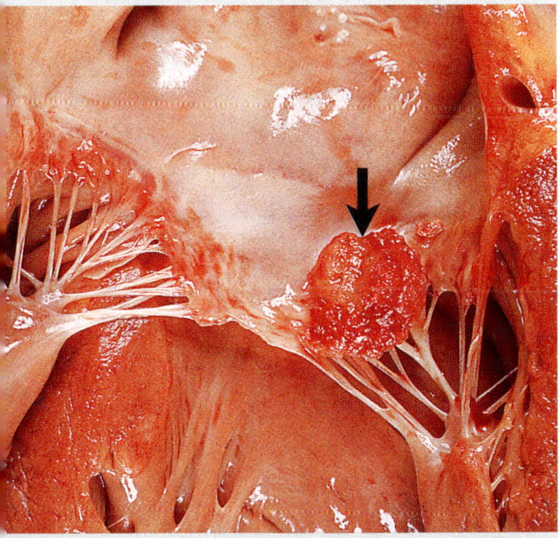

F **Zwiebelschalenarteriopathie**
PAS, 50x

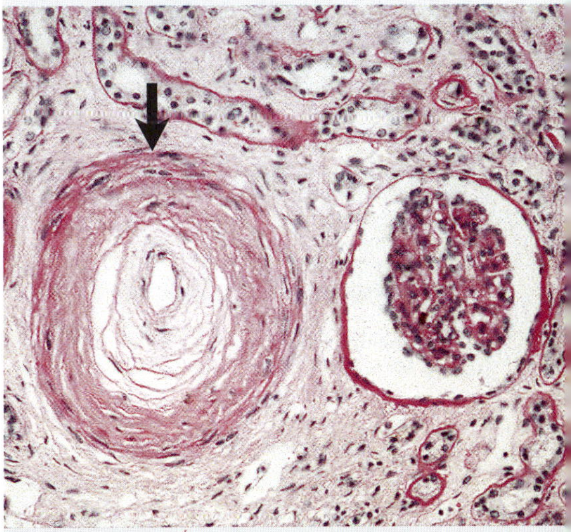

Progressiv systemische Sklerose

Synonym: Sklerodermie
Abkürzung: IC = **i**mmuno **c**omplexes

Definition: Immunologische Systemerkrankung, die mit einer Sklerosierung des dermalen Bindegewebes beginnt und auf das Gefäßbindegewebe innerer Organe übergreift.

Kausalpathogenese: (Ursache?) Für das Vorliegen eines Autoaggressionsprozesses spricht das gehäufte Auftreten folgender Faktoren im Patientenserum und -gewebe:

- T-Lymphozyten gegen Kollagen,
- antinukleäre AK gegen Zentromere (ANA),
- antinukleäre AK (S. 10) gegen Topoisomerase-I (= AntiScl-70).

Formalpathogenese: Sie ist durch folgende Mechanismen geprägt:
- IC-Bildung und (vermutlich dadurch induziert),
- übermäßige, abnorme Kollagen- und Mikrofibrillenbildung (S. 48).

Folgen der IC-Bildung: Zwiebelschalenarteriopathie kleiner Gefäße nach vorausgegangener, fibrinoider Nekrose (vgl. Lupusvaskulitis; S. 172) → obstruktive Gefäßfibrosierung. Folgen davon sind:
- ***Raynaud-Phänomen*** mit Trikolore-Phänomen (S. 148) → Hautsklerosierung und bis in den Knochen reichende „Rattenbiß-Nekrosen" der Akren (= Akronekrosklerose).
- ***Fibrose und Infarzierung*** innerer Organe (Ösophagus, Lunge, Niere).

+ Klinik und Morphologie: ♀ > ♂.
Altersgipfel 3. – 5. Lebensdekade. Prognose ernst.
- *Haut:* kollagenfaserige Sklerosierung der Fingerhaut mit Atrophie der Hautleisten (► B, C) → Sklerodaktylie („hölzern" wirkende Finger), tabaksbeutelartige periorale Hautfältelung (= Tabaksbeutelmund), Maskengesicht (► A).
- *Gastrointestinaltrakt:* kollagenfaserige Wand-(elasto-)fibrosierung → Schluck-, Verdauungsbeschwerden → Dysphagie, Malabsorption (S. 82).
- *Respirationstrakt:* Lungen(-elasto-)fibrose → Cor pulmonale (S. 390).
- *Niere:* meist chronische Glomerulonephritis → Nierenversagen.

+ Klinische Sonderform = CREST-Syndrom:
- **C**alcinosis cutis (Finger, Knie, Ellbogen),
- **R**aynaud-Syndrom,
- **E**sophagus (engl.) -Motilitätsstörung,
- **S**klerodaktylie und
- **T**eleangiektasien.

☺ **Prominenter Patient** (► A): Paul Klee, dtsch.-schweiz. Maler (1879 – 1940).

Dermatomyositis

Synonym: „Polymyositis" bei alleiniger Manifestation in der Skelettmuskulatur

Definition: Autoaggressiv-entzündliche Myopathie, meist mit Hautbeteiligung.

Pathogenese: (Ursache?) Für das Vorliegen eines Autoaggressionsprozesses spricht das gehäufte Auftreten folgender Faktoren:
- Antimyoglobin-AK im Patientenserum,
- antinukleäre AK (gegen Non-Histone PM-1) im Patientenserum;
- T-Lymphozyten mit Sensibilisierung gegen Skelettmuskulatur im Gewebe.

+ Klinik und Morphologie: ♀ > ♂.
Altersgipfel 3. – 5. Lebensdekade.
- *Skelettmuskulatur:* Akut: ödematöse Muskelschwellung → schmerzhafte „Gliederschwere". Chronisch: fibrös-atrophische Muskulatur → „schmerzhafte Ermüdbarkeit".
  Histologie: Muskelzellnekrosen, Phagozytose von Muskelzellfragmenten, regenerative Veränderungen mit großen sarkolemmnahen Kernen. Lymphozytäres (► D1) und histiozytäres (► D2) Entzündungsinfiltrat im intramuskulären Bindegewebe. Herdförmige Verkalkungen kommen vor.
- *Haut* (meist Nasenrücken, Augenlider): Lila-Rötung (= „Lilakrankheit") und teigige Schwellung → „mimische Starre".
  Histologie: lymphozytäres Entzündungsinfiltrat um die dermalen Gefäße → Übergang in eine Fibrose mit teilweiser Verkalkung.

Goodpasture-Syndrom

Definition: Autoaggressionskrankheit mit Hämaturie und Lungenblutungen.

Pathogenese: (Ursache?) → Freilegung (wie?) des Goodpasture-AG (= NC1-Kollagen α3-IV der Basalmembran). Dadurch: Bildung von Anti-Basalmembran-AK → IC-Bildung → IC-Ablagerung entlang der pulmoalveolären und glomerulären Basalmembran (► E).

+ Klinik und Morphologie: Vorkommen: bevorzugt bei jungen Männern.
- *Niere:* IC-Ablagerung → lineares Immunfluoreszenzmuster (► F) → glomeruläre Schlingenruptur → Hämaturie → reaktive, halbmondförmige Wucherung des glomerulären Kapselepithels (► G) → Glomerulusverödung → rasch fortschreitende Niereninsuffizienz → Urämie.
- *Lunge:* IC → alveolokapilläre Ruptur → Alveolarhämorrhagie (Lungenblutung) → miliare, perihiläre Lungenherde im Röntgenbild.

A **Sklerodermie**

B **Normale Hautleisten**

C **Atrophe Hautleisten**

D **Dermatomyositis**
150x

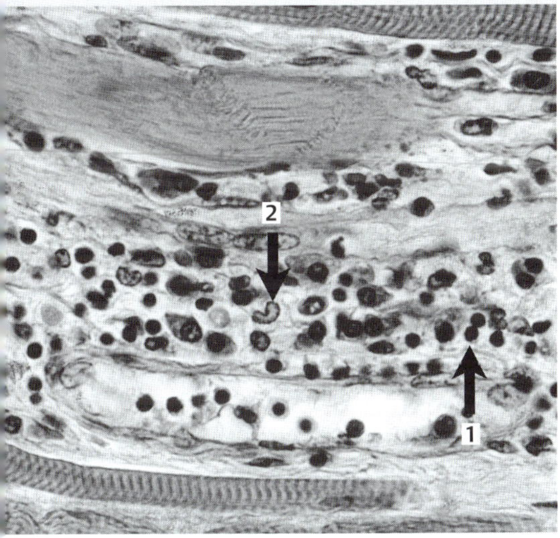

E **Anti-Basalmembran-AK**
IH-TEM, 10000x

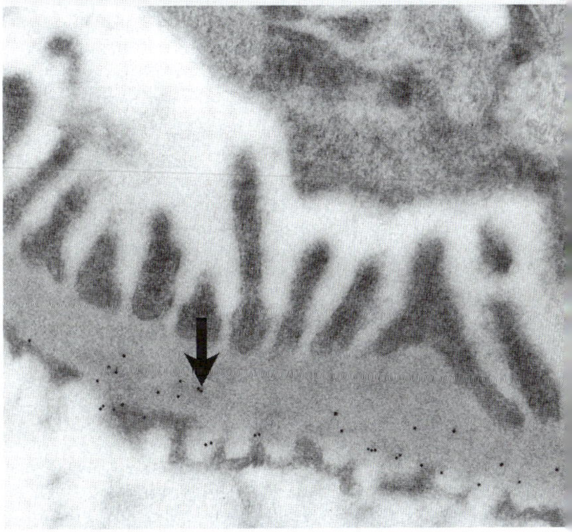

F **Anti-Basalmembran-AK**
IH, 75x

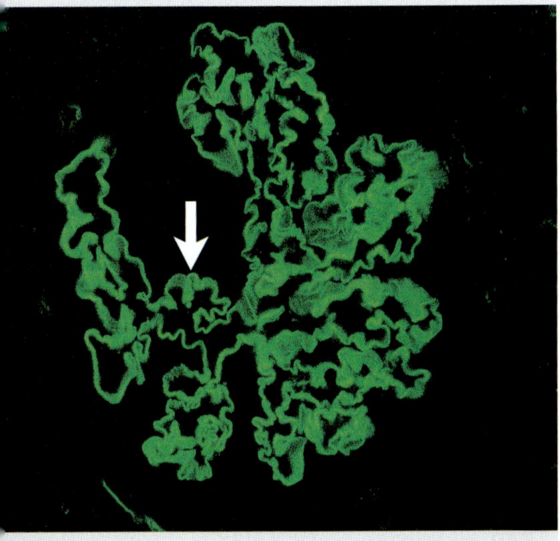

G **Goodpasture-Nephritis**

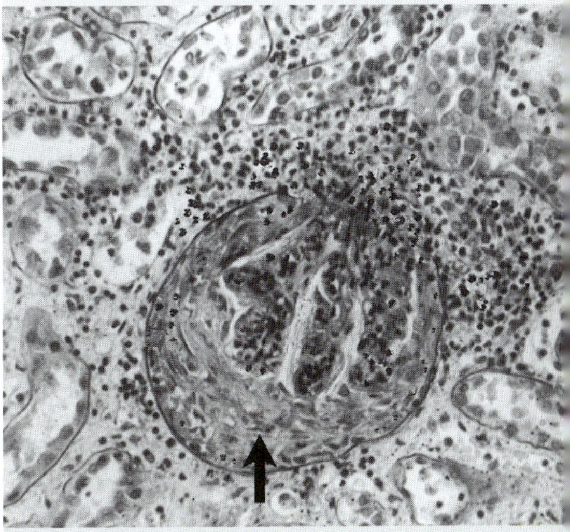

Wegener-Granulomatose

Synonym: Rhino-pneumogene Granulomatose

Definition: Systemische autoaggressive Entzündung, charakterisiert durch antizytoplasmatische AK, granulomatöse Entzündung und nekrotisierende Vaskulitis, meist im oberen Respirationstrakt beginnend.

Pathogenese: (Ursache?) → autoreaktive AK (= c-ANCA[1]) gegen die Serinprotease in den azurophilen Neutrophilengranula (► A) → Granulozytenaktivierung (wie?) → granulomatöse Entzündung mit zellvermittelter Vaskulitis (► B; wie?) und meist perivaskulären Granulomen vom Tuberkulosetyp (S. 232) sowie einem lympho-, plasmo-, granulozytärem Infiltrat. Vaskulitisfolge: infarktähnliche, strukturerhaltende Nekrosen in und um Granulome.

Klinik und Morphologie:
Initialstadium: Fokales Entzündungsgeschehen mit lokoregionärer Rhinosinusitis (Diagnose: Schleimhautbiopsie!) → Nasenknorpelnekrose → Sattelnase. Später: kanalikuläre Ausbreitung → Laryngotracheobronchitis oft auch Lungennekroseherde (bei Vermehrung der T-Helfer-Zellen in der Lunge).

Generalisationsstadium: Nekrotisierend-granulomatöse Entzündung greift v. a. auf folgende Organe über:
- *Lunge* mit alveolären Lungenblutungen;
- *Nieren* in Form einer Immunkomplex-Glomerulonephritis mit fibrinoider Schlingennekrose (► D1) → Blutungen auf Nierenoberfläche (► C) → Hämaturie; später Schlingenverwachsungen (► D2) und reaktive halbmondförmige Kapselepithelwucherung.
- *Gefäße:* Generalisierung der Vaskulitis.

Rheumatoide Arthritis

Definition: Entzündliche autoaggressive Systemerkrankung aus dem Formenkreis der Kollagenosen, die v. a. die Synovialis der kleinen Gelenke angreift und schubweise zu deren Versteifung führt.

Pathogenetische Kettenreaktion: Bei genetischer Prädisposition (70 % HLA-DR4, gelegentlich HLA-DR1) → Infektion (Viren?) → Helfer-Suppressor-Zelldysbalance (wie?) → Generierung von Auto-AG (s. u.) → lymphoplasmozytäre Synovialitis → Lymphozytenproliferation mit Lymphfollikelbildung in Synovialis → B-Zellen bilden folgende autoreaktive AK (= Rheumafaktoren):
- Antiidiotypen: v. a. IgM gegen IgG sowie IgG-anti-IgG, IgA-anti-IgA;
- antinukleäre AK;
- anti-Kollagen-Typ-II-AK.

Selbstassoziation dieser AK → AK-Ablagerung an Kollagenfasern (fibrinoide Nekrose) → Bildung rheumatoider Granulome (S. 234) → Komplementaktivierung (S. 162) → Entzündungsperpetuierung.

Klinik: Manifestation v. a. an kleinen Gelenken („zentrifugale Polyarthritis„) und an mechanisch exponierter Subkutis wie Ellbogen (Rheumaknoten). Selten viszerale Beteiligung wie nekrotisierende Vaskulitis, interstitielle Lungenfibrose (S. 40), Serositis, Myositis, Uveitis.

Sjögren-Syndrom

Definition: Systemische Autoimmunkrankheit mit symmetrischem Befall der Speichel- und Tränendrüsen sowie Austrocknung von Konjunktiva und Mundhöhle.
- ***Primäre Form:*** isoliertes Sicca-Syndrom;
- ***Sekundäre Form:*** Sicca-Syndrom in Verbindung mit anderen Autoimmunkrankheiten wie rheumatoide Arthritis, systemischer Lupus erythematodes.

Pathogenese: (Ursache?) Bei genetischer Prädisposition (v. a. HLA-DR3) Bildung von autoreaktiven AK (S. 180) gegen folgende AG-Strukturen:
- nukleäre und zytoplasmatische RNS,
- Ausführgangsepithelien von Speichel- und Tränendrüsen.

Morphologisch imponiert eine destruktive lymphoplasmozytäre Entzündung (► E1) in Form einer „lymphoepithelialen Läsion" v. a. um Ausführungsgänge (► F) mit progressiver Drüsenatrophie → regeneratorische Wucherung nichtbetroffener, myoepithelähnlicher Schaltstückzellen (► E2).

Klinik: Keratoconjunctivitis sicca, Dakryoadenitis sicca. Oft Übergang in MALT-Lymphom.

Merke: *Diagnose des Sjögren-Syndroms:* Lippenbiopsie mit > 50 lympho-plasmo-histiozytären Zellen in Speicheldrüsennähe.

Merke: *AIK-Manifestationsmuster:*
- zirkulierende Immunkomplexe → systemische AIK (mit Vaskulitis),
- AK gegen Gewebeepitope → AIK mit Bevorzung bestimmter Organe,
- AK gegen Zellrezeptoren → AIK eines Einzelorgans.

1 c-ANCA= cytoplasmatisch diffuses anti-Neutrophilenzytoplasma-AG

A Antizytoplasmatische AK (IgG)
IH, 200x

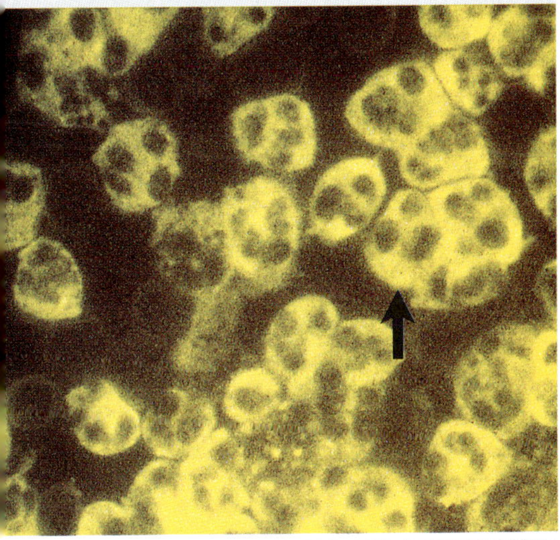

B Wegener-Vaskulitis
EvG, 75x

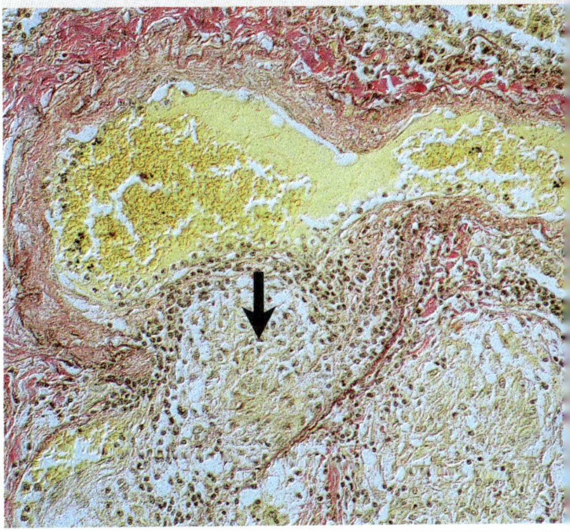

C Wegener-Nephritis

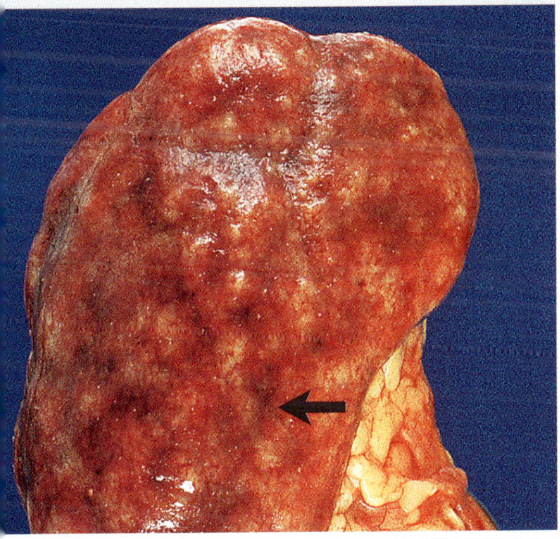

D Wegener-Glomerulonephritis
100x

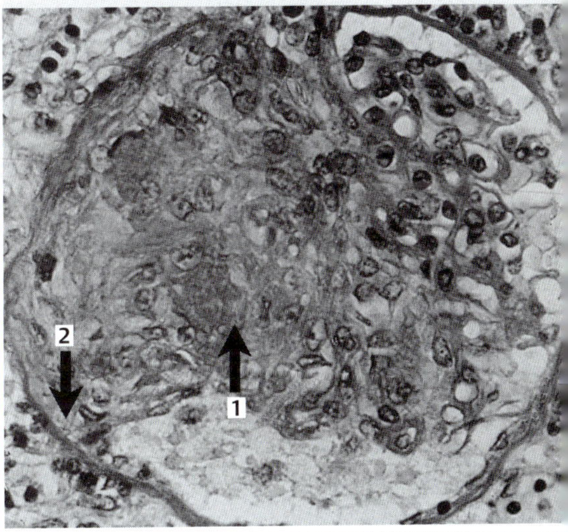

E Sjögren-Sialoadenitis
150x

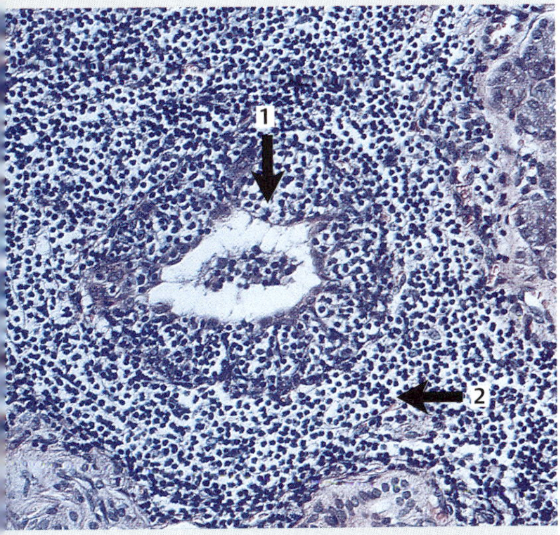

F Sjögren-Sialoadenitis (Zytokeratin)
IH, 150x

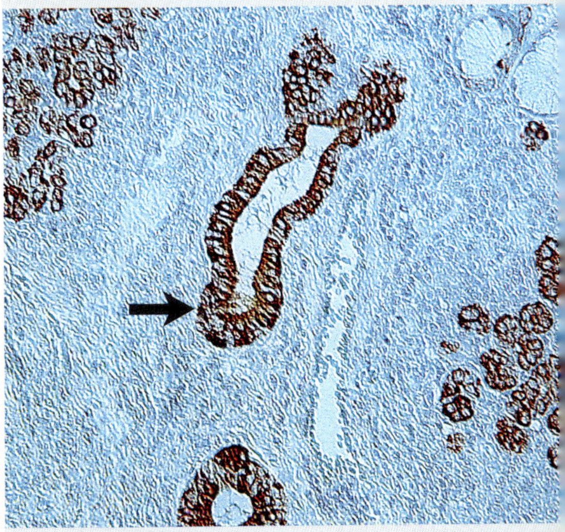

Organbezogene AIK

Hashimoto-Thyreoiditis

Synonym: lymphozytäre Immunthyreoiditis

Definition: Autoaggressive Schilddrüsenentzündung.

Ätiologische Faktoren: Exogen: Viren, Bakterien?; endogen: HLA-DR5-Prädominanz.

Pathogenese: Bildung autoreaktiver AK.

+ Klinik und Morphologie:
- *AK gegen Thyreoglobulin* (► A),
- *AK gegen Mikrosomen und Zellkern* (► C) der Thyreozyten → lymphoplasmozytäres Infiltrat mit Keimzentrenbildung (► B) → Zerstörung der Schilddrüsenfollikel (► D) → danach: onkozytäre Umwandlung der restlichen Thyreozyten → blaßbraun vergrößerte Schilddrüsen mit Gummikonsistenz.
- *AK gegen TSH-Rezeptoren* → Schilddrüsen-Dauerstimulation → vermehrte Hormonbildung → Schilddrüsenvergrößerung (Struma) → (manchmal) passagere Schilddrüsenüberfunktion (= sog. „Hashitoxikose").
- *AK gegen TSH-Rezeptoren* mit Blockade der Schilddrüsenfunktion → Hypothyreose. *Spätzustand:* Fibrotischer Ersatz des entzündlich zerstörten Parenchyms → Schilddrüsenatrophie → Hypothyreose.

Autoimmunadrenalitis

Definition: Autoaggressive Nebennierenentzündung mit klinischer Unterfunktionssymptomatik.

Pathogenese: (Ursache?) → Bildung autoreaktiver AK gegen NNR.

+ Klinik und Morphologie: lymphoplasmozytäre Entzündung → narbig-fibröse Atrophie → Hypokortizismus in Form des Morbus Addison (S. 24, 112).

Diabetes mellitus Typ I

Definition: Autoaggressive Insulitis mit Entwicklung eines insulinabhängigen Diabetes mellitus (S. 78).

Ätiologische Faktoren: Exogen: Viren, Chemikalien (?); endogen: genetische Prädisposition HLA-DR4 und/oder DR3.

Pathogenese: Autoaggression mittels folgender Faktoren:
- *autoreaktive AK* gegen Glukosetransportprotein, Inselzellzytoplasma, Insulin;
- *autoreaktive Lymphozyten* gegen insulinbildende Inselzellen → lymphozytäre Insulitis.

Myasthenia gravis

Definition: Autoaggressive Erkrankung der Willkürmuskulatur mit abnormer Muskelschwäche.

Pathogenese: Thymushyper-/-neoplasie → Bildung autoreaktiver AK (warum? wie?).

+ Klinik und Morphologie:
- *AK gegen Acetylcholinrezeptoren* → keine Impulsübertragung von Nerv zu Muskel → abnorme Muskelschwäche und -ermüdbarkeit nach wiederholter Aktivierung und längerer Anspannung → Mimikverarmung, Lidptose (= Fallider), Seh-, Sprach- und Schluckstörungen.
- *Komplementaktivierung* → Zerstörung der Postsynapsenmembran → einige Lymphozyteninfiltrate entlang der Muskelfasern.

Autoimmungastritis

Synonym: Gastritis Typ A

Definition: Autoaggressive Entzündung der Korpusschleimhaut mit Übergang in perniziöse Anämie.

Pathogenese: (Ursache?) → Bildung autoreaktiver AK.

+ Klinik und Morphologie:
- *AK gegen Magenbelegzellen* → lymphoplasmozytäre Zerstörung der Magendrüsen (► F) *Früh:* Entzündung der oberflächlichen Mukosa als „oberflächliche Gastritis" (► E1) → Zerstörung von Haupt- und -belegzellen. *Spät:* Ersatz dieser Zellen durch mukoide Drüsenepithelien (= „atrophische Gastritis").
- *AK gegen Intrinsic factor*[1] megaloblastäre Anämie.

Multiple Sklerose

Synonym: Encephalomyelitis disseminata

Definition: Schubweise verlaufende Hirnerkrankung mit disseminierter, herdförmiger Entmarkung in allen Abschnitten der weißen Substanz.

Ätiologische Faktoren exogen: Viren (welche?); endogen: genetische Prädisposition HLA A3, B7, DW2, DR2.

Pathogenese: Autoaggression (wie?)

+ Klinik und Morphologie:
Früh: lymphoplasmozytäre perivaskuläre Infiltrate v. a. in weißer Substanz → Markscheidenzerfall mit Abraum durch Fettkörnchenzellen → multiple, scharf begrenzte Entmarkungsherde bei erhaltenen Axonen v. a.
- in Ventrikelseitenwänden und subkortikal an der Rinden-Markgrenze,
- im tiefen Marklager von Kleinhirn (→ Ataxie, Dysarthrie, spastische Paresen), Rückenmark, Hirnstamm,
- im Sehnerv (→ Sehstörungen).

Später: Astrogliawucherung → Bildung eines Gliafaserfilzes im Entmarkungsherd → gliöse Sklerose (Name: „multiple Sklerose").

---

1 intrinsic factor = Protein, das die Resorption von Vitamin B_{12} steuert.

A **Anti-Thyreoglobulin-AK** (IgG)
IF, 75x

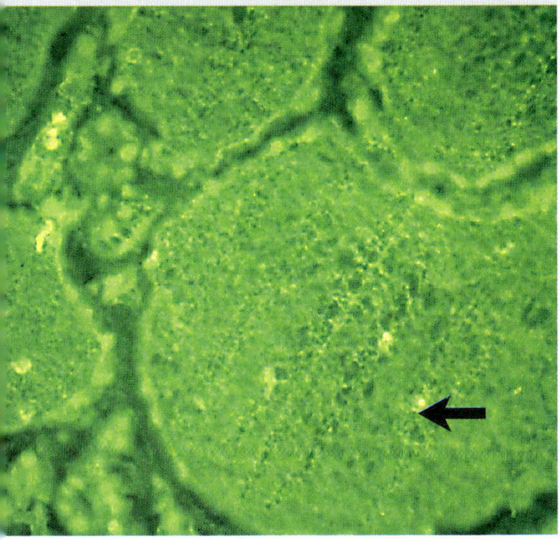

B **Hashimoto-Thyreoiditis**
50x

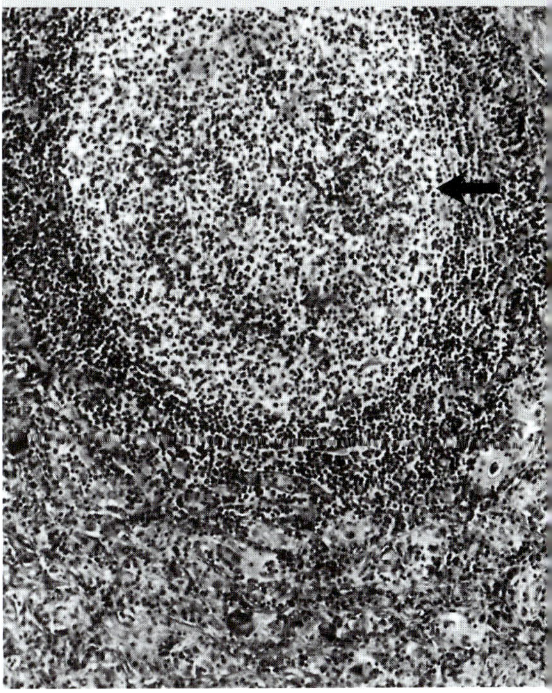

C **Anti-Mikrosomen-AK** (IgG)
IF, 75x

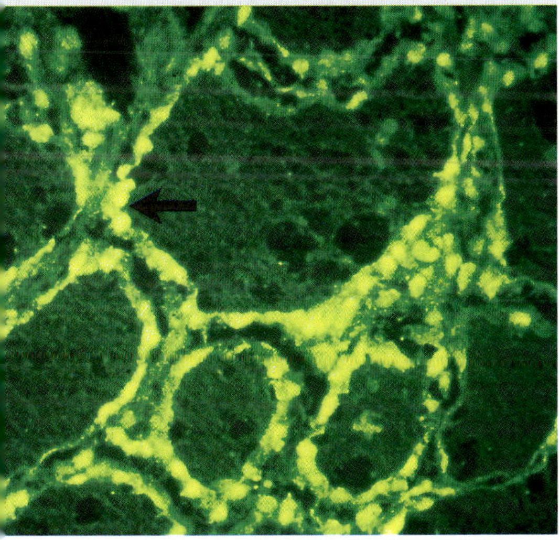

D **Hashimoto-Thyreoiditis**
200x

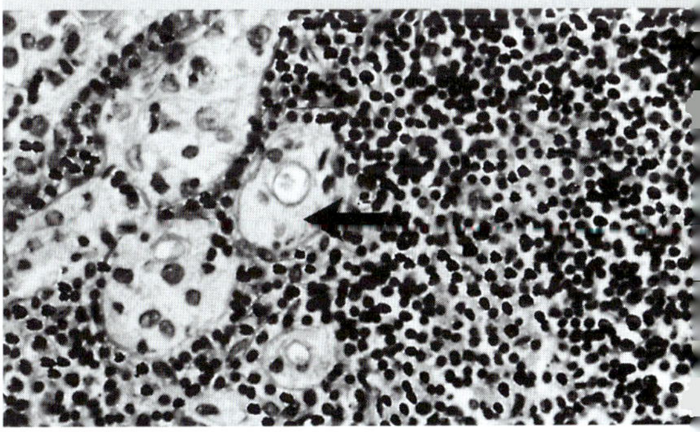

E **Autoimmungastritis**
25x

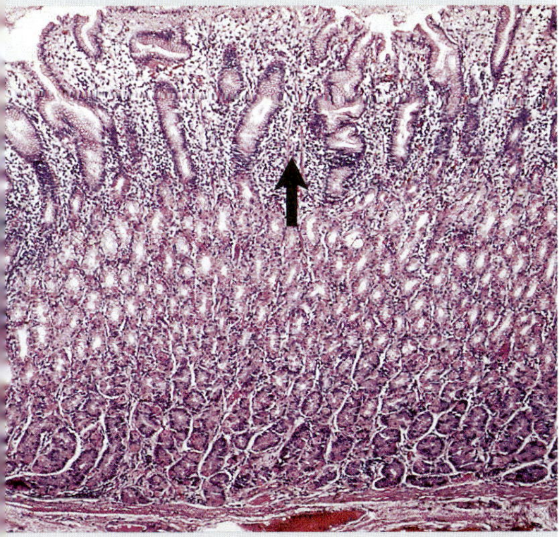

F **Autoimmungastritis**
200x

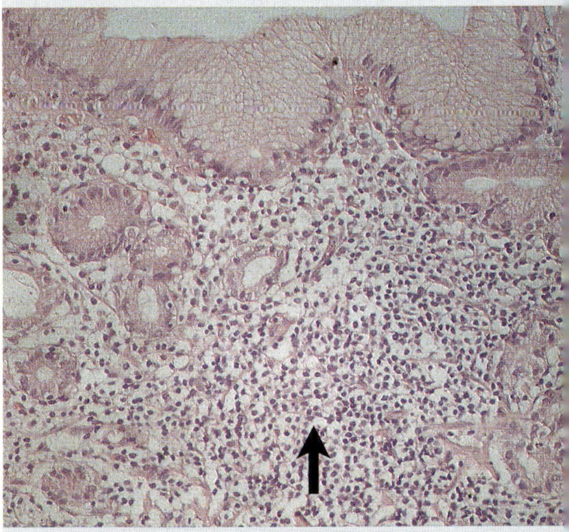

Defektimmunopathien

Synonym: Immundefektsyndrome
Abkürzungen: ID = Immundefekt; IDS = Immundefekt-syndrom(e)

Allgemeine Definition: Krankheitsbilder wegen ungenügender oder fehlender Immunreaktivität des Organismus auf verschiedenartige AG-Stimuli.

Anhand dieser meist seltenen Krankheiten läßt sich, je nach zugrundeliegendem Defekt, die entsprechende Funktion im Abwehrsystem und die Auswirkung auf den Gesamtorganismus aufzeigen. Sie haben somit pathogenetischen Modellcharakter.

Primäre IDS: B-Zell-Defekte

(Knaben-) Agammaglobulinämie

Musterkrankheit für erblichen B-Zell-Defekt

Definition: Genereller Immunglobulinmangel bei Knaben (= Bruton Typ) infolge B-Zell-Reifungsdefekt.

Pathogenese: Gendefekt, der v. a. die Reifung von B-Vorläuferzellen mit korrekter Ig-Synthese betrifft → keine reifen B-Zellen → drastisch reduzierter Serumspiegel aller Immunglobuline.

Morphologische Folgen dieser B-Zell-Reifungsstörung: Keine Sekundärfollikel mit Reaktionszentren in den sekundären Immunorganen bei morphologisch und funktionell intaktem T-Zell-System.

Klinik: X-chromosomaler Erbgang. Rezidivierende Infektionen der Atemwege, Otitiden (= Mittelohrentzündungen), Pyodermien (= eitrige Hautentzündungen), Sepsis (S. 222).

Transitorische Hypogammaglobulinämie

Definition und Pathogenese: Nach Absinken der mütterlichen AK im Blut kann bei Neugeborenen die intrinsische AK-Bildung verzögert sein (Ursache?) → vorübergehende Hypogammaglobulinämie.

Klinik: Manifestation im 3. Lebensmonat: hartnäckige Otitiden, Bronchitiden und Pneumonien (= Lungenentzündung).

Schwerkettendefekt

Definition und Pathogenese: Unterschiedliche Deletionen der Schwerketten-Gene auf dem Chromosom 14. Je nach Lokalisation des Gendefekts finden sich Ausfälle der entsprechenden Immunglobulin-Isotypen bzw. Immunglobulin-Subtypen.

Klinik: Autosomal rezessiver Erbgang. Nur einige Patienten leiden gehäuft unter Infekten.

κ-Ketten-Defekt

Definition und Pathogenese: Punktmutationen des κ-Ketten-Gens auf Chromosom 2. Im Blut finden sich nur Immunglobuline mit λ-Ketten.

IgG-Subklassendefekt

Definition: Gruppe von IDS mit erniedrigten Serumwerten für IgG2, IgG3 und IgG4 (einzeln oder zusammen) bei normalem IgG-Gesamtserumspiegel.

Pathogenese uneinheitlich:
- homozygote Deletion von Genen, die die konstante Region der verschiedenen γ-Ketten kodieren;
- defekte Regulation der B-Zell-Differenzierung.

Klinik: Rezidivierende Infekte des Respirationstrakts: gelegentlich auch IgA-Mangel.

Hyper-IgM-Syndrom

Definition und Pathogenese: Krankheitsgruppe mit Defekt des Isotyp-Switch (S. 160) bei den B-Zellen →
- erhöhte Serumwerte für IgM,
- erniedrigte Serumwerte für IgG, IgA und IgE.

Klinik: X-chromosomaler oder autosomaler Erbgang. Sporadische Fälle; Symptomatik wie bei Hypogammaglobulinämien.

Isolierter IgA-Mangel

Definition und Pathogenese: Häufigstes primäres IDS unklarer Ätiologie ohne histologische Folgen. Ursächlich: Differenzierungsblock der B-Zellen (?) und T-Zellen (?).

Klinik: Häufig Infektionen des Respirationstrakts, Neigung zur Atopie, Sprue (Zöliakie, S. 82) und Autoaggressionskrankheiten (S. 180ff).

Gewöhnliches variables IDS

Synonym: common variable IDS = CVID

Definition: Heterogene Syndromgruppe mit erblichem oder erworbenem AK-Mangel in Verbindung mit Panhypogammaglobulinämie.

Pathogenetisch liegen folgende Defekte zugrunde:
- B-Zell-Ausreifungsstörung zu immmunglobulinsezernierenden Plasmazellen,
- gesteigerte T-Suppressorzell-Wirkung,
- defiziente T-Helferzell-Wirkung auf B-Zellen.

Morphologische Charakteristiken:
- ***Lymphadenopathie*** mit nicht-maligner Lymphozytenproliferation und hochgradiger Follikelhyperplasie;
- ***Darmschleimhaut:*** polypöse, noduläre lymphatische Hyperplasie;
- ***Splenomegalie***;
- ***Plasmazellmangel*** (kaum Immunglobulinbildung) in Knochenmark, Lymphknoten und GALT[1].

Klinik: ♂ = ♀. Alter: 2. – 3. Lebensdekade. Gemeinsamkeit aller CVID-Formen:
- *Immunglobulinmangel:* niedrige IgG-, IgA-, oft auch IgM-Werte.
- *Sinopulmonalinfekte* → chronisch obstruktive Lungenerkrankungen.
- *Gastrointestinalerkrankungen* (50 %) wie Diarrhoen und Malabsorption (S. 82).
- *Lambliasis:* häufige intestinale Infestationen mit dem Protozoon Gardia lamblia (S. 274) wegen IgA-Defekt des GALT.
- *Autoaggressionskrankheiten* häufig (S. 180): rheumatoide Arthritis, perniziöse Anämie, Autoimmunanämien, Autoimmunthrombozytopenien und -neutropenien.
- *Tumorgefährdung.*

Primäre IDS: T-Zell-Defekte

Di-George-Syndrom

Synonym: Thymushypoplasie
Musterkrankheit für kongenitalen T-Zelldefekt

Definition: Fehlbildungssyndrom v. a. im Schlundtaschenbereich mit fehlender T-Zellreifung infolge Thymusaplasie (S. 300).

Pathogenese: Deletion des Hox-1.5-Gens, dessen Genprodukte die Migrations-und Differenzierungsprozesse bestimmter Neuralleistenabkömmlinge wie der Schlundtaschen 3 und 4 steuern (S. 296) → Thymus und Epithelkörperchen sind aplastisch oder hypoplastisch → keine reifen T-Zellen in den thymusabhängigen Zonen der peripheren lymphatischen Organe.

Klinik: Neonatale Tetanie (= Muskeldauerkrämpfe). Neigung zu viralen und fungalen Infekten. Zusätzlich folgende Gesichtsfehlbildungen:
- Hypertelorismus = Augen weit auseinander,
- Mikrognathie = schmaler Unterkiefer (Fischmaulgesicht),
- tiefsitzende Ohren,
- oft auch kardiovaskuläre Fehlbildungen (v. a. von Aortenbogen, Ventrikelseptum).

Nezelof-Syndrom

Definition: Kombiniertes IDS infolge genetisch bedingter Thymusfehlbildung (jedoch ohne anderweitige Fehlbildungen).

Pathogenese: Thymus ohne Rinden-Mark-Differenzierung → keine T-Zellen → lymphozytenarme thymusabhängige Zonen in den peripheren lymphatischen Organen → keine Interaktion von T- mit B-Lymphozyten.

Klinik: Autosomal rezessiver oder X-chromosomal rezessiver Erbgang.
Immunglobulinkonzentrationen im Serum annähernd normal, jedoch keine AK-Bildung gegen Impfstoffe → Infektneigung (v. a. mit Candidia albicans; S. 270).

Chronische mukokutane Candidiasis

Definition und Pathogenese: Isolierter Defekt der zellvermittelten Immunität gegenüber Candida-Pilzen bei intakter humoraler Immunität.

Klinik: Candida-Infekt (S. 270): Haut und Schleimhäute v. a. Atmungs-, Verdauungstrakt.

Merke: *Klinik der B-Zell-Defekte:*
v. a. rezidivierende bronchopulmonale Infekte.

Merke: *Klinik der T-Zell-Defekte:*
v. a. rezidivierende Pilzinfekte.

1 GALT = **g**ut **a**ssociated **l**ymphatic **t**issue

Primäre IDS: B- und T-Zell-Defekte

Schweres kombiniertes IDS (= SCID)

Synonym: severe combined IDS, Agammaglobulinämie vom „Schweizer Typ"

Definition: IDS mit fehlender humoraler und zellulärer Immunität.

Pathogenese: Keine Ausreifung der Stammzellen im Knochenmark zu T- und B-Vorläuferzellen; oft auch Thymusdysplasie ohne Hassal-Korpuskel → keine B- und T-Zell-Zonen (► A, C) in peripheren lymphatischen Organen, keine AK-Bildung.

Klinik: Autosomal rezessiver/gonosomal rezessiver Erbgang. Ab dem 6. Lebensmonat: rezidivierende Infekte (Viren, Bakterien, Pilze, Protozoen) → frühzeitiger Tod.

Adenosindesaminase-Mangel

Definition und Pathogenese: Kombinierter ID aufgrund eines Enzymdefekts im Purinstoffwechsel → Anhäufung von Desoxyadenosin und Desoxy-ATP → Lymphozytenschädigung.

Klinik: Autosomal rezessiver Erbgang. Rekurrierende schwere Infekte. Oft Kombination mit Dysostose und Kleinwuchs.

Ataxia teleangiectasia

Synonym: Louis-Bar-Syndrom

Musterkrankheit für präkanzeröse Kondition mit DNS-Reparaturdefekt

Definition und Pathogenese: Erblich defekter DNS-Reparaturmechanismus mit progressiv zerebellärer Atrophie, Thymusdysplasie mit Lymphopenie (v. a. CD4-Lymphozyten) sowie IgA-Mangel und okulokutanen Teleangiektasien (v. a. Konjunktiva!).

Klinik: Autosomal rezessiver Erbgang. Gehäuft bronchopulmonale Infekte. Ataxie (► B)
- *Kindesalter:* Neigung zu hämatologischen Neoplasien wie malignen Lymphomen (S. 364) und myelomonozytärer Leukämie;
- *Erwachsenenalter:* solide Tumoren (v. a. Mammakarzinom).

Wiskott-Aldrich-Syndrom

Definition und Pathogenese: Erblicher Defekt in der AK-Bildung gegen polysaccharidreiche AG.

Klinik: X-chromosomal rezessiver Erbgang. Ekzeme, Thrombozytopenie, Infekte.

Sekundäre IDS

Allgemeine Definition: Erworbener AK-Mangel mit Manifestation meist erst in Adoleszenz oder später.

Ätiologische Faktoren:

Humorale Immundefekte aufgrund
- *defizienter Proteinzufuhr:* Hunger, Mangelernährung, Tumorkachexie.
- *Proteinverlust durch:*
  - exsudative Gastroenteropathie (= polyätiologische Erkrankung mit massivem intestinalen Proteinverlust)
  - nephrotisches Syndrom (= polyätiologische Erkrankung mit renalem Proteinverlust).
- *Gammopathien:* Synthese defekter Immunglobuline durch Tumoren.

Zelluläre Immundefekte aufgrund
- *gestörter T-Zell-Proliferation:* Immunsuppression (Cortison), Zytostatika, T-Zell-Tumoren.
- *gestörter T-Zell-Funktion:* Viren, chronische Infekte.

Resultat: Verminderte Resistenz gegenüber bakteriellen, viralen und fungalen Infekten sowie opportunistischen Mikroorganismen wie Pneumocystis carinii (S. 278).

Merke: Corticosteroid-Nebenwirkungen:
- Osteoporose (S. 126),
- Wundheilungsstörung (S. 312),
- Infektionsneigung,
- Nebennierensuppression.

(Monoklonale) Gammopathien

Definition: Erkrankungen mit vermehrter Bildung von Immunglobulinen einer Klasse, eines Typs und einer Spezifität infolge neoplastischer Proliferation eines einzelnen Plasmazellklons.

Benigne monoklonale Gammopathie: Expansion eines morphologisch normalen Plasmazellklons → geringe Erhöhung monoklonaler Immunglobuline (< 3g) im Serum, höchstens minimale Bence-Jones-Proteinurie.

Plasmozytom: Häufigster, generalisierter, meist im Knochenmark entstehender Knochentumor (S. 364).

Makroglobulinämie Waldenström: Dies ist eine Gruppe neoplastischer B-Zellerkrankungen – meist lymphoplasmozytoides Immunozytom (S. 364) – mit monoklonaler IgM-Vermehrung (► D, E).

Schwerkettenkrankheit: Dies sind neoplastische B-Zellerkrankungen mit Bildung von nicht an leichte Ketten gebundenen, schweren Ketten (γ-Ketten-, α-Ketten-, μ-Ketten-Typ).

A **Thymus:** normal
25x

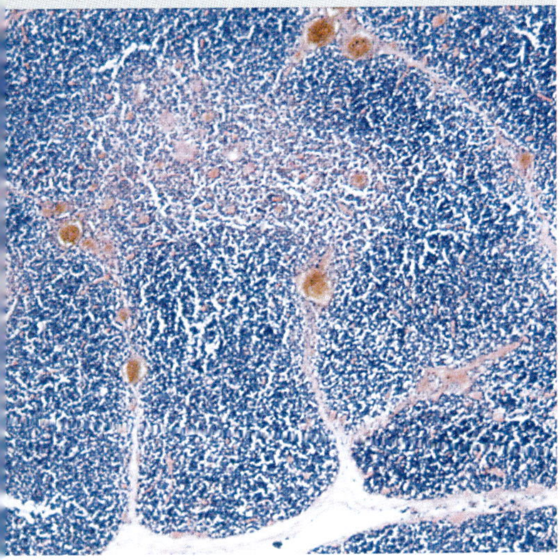

B **Ataxia teleangiectatica:** Stehunvermögen

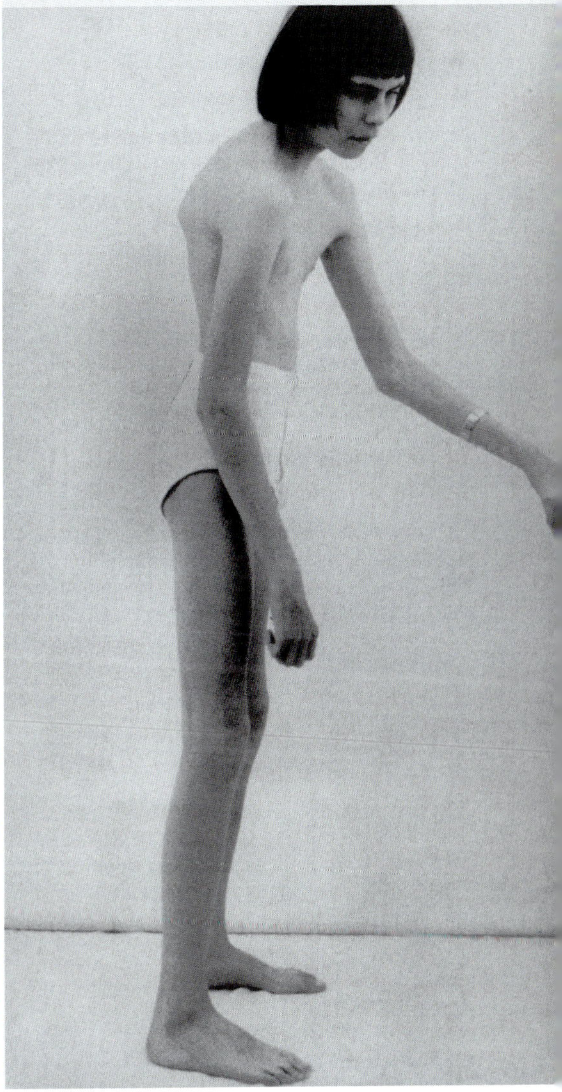

C **Thymus bei SCID**
25x

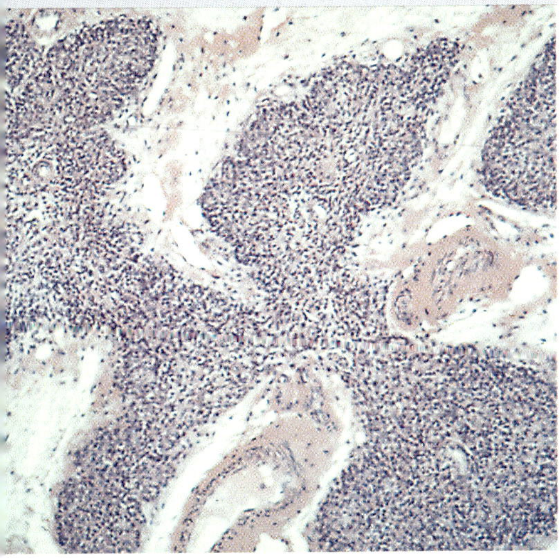

D **Immunozytom**
Gie, 150x

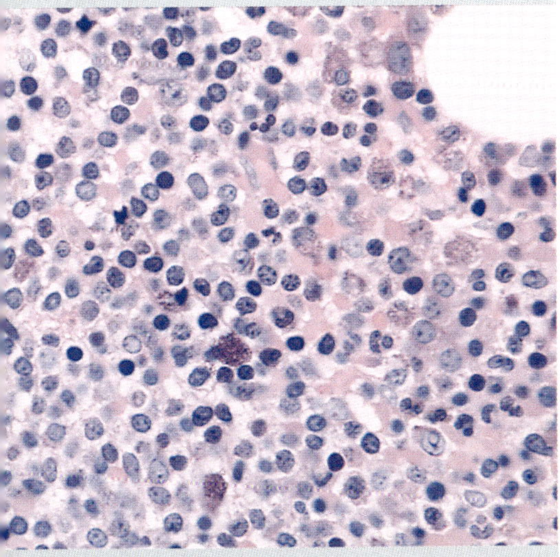

E **Immunozytom** (κ-Schwerketten)
IH, 200x

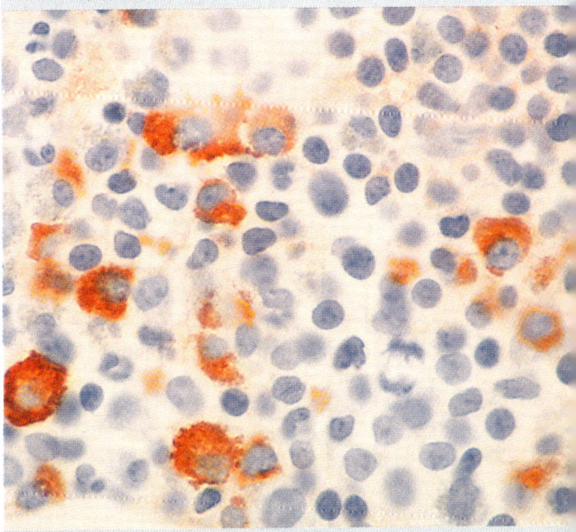

Erworbenes IDS (= AIDS)

Synonym: **a**cquired **i**mmuno**d**eficiency **s**yndrome

Musterkrankheit für erworbenen T-Zell-Defekt

Definition: Häufiges, viral induziertes, sekundäres IDS, charakterisiert durch einen Defekt der zellulären Immunität.

Pathogenese (S. 244).

AIDS-
Folgekrankheiten

- HIV-Lymphadenopathie,
- Kaposi-Sarkom,
- HIV-assoziierte Pneumopathie,
- HIV-Enzephalitis (HIV-Enzephalopathie).

HIV-Lymphadenopathie

Sie läuft in 3 Stadien ab (► A):

1: „Irreguläre Follikelhyperplasie“: Anfänglich werden im Lymphknoten die B-Zellen übermäßig „dauerstimuliert“ → gigantische Follikelhypertrophie. Mit der Zeit atrophieren die Mantelzonen um Follikel → nackte Keimzentren („Tulpenaspekt „der Follikel) → Lymphknotenvergrößerung (= HIV-Lymphadenopathie).

+ Klinik: Stadium der „generalisierten Lymphadenopathie“ (Lymphadenopathie-Syndrom).

2: „Progressive Follikeldestruktion“: Mit der Zeit bricht die Struktur der übergroßen Follikel auseinander → Viren leiern im Lymphknoten die Produktion von Angioneogenesefaktor an → Venolenwucherung → Destruktion der Riesenfollikel.

+ Klinik: Stadium des „AIDS-related complexes“ (= ARC).

3: „Follikelatrophie“: Die kortikale B-Zell- und die parakortikale T-Zell-Zone verschwinden (► B) → geschrumpfte Follikel werden durch plasmazellreiches Lymphozyteninfiltrat und Angioneogenese-bedingte Venolenproliferate ersetzt (► B1) → Lymphknoten werden follikelfrei und im höchsten Maße atrophisch → kompletter Immundefekt → Infektionen mit opportunistischen Keimen; daneben entstehen auch noch Non-Hodgkin-Lymphome (B-Zell-Typ) meist im Verdauungstrakt.

Kaposi-Sarkom

Dieser maligne Tumor (25 % der Fälle) ist Folge einer HIV- und synchronen HHV-8-Infektion (humanes Herpesvirus Typ 8). Das Kaposi-Sarkom stellt einen sarkomatösen, anfänglich lymphozytär infiltrierten, später spindelzelligen, CD34-exprimierenden Tumor dar, der aus gewucherten, Gefäßendothelien mit Bildung von Gefäßspalten (► C) besteht. Der Tumor bildet mehrere Herde zunächst in der Haut, später auch in den Lymphknoten und im Intestinaltrakt. Die Hautherde imponieren aufgrund von Stromablutungen bräunlich (► D).

HIV-assoziierte Pneumopathien

Recht häufig findet man bei AIDS eine oder mehrere der nachstehend aufgeführten Lungenläsionen:

- diffuses Alveolarschadensyndrom,
- chronisch-interstitielle Pneumonie,
- Pneumonie mit opportunistischem Erreger (v. a. Pneumozystis carinii; S. 278),
- Hyperplasie des bronchus-assoziierten lymphatischen Gewebes.

HIV-Enzephalitis

Sie ist erkennbar an lockeren lymphozytären Infiltraten in der Leptomeninx und Marksubstanz mit multiplen Zellknötchen (► F1) aus Mikro-/Makroglia sowie aus Lympho-/Histiozyten. Typisch: einzelne oder gruppenförmige (z. T. mehrkernige) Makrophagen mit Expression des viralen p21-Proteins (► F2) v. a. im Marklager des Großhirns. Kommen außerdem noch Marksubstanzschäden im Großhirn hinzu (► E), wird dies als HIV-Enzephalopathie bezeichnet.

! Merke: *AIDS related complexes:* Nachtschweiß, Fieberschübe, Diarrhöen ohne Erregernachweis, Gewichtsverlust, Anämie, Leuko-, Thrombopenie, Helferzellmangel.

! Merke: AIDS-assoziierte opportunistische Keime:

- Toxoplasma gondii → Toxoplasmose;
- Kryptosporidien → Kryptosporidiose;
- Pneumocystis carinii → Pneumonien;
- Candida albicans (Aerodigestivtrakt);
- Kryptokokken → Kryptokokkose;
- Mykobakterium tuberculosis;
- Mykobakterium avium (intracellulare);
- Herpes-simplex Viren (v. a. Typ 2);
- Zytomegalovirus;
- Papova-Viren (Warzen, orale Haarleukoplakie = hairy leukoplakia);
- Hepatitisviren (HBV, HCV).

! Merke: *HIV-Enzephalitis* = „Makrophagen-Enzephalitis“.

A **Schema:** AIDS-Lymphadenopathie

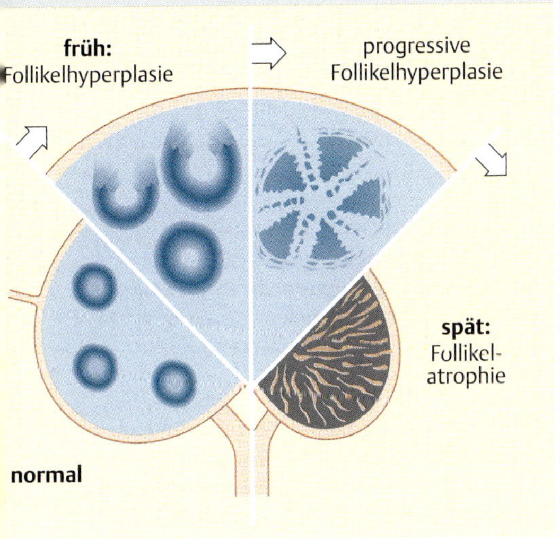

B **AIDS:** Follikelatrophie
50x

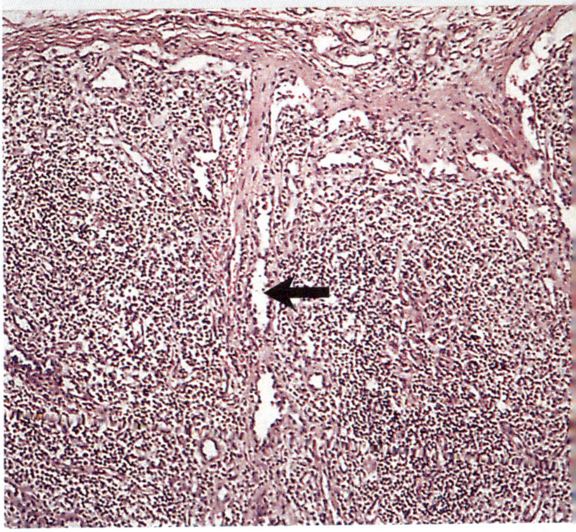

C **Kaposi-Sarkom**
75x

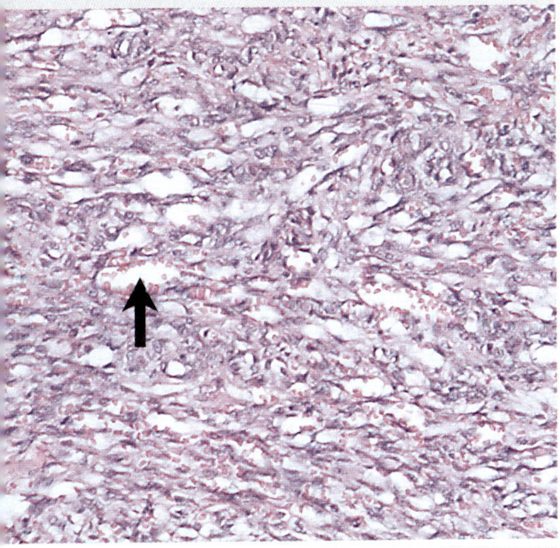

D **Kaposi-Sarkom**

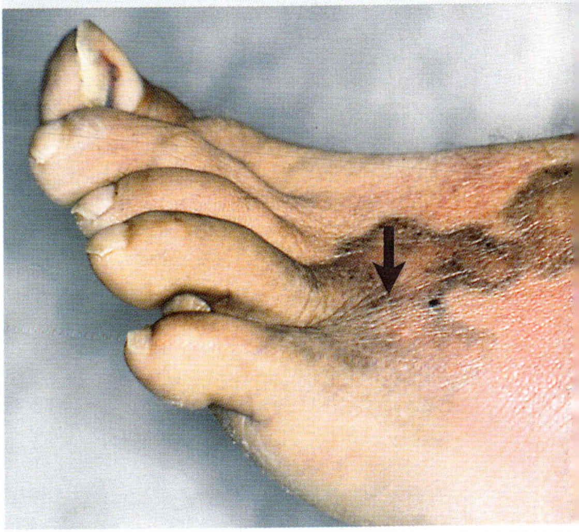

E **HIV-Enzephalitis**

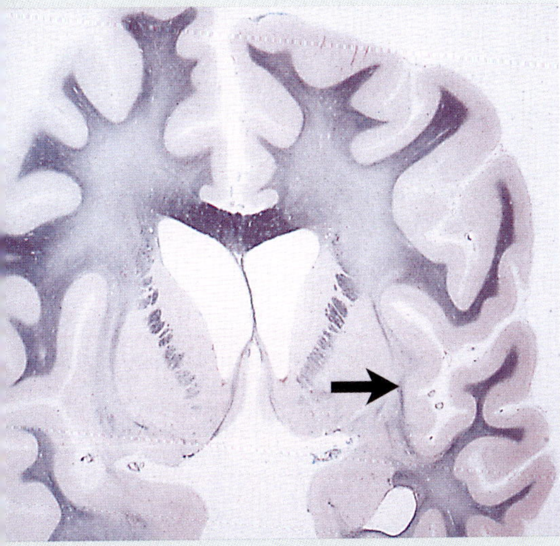

F **HIV-Enzephalitis** (p21)
IH, 400x

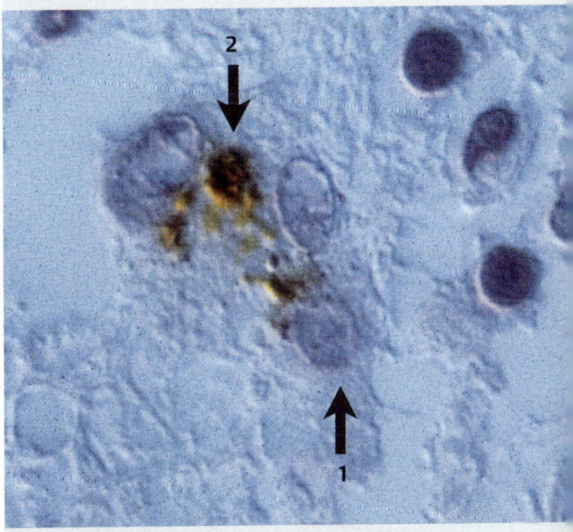

13 Gefäße und Zellen als Abwehrwaffe
Entzündungspathologie

Zusammenfassung

Eine Entzündung ist ein unter Einbindung des Immunsystems ablaufender Abwehrprozeß des Organismus, ohne den dieser seine Individualität gegenüber Fremd-(Mikro-)organismen verlieren würde. Grundsätzlich unterscheidet man folgende Entzündungsformen:

▶ **Akute exsudative Entzündungsreaktion:** Ihr pathobiologischer „Sinn" besteht darin, durch lokale Steigerung der Gefäßpermeabilität so viel Flüssigkeit „auszuschwitzen" (Exsudation), daß die auslösende Noxe am Entzündungsort verdünnt wird. Die weitere Noxenausbreitung im Gewebe wird durch Verlangsamung des Blutstroms aufgehalten. Die gezielte Noxenbeseitigung unterliegt den ins Entzündungsgebiet beorderten Leukozyten. Die akuten Entzündungsformen werden nach dem dominierenden Exsudatbestandteil untergliedert.

Heilt eine akute Entzündung nicht aus, so geht sie entweder in eine chronische Entzündung über oder kompliziert das primäre Krankheitsgeschehen durch immunologisch ausgelöste Zweitkrankheiten.

▶ **Chronisch granulierende Entzündungen** sind durch die Ausbildung eines kapillarreichen Mesenchyms in Form des „Granulationsgewebes" charakterisiert. Seinem Resorptionspotential ist die Chance zu einer Defektheilung zuzuschreiben.

▶ **Chronisch granulomatöse Entzündungen** gehen mit der knötchenförmigen Zusammenlagerung von Entzündungszellen (= Granulom) einher, die im Prinzip darauf beruht, daß nicht auf Anhieb zerstörbare Schadstoffe von makrophagozytären „Sonderkommandos" umstellt werden. Den „Einsatzbefehl" erhalten diese „Kommandos" vom perigranulomatösen Lymphozytenring.

Entzündungsdefinition

Abwehrvorgang des lebenden Organismus gegen lokale Gewebeschädigung in Form einer komplexen Reaktion der Blutgefäße, bestimmter Blutplasmabestandteile und Blutzellen sowie zellulärer und struktureller Bestandteile des Bindegewebes. Entzündungsbezeichnung: durch Endung „**-itis**"

Entzündungsätiologie

Eine Entzündung kann durch folgende Mechanismen ausgelöst werden:

- physikalische Noxen (S. 146ff),
- chemische Noxen (S. 140ff),
- angestaute Stoffwechselprodukte,
- immunologische Gewebeschädigung,
- infektiöse Gewebeschädigung,
- nekrotischer Gewebeuntergang.

Entzündungsausbreitung

Lokale Entzündungen: Diese Entzündungen sind auf einen umschriebenen Gewebebezirk in der Nähe ihrer Eintrittspforte beschränkt. Die Ausbreitung einer lokalen Entzündung wird durch Organkapseln und Bindegewebssepten gewissermaßen gesteuert und erfolgt

- *hämatogen* über die Blutgefäße;
- *lymphogen* über Lymphspalten, -gefäße;
- *neurogen* über den Axonfluß in den Nerven (vgl. Tollwut, S. 244);
- *duktogen* (= kanalikulär) über ableitende Gangsysteme (Ductus, Ductuli, Tubuli) von Organen → aufsteigende Entzündung (= aszendierende Entzündung);
- *direkt übergreifend* (= per contiguitatem).

Metastatische Entzündungen: Entzündungsreaktion greift um sich und breitet sich oft vom lokalen Entzündungsherd aus → Verschleppung der Entzündungserreger in andere Organe und Gewebe (= „Metastasierung"), dort kann der Erreger eine Tochterentzündung auslösen (= Septikopyämie; S. 222).

Generalisierte Infektion: In diesem Fall breitet sich der pathogene Keim diffus im gesamten Organismus aus.

Entzündungssymptome

Eine Entzündung ruft lokal klinische und morphologische Veränderungen hervor (▶ A):

- ***Tumor*** = entzündliche Gewebeschwellung,
- ***Rubor*** = entzündlich-hyperämische Geweberötung,
- ***Calor*** = entzündliche Gewebeüberwärmung,
- ***Dolor*** = Schmerz im Entzündungsareal,
- ***Functio laesa*** = Funktionsstörung des entzündlich lädierten Organs/Gewebes.

! **Merke:** *Entzündungsbezeichnung:* durch Endung **„-itis"**.

! **Merke:** *Entzündliche „Geschwulst":* Sie ist im Gegensatz zum echten Tumor immer (druck-) schmerzhaft.

Die 5 Kardinalsymptome einer Entzündung (▶ A) sind auf die Reaktion des gefäßführenden Mesenchyms und der Blutzellen zurückzuführen. Sie machen in ihrer Gesamtheit die nachstehend besprochene akute exsudative Entzündungsreaktion aus.

A Kardinalsymptome der Entzündung

Calor	Rubor	Tumor	Dolor	Functio laesa
Überwärmung Fieber	Hyperämie	Gewebsschwellung (=Geschwulst)	(brennender) Schmerz	Funktionsstörung (Schonhaltung)

Exsudative Entzündungsreaktion

Definition: Reaktionsmuster der akuten Entzündung, charakterisiert durch das Ausschwitzen von Blutbestandteilen.

Biologischer „Sinn": Er ergibt sich aus dem Zusammenspiel folgenden Quartetts:
- *Durchblutungssteigerung* durch Hyperämie → rasch wegschaffen;
- *Ausschwitzen* von „Blutsaft" durch Exsudation → rasch verdünnen;
- *Schädlingsvertilgung* durch Phagozytose → rasch abbauen;
- *Abriegeln* durch zelluläre „Kampftruppe" (= Einmarsch von Entzündungszellen) → rasch demarkieren.

Die akute exsudative Entzündungsreaktion besteht aus folgenden formalpathogenetischen Elementen:

- Mikrozirkulationsstörung,
- Permeabilitätsstörung,
- Leukozytentransmigration.

Mikrozirkulationsstörung

Orthologie: Die terminale Blutstrombahn liegt zwischen den terminalen Arteriolen und den postkapillären Venolen und umfaßt das Kapillarnetz sowie ein Kurzschlußgefäß zwischen Arteriole und Venole. Der Blutdurchfluß in der terminalen Strombahn wird dem jeweiligen Bedarf angepaßt. Im Normalfall wird der Hauptblutstrom durch die Kurzschlußgefäße geleitet, nachdem die präkapillären Sphinkter verschlossen sind. Die Kapillaren werden nur intermittierend durchströmt. Ferner besteht im Bereich der Arteriolen und Venolen ein fortwährender Wechsel zwischen Vasokonstriktion und -dilatation. Durch diese Drosselmechanismen werden der Blutdurchfluß, der Filtrationsdruck und damit die Transsudation (= Abpressung) löslicher Substanzen ins umliegende Gewebe beeinflußt.

An der Regulation dieser Vorgänge sind zahlreiche humorale Faktoren und chemische Substanzen beteiligt (S. 202). Durch ihr Zusammenwirken erfährt die Endstrombahn bei der Entzündung folgende triphasische Veränderung:

1. Phase der Mikrozirkulationsstörung: Sie besteht in einer kurzdauernden (Sekunden bis wenige Minuten), vorübergehenden Arteriolenkonstriktion (► A), die sich nicht bei jeder Entzündungsreaktion feststellen läßt.

Bildhaftes Szenarium: „Noxe *kommt* ins Gewebe" → „Wasserhahn" zudrehen (= Arteriolenkonstriktion) → keine Noxenausbreitung.
Resultat: kurzfristige Abblassung des Entzündungsherds.

2. Phase der Mikrozirkulationsstörung: Sie setzt wenige Minuten nach der ersten Phase ein und führt unter dem Einfluß von Entzündungsmediatoren zu einer Vasodilatation der Arteriolen, Kapillaren und postkapillären Venolen → Ausschwitzen von Blutflüssigkeit → entzündliche Gewebeschwellung (► B) mit Stimulation der nozizeptiven Nerven (= „Schmerznerven").

Bildhaftes Szenarium: „Noxe *ist* im Gewebe" → alle „Wasserhähne" aufdrehen (= Dilatation von Arteriolen, Kapillaren und Venolen) → gründliche Noxen-Ausschwemmung.
Resultat: Rötung, Schwellung, Schmerz im Entzündungsgebiet.

3. Phase der Mikrozirkulationsstörung: Sie beginnt mehrere Stunden nach Entzündungsbeginn und dauert mehrere Stunden. Sie wird durch Vasodilatation der Kapillaren und Arteriolen verursacht und von einer Konstriktion der kleinen Venen begleitet → Strömungsverlangsamung, Filtrationsdruckerhöhung und Permeabilitätssteigerung im Entzündungsgebiet (► C).

Die pathogenetische Kettenreaktion auf die mikrozirkulatorische Strömungsverlangsamung besteht aus folgenden Ereignissen:
- ***Gefäßabdichtung:*** Geldrollenartige Anordnung und Aggregation der Erythrozyten → Umwandlung der Erythrozytenaggregate zu lichtmikroskopisch homogenen zylinderförmigen Gefäßausgüssen in Form sog. Erythrozytenzylinder (= roter „sludge") → Schädigung der Endothelien → Endothelien werden benetzbar → Verklumpung von Blutplättchen (= Thrombozytenaggregation) → Blutgerinnselbildung (= Thrombenbildung) → Abdichtung der von Leckage bedrohten Gefäße im Entzündungsgebiet.
- ***Leukozytenemigration:*** Leukozyten wandern aus der terminalen Strombahn aus und ins Entzündungsgebiet ein.

Bildhaftes Szenarium: „Noxe *bleibt* im Gewebe" → alle „Wasserhähne" zudrehen und abdichten (= Venolenkonstriktion, Mikrothrombosierung).
Resultat: Abriegeln des durch die Noxe bedingten „Flurschadens" → Terrainvorbereitung für den Einmarsch der „leukozytären Einsatztruppe".

A **Mikrozirkulationsstörung:** 1. Phase

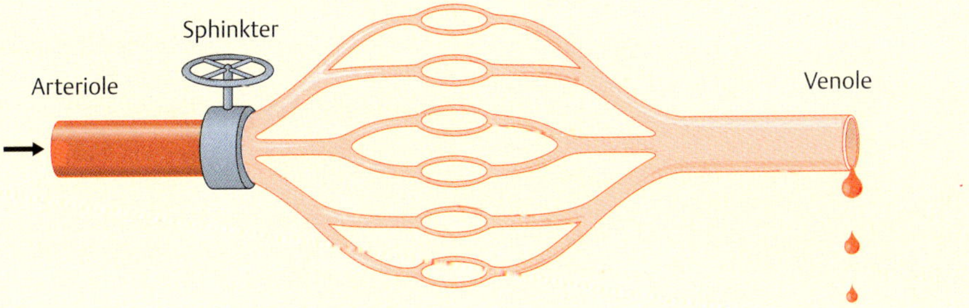

B **Mikrozirkulationsstörung:** 2. Phase

C **Mikrozirkulationsstörung:** 3. Phase

Permeabilitätsstörung

Abkürzung: HR = Hypersensitivitätsreaktion

Biologischer „Sinn" der Exsudation bei der entzündlichen Reaktion: Er ergibt sich aus dem Zusammenspiel folgenden Trios:

- ***Schadstoffverdünnung:*** Die entzündliche Schädlichkeit wird durch das eiweißreiche Exsudat lokal verdünnt.
- ***Schadstoffausschaltung:*** Schadstoffe werden durch rasches Herbeischaffen von „Gegengiften" wie AK neutralisiert.
- ***Schadstoffixation*** und Schadensbegrenzung: Durch das im Gewebe geronnene Fibrin wird der entzündliche Schaden abgegrenzt (= demarkiert) und die Erreger daran fixiert.

> **!**
> **Merke:** *Zusammensetzung des Exsudats:*
> - Wasser,
> - Fibrinogene und andere Gerinnungseiweiße,
> - Immunglobuline,
> - Komplementfaktoren, -spaltprodukte,
> - Makro- und Mikroglobuline.

Pathogenetisches Prinzip: Die Permeabilitätssteigerung im Rahmen des Entzündungsgeschehens betrifft vorwiegend die Kapillaren und postkapillären Venolen und hier wiederum v. a. den Stoffaustritt zwischen den Endothelzellen hindurch (S. 424). Er wird durch bestimmte Steuerstoffe der Entzündung (= Entzündungsmediatoren, S. 202) über folgende Mechanismen reguliert (► A):

- ***Endothelzellkontraktion:*** Die Endothelzellen der postkapillären Venolen verfügen über ein aktinhaltiges Zytoskelett. Sie können sich unter dem Einfluß der meisten Entzündungsmediatoren kontrahieren → Porenöffnung im Kapillarrohr (► A1).
  Resultat: geregelter, mäßiger Flüßigkeitsaustritt.
- ***Endothelnekrosen:*** Die entzündungsauslösende Noxe schädigt die Endothelien → Endothelschwellung (► A2) → später: irreversible Endothelschädigung in Form einer Nekrose (► A3): Lochbildung im Kapillarrohr.
  Resultat: **un**geregelter, **un**mäßiger Flüssigkeitsaustritt.

Zu diesen zellulären Faktoren der Permeabilitätsstörungen kommt noch ein hämodynamischer Faktor (S. 424) hinzu; er besteht in einer lokalen Erhöhung des intravaskulären Drucks mit konsekutiver Abpressung von Blutflüssigkeit in Form eines entzündlichen Exsudats.

Als Folge der geschilderten Permeabilitätsstörung gelangen Blutserum und/oder Plasmabestandteile ins Gewebe (= Exsudation).
Resultat: entzündliche Gewebeschwellung (= entzündlicher „Tumor").

Je nach Entzündungsart läuft die Permeabilitätsstörung nach folgenden 3 Mustern ab:

Sofort vorübergehender Typ

Vorkommen: geringe UV-Exposition (Sonnenerythem), Typ-I-HR.

Dieses Permeabilitätsmuster hält nur kurze Zeit an, dauert höchstens 1 Stunde (► B1) und spielt sich im Bereich der postkapillären Venolen ab. Es wird vorwiegend durch zellvermittelte Entzündungsmediatoren (► C) reguliert, die wie Histamin (S. 202) bereits in aktiver Form in den mobilen Bindegewebszellen wie Mastzellen (S. 200) und basophilen Granulozyten vorhanden sind und nach ihrer Freisetzung sofort wirksam werden.

Resultat: Endothelkontraktion (► A1).

Verzögert anhaltender Typ

Vorkommen: Sonnenbrand, Typ-IV-HR.

Dieses Permeabilitätsmuster tritt erst nach mehreren Stunden ein und hält stundenlang an (► B2). Es spielt sich vorwiegend im Bereich der Kapillaren und Venolen ab und wird durch serogene Mediatoren (S. 202) gesteuert (► C); dabei kommt es zu folgender pathogenetischer Kettenreaktion: Aktivierung der Komplementkaskade (S. 162) → Generierung von Arachidonatabkömmlingen (S. 202).

Resultat: Kontraktion und später auch Schädigung der Endothelien (► A2).

Sofort anhaltender Typ

Vorkommen: Trauma (Rißquetschwunde), Verbrennung (S. 146), Verätzung.

Dieses Permeabilitätsmuster tritt ohne Vermittlung durch Entzündungsmediatoren (► C) innerhalb weniger Minuten nach massiver Gewebeschädigung ein (► B3). Es spielt sich an den Endothelzellen der Endstrombahn (Kapillaren und Venolen) ab und dauert mehrere Tage an.

Resultat: Endothel- (und Gefäß-)nekrose (► A3) mit einer Leckage. (Später: Abdichtung des Lecks durch intravitale Blutgerinnsel und Endothelwucherung.)

A Endothelschäden bei den Permeabilitätsstörungen

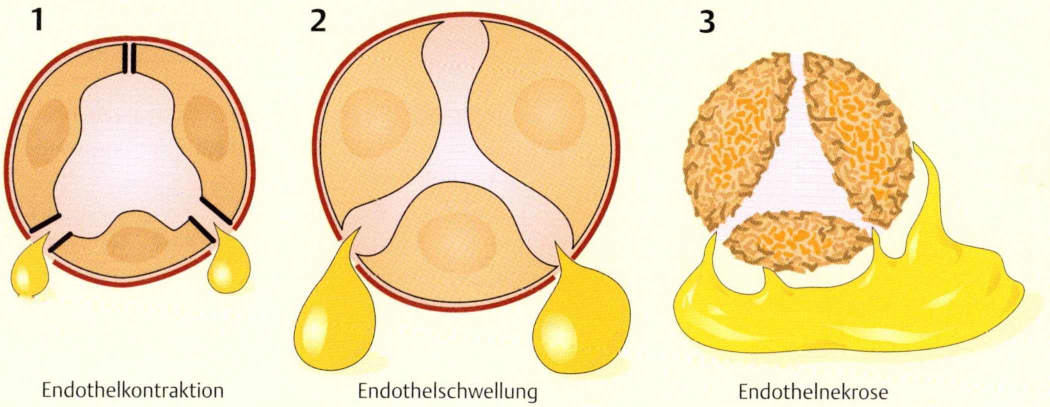

B Typen der Permeabilitätsstörung

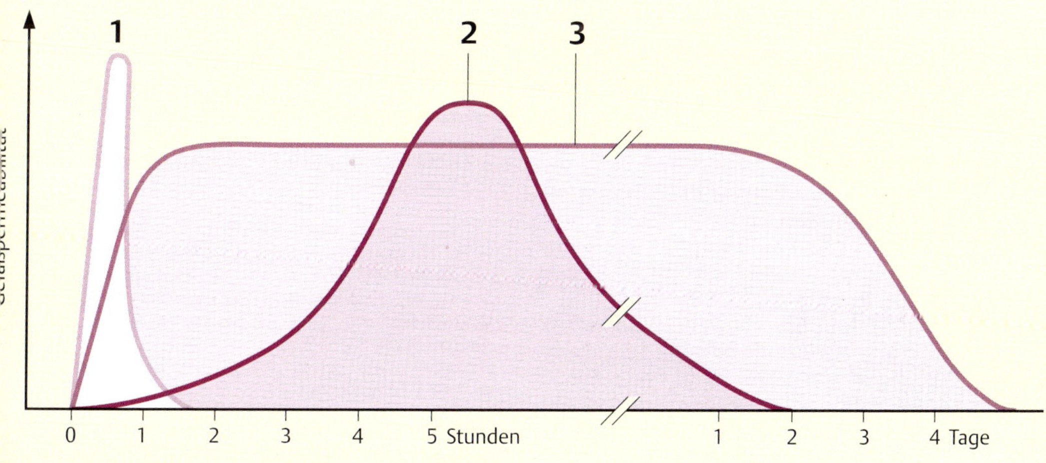

C Auslösemediatoren der Permeabilitätsstörungen

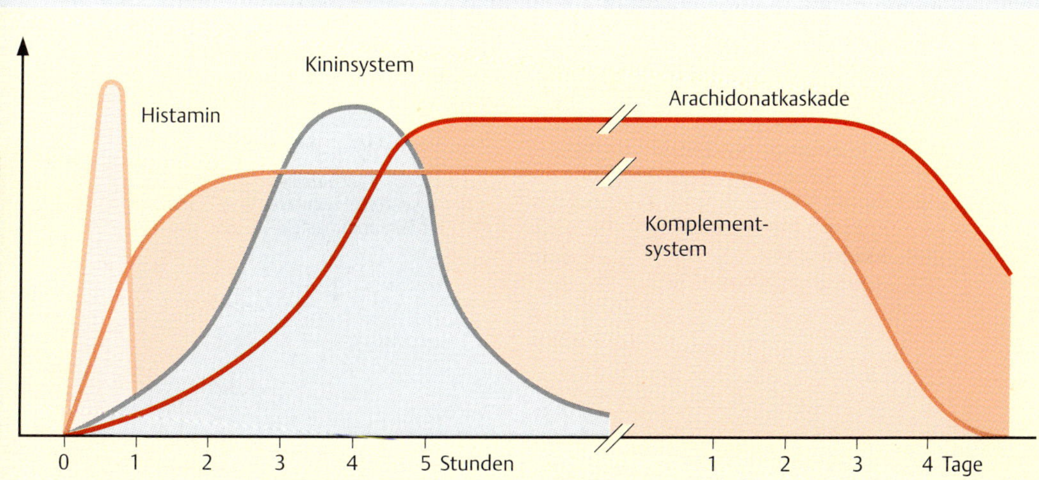

Leukozytentransmigration

Biologischer „Sinn“: Präzisierung der Entzündungsantwort vor Ort.
Pathogenetisches Prinzip: Zunächst zirkulieren die Leukozyten im Gefäßsystem. Sowie in einem Entzündungsgebiet Gewebszellen oder bereits vor Ort „stationierte“ Entzündungszellen durch Schädigung in Not geraten → Hilferufe in Form folgender Signalstoffe (= Chemokine):

- ***chemokinetische Stoffe*** = „Jockeys“: bringen den Leukozyten-„Hilfstrupp“ auf Trab;
- ***chemotaktische Stoffe*** = „Lotsen“: dirigieren den Leukozyten-„Hilfstrupp“ an ihren effektiven Wirkort.

Die zielgerichtete Einwanderung der Leukozyten ins Entzündungsgebiet (= Leukozytentransmigration) läuft in 3 Schritten ab:

- ***Leukozytenmarginalisation:*** Normalerweise liegen die kugeligen inaktiven Granulozyten vorwiegend im Axialstrom eines Gefäßes. 5–15 Minuten nach Entzündungsbeginn (2. Phase der Mikrozirkulationsstörung) → Generierung von Entzündungsmediatoren (TNF-α, C5a) → Endothelien des Entzündungsgebiets exprimieren „locker haftende“ Adhäsionsmoleküle (L-Selectin) → Granulozyten werden aktiviert, bleiben etwas daran kleben, werden aber durch verstärkte Durchblutung in dieser Phase immer wieder vom Endothel losgerissen → dadurch torkeln Granulozyten wie Steine im Bachbett über die Endotheloberfläche hinweg (► A; B).
- ***Leukozytenadhäsion:*** 30 Minuten später: Aktivierte Granulozyten nehmen Spiegeleigestalt an (► C; D) → sie stimulieren die Endothelzellen → diese exprimieren auf ihrer Oberfläche „festhaftende“ Adhäsionsmoleküle (E-Selectin) → die Granulozyten kleben auf der Endotheloberfläche fest.
- ***Leukozytentransmigration:*** Aktivierte Granulozyten bewirken im Entzündungsgebiet eine fokale Endothelkontraktion (► E) → Lückenbildung → Granulozyten kriechen amöboid hindurch → danach lösen sie proteolytisch die subendotheliale Basalmembran auf → Granulozyten wandern in den Extrazellulärraum des Entzündungsfeldes ein (► F) und auf die Chemokinquelle zu. Sind sie im Entzündungsherd angelangt, so werden sie durch bestimmte Stoffe (= Migrationshemmfaktoren) daran gehindert, sich wieder „wegzuschleichen“.

> **!** **Merke:** *Zeitplan der Leukozytenmigration:*
> - frühe Entzündungsphase: v. a. Neutrophile,
> - späte Entzündungsphase: zusätzlich Makrophagen und Lymphozyten (mononukleäre Zellen).

Biologische Rolle der „Entzündungszellen“:

Endothelzellen (= proinflammatorische Zellen) generieren folgende Stoffe:

- Selektine → Lympho-, Granulozytenadhäsion;
- Gerinnungsfaktor XII-Aktivator → Aktivierung der Komplement- und Kininkaskade (S. 202) → Permeabilitätssteigerung.

Bildhafte Funktion: „Grenzwächter“.

Thrombozyten (= proinflammatorische Zellen) generieren folgende Stoffe:

- Entzündungsmediatoren (s. u.);
- Wachstumsfaktor für Fibroblasten, glatte Muskelzellen und Endothelien (= PDGF).

Bildhafte Funktion: „Deichwarte“ = zelluläres Gerinnungssystem → Plättchenthrombus.

Neutrophile generieren folgende Stoffe:

- Lysozym → unspezifische Keimabtötung;
- Gewebsabbauenzyme → „Müllbeseitigung“;
- NO-Synthase → NO → Peroxynitril → Bakterizidie;
- NADPH-Oxidasesystem → O_2-Metabolite mittels Myeloperoxidase → HOCl → Bakterizidie (S. 26).

Bildhafte Funktion: „Mikro-Phagen.“

Makrophagen generieren folgende Stoffe:

- Gewebsabbauenzyme → „Müllbeseitigung“;
- NADPH-Oxidasesystem → O_2-Metabolite mittels Myeloperoxidase → HOCl → Bakterizidie;
- NO-Synthase → NO → Peroxynitril → Bakterizidie;
- Wachstumsfaktoren (MDGF) für Fibroblasten;
- Chemotaxisfaktoren → Neutrophilenanlockung;
- Aktivierungszytokine für Lympho-, Granulozyten;
- Arachidonatabkömmlinge (s. u.) → Entzündung.

Makrophagen sind langlebig und können sich im Entzündungsgebiet proliferativ vermehren.
Bildhafte Funktion: große „Freßzellen“, „AG-Präsentatoren“ für T-Lymphozyten.

Eosinophile sind in bakteriell besiedelter Mukosa angereichert und reagieren rezeptorvermittelt mit IgG, IgA, Komplementfaktoren und PAF (s. u.). Sie generieren zytotoxische und mikrobizide O_2-Metabolite. Granulainhalt: Parasitenvernichtungsmittel.
Bildhafte Funktion: „Mastzellvorarbeiter“, „Parasitenschreck“.

Mastzellen, Basophile enthalten in ihren Granula Heparin, Histamin (→ Permeabilitätssteigerung), Eosino- und Neutrophilenlockstoffe sowie Plättchenaggregatoren.
Bildhafte Funktion: „Wasserwerfer“.

Lymphozyten, Plasmazellen:
Biologische Rolle: zelluläres und humorales Immunsystem im Entzündungsfeld (S. 158, 160).

A Leukozytenmarginalisation

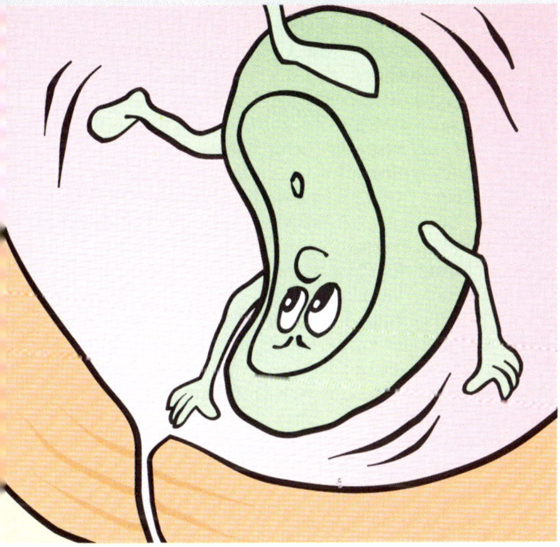

B Leukozytenmarginalisation
IV, 100x

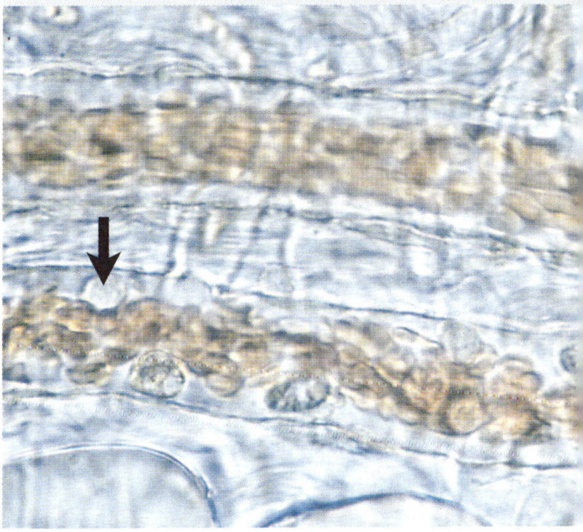

C Leukozytenadhäsion

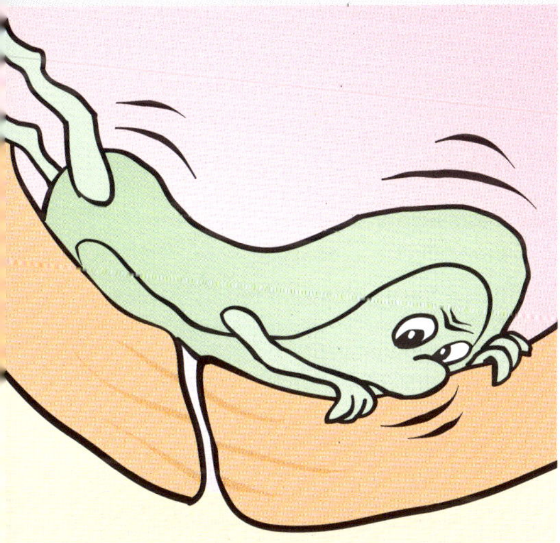

D Leukozytenadhäsion
100x

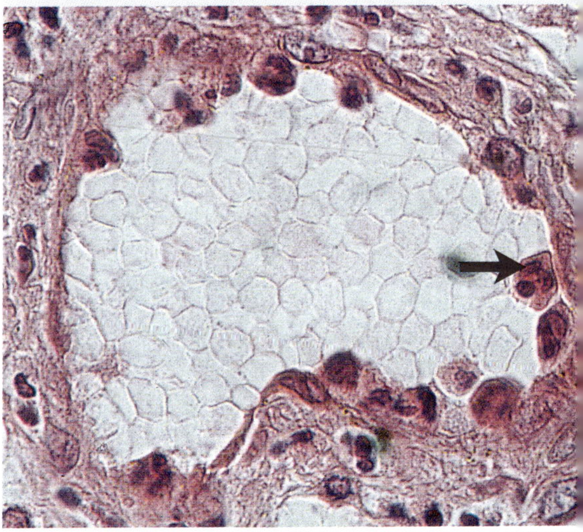

E Leukozytentransmigration

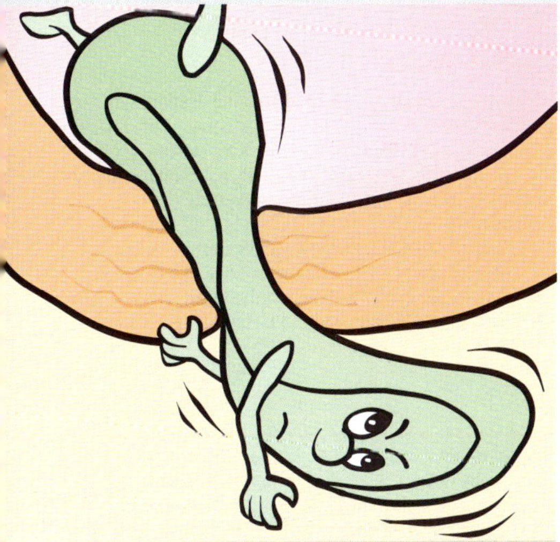

F Leukozytentransmigration
TEM, 5000x

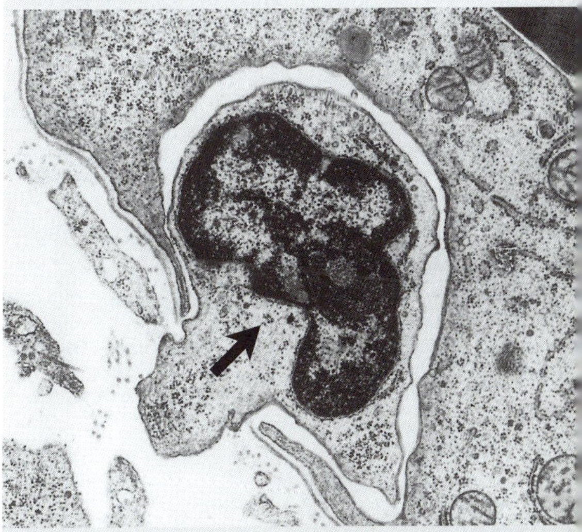

Entzündungsmediatoren

Allgemeine Definition: Chemisch definierte Stoffe, die bestimmte Vorgänge einer Entzündungsreaktion auslösen.

Bei komplikationslosem Entzündungsverlauf aktivieren sie sich z. T. über mehrere Stufen gegenseitig, so daß aus den einzelnen Schritten einer Entzündung eine biologisch sinnvolle Abwehrreaktion wird (► A). Sie können aus totem Gewebe (z. B. Kinine) stammen oder von lebendem Gewebe gebildet werden. Je nach Herkunftsmechanismus unterscheidet man folgende Mediatorklassen:
- nekrosevermittelte Mediatoren (s. Kinine),
- zellvermittelte Mediatoren,
- plasmavermittelte Mediatoren.

Zellvermittelte Mediatoren

Synonym: Immediatoren, direkte Mediatoren

Definition: Mediatoren, die in bestimmten Zellen gespeichert und von ihnen in aktivierter Form freigesetzt oder von Zellen ad hoc synthetisiert werden.

Histamin ist in Granula der Mastzellen und der Basophilen gespeichert. Es hat eine Schlüsselrolle bei allergischen Entzündungsformen. Histaminfreisetzung durch folgende Mechanismen:
- *AG-AK-Komplexe*, wobei die Zellen durch membrangebundene IgE-Moleküle schon vorsensibilisiert sein müssen;
- *direkte Zellschädigung* (auch im Rahmen der Komplementaktivierung).

Wirkspektrum:
- Kontraktion der glatten Muskulatur (Gefäße, Darm, Bronchiolen);
- Arteriolendilatation, später auch der Venolen →
- Permeabilitätssteigerung (sofort vorübergehend);
- Pruritus (= Juckreiz);
- Eosinophilenchemotaxis.

Serotonin stammt aus den enterochromaffinen Zellen des Dünndarms und aus Thrombozyten.
Wirkspektrum (histaminähnlich): → Steigerung der Gefäßpermeabilität.

Neutrophilenproteasen: Wirkspektrum:
- Zerstörung von Proteinen, Zellmembranen,
- proteolytische Aktivierung von Komplement-, Gerinnungs- und Kininkaskade (s. u.).

Interleukine (= IL = Lymphokine) steuern folgende Funktionen der Entzündungszellen:
- Zielzellzerstörung;
- Entzündungszellproliferation;
- Entzündungsmodulierung (IL-1, TNFα).

Interleukin-1 (IL-1) aus Makrophagen:
- Aktivierung der Arachidonatkaskade,
- Bildung von Plättchenaktivierungsfaktor (= PAF),
- Aktivierung des Kininsystems.

Tumornekrosefaktor (TNFα) aus Makrophagen → Granulozytenaktivierung. Folgen davon:
- Generierung von zytotoxisch-mikrobiziden O_2-, N_2-Verbindungen,
- Generierung von Prostaglandinen und Leukotrienen.

Arachidonsäurederivate: Bei jeder Zellschädigung → Aktivierung der Phospholipase A_2 → Bildung hochungesättigter C-20-Fettsäuren wie Arachidonsäure. Diese wird über 2 verschiedene Wege metabolisiert:
- Lipoxygenaseweg → *Leukotriene* (= LT),
- Zyklooxygenaseweg (hemmbar durch nichtsteroidale Antiphlogistika) → *Prostaglandine* (in fast allen Zellen). In Kapillarendothelien und Gefäßwänden werden Prostazykline, in Thrombozyten Thromboxan gebildet.

Wirkspektrum der Prostaglandine:
- allgemeine Vasodilatation,
- Sensibilisierung von Schmerzrezeptoren,
- Erhöhung der Körpertemperatur (Fieber).

Wirkspektrum der Leukotriene:
- Chemotaktisch, -kinetisch für neutro- und eosinophile Granulozyten,
- Vasokonstriktion,
- Bronchokonstriktion.

Plättchenaktivierungsfaktor (= PAF): Phospholipase-A2-katalysiertes Phospholipid, das von Thrombo-, Granulozyten, Makrophagen und Endothelzellen gebildet wird.
Wirkspektrum:
- Gefäßpermeabilitätssteigerung,
- Plättchenaggregation,
- Bronchokonstriktion.

> ! **Merke:** *Nebenwirkung* der nichtsteroidalen Antiphlogistika:
> - peptisches Magenulkus,
> - Analgetika-Nephropathie (bei Abusus).

Plasmavermittelte Mediatoren

Synonym: Indirekte Mediatoren

Definition: Sie werden zum Teil als inaktive Vorstufen synthetisiert. Sie müssen vor ihrem Einsatz im Entzündungsprozeß enzymatisch aktiviert oder zu aktiven Komplexen zusammengesetzt werden.

Kininsystem (durch Nekrose aktiviert):
- *Kallikrein:* Es wird mit Hilfe des aktivierten Gerinnungsfaktors XII aus Präkallikrein gebildet.
- *Bradykinin:* Aktiviert durch Serinproteinasen.

Wirkspektrum des Kininsystems:
- Vasodilatation → Blutdruckabfall,
- Bronchokonstriktion, Darmspasmen,
- Permeabilitätssteigerung,
- Aktivierung der Schmerzrezeptoren.

Komplementsystem (S. 162):

C-reaktives Protein (= CRP): Wird von Hepatozyten als unspezifische Antwort des Organismus auf Entzündungsprozesse, Nekrosen und Krebsleiden gebildet (= Akutphasen-Reaktion). CRP ist molekular mit der Serumamyloid-P-Komponente verwandt.
Wirkspektrum:
- Aktivierung des Komplementsystems,
- Opsonierung → Erleichterung der Phagozytose,
- Aktivierung von Killer-Lymphozyten,
- Thromboxan-Bildung → Plättchenaggregation.

Im folgenden werden die akuten Entzündungsreaktionen nach Gewichtung der an ihrem Ablauf beteiligten Mechanismen abgehandelt.

A **Aktivierungskaskade der verschiedenen Entzündungsmediatoren**
(mit Beendigung der Mediatoraktivierung durch Rückkoppelungsmechanismus)

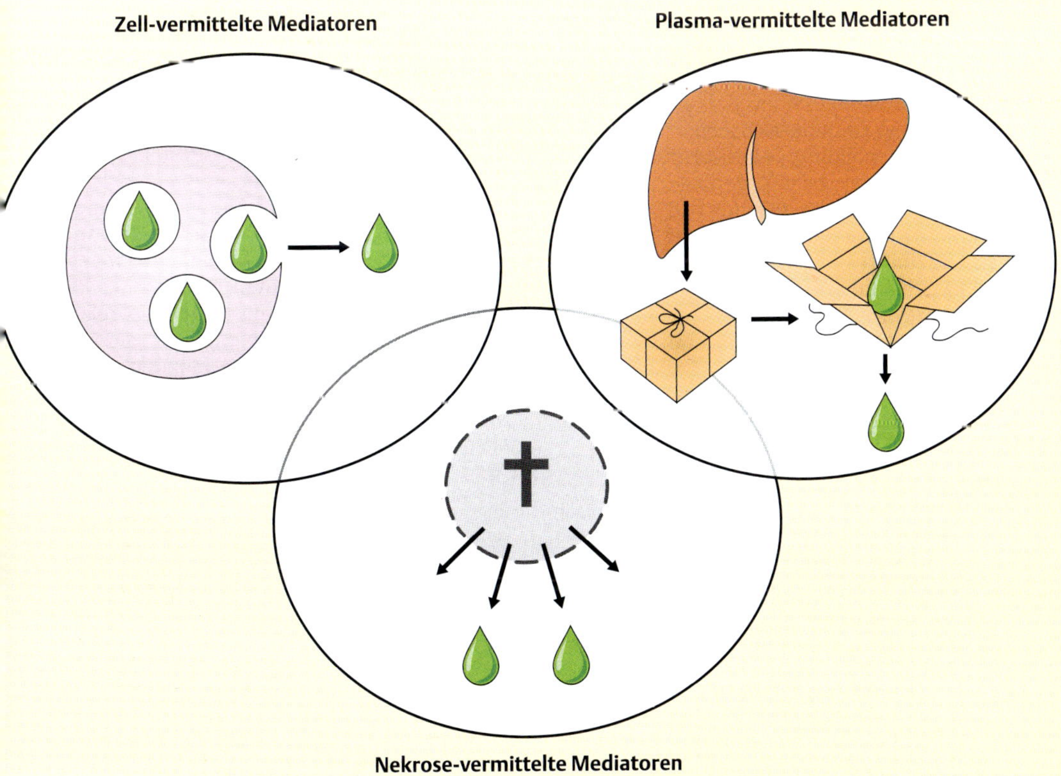

Akute exsudative Entzündungen

Allgemeine Definition: Akute Entzündungen, bei denen die Ausschwitzung (= Exsudation) von Blutflüssigkeit und das Austreten von Blutzellen das Entzündungsgebiet histologisch prägen.

Die akuten Entzündungen werden nach vorherrschender Exsudatkomponente wie folgt unterteilt:
- seröse Entzündung
- serös-schleimige Entzündung
- fibrinöse Entzündung
- fibrinös-eitrige Entzündung
- eitrige Entzündung
- hämorrhagische Entzündung

Seröse Entzündung

Definition: Akute Entzündung mit Exsudat aus fibrinfreiem Serum (► A).

Biologischer „Sinn": Sofortverdünnung der Noxe am Entzündungsort.

Ätiologische Faktoren:
- Überempfindlichkeitsreaktionen,
- bakterielle und virale Gewebeschäden,
- physikalisch-chemische Gewebeschäden.

Morphologie je nach Gewebe:
- *Serosa:* Rötung (Hyperämie) und entzündliche Schwellung (Exsudat) mit reichlich abgeschilferten Serosadeckzellen und wenigen Makrophagen im Exsudat. Exsudat hier = „Erguß".
- *Haut:* Rötung und Schwellung modifiziert je nach Epidermismitbeteiligung:
  - Quaddelbildung (= Urtikaria): bei reiner Exsudation seitens dermaler Kapillaren ohne Epidermisschaden.
  - Blasenbildung (= Vesikel, Bulla): bei Exsudation seitens dermaler Kapillaren mit Epidermisschaden → Epidermisabhebung. Exsudat hier = „Blaseninhalt".
- *Schleimhaut:* (Rötung und) Schwellung → Schleimhautödem → Stenosegefahr!
- *Parenchym:* Rötung und Schwellung mit schütterem Leukozyteninfiltrat → Dehnung der sensibel innervierten Organkapsel → Druckschmerzhaftigkeit des entzündeten Organs bei der palpatorischen Untersuchung. Exsudat hier = „Ödem".

Beispiele:
- *Erstes Durchgangsstadium* zu anderen Entzündungsformen, Kollateralentzündung um andersartigen Entzündungsherd.
- *Entzündungsform an serösen Häuten* wie Pleura, Perikard, Peritoneum und Gelenk.
- *Organentzündung* wie seröse Hepatitis, Nephritis (= akute interstitielle Nephritis), Myokarditis, Enzephalitis; seröse (exsudative Lungen-) Alveolitis → toxisches Lungenödem mit Exsudation ins Alveolarwandinterstitium → Alveolarwandverbreiterung (► C, D) → Diffusionsbehinderung (S. 40).
- *Vesikulöse Hautentzündungen.*
- *Seröse Schleimhautentzündungen* → akutes Glottis-, Larynxödem (► B) → Erstickungsgefahr!

Serös-schleimige Entzündung

Synonym: Serös-katarrhalische Entzündung

Definition: Akute Entzündung ausschließlich an respiratorischer und gastrointestinaler Schleimhautoberfläche mit Exsudat aus Serum und Schleim (► E). Exsudat hier = „wäßriger Schleim".

Ätiologische Faktoren:
- Überempfindlichkeitsreaktionen,
- bakterielle und virale Gewebeschäden,
- physikalisch-chemische Gewebeschäden.

Morphologie: Mukosa und Submukosa sind gerötet, angeschwollen und geringgradig lymphozytär infiltriert. Das Oberflächenepithel kann z.T. zugrunde gehen → Epithelabschilferung → dadurch sind dem schleimigen Exsudat Epithelien beigemengt.

Beispiele:
- Rhinitis katarrhalis (Schnupfen);
- akute katarrhalische Bronchitis;
- Enteritiden.

Assoziierte Krankheit

Rhinitis catarrhalis acuta

Synonym: Schnupfen engl. common cold

Musterkrankheit: häufigste, ansteckende Infektionskrankheit.

Definition: Viral ausgelöste, serös-katarrhalische Entzündung der Nasenschleimhaut in Form eines „Schnupfens".

Pathogenese und Morphologie: Tröpfcheninfektion durch Rhinoviren (S. 240) → Eindringen der Viren in Epithelien des oberen Respirationstrakts → Entzündungsauslösung mit Schleimhauthyperämie und seröser Exsudation → „verstopfte Nase" = Umfeldoptimierung für Virusvermehrung → zytopathischer Effekt der Viren (lytische Infektion) → Epithelnekrose → Virusfreisetzung. Entzündliche Reizung der Schleimdrüsen sowie Becherzellhyperplasie (► F) → Schleimhypersekretion → „die Nase läuft" (= serös-katarrhalische Entzündung) → Auslösung des Niesreflexes → Niesen → Ausschleudern der Erreger samt Exsudat → Tröpfcheninfektion → Erregerverbreitung.

! **Merke:** *Schnupfenkomplikation:* Bakterielle Superinfektion mit Übergang in eitrig-katarrhalische Entzündung (gelb-grüner Nasenschleim) wegen Epitheldefekt.

A **Seröse Entzündung**

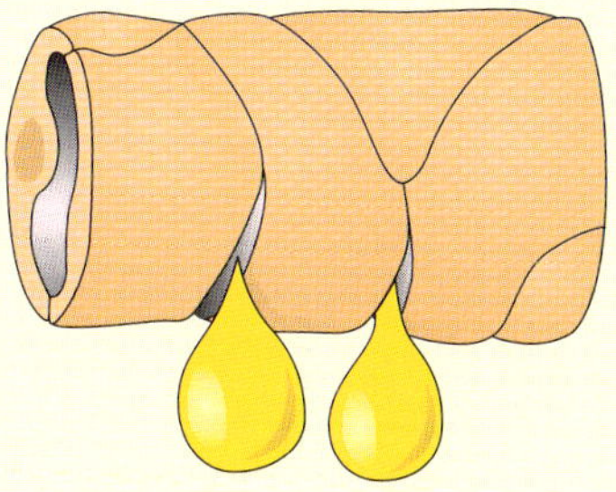

B **Akutes Larynxödem**

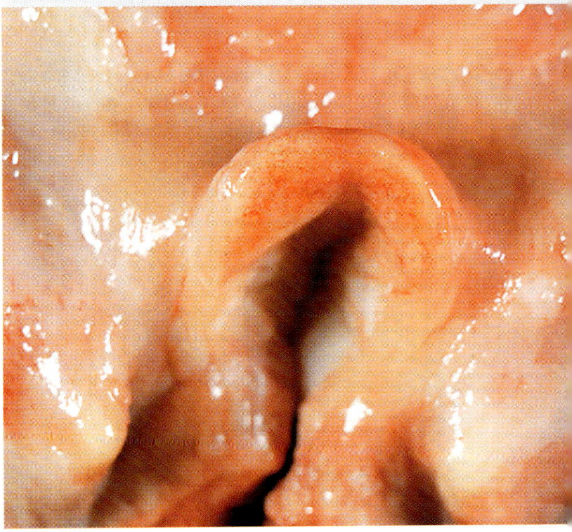

C **Normale Lunge**
FRö, 5x

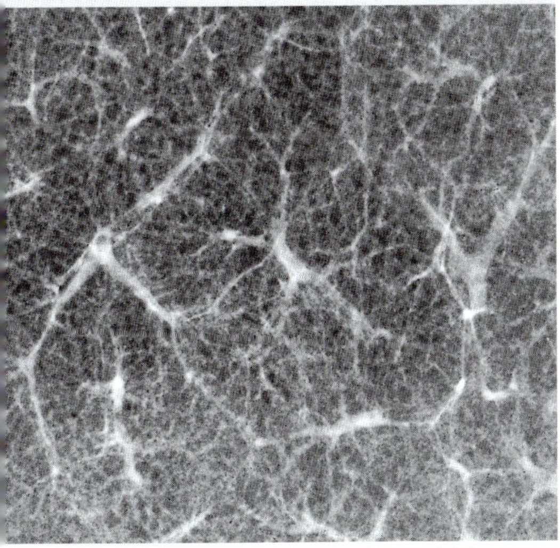

D **Seröse Alveolitis**
FRö, 5x

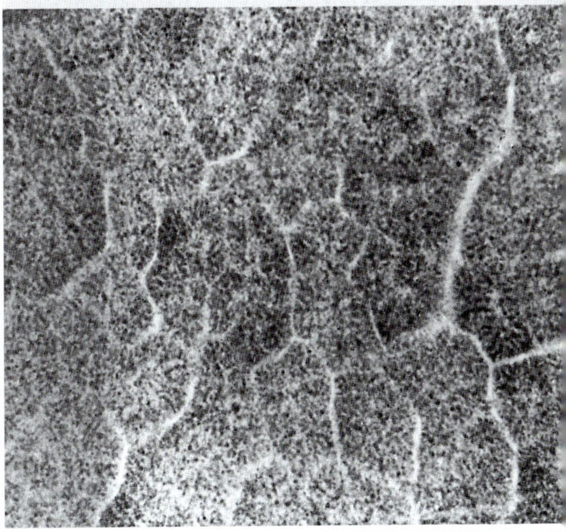

E **Serös-schleimige Entzündung**

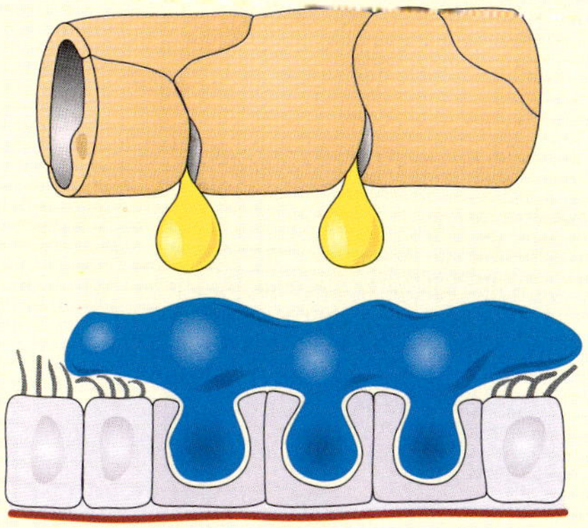

F **Katarrhalische Rhinitis**
150x

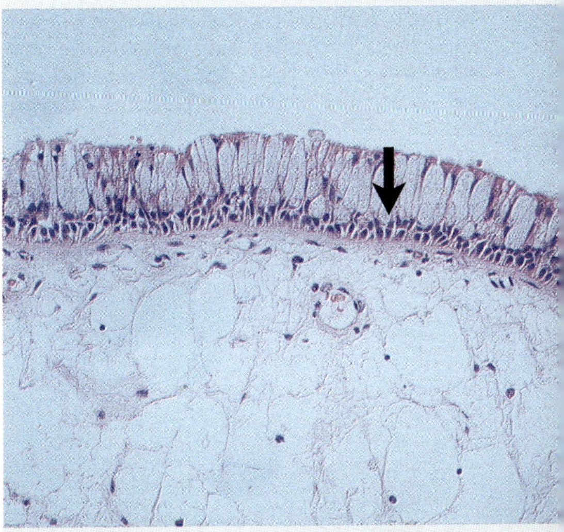

Fibrinöse Entzündung

Definition: Akute Entzündung mit Ausschwitzung von fibrinogenhaltigem Serum, das außerhalb der Gefäße zu Fibrin polymerisiert (► A, B). Exsudat hier = „fibrinogenhaltiges Serum".

Biologischer „Sinn": Notdürftige „Sofort-Barriere" gegen weitere Entzündungseinflüsse.

Ätiologische Faktoren:
- infektiös toxische Gewebeschäden,
- mechanisch-traumatische Gewebeschäden,
- chemisch-toxische Gewebeschäden,
- Ausscheidung toxischer Metabolite (Urämiegifte!),
- ischämische Gewebeschäden.

Fibrinöse Parenchym-Entzündung

Definition: Akute Entzündung mit Fibrinexsudation auf innere Oberflächen des Lungenparenchyms (= Lungenalveolen).

Pathogenese: Meist als Durchgangsstadium nach infektiös-toxischer (Lobärpneumonie) oder aktinischer Schädigung (Strahlenpneumonitis) der Lungenendstrombahn mit diffuser Fibrinausschwitzung an die Alveolenoberfläche (= kruppöse Entzündung).

Beispiele:
- *Lobärpneumonie* im Stadium der grauen Hepatisation (S. 210);
- *Strahlenpneumonitis.*

Fibrinöse Serosa-Entzündung

Definition: Akute fibrinöse Entzündungen der serösen Häute als Mitreaktion der Serosa bei anderweitigen Grundkrankheiten (Serositis) oder bei unter der Serosa ablaufenden Gewebeschädigungen (z. B. Infarkt).

Makroskopisch ist die Serosa (z. B. Pleura) bei geringer Fibrinauflagerung nur getrübt (► E) oder zeigt bei starker Fibrinexsudation zottenartige Auflagerungen von Fibrin (z. B. Zottenherz: ► C, D).

Mikroskopisch sind die Mesothelzellen im Bereich der Fibrinauflagerung größtenteils zerstört. Dem submesothelialen Bindegewebe liegt ein unterschiedlich dichter Fibrinfilz auf, der mit der Zeit homogenisiert wird (= homogenisiertes Fibrin; ► F). Später werden die Fibrinauflagerungen histiozytär resorbiert und in Narbengewebe umgewandelt → Verwachsung der Serosablätter (= Synkretion).

Assoziierte Krankheiten

Fibrinöse Pleuritis

Pathogenetischer Entzündungsreiz: Kapillarschädigung der Pleura durch:
- Urämiegifte,
- direkte viral-bakterielle Pleuraentzündung,
- indirekt durch fortgeleitete Entzündung des Lungenparenchyms (= Pneumonie).

Morphologie: Flächenhaft ausgeschwitztes Fibrinnetz (► E) v. a. auf dem viszeralen Pleurablatt.

+ Klinik: *Auskultatorisch:* Pleurareiben (= Lederknarren). Schmerzhafte Atemexkursion. *Spätfolge:* Pleuraverwachsung → Lungenfesselung → Dyspnoe.

Fibrinöse Perikarditis

Pathogenetischer Entzündungsreiz: Kapillarschädigung des Perikards durch:
- Urämiegifte,
- viral-bakterielle Entzündung,
- iatrogene Alteration (Herzchirurgie).

Morphologie: Flächenhaft ausgeschwitztes Fibrinnetz v. a. auf Epikard (► C, D). Spätfolge: Perikardverwachsung mit Epikard → Behinderung der Ventrikelkontraktion.

+ Klinik: *Auskultatorisch:* Perikardreiben (= Lederknarren). Thoraxschmerz, Herzvergrößerung.

Fibrinöse Peritonitis

Pathogenetischer Entzündungsreiz: Kapillarschädigung des Peritoneums durch:
- Urämiegifte,
- direkte mechanische (iatrogen) oder bakterielle Peritonealentzündung.

Morphologie: Flächenhaft ausgeschwitztes Fibrinnetz v. a. auf dem viszeralen Peritoneum. Spätfolge: Verwachsungen der Darmschlingen → Abklemmung der Darmschlingen → Stilllegung der Darmpassage → Darmlähmung = Ileus.

+ Klinik: *Perkutorisch:* Klopfschmerz. Spontaner Abdominalschmerz mit Schmerzlinderung in gekrümmter Seitenlage.

! Merke: *Membran / Pseudomembran:*
- *Membran* = physiologischerweise existierendes Gewebshäutchen.
- *Pseudomembran* = pathologischerweise auftretende häutchenartige Abdeckung eines Gewebedefekts (siehe: pseudomembranöse Entzündung S. 208).

A Fibrinöse Entzündung

B Fibrinöse Exsudation
300x

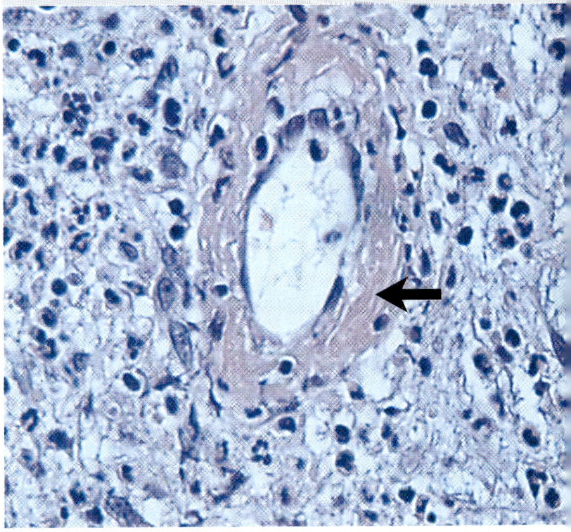

C Zottenherz

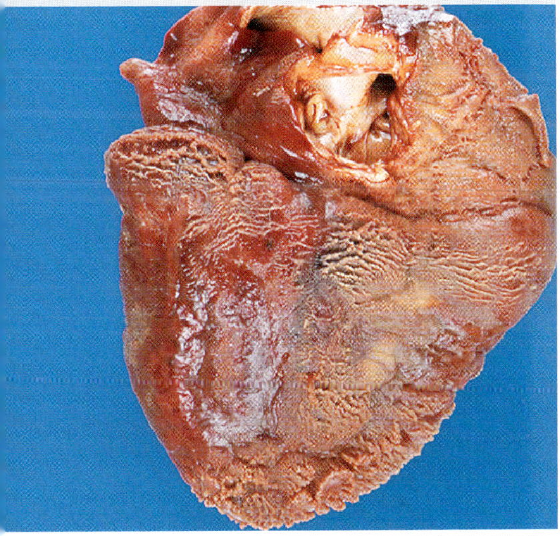

D Fibrinöse Perikarditis

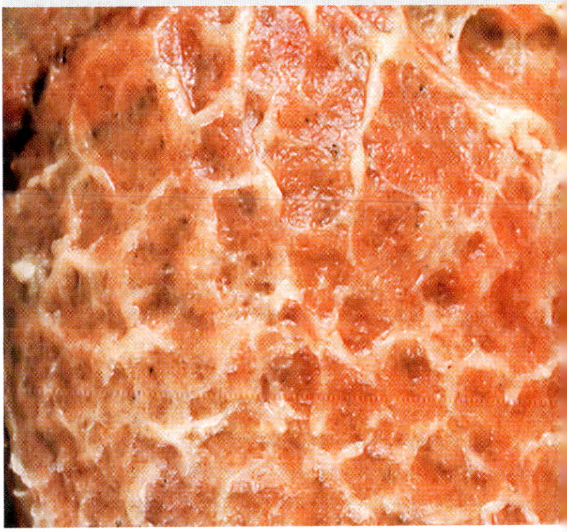

E Fibrinöse Pleuritis

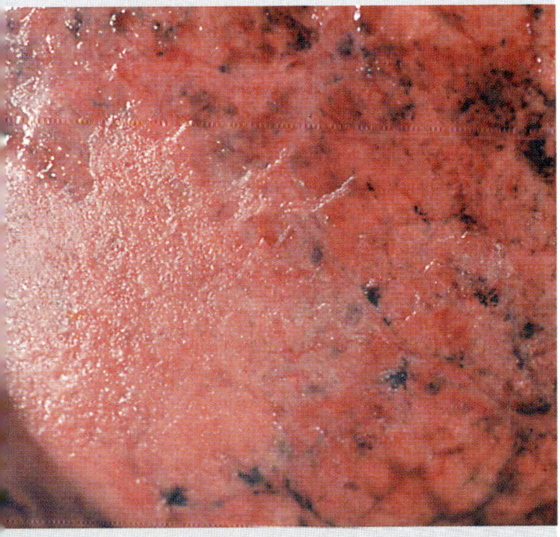

F Fibrinöse Pleuritis
200x

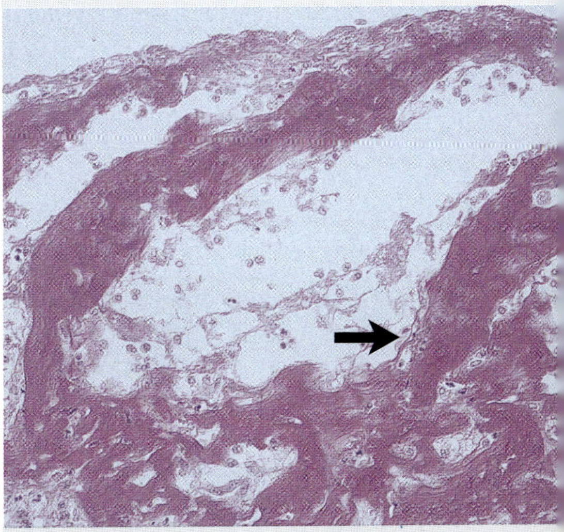

Fibrinöse Schleimhaut-Entzündung

Abkürzung: PM = Pseudomembran(en)

Allgemeine Pathogenese: Bei fibrinösen Entzündungen im Mukosabereich geht dem fibrinösen Exsudationsprozeß meist eine oberflächliche Nekrose voraus.

Je nach der Relation von Fibrinexsudation und Nekrose unterscheidet man folgende Formen:

Pseudomembranös-kruppöse Form (Grippe-Typ)

Definition: Akute Entzündung mit Abdeckung der auf das Mukosaepithel begrenzten Nekrose durch flächenhaftes Fibrinexsudat in Form gewaltlos abstreifbarer PM (► A, B1).

Pathogenetische Kettenreaktion: Die entzündliche Nekrose erfaßt die Mukosa nur teilweise, Epithelinseln bleiben stehen (► B2) → submuköse Gefäße werden bei weitgehend intakter Submukosatextur pathologisch durchlässig → Fibrinexsudation auf der Mukosaoberfläche → Bildung einer PM (► B1) → „Infektionsschutz".

Beispiele:
- Grippe-Tracheobronchitis (► B),
- Amöbenruhr (S. 276),
- ischämische pseudomembranöse Kolopathie.

Assoziierte Krankheit

Gripppe-Tracheobronchitis

Definition: Viral ausgelöste, febrile Entzündung von Trachea und Bronchien mit fibrinöser PM.

Pathogenese und Morphologie: Infektion mit Influenzaviren Typ A, B (S. 242) → virale Epithelschädigung bei intakter Submukosa. Anfänglich nur Hyperämie und seröse (lymphoplasmozytäre) Entzündung der Mukosa; danach flächenhafte Fibrinexsudation auf die Basalmembran der weitgehend epithelentblößten Mukosa → Bildung eines grauweißen „kleieförmigen" Belags (= diphtheroide PM). Dieser kann gewaltlos und ohne Nachblutung abgestreift werden (► C).

Klinik: Grippe-Krupp = entzündliche Kehlkopfenge mit Atemnot, inspiratorischem Pfeifgeräusch (Stridor) und bellendem Husten. Komplikation: bakterielle Superinfektion.

Merke: Kruppformen (Krupp-Husten):
- ***Echter Krupp*** = Krupp bei Kehlkopf-Diphtherie,
- ***(Pseudo-)Krupp*** = Kruppsyndrom bei
  - Infektionen: Grippe-, Masernviren, Staphylokokken-, Hämophilus-influenzae,
  - Allergien → „spasmodischer Krupp".

Pseudomembranös-nekrotisierende Form (Diphtherie-Typ)

Definition: Akute Entzündung mit Abdeckung der bis in die Submukosa reichenden Nekrosen durch ein flächenhaftes Fibrinexsudat in Form einer festhaftenden, nur gewaltsam abstreifbaren PM (= diphtherische PM).

Pathogenetische Kettenreaktion: Entzündliche Nekrose erfaßt Submukosa → Arrosion der Submukosagefäße → flächenhafter Fibrinaustritt mit Verteilung auf der Mukosaoberfläche → Bildung einer diphtherischen PM mit wurzelartiger Verankerung in Gefäßästchen des submukösen Gewebes (► D) → dadurch kommt es bei gewaltsamer Ablösung der PM zur Blutung.

Beispiele:
- Laryngotracheitis diphtherica (Diphtherie, S. 256);
- Antibiotika-assoziierte Enterokolitis.

Assoziierte Krankheiten

Laryngotracheitis diphtherica

Pathogenese: Infektion mit Corynebakterien (S. 256) → Kehlkopfdiphtherie.

Klinik: (echter) Krupp mit Kopfnervenneuritis → Aphonie (Stimmlosigkeit) und PM → Erstickungsgefahr (Nottracheotomie!).

Prominenter Patient: Prof. Dr. med. M. Wilms = Erstbeschreiber des Wilms-Tumors (S. 382). Er starb 1918 an Diphtherie nach Infektion bei der Nottracheotomie eines französischen Kriegsgefangenen. Letzterer überlebte.

Antibiotika-assoziierte Enterokolitis

Definition: Infektiös-toxische Entzündung des Dickdarms (oft auch Dünndarms) während/nach Antibiotikatherapie.

Pathogenese und Morphologie: Antibiotikatherapie → Unterdrückung der normalen, bakteriellen Darmflora → Selektionsvorteil für bestimmte Keime wie Clostridium difficile. Clostridien geben Enterotoxin ab → Zerstörung des Kryptenepithels und Ansammlung von Neutrophilen in Krypten → *Resultat:* Kryptenabszesse. Danach Nekroseausdehnung auf Darmschleimhaut mit Fibrindurchtränkung und leukozytärer Demarkation → Bedeckung der Mukosaerosionen mit weißlichen PM (► E) aus Fibrin und Detritus.

Klinik: blutige Diarrhö.

A Diphtheroide Pseudomembran

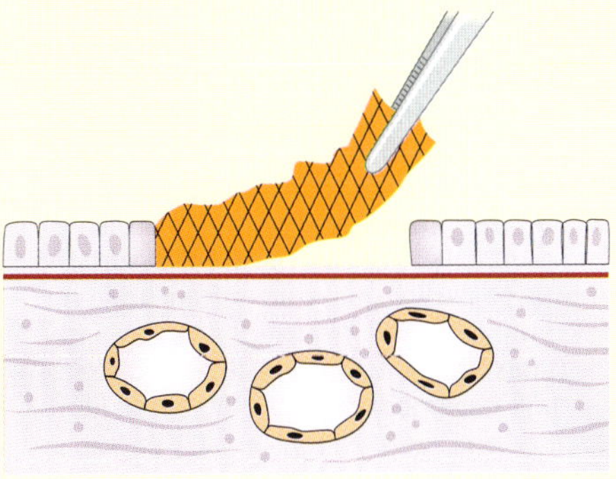

B Grippetracheitis
75x

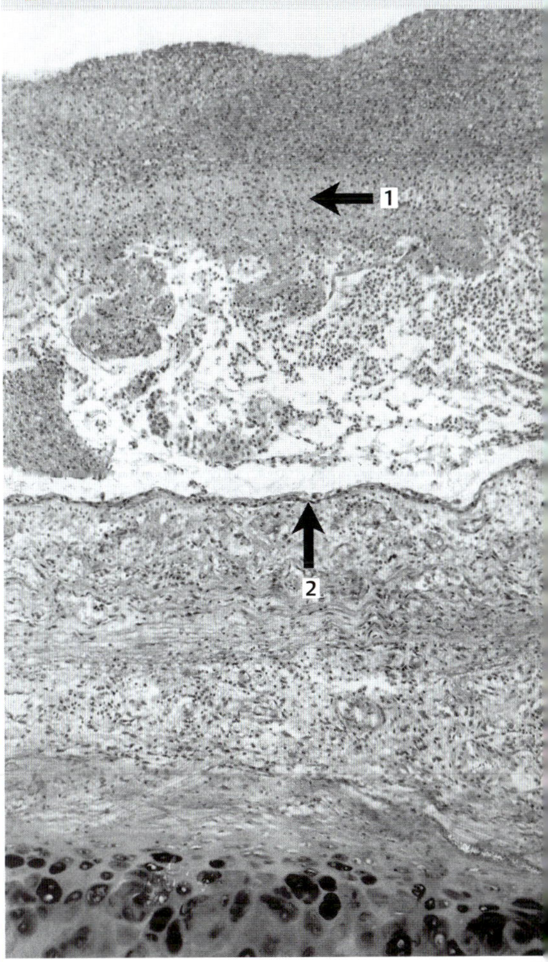

C Diphtheroide Pseudomembran

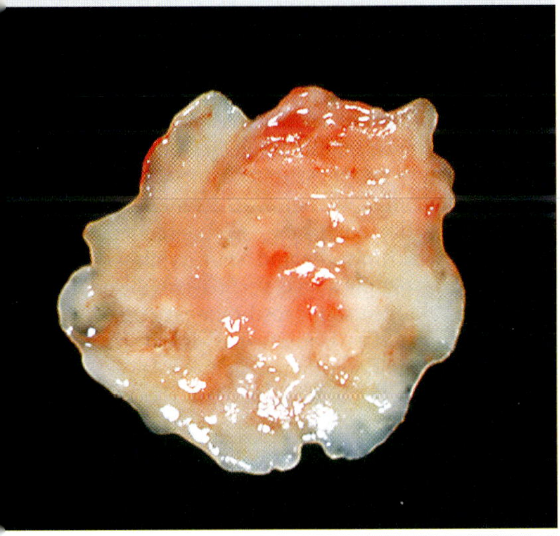

D Diphtherische Pseudomembran

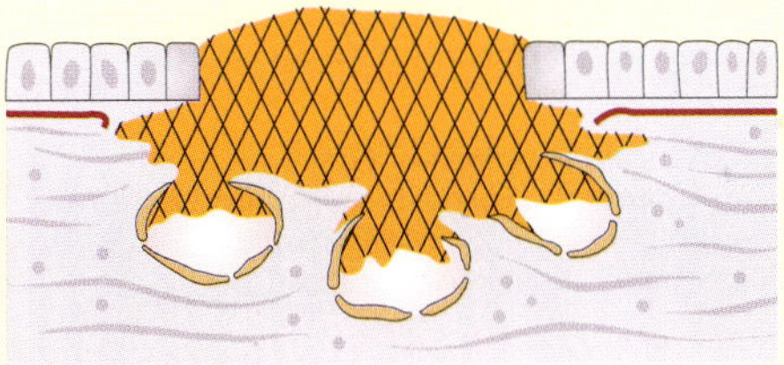

E Pseudomembranöse Kolitis

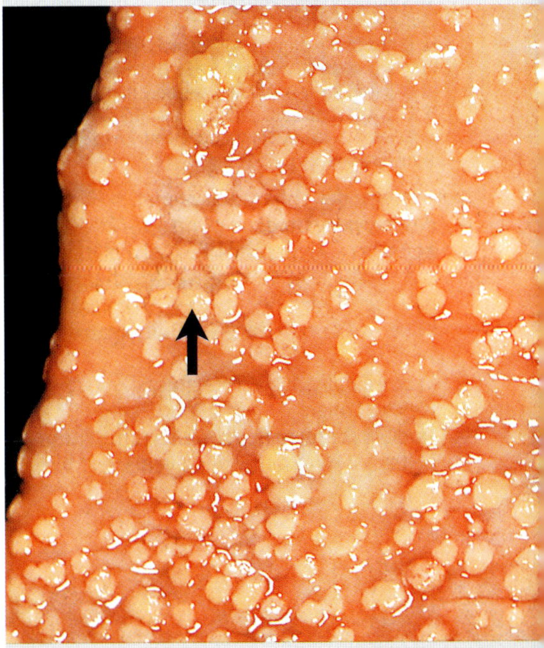

Fibrinös-eitrige Entzündung

Definition: Akute Entzündung mit ausgeprägter Fibrinexsudation und Neutrophil-Leukotaxis.

Assoziierte Krankheit

Lobärpneumonie

Modellkrankheit, bei der alle Phasen und damit alle Formen einer exsudativen Entzündungsreaktion durchlaufen und morphologisch faßbar werden.

Definition: Plötzlich einsetzende Entzündung mit schlagartigem Befall eines ganzen (selten mehrerer) Lungenlappens, die unbehandelt stadienartig abläuft.

Ätiologische Faktoren:
- Streptococcus pneumoniae Typ I (90 %),
- Klebsiellen (5 %).

Prädisponierende Faktoren:
- eiweißreiches Lungenödem (Herzinsuffizienz!),
- Abwehrschwäche: Alkoholiker, Neugeborene.

Pathogenetisch verläuft die Lobärpneumonie in folgenden Phasen ab:
- ***Erregerüberrumpelungsphase:*** Erreger stößt auf immunologisch ungeschützten Patienten und gibt Toxine ab → Permeabilitätsstörung mit allgemeiner Vasodilatation im Bereich der Mikrozirkulation → Hyperämie mit seröser exsudativer Entzündungsreaktion in Alveolen = optimale Wachstumsbedingung für Erreger. Danach: Alveolarepithelschädigung → keine Surfactantproduktion mehr → Öffnung der Kohn-Poren zwischen den benachbarten Alveolen → dadurch rasante Entzündungsausbreitung in einen Lungenlappen.
- ***Erregerbekämpfungsphase:*** Durch zunehmende Toxineinwirkung wird die Mikrozirkulation geschädigt → Fibrinausschwitzung (= fibrinöse Entzündung) mit Erregerfixierung durch Fibrin.
- ***Erregerüberwindungsphase:*** Zwischenzeitlich hat das Immunsystem gelernt, typenspezifische AK gegen Pneumokokken zu produzieren; dadurch können Erreger für Makrophagen zur Phagozytose markiert werden (Opsonierung; S. 26). Makrophagen geben Lockstoffe für Neutrophile ab → eitrige Entzündung mit Erregerzerstörung und Exsudatauflösung.

Morphologie der Lobärpneumonie:
- ***Anschoppungsstadium*** (am 1.–2. Krankheitstag): Hyperämische Alveolargefäße mit Produktion eines eiweißreichen Exsudats und Abgabe in das Alveolarlumen (= seröse Entzündung), kaum Neutrophile →
  Makroskopie: düsterrote, flüssigkeitsreiche, weiche Lunge.
- ***Stadium der roten Hepatisation*** (am 3. Krankheitstag): Hyperämie der alveolären Mikrozirkulation mit Blutaustritt in Alveolen (► B). Produktion eines serös-fibrinösen Exsudats (Auskultation: „Knisterrasseln") →
  Makroskopie (► A): dunkelrote Lunge mit leberartiger Festigkeit = Hepatisation (Perkussion: „Dämpfung"). Fibrinöse Begleitpleuritis (Auskultation: „Lederreiben").
- ***Stadium der grauen Hepatisation*** (am 4.–6. Krankheitstag): Massive fibrinöse Exsudation in Alveolarlichtung mit Auftauchen von Makrophagen und Neutrophilen im Entzündungsfeld → Auskleisterung der Alveolen mit Fibrinnetz (► D1) → Fibrin läuft durch offene Kohn-Poren (► D2) in Nachbaralveolen über →
  Makroskopie: graue Körnelung der Lungenschnittfläche mit leberartiger Festigkeit (► C).
- ***Stadium der gelben Hepatisation*** (am 7. Krankheitstag): Massive eitrige Entzündungsreaktion mit massenhaft eingewanderten Neutrophilen (s. u.; ► F) → proteolytische Exsudatauflösung → Gewebe- und Zellzerfall (= Detritusbildung → Mikrozirkulation kommt wieder in Gang →
  Makroskopie: schmutzig-gelbe, immer noch verfestigte Lungenschnittfläche (► E).
- ***Lysestadium:*** Zwischen 7.–9. Krankheitstag: Massiv fibrinolytische Exsudatauflösung durch Makrophagen und Neutrophile → Alveolarreinigung → das verflüssigte Exsudat wird ausgehustet (rostbraunes Sputum) und über das Lymphgefäßsystem resorbiert. Alveolen entfalten sich wieder (Auskultation: „Entfaltungsknistern").

+ Komplikationen:
- *Chronische Pneumonie:* Exsudat nicht auflösbar → Organisation durch Granulationsgewebe (S. 290) → fleischartige Schnittfläche = „karnifizierende Pneumonie".
- *Lungenabszeß:* Exsudationsprozeß wird durch Nekrose überlagert → Gewebeeinschmelzung.
- *Pleuraempyem* nach Abszeßdurchbruch.

Prominenter Patient: Franz von Liszt: österreich. Pianist und Komponist (1811 – 1886).

! Merke: *Lobärpneumonie beim Alkoholiker:* Wegen Indolenz ist der Patient dennoch auf den Beinen (und nicht im Bett) = „Pneumonia ambulatoria".

! Merke: *Lobär-/Bronchopneumonie:*
- Lobär-P.: simultane Entzündung in einem Lappen.
- Broncho-P.: verschieden alte Entzündungsherde in einem oder mehreren Lappen.

A Rote Hepatisation (Lunge)

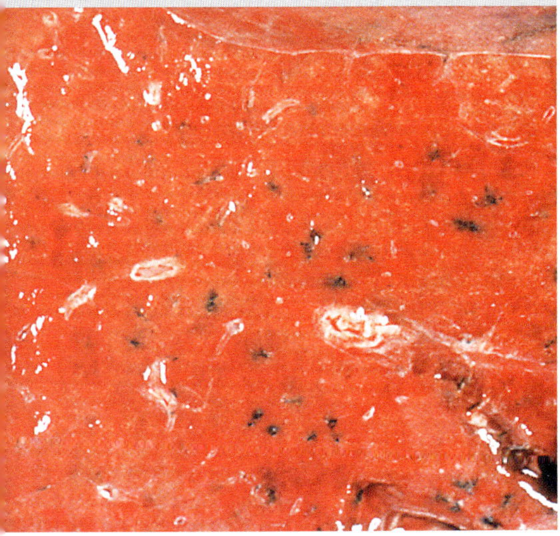

B Rote Hepatisation
75x

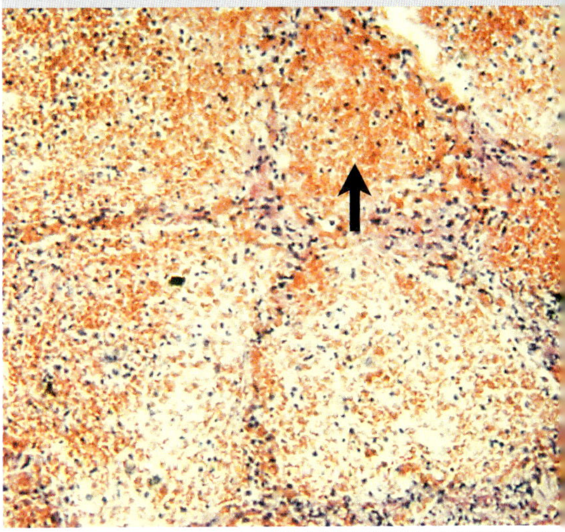

C Graue Hepatisation (Lunge)

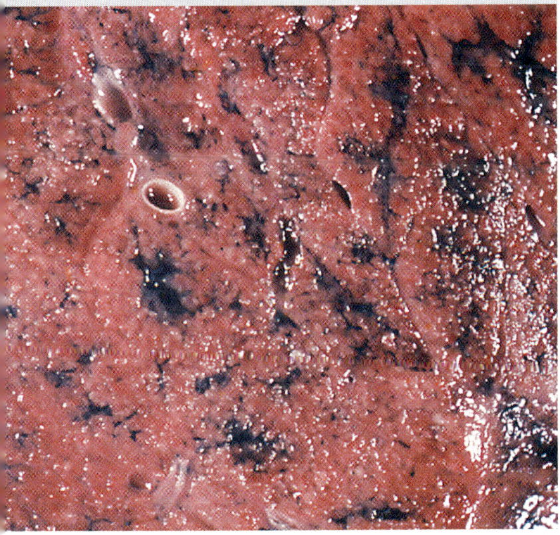

D Graue Hepatisation
150x

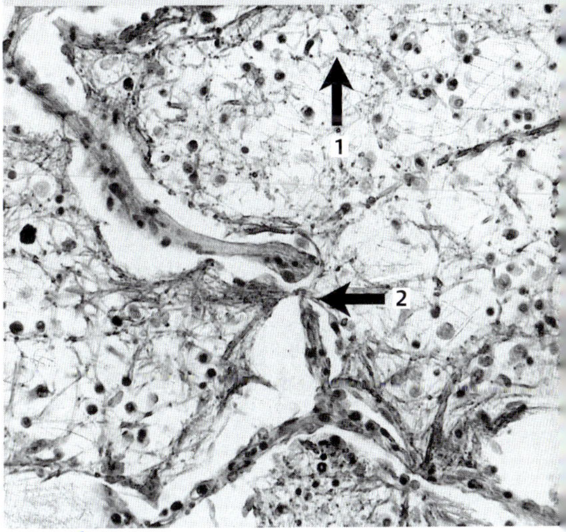

E Gelbe Hepatisation (Lunge)

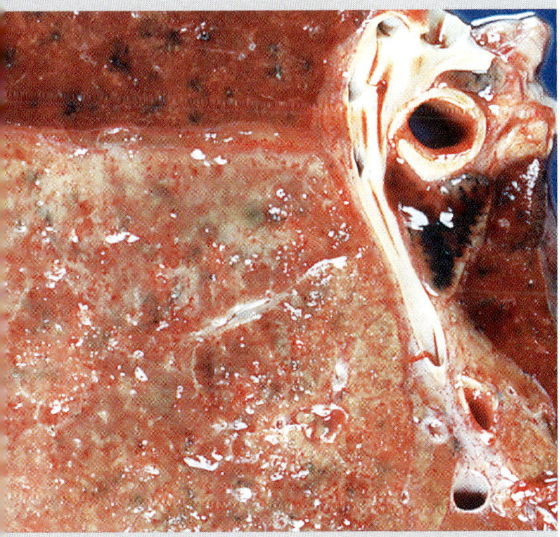

F Gelbe Graue Hepatisation
150x

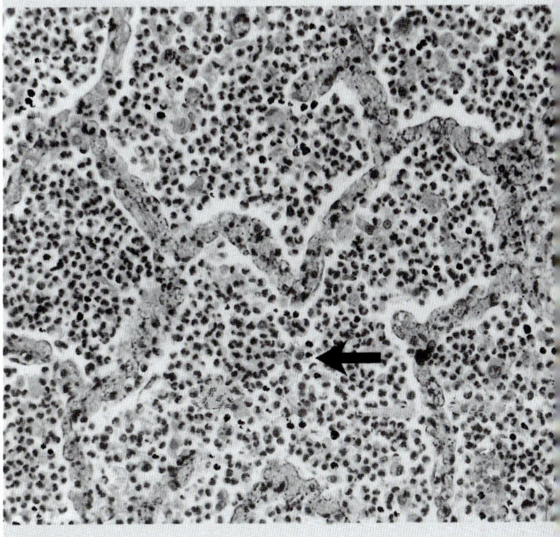

Eitrige Entzündung

Synonym: Purulente Entzündung

Allgemeine Definition: Entzündung mit Exsudat v. a. aus Neutrophilen und Zelltrümmern (= Detritus).

Biologischer „Sinn": Auflösung von geschädigtem Gewebe (samt Erreger) → Terrainvorbereitung für Reparation.

Ätiologische Faktoren: meist pyogene Keime. Dazu gehören v. a. folgende Eitererreger:
- *Staphylokokken* (S. 254) → gelblich-rahmiger Eiter → abszedierende Entzündung.
- *Streptokokken* (S. 254) → fibrinfreier, dünnflüssiger, gelblicher Eiter → (meist) phlegmonöse Entzündungen.

Allgemeine Morphologie eines eitrigen Entzündungsherdes (typische Schichtung):
- *Nekrosezone:* zentraler, proteolytischer Einschmelzungsherd mit lipidreichem Detritus → gelber Eiter.
- *Eiterzone:* um zentrale Nekrose mit massenhaft Neutrophilen.
- *Hyperämiezone* mit perifokalem Ödem (= seröses Exsudat).

Mukopurulente Entzündung

Synonym: Eitrig-katarrhalische Entzündung

Definition: Akute Schleimhautentzündung mit Exsudat aus Schleim, Granulozyten und Zelldetritus (► A).

Beispiele (meist nach viraler Entzündung):
- Eitrig-katarrhalische Rhinosinusitis (S. 204).
- Eitrig-katarrhalische Tracheobronchitis (► B).

Empyem

Definition: Eitrige Entzündung in anatomisch vorgebildetem Hohlraum.

Pathogenese: Das Empyem entsteht meist dadurch, daß eine eitrige Entzündung eines Organs in den angrenzenden Hohlraum durchbricht.

Beispiele:
- Perikard-, Peritoneal-, Pleuraempyem (► C);
- Gallenblasen-, Appendixempyem;
- Mittelohr-, Nasennebenhöhlenempyem;
- Pyosalpinx = Eiter im Eileiter;
- Pyarthros = Eiter im Gelenkspalt;
- Pyozephalus = Eiter in Gehirnkammer;
- Hypopyon = Eiter in Augenvorderkammer.

Phlegmone

Definition: Diffuse v. a. im locker-fasrigen Bindegewebe sich ausbreitende, eitrige Entzündung ohne Gewebeeinschmelzung.

Pathogenetische Kettenreaktion: Kokken- (meist Streptokokken-)infektion → Erreger geben Hyaluronidase und Fibrinolysin ab → Zerstörung der Keimbarriere aus Fibrinexsudat, Hyaluronaten und Proteoglykanen → rasche Ausbreitung im Gewebe → keine nennenswerte Eiterbildung. Exsudat besteht v. a. aus Granulozyten und proteolysierten Serumanteilen.

Beispiele:
- *Erysipel* (= Wundrose): meist durch β-hämolysierende Streptokokken (selten Anthraxbazillen) ausgelöste Entzündung im Hautbindegewebe mit landkartenförmiger Rötung und Schwellung (► D);
- *Muskelphlegmone;*
- *Mundbodenphlegmone;*
- *Mediastinalphlegmone;*
- *Hohlorganwand-Phlegmone* (phlegmonöse Cholezystitis, Appendizitis s. u.).

Abszedierende Entzündung

Definition: Abszeß = Eiteransammlung durch Gewebezerfall.

Pathogenetische Kettenreaktion: Direkte Einwirkung (v. a. Staphylococcus aureus) → Entzündungsreaktion mit zusätzlicher mikrofokaler Durchblutungsstörung → Nekrose. Staphylokokken geben Granulozytenlockstoffe (Chemokine) ab → granulozytär-proteolytische Gewebeauflösung (► E) zu bakterienhaltigem Eiter. Später: granulohistiozytäre Demarkierung → Abszeßmembran (S. 226) → nach Abszeßentleerung → Hohlraumbildung.

Beispiele:
- *Lungenabszesse:* nach Lungeninfarkt oder Lobärpneumonie, hämatogen bei Sepsis (S. 222).
- *Hirnabszesse:* nach offener Schädel-Hirn-Verletzung; fortgeleitet bei eitriger Entzündung im Gesicht-, Schädelbereich; hämatogen bei Sepsis.
- *Nierenabszesse:* fortgeleitet bei eitriger Pyelonephritis (► E); hämatogen bei Sepsis.
- *Leberabszesse:* fortgeleitet bei Ausbreitung einer eitrigen Entzündung im Pfortaderstromgebiet, wie Amöbenruhr (S. 276); fortgeleitet bei eitriger Cholangitis; hämatogen bei Sepsis.
- *Septikopyämische Ausscheidungsabszesse:* in der Lunge: punktförmig subpleural; in der Niere: streifenförmig medullär; im Herz: punktfömig subendokardial; in der Leber: punktförmig subkapsulär.
- *Perityphlitischer* Abszeß bei eitriger Appendizitis.
- *Furunkel:* abszedierende Entzündung des Haarbalgdrüsenapparats (Staphylokokkeninfekt).

! **Merke:** Eiter = (phagozytierende) Neutrophile mit Zelltrümmern (= Detritus).

A Mukopurulente Entzündung

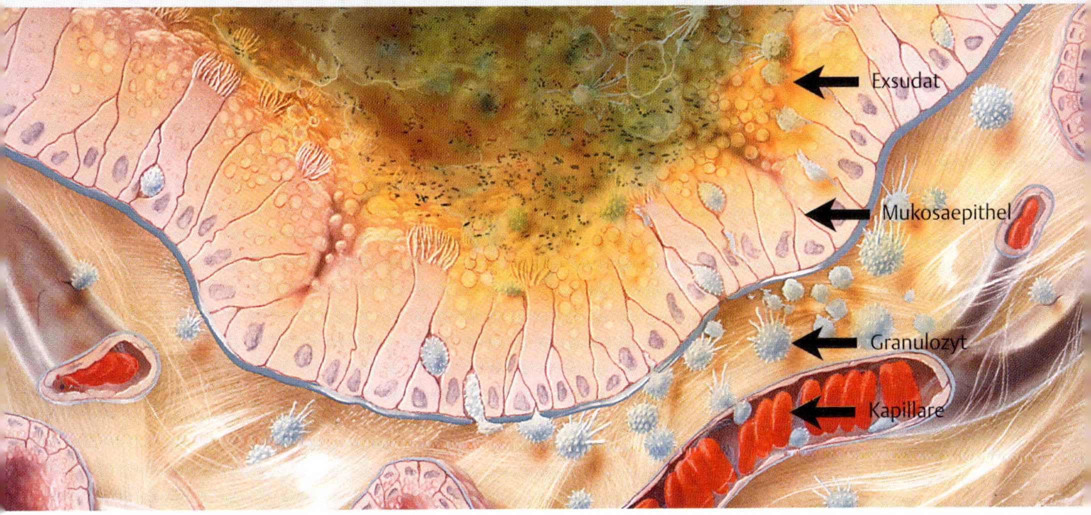

B Eitrige Bronchitis

C Pleuraempyem

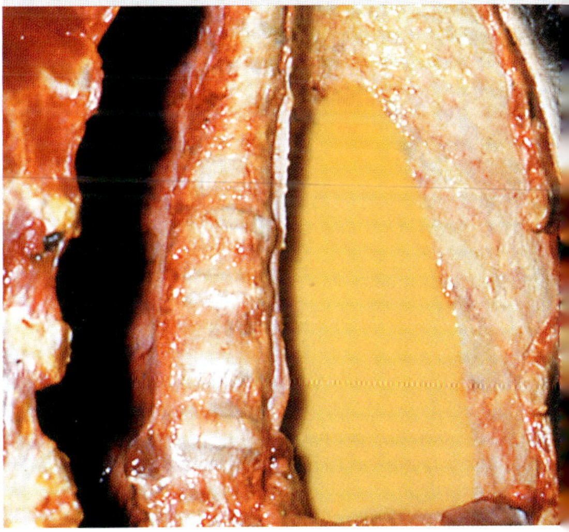

D (Hals-) Erysipel

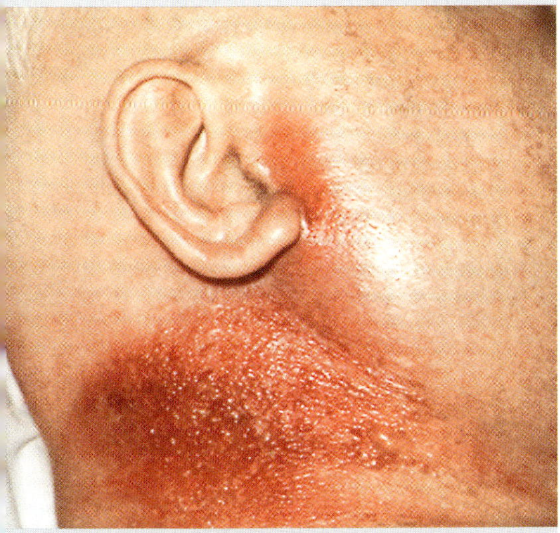

E Weichteilabszeß

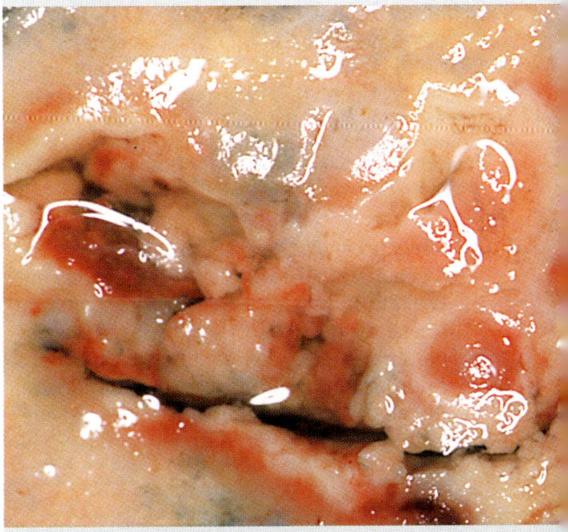

Assoziierte Krankheiten

Appendizitis

Synonym: Blinddarmentzündung
Modellkrankheit, bei der alle Formen einer eitrigen Entzündung phasenartig nacheinander ablaufen.

Definition: Isolierte Entzündung des zökalen Wurmfortsatzes.

Pathogenetische Kettenreaktion: Entleerungsstörung (Kotsteine, Oxyuren, Vernarbung, MALT-Hypertrophie) → Wandschädigung → Besiedelung durch Keime der Darmflora (E. coli, Enterokokken; S. 260).

Morphologie der Entzündungsstadien:
- ***Appendicitis erosiva*** (6h) mit Schleimhauterosion im Kryptenbereich und keilförmiger, fibrinös-eitriger Entzündung (► A).
- ***Appendicitis phlegmonosa*** (12h) mit transmuraler Entzündung (► B).
- ***Appendicitis ulcerophlegmonosa*** (24h): Vergrößerung der Schleimhauterosionen → Ulzera → ulzerös-nekrotisierende, eitrige Wandentzündung → Perforationsgefahr! Bei Abflußbehinderung: Eiterrückstau → Appendixempyem.
- ***Appendicitis abscedens*** (48h): Mikroabszeßbildung in der Appendixwandung. Fibrinös-eitrige Serositis und Periappendizitis → fokale Verklebung der Darmschlingen, dazwischen Eiteransammlung = interenterisches Empyem.
- ***Appendicitis gangraenosa*** (72h): abszedierende Gewebeeinschmelzung → Besiedelung durch Fäulniserreger (s. u.) → Perforation → Peritonitis.

Prominenter Patient: Peter Ludwig (1925 – 1996), bedeutendster dtsch. Mäzen moderner Kunst (Todesursache).

Akute Pyelonephritis

Synonym: Eitrige tubulo-interstitielle Nephritis

Definition: Akut auftretende, bakteriell ausgelöste, abszedierende Entzündung des renalen Interstitiums mit Einbeziehung der Nierentubuli, fakultativ auch des Nierenbeckens (Name: „Pyelo"-Nephritis).

Ätiologische Faktoren: Meist uropathogene E. coli, v. a. bei metabolischer Präkonditionierung (Diabetes mellitus, Gicht, Cortison).

Pathogenetische Formen:
- ***Aszendierende Form:*** Harnabflußstörung mit kanalikulär aufsteigender Keimbesiedelung (meist akutes Rezidiv!) → gruppiert stehende, stecknadelkopfgroße Eiterherde mit hämorrhagischem Randsaum → Konfluenz. Auf der Schnittfläche: radiär verlaufende, streifenförmige Abszeßherde (► C) im Mark (= Eiterstraßen).
  Histologie: abszedierende, oft straßenförmige Entzündung mit destruktiver Einschmelzung von Interstitium samt Tubuli (► D1) → intraluminale Anschoppung von Neutrophilen zu zylinderförmigen Gebilden (► D2) → Leukozytenzylinder im Harnsediment.
- ***Hämatogene Form:*** septikopyämische Keimverschleppung (S. 222). → Folgen davon:
  - Abfangung im 1. Kapillarfilter = Glomeruli → embolisch-eitrige Herdglomerulitis.
  - Abfangung im 2. Kapillarfilter = Vasa recta → embolisch-eitrige Marknephritis.

+ Komplikationen: Rezidive → Chronifizierung → ***Chronische Pyelonephritis:***
Definition und Pathogenese: Durch Bakterien und/oder Bakterienbestandteile ausgelöste Entzündung des renalen Interstitiums mit in Schüben fortschreitender Parenchymdestruktion.
Morphologie: Große, flache, blaßrote (da vaskularisierte) Narben → Nierenschrumpfung. *Histologie:* verödete Glomeruli mit eingedicktem Harnmukoid (= Tamm-Horsfall-Protein) in ausgeweiteten Tubuli → histologische Nachahmung von kolloidhaltigen Schilddrüsenfollikeln = Pseudostrumabild.

Eitrige Meningitis

Synonym: Eitrige Hirnhautentzündung

Definition: Eitrige Entzündung im ZNS, die sich schwerpunktmäßig im Bereich der Hirnhäute manifestiert → Übergriff auf Hirnsubstanz → Meningoenzephalitis.

Pathogenetische Formen:
- ***Hämatogen bakterielle Form:*** Infektion mit Neisseria meningitidis (S. 256) → eitrige Entzündung im Subarachnoidalraum v. a. über Konvexitäten → „Haubenmeningitis" (► E) = metastatische Meningitis → Entzündungsübergriff auf angrenzendes Hirngewebe → metastatische Herdenzephalitis (vgl. septikopyämische Herdbildung: S. 222).
- ***Fortgeleitete bakterielle Form:*** Oto- oder rhinogene Infektion → eitrige Entzündung im Subarachnoidalraum der Hirnbasis (► F).
- ***Direkte bakterielle Form:*** nach Schädel-Hirn-Trauma (S. 316).

! Merke: Akute Entzündungsreaktion in primär avaskulären Geweben (z. B. Herzklappen, Kornea):
- Proteolytische Läsion der Extrazellulärmatrix,
- Fibrinabscheidung auf entzündeter Oberfläche,
- reaktive Kapillarisierung.

A Eitrige Appendizitis

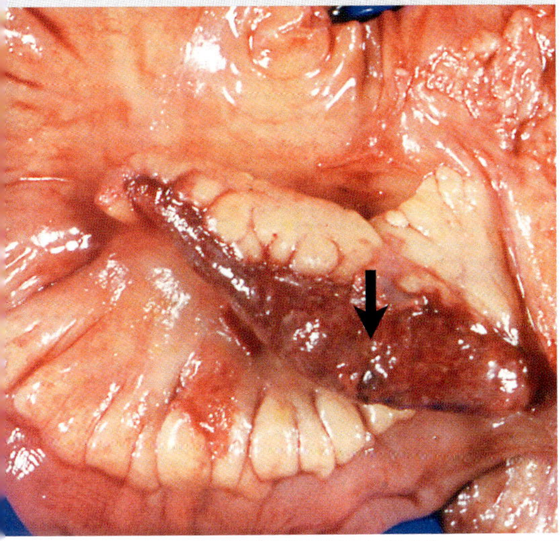

B Phlegmonöse Appendizitis
5x

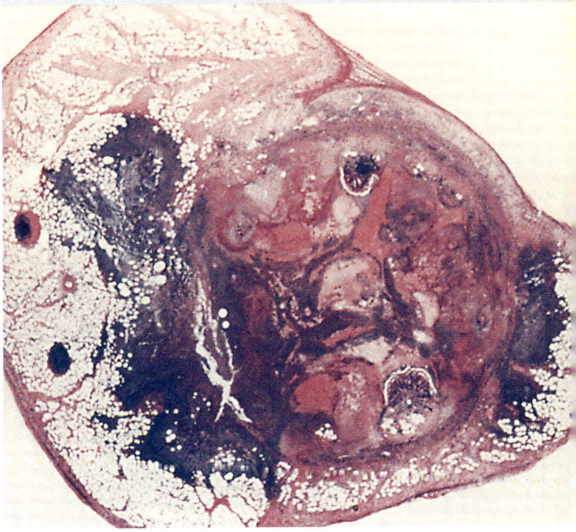

C Eitrige Pyelonephritis

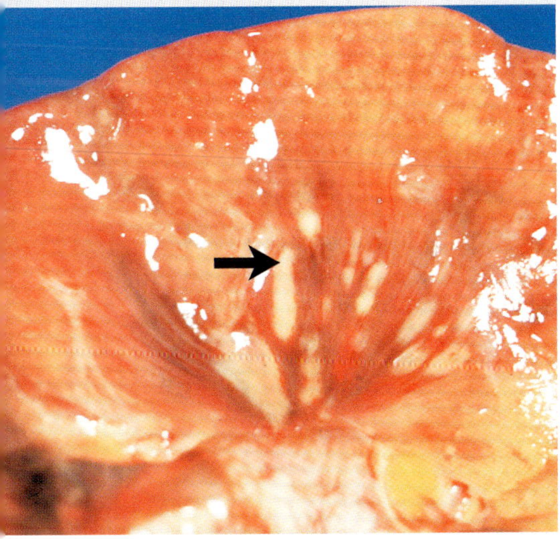

D Eitrige Pyelonephritis
ChAE, 250x

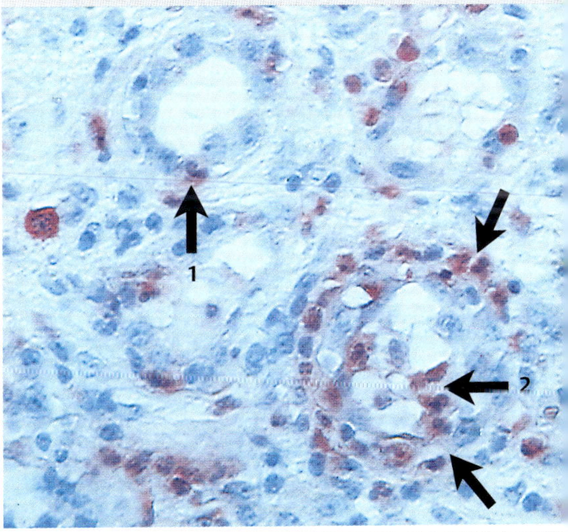

E Eitrige Haubenmeningitis

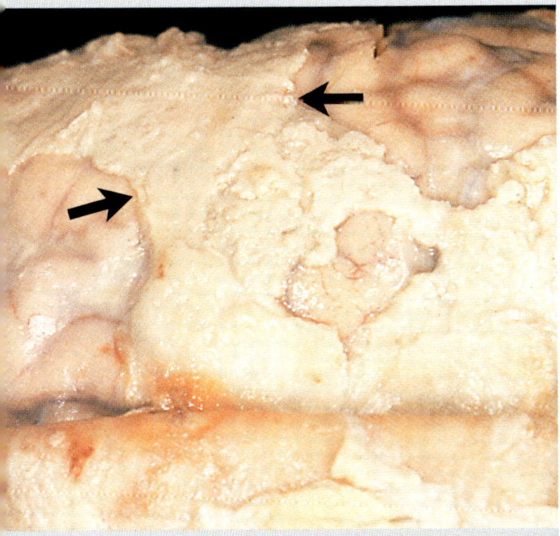

F Eitrige Hirnbasismeningitis

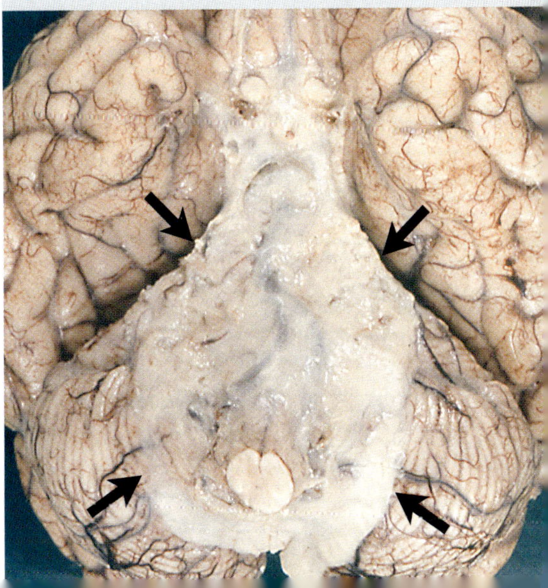

Hämorrhagische Entzündung

Definition: Akute Entzündung mit Schädigung der Endstrombahn und massiven Mikroblutungen, so daß das Exsudat massiv erythrozytenhaltig ist (► A).

Biologischer „Sinn“: Exsudative Entzündung trotz maximaler Gefäßschädigung.

Morphologie: Das Entzündungsgebiet ist meist nekrotisch und blutig durchsetzt.

Ätiologische Faktoren:
- bakterielle Ekto- oder Endotoxine,
- viraler zytopathischer Effekt auf Endothelien,
- proteolytische Gewebezerstörung.

Assoziierte Krankheiten

Scharlach (= Scarlatina)

Pathogenese: β-hämolysierende A-Streptokokken (S. 254) bilden erythrogene Toxine → Kapillarschädigung und Hämolyse → fleckige Hautrötung (= Exanthem).

Klinik: exanthematöse Kinderkrankheit.

Waterhouse-Friderichsen-Syndrom

Pathogenese: Sepsis mit Neisseria meningitidis (S. 256) im Kindesalter → schlagartige Überschwemmung des Blutes mit endotheliotoxischem Endotoxin → „Blutvergiftung“ → toxische Schädigung der Mikrozirkulation.

Klinische Folgen:
- *Petechiale Hautblutungen;*
- *Verbrauchskoagulopathie* (S. 400) mit Störung der Blutgerinnung → profuse Blutungen ins Gewebe und diffuse Hautblutungen in Form von großflächigen Sugillationen und/oder kleinfleckigen Ekchymosen (S. 398ff);
- *Bilaterale hämorrhagische Nebennierennekrosen* (► B) → akuter Hypokortizismus (= Addison-Krise) mit Elektrolytentgleisung und Spontanhypoglykämie (S. 112);
- *Kreislaufschock* (septisch, endokrin; S. 392).
- *Symptomatik:* Erbrechen, hohes Fieber, Meningismus.

Pest

Musterkrankheit für ansteckendste Infektionskrankheit.

Pathogenese: Infektion mit Yersinia pestis → Bildung von Ektotoxin → schmerzhafte hämorrhagische Lymphadenitis (= Beulenpest) mit nur noch schattenhafter Lymphknotenstruktur (► C), hämorrhagische Pneumonie (= Lungenpest).

Grippepneumonie

Pathogenese: Influenzavirusinfekt (S. 242) → Kapillardefekt → hämorrhagische Pneumonie mit Blut in Alveolen (► D).

EHEC-assoziierte Krankheiten

Pathogenese: Antibiotikamißbrauch in der Schweinemast → Selektionierung resistenter Colistämme (S. 260) → Bildung eines neuro- und enterozytotoxisch wirkenden Toxins → Endothelschädigung → Mikroangiopathie.

Klinische Folgen:
- *Hämorrhagische (Entero-)Kolitis* aufgrund intestinaler Mikroangiopathie und Enterozytennekrose;
- *Hämolytisch-urämisches Syndrom* aufgrund glomerulärer Mikroangiopathie → Verstopfung der Glomerulusschlingen durch Erythrozytenfragmente, Hämolyse und Mikrothromben → Nierenversagen.

Hämorrhagische Virus-Urozystitis

Pathogenese: Infektion mit BK-Viren (v.a. bei immunsupprimierten Patienten; S. 250) → diffuse Schleimhautblutung (► E).

Milzbrand

Pathogenese: Infektion mit Anthraxbazillen (S. 258) → Bildung von endotheliotoxischem Ektotoxin → hämorrhagisch-entzündliche Haut-, Darm-, Lungennekrose.

Merke: Name „Milzbrand“ weil bei Nagern eine brandig-nekrotisierende Splenitis dominiert.

„Virales hämorrhagisches Fieber“

Pathogenese: via Moskitos/Zecken übertragener Arena-/Togavireninfekt (S. 242).

Akute Pankreatitis

Ätiologische Faktoren (ungeklärt):
- Alkoholabusus (S. 144),
- Sekretionsstörung (Hypersekretion, Sekretstau),
- Cholangiopathien.

Kausalpathogenetische Kettenreaktion: (Ursache?) Fokale Zellnekrose → autokatalytische Proteasenfreisetzung und -Aktivierung → aufschaukelnde Aktivierung von Kinin-, Komplement- und Gerinnungssystem (S. 202) → seröse Entzündung (= Speichelödem) → lipolytische Nekrosen im intra-/peripankreatischen Fettgewebe (► F2; S. 132).

Klinik: Akutes Abdomen. Gürtelschmerz, massiv erhöhte Serumwerte für Amylase und Lipase.

Komplikationen: Klingt Entzündung nicht ab →
- *Proteolyse:* Wandandauung von Gefäßen in und um Pankreas → Blutungen, Thrombosen → Gewebsnekrosen → hämorrhagische Pankreatitis (► F1) →
- *Verbrauchskoagulopathie* (S. 400) →
- *Kreislaufschock* (S. 392).

A Hämorrhagische Entzündung
IV, 25x

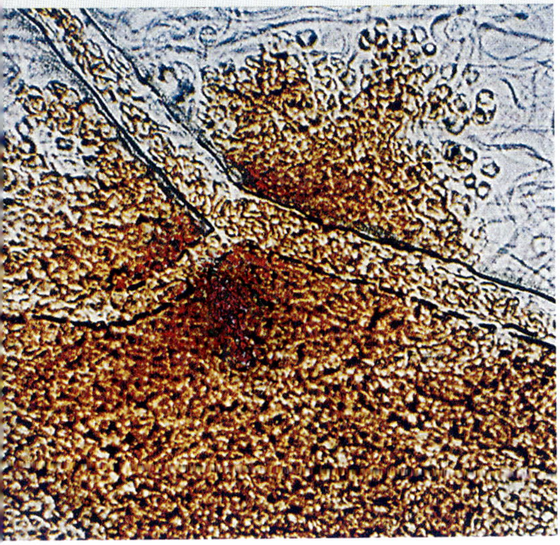

B Hämorrhagische NNR-Entzündung

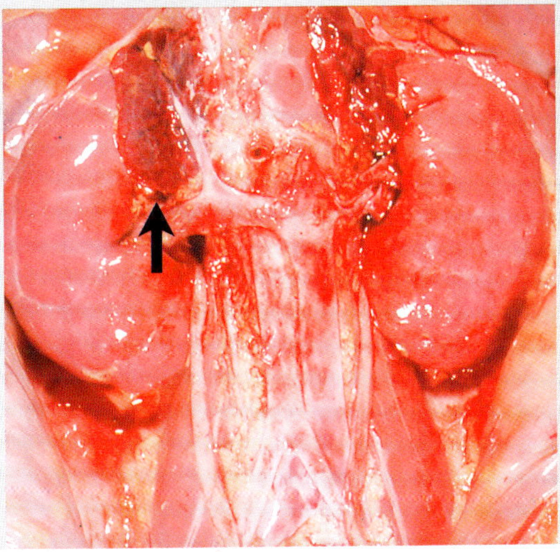

C Pest-Lymphadenitis
50x

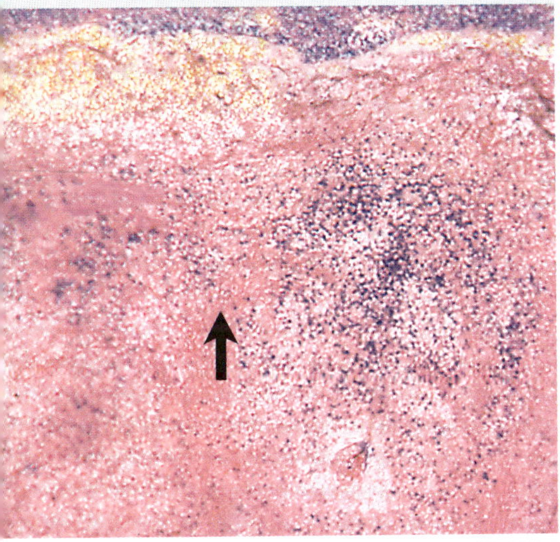

D Hämorrhagische Pneumonie

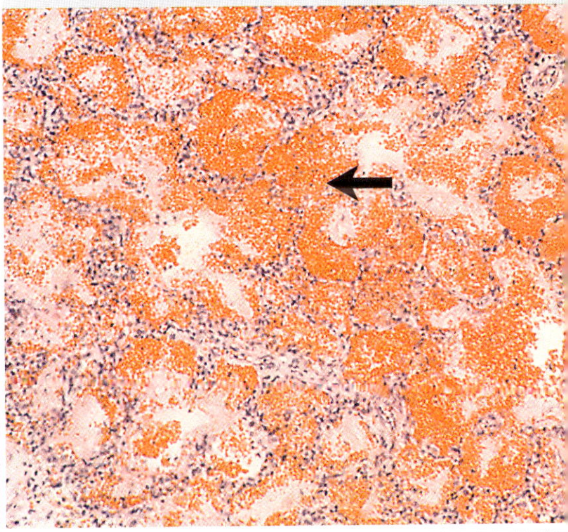

E BK-virale Urozystitis

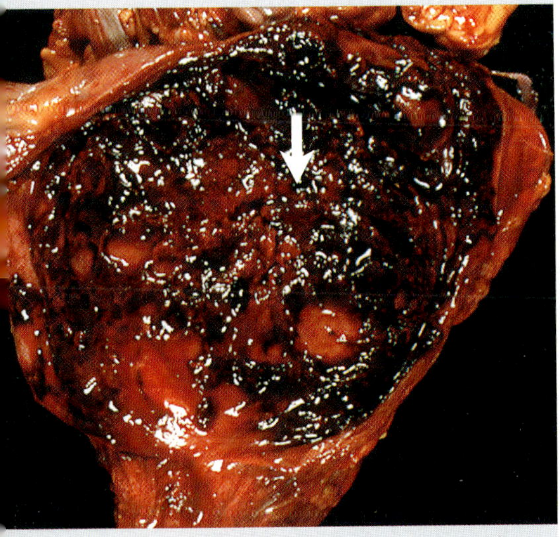

F Hämorrhagische Pankreatitis

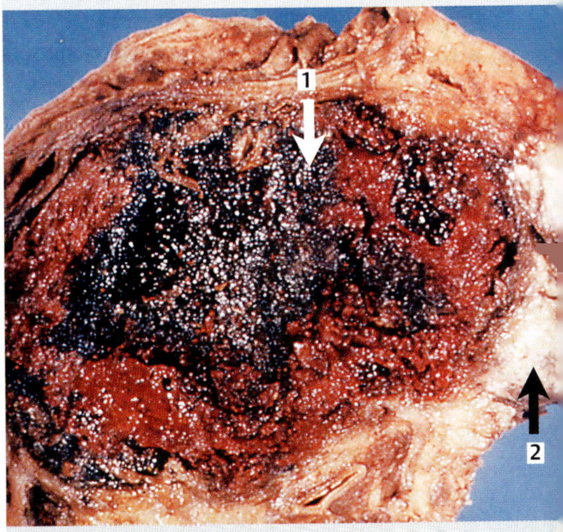

Akute Entzündung:

Sonderformen

Nekrotisierende Entzündung

Definition: Akute Entzündung, bei der Gewebsnekrosen das Bild beherrschen.

Je nach entzündlicher Demarkierung oder Besiedelung mit Fäulniserregern unterscheidet man:
- ulzerös-nekrotisierender Typ,
- diffus-nekrotisierender Typ,
- areaktiv-nekrotisierender Typ,
- gangräneszierender Typ.

Ulzerös-nekrotisierende Entzündung

Definition: Akute Entzündung mit herdförmiger, bis in die Submukosa (oder tiefer) reichender Nekrose und bedeckendem Fibrinexsudat (= Fibrinschorf).

Pathogenese: Der ulzeröse Gewebedefekt geht auf folgende Mechanismen zurück:
- Abstoßung herdförmiger Schleimhautnekrosen im Gastrointestinalbereich.
  Prototyp: Gastroduodenalulkus.
- Abstoßung diphtherischer Pseudomembranen im Gastrointestinalbereich.
  Prototyp: Abdominaltyphus; S. 260.
- Abstoßung von geschädigter Mundschleimhaut durch bläschenförmige Abhebung unter Zurücklassung eines schmierig-grauweiß belegten Geschwürs = Aphthe.

Assoziierte Krankheiten

Plaut-Vincent-Angina

Synonym: akute nekrotisierende ulzeröse Gingivitis

Definition: Geschwürig zerfallende, durch endogene Anaerobier ausgelöste Entzündung von Gingiva und Tonsillen.

Ätiologische Faktoren: Immunschwäche → Mischinfektion mit Borrelia vincenti und fusiformen Bakterien der physiologischen Mundflora (► A2).

Morphologie: Übelriechendes, kraterförmiges Ulkus (► A1) mit Fibrinschorf, darin fusiforme Bakterien (► A2). Tonsillenulkus meist einseitig lokalisiert.

Peptisches Gastroduodenalulkus

Definition: Durch Magensaft und/oder Helicobacter pylori (S. 262) ausgelöste Gastroduodenalentzündung mit geschwürigem Schleimhautdefekt.

Ätiologische Faktoren: Dysbalance von Aggressions- und Defensivfaktoren der Schleimhaut:
- *Aggressionsfaktoren:* HCl, Pepsin, Galle-, Duodenalreflux, Salizylate, Ischämie, Helicobacter pylori.
- *Defensivfaktoren:* Schleimhautbarriere durch Regeneration, Bikarbonate, Prostaglandine der E-Reihe (S. 202).

Pathogenetische Folgereaktion: Letztlich ungezügelte, lokale Pepsinwirkung → Andauung der Magen-/Duodenumschleimhaut → erosive Entzündung → ulzeröse Entzündung bis in die Submukosa (► C1) → rundliches Ulkus (oft mehrere) mit weichem, wegen Retraktion der Muscularis mucosae treppenförmigem Schleimhautrand (► D2) und Granulationsgewebe (S. 224, 312) im Ulkusgrund (► D1). Später: Übergang in chronisches Ulkus mit unterminiertem, harten Rand (► C2).

Hauptlokalisation der Ulzera:
- Magen: kleine Kurvatur, pylorusnahes Antrum;
- Duodenum: Bulbus duodeni.

Prominente Patienten:
Henri Matisse, franz. Maler (1869 – 1954),
Pol Pot, kambodschan. Diktator (1925 – 1998).

Colitis ulcerosa

Definition: Ulzeröse, autoaggressive Entzündung vorwiegend der Dickdarmmukosa mit chronisch-rezidivierendem Verlauf und Ausdehnung von distal nach proximal.

Ätiologische Faktoren (welche?, Mechanismus?): IgA-Defekt → bakteriell-alimentäre AG-Überschwemmung (welche AG ?) → Bildung autoreaktiver AK → zytotoxische T-Zellen.

Pathogenetische Folgereaktion: Zerstörung des Kolonepithels in der Kryptenbasis, beginnend mit lymphoplasmozytärem, später eosinophilgranulozytärem Infiltrat (► G) in den Krypten (= Kryptenabszesse) → Epithelnekrose → Ulzeration (► E1, F1). Aufgrund der simultan ablaufenden Epithelregeneration und „Wundheilung" → reaktive Schleimhauthyperplasie (► E2, F2) und Wucherung des Granulationsgewebes (S. 119) → „entzündliche Pseudopolypen". Später: Chronifizierung → Darmwandfibrose.

Klinik: ♀ > ♂. Blutig-schleimige Durchfälle. Prädestination für Rektalkarzinome (S. 380). Diagnose: Rektosigmoidoskopie mit Biopsie.

Diffus-nekrotisierende Entzündung

Definition: Akute Entzündung mit rasch um sich greifender Nekrose bei ineffektiver oder fehlender Leukozytenreaktion.

Assoziierte Krankheit

Nekrotisierende Fasziitis

Definition: Durch verschiedene Keime ausgelöste Krankheitsentität mit fulminanter Nekrose im Extremitätenbereich. Selten.

Morphologie: Bis zur Skelettierung fortschreitende, nicht strukturerhaltende Weichteilnekrose (► B).

A **Plaut-Vincent-Angina**
PAS, 600x

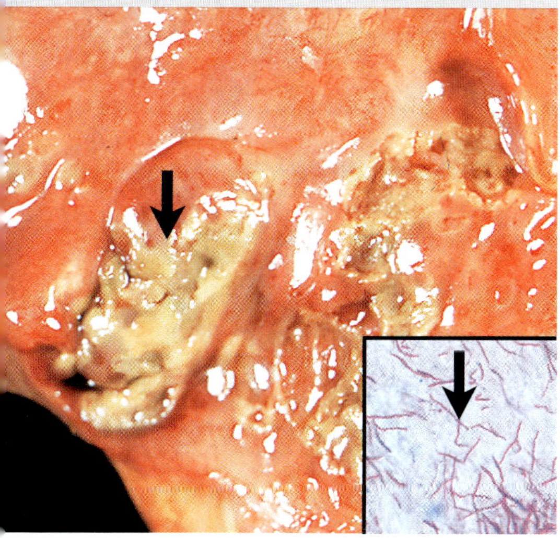

B **Nekrotisierende Fasziitis** (Schultergelenk)

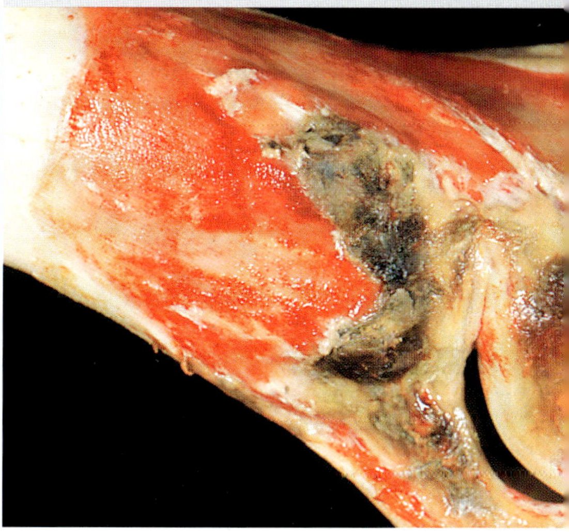

C **Magenulkus**

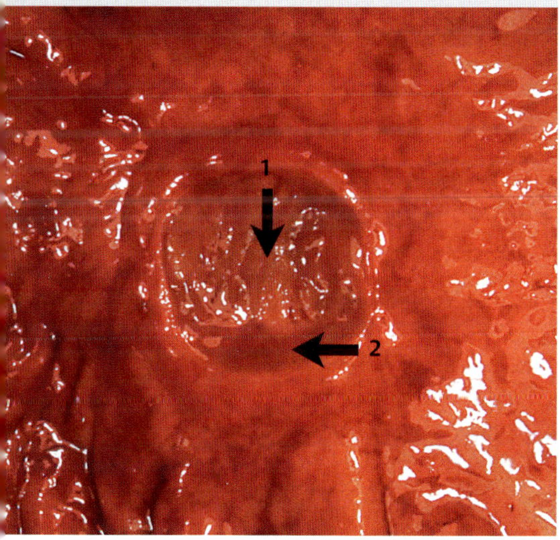

D **Magenulkus**
75x

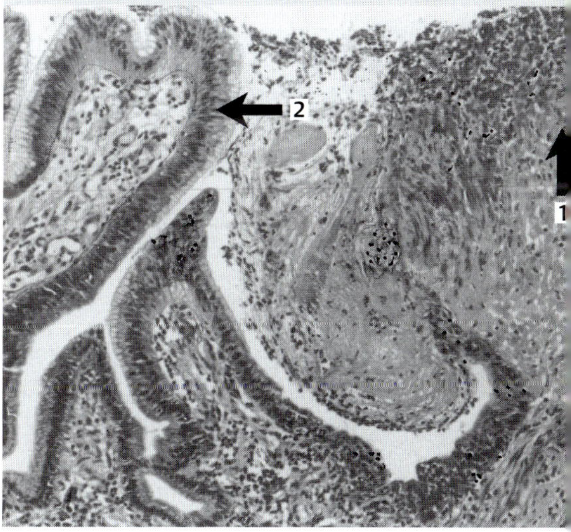

E **Colitis ulcerosa**
(Aufsicht)

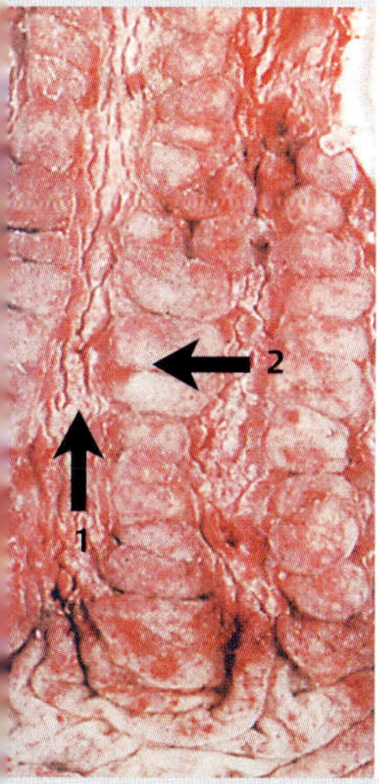

F **Colitis ulcerosa**
(Querschnitt)

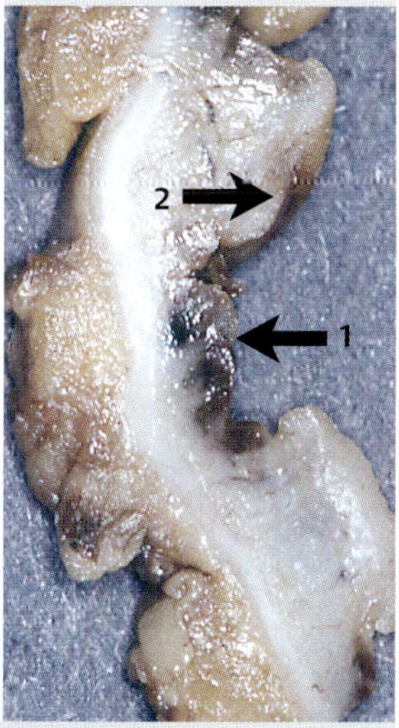

G **Colitis ulcerosa**
200x

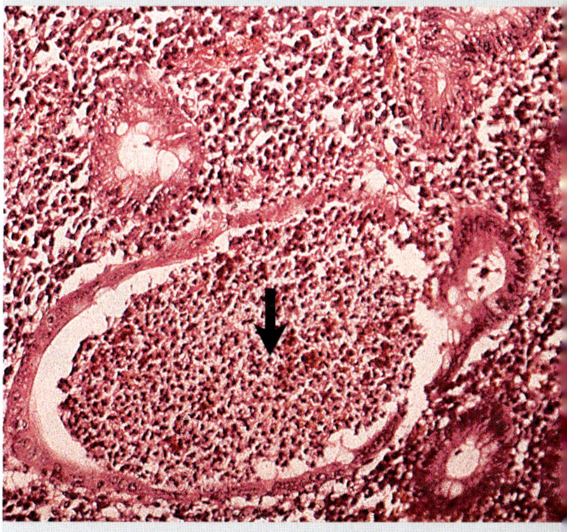

Areaktiv-nekrotisierende Entzündung

Definition: Akute nekrotisierende Entzündungsreaktion ohne nennenswerte leukozytär-fibrinöse Begleitreaktion.

Ätiologische Faktoren:
- Entzündungszellmangel (z.B. Agranulozytose),
- gewebstoxische Bakteriengifte,
- komplementaktivierende AG-AK-Komplexe (z.B. nekrotisierende Vaskulitis),
- durch T-Lymphozyten vermittelte Überempfindlichkeitsreaktion (z.B. Nekrose in Granulomen vom Tuberkulosetyp: Verkäsung).

Pathogenetische Folgereaktion: keine exsudative Entzündungsreaktion → Nekrosen ohne Leukozytentransmigration und Fibrinexsudation = areaktive Entzündung.

Gangräneszierende Entzündung

Synonym: Putride Entzündung

Definition: Jauchige Zersetzung einer nekrotisierenden Entzündung infolge Besiedelung mit Fäulniserregern (= Anaerobier).

Ätiologische Faktoren:
- allgemeine Resistenzschwäche,
- Diabetes mellitus,
- lokale Durchblutungsstörungen,
- entzündliche, ischämische, tumoröse Nekrosen.

Pathogenetische Folgereaktion: Prädisposition → Infektion mit sporenbildenden und nichtsporenbildenden Anaerobiern → faulig-brandige Zersetzung des Gewebes → Amin-, Merkaptan- oder Gasbildung im Gewebe → Kolliquationsnekrose (S. 132).

Beispiele:
- *Gangräneszierende Entzündung* des äußeren Genitales (= Fournier-Gangrän; ► A).
- *Gangräneszierende Muskelentzündung*: sie ist hier auf ein Muskelkompartiment beschränkt (► B1). Die übrige Muskulatur ist unversehrt (► B2).

> **!** **Merke:** *Gangränformen:*
> - ***Gangraena sicca:*** Ischämie → trockener Brand.
> - ***Gangraena humida:*** Fäulnis → feuchter Brand (► A, B).

Lymphoplasmozytäre Entzündung

Definition: Entzündung mit einem Infiltrat aus Lymphozyten und Plasmazellen (= Rundzellinfiltrat).

Biologischer „Sinn“: Zelluläre Entzündungsspezialisten gestalten Entzündungsreaktion.

Akute Formen: Rundzellinfiltrat mit zahlreichen Apoptosen (= Hinweis auf Autoaggression, Virusinfektion, allergisch-hyperergische Reaktion) ohne Kollagenfaservemehrung im Entzündungsgebiet.

Chronische Formen: Rundzellinfiltrat mit Vermehrung und Verbreiterung von Kollagenfasern (= Sklerosierung; S. 40) im Entzündungsgebiet.

Beispiel: chronische Eileiterentzündung (= Salpingitis) mit zahlreichen Lymphozyten im ödemdurchtränkten Stroma (► C, D).

> **!** **Merke:**
> - ***Granulozytäre (leukozytäre) Entzündung*** → Gewebezerstörung → reparative Ersatznarbe mit Strukturdefekt.
> - ***Lymphoplasmozytäre Entzündung*** → keine Gewebeeinschmelzung → chronischer Verlauf → Fibrose (Sklerose) ohne Strukturdefekt.

Fetale Entzündung

Embryo/Fetus: Makrophagenvorläuferzellen treten in der 4. Gestationswoche im Dottersackmesenchym, ab der 15. Gestationswoche im Knochenmark auf. Neutrophile Granulozyten werden erst mit Beginn der Blutbildung im Knochenmark ins zirkulierende Blut abgegeben. Konsequenz: Embryo kann pathogene Keime nur durch Phagozytose der Makrophagen bekämpfen, die aber noch keine AG zur AK-Bildung präsentieren können.

Der Fetus hat eine zelluläre Abwehr: Ab der 6. Gestationswoche treten früheste T-Zell-Vorläufer in Dottersack und Leber auf, müssen aber im Thymus noch geschult werden. Ab der 7. Gestationswoche treten früheste B-Zell-Vorläufer in der Leber, ab der 11. – 15. Woche in der Milz, ab der 30. Woche im Knochenmark auf. Jetzt können sie schon mit AG reagieren, bilden aber nur IgM-Immunglobuline. Ab der 28. Woche erreicht den Fetus mütterliches IgG (IgA, IgM kommen nicht durch die Plazentaschranke) → der Fetus kann sich immunologisch noch nicht wehren → Überlebens- und Gedeihchance für zellparasitäre Keime wie Herpes- und Zytomegaloviren, Toxoplasmen, Listerien und Treponemen → Fetopathien (S. 306).

Neugeborene: Die humorale Abwehr entwickelt sich erst in der postnatalen Phase.

Pathogenese und Morphologie:
- ***Virusinfektion*** → zytopathischer Effekt → Nekrosen → Verkalkungen (vgl. Toxoplasmose S. 306).
- ***Bakterieninfektion*** induziert 2 Reaktionsmuster:
  - Histiozytäre Granulome (S. 228): knötchenförmige Erregerumzingelung durch unreife Makrophagen.
  - Dystope, extramedulläre Blutbildungsherde (► E = Niere; F = Leber): unreife Blutzellen werden ins Entzündungsgebiet geschickt → Blutzellen proliferieren vor Ort → Blutzellbildung.

> **!** **Merke:** Extramedulläre Blutneubildungsherde können bei Feten und Neugeborenen eine besondere Manifestationsform der Entzündung darstellen.

Im folgenden wird der weitere Verlauf einer akuten Entzündungsreaktion besprochen.

A Gangräneszierende Genitalentzündung

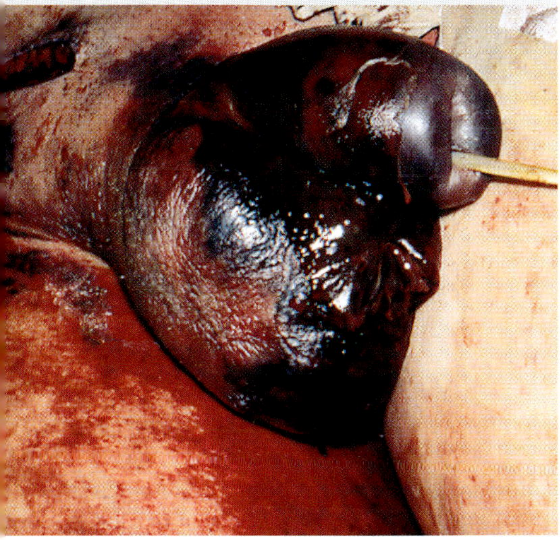

B Gangräneszierende Muskelentzündung

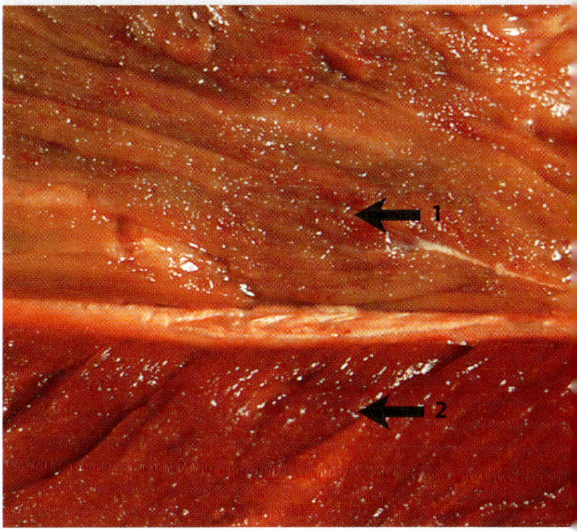

C **Chronische Salpingitis**
Giemsa, 75x

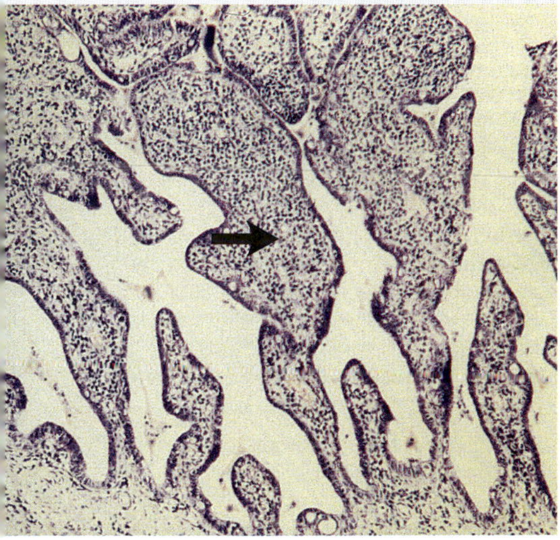

D **Chronische Salpingitis**
Giemsa, 200x

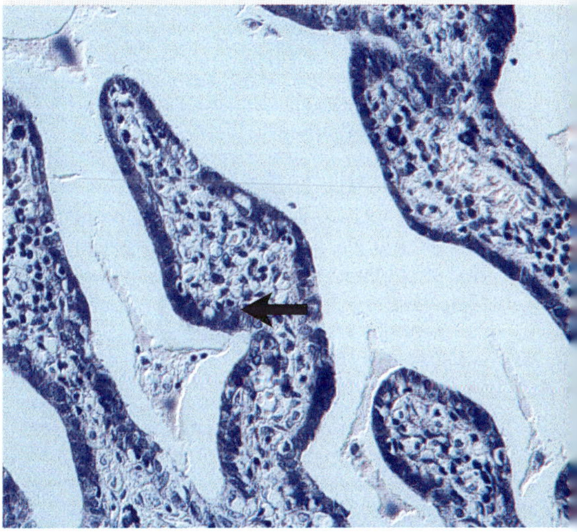

E **Fetalentzündung:** Leber
75x

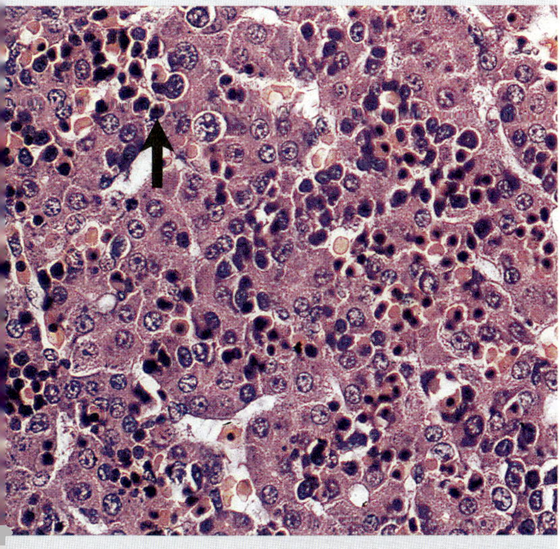

F **Fetalentzündung:** Leber
150x

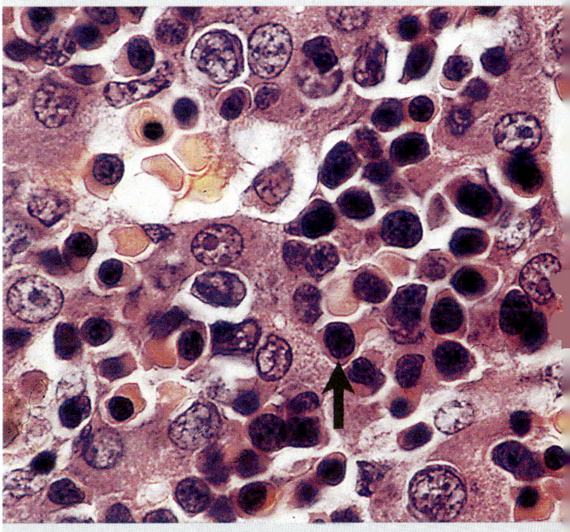

Akute Entzündung:

Verlaufsformen

Exsudatauflösung: Ohne Komplikationen oder Defekte im Abwehrsystem wird das entzündliche Exsudat durch Makrophagen (Histiozyten) beseitigt → Abtransport der gelösten Bestandteile des entzündlichen Exsudats über die Lymphgefäße in die regionalen Lymphknoten → regionäre Lymphadenitis.

Regeneration: Nach der Exsudatauflösung kann es entweder zur vollständigen Wiederherstellung des Gewebes (= restitutio ad integrum) oder zur Bildung eines Ersatzgewebes (= Defektheilung) kommen (S. 309ff).

Postinfektiöse Zweitkrankheiten: Im Rahmen der Entzündung können zirkulierende AG-AK-Komplexe entstehen → Überempfindlichkeitsreaktion Typ III (S. 170) → Zweitkrankheit.

Chronifizierung: Heilt eine akute Entzündung nicht ab, kann sie in eine chronische Entzündung übergehen.

Hämatogene Erregeraussaat

Definition: Erregeraussaat von einer Eintrittspforte über das Blutsystem in den Organismus mit Ausbildung von sog. septikopyämischen Ausscheidungsherden (s. u.) oder mit allgemeiner Gewebeschädigung ohne eitrige Entzündungsreaktion (= Sepsis).

Pathogenese: Ob es zu einer hämatogenen Erregeraussaat kommt oder nicht, hängt von folgenden Faktoren ab:
- ***Erregervirulenz*** = Aggressivität und Vermehrungstendenz des Erregers.
- ***Erregertoxine:*** Grampositive Bakterien (z. B. Diphtheriebakterien) bilden Exotoxine mit massiven AG-Eigenschaften → Neutralisation durch spezifische AK. Gramnegative Bakterien (z. B. Salmonellen) bilden Endotoxine mit geringgradiger AG-Wirkung → nach Anheftung des Endotoxins (► A1) an die Zellmembran (► A2) → Auslösung von Allgemeinreaktionen wie Fieber, Hautreaktion und Kreislaufschock (S. 394).
- ***Resistenz*** = unspezifische Fähigkeit des Organismus, einer Infektion zu widerstehen. Sie bestimmt den weiteren Ablauf eines Erregerkontakts.

Bakteriämie

Definition: Bakterien gelangen kurzfristig, klinisch symptomlos in die Blutbahn ($<10^5$ Keime/ml Blut).

Fungämie

Definition: Pilze gelangen aufgrund einer geschwächten Abwehrlage in die Blutbahn → immer klinische Symptome in Form einer Pilzsepsis.

Sepsis

Definition: Klinischer Nachweis (vor Antibiotikatherapie!) pathogener Bakterien oder Pilze ($>10^5$ Keime/ml Blut) im peripheren Blut bei entsprechender Allgemeinsymptomatik (Fieber).

Pathogenetisch ist die Freisetzung von Endotoxin ins Blut (= Endotoxinämie = „Blutvergiftung") entscheidend.

Morphologie: Die Sepsis läßt sich pathologisch-anatomisch erst nachweisen, wenn sich entsprechende morphologische Korrelate in Form des septischen Schocks (Schockorgane) gebildet haben (S. 394).

> **Merke:** *Sepsisbegriff* gilt nicht für Viren, Rickettsien oder für zellgebundene Bakterien, bei denen die Erreger innerhalb der Blutmonozyten überleben, ohne eine Sepsissymptomatik hervorzurufen.

Septikopyämie

Definition: Pathologisch-anatomisch faßbarer Zustand, bei dem es von einem Streuherd aus zu einer Einschwemmung von Bakterien oder Pilzen (= Fungämie) in die Blutbahn und anschließend zu einer Absiedlung der Erreger (► D2) mit reaktiv-eitriger Entzündung in diversen Organen kommt (► B, C, D1).

Morphologie: v. a. in Organen mit Austauschfunktion fallen „septikopyämische Ausscheidungsherde" auf:
- *Niere:* im Markkegel (► B);
- *Lunge:* in subpleuralem Gewebe (► C);
- *Herz:* im subendokardialen Myokard (► D1).

Prominenter Patient: Gustav Mahler, österreich. Komponist (1860 – 1911) (Streptokokkensepsis).

> **Merke:** *Sonderform der Septikopyämie* = Tuberculosepsis acutissima (S. 232) mit kleinherdigen, areaktiven Nekrosen um Bakterienstreuherde v. a. in Leber (► E1), Lunge, Milz.

> **Merke:** *Systemische Haupteffekte einer akuten Entzündungsreaktion:*
> - ***„Akutphase-Proteine":*** lymphozytäres IL-6 → Generierung von C-reaktivem Protein, Komplementfaktor C3, Serumamyloid-A, Fibrinogen, Proteaseinhibitor.
> - ***Fieber:*** Endotoxin → makrophagozytäres IL-1 und TNFα → hypothalamisches PGI_2 → Stimulation des vasomotorischen Zentrums → Fieber und Tachykardie.
> - ***Blutleukozytose.***

A **Endotoxin** auf Epithelzelle
TEM, 100000x

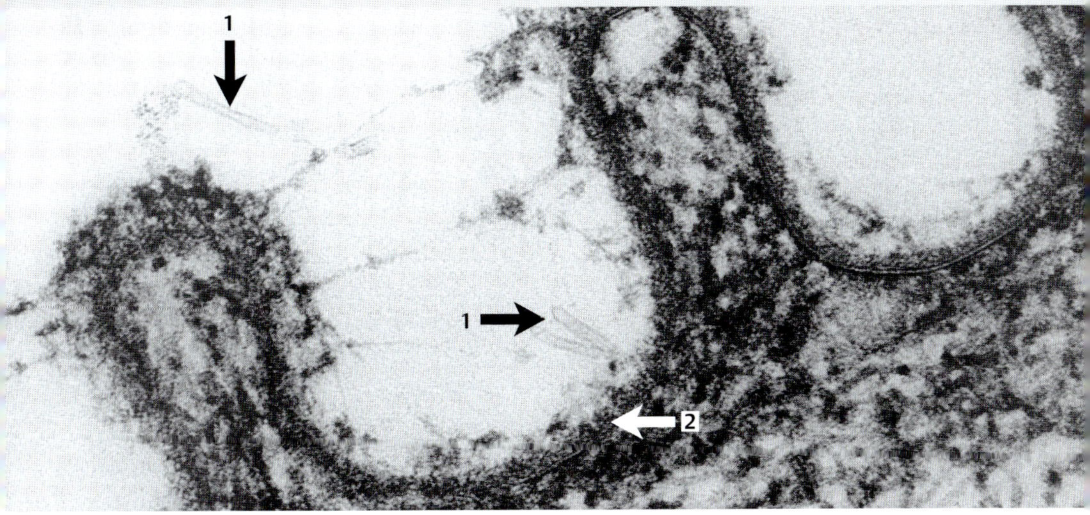

B **Septikopyämie:** Niere

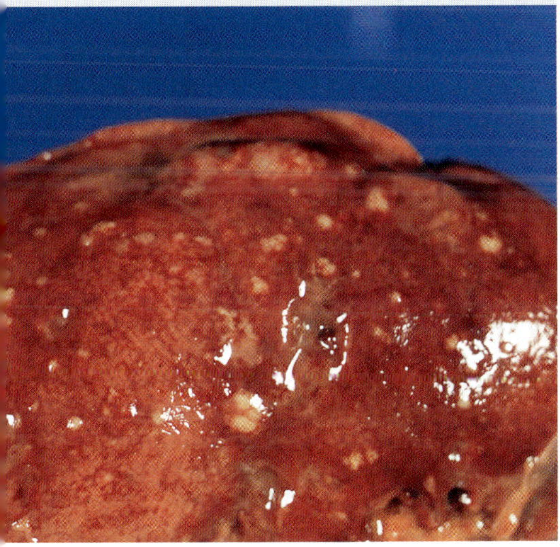

C **Septikopyämie:** Lunge

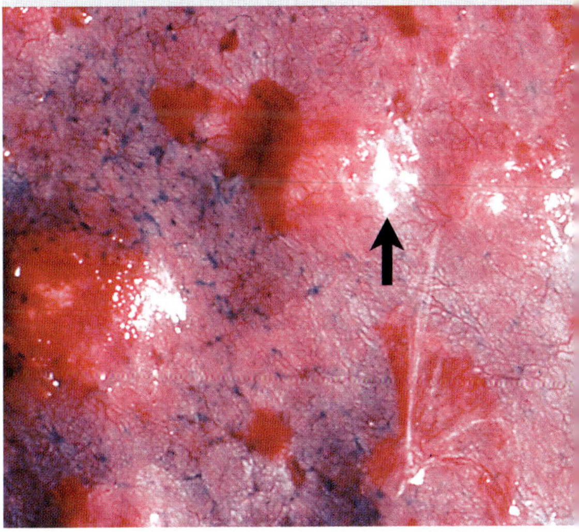

D **Septikopyämie:** Myokard
100x

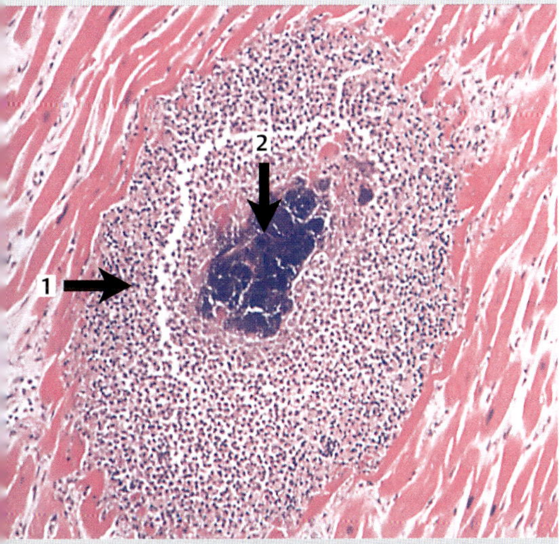

E **Tuberculosepsis acutissima:** Leber
50x

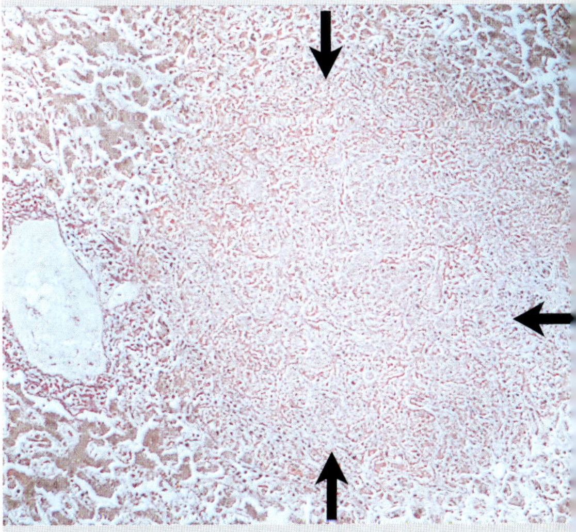

Chronische Entzündung

Biologischer „Sinn": Nützt die Sofortmaßnahme einer akuten Entzündungsreaktion nichts, so schlägt der Organismus quasi die Taktik des Guerillakampfes ein → die Entzündungsnoxe wird von spezialisierten Einzelkämpfern (Makrophagen, Lymphozyten, Plasmazellen) umstellt und mit deren Spezialwaffen (Proteasen, Zytotoxizität, AK) nach und nach niedergerungen.

Dieser längerdauernde Entzündungsprozeß ist histologisch an der Ausbildung der folgenden chronischen Entzündungsformen erkennbar:
- chronisch-nichteitrige Entzündung,
- chronisch-eitrige Entzündung,
- granulomatöse Entzündung.

Chronisch-nichteitrige Entzündung

Synonym: Chronisch-lymphozytäre Entzündung

Definition: Chronische Entzündung ohne eitrige Gewebeeinschmelzung.

Pathogenetische Faktoren:
- immunologische Entzündungsreaktion mit zytotoxischen Lymphozyten und/oder AG-AK-Reaktion;
- Umweltnoxen, bestimmte Keime.

Assoziierte Krankheit

Chronische Bronchitis

Definition (WHO): Atemwegserkrankung mit persistierendem oder immer wieder auftretendem Husten und Auswurf an den meisten Tagen von mindestens 3 aufeinanderfolgenden Monaten während mindestens 2 aufeinanderfolgenden Jahren.

Ätiologische Faktoren:
- *endogene* Faktoren (Prädisposition): Allergiker, Atopiker, Mukoviszidose, IgA-Mangel, angeborene oder erworbene Kinoziliendysplasie in der Nasotracheobronchialschleimhaut.
- *exogene* Faktoren: v. a. Zigarettenrauchen; daneben auch: Industrieabgase, Nebel, Viren, Bakterien.

Pathogenetische Kettenreaktion bei der „Raucher-Bronchitis" (► A, B): Zigarettenrauch → Hemmung der Kinozilienaktivität des respiratorischen Flimmerepithels (► A1) → Beeinträchtigung der mukoziliären Clearance (► A2) → inhalierte Noxen verweilen auf der Nasotracheobronchialschleimhaut → chronische Schädigung der Flimmerepithelien → Ersatz der Flimmerepithelien durch schleimbildende Becherzellen (► B1) in Form einer Becherzellmetaplasie (S. 318) sowie reaktive Hypertrophie der Schleimdrüsen in der Bronchialwand (► B2) → vermehrte Schleimbildung. Da die Hustenreflexzone erst in den Bronchien beginnt, bleibt der mit Schmutz beladene Schleim auf der Bronchialschleimhaut liegen → Blockade der mukoziliären Clearance → chronische Entzündung mit lymphoplasmozytärem Infiltrat (► B3) → chronischer Hustenreiz → Hypertrophie der Bronchialwandmuskulatur (► B4) sowie hernienartige Ausweitung der Bronchialdrüsen-Ausführgänge.

+ Komplikation:
- *Chronisch-mukopurulente Bronchitis:* Durch die chronisch-katarrhalische Entzündung werden die Wachstumsbedingungen v. a. für opportunistische Keime (z. B. Hämophilus influenzae) optimiert. Folgen: bakterielle Besiedelung → Neutrophilenchemotaxis → Neutrophile wandern ins Entzündungsgebiet → chronisch mukopurulente Bronchitis (s. u.) mit grün-gelblichem putridem Auswurf.

Prominente Patienten:
Giacomo Puccini, ital. Komponist (1858 – 1924).
Henri Matisse, franz. Maler (1869-1954).

! Merkspruch: *Chronische Bronchitis:*
„Der einzige Reiz, den ältere Männer haben, ist der Hustenreiz." (♂ >> ♀.)

Chronisch-eitrige Entzündung

Sie tritt in folgenden Varianten auf:
- chronisch-mukopurulente Entzündung,
- chronisch-granulierende Entzündung (als Sonderform der eitrigen Entzündung).

Chronisch-mukopurulente Entzündung

Pathogenese: Besiedelung schleimhautbesetzter Hohlorganen mit pyogenen Keimen → eitrige Entzündungsreaktion → chronisch-rezidivierende Schleimhautschädigung → Ersatz durch Plattenepithel (► C1), zusätzlich Schleimhautfibrosierung (► C2) → bei Entzündungspersistenz → Schleimhautatrophie → Übergang in eine chronisch-atrophische Entzündung.

Beispiele:
- Chronisch-mukopurulente Bronchitis (schleimig-eitriger Auswurf);
- Chronisch-mukopurulente Rhinosinusitis (schleimig-eitriger Schnupfen).

+ Komplikationen:
- *Chronisch-atrophische Rhinitis:* Bei Besiedelung des liegenbleibenden, eingedickten Nasensekrets mit Fäulniserregern (Klebsiella ozaenae) → süßlicher Fäulnisgeruch → „Stinknase".
- *Chronisch-atrophische Bronchitis* (► C). Bei entsprechendem Ausmaß der Bronchialwandatrophie → exspiratorischer Bronchialwandkollaps.

! Merke: *„Aktive chronische Entzündung"*
= chronische Entzündung mit progredienter Gewebezerstörung mit/ohne gleichzeitigem Neutrophileninfiltrat.

A Normaler Bronchus

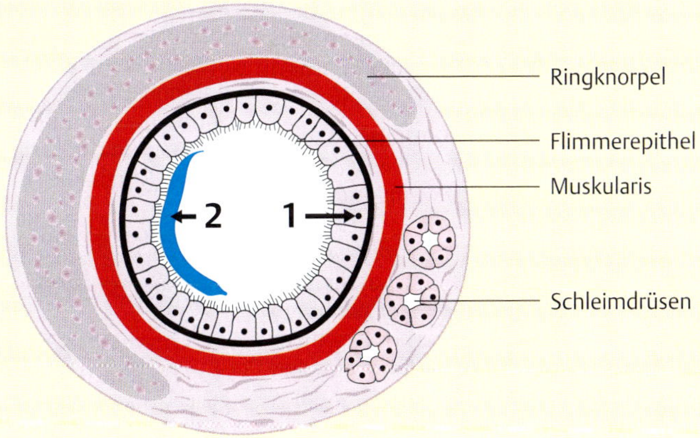

B Chronisch-hypertrophe Bronchitis

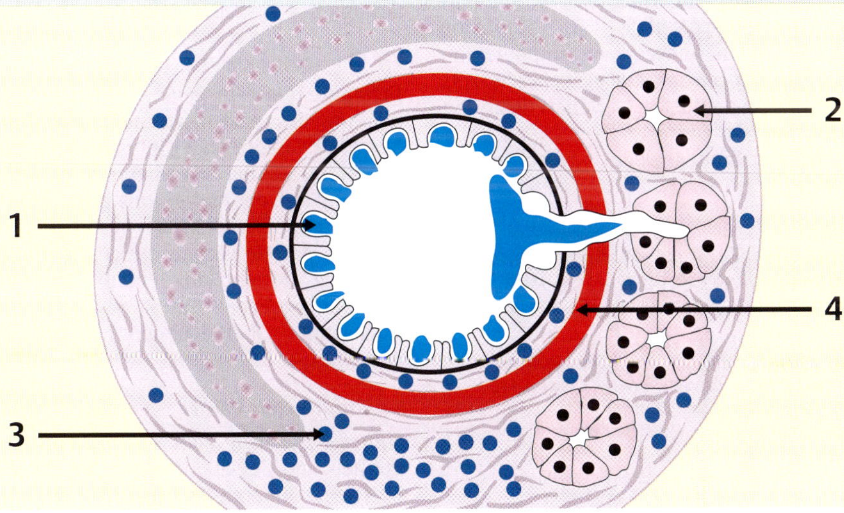

C Chronisch-atrophe Bronchitis

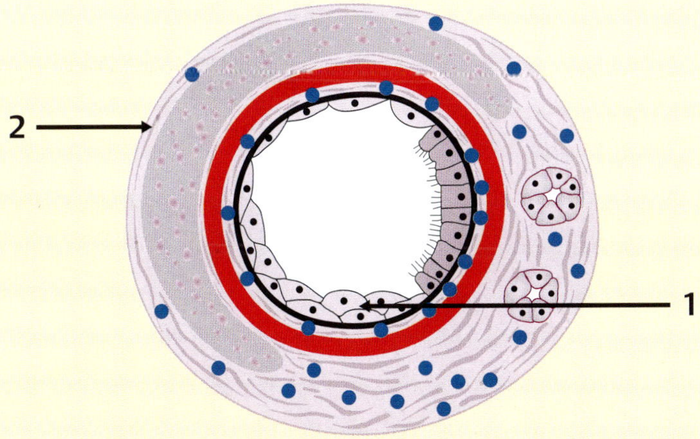

Granulierende Entzündungen

Allgemeine Definition: Durch die Neubildung eines kapillarreichen, resorptiven Mesenchyms (= Granulationsgewebe) gekennzeichnete, chronische Entzündungen.

Allgemeine Histologie: Allen chronischen granulierenden Entzündungen gemeinsam ist folgender dreischichtiger Aufbau des entzündlichen Granulationsgewebes:

- ***Resorptionszone*** (► A1, B1). Sie grenzt als innerste Zone direkt an das nekrotische Material und besteht v. a. aus resorbierenden Histiozyten → diese speichern das schwer abbaubare Fett in lysosomalen Vakuolen → sie erhalten dadurch einen vakuolär-schaumigen Zytoplasmaaspekt → „Schaumzellen".
- ***Zone der Bindegewebsneubildung*** (► A2, B2). Sie besteht aus kapillar- und fibroblastenreichen Granulationsgewebe mit resorptiv-reparativer Funktion, wobei Kapillarsprossen oberflächlich als Körnchen (Name: Granulationsgewebe) imponieren.
- ***Zone des ausgereiften Bindegewebes*** (► A3). Äußerste und älteste Gewebeschicht mit Ausreifung des Granulationsgewebes zu faserreichem Bindegewebe → mechanische Festigkeit.

Merke: *Vorkommen „granulierende Entzündung":* Eine granulierende Entzündung ist eine Folgereaktion auf größere Gewebsdefekte. Sie entspricht gewissermaßen einer „Wundheilung".

Merke: *Funktionen des Granulationsgewebes:*
- ***Demarkation*** gesunden Gewebes von nekrotischem Gewebe.
- ***Resorption*** nekrotischen Gewebes → Organisation.
- ***Reparation*** von Gewebedefekten → Defektheilung.

Eine granulierende Entzündung kann morphologisch in folgenden Varianten auftreten:
- Nekrosedemarkation,
- chronischer Abszeß,
- chronische Fistel,
- chronisches Ulkus.

Nekrosedemarkation

Pathogenese: Nekrosen, Gewebsblutungen (Hämatome) und makroskopische Fibrinabscheidungen werden durch ein kapillarreiches Granulationsgewebe vom vitalen Gewebe in Form eines „hämorrhagischen Randsaums" abgegrenzt und resorbiert (► C, Herzmuskelnekrose = Herzinfarkt).

Merke: Nekrose = Gewebs-„Wunde". Die granulierende Entzündung entspricht formalpathogenetisch einer Wundheilung.

Chronischer Abszeß

Pathogenese: Keine spontane oder iatrogene Entleerung eines Abszesses → Bildung einer Abszeßmembran (► D: chronischer Leberabszeß) aus Granulationsgewebe um die Nekrose. Resorbierende Histiozyten sind mit den Membranlipiden nekrotischer Zellen vollgefressen → sie imponieren als „Schaumzellen" → Gelbfärbung der Abszeßmembran.

Chronische Fistel

Definition und Pathogenese: Pathologische Verbindung des nekrotisierenden Entzündungsherdes mit äußerer oder innerer Körperoberfläche. Besonders bei abszedierenden Entzündungen kann sich der Abszeßinhalt über eine Hautfistel spontan nach außen oder über eine innere Fistel in ein Hohlorgan entleeren. Die Fistelwandung besteht aus einem Granulationsgewebe. Der Fistelkanal kann z. T. durch einwachsendes Oberflächenepithel ausgekleidet werden.

Chronisches Ulkus

Pathogenese: Nicht oder verzögert abheilender Epithel- und Gewebedefekt im Bereich der inneren und äußeren Körperoberfläche (► E) mit Demarkierung durch ein Granulationsgewebe mit typischer Dreischichtung. Die Resorptionszone umfaßt hier die fibrinoide Bindegewebsnekrose im Ulkusgrundbereich.

Merke: *Beschaffenheit des „Ulkusrandes":*
- ***Tumorulkus:*** derb, aufgeworfen, markig.
- ***Entzündungsulkus:*** weich (rötlich, aufgeworfen).

A **Dreischichtung des Granulationsgewebes**

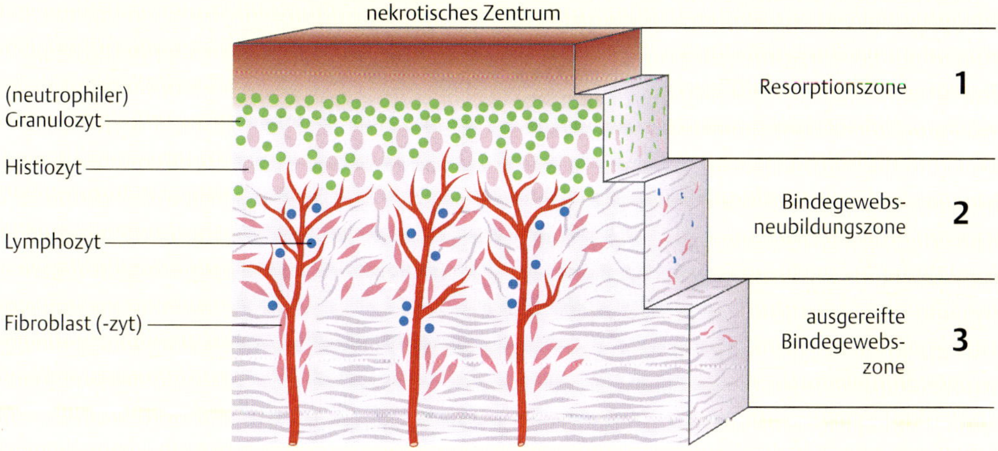

B **Granulationsgewebe**
50x

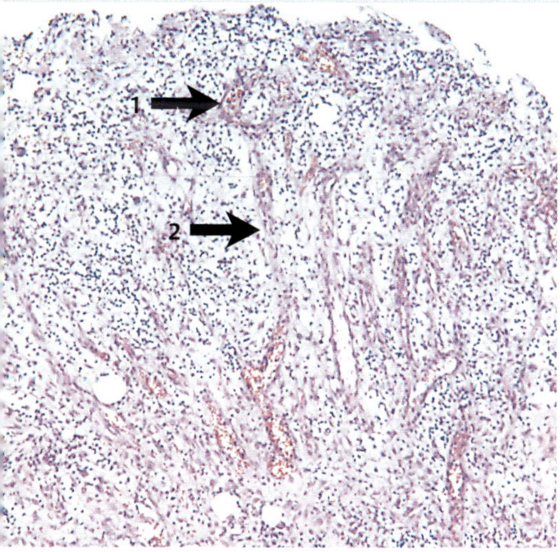

C **Nekrosedemarkation** (Herzinfarkt)

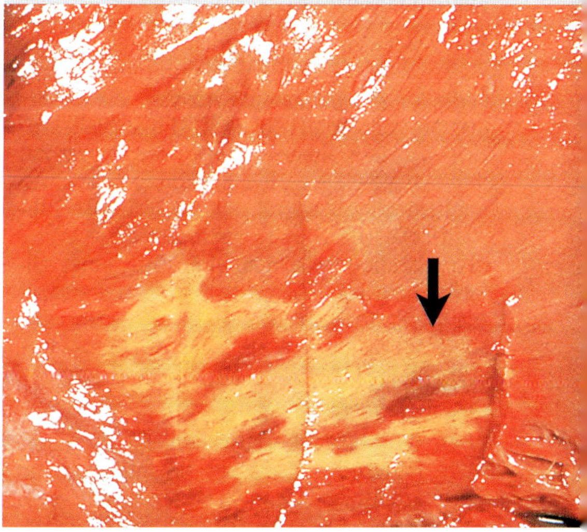

D **Chronischer Leberabszeß**

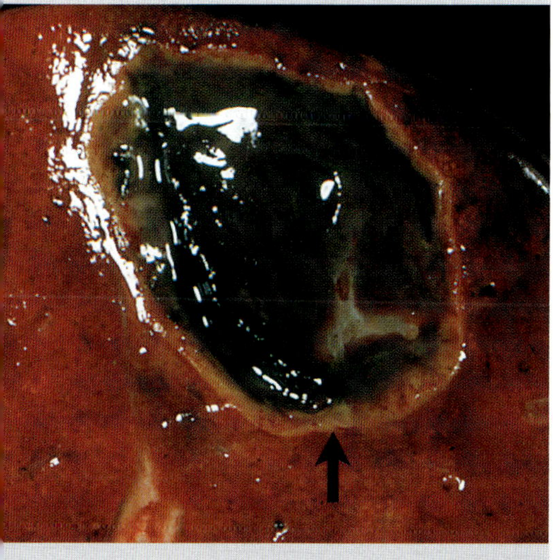

E **Chronisches Ulkus** (Aussenknöchel)

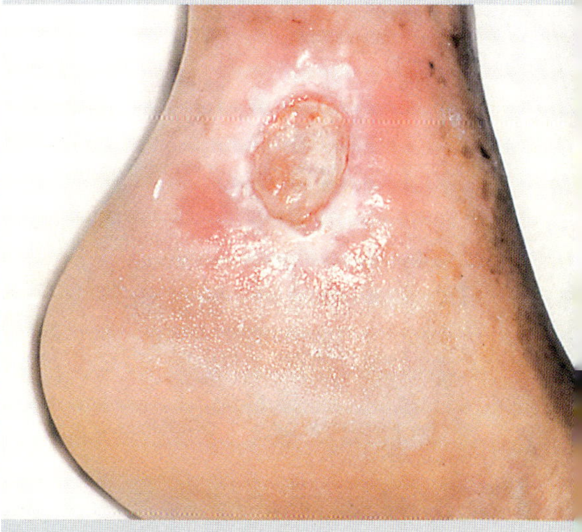

Granulomatöse Entzündungen

Abkürzung: RZ = Riesenzelle, MPh = Makrophage

Allgemeine Definition: Chronische Entzündungen, deren Hauptcharakteristikum ein oft mehrere Millimeter großes Knötchen aus Entzündungszellen ist.

Die fokale Konzentration der am Granulomaufbau beteiligten Zellen des Makrophagensystems (MPh, Epitheloidzellen, mehrkernige RZ) variiert unter den einzelnen Entzündungen. Daher kann ein „Granulom" scharf umschrieben oder diffus verschwommen sein.

Granulomzellen

Makrophagen: Sie wandeln sich unter dem Einfluß von Zytokinen oder T-Lymphozyten zu Spezialisten für Phagozytose- und AG-Präsentation um. Müssen sie jedoch persistierende AG phagozytieren, so wandeln sie sich zu Epitheloidzellen um.

Epitheloidzellen: Sie haben zwar ihre für die Phagozytose wichtigen Membranrezeptoren verloren, aber ihr Zytoplasma ganz auf die Sekretion von Proteasen und MPh-stimulierenden Zytokinen umgestellt. Um die Effektivität ihrer Enzyme zu verbessern, bilden sie einen epitheldichten Zellwall (Name!) mit undeutlichen Zellgrenzen und riegeln auf diese Weise den Entzündungsherd ab → Bildung eines mikrobiziden Mikromilieus. Histologisch enthalten die Epitheloidzellen einen großen, schuhsohlenförmigen Kern mit lockerem Chromatin.

Mehrkernige RZ: Sie entstehen durch Fusion von MPh und Epitheloidzellen zu einem Synzytium. Ältere RZ sind dabei „Herbergen" für junge MPh-„Einwanderer", indem sie mit frisch im Entzündungsgebiet angelangten MPh verschmelzen.

Ihrer Morphogenese entsprechend lassen sich in Granulomen folgende RZ-Typen unterscheiden:

- *Ungeordnete RZ:* mit ungleichmäßig im Zytoplasma verstreuten Kernen.
  Prototyp: „Fremdkörper-RZ".
- *Geordnete RZ:* mit je nach Schnittebene kranz- oder ringförmig in der Zellperipherie gelegenen Kernen.
  Prototyp: „Langhans-RZ".

Im Zytoplasma finden sich manchmal folgende Zellsequester:

- Asteroidkörper = sternförmige Zytoskelettanteile.
- Konchoidkörper (= Schaumann-Körper) = muschelförmig verkalkte Zytoplasmateile.

> **! Merke:** *Funktion der mehrkernigen RZ:*
> Die verschmolzenen MPh sind zwar nicht mehr so wanderlustig (= Migration) und gefräßig (= Phagozytose) wie in der mononukleären Jugendzeit, produzieren dafür aber reichlich zytotoxische und ebenso mikrobizide O_2- und N_2-Verbindungen.

Granulom-Histogenese

Die zelluläre Zusammensetzung eines Granuloms hängt von nachstehend aufgeführten Faktoren ab:

- Abwehrlage des Organismus,
- AG-Charakter des Reizstoffes,
- mengenmäßiges Überwiegen des AG oder AK bei Immunreaktion,
- Effizienz der Neutrophilen und
- Reaktivität der T-Zellen.

Je nach Toxizität des Reizstoffes entstehen nachfolgend beschriebene Granulomformen:

Epitheloidzellige Granulome

Definition: Scharf begrenzte Knötchen, größtenteils aus epitheldicht gruppierten Spezial-MPh (= Epitheloidzellen).

Pathogenese und Morphologie: Diese Granulome werden z. T. durch relativ toxische Substanzen wie Mykobakterienbestandteile (Tuberkulin) hervorgerufen. Nur wenige Granulom-MPh enthalten den Reizstoff.

Zu den epitheloidzelligen Granulomen gehören:

- Granulom vom Sarkoidosetyp;
- Granulom vom Tuberkulosetyp.

Epitheloidzellige Granulome werden je nach Ätiologie durch Leukozyteninfiltrate und/oder Nekrosen folgendermaßen verändert:

- *Verkäsende Granulome:* Bei zellgebundener Immunität gegen Bestandteile von Entzündungserregern (z. B. Tbc) werden die Granulome durch eine T-lymphozytäre Zytokinbildung sowie durch Freisetzung von Makrophagenproteasen weitgehend nekrotisch.
- *Abszedierende Granulome:* Bei einer Infektion mit bestimmten Erregern werden auch Neutrophile ins Granulom gelockt → abszedierende histiozytäre Entzündungsreaktion im Granulomzentrum.

Histiozytäre Granulome

Definition: Unscharf begrenzte, knötchenförmige Ansammlungen von meist phagozytierenden Histiozyten (= „Fremdkörpergranulome").

Pathogenese und Morphologie: Diese Granulome bestehen hauptsächlich aus Histiozyten und werden durch wenig toxische Fremdstoffe wie Urate oder fremdgewordene Stoffe wie immunkomplexumhülltes Kollagen hervorgerufen. Nahezu alle darin vorhandenen Histiozyten (MPh) sind mit dem Reizstoff beladen oder mit seiner Phagozytose beschäftigt.

Zu den histiozytären Granulomen gehören:

- Rheumatisches Granulom;
- Rheumatoides Granulom;
- Fremdkörpergranulom.

Granulom-Morphologie

Die granulomatösen Entzündungen lassen sich nach ätiologischen Gesichtspunkten, aber auch nach ihrem auffälligsten Merkmal, der Granulom-Morphologie, einteilen.

Formalpathogenetische Klassifikation der granulomatösen Entzündungsreaktion (nach Müller-Hermelink)

Granulomatöser Entzündungstyp	Granulomhistologie
Epitheloidzellige Granulome	
Kleinherdige Epitheloidzellreaktionen – infektiös – tumorassoziiert	wenig umschriebene, kleine Epitheloidzellgranulome
Granulomatöse Epitheloidzellreaktionen – infektiöse Epitheloidzellreaktion – tuberkuloide Fremdkörpergranulome – tumorassoziierte Granulome – Hypersensitivitätsgranulome	gut umschriebene, große Epitheloidzellgranulome mit/ohne Nekrose
Mischzellige Granulome	histiozytäre, epitheloidzellige Granulome, mit/ohne Granulozyten
Histiozytäre Granulome – rheumatisches Granulom – rheumatoides Granulom – Fremdkörpergranulome – hypererge Histiozytose	histiozytäre Granulome mit/ohne Granulozyten

! **Merke:** Granulomatöse Entzündung ≠ granulierende Entzündung.

! **Merke:** *Granulom ↔ Granulationsgewebe:* Granulomatöse Entzündung = (entzündungs-) „spezifisches" (besser: entzündungstypisches) Granulationsgewebe in mehr oder weniger deutlicher Knötchenform.

! **Merke:** *Granulom ↔ Entzündungsspezifität:* Granulom gibt **Hin**weis aber keinen **Be**weis für eine bestimmte Entzündungsätiologie.

! **Merke:** *Ursachen einer granulomatösen Lymphadenitis:*
- Infektionen (v. a. Tuberkulose, Syphilis, Toxoplasmose, Pilzerkrankungen);
- Sarkoidose, Morbus Crohn;
- Reaktion auf Fremdkörper;
- Reaktion auf Tumormaterial.

! **Merke:** *Unterscheide folgende Zelltypen:*
- Langerhans-Zelle = AG-präsentierende Zelle in der Epidermis.
- Langhans-Riesenzelle = geordnete mehrkernige Riesenzelle.

Im folgenden werden jene Granulome gesondert besprochen, die histologisch gut erkennbar sind und für bestimmte Krankheiten einen pathognomonischen Wert besitzen.

Granulom vom Sarkoidosetyp

Definition: Kleine Granulome aus Epitheloidzellen (= nicht-verkäsende Epitheloidzellgranulome) ohne zentrale Nekrose (Verkäsung), mit kollagenfaseriger Ummantelung und Neigung zur zentripetalen Fibrosierung.

Pathogenetische Kettenreaktion: Primäre Störung des Immunsystems (welche ?) → Kontakt mit AG (im Fall der Sarkoidose: nicht-kultivierbare Mykobakterien mit Wanddefekt) → Proliferation der T-Helferzellen → Produktion von Makrophagen-steuernden Zytokinen → Makrophagen werden angelockt (Chemotaxisfaktor = Chemokin), vor Ort festgehalten (Migrationshemmfaktor), sie bilden Riesenzellen (Fusionsfaktor), die Umgebung fibrosiert (Fibroblastenwachstumsfaktor), Makrophagen wandeln sich zu Epitheloidzellen um (Aktivierungsfaktor) → Granulombildung (► A).

Granulom-Histologie: Solche Granulome bestehen aus einer herdförmigen Ansammlung von Epitheloidzellen (► C1, F) mit ungeordneten und geordneten Riesenzellen (► C2) vom Langhans-Typ (oft mit Konchoid- und Asteroidkörperchen; ► C3) und einem peripheren Lymphozytenwall. Die Sarkoidosegranulome werden meist mantelförmig von Kollagenfasern umgeben → Granulome neigen dazu, von der Peripherie zum Zentrum hin zu fibrosieren und zu hyalinisieren. Keine zentrale Nekrose.

Beispiele
- *Sarkoidose* (= Morbus Boeck);
- *Morbus Crohn*;
- *Berylliose* nach Verletzung mit berylliumhaltigen Leuchtröhren;
- *primär-biliäre Zirrhose:* dies ist eine autoaggressive, fortschreitende Gallengangszerstörung mit Gallefreisetzung ins Leberparenchym und nachfolgendem zirrhotischen Umbau des Leberparenchyms (S. 22);
- *exogen-allergische Alveolitis.*

Assoziierte Krankheiten

Sarkoidose

Synonym: Morbus Boeck

Definition: Mehr oder minder generalisierte, Mykobakterien-assoziierte Erkrankung, die mit einer granulomatösen Entzündungsreaktion v. a. in der Lunge und den Lymphknoten (aber auch in anderen Organen) einhergeht.

Pathogenese (s.o.)

Morphologische Stadien:
- ***Initialstadium:*** lymphozytäre Alveolitis.
- ***Granulomatöses Entzündungsstadium:*** nichtverkäsende Epitheloidzellgranulome → Granulomkonfluenz v. a. in Bronchialschleimhaut, Lungenparenchym und Lymphknoten → fleischiger Aspekt der vergrößerten Lymphknoten (► E); daher der Name Sarkoidose.
- ***Vernarbungsstadium:*** zentripetale Fibrosierung und Vernarbung der ehemaligen Granulome → Folgen davon: interstitielle Lungenfibrose mit perifokalem Emphysem → restriktive respiratorische Insuffizienz.

Morbus Crohn

Definition: Chronisch-granulomatöse Gastrointestinalentzündung (= granulomatöse Enterokolitis) mit Bevorzugung des terminalen Ileums (= Ileitis terminalis) und segmentalem Befall (= Ileitis regionalis).

Pathogenese: Genetische Prädisposition (welche?) → Infektion (womit?) → autoreaktive AK und T-Zellen → fissurale, granulomatöse Entzündung.

Morphologie: Diskontinuierliche Entzündung mit lymphoplasmozytärem Infiltrat. Beginn mit aphthoider Schleimhautläsion → Ulkusbildung. Zwischen Ulzera liegt reichlich Granulationsgewebe → Pflastersteinaspekt der Schleimhautoberfläche (► B). Keilförmige Entzündungsausdehnung (= fissurale Entzündung, ► D) → Perforation → Fistelung in benachbarte Darmschlingen (interenterische Fisteln) und Abszeßbildung zwischen den Darmschlingen → Darmverklebungen → entzündlicher „Konglomerattumor". Ausbildung von Epitheloidzellgranulomen (► F) in 60 % der Fälle. Später: reparative Darmwandfibrosierung → starre Darmwandstenose → radiologisch: Gartenschlauchaspekt.

Prominenter Patient:
D. D. Eisenhower, 34. US-amer. Präsident (1953 – 1961).

Merke: *Morbus Crohn:*
- *„skip lesions":* Crohn-freie Darmabschnitte zwischen Crohn-befallenen Abschnitten (falsch-negative Diagnose!).
- *Präkanzerose* bei langer Krankheitsdauer.

A Sarkoidosegranulom

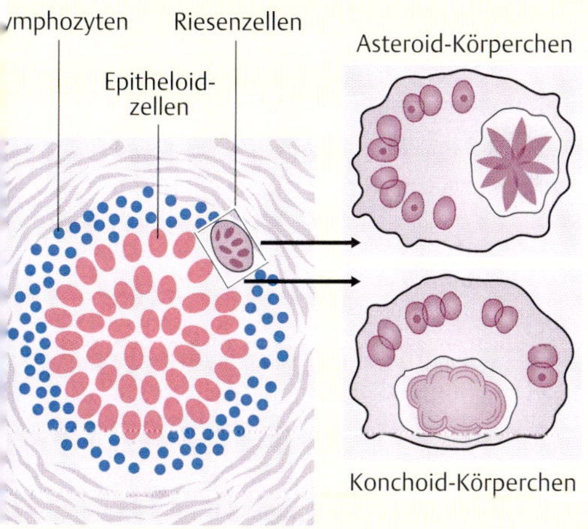

B Morbus Crohn

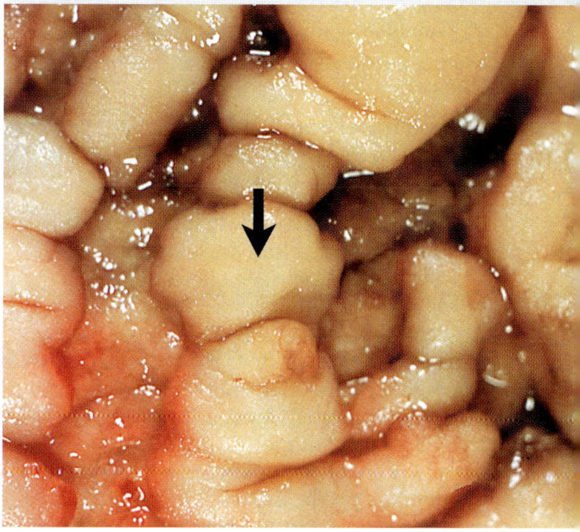

C Sarkoidosegranulom
100x, Einsatz: 300x

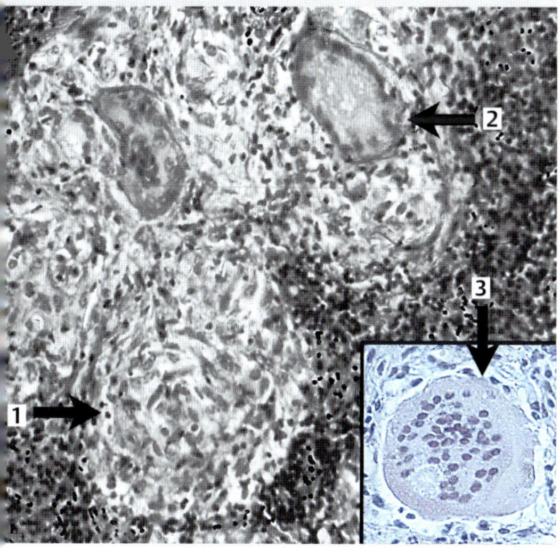

D Morbus Crohn (Fissur)

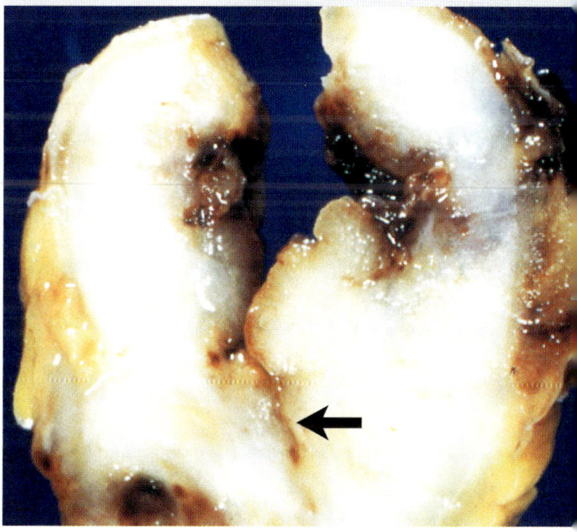

E Sarkoidoselymphknoten

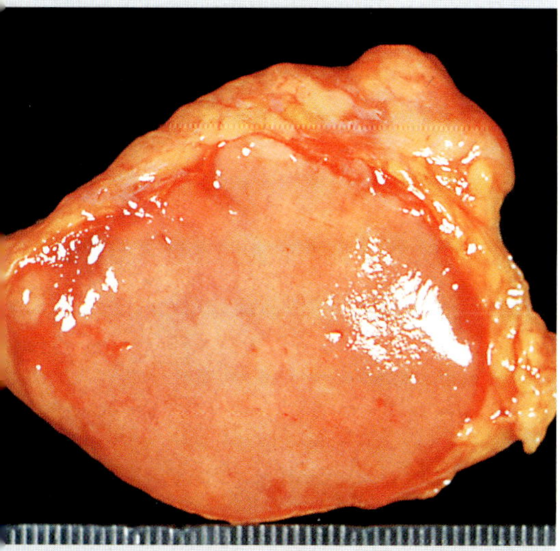

F Morbus Crohn (Granulome)
100x

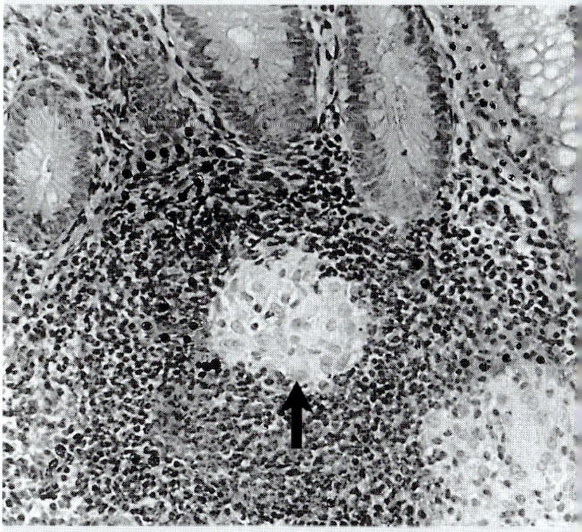

Granulom vom Tuberkulosetyp

Abkürzungen: RZ = Riesenzelle, MPh = Makrophage, EZ = Epitheloidzelle

Definition: Große umschriebene Granulome aus EZ mit zentraler Verkäsung (Nekrose) und lymphozytärer Ummantelung.

Pathogenetische Kettenreaktion: Sie wird v.a. durch Erreger ausgelöst, die fakultativ intrazellulär (über-)leben können und somit die Phagozytoseprozedur überstehen. Folgen: Erreger werden nach Phagozytose wieder „ausgespuckt" (Erreger-spit-out) → MPh alarmieren T-Lymphozyten → Zytokinbildung (Anlockfaktor, Wanderungshemmfaktor, Aktivierungsfaktor) → EZ-Anhäufung → EZ-Knötchen (= EZ-Tuberkel). Allmählich kommen auch die B-Zellen mit den Erreger-AG in Kontakt → humorale AK gegen Erreger → Komplementaktivierung → Effektivierung der makrophagozytären Phagozytosetätigkeit → gewebseinschmelzende Nekrose in den bereits makroskopisch erkennbaren Granulomen (► A, C) → Verkäsung (S. 130) → später: Verkalkung (S. 136).

Granulom-Histologie: Granulom mit zentraler verkäsender Nekrose (► B); darin z.T. abgetötete Erreger und MPh-Reste, umgeben von einem abdichtenden Wall (► D1) aus bakterientötenden MPh (= EZ), die zum Teil zu mehrkernigen geordneten RZ vom Langhans-Typ (► D2) verschmolzen sind. Die Granulomperipherie besteht aus einem Lymphozytenwall (► D3).

Beispiele:
- Tbc (S. 264),
- Lepra (S. 264),
- Lues (S. 262).

Prominente Patienten: (Lungentuberkulose)
Carl Maria von Weber, Komponist (1786 – 1826).
Frederic Chopin, poln. Komponist (1810 – 1849).
Ernst Ludwig Kirchner, dtsch. Maler (1883 – 1924).
Franz Kafka, österreich. Schriftsteller (1883 – 1924).

Merke:
- *Granulom bei Tuberkulose = Tuberkel:* zentral kein Gefäß, peripher Lymphozyten;
- *Granulom bei Syphilis = Gumma zentral finden sich Gefäße, peripher Plasmazellen.*

Merke: *Sonderform des Tuberkulosegranuloms:* = „areaktive Granulome" bei der Tuberkulosepsis acutissima (S. 223): Überrumpelung eines immungeschwächten Organismus durch den Erreger → hämatogene Erregeraussaat → die Organe (Lunge, Leber, Milz, Lymphknoten) sind mit 1 – 2mm großen Nekroseherden übersät.
- *Nekrosezentrum:* massenhaft säurefeste Stäbchen
- *Nekroseperipherie:* meist fehlende, zelluläre Abwehrreaktion (kaum RZ, kaum EZ).

Merke: Verkalkte tuberkulöse Nekroseherde können noch „infektiöse Tuberkelbazillen" enthalten.

Granulom vom Pseudotuberkulosetyp

Synonym: Retikulozytär abszedierendes Granulom

Definition: Mischzellige, oft schlecht umschriebene Granulome aus MPh („Retikulozyten") und EZ mit zentral granulozytär einschmelzender Nekrose.

Pathogenetische Kettenreaktion: Einige Bakterien und Pilze enthalten als Phagozytose-Überlebens-Set Chitinglykane in ihrer Kapsel. Folgen: Erregerabtransport in die regionalen Lymphknoten → Abfangen der Erreger durch Sinushistiozyten (z.T. Bildung von charakteristischen Einschlußkörperchen!) → knötchenförmige Histiozytenproliferation → histiozytäres Granulom (► E) → Erregerabtötungsversuch durch Histiozyten mittels toxischer O_2- und N_2-Metabolite und lysosomaler Proteasen → Histiozyten geben Chemotaxis- und Migrationshemmfaktor ab. Dadurch werden Neutrophile ins Granulomzentrum gelockt und dort festgehalten → frisch entstandene Histiozytenknötchen werden granulozytär infiltriert und nekrotisch eingeschmolzen (► F1). Später kommt noch die zellvermittelte Immunität ins Spiel → Histiozyten wandeln sich in EZ um und riegeln palisadenförmig das Granulom gegenüber der Umgebung ab (► F2). Kaum RZ-Bildung.

In vielen Fällen entleert sich der Abszeß zum Teil durch Fistelung nach außen → Vernarbung.

Granulom-Histologie: Mehr oder weniger gut umschriebenes Granulom. Im Zentrum eine abszedierende Einschmelzung mit Neutrophilen (► F1); darum herum ein Histiozytenwall mit teilweiser EZ-Umwandlung (► F2).

Beispiele:
- Yersinia pseudotuberculosis (S. 260),
- Brucellose,
- Listeriose (S. 256),
- Histoplasmose (S. 272),
- Kryptokokkose (S. 270),
- Abdominaltyphus (S. 260).

A Tuberkulosegranulom

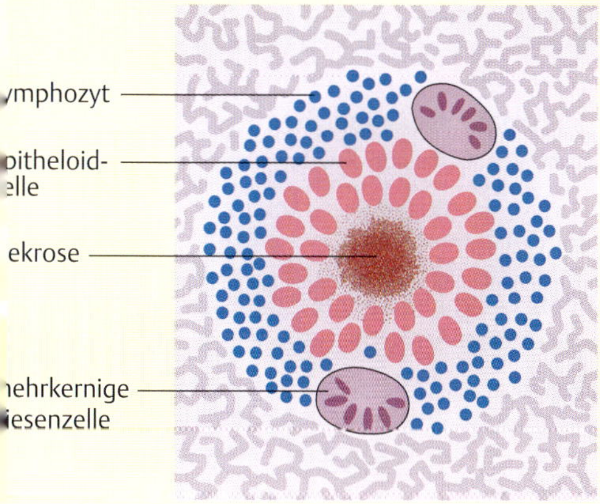

B Tuberkulosegranulom
30x

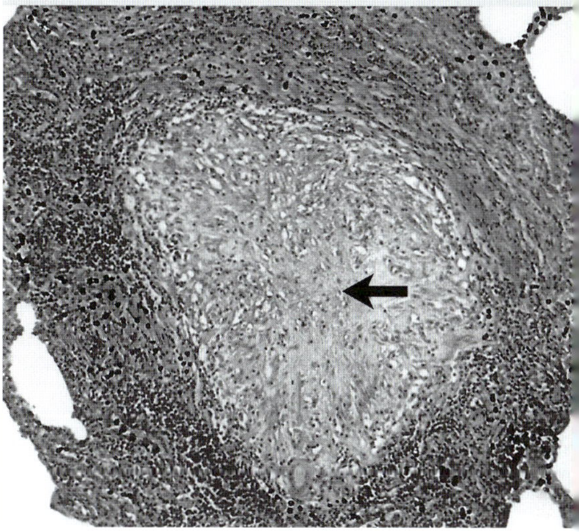

C Miliartuberkulose (Bronchus)

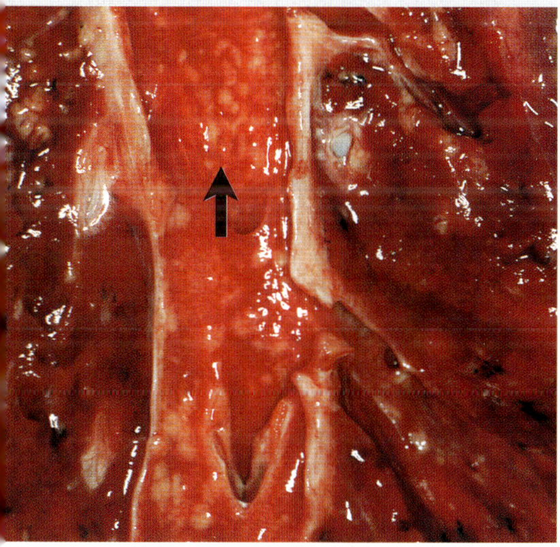

D Tuberkulosegranulom
100x

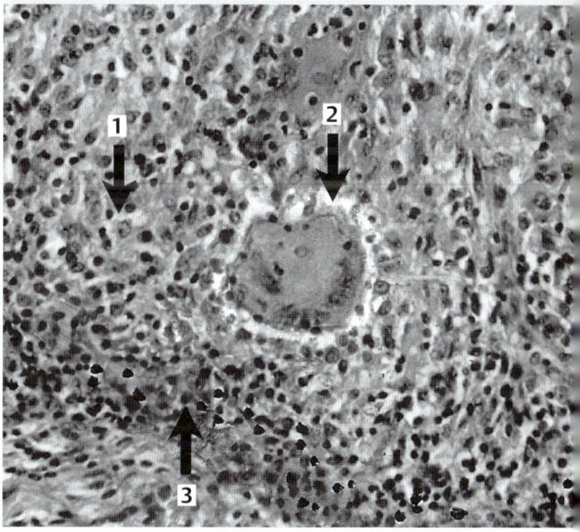

E Pseudotuberkulosegranulom

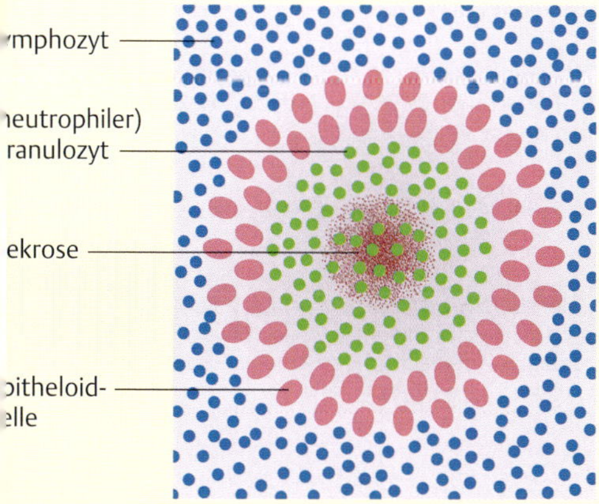

F Pseudotuberkulosegranulom
100x

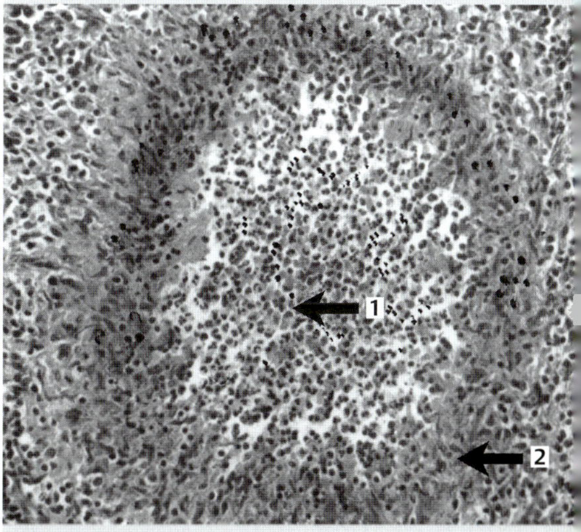

Rheumatisches Granulom

Synonym: Aschoff-Knötchen

Definition: Histiozytäres Granulom um fibrinoide Kollagennekrose v. a. im Myokard, nur beim rheumatischen Fieber (= akuter Gelenkrheumatismus).

Pathogenetische Kettenreaktion:

- ***1. Phase:*** Pharyngealer Infekt mit β-hämolysierenden Streptokokken (Gruppe A) → AK-Bildung.

  AK richten sich gegen Streptokokken-AG und (u. a.) auch gegen folgende Gewebs-(auto-)AG, die dadurch autoreaktiv werden (= Kreuzantigenität):
  - *M-Protein* → kardiales Myosin und Sarkolemm,
  - *Hyaluronat* → Bindegewebsproteoglykane.
- ***2. Phase:*** 2 Wochen nach Infekt → postinfektiöse Zweiterkrankung mit fieberhafter akuter Polyarthritis der großen Gelenke (= rheumatisches Fieber), Endomyokarditis, Uveitis (= Entzündung der mittleren Augenhaut) oder akute Glomerulonephritis; selten: Hirnbeteiligung in Form einer Chorea minor (= schnelle unwillkürliche Kontraktionen einzelner Muskelgruppen mit Grimassieren).

Granulom-Histologie (► A, B): Das Granulom entsteht im Myokardinterstitium v. a. neben kleinen Arterien (► B2):

- ***Exsudative Phase:*** Serös-fibrinöse Exsudation → Ablagerung von Immunpräzipitaten auf Kollagenfasern → fibrinoide Nekrose.
- ***Granulomatöse Phase:*** Demarkierung der fibrinoiden Nekrose durch „Sonder"-Histiozyten und spärliches lymphoplasmozytäres Infiltrat (► B1) mit einzelnen Granulozyten, selten auch Entzündungsriesenzellen (= Aschoff-Zellen).

  „Sonder"-Histiozyten (= Anitschkow-Zellen): Epitheloidähnliche Zellen mit flaschenbürstenartiger Chromatinstruktur ihres längsovalen Zellkerns. Dessen Morphologie ändert sich mit der Schnittführung:
  - Querschnitt → *Raupenzelle*,
  - Längsschnitt → *Eulenaugenzelle*.
- ***Vernarbungsphase:*** Narbige Reparatur → spindelförmige perivaskuläre Narbe (= feinfleckige Fibrose) → Wiederaufflammen der Entzündung → Granulomrezidiv.

> **Merkspruch:** *Rheumatisches Fieber ↔ Symptome:* Rheumatisches Fieber *beleckt* das Knie, aber *beißt* ins Herz.

> **Merkspruch:** *Rheumatisches Fieber ↔ Verlauf:*
> - Entzündung im Kindesalter,
> - Komplikation im Erwachsenenalter (Herzvitium).

> **Merke:** *Histogenese einer Myokardnarbe:*
> - gefäßferne Narbe = ischämische Genese,
> - gefäßnahe Narbe = rheumatische Genese.

> **Merke:** *Rheumatisches Fieber ↔ Organotropismus:*
> - Kleinkind: Myokard > Endokard > Gelenke;
> - Erwachsener: Gelenke > Endokard > Myokard.

Rheumatoides Granulom

Synonym: Rheumaknoten, Rheumagranulom

Definition: Histiozytäre Granulome um fibrinoide Kollagennekrose; vereinzelt, oft auch multipel in Subkutis und Gelenkanhangsorganen (= Rheumatismus nodosus) bei der rheumatoiden Arthritis.

Pathogenese: Nach Freilegung der Auto-AG und Bildung autoreaktiver AK in ein und demselben Gewebe → Auslösung einer autoaggressiven Entzündung:

- ***Exsudative Entzündungsphase:*** Beginn mit Neutrophilen- und Makrophagenchemotaxis → Leukozytenaktivierung → proteolytische Knorpelzerstörung in kleinen Gelenken → Phagozytose der Immunkomplexe durch Synovialmakrophagen → eingewanderte Makrophagen umstellen immunkomplexumhüllte Kollagenfasern in der Synovia → Rheumatoidgranulom.
- ***Proliferative Entzündungsphase:*** Umwandlung der Synoviozyten in ein aggressiv wachsendes Mesenchym (= Pannus) → Einwachsen des Pannus (► E1) in den Gelenkspalt → endgültige Zerstörung des Gelenkknorpels (► E2) → Gelenkversteifung (= Ankylose) und -Verformung (► F). Der Entzündungsprozeß im Subkutangewebe führt an mechanisch exponierten Stellen zur Bildung von Rheumaknoten.

Granulom-Histologie (► C): Die Granulome sind mehrere Zentimeter groß. Zentral: fibrinoide Kollagenfasernekrose (► D1), wallförmig umgeben von palisadenartig angeordneten Histiozyten (► D2). Peripherie: Einkapselung durch junges Bindegewebe mit locker eingestreuten Lymphozyten.

☺ **Prominenter Patient:** Auguste Renoir, franz. Maler, Impressionist (1841 – 1919).

> **Merke:** *Rheumatoide Arthritis* = **p**rimär **c**hronische **P**olyarthritis (= PCP) = Arthritis der kleinen Gelenke (v. a. Finger).

> **Merke:** *Granulomgröße:* Rheumagranulom >> rheumatisches Granulom.

> **Merke:** *Nomenklatur:* Rheumagranulom und rheumatisches Granulom werden von einigen Autoren auch vereinheitlichend als „rheumatisches Granulom" bezeichnet.

A Rheumatisches Granulom

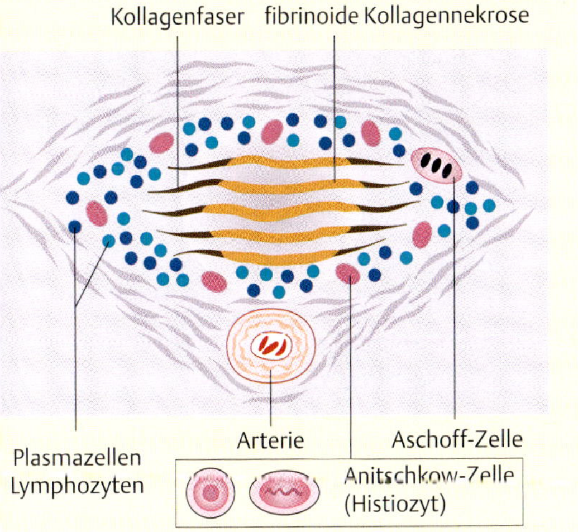

B Rheumatisches Granulom
100x

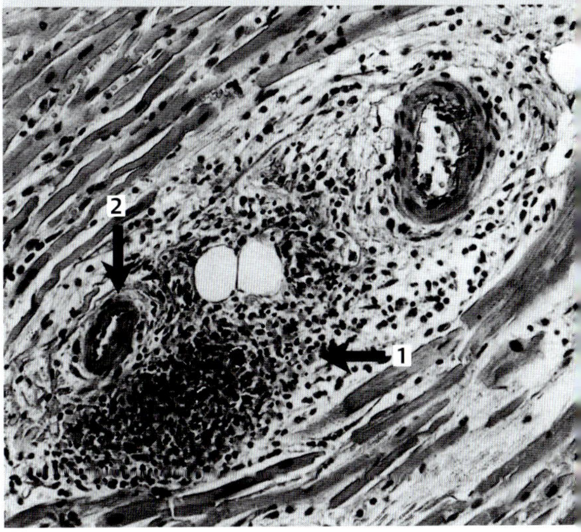

C Rheumatoidgranulom

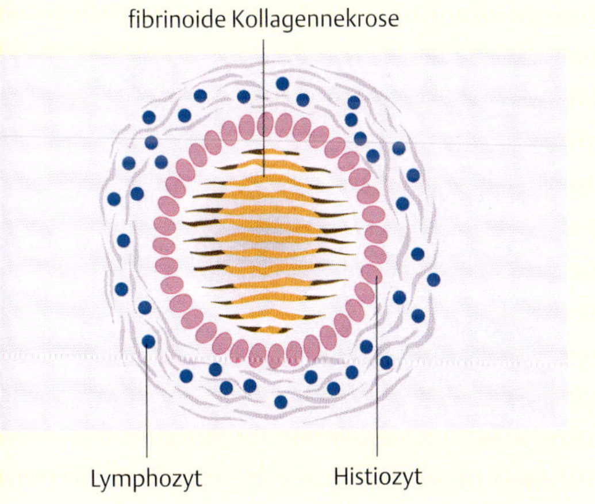

D Rheumatoidgranulom
100x

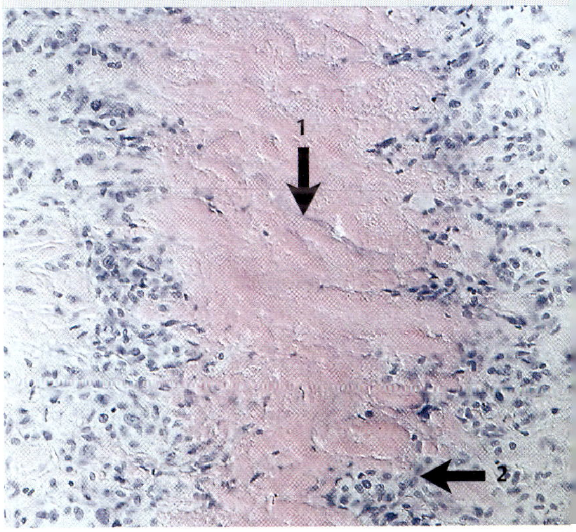

E Rheumatoide Arthritis
25x

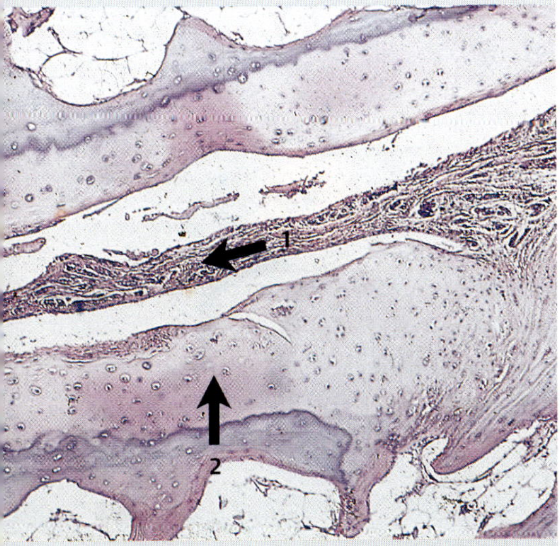

F Rheumatoide Arthritis

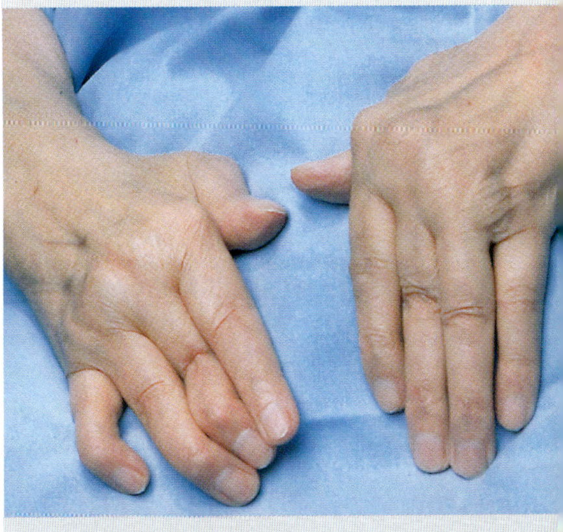

Fremdkörpergranulom

Abkürzung: FK = Fremdkörper

Definition: Histiozytäre Granulome, die ins Gewebe gelangte oder im Gewebe freigesetzte Materialien umgeben, die der Organismus kaum oder gar nicht abbauen kann.

Diese Stoffe mit FK-Charakter können entweder kristallin oder metallisch sein oder aus Polymerisaten bestehen.

Pathogenetische Kettenreaktion: FK-Material gelangt ins Gewebe und bleibt dort liegen → Anlockung von Makrophagen → Makrophagenansammlung → Makrophagen versuchen Fremdkörper zu phagozytieren, können sie aber intrazellulär nicht abbauen → Makrophagenaktivierung → Freisetzung von Proteasen und Mediatoren. Folgen davon:

- ***Gewebezerstörung:*** Proteasenfreisetzung → partielle FK-Andauung → Entzündungsreaktion mit fortgesetzter Zerstörung des FK (meist auch des umgebenden Gewebes = FK-Lagers).
- ***Fibrose:*** Generierung von Zytokinen (IL-1) und von Wachstumsfaktoren (PDGF) → Fibroblastenaktivierung → fremdkörperdemarkierende und/oder reparative Perifokalfibrose → oft auch fortschreitende Organfibrose.

Sind die FK größer als die Makrophagen, fusionieren die Makrophagen zu mehrkernigen FK-Riesenzellen (= ungeordnete Riesenzellen) und lagern sich einzeln oder zu mehreren wie Blutegel an die FK an.

Granulom-Histologie (► A): Im Zentrum: FK (oft polarisationsoptisch nachweisbar) umlagert von Riesenzellen und eingewanderten Makrophagen, die von einem lymphozytären Infiltrat zusammen mit einsprossenden Kapillaren und Fibroblasten umringt werden → fibröse Umkapselung (= FK-Lager).

Klinik und Morphologie:

Kristalline FK:

- *Glasfasern:* Hautverletzung → Hautgranulome.
- *Silikatstäube:* Inhalation → Phagozytose durch Alveolarmakrophagen (Staubfreßzelle = Koniophagen) → perivaskuläre Koniophagenansammlung → überfressene Zellen gehen zugrunde → freies Staubmaterial wird von eingewanderten Freßzellen aufgenommen (S. 30) → Proteasenfreisetzung und Generierung von Fibroblastenwachstumsfaktoren → Granulombildung (= Silikosegranulome) mit fortschreitender, hyalinisierender Fibrose → perifokale vernarbende Entzündung des Lungenparenchyms → Lungensilikose (S. 40).
- *Urate* (S. 102): Ablagerung in Gelenkkapsel und Knorpelgewebe → Gichtknoten (= Gichttophus) → Gichtarthritis.
- *Cholesterin:* Freisetzung aus Galle- oder Cholesterinablagerungen (S. 90), aus zerfallenden Lipophagen und aus Zellmembranen nekrotischer Zellen: → Cholesteringranulom.
- *Metalle :* Sie gelangen traumatisch oder iatrogen (Metallimplantate) ins Gewebe → Phagozytose (► C) → z. T. Abtransport zu kleinen Venolen, z. T. Liegenbleiben im Gewebe. Je nach Metall → Mediatorgenerierung → Entzündungsreaktion mit Vaskulitis (► D) → Versuch des Organismus, das Metall an innere oder äußere Körperoberflächen zu bringen (Implantatlockerung). Inerte Metalle wie Titan werden vom Gewebe toleriert → entzündungsarmes FK-Lager (Implantatlager).

Nichtkristalline FK:

- *Stärke* (Heroinverunreinigung, Handschuhpuder): → Granulome vom Tuberkulosetyp (Verwechslungsgefahr!).
- *Holzsplitter:* Trauma → Holzsplitter im Gewebe (► B1) → Mischzellgranulome mit Neutrophilen (► B2).
- *Faden* (Nahtmaterial): → Resorption der doppelbrechenden Fäden durch mehrkernige Riesenzellen (► E) = Fadengranulom.
- *Horn* (Keratin): aus geplatzten Epidermiszysten → resorptive Entzündung.
- *Epithelialer Schleim:* Trauma, Entzündung → Läsion der Drüsenausführgänge → Schleimgranulom = Muziphagengranulom.
- *Öltropfen:* Trauma, Entzündung → Läsion des Fettgewebes → Ölphagozytose durch Makrophagen (= Lipophagen) → Verfettung der Makrophagen (Schaumzellen) → Fusion der Histiozyten zu mehrkernigen Riesenzellen mit schaumigem Zytoplasma (= Touton-Riesenzellen; S. 91) → Granulom aus verfetteten Histiozyten = Lipophagengranulom.
- *Silikon:* Material aus Brustprothesen → Mischzell-Granulome mit resorptiv-riesenzelliger Entzündung um histologisch „tetrapack-förmige“ Silikonpartikel (► F) → perifokale vernarbende Entzündung des Prothesenlagers im Brustgewebe (schmerzhaft, kosmetisch ungünstig!).

Damit ist das morphologische Alphabet einer Entzündung besprochen, das notwendig ist, um die in den Kapiteln 12 – 16 abgehandelten, durch ganz bestimmte Erreger ausgelösten Entzündungsreaktionen zu verstehen. Diese Kapitel stellen gewissermaßen eine „angewandte Entzündungspathologie“ dar.

A **Fremdkörpergranulom**

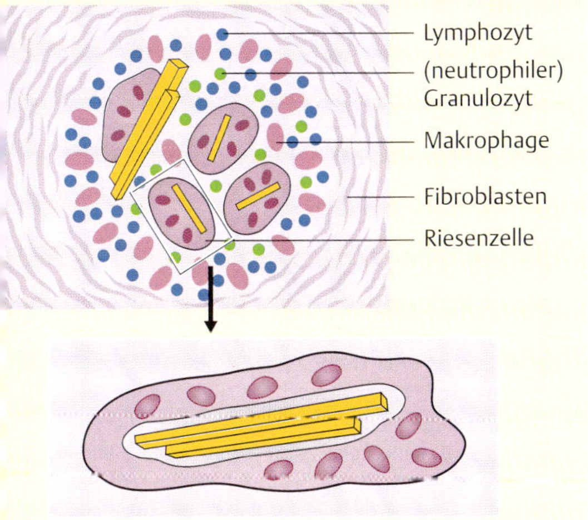

B **Holzsplitter-Fremdkörper**
PO, 50x

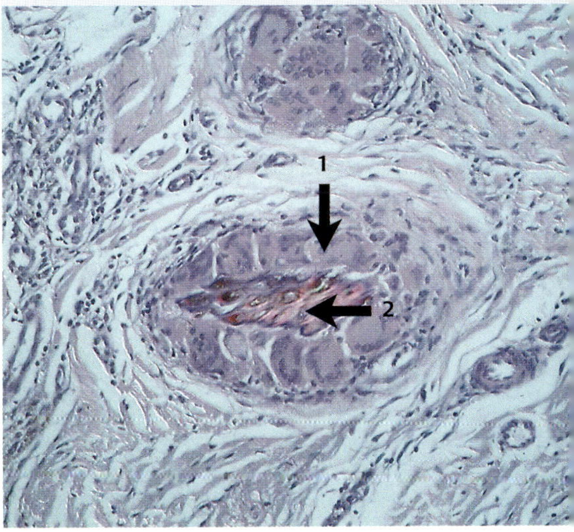

C **Eisensplitter-Fremdkörper**
FE, 70x

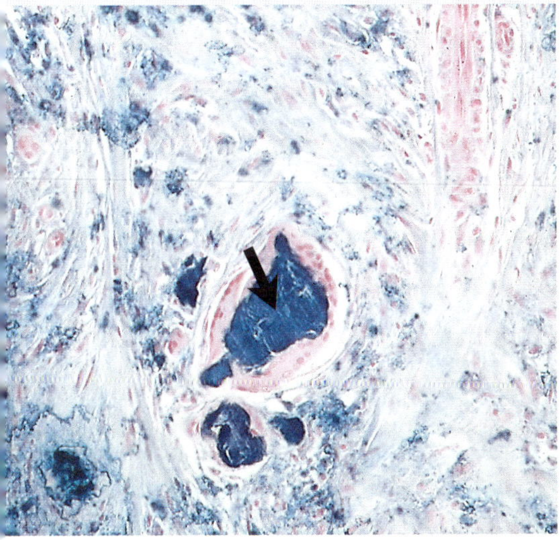

D **Metallose-Vaskulitis**
100x

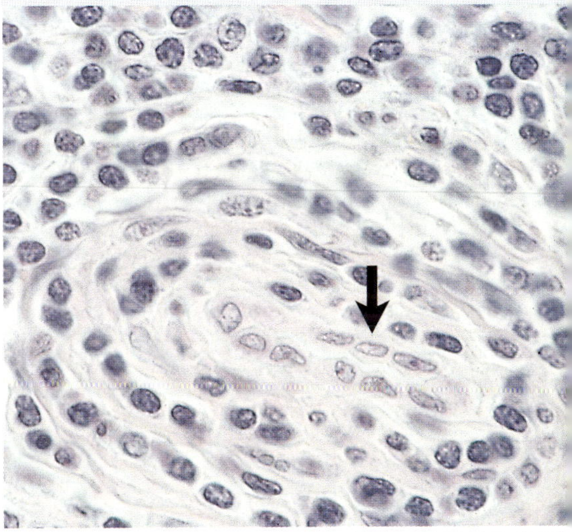

E **Fadengranulom**
PO, 150x

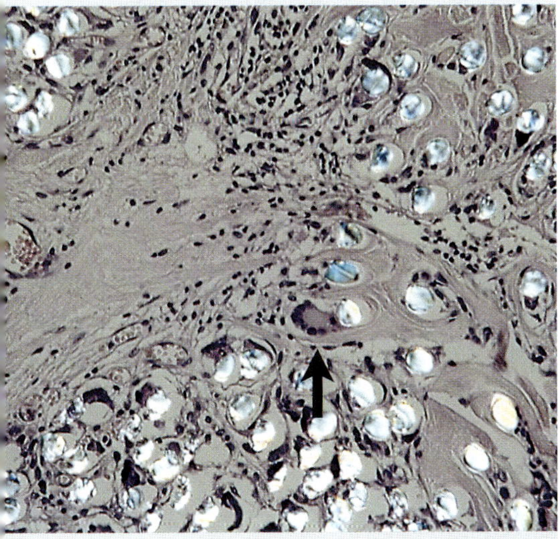

F **Silikon-Granulom**
50x

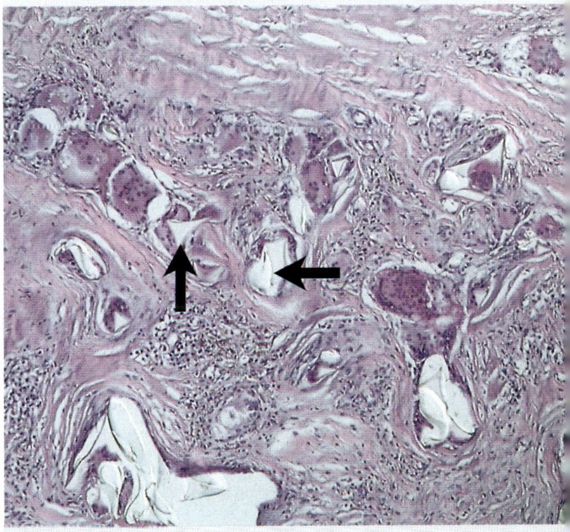

14 Durch Kopien zum Kopieren gezwungen
Virale Läsion

Zusammenfassung

Ein Virus kann eine Zelle folgendermaßen infizieren:

- *Latente Infektion* (► A1, B1): Keine Virusneubildung, keine morphologischen Zellveränderungen.
- *Nicht-zytozide Infektion* (► A2): Virusproduktion ohne Störung der normalen Zellfunktion.
- *Lytische Infektion* (► B2): Sie führt nach vorangegangener Virusreproduktion zum Tod der Zellen.
- *Transformierende Infektion* (► A3, B3): Die infizierte Zelle wird in ihrem Wachstum autonom.

Ein Virus vermehrt sich zunächst im Gewebe an der Eintrittsstelle und in den lokalen Lymphknoten. Darauf folgt eine primäre Virämie und ein zentraler Fokus der Virusvermehrung. Dies zieht eine sekundäre Virämie mit Befall des endgültigen Zielorgans nach sich.

Die Ausbreitung der Viren erfolgt teilweise auch intrazytoplasmatisch. Dazu exprimieren einige Viren auf ihrer Oberfläche einen Fusionsfaktor, so daß die infizierten Zellen mit nichtinfizierten zu großen Virusreplikationsfabriken verschmelzen. Bei einigen Virusinfektionen wird generell nur ein Organsystem befallen (= Organotropismus). Im Normalfall hört die Virusvermehrung bereits im akuten Krankheitsstadium auf, es sei denn, die Immunabwehr wird ineffektiv oder überschießend (Autoaggression).

An der Beseitigung eingedrungener Viren beteiligt sich a) das T-Zell-System in Kooperation mit den Makrophagen, b) die virusneutralisierenden AK und die AK-vermittelte zelluläre Zytotoxizität der Killerzellen sowie c) die natürlichen Killerzellen wie folgt: Wenn ein Virus eine Zelle infiziert, zwingt es die Wirtszelle, virale Membran-AG zu exprimieren und hinterläßt damit auf der Zelloberfläche „Fußspuren“. Diese viralen Membran-AG können durch die T-Zellen erkannt werden. Nach etwa 2 Tagen greifen auch die Makrophagen in die Abwehrschlacht ein. Sie verschlingen befallene Zellen und halten den T-Helferzellen Virusfragmente zur Erkennung hin. Sowie die Helferzellen das virale AG „entdeckt“ haben, veranlassen sie das Heranwachsen von zytotoxischen T-Zellen. Diese schießen alle durch die viralen AG fremdgewordenen Zellen, die sie erkennen können, mit ihren Membran-durchlöchernden Giften (= Perforine) ab.

In der Zeitspanne von der Virusadsorption bis zur Zusammensetzung der neuen Viren (Replikation) ist im Organismus kein vermehrungsfähiges Viruspartikel nachweisbar (= Eklipsephase). Werden die infizierten Zellen während dieser Phase zerstört, so kann dadurch auch das Virus aus dem Organismus beseitigt werden. Der Ausgang einer Virusinfektion wird also im wesentlichen dadurch bestimmt, ob die Viren oder die T-Lymphozyten das zellzerstörende Wettrennen gewinnen.

Hüllenlose Einzelstrang-RNS-Viren

Picornaviridae

Poliomyelitis-Virus

Erreger der akuten spinalen Kinderlähmung Heine-Medin (► D3).

(= Poliomyelitis/Encephalitis anterior acuta)

Pathogenese: Tröpfchen-, Schmierinfektion von Mensch zu Mensch → grippeartige Symptomatik → fieberfreies Intervall. Danach

- *aseptische (seröse) Meningitis* oder
- *Poliomyelitis anterior:*

Viraler Befall der motorischen Nervenendigungen → retrograder Virustransport via Nervenbahnen zu den Ganglienzellen der Rückenmarksvorderhörner → dort: Ganglienzellnekrose → reaktiv-perivaskuläres, erst granulozytäres, später lymphoplasmozytäres Entzündungsinfiltrat → danach: reaktive Gliazellvermehrung (► C, D1) → Gliazellen phagozytieren die Ganglienzellleichen (sog. „Neuronophagie“; ► D2). Später folgt eine reparative Vorderhorngliose.

Klinisches Resultat: Schlaffe, asymmetrische Lähmung (meist im Extremitätenbereich), u. U. Atemlähmung → Tod.

Prominenter Patient: Franklin D. Roosevelt, US-amerikanischer Präsident (1882 – 1945).

Merke: Einteilung der *„viralen Enzephalitis“*:
Polioenzephalitis: E. der grauen Substanz.
Leukenzephalitis: E. der weißen Substanz:

- *Perivenöse E.* (= postinfektiöse E., postvakzinale E.): Bildung autoreaktiver AK → disseminierte, perivaskuläre lymphozytäre Infiltrate (v. a. um Venen) → Schädigung der umgebenden Markscheiden und Axone → kleine perivaskuläre Entmarkungsherde.
- *Hämorrhagische E.:* (als anaphylaktische Reaktion nach Influenzainfekt oder Penicillinallergie) → Mikrozirkulationsschädigung → disseminierte Diapedeseblutungen (S. 398) → kleine Massen-, Ring- und Kugelblutungen sowie flohstichartige Blutungen (= Purpura cerebri) → disseminierte Gewebsnekrosen → tödliches Hirnödem.

Panenzephalitis: E. der grauen und weißen Substanz.

A RNS-Virus-Infektion

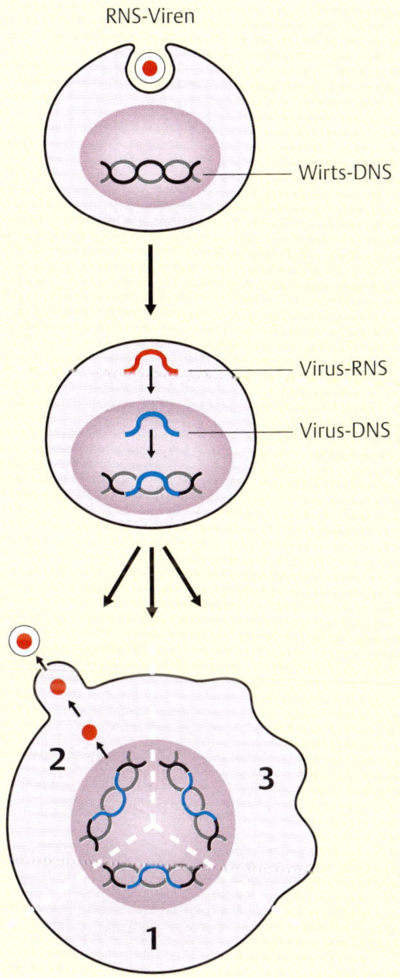

B DNS-Virus-Infektion

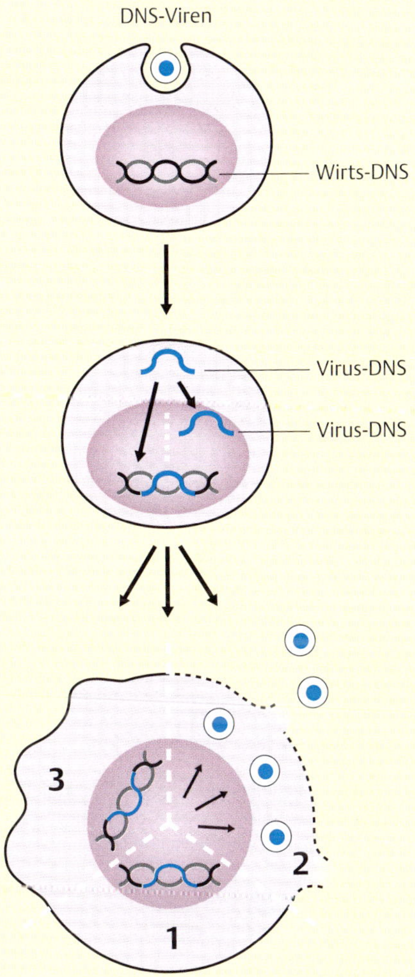

C Poliomyelitis
50x

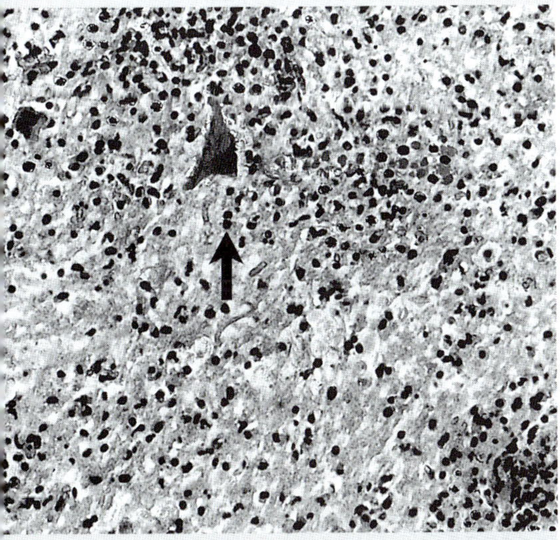

D Poliomyelitis
200x; TEM: 100000x

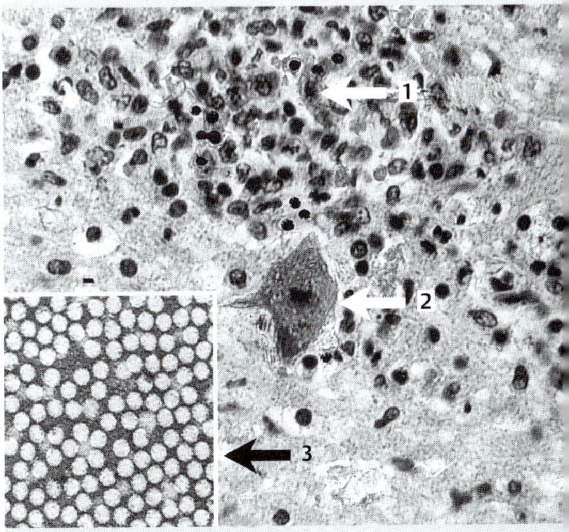

Hepatitis-A-Virus (= HAV)

Erreger der Virushepatitis-A.

Pathogenese: Fäkal-oraler Übertragungsmodus → zunächst Vermehrung im Darm → kurzfristige Virämie → viraler Befall ausschließlich der Leber (Hepatotropismus) → Virusausscheidung via Galle im Stuhl.

Morphologie: Akute Hepatitis mit Einzelzellnekrosen (= Councilman-Körperchen; S. 128, 132), umgeben von Lymphozyten und Sternzellen → Hyperbilirubinämie (S. 108). Später Nekroseabraum durch Histiozyten (Sternzellen) → Zeroidspeicherung (S. 28) in Histiozyten → Leberzellregeneration.

Histologischer Erregerhinweis: apoptotische Councilman-Körperchen (► A).

Klinik: Wie bei der Hepatitis B (S. 248), jedoch gutartiger. Keine chronischen Verläufe.

Rhinoviren

Erreger des Virus-Schnupfens (= Koryza).

Pathogenese: Übertragung von Mensch zu Mensch durch Tröpfcheninfektion v. a. in den Wintermonaten → Virus haftet an ICAM-1 (= Adhäsionsmolekül) → Viren dringen in Zelle ein → Zellschädigung → serös-katarrhalische Rhinitis (S. 204).

Klinik: Rhinitis mit wäßrig-schleimigem Sekret → Schnupfen (= Koryza). Die nur kurz anhaltende, virustypspezifische Immunität sowie der große Typenreichtum der Rhinoviren (über100 Serotypen) sind für die wiederkehrenden Schnupfenepisoden bei ein und demselben Patienten verantwortlich.

Hüllenlose Doppelstrang RNS-Viren

Reoviridae

Rotaviren

Erreger von Kleinkind-Diarrhöen (► B).

Pathogenese: Orale Virusaufnahme durch Tröpfcheninfektion → Vermehrung in den Dünndarmzotten → seröse Enteritis.

Klinisches Resultat: Massive Durchfallerkrankung bei Säuglingen/Kleinkindern → Flüssigkeitsverlust → lebensgefährliche „Austrocknung" mit „stehenden Hautfalten" (= Exsikkose!).

Umhüllte Einzelstrang RNS-Viren

Togaviridae

Alpha-, Flaviviren

Erreger-Übertragung durch Insektenstiche.

Frühere Bezeichnung: Arboviren (**Ar**thropode **bo**rne viruses).

Klinik und Morphologie:
Dengue-Fieber: Fieberhafte Arthritis-Myositis (= Gelenk-Muskel-Entzündung).
Frühsommermeningoenzephalitis (= FSME): Gefährdet sind Waldarbeiter, -Spaziergänger. Virusüberträger sind Zecken → (oft letale) Meningoenzephalitis (Hirnhaut-/Hirnentzündung).
Afrikanisches Gelbfieber: Virusüberträger sind Moskitos → nekrotisierende Hepatitis mit feintropfiger Verfettung und apoptotischen Leberzellnekrosen in mittleren Läppchenabschnitten ohne wesentliche zelluläre Entzündungsrekation. In schweren Fällen: zusätzlich panlobuläre Nekrosen (Nekrosen des ganzen Leberläppchens). Dazu „hämorrhagisches Fieber" wie bei Arenaviren (S. 242).

Rubiviren (= Rötelnviren)

Erreger der Röteln (= Rubeolen) (► C).

Pathogenese: Eintrittspforte ist der Nasen-Rachen-Raum → Virusvermehrung in örtlichen lymphatischen Geweben → Virämie mit Ausbreitung im gesamten Organismus → lebenslange Immunität. Rötelnviren haben Affinität für embryonale Gewebe (= Embryotropismus) → Krankheitsbild hängt vom Patientenalter ab.

Klinik und Morphologie:
Röteln: Infektion im Kindes-, Jugendalter → harmlose Infektionskrankheit mit kraniokaudal fortschreitendem Exanthem und (Hals-)Lymphadenitis unter Zurücklassung einer Dauerimmunität (selten: postinfektiöse Enzephalitis).
Placentitis rubeolosa: Erstinfektion innerhalb des 1.–3. Schwangerschaftsmonats; transplazentarer Virusübertritt → areaktive Zottennekrosen der Plazenta als zytopathischer Effekt (areaktiv wegen unreifem Immunsystem!) → Spontanabort.
Rötelnsyndrom: Fehlbildungssyndrom nach Erstinfektion innerhalb des 1.–2. Schwangerschaftsmonats mit folgendem Symptomenquartett (S. 305):
- *Cataracta rubeolosa* wegen Nekrose der Linsenepithelien im Bereich des Linsenkerns (► D, F).
- *Ventrikelseptumdefekte* (► E) wegen viral induzierter Proliferationshemmung im Embryonalherz.
- *Innenohrdefekte* → Taubheit.
- *Hepatitis rubeolosa* (seltener!) mit anikterischem oder cholestatischem oder cholangiolitischem Verlauf → Gallengangsdestruktion → -Verödung (= -Atresie).

A **Hepatitis-A** (Councilman-Korpuskel) 300x

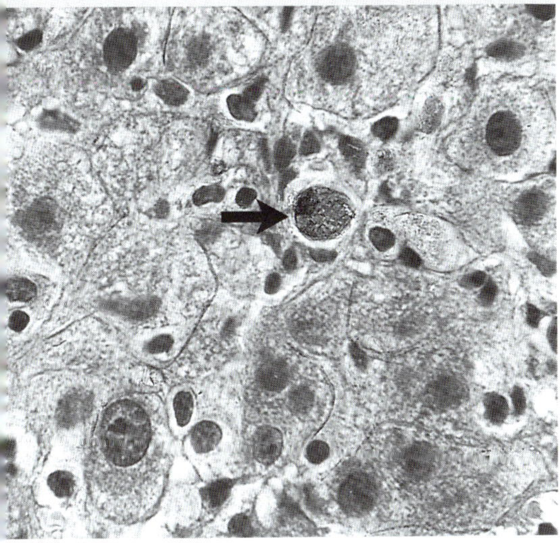

B **Rotaviren** 200000x

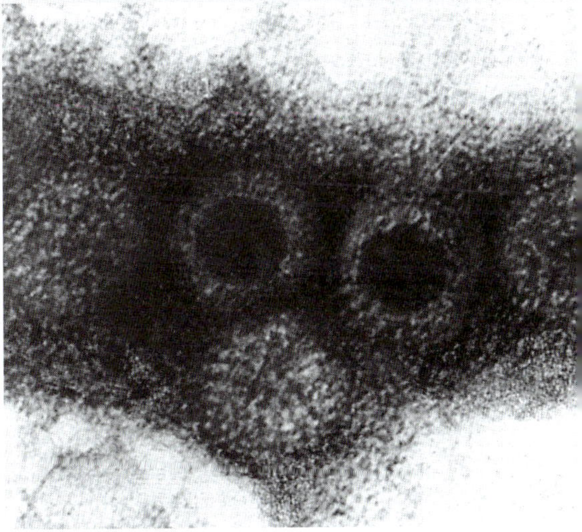

C **Rötelnviren** 100000x

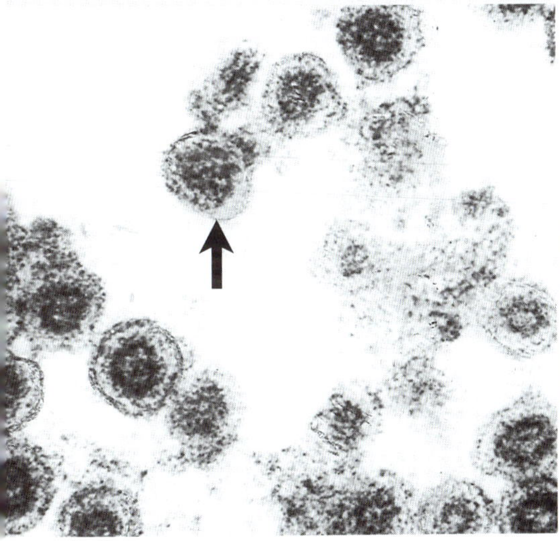

D **Rötelnkatarakt** (früh)

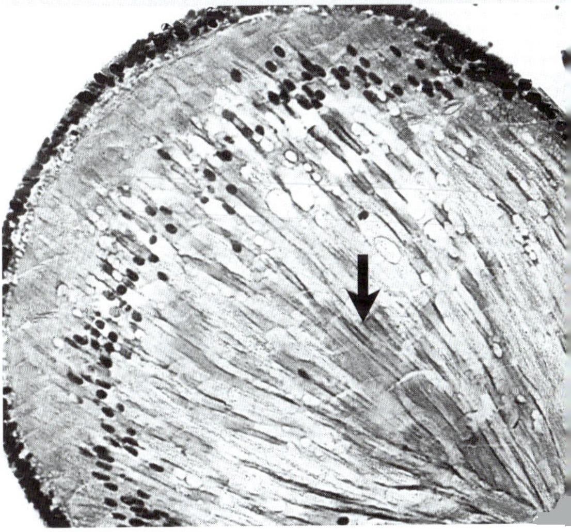

E **Ventrikelseptumdefekt** (Röteln)

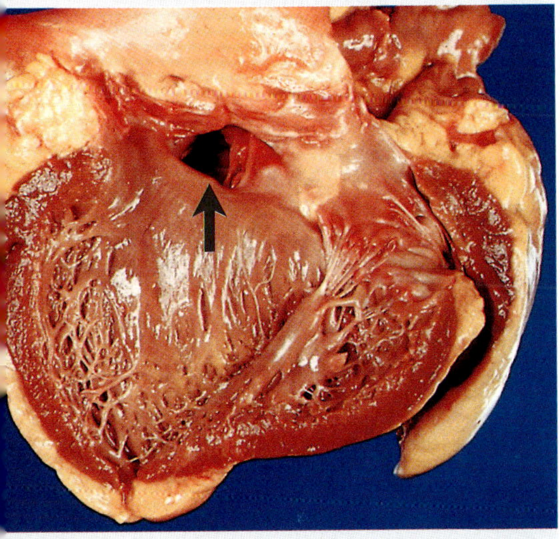

F **Rötelnkatarakt** (spät)

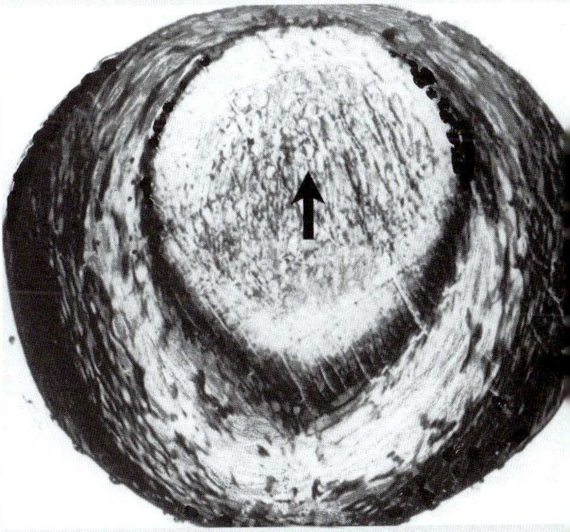

Orthomyxoviridae

Influenzaviren

Erreger der Virusgrippe (Typ A, B, C) (► A).

Pathogenese: Tröpfcheninfektion (► B) → Anheftung des Virus (► A) an respiratorisches Flimmerepithel mit folgenden „Spikes“-Oberflächenproteinen:

- *Neuraminidase* → Zuckerfreilegung,
- *Hämagglutinin* (= virales Lektin) → Virusanheftung an freigelegten Zuckern (= Glykophorin-A).

Danach: endozytotische Virusaufnahme → lysosomal-proteolytische Freilegung des viralen Fusionspeptids → Riesenzellbildung aus infizierten Wirtszellen.

Histologischer Erregerhinweis: hämorrhagisch nekrotisierende Entzündung.

Klinik: Wegen genetischer Instabilität des Virus ändert sich die Patho- und Antigenität der Hüllproteine von Epidemie zu Epidemie → keine Immunität.

Aggressive Stämme → hämorrhagische meist auch pseudomembranöse Tracheobronchitis (Grippe-Krupp); hämorrhagisch-nekrotisierende Bronchopneumonie → postvirale Superinfektion mit Staphylokokken und/oder Hämophilus influenzae. Selten: Tod durch akute hämorrhagische Leukenzephalitis.

Paramyxoviridae

Parainfluenzaviren

Erreger von Grippe, Krupp-Syndrom.

Klinik und Morphologie: Diese Viren (Typ I – IV a und b) sind genetisch stabil. Sie vermehren sich in respiratorischen Flimmerepithelien und schädigen diese → grippeartige Erkrankungen, Krupp-Syndrom (v. a. Kinder; S. 208).

Mumpsvirus

Erreger der Parotitis epidemica (= Mumps).

Pathogenese: Tröpfcheninfektion → Virus haftet an respiratorischen Flimmerepithelien → Virusvermehrung mit Zytolyse → Virämie → Organotropismus.

Klinik und Morphologie: Hochkontagiöses Virus → fieberhafte Entzündung → schmerzhafte, seröse, später fibrinöse Parotitis mit Zytolyse (zytopathischer Effekt) → granulo-lympho-histiozytäres Infiltrat → Parotisschwellung mit Kauschmerzen → einfältiger Gesichtsausdruck (Name: Ziegenpeter!).

Komplikationen: Orchitis (40 %!) (► C) und Oophoritis (5 %); selten Pankreatitis, perivenöse (Meningo-)Leukenzephalitis.

Respiratorisches Synzytialvirus

Erreger (= RSV) aus Pneumovirusgruppe.

Klinik und Morphologie: Meist Kleinkindinfekt → (Peri-)Bronchiolitis mit Epithelnekrosen → Bildung synzytialer Riesenzellen und intraluminaler pseudopapillärer Epithelregenerate → Obstruktion der distalen Bronchiolen → Lunge fällt zusammen (= Resorptionsatelektase) → peribronchiale Entzündungsausdehnung → Peribronchopneumonie.

Masernvirus

Erreger der Masern, hochkontagiös! (► D).

Pathogenese: Virushülle enthält keine Neuraminidase aber folgende AG:

- H-AG → Hämagglutination,
- F-AG → Zellfusion → Riesenzellbildung.

Tröpfcheninfekt → Virus penetriert via F-AG in respiratorisches Flimmerepithel → Fusion infizierter Zellen mit nichtinfizierten zu Riesenzellen. Darin: Virusreplikation → primäre Virämie → Infektion v. a. der T-Zellen in lymphatischen Organen → sekundäre Virämie.

Histologischer Erregerhinweis: Warthin-Finkeldey-Riesenzellen mit mehreren, traubenartig angeordneten Zellkernen (► E).

Klinik und Morphologie: Nach 10tägiger Inkubationszeit folgt das Exanthemstadium:
- *Masernenanthem (Koplik-Flecken)* mit Beginn in der Mundschleimhaut → später:
- *Masernexanthem* (flach-papulomakulös) mit rötlicher Haut-„Maserung“ (Name!); Ausbreitung: Gesicht → Körper.

Komplikationen:
Masern-Krupp: Bei Kleinkindern (S. 208).
Masern-Riesenzellpneumonie (► F): Oft tödlich verlaufende interstitielle Pneumonie vor Ausbruch des Exanthemstadiums; v. a. bei Kindern mit Resistenzschwäche.
Akute perivenöse Masernenzephalitis (selten): Tödlich bei Kleinkindern, Erwachsenen.
Subakute sklerosierende Panenzephalitis (= Dawson-Enzephalitis; Rarität!): V.a. bei Kindern und jungen Erwachsenen. Auslösung durch defektes Masernvirus (slow virus) → perivenöse Lymphozyteninfiltration → Untergang von Neuronen und Myelin → sekundäre Sklerosierung der weißen Substanz → innerhalb von 6 – 12 Monaten: Demenz → Tod.

Arenaviridae

Erreger: Kugelige bis pleomorphe RNS-Viren mit sandkornartiger Innenstruktur. Überträger: Kleinnager.

Klinik und Morphologie:
Meningitis: Durch LCM-Virus (Europa, Amerika) → lymphozytäre Choriomeningitis (= Hirnhautentzündung mit Beteiligung des Plexus chorioideus).
„Virales hämorrhagisches Fieber“: Durch Lassa-Virus (Afrika), Junin-Virus (Argentinien), Machupo-Virus (Bolivien) → Entzündung v. a. von Lunge und Leber → Multiorganversagen.

A **Influenzaviren**
TEM, 200000x

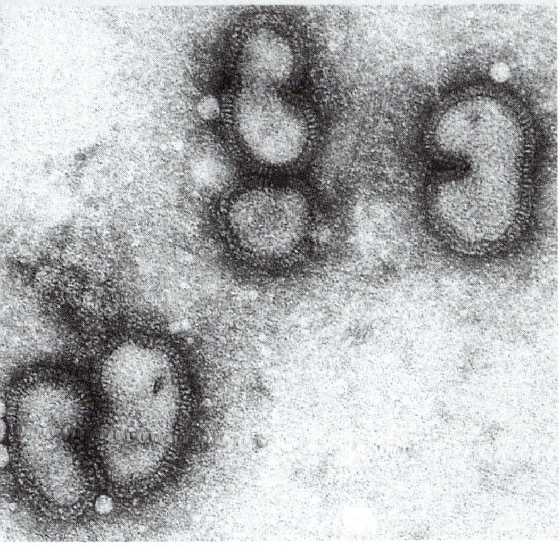

B **Tröpfcheninfektion**

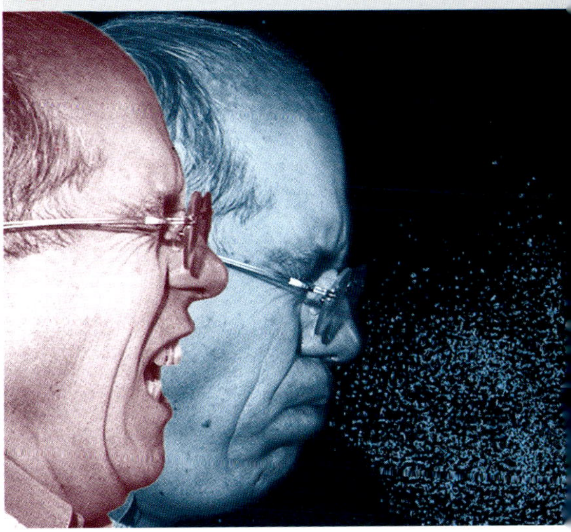

C **Mumpsorchitis**

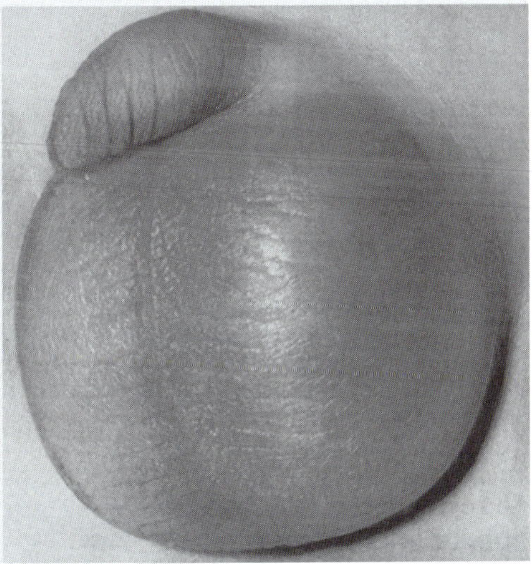

D **Masernvirus**
TEM, 200000x

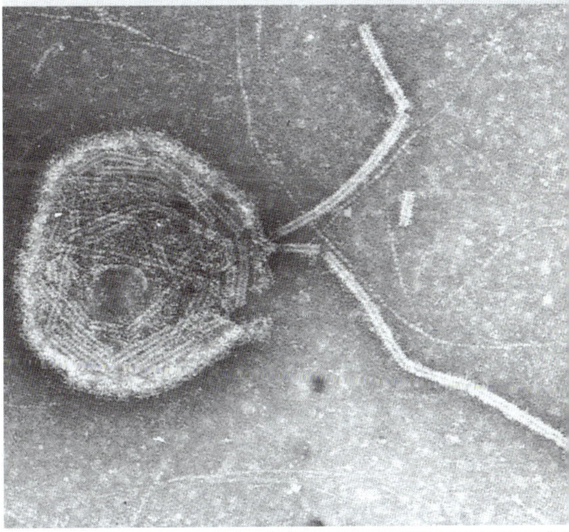

E **Whartin-Finkeldey-Riesenzellen** (Masern)
200x

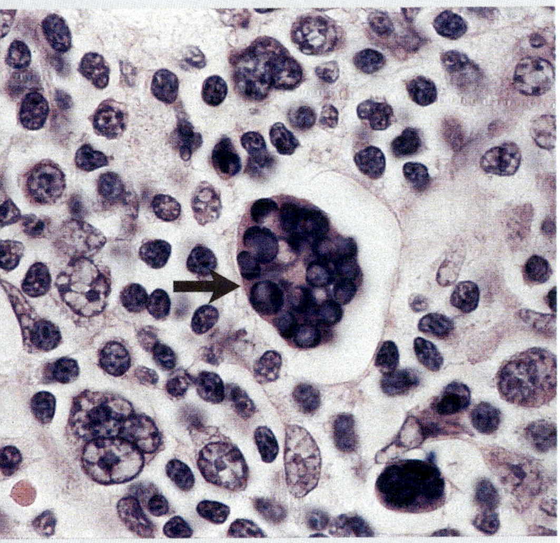

F **Masernpneumonie**
100x

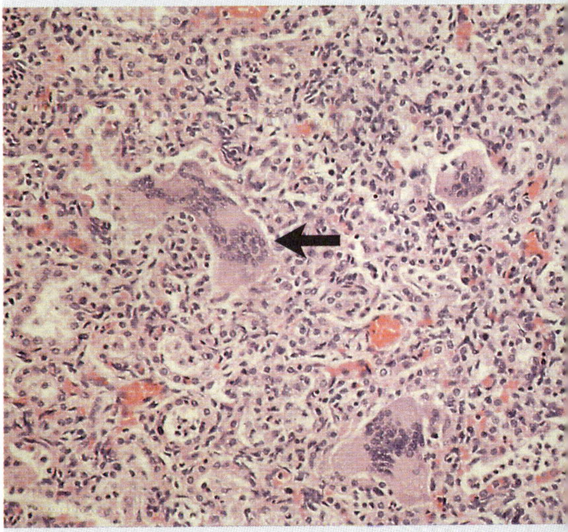

Rhabdoviridae

Abkürzung: GZ = Ganglienzellen

Erreger: Einzelsträngige RNS-Viren mit projektilartiger Eigenform.

Rabiesviren

Erreger der Tollwut (= Lyssa) (► A).

Das Virus ist für Säugetiere und Menschen pathogen.

Modellkrankheit für Infektionskrankheit mit höchster Sterblichkeitsquote.

Pathogenese: Virusübertragung immer durch Biß und/oder Kontamination mit Speichel eines tollwütigen Haus- oder Wildtieres → Virusvermehrung zunächst im Gewebe der Eintrittspforte (z. B. Muskelzellen) → Viruswanderung über die Nervenfasern ins ZNS → Virusreplikation in GZ (Virusrezeptor = Acetylcholinrezeptor) → neugebildete Viren gelangen über autonome Nerven wieder in periphere Organe (v. a. Speicheldrüsen → Virusausscheidung mit dem Speichel).

Morphologie der „Rabies-Enzephalitis": Hyperämiezeichen mit kleinen Blutungen, lymphohistiozytären Infiltraten und gelegentlichen Neuronenuntergängen. In mindestens 75 % der Fälle enthalten die nicht-nekrotischen GZ (v. a. Ammonshorn, Hippokampus, Hirnstamm) sowie die Purkinje-Zellen (Kleinhirnrinde) Einschlußkörper aus replizierenden Viren.

Histologischer Erregerhinweis: Negri-Körper = intrazytoplasmatische Einschlußkörper in GZ v. a. im Ammonshorn.

> **Klinik:** Das Krankheitsbild wird durch die Enzephalitis bestimmt, die, wenn einmal ausgebrochen, für Mensch und Tier praktisch immer tödlich ist. Sie verläuft nach 1– bis 2monatiger Inkubationszeit in folgenden 3 Stadien:
> - *Prodromalstadium:* Brennen im Bereich der Bißwunde, Übelkeit, Erbrechen.
> - *Exzitationsstadium:* Schlundkrämpfe, auslösbar durch Anblick von Wasser (= Hydrophobie), Überreizbarkeit mit Wutanfällen („Tollwut"):
> - *Lähmungsstadium:* tödliche Atemlähmung.

Retroviridae

Definition: Viren, bei denen während ihres Vermehrungszyklus die RNS durch die reverse Transkriptase rückwärts zu DNS transkribiert wird (Name!).

Oncornaviren

Akronym: **onco**gene **RNA**-Viren

Erreger: RNS-Viren mit Tumor- und Leukämie-induzierenden Eigenschaften. Unter ihnen sind die" humanen T-lymphotropen Viren (HTLV) humanpathogen.

- ***HTLV-I*** löst in Südwestjapan, der Karibik und in manchen schwarzafrikanischen Populationen eine endemische „akute T-Zell-Lymphom-Leukämie" (= ATLL) aus.
- ***HTLV-II*** ist in manchen Fällen chronisch verlaufender T-Zell-Lymphome oder -Leukämien isoliert worden.

Pathogenese s. Tumorkapitel (S. 334).

Humanes Immundefektvirus (HIV)

Erreger des AIDS (= pandemische [Geschlechts-] Krankheit, S. 192) (► C, D).

Der Erreger ist genetisch instabil:
- *HIV Typ I:* in westlichen Industrienationen,
- *HIV Typ II:* in Afrika endemisch.

Übertragungsmechanismen:
- *Blut(-bestandteile):* Bluttransfusion, unsterile Injektionskanüle (Fixer), Gerinnungsfaktoren (Hämophile, S. 402),
- *Sperma* (v. a. analer Sexualkontakt),
- *Mutter auf Kind* intrauterin, perinatal, postnatal mit der Muttermilch.

Pathogenese: Das CD4 – AG auf bestimmten Zellen wie T4-Zellen, Makrophagen, Langerhans-Zellen und follikulären Retikulumzellen dient dem gp120-Glykoprotein der HIV-Viren als Hauptrezeptor und ermöglicht dem Virus, in die Zelle einzudringen. Infizierte CD4-Zellen exprimieren oberflächlich gp120 → Zell-Zell-Infektion → dadurch Fusion zu viralen Riesenzellen (S. 10) v. a. im Gehirn. Zunächst bleibt das Virus latent. Der Patient scheint klinisch gesund, ist aber Virusüberträger. Nach Inkubationszeit von 7 – 8 Jahren → Expression (warum?) von Zytokinen oder Aktivierungsproteinen anderer Viren (v. a. Herpesviridae) → dadurch: HIV-Aktivierung →

Pathogenetische Kettenreaktion: HIV-Replikation → fortschreitende Zerstörung der T_4-Helferzellen → dadurch: numerische Atrophie des lymphatischen Gewebes (► B, Appendix) über einen noch nicht geklärten Apoptosemechanismus → Immunsystem kann auf bestimmte lösliche AG nicht mehr mit einer T-Zell-vermittelten Immunreaktion antworten → keine effektive Bekämpfung intrazellulär-parasitierender und opportunistischer Keime mehr (S. 192) → tödlicher Infekt.

A **Tollwutvirus**
TEM, 200000x

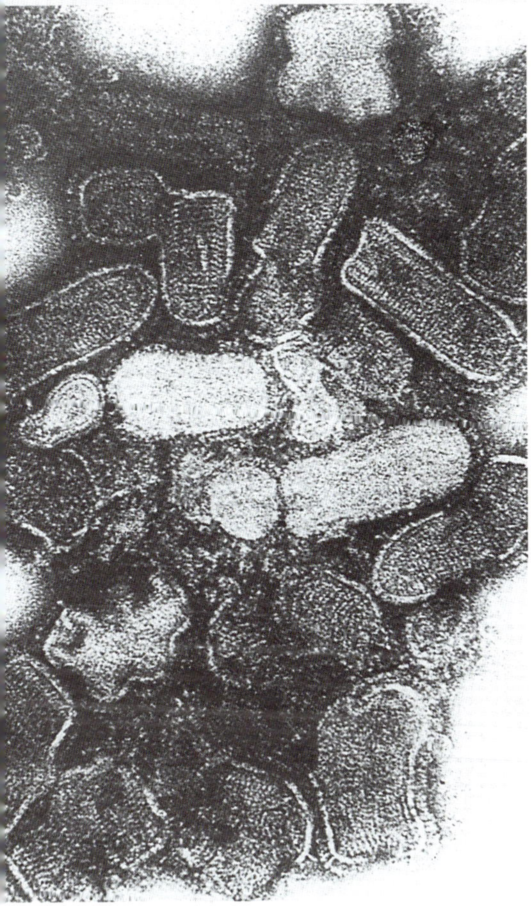

B **AIDS-Appendikopathie**
25x

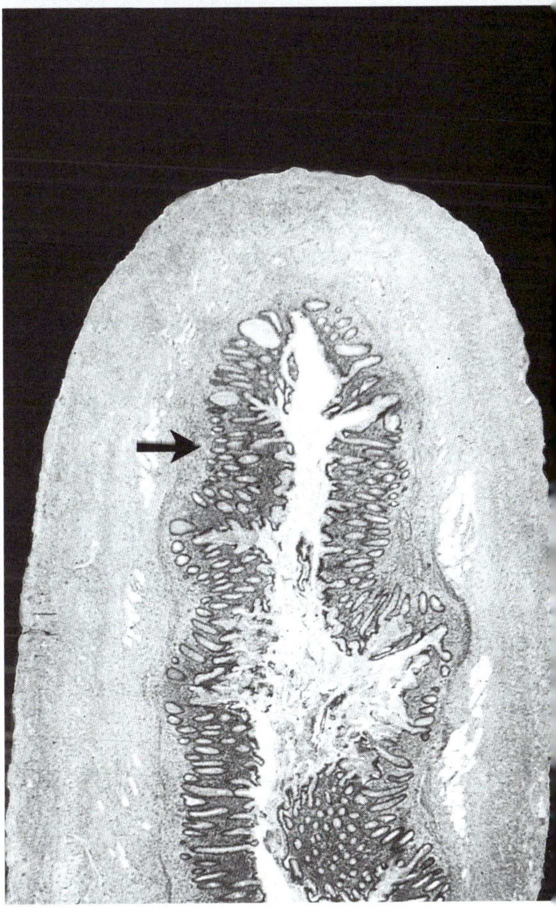

C **Knospung von HIV-Viren**
Idealisierte Falschfarbendarstellung

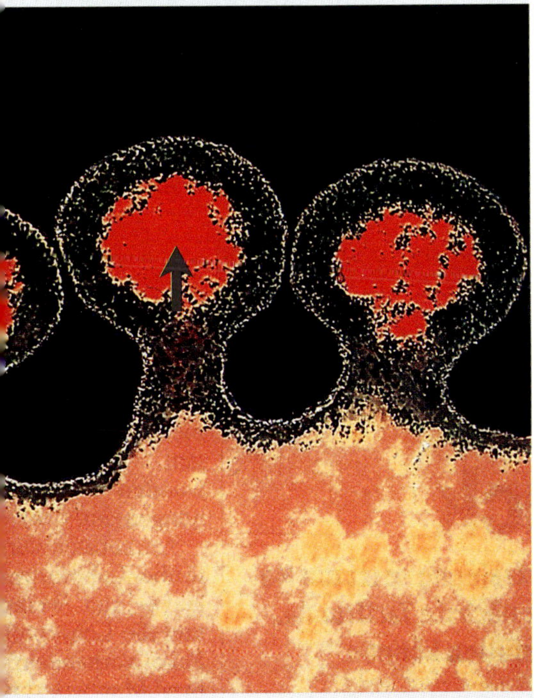

D **HIV-Viren**
TEM, 20000x

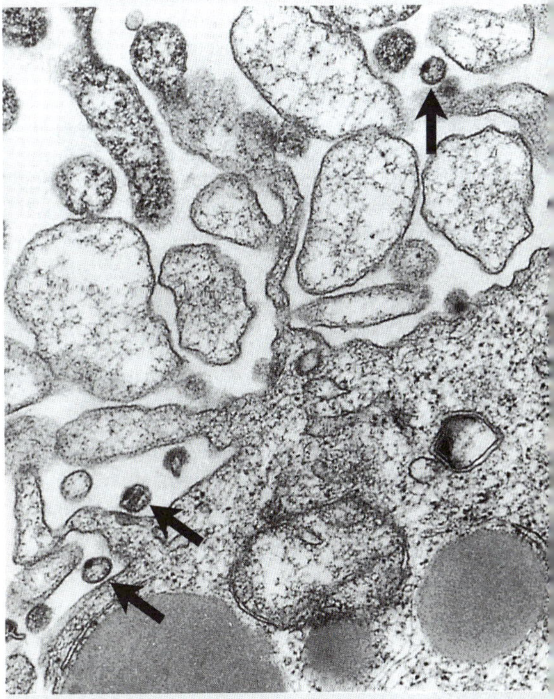

Umhüllte Doppelstrang-DNS-Viren

Poxviridae

Variolavirus (= Pockenvirus)

Erreger der Pocken. Sie vermehren sich im Zytoplasma der Wirtszellen → vesikulöse, später pustulöse Hautentzündung.

Das Virus ist laut WHO seit 1977 ausgerottet. Es hat früher oft epidemisch auftretende, meist tödlich verlaufende Infektionen ausgelöst.

Molluscum-contagiosum-Virus

Erreger der Dellwarzen.

Morphologie: Im kraterförmigen Zentrum (► A1) der infektiösen Hauttumoren liegen infizierte Zellen mit eosinophilen zytoplasmatischen Einschlußkörpern aus viralem Material, die samt Zelldetritus austreten und infektiös sind (Name!).

Histologischer Erregerhinweis: eosinophile Zytoplasmaeinschlußkörper im Tumorzelldetritus (► A2).

Klinik: Vorkommen: v. a. bei Kindern und auch bei AIDS-Patienten. Läsion: glasstecknadelgroße, genabelte Knötchen. Selbstheilung.

Herpesviridae

Herpes-simplex-Viren (HSV)

Erreger von perioralen vesikulösen Haut-/Schleimhautentzündungen, selten von Enzephalitiden. (HSV = α-Herpes-Viren.)

Pathogenese: Primärinfektion von Haut und Schleimhäuten. Dort Virusvermehrung durch Ausknospung (► B) schon einige Tage vor Auftreten der typischen Effloreszenzen → über sensible und autonome Neuronen rascher Virusübertritt in die Zellen regionaler Ganglien → dort vorübergehende Vermehrung (u. U. mit Zytolyse!) → Virusübertritt in die Ganglienzellen anderer Versorgungsbereiche. Kurz danach: persistierende latente Infektion ohne Virusreplikation. Virusreaktivierung durch folgende Faktoren:

- *aktinisch* → Herpes solaris,
- *febril-infektiös* → Herpes febrilis,
- *Menstruation* → Herpes menstruationis,
- *psychische Irritationen,*
- *Immunsuppression.*

Folge davon: Virusreplikation → Virustransport in Hautperipherie → Rezidiv.

Morphologie: Gelegentlich Fusion infizierter Zellen zu mehrkernigen Riesenzellen (► C1). Zytopathischer Effekt → Auflösung der Zellkontakte → Bildung intraepidermaler Vesikel mit darin liegenden virusreplizierenden Zellen (► C2, D).

Histologischer Erregernachweis: Herpes-infizierte Zellen: milchglasartig homogenisiertes Zytoplasma mit homogene, nukleären Einschlußkörpern (= Cowdry-Körper). Immunhistochemie: anti-HSV-1, anti-HSV-2.

Klinik und Morphologie HSV-Typ-I:
Gingivostomatitis herpetica: Vesikulös-aphthoide Entzündung von Mundschleimhaut und Zahnfleisch (► D).
Oesophagitis herpetica: Vesikulöse Ösophagusschleimhautentzündung (► E) → später: aphthoid-ulzeröse Entzündung (► F)
Keratoconjunctivitis herpetica: Nekrotisierende Entzündung von Horn- und Bindehaut des Auges.
Encephalitis herpetica („Schläfenlappen-Enzephalitis"): akute Hirnentzündung mit bilateral symmetrischen, temporal betonten Nekrosen → meist tödlicher Verlauf.

Klinik und Morphologie HSV-Typ-II:
Vulvovaginitis, Balanitis herpetica: Vorkommen: v. a. AIDS-Patienten. Es ist eine sexuell übertragene, vesikulöse Entzündung des äußeren Genitale → Folgekrankheit:
- rekurrierender Herpes genitalis,
- Herpes generalisatus (sehr selten!).

Varicella-Zoster-Viren (VZV)

Erreger der Windpocken und Gürtelrose.

VZV = α-Herpes-Virus. Varizellen-Virus ≡ Zoster-Virus: kontagiöses, volatiles Virus → daher der Name Windpocken!

Klinik und Morphologie (► G):
Windpocken (= Varicellen): Die primäre Infektion erfolgt im Schleimhautbereich des oberen Respirationstrakts → hämatogene Aussaat →

- *Enanthem* (= fleckförmige Rötung) in Oronasopharynx und Konjunktiven,
- *Exanthem* mit pockenähnlichen Bläschen (Name: Windpocken!) im Gesichts-, Stamm- und Extremitätenbereich (nicht im Hand- und Fußbereich),
- *Lymphadenopathie* (generalisiert und zervikonuchal).

Die primären Schleimhautläsionen sind vermutlich Ausgangspunkt für den neuronalen Virustransport in die Spinalganglien → latente Infektion der Ganglienzellen (selten: postinfektiöse Enzephalitis). Nach Jahrzehnten kommt es wegen Bestrahlung, Immunsuppression oder malignen Lymphome zur Virusaktivierung →

Herpes zoster: Nekrotisierende Hautentzündung (► G). Sie ist wegen Lokalisation im Ausbreitungsgebiet der befallenen Nervenwurzel „gürtelförmig" (= Gürtelrose); mit Ganglionitis (schmerzhaft).

A **Molluscum contagiosum**
100x

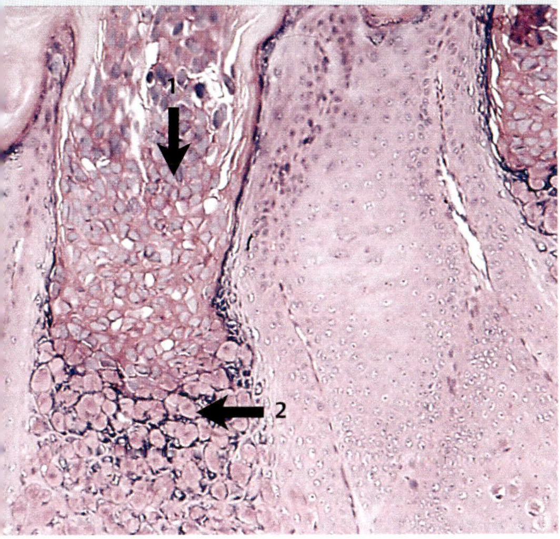

B **Herpesviren**
TEM, 20000x

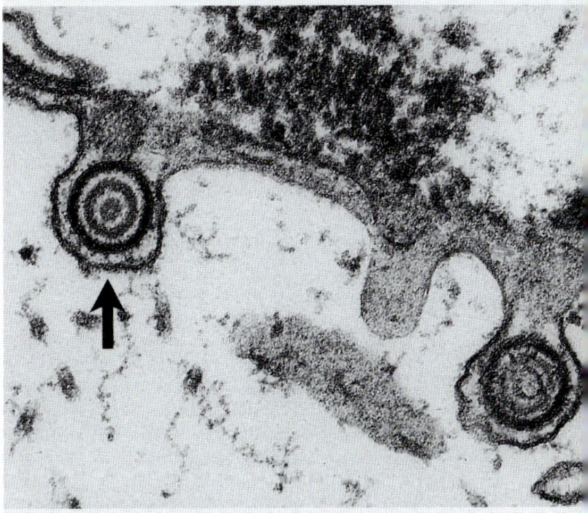

C **Herpes labialis**
EVG, 50x

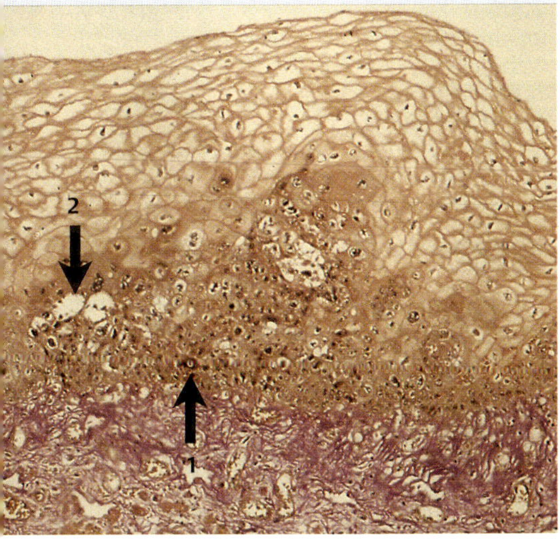

D **Herpes labialis**

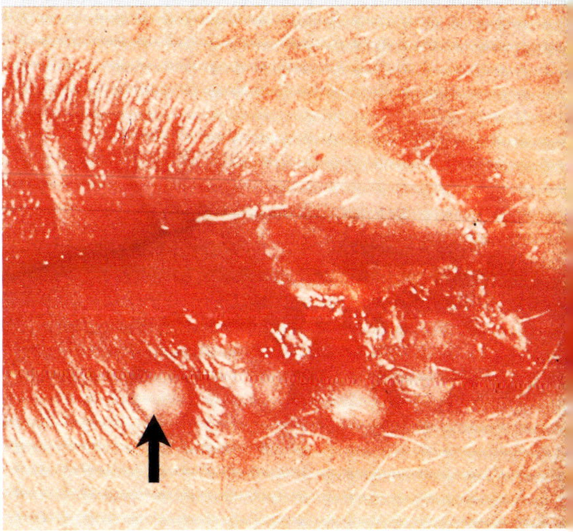

E **Ösophagitis herpetica** (früh)

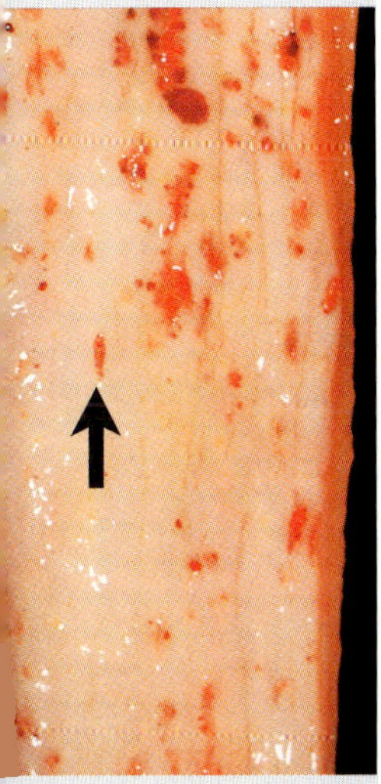

F **Ösophagitis herpetica** (spät)

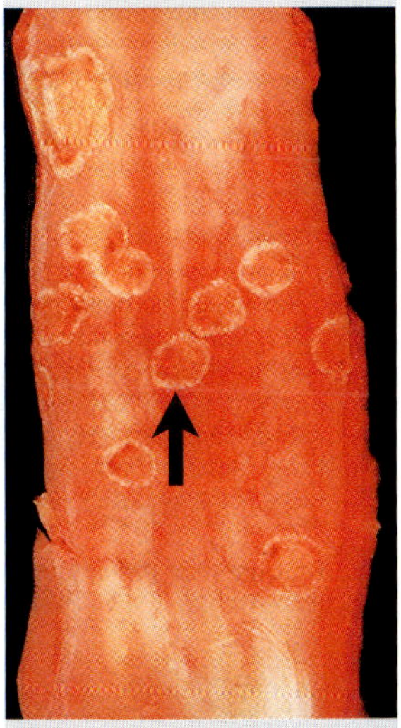

G **Herpes zoster**

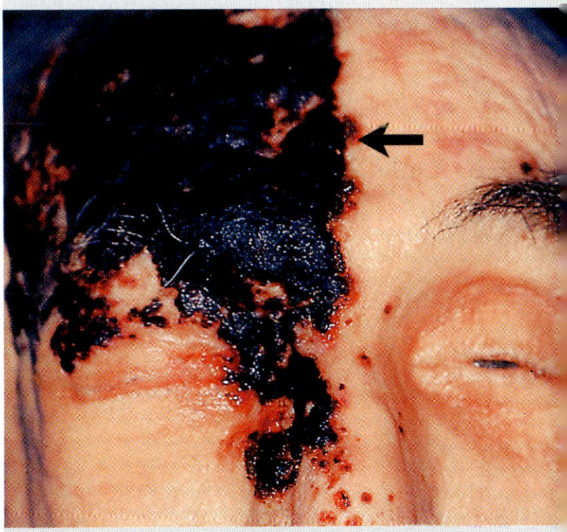

Zytomegaloviren (CMV)

Erreger = β-Herpes-Viren (► A).

Pathogenese: CMV-Ausscheidung in Speichel, Urin (Diagnostik!), Sperma, Muttermilch. Infektion durch Sekretkontakt oder transplazentar. Zytopathischer Effekt → virale Riesenzellen.

Histologischer Erregerhinweis: einkernige (zytomegale) Riesenzellen mit riesigen, intranukleären Viruseinschlußkörpern = „Eulenaugenzellen" (► B). Immunhistochemie: anti-CMV (S. 10).

Klinik und Verlauf hängen von der jeweiligen Immunkompetenz ab:
- *Intrauterininfektion* bei Erstinfektion einer immundefizienten Mutter → Fruchttod oder generalisierte Neugeboreneninfektion mit Enzephalitis, Hepatitis.
- *Erstinfektion immunkompetenter Patienten* (Kinder, Erwachsene) → meist unbemerkt; Viren bleiben latent. Bei Abwehreinbuße → Virusreaktivierung → meist harmlose Virämie → (meist) CMV-Befall einzelner Organe (v. a. Speicheldrüsen) → CMV-haltiger Speichel → Tröpfcheninfektion in Kindergärten! Bei Transfusion CMV-haltigen Blutes → mononukleoseartige Lymphadenitis (s. u.).
- *Erstinfektion immundefizienter Patienten* (oder Virusreaktivierung) → generalisierte Entzündung → ulzeröse Gastrointestinalentzündung (Blutung!), Chorioretinitis (Erblindung), Tod.

Epstein-Barr-Viren (EBV)

Erreger (γ-Herpes-Viren) von infektiöser Mononukleose, Burkitt-Lymphom und (z. T.) Nasopharyngealkarzinom (► C).
EBV sind auch an der Tumorigenese einiger peripherer T-Zell-Lymphome des Nasenrachens und Hodgkin-Lymphom-Subtypen sowie an primär zerebralen B-Zell-Lymphomen beteiligt.

Pathogenese: „Infektiöse Mononukleose".

Haupteintrittspforte: Oropharynx (Synonym: kissing disease!). Zielzellen: B-Zellen (Keratinozyten).

Nach Infektion exprimieren B-Zellen den viralen Apoptoseblocker LMP-1 → Umwandlung der B-Zellen zu theoretisch permanent proliferierenden Zellen. Daraufhin tauchen im Blut viele T-Zellen (virale Reizformen) auf (= Blutlymphozytose). Besondere T-Zellen stoppen diese B-Zell-Wucherung, zytotoxische T-Zellen lösen die Apoptosesperre → B-Zell-Zerstörung.

Histologischer Erregernachweis: Immunhistochemie (► C): Nachweis von viralem LMP-1 (= late membrane protein).

Klinik und Morphologie:
Infektiöse Mononukleose (= Pfeiffer-Drüsenfieber): Febrile Allgemeinerkrankung mit Bildung heterophiler Agglutinine (Paul-Bunnel-Test) und folgenden Läsionen:
- *Blutlymphozytose* mit Ausschwemmung monozytenartiger T-Zellen → infektiöse „Mononukleose";
- *(Hals-) Lymphadenitis* („Drüsenfieber") mit Verbreiterung der Parakortikalzone infolge Vermehrung von T-Zellen, T-Immunoblasten (► D) und lymphatischen Plasmazellen (= bunte Pulpahyperplasie);
- *Splenomegalie* mit entzündlicher Schwellung.

Virusbegleithepatitis.

Hepadnaviridae

Hepatitis-B-Virus (HBV)

Erreger der Hepatitis B.

Der Erreger kommt vor in Blut und Drüsensekreten. Übertragung durch Verletzung, Bluttransfusion, Schleimhautkontakte → sexuell übertragbar.

Pathogenese: Nach der Infektion gelangt das Virus in Leberparenchymzellen → intrazelluläre Vermehrung → Milchglaszellen (S. 14) → lytische Infektion mit zytopathischem Effekt.
Infektüberwindung durch:
- AK → HBV-Neutralisation;
- zytotoxische Immunreaktion → Aufspüren und Vernichtung virusinfizierter Zellen.

Morphologie: Mit Krankheitsbeginn treten HBc-AK auf. Im Läppchenzentrum gehen einzelne Hepatozyten (meist Lymphozyten-vermittelt) apoptotisch zugrunde (S. 128, 132) → sie imponieren als eosinophile sog. Councilman-Korpuskel). Bei schwerem Verlauf: hepatozelluläre (lytische) Gruppennekrosen (► F), wobei die infizierten Zelleichen von proliferierten Sternzellen phagozytiert werden → Abbau zu Zeroidpigment (S. 28). In Portalfeldern: Lymphozyteninfiltrat.

Histologischer Erregerhinweis: Councilman-Körperchen, Milchglas-Hepatozyten (S. 14).
Immunhistochemie: anti-HBs (► E).

Klinik und Verlauf:

Vollständige Viruselimination → unkomplizierter Verlauf mit Fieber, Übelkeit, Inappetenz, Arthralgie (= Gelenkschmerz), oft auch Ikterus → Regeneration.

Keine Viruselimination → Chronifizierung mit Dauer > 6 Monate → Übergang in folgende 2 Hauptformen der chronischen Hepatitis:
- *Persistierende Form:* Entzündung nur im Portalfeld → meist gute Prognose mit Ausheilung.
- *Aktive Form:* Entzündung greift vom Portalfeld auf Leberläppchen über → Leberzirrhose (S. 42) → Leberzellkarzinom (S. 328, 332).

Prominenter Patient: Wolfgang Borchert, dtsch. Nachkriegsschriftsteller (1921 – 1947).

A CMV
TEM, 20000x

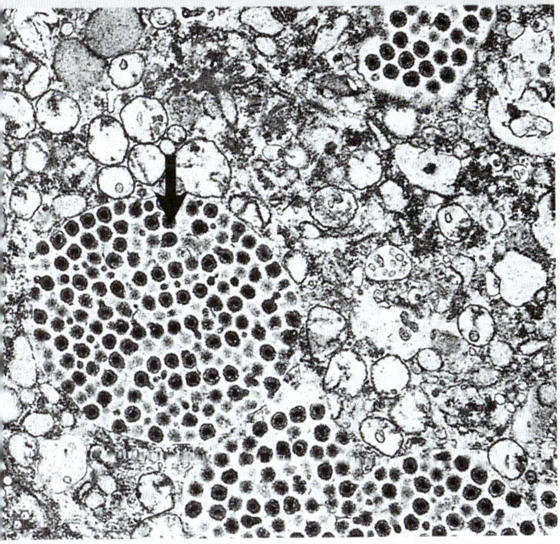

B CMV-Pneumonie: Eulenaugenzellen
200x

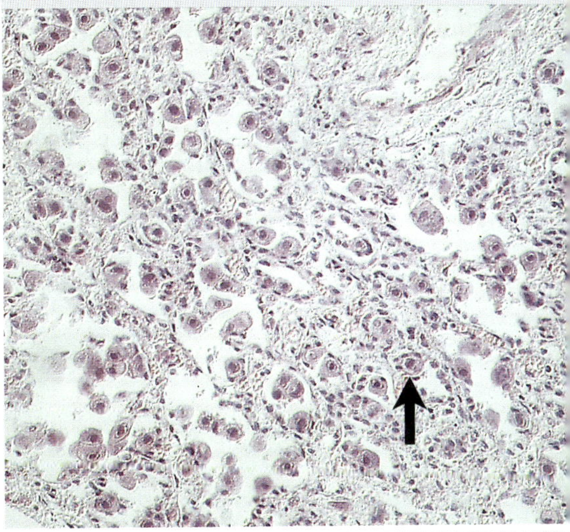

C EBV
IH (LMP1), 600x

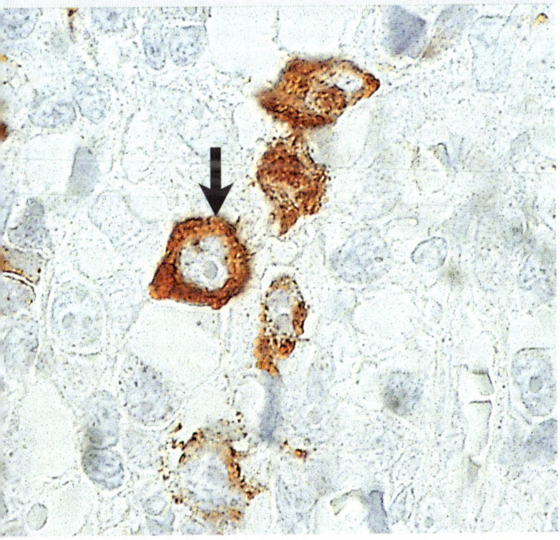

D EBV-Lymphadenitis
200x

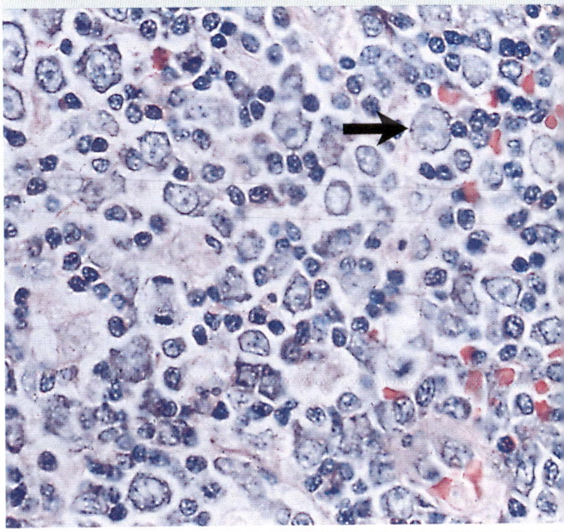

E Hepatitis B
IF (HBs), 400x

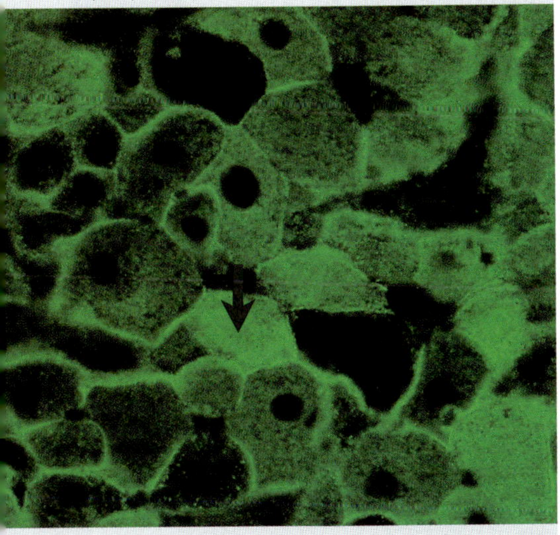

F Hepatitis B
100x

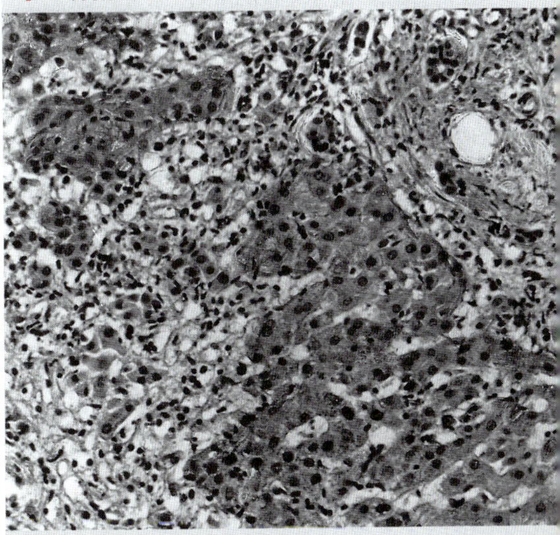

Hüllenlose Doppelstrang-DNS-Viren

Adenoviridae

Pathogenese: Lytischer Infektionstyp → Umwandlung infizierter Zellen in eine homogene Masse mit verwaschen-dichtem Zellkern (= „smudge cells") → nekrotisierende Entzündung (S. 218).

Histologischer Erregerhinweis:
- „smudge cells" (► B): großer, basophil-homogener, verwaschener Zellkern (kristalline Virushaufen).
- Cowdry-Typ-A-Inklusionen: eosinophiler viraler Kerneinschluß (► A1) mit Hofbildung (► A2) und Chromatinsaum.

✚ **Klinik:** Viren bewirken bei (Klein-)Kindern folgende Erkrankungen (immer mit Begleitlymphadenitis!):
- Infekte des oberen Respirationstraktes,
- Pharyngokonjunktivalfieber,
- hämorrhagische Urozystitis,
- Gastroenteritis,
- epidemische Keratokonjunktivitis bei jungen Erwachsenen (z. B. Rekruten).

Papovaviridae

Papillomviren (HPV)

Erreger von Papillomen im oberen Respirationstrakt, Hautwarzen und Condylomen im Anogenitalbereich. Papillomviren wirken außerdem als Cokarzinogene (S. 332, 370).

✚ **Klinik und Morphologie:**
Hautwarzen (Verruca simplex; ► C): HPV-Typ-2 und -4 gelangen durch direkten Kontakt (Barfußlaufen im Schwimmbad!) in Hautkeratinozyten → viral induzierte Keratinozytenproliferation → lokal wuchernde Epidermis bildet mit den passiv einbezogenen, subepidermalen Stromaschichten Epithelfalten (= Papillombildung; S. 370) und verhornt hyperparakeratotisch. Gleichzeitig replizieren die superfizialen Epithelzellen massenhaft Viren → Einschlußkörperbildung (► D).

Histologischer Erregerhinweis:
- nukleäre Einschlußkörper = kristallin gelagerte, homogene Masse aus Viren;
- basophile intrazytoplasmatische Einschlußkörper = übergroße, non-virale Keratohyalingranula (► D).

✚ ***Condyloma acuminata*** (= Feigwarzen): Venerisch übertragbare, dicht beisammenstehende, spitze Wärzchen (► E) im Anogenitalbereich.

Histologischer Erregerhinweis: Koilozyt = Epithelzelle mit klaffender, perinukleärer Vakuole (► F) und heterochromatischem Kern.

✚ ***Condyloma planum:*** Flache, umschriebene, weißliche Verdickung z. B. des uterozervikalen Epithels mit Vergrößerung, Heterochromasie (S. 8) und Koilozytose der Zellkerne (► F). Je nach Virustyp (Typ 16, 18, 31, 33) als Präkanzerose zu werten.

Miopapovaviridae

Erreger erzeugen im Tiermodell (junge Hamster) multiple Tumoren.

Pathogenese: Primär latente Infektion → trotz hohem Durchseuchungsgrad beim Menschen (serologisch nachweisbare AK!) → asymptomatisch → Resistenzverminderung → Virusreaktivierung → symptomatisch (Virusnachweis im Urin).

✚ **Klinik und Morphologie:**
- *JC-Virustyp:* Als opportunistische Infektion bei immungeschwächten Patienten (AIDS, Tumoren, S. 354) mit Virusvermehrung in Oligodendrozyten (virale Einschlußkörper!) → Oligodendrozytennekrose und herdförmiger Markscheidenzerfall in der weißen Substanz → „progressiv-multifokale Leukoenzephalopathie" → Tod innerhalb von Monaten.
- *BK-Virustyp:* Er infiziert (zunächst vorwiegend latent) Epithelien des Urogenitaltrakts. Reaktivierung durch Immunsuppression (v. a. Transplantatempfänger) → hämorrhagische Urozystitis.

Hüllenlose Einzelstrang-DNS-Viren

Parvoviridae

Erreger = kleinste, hüllenlose DNS-Viren.

Parvovirus B19

Erreger der a) infektiösen Ringelröteln (= Erythema infectiosum) beim Kind, b) hämolytischen Anämie v. a. beim Fetus.

Pathogenese: Tröpfcheninfektion → Virus befällt Erythroblasten → Virusreplikation → lytische Infektion → zytopathischer Effekt = Zerstörung (= Phthise) der Erythroblasten im Knochenmark. Nach 1 Woche: Bildung spezifischer AK → dank dessen: Erythroblastenregeneration (daher transiente [vorübergehende] Erythroblastophthise).

Histologischer Erregerhinweis: Im Knochenmark finden sich (v. a. gegen Ende der Erythroblastophthise) übergroße Proerythroblasten (= Giganto-Proerythroblasten).

✚ **Komplikationen:**
- *Schwere anämische Krisen* bei Zuständen mit verkürzter Erythrozytenlebenszeit und kompensatorisch gesteigerter Erythropoese.
- *Hämolytische Anämie* bei Feten: generalisierte Ödeme bis zum Hydrops fetalis (= Ödem mit Höhlenwassersucht; S. 424).

A **Adenoviren**
TEM, 10000x

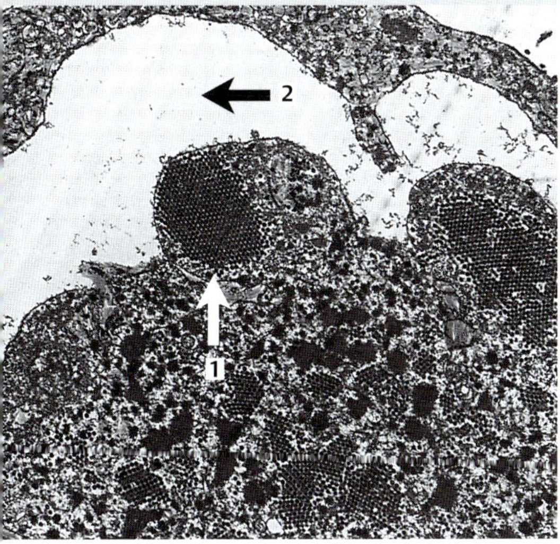

B **Smudge cells**
800x

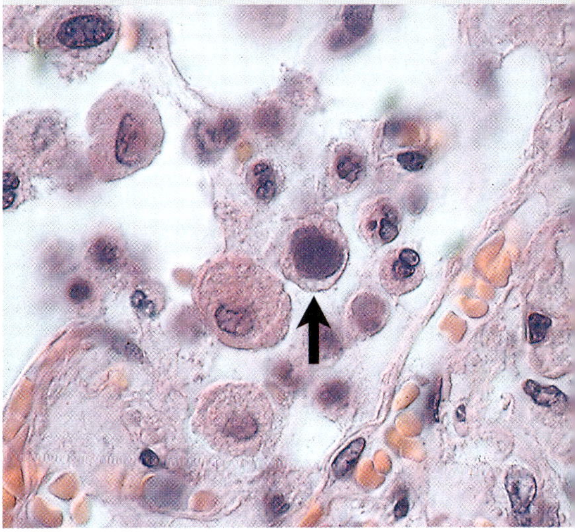

C **Verruca simplex**

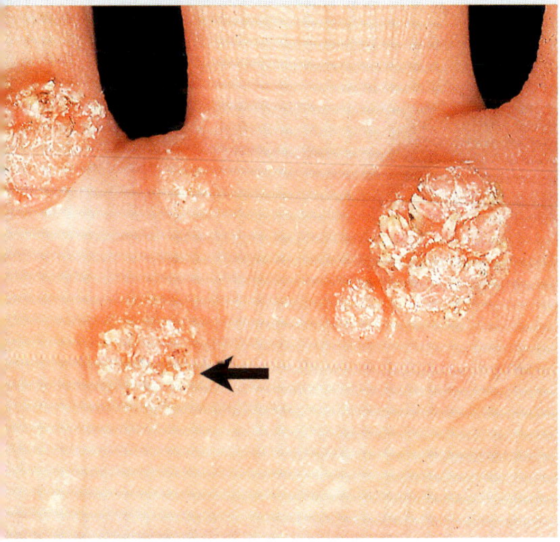

D **Verruca simplex** (300x)
Einschub: HPV-TYP 2 (TEM, 20000x)

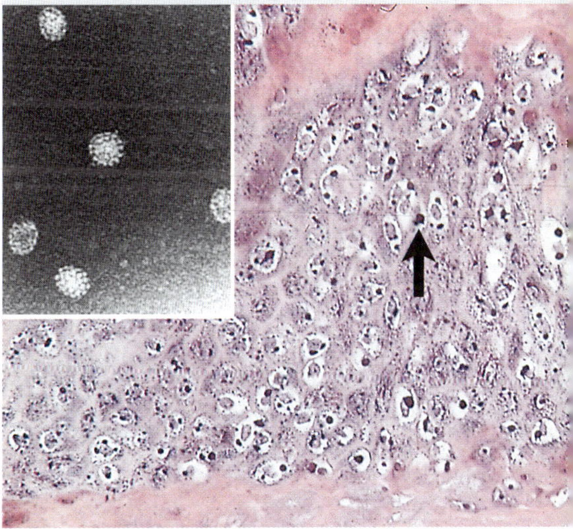

E **Feigwarzen**

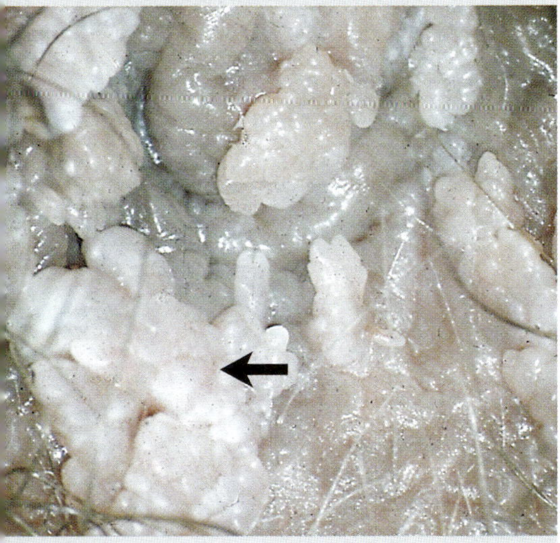

F **Condyloma planum**
300x

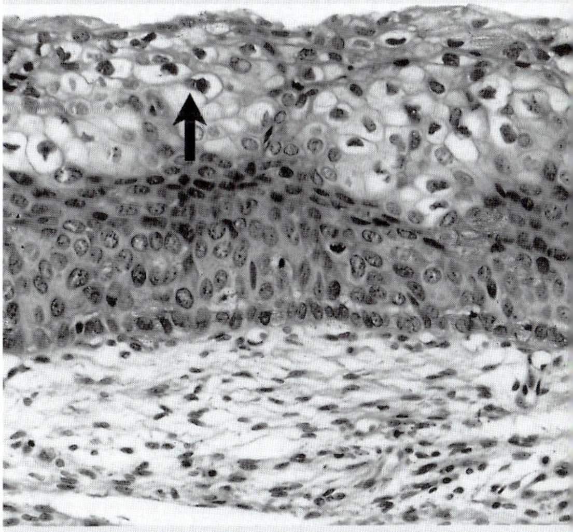

Prionen-Krankheiten

Synonym: Schwammhirnkrankheiten

Definition: Überbegriff für spongiforme Enzephalopathien mit folgenden Charakteristiken:
- ***Übertragbarkeit*** durch Prionen[1];
- ***Schädigungsmuster:*** schwammartige (= spongiöse) Gewebsschädigung ohne Entzündungs- und/oder Immunreaktion;
- ***Verlauf:*** nach Inkubationszeit von Monaten bis wenigen Jahren (5–10 Jahre) → Tod (frühere Bezeichnung: Slow-virus-Krankheit).

Infektionswege:

- ***hämatogen*** (?) STH-Therapie mit Hormonen aus menschlichen Hypophysen;
- ***inhalagen*** (?) kontaminiertes Tiermehl;
- ***implantogen*** (?): Transplantation von Hornhaut verstorbener, mit Prionen infizierter Leichen → Sehnerv des Transplantatempfängers → Gehirn;
- ***peroral:*** Hier ergibt sich folgende pathogenetische Kette: Mit Scrapie infizierte Schafe in England (s. u.) → Schlachtgut von kranken Schafen wurde ohne ausreichende Erhitzung zu Futtermehl verarbeitet → Verwendung desselben für Rindermast; dadurch werden Rinder als genuine Herbivoren (= Pflanzenfresser) durch Fütterung tierischen Proteins zu Carnivoren (= Fleischfressern) „umfunktioniert" → Tiere erkranken an Rinderwahnsinn (= bovine spongiforme Enzephalopathie).
  Das gehäufte Auftreten von Prionen-Krankheit bei „englischen Steak-Essern" macht eine Übertragbarkeit auf den Menschen wahrscheinlich.

Pathogenese: Prion = infektiöses Sialoglykoprotein = PrP^{Sc}. Sein physiologisches Gegenstück ist das in die Zellmembran integrierte PrP^{C} mit Strukturhomologien zu einem Acetylcholinrezeptor. Das PrP^{C} ist an der Zelladhäsion beteiligt und drosselt die Synapsenfunktion. Das PrP^{Sc} ist proteaseresistent → PrP^{Sc}-Anreicherung in den Lysosomen → Assoziation mit heparansulfathaltigen Proteoglykanen zu Amyloidfibrillen → Amyloidplaque (S. 48).

Morphologie: Hirnatrophie mit Ventrikelerweiterung (► B, C). Schwammartige Gewebsauflockerung in der grauen Substanz (v. a. Großhirnrinde, Stammganglien) = spongiforme Dystrophie (► D). Abschnittsweiser Untergang der Nervenzellen (► A3) → Rarifizierung der Purkinje-Zellen, Astrogliavermehrung (► A4). PrP^{Sc}-Amyloid-Plaques (= Kuru-Plaques) im subkortikalen Marklager v. a. in Großhirn und Kleinhirn (► A1, A2).

Histologischer Erregerhinweis: Kuru-Plaques; spongiforme Läsion in der grauen Hirnsubstanz.

Prionen: Assoziierte Krankheiten

Creutzfeldt-Jakob-Krankheit

Synonym: **C**reutzfeldt-**J**akob-**d**isease = CJD

Definition: Humane, erworbene Prionenkrankheit mit bereits im frühen Alter zu Demenz führender Enzephalopathie.

Klinik:
Ohne BSE-Exposition: Krankheitsbeginn in der 7. Lebensdekade → mehrmonatiger Verlauf;
Mit BSE-Exposition: Krankheitsbeginn in der 3. Lebensdekade → mehrjähriger Verlauf.
- früh: neurologische Ausfälle (Gang-, Spachstörungen) → spastische Paresen, Myoklonus.
- *Spät:* Demenz → Dezerebrationsstarre → Tod.

Gerstmann-Sträussler-Krankheit

Definition: Familiär-erbliche Form der humanen Prionen-Krankheit mit frühzeitig zu Demenz führender Enzephalopathie.

Klinik: Spinozerebelläre Ataxie → Demenz → Tod.

Kuru

Definition: Epidemische humane Prionen-Krankheit bei der Urbevölkerung Neuguineas infolge rituellen Verspeisens von Gehirnen Verstorbener.

Klinik: Bereits im Jugendalter einsetzende Demenz → Tod.

Scrapie

Synonym: Traberkrankheit

Definition: Epidemische Prionen-Krankheit bei Schafen und Ziegen.

Klinik: Pruritus → Abscheuern des Wollfells, Gangstörungen, Ataxie → Tod.

Bovine spongiforme Enzephalopathie

Synonym: BSE, Rinderwahnsinn

Definition: Epidemische Prionen-Krankheit bei mit tierischem Futtermehl gemästeten Rindern.

Klinik: Pruritus, Gangstörungen, -Ataxie → Tod.

1 Prion = **pro**teinaceus **i**nfecti**o**us age**n**t

A **CJD: Kleinhirn**
100x; 250x

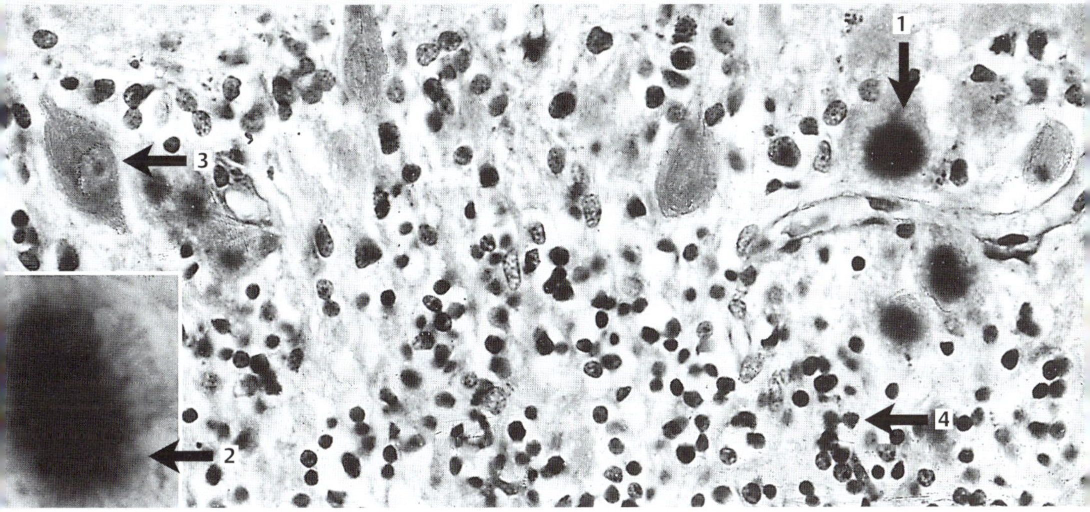

B **CJD: Großhirn**

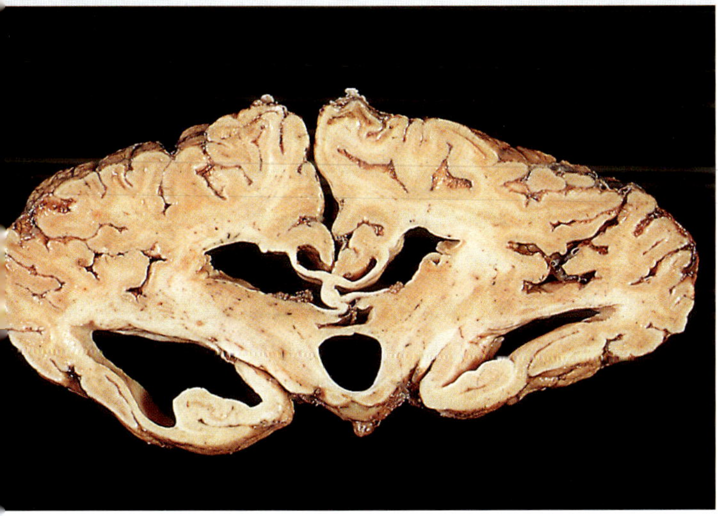

C **CJD: Großhirn**

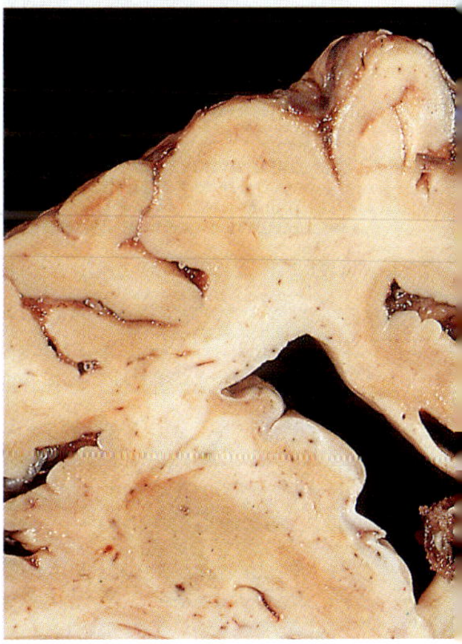

D **CJD: Spongiforme Dystrophie**
100x

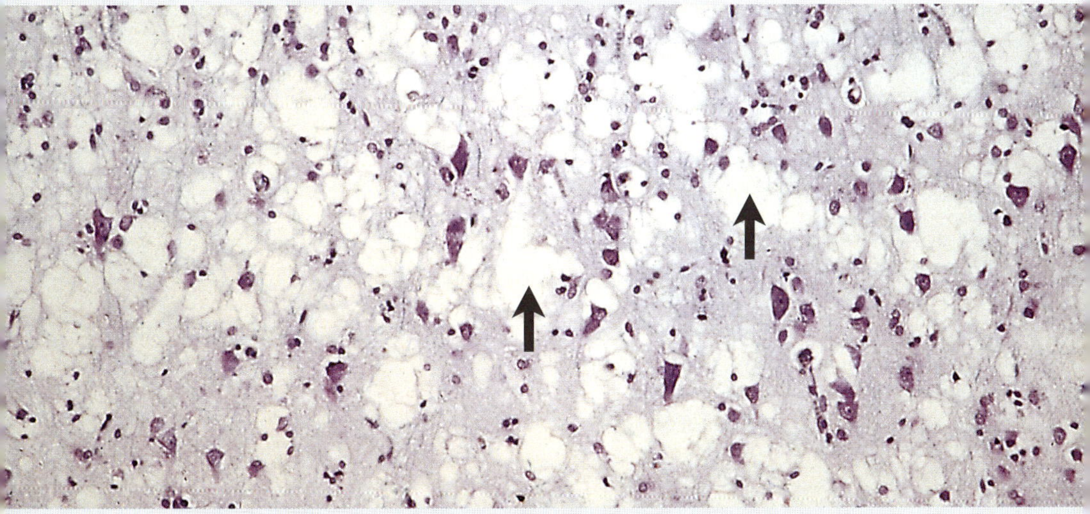

15 Überfall aus der ökologischen Nische
Bakterielle Läsion

Zusammenfassung

Um sich dem Makroorganismus gegenüber behaupten zu können, müssen sich die Bakterien zunächst auf der Zellmembran festsetzen können (= Adhäsion). Danach gilt es die Abwehrmechanismen des Organismus zu überlisten (= Virulenzfaktoren) oder durch Toxine außer Gefecht zu setzen, so daß sie in der neuen Umgebung gedeihen können (= Kolonisierung). Je nach Überlebensstrategie der Bakterien resultiert eine andere entzündliche Gewebereaktion:

- *Invasive Bakterien* dringen in die Blutbahn ein und können eine Sepsis hervorrufen.
- *Nicht-invasive Bakterien* zerstören durch ihre (Exo-)Toxine das Gewebe.
- *Intrazelluläre Bakterien* (= „Phagozytenparasiten") lösen granulomatöse Entzündungen aus.

Grampositive Kokken

Staphylokokken

Staphylococcus epidermidis

Erreger (abszedierend) eitriger Entzündungen; er kann eine Sepsis auslösen

Vorkommen: Koagulasenegativer Keim der normalen Hautflora, haftet z. B. auf Kunststoffkathetern → Sepsis. Aufgrund besonderer Kapseleigenschaften weicht er der Phagozytose aus.

Staphylococcus aureus

Erreger eitrig-abszedierender Entzündungen (→ rahmiger Eiter) → Intoxikationen.

Vorkommen: Traubenförmig angeordneter, koagulasenegativer Keim der Haut- und Schleimhautflora (► A).

Pathogenese: Staphylokokken bilden folgende gewebeschädigende Enzyme und Toxine, mit denen sie das Gewebe lokal einschmelzen können (Abszeßbildung):

- ***Koagulase*** → intravaskuläre Fibrinthromben,
- ***Staphylokinase*** → Fibrinauflösung,
- ***α-Hämolysin*** → Zerstörung der Erythrozytenmembran,
- ***Leukozidin*** → Granulo-, Histiozytentötung,
- ***Enterotoxine*** → Lebensmittelvergiftung,
- ***Toxisches-Schocksyndrom**-Toxin* (= Super-AG),
- ***Exfoliatine*** = dermatonekrotische Toxine → epidermale Blasenbildung → nekrotisierende Hautablösung (= Epidermolyse) am ganzen Körper (► C) → Dermatitis exfoliativa = „staphylococcal-scaled-skin-syndrome" (= SSS-Syndrom).

+ Klinik:
Invasive Infektionen → abszedierende Entzündung (► E = Spritzenabszeß).
Intoxikationen → klinische Syndrome fern der ursprünglichen Invasionsstelle des Erregers.

Streptokokken

Erreger (phlegmonös) eitriger Entzündungen → immunologische Zweitkrankheiten.

Vorkommen: Katalasenegative, ubiquitäre Keime; die meisten sind Bestandteile der Mundflora.

Streptokokken-Einteilung:

- ***α-Hämolyse:*** Erythrozytenmembranen weitgehend intakt → Kolonien auf Blutagar: grüne Umgebungszone (Reduktion des Hämoglobins zu einer biliverdinähnlichen Verbindung).
- ***β-Hämolyse:*** Erythrozytenzerstörung, Hämoglobinabbau → Kolonien auf Blutagar: großer gelblicher Hämolysehof.
- ***γ-Hämolyse:*** Keine Hämolyse.

Streptococcus pyogenes

Erreger (phlegmonös) eitriger Entzündungen (→ dünnflüssig-grünlicher Eiter) → immunologische Zweitkrankheiten.

Vorkommen: Kettenbildender Keim (► B), ubiquitär, AG-Gruppe A, β-Hämolyse.

Pathogenetisch sind seine Kapselsubstanzen, Toxine und Enzyme wichtig:

- ***M-Protein*** = Hauptvirulenzfaktor = Kapselsubstanz → Hemmung der Phagozytose und des alternativen Wegs der Komplementaktivierung.
- ***Kapselhyaluronat*** = Nebenvirulenzfaktor → Behinderung der Erregerphagozytose.
- ***Lipoteichonsäure*** = Adhäsionsmolekül des Erregers → Anheftung am Fibronektin.
- ***Streptolysin O und S*** = Zellgift für Erythrozyten (β-Hämolyse!), Makrophagen und Granulozyten.
- ***Hyaluronidase:*** begünstigt Erregerausbreitung und damit die Phlegmonenentstehung (► F = Muskelphlegmone).
- ***DNSase*** → Zellkernverflüssigung.
- ***Streptokinase*** (= Fibrinolysin) → Auflösung des ausgeschwitzten Fibrins (daher: fibrinfreier Eiter) → Verbrauchskoagulopathie (S. 402).
- ***Erythrogene Toxine A und C*** (von β-hämolysierenden Streptokokken der Gruppe A produziert) → Scharlachexanthem und -enanthem (S. 216).

+ Klinik:

- *Invasive Infektionen:* Impetigo (= eitrige mit Krustenbildung einhergehende Hautinfektion ► D), Erysipel, Phlegmone, Otitis media, Tonsillitis, generalisierte Infektionskrankheit (= Scharlach), Sepsis.
- *Zweitkrankheiten:*
  - Akute Glomerulonephritis (S. 172),
  - Akutes rheumatisches Fieber (S. 234).

A Staphylokokken
REM, 5000x

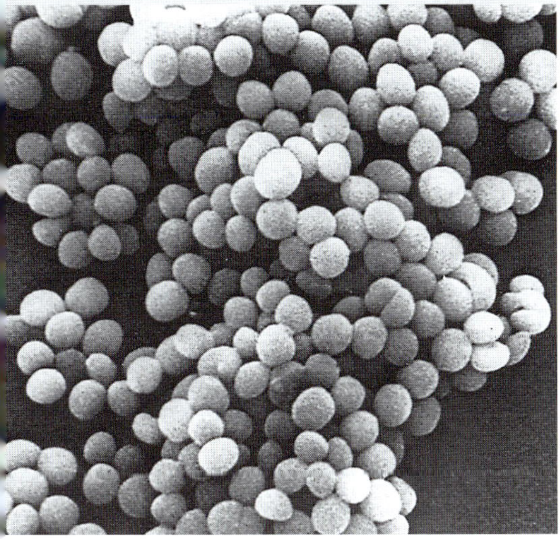

B Streptokokken
REM, 2500x

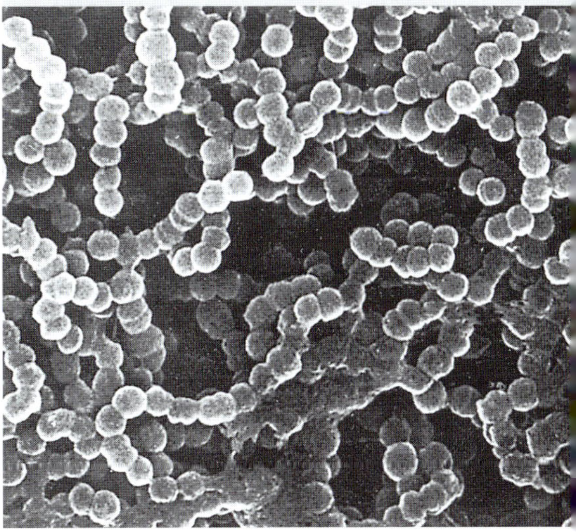

C Dermatitis exfoliativa

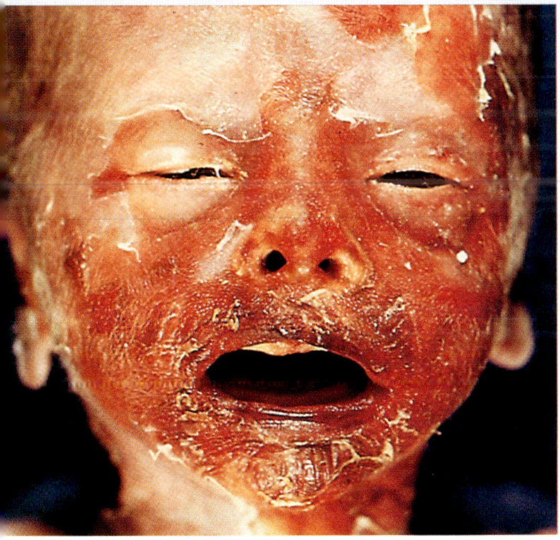

D Impetigo

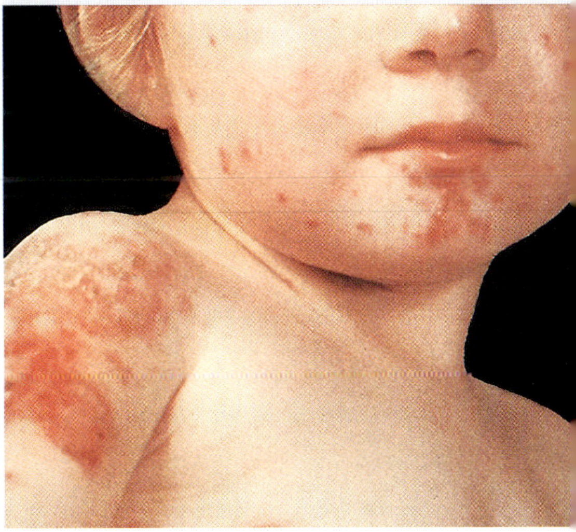

E Spritzenabszeß

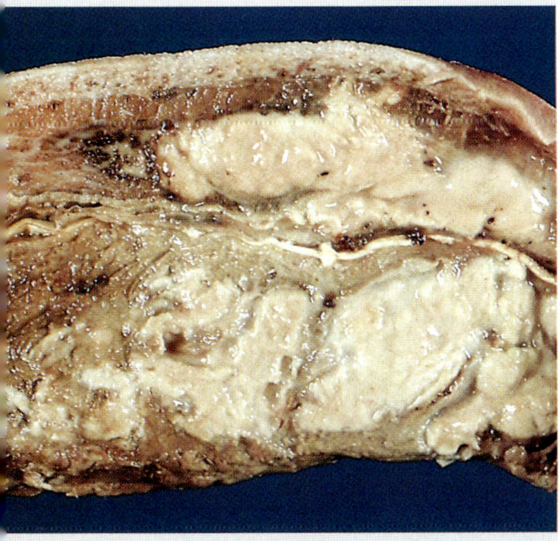

F Muskelphlegmone
25x

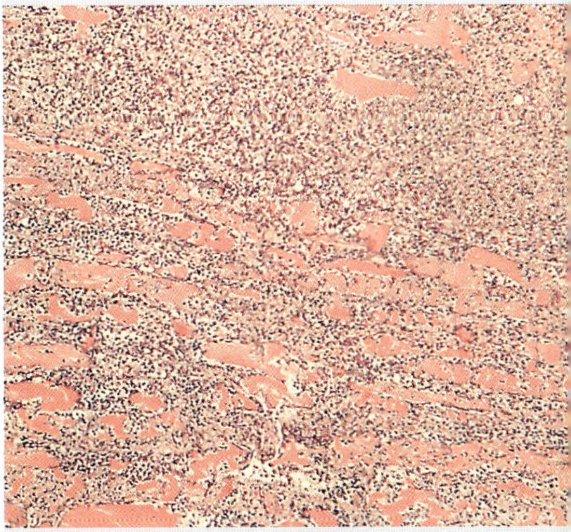

Gramnegative Kokken

Neisseriaceae

Neisseria gonorrhoeae

Erreger (= Gonokokken) der Gonorrhoe.

Pathogenese: Erregeraufnahme durch histiogranulozytäre Phagozytose (S. 26) → Keimvermehrung in Heterophagievakuolen. Erreger produzieren IgA-Protease → Zerstörung sekretorischer AK in den Schleimhautsekreten → (gezielte) Besiedelung von Urogenitaltrakt, Peritonealhöhle, Rektum-, Pharynxschleimhaut und Konjunktiva.

Mikroskopischer Erregernachweis: Eiterausstrich: Gramnegative Diplokokken (Semmelaspekt) in Neutrophilen (► A).

Klinik und Morphologie:
- ♂ Beginn: Urethritis → eitriger Ausfluß (= Tripper) → Prostatitis, Epididymitis.
- ♀ Beginn: Zervizitis → eitriger Ausfluß → eitrige Salpingitis → Peritonitis.
- Peripartalinfekt: Neugeborene → eitrige Konjunktivitis (= Gonoblenorrhoe) → Erblindungsgefahr).

Neisseria meningitidis

Erreger (= Meningokokken = Diplokokken) der Hirnhautentzündung → Sepsis.

Vorkommen: Parasiten des Nasopharynx.

Pathogenese: Übertragung via Tröpfcheninfektion. Bei fehlenden AK → Bakteriämie → Sepsis (S. 222).

Klinik: Neben harmlosen Erkrankungen des Respirationstrakts gibt es 2 fatale Läsionen:
- ***Zerebrospinale Meningitis (S. 214),***
- ***Waterhouse-Friderichsen-Syndrom:*** mit schwerwiegenden hämorrhagischen Nekrosen (v. a. in Nebennierenrinde) einhergehende Sepsis (S. 222).

Grampositive Stäbchen

Corynebacterium diphtheriae

Erreger der Diphtherie (► B).

Pathogenetische Reaktionskette: Erreger-Exotoxin → irreversible Blockierung der zellulären Proteinbiosynthese → Zelltod → Gewebsnekrose → fibrinös -pseudomembranös -nekrotisierende Entzündung im oberen Respirationstrakt (S. 208).

Mikroskopischer Erregernachweis: wie chinesische Schriftzeichen angeordnete, trommelschlegelförmige Erreger (► B).

Klinik und Morphologie: Beginn: Nasendiphtherie → Ausdehnung: Rachen → Kehlkopf → Trachea → Bronchien → Erstickungsgefahr. Systemisch kann noch eine infekttoxische Myokarditis und Neuritis der Kopfnerven III, V, VII und IX hinzukommen.

Listeria monocytogenes

Erreger der Listeriose, Fetopathie.

Infektionsquelle: Haus- und Zuchttiere, Milchprodukte (Vacherin-Käse), Bakterienträger.

Pathogenese: Opportunistische Keime. Erregerbekämpfung durch phagozytierende Monozyten (► D) auch ohne T-Zell-Aktivierung. Listerien enthalten folgende „Gifte":
- ***hochtoxisches Endotoxin*** → Hämo-, Lipolyse;
- ***Lipoid:*** Es wird bei Bakterienabsterben frei; es ruft bei einer Sepsis in den verschiedensten Organen neben multiplen Abszessen auch Granulome hervor.

Mikroskopischer Erregernachweis: Versilberbare Stäbchen in Organzellen.

Klinik und Morphologie:
- ***Listeriose:*** Febrile Allgemeininfektion wie grippaler Infekt. Bei immundefizienten Patienten → Sepsisgefahr mit Meningoenzephalitis.
- ***Placentitis listerica.***
- ***Granulomatosis infantiseptica:*** Generalisierte Entzündung bei Feten und Neugeborenen mit miliaren histiozytär-epitheloidzelligen Granulomen (= Mischzell-Granulome) v. a. Haut, Lunge, Leber (► C).

Actinomyces israelii

Erreger der zervikofazialen Aktinomykose. Anaerobier mit bakterienwand-typischem Murein.

Vorkommen: Normale orale Schleimhautflora.

Pathogenese: Erregerinvasion meist über kleine Verletzungen der Mundschleimhaut; liegt im Gewebe (aufgrund einer Hypoxie, Begleitbakterien) ein niedriges Redoxpotential vor, so kommt es zur Kolonisierung → chronisch-granulierende, fistelnde Entzündung mit resorptiv verfettenden Histiozyten.

Mikroskopischer Erregernachweis:
- ***Aktinomyzesdrusen:*** reiskorngroße schwefelgelbe Körnchen im Eiter (histologisch: Konglomerat kleiner Aktinomyzeskolonien).
- ***Strahlenpilz:*** Erreger bildet histologisch (► F1) radiäre, myzelartig -verzweigte Filamente (Igelaspekt!), umgeben von hyalinen Eiweißpräzipitaten = Splendore-Hoeppli-Phänomen (► F2).

Klinik und Morphologie: *Hauptlokalisation:* Halslymphknoten am Kieferwinkel. Ausbreitung entlang von Gewebeschichten → Fistelung (S. 226) mit fuchsbauartigen Fistelgängen → Entleerung nach außen (► E). Keine Lymphadenitis in nachgeschalteten Lymphknoten.

A **Gonokokken**
Gram, 800x

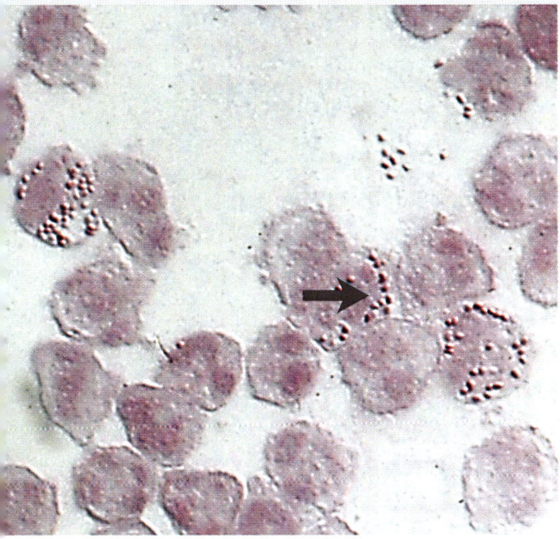

B **Corynebacterium diphtheriae**
Neisser, 800x

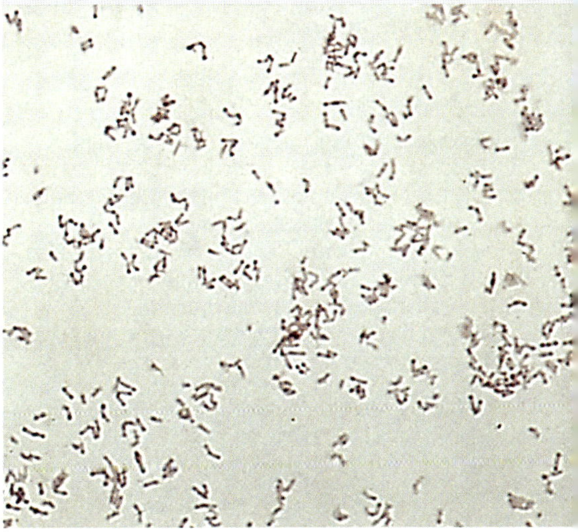

C **Listeriengranulome:** Leber
100x

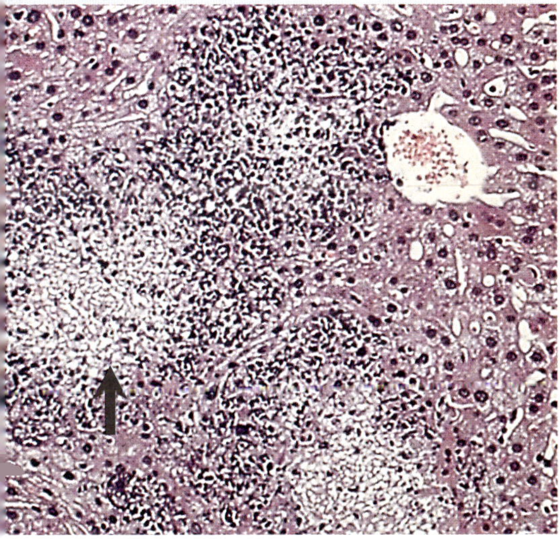

D **Listerien:** Leber
Ag, 400x

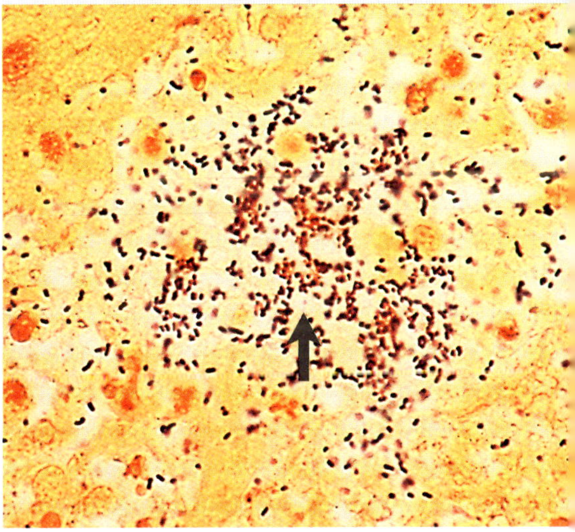

E **Hals-Aktinomykose**

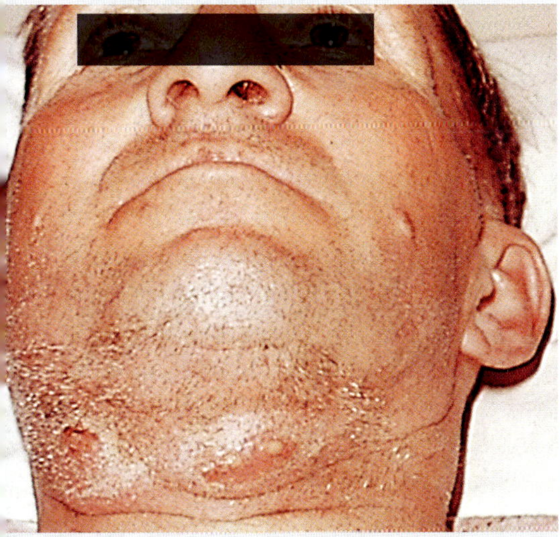

F **Aktinomyzesdrusen**
PAS, 100x

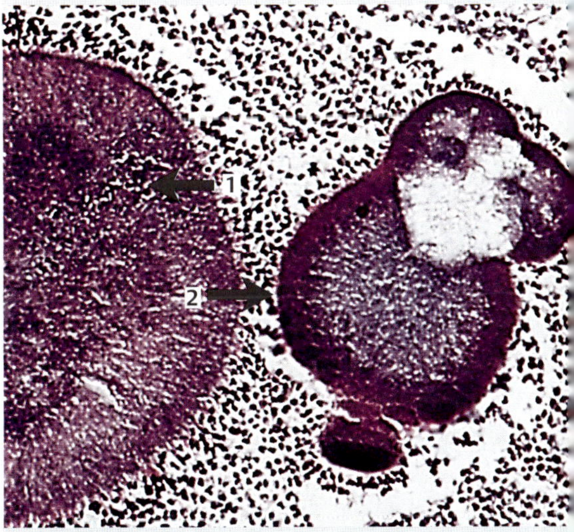

Bacillus anthracis

Erreger des Milzbrands.

Vorkommen: Nutztiere in Südeuropa und Südamerika.

Pathogenese: Die Infektion kann die Haut, den Respirations- oder Intestinaltrakt betreffen. Die Pathogenität des hochinfektiösen Aerobiers beruht auf folgenden Faktoren:
- ***Polypeptidkapsel:*** schützt vor Phagozytose.
- ***Gewebsnekrotisierendes Exotoxin*** → Gefäßschädigung der Endstrombahn.

Folgen davon: seröse hämorrhagische Entzündungsreaktion (S. 216).

+ Klinik und Morphologie: Da die Infektion des Menschen über kranke Tiere oder durch Kontamination mit tierischem Material erfolgt, gilt der Milzbrand als Berufskrankheit von Kürschnern, Schlachtern, Wollsortierern und Altstoffhändlern → Wollsortierer-, Lumpensammlerkrankheit.
- *Hautmilzbrand* (Pustula maligna): Schmerzlose, schwarzrote Hautnekrose mit schwärzlichem Schorf. Neigung zur Erysipelbildung.
- *Lungenmilzbrand* durch Inhalation erregerhaltigen Staubs → hämorrhagische Herdpneumonie.
- *Darmmilzbrand* mit hämorrhagischer Enteritis und Blutdiarrhoe.

! Merke: *Milzbrand / Milzbeteiligung:*
Die Milz ist beim Menschen zwar vergrößert und düsterrot, aber nie so schwarzrot wie beim „enterogenen Milzbrand" des Tiers → ursprünglich namensgebend für diese Infektionskrankheit.

Clostridien

Erreger allgemein: Obligat anaerobe, gram-positive Stäbchenbakterien.

Vorkommen: Als Sporen im Erdboden und als vegetative Form im Darmtrakt des Menschen.

Allgemeine Pathogenese: Erreger können O_2-Metabolite nicht abbauen, so daß diese für sie toxisch sind. Erregerpathogenität beruht auf Histo- oder Neuro(ekto-)toxinen.

Clostridien: Assoziierte Krankheiten

Clostridienmyositis

Synonym: Gasbrand

Erreger: v. a. Clostridium perfringens, C. novyi, C. septicum oder C. histolyticum.

Pathogenese: O_2-arme Wunden mit/ohne Fäkal-, Erdkontamination. Erreger geben Histotoxine (Lezithinase, Kollagenase, Hyaluronidase) ab → akute nekrotisierende, schmerzhafte Myositis in Form einer Koagulationsnekrose (► A1; S. 130) mit Auflösung der Myofilamente (► B, C); dazu kommt noch Fäulnisgasbildung (Histologie: Gasblasen, ► A2) → Gasknistern unter der Haut (Palpationsbefund!). Hohe Letalität.

Tetanus

Synonym: Wundstarrkrampf

Erreger: Clostridium tetani (► D).

Pathogenese: Erd-, Fäkalkontamination O_2-armer Wunden → Neurotoxinbildung (= Tetanospasmin) → retrograder Transport des Toxins in peripheren Nerven → Toxin blockiert die Synapsen hemmender Interneurone und motorische Endplatten.

+ Klinisches Resultat: Muskelspasmen →
- Gesichtsmuskelkrampf → „Grinsen" = Risus sardonicus (► E),
- Rektusmuskelkrampf → Kahnbauch.

Botulismus

Erreger: Clostridium botulinum.

Pathogenese: Anaerob verdorbene Lebensmittel (v. a. überalterte Gemüsekonserven!) → Erregervermehrung → Bildung eines thermolabilen Neurotoxins (= Botulinustoxin) → Toxin stoppt die Exozytose acetylcholinhaltiger Vesikel → Blockade der motorischen Endplatten → Muskellähmung.

! Merke: Botulinustoxin = stärkstes bekanntes tödlich wirkendes Gift.

! Merke: Botulismus = Intoxikation ≠ Infektion.

Antibiotika-Enterokolitis

Synonym: Antibiotika-assoziierte, pseudomembranöse Enteritis

Erreger: v. a. Clostridium difficile (► F).

Pathogenese: Antibiotikatherapie → Erregerselektionieung → Toxinbildung:
- Toxin-A (= Enterotoxin) → Störung des transepithelialen Wasser- und Elektrolyttransports → Flüssigkeitsverlust.
- Toxin-B (= Zytotoxin) → Zerstörung der oberflächlichen Darmmukosa (in Krypten beginnend) → Erosionen → Bedeckung mit kleieförmigen Pseudomembranen aus Fibrin und Zelldetritus (► G; S. 208).

Resultat: infektiöse Durchfälle.

! Merke: *Diarrhoe-Definition:* = Stuhlentleerung zu flüssig, zu viel, zu häufig.

! Merke: *Biologischer Sinn einer Diarrhoe:* Rasche Darmpassage und „Erregerauswaschung aus dem Darm" → bei nichtinvasiven Keimen und adäquatem Flüssigkeits- und Elektrolytersatz meist Selbstheilung.

A **Gasbrand**
100x

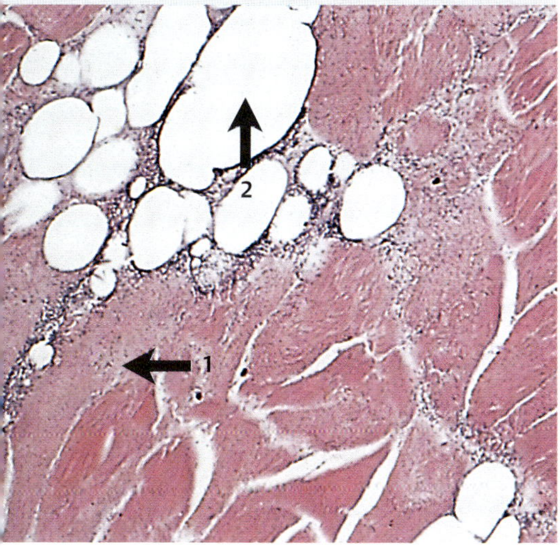

B **Normalmuskel**
TEM, 10000x

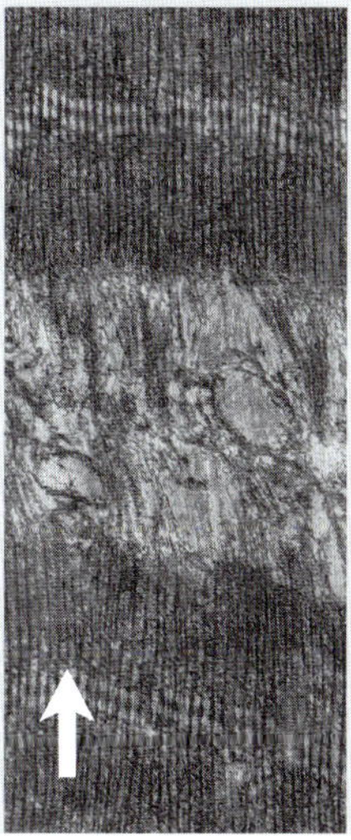

C **Gasbrandmuskel**
TEM, 10000x

D **Clostridium tetani**
REM, 40000x

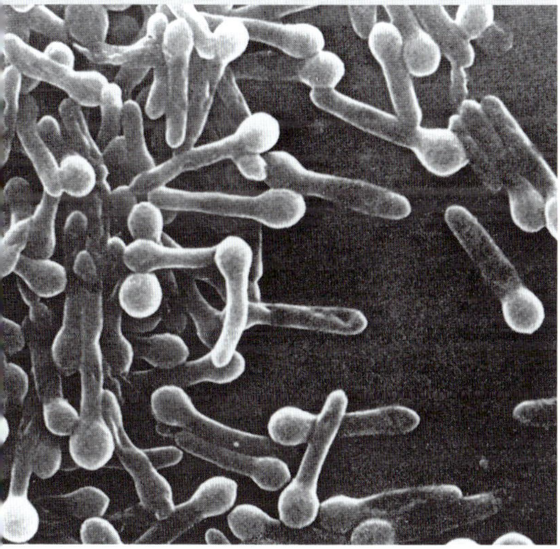

E **Risus sardonicus** (Tetanus)

F **Clostridium difficile**
REM, 40000x

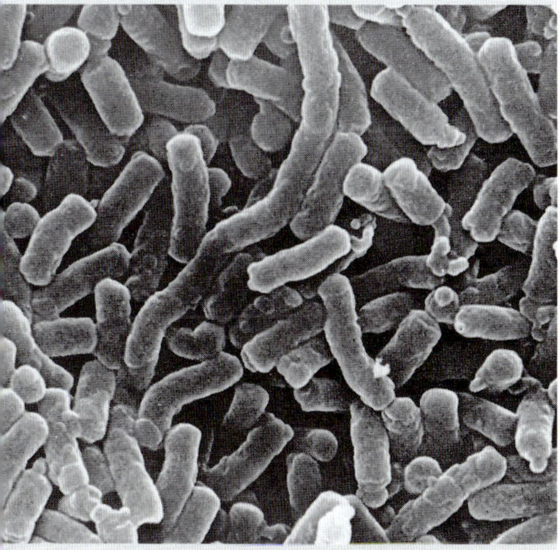

G **Antibiotika-Enteritis**

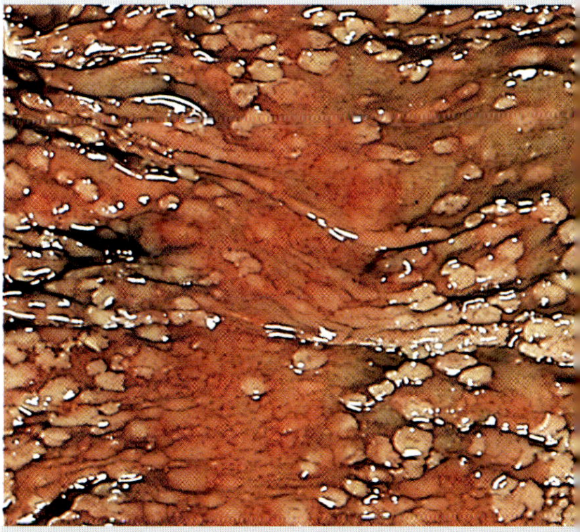

Gramnegative Stäbchen

Enterobacteriaceae

Erreger meist von Darmerkrankungen, oft von nosokomialen Infekten.

Vorkommen: Darmtrakt von Mensch und Tier.

Dazu gehören u. a. folgende Erreger:

- Escherichia coli (► A) → Diarrhoe,
- Salmonella typhi (► B) → Abdominaltyphus,
- Salmonella paratyphi → Paratyphus,
- Shigellen → Bakterien-Ruhr,
- Yersinien → Enteritis, Pest,
- Klebsiellen → Pneumonien.

Pathogenetische Faktoren:

- ***Oberflächen-AG:***
  - O-AG (= Lipopolysaccharidkette),
  - H-AG (= Geißel-AG),
  - K-AG (= Kapsel-AG),
  - F-AG (= Fimbrien-AG) = Adhärenzfaktor.
- ***Endotoxin:*** Teil des in die äußere Bakterienmembran eingebauten Lipolysaccharidkomplexes (LPS).
- ***Virulenzfaktoren:***
  - Kolonisationsfaktoren wie adhäsive Fimbrien,
  - Enterotoxine → Störung des Elektrolyttransports,
  - Zytotoxine → Schädigung der Kolonenterozyten und der mikrozirkulatorischen Endothelien,
  - Neurotoxine → Nervenschädigung,
  - Invasionsfaktoren → Schleimhautinvasion.

+ Klinische Formen der *Enterobacter-Erkrankungen:*
- ***Nichtinvasive Enteritis:*** Schädigung der Enterozyten durch Enterotoxin.
- ***Invasive Enteritis:*** Erreger dringen in die Schleimhaut und Subserosa ein.
- ***Sepsis:*** Systeminfektion durch Bakteriämie.
- ***Hämorrhagische Kolitis:*** (durch enterohämorrhagische E. coli = EHEC). Zellschädigung durch Verozytotoxine. Folgezustand der EHEC-Infektion →
- ***Hämolytisch-urämisches Syndrom:*** (S. 216).

Enterobacteriaceae: Assoziierte Krankheiten

Typhus abdominalis

Definition: Eine durch Salmonella typhi ausgelöste, infektiöse, invasive Enteritis (selten: Enterokolitis) mit systemischen Organmanifestationen nach hämatogener Streuung.

Erregerreservoir: Mensch.

Pathogenetische Kettenreaktion: Orale Infektion → Erregerpenetration in Darmenterozyten → lymphogener Keimtransport via Peyer-Plaques, regionale Lymphknoten und Ductus thoracicus in die Blutbahn → Sepsis (S. 222) → Keimvermehrung im Blut sowie in Darmwand-Histiozyten → Keimausscheidung via Galle in den Darm. Eine Wocher später: massive B-Zell-Reaktion im MALT → erhöhter Titer an humoralen AK (Widal-Reaktion) → Erregerzerstörung durch AK → Endotoxinfreisetzung (S. 222). Folgen der Endotoxinämie:
- hohes Fieber,
- Darm-MALT-Zerstörung (zusammen mit der erregerspezifischen AG-AK-Reaktion).

Morphologische Stadien:

Erstes Stadium: *markige Schwellung* der Peyer-Plaques (► C) sowie der Mesenteriallymphknoten durch histiozytäre, meist unscharf umschriebene, „Typhom" genannte Granulome (► E; S. 228). Diese bestehen aus großen, Histiozyten (► E1), die Neutrophilenleichen phagozytieren (= „Rindfleischzellen") (► F), sowie aus einigen Lymphozyten und Plasmazellen (► E2). Selten Granulomnekrosen.

Zweites Stadium: *Verschorfung* der oberflächlichen Darmwandschicht aufgrund der MALT-Zerstörung in Form grau-gelblicher, bis in die Muscularis reichender Nekrosen.

Drittes Stadium: *Geschwürbildung* aufgrund granulozytärer Nekrosedemarkation → Nekroseabstoßung → Schleimhautulzera in Darmlängsrichtung (► D) → Blutung.

Viertes Stadium: *Geschwürüberhäutung* durch vernarbendes Granulationsgewebe und Reepithelialisierung.

+ Klinik: Hohes Fieber mit Bradykardie, Benommenheit (Typhus, gr. = Nebel), erythematös-makulöses Hautexanthem (= Roseola), Leukopenie, Diarrhoe (Erbsensuppenstühle) mit Blutbeimengung (Hinweis auf Ulzera!), entzündliche Splenomegalie.

+ Komplikationen (ohne Antibiotikatherapie):
- Darmperforation → kotige Peritonitis;
- Splenomegalie → anämische Infarkte, Milzruptur;
- Septikopyämie → Typhusgranulome in anderen Organen.
- (nekrotisierende) Muskelentzündungen in Myokard, Bauchmuskulatur (= Zenker-Degeneration).

! Merke: *Differentialdiagnose Dünndarmulzera:*
- ***Typhusulzera:*** in Darmlängsrichtung.
- ***Tuberkuloseulzera:*** in Darmquerrichtung.

Salmonellen-Enteritis

Definition: nichtinvasive Salmonellenenteritis (v. a. Salmonella enteritidis) in Form einer „Lebensmittelvergiftung" mit gastroenteritischen Brechdurchfällen.

Pathogenese: Orale Infektion → Reizung der Darmmukosa → Diarrhoe (Exsikkosegefahr!) → Keimausschwemmung → (Selbstheilung).

A **Escherichia coli**
REM, 20000x

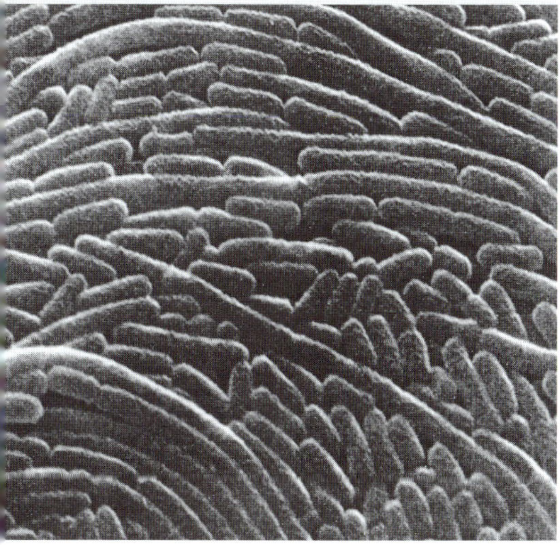

B **Salmonella typhi**
REM, 10000x

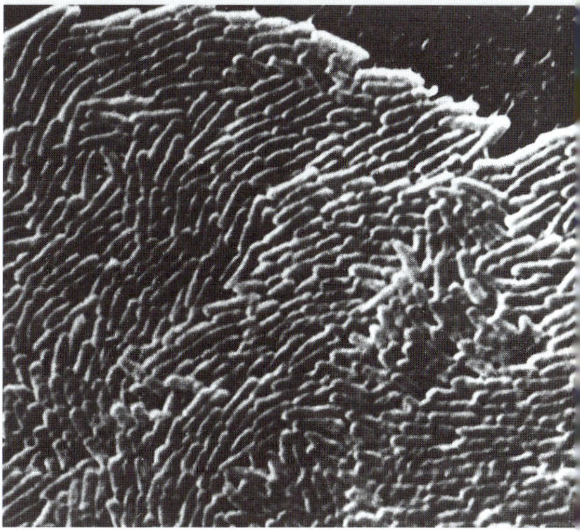

C **Abdominaltyphus** (Darm)

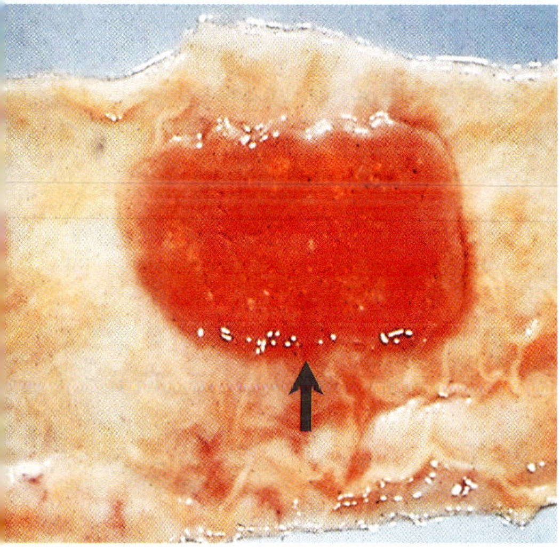

D **Abdominaltyphus** (Darm)
10x

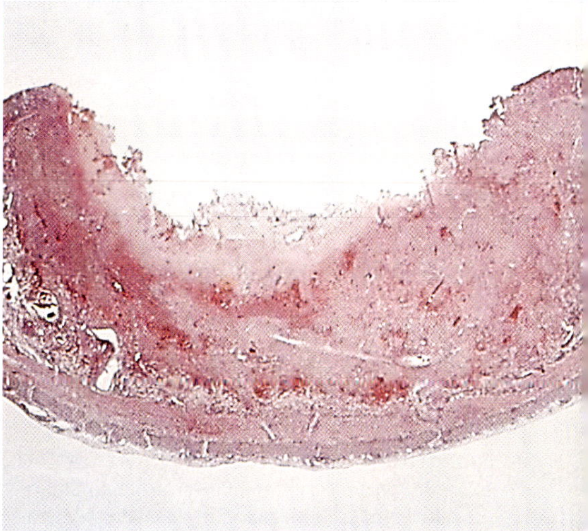

E **Typhom**
200x

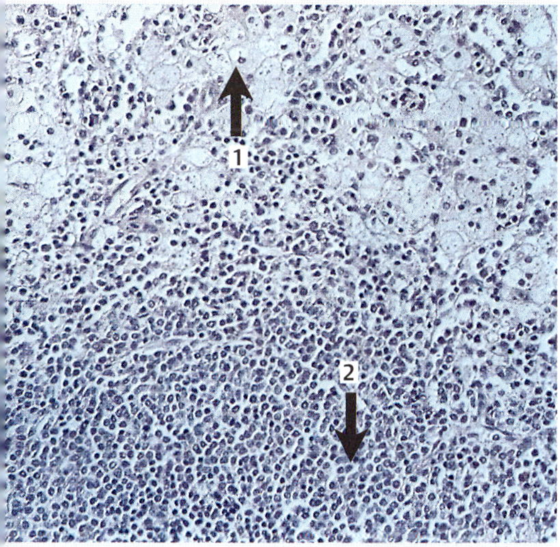

F **Typhom:** Rindfleisch-Zellen
800x

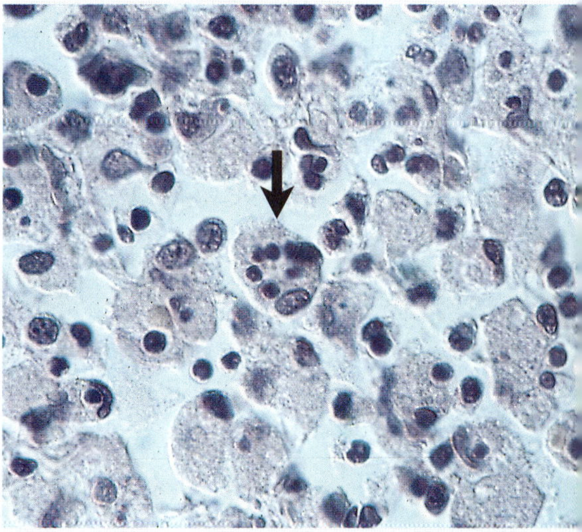

Komma-spiralförmige gramnegative Stäbchen

Vibrio cholerae

Erreger der Cholera asiatica (► A).

Pathogenese: Keimübertragung durch infiziertes Wasser → Vibrionenvermehrung im Darmlumen → Erregeradhärenz durch B-Komponente des Choleratoxins (= Choleragen) an ein GM_1-Gangliosid der Darmenterozyten → A-Komponente des Choleratoxins gelangt in die Zelle → Aktivierung der Adenylatcyclase→ cAMP-Dauerproduktion → Dauerstimulation der Proteinkinase → dauerhafte Öffnung der Ionenkanäle → exzessive Elektrolyt- und Wasserabgabe über die Enterozyten ins Darmlumen.

Klinik: Brechdurchfälle mit reiswasserartigen, geruchlosen Darmentleerungen (bis zu 20 l pro Tag) darin massenhaft Erreger (Mikroskopie: fischzugartig angeordnete Stäbchen!) → Erregerreservoir: Mensch.

Prominenter Patient: Pjotr Ilitsch Tschaikowski, russ. Komponist (1840 – 1893)

Campylobacter jejuni/coli

Erreger der Campylobakter-Enteritis.

Klinik und Morphologie: Geringgradig erosive, granulozytäre Enteritis mit (blutiger) Diarrhö.

Helicobacter pylori

Erreger der chronischen B-Gastritis (B = bakteriell; ► B); Assoziation mit intestinalen MALT-Lymphomen, Magenkarzinom.

Pathogenetische Kettenreaktion:
- ***Adhärenzfaktoren:*** H. pylori bindet an Sialinsäure und an Blutgruppen-AG 0 der Magenbelegzellen.
- ***Zellschädigungsfaktor:*** Hohe Ureaseaktivität → lokale NH_4-Produktion und pH-Erhöhung → Schädigung der Ionenpumpe → Neutrophilenchemotaxis → Epithelschädigung der Magenfoveolen (► D) → Schleimhautzerstörung → erosive Gastritis → Gastroduodenalulkus (S. 218).

Erregernachweis: versilberbare Stäbchen im Foveolenschleim (► B); klinisch: Urease-Test.

Klinik: Prävalenz für Blutgruppe 0-Patienten Gastritis, Ulkuskrankheit (MALT-Lymphom, antrales Magenkarzinom.)

Spiralig-flexible gramnegative Bakterien

Borrelia burgdorferi

Erreger der durch Zeckenbiß (Ixodes domini) übertragenen Lyme-Krankheit (► C).

Klinik und Morphologie:
- *Erstes Stadium* (3 – 30 Tage): langsam sich ausdehnendes Erythem an Bißstelle mit zentraler Abblassung = Erythema migrans (► E).
- *Zweites Stadium* (Wochen – Monate): lymphoplasmozytäre Leptomeningitis, Pankarditis.
- *Drittes Stadium* (Monate – Jahre): Polyarthritis, atrophe Akrodermatitis (= seidenpapierartig knittrige, entzündliche Hautatrophie an den Körperenden).

Treponema pallidum

Erreger der Syphilis (Lues), die sexuell übertragen wird (► F1).

Pathogenetisch spielt sowohl die humorale als auch die zelluläre Immunität eine Rolle.

- ***Humorale Immunität:*** Plasmazelluläres Infiltrat v. a. um kleinere Gefäße → entzündliche Intimainfiltration → Gefäßeinengung (= obliterative Endarteriitis).
- ***Zelluläre Immunität:*** Zentral verkäsende Granulome (S. 232). Anfänglich wird zwar eine Immunabwehr aufgebaut, der es aber nicht gelingt, die Treponemen zu eliminieren; später nimmt die zelluläre Immunabwehr sogar laufend ab.

Erregernachweis (Serologie):
- Anti-Treponemen-AK (► F1);
- antilipoidale AK.

Klinischer Verlauf:
Primär-Syphilis mit Ulcus durum (= harter Schanker) im Genitalbereich (► F2) und vielfältigen Hautmanifestationen.
Sekundär-Syphilis (4 – 8 Wochen später) mit makulopapulösen Exanthemen in Form von Condylomata lata (= breit aufsitzende, nässende, infektiöse Papeln an Stellen mit starker Schweißbildung wie Axilla, Vulva, Analtrichter).
Tertiär-Syphilis: Nach mehreren Monaten oder Jahren eines klinisch stummen Intervalls (= Lues latens) → Ausbildung der syphilitischen Granulome (S. 232) in Haut, Schleimhaut und in nahezu allen Organen. Besonders gefürchtet: *Mesaortitis luica (S. 58) und Neurosyphilis.*
Fetale Syphilis (S. 306).

Prominente Patienten:
Ignaz P. Semmelweis, ungar. Arzt (1818 – 1865).
Friedrich Smetana, tschech. Musiker (1824 – 1884).
Friedrich Nietzsche, dtsch. Philosoph (1844 – 1900).
Paul Gaugin, franz. Maler (1848 – 1903).
399 Schwarze Syphilitiker aus Tuskegee (Alabama) wurden von der US-Gesundheitsbehörde von 1932 – 1972 zum Studium des untherapierten Luesverlaufs bewußt nicht therapiert.

A **Vibrio cholerae**
REM, 10000x

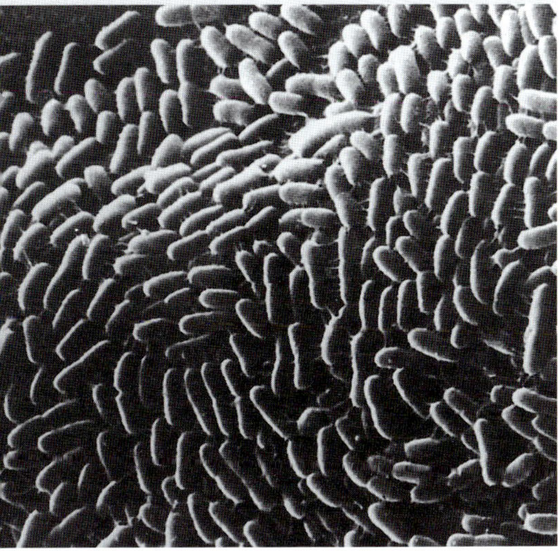

B **Helicobacter pylori**
AG, 300x

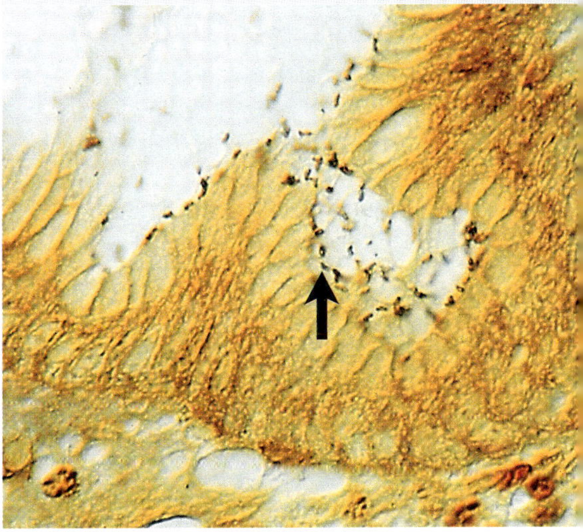

C **Borrelia burgdorferi**
REM, 10000x

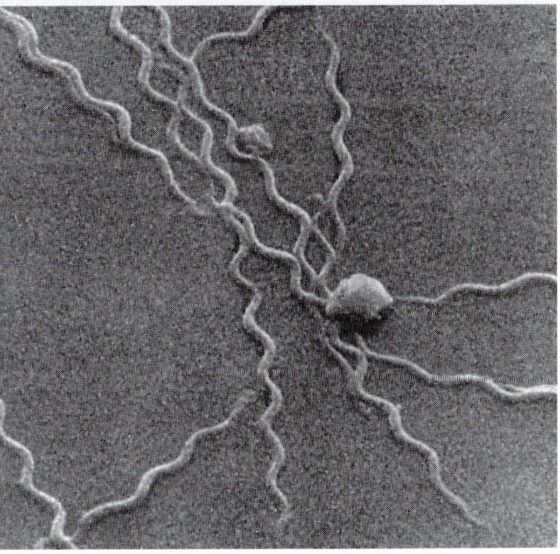

D **Helicobacter-Gastritis**
ChAE, 400x

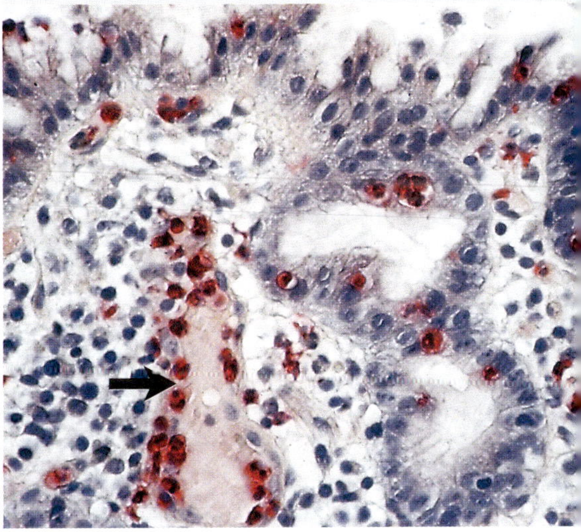

E **Erythema migrans**

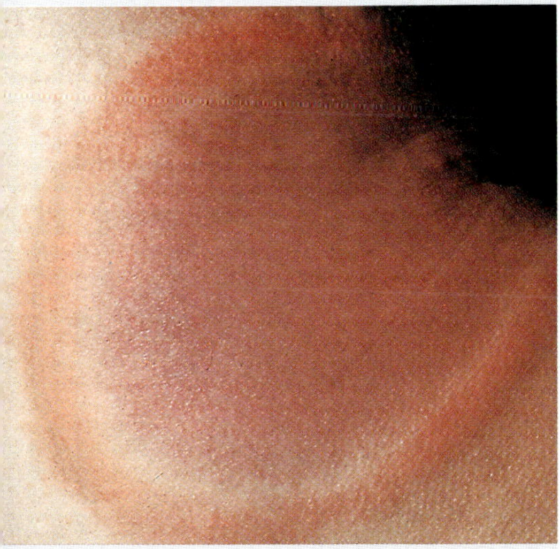

F **Ulcus durum** mit Spirochäten
IF, 800x

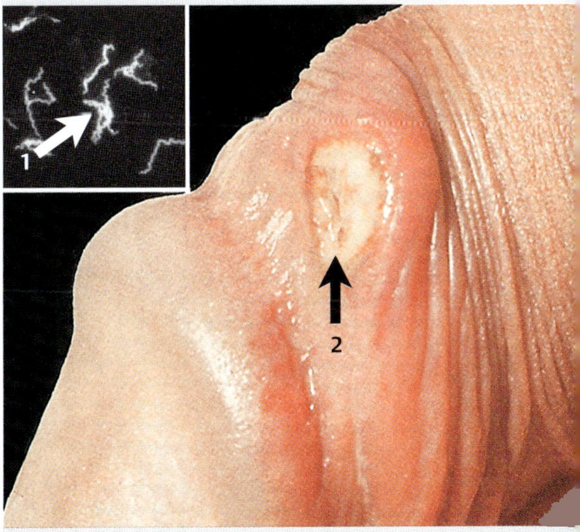

Mykobakterien (säurefeste Stäbchen)

Tuberkulosebakterien

Abkürzungen: TBC = Tuberkulose, Mph = Makrophage

Erreger der menschlichen TBC; strikter Aerobier (► A); intrazellulärer Parasit.

- Mycobacterium tuberculosis (Typus humanus),
- Mycobacterium bovis (cave: rohe Kuhmilch),
- Mycobacterium africanum (in Afrika).

Pathogenese: Infektionsmodus meist inhalativ (Tröpfcheninfektion), selten oral durch Aufnahme keimhaltiger Milch. Die formale TBC-Pathogenese wird durch folgende Faktoren der TBC-Bakterien bestimmt:

- ***Wachshülle:*** Resistenz gegenüber
  - Säure (Magensäure!),
  - Austrocknung,
  - lysosomalen Enzymen.

  Dank dieser Wachshülle werden die TBC-Erreger zu Zellparasiten in Mph.
- ***Cord-Faktor*** (= Trehalose-6,6'-Dimycolat) = Virulenzfaktor → bremst die Granulozytenchemotaxis, verursacht die Granulombildung.

Somit ist die TBC-Entzündungsreaktion ein Wettlauf zwischen den sich vermehrenden TBC-Erregern und der Mph-Aktivierung durch T-Lymphozyten, der die Formalpathogenese der TBC bestimmt:

- ***Exsudativ-käsige Entzündungsreaktion*** mit Ausbildung multipler infektiöser Herde oder progredientem Gewebezerfall bei fehlender oder schwacher Immunabwehr und folglich ungehemmter Erregervermehrung → Aushusten des nekrotischen Materials → zurück bleiben Gewebehohlräume in Form von Kavernen (► D).
- ***Granulomatöse Entzündungsreaktion*** falls die Abwehr mit dem Fortschreiten der Infektion schritthält. Die Granulome (S. 232) sind hirsekorngroß und somit makroskopisch sichtbar (► C).
- ***Proliferativ-produktive Reaktion***, wenn die Schadstelle im Organgewebe allmählich narbig repariert wird.

Histologischer Erregernachweis: Ziehl-Neelsen-Färbung → rote Stäbchen. Auramin-Rhodamin-Färbung → gelb fluoreszierende Stäbchen (► B).

+ Klinischer Verlauf:

Primärstadium (= Primäraffekt-TBC):
- *TBC-Primärkomplex:* Beginn mit *subpleuralem Primärherd* (Ghon-Herd) im Lungenmittelgeschoß → *Lymphangitis* → käsige *Hilus-Lymphadenitis.*

Sekundärstadium (= hämatogene Generalisation):
- *Lokalisierte hämatogene Herdbildung* (bei guter Resistenz) → apikaler Reinfekt in der Lunge.
- *Disseminierte hämatogene Herdbildung* im Organismus (bei schlechter Resistenz) in Form hirsekorngroßer Granulome → Manifestation der Miliar-TBC:
- *Lungen-TBC:* mit Granulomen übersät (► C);
- *Urogenital-TBC:* verkäsende Entzündung des Nierenparenchyms mit Kittniere als Endzustand;
- *Hirnhaut-TBC* (basal): Liquor mit Fibrin (Spinngewebsgerinnsel), Pleozytose (Zellreichtum).
- *Landouzy-Sepsis* (bei hoher Virulenz und geringer Resistenz) → perakuter Sepsisverlauf (S. 223, 232).

Tertiärstadium (= Postprimär-, Organ-TBC): Infekt persistiert → TBC-Manifestation in der Lunge:
- Assmannsches infraklavikuläres Frühinfiltrat durch bronchogene Streuung eines TBC-Spitzenherds.
- Kavernöse Lungen-TBC mit entzündlicher Gewebsnekrose → Aushusten der Nekrose → Höhlenbildung (TBC-Kaverne (► D) → bronchogene Streuung → kleeblattförmige Herde (= azinösnodöse TBC).

☺ **Prominente Patienten** (S. 232).

Mycobacterium leprae

Erreger der Lepra; Intrazellulärparasit.

Pathogenese: Für das Zustandekommen der lepratypischen Gewebsläsionen spielt wie bei der TBC die zellgebundene Immunität eine wesentliche Rolle. Je nach Immunitätslage tritt dabei eine der folgenden Entzündungsreaktionen auf:

- ***Lepromatöse Reaktion:*** Hier fehlt eine adäquate T-Lymphozyten-Antwort. Histologie: massives Infiltrat aus Mph (► E) mit parasitierenden Erregern im schaumigen Zytoplasma (= Virchow-Zellen).

Histologischer Erregernachweis: Ziehl-Neelsen-Färbung → rote Stäbchen (► F).

+ Klinischer Verlauf: quo ad vitam maligne und fortschreitend.
- *Haut:* knotenartige Hautverdickungen (Erythema nodosum leprosum).
- *Periphere Nerven:* strangförmige Nervenverdikkungen → Sensibilitätsstörung → Mutilation (= verstümmelnde Nekrose der Akren).

- ***Tuberkuloide Reaktion:*** In diesem Fall ist das T-Zell-System zwar intakt, jedoch in seiner Funktion nicht ausreichend, um die Leprabakterien vollständig zu eliminieren. Der immunologische „Eliminationsversuch" ist an der Bildung von Epitheloidzellgranulomen mit Verkäsung erkennbar.

+ Klinischer Verlauf: quo ad vitam benigne, nicht progressiv.

A **Mycobacterium tuberculosis**
TEM, 20000x

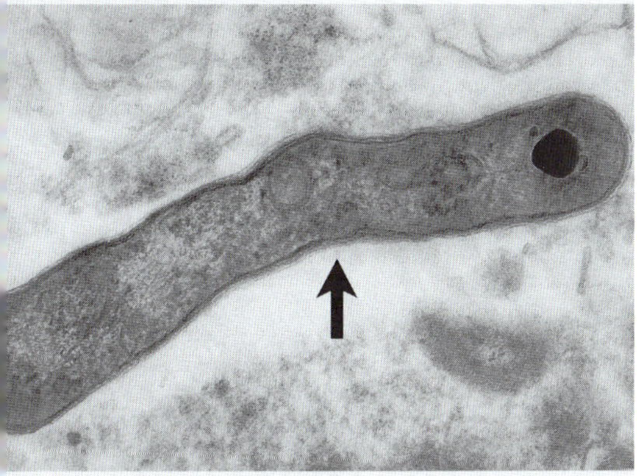

B **Mycobacterium tuberculosis**
AR, IF, 1000x

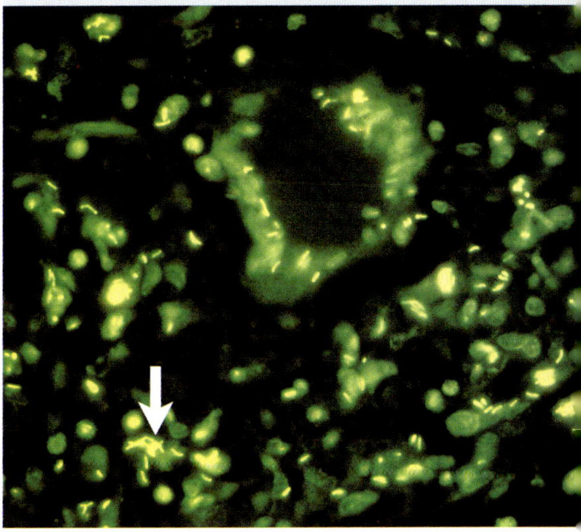

C **Miliartuberkulose**

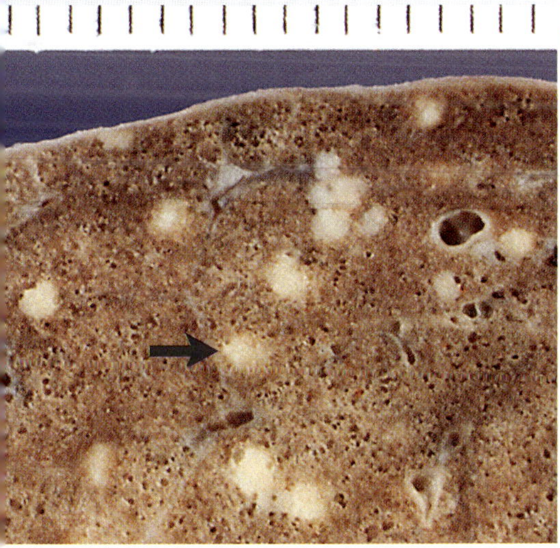

D **Tuberkulöse Kaverne**

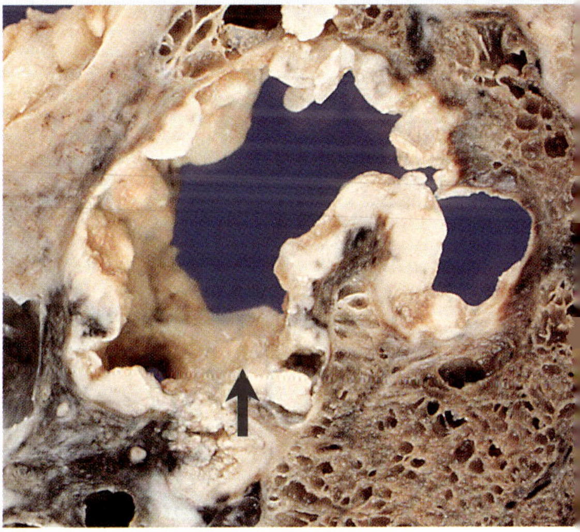

E **Haut-Lepra**
200x

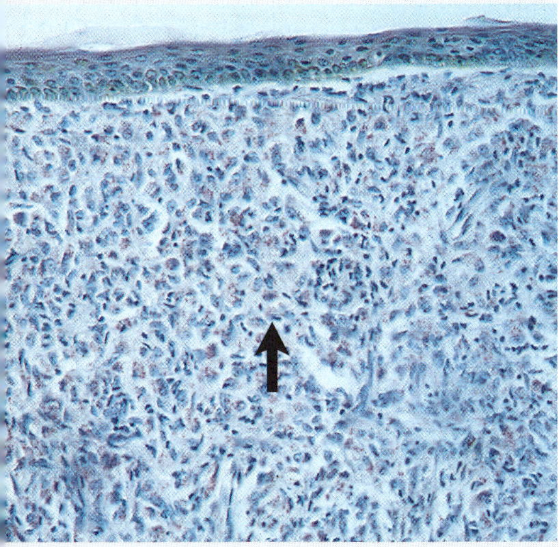

F **Mycobacterium leprae** (Haut)
ZN, 800x

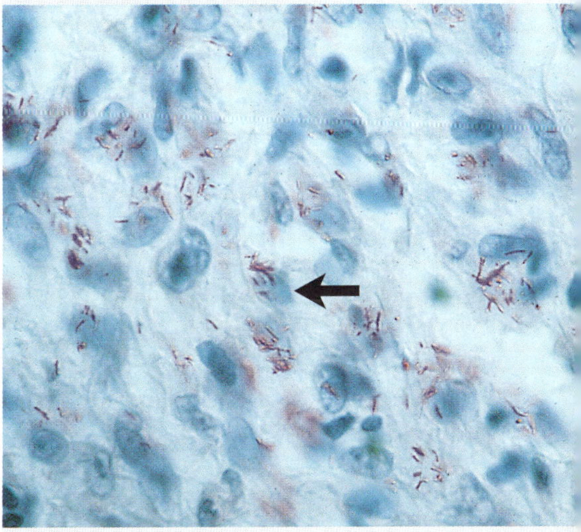

Obligat intrazelluläre Bakterien

Abkürzung: EK = Einschlußkörper

Rickettsia prowazekii

Erreger des epidemischen Fleckfiebers (= obligate intrazelluläre Parasiten).

Pathogenese: Erregerübertragung auf Menschen durch Kleiderläuse → Rickettsiämie → Erreger dringen in Endothelzellen der Mikrozirkulation ein → vermehren sich darin → lysieren die Endothelzellen durch endotoxinartige Zellgifte → schwärmen wieder in die Blutbahn aus und überfallen (infizieren) erneut Endothelien → generalisierte Vaskulitis; durch Thrombosierung → obliterative Vaskulitis (tastbar als „Fleckfieberknötchen") → punktförmige Nekrose mit petechialen Blutungen v.a. in Haut (→ petechiales Exanthem) sowie Gehirn und Myokard.

✚ **Klinik und Morphologie:** *Epidemisches Fleckfieber* (= Typhus exanthematicus): hochfebrile Infektionskrankheit mit stecknadelkopfgroßen Hautrötungen im Rumpf-/Extremitätenbereich. Hepatosplenomegalie. Kreislaufschock. Selten: Panenzephalitis.

☺ **Prominente Patienten:**
Alexander der Große von Makedonien (356 - 323 v.Chr.) starb an Fleckfieber.

Calymmatobacterium granulomatis

Erreger des Granuloma inguinale (= intrazellulärer, gramnegativer Coccobacillus).

Vorkommen: v.a Tropen, schwarze Bevölkerung.

Pathogenese: Erregerübertragung v.a. durch Geschlechtsverkehr.

✚ **Klinik und Morphologie:** *Granuloma inguinale:*
- *Initial:* schmerzlos gerötete Papel oder Subkutanknoten in Inguinal-, Genital- und Perianalregion.
- *Später:* Hautulzeration mit überschießender Bildung von Granulationsgewebe. Keine Lymphadenitis.

Ulkushistologie: putrides Granulationsgewebe mit EK-haltigen, vakuolenreichen Histiozyten (► A1) und pseudoepitheliomatöser Epithelregeneration im Randbereich (► A2).
Histologischer Erregernachweis: versilberbare, bohnenförmige Erreger (= Donovan-EK) in Histiozyten (► B)

Chlamydien

Erreger: Sie unterscheiden sich von den übrigen Bakterien durch:
- Kleinheit,
- obligaten intrazellulären Zellparasitismus sowie
- einen besonderen Vermehrungszyklus.

Dabei treten 2 Erregerformen auf:
- *Elementarkörperchen* = infektiöse Form. Nach Anheftung an besondere Zellrezeptoren werden sie durch die Wirtszellen phagozytiert → Vermehrung und Umwandlung in Initialkörper im Phagosom (► C).
- *Initialkörper:* Sie kommen nur in Phagosomen der Wirtszellen vor und wandeln sich wieder in Elementarkörper zurück. Mit der Zeit sterben die Wirtszellen.

✚ **Klinik und Morphologie** je nach Erreger:
Trachom = chronische Entzündung von Binde- und Hornhaut (= Keratokonjunktivitis) in Afrika und im fernen Osten.
Erreger: C. trachomatis Serotyp A – C; er löst folgende pathogenetische Kettenreaktion aus: Keratokonjunktivitis → deformierende Augenlidvernarbung und Einwachsen eines Granulationsgewebes (Pannus) in die Hornhaut → Erblindung (häufig!).
Erregernachweis: EK in Abstrichzellen bei Giemsafärbung
Schwimmbadkonjunktivitis (Synonym: Inklusionskonjunktivitis)
Erreger: C. trachomatis Serotyp A - C (aus Genitalsekret im ungechlorten Schwimmbadwasser); er löst keine Vernarbung und keine Pannusbildung aus.
Erregernachweis: EK-Bildung
Chlamydien-Genitalentzündung:
Erreger: C. trachomatis Serotyp B, C, D, E. Bei ♂ → Nicht-Gonokokken-Urethritis. Bei ♀ → Urethroproktitis, Cervicitis mit auffällig flammender Rötung der Cervixoberfläche (► D).
Lymphogranuloma venereum:
Erreger: C. lymphogranulomatis. Sexuell übertragbare Krankheit. Beginn: genitaler Primäraffekt als Genitalulkus → später: Lymphadenitis mit Granulomen vom Pseudotuberkulosetyp → chronisch-entzündliche Rektogenitalvernarbung → Lymphabflußstörung → Elephantiasis der Anogenitalregion.
Erregernachweis: Intrakutantest nach Frei.

Zellwandlose Bakterien

Mycoplasma pneumoniae

Erreger atypischer Pneumonien.

Im Unterschied zu den übrigen Bakterien fehlt den Mykoplasmen eine starre mureinhaltige Zellwand (► E1) → dadurch kokkoide bis filamentartige Eigenform und Resistenz gegenüber die Mureinsynthese hemmenden Antibiotika.

Pathogenese: Nach aerogener Übertragung → Erregeranheftung an die respiratorischen Flimmerepithelien (► E2) → Erreger schädigen den ziliären Apparat → Blockierung der mukoziliären Clearance → Folge davon: Lungenentzündung mit lymphozytärem Infiltrat im Interstitium der Lungenalveolen (► F).

✚ **Klinik:** *Atypische Pneumonie:* Schleichender Beginn ohne Schüttelfrost, meist keine Rasselgeräusche. Röntgenbild: schleierartige, wenig dichte Infiltrate.

A **Granuloma inguinale**
50x

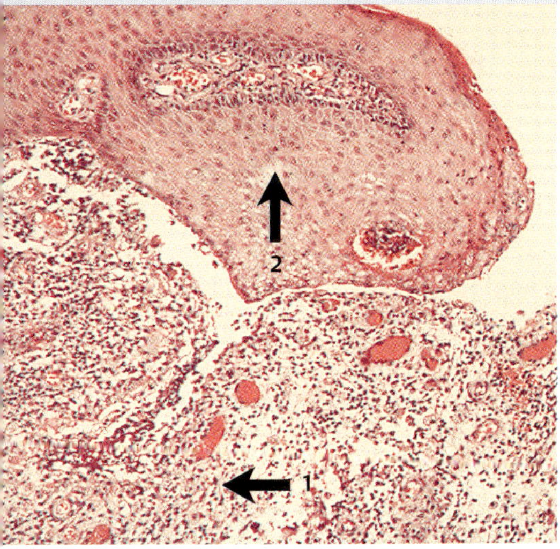

B **Donovan-Einschlußkörper** (Granuloma inguinale)
Ag, 200x, Einschub: 800x

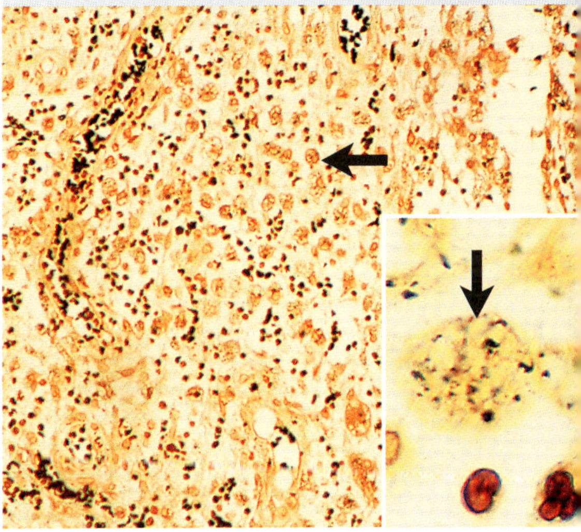

C **Chlamydia trachomatis**
IF, 800x

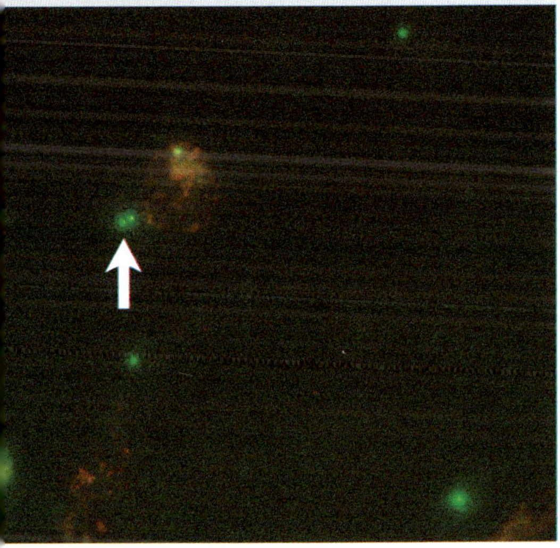

D **Chlamydien-Cervicitis**

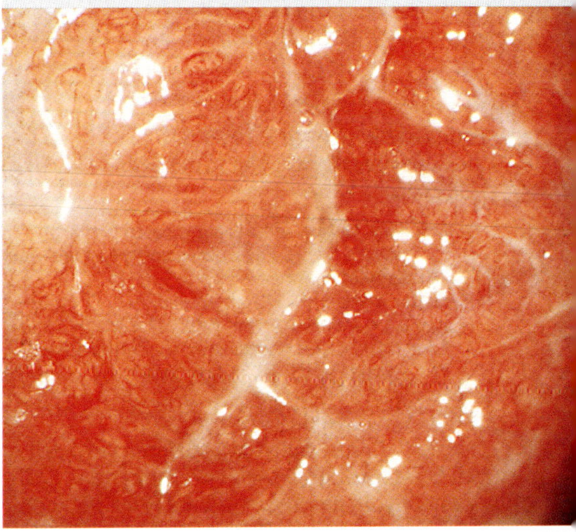

E **Mycoplasma pneumoniae**
TEM, 20000x, 40000x

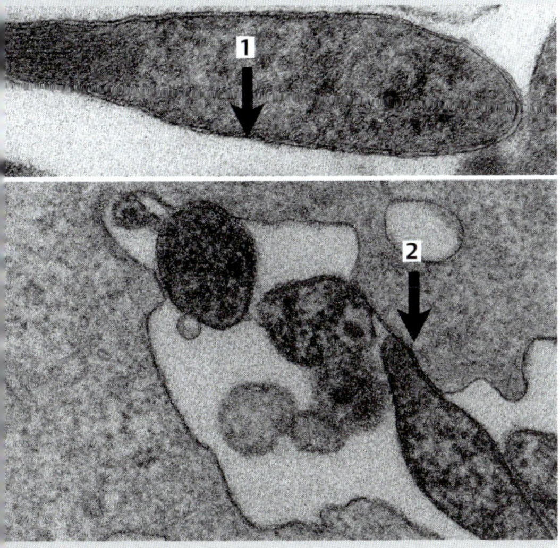

F **Mycoplasmen-Pneumonie**
100x

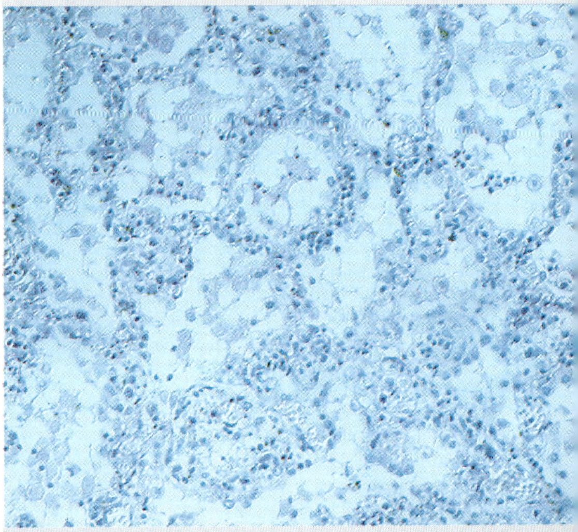

16 Wenn Pflanzen im Körper gedeihen
Mykotische Läsion

Zusammenfassung

Das morphologische Grundelement von multizellulären Pilzen in der vegetativen Phase ist die Hyphe. Sie stellt eine verzweigte tubuläre Struktur dar, die durch Querwände (Septen) unterteilt ist. Diese bilden ein Geflecht (Myzel). Die unizellulären Hyphen sind oval bis rundlich, hängen aber oft in Form von hyphenartigen Ketten zusammen (= Pseudohyphen). Ein Großteil der humanpathogenen Pilze weist nur ein geringes pathogenes Potential auf und kann nur bei einer Abwehrschwäche des Wirts oder nach Zerstörung der konkurrierenden Bakterienflora ins Gewebe eindringen (= opportunistische Keime). Die gewebeschädigende Wirkung der humanpathogenen Pilze beruht zum einen auf toxischen, zum Teil noch wenig erforschten Pilzprodukten (→ Mykotoxikosen), zum anderen auf pathologischen Immunreaktionen. AG der Pilzkapsel stimulieren eine B-Lymphozyten-Population zur AK-Bildung → präzipitierende und komplementbindende AK (Diagnostik!).

► Die Sporen der saprophytischen Pilze wie Aspergillus, Candida, Coccidioides und Penicillium rufen beim reaktionsbereiten Patienten allergische Überempfindlichkeitsreaktionen hervor (→ mykogene Allergie). Eine zellvermittelte Typ-IV-ÜR spielt ebenso wie eine einwandfreie Granulozytenfunktion eine entscheidende Rolle bei der Abwehr von Pilzinfektionen.

► Allen Infektionskrankheiten durch myzelbildende Pilze (= Mykosen) ist histologisch ein „rücksichtsloses" Myzel gemeinsam, das ohne Rücksicht auf Bindegewebssepten, Organkapseln und Gefäßwände durch Gewebe hindurch wächst und dazu neigt, sich ring-/kugelförmig auszubreiten.

Hautmykosen (= Oberflächenmykose)

Pathogenese: Je nach Erreger und Eindringtiefe ins Gewebe unterscheidet man folgende Mykoseformen:

- ***Epikutane Mykose*** mit Pilzorganismen (keine Dermatophyten, keine Pilze der tiefen Mykosen) in oberflächlicher Hornschicht der Epidermis.
- ***Kutane Mykose*** mit Pilzorganismen (v. a. Dermatophyten, Candida) in der Gesamtepidermis und/oder Haaren. (Dermatophyten → Dermatophytosen, Candida [s. u.] → Candidosen.)

Dermatophytosen

Erreger (= Dermatophyten) infizieren nur reichlich keratinhaltige Gewebe wie Epidermis (Epidermophyton floccosum), Haare (Trichophyton rubrum) und Nägel (Trichophyton mentagrophytes).

Pathogenese: Die Dermatophytosen sind die einzigen Pilzinfektionen, die durch Mensch-zu-Mensch-Kontakt oder Tier-zu-Mensch-Kontakt übertragen werden.

Histologischer Erregernachweis: Alle Dermatophyten sind Fadenpilze und bilden in den Hautläsionen PAS-positive septierte Hyphen.

✚ Klinik und Morphologie:
Dermatomykosen (= Hautmykose):
Verschiedene Erreger rufen morphologisch gleichartige Hautläsionen (= Tinea mit Lokalisationsangabe) hervor. Sie bestehen aus rundlich-ovaloiden, vielbogig begrenzten, erythematösen, oft zentrifugalen Effloreszenzen (► A).
Onychomykose (= Nagelmykose):
Finger- Zehennagelinfektion → gelbweißlich-bröckelige Nageltrübung (► B). Beginn als distal-unguale, proximal-unguale oder oberflächliche Onychomykose → später: totale dystrophische Onychomykose.

Tiefe Trichophytie = Dermatophytose mit bakterieller Superinfektion → eitrig-abszedierende Entzündung in der Tiefe der Haarbälge mit Pilzmyzel.

Subkutan-, Schleimhautmykosen

Allgemeine Pathogenese: Die Pilze wachsen über die Epidermis hinaus und dringen durch Hautverletzungen in tiefere, subkutane Bindegewebsschichten ein → fokal-chronische, bei verbesserter Abwehrlage z. T. auch granulomatöse Entzündungsreaktion (► C1) um das Myzel (► C2).

Organ-, Systemmykosen

Allgemeine Pathogenese: Eindringen der Pilze durch folgende Mechanismen:

- ***aerogen*** → Pilzbronchitis (► D1) → Invasion in die Bronchienwand (► D2) → Invasion ins Lungengewebe;
- ***iatrogene*** Verschleppung von Pilzen der oralen Flora z. B. im Rahmen einer **e**ndoskopisch-**r**etrograden **C**holangio-**P**ankreatikographie (ERCP);
- ***hämatogen*** durch Gefäßinvasion → Pilzvaskulitis (► E) → Fungämie (Pilzsepsis) → Pilzabsiedelung in Organen wie der Leber (► F).

! **Merke:** *Allgemeinprinzip einer Mykose* durch myzelbildende Pilze:
- *„rücksichtslose Durchdringung"* von Gewebssepten, Organkapseln und Gefäßwänden;
- *Organausbreitung:* kugelförmig;
- *Hautausbreitung:* kreisförmig.

A **Dermatomykose**

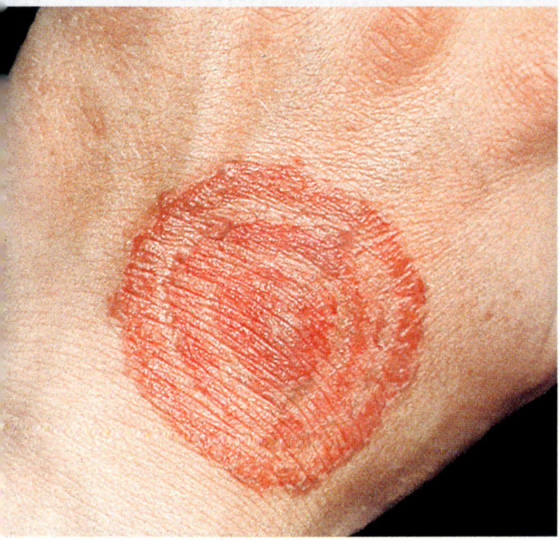

B **Onychomykose** (Schwarzafrikaner)

C **Granulomatöse Pilzinfektion**
PAS, 15x

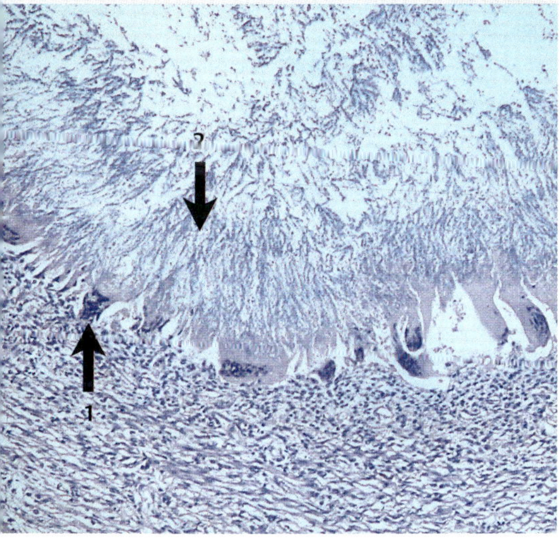

D **Aerogene Pilzinfektion** → Pilz-bronchiti
Gr, 25x

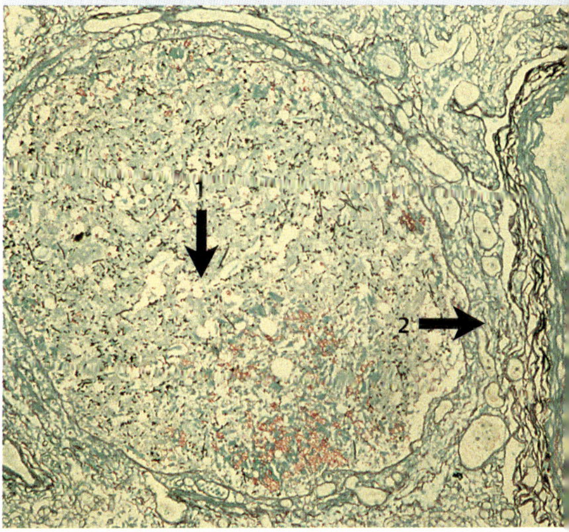

E **Hämatogene Pilzinfektion** → Vaskulitis
Gr, 25x

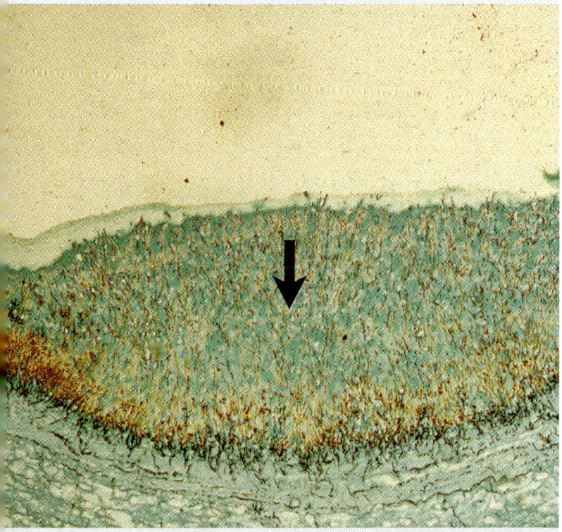

F **Hämatogene Pilzinfektion** → Leber-Pilzsepsis
PAS 75x

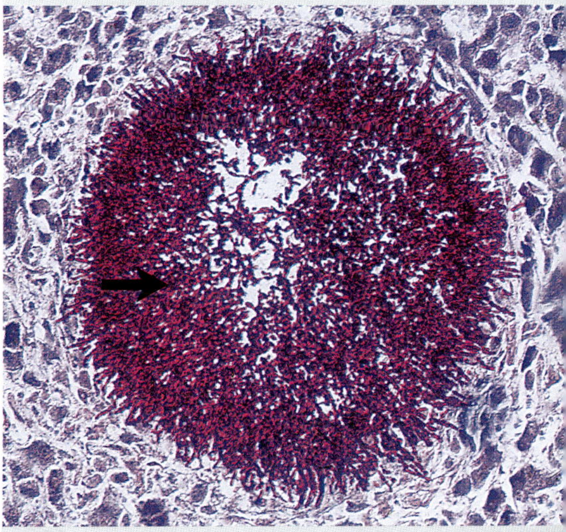

Hefepilze

Erreger: Hefen sind unizellulär. Die Vermehrung erfolgt durch Sprossung (= Sproßpilze). Durch Aneinanderreihung entstehen hyphenartige Ketten (= Pseudohyphen).

Candida albicans

Erreger der humanen Candida-Infektion.

Synonyme: Soor, Moniliasis
Vorkommen: natürlicher Saprophyt der oralen und rektalen, mit Plattenepithel bedeckten Schleimhaut.

Pathogenese: Unter den folgenden Bedingungen wird der opportunistische Pilz zu einem pathogenen Keim auf der Schleimhaut v. a. des Oropharynx und kann von dort aus über das Verschlucken von Candida-haltigem Mundinhalt via Rektum auch die Vaginalschleimhaut besiedeln:

- Immunmangelzustände,
- Defektimmunopathien (T-Zell-System),
- Therapie mit Cortison und/oder Immunsuppressiva mit Unterdrückung der Lymphozytopoese,
- Agranulozytose (drastischer Neutrophilenmangel),
- Antibiotikatherapie mit Unterdrückung und Dysbalance der Mund-(Darm-)Flora,
- Endokrinopathien (v. a. Diabetes mellitus).

Als Virulenzfaktoren gelten:

- Hyphenbildung → hyphenbildende Keime adhärieren schneller auf den Zielzellen und sind aufgrund ihrer Oberflächenproteasen und -lipasen besonders invasiv;
- lektinartige Adhärenzfaktoren;
- molekulares Mimikry: durch „Tarnkappe" aus Thrombozyten, die über Fibrinogen-Liganden auf den Erregern gebunden sind, werden sie für die Immunabwehr unsichtbar.

Histologischer Erregernachweis: HE: schwach basophil; PAS: purpurrot (► A). Der Pilz kommt als ovale Hefeform (► A1), als Pseudomyzel mit Pseudohyphen (► A2) und gelegentlich auch mit septierten Myzelien vor. Das Myzel ist dünner als bei Aspergillus.

+ Klinik und Morphologie: Candidapilze rufen folgende kutane, subkutane sowie (tiefe) Systemmykosen hervor:
Oro-Pharyngo-Ösophageal-Soor:
- *Oberflächliche Form:* abstreifbare weiß-graue Beläge (► C), v. a. Wangen-, Gaumen-, Zungenschleimhaut. Histologie: fibrinöse Pseudomembranen mit senkrecht zur Oberfläche wachsendem Myzel (► B) und geringem entzündlichem Infiltrat.
- *Tiefe Form:* feste grau-weiße Plaques (v. a. Zungenrücken, Mundwinkel) mit chronischem Verlauf und riesenzelliger Fremdkörperentzündung (S. 236).

Soor-Kolpitis: Bei intestinal absteigender Infektion oder analer Kohabitationspraxis → Entzündung der Vaginalregion.
Soor-Balanoposthitis: V.a. bei analer Kohabitationspraxis (Homosexuelle).
Candida-Dermatomykose: Bei Infektion des Nagelbetts als Onychomykose, bei Infektion von Hautfalten als Intertrigo (= entzündlich-erosives Wundsein in Hautfalten), Windeldermatitis in Form einer erosiven Rötung.
Candida-Pneumonie: Mykotische Tracheobronchitis mit kleieförmigen pseudomembranösen Auflagerungen (► D) → absteigende Aspirationsinfektion (selten: bei Fungämie) → mykotische Pneumonie.
Candida-Sepsis: Bei allgemeiner Fungämie.

! Merke: Soorpilzbesiedelung in nekrotischem Magenbiopsiegewebe → Karzinomverdacht.

! Merke: Bei Candida-Intertrigo immer Diabetes mellitus ausschließen.

Cryptococcus neoformans

Erreger (Cryptococcus = bekapselter Hefepilz; ► E) der Cryptococcose (= Torulose).

Vorkommen: weltweit in Taubenkot und verunreinigtem Erdboden (= „Taubenzüchterkrankheit").

Pathogenese: Obligat pathogener Keim. Prädisposition: Patienten mit T-Zell-Defekten. Virulenzfaktor = Polysaccharidkapsel → Phagozytosehemmung, Neutralisierung opsonierender AK, Aktivierung des Komplementsystems (S. 162) über alternativen Weg. Bei ausreichender Abwehr → Bildung kleiner histiozytärer Granulome → Nekroseverkalkung (S. 134).

Histologischer Erregernachweis: Rundliche Pilze mit „ausgefranster" Schleimkapsel. HE-Färbung: „leerer" Hof, Muzikarmin: rötlich (► E).

+ Klinik und Morphologie: ♂ >> ♀ Inhalative Keimaufnahme → meist asymptomatischer Verlauf; bei symptomatischem Verlauf:
- *Erstes Stadium:* meist inapparente Lungenkryptokokkose (Röntgenbild: Herdschatten in den Lungenunterfeldern) → hämatogene Streuung in andere Organe →
- *Zweites Stadium:* Gehirnkryptokokkose als Meningoenzephalitis mit areaktiven, zystenartigen, myxoid-gelatinösen Nekroseherden (► F) →
- *Drittes Stadium:* Generalisierung.

! Merke: *Kryptokokken-Meningoenzephalitis* = häufigste Manifestationsform einer Kryptokokkose.

A **Candida albicans**
PAS, 400x

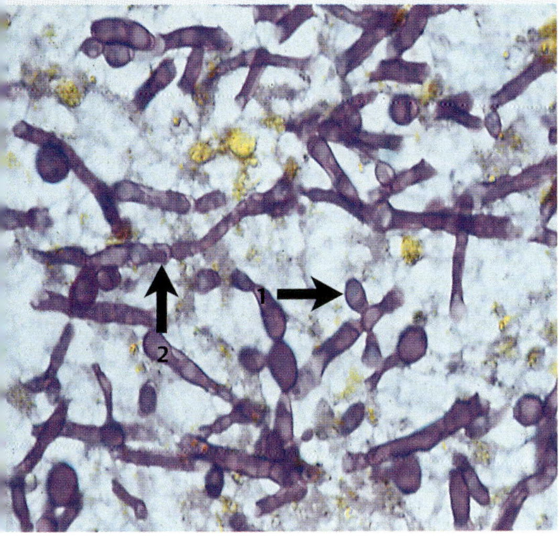

B **Soor-Ösophagitis**
Ag, 100x

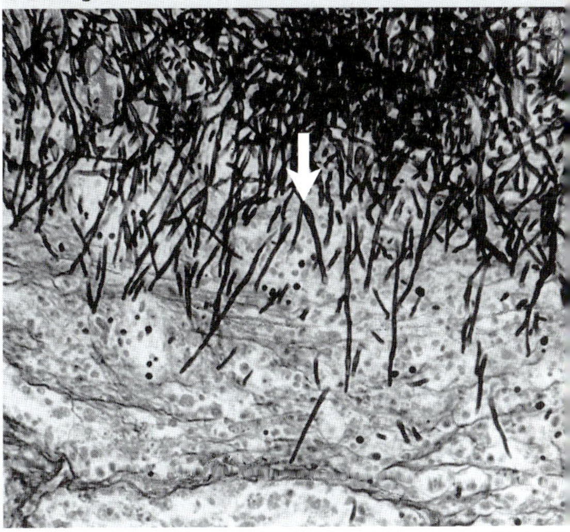

C **Soor-Ösophagitis**

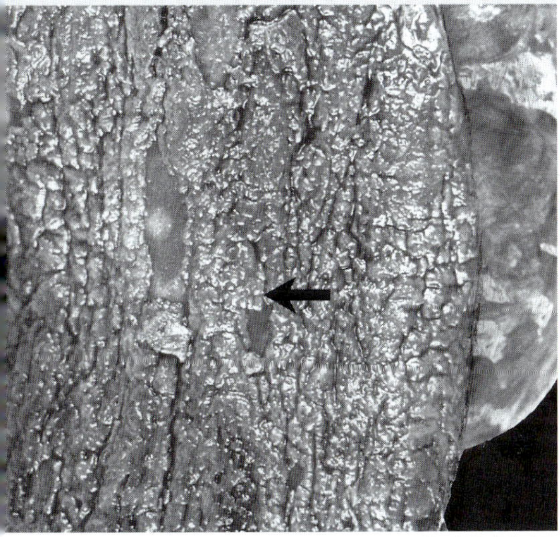

D **Soor-Tracheitis**

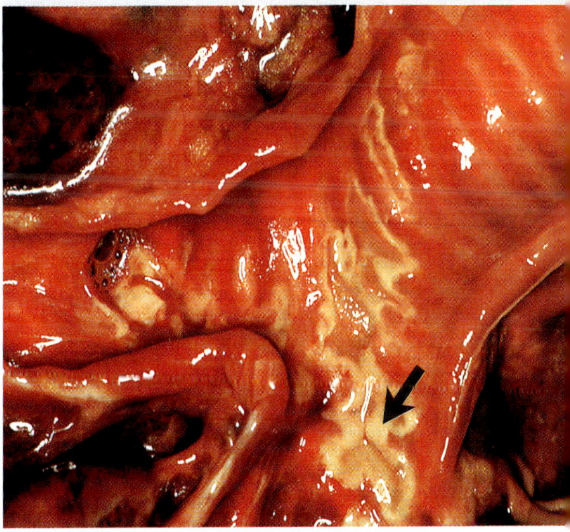

E **Cryptococcus neoformans**
800x

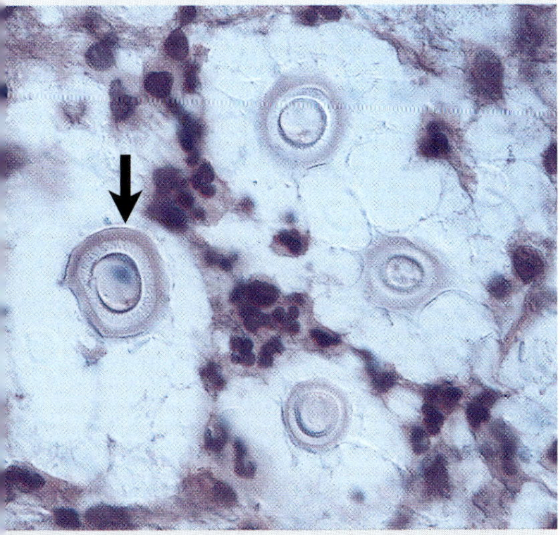

F **Gehirnkryptokokkose**
PAS, 200x

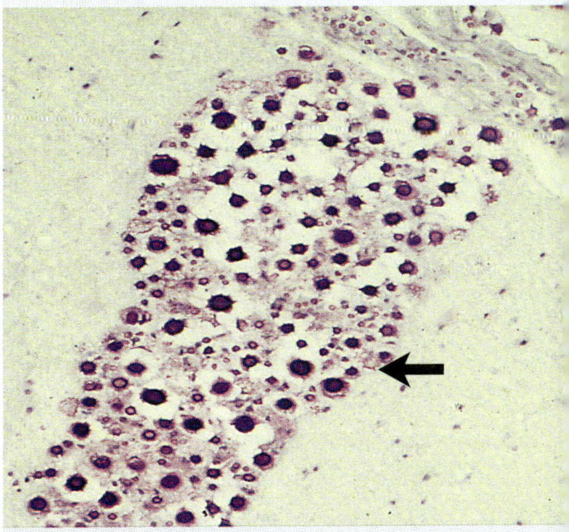

Schimmelpilze

Erreger aus geflechtbildenden Hyphen (= Myzelien), die meist durch Querwände (= Septen) voneinander getrennt sind.

Aspergillus-Pilze (► A)

Erreger der Aspergillosen.

Vorkommen: ubiquitär. (Aspergillus-Abkürzung: A.) Pilzgifte: a) Aflatoxin → Leberzellkarzinom (S. 328), b) Elastase, c) Gliotoxin.

Pathogenese: Prädisposition: Agranulozytose und/oder T-Zell-Defekt. Inhalative Infektion. Pilzgifte → Gewebszerstörung und Störung der Aktivierung des alternativen Weges des Komplementsystems → Inmmunitätsstörung.

Histologischer Erregernachweis: PAS: purpurrot; Grocott: schwarz. Dichotom spitzwinklig sich aufzweigendes Myzel aus septierten Hyphen. Bei genügender O_2-Zufuhr → weihwasserschwengelartige Fruchtkopfbildung (► A).

+ Klinik und Morphologie je nach Abwehrlage:
Allergische bronchopulmonale Aspergillose oder exogen-allergische Alveolitis bei Hyperergie (Erreger: A. clavatus).
Höhlenaspergillose bei Normergie (Erreger: A. fumigatus): Besiedelung nekrotischen Materials in einer vorgegebenen Höhle (Nasennebenhöhlen, Ohrkanal, Lungenkaverne; ► B) ohne Blutgefäßinvasion → *Resultat:* rundlicher Herd = Aspergillom.
Invasive nekrotisierende Aspergilluspneumonie: Bei Anergie v. a. Immundefekten. Erreger (= A. fumigatus) invadiert Gefäßwand (► C1)→ myzetal-thrombotische Gefäßverschlüsse (► C2)→ infarktoide Nekrosen
Resultat: „Zielscheiben-Läsion" (= target-lesion [► E]):
- innen: Infarktnekrose mit Myzel,
- Mitte: fibrinöse Exsudation,
- außen: hämorrhagische Exsudation.

Aspergillus-Sepsis: Multiple Aspergillusherde mit infarktoider Nekrose v. a. in den Nieren und im ZNS (► D).

Mucor (Zygomyzeten)

Erreger: ubiquitärer Schimmelpilz.

Pathogenese: Prädisposition: Immundefekt, diabetische Azidose.

Histologischer Erregernachweis: Myzel aus dicken, rechtwinklig sich aufzweigenden, nicht septierten Hyphen.

+ Klinik und Morphologie: Inhalative Erregeraufnahme → Gefäßbefall → Thrombosierung → Gewebeinfarzierung → rhinozerebrale, pulmonale oder kutane Manifestation (als opportunistische Infektion).

Dimorphe Pilze

Erreger wachsen parasitär (im Wirt) als Hefen, saprophytär (exogen) als Myzel.

Histoplasma capsulatum

Erreger der Histoplasmose.

Vorkommen: natürlicherweise im Erdboden.

Pathogenese: Inhalative Infektion → Erregerphagozytose durch Alveolarmakrophagen. Dort Vermehrung durch Sprossung → Entzündungsreaktion z. T. mit Granulombildung vom Pseudotuberkulosetyp → Nekroseverkalkung.

Histologischer Erregernachweis: HE: nicht darstellbar; Grocott: schwarz. Keim fällt im Gewebe als kleine, ovaloide Korpuskel in Histiozyten auf.

+ Klinik und Morphologie: Histoplasmose-Manifestation v. a. in der Lunge: bronchopneumonische, miliare Herde mit verkalkender Abheilung und Splenomegalie. Bei disseminierter Form: Befall aller Organsysteme, v. a. Knochenmark, Nebenniere.

Coccidioides immitis

Erreger der Kokzidioidomykose (= Wüstenrheumatismus), hochinfektiös.

Vorkommen: Südstaaten der USA, Zentralamerika.

Pathogenese: Inhalative Infektion → Pneumonie. In etwa 5 % der Fälle: kavernöse Lungenentzündung mit Granulomen vom Pseudotuberkulosetyp → Nekroseverkalkung.

Histologischer Erregernachweis: Pilz bildet im Gewebe statt Myzel kugelige, doppelkonturierte Gebilde (= Sporangium = Sphaerulae) mit vielen kugeligen Endosporen (► F). Die Sphaerulenkapsel ist von Splendore-Hoeppli-Phänomen umsäumt.

+ Klinik und Morphologie:
Lungenkokzidioidomykose: Erkältungskrankheit mit bronchopneumonischen, nekrotisch verkäsenden Herden (→ Kavernenbildung) → miliare Streuung →
Disseminierte Kokzidioidomykose: Mit Erregeraussaat v. a. in Haut, Knochen, Gehirn.

Rhinosporidium seeberi

Erreger der humanen und animalen Rhinosporidiose (Taxonomie?).

Vorkommen: ubiquitär, gehäuft in Indien und Ceylon.

Histologischer Erregernachweis (► G): HE-Färbung: zystische Gebilde = reife Sphärulen (= Sporangien mit kleinen, rundlichen Endosporen).

+ Klinik und Morphologie: Oronasale Erregeraufnahme → Besiedelung des Oro-/Nasopharynx → Bildung eines polypoiden Granulationsgewebes → erschwerte Nasenatmung.

Im folgenden werden durch Protozoen oder Würmer ausgelöste Krankheiten besprochen. Sie schädigen bereits beim Eindringen den Organismus; im Gegensatz zu den Infektionskrankheiten verläßt ihre Nachkommenschaft (z. B. Eier) den Wirtsorganismus wieder. Sie werden deshalb als „Infestationskrankheiten" (= Invasionskrankheiten) bezeichnet.

A **Aspergillus fumigatus** REM, 5000x

B **Höhlenaspergillose:** Lunge

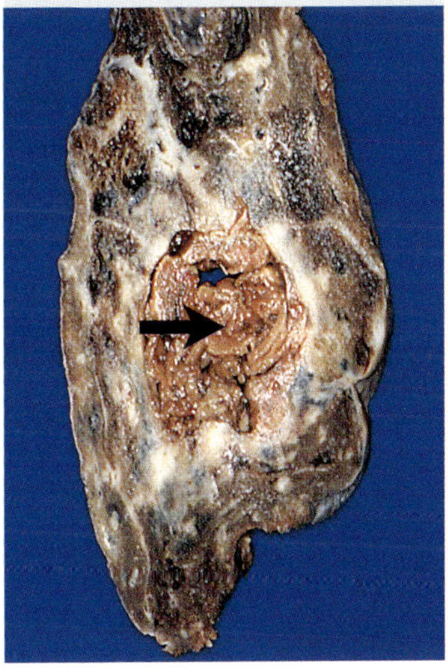

C **Vasculitis mycotica** Ag, 200x

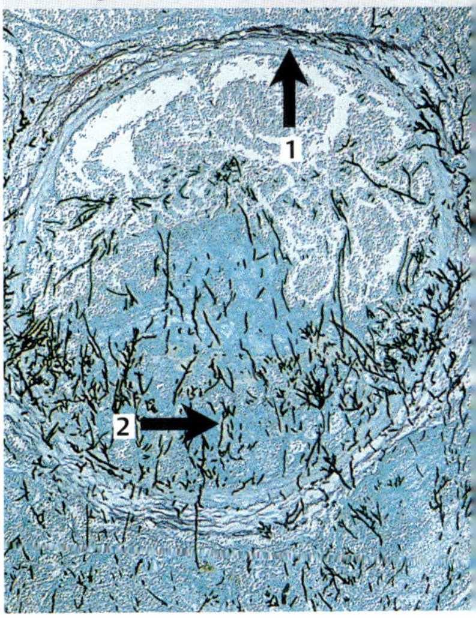

D **Aspergillussepsis:** Gehirn

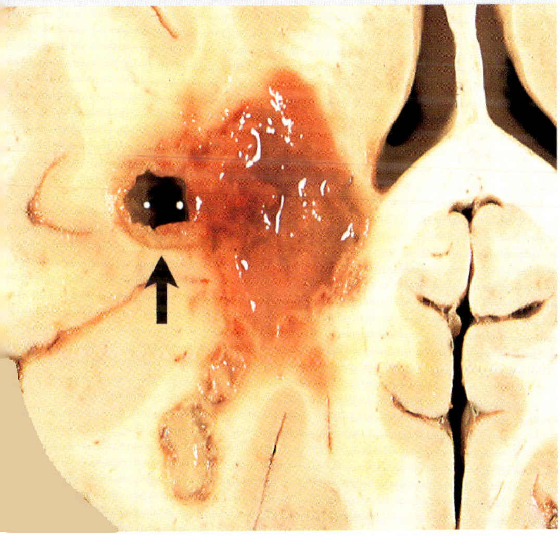

E **Aspergilluspneumonie**

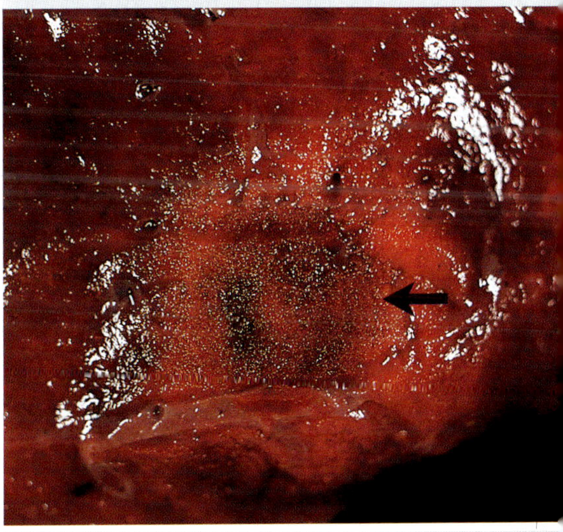

F **Kokzidioidomykose:** Lunge 200x

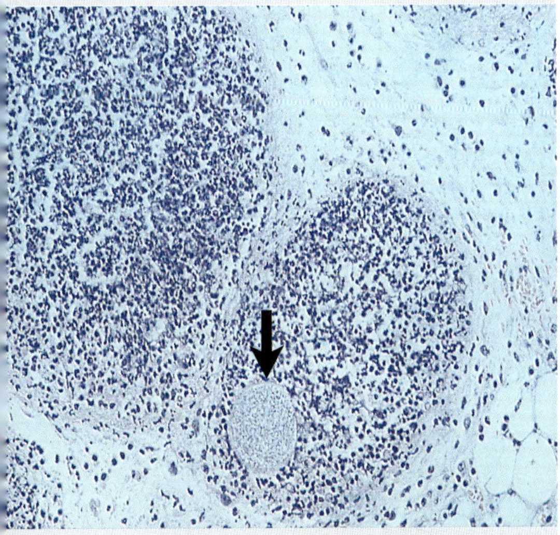

G **Rhinosporidium seeberi** 250x

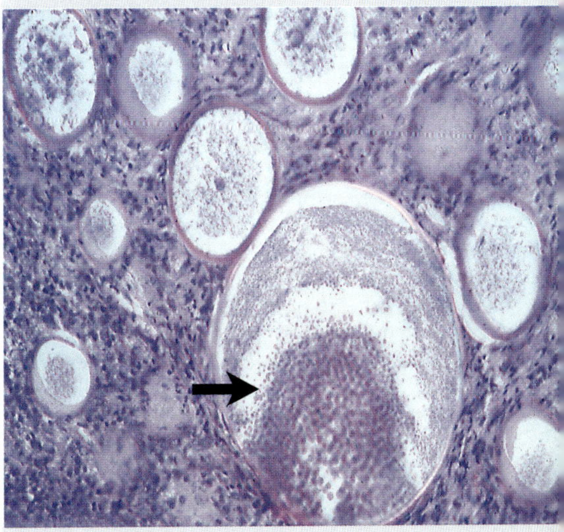

17 Schmarotzertum auf zellulärem Niveau
Protozoonotische Läsion

Zusammenfassung

Die humanpathogenen Protozoen verbessern ihre Verbreitungsmöglichkeiten durch Wirtswechsel und durch Vektoren in Form von blutsaugenden Insekten, wenn sie sich nicht schon selbst amöboid in Gewässern auf Wirtssuche machen. Um im menschlichen Organismus zu parasitieren, nutzen sie Schwachstellen im Abwehrsystem aus. Dort multiplizieren sie sich oft über einen Generationswechsel. Die von ihnen ausgehenden Krankheiten (= Protozoonosen) sind das Resultat ihres aggressiven Schmarotzertums und der gelegentlich überschießenden Abwehrreaktion.

Zoomastigophora

Trypanosoma cruzi

Erreger der Chagas-Krankheit.

Vorkommen: in Slum-Hütten Süd- und Mittelamerikas sowie in den Südstaaten Nordamerikas.

Pathogenese: Hauswanzen (Gattung: Triatoma) stechen einen infizierten Menschen oder ein Haustier (Ratten). Durch diese Blutmahlzeit gelangen die Trypanosomen in den Wanzendarm; dort wechseln sie ihre Form und vermehren sich. Bei erneutem Wanzen-„Besuch" → Ablage von trypanosomenhaltigem Wanzenkot auf der Haut betroffener Menschen → Einschmieren der Erreger in kleine Hautläsionen durch Kratzen → Trypanosomen durchbohren die Endstrombahn → Parasitämie → Besiedelung der Zielzellen (quergestreifte Muskulatur: v. a. Myokard; glatte Muskulatur: v. a. Intestinaltrakt) → Zellparasitismus.

Histologischer Erregernachweis: Pseudozysten in (Herz-) Muskelzellen mit punktförmigen Amastigoten (► B1); darum Nekrose mit resorptiver Entzündung (► B2).

Klinik = *Chagas-Krankheit:*
- *Akutphase:* Subkutaner entzündlicher Knoten (= Chagom) mit regionaler Lymphadenitis oder einseitiger Konjunktivitis an der Eintrittsstelle.
- *Chronische Phase:* Chagas-Myokarditis mit „Herzspitzenaneurysma", z. T. Megaösophagus, Megakolon.

Leishmanien

Erreger der Leishmaniose.

Pathogenese: Übertragung auf den Menschen durch „Sandmücken". Nach einer Blutmahlzeit gelangen die Leishmanien in die Insekten; dort entwickeln und vermehren sie sich und wandeln sich in die begeißelte Promastigotenform um. Bei einem Insektenstich gelangen sie in den Endwirt (Mensch, Wirbeltier) → Phagozytose durch Makrophagen; in deren Heterophagievakuole wandeln sie sich in unbegeißelte Amastigoten um → intrazelluläre Vermehrung, bis die Makrophagen platzen → Erregerfreisetzung → Infektion neuer Makrophagen.

Histologischer Erregernachweis: HE-Färbung: = „Punkt-Komma-Aspekt"(► C). Punkt = ovaler Amastigotenkern (► A1), Komma = stäbchenförmiger Kinetoplast aus Mitochondrienapparat und helikaler mitochondrialer DNS (► A2).

Klinik und Morphologie:
Viszerale Leishmaniose (Kala-Azar) Vorkommen: In Mittel- und Südamerika, Afrika, Asien sowie im Mittelmeerraum.
- *Primärherd* (= Leishmaniom): granulomatöse Entzündung an der Eintrittsstelle.
- *Generalisierung:* Splenohepatomegalie, Lymphadenie (Erregernachweis: Milz- und/oder Lymphknotenpunktion), hyperplastisches Knochenmark, Panzytopenie. *Haut:* trocken mit Hyperpigmentierungen und Papelbildungen. Fieberschübe.

Kutane Leishmaniose (Orientbeule): Vorkommen: Tropen. *Nur Hautinfekt:* geschwürig zerfallende Papel (► E).

Trichomonas vaginalis

Erreger der Trichomoniasis.

Histologischer Erregernachweis: Mehrgeißeliger, birnenförmiger Flagellat mit einem ovaloiden Zellkern (► D).

Klinik: Sexuelle Übertragung.
- ♀: Trichomonadenkolpitis, seltener Urethritis → Fluor (25 % symptomlos).
- ♂: symptomlos, selten Urethritis.

Giardia lamblia

Erreger: mehrgeißeliger, birnenförmiger Flagellat mit 2 symmetrischen Kernen (► F).

Vorkommen: Erregerreservoir: Kleinnager, Katzen.

Pathogenese: Prädisposition: Immundefekte wie CVID und AIDS. Erregeraufnahme: oral, rektal (homosexuelle Kontakte) → Besiedelung der oberen Dünndarmschleimhaut.

Klinik: Fakultativ pathogener Erreger → meist symptomlose Infektion. Daneben: Intermittierende Diarrhö, gelegentlich Malabsorption.

A **Leishmania donovani**
TEM, 20000x

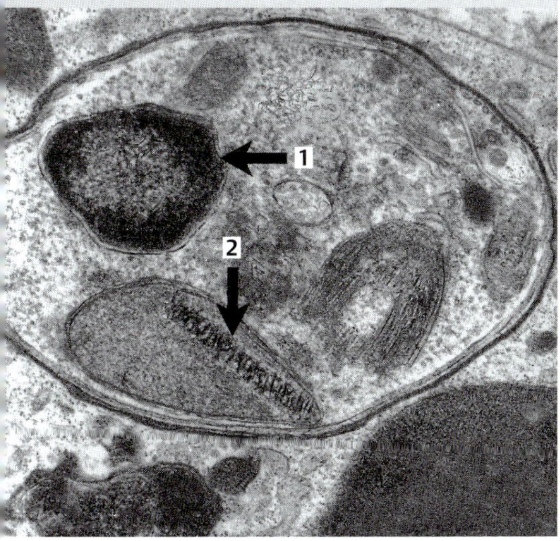

B **Chagas-Myokarditis**
200x

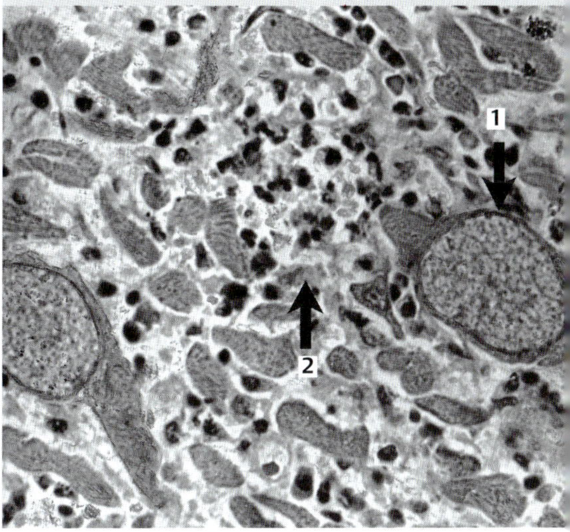

C **Leishmania donovani:** Knochenmark
400x

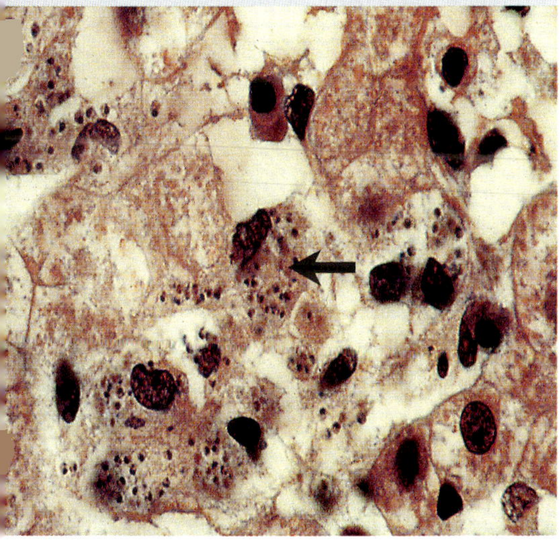

D **Trichomonas vaginalis**
IF, 600x

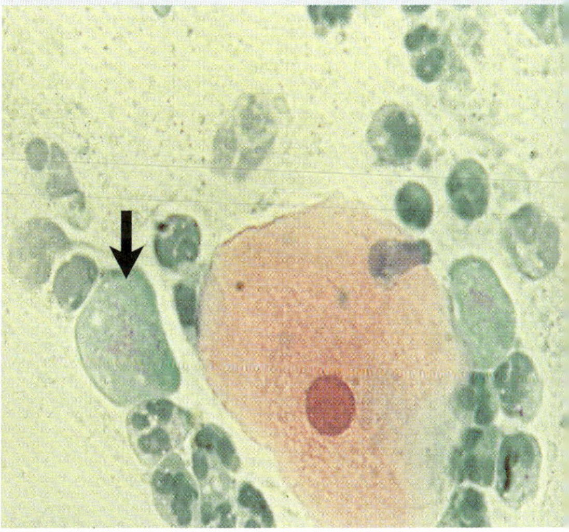

E **Orientbeule**

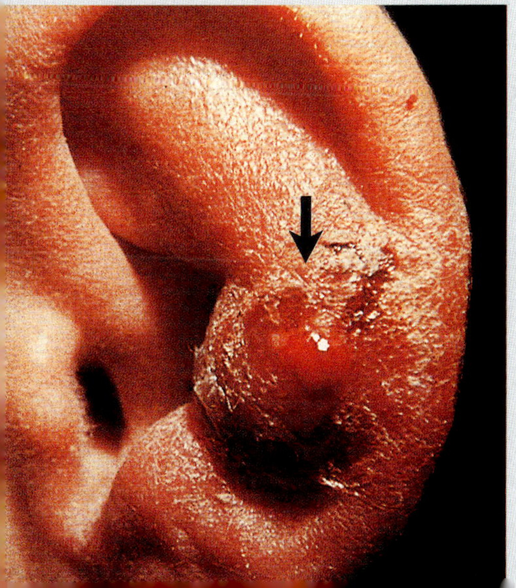

F **Giardia lamblia**
TEM, 4000x

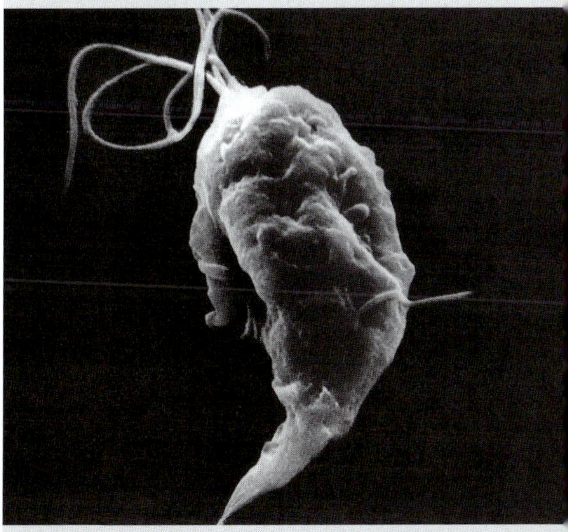

Lobosa

Entamoeba histolytica

Erreger der Amöben-Ruhr (► A).

Vorkommen: v. a. in den Tropen und Subtropen.

Pathogenese: Erregeraufnahme oral als reife, magensaftresistente Zystenform. Aus ihr schlüpfen meist im Dünndarm die Amöben aus und gelangen in den Dickdarm; dort wandeln sie sich in die kleinere Minutaform um (= Darmlumenform des auf der Schleimhaut oder im Darminhalt lebenden Parasiten) → Virulenzerhöhung (durch Veränderung der Darmflora) und Umwandlung in die Magnaform → Gewebeauflösung durch Kollagenasen und porenbildende Proteine (Name „histolytica") → amöboides „Durchkriechen" der Erreger durch die Darmwand → ulzeröse Amöbenkolitis (► E) → reaktive Entzündung der Umgebung mit Einbeziehung des Omentums → Amöbom. Bei Erregerverschleppung via Pfortader entstehen multiple, abgekapselte Lebernekrosen (= Leber-„Abszesse").

Histologischer Erregernachweis:
- Trophozoit (in Stuhl und Gewebe): PAS-positive rundliche Amöbe mit rundlichem Zellkern.
- Zysten (nur im Stuhl) mit vielen kleinen Kernen (► C).

Klinik:
Nichtinvasive intestinale Amöbiasis: Symptomlos.
Invasive intestinale Amöbiasis: Chronisch-rezidivierende Diarrhoe (= Dysenterie) mit wäßrig-breiigen Stühlen (aufgrund von Blutbeimengungen himbeergeleeartig).
Extraintestinale Amöbiasis: Nach hämatogener Verschleppung → abszedierende Leberentzündung.

Prominenter Patient: (Todesursache) Vincenzo Bellini: ital. Opern-Komponist (1801 – 1835).

Sporozoa

Toxoplasma gondii

Erreger der Toxoplasmose (► B).

Vorkommen: Mensch, Haustiere.

Pathogenese: Der Erreger macht einen Generations- und Wirtswechsel durch und kommt in 3 Formen vor:
- ***Endozoit*** (= Tachyzoit) = pfeilbogenförmige bzw. halbmondförmige Zellen, die in die Wirtszelle eindringen können; asexuelle Vermehrungsform; gedeiht nur im Wirtsorganismus und übersteht das Säurebad im Magen nicht.
- ***Zystozoit*** (= Bradyzoit) = kleinere Parasitenform, entsteht innerhalb der intrazellulären Zyste (► D); keine Gewebeschäden; langlebige Dauerform.
- ***Oozyste:*** Sexuelle Vermehrungsform im Darm von Katzen (= spezifischer Wirt) mit resistenter Hülle; werden mit den Fäzes ausgeschieden → Sporulation (= Bildung humanpathogener Sporen).

Infektionsmodus beim Menschen: oral. Nach der Darmwandpenetration folgt ein passagerer Aufenthalt in Blut und/oder Lymphe → Erreger penetrieren die Wirtszellen (v. a. ZNS, Herz- und Skelettmuskel, RHS-Zellen) → dort vermehren sich die Erreger im Zytoplasma → Wirtszelle platzt → Erregerfreisetzung → Erreger befallen und schädigen die Nachbarzellen → herdförmige Gewebsnekrosen. Dieser Vermehrungsprozeß dauert so lange an, bis der Wirt stirbt. Setzt eine adäquate Immunreaktion ein, verschwinden die freien Erreger aus der Blutbahn → die Erreger igeln sich in Zysten ein und vermehren sich darin. Läßt jedoch die Immunität nach, so platzen die Zysten auf und der Kampf beginnt von neuem.

Histologischer Erregernachweis:
- ***Tachyzoiten:*** winzig, halbmondförmig.
- ***Zysten:*** intrazellulär, gefüllt mit winzigen körnchenartigen, PAS-positiven Bradyzoiten (► D).

Klinik und Morphologie:
Pränatale Toxoplasmose = Fetopathie:
- *Erstinfektion vor 2. Trimenon* → Abort.
- *Erstinfektion nach 2. Trimenon* → Fetus macht eine intrauterin generalisierte Erkrankung mit folgenden Manifestationen durch:
- Nekrotisierende Enzephalitis mit verkalkenden Erweichungsherden → Höhlenbildung (→ „swiss-cheese-brain") → Ventrikelerweiterung;
- Chorioretinitis pigmentosa.
  Trias: Hydrozephalus, Intrazerebralverkalkungen, Chorioretinitis.
- *Erstinfektion kurz vor der Geburt* → viszerale generalisierte Toxoplasmose.

Postnatale Infektion: Sie kann als latente Infektion oder als symptomatische Infektion verlaufen, wobei meist eine sich über Monate hinziehende Nacken-Lymphadenitis (mit epitheloidzellig-kleinherdiger Granulombildung) im Vordergrund steht (► F).
Systemische Toxoplasmose: Sie tritt auf bei immungeschwächten Patienten und nach Knochenmarktransplantation; v. a. mit Meningoenzephalitis sowie areaktiv-nekrotischen Entzündungen in inneren Organen (Pneumonie, Myokarditis, Hepatitis).

Merke: Prädisposition: Katzen-„freunde", Liebhaber saftig-blutiger Steaks.

Merke: Toxoplasmose vor der Schwangerschaft ist für den Fetus ungefährlich.

Merke: Bei Meningoencephalitis toxoplasmotica auch an AIDS denken!

A **Entamoeba histolytica** (Schema)
1000x

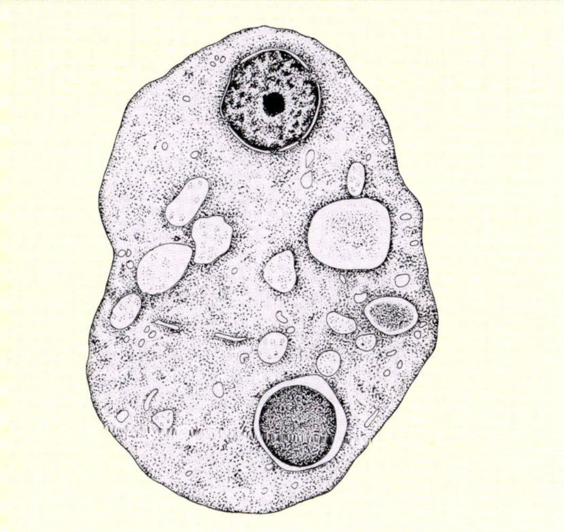

B **Toxoplasma gondii** (Schema)
1000x

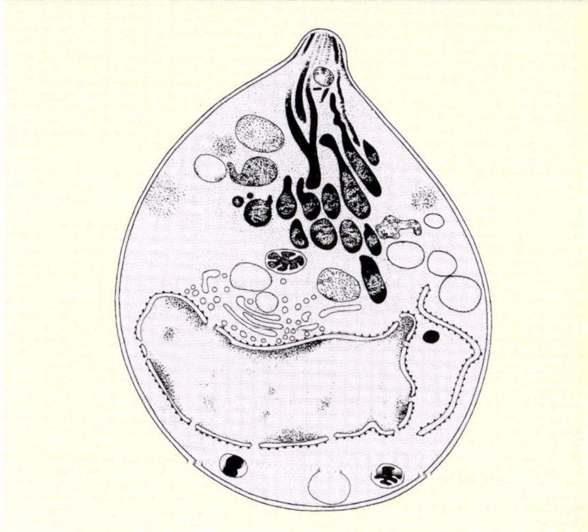

C **Entamoeba histolytica**
PAS, 600x

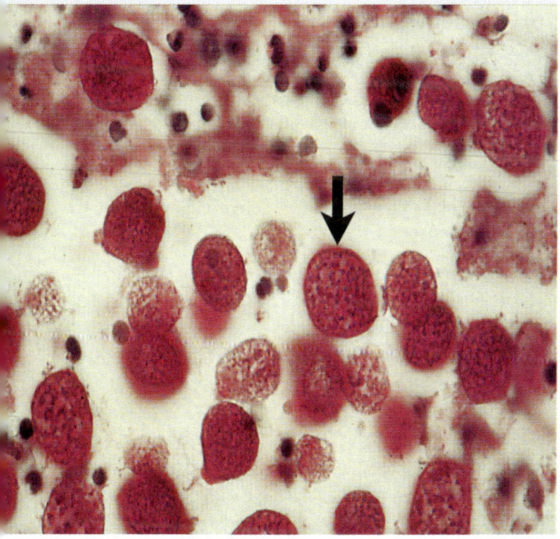

D **Myokarditis toxoplasmotica**
PAS, 800x

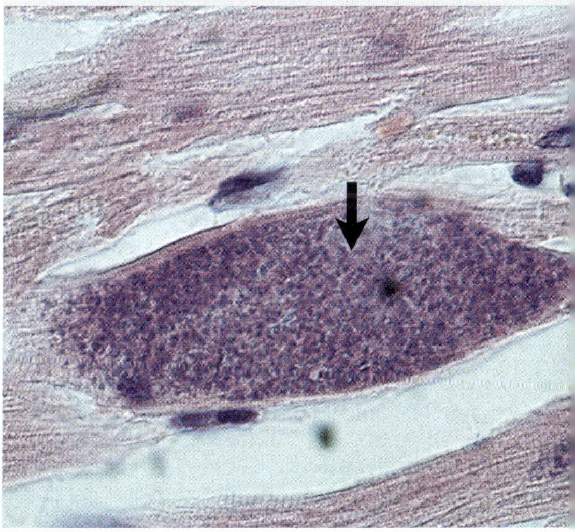

E **Amöbenabszeß:** ~~Dünn~~darm (handschriftlich: Dick)
PAS, 60x

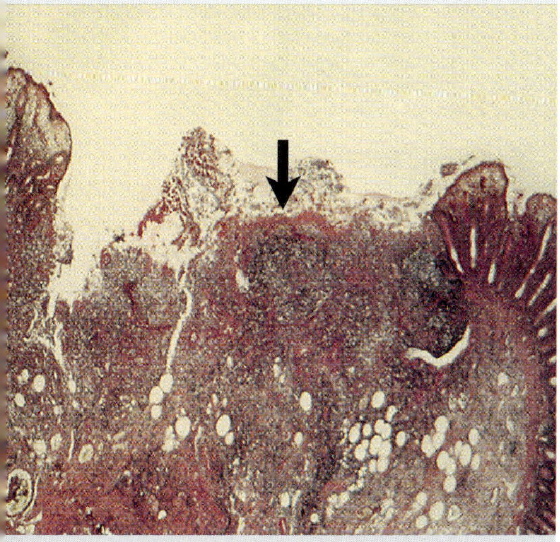

F **Lymphadenitis toxoplasmotica**
200x

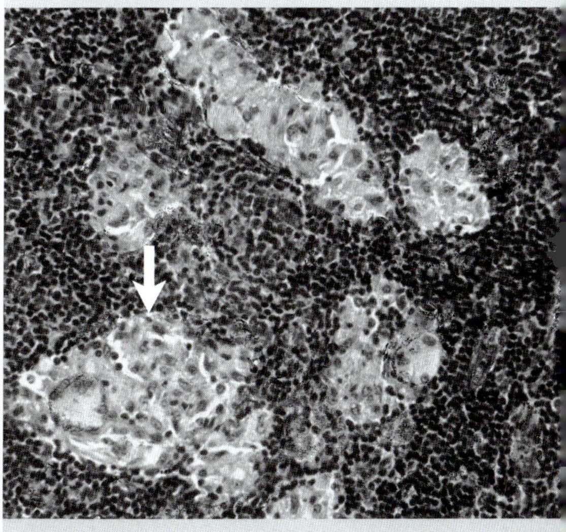

Plasmodien

Abkürzungen: ME = Malariaerreger, PC = Pneumocystis carinii

Erreger der Malaria.

Vorkommen: Tropisches Afrika, Südasien, Zentral- und Südamerika. Das Gros der Malariatoten geht auf das Konto von Plasmodium falciparum.

Pathogenese: ME-Übertragung (asexuelle Sporozoiten) mit dem Speichel infizierter Weibchen der Anopheles-Stechmücke (= Moskitos) auf den Menschen bei der Blutmahlzeit. Dem ersten Zugriff des Immunsystems entgehen die ME zweifach:

- ME werfen einen Teil ihrer Hülle (= AG) ab,
- ME geben „Bremsfaktoren" für die Verfolgermannschaft (T-Zellen) ab.

Bereits 15 Minuten nach dem Moskitostich dringen die ME in die Leberparenchymzellen ein. Dort vermehren und „verkleiden" sie sich (Veränderung der Hüll-AG) → aus einem Sporozoiten werden dabei 30000 Merozoiten, die als „unerkannte Neulinge" in den Blutkreislauf ausschwärmen. Dort entern sie (► A1) die Erythrozyten (► A2) innerhalb von 10 Minuten und ernähren sich von deren Hämoglobin → Verdauungsreste = Malariapigment (S. 106). In ihrem neuen Versteck können sie sich ungestört weitervermehren. Die Erythrozyten verändern durch den ME-Befall ihre oberflächliche AG-Struktur, was normalerweise bewirkt, daß die Milz als „Entsorger" veränderter Erythrozyten tätig wird. Aber auch dagegen haben die ME ihre Tricks: Sie bewirken eine Erythrozytenverklumpung, so daß diese samt ihrer trojanischen Fracht in der Endstrombahn lebenswichtiger Organe (Gehirn, Nieren, Herz, Lunge) steckenbleiben (► B) → Mikroinfarkte. Sind genügend Merozoiten gebildet, so platzt der Erythrozyt. Folgen:

- Freisetzung pyrogener Substanzen → intervallmäßige Fieberanfälle.
- Hämolyse → Anämie.

Schließlich werden die ME geschlechtsreif (♀ Makrogametozyten, ♂ Mikrogametozyten) → Wiederaufnahme durch Moskitoweibchen beim Blutsaugen → Paarung in den Moskitos (Insekt ohne effizientes Abwehrsystem) → Einnistung des befruchteten Makrogameten (= Ookinet) in die Magenwandzellen der Moskitos → dort wandeln sich die Makrogameten zu Oozysten um, in denen sie sich zu Tausenden von Sporozoiten vermehren → Austritt der Sporozoiten in die Moskitolymphe → Austritt in die Speicheldrüse des Moskitos→ erneute ME-Übertragung auf den Menschen durch Moskitostich.

Histologischer Erregernachweis:
- Schwärzliches Malariapigment (Hämatozoidin) in den Makrophagen des RHS.
- Wegen zentraler Vakuole „ringförmige" Plasmodien in den Erythrozyten (► A1).

Klinik: Je nach ME rezidivierendes Fieber (im 2- oder 3-Tagesrhythmus) oder Kontinuafieber, hämolytische Anämie (Synonym: Schwarzwasserfieber).

Prominente Patienten:
(Staufer-) Kaiser Heinrich VI. (1165 – 1197) bei der Belagerung Neapels (daher Truppenabzug!).
Albrecht Dürer, dtsch. Maler auf seiner Italienreise (1471 – 1528).
John F. Kennedy, US-amer. Präsident (1917 – 1963).

Merke: Bei Fieber und Malaise eines Tropenreisenden an Malaria denken! In stechmückenreichen Regionen auch an Übertragung auf Nachbarn möglich.

Mykoide Parasiten

Pneumocystis carinii

Erreger der Pneumozystose.

Der Erreger ist aufgrund von analogen ribosomalen RNS-Sequenzen zum einen mit niederen Pilzen wie Saccharomyces cerevisae und zum anderen mit Amöben am nächsten verwandt.

Vorkommen: ubiquitär, in der Lunge vieler Säugetiere und des Menschen.

Pathogenese: PC ist ein „opportunistischer" Parasit. Die Aufnahme des Erregers erfolgt durch Inhalation von PC-Zysten → Freisetzung von 8 „intrazystischen kleinen Körperchen", die sich in amöboide Trophozoiten umwandeln → Anheftung der Trophozoiten mit Hilfe von Filopodien an Lungenalveozyten. Je 2 Trophozoiten verschmelzen zu einer Zygote, die sich mit einer dünnen Wand in Form einer Präzyste umgibt. In ihr vermehrt sich der Erreger → Zyste (► C, D, E1, F1). Bei Aushusten oder Platzen der Zysten → Auto-Reinfektion.

Histologischer Erregernachweis: Diagnose: Lungenbiopsie! Große meist intraalveoläre Zysten mit in Grocott-Färbung schwarzen kleinkorpuskulären Organismen (► D; Bronchiallavage). In PAS-Reaktion: rötlich-schaumiger Zysteninhalt (► C).

Klinik und Morphologie: Häufigste opportunistische Infektion bei AIDS-Patienten. Jede PC-Infektion senkt die Immunitätslage auf ein niedrigeres Niveau.
Pneumozystis-Pneumonie bei AIDS-Patienten: Interstitielle Pneumonie mit spärlicher lymphozytärer Entzündung in verbreiterten Alveolarsepten (► E2).
Pneumozystis-Pneumonie bei Neugeborenen: Interstitielle Pneumonie mit ausgeprägter lymphoplasmozytärer Entzündung in verbreiterten Alveolarsepten (► F2).

A **Malaria falciparum**
Pap, 500x

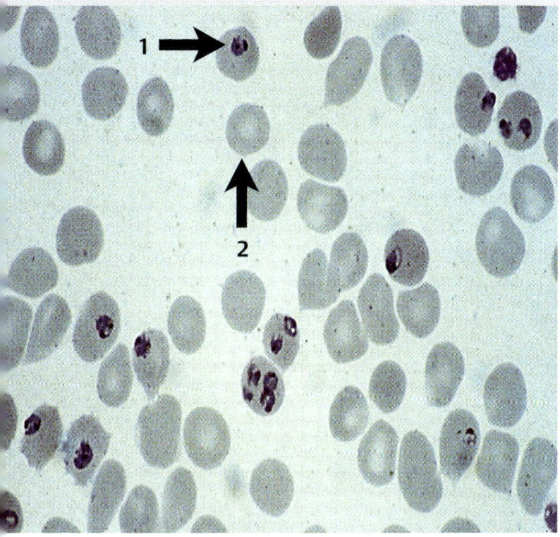

B **Malaria falciparum:** Gehirnkapillare
LH, 200x

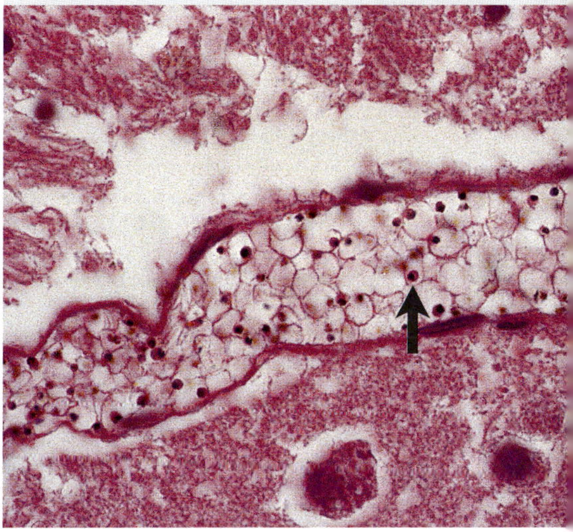

C **Pneumocystis carinii**
PAS, 300x

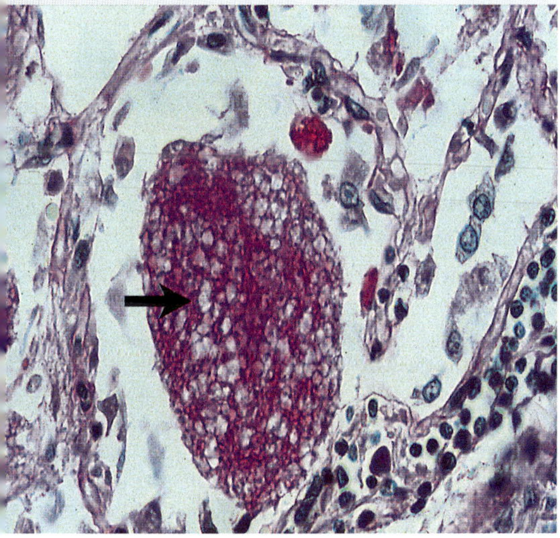

D **Pneumocystis carinii:** Bronchiallavage
Ag, 400x

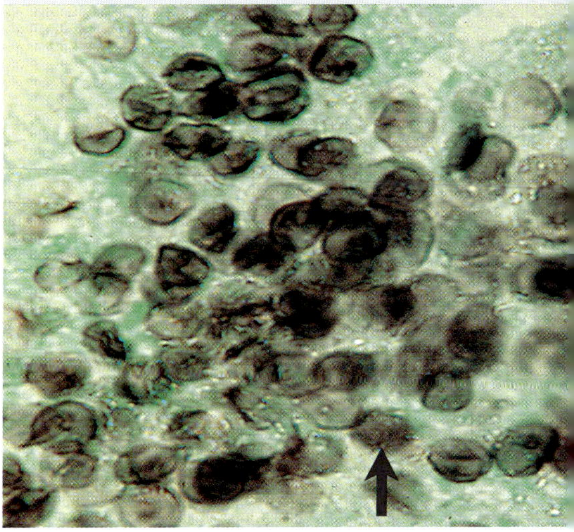

E **AIDS-Pneumozystose**
Ag, 100x

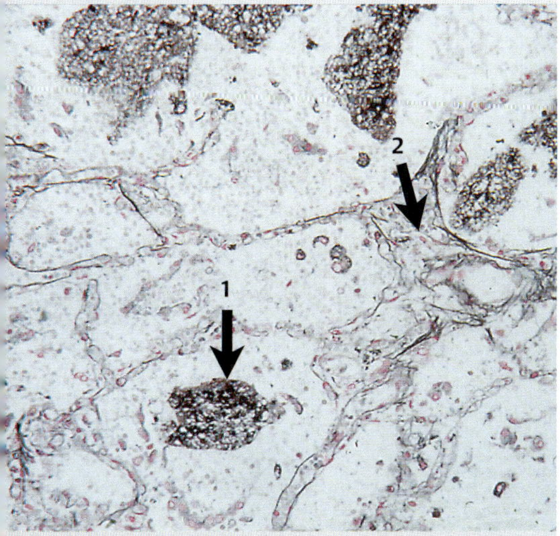

F **Säuglings-Pneumozystose**
100x

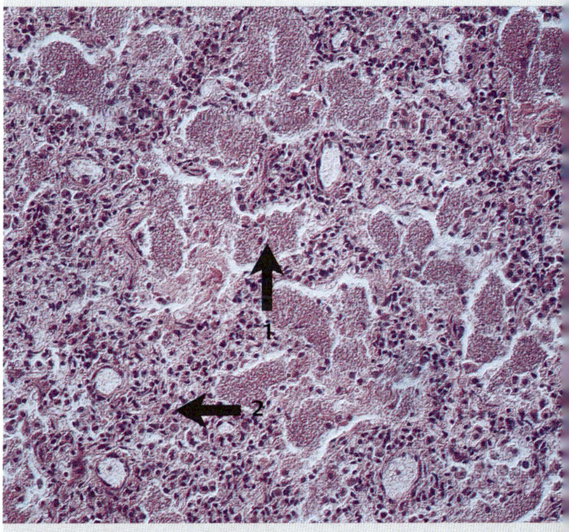

18 Generationenweise den Wirt durchwandern
Helminthotische Läsion

Zusammenfassung

Alle menschenpathogenen Wurmparasiten haben folgende Eigenschaft gemeinsam: Sie vergrößern ihren Aktionsradius und damit auch ihre Überlebenschancen durch einen Wirtswechsel. Sie erreichen ihre Geschlechtsreife im Wirt und vermehren sich als Larve in einem Zwischenwirt unabhängig von der Erwachsenengeneration durch Parthenogenese (Jungfernzeugung). Die Parasiten leben von ihrem Wirt und töten ihn – wenn überhaupt – erst nach längerer Zeit. Bei der Bewältigung eines Wurmbefalls (= Helminthose) spielen die eosinophilen Granulozyten mit ihren parasitotoxischen Proteinen sowie die Makrophagen eine wichtige Rolle.

Trematoden

Schistosomen

Synonym: Pärchenegel

Erreger der Bilharziose.

Vorkommen: Tropen.

Schistosomen (Pärchenegel): ♂ umgibt bei der Paarung mit seinen erbsenschotenförmigen Körper das kleinere fadenförmige ♀.

Pathogenese (Wirtszyklus): Die Wurmeier gelangen mit den menschlichen Fäkalien ins Wasser → aus ihnen schlüpfen einzellige Wimperntierchen (= Mirazidien) aus → sie benutzen eine bestimmte Süßwasserschneckenart als Zwischenwirt → darin: Zystenbildung und Vermehrung zu Zerkarien → Platzen der Zyste → Ausschwärmen der mehrkernigen Zerkarien im Wasser→ bei Kontakt mit einem Menschen durchbohren sie die Haut und dringen in die menschlichen Blutgefäße ein → allergische Reaktion (S. 166) → Umwandlung zu Schistosomula, die mit der Zeit in die Pfortader einwandern → Ausreifung zu Schistosomen → Paarung. Da die Immunabwehr des Wirts in Form einer AK-vermittelten Zytotoxizität solchen Pärchen (Pärchenegel) nichts anhaben kann, produzieren sie oft jahrelang Eier. Die Eier wandern gegen den Blutstrom in die Dickdarmschleimhaut → Abwehrreaktion des Wirtsorganismus durch granulomatöse Entzündungsreaktion (S. 232) und Eosinophileninfiltrate → Absterben der Eier im Gewebe mit regressiver Verkalkung → „Eigranulome“. Bei einer Fehlleitung der Eiwanderung → Eigranulome in Organen wie Leber, Lunge und Harnblase.

Histologischer Erregernachweis:
- ***S. mansoni:*** ovales Ei mit Lateralsporn (► A);
- ***S. haematobium:*** ovales Ei mit Endsporn (► B);
- ***S. japonicum:*** rundes Ei ohne Sporn (► C).

✚ Klinik und Morphologie:
Urogenitale Bilharziose: Erreger: S. haematobium (Vorkommen: Afrika). Eiablage in der oberen Rektalvene → die Eier gelangen via Anastomosen in die Venen der Harnblasenwand → granulomatöse Urozystitis in Form von endoskopisch erkennbaren Eituberkeln (► D) → „Sandkorn-Urozystitis“ → Hydronephrose → (später) Harnblasenkarzinom.
Hepatolienale Schistosomiasis: Erreger: S. mansoni oder S. japonicum (Vorkommen: China, Japan). Eiablage lediglich in der oberen Mesenterial- und Milzvene → granulomatöse Entzündung entlang der Pfortadervenolen → pfeifenstielartige Vernarbungsstränge = „Pfeifenstielfibrose“ → Hepatosplenomegalie → Pfortaderhochdruck (S. 392).
Intestinale Schistosomiasis: Erreger: v. a. S. mansoni (Vorkommen: Südamerika, Afrika) → submuköse Granulome.

Zestoden

Taenia saginata

Synonym: Rinderbandwurm

Erreger der T. saginata-Taeniose.

Vorkommen: Auf der ganzen Welt verbreitet.
T.saginata wird bis zu 10 m lang; sie besteht aus einem Vorderteil (= Skolex), auf den zahlreiche Glieder (= Proglottiden) folgen; im Endteil liegen Uteri mit bis zu 100 000 Eiern (► E).

Pathogenese (Wirtszyklus): Taenia-Eier gelangen mit Abwasser oder Fäkalien auf eine Weide → Rind als Zwischenwirt nimmt sie mit dem Gras auf. Im Rinderdünndarm schlüpfen aus den Eiern die Onkosphären aus, die in die Darmwand einwandern → sie gelangen via Blutstrom in die quergestreifte Muskulatur, wo sie (innerhalb von drei Monaten) zu infektionstüchtigen Finnen heranwachsen. Ißt ein Mensch unzureichend gekochtes, finnenhaltiges Rindfleisch kommt es zu einem Wirtswechsel. Im menschlichen Dünndarm stülpt die Finne ihren Skolex aus → Anheftung an die Mukosa → Auswachsen zu adultem Bandwurm.

Histologischer Erregernachweis: Finne (= Zysticercus bovis) = erbsengroßes Bläschen mit Skolexanlage (► F).

✚ Klinik: 25 % symptomlos. Erbrechen, Bauchschmerz, Heißhunger, Gewichtsverlust.

A **Schistosoma mansoni**
200x

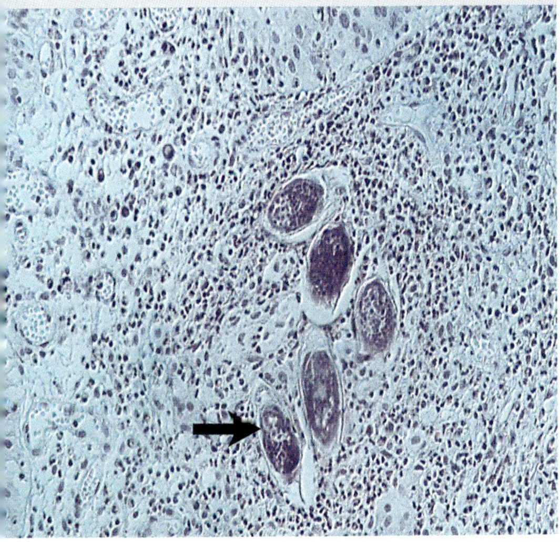

B **Schistosoma haematobium**
600x

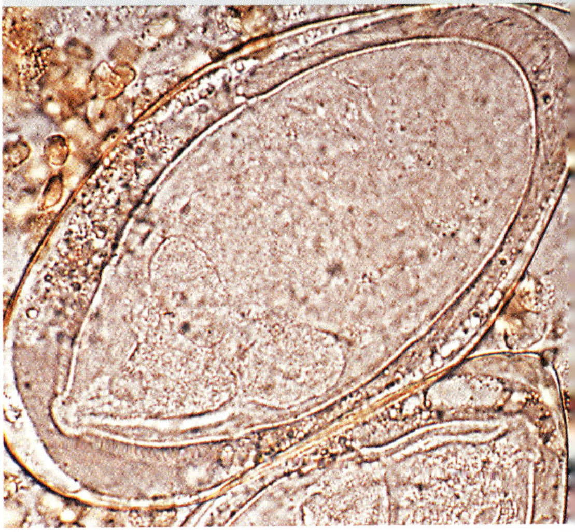

C **Schistosoma japonicum**
400x

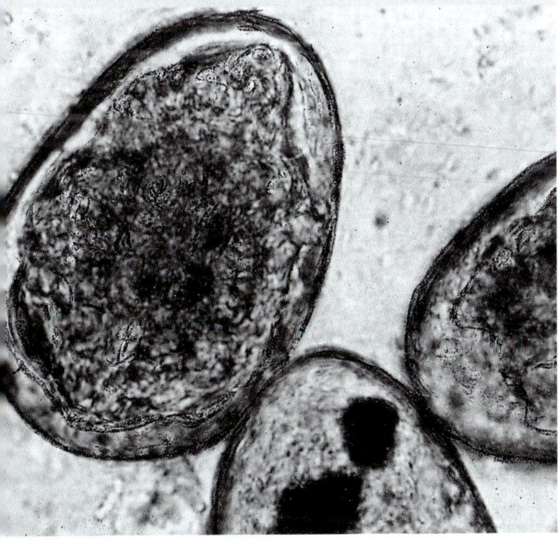

D **Schistosomengranulom**
150x

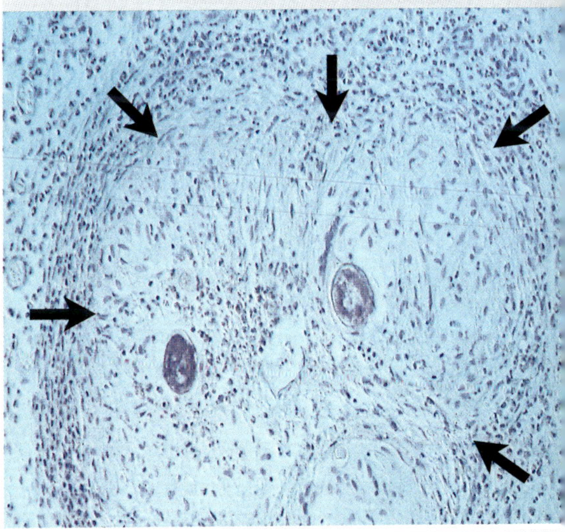

E **Taenia saginata:** Proglottide
50x

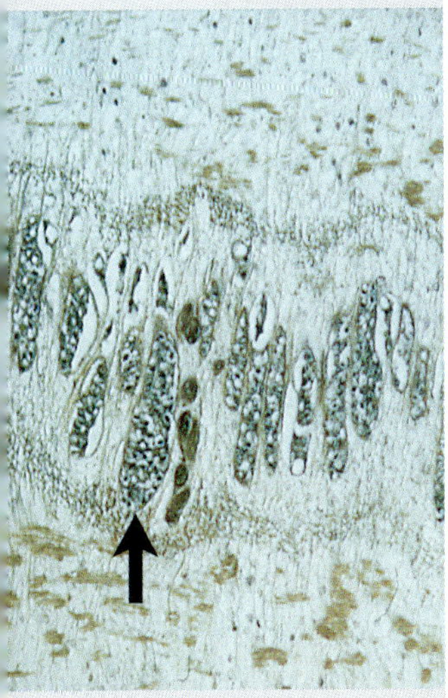

F **Taenia saginata:** Skolex
50x

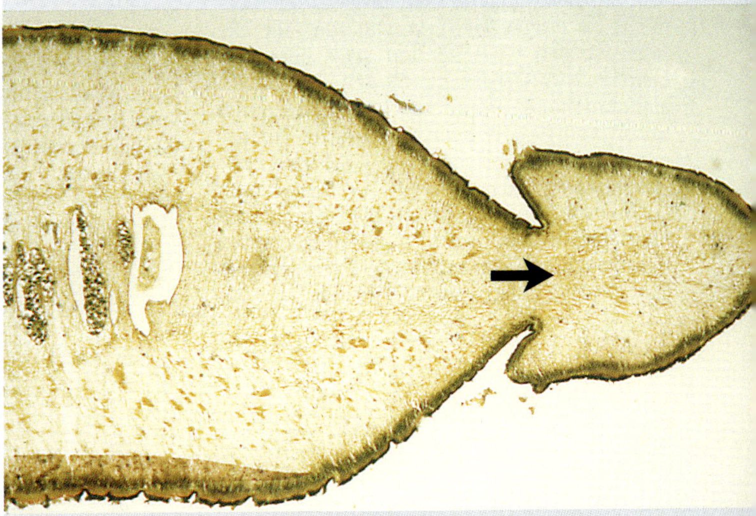

Taenia solium

Synonym: Schweinebandwurm

Erreger der Zystizerkose.

Der ausnahmsweise Befall des Menschen durch Finnen des Schweinebandwurms (Mensch als Zwischenwirt) ruft eine Zystizerkose hervor.

Pathogenese (Wirtszyklus): Erregeraufnahme durch Verzehr von rohem finnenhaltigen Schweinefleisch → im Dünndarm des Menschen (= Endwirt) schlüpft der Bandwurm → keine pathologischen Veränderungen. Im seltenen Fall einer Autoinfestation (fäkale Essensverunreinigung!) penetrieren die Larven im Finnenstadium die Darmwand → hämatogene Ausbreitung in Herz- und Skelettmuskulatur (aber auch Lunge, Leber oder Gehirn) → dort: Bildung hirsekorngroßer Finnen = Zystizerkose.

Histologischer Erregernachweis: 3 – 10 mm große, weißlich-derbe Knötchen (► A) = Finne (Fleischbeschauer!). Proglottiden im Stuhl.

✚ **Klinik:** Heißhunger, Inappetenz, Bauchschmerzen, analer Juckreiz.
Komplikation = Neurozystizerkose: Bei Hirnbefall → Entwicklung traubenförmig-zystischer Parasitenstrukturen (► B) → Ausdehnung im Subarachnoidalraum (= Cysticercus racemosus).

☺ **Prominenter Patient:** Amenophis IV = Echnaton, ägypt. Pharao (1362 – 1356 v.Chr.), Begründer des Monotheismus.

Echinococcus granulosus

Synonym: Hundebandwurm (Adultform: 3 – 6 mm lang)

Erreger der zystischen Echinokokkose.

Der Mensch ist hier nicht End-, sondern Zwischenwirt.

Pathogenese (Wirtszyklus): Mit 4 Saugnäpfen und doppeltem Hakenkranz am Kopf (= Skolex) heftet er sich zu Tausenden an der Dünndarmschleimhaut an. Auf den Skolex (► C1) folgen 4 – 5 mit Testes und Ovarien ausgestattete Segmente (= Proglottiden). Von diesen fällt alle zwei Wochen eines ab und setzt über 500 Eier frei → Ausscheidung mit den Fäzes → Eiaufnahme unter natürlichen Bedingungen von Herbivoren (Schafe beim Grasen). Im Duodenum schlüpfen aus den Eiern die mit zwei Hakenpaaren ausgerüsteten Invasionslarven (= Onkosphären) aus, die in Chylusgefäße und Pfortaderäste eindringen → v.a in der Leber Heranwachsen zur zweiten zystenförmigen Larve (= Hydatiden = Finne = E. hydatidosus); aus deren innerer Keimzellschicht entwickeln sich Brutkapseln mit Tausenden von Bandwurmköpfen (= Protoskolizes). Frißt ein Karnivore (= „Fleischfresser"; meist Hund) infestiertes Aas oder Schlachtabfälle von Herbivoren (= „Pflanzenfresser"; z.B. Schaf, Ziege), gelangen die Hydatiden mit den sich parthenogenetisch vermehrenden Skolizes in den Karnivoren als Endwirt. Bei engem Kontakt mit infizierten Hunden (Belecken) → Eiübertragung des E. granulosus auf den Menschen → Hydatidenentwicklung v.a. in Leber und Lunge.

Histologischer Erregernachweis: Hydatidenwand aus homogen eosinophiler Cuticula mit häkchenhaltigen Skolizes an der Innenfläche. Echinokokkushaken in Form eines zweiendigen Hirschgeweihs (► C2, D).

✚ **Klinik und Morphologie:** In einigen Fällen bleibt E. hydatidosus latent, oder es kommt zur Spontanregression mit Verkalkung (S. 134) → Hydatiden enthalten Bodensatz aus Echinokokkushaken abgestorbener Skolizes und Kalkkörnchen (= Hydatidensand). Die Hydatiden wachsen langsam → jahrzehntelange Asymptomatik:
Leberechinokokkose (60 %): Verdrängungssymptomatik (► E).
Lungenechinokokkose (20 %): Reizhusten, Dyspnoe, Bronchiendurchbruch (salziger Geschmack der Hydatidenflüssigkeit!); bei Pleuradurchbruch → Lufteinstrom in Pleuraraum → Lungenkollaps (= Pneumothorax).
Osteoechinokokkose (2 %): Bei Röhrenknochenbefall → Spontanfraktur; bei Lendenwirbelbefall → Abknickung der Wirbelsäule (Gibbusbildung) mit Querschnittslähmung.

Echinococcus multilocularis

Synonym: Fuchsbandwurm

Erreger der alveolären Echinokokkose.

Vorkommen: Nur regional endemisch (Europa u.a. Süddeutschland, Österreich, Schweiz, Balkan); Mensch = Zwischenwirt.

Pathogenese (Wirtszyklus): Fuchs scheidet als Endwirt mit den Fäzes Eier aus → Eiaufnahme durch kleine Nagetiere (Feldmäuse!) als Zwischenwirte → darin: Bildung multipler, dicht gelagerter und wuchernder kleiner Zysten mit infestationstüchtigen Skolizes (E. alveolaris) in den Eingeweiden der Kleinnager (= Beutetiere für den Fuchs). Infestation des Menschen erfolgt zufällig (Fuchs abbalgende Jäger!) → v.a. Leberbefall → alveolare Echinokokkose (► F: Gallenblasenbefall).

✚ **Klinik:** Raumforderung in Leber und Leberbereich.

A **Taenia solium:** Finne

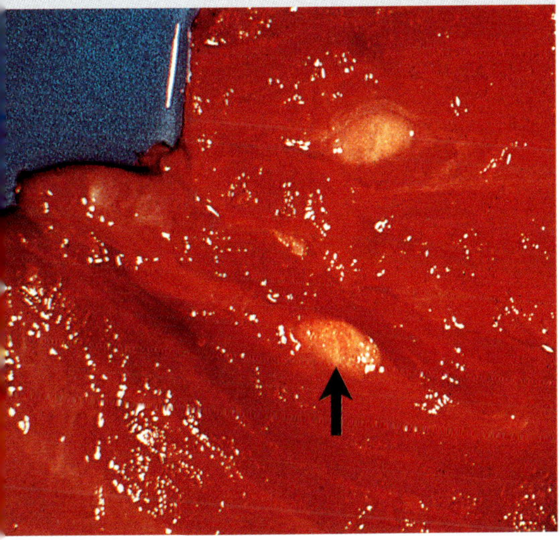

B **Cysticercus**
7x

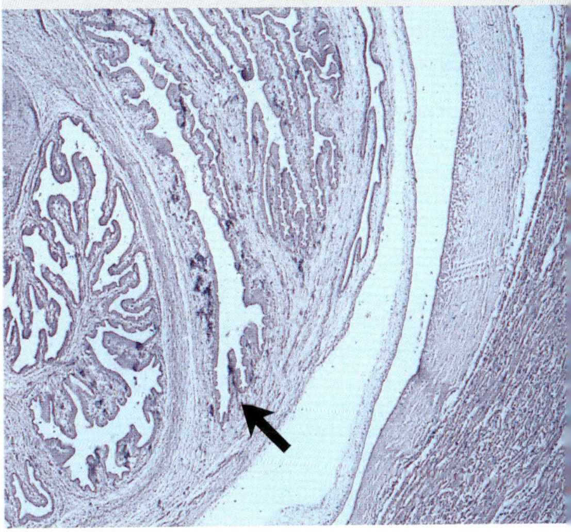

C **Echinococcus granulosus:** Skolizes
25x

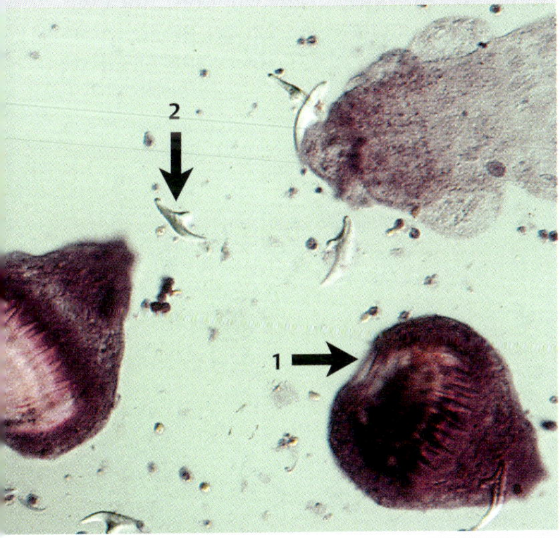

D **Echinococcus granulosus:** Skolizes
50x

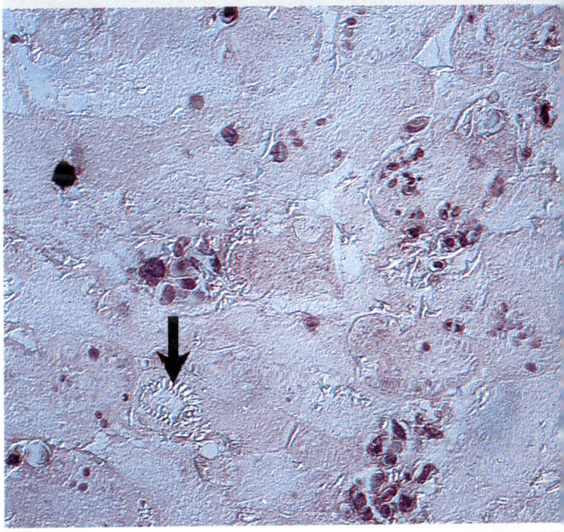

E **Leberechinokokkose**

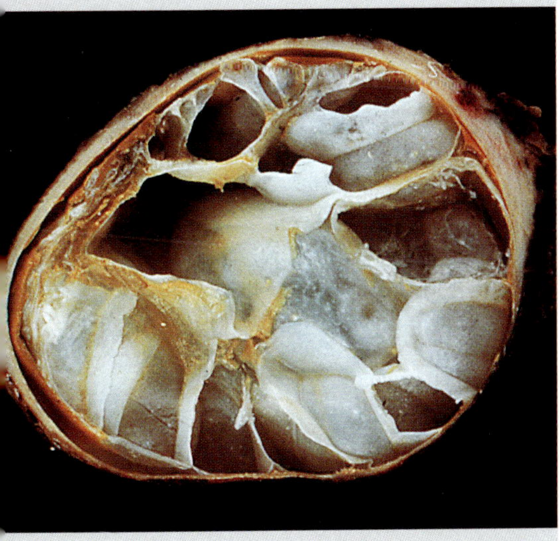

F **Echinococcus alveolaris** (Gallenblase)

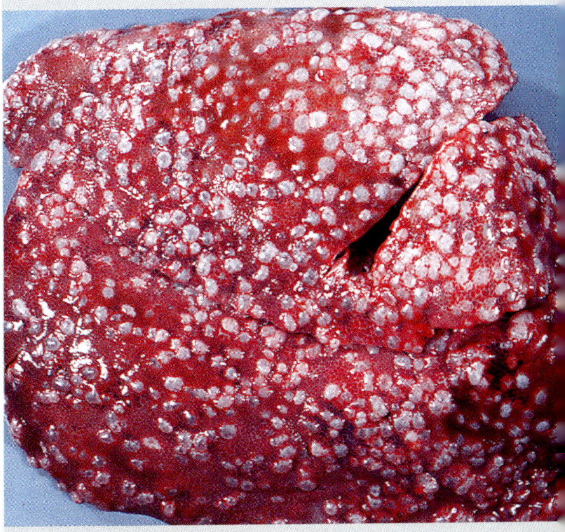

Nematoden

Synonym: Fadenwürmer

Enterobius vermicularis

Synonym: Madenwurm
Vorkommen: weltweit.
Modellkrankheit: weltweit häufigste ansteckende Krankheit.

Erreger der Oxiuriasis

Pathogenese (Wirtszyklus): Adulte Würmer leben auf der Dickdarmschleimhaut (v.a. Caecum, Appendix). Nach der Paarung wandert das gravide Weibchen nachts aus dem Anus seines Wirts hinaus und legt seine Eier auf die Perianalhaut → Juckreiz → Kratzen → via Finger erneute orale Eiaufnahme.

Histologischer Erregernachweis: Parasit auf Querschnitt (► A1) ist rundlich mit eosinophiler Außenmembran und stacheligen Ausstülpungen (= Alae, ► A2).

Klinik und Morphologie: Meist Zufallsbefund nach Appendektomie aufgrund von appendizitischer Reizung.

Wuchereria bancrofti

Erreger der Filariasis in Form eines parasitären Lymphödems → Elephantiasis.

Erreger ist eine fadenförmige Nematode. Vorkommen: v.a. Tropen und Subtropen.

Pathogenese (Wirtszyklus): Zwischenwirt ist eine Stechmücke. Darin: Reifung der infektiösen Larven → Erregerübertragung auf den Menschen durch Blutmahlzeit → Erregeransiedelung in Lymphgefäßen und Lymphknoten → dort: Geschlechtsreife zu fadenförmiger Nematode → chronisch-obstruktive Lymphangitis → Lymphstau → prästenotische Lymphgefäßaussackung.

Histologischer Erregernachweis: knapp 0,2 mm großer Fadenwurm. Wurmquerschnitt (► B1) in Lymphgefäß (► B2): außen Cuticula, innen zwei Uteri mit Mikrofilarien und ein Darm.

Klinik und Morphologie (Filariasis): Obstruktive Lymphangitis → Lymphvarizen und Lymphödem (S. 426) v. a. in den unteren Extremitäten → Gewebesklerosierung → Elephantenfußbildung (= Elephantiasis).

Trichinella spiralis

Erreger der Trichinose.

Vorkommen: ubiquitär.
Infektionsquelle: alle obligat und fakultativ fleischfressenden Tiere (Haus-, Wildschwein; Hund, Fuchs, Dachs, Ratte, Bär).

Pathogenese (Wirtszyklus): Erregeraufnahme durch Verzehr von larvenzystenhaltigem Fleisch → danach: Ausschlüpfen der etwa 1,5 mm langen ♂ und etwa 4 mm langen ♀ im Dünndarm, die zunächst in die Dünndarmwand eindringen und anschließend vorübergehend ins Darmlumen zurückkehren → Geschlechtsreife innerhalb 1 Woche → Paarung. In der Dünndarmmukosa bleiben die befruchteten ♀ bis zu 4 Wochen fortpflanzungs- und lebensfähig und gebären in dieser Zeit etwa 1000 nahezu 100 μm große Larven (Fleischbeschau!). Die Larven dringen via Ductus thoracicus und Blutstrom des großen und kleinen Kreislaufs in Skelett- und Herzmuskulatur ein. Dort: Abkapselung der spiralförmigen Larven (► C) → sie überleben bis zu 30 Jahre. Die Fortpflanzung erfolgt durch den nächsten Fleischfresser.

Histologischer Erregernachweis: spiralförmiger Wurm (► C, D1) umgeben von ovaloider, hyaliner Kapsel (► D2) → regressive Verkalkung.

Klinik und Morphologie: Myositis mit fieberhaften Muskelschmerzen, Myokarditis (gefährlich), Bluteosinophilie.

Merke: *Trichinose:*
- Diagnose: Muskelbiopsie einer besonders schmerzhaften Stelle.
- *Infektionsgefahr: Genuß von Bärenschinken, zubereitet von Bären aus Zoo- oder Tiergärten.*

Zusammenfassend können wir feststellen, daß bei der Erreger-Wirt-Auseinandersetzung auf beiden Seiten hart um Überlebensvorteile gekämpft wird. Einige Erreger greifen dabei entweder ins Genom ein und lösen dadurch den Tod der Wirtszelle aus oder verändern deren Genom so, daß sie nicht mehr sterben kann und den Erreger dauerhaft reproduzieren muß. Gelegentlich spielen sich solche Erreger-Wirt-Auseinandersetzungen im abwehrmäßig hilflosen embryofetalen Gewebe ab, so daß die zeitlich haargenau aufeinander abgestimmten Baupläne durcheinandergebracht werden.

Im folgenden werden systematisch solche Störungen betrachtet, welche die Weitergabe und Ausführung der Körperbaupläne betreffen: Erbkrankheiten und Fehlbildungen.

A **Oxyuren**
50x

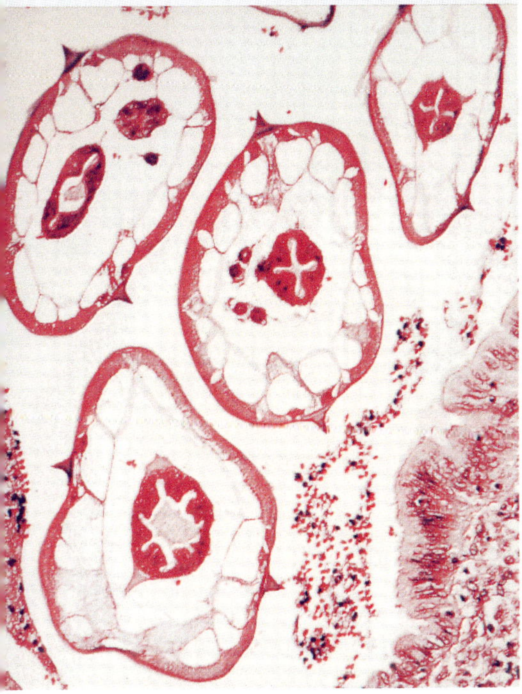

B **Wuchereria bancrofti**
50x

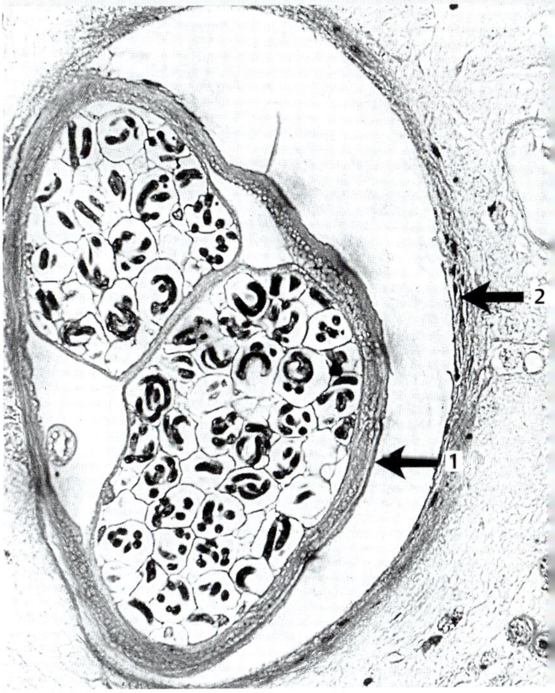

C **Trichinella spiralis** (Quetschpräparat)
10x

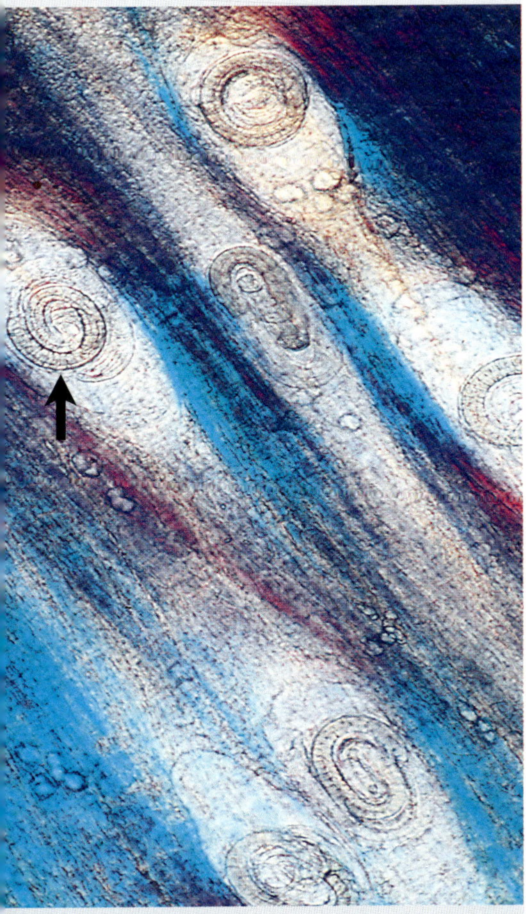

D **Trichinella spiralis** (Skelettmuskel)
10x

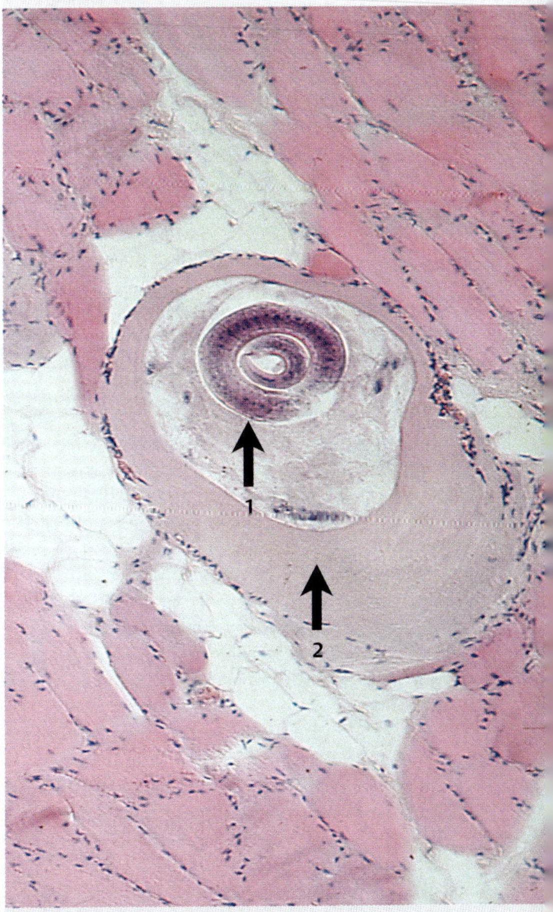

19 *Wenn fehlerhafte Baupläne kopiert werden*
Erbkrankheiten

Zusammenfassung

Erbleiden sind Krankheiten, die auf einem Defekt im Erbgut beruhen.

▶ ***Mutationen*** sind bleibende Veränderungen des genetischen Materials. Eine MT kann ohne erkennbare Ursache enstehen (= Spontan-MT) oder durch exogene Einflüsse (Mutagene) induziert werden (= induzierte MT). Zu den Mutagenen gehören Strahlen (UV-, Röntgen- und γ-Strahlen), chemische Substanzen (DNS- oder RNS-Analoga, Alkylantien u. a.), Viren und andere Mikroorganismen. MT können sich auf allen Stufen der hierarchisch gegliederten Elemente unseres Erbguts ereignen. Von klinischer Bedeutung sind Defekte auf der Stufe der CH und der Gene. MT können sich in Körperzellen (= somatische MT) oder Keimzellen (= Keimbahn-MT) ereignen. Somatische MT sind nicht vererbbar, spielen aber eine Rolle beim Altern (S. 124) und bei der Krebsentstehung; generative MT hingegen sind vererbbar. Das Ergebnis einer MT ist die Synthese eines veränderten Genprodukts, das häufig zur Abwandlung des Phänotyps führt; im Extremfall bleibt eine MT folgenlos (= stille MT) oder führt unmittelbar zum Tod (= letale MT).

▶ ***Konstitutive Erbdefekte*** liegen anlagebedingt in sämtlichen Zellen eines Individuums vor, weil sie entweder von einem Elternteil geerbt wurden oder in einer Keimzelle bzw. in der befruchteten Eizelle (Zygote) neu entstanden sind.

▶ ***Nichtkonstitutive (erworbene) Erbdefekte*** treten zu irgendeinem Zeitpunkt während des Lebens in einer Einzelzelle auf und werden nur an deren Tochterzellen weitergegeben. In somatischen Zellen neu entstandende Erbdefekte spielen bei der Tumorentstehung eine entscheidende Rolle.

▶ **Gametopathien** (= durch chromosomale Störungen bedingte Krankheiten) gehen mit lichtmikroskopisch faßbaren Veränderungen (= Aberrationen) des normalen CH-Satzes einher (▶ A, S. 289). Bei den numerischen Aberrationen weicht dabei die CH-Zahl, bei den strukturellen Aberrationen die lichtmikroskopisch erkennbare Struktur einzelner CH von der Norm ab. Bei solchen CH-Aberrationen lassen sich Mißbildungssyndrome (= Fehlbildungssyndrome) bereits an pränatal entommenen Zellen erkennen.

▶ ***Numerische CH-Aberrationen*** sind häufig. Sie beruhen auf einer fehlenden Trennung (Non-disjunction) eines Gonosoms (= Geschlechts-CH) oder Autosoms (= Nicht-Geschlechts-CH) während der Reifeteilung (Meiose) einer Eizelle, seltener einer Samenzelle.

- *Aneuploidie* (S. 8): Nicht-ganzzahlige Vervielfachung des CH-Satzes in einer Zelle.
- *Triploidie:* Verdreifachung des haploiden CH-Satzes aller Körperzellen aufgrund einer Doppelbefruchtung der Eizelle durch zwei Spermien (paternale Ursache) oder wegen ausbleibender Reduktion des CH-Satzes (Ausschleusung der Polkörperchen) in der Eizelle (maternale Ursache).
- *Trisomie:* Dreifaches Vorhandensein eines bestimmten CH innerhalb eines sonst normalen (diploiden) CH-Satzes infolge der Non-disjunction eines CH-Paars bei der Zellteilung (Meiose und Mitose). Resultat: Zellen enthalten 47 (statt 46) CH.
- *Polysomie:* Mehrfaches Vorkommen eines CH in einem ansonsten normalen CH-Satz.
- *Monosomie:* In einer sonst normalen Zelle fehlt 1 CH aus 1 homologen Paar bzw. 1 Geschlechts-CH infolge einer Non-disjunction. Während die autosomale Monosomie keine normale Embryogenese ermöglicht, ist eine gonosomale Monosomie mit dem Leben vereinbar.

Strukturelle CH-Aberrationen sind lichtmikroskopisch erkennbare chromosomale Strukturveränderungen. Sie können sich am Langarm (Abkürzung: **q**) oder Kurzarm (Abkürzung: **p**) abspielen, wobei oft einzelne CH-Segmente verloren gehen (= Deletion, Abkürzung: **del**) oder dazukommen (= Duplikation, Amplifikation) oder im CH-Satz eine andere Lage einnehmen (= Inversion, Abkürzung: **inv**; Translokation, Abkürzung: **t**). Ein Zuviel (Abkürzung: **+**) oder Zuwenig (Abkürzung: **-**) von den auf den betroffenen CH-Segmenten lokalisierten Genen stört die genetische Balance (Gen-Dosis-Effekt).

- *Unbalancierte CH-Aberrationen* entstehen durch Brüche an einem oder mehreren CH, die nicht oder falsch repariert werden, so daß einzelne CH-Segmente einfach oder mehrfach vorhanden sind. Das Risiko solcher chromosomaler Aberrationen steigt mit dem Alter der Mutter.
- *Balancierte CH-Aberrationen:* Nach Mutageneinwirkung ist zwar das gesamte genetische Material vorhanden, aber teilweise falsch auf die einzelnen CH verteilt.

Monogen (einfach) vererbte Krankheiten beruhen auf der MT eines ganz bestimmten Gens und unterliegen einer autosomal dominanten oder rezessiven Vererbung oder einer X-gonosomal dominanten oder rezessiven Vererbung.

Multifaktorielle Erbkrankheiten basieren auf einer polygenen Vererbung und resultieren aus einem ungünstigen Zusammenspiel zwischen Veranlagung (mehrere Erbfaktoren = polygen) und (mehrere) Umweltfaktoren.

Mitochondriale Erbkrankheiten basieren auf einer MT der mitochondrialen DNS und werden nur von der Mutter weitergegeben. Die Vererbung dieser Erkrankungen folgt nicht den Mendel-Gesetzen.

Abkürzungen: CH = Chromosom(en), MT = Mutation(en)

Gametopathien

Synonym: Chromosomale Krankheiten
Abkürzung: CH = Chromosom

Allgemeine Definition: Krankheiten bzw. Entwicklungsstörungen, die durch eine lichtmikroskopisch erkennbare Veränderung (= Aberration) des normalen CH-Satzes oder der normalen CH-Struktur in einer der beiden an der Befruchtung beteiligten Gameten und/oder in der Zygote charakterisiert sind.

+ Allgemeine Klinik der *Gametopathien:*
Bei Aborten bis zur 20. Schwangerschaftswoche sind in über 50 % der Fälle CH-Aberrationen in folgender Häufigkeit nachweisbar:
- Trisomien: 50 %;
- X0-Zustand: 20 %;
- Triploidie: 15 %;
- Tetraploidie: 5 %.

Somit reift nur ein geringer Teil der Zygoten, die mit CH-Anomalien behaftet sind, aus. Sie werden je nach betroffenem CH in folgender Häufigkeit ausgetragen:
- Trisomie 21: 25 %.
- Trisomie 18: 5 %;
- Trisomie 13: 1,5 %;
- X0-Zustand: 1,5 %;

CH-Aberrationen sind bei Patienten mit folgenden Auffälligkeiten besonders häufig:
- abnorme Geschlechtsentwicklung: 30 %;
- primäre Amenorrhoe: 25 %;
- Fehlbildungen, geistige Retardierung: 25 %;
- Patientin mit Spontanaborten: 5 %;
- Sterilität: 2 %.

Je nach betroffenem CH-Typ unterscheidet man:
- Autosomenaberrationen,
- Gonosomenaberrationen.

Je nach Läsionstyp eines CH unterscheidet man:
- *Numerische Aberrationen:* Genomveränderung infolge einer Abweichung der CH-Zahl von der Norm.
- *Strukturelle Aberrationen:* Genomveränderung infolge einer lichtmikroskopisch erkennbaren chromosomalen Strukturabweichung von der Norm.

Autosomenaberrationen

Pathogenetische Prinzipien:
- ***Triploidie*** (= häufigste Gametopathie): Hier enthalten die Zellen einen dreifachen anstatt zweifachen CH-Satz. Das zusätzliche Genom stammt aus einem der folgenden Prozesse:
  - *Paternale Ursache:* Doppelbefruchtung (häufig) einer Eizelle durch 2 Spermien;
  - *Maternale Ursache:* Befruchtung einer Eizelle, deren Polkörperchen in der Meiose nicht ausgeschleust wurde.
- ***Trisomie*** (= häufigste lebensfähige Gametopathie): Hier ist in einem ansonsten normalen CH-Satz 1 bestimmtes CH dreifach vorhanden. Ursache dafür ist eine Non-disjunction der beiden homologen CH während der mütterlichen (meist!) oder väterlichen Meiose → Resultat: Die Eizelle enthält in ihrem haploiden Genom ein CH zuviel (Plusvariante = Trisomie) oder zuwenig (Minusvariante = Monosomie). Die Minusvariante ist nicht lebensfähig. Wird eine Eizelle mit Plusvariante mit einem normalen haploiden Spermium befruchtet, resultiert eine Trisomie.

! Merke: *Lebensfähigkeit der Trisomien:* Der intrauterine Fruchttod tritt um so früher und um so häufiger auf, je größer das betroffene Autosom ist. Beste Prognose der Trisomien hat die Trisomie 21, bei der das kleinste Autosom betroffen ist.

Allgemeine Morphologie: Für Träger von Aberrationen der Autosomen sind folgende Merkmale typisch:
- *Niedriges Geburtsgewicht:* Entwicklungsverzögerung → allgemeine Unreife;
- *Multiple Dysmorphien:* (= Fehlgestaltungen) v.a. im Kopf-Gesichts-Bereich, der Hände und Füße;
- *Innere Fehlbildungen:* v.a. von Herz, Nieren und Magen-Darm-Trakt;
- *Dysfunktionen:* niedrige Intelligenz, muskuläre Hypo-/Hypertonie;
- *Intrauteriner Fruchttod:* in 70–98 % der Schwangerschaften mit autosomalen CH-Aberrationen wirken diese CH-Störungen als Letalfaktor.

Numerische Autosomenaberrationen

Abkürzung: CH = Chromosom

Triploidie

Definition: Gametopathie aufgrund einer Eizellstörung während der Befruchtung.

Pathogenetisches Prinzip (S. 287).

Morphologie: Meist Frühabort mit keinem Embryo oder nur rudimentär angelegtem Embryo nodularis. Plazenta (► A) mit myxoid-ödematösen, blasig aufgetriebenen, gefäßarmen Zotten (= partielle Mole; ► B), die mit überwiegend flachen, nur herdförmig hyperplastischen Trophoblasten bedeckt sind (= hydatiforme Zottenhypoplasie).

Trisomie 21 (= Down-Syndrom)

Definition: Syndrom aufgrund einer Trisomie des CH 21, geprägt durch folgende Trias:
- antimongoloide Augenfalte („Mongolismus"),
- geistige Retardierung,
- Dysmorphien (= Fehlgestaltungen).

Pathogenese: Non-disjunction der beiden homologen CH 21 während der Meiose (Prinzip: S. 287). Dieses Ereignis nimmt mit dem Alter der Mutter zu. Von der Non-disjunction mitbetroffen ist der Genlocus 21q21 – 22; er kodiert für das β-Amyloid-Protein (S. 50).

+ Klinik und Morphologie: CH 21 = kleinstes Autosom → Trisomie 21 hat die beste Prognose von allen Trisomien. *Pränataldiagnostik:* Amniozentese, Zytogenetik.

- *Gesichtsdysmorphie:* antimongoloide Augenfalten; schräge katzenartige Augenstellung; weiter Augenabstand = Hypertelorismus (► C, D); plumpe, große, gefurchte Zunge (= Makroglossie);
- *Hände:* Vierfingerfurche (= Affenfalte; ► C); kurze plumpe Finger (= Brachydaktylie); verkürzter und gekrümmter Kleinfinger (= Klinodaktylie);
- *Muskulatur:* Hypotonus → überstreckbare Gelenke, Glockenbauch (► C);
- *Gehirn:* geistige Retardierung; präsenile Demenz;
- *Immunsystem:* Abwehrschwäche; kleiner Thymus (mit zystischer Dysplasie der Hassal-Korpuskel); erhöhtes Leukämierisiko (S. 358).

Trisomie 18 (= Edwards-Syndrom)

Definition: Syndrom durch Trisomie des CH 18.

Pathogenese: Non-disjunction (S. 287).

+ Klinik und Morphologie: Lebenserwartung etwa 3 Monate.
- *Kraniofaziale Dysplasie:* Mikrognathie (= zu kleiner Oberkiefer); Kurzhals; Ohren mit tiefem Ansatz und zipfeliger Ausziehung (= „Faunenohren"; ► E); präaurikuläre Anhängsel; einseitige Lippen-Kiefer-Gaumenspalte; schmaler langer Schädel (= Dolichozephalie);
- *Skelett:* Radiusaplasie, Kamptodaktylie (= Fingerüberkreuzen); kurze dorsalflexierte Großzehe (= Wiegenkufenfüße);
- *Obligatorischer Herzfehler:* Ventrikelseptumdefekt; Klappendefekte;
- *Intestinum:* Zwerchfellhernien;
- *Niere:* Hufeisenniere durch Nierenverschmelzung.

Trisomie 13 (= Patau-Syndrom)

Definition: Syndrom durch Trisomie des CH 13.

Pathogenese (S. 287).

+ Klinik und Morphologie: Lebenserwartung etwa 50 – 100 Tage.

- *Gesichtsdysmorphie:* beidseitige Lippen-Kiefer-Gaumenspalte (= Wolfsrachen); Mikroophthalmie; Lid- und Irisspaltbildungen (Kolobome); Mikrotie; zu weiter Augenabstand (= Hypertelorismus);
- *Gehirn:* kein Riechhirn (Arhinenzephalie); Frontallappenfusion (Holoprosenzephalie);
- *Innere Fehlbildungen:* Zystennieren; Urogenitalfehlbildungen; Herzfehler (Septumdefekt);
- *Polydaktylie* (Vielfingrigkeit; ► F);
- *Plattfüße.*

Strukturelle Autosomenaberrationen

Allgemeine Definition: Krankheitsbilder infolge eines Verlusts oder Zugewinns eines Segmentbandes, eines Segments oder eines CH innerhalb der Autosomen.

Deletionssyndrome

Katzenschreisyndrom

Definition: Syndrom durch Materialverlust im CH-5 – Kurzarm (del5p).

+ Klinik und Morphologie:
- *Gesicht:* weite Augenstellung, antimongoloide Augenfalte, breite Nasenwurzel, Mikrognathie, tiefsitzende Ohren;
- *Gehirn:* Mikrozephalus, mentale Retardierung;
- *Stimme:* schwach, katzenschreiartig (Name!), vermutlich aufgrund einer Kehlkopfhypoplasie.

de-Grouchy-Syndrom

Definition: Syndrom durch Materialverlust im CH-18-Langarm (del18q).

+ Klinik und Morphologie:
- *Gesicht:* Lidptose (= Hängelider), Sattelnase, abstehende Ohren, abfallende Mundwinkel (Karpfenmund).
- *Gehirn:* Mikrozephalie, mentale Retardierung.
- *Sinnesorgane:* Gehörgangsatresie, Optikusatrophie.

Mikrodeletionssyndrome

Definition: Kleine partielle Aneuploidien (oft in Form von Mikrodeletionen), so daß sie mit gebräuchlichen zytogenetischen Untersuchungstechniken kaum oder nicht erkennbar sind.

+ Klinische Symptome: Umschriebene Dysplasien, Fehlbildungen, Neigung zur Tumorentwicklung (erhöhtes Karzinomrisiko), geistige Retardierung.

A **Triploidie:** partielle Mole

B **Triploidie:** partielle Mole
50x

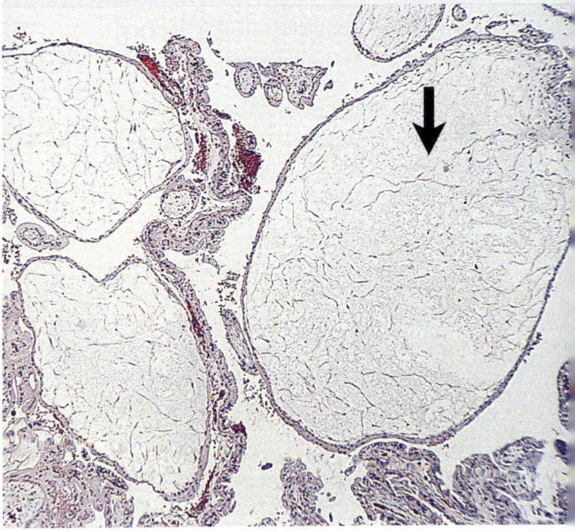

C **Trisomie 21**

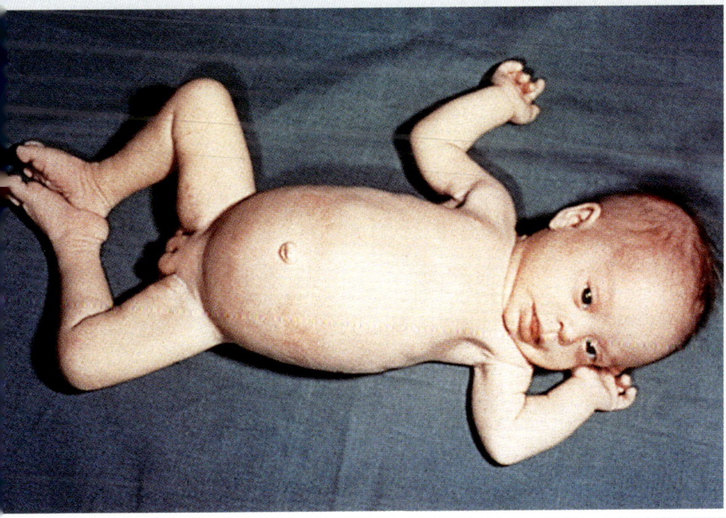

D **Trisomie 21:** Facies

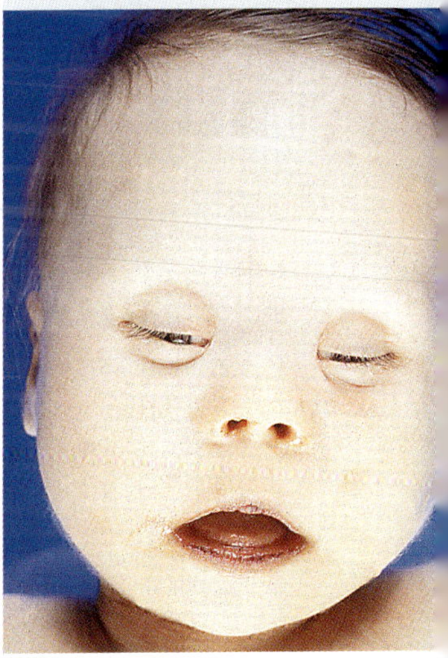

E **Trisomie 18:** Facies

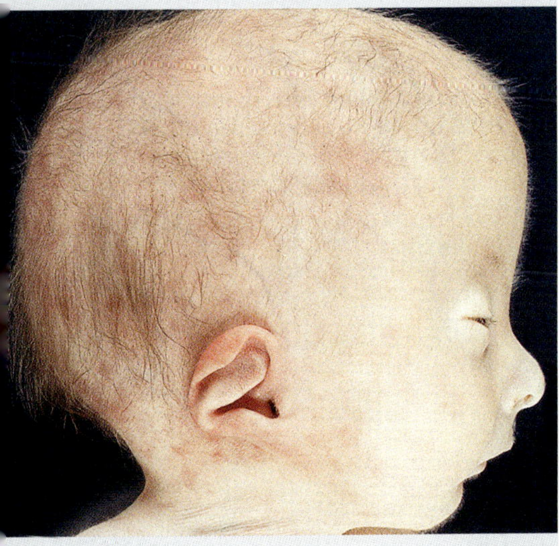

F **Trisomie 13:** Polydaktylie

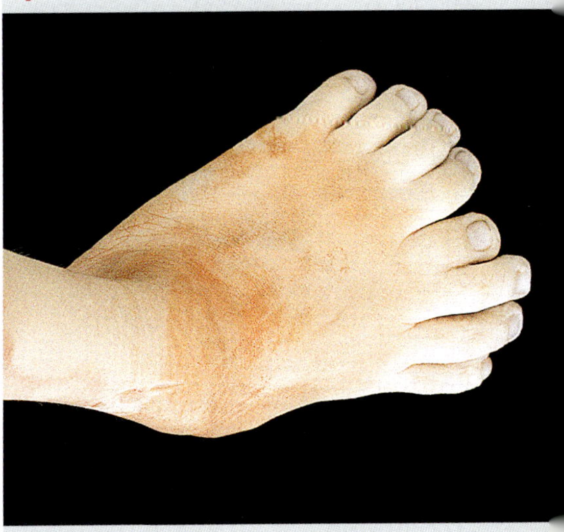

Mikrodeletionssyndrome (Forts.)

Abkürzung: CH = Chromosom

Retinoblastom-Syndrom

Definition: Maligner intraokulärer Tumor der neuralen Retina durch Verlust von Segment 14 auf dem CH-13-Langarm.

Pathogenese: Angeborene del13q14 → Mutation des Retinoblastom-Tumorsuppressorgens (= RB1, S. 324). Erst wenn sich später noch ein 2. Defekt des RB1-Gens (= „second hit") hinzugesellt, resultiert ein genetisch determiniertes bilaterales Retinoblastom sowie eine Präkonditionierung zur Entwicklung von Zweittumoren (s. u.).

+ Klinik und Morphologie:
Ersttumor = Retinoblastom: Häufigster maligner Augentumor im Kleinkindalter. Er geht von der Retina aus (► B1), wächst v. a. exophytisch in den Glaskörper und Subretinalraum oder endophytisch in die Netzhaut, danach auch in den N. opticus und die Meningen ein → der Tumor versperrt als grau-weiße Gewebemasse die Pupillenöffnung → „amaurotisches Katzenauge" (► A) → Erblindung.
Histologie: zytoplasmaarme, kleine „blaue" Tumorzellen in rosettenartiger Anordnung (► B2).
Tumorwachstum: schnell → Tumornekrosen → Verkalkung (Radiologie!); rasch Metastasen.
Zweittumoren: Mehrere Jahre nach der Manifestation des Ersttumors → Neigung zur Entwicklung von Pinealoblastom (= Zirbeldrüsentumor) und/oder malignen Knochentumoren (Osteo-, Ewing-Sarkom).

WAGR-Syndrom

Definition: Erbliches Syndrom durch Verlust des Segments 13 auf dem CH-11-Kurzarm, geprägt durch folgendes Symptomenquartett:

- **W**ilms-Tumor (= Nephroblastom; ► C),
- **A**niridie (fehlende Augeniris),
- **G**enitalfehlbildung und
- **R**etardierung der geistigen Entwicklung.

Pathogenese: del11p13,15 → WT1-, WT2-Genmutation (= Wilms-Tumorsuppressor-Gene; S. 324).

+ Klinik und Morphologie des *Wilms-Tumors.*
Häufigster maligner Nierentumor im Kleinkindalter.
Histologie: embryonaler Mischtumor der Niere aus 3 Bestandteilen:
- *Epitheliale Komponente:* primitive tubuläre (► D1) und glomeruloide Tumorzellformationen;
- *Blastemische Komponente:* zellreich aus zytoplasmaarmen, undifferenzierten Tumorzellen (► D2);
- *Mesenchymale Komponente:* fibromyxoides Gewebe (► D3), z. T. mit Rhabdomyosarkomanteilen.

Tumorwachstum: schnell → Nekrosen.
Metastasierung: spät, hämatogen.

Gonosomenaberrationen

Allgemeine Pathogenese: Sie sind numerisch und/oder strukturell und werden erst nach der Pubertät auffällig aufgrund von:

- Gonadendysfunktion,
- abnormer Körpergröße,
- Psychopathie mit Intelligenzdefekt.

Klinefelter-Syndrom

Definition: CH-Aberration: 47, XXY.

+ Klinik und Morphologie:
- *Äußeres Geschlecht:* ♂-Phänotyp, geschlechtschromatin-positiv (fakultativ eunuchoid) mit:
  - Hypospadie (= untere Harnröhrenspalte) und
  - Mikroorchie (= kleine Hoden) mit tubulärer Dysgenese, erkennbar als hyalinisierte Tubuli (► E1) und Leydig-Zell-Hyperplasie (► E2);
- *Fertilität:* steril wegen Azoo- oder Oligospermie.
- *Diagnose:* erhöhte Gonadotropin- und Östrogenurie bei subnormaler 17-Ketosteroid- sowie verminderter Pregnandiol-, Östron- und Östradiolausscheidung.

XYY-Syndrom

Definition: CH-Aberration: 47, XYY.

+ Klinik und Morphologie:
- *Äußerer Habitus:* phänotypisch ♂;
- *Körpergröße:* Großwuchs;
- *Organläsionen:* Nierenagenesie, Akne, Varizen;
- *Sozialverhalten:* meist aggressive Brutalität.
- *Fertilität:* normal bis gering reduziert.

Turner-Syndrom

Definition: CH-Aberration: 45, X0.

Pathogenese: meist Non-disjunction der väterlichen Keimzelle → väterliches X-CH oder Y-CH fehlt (vgl. S. 287).

+ Klinik und Morphologie:
- *Äußerer Habitus:* ♀, rudimentäre Ovarien → primäre Amenorrhö, Amastie (= Brustlosigkeit), tiefer Nackenhaaransatz;
- *Körpergröße:* Kleinwuchs;
- *Gefäßläsionen:* Aortenisthmusstenose; kongenitales Lymphödem (Hand-, Fußrücken) → Pterygium colli (= Dreieckhautfalte am Hals).
- *Fertilität:* steril.

CH-Brüchigkeitssyndrom

Definition und Pathogenese: Autosomal rezessiv vererbte Krankheiten, bei denen die DNS aufgrund folgender CH-Veränderungen (allein oder in Kombination) vermehrt lädierbar ist:

- vermehrter Austausch der Schwesterchromatiden (► F, ► G),
- Chromatid- und CH-Brüche,
- Defekte der DNS-Reparaturenzyme (vgl. S. 6).

+ Klinik und Morphologie:
Xeroderma pigmentosum (S. 6): UV-Strahlen → bereits im Jugendalter treten Hauttumoren auf.
Ataxia teleangiectatica (S. 190): UV-, Röntgenstrahlen → Leukämie, maligne Lymphome.
Fanconi-Anämie: Mitomycin, Psoralen → Anämie.
Bloom-Syndrom: UV-Strahlen → Haut-(Teleangiektasien), maligne Lymphome.

A **Retinoblastom**

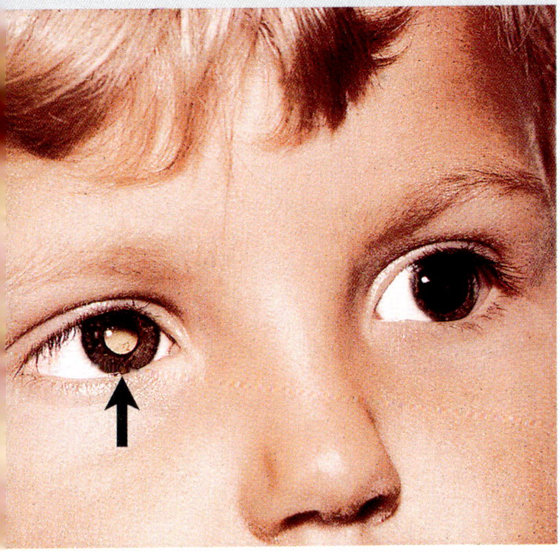

B **Retinoblastom** (Auge)
50x

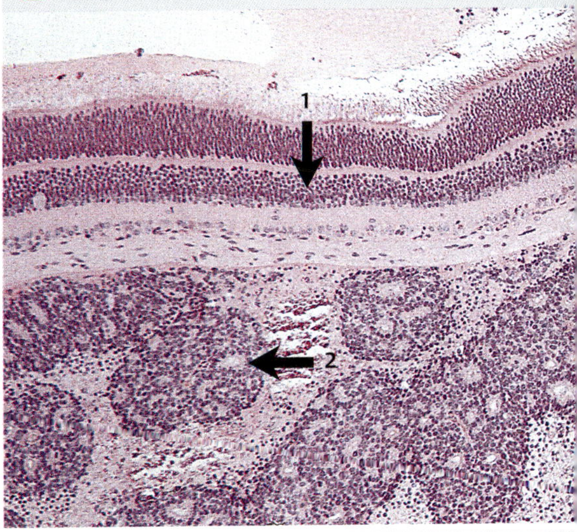

C **Wilms-Tumor** (Niere)

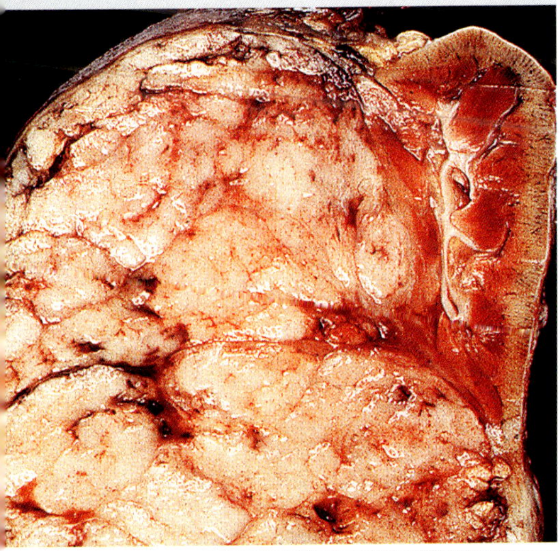

D **Wilms-Tumor**
100x

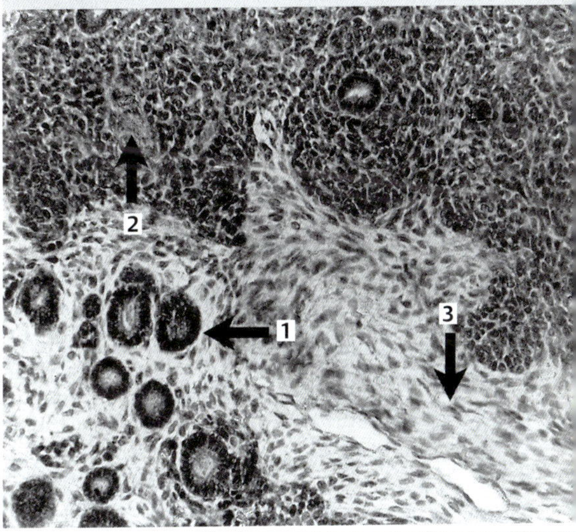

E **Klinefelter-Syndrom** (Hoden)

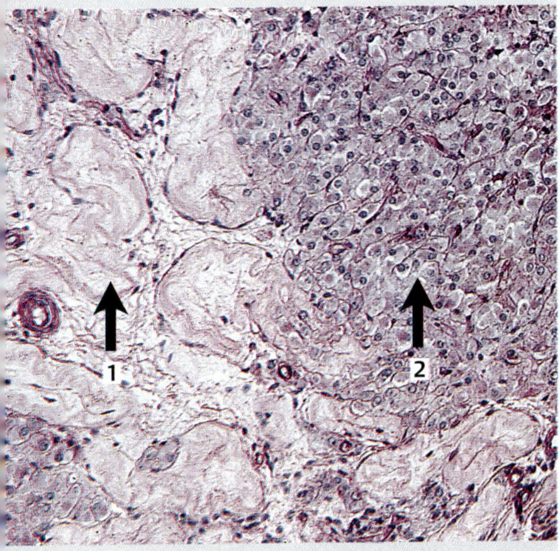

F Geschwister-
chromatiden (normal)

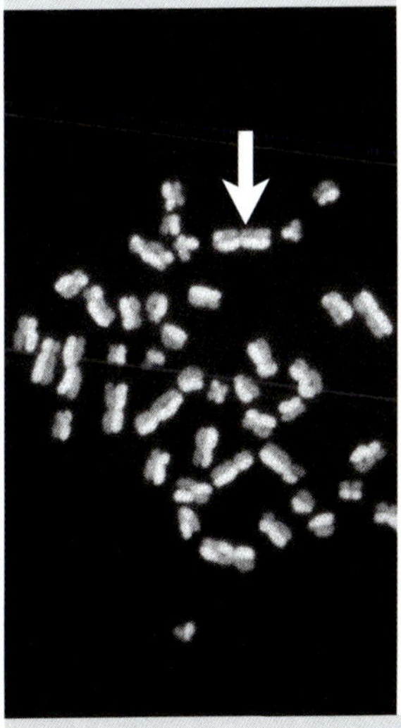

G Austausch der Ge-
schwisterchromatiden

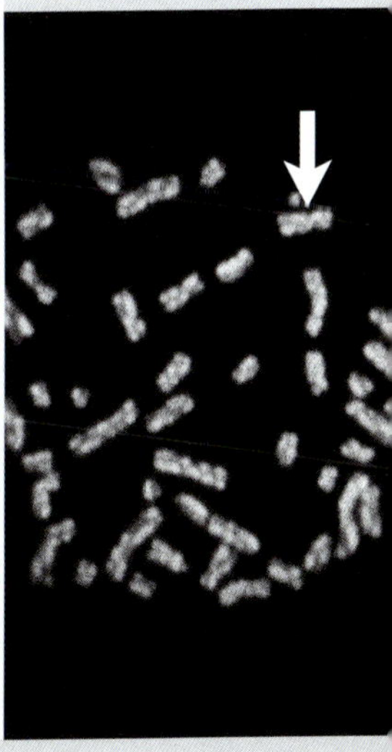

Monogene Erbkrankheiten

Abkürzungen: CH = Chromosom, EMT = Erbmerkmalsträger

Allgemeine Definition: Seltene, auf der Mutation eines bestimmten Gens beruhende Krankheiten ohne lichtmikroskopisch erkennbaren CH-Defekt, die nach den Mendel-Gesetzen vererbt werden und deren klinische Manifestation zusätzlich durch die Penetranz und Expressivität des jeweiligen Gens bestimmt wird.

Autosomal dominanter Erbgang

Definition und Pathogenese: Zur klinischen Manifestation eines Erbleidens genügt ein abnormes Gen (Allel) auf einem Autosom (heterozygoter Zustand).

Merke: *Faustregeln zur klinischen Manifestation:*
- *Vererbungsmuster:* EMT übertragen das abnorme Gen (Allel) auf die Hälfte ihrer Nachkommen.
- *Geschlechtshäufigkeit:* ♂ = ♀.
- *Generationenhäufigkeit:* EMT mit manifestem Erbleiden können bei intakter Fortpflanzungsfähigkeit in jeder Generation auftreten.
- *Intrafamiliäre Variation:* Die Ausprägung einer Krankheit ist bei den EMT einer Sippe (Familie) Schwankungen unterworfen. Es gibt Fälle, bei denen das betroffene Gen sich nicht bei allen EMT auswirkt (= unvollständige genetische Penetranz).
- *Nachkommenrisiko:* Kein erhöhtes Krankheitsrisiko für Kinder gesunder Nachkommen eines EMT.
- *Schwerstleiden:* Homozygot dominante Form ist stark pathologisch ausgeprägt → früher Tod. Gleiches gilt auch für EMT infolge Neumutationen → keine Weitervererbung des Leidens.
- *Patientenehe:* Bei Ehen zwischen EMT mit der gleichen Krankheitsform muß vom Kinderwunsch abgeraten werden (75 % Erkrankungsrisiko).
- *Manifestationsalter:* oft erst im Erwachsenenalter.

Beispiele:
- *Adulte polyzystische Nierendysplasie* (Typ III nach Potter) mit doppelseitigen Zystennieren aufgrund einer gestörten Vereinigung von metanephrogenem Gewebe und Sammelrohrabschnitten aus der Ureterknospe;
- *Hyperlipoproteinämie Typ II* (S. 51).

Autosomal rezessiver Erbgang

Definition und Pathogenese: Damit sich ein Erbleiden klinisch manifestiert, muß das abnorme Gen (Allel) auf beiden Autosomen betroffen sein (homozygoter Zustand).

Merke: *Faustregel zur klinischen Manifestation:*
- *Vererbungsmuster:* 25 % der Nachkommen sind krank (homozygot), 50 % sind heterozygot und klinisch gesund, 25 % sind homozygot gesund. ♂ = ♀.
- Eltern des Patienten sind beide obligate EMT und klinisch unauffällig (heterozygot); sie haben oft einen gemeinsamen, erbkranken Vorfahren.
- *Verwandte:* Die Geschwister sind oft die einzigen weiteren betroffenen Verwandten in der gleichen Familie (= Sippe).
- *Patientenehe* unter Blutsverwandten (= Inzest; Kinderwunsch unter EMT (oft wegen Erbfolge) → homozygot rezessive, kranke Kinder → fatale genetische Auswirkung.

X-gonosomal dominanter Erbgang

Definition und Pathogenese: Erbleiden, bei denen nur das Gen (Allel) eines X-Gonosoms betroffen zu sein braucht. Hierbei ist das dominante Allel beim ♂ in allen Zellen aktiv (Hemizygotie), bei der ♀ aufgrund der Lyon-Hypothese (s. u.) nur in einem Teil der Zellen.

Klinische Folgen: Bei ♂ schwererer Krankheitsverlauf als bei ♀ → ♂ EMT sterben oft intrauterin; erreichen sie das Erwachsenenalter, haben sie nur kranke Nachkommen.
Betroffene ♀ haben kranke und gesunde Nachkommen im Verhältnis 1 : 1.

X-gonosomal rezessiver Erbgang

Definition und Pathogenese: Zur klininischen Manifestation muß das abnorme Gen (Allel) auf beiden X-Gonosomen vorhanden sein. Bei einer ♀ (heterozygoter Zustand) kann das normale Gen auf dem einen X-CH die Krankheitsanlage auf dem anderen X-CH klinisch nahezu vollständig überdecken. Beim ♂ besteht aufgrund des einen X-CH dieser Kompensationsmechanismus nicht.

Für das Verständnis dieser Erbkrankheiten ist die Kenntnis der Lyon-Hypothese wichtig:

Merke: *Lyon-Hypothese:* Bei Frauen ist in den somatischen Zellen nur ein X-CH genetisch voll aktiv. Bei ihnen wird in der frühen Embryonalperiode randomisiert in einem Teil der Zellen das väterliche, im anderen Teil das mütterliche X-CH inaktiviert; diese Inaktivierung gilt für alle von der jeweiligen Zelle abstammenden Tochterzellen und ist irreversibel. Daraus resultiert ein Expressionsmosaik für väterliche und mütterliche Allele auf dem X-CH in einer Verteilung von 1 : 1.

Merke: *Faustregel zur klinischen Manifestation:*
- *Geschlechtshäufigkeit:* ♂ ♀.
- *Vererbungsmodus:* Vererbung des krankmachenden Gens von klinisch unauffälliger Mutter (= Konduktorin) auf die Hälfte ihrer Söhne. Alle Söhne erkrankter Väter sind krank, alle Töchter sind Konduktorinnen.
- *Ursache weiblicher Erkrankungsfälle:* Zufälliges Überwiegen der Zellpopulation, bei der das X-CH mit dem abnormen Allel aktiv ist. Ursachen: Verlust des X-CH oder Homozygotie.

Beispiel: Hämophilie A (S. 402).

Merke: *Faustregel zum Erbgang:*
- *Strukturanomalien:* meist dominanter Erbgang;
- *Stoffwechselanomalien:* meist rezessiver Erbgang.

Multifaktorielle Erbkrankheiten

Synonym: Polygen vererbte Krankheiten

Allgemeine Definition: Krankheiten, die in einzelnen Familien häufiger vorkommen als in anderen und aus einem ungünstigen Zusammenspiel der genetischen Veranlagung mit Umwelteinflüssen resultieren.

Pathogenese: An krankheitsauslösenden Veranlagungen sind immer mehrere Genpaare beteiligt. Die einzelnen, am Zustandekommen der betreffenden Krankheiten beteiligten Gene haben in ihrer Wirkung oft einen additiven Effekt und werden nach den Mendel-Regeln vererbt.

Polygen vererbte Merkmale sind:
- äußerer Habitus,
- Körpergröße,
- musische Fähigkeiten,
- Haut- und Haarfarbe,
- Körpergewicht,
- Belastbarkeit des Glucosestoffwechsels,
- Blutdruck,
- Intelligenz,
- kleine Fehlbildungen (S. 304).

Merke: *Faustregel zur klinischen Manifestation:*
- *Wiederholungsrisiko bei betroffenem Elternteil:* Wiederholungsrisiko für ein weiteres Kind = 2 – 5 %.
- *Wiederholungsrisiko bei betroffenen Verwandten:* Das Wiederholungsrisiko, wenn zwei Verwandte 1. Grades (Elternteil oder Geschwister) betroffen sind, beträgt für ein weiteres Kind 10 – 15 %.
- *Relatives Erkrankungsrisiko:* Mit abnehmendem Verwandtschaftsgrad sinkt das relative Erkrankungsrisiko.
- *Geschlechtsbezogenes Manifestationsrisiko:* Verschiedene multifaktoriell verursachte Krankheiten manifestieren sich bei einem Geschlecht häufiger als beim anderen.

Bei den meisten multifaktoriell verursachten Krankheiten wie Adipositas, Diabetes mellitus, Hypertonie, Schwachsinn oder Fehlbildungen ist der Übergang vom Normalen zum Pathologischen fließend. In diesen Fällen wird ein Schwellenwert festgelegt, der die Grenze zwischen gesund und krank definiert.

Merke: *Normal/abnormal:* Fehlbildungen bei den multifaktoriell vererbten Krankheiten sind Extreme in der Gauss-Verteilungskurve mit fließenden Übergängen zum Normalen.

Mitochondriale Erbkrankheiten

Allgemeine Definition: Aufgrund von Mutationen der mitochondrialen DNS (= mt-DNS) entstandene Krankheiten = erbliche Mitochondriopathien.

Pathogenese: Die Mutation ereignet sich im 2. Genom (= mitochondriales Genom). Sie unterliegt folgenden Gesetzmäßigkeiten der zytoplasmatischen Vererbung:
Eine Eizelle enthält mehrere Tausend Mitochondrien, die Samenzelle hingegen nur vergleichsweise wenige Mitochondrien im Schwanzbereich, der bei der Befruchtung nicht in die Eizelle eindringt. Folge davon: Eine mt-DNS-Mutation im Sinne einer erblichen Mitochondriopathie wird nicht nach den Mendel-Gesetzen vererbt. Sie wird nur von der erbkranken Mutter an alle ihre Kinder weitergegeben, die auch daran erkranken. Folglich sind alle ihre Söhne und Töchter Mutationsträger, aber nur die Töchter geben die Krankheit weiter.

Klinik: Die mt-DNS kodiert für einige Schlüsselenzyme des oxidativen Stoffwechsels → erbliche Mitochondriopathien (S. 20).
Die erblichen Mitochondriopathien machen sich v. a. in Funktionsstörungen mitochondrienreicher Gewebe bemerkbar. Dies sind (in der Reihenfolge der Erkrankungshäufigkeit aufgeführt):
- *Gehirn:* Astrozyten-, Ganglienzellschädigung →
  - Enzephalopathien (Epilepsieneigung); Patienten können nicht mehr alleine stehen und werden unselbständig.
  - Optikusneuropathie → Erblindung
- *Typ-1-Skelettmuskelfasern* → Myopathie
- *Pankreasinselzellen-Schädigung* → mitochondrialer Diabetes mellitus (S. 78) mit neurologischer Symptomatik.

Merke: Mitochondriale Erbkrankheiten werden nicht nach den Mendel-Gesetzen vererbt.

Merkspruch zu den *mitochondrialen Enzephalomyopathien:* „Selbständigkeit" wird mütterlicherseits vererbt.

20 Fehlbildungen

Wenn Baupläne nicht eingehalten werden

Zusammenfassung

Die normale Entwicklung setzt eine rege Zell-Zell-Kommunikation voraus, die darin besteht, daß die Zellen Signale anderer Zellen verstehen und in ein räumlich und zeitlich passendes Wachstumsmuster umsetzen. Defekte im Erbgut, aber auch Umweltnoxen, können solche Zelldialoge stören. Sie lassen durch entsprechende Anpassungsmechanismen eine erstaunliche Variationsbreite des äußeren Erscheinungsbildes des einzelnen Menschen (Phänotyps) zu. Die Merkmalsverteilung aller Phänotypen zusammen entspricht einer Gauss-Verteilungskurve. Merkmale eines Phänotyps außerhalb dieser normalen Variationsbreite nennt man Fehlbildungen.

Kausalpathogenetisch können in der frühen Ontogenese folgende Teilprozesse voneinander abgegrenzt werden, deren Ineinandergreifen die Artspezifität eines Phänotyps prägt:

▶ **Zellproliferation:** Die Zellvermehrung unterliegt in der Ontogenese, ebenso wie bei der Regeneration im postnatalen Leben, einer Vielzahl von Genen. Zu ihnen gehören die Protoonkogene und die von ihnen kodierten Wachstumsfaktoren sowie ihre Gegenspieler, die (Tumor-)Suppressorgene.

▶ **Zelldeterminierung/-differenzierung:** Bezeichnung von Schritten in der funktionellen Spezialisierung einer Zelle, die man, sowie sie morphologisch sichtbar werden, Differenzierung nennt. An diesem Prozeß nehmen sehr genau aufeinander abgestimmte Suppressorgene, Musterkontrollgene und Protoonkogene teil. So wird deutlich, daß zu einem bestimmten Zeitpunkt des Entwicklungswachstums wenige genetische Faktoren darüber entscheiden, ob ein Tumor, eine Fehlbildung oder beide gemeinsam entstehen.

▶ **Zellmigration:** Zur Wanderung an den richtigen Ort benutzen die unterschiedlich determinierten und differenzierten Zellen einen Motor in Form der amöboiden Eigenbewegung, ein Startsignal in Form von Wachstumsfaktoren, Orientierungshilfen in Form der Extrazellulärmatrix und ein Empfangskommitee in Form von Zelladhäsionsmolekülen. Nach der Zellmigration treten die einzelnen Gewebe miteinander in Kontakt und können sich gegenseitig beeinflussen (Induktion) und besondere Gewebe- und Organstrukturen bilden (Musterbildung); dies wiederum untersteht Kontrollgenen und führt auch zu Verschmelzungsvorgängen (Fusion).

▶ **Zelltod (Apoptose):** Für das Entwicklungswachstum ist auch das örtlich und zeitlich koordinierte Verschwinden von Zellen wichtig. Dies geschieht über entsprechende „Todesprogramme".

Auf einen Nenner gebracht, lautet das Thema des Fehlbildungskapitels: „Proliferation und Differenzierung".

Teratologische Grundbegriffe

Abkürzung: FB = Fehlbildung

Gametopathien: FB aufgrund von Chromosomenläsionen in Ei- oder Samenzellen (Gameten).

Blastopathien: FB aufgrund einer Störung der Entwicklung während der Blastogenese (0.–16., spätestens 18. Schwangersschaftstag).

Embryopathien: FB aufgrund von Entwicklungsstörungen während der Embryogenese (3.–8. Schwangerschaftswoche).

Fetopathien: Krankheiten des Fetus (9. Schwangerschaftswoche bis Geburt).

Embryo-, fetotoxischer Schaden: alle exogen bedingten Störungen vom reversiblen ausheilbaren bis zum irreversiblen letalen Schaden.

Teratogener Schaden: embryo-/fetotoxische Schäden, die sich mit einer Störung der Morphogenese manifestieren.

Teratologische Determinationsperiode: Zeitraum, in dem eine teratogene Noxe wirksam sein muß, um in der sensiblen Phase einer Organ-/Gewebeentwicklung ein bestimmtes Schädigungsmuster hervorzurufen. Die auslösende Noxe kann dabei ein innerer (= genetischer) oder äußerer (= peristatischer) Faktor sein. Da die sensible Phase einer Organ-/Gewebeentwicklung oft nur wenige Tage umfaßt, kann man vom resultierenden Defekt auf den Schädigungszeitraum zurückschließen. Er ist für die einzelnen Organanlagen in verschiedenen Zeitabschnitten lokalisiert. Einige exogene teratogene Noxen bevorzugen bestimmte Organanlagen (= Organotropismus).

Fehlbildung: Eine während der intrauterinen Entwicklung zustandegekommene Gestaltänderung eines oder mehrerer Organe, die außerhalb der Variationsbreite der Spezies liegt. Da Teratogenese und Tumorigenese eng miteinander verknüpft sind, kommen maligne Tumoren (v.a. frühkindliche, dysontogenetische Tumoren; S. 382) gehäuft in Assoziation mit Fehlbildungen vor.

Anomalien: Formabweichungen ohne scharfe Grenzen gegenüber dem Normbereich (z.B. Hypertelorismus).

(FB-)Dysplasien: Generalisierte oder lokal auftretende mikroskopische Texturstörungen, die erst nach der Pubertät ihr endgültiges Ausmaß erreichen (z.B. kongenitale Skelettdysplasien).

> **Merke:** Eine FB ist eine während der intrauterinen Entwicklung zustandegekommene Gestaltänderung eines oder mehrerer Organe/Gewebe, die außerhalb der speziestypischen Variationsbreite liegt.

Allgemeine Ätiologie

Abkürzungen: GF = growth factor, c-onc = Protoonkogen

Genetische Ursachen (S. 286).

Exogene Ursachen: Folgende Umweltnoxen können bei genetisch gesunder und bei genetisch vorbelasteter Frucht in der Embryonal- und oft auch noch während der Fetalperiode Fehlbildungen und Schäden auslösen:
- *hochdosierte ionisierende Strahlen*,
- *Zytostatika* wie Aminopterin,
- *Arzneimittel* wie Thalidomid,
- *Alkoholabusus*,
- *Viren* wie Rubeola-, Zytomegaloviren,
- *Bakterien* wie Listerien, Treponemen.
- *Protozoen* wie Toxoplasma gondii.

Intrauterin wirksame Faktoren: Zu diesen Faktoren, die zwar keine Embryopathie im engeren Sinn hervorrufen, aber dennoch die Fetalentwicklung nachhaltig stören können, gehören:
- *Enzymopathien* wie Phenylketonurie der Mutter;
- *Stoffwechselstörungen* wie mütterlicher Diabetes mellitus;
- *A-Hypervitaminose* der Mutter;
- *Östrogen-/Progesteron-Dysregulationen* der Mutter;
- *antifetale Immunreaktionen* (Blutgruppeninkompatibilität);
- *EPH-Gestose* (Ödem, Proteinurie, Hypertonie)
- *amniogene transplazentare Infekte*.

Allgemeine Kausalpathogenese

Mit der Befruchtung der Eizelle ist das Erbgut komplett; danach folgt die Entwicklung (= Ontogenese) einem genetisch festgelegten Plan. Dieser wird realisiert durch:
- Zellproliferation (= Zellvermehrung durch Teilung),
- Zelldeterminierung, -differenzierung,
- Zellwanderung (Migration),
- Zelltod (meist Apoptose).

Zellproliferation

Orthologie: Die Zellproliferation verläuft in folgenden Schritten:
- ***Signalaufnahme:*** Bindung eines Liganden (= GF) an „seinen" Rezeptor auf der Zellmembran.
- ***Signaltransduktion:*** Limitierte Aktivierung von GF-Rezeptoren → Aktivierung signaltransduzierender Proteine auf der Innenseite der Zellmembran (= mitogen-aktivierte Proteinkinase-Kaskade = MAPK).
- ***Signaltransmission:*** Übermittlung des Proliferationssignals durch zytoplasmatische Zweitbotenstoffe zum Zellkern.
- ***Signalumsetzung:*** Induktion und Aktivierung nukleärer Regulationsfaktoren → Anstoß zur DNS-Transkription → Zellteilung.

Die einzelnen Proliferationsschritte werden durch Zellkontaktmechanismen, Proliferationsstimulatoren, -inhibitoren und -modulatoren gesteuert.

Zellkontaktmechanismen

Definition: „Klebeproteine" (= Adhäsionsmoleküle) der Zellen, mit denen sie sich im geweblichen „Gelände" orientieren. Diese gehören zu den Super-Genfamilien und haben folgende Funktionen:
- ***Selektine*** → Ca^2 -unabhängige Bindung einer Zelle an Zellen gleichen Typs → damit können andersartige Zellen ausgemustert werden → Selektion.
- ***Cadherine*** (= Bestandteil der zellulären Haftorganellen = Desmosomen) → Ca^{2+}-abhängige Bindung einer Zelle an Zellen gleichen Typs → Zellen finden zu- und bleiben beieinander → Bildung eines epithelialen Organgewebes. Desmosomen sind ein Teil des epithelialen Zell-Zell-Kommunikationssystems: Eine Aufhebung des Kontakts zur Nachbarzelle ermöglicht die Zellteilung und Proliferation; eine Kontaktaufnahme mit Nachbarzellen führt zur Beendigung der Proliferation (= proliferative Kontakthemmung = Thigmotaxis).
- ***Integrine*** → Bindung der Zellen an das Kollagen der Basalmembran oder das Fibronektin der Extrazellulärmatrix → Zellverankerung in der Bindegewebsmatrix.

Proliferationsstimulatoren

Definition: Faktoren, die das entsprechende Signal zur Proliferation an die nukleäre Proteinmaschinerie weiterleiten (Signaltransduktion). Dazu gehören die c-onc und die GF.

Protoonkogene (c-onc)

Definition: Normale Gensequenzen, deren Genprodukte an der Steuerung der Proliferationsvorgänge beteiligt sind und die nach fehlerhafter Aktivierung die Zellen als Onkoproteine maligne transformieren können (S. 118, 322).

Die c-onc steuern die Signalaufnahme auf der „Ansprech"-Zelle, die Signalumwandlung in deren Zellmembran, die Signalübermittlung in deren Zytoplasma und die Signalumsetzung in deren Zellkern.

Je nach ihrer Lokalisation auf oder in der Zelle wirken die c-onc dabei folgendermaßen mit:
- *Klasse I: Liganden:* In Form der Peptidhormone STH und Thyroxin, sowie in Form der als GF (s. u.) fungierenden c-onc-Genprodukte EGF und PDGF.
- *Klasse II: Rezeptoren:* Membranständige (c-erbB) oder intrazytoplasmatische Rezeptoren (c-erbA). Meist handelt es sich dabei um Tyrosinkinasen in der zytoplasmatischen Rezeptordomäne sowie das Genprodukt von c-onc.
- *Klasse III: Zweitbotenstoffe:* Intrazelluläre Signaltransduktoren in Form von Proteinkinasen (c-src) oder von membranständigen GTP-bindenden Onkoproteinen (wie z. B. ras-Onkoproteinfamilie).
- *Klasse IV: Transkriptionsfaktoren:* Diese Faktoren modulieren die Aktivität der Transkriptionsmaschinerie → Aktivitätskontrolle der GF.
- *Klasse V: Apoptosesteuerfaktoren:* Das mitochondriale c-onc (bcl-2) hemmt die Apoptose (S. 128, 132).

Wachstumsfaktoren (GF)

Abkürzung: GF = „growth factor"

Definition: Mitogene Peptidhormone mit folgenden Funktionen:

- *Rezeptor-vermittelte Proliferation,*
- *Zelldifferenzierung und -motilität:* Eine Zelle kann sich nur dann mitotisch teilen, wenn sie zuvor unter dem Einfluß von GF mit Zerstreuwirkung (= „scatter factor") ihre Kontakte mit den Nachbarzellen abgebrochen hat.

GF werden folgendermaßen sezerniert:

- *Autokrine Sekretion:* Der GF wird von der gleichen Zelle gebildet, die auch den entsprechenden GF-Rezeptor besitzt. Eine limitierte autokrine Sekretion findet während der Embryogenese und der Geweberegeneration statt, eine andauernde autokrine Sekretion erfolgt beim Tumorwachstum!
- *Parakrine Sekretion:* Der GF wird von einer nicht selbst darauf ansprechenden Zelle gebildet (= Regelfall der GF-Sekretion).

Proliferationsinhibitoren

Definition: Hemmstoffe, die an bestimmten kritischen Punkten des Zellzyklus das Proliferationsverhalten drosseln. Dazu gehören:

- ***Antagonisierende Wachstumsfaktoren*** wie TGFβ, TNFα.
- ***Suppressorgene*** (= Antionkogene) wie p53, RB1, WT1 (S. 324) → Förderung der Zelldifferenzierung damit aber auch Hemmung der Zellautonomie und Tumorentwicklung (daher Synonym: Tumorsuppressorgene).

20

Fehlbildungen

Proliferationsmodulatoren

Homöobox-Gene

Definition: Gene mit evolutiv konservierter Basenpaarsequenz (= Homöobox), die über eine asymetrische Zellteilung einem Gewebe ein bestimmtes Wachstumsmuster verleihen.

Die Expression der Hox-Gene unterliegt zum einen den eigenen Genprodukten, den Hox-Proteinen, zum anderen den GF.

Hox-Gene kodieren Transkriptionsfaktoren mit verstärkender und abschwächender Wirkung. Sie verleihen einer Zelle je nach Expressionsmuster ein „Gedächtnis" für ihren Positionswert → die Zelle erinnert sich über unbegrenzt viele Zellteilungen hinweg an ihre ursprüngliche Adresse und Determinierung → dadurch ändert ein Zellverband seinen Wachstumsgradienten in rostrokaudaler, dorsoventraler oder proximodistaler Richtung → Ausbildung einer Asymmetrie → Wachstumsmuster.

+ **Klinik:** Eine fehlerhafte Expressionen der Hox-Gene führt zu Fehlbildungen von Organen und deren Innervation.
Beispielhafter Defekt: ***„Neuronale Kolondysplasie":*** Kein Einsprossen von sympathischen Nervenfasern in die Kolonwandung → hemmende Sympathikuswirkung auf den Plexus myentericus fehlt → betreffendes Kolonsegment bleibt in spastischer Kontraktion.

Zelldetermination/-differenzierung

Zelldetermination

Definition: Definitive Festlegung einer Zelle hinsichtlich ihres späteren Werdegangs ohne morphologische oder biochemische Veränderung → sie und ihre Tochterzellen „erinnern" sich an die einmal getroffene Entwicklungsentscheidung.

Zelldifferenzierung

Definition: Eine biochemisch und/oder morphologisch faßbare Spezialisierung einer Zelle für eine besondere Aufgabe.

Der wesentliche Differenzierungsschritt besteht in folgenden Prozessen:

- Expression von *Differenzierungsgenen* wie HLA-Molekülen, Adhäsionsmolekülen, Zytoskelett.
- Expression und Sekretion von *Zellverankerungsproteinen* wie Fibronektin und Laminin in die extrazelluläre Matrix.

Zellmigration

Definition: Wanderung unterschiedlich determinierter Zellen nach einem zeitlich und räumlich geordneten Plan mit konsekutiver Ausprägung bestimmter Gewebemuster.

Die Zellen benötigen zur Migration: einen „Motor", ein „Startsignal", eine „Landkarte" mit Informationen über Richtung und Weg sowie ein „Zielerfassungsgerät".

- *Migrations „Motor":* = amöboide Zelleigenbewegung.
- *Migrations-„Starter":* = diffusible Substanzen wie GF.
- *Migrations-„Landkarte"*: Bei allen migrierenden Zellsystemen ist die Fortbewegung der Zellen an Interaktionen mit der extrazellulären Matrix geknüpft. Sie bildet die Straßen, welche die wandernden Zellen in die vorgesehene Richtung führen.
- *Migrations-„Zielerfassung":* Ob eine Zelle am Ziel angekommen ist oder nicht, erkennt sie mit Hilfe besonderer Klebeproteine auf ihrer Oberfläche (= Zelladhäsionsmoleküle) → ausgewanderte Zellen finden am Zielort zusammen → Bildung von Gewebemustern.

Apoptose (Zelltod)

Definition: Zelluläres Absterbeprogramm (= Apoptose, S. 128), das diffus oder lokal in Form der Apoptosezonen (► A, B) auftritt.

Das zelluläre Nekroseprogramm wird durch Zell-Zell-Kommunikation sowie durch mitochondriale Protoonkogene (bcl-2) der normalen Embryogenese angepaßt. Dabei können Signalstoff-produzierende Zellen nach Stimulation durch Differenzierungsgene ihre Botenstoffe den Zielzellen via extrazelluläre Matrix oder Blutstrom zukommen lassen.

Auswirkungen der Apoptose auf das Entwicklungswachstum:

- ***Trennungsphänomen im Extremitätenblastem:*** *Beispielhafter Defekt „Syndaktylie"*: Keine Trennung der Finger → Finger-, Zehenverschmelzungen (► C).
- ***Fusion zunächst paarig angelegter Blasteme:*** *Beispielhafter Defekt „Sternum fissum"*: Keine Fusion der beiden Sternumanlagen → gespaltenes Brustbein.
- ***Rückbildung embryonaler Strukturen:*** *Beispielhafter Defekt „Meckel-Divertikel"*: Keine Rückbildung des Ductus omphaloentericus → Ausstülpung des Dünndarms 50 – 100 cm vor der Ileozökalklappe (► D) oft mit heterotoper Magenschleimhaut (► E1) in der ortsständigen Dünndarmschleimhaut (► E2) → „Ulkuskrankheit am falschen Ort".

A **Apoptotischer Einriß der Buccopharyngealmembran**
TEM, 500x

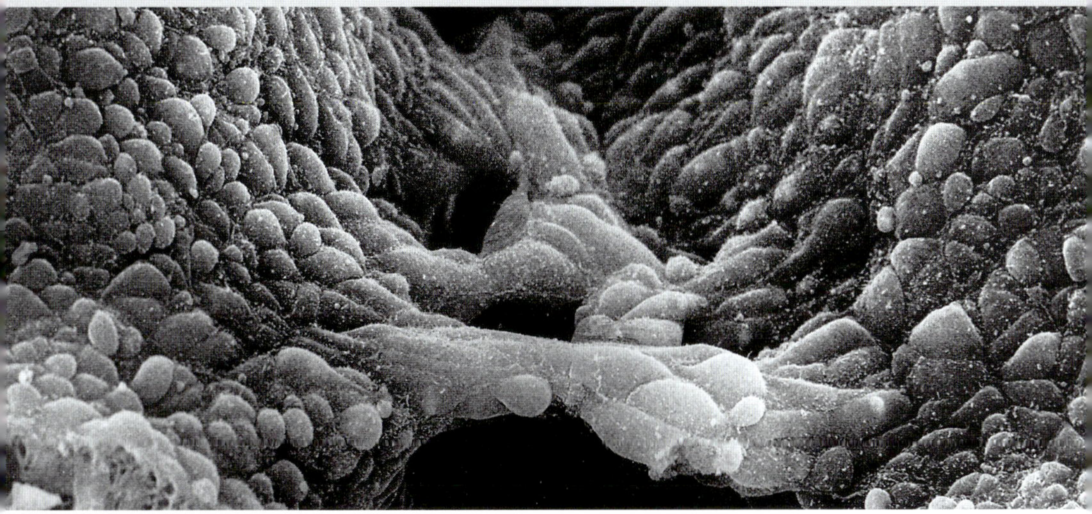

B **Apoptosezonen im Extremitätenblastem**

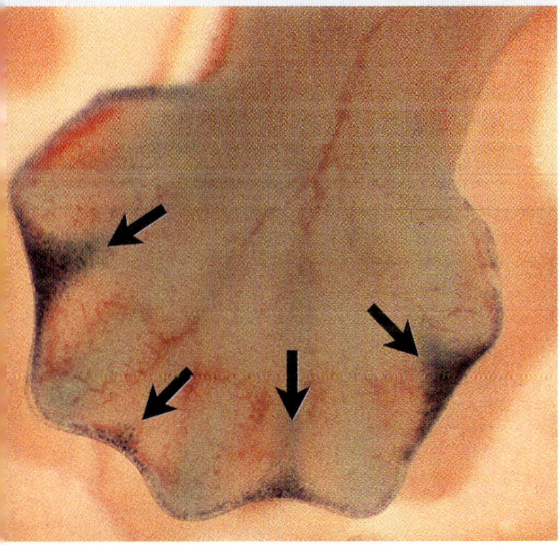

C **Syndaktylie** (II/III, IV/V)

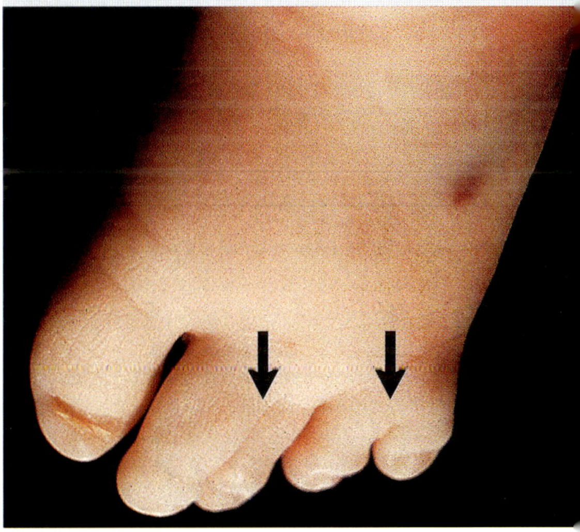

D **Meckel-Divertikel**

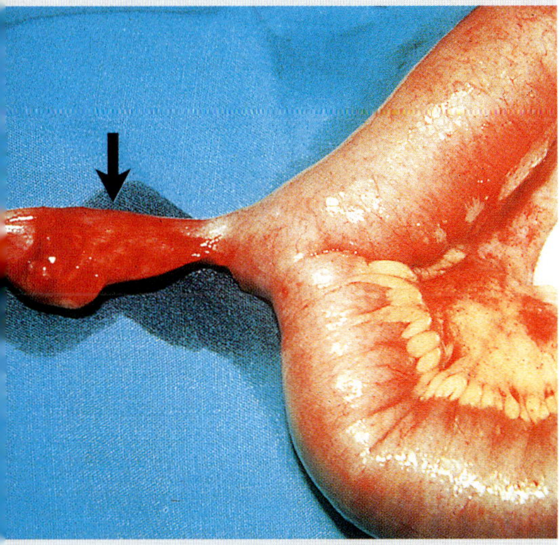

E **Meckel-Divertikel**
50x

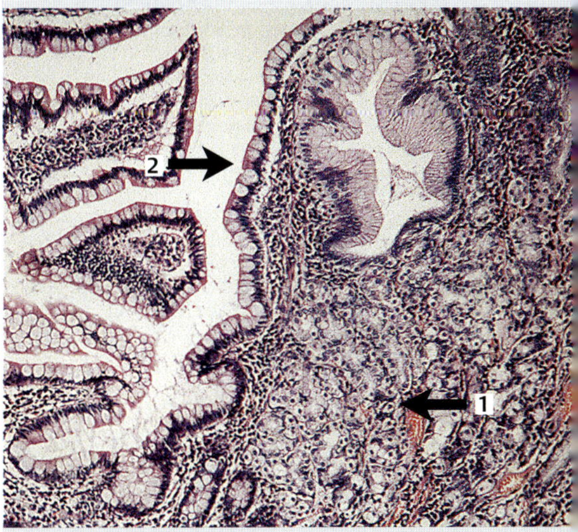

Blastopathien

Abkürzung: FB = Fehlbildung, DFB = Doppel-FB

Definition: S. 294.

Allgemeine Pathogenese: Während der Blastogenese besteht eine völlige Schutzlosigkeit gegenüber Erregern und eine hohe Empfindlichkeit gegenüber exo- oder endogenen Schäden. Meist stirbt durch solche Einflüsse die Fruchtanlage größtenteils ab → Frühabort. Andernfalls regenerieren die übrigen Zellen aufgrund ihrer prospektiven Potenz. Bei ausreichender Größe der separierten Zellmasse entstehen aus einer Zygote 2 oder mehrere freie Feten.

Merke: *Begriff „Einzel"-Fehlbildung:*
- „Einzelmißbildung" = einzelner, nicht mit einem anderen verwachsener Fetus mit FB.
- einzelne Fehlbildung = FB eines Organs oder Körperteils bei einem Fetus.

Doppelfehlbildungen

Allgemeine Pathogenese: Gestörter Separierungsprozeß in der Keimanlage während der Blastogenese.

Je nach Symmetrie und Regenerationsfähigkeit der separierten Zellmassen resultieren folgende DFB:

Komplette symmetrische DFB

Pagus (= Zwillingsbildung)

Pathogenetische Mechanismen: Unvollständige Separierung der Zellmassen oder Fusion von zwei Primitivstreifen während der Gastrulation. Folge: Zwei vollständige Feten sind stellenweise miteinander verwachsen. Die Individualteile solcher Pagi sind jeweils spiegelbildsymmetrisch zur Verwachsungsebene ausgebildet (► A, B).

Je nach Lokalisation der Verwachsungsstelle unterscheidet man folgende Pagi:
- *Xiphopagus* = Sternumverwachsung;
- *Thorakopagus* = Thoraxverwachsung (► A,B);
- *Zephalopagus* = Kopfverwachsung;
- *Pygopagus* = Steiss-Kreuzbeinverwachsung;
- *Ischiopagus* = Beckenverwachsung;
- *Chorangiopagus* = normale eineiige Zwillinge mit Plazentagefäßverwachsung.

Prominente „Patienten":
Siamesische Zwillinge (= Thoracopagus): Chang und Eng Bunker (1811 – 1874; ► A). Beide waren verheiratet und zeugten insgesamt 11 Kinder.
Zahlreiche Zwillinge (Juden, Polen, Zigeuner) starben im KZ-Auschwitz als „Versuchskaninchen" an den Folgen qualvoller Experimente.

Inkomplette symmetrische DFB

Pathogenese: Partielle Keimspaltung → unvollständige Separation der Zellmassen → die Doppelanlage des kranialen oder kaudalen Körperteils entwickelt sich in unterschiedlichem Ausmaß weiter → Pagus mit 2 Köpfen, 2 Ober- oder 2 Unterkörpern.

DFB-Bezeichung nach betroffener Verdoppelungsstelle:
- *Monocephalus diprosopus* = Gesichtsverdoppelung (Januskopf: Gesichtsverdoppelung mit entgegengesetzter Gesichtsstellung);
- *Dicephalus* = „Doppelköpfler" meist mit 2 Beinen (dipus) und 2,3 oder 4 Armen (di-, tri-, tetrabrachius);
- *Dipygus:* Verdoppelung der unteren Körperhälfte.

„Parasitäre" asymmetrische DFB

Pathogenese: Unvollständige Separation der Zellmassen → Entwicklung von zwei in bestimmten Körperregionen miteinander verbundenen Feten mit sehr unterschiedlichem Entwicklungsgrad:
- *Autosit* = fast normaler Zwilling,
- *Parasit* = rudimentäre Zwillingsanlage. Bei ihm bestehen fließende Übergänge zu Teratomen (= embryonale Tumoren, S. 382) in der Region, in der er mit dem Autosit verwachsen ist.

Die resultierende DFB wird nach dem Verwachsungsort der Zwillinge folgendermaßen bezeichnet:
- *Rachenparasit* (= Epignatus) = Zwillingsanlage im Rachendach;
- *Sakralparasit* = Zwillingsanlage in Steißregion.

Klinischer Rekord: Größte Mehrlingszahl in Form von „Fünfzehnlingen" (10 ♀ und 5 ♂) wurden bei einer 35jährigen Mutter am 22.7.1971 in Rom durch Sectio caesarea entbunden.

Fetofetale Transfusion

Definition und Pathogenese: Bei monochorialen-diamnialen Zwillingsplazenten bestehen Verbindungen zwischen venösen und/oder arteriellen Nabelschnurgefäßen (► C). Sie sind funktionell bedeutungslos bei ausgewogener Herzleistung. Bei akuter Kreislaufinsuffizienz eines Zwillings überträgt der vorübergehend stärkere Zwilling sein Blut in den Kreislauf des schwächeren. Folgen:
- *Empfänger:* größerer Zwilling mit Polyglobulie (► D1) → hypervolämischer Schock (S. 392; ► E1);
- *Spender:* kleinerer Zwilling mit Anämie (► D2) → hypovolämischer Schock (S. 392; ► E2) → Zwillingstod.

A „Die“ siamesischen Zwillinge

B Zephalothorakopagi

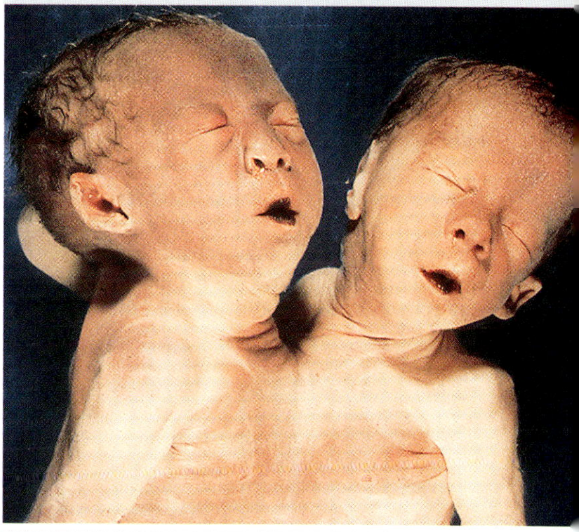

C **Fetofetale Transfusion** (Rö, Plazenta)

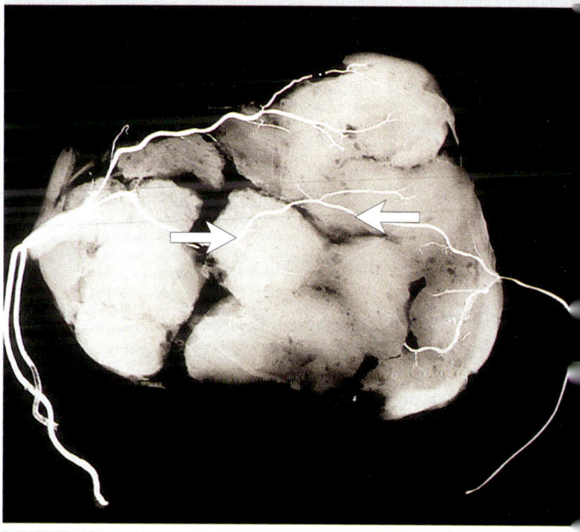

D **Fetofetale Transfusion** (Pagi)

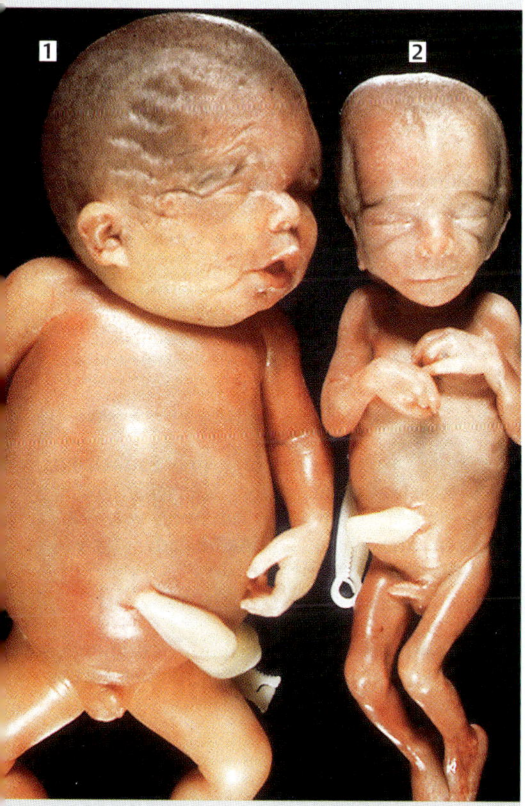

E **Fetofetale Transfusion** (Pagi)

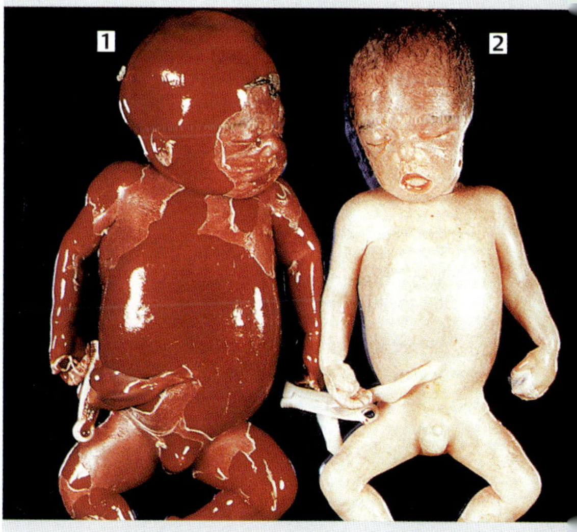

Embryopathien

Abkürzungen: EP = Embryopathie, FB = Fehlbildung, DFB = Doppel-FB

Definition: S. 294.

Allgemeine Pathogenese: In der Embryonalphase ist die Pluripotenz der frühen Tochterzellen der Zygote aufgrund der Differenzierung erloschen → bei einer Entwicklungsstörung können keine DFB mehr, sondern nur noch Einzelindividuen mit einzelnen oder multiplen FB entstehen.

Je nach Auslösemechanismus unterscheidet man dabei folgende FB-Typen:
- *Primäre FB (= Malformation):* Durch einen primären Anlagefehler → genetisch bedingte Formabweichung eines Organs, Organteils oder Körperteils im Sinn einer Entwicklungshemmung, Überschußentwicklung oder Heteroplasie (S. 318).
- *Sekundär-FB (= Disruption):* Durch eine sekundäre, exogene Schädigung einer intakten Fruchtanlage bedingte Formanomalie eines Organs, Organteils oder Körperteils.
- *Deformation:* Durch lokale mechanische Einflüsse in utero bedingte Form-, Größen- oder Lageanomalie eines Organs, Organteils oder Körperteils. *Beispiel:* Lungenhypoplasie bei Potter-Sequenz (S. 302).

Morphogenetische Embryopathie-Formen

Einzelne Fehlbildungen

Überschuß-Fehlbildungen: FB, bei denen ein Organ oder Körperteil im Überschuß vorhanden ist.

Beispiele:
- Polydaktylie (Vielfingrigkeit);
- Verdoppelung von Nierenbecken, Harnleiter und Uterus.

Fusions-Fehlbildungen: FB aufgrund von ausgebliebener Organ- oder Gewebetrennung.

Beispiele:
- Hypodaktylie: („Wenigfingrigkeit" = fehlender Finger) aufgrund einer Verschmelzung der Fingeranlagen,
- Zyklopie: („Rundäugigkeit" = Einäugigkeit) aufgrund einer Verschmelzung der Augenanlagen,
- Holoprosenzephalie: („Einheitsgesichtshirn") aufgrund einer Verschmelzung der Frontalhirnlappen.

Dorsale Schlußstörungen (Dysraphie): Fusionsstörung embryonaler dorsaler Verwachsungslinien → Spaltbildung.

Beispiel: Neuralrohrdefekte
- Spina bifida: („zweigeteilte Wirbelsäule") = Spaltbildung der Wirbelsäule im Lenden-Steißbeinbereich (► A).

Ventrale Schlußstörungen: Fusionsstörung embryonaler ventraler Verwachsungslinien in der Medianlinie → Spaltbildung.

Beispiele:
- Lippen-Kiefer-Gaumen-Spalte,
- Ektopia cordis nuda (Brustbeinspalte mit Auslagerung des Herzens),
- Thoracogastroschisis (kombinierte Brust-Bauch-Spalte mit Eingeweideauslagerung; S. 305, ► D),
- Omphalozele (Eingeweideauslagerung mit dünner Bruchsackhülle),
- Ekstrophia vesicae (Spaltbildung des unteren Abdomens mit Harnblasenspalte und -ausstülpung).

Agenesie: Fehlen eines Organs oder Körperteils infolge fehlender Organanlage.

Beispiel: Einseitige Nierenagenesie (links) → Frontalstellung der linken Nebenniere (► E).

Aplasie: Fehlen eines Organs oder Körperteils infolge ausgebliebener Entwicklung einer noch an Rudimenten erkennbaren Anlage.

Beispiel: Nierenaplasie.

Hypoplasie: Abnorme Kleinheit eines Organs oder Körperteils aufgrund von vorzeitigem Wachstumsstopp.

Beispiel: Nierenhypoplasie.

Atresie: Fehlen eines physiologischen Ostiums oder der Lichtung eines Hohlorgans.

Beispiel: Analatresie (= fehlende Mastdarmöffnung, ► B).

Stenose: Einengung des Ostiums oder der Lichtung eines Hohlorgans.

Beispiel: Aortenisthmusstenose (= Einengung der Brustaorta im Isthmusabschnitt, d. h. zwischen dem Abgang der A. subclavia und der Einmündung des meist obliterierten Ductus Botalli).

Vestigium: Persistenz von Organteilen, die normalerweise während der Fruchtentwicklung zurückgebildet werden.

Beispiel: Meckel-Divertikel des Dünndarms bei Teilpersistenz des Ductus omphaloentericus (S. 296).

Hamartie: Lokale Fehlentwicklung einer Gewebestruktur als Derivat eines Keimblatts.

Beispiel: kavernöses Hämangiom (► C): häufiger, meist subkapsulärer Tumor in der Leber aus Corpus-cavernosum-ähnlichen Bluträumen (► D).

Choristie: Durch Versprengung eines bereits differenzierten Gewebes in ein anderes Keimblatt entstandenes ortsfremdes Gewebe.

Beispiel: versprengter Keim der Nebennierenrinde.

Zyste: Hohlraumbildung mit Epithelauskleidung aufgrund einer überschießenden Epithelproliferation oder Retention von Substanzen, die sonst an innere oder äußere Oberflächen abgegeben werden.

Beispiel: Zystenniere Potter Typ III (► F).

Atavismus: Wiederauftreten stammesgeschichtlich (phylogenetisch) primitiver Formbildungen.

Beispiel: Polymastie (= Vielbrüstigkeit).

A Spina bifida

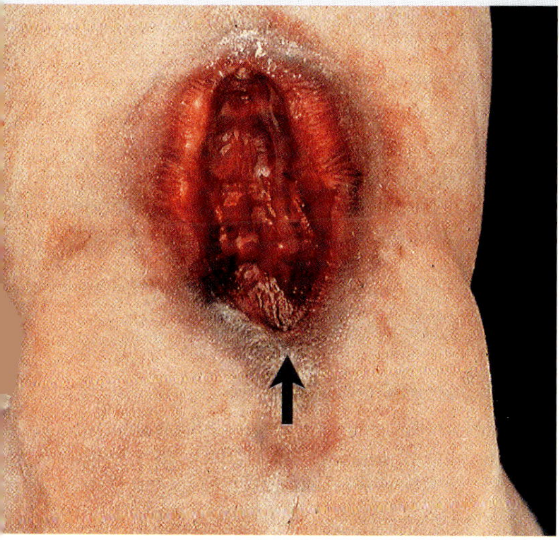

B Analatresie

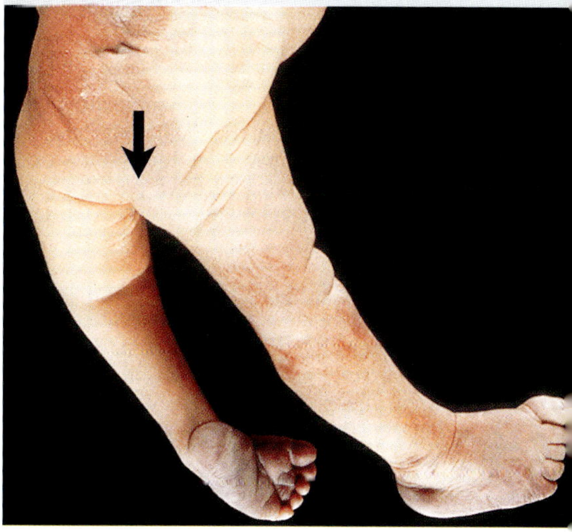

C Leberhämangiom

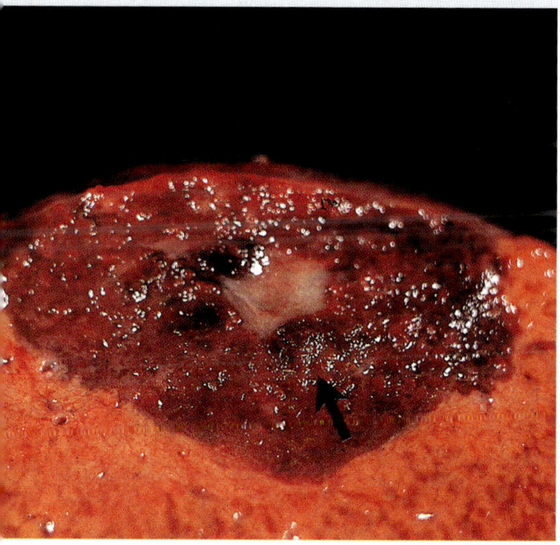

D Hämangiom
EvG, 25x

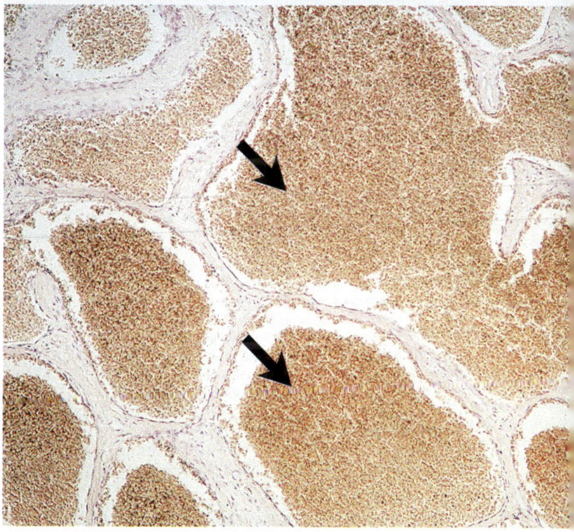

E Nierenagenesie

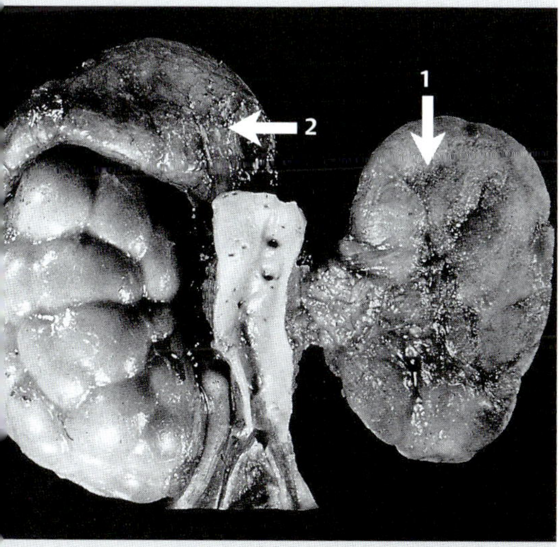

F Zystenniere

Mehrfache Fehlbildungen

Abkürzung: FB = Fehlbildung

Definition: Mehrfache FB, die in einem Individuum zufällig, voneinander unabhängig oder in bestimmten Kombinationen auftreten und eine gemeinsame Ursache oder pathogenetische Abhängigkeit voneinander erkennen lassen.

Felddefekt: Gruppen von FB, die durch Störungen im Bereich eines einzelnen embryonalen Entwicklungsfeldes entstanden sind. Ursächlich sind sie auf eine Störung zurückzuführen, die primärer (Anlagestörung) oder sekundärer (Disruption) Natur sein kann.

+ Klinisches Beispiel: *Holoprosenzephalie* = kombinierte Gesichts- und Gehirn-FB mit fehlender Hemisphärentrennung des Frontalhirns und mit Arhinenzephalie. Schwerste Ausprägungsform dieser FB-Gruppe = Zyklopie (► A) mit einem zentralen Solitärauge und nasenartigem Hautstummel (= Proboszis) über dem Auge.

Sequenz: Muster multipler FB, die in Form einer Kettenreaktion auf dem Boden einer einzigen (primären/sekundären) Entwicklungsstörung entstanden sind.

+ Klinisches Beispiel: *Potter-Sequenz:*
- *Multifaktorielle Schädigung* (Nierenagenesie, Urethraobstruktion, Verlust von Amnionflüssigkeit) →
- *uniforme Schädigung* (Oligohydramnion) →
- *sekundäre FB* (Amnion nodosum, Fetuskompression, Lungenhypoplasie), die den Phänotyp der Gesamt-FB prägen.

Gemeinsamkeit aller Potter-Sequenzen:
- *Gesichtsdysmorphie* (► C) mit Augenunterlidfalten, fliehendem Kinn, Papageiennase, lappigen Ohrmuscheln,
- *Thoraxdeformität* (schmale Kastenform),
- *Hand- und Fußdeformation* aufgrund einer „kaudalen Regression" des Rumpfendes. Extremvarianten:
  - *Sirenomelie* : nur eine beinartige Extremität (► B);
  - vollständige kaudale Regression (► E).

Syndrom: Muster multipler FB infolge einer gemeinsamen (primären/sekundären) Störung in mehr als einem embryonalen Entwicklungsfeld.

Beispiel: Down-Syndrom.

Kongenitale Krankheit: Angeborene Anomalie auf vererbter Grundlage mit konditionierter Progression und Tendenz zur Verschlechterung.

Beispiel: erbliche Glykogenose.

Ätiologische Embryopathie-Formen

Embryopathia actinica

Synonym: Strahlenembryopathie

Pathogenese: Die besonders strahlenempfindliche Phase erstreckt sich von der 5. bis zur 13. Schwangerschaftswoche. Die resultierenden Fruchtschäden hängen von der Strahlendosis ab.

+ Klinik und Morphologie: Mikrozephalie, geistige Retardierung, Augenschädigungen und Minderwuchs, vereinzelt auch Skelett-FB.

Diabetische Embryopathie

Definition: Bei schlecht eingestelltem oder unbehandeltem mütterlichen Diabetes mellitus (in 3 – 12 % der Fälle) auftretende EP mit Darmatresie, Herzfehlern, Polydaktylie und Klumpfußstellung (S. 78).

Thalidomidembryopathie

Definition: Typisches FB-Syndrom v. a. in Form von Gliedmaßen-FB nach Thalidomid-Einnahme.

Pathogenese: Bereits eine Einmaldosis von 100 – 300 mg Thalidomid, eingenommen zwischen dem 25. – 44. Tag nach der Konzeption, führt zu schweren Defekten.

+ Klinik und Morphologie:

Gliedmaßen-FB:
- *Agenesie/Hypogenesie:*
  - Minimalausprägungen: Thenarhypoplasie, Daumenhypoplasie, Radiushypoplasie, Radiusaplasie;
  - Maximalausprägung: Schaltstückphokomelie mit Fehlen radialer Randstrahlen; Amelie (► D).
- *Überschußbildungen* (Typ: Daumentriphalangie).

Kopfbereich-FB:
- *Ohr-FB:* (= Dysotie), Anotie (keine Ohrmuscheln), oft kombiniert mit Taubheit und Schädigung der Hirnnerven;
- *Augen-FB:* Augenspalte infolge einer Verschlußstörung des embryonalen Augenbechers (= Kolobom), Mikrophthalmie;
- *Zahnanomalien.*

Organ-FB: v. a. FB von Herz, großen Gefäßen und Lungen sowie Ösophageal-, Duodenal-, Intestinal- und Analatresien.

Embryopathia rubeolosa (S. 240).

A **Zyklopie**

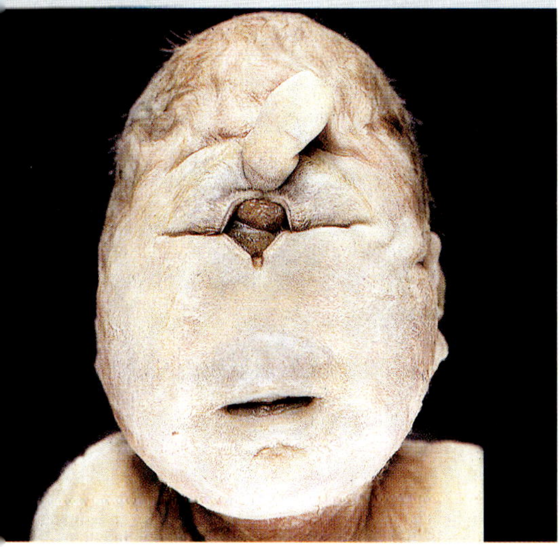

B **Potter-Sequenz:** Sirenomelie

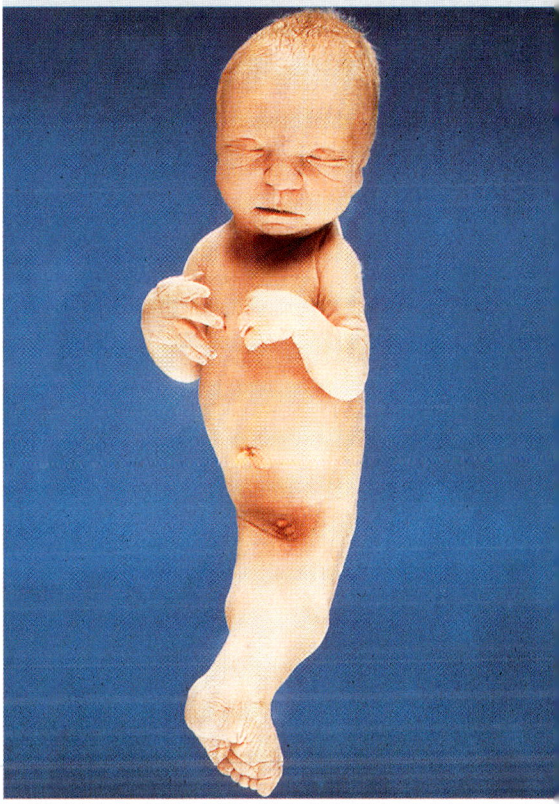

C **Potter-Facies**

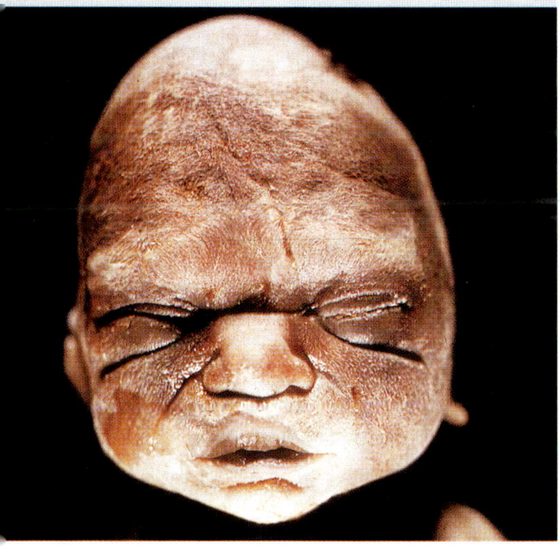

D **Phokomelie**

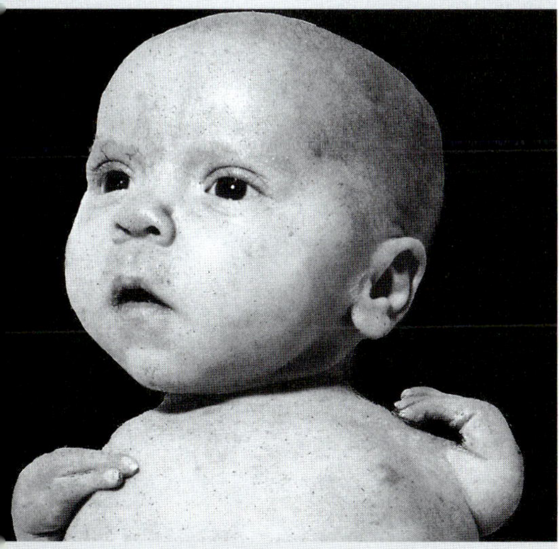

E **Potter-Sequenz:** vollständige Kaudalregression

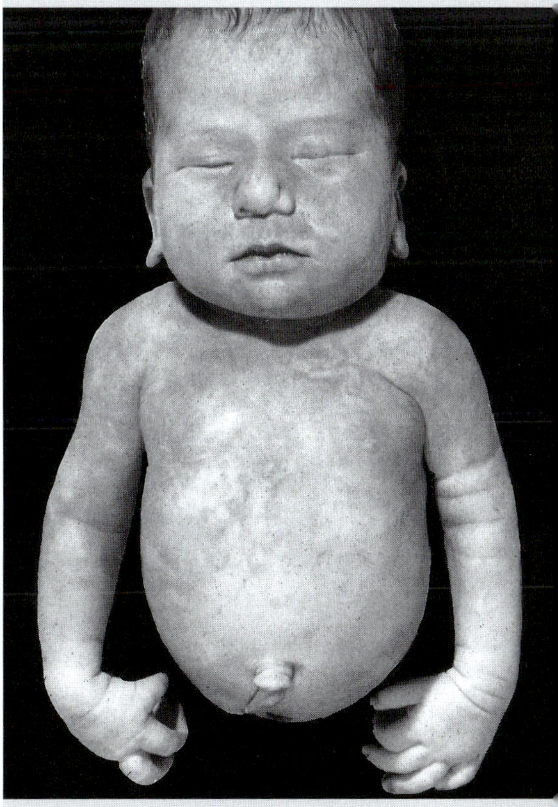

Embryopathia alcoholica

Abkürzung: FB = Fehlbildung
Synonym: Embryofetales Alkoholsyndrom

Definition: Alkohol-assoziiertes Syndrom, an dem mindestens 5 der nachstehend aufgeführten Kriterien beteiligt sind:
- *mütterlicher Alkoholabusus,*
- *intrauterine Hypotrophie* → geringes Geburtsgewicht,
- *Gedeihstörung:* nach der Geburt vermindertes Wachstum und mangelhafte Gewichtszunahme,
- *Mikrozephalus* (zu kleiner Kopfumfang),
- *statomotorische und geistige Retardierung* mit konsekutiver motorischer Hyperaktivität (= „Zappelphilipp-Syndrom"),
- *charakteristisches Gesicht* (► A) mit Epikanthus (= sichelförmige Hautfalte am inneren Rand des Augenlids), Hängelider (= Lidptose), verkürztem Nasenrücken, Nasolabialfalten, schmalem Lippenrot, Mikrogenie (= fliehendes Kinn).

Amnionruptursequenz

Musterkrankheit als Extremform mechanisch induzierter Entwicklungsstörungen.

Definition: Durch bandförmige und flächenhafte Verwachsungen zwischen Eihäuten und Embryo bedingte Sequenz disruptiver (sekundärer) FB.

Pathogenese: Am Anfang der Amnionruptursequenz steht – solange Amnion und Chorion noch nicht miteinander verwachsen sind – eine Läsion des Amnions → Embryo prolabiert ganz oder teilweise in die Chorionhöhle → Verklebungen und Verwachsungen z.B. von Kopf (► C1) und Plazenta (► C2) mit unterschiedlichen Verwachsungssträngen (► C3) → Traktionen, Fesselungen und Schnürungen des Embryos → Entwicklungshemmung der betroffenen Organfelder → Organ- (► C5 = Ohr) und/oder Extremitätendeformitäten (► C4).

Morphologie der Hemmungs-FB ist abhängig von der Lage und Ausdehnung der Verwachsungen:
- *kraniofaziale Defekte,*
  - Anenzephalie,
  - Enzephalozele (► B), mit Fehlen des knöchernen Schädels (Os occipitale) und Verlagerung des Gehirns in den Bruchsack (= Zele),
- *Mund- und Gesichtsspalten* in Form von asymmetrischen Lippen-Kiefer-Gaumen-Spalten,
- *Bauchwanddefekte* → Bauchspaltenbildung (Thorakogastroschisis) mit Verlagerung von Herz (► D1), Lunge (► D2) und Darm (► D3)
- *Extremitäten-Amputationen.*

Teratogenese – Tumorigenese

Allgemeine Pathogenese: Teratogenese und Tumorigenese sind nur unterschiedliche Stufen in der intrauterinen Antwort auf störende Einflüsse. Je nachdem in welchem Entwicklungsstadium ein genetischer oder exogener Schaden voll wirksam wird, resultieren in Abhängigkeit zur Differenzierung und zur noch vorhandenen Entwicklungspotenz einer Zelle oder eines Gewebes folgende Läsionen:
- *frühes Entwicklungsstadium:* → FB,
- *späteres Entwicklungsstadium:* → Kombination von FB und Tumor (S. 382),
- *fetales/postpartales Entwicklungsstadium:* → Tumor.

Beispiel: subkapsulär noduläres persistierendes Nierenblastem → Tumorausgangsgewebe.

Multifaktorielle Fehlbildungen

Pathogenese: Eine Reihe von FB kommt durch das Zusammenwirken mehrerer teratogener Noxen und/oder genetischer und exogener Faktoren zustande. Zu diesen FB mit multifaktorieller Ätiologie gehören:
- Neuralrohrdefekte,
- Extremitäten-FB,
- Störungen der Geschlechtsdifferenzierung,
- Darmdrehungsanomalien,
- Herz- und Gefäß-FB.

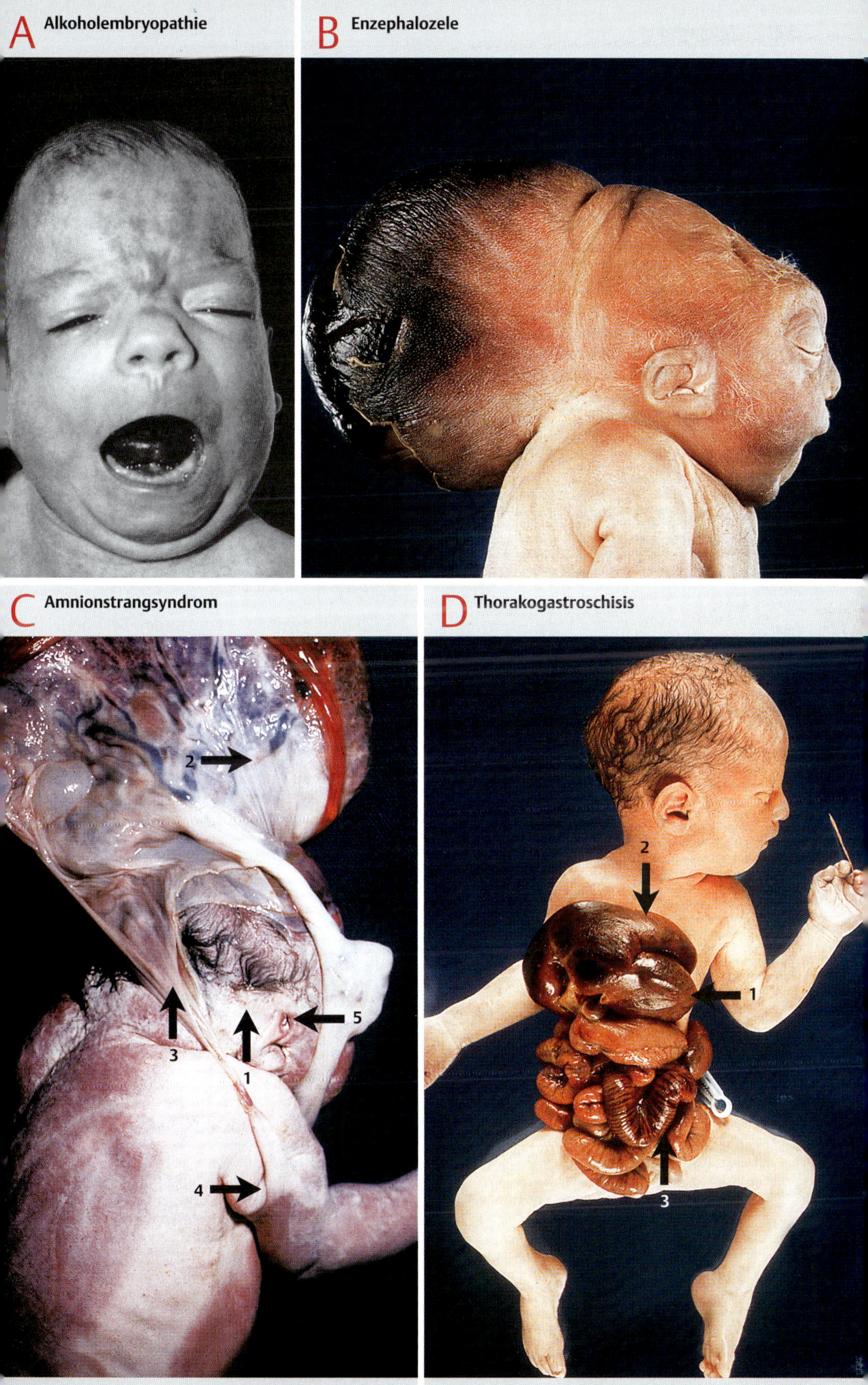
A Alkoholembryopathie
B Enzephalozele
C Amnionstrangsyndrom
2
3
1
5
4
D Thorakogastroschisis
2
1
3

Fetopathien

Orthologie: In der Fetalperiode findet v. a. die Ausreifung und das Wachstum der Gewebe und der Organe statt, die in der Embryonalzeit angelegt worden sind. Blutbildung und -zirkulation sind jetzt voll leistungsfähig.

Definition: (S. 294).

Allgemeine Ätiologie: Eine Noxe bewirkt jetzt keine Fehlbildung mehr, sondern eine Erkrankung der gesamten fetoplazentaren Einheit. Fetopathien beruhen fast ausschließlich auf einer exogenen Ursache (v. a. Infektion). Da beim Fetus die entzündliche Abwehr „noch in den Kinderschuhen steckt" (S. 220), führt eine Infektion zu charakteristischen herdförmigen Schäden mit Funktionsstörungen nach entsprechender Defektheilung.

Fetopathia diabetica (s. S. 80) mit pastös-adipösem Habitus (► A).

Fetopathia cytomegalica

Pathogenese (s. S. 248).

Klinik und Morphologie: Es können alle Organe betroffen sein. Typisch sind:
- ***Encephalitis cytomegalica*** mit nekrotisierender Entzündung, Erweichungsherde mit Verkalkungen. Bei Überleben →
- ***Mikrozephalie*** mit Ependymitis granularis,
- ***Verschluß-Hydrozephalus*** mit paraventrikulären Verkalkungen → spastische Paresen.

Fetopathia listerica

Pathogenese (S. 256).

Klinik und Morphologie:
- ***Granulomatosis infantiseptica:*** Septische Erregerstreuung → anfänglich multiple Nekrosen, später stecknadelkopfgroße, histiozytär-epitheloidzellige Mischzell-Granulome; S. 256) v. a. in der Haut im Bereich der Schulter-Rücken-Region, in Lunge und Leber (► B).
- ***Encephalitis listerica:*** Nekroseherde v. a. in Pons und Medulla oblongata.

Merke: *Listeriengranulome* liegen perivaskulär (hämatogene Entstehung!)

Fetopathia toxoplasmotica

Pathogenese (S. 276).

Klinik und Morphologie:
- ***Encephalitis toxoplasmotica*** ist charakterisiert durch:
  - ubiquitäre miliare Granulome (► C) aus Adventitiazellen, Astrozyten, Mikrogliazellen, Plasmazellen und Eosinophilen; im Zentrum findet sich verkalkter Zelldetritus;
  - Koagulationsnekrose mit Verkalkungen (► D);
  - Toxoplasma-Pseudozysten (S. 277, ► D1).
- ***Verschluß-Hydrozephalus***;
- ***Chorioretinitis toxoplasmotica:*** mit Eosinophilen und unreifen Blutzellen.

Lues connata

Pathogenese s. S. 262. Infektionsweg ausschließlich transplazentar.

Fetale Syphilis: Intrauteriner Fruchttod mit auffälliger Mazeration.

Frühe Säuglingssyphilis: Bullös-flächenhafte Hautabhebung = Pemphigus neonatorum.

Späte Säuglingssyphilis: Fibrosierende Organentzündungen →

Klinik und Morphologie:
- ***Feuersteinleber:*** Interstitielle Fibrose (► E1) mit Auseinanderdrängung der Leberzellbalken (► E2) und eingestreuten lymphohistiozytären Granulomen (= miliare Syphilome; ► E3); daneben noch vereinzelte Blutbildungsherde.
- ***Pneumonia alba:*** Lympho-histio-plasmozytäre interstitielle Pneumonie mit weißer Schnittfläche.
- ***Osteochondritis luica:*** Mazerationsbeständige Verbreiterung der Epiphysenfugen infolge einer ineffektiven Knorpelresorption → dadurch: direkte perizelluläre Knorpelverkalkung in Form einer sog. Kalkgitter-Bildung (► F).

Schulkindsyphilis (= Lues tarda): Bei Überleben der Infektion treten geschwürig zerfallende Gummen im Skelettsystem, den Schleimhäuten, der Haut, der Leber, der Halslymphknoten und im Gehirn auf.

Klinik und Morphologie:
- ***Hutchinson-Zähne:*** Im bleibenden Gebiß: tonnenförmige Mißbildung der oberen Schneidezähne.
- ***Säbelscheidentibia*** aufgrund der Osteochondritis luica.
- ***Sattelnase*** (= eingesunkener Nasenrücken) aufgrund von entzündlich-gummöser Nasenskelettzerstörung.

Merke: *Hutchinson-Trias:*
- Keratitis parenchymatosa des Auges,
- Labyrinthtaubheit,
- Zahnschäden.

Zusammengefaßt läuft das Entwicklungswachstum in folgenden Phasen ab:
- Blastenzellen (noch nicht differenziert) →
- Zellmigration →
- Zellproliferation → Differenzierung.

Den gleichen Schritten begegnen wir beim Regenerations- und Tumorwachstum. Deshalb bestehen zwischen Keimentstehung (Ontogenese) und Tumorentstehung (Tumorigenese) oft fließende Übergänge. Die Regeneration und die Tumorigenese werden im nächsten Abschnitt besprochen.

A Fetopathia diabetica

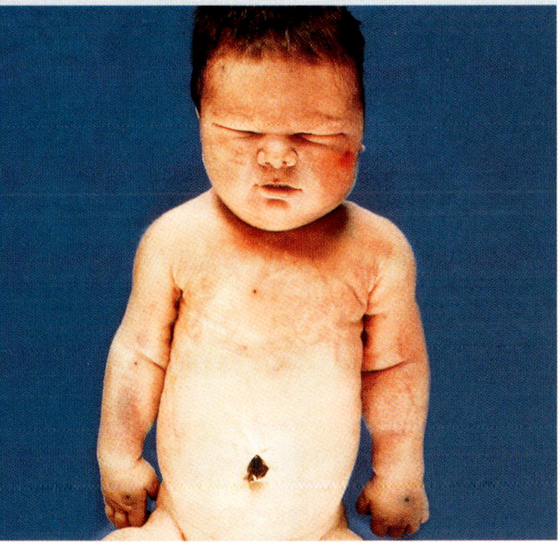

B Listerioseleber

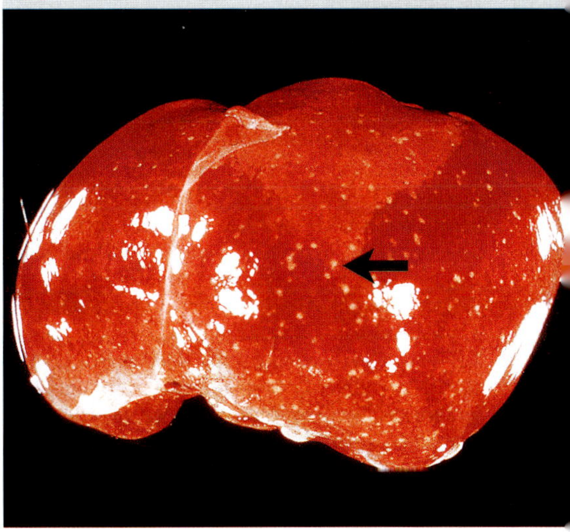

C Encephalitis toxoplasmotica
50x

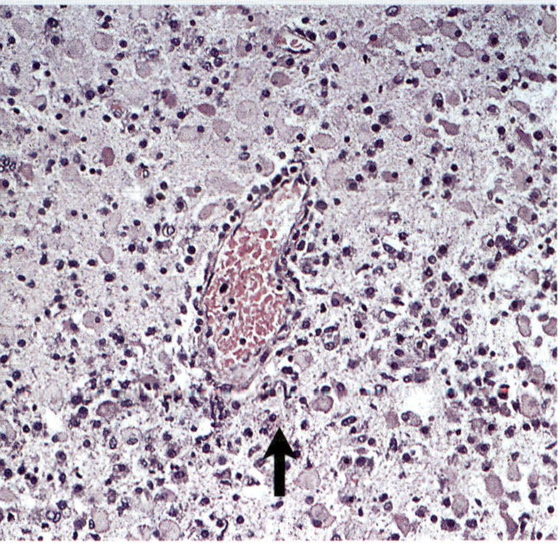

D Encephalitis toxoplasmotica
25x

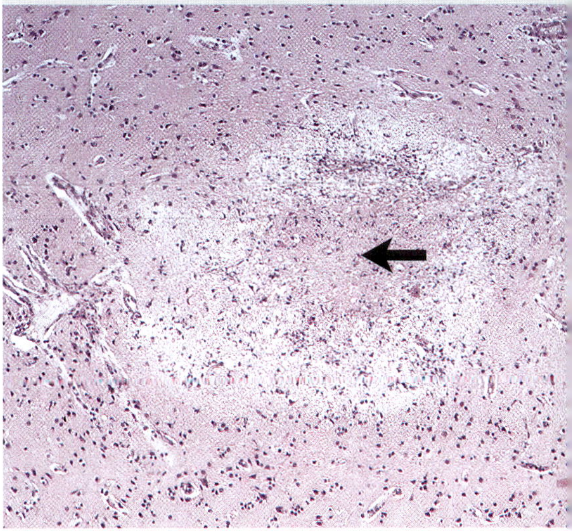

E Luische Feuersteinleber
30x

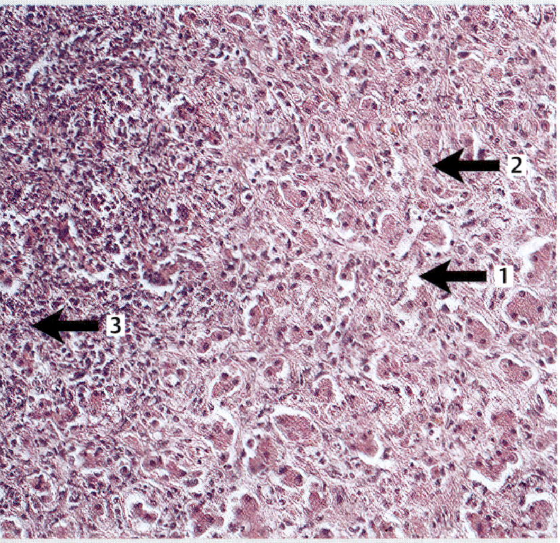

F Osteochondritis luica
25x

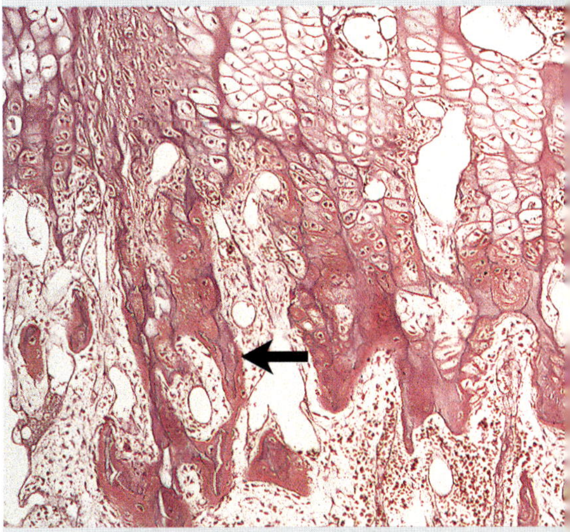

21 Regeneration

Wie Schäden wieder ausgebessert werden

Zusammenfassung

Aus biologischer Sicht wird hier das Thema „Proliferation und Differenzierung" des vorangegangenen Fehlbildungskapitels moduliert. Es lautet jetzt: „Entdifferenzierung, Proliferation und Differenzierung" und befaßt sich mit dem Ersatz von verlorengegangenem Gewebe.

▶ **Regeneration:** Die Regeneration eines Gewebes erfolgt nach den gleichen Mechanismen, die auch während der Ontogenese Wachstum und Differenzierung steuern. Dies sind die Zellkontaktmechanismen sowie die Protoonkogene, Wachstumsfaktoren und Suppressorgene. Dadurch kann ein Gewebsdefekt entweder vollständig mit dem ursprünglichen Gewebe oder durch Ersatzgewebe „repariert" werden. Dieser Vorgang läßt sich am Beispiel der Wundheilung verfolgen. Sie stellt gewissermaßen eine „alterative", d. h. schädigungsbedingte Entzündung dar, die als exsudative Entzündungsreaktion beginnt und entweder direkt abheilt (per primam-Heilung) oder bei größeren Defekten in eine granulierende Entzündungsreaktion übergeht, um schließlich unter Zurücklassung von narbigem Ersatzgewebe abzuheilen (= per secundam-Heilung). In etwas abgewandelter Form gilt dieses Wundheilungsprinzip auch für Knochenfrakturen und Organwunden.

▶ **Metaplasie:** Bei mehrfach sich wiederholenden Gewebeschäden wird während der Regeneration die Differenzierung des Gewebes adaptativ modifiziert, so daß das ehemalige Muttergewebe in ein anders differenziertes Gewebe umgewandelt wird (= Metaplasie), das „mehr aushält". Ein solcher Prozeß kann von den Stammzellen oder von ausdifferenzierten Zellen eines Gewebes ausgehen.

▶ **Heteroplasie:** Im Rahmen von Gewebsverletzungen kommt es gelegentlich auch zu Verschleppungen von ausgereiftem Gewebe an einen anderen Ort, wo es nach erfolgter Abheilung zu tumorartigen Läsionen heranwächst.

▶ **Tumorartige Läsionen:** Im Rahmen einer Gewebeschädigung kann der Regenerationsprozeß herdförmig ausufern, so daß eine Geschwulst entsteht, die aber nach Wegfall des Auslösereizes rückbildungsfähig ist. Damit wird deutlich, daß die Vorgänge „Regeneration und Tumorigenese" ineinander übergehen können.

Regeneration

Abkürzung: RG = Regeneration

Allgemeine Definition: RG = Ersatz für verlorengegangenes Gewebe.

Die RG-Fähigkeit eines Organs nimmt mit dem Alter und der Größe des Gewebedefekts ab. Außerdem bestehen gewebstopographische Regenerationsunterschiede (gute RG an den kraniokaudalen Polen). Die Massenkonstanz von gesunden Organen und Geweben ist die Resultante aus folgenden physiologischen Mechanismen:

- ***Zellneubildung:*** Sie beruht auf dem Vorgang der Zellproliferation. Durch proliferationsfördernde und -hemmende Faktoren kann sich der Organismus an die jeweiligen Anforderungen anpassen.
- ***Zellverlust:*** Steuerung über den programmierten Zelltod (Apoptose; S. 128, 132).

Orthologie: Je nach Teilungsfähigkeit, Ausreifung und funktioneller Kompetenz lassen sich die Zellen eines postnatalen menschlichen Gewebes folgenden Kompartimenten zuordnen:

- ***Stammzellkompartiment:***
  Biologische Funktion: „Arterhalt" eines Gewebes. Es besteht aus pluripotenten und teilungsfähigen Zellen (= intermitotische Zellen). Ein Teil davon wird durch „Mobilisierungsfaktoren" in das Proliferationskompartiment und somit von der G0- in die G1-Phase des Zellzyklus überführt, der andere Teil der Zellen bleibt dem Stammzellkompartiment in der G0-Phase erhalten und ist gelegentlich als germinative Zellschicht erkennbar.
- ***Proliferationskompartiment:***
  Biologische Funktion: rascher Zellnachschub. Es besteht aus intermitotischen Zellen mit kurzer Generationszeit → koordinierte Zellvermehrung → sukzessive Differenzierung.
- ***Differenzierungskompartiment:***
  Biologische Funktion: Gewebeausreifung.
- ***Funktionskompartiment:***
  Biologische Funktion: Gewebefunktion. Es besteht aus ausgereiften, teilungsunfähigen (= postmitotischen) Zellen in organ- bzw. gewebetypischer Anordnung.
- ***Absterbekompartiment:***
  Biologische Funktion: „Zellausmerzung". Apoptose schadhafter alter Zellen (S. 128, 132).

! **Merke:** Differenzierungs- und RG-Fähigkeit eines Gewebes verhalten sich umgekehrt proportional.

Je nachdem, ob in einem Gewebe die Proliferation oder die Funktion dominiert, unterscheidet man nachstehend aufgeführte Gewebe:

Abkürzung: RG = Regeneration

Erneuerungsgewebe:
Biologische Funktion: Gewebe aus locker aggregierten Zellen unterschiedlicher Differenzierung mit geringer Adaptationsfähigkeit → hohe Anfälligkeit gegenüber subletalen Schädigungen → hohe RG-Bereitschaft.

Aufgrund ihres hohen Zellverschleißes ist bei diesen Geweben das Proliferationskompartiment größenmäßig an das Absterbekompartiment angepaßt. In diesen Geweben ereignen sich daher am häufigsten „genetische Unfälle" sozusagen mit „Tumorfolge".

Vorkommen:
- hämato- und lymphopoetisches System;
- Haut- und Schleimhautepithelien.

Stabile Gewebe:
Biologische Funktion: Komplex aufgebaute Gewebe aus langlebigen Zellen mit physiologischerweise geringer Verlust- und Proliferationsrate → hohe Stoffwechselleistung und/oder Funktionskonstanz. Die Adaptationsbereitschaft ist groß → bei subletaler Zellschädigung resultiert eine Hypertrophie und Hyperplasie, bei letaler Zellschädigung eine Gewebe-RG.
Diese Gewebe bestehen aus potentiell teilungsfähigen Zellen (= reversibel postmitotische Zellen). Dementsprechend ist unter physiologischen Bedingungen das Proliferations- und Differenzierungskompartiment klein und das Funktionskompartiment groß.

Vorkommen:
- Leber- und Nierenepithelien;
- exo- und endokrine Epithelien;
- Binde- und Stützgewebszellen;
- glatte Muskelzellen.

Ruhegewebe:
Biologische Funktion: Hochkomplex aufgebaute Gewebe aus langlebigen Zellen mit physiologischerweise geringer Verlustrate und ohne Proliferationsrate → lebenswichtige Funktionskonstanz. Die Adaptationsbereitschaft ist sehr groß → bei subletaler Zellschädigung resultiert eine volumetrische Hypertrophie, bei letaler Zellschädigung (v.a. Ischämie) eine numerische Atrophie, jedoch keine Gewebe-RG.
Diese Gewebe bestehen aus teilungsunfähigen Zellen (= irreversibel postmitotische Zellen). Dementsprechend findet sich in ihnen sowohl unter physiologischen als auch pathologischen Bedingungen weder ein Proliferations- noch ein Differenzierungskompartiment; sie bestehen nur aus einem sehr großen Funktionskompartiment und einem kleinen Absterbekompartiment.

Vorkommen:
- ZNS-Ganglienzellen;
- Herz- und Skelettmuskelzellen.

> **!** **Merke:** Bösartige Tumoren der *Erneuerungsgewebe* sind die häufigsten Krebsformen:
> - Epidermis → Hautkrebse,
> - Bronchialschleimhaut → Lungenkrebse,
> - Darmschleimhaut → Darmkrebse,
> - Schleimhaut des Gebärmutterhalses → Zervixkrebs,
> - Hämatopoese → Blutkrebse.

> **!** **Merke:** Die Tumorhäufigkeit eines Gewebes ist proportional zu dessen Proliferationsrate. *Ausnahme: Dünndarmschleimhaut* mit hoher Proliferationsrate und geringer Karzinomhäufigkeit.
>
> **Merke:** Bösartige Tumoren der stabilen Gewebe gehören zu den seltenen Krebsformen.

Der Ersatz verlorengegangenen Zellmaterials wird bei der RG durch nachstehend aufgeführte Mechanismen gesteuert. Sie spielen auch bei der Gewebevermehrung in der Ontogenese eine zentrale Rolle.

Regulationsmechanismen

Orthologie: Der Ersatz von verlorengegangenem Zellmaterial wird bei der RG durch ähnliche Mechanismen gesteuert wie bei der Gewebevermehrung in der Ontogenese (S. 295).

Zellkontaktmechanismen: Wenn ein Gewebeverlust durch eine regeneratorische Proliferation wieder wettgemacht werden soll, müssen sich die zur Teilung (wieder) fähigen Zellen vorher aus dem Gewebeverband lösen und in die zu schließende Gewebelücke wandern. Diese Rolle übernehmen „Streufaktoren" („scatter factors"), die gleichzeitig als Migrationsfaktoren die Zellwanderung lenken.

Proliferationsfaktoren: Hierher gehören, je nach Organ und Gewebe, neben bestimmten Hormonen (Geschlechtshormonen) und Vitaminen (A, B_{12}, Folsäure) auch die Protoonkogene (S. 295, 322) und die Wachstumsfaktoren (S. 296, 321).

Proliferationsinhibitoren: Sie dämpfen die Wirkung der Wachstumsfaktoren und Protoonkogene. Manche von ihnen sind regelrechte Gegenspieler der Protoonkogene (= Antionkogene, Suppressorgene S. 296, 324). Sie fungieren teilweise als Differenzierungsfaktoren und fördern damit die Zellausreifung.

> **!** **Merke:** Die *Regeneration* wird durch die gleichen Mechanismen reguliert wie das Entwicklungs- und Tumorwachstum.

Physiologische Regeneration

Definition: Ersatz von Zellen oder Geweben im Rahmen des normalen „Verschleißes".

Einmalige Regeneration: Einmaliger Ersatz einer Zell- oder Gewebeart während des Lebens.

Beispiel: Ersatz des Milchgebisses durch das bleibende endgültige Gebiß.

Zyklische Regeneration: RG eines Gewebes in bestimmten, zeitlich festgelegten Abständen.

Beispiel: Endometrium nach Menstruation.

Permanente Regeneration: In zahlreichen Geweben geht fortwährend Gewebe zugrunde, das permanent ersetzt werden muß (= Mausergewebe). Dies trifft auch für die Gewebe mit reversibel postmitotischen Zellen zu, ist aber in diesen Geweben aufgrund der langen Lebensdauer nicht so auffällig.

Beispiel: Epithel der Darmschleimhaut.

Pathologische Regeneration

Synonym: Reparative Regeneration
Abkürzung: RG = Regeneration

Allgemeine Definition: RG von Defekten in einem Zellsystem oder Gewebe, die durch Zellschädigung entstanden sind.

Vollständige Regeneration

Definition: RG der gewebespezifischen Zellen nach einem Gewebedefekt mit Wiederherstellung der normalen Histoarchitektur des Ausgangsgewebes.

Pathogenese: Eine vollständige RG ist nur unter folgenden Bedingungen möglich:

- Defekt im Mausergewebe oder stabilen Geweben;
- Schadensbegrenzung auf organspezifische Zellen;
- Unversehrtheit der epithelialen Basalmembran und/oder des perivaskulären Bindegewebegerüsts als ursprüngliche Stromastruktur.

Beispiel: Die vollständige RG der amputierten linken Scheren eines Flußkrebses im Häutungspräparat (► A, B).

Unvollständige Regeneration

Definition: Heilung von Gewebsdefekten durch die Bildung von Ersatzgewebe.

Vorkommen: Bei Wunden und größeren Nekrosen.

Pathogenese: Eine unvollständige RG tritt unter folgenden Bedingungen auf:

- Untergang von irreversibel postmitotischen Zellen in Ruhegeweben;
- Ausdehnung des Gewebedefekts auf die Basalmembran und die Stromastruktur.

Wundheilung

Definition: Abheilung einer mit Substanzverlust einhergehenden Zusammenhangstrennung von Geweben (= Wunde) unter Bildung eines Ersatzgewebes (= Granulations-, später Narbengewebe).

Ätiologische Faktoren:
- *mechanisch* (z. B. Schnittwunde),
- *ischämisch* (z. B. Infarkt),
- *entzündlich* (z. B. Abszeß).

Pathogenese (► C):
- *Verwundung:* (Rhexis-)Blutung,
- *provisorischer Wundverschluß:* Blutgerinnselbildung → Blutstillung,
- *Mediatorgenerierung:* Aufgrund der Nekrose im Wundrandbereich kommt es zur Generierung von Mediatoren. Folgen davon sind:
  - Exsudation: Permeabilitätssteigerung (S. 196) → Wundexsudat, Wundrandödem → „Wundbettsäuberung";
  - Chemotaxis (S. 200): Granulozyten-, später auch Makrophagen werden angelockt;
  - Infektabwehr, Nekroseabraum.
- *Proliferationssignale:* Thrombozyten und Histiozyten bilden Wachstumsfaktoren (PDGF = „platelet derived growth factor", MDGF = „macrophage derived growth factor") für Fibroblasten und Endothelzellen. Dadurch:
- *Bildung von Granulationsgewebe:* Vom Wundrand her wächst ein kapillarreiches Mesenchym ein (S. 224). Es wird von zahlreichen Fibroblasten begleitet. Danach:
- *Narbengewebe:* Reifung der Fibroblasten → Produktion von kollagenfaserreichem Bindegewebe →
- *definitiver Wundverschluß.*

Hautwundheilung

Wundheilungsformen:

Aus klinischer Sicht unterscheidet man folgende 3 Formen:

Primäre Wundheilung:
= Heilung per primam intentionem[1].

Pathogenese: Liegen glatte (nicht geschädigte!) Wundränder eng aneinander → direkter, rascher Wundschluß ohne Bildung eines Granulationsgewebes.

Wundheilung unter dem Schorf

Pathogenese: Abdeckung eines oberflächlichen, meist kleineren Hautdefekts durch fibrinreichen Schorf → Schutz der Wunde vor Austrocknung und Infektion. Nach Reepithelialisierung des ehemaligen Wundbezirks löst sich der Schorf ab.

Sekundäre Wundheilung:
= Heilung per secundam intentionem.

Pathogenese: Sind die Wundränder durch einen Gewebsdefekt voneinander getrennt (z. B. infizierte Rißquetschwunde) → temporäre Überbrückung des Defekts durch Granulationsgewebe → Vernarbung.

Alle 3 Heilungsformen von Hautwunden laufen in folgenden Phasen ab:

Zur Rekapitulation: „exsudative und granulierende Entzündung" (S. 196, 226).

1 per primam (secundam) intentionem, lat. = im ersten (zweiten) Anlauf

A Vollständige Regeneration (nach 4 Monaten)

B Vollständige Regeneration (nach 10 Monaten)

C Wundheilungsschritte

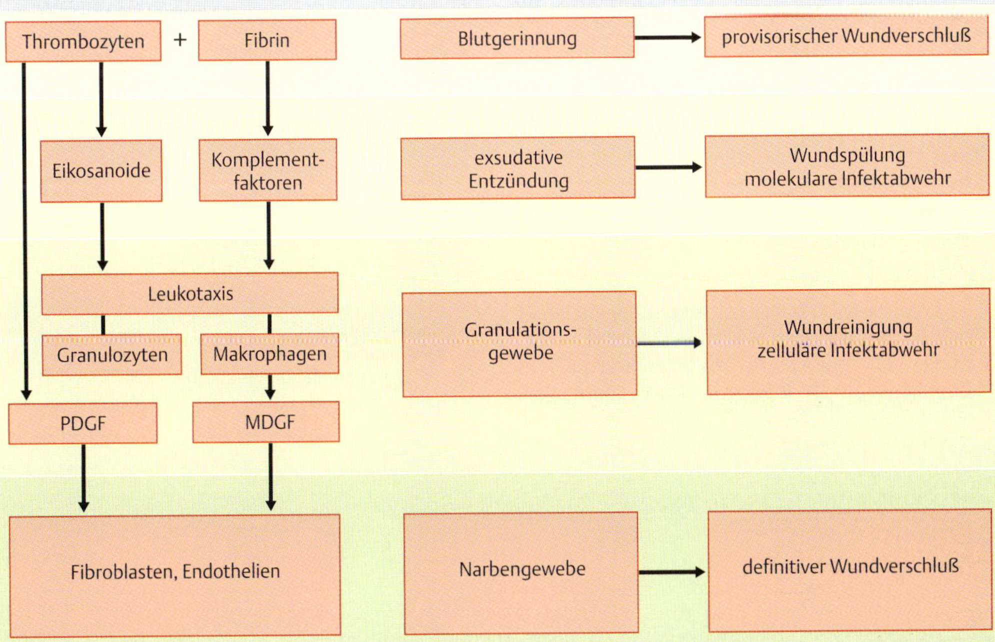

Wundheilungsphasen:

Exsudative Phase: Gewebeschädigung mit Gewebsdefekt, Gefäß- und Lymphspaltenverletzung → serofibrinöses Wundsekret → Fibrinogen des Wundsekrets gerinnt in der thrombokinasereichen Wunde zum Wundschorf (► A, E).

Bildhafte Funktion: provisorischer Wundverschluß mit „Sofortkleber".

Daneben löst die Gewebeschädigung eine alterative exsudative Entzündungsreaktion aus → lokale Generierung von Entzündungsmediatoren (S. 202) → Hyperämie im Randbereich der Wunde → Wundrandödem → Abpressung eines serofibrinösen Exsudats mit Immunglobulinen ins Wundbett.

Bildhafte Funktion: Säuberung des Wundbetts mit molekularer Infektabwehr.

Resorptive Phase: Nach einem Intervall von 6 Stunden wandern neutrophile Granulozyten, nach 12 Stunden auch Histio- und Lymphozyten ins Wundgebiet ein (► B). Folge: Abtöten, Auflösen und Abräumen von Keimen sowie Beseitigung von Gewebetrümmern.

Bildhafte Funktion: zelluläres Räumkommando als zelluläre Infektabwehr.

Proliferative Phase: Am Ende der Entzündungsphase (ca. 3. Tag) wird allmählich unter dem Einfluß thrombo- und makrophagozytärer Wachstumsfaktoren (TGFβ, PDGF, VEGF; S. 320) ein kapillarreiches Granulationsgewebe mit zahlreichen Fibroblasten gebildet (► C).

Bildhafte Funktion: Straßenbau-Kommando.

Seine Kapillaren und Fibroblasten dringen ins Wundgebiet vor → Fibroblasten geben im Wundrandbereich Streufaktoren ab (= „scatter factors") → „Losbinden der Epidermiszellen aus ihrer Fesselung im Epithelverband" → Epidermiszellen wandern amöboid entlang der Wundränder (= epitheliale Migration) und proliferieren (► F) unter dem Einfluß thrombo- und makrophagozytärer Wachstumsfaktoren, bis der Epitheldefekt gedeckt ist (► G).

Bildhafte Funktion: Wundverschluß durch zelluläre „Abdeckfolie".

Reparative Phase: Ist der Gewebsdefekt durch Granulationsgewebe geschlossen → Bildung von reißfestem, kollagenfaserreichem Bindegewebe → dadurch wird ehemaliges Wundareal mechanisch stabil und vernarbt (► D). Sobald das ehemalige Wundgebiet reepithelialisiert ist, stoppt die Epithelproliferation (► H) infolge epithelialer Kontaktinhibition (S. 321).

Bildhafte Funktion: definitiver Wundschluß, Abzug der „Entzündungszell-Kolonne".

> **Merke:** *Prinzip „epidermale Wundheilung":*
> - Epithelreservezellen → „Entdifferenzierung",
> - Epithelmigration → „Zellauswanderung",
> - Zellvermehrung → „Proliferation",
> - Proliferationsbeendigung → „Suppression".

> **Merke:** Jede Wundheilung verläuft auch ohne Infektion über eine Entzündungsreaktion.

Hautwundheilung – **Komplikationen:**
Sie gehen auf folgende prädisponierende Faktoren zurück:
- Wundverunreinigung durch Fremdkörper,
- Diabetes mellitus (S. 78),
- Hypercortisolismus (S. 122),
- Durchblutungs-, Blutgerinnungsstörung,
- Proliferationshemmung (Zytostase, Alter).

Wundruptur: Sie folgt meist auf eine Wundinfektion.
Serom: Es entsteht durch Anfüllung eines größeren Hohlraums im Wundbereich mit Blut, Serum und Lymphe → Behinderung der Wundheilung.
Traumatische Epidermiszyste: Sie ist die Folge einer Verschleppung germinativer Epidermiszellen in die Wundtiefe.
Granulom: Um nicht resorbierbare Fremdkörper, wie Handschuhpuder und Nahtfäden, sowie um nekrotisches Fettgewebe bilden sich Fremdkörper- bzw. Lipophagengranulome (S. 236).
Caro luxurians (= wildes Fleisch): Es wird mehr Granulationsgewebe gebildet als zur Defektüberbrückung eigentlich erforderlich ist → Behinderung der Wundheilung. *Vorkommen:* v. a. im Gingivabereich als Epulis granulomatosa und im Hautbereich als Granuloma teleangiectaticum (pyogenicum).
Keloid: Die überschießende Narbenbildung dehnt sich über den Wundbereich hinaus auf die angrenzende Haut aus (*Vorkommen*: v. a. bei der farbigen Bevölkerung). Die Keloidbildung wird auch heute noch im Rahmen der rituellen Skarifizierung (Kultnarben) in schriftlosen Kulturen genutzt. Bei der *hypertrophen Narbe* beschränkt sich der Vernarbungsexzeß nur auf das Wundgebiet.
Chronische Wunde: Sie resultiert aus
- Gewebesequestern im Wundgebiet,
- vorbestehender Vernarbung,
- Tbc-Infektion,
- Bestrahlung,
- Nervenschädigungen.

Später: Tumorentstehung möglich.

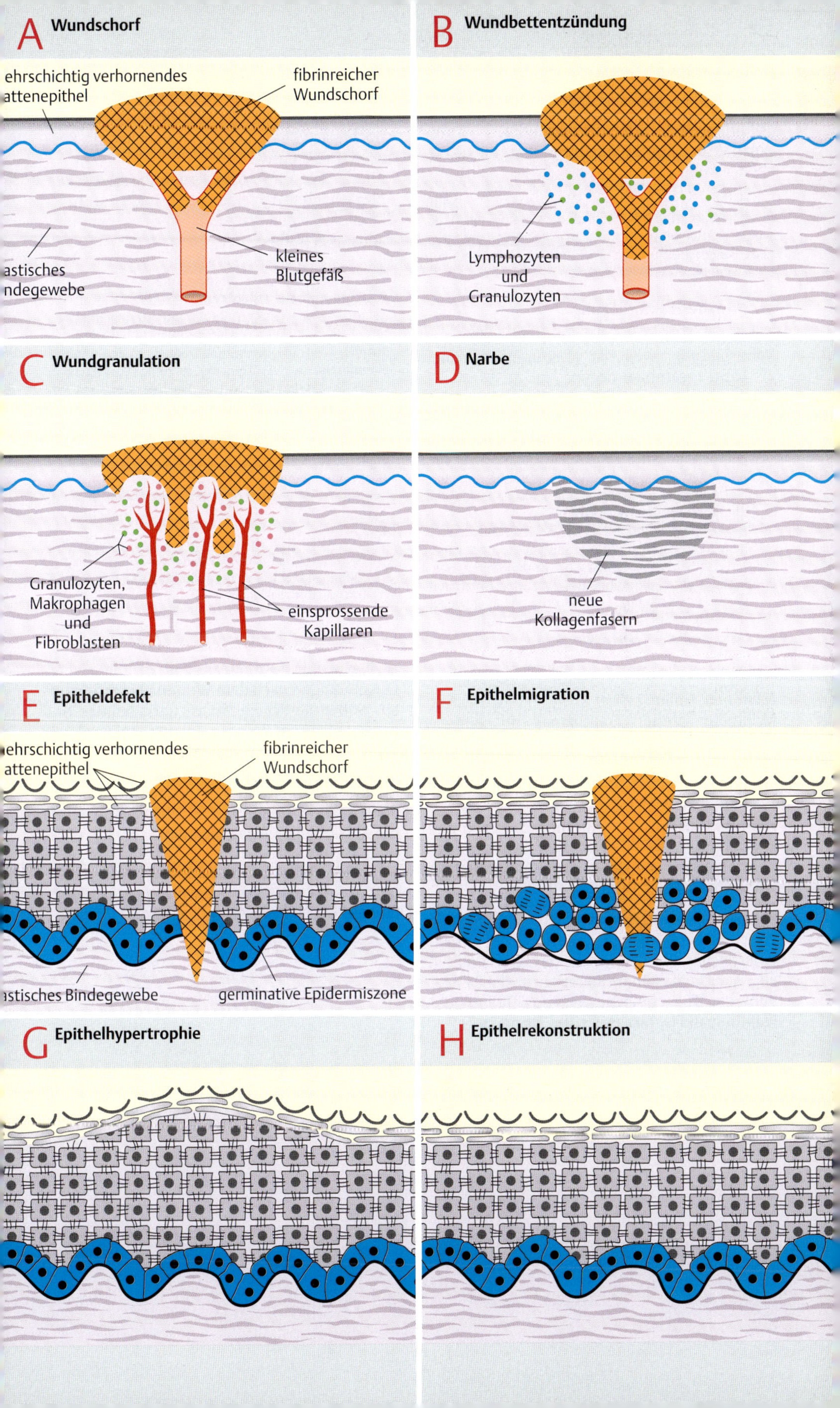
A Wundschorf
ehrschichtig verhornendes
attenepithel
fibrinreicher
Wundschorf
astisches
ndegewebe
kleines
Blutgefäß
B Wundbettentzündung
Lymphozyten
und
Granulozyten
C Wundgranulation
Granulozyten,
Makrophagen
und
Fibroblasten
einsprossende
Kapillaren
D Narbe
neue
Kollagenfasern
E Epitheldefekt
ehrschichtig verhornendes
attenepithel
fibrinreicher
Wundschorf
astisches Bindegewebe
germinative Epidermiszone
F Epithelmigration
G Epithelhypertrophie
H Epithelrekonstruktion

Knochenfrakturheilung

Abkürzung: KF = Knochenfraktur

Definition: Voll- oder unvollständige (= Grünholzfraktur) Kontinuitätstrennung eines Knochengewebes.

Die Heilung einer derartigen „Knochenwunde" verläuft je nach Adaptation der Wundränder (wie bei der Hautwunde) entweder per primam oder secundam intentionem. Folgerichtig unterscheidet man eine primäre von einer skundären Frakturheilung.

Primäre Frakturheilung

Allgemeine Definition: Heilung einer KF ohne Kallusbildung, weil die Frakturenden näher als 1mm zusammen liegen.

Je nach Adaptation des Frakturspalts kommt dieser KF-Typ in folgenden 2 Formen vor:

– ***Kontaktheilung:*** *Pathogenese:* Die beiden Frakturenden berühren sich gegenseitig → die bereits vorhandenen Osteone (► A2, B2) bohren sich wie Holzwürmer senkrecht zum Frakturspalt durch die Frakturenden (► A1, B1).
– ***Spaltheilung:*** *Pathogenese:* Die beiden Frakturenden liegen weniger als 1 mm auseinander → ein kapillarreiches Mesenchym wächst in den engen Frakturspalt ein → Bildung eines parallel zum Frakturspalt angeordneten, lamellären Knochengewebes → später: Ersatz durch quer zum Frakturspalt (► C1) verlaufende Osteone (► C2).

Sekundäre Frakturheilung

Definition: Heilung einer KF bei einem mehrere Millimeter breiten Frakturspalt mit Bildung eines vorübergehenden Ersatzgewebes (= Frakturkallus).

Heilungsphasen (► E – H)

Frakturhämatom: KF → Blutung zwischen den Frakturenden (► E). An den Frakturenden wird eine schmale Gewebezone nekrotisch → Verbreiterung des Frakturspalts.

Bindegewebiger Kallus: Aus dem umgebenden Weichteil- und Knochengewebe sproßt ein kapillarreiches Mesenchym in das KF-Hämatom ein → Fibroblastenproliferation in der Umgebung der KF → bindegewebige Auffüllung des Frakturspalts (= provisorischer Kallus; ► F).

Knöcherner Kallus: Aus diesem stark vaskularisierten jungen Bindegewebe bildet sich ein Faserknochen (► G), der sich in ein lamelläres Knochengewebe (definitiver knöcherner Kallus: ► D, H) umwandelt.
Je nach Lage und Ausgangsgewebe des Kallus unterscheidet man einen periostalen, intermediären (zwischen Frakturenden gelegenen) und endostalen Kallus.

> **+** Knochenfrakturen – **Komplikationen:**
> ***Posttraumatische Osteomyelitis:*** Bakterielle Besiedelung des KF-Hämatoms (v. a. bei offenen Frakturen) → Entzündung des Knochenmarks mit Übergriff auf das Knochengewebe und Periost.
> ***Pseudarthrose*** (= Fehlgelenk): Keine Ruhigstellung der Frakturenden während des Heilungsprozesses → keine Umwandlung des bindegewebigen Kallus in einen vorläufigen knöchernen Kallus → Frakturenden bleiben gegeneinander beweglich.
> ***Callus luxurians*** (= Überschußkallus): In einzelnen Fällen, vor allem bei Fistelungen nach Osteomyelitiden, bleibt der Abbau des periostalen Kallus aus.

> **!** **Merke:** *Kausale Frakturеinteilung:*
> - *traumatische KF* (nach Gewalteinwirkung);
> - *pathologische KF* (nach Bagatelltrauma): sie ist immer tumorverdächtig!

Wundheilung innerer Organe

Reversible Postmitosezellen: Hier heilen die Organwunden nach dem Wundheilungsprinzip ab, wobei die Regeneration zuerst bei den organspezifischen Zellen und erst einige Tage später bei den Stromazellen einsetzt. Im Verletzungsspalt der Organe ist das Bindegewebe der Gefäße zerstört; daher ist keine vollständige Regeneration möglich, und die Wunde wird durch Narbengewebe aufgefüllt.

Irreversible Postmitosezellen: (Herz-, Skelettmuskulatur): Der Gewebeersatz erfolgt fast nur durch bindegewebige Vernarbung.

A **Knochen:** Kontaktheilung
FM, 50x

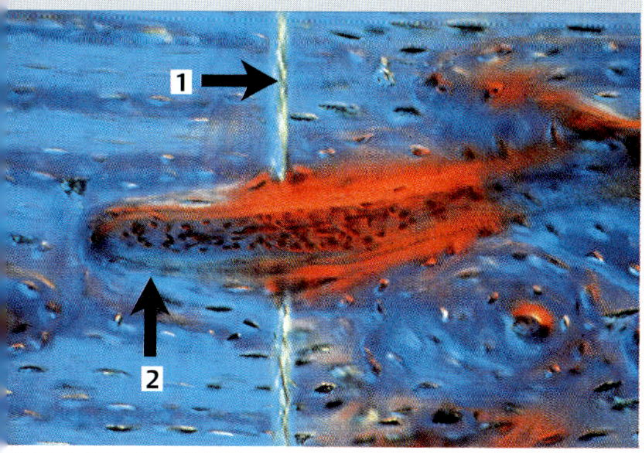

B **Knochen:** Kontaktheilung
FM, 50x

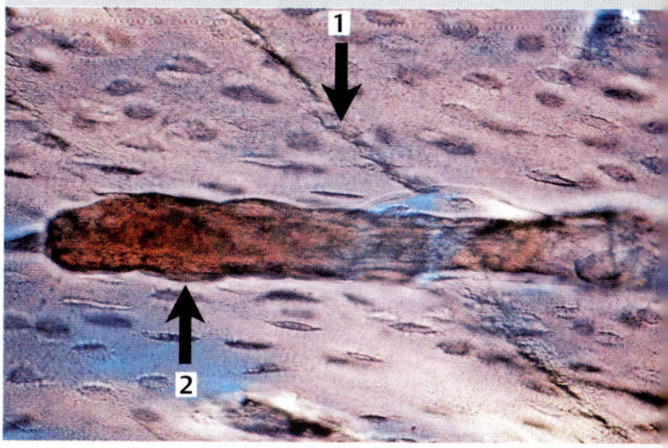

C **Knochen:** Spaltheilung
TrG, 50x

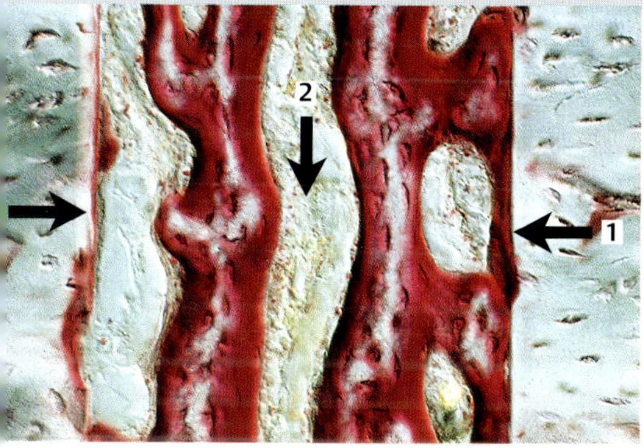

D **Knochen:** (definitiver) Frakturkallus
FM, 50x

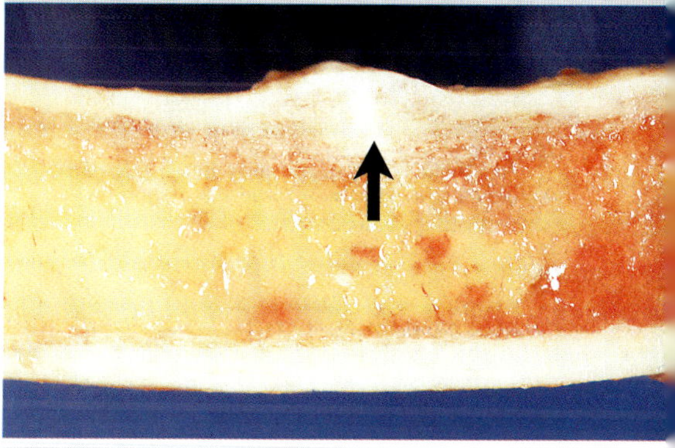

E **Frakturhämatom**

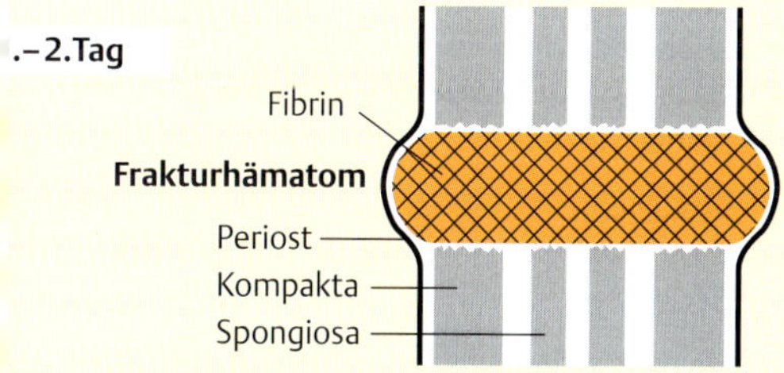

F **Provisorischer Bindegewebskallus**

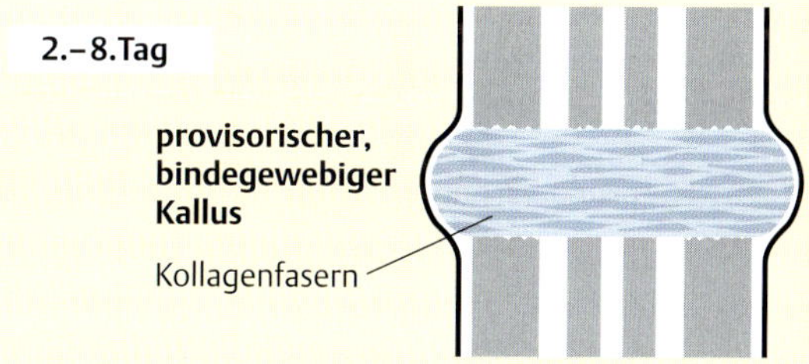

G **Provisorischer Knochenkallus**

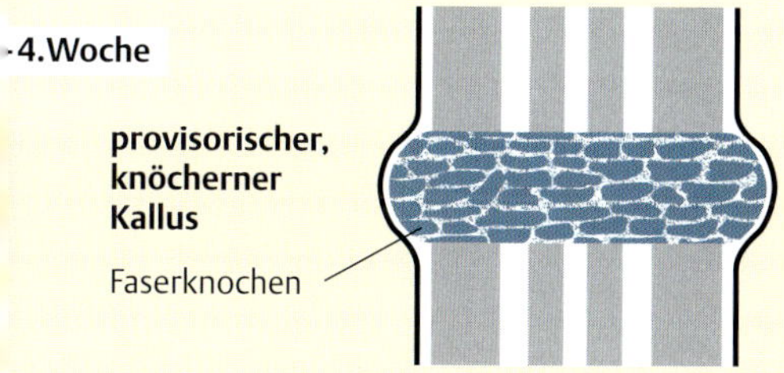

H **Definitiver Knochenkallus**

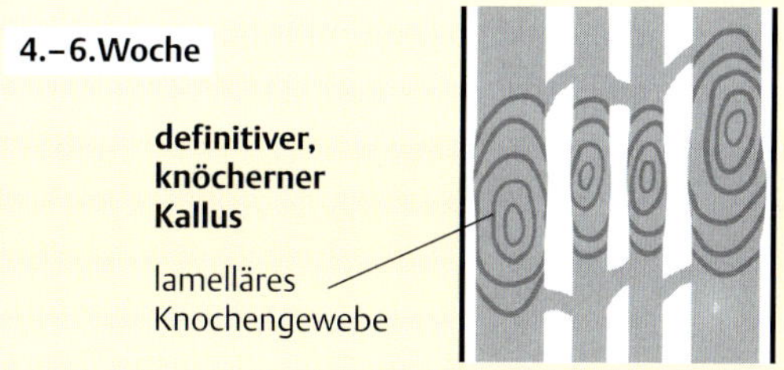

ZNS-Wundheilung

Offene Hirnverletzungen

Definition: Hirnwunde mit Kontinuitätstrennung der Dura und offener Verbindung nach außen.

Pathogenese: Penetrierende Verletzung → Subarachnoidalblutung mit perifokalem Marködem; keine Gegenstoßwirkung (s. u.); Infektionsgefahr.

Morphologie: Herdförmige Erweichung des Hirngewebes (= Kolliquationsnekrose). Nach 2 Tagen: Beseitigung der Gewebetrümmer durch Makrophagen (Lipide → Lipophagen = Fettkörnchenzellen; Blutung → Siderophagen) → es bildet sich eine braun-gelbe Resorptionszone → Proliferation der Faserglia sowie der Kapillaren samt Fibroblasten → Bildung einer gliösbindegewebigen Hirn-Dura-Narbe.

Komplikationen:
Perifokales Hirnödem → Hirndrucksteigerung → Einklemmungssymptomatik.
Früh-Meningitis (= eitrige Hirnhautentzündung); mögliche Folgen:
- *Markphlegmone* = diffuse eitrige Entzündung der Hirnsubstanz → Demarkierung durch Granulationsgewebe → Hirnabszeß und/oder
- *Eitrige Ependymitis* = eitrige Ventrikelwandentzündung → Ventrikeleinbruch →
- *Pyocephalus internus* → eitrige Aquäduktverstopfung → Okklusionshydrocephalus.

Liquorfistel (v. a. bei Frontobasaltrauma) → ***Spät-Meningitis*** mehrere Monate nach einem Trauma → Spätabszeß.
Epilepsie aufgrund von Duranarben.

Geschlossene Hirnverletzungen

Definition: Hirnverletzung ohne Kontinuitätstrennung der Dura (= Contusio cerebri = Hirnquetschung).

Pathogenese: Stumpfe Gewalteinwirkung auf den Schädel (Stoß, Schlag, Fall) → Gewaltweiterleitung an das Gehirn → Gehirnschädigung (= Stoßherd) → das Gehirn prallt auf die gegenüberliegende Schädelkalottenstelle → Rindenprellungsherd (= Gegenstoßherd) v. a. im Bereich der Hirnwindungskuppen (► A) in Form von Blutungen und einer Kolliquationsnekrose → Beseitigung der Gewebetrümmer wie bei einer offener Hirnverletzung → keilförmige Kuppendefekte mit Glianarbe und eine Verdickung der Leptomeninx mit Braunfärbung aufgrund der Ablagerung von Hämosiderin (► B).

Komplikationen:
Epilepsie aufgrund von Duranarben.
Perifokales Hirnödem (S. 428).
Apallisches Syndrom = monatelanger Dauerzustand aufgrund von Nekrosen, Ödem und Blutungen im Marklager des Großhirns mit funktioneller Ausschaltung der Großhirnrinde (Bewußtlosigkeit, Lähmung) bei intakten Hirnstammzentren (erhaltene vegetative Funktionen).
Epiduralhämatom (► E) = umschriebene Blutung zwischen Schädelkalotte und (intakter) Dura aufgrund einer Ruptur der A. meningea media bei Schädelbasisfraktur → allmähliche Hirnkompression → Hirndrucksteigerung nach kurzem symptomfreien Intervall.
Subduralhämatom (► C, D) = Blutung zwischen (intakter) Dura und Arachnoidea aufgrund einer Ruptur v. a. der Brückenvenen.
Je nach rascher, allmählicher posttraumatischer oder spontaner Entstehung unterscheidet man folgende Formen:
- *Akutes Subduralhämatom:* sofort nach Schädelhirntrauma → Hirndrucksymptomatik;
- *Chronisches Subduralhämatom:* Sickerblutung nach Bagatelltrauma → Organisation durch Granulationsgewebe → langes symptomfreies Intervall → allmähliche Hirnkompression;
- *Pachymeningiosis haemorrhagica interna* = doppelseitiges, chronisches Subduralhämatom ohne nennenswertes Trauma infolge von Mikroblutungen (Ursache unbekannt: B-Hypovitaminose?).

Wundheilung peripherer Nerven

= Regeneration des Achsenzylinders peripherer Nerven.

Pathogenese: Trauma → Unterbrechung des Axons → Axonaussprossung aus dem proximalen Nervenfaserstumpf. Ist die ursprüngliche Nervenscheide aus Schwann-Zellen noch erhalten, erreichen die Axone über sie wieder das Endorgan.

Komplikation:
Narbenneurome: Die aus dem proximalen Nervenfaserstumpf aussprossenden Axone finden keinen Anschluß an die ursprüngliche Nervenscheide → kolbenartige, wirbelförmig angeordnete Wucherung des Axon-Narbengewebes → Bildung sehr schmerzhafter Knoten (► F1); in der Peripherie manchmal Granulombildung um eingeschleppte Fremdkörper (► F2).

Merke: *Klinische Einteilung der Hirntraumen:*
- Commotio cerebri = ohne Makroläsion;
- Contusio cerebri = mit Makroläsion.

A **Gegenstoßherd** (rechts)

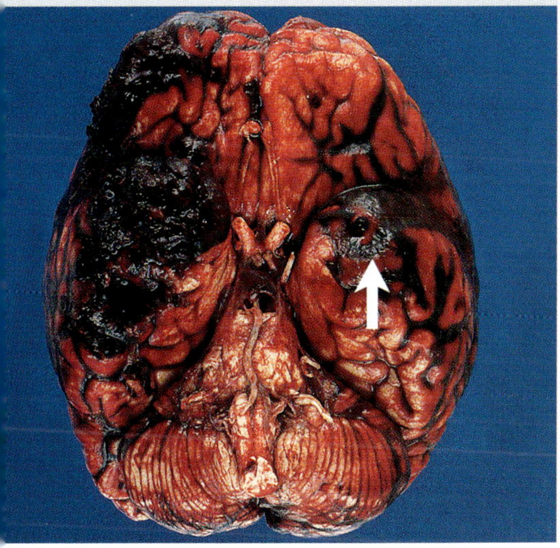

B **Durasiderose über Gegenstoßherd**

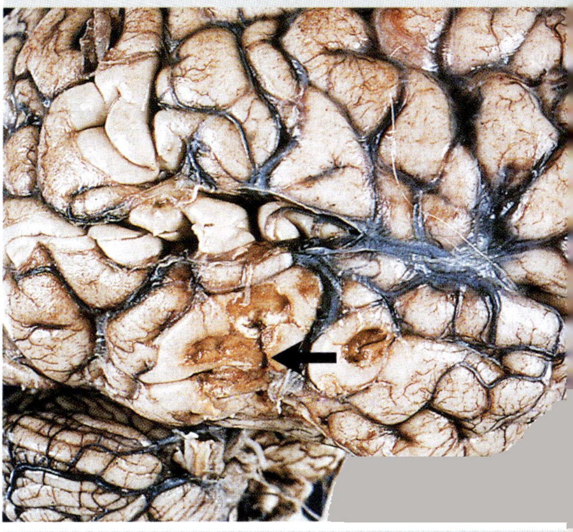

C **Subduralhämatom**

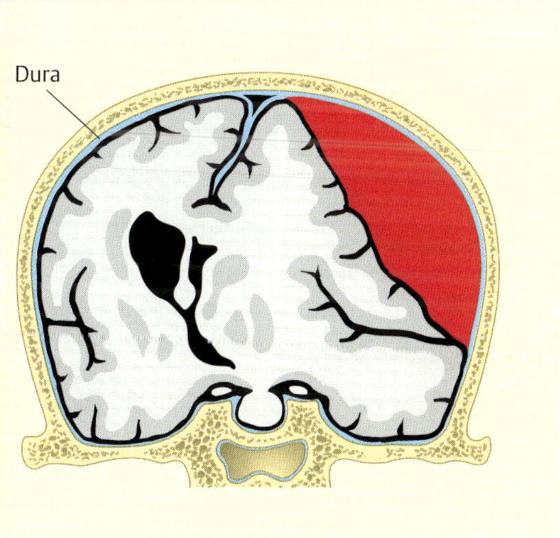

D **Subduralhämatom**

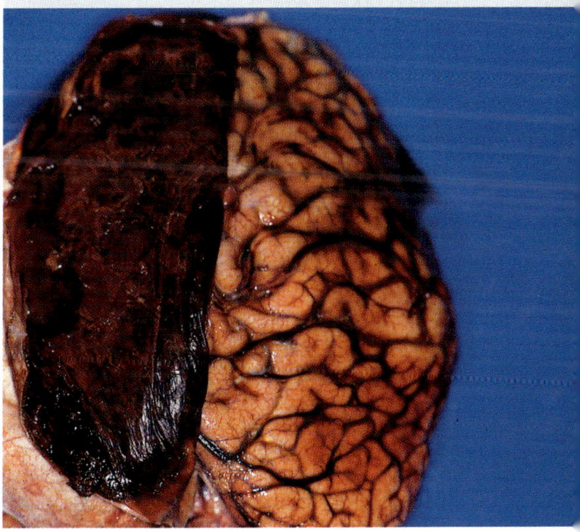

E **Epiduralhämatom**

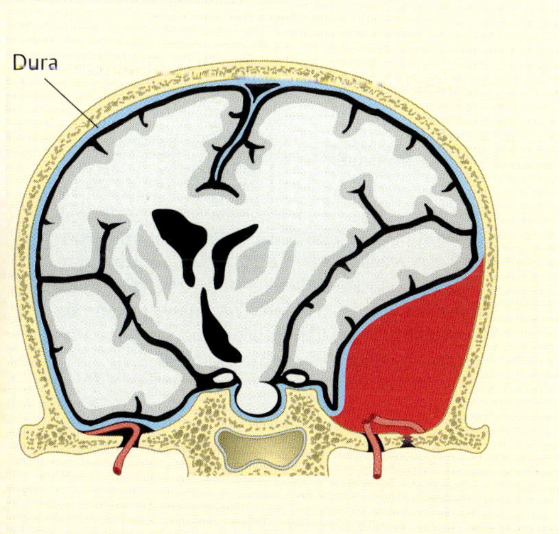

F **Narbenneurom**

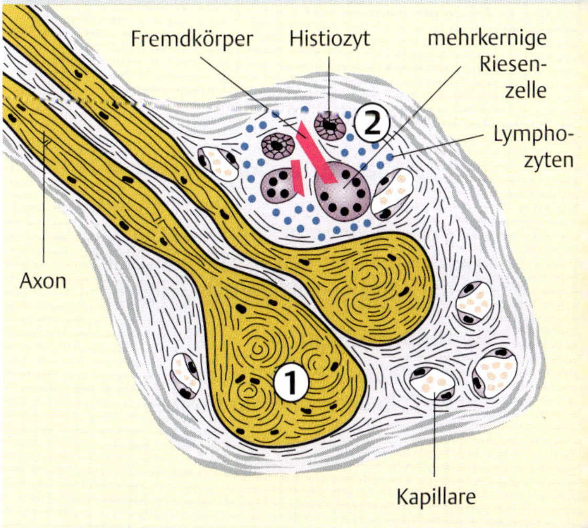

Metaplasie

Abkürzung: MP = Metaplasie

Allgemeine Definition: Umwandlung eines ausdifferenzierten Gewebes eines bestimmten Typs in ein differenziertes Gewebe eines anderen Typs.

Allgemeine Pathogenese: Grundsätzlich kann eine MP auf folgenden 3 Wegen zustande kommen:

- ***Stammzellmetaplasie:*** Ein Erneuerungsgewebe wird einer chronischen Schädigung ausgesetzt → seine Reservezellen mit „hoher prospektiver Potenz“ wandeln sich in ein physikalisch-chemisch resistenteres Gewebe um, wobei ein Teil seiner ursprünglichen Funktionen verlorengeht.
- ***Direkte Metaplasie:*** Ausdifferenzierte Zellen wandeln sich ohne Zellteilung in ausdifferenzierte Zellen eines anderen Typs um.
- ***Indirekte Metaplasie*** (selten!): Ausgangspunkt sind ausdifferenzierte Zellen, die sich nach Proliferation über eine Zwischenstufe in eine andersartige Zelle umwandeln.

Epitheliale Metaplasien

Plattenepithelmetaplasien

Respiratorisches Flimmerepithel (► B1): Chronische Sinubronchitis → Becherzellhyperplasie (frühere Bezeichnung: Becherzell-MP; ► A) → dickere Schleimschicht → Schutz des Epithels. Bei Entzündungspersistenz → Plattenepithel-MP, da Plattenepithel Noxen gegenüber robuster ist (► B2).

Mehrreihiges Zylinderepithel: Chronische Zervizitis, Cholezystitis → Plattenepithel-MP.

Glanduläres Zylinderepithel: Chronische Entzündung und/oder verstärkte Östrogeneinwirkung → Plattenepithel-MP der glandulären Zylinderepithelien v. a. von Endometrium und Prostata (► C).

Urothel: Chronische Urozystitis (v. a. Urolithiasis, S. 138; Schistosomiasis, S. 280) → Plattenepithel-MP.

Intestinale Metaplasie

Chronische Gastritis → Magenschleimhaut-MP mit Entwicklung von Dünndarmcharakteristika wie Bürstensaum (alkalische Phosphatase, Mikrovilli), Becher- und Paneth-Zellen (► D).

Urothelmetaplasie

Umwandlung z. B. des prostatischen, urethranahen Zylinderepithels in Urothel.

Mesenchymale Metaplasien

- ***Kompression*** → Mesenchymtransformation in Hyalinknorpel;
- ***Dehnung*** → Mesenchymtransformation in Sehnengewebe;
- ***Elastische Verformung*** → Mesenchymverknöcherung.

> **Merke:** *Metaplasieregel:*
> MP ≠ obligate Präkanzerose (eine MP ist gelegentlich bei Noxenpersistenz eine fakultative Präkanzerose).

Heteroplasie

Allgemeine Definition: Auftreten von nicht neoplastischem Gewebe an einem Ort, wo es normalerweise nicht vorkommt, durch nicht reversible Gewebeversprengung oder -verschleppung.

Gewebeversprengung

Definition: Frühontogenetische Verlagerung von Gewebe an einen falschen Ort (= Choristie).

> **Vorkommen:**
> - *Pankreasgewebe* im Magen oder in Meckel-Divertikeln;
> - *Magenschleimhaut* im Ösophagus oder in Meckel-Divertikeln (S. 296);
> - *ZNS-Gewebe* (► E1) mit Expression von Gliafaserprotein (► F1) in der Nasenschleimhaut unter dem respiratorischen Epithel (► E2, F2) = nasales Gliom.

Gewebeverschleppung

Definition: (= Migration); traumatisch oder iatrogen.

> **Vorkommen:**
> *Cholesteatom:* Entzündliche Trommelfell-Läsion → Plattenepithel des äußeren Gehörganges gelangt ins Mittelohr und bildet dort eine Zyste → Druckatrophie.
> *Endometriose:* Verlagerung von Endometriumdrüsen zusammen mit dem zytogenem Stroma in Myometrium, Ovar oder Peritoneum.
> *Traumatische Epidermiszyste:* Nach Verschleppung von Epidermis in die Subkutis (Palmoplantarregion!).

Die Regeneration von Gewebeschäden geht von pluripotenten Reservezellen aus, die sich soweit entdifferenzieren müssen, daß sie zeitweilig den Zellverband verlassen können, um sich zu teilen. Was passiert, wenn sie ihr molekulares „Wiedereingliederungsprogramm“ quasi vergessen, zeigt das nächste Kapitel.

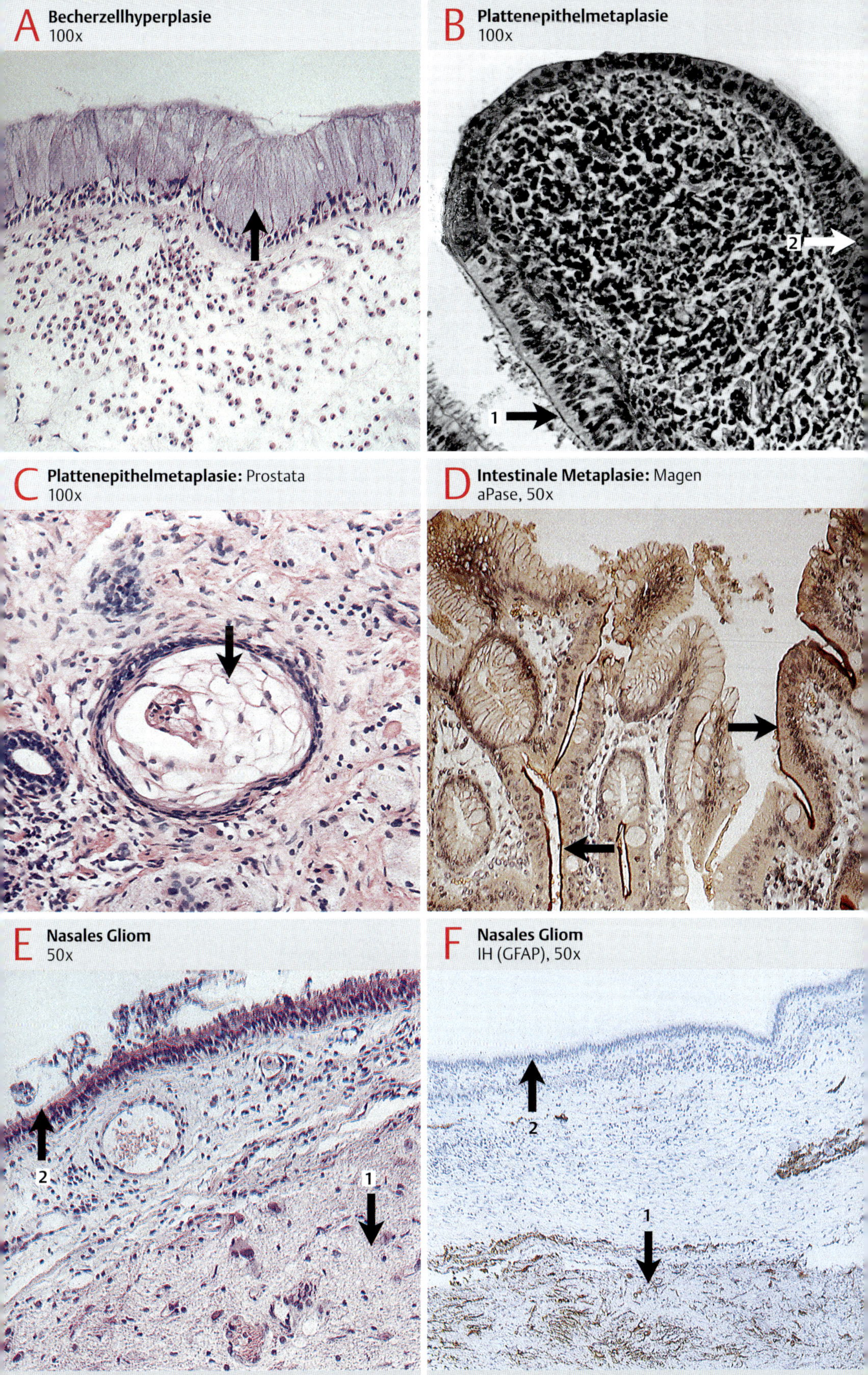
A Becherzellhyperplasie
100x
B Plattenepithelmetaplasie
100x
2
1
C Plattenepithelmetaplasie: Prostata
100x
D Intestinale Metaplasie: Magen
aPase, 50x
E Nasales Gliom
50x
2
1
F Nasales Gliom
IH (GFAP), 50x
2
1

22 Tumorpathologie

Nicht seßhaft, asozial und unsterblich

Zusammenfassung

▶ **Kausale Tumorigenese:** Die meisten Tumoren entstehen durch Teilung aus einer Mutterzelle, bei der aufgrund von Mutationen Protoonkogene, oft auch Entwicklungskontrollgene inadäquat aktiviert und Tumorsuppressorgene sowie Differenzierungsgene inaktiviert werden, die auch das Entwicklungs- und Regenerationswachstum dirigieren. Dies erklärt, warum bei einem Tumor zum einen die Proliferation und das damit verbundene Gewebewachstum, zum anderen die Differenzierung und das daraus resultierende Gewebemuster dereguliert sind. Infolgedessen entfremden sich die Tumorzellen, werden jedoch vom Immunsystem meist nicht als „fremd" erkannt und ausgerottet. Ist einmal ein Baustein aus dem ursprünglichen chromosomalen Gefüge herausgebrochen, folgen weitere Verluste an zellregulatorischer Information, so daß die einmal *chemisch*, *viral* oder *physikalisch* eingeleitete Tumorigenese fortschreitet und der Tumor Gestalt annimmt.

▶ **Formale Tumorigenese:** Jeder Tumor beginnt zunächst als umschriebene Läsion. Bei der weiteren Tumorprogression verlieren einzelne Tumorzellen – und damit auch ihre Nachkommen – Differenzierungsmerkmale, so daß die Kommunikation zwischen ihnen abbricht und für sie kein Grund mehr besteht, weiterhin im Zellverband zu bleiben. Dadurch verwildert der Zell-"Staat" und verändert sein Aussehen. Die Tumorzellen schießen wie Unkraut auf und ersticken teilweise sich und das umliegende Normalgewebe. Gleichsam durch Versämung sprießen sie auch an entfernten Stellen im Organismus auf. Voraussetzung dafür ist, daß der neue gewebliche Untergrund den Tumorzellen zusagt. Diese als Metastasierung bezeichnete Tumorzellabsiedelung erfolgt meist auf dem Lymph- oder Blutweg. Sie ist die klinisch folgenschwerste Tumorkomplikation und markiert bei einer Tumorkrankheit die unheilsame Wende. Zu den Tumorkomplikationen gehören auch die paraneoplastischen Syndrome, die meist darauf beruhen, daß die Proteinmaschinerie der Tumorzellen gelegentlich Irrläufer mit „Unsinns-" oder mit Antigenwirkung synthetisiert.

▶ **Tumorklassifizierung**. Störungen der Proliferation und Differenzierung bestimmen das Wachstum und das Aussehen eines Tumors. Die Morphologie eines Tumors läßt daher Rückschlüsse auf seine Herkunft und auf sein biologisches Verhalten zu. Die histologische Beurteilung eines Tumors bildet die Basis für dessen Therapiekonzept.

Allgemeine Definition: „Tumor"

Synonyme: Neoplasie, „Gewebeneubildung"

Ein Tumor ist eine abnorme Gewebsmasse infolge autonomer, progressiver und überschießender Proliferation körpereigener Zellen, die sich nicht ins Normalgewebe eingliedert.

Ausnahme: Postpartales Chorionkarzinom (= maligner Tumor aus Trophoblasten und somit aus kindlichen, körperfremden Zellen)

> **Merke:** *„Tumor" im weiteren Sinne:*
> Jede umschriebene Volumenzunahme eines Gewebes („Geschwulst").

Je nach biologischem Verhalten (= Dignität) unterscheidet man folgende Tumoren:

Gutartige (benigne) Tumoren

Lokalisierte und umschriebene Tumoren ohne Absiedelung in andere Körperregionen, ohne Rezidiv (= Wiedernachwachsen) nach Resektion und ohne tödlichen Ausgang.

> **Merke:** *Ausnahmen:*
> - Tumor mit anatomisch ungünstiger Lage → tödliche Druckdestruktion lebenswichtiger Strukturen (z. B. benigne Hypophysentumoren mit Druckatrophie des Drüsengewebes);
> - Tumor mit exzessiver Hormonproduktion → tödliche Stoffwechselentgleisung (z. B. Inselzelladenom des Pankreas mit Hyperinsulinismus).

Bösartige (maligne) Tumoren

Unscharf begrenzte, mit der Umgebung verwachsene Tumoren mit der Fähigkeit zur Absiedelung in andere Körperregionen, mit Rezidivneigung nach Resektion und mit grundsätzlich tödlichem Ausgang (ohne Behandlung).

> **Merke:** *Begriffe „maligne Tumoren":*
> - *Krebs* (engl. cancer) = Sammelbegriff für alle malignen Tumoren;
> - *Karzinom* = Sammelbegriff für maligne epitheliale Tumoren;
> - *Sarkom* = Sammelbegriff für maligne nichtepitheliale Tumoren;
> - *solide Tumoren* = feste umschriebene Tumoren wie Karzinome und Sarkome;
> - *nichtsolide Tumoren* = systemische autonome Zellproliferation aus nichtkohäsiven Einzelzellen wie bei Leukämien (S. 358).

Semimaligne Tumoren (S. 384)

Tumoren epithelialer und nichtepithelialer Herkunft mit destruktivem Einwachsen in die Umgebung, die höchst selten oder nie metastasieren.

Tumorartige Läsionen

Gewebeneubildungen mit Neigung zu spontaner, vollständiger Rückbildung.

Kausale Tumorigenese

Abkürzung: GF = growth factor, Wachstumsfaktor

Zur Rekapitulation „Proliferation“: Fehlbildung (S. 94)/ Regeneration (S. 308).

Krebs ist eine genetische Erkrankung, die von einer einzigen Körperzelle ausgeht (Monoklonalität). Sie läßt sich bei Mensch und Tier durch chemische, virale und physikalische Noxen mit mutagener Wirkung auslösen. Im Verlauf dieser Erkrankung erhalten die Zellen folgende Eigenschaften:

– ***„Wachstumsanarchie“:*** Unkontrolliert aktivierte, wachstumsinduzierende Gene (Onkogene) und Ineffektivität wachstumshemmender Gene (Tumorsuppressorgene) → ausuferndes, ungeordnetes und rücksichtsloses Gewebewachstum.
– ***„Immortalisierung“:*** Genetische Defekte im zellulären Absterbeprogramm sowie dessen Bremsung durch Reexpression der Telomerase (S. 71) → ungebremste Zellteilung.
– ***„Fehlende Seßhaftigkeit“:*** Defekte Differenzierungsgene → defekte Zell-Zell- und Zell-Matrix-Kommunikation mit fehlerhafter Einbindung der Tumorzellen in den Zellstaat und in die Extrazellulärmatrix.
– ***„Entfremdung“:*** Defekte Differenzierungsgene → falsche „Selbst“-Merkmale → Irreführung der Immunabwehr → sie „übersieht“ fremd gewordene Tumorzellen.
– ***„Zellvagabundismus“:*** Fehlregulierte Bildung und abnorme Aktivierung von Mobilitätsfaktoren → Zellwanderung im Organismus.

Diese Tumoreigenschaften gehen auf die Fehlfunktion folgender Faktoren zurück:

– Kommunikationsfaktoren,
– Proliferationsregulatoren,
– Differenzierungsfaktoren,
– immunologische Faktoren.

Zellkommunikationsstörung

Normale Zellen hören auf zu wachsen sowie sie sich berühren (= Kontaktinhibition). Danach heften sie sich durch Zelladhäsionsmoleküle an Nachbarzellen an (S. 295), kommunizieren mit ihnen und bilden geordnete Gewebemuster. Bei den Tumorzellen ist diese Zell-Zell-Kommunikation durch fehlerhafte Expression von Differenzierungsgenen unterbrochen. Dies erklärt folgende Eigenschaften von Tumorzellen:

– keine (oder kaum) Gewebemusterbildung;
– destruktiv-asoziales Zellwachstum;
– Verlassen des Zellverbandes.

Proliferationsenthemmung

Durch die Schäden im Genom erlischt die reguläre Expression von Genen, die das Wachstum und die Differenzierung der betroffenen Zellen steuern:

– ***Hauptkontrollgene*** (Hox-Gene) → Reaktivierung von Genen, die sonst nur in der Embryonalphase aktiv sind;
– ***GF*** → unkontrollierte Sekretion und Aktion (s. u.) → Wachstumsentgleisung;
– ***Onkogene*** → Veränderung der proliferativ wirkenden Signalübermittlung durch deren Genprodukte (s. u.);
– ***Suppressorgene*** → Ausfall solcher Gene, die die Zellproliferation unterdrücken und die Zelldifferenzierung fördern (s. u.).

Wachstumsfaktoren

Definition: S. 296.

Pathogenetische Rolle: Im normalen postnatalen Gewebe kommen die GF nur in geringen Konzentrationen vor. Durch eine entsprechende Überfunktion tragen sie wesentlich zur Tumorentstehung bei.

Die GF-Überfunktion beruht dabei meist auf einem der nachstehenden Mechanismen:

– ***Autokrine Sekretion*** (Zielzelle = Bildungszelle);
– ***Hyperexpression*** eines GF-Gens mit überschüssiger GF-Produktion.

Eine derart überschießende GF-Wirkung hat folgende tumortypische Konsequenzen:

– ***Abbruch der Zell-Zell-Kommunikation:*** Tumorzellen führen Selbstgespräche, indem sie autokrin den „Streufaktor“ (= scatter factor) sezernieren → dieser bildet mit dem Rezeptor des Onkogens c-met einen Funktionskomplex (= Motilitätsfaktor) →
– ***Zellmotilität:*** Folgen davon: a) die Tumorzellen wandern aus dem Zellstaat aus, b) die Tumorzellen teilen sich → Tochterzellen wandern auseinander.
– ***Gewebeinvasion*** mit Hilfe von Proteasen auf der Tumorzelloberfläche;
– ***Proliferatives Dauersignal*** aufgrund von quantitativ/qualitativ abnormer Rezeptorbestückung und/oder exzessiver GF-Bildung.

Protoonkogene

Abkürzungen: GF = Wachstumsfaktor, c-onc = Protoonkogen, v-onc = virales Onkogen.

Definition S. 295.

Pathogenetische Rolle (► A): Durch folgende Mechanismen werden die physiologischen c-onc in Krebsgene (= Onkogene) umgewandelt:

- ***Strukturänderung*** eines c-onc durch folgende Mechanismen:
  - *Punktmutation* (► D1) eines c-onc-Allels durch Nukleotidaustausch → Bildung eines abnormen Proteins mit Fehlfunktion (= Onkoprotein). Da die c-onc eine dominante Wirkung haben, genügt dazu die Mutation eines c-onc-Allels.
  - *Translokation* (► D2) eines c-onc mit Rearrangement des genetischen Materials (s. u.)
- ***Deregulation*** der c-onc-Expression durch folgende Mechanismen:
  - *Translokation:* Translokation eines c-onc auf ein anderes Chromosom und Integration in einen entfernten Genlocus mit hoher Transkriptionsaktivität → c-onc-Überexpression. Bei entsprechendem genetischem Rearrangement wird dabei auch die Genstruktur verändert → Modifikation des Genprodukts → pathologisches Onkoprotein.
  - *Genamplifikation* (► D3): Durch autokrine Sekretion (S. 296; ► D4) oder Virusinsertion (= Einpflanzung eines lebhaft exprimierenden Retrovirus in der Nähe eines c-onc-Lokus; ► D5) → zuständiges Kontrollgen hat keinen Einfluß mehr → Vervielfachung der Genkopien → Überproduktion von Onkoproteinen.

Die c-onc haben nachstehend aufgeführte Funktionen, die bei entsprechender Störung die Tumorentstehung und -progression vorantreiben:

GF: Sie werden teilweise durch bestimmte c-onc kodiert (► A): c-sis → PDGF; c-int-2 und c-hst → FGF.

Auslösung einer Dauerproliferation durch:
- GF-Hyperexpression,
- autokrine GF-Sekretion.

GF-Rezeptoren (= transmembranöse Proteine mit zytoplasmaseitiger Tyrosinkinaseaktivität; ► A, B): Sie werden von bestimmten c-onc wie c-erbB-2 (► B), c-fms und c-met kodiert.

Auslösung einer Dauerproliferation durch:
- *Überexpression,*
- *Punktmutation* des GF-Rezeptors. Folgen davon:
  - Langzeitbindung des GF,
  - Rezeptoraktivierung ohne GF-Bindung durch eine Daueraktivierung der Tyrosinkinase;
- *Autokrine Sekretion.*

Signaltransduktionsproteine: Die Genprodukte einiger Onkogene imitieren die Funktion normaler Signalübermittler → Proliferationsentgleisung.

Hierzu folgende Beispiele:
- ***c-src*** (membranständig im Desmosomenbereich) wirkt als tyrosinspezifische Proteinkinase. Folgen davon:
  - Zellzyklusbeschleunigung → Zellteilung
  - Aktivierung von Zytoskelettproteinen wie Vinkulin durch Phosphorylierung.

  Bei einer c-src-Mutation wird Vinkulin übermäßig phosphoryliert → Desintegration des Zytoskeletts mit Störung der Zell-Zell- und Zell-Matrix-Kommunikation → Zellvermehrung ohne Berücksichtigung der Kontakthemmungsvorschrift im Normalgewebe (= Thigmotaxis).
- ***c-ras:*** Normales aktiviertes ras-Protein bindet als G-(Regulator-)Protein an GTP und generiert über die Adenylatcyclase den Zweitbotenstoff c-AMP. Es inaktiviert sich duroh seine GTPase-Aktivität. Bei einer c-ras-Mutation verliert das G-Protein seine GTPase-Aktivität → Dauerproduktion von Zweitbotenstoff für die Proliferation.
- ***c-mos*** und ***c-mil*** kodieren Serin-Threonin-spezifische Proteinkinasen → Übertragung von Serin- oder Threoninresten auf ein entsprechendes Zielprotein mit Generierung von c-AMP und Ca^2 -Ionen als Zweitbotenstoffe. Bei einer c-mos-/c-mil-Mutation erfolgt eine Dauerproduktion von Zweitbotenstoff für die Proliferation.

Nukleäre Regulationsfaktoren: Einige c-onc kontrollieren im Zellkern die Replikationsmaschinerie und damit auch das Wachstum und die Differenzierung der Zelle.

Hierzu folgende Beispiele:
- ***c-myc, c-myb, c-jun, c-fos*** (► C) und ***c-rel*** = Transkriptionsaktivatoren.

  Bei einer Mutation dieser c-onc → Dauertranskription → Dauerproliferation.
- ***c-erb A*** (kodiert Thyroxinrezeptor) = Transkriptionsinaktivator (= Genrepressor) → Beendigung der Zellteilung, damit die Zelle sich differenzieren kann.

  Mutation dieser c-onc → Dauerproliferation → Differenzierungsunfähigkeit.

Mitochondriale Apoptose-Lenker

Hierzu ein Beispiel: Das v. a. auf der Innenmembran der Mitochondrien lokalisierte c-bcl-2 bremst die Apoptose.

Abnorme c-bcl-2-Expression durch Amplifikation → Zellimmortalisierung → Zellen häufen sich zu einem Tumor an.

A Protoonkogentopographie (Auswahl)

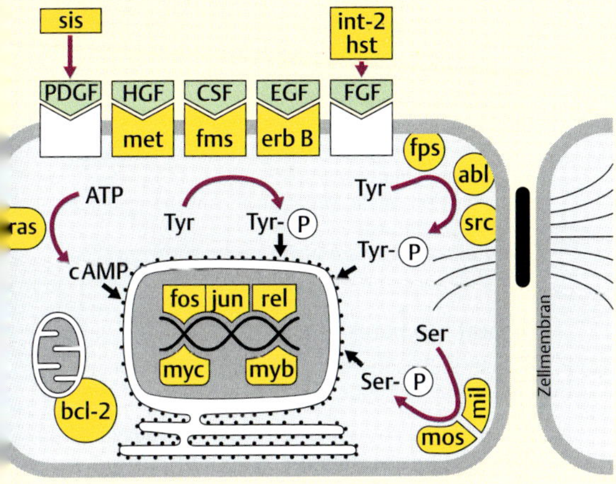

Protoonkogene:

- c-abl = Abelson-Mäuseleukämie
- c-bcl = B-cell lymphoma
- v-erb = Erythroblastose
- v-fos = FBJ-Mäuseosteosarkom
- v-fps = Fujinami-PRCII-Vogelsarkom
- c-hst = human stomach tumor
- c-int = insertionsaktiviertes onc von Maus-Mammakarzinom
- v-jun = Vogelsarkom-Virus 17-Gen (junana = jap. = 17)
- c-met = methyl-nitroso-guanidine treated human osteosarcoma
- v-mil = Vogel-Mill-Hill-2-Retrovirus
- v-mos = Molony-Maussarkom
- v-myc = Myelozytomatose
- v-myb = Vogel-Myeloblastose
- v-ras = Kirsten-Rattensarkom
- v-rel = Vogel-Retikuloendotheliose
- v-src = Rous-Sarkom
- v-sis = simian sarcoma

Wachstumsfaktoren (GF):

- CSF = colony stimulating factor
- EGF = epidermal GF
- FGF = fibroblast GF
- HGF = hepatocyte GF
- PDGF = platelet derived GF

B c-erbB-2
IH, 600x

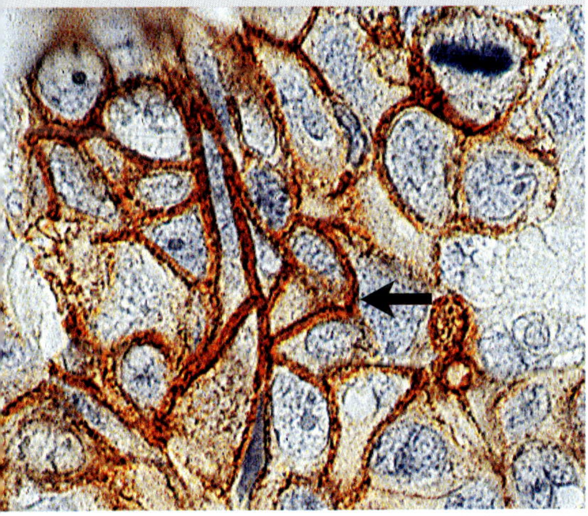

C c-fos
IH, 600x

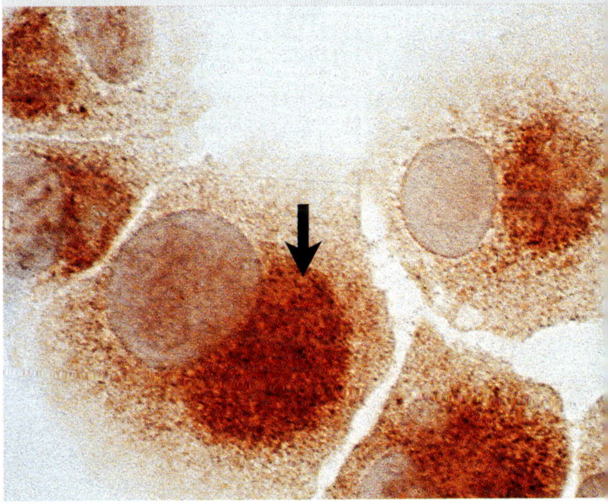

D Punktmutation

1 Punktmutation

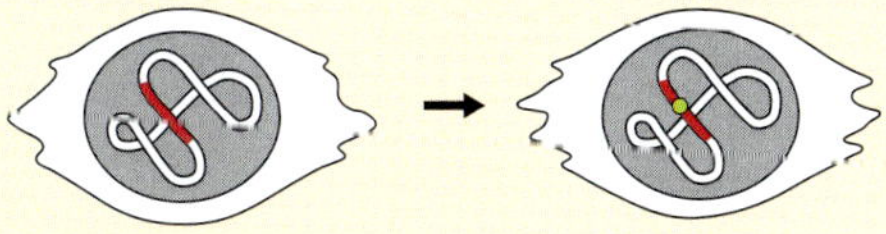

2 Translokation

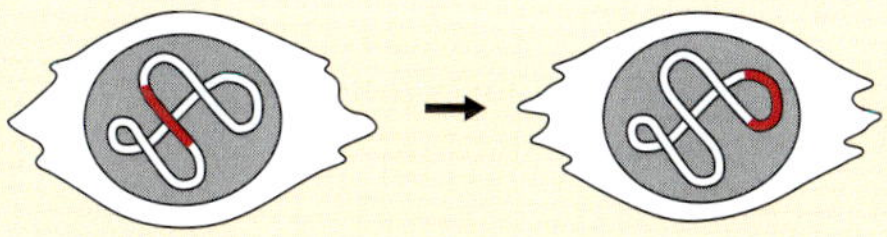

3 Amplifikation

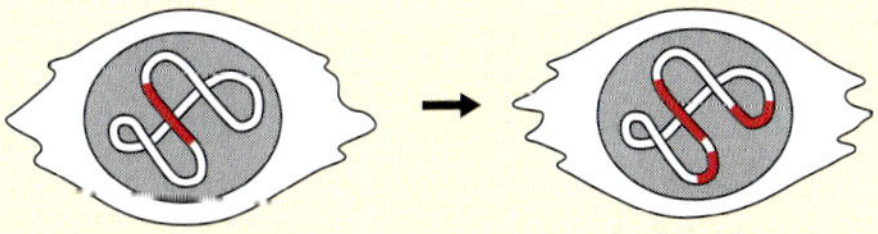

4 Autokrine Sekretion

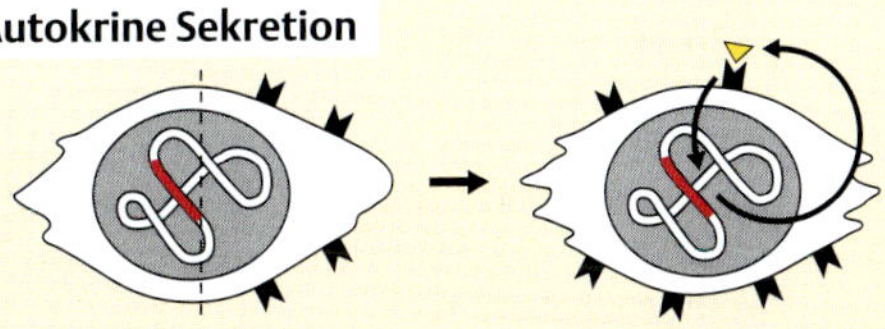

5 Virusinsertion

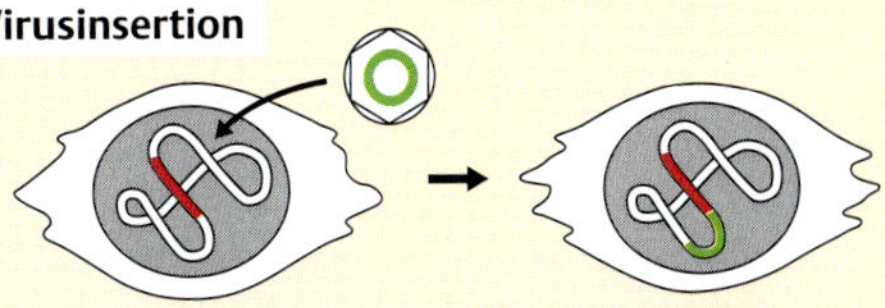

Tumorsuppressorgene

Synonym: Anti-Onkogene
Abkürzung: TSG = Tumorsuppressorgen

Definition: Gene, deren Produkt physiologischerweise die Zellvermehrung drosselt, die Zelldifferenzierung fördert aber auch bestimmte Schritte in der Tumorigenese und Metastasierung unterdrückt.

Da eine Kopie eines solchen TSG ausreicht, um die Wachstumskontrolle aufrechtzuerhalten, macht sich der Defekt erst bemerkbar, wenn beide Allele betroffen sind (= rezessive Mutation). Dadurch geht die Heterozygotie des betreffenden TSG verloren.

Die Funktion der TSG kann blockiert werden durch:
- Punktmutation,
- Deletion,
- Assoziation mit Virusproteinen.

Im folgenden wird die Rolle der bestuntersuchten TSG bei der Tumorentstehung besprochen:

Retinoblastom-Gen

Entdeckung im Retinoblastom (= bösartiger Netzhauttumor, S. 290) → RB-Gen.

RB-Gen: Sein Produkt bindet an Transkriptionsfaktoren → Expressionshemmung von Genen, die im Zellzyklus den Übergang von der G1- in die S-Phase steuern → Mitosezügelung.

Rb-Inaktivierung bei sehr aggressiv und schnell wachsenden Karzinomen (Mammakarzinom, kleinzelliges Bronchialkarzinom, Glioblastom) und Sarkomen (Osteosarkom).

Wilms-Tumor-Gene

Entdeckung im Wilms-Tumor (= Nephroblastom = bösartiger Nierentumor, S. 290) → WT-Gene.

WT1-Gen: Sein Produkt hemmt die Transkription eines Mitogens[1]. Dadurch fördert es die Differenzierung der embryonalen Nierenanlage und drosselt Nachbargene wie IGF-2[2], die den Eintritt in den Zellzyklus steuern.

WT2-Gen: Proliferationskontrolle.

WT-Inaktivierung → ein Wilms-Tumor ist häufig assoziiert mit (Nieren-)Fehlbildungen in Form eines Nebeneinanders von Mark-, Rindengewebe und nephroblastären Knötchen (► C).

p53-Tumorsuppressorgen

p53-Gen: Sein Produkt (= „Genomwächterprotein") arretiert bei einem DNS-Schaden die Zelle in der G1-Phase; dadurch hat sie die Möglichkeit zur DNS-Reparatur. Klappt dies nicht, schaltet p53 das „Selbstmordprogramm" der jeweiligen Zelle ein.

p53-Inaktivierung durch:
- *Mutation:* Mutiertes p53-Protein fungiert als Tumorpromotor. Sein Genprodukt wird weniger schnell abgebaut als normales → intranukleäre p53-Akkumulation (► A).
  Vorkommen:
  - erworbene somatische Mutation in vielen Tumoren oder
  - konstitutionelle Mutation bei Angehörigen von Krebsfamilien.
- *Assoziation mit Virusproteinen* oder körpereigenen Proteinen.

Neurofibromatose-Gene

Entdeckung in Tumoren der generalisierten Neurofibromatose (S. 368) → NF-Gene.

NF-1-Gen: Sein Produkt ist ein GTPase-Aktivator (= Neurofibromin), der die Signalwirkung des ras-Proteins unterbricht.

Angeborene Mutation eines NF-1-Allels → multiple Melanozytenwucherungen (= Milchkaffeeflecken; ► B) und Tumoren in Form von Neurofibromen v. a. der Haut (► D) und peripheren Nerven (► F) aus wellig angeordneten, S-100-exprimierenden Schwann-Zellen (► S. 327 F) in lockerem Faserstroma (S. 368).

Verlust beider NF-1-Allele (zusammen mit p53-Mutationen) → neurogene Sarkome.

NF-2-Gen: Es kodiert ein Zytoskelett-assoziiertes Protein (= Merlin).

NF-2-Alleldefekt → Akustikusneurinom.

Adenomatöse-Polyposis-coli-Gen

Entdeckung in Tumoren bei adenomatöser Kolonpolypose (S. 380) → APC-Gen.

APC-Gen: Sein Produkt steuert über die Mikrotubuli das Nachrücken der Zellen in den Differenzierungs- und Absterbepool; es aktiviert durch Bindung an das Signaltransduktionsmolekül β-Catenin den (T-Zell-)Transkriptionsfaktor Tcf → Proliferation.

Angeborene Mutation eines APC-Allels → familiäre Kolonpolypose (► E; S. 368).

Verlust beider APC-Allele: Mutiertes APC-Gen inaktiviert nicht mehr über eine Serin-Threonin-Kinase das β-Catenin, sondern bildet mit ihm einen stabilen Komplex → Dauerproliferation → (v. a.) Kolorektalkarzinome (und andere Tumoren wie malignes Melanom; S. 366).

DCC-Gen

Entdeckung in Kolonkarzinomen (**d**eleted in **c**olon **c**arcinoma) → DCC-Gen.

DCC-Gen: Sein Produkt ist ein Zelladhäsionsmolekül aus der Integrinfamilie (= N-CAM).

DCC-Mutation (S. 368) → keine Bindung der Einzelzellen an den Zellverband → keine proliferative Kontakthemmung (Thigmotaxis; S. 322, 338) mehr.

---
1 early growth response-1-protein
2 IGF-2 = insulin-like growth factor

A **p53:** Karzinom
IH, 200x

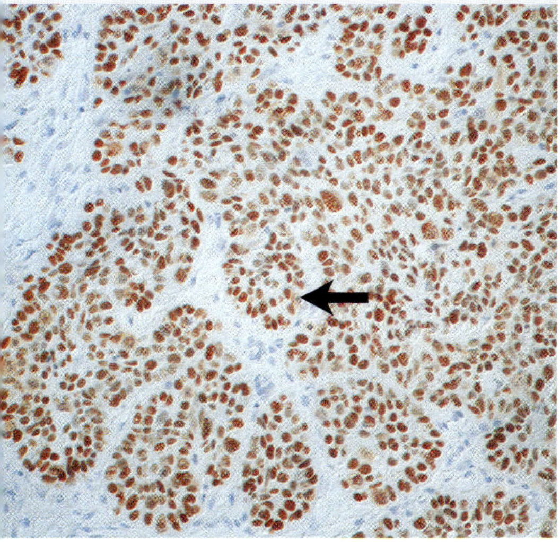

B **Milchkaffeeflecken**

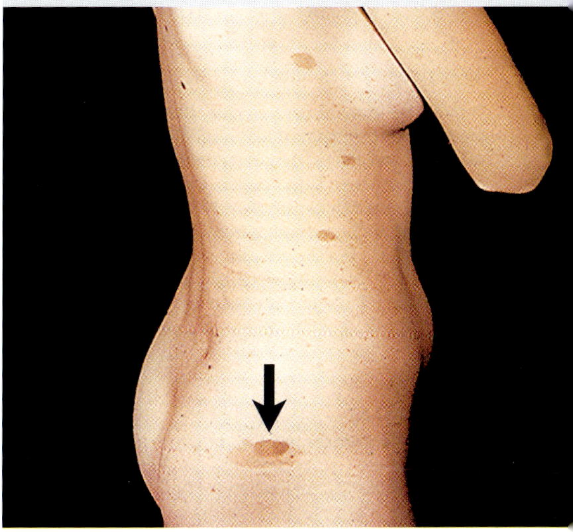

C **Nephroblastomatose**
50x

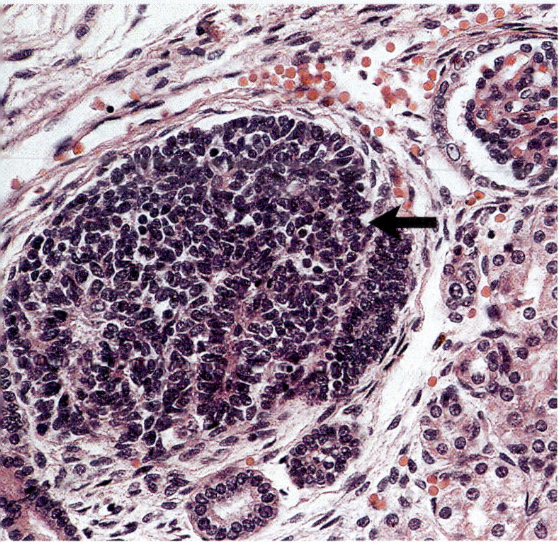

D **Neurofibromatose Typ I**

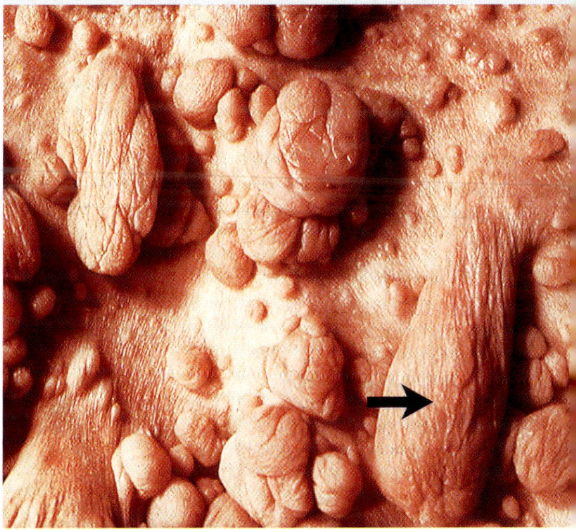

E **Kolonpolypose**

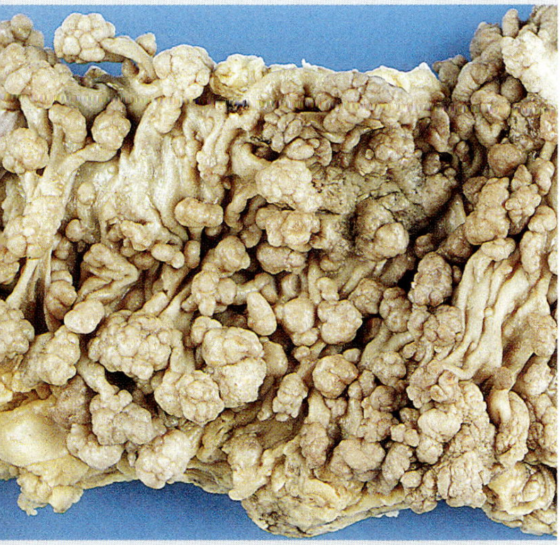

F **Neurofibrom** (Rückenmark)

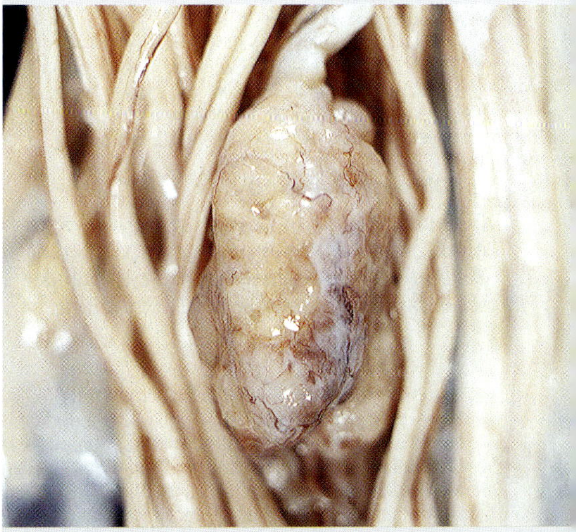

Tumorimmunologie

Abkürzungen: AG = Antigen(e), AK = Antikörper

Orthologie: Immunüberwachung (= „immune surveillance"): Hauptaufgabe des Immunsystems ist die Ausmerzung von eingedrungenen Fremdorganismen und fremdgewordenen Tumorzellen. Der im letzten Fall zugrundeliegende (hypothetische) Mechanismus wird als Tumorimmunüberwachung bezeichnet; er läuft folgendermaßen ab: Durch Mutation entstehen im Organismus laufend Zellen mit abartigen AG (= Tumor-AG) → zytotoxische T-Zellen erkennen sie als „Fremdlinge" und zerstören sie.

Tumorantigene

Krebszellen bilden folgende AG:

- ***Tumor-spezifische AG:*** Sie kommen nur in bestimmten (meist experimentell induzierten) Tumoren und nicht in Normalzellen vor und können eine humorale oder zelluläre Immunreaktion auslösen. Gegen sie gebildete autoreaktive AK oder zytotoxische Lymphozyten richten sich z. T. auch gegen andere körpereigene AG → Auslösung von Zellzerstörungen in tumorfernen Geweben → paraneoplastische Syndrome (S. 350).
- ***Tumor-assoziierte AG:*** Sie kommen in Tumoren und Normalzellen vor. Dazu gehören die Onkofetal- und Differenzierungs-AG.

Onkofetalantigene

Definition: Oberflächen-AG, die nach der Fetalzeit kaum mehr exprimiert werden, bei unreifen Tumorzellen jedoch wieder in größeren Mengen auftreten können.

Diese AG sind tumorunspezifisch und lösen keine tumorsuppressive Immunreaktion aus. Die bekanntesten unter ihnen sind:

- ***α-Fetoprotein*** (= AFP)
  Ein im Serum und in den Leberzellen menschlicher Feten (► A) nachweisbares Glykoprotein. Reexpression in Leberzellkarzinom (S. 332) und Dottersacktumor[1] (► B) → Abgabe von AFP ins Serum.
- ***Karzinoembryonales AG*** (= CEA)
  Glykoprotein aus der Immunglobulinsuperfamilie; Expression im fetalen Darmgewebe; Reexpression in Magen-Darm-Tumoren (► C) → Abgabe von CEA ins Serum.
- ***Choriongonadotropin*** (= β-HCG)
  Glykoprotein mit T-Zell-supprimierender Wirkung, Expression durch Chorionzellen; Reexpression in Chorionkarzinomzellen[2] (► D) sowie durch aggressive Karzinome in Verdauungs-, Atemtrakt sowie Mamma → Abgabe von β-HCG ins Serum.

Differenzierungs-AG

Definition: Membran-AG, die die Zell-Zell-Kommunikation und damit das Sozialverhalten der Zellen regulieren; sie werden (in z.T veränderter Form) durch Tumorzellen reexprimiert.

Dazu gehören neben den CD-AG der Leukozyten u. a. folgende AG:

- ***Prostata-spezifisches AG*** (= PSA)
  Nachweis (► E) in Prostatadrüsen und -karzinom (S. 374).
- ***S-100 AG***
  Zellzyklussteuerndes und Ca^2 -bindendes Protein. Nachweis in Schwann-Zellen (► F), Melanozyten, Melanomen (S. 366), Neuralleistentumoren, Lipozyten (S. 356) und im Liposarkom.

Tumorimmunität

Bei den meisten Krebserkrankungen treten in gewissem Umfang folgende Reaktionen auf:

- ***Humorale Immunreaktionen:*** Im Rahmen der Tumorimmunität treten AK gegen tumorassoziierte Oberflächen-AG auf. In einigen Fällen hemmen sie, bis zu einem gewissen Grad, das Tumorwachstum. Oft bewirken sie jedoch das Gegenteil: Sie bedecken tumorspezifische AG → Maskierung dieser AG für zytotoxische T-Zellen → keine Zerstörung der Tumorzellen.
- ***Zellvermittelte Immunität:*** Das T-Zell-System kann Tumorzellen nach Erkennung der tumorspezifischen AG wie folgt zerstören:
  - ***direkte Zerstörung*** durch zytotoxische Effektorzellen;
  - ***indirekte Zerstörung*** durch Absonderung bestimmter Zytokine (IL-2, TNF-α) → Umfunktionierung von Makrophagen zu „Tumorfressern" und Aktivierung von „natürlichen Killerzellen" → epitheloidzellig-granulomatöse Entzündungsreaktion in den kontributären Lymphknoten eines Tumors (= „sarcoid like lesion") → teilweise Zerstörung der Tumorzellen.

Meist versagt die Tumorimmunüberwachung aus folgenden Gründen:

- ***Immunogenitätsmangel:*** Tumorzellen weisen eine zu geringe Immunogenität ihrer tumorspezifischen AG auf;
- ***T-Zellklon-Mangel:*** Der Organismus ist gegen die Tumor-AG immuntolerant, weil der entsprechende T-Zellklon wegen tumorinduzierter T-Zell-Apoptose fehlt;
- ***T-Zell-Ineffizienz:*** Die zytotoxischen Effektorzellen erkennen die Tumor-AG nicht aufgrund einer:
  - fehlerhaften HLA-Expression,
  - Blockierung der AG-Rezeptoren (HLA-Moleküle) durch abgeschilferte Tumor-AG.

! **Merke:** Kein solider Tumor ohne Perifokalentzündung.

---

1 Dottersacktumor = maligner Keimepitheltumor mit Nachahmung von Dottersackstrukturen in Form von dünnen Tumorsträngen mit flach-kubischer Epithelbedeckung in glandulärer, papillärer oder glomeruloider Anordnung in einem netzig-ödematösen, dem Dottersackmesenchym gleichenden Zwischengewebe.

2 Chorionkarzinom = hochmaligner Tumor aus proliferierendem (kindlichem) Trophoblastepithel in Form a) synzytial-mehrkerniger, chorialer Riesenzellen und b) einkernig-trophoblastärer Tumorzellen, mit Invasion, Destruktion und Vermehrung im mütterlichen Gewebe.

A **AFP:** Fetalleber
IH, 75x

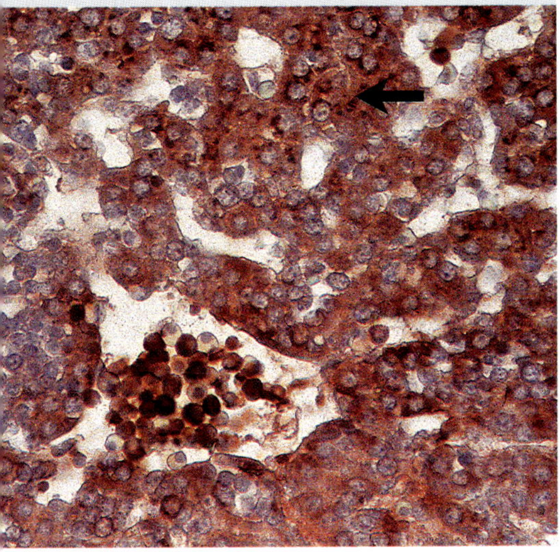

B **AFP:** Dottersacktumor
IH, 50x

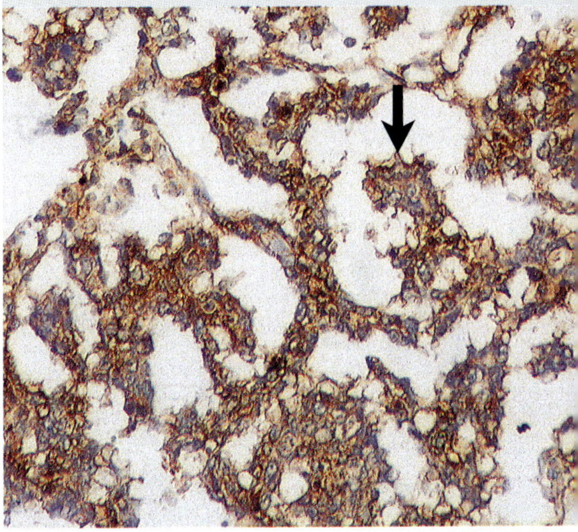

C **CEA:** Kolonkarzinom
IH, 50x

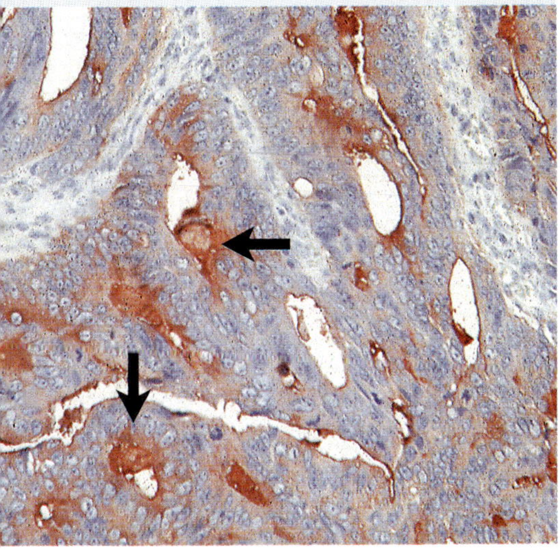

D **β-HCG:** Chorionkarzinom
IH, 200x

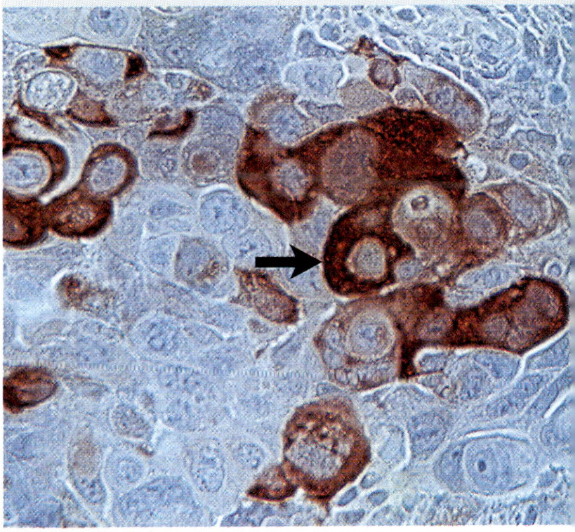

E **PSA:** normale Prostata
IH, 50x

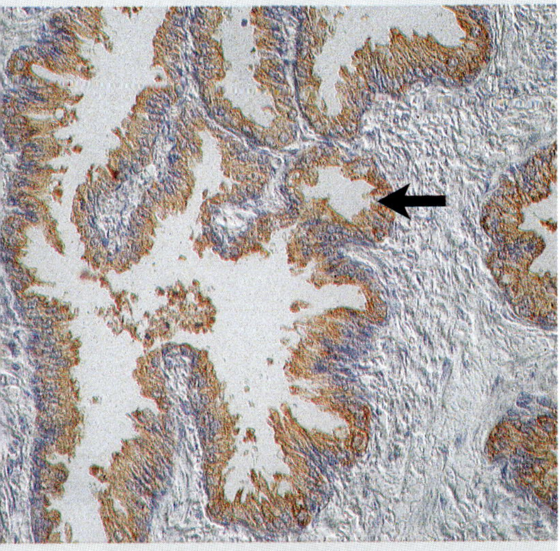

F **S-100:** Neurofibrom
IH, 75x

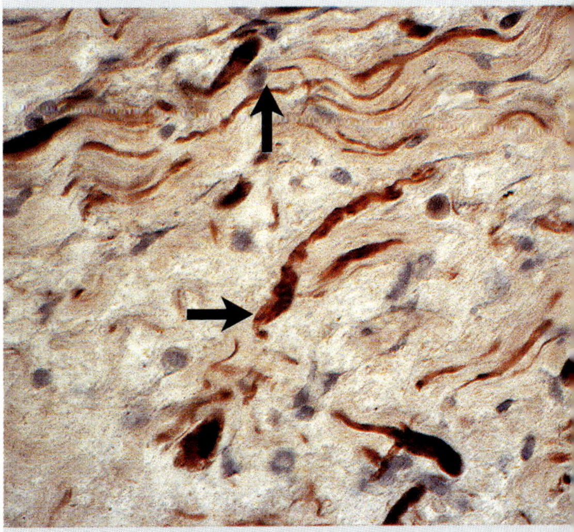

Chemische Tumorigenese

Abkürzung: CG = Karzinogen(e)

Definition: Chemische CG sind krebserzeugende Stoffe.

Die klinisch wichtigsten CG sind nachstehend zusammengefaßt:

- ***Polyzyklische aromatische Kohlenwasserstoffe*** wie Benzpyren, Benzanthrazen.
  Vorkommen: Teer, Ruß, Zigarettenrauch.
  Resultat: Bronchialkarzinom.
- ***Halogenierte Kohlenwasserstoffe*** wie Vinylchlorid.
  Vorkommen: PVC-verarbeitende-Industrie.
  Resultat: Angiosarkom der Leber (S. 334).
- ***Nitrosamine.***
  Vorkommen: In der Umwelt weit verbreitet, Aufnahme mit der Nahrung.
  Resultat: Gastrointestinaltumoren.
- ***Aromatische Amine.***
  Vorkommen: Farbstoffherstellung.
  Resultat: Harnblasenkarzinom (Anilinkrebs).
- ***Mykotoxine*** wie Aflatoxine.
  Vorkommen: Toxine aus Schimmelpilzen v. a. in feuchten Getreidesilos!
  Resultat: Leberzellkarzinom (S. 332).
- ***Pyrrolizidine.***
  Vorkommen: Kräuter, Gewürze (Muskatnuß), Gemüse (Hülsenfrüchte) und besondere Teeformen (Huflattichtee, Matetee).
  Resultat: Leberzellkarzinom (S. 332).

Je nach Angriffspunkt unterscheidet man folgende CG-Typen:

- ***Genotoxische Karzinogene:*** Sie rufen in geeigneten Tests auch Genommutationen hervor (bakterieller Mutagenitätstest = Ames-Test[1]).
- ***Nichtgenotoxische Karzinogene:*** Sie sabotieren meist die Zell-Zell-Kommunikation → die betroffene Zelle wird unabhängig von ihrer Umgebung → Proliferationsstart. Nichtgenotoxische CG sind deshalb bei der Tumorentstehung „Antreiber" (= Tumorpromotoren), aber keine „Auslöser".

Karzinogenese-Stadien

Der Vorgang, bei dem Zellen durch ein CG zu Tumorzellen transformiert werden, läuft in folgenden Stadien ab (► A):

Initiation: Chemisches CG wird im zunächst normalen Organgewebe (► A1, B) meist enzymatisch in seine aktive, krebsauslösende Wirkform überführt (= Bioaktivierung). Diese interagiert mit der zellulären DNS → Genschaden → Zellnekrosen (► A2). Dieser kann, solange er nicht auf die Tochterzellen übertragen ist, durch DNS-Reparaturenzyme noch behoben werden und hängt linear von der CG-Dosis ab.

Je nach ihrer Potenz unterscheidet man folgende CG:

- ***Komplette CG*** → maligne Transformation der Zielzelle ohne Mithilfe weiterer Kofaktoren.
- ***Inkomplette CG*** → maligne Transformation der Zielzelle nur unter Mithilfe weiterer Kofaktoren.

Die verschiedenen CG beeinflussen sich in ihrer Wirkung wie folgt:

- ***Synkarzinogenese:*** Die Wirkung kompletter und inkompletter CG addiert sich.
- ***Kokarzinogenese:*** Die Wirkung schwacher CG wird durch Kofaktoren erheblich potenziert.

Promotion: Sie löst die Proliferation initiierter Zellen aus → Etablierung des Genschadens in den Tochterzellen → Dysplasie (S. 340; ► A3, C) mit polyploiden Zellen.

Latenz: Sie ist unterschiedlich lang und folgt auf die Tumorpromotion.

Progression: Dies ist der erste Schritt in der Tumorentstehung mit irreversiblem Übergang von einer einzigen präneoplastischen zu einer neoplastischen Zelle. Diese wird zur Mutterzelle eines proliferierenden Zellklons (= klonale Expansion). Dieser Klon wächst zu einem makroskopisch sichtbaren Tumorknoten heran (► A4) und verhält sich in einigen Fällen zunächst gut-, später bösartig (► A5; Leberzellkarzinom aus breiten Tumorzellkomplexen [► D1] ohne Sinus und Gallethromben [► D2], s. a. S. 332).

Metastasierung (S. 346): Mit zunehmender Progression verlieren die transformierten Zellen oberflächliche Differenzierungs-AG und damit ihren „Zusammengehörigkeitssinn" → dadurch lösen sie sich aus dem Zellverband → Abwanderung → Absiedelung in andere Gewebe und Organe → Heranwachsen zu Tochtergeschwülsten (= Metastasen).

1 *Ames-Test:* Salmonellen mit einer leicht lädierbaren Punktmutation im Histidin-Lokus → Salmonellen sind auf Histidingaben angewiesen. Nach CG-Exposition → (Rück-)Mutation zu Histidin-unabhängigen Keimen = Revertanten. Revertantenzahl ist proportional zu CG-Effekt.

A **Tumorigenese:** Normalgewebe

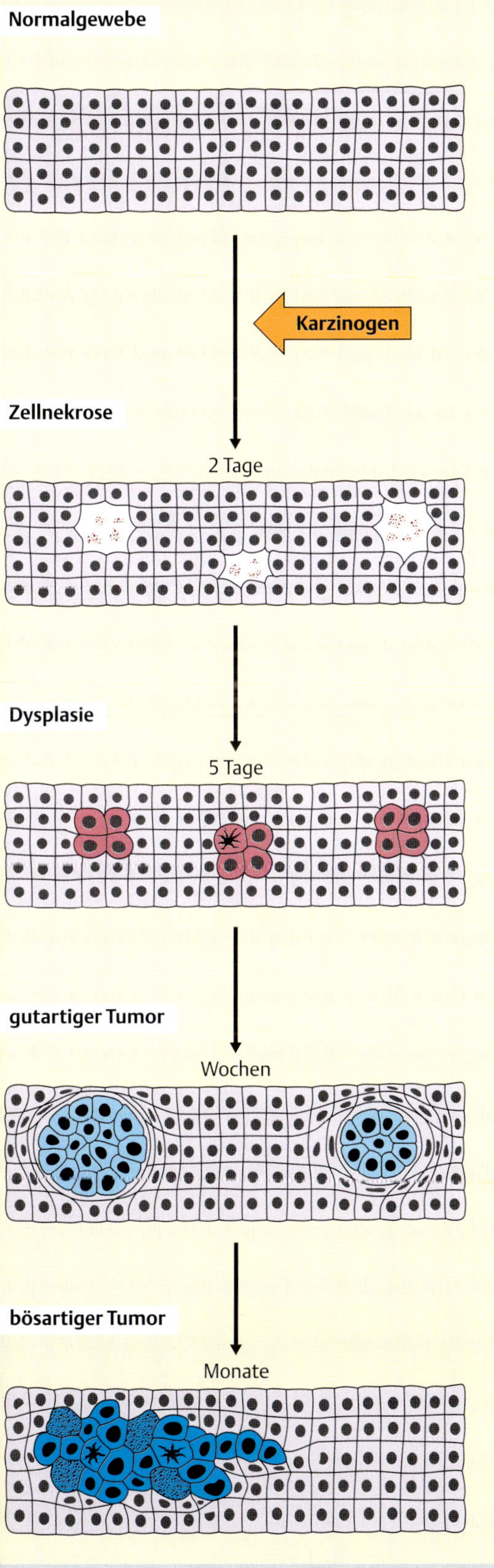

B **Normale Leber**
100x

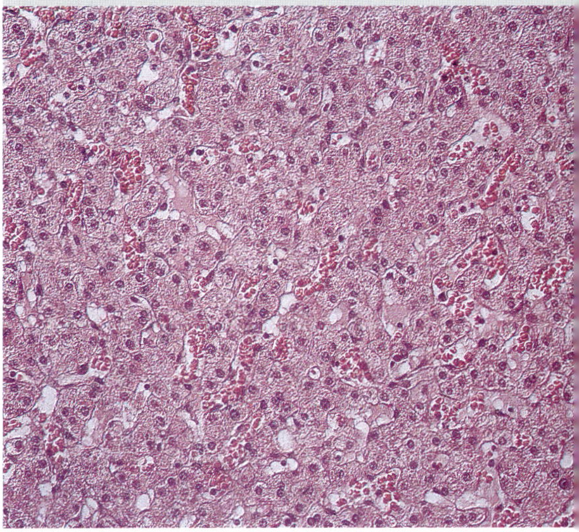

C **Leber-Dysplasie**
100x

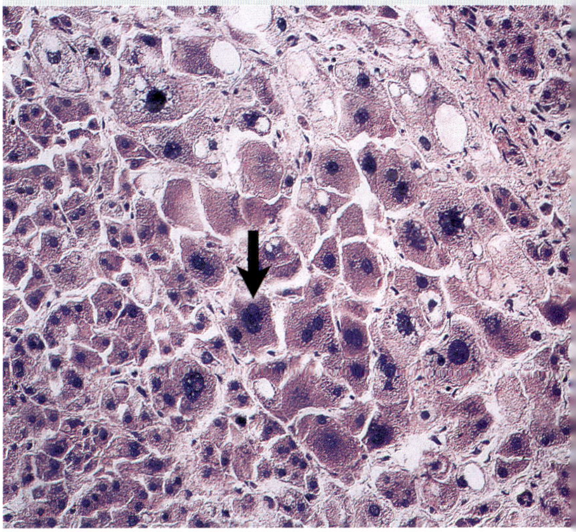

D **Leberzellkarzinom**
100x

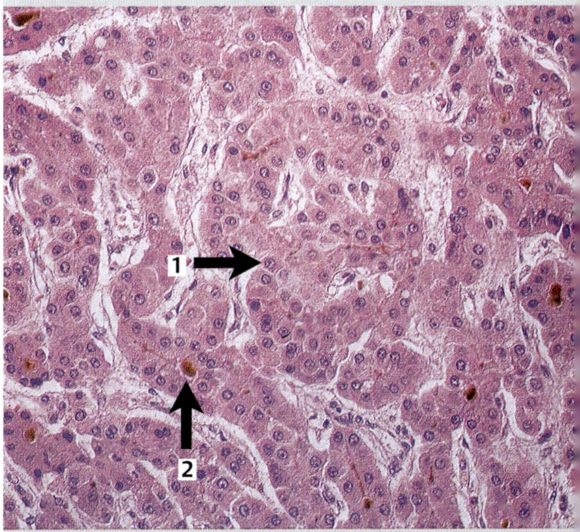

Bioaktivierung

Abkürzung: CG = Karzinogen(e)

Ein CG erhält seine Wirkung über folgende Prozeßkette (► A):

- ***Parentales Karzinogen*** (► A1): Dies ist das Ausgangsprodukt eines CG. Es ist selten in dieser Form wirksam.
- ***Proximales Karzinogen*** (► A2): Ausgangs-CG wird durch Cytochrom-P-450-haltige, mikrosomale Mischoxidasen in instabile Zwischenstufen (= proximale CG) überführt.
- ***Ultimales Karzinogen*** (► A3): Proximale CG zerfallen spontan in reaktionsfähige Aktivierungsprodukte (= ultimale CG). Diese haben eine Eigenschaft gemeinsam: Sie besitzen elektronenarme (= elektrophile) Molekülregionen; dadurch können sie mit elektronenreichen (= nukleophilen) Gruppen zellulärer Makromoleküle wie DNS, RNS und Proteine reagieren.

DNS-Interferenz: Die elektrophilen Reaktionsgruppen chemischer CG kommen in folgenden Formationen vor:

- *Kleine Moleküle* in Form von Alkylkationen wie CH_3^+ (► A3);
- *Sehr große Moleküle.* Sie bilden mit DNS-Basen sog. „bulky-adducts". Diese sperrigen „Anhängsel" bleiben wie Kaugummi an der DNS kleben → DNS-Funktionsstörung.

Verschiedene Alkylantien können zu ein und demselben ultimalen CG abgebaut werden.
In der DNS werden neben den Phosphatgruppen des Nukleinsäuregerüsts auch nukleophile Positionen an Purin- und Pyrimidinbasen alkyliert → Wasserstoffbrückenbindung zwischen komplementären DNS-Basen → Fehlpaarungen während der DNS-Replikation (► B, C) und der Transkription.
An dieser Stelle ist das p53-Genomwächterprotein (S. 324) eingeschaltet. Dadurch hat eine Zelle die Möglichkeit mittels der Alkyltransferase den DNS-Schaden zu beheben. Gelingt die DNS-Reparatur nicht → Punktmutation. Bei intensiver Zellproliferation und zahlreichen DNS-Schäden wird gelegentlich auch die DNS-Sequenz für ein Protoonkogen falsch „abgeschrieben" → Punktmutation eines Protoonkogens → Umwandlung zum aktiven Onkogen → Proliferationsentgleisung.

Organ- und Speziesspezifität

Sie ist bei chemischen CG sehr ausgeprägt und äußert sich darin, daß bestimmte CG nur in bestimmten Tierarten und dort auch nur in bestimmten Zielorganen Tumoren verursachen. Das trifft auch für humanpathogene CG zu.

Die Organ- und Speziesspezifität eines CG wird durch folgende Faktoren bestimmt:

- ***Entwicklungsstadium*** eines Individuums: Von ihm hängt der Gehalt eines Gewebes an bioaktivierenden Mischoxidasen ab.
- ***Mischoxidaseaktivität:*** Sie ist von der individuellen Vorbelastung und vom Organ abhängig.
- ***Verabreichungsform:*** Dies gilt v.a. für CG, die lokal rasch in ihre Wirkform zerfallen, und für solche, die durch die Leber entgiftet werden.
- ***Kumulative Dosis:*** Es ist entscheidend, in welcher Dosis und über welchen Zeitraum ein CG verabreicht wird.
- ***Promotor:*** Er kann eine besondere Organspezifität haben.
- ***Geschlecht:*** Je nach Rezeptorbestückung der entsprechenden Zielgewebe (z.B. Genitalorgane) ist die Empfänglichkeit für ein chemisches CG erhöht.

Chemische CG rufen Genschäden hervor, die dosisabhängig in bestimmten Organen/Geweben die Prozesse der Zellteilung und Zelldifferenzierung tangieren. Tumorerzeugende Viren hingegen greifen über bestimmte Gene und Genprodukte gezielt ins Wirtsgenom ein. Sie bringen dadurch entweder die Proliferationsmaschinerie in Gang oder setzen die Proliferationsbremse außer Gefecht. Dies ist bei tumorerzeugenden Viren eine genetisch fixierte Überlebenstrategie

A Karzinogene: Bioaktivierungsschritte

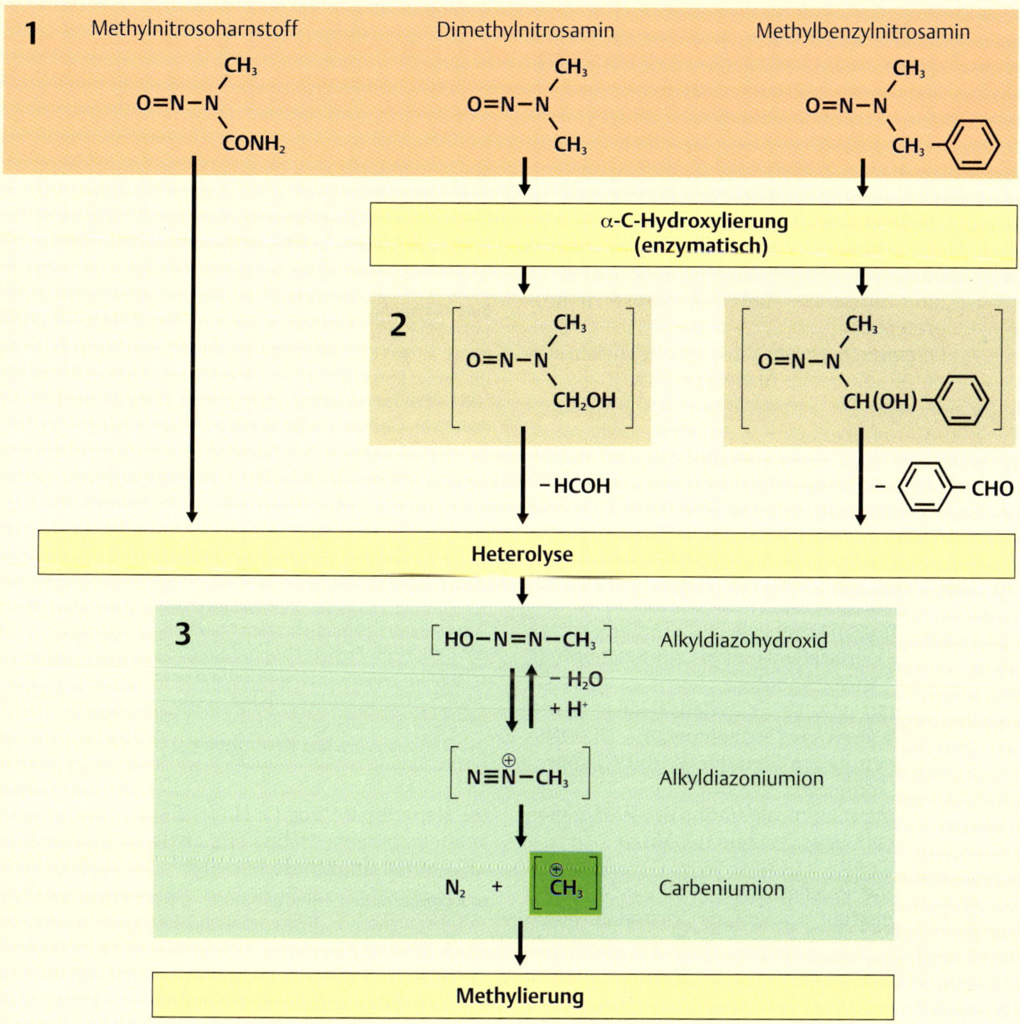

B Normalpaarung: Guanin → Cytosin

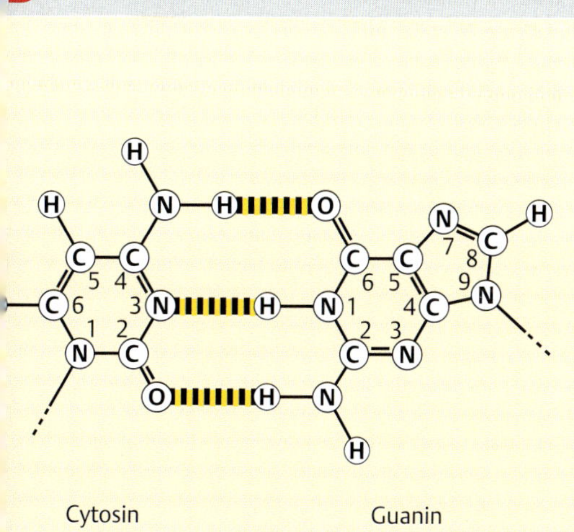

C Fehlpaarung: Methylguanin → Thymin

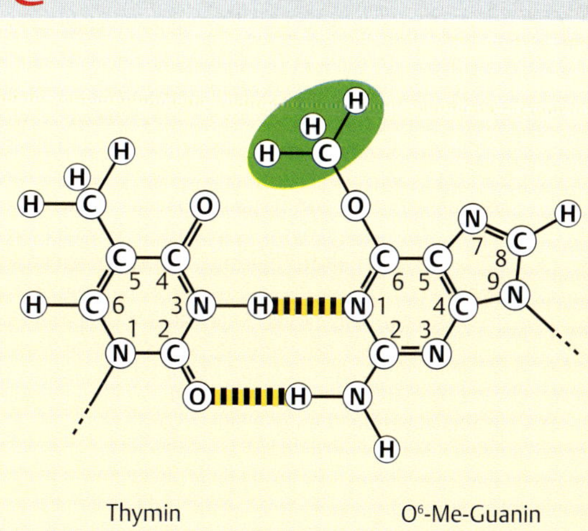

Virale Tumorigenese

Allgemeine Pathogenese: Grundsätzlich wirken Viren über folgende Mechanismen auf die Tumorentstehung ein:

- ***Insertionsmutagenese:*** Integration der viralen DNS ins Wirtsgenom mit Auslösung einer Hyperexpression durch lebhaft exprimierende, benachbarte Wirtsgene;
- ***Virale Onkogene*** (= v-onc): Viren enthalten (meist mutierte) Onkogene;
- ***Apoptoseblockade:*** Viren immortalisieren ihre Wirtszellen durch Apoptose-Hemmproteine.
- ***Immunsuppression:*** Viren unterdrücken das immunologische Abwehrsystem.

DNS-Tumorviren

Allgemeine Pathogenese: Die DNS-Tumorviren werden folgendermaßen ins Genom einer Wirtszelle eingebaut.

- ***Instabile Insertion:*** (Regelfall!). Die DNS-Viren verfügen über bestimmte Gene, deren Kodierungsprodukte die zelluläre DNS-Replikationsmaschinerie rasch in Gang setzen → die Wirtszelle bildet bis zur Erschöpfung neue Virusbestandteile →
  Resultat: lytischer Infektionszyklus.
- ***Stabile Insertion:*** (Ausnahmefall!). Die DNS-Viren enthalten Steuergene, die Onkoproteine kodieren.
  Resultat: Dauerproliferation der Wirtszellen als Überlebensstrategie der Viren.

Humane Papillomviren (= HPV): Sie lösen beim Menschen epidermale Virusakanthome (Hautwarzen) und Larynxpapillome aus (▶ A) und sind an der Entstehung von Zervixkarzinomen bei der Frau (▶ B) und anogenitalen Karzinomen (v. a. bei männlichen Homosexuellen) beteiligt. Die sog. High-risk-Papillomviren (Typ 16, 18, 31) enthalten folgende transformierende Gene:

- ***E7:*** Sein Genprodukt bindet an das Rb-Suppressorgen → Verlust der Zellzykluskontrolle → Dauerproliferation.
- ***E6:*** Sein Genprodukt bindet an das p53-Suppressorgen und schaltet es aus → DNS-Fehlertoleranz → Tumorprogression.

Adenoviren: Die bei Säugetieren und Menschen stark tumorigen wirkenden Typen (Typ 12, 18, 31) enthalten folgende transformierende Gene:

- ***E1A:*** Sein Genprodukt bindet an die Genprodukte der zellulären Rb- und p53-Suppressorgene sowie an einen nukleären Transkriptionsfaktor.
- ***E1B:*** Sein Genprodukt bindet an das Genprodukt der zellulären Rb- und p53-Suppressorgene.

Die Folge dieser Interaktion von viralen Onkoproteinen mit zelleigenen Proteinen ist die Hemmung der Apoptose → keine Elimination viral infizierter Zellen, da sie überleben. Hinzu kommt noch eine Dauerproliferation → Hemmung der Differenzierung.

Epstein-Barr-Virus (= EBV): Es befällt humane B-Lymphozyten und ist an der Pathogenese des B-lymphoblastischen-Lymphoms vom Burkitt-Typ und nasopharyngealer Karzinome beteiligt.

Burkitt-Lymphom: Es ist in afrikanischen Malariagebieten endemisch und wird über folgende pathogenetische Kette ausgelöst: Malariainfekt → B-Zell-Proliferation mit hoher Immunglobulinbildung → zusätzlich: EBV-Infekt → Produktion eines viruseigenen Transformationsfaktors (= LMP-1). Folgen davon:

- bcl-2-Expression → Apoptoseblockade → Immortalisierung der B-Zellen sowie
- Aufhebung der Zell-Zell-Kommunikation → keine Kontaktinhibition.

Folgen davon: Dauerproliferation immortalisierter Zellen. Im Rahmen der Dauerproliferation brechen die Chromosomen (▶ C) im Schwer-Leichtkettenlokus der Immunglobuline auseinander → anschließend: Translokation chromosomalen Materials an einen anderen Genort im Austausch mit dem c-myc → das c-myc gelangt im Genom unter den Einfluß des transkriptiv aktiven Schwer-Leichtkettenlokus.
Resultat: hoch-maligner Tumor aus B-Lymphoblasten (▶ D1) mit typischen Kerntrümmermakrophagen (▶ D2).

Hepatitis-B-Virus (= HBV): Es ist über folgende pathogenetische Kette an der hepatozellulären Karzinogenese beteiligt:

Leberzellkarzinom: HBV-Infektion → B-Virus-Hepatitis → Leberzirrhose → HBV enthalten HBx-Protein kodierende Sequenz → diese wird ins Gen eines Zellzyklusregulators (= Cyclin-A) integriert → überschießende Cyclin-A-Expression. Folgen davon:

- regenerative Hepatozytenproliferation
- erhöhte Empfänglichkeit für alimentäre Karzinogene wie Aflatoxin (S. 328)

Folgen davon: Dauerproliferation und Mutationsneigung bestimmter Gene wie des p53-Suppressorgens → Wachstumsentgleisung in Form gewucherter abnormer Zellen (▶ E) in Kolokalisation mit HBs-AG (▶ F) → später: Differenzierungsgsstörung.
Resultat: Leberzellkarzinom.

> ! **Merke:** Im Gegensatz zu den retroviralen Onkoproteinen haben die DNS-viralen Onkoproteine in den Eukaryontenzellen **kein** homologes Gegenstück.

A **Larynxpapillomatose**

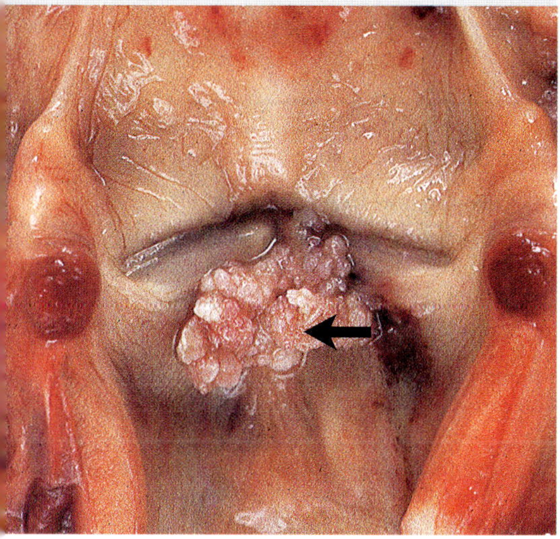

B **Zervixkarzinom**

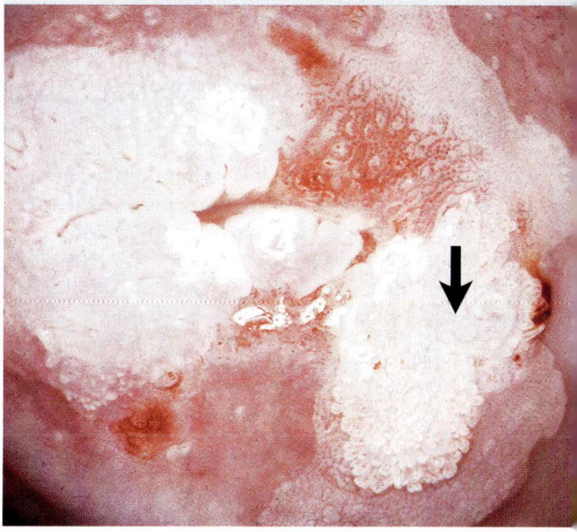

C **8 → 14-Translokation**

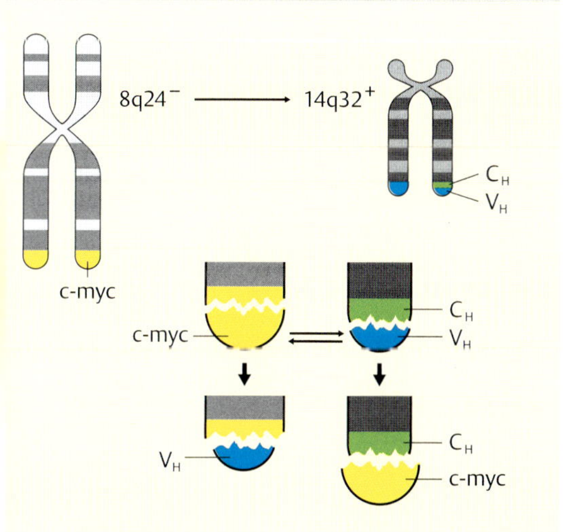

D **Burkitt-Lymphom**
Gi, 300x

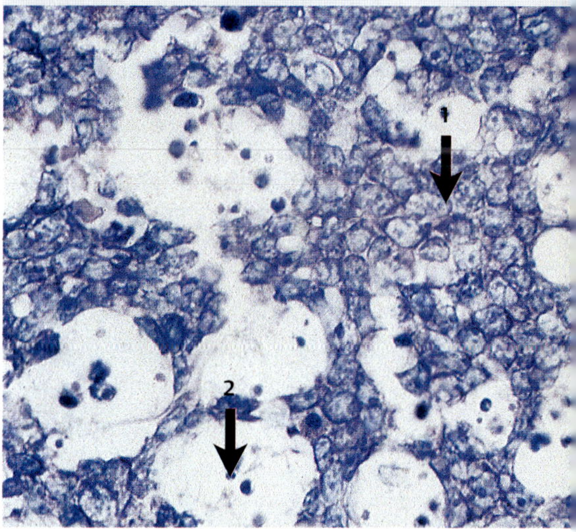

E **HBV:** Leber
IF, 200x

Überschriften vertauscht

F **Initiales Leberzellkarzinom**
200x

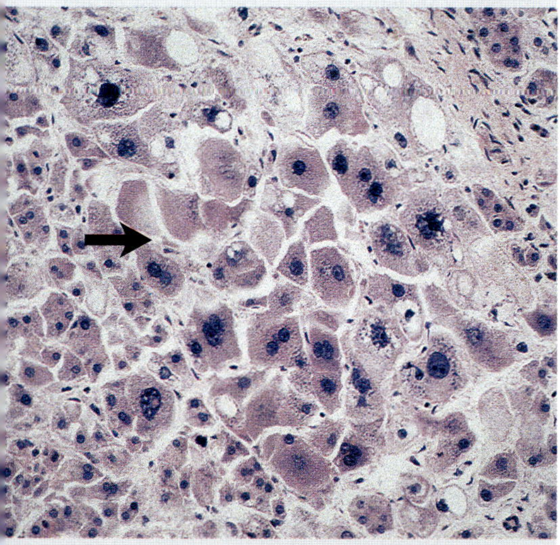

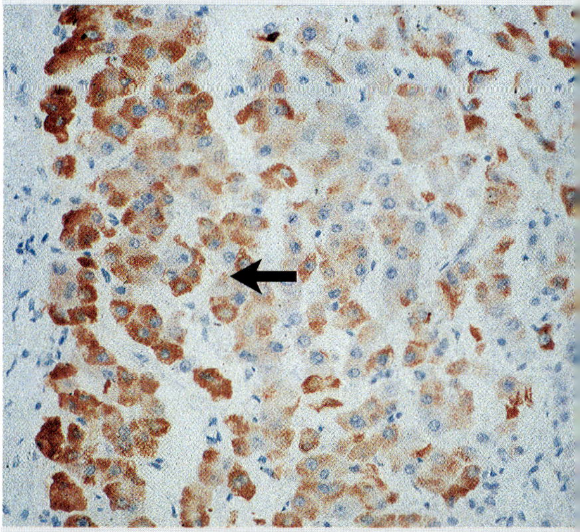

RNS-Tumorviren

Synonym: Oncorna-Viren (S. 244)
Abkürzungen: v-onc = virales Onkogen, c-onc = Protoonkogen

Sie rufen bei Vögeln, Mäusen, Hamstern und Katzen Leukämien (S. 358), maligne Lymphome (S. 362) und Sarkome hervor; die HTLV-Viren unter ihnen sind humanpathogen (S. 244).
Das Genom der Oncorna-Viren besteht aus einer linearen, einzelsträngigen RNS. Es enthält lediglich folgende 3 Strukturgene:
- ***GAG-Gen*** (= „group specific AG"): Es kodiert für ein RNS-assoziiertes Core-Protein;
- ***POL-Gen*** (POL = Polymerase): Es trägt die Information für die reverse Transkriptase;
- ***ENV-Gen*** (ENV = „envelope"): Sein Genprodukt ist ein virales Hüllprotein und bestimmt die Wirtsspezifität des Virus.

Start- und Stoppsignal für das Transkriptionsprogramm viraler Strukturgene sind identische RNS-Sequenzen in Form der „long-terminal-repeats" (= LTR) an den beiden Enden des viralen Genoms.

Der Befall durch ein Oncorna-Virus kann für eine Zelle 3 verschiedene Folgen haben:
- ***Nichtzytozide Infektion*** mit Neubildung und Freisetzung zahlreicher Viruspartikel durch die infizierte Zelle ohne Zerstörung der Wirtszelle.
- ***Latente Infektion***.
- ***Transformierende Infektion*** → Tumor.

Je nach tumorigener Potenz unterscheidet man folgende 2 Oncorna-Virusgruppen:
- ***Schwach karzinogene Retroviren*** mit vollständigem retrovirustypischen Genom.
  Tumorinduktion erst nach monatelanger Latenz.
- ***Stark karzinogene Retroviren*** mit defektem retrovirustypischen Genom aber zusätzlichem Steuergen (= v-onc). Sie können sich nur noch mit Unterstützung von „Helfer-Viren" intrazellulär vermehren. Tumorinduktion innerhalb weniger Wochen.

Bei diesen v-onc handelt es sich um Protoonkogene, die das Virus auf einem infektiösen Streifzug durch eine Wirtszelle ganz oder teilweise hat „mitgehen" lassen. Durch die Einführung eines v-onc ins Virusgenom wird meist ein virales Strukturgen beschädigt oder ausgelöscht (= deletiert).
Nach Aufnahme durch ein Retrovirus kann ein c-onc folgendermaßen zu einem Onkogen umfunktioniert werden:
- ***Strukturveränderung:*** Die c-onc-Sequenz wird strukturell und/oder durch Fusion mit einem viralen Strukturgen modifiziert;
- ***Hyperexpression:*** Ein c-onc gerät unter die Kontrolle der heftig exprimierenden, viralen LTR-Sequenzen.

> **!** **Merke:** Bei den RNS-Tumorviren existiert für jedes v-onc in den Eukaryontenzellen ein zelluläres Gegenstück (= c-onc).

Physikalische Tumorigenese

Ionisierende Strahlen

Pathogenese: Durch den Einfluß von Korpuskularstrahlen (S. 152) erfolgt eine Ionisierung des Zellwassers → Radikal- und Peroxidbildung → DNS-Strangbrüche und -vernetzungen. Greift die DNS-Reparatur nicht, so kommt es zur Punktmutation. Ist dabei ein c-onc betroffen, so resultiert eine Proliferationsentgleisung.

Beispiel: Das ehemalige Röntgenkontrastmittel Thorotrast mit Thorium als α-Strahler (► A) wird im Leber-RHS gespeichert → Induktion folgender Tumoren (nach einer Latenz von 20 – 40 Jahren):
- *Hämangiosarkom* (► C) aus gewucherten kavernösen Gefäßen (► E1), die mit atypischen Endothelien ausgekleidet sind (► E2);
- *Gallengang- und Leberzellkarzinome.*

Ultraviolette Strahlen

Pathogenese: Sonnenexposition → UV-B-Strahlen (geringe Eindringtiefe!) → Bildung von DNS-Thymin-Dimeren in der basalen Epidermis → danach: DNS-Reparatur; gelingt dies nicht: Punktmutation in einem c-onc mit Proliferationsentgleisung (s. Ionisierung).

Folgen: Plattenepithelkarzinome und/oder maligne Melanozytentumoren, Basaliome (S. 384).

Fremdkörper

Folgende unter ihnen wirken zumindest als Kokarzinogene:
- ***Asbest*** (S. 142) → Inhalation von Asbeststaub (► B) → chronischer Entzündungsreiz → Mesotheliome, Lungenkarzinome;
- ***Zweiwertige Metalle*** wie Nickel → Mutation des p53 – Suppressorgens → bösartige Bindegewebstumoren (Sarkome);
- ***Schistosoma haematobium*** (► D: S. 280) → Infestation → chronische Harnblasenentzündung (= Urozystitis) → chronisch entzündlicher Regenerationsreiz → Harnblasenkarzinom;
- ***Clonorchis sinensis*** (= chinesischer Leberegel; ► F1) → Erregerlarve gelangt über die Haut in die Blutbahn und von dort aus in die Gallengänge (► F2). Hier reift sie zum Parasiten aus → chronische Entzündung der besiedelten Gallengänge (= Cholangitis) → chronisch entzündlicher Regenerationsreiz → Gallengangkarzinom.

A Thorotrastleber
150x

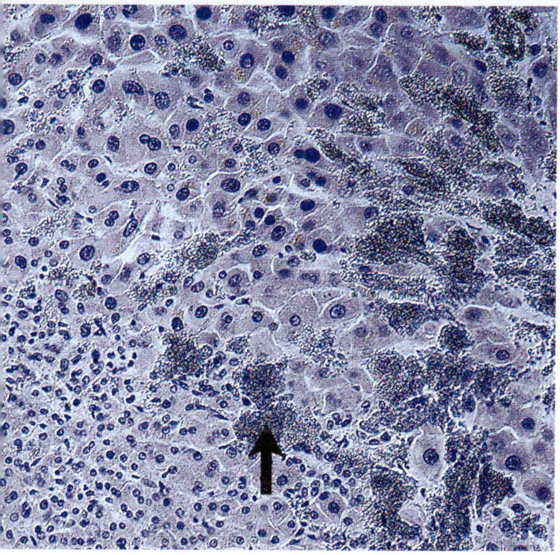

B Asbest-Körperchen
TEM, 3000x

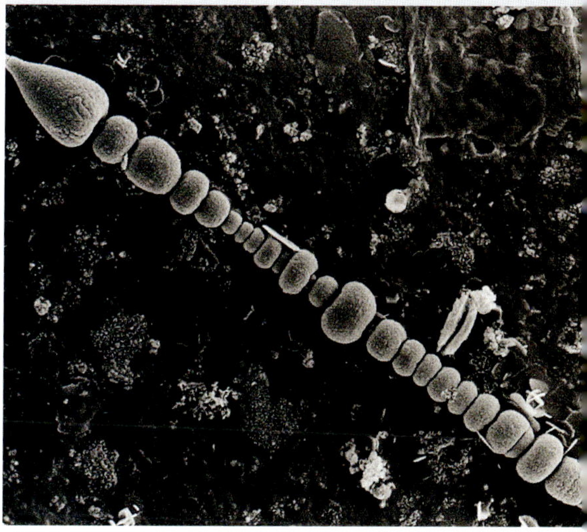

C Hämangiosarkom

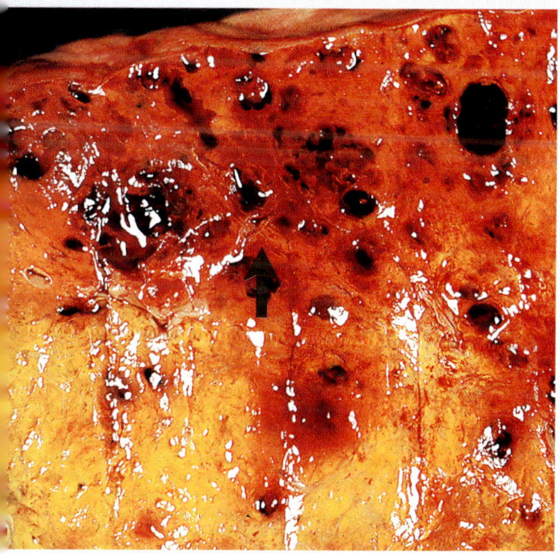

D Harnblasen-Schistosomiasis
PAS, 100x

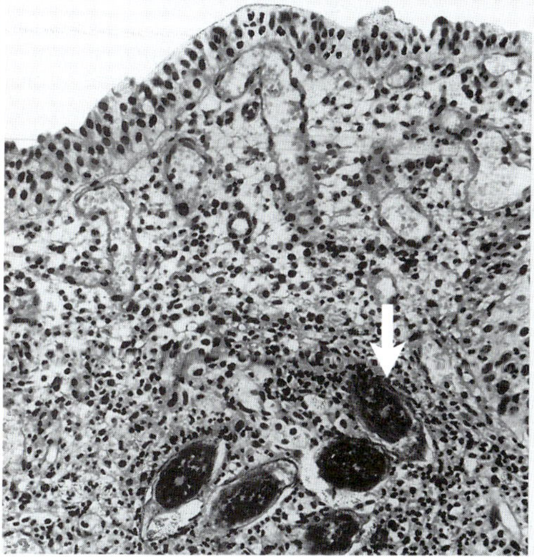

E Hämangiosarkom
75x

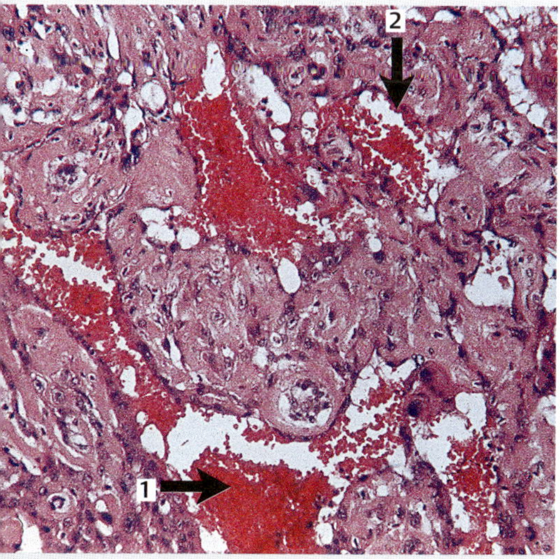

F Leberegel: Gallengang
25x

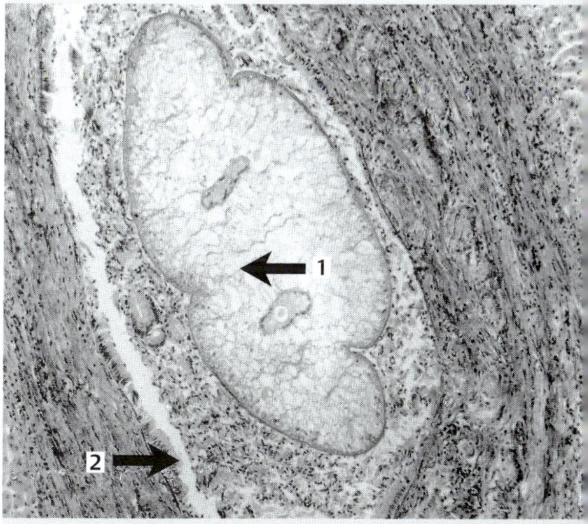

Humane Tumorigenese

Abkürzungen: CA = Karzinom(e), CG = Karzinogen, GF = growth factor, c-onc = Protoonkogen

Folgende Faktoren erhöhen beim Menschen das Krebsrisiko:

Veranlagung

Bei einem Tumorleiden wird nur die Veranlagung dazu vererbt.

Sie kann aufgrund folgender Prozesse akzentuiert sein:

- ***Defekte Suppressor***- und/oder ***Differenzierungsgene*** in der Embryogenese → dysontogenetische Tumoren (S. 382).
- ***Genominstabilitätssyndrome*** mit defekter DNS-Reparatur → Mutation von Kontrollgenen der Proliferation und Differenzierung (S. 6).
- ***Minusvariante CG-entgiftender Mischoxidasen*** → Anreicherung von CG im Organismus.
- ***Suchtneigung*** → Nikotin- und/oder Alkoholabhängigkeit → CG-Anreicherung.
- ***Genetisch bedingte Immundefektsyndrome*** (S. 188) mit defizienter Immunüberwachung (= „immune surveillance").

Eine solche Krebsveranlagung führt zur Entwicklung von Mehrfachtumoren in mehreren Organen und Geweben und kommt in einigen Familien als genetisch festgelegtes Tumorsyndrom vor. Hierzu einige Beispiele:

- ***Family-cancer-Syndrom:*** Gehäuftes Auftreten eines Adeno-CA in Kolon, Endometrium und Ovar, gelegentlich auch Mamma (► A, Mamma-CA bei Zwillingen) und Magen.
- ***Li-Fraumeni-Syndrom:*** Mutation des p53-Suppressorgens → frühzeitig Mamma-CA, darüber hinaus Sarkome, NNR-CA, Bronchial-CA (S. 378), Kolorektal-CA (S. 379), Gliome (S. 368), Leukämien und Lymphome.

> **Merke:** *Faustregel „Krebsveranlagung":* Mehrfach-CA vor der 5. Lebensdekade → Verdacht auf familiäre Veranlagung bei meist autosomal dominantem Erbgang.

Hormonelle Faktoren

Sie sind aufgrund folgender Fakten am Proliferations- und Differenzierungsgeschehen beteiligt:

- Hormone verwenden die gleichen oder ähnliche Rezeptoren wie die GF;
- Hormone induzieren die Expression von GF- oder von Apoptoserezeptoren;
- Hormone generieren die gleichen Zweitbotenstoffe wie gewisse c-onc.

Folgen davon: Ungleichgewicht zwischen aktuellem Hormonangebot, Rezeptormenge und Hormonwirkung → abnorme Proliferation → Tumor.

> **Merke:** *Tumoren und Hormone:*
> - *Mamma-, Prostata-CA:* Therapie mit Anti-Geschlechtshormonen möglich.
> - *Endometrium-CA* durch Östrogene induzierbar.

Lebensalter

Alterstumoren: Ein Tumor beruht auf einer Summation genetischer Schäden (→ Latenzzeit) → Überschreitung des Schwellenwerts erst im höheren Alter → daher: Altersgipfel menschlicher Krebse zwischen 55. und 75. Lebensjahr.

Kindstumoren: Embryonale und fetale Organe sind gegenüber chemischen Karzinogenen empfindlich → Tumorinitiierung schon in utero → Differenzierungsstörung → dysontogenetische Tumoren (S. 382).

Ernährungs- und Genußfaktoren

Nahrungsfette: Erhöhter Fettkonsum → vermehrte Sekretion von Gallensäuren, die durch Darmbakterien in Karzinogene umgewandelt werden → erhöhtes Risiko für Kolorektal-CA (S. 380).

Pflanzenfaserreiche Nahrung: senkt das Kolon-CA-Risiko.

Alkoholabusus (► B): Alkoholische Getränke (v.a. Obstschnäpse) enthalten Nitrosamine (aus Faulstoffen). Äthanol hemmt die mischfunktionelle Oxidase (v.a. in der Leber) → keine CG-Entgiftung. Folgen davon:

- Zytotoxizität und
- Hypovitaminosen (v.a. Vit. A).

Dadurch: Störung der Regeneration des Plattenepithels → Ösophagus-CA.

Zigarettenrauch (► C): Seine Inhaltsstoffe (v.a. Benz(a)pyren und Nitrosamine) → p53-Mutation → Bronchial-CA (S. 378).

Umweltfaktoren

Sie führen zu einer geographischen Anhäufung bestimmter Tumoren:

- ***Magenkarzinom:*** Häufung in Japan (Japan : westliche Industrienationen = 10 : 1).
- ***Ösophaguskarzinom:*** Häufung im „asiatischen Ösophagus-CA-Gürtel" (Weiß-Rußland bis Ostchina).
- ***Hautkrebse*** (v.a. maligne Melanome, Basaliome, S. 366, 384): Häufung bei den Nachfahren der rothaarigen, keltischen Einwanderer in Nordaustralien (dort: hohe UV-Exposition).
- ***Zervixkarzinom*** (= Gebärmutterhals-CA) selten bei Frauen von Beschnittenen; somit wird es durch Smegma zumindest „mit"-induziert.

A Familiäres Mammakarzinom

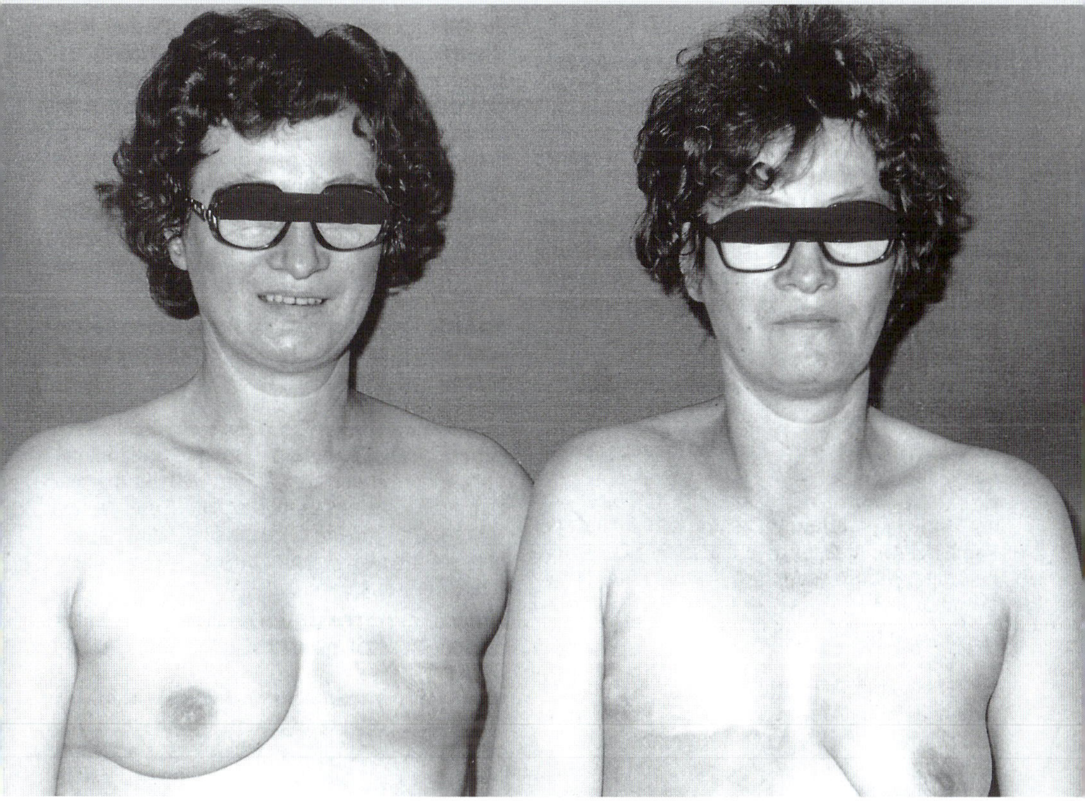

B Alkohol = Suchtfaktor, „Nahrungsfaktor“

C Nikotin = Suchtfaktor

Genetische Veränderungen

Bei der Entstehung eines menschlichen Tumors läßt sich nur in wenigen Fällen eine chemische, virale oder physikalische Noxe ermitteln. Aufgrund der bisherigen Untersuchungen ist es möglich, die zu einem malignen Tumor führenden genetischen Veränderungen zu folgendem Mehrschrittmodell zusammenzufügen:

Suszeptibilitätsgene: Bei einigen Patienten liegt eine familiäre Bereitschaft zur Tumorentwicklung vor (oft begleitet von Fehlbildungen). Ursache dafür sind Defekte an Genen mit folgenden Funktionen:
- Differenzierung,
- Enzymsystem der Karzinogenentgiftung,
- DNS-Reparatur.

Resultat: Patient wird für Karzinogene empfänglich.

Tumorpromotion: Viele Stoffe, auch aus der Reihe der Medikamente (z. B. Barbiturate), können die tumorerzeugende Wirkung einer Noxe verstärken.

Resultat: Abnorme Zellproliferation.

Onkogenaktivierung: Irgendwann ereignet sich in 1 Zelle (Mutterzelle) 1 Punktmutation an 1 Protoonkogen („Proliferationsschalter"). Geschieht dies auch im anderen Allel (second hit) wird das Protoonkogen durch Dauerfunktion oder Überproduktion (Hyperexpression) zum Onkogen → Proliferationssignal wird nicht mehr abgeschaltet → aus einer Mutterzelle wird eine Tumorzellfamilie (= Monoklonalität).

Resultat: Hyperplasie (S. 118).

Apoptose-Defekte durch
- Mutation von Suppressorgenen (z. B. p53),
- Blockierung von Suppressorgenen (z. B. p53),
- Blockierung des Apoptosemechanismus durch Virusproteine,
- Reexpression der Telomerase (S. 71).

Folgen: genetisch veränderte Zelle wird unsterblich (= Immortalisierung) und dadurch zum proliferativen „Perpetuum mobile".

Resultat: Atypische Hyperplasie (mit noch zytokohäsivem Wachstum).

Differenzierungsgen-Defekte: In den jetzt folgenden Schritten ereignen sich „Unfälle infolge überhöhter Teilungsgeschwindigkeit"; dadurch gehen weitere Allele verloren, die für Erkennungsmoleküle auf einer Zelle kodieren. Folgen davon: Zell-Zell-Kommunikation geht verloren → der Zellverband wird zusammenhangslos und damit zytodiskohäsiv → Aufhebung der Teilungshemmung nach Zell-Zell-Kontakt (Thigmotaxis) → Tumorzellen überwuchern sich gegenseitig (► A, B) →

Resultat: Zytodiskohäsives, destruktives Wachstum aufgrund eines „Unfalls infolge Bremsversagens" der Zellteilung.

Antimetastasen-Gendefekte: Schließlich gehen solche Gene „in die Brüche", die die metastasenverhindernde Zelldifferenzierung garantieren. Zusätzlich bilden die Tumorzellen Faktoren, mit denen sie sich selbst „in Gang setzen" (Mobilitätsfaktoren; S. 312) → eigenmächtige Zellauswanderung.

Resultat: Aussaat der Tumorzellen in andere Organe/Gewebe als „Unfall mit Fahrerflucht".

Defekte Immunüberwachung (S. 326): Die unentwegt proliferierenden Tumorzellen haben es im allgemeinen schwer zu überleben. Sie müssen mit den anderen Zellen um die Nahrungsstoffe „streiten" und sind den Fallstricken der Immunüberwachung ausgeliefert. Folge davon: Selektionsdruck. Diesen Selektionsdruck halten nur solche Tumorzellen aus, die so verwildert sind, daß ihnen innere und äußere „Anfeindung" nichts mehr anhaben.

Resultat: Entwicklung von asozialen, zellulären „Überlebenskünstlern".

Therapieresistenz: Verwilderung der Tumorzellen → Expression von Arzneimittelresistenz-Genen sowie Mutation apoptosesteuernder Gene → keine Tumorapoptose nach Zytostatika und Bestrahlung.

Resultat: Entwicklung therapieresistenter Tumor-„Unterfamilien".

Im folgenden werden die morphologischen Abläufe besprochen, die die Entstehung eines Tumors beeinflussen.

A **Normale Keratinozyten**
ZK, REM, 5000x

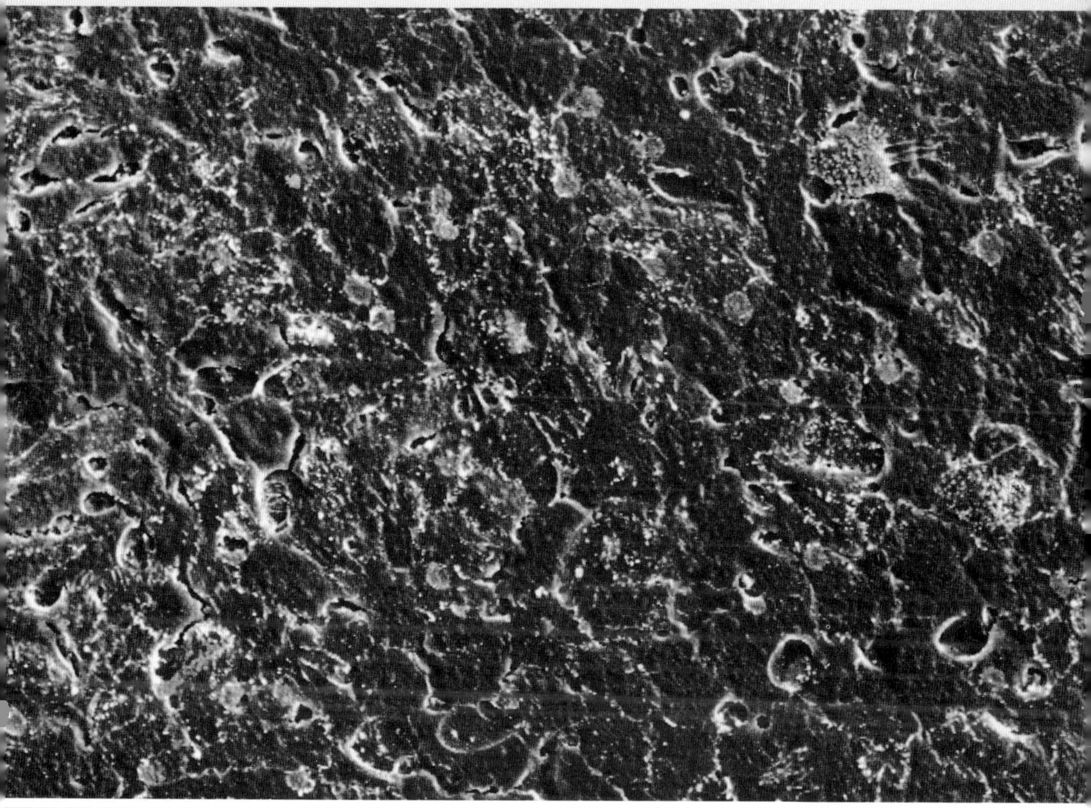

B **Tumor-Keratinozyten**
ZK, REM, 5000x

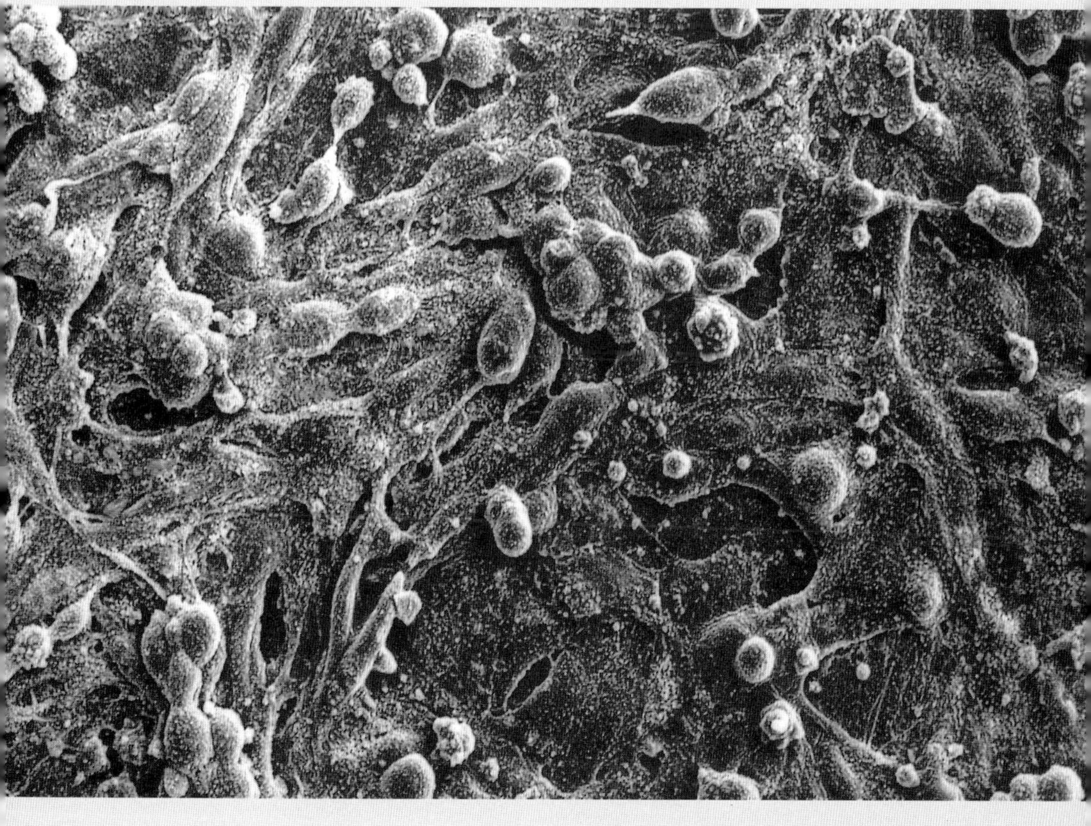

Formale Tumorigenese

Vorstufen und Frühstadien

Eine neoplastische Gewebewucherung entwickelt sich über mehrere Stufen zum malignen Tumor. Dabei ist die morphologische Abgrenzung einer gutartigen Gewebeneubildung von einer bösartigen manchmal schwierig (= *Grenzfalltumor*, „borderline tumor"), zumal die Übergänge fließend sind.
Bei einigen Geweben sind die Krebsvorstufen jedoch deutlich erkennbar (= *Präkanzerose*) und/oder gehen über eine nichtinvasive Zwischenform (= *Carcinoma in situ*) in eine invasive Form über. In einigen Organen wie Magen und Uterus lassen sich sogar Karzinome im Stadium der frühen Infiltration mit besonders guter Prognose erfassen (= *Frühkarzinom*, „early cancer").

Diese Krebsvorstufen und Krebsfrühstadien werden aufgrund ihrer besonderen prognostischen Bedeutung nachstehend gesondert besprochen.

Präkanzerosen

Allgemeine Definition: Gewebeveränderungen mit statistisch erhöhtem (malignen) Entartungsrisiko.

Allgemeine Pathogenese: Präkanzerosen können auf angeborenen Zelleigenschaften oder auf erworbenen Gewebeschäden beruhen. Dabei unterscheidet man:
- ***Präkanzeröse Kondition:*** Angeborenes zur Präkanzerose prädestinierendes Leiden (z. B. Xeroderma pigmentosum; S. 6).
- ***Präkanzeröse Läsion:*** Erworbene Gewebeveränderung (z. B. aktinische Keratose; S. 150).

Je nach biologischem Verhalten der Präkanzerosen unterscheidet man nachstehend aufgeführte Formen:
- ***Fakultative Präkanzerosen:*** Übergang in einen malignen Tumor nur gelegentlich und erst nach längerer Zeit.
- ***Obligate Präkanzerosen:*** Übergang in einen malignen Tumor häufig und in kurzer Zeit.

Allgemeine Morphologie der häufigsten präkanzerösen Veränderungen: Je nach Gewebe lassen sich folgende histologische Formen erfassen:

(Epithelbezogene) Dysplasie

Definition: Reversible histologische Abweichung eines Epithelgewebes von der Norm (► A) bei gestörter Differenzierung aber kontrollierter Proliferation.

Histologie: Zellen mit markanter Variabilität der Kerngrößen (= Pleomorphie) und Mitosen; Verlust der funktionellen Epithelausrichtung (= Polaritätsverlust, ► A, B1).
Prognostisch günstig.

Leukoplakie

Definition: Weißliche, nicht wegwischbare Veränderung des Oberflächenepithels (► C1, D).

Histologie: Herdförmige (Plattenepithel-) Veränderung. Diese ist folgendermaßen charakterisiert:
- *Hyperkeratose:* Vermehrte Verhornung mit Bildung kernloser Hornschuppen;
- *Parakeratose:* Überstürzte Verhornung mit Bildung kernhaltiger Hornschuppen (► B1);
- *Basalzellhyperplasie (► B2, C2)*
- *Entzündung:* lymphozytäre Infiltration des Stromas (fakultativ).

Prognostisch günstig. Sowie eine Dysplasie dazu kommt handelt es sich um eine Präkanzerose.

Carcinoma in situ

Definition und Morphologie: Hochgradige Atypie des Epithels (z. B. Plattenepithel) mit Polaritätsverlust bei intakter Basalmembran (► E1) und Histologie eines nichtinvasiven Karzinoms (► E2, F)
Prognostisch günstig.

Mikroinvasives Karzinom

Definition und Morphologie: Karzinomfrühform (v. a. Cervix uteri) mit Durchbruch der Basalmembran und maximaler Invasionstiefe von 3 – 5 mm.
Prognostisch günstig.

Die Umwandlung einer Zelle zur Krebszelle hinterläßt auch an der Zelle selbst und am Zellkern deutliche, diagnostisch verwertbare Spuren. Sie werden nachstehend besprochen.

A Normales Plattenephitel
100x

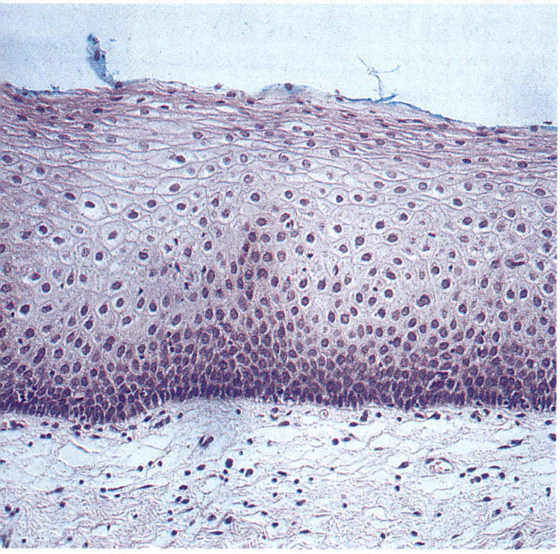

B Mittelgradige Plattenephiteldysplasie
IH, 100x

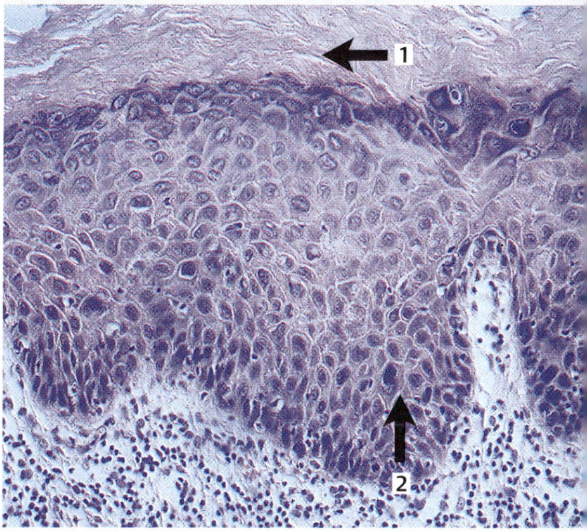

C Schwere Plattenephiteldysplasie
100x

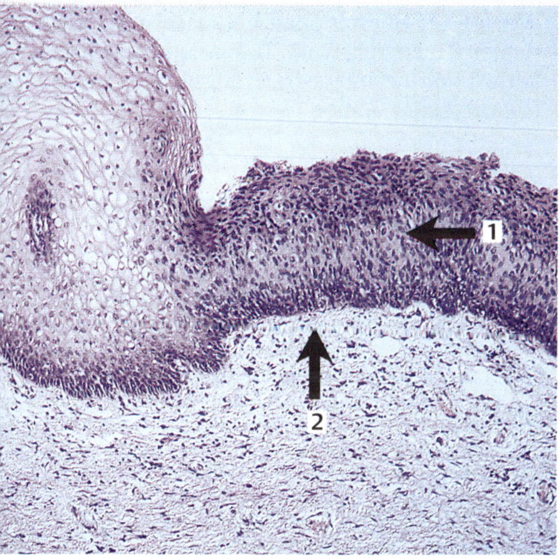

D Verruköse Leukoplakie

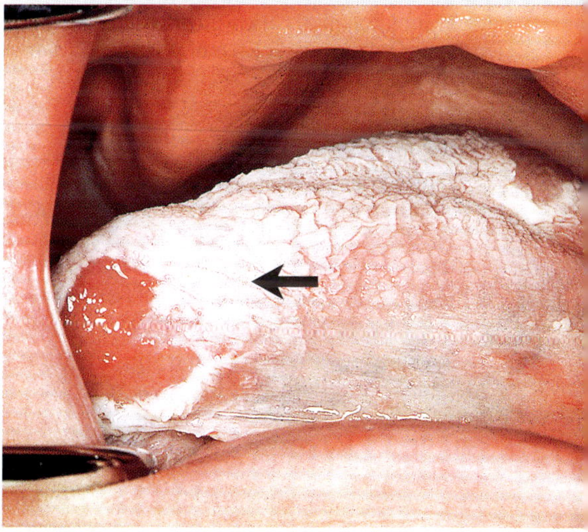

E Carcinoma in situ: Bronchus
100x

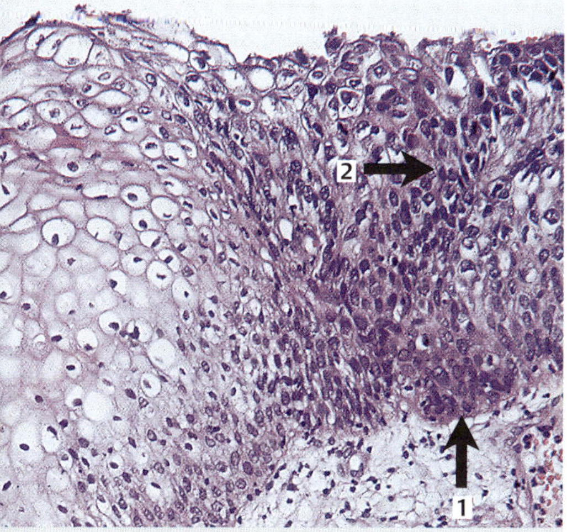

F Carcinoma in situ: Bronchus

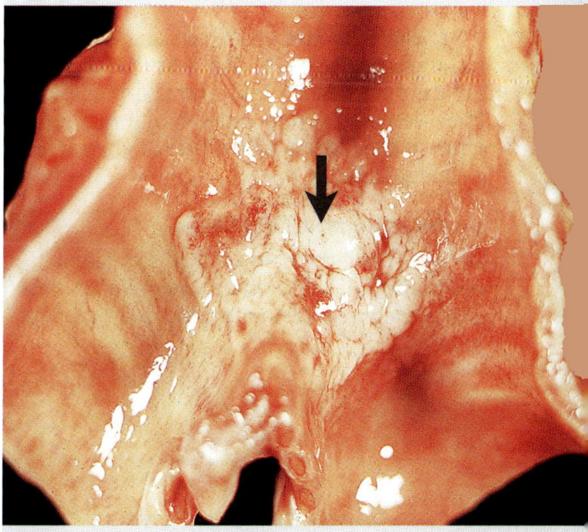

Zell- und Kernveränderungen

Zellveränderungen

Abkürzung: CH = Chromosom(en)

Anaplasie: Maligne Tumorzellen synthetisieren defekte Proteine der extrazellulären Matrix (Fibronektin, Laminin) und der Zelladhäsion → Verlust der normalen Zell-Zell- und Zell-Matrix-Kommunikation → Verlust der Zellidentität → Zellen finden sich kaum noch zu einem Gewebemuster zusammen, verlassen ihren geweblichen Stammplatz und siedeln sich anderswo ab.

Biochemische Konvergenz: Bei allen malignen Tumorzellen sind die Organellen rarefiziert und die Kern-Plasma-Relation zugunsten des Zellkerns verschoben → anaplastische Tumoren verschiedener Histogenese neigen zur Vereinfachung ihres Stoffwechsels (Umstellung auf anaerobe Glykolyse) und nehmen damit sowohl funktionell als auch ultrastrukturell (onkofetale Organellen; S. 12) embryonale Züge an.

Kernveränderungen

Rekapitulation: „Kernveränderungen" (S. 10).

Allgemeine Morphologie: Die Zellen eines malignen Tumors enthalten unterschiedlich große (= Polymorphie), unterschiedlich chromatinhaltige (= Polychromasie), mitotisch aktive Zellkerne mit plumpen Nukleolen (► A). Gelegentlich sind sie auch mehrkernig (► B).

Diese Kernveränderungen sind ein wichtiges Malignitätskriterium und beruhen auf folgenden Veränderungen des DNS-Gehalts und/oder des CH-Materials:

DNS-Gehalt der Tumorzellen

Gutartige Tumoren bestehen aus Zellen mit diploidem und in geringem Maße auch tetraploidem DNS-Gehalt.

Maligne Tumoren bestehen aus Zellen mit nicht ganzzahligem CH-Satz und DNS-Werten, die zum einen über dem normalen diploiden DNS-Wert liegen, zum anderen in ihrer Verteilung stärker streuen als in nichtmalignen Zellen (= Aneuploidie).

Chromosomenaberrationen

Sie sind für eine maligne Transformation typisch und ziehen immer Genverluste nach sich (genetischer „Dominoeffekt"; „cytogenetic noise").

Primäre Aberrationen

Sie können in folgenden Varianten vorliegen:

- ***Keimzellmutation:*** Die Mutation liegt bereits in der Zygote (von einem Elternteil vererbt oder neue Mutation) vor und ist somit kongenital.
- ***Somatische Mutation:*** Die Mutation tritt erst später in einer einzelnen Körperzelle auf.

Folgen davon: Funktionsstörung von c-onc und Tumorsuppressorgenen → Dauerproliferation.

Sekundäre Aberrationen

Nach einer primären CH-Aberration geht weiteres CH-Material verloren (Gendeletion → Aneuploidie) und/oder wird bei entsprechenden CH-Brüchen in andere CH verpflanzt (CH-Translokation). Folgen davon: Verlust von Suppressor- und/oder Differenzierungsgenen → Proliferationsentgleisung → Entdifferenzierung.

Tertiäre Aberrationen

Weitere CH-Aberrationen bei rasch proliferierenden Tumorzellen im Tumorendstadium → Verlust von Antimetastasierungsgenen → metastasierender Tumor.

Beispiele:

- ***Philadelphia-Translokation*** (► C): In diesem Fall ist an einem CH-22 ein Langarmsegment abgebrochen und auf ein CH-9 transloziert worden. Davon betroffen ist das c-abl-Protoonkogen (= Tyrosinkinase; Genlokus: 9q34), es wird dadurch zum aktiven Onkogen. C-abl reguliert physiologischerweise das Wachstum pluripotenter hämatopoetischer Knochenmarksstammzellen. Durch die 9→22-Translokation rekombiniert sich das c-abl-Gen mit dem bcr-Onkogen auf dem Genlokus 22q11, welches für ein GTPase-aktivierendes Protein kodiert → dadurch entsteht ein neu zusammengesetztes Gen → dieses transkribiert eine chimärische bcr-abl-RNS → Synthese eines bunt zusammengewürfelten, chimärischen Onkoproteins (= bcr-abl-Protein) → Dauerproliferationssignal →
  Resultat: chronische, aber auch akute myeloische Leukämie (S. 360).
- ***B-Zell-Lymphome:*** Sie gehen auf spezifische CH-Translokationen in der sog. Prä-B-Phase der Lymphozytenentwicklung mit Rearrangements der Gene für Immunglobuline zurück. Dabei fügt das Enzym Rekombinase fälschlicherweise Immunglobulin-Gene und Protoonkogene wie c-myc aneinander → das Protoonkogen wird zum Onkogen → Dauerproliferationssignal von B-Lymphozyten
  Resultat: B-Zell-Lymphome.

A **Tumornukleolen**
MGG, 800x

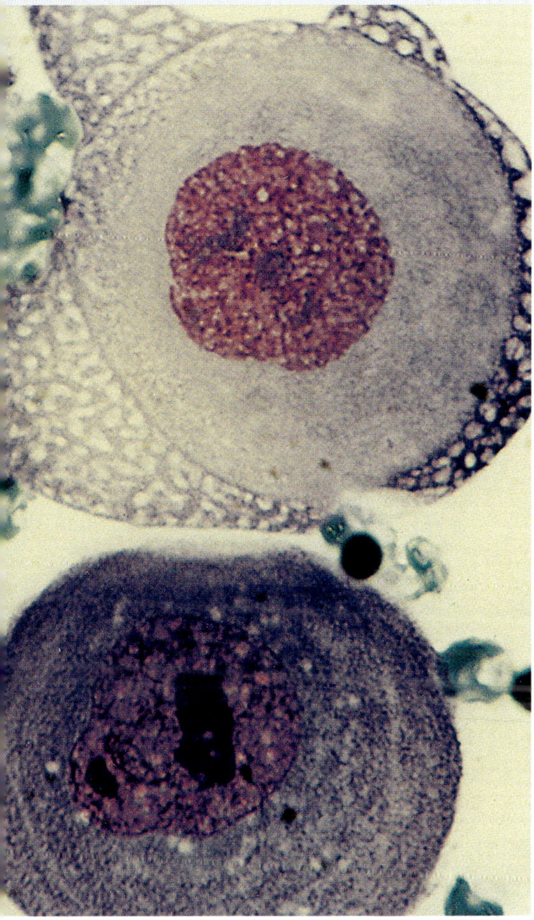

B **Tumor:** Mehrkernigkeit
MGG, 800x

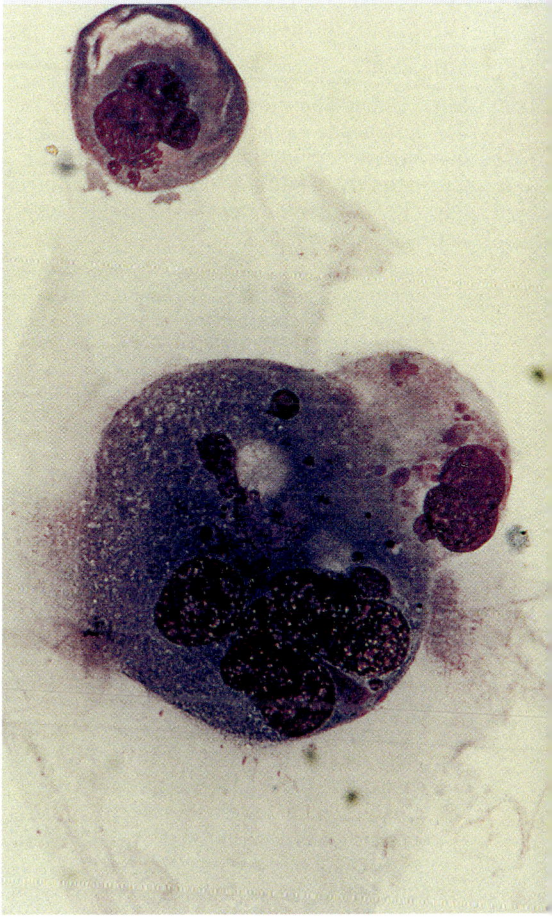

C **Philadelphia-Translokation**

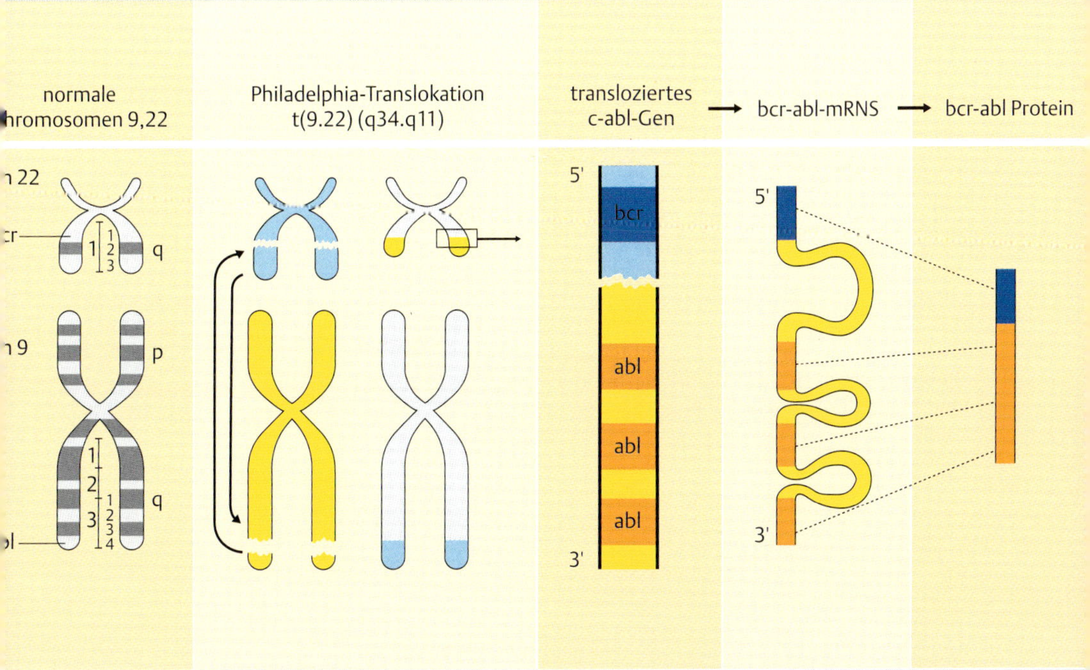

Tumordurchblutung

Abkürzung: TZ = Tumorzelle(n)

Jeder Tumor übernimmt zumindest teilweise das bestehende Gefäßnetz → qualitative und quantitative Veränderung des betreffenden Gefäßabschnitts. Außerdem sorgt ein Tumor durch folgende Faktoren für den Ausbau seines eigenen Gefäßnetzes:

- ***Tumoreigene Angiogenesefaktoren*** wie Fibroblastenwachstumsfaktor (FGF) → Anlockung und Proliferation von Endothelien, proteolytische Auflockerung der Umgebung → Einsprossen von Kapillarendothelien.
- ***Tumorfremde Angiogenesefaktoren*** wie Tumornekrosefaktor (= TNF-α) aus Makrophagen → Proliferation und Migration (Einsprossen) von Kapillarendothelien.

Folgen davon: tiefgreifende Umformung des Gefäßnetzes im Bereich maligner Tumoren. Dies ist an 4 angiographischen Merkmalen erkennbar:

- ***Inhomogenes Gefäßnetz:*** Das Wachstum des Tumorgefäßnetzes hinkt dem Tumorwachstum nach und ist nicht mehr funktionell ausgerichtet → der Tumorrand ist meist besser durchblutet als das Zentrum.
- ***Gefäßkaliberschwankungen:*** Das vorhandene Gefäßnetz wird durch das Tumorwachstum stark ausgeweitet und durch einen erhöhten Gewebedruck komprimiert.
- ***Gefäßrichtungsänderungen:*** Der Gefäßbaum des Tumors zeigt keine dichotome Aufzweigung, sondern ein bizarr-unregelmäßiges Aufzweigungsmuster.
- ***Gefäßabbrüche:*** Sie sind Folge von Nekrosen und arteriovenösen Kurzschlüssen („shunts"); Folgen davon: Strömungsumkehr und Hämostase.

Tumorausbreitung

Ein gutartiger Tumor bleibt in seinem Ursprungsgebiet lokalisiert und kann sich nicht über weitere Distanzen auf andere Organe ausdehnen. Maligne Tumoren hingegen haben im Hinblick auf ihre Ausdehnung folgende 4 Eigenschaften (s.auch S. 350):

- ***Infiltration:*** Die TZ dringen ins umgebende Gewebe ein (► A).
- ***Invasion:*** Die TZ brechen in Lymph- oder Blutgefäße ein (► B). Damit verbunden sind folgende Prozesse:
- ***Destruktion*** in Form einer Zerstörung des Gewebes in der Tumorumgebung (► C).
- ***Metastasierung:*** Die TZ siedeln sich in anderen tumorfernen Geweben ab.

Diesem abartigen Verhalten der TZ im Gewebeverband liegen nachstehend aufgeführte 4 pathogenetische Eigenschaften zugrunde:

- ***Verlust der Thigmotaxis:*** TZ orientieren sich an bestimmten Proteinen der extrazellulären Matrix und breiten sich entlang bestimmter Gewebestrukturen wie Nervenscheiden (► D) und Kollagenfasern (► E) aus.
- ***Verlust der Kontaktinhibition:***

  Orthologie: Sobald sich normale Zellen gegenseitig berühren, hören sie auf, sich fortzubewegen oder zu teilen = Kontaktinhibition. Das dazu notwendige Signal zum Abschalten wird durch Antennen auf der Zelloberfläche (Lewis-Blutgruppen-AG, Zelladhäsionsmoleküle) empfangen; sie leiten das Abschaltsignal über Zweitbotenstoffe an die Proliferationszentrale (Zellkern) weiter.

  Bei den malignen TZ ist die Übermittlung dieses Abschaltsignals gestört → Unterbrechung der Zell-Zell-Kommunikation → TZ wachsen unentwegt weiter und bringen sich gegenseitig um.
- ***Verlust der Zytokohäsivität:*** TZ lösen sich aus folgenden 2 Gründen aus ihrem Zellverband:
  - *Tumorzellabstoßung* durch negative Oberflächenladung (Carboxylgruppen der membranständigen Sialinsäure);
  - *Zellulärer Kohäsionsverlust* durch Mutationen bestimmter Suppressorgene → Veränderung von Zelladhäsionsmolekülen → Auflösung des Zellzusammenhalts (= Zytodiskohäsivität, ► F).
- ***Verlust der Seßhaftigkeit:*** TZ besitzen Proteasen und Hyaluronidasen → Aufweichung der extrazellulären Matrix sowie der vaskulären und epithelialen Basalmembran → Tumorinvasion.

Im folgenden Abschnitt wird näher auf die Metastasierung im Rahmen der Tumorausbreitung eingegangen.

A **Muskelinfiltration:** Prostatakarzinom
200x

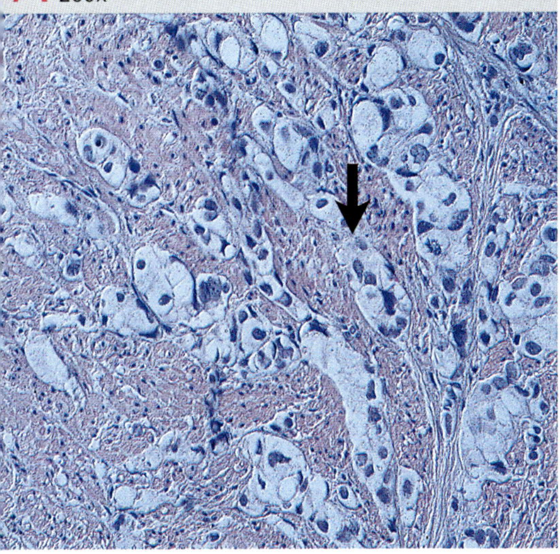

B **Einbruch in V.-cava:** Nierenkarzinom

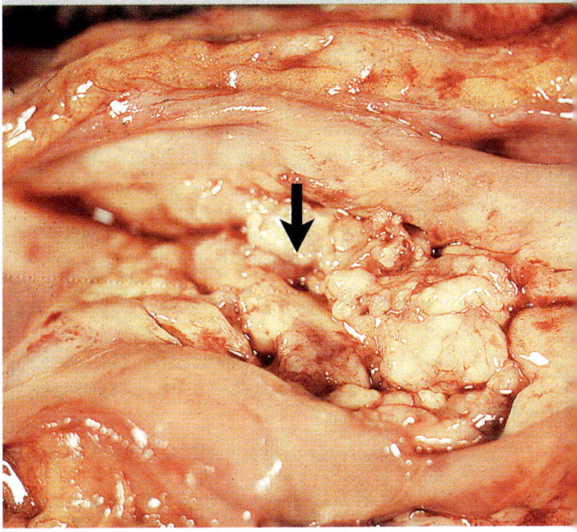

C **Destruktion:** Kieferhöhlenkarzinom

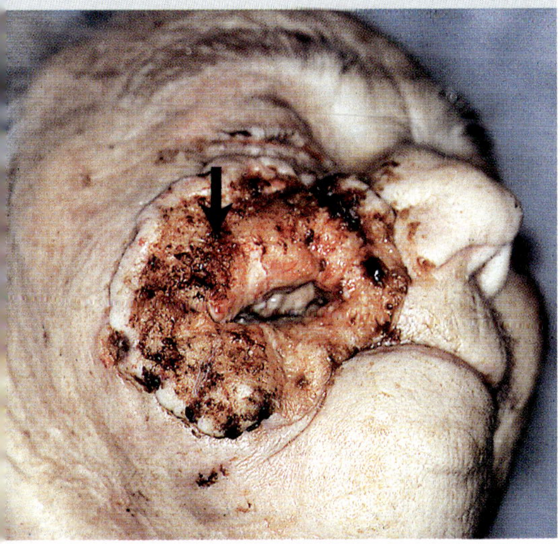

D **Nervenscheideninvasion:** Karzinom
100x

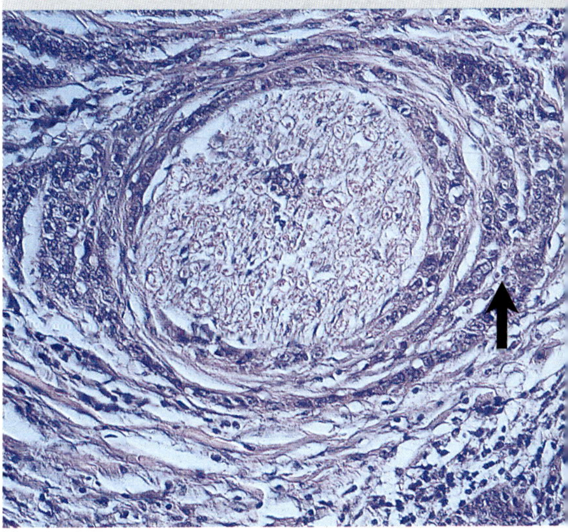

E **Kollagenthigmotaxis:** Karzinom
100x

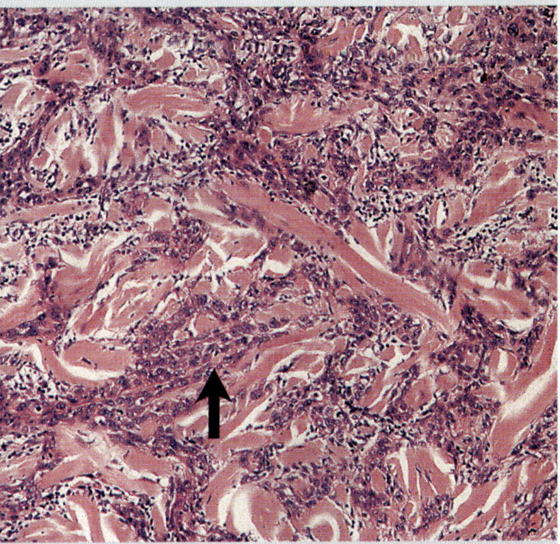

F **Zytodiskohäsivität:** Gallertkarzinom
PAS, 250x

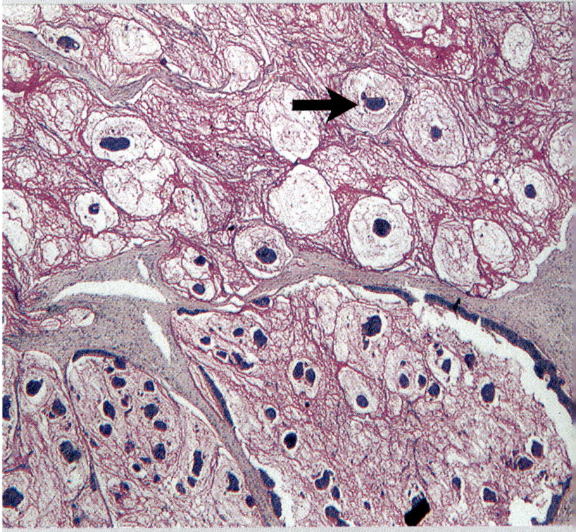

Metastasierung

Abkürzung: TZ = Tumorzelle(n)

Definition: TZ-Verschleppung von einer Körperstelle an eine andere entfernte Körperstelle mit An- und Weiterwachsen zu Tochtertumoren.

> **Merke:** *Metastasierung* im weiteren Sinne: Verschleppung eines Krankheitsprozesses von einer Körperstelle an eine andere.

Pathogenetisch spielen folgende Prozesse zusammen:

- ***Antimetastasengen-Verlust:*** Die Metastasierung wird durch sog. Antimetastasengene unterdrückt.

  Ihre Kodierungsprodukte haben folgende Aufgaben:
  - *Cadherine:* fördern die Zell-Zell-Adhäsion;
  - *Inhibitoren für (Metallo-)Proteinasen*: Mit letzteren überwinden TZ die vaskuläre Basalmembranbarriere;
  - *pNM23* (non-Metastasengen 23): Das Genprodukt hat Nukleosid-Diphosphat-Kinase-Aktivität. Seine Rolle bei der Metastasierung ist unklar.

  Die Funktion dieser Gene erlischt erst im fortgeschrittenen Stadium einer Tumorkrankheit.
- ***Kohäsionsverlust:*** Zu Beginn der Metastasierung verlieren die TZ Gene, welche die Adhäsionsmoleküle (Integrine) zum Anheften an Proteine der Extrazellulärmatrix (Kollagen, Laminin, Fibronektin) sowie die zu den Matrixproteinen passenden Klebestellen (= Rezeptoren) auf den Zellen kodieren.
- ***Zellmotilität:*** durch tumoreigene Faktoren.
- ***Intra-, Extravasation:*** Unter dem Einfluß bestimmter Wachstumsfaktoren sezernieren TZ proteolytische Enzyme zur Aufweichung der extrazellulären Matrix → TZ wandern durch die Gefäßwand ins Gefäßlumen und später aus diesem wieder hinaus ins Gewebe (vgl. Leukozytentransmigation S. 200).
- ***Blendung der Immunüberwachung*** durch:
  - verminderte Expression von HLA-Selbsterkennungsmolekülen auf der TZ-Oberfläche,
  - Fibrinummantelung der TZ innerhalb der Gefäße (Tumorembolus).
- ***Absiedelung:*** TZ siedeln sich in bestimmten Organen ab wegen:
  - Erkennung organspezifischer Wegweiser (Adhäsionsmoleküle),
  - Vorhandensein einer Bestimmungsadresse auf der TZ-Oberfläche (Lektine).

  Dem „soil and seed"-Konzept zufolge ist das jeweilige „Saatgut" (= TZ) auf den „Acker" (= Organ/Gewebe) abgestimmt. Dies erklärt folgende Fakten:
  - In Milz oder Skelettmuskel finden sich selten Metastasen;
  - Prostata-, Nieren-, Schilddrüsen- und Mammakarzinome metastasieren häufig ins Knochengewebe.
- ***Schlafende Tumorzellen:*** Einzelne TZ siedeln sich in einem Organ/Gewebe ab → Latenzzeit von 10–20 Jahren → aggressives Weiterwachsen (aus unbekannten Gründen) → Spätmetastasen (z. B. Mammakarzinom).

> **Merke:** *Symptome „Knochenmetastasen":*
> - Knochenschmerzen,
> - pathologische Knochenfrakturen,
> - Kompression des Rückenmarks.

Lymphogene Metastasierung

Definition: Verschleppung von TZ über das Lymphgefäßsystem.

Formalpathogenese: Sie verläuft nach folgenden 3 Mustern:

- ***Tumor-Lymphangiosis:*** TZ lösen sich aus dem Randgebiet eines Tumors → (meist) zunächst Tumorinvasion in ein Lymphgefäß (keine Basalmembran!) → danach: Transmigration der TZ durch die Gefäßwand (innerhalb 24 h). Bei günstigen Strömungsbedingungen im betreffenden Lymphgefäß vermehren sich die TZ bereits in den Lymphgefäßen und wachsen an ihnen entlang (► A, B, C1).

  Je nach Primärneoplasie unterscheidet man nachstehende Lymphangioseformen:
  - ***Lymphangiosis carcinomatosa*** bei einem Karzinom als Primärneoplasie (► A, B);
  - ***Lymphangiosis sarcomatosa*** bei einem Sarkom als Primärneoplasie;
  - ***Lymphangiosis blastomatosa*** bei Leukämie und/oder einem Lymphom als Primärneoplasie.
- ***Lymphonoduläre Metastasierung:*** Meist Verschleppung der TZ zum nächsten Lymphknoten (► C3) → dort: Absiedelung vorerst in den Randsinus (► C2, D), später Überwucherung des ganzen Lymphknotens (► E) → danach: Kapseldurchbruch des Lymphknotens → extranodales Weiterwachsen des Tumors → Blutgefäßinvasion.
- ***Fernmetastasen:*** Von der ersten Lymphknotenstation aus erfolgt die Verschleppung von TZ in nachgeschaltete und später auch in entferntere Lymphknoten → danach: via Ductus thoracius → venöser Blutstrom.

  Beispiel: Lymphknotenmetastase eines primären Gaumenkarzinoms (► F).

> **Merke:** *Metastasierungsregel:*
> - Karzinome → v. a. lymphogene Metastasen;
> - Sarkome → v. a. hämatogene Metastasen.

A **Lymphangiosis carcinomatosa:** Haut
100x

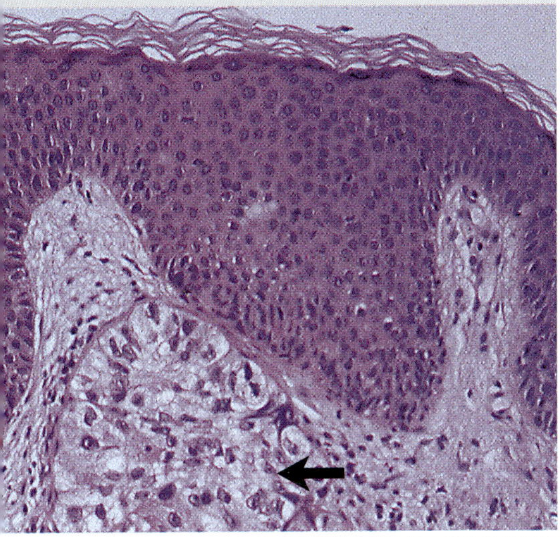

B **Lymphangiosis carcinomatosa:** Pleura

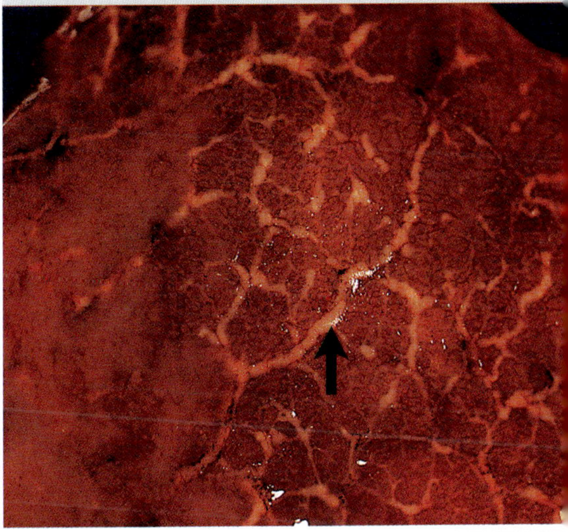

C **Lymphangiosis carcinomatosa:** Lymphknoten
25x

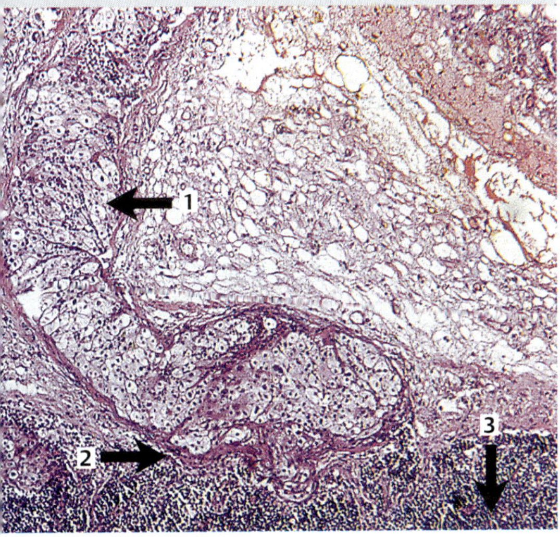

D **Mikrometastase:** Lymphknoten
50x

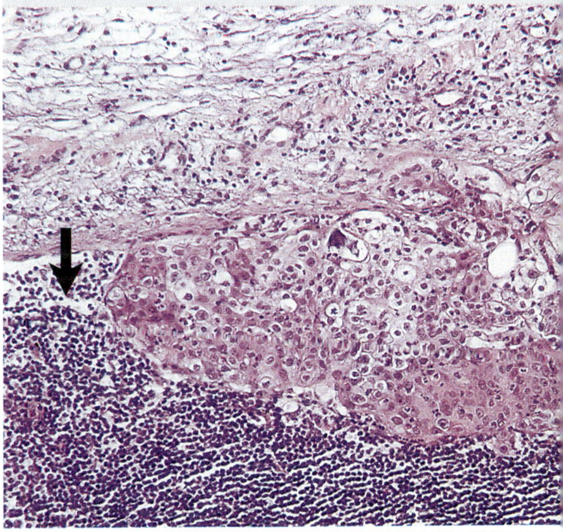

E **Lymphknotenmetastase**

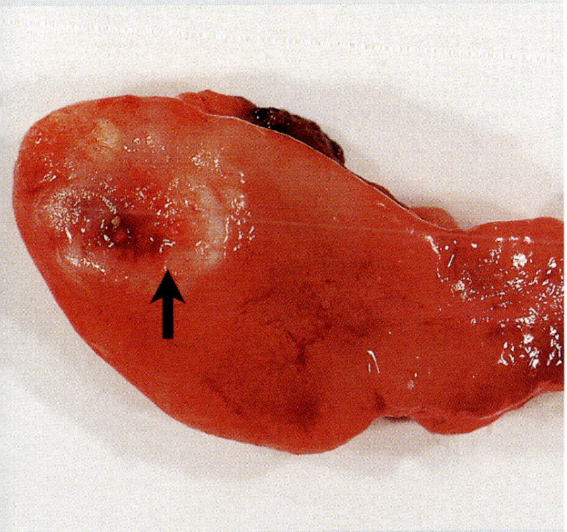

F **Metastase:** Halslymphknoten

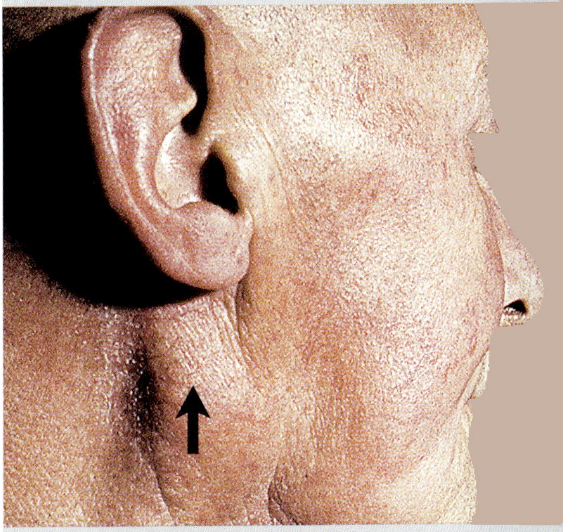

Hämatogene Metastasierung

Abkürzung: TZ = Tumorzellen
Synonym: Haemangiosis carcinomatosa

Definition: Verschleppung von TZ auf dem Blutweg → Metastasen.

Formalpathogenese: Sie läuft in folgenden 3 Phasen ab:

- ***Invasionsphase:*** Die meisten TZ gelangen via Lymphgefäße in die Blutgefäße. Dort werden die TZ größtenteils innerhalb 24 Stunden zerstört.
- ***Embolisierungsphase:*** TZ verklumpen miteinander (► B1) und umgeben sich mit einem Fibrinmantel (► B2) → Bildung eines Tumorembolus → dieser bleibt in präkapillären Arteriolen stecken.
- ***Implantationsphase:*** Mit der Zeit brechen einzelne TZ aus dem Tumorembolus aus und gelangen in das postkapilläre Venolenbett. Bei korrespondierender Bestückung der Venolenoberfläche mit Adhäsionsfaktoren heften sich die TZ am Endothel der entsprechenden Organgefäße an → danach: Extravasation der TZ → Eindringen ins Organgewebe → Aufbau eines tumoreigenen Gefäßnetzes → Heranwachsen zu Tochtertumoren.

> **!** **Merke:** Sarkome, follikuläre Schilddrüsenkarzinome und Nierenzellkarzinome brechen bevorzugt ins Blutgefäßsystem ein → frühe hämatogene Metastasierung.

Je nach dem Verbreitungsweg der TZ lassen sich folgende 4 Typen der hämatogenen Metastasierung unterscheiden (► A):

Lungentyp

Sitz des Primärtumors: *Lunge.*
Von dort aus: Invasion in die Lungenvenen → TZ-Verschleppung zum linken Herzen → Tumorabsiedelung in den Organen des großen Kreislaufs (► A1).

Lebertyp

Sitz des Primärtumors: *Leber.*
Von dort aus: Invasion in die Lebervenen → TZ-Verschleppung in rechtes Herz → Lungen → linkes Herz → Tumorabsiedelung in den Organen des großen Kreislaufs (► A2).

Kavatyp

Sitz des Primärtumors: Abflußgebiet der *oberen/unteren Hohlvene* (z. B. bei Nieren-, Knochen-, Schilddrüsenkrebsen).
Von dort aus: → TZ-Verschleppung zum rechten Herzen → Tumorabsiedelung in der Lunge (► A3).

Pfortadertyp

Sitz des Primärtumors: *Intestinum.*
Von dort aus: → TZ-Verschleppung via Pfortader zur Leber (Lebermetastasen!) → von dort aus: TZ-Verschleppung über die Lebervenen und V. cava → Tumorabsiedelung in der Lunge (► A4) analog dem „Lebertyp".

Kavitäre Metastasierung

TZ brechen in eine Kavität ein (Pleura-, Peritoneal-, Perikardhöhle, Liquorraum, Sehnenscheide). Von dort aus: Verschleppung der TZ innerhalb der betreffenden Körperhöhle → Absiedelung der TZ → einzelne oder multiple Metastasen (= Implantationsmetastasen).

- ***Pleuritis carcino-/sarcomatosa*** = Pleurakarzinose, Pleurasarkomatose (► D).
- ***Peritonitis carcino-/sarcomatosa*** = Peritonealkarzinose (► C), Peritonealsarkomatose.
- ***Perikarditis carcino-/sarcomatosa*** = Perikardkarzinose, Perikardsarkomatose (► E).

> **!** **Merke:** Ein *hämorrhagischer Pleura-/Peritonealerguß* ist immer karzinomverdächtig!

Kanalikuläre Metastasierung

Metastasierung innerhalb eines epithelial ausgekleideten Gangsystems.

Vorkommen (seltener Metastasierungstyp):

- Mammakarzinom via Milchgänge;
- Gallenblasenkarzinom via Gallengänge;
- Harnblasenkarzinom via Ureter.

Impfmetastasen

Diagnostische Maßnahmen wie Biopsie und Exsudatpunktion (S. 2) → TZ-Verschleppung entlang eines biopsiebedingten Stichkanals.

> **!** **Merke:** Impfmetastasen sind trotz der Häufigkeit von Nadelbiopsien eine Rarität.

A **Hämatogene Metastasierung**

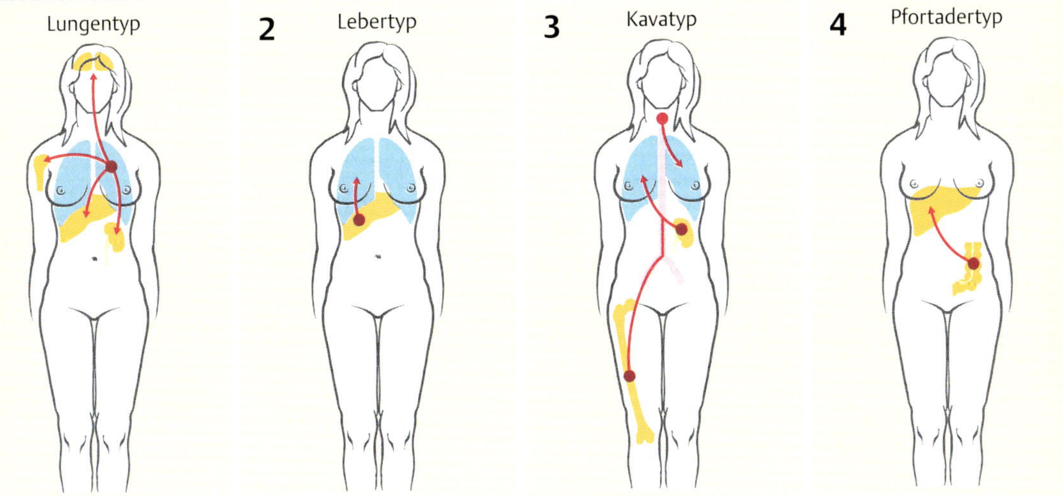

B **Tumorembolie**
100x

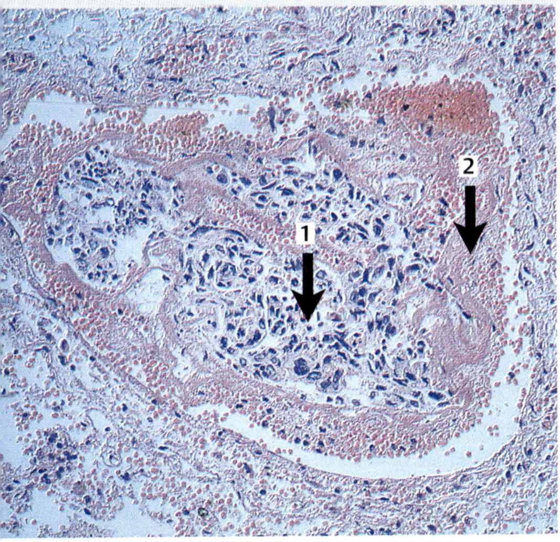

C **Peritonealkarzinose:** Rektumkarzinom

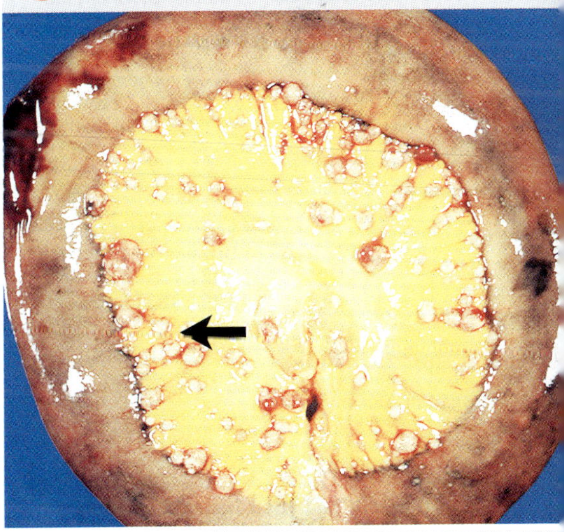

D **Pleurasarkomatose:** Uterussarkom

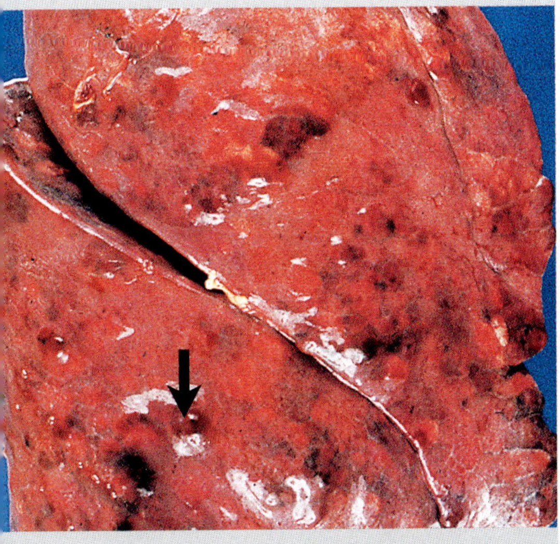

E **Perikardsarkomatose:** Uterussarkom

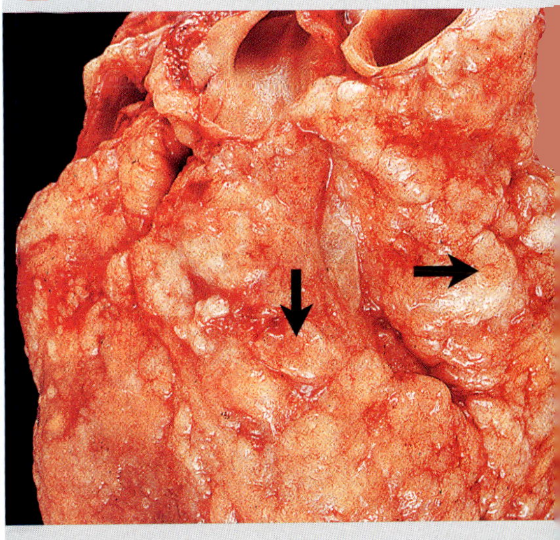

Merkmale gut- und bösartiger Tumoren (s. a. S. 344)

	Gutartige Tumoren	Bösartige Tumoren
Wachstum	langsam mit – *Expansion, Verdrängung* – *Kompression* → Druckatrophie des Umgebungsgewebes	schnell mit – *Destruktion* – *Infiltration* (► D) – *Thigmotaxis* – *Gefäßinvasion* – *Metastasierung*
Größe	langsame Größenzunahme (TU kann sehr groß werden → Rucksacktumor; ► B)	rasche Größenzunahme
(Pseudo-)Kapsel	vorhanden (durch Verdichtung des ortsständigen Stromas → chirurgisch aus Kapsel „enukleierbar"; ► C)	fehlt ganz oder teilweise → TU-Rezidiv (häufig nach Resektion)
Verschieblichkeit	verschieblich	nicht verschieblich
Histologie	(meist) perfektes Abbild des histologischen Muttergewebes, kaum Mitosen, (nie) Nekrosen	primitives Abbild des histogenetischen Muttergewebes, dazu: viele Mitosen, Nekrosen
Zellgrößenvariabilität	Zell-, Kernisomorphie (weitgehend gleichgroße Zellen und Zellkerne)	Zell-, Kernpolymorphie (unterschiedlich große Zellen und Zellkerne)
DNS-Gehalt	Kerneuploidie (= gleichmäßige Kernanfärbbarkeit); Ausnahme: Kernpolyploidie bei endokrinen TU	Kernaneuploidie, -Polyploidie → -Polychromasie (= wechselnd starke Kernanfärbbarkeit)
Kern-Plasma-Relation	regelrecht	verschoben (zugunsten des Zellkerns)
Nukleolen	unsichtbar oder klein und rundlich	vergrößert, plump-kantig
Verlauf	meist klinisch stumm (Verdrängungssymptomatik), keine Rezidive, keine Metastasen	symptomenreich (meist spät) häufig Rezidive, häufig Metastasen

Tumorrückbildung

Synonym: Tumorregression

Abkürzung: TU = Tumor(en)

Pathogenetisch gehen regressive Veränderungen in einem malignen (gelegentlich auch benignen) TU auf folgende Mechanismen zurück:

- rasches TU-Wachstum,
- insuffizientes TU-Gefäßnetz,
- Intervention des Immunsystems.

Morphologische Folge davon v. a. im TU-Zentrum sind:
- ***Nekrosen*** (spontan, iatrogen);
- ***Hämorrhagien*** (= Spontanblutungen) aufgrund einer TU-Nekrose oder TU-Therapie;
- ***Vernarbungen*** → nabelartige Einziehung des umgebenden Gewebes. Bei oberflächlichen Lebermetastasen entsteht dadurch ein sog. „Krebsnabel" (► A);
- ***Dystrophe Verkalkungen:*** bei einigen TU (s. u.) verkalken nekrotische TU-Grüppchen zu sandkornartigen Konkrementen (= Psammomkörper).

! **Merke:** *Psammomkörper* sind typisch für:
- papilläre Ovarialkarzinome,
- papilläre Schilddrüsenkarzinome,
- Meningeome.

Tumorregression-Folgezustände

Remission: TU-Rückbildung unter Chemo- und/oder Strahlentherapie.

Vollremission: Vollständige TU-Zerstörung durch ausgedehnte Chemo-, Strahlentherapie → kein TU-Gewebe mehr nachweisbar.

Spontanremission: Komplettes oder vollständiges Verschwinden eines bösartigen Tumors a) ohne Behandlung oder b) mit Behandlungen, deren Wirksamkeit noch unbewiesen ist.
Ursache (?): „Selbstheilungskräfte" des Organismus mit Wiedererlangung der a) Apoptose, b) Differenzierung (= „Rückdifferenzierung") z. B. Neuroblastom → Ganglioneuroblastom → Ganglioneurom (S. 382).

Rezidiv: Erneutes Auftreten eines TU nach Resektion oder Vollremission.

Ein Rezidiv tritt je nach TU-Typ, Abwehrlage, TU-Differenzierung und Therapieerfolg in folgenden 2 Formen auf:

- ***Frührezidiv:*** geringe körpereigene Abwehr → TU-Rezidiv tritt nach Monaten, meist an gleicher Stelle auf (= Lokalrezidiv);
- ***Spätrezidiv:*** gute körpereigene Abwehr → TU-Rezidiv tritt nach Jahren, meist an anderer Stelle auf (= Fernrezidiv).

A **Krebsnabel:** Lebermetastasen

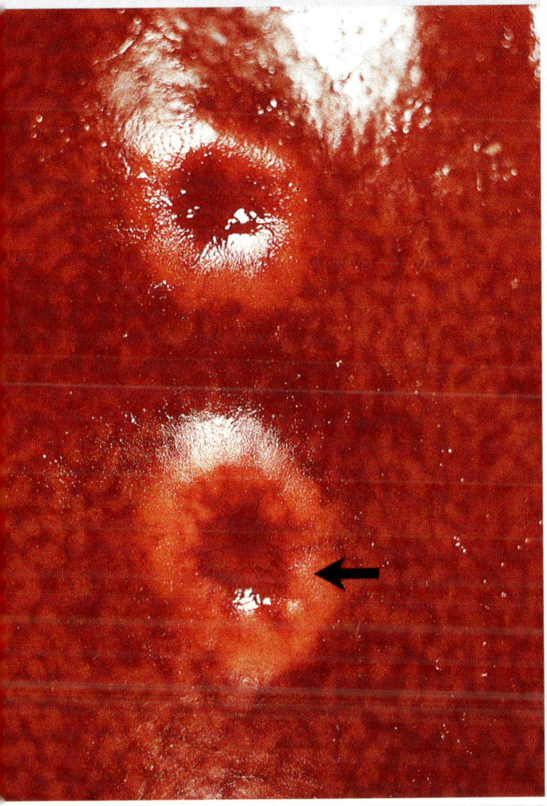

B **„Rucksacktumor“:** Lipom

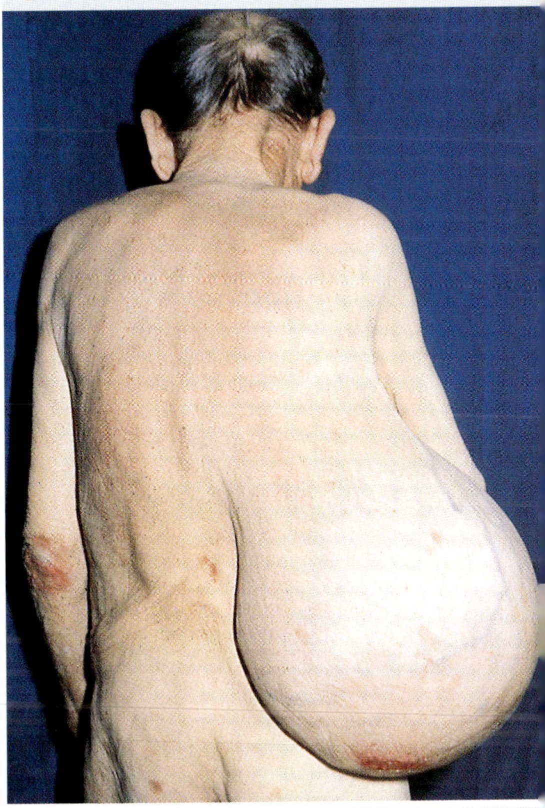

C **Enukleiertes Fibroadenom** (Mamma)

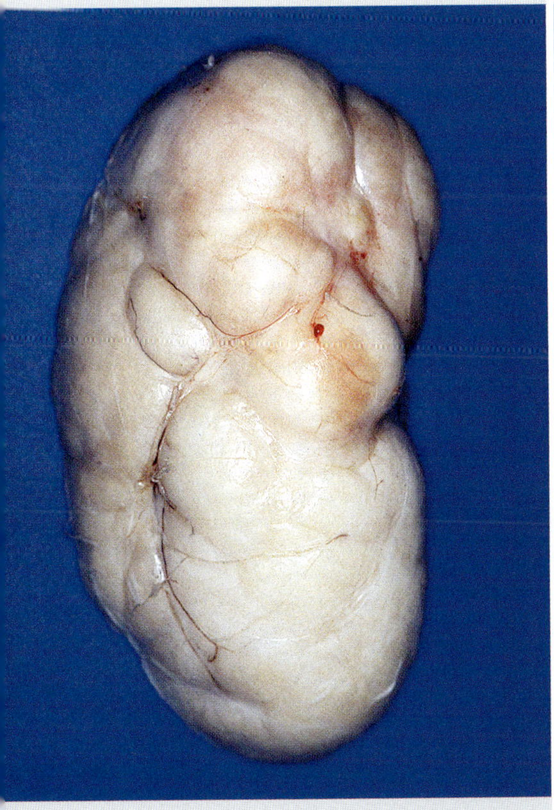

D **Tumorinfiltration** (Schilddrüsenkarzinom)

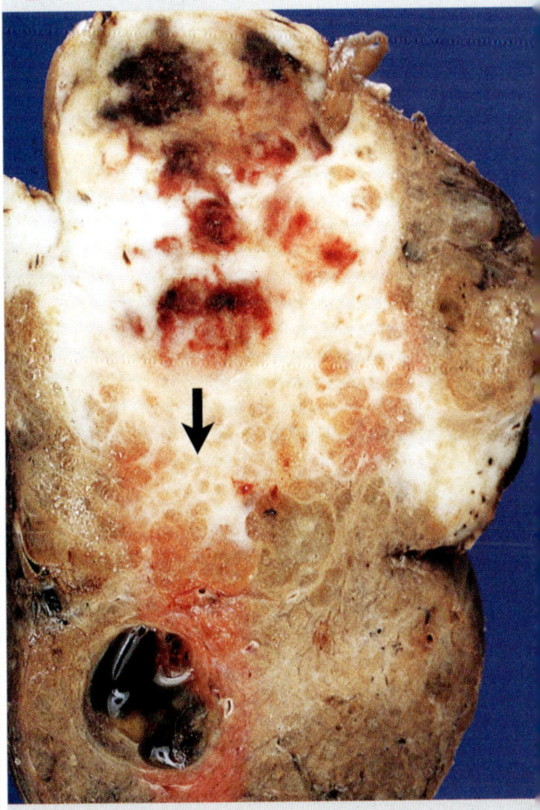

Tumorkomplikationen

Abkürzung: TU = Tumor

Die nachstehend aufgeführten Läsionen komplizieren das reine TU-Wachstum und machen in ihrer Gesamtheit zusammen mit der Metastasierung aus einem TU eine „TU-Krankheit“.

Lokale Komplikationen

Stenosierung: TU können zu folgenden Verdrängungserscheinungen führen:

- *Expansion* → Kompression der TU-Umgebung (► A1) mit Einengung eines Hohlorgans (► A2 = Dünndarmkompression durch ein mesenteriales Liposarkom; S. 356).

  Komplikationen:
  - Schluck-, Miktions-, Passagestörungen,
  - Hirndruckerhöhung (S. 428).
- *Infiltration* → Verstopfung eines Hohlorgans.

  Komplikationen:
  - prästenotische Gangdilatation,
  - Rückstau von Sekreten oder Exkrementen,
  - Keimbesiedelung im Stauungsgebiet.

Durchblutungsstörungen: Aufgrund von komprimierendem und/oder infiltrierendem TU-Wachstum resultieren folgende Läsionen:
- *Venöse Abflußstörung* (häufig) → variköse Veränderung der Venenwand → Thrombose.
- *Gefäßthrombosierung* durch Gefäßstenose und/oder gerinnungsfördernde Substanzen aus dem TU selbst.
- *Blutungen* durch Gefäßarrosionen → Blutspucken (= Hämoptyse), Bluterbrechen (= Hämatemesis), Blutstuhl (= Meläna), Blutharnen (= Hämaturie), Gebärmutterblutung (= Metrorrhagie), bluthaltige (= hämorrhagische) Ergüsse (► B).

Tumornekrosen (► C): Sie entstehen durch das Zusammenspiel folgender Faktoren:
- thrombotische Arterienverstopfung,
- TU-bedingte Gefäßkompression,
- Stieldrehung von TU,
- Zytokine (makrophagozytärer TNF-α),
- aggressive TU-Therapie.

+ Komplikationen durch TU-Nekrosen:
- *Ulzeration* der inneren oder äußeren Körperoberfläche v. a. bei Gastrointestinal-, Haut- und Mammakrebsen (► D) →
- *Perforation* bei TU-Nekrose → Durchbruch in Hohlorgane oder durch die Haut nach außen (► E) →
- *Fistelung* → Anschluß an Nachbarorgane.

Organfunktionsstörungen: Sie machen sich v. a. bei TU bemerkbar, die das Organparenchym oder dessen Stützgerüst nicht nur mechanisch verändern, sondern auch zerstören.

Besonders störanfällig diesbezüglich sind:
- Nerven und Gefäße,
- harnableitendes System,
- Abflußwege des Intestinaltrakts,
- Skelettsystem mit pathologischer Fraktur bei Knochen-TU (► F).

Systemische Komplikationen

Bei fortgeschrittener TU-Krankheit wird regelmäßig der gesamte Organismus durch nachstehende 4 Läsionen beeinträchtigt:

Tumormetastasierung (s.o.): Sie kommt gelegentlich bereits in der Frühphase eines TU-Leidens vor.

Tumorkachexie: Abnahme des Körpergewichts eines Krebspatienten mit allgemeinem Kräfteverfall aufgrund von:
- *Schluckbehinderung* (TU-bedingt),
- *Verdauungsbehinderung* (TU-bedingt),
- *TNF-α-Bildung* aus Makrophagen, die durch TU-assoziierte AK stimuliert worden sind. Dieses Zytokin bewirkt u. a.:
- *Leptinbildung* (= Fettzellhormon; S. 84).

  Dieses bewirkt:
  - Appetitlosigkeit (= Anorexie) →
  - reduzierte Nahrungsaufnahme,
  - Abnahme der Körperfettmasse,
  - vermehrter Energieverbrauch.

Tumoranämie: Sie bewirkt die aschfahle Hautfarbe der Krebspatienten und beruht auf folgenden Störungen:
- Blutverlust (innere Blutungen),
- Reifungsstoffmangel für Blutzellen,
- Autoreaktive AK gegen Erythrozyten,
- Knochenmarkverdrängung durch TU-Infiltrate.

A **Tumorkompression** (mesenteriales Liposarkom)

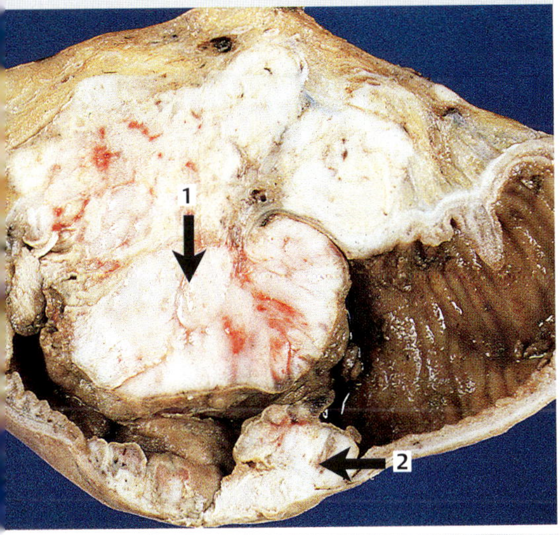

B **Hämorrhagischer Erguß** (Lungenkrebs)

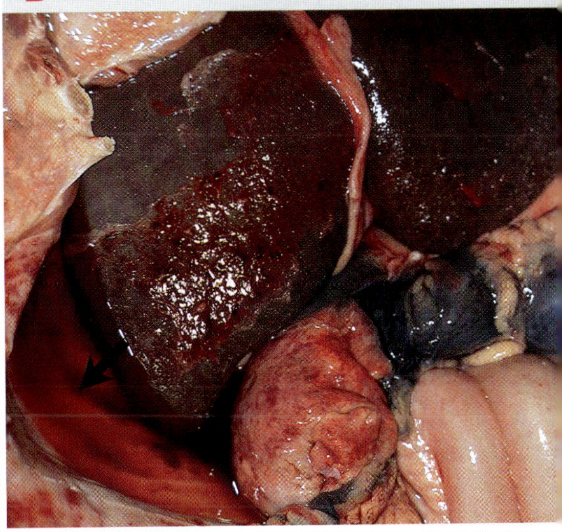

C **Nekrosen:** Uterussarkom

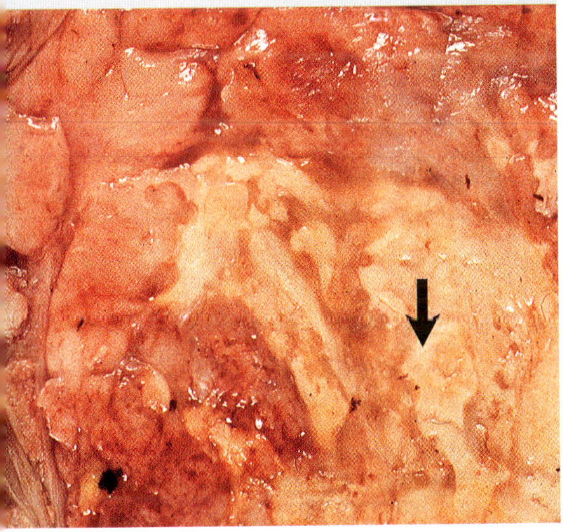

D **Hautulzeration:** Brustkrebs

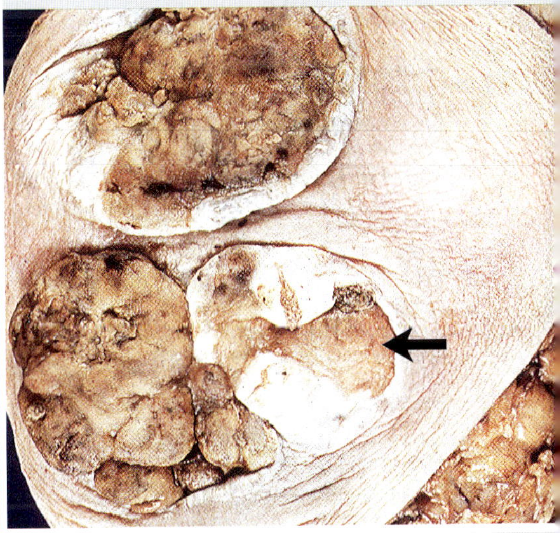

E **Wangenperforation:** Zungenkrebs

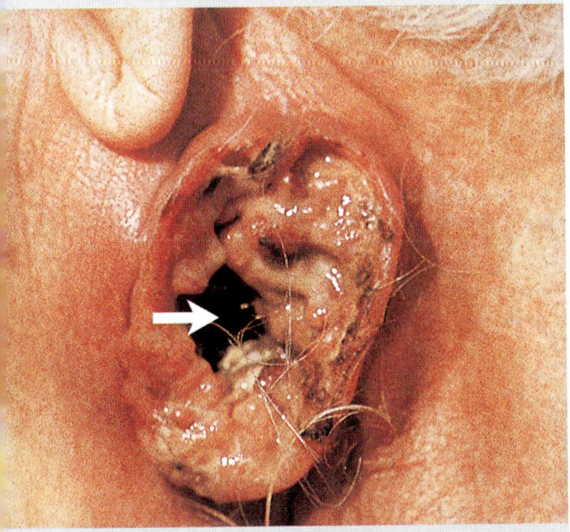

F **Knochendestruktion:** Ewing-Sarkom

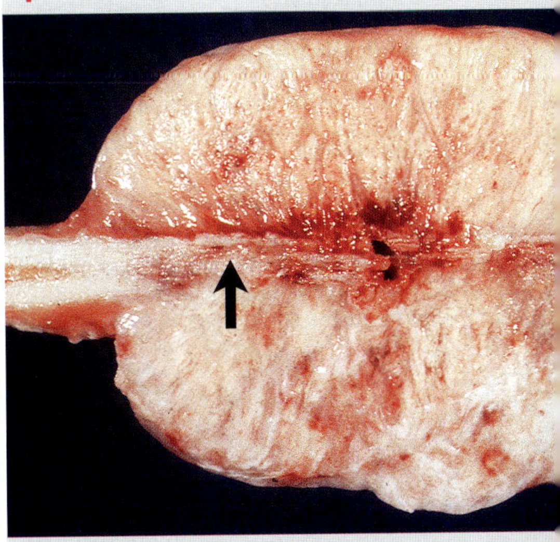

Paraneoplastische Syndrome

Definition: Gruppe krankhafter Allgemeinerscheinungen, die nicht auf einer örtlichen TU-Einwirkung beruhen, aber an das Vorhandensein eines TU gebunden sind und sich nach einer TU-Entfernung wieder zurückbilden können.

Pathogenese: Oft unklar.
- ***Zellzerstörung*** durch a) die Bildung autoreaktiver AK gegen TU-AG und „Selbst-AG" sowie durch b) Apoptose durch besondere TU-Proteine.
- ***Funktionsstörungen*** aufgrund der Synthese endokrin und enzymatisch aktiver Peptide.

Endokrine Paraneoplasien:

Allgemeine Pathogenese: Tumoren mit Synthese ektoper Hormone oder hormonähnlicher Substanzen.

Wichtigste Formen:
- ***Cushing-Syndrom*** durch ACTH-Bildung.
  Vorkommen: Bronchialkarzinom.
- ***Flush-Syndrom*** durch Serotonin-Bildung → Gesichtsrötung, Diarrhoe, Darmkoliken, Bronchospasmus.
  Vorkommen: Bronchial-, Ileumkarzinoid (S. 384).
- ***Schwartz-Bartter-Syndrom*** durch Bildung von „ADH-like protein" → Hyponatriämie.
  Vorkommen: kleinzelliges Bronchialkarzinom (S. 378).
- ***Hyperkalzämiesyndrom*** durch Bildung von „parathormone-like protein".
  Vorkommen: plattenepitheliales Bronchialkarzinom, Nierenzellkarzinom.

Neuromuskuläre Paraneoplasien

Pathogenese: Zerstörung von Nervenzellen und/oder Muskelfasern durch
- Autoimmunprozeß,
- Apoptoseauslösung durch Tumorproteine.

Wichtigste Formen:
- ***Myasthenia gravis***
  Vorkommen: Thymustumoren = Thymome.
- ***Limbische Enzephalopathie***
  Vorkommen: kleinzelliges Bronchialkarzinom.
- ***Degeneration der Kleinhirnrinde***
  Vorkommen: kleinzelliges Bronchialkarzinom, Mamma-, Ovarialkarzinom.

Hämatologische Paraneoplasien

Pathogenese der wichtigsten Formen:
- ***Hämolyse:*** Der Tumor bildet zytotoxische Substanzen und/oder autoreaktive AK → Knochenmarksschädigung → hämolytische Anämie.
  Vorkommen: Leukämien, Hodgkin-Lymphom (S. 362).
- ***Erythrozytenproliferation:*** Der Tumor bildet erythropoesestimulierende Substanzen (Erythropoetin) → Polyglobulie (= Überschuß von Erythrozyten).
  Vorkommen: Nierenzellkarzinom.
- ***Leukozytenproliferation:*** Der Tumor bildet myelopoesestimulierende Substanzen → leukämoide Reaktion
  Vorkommen: Magenkarzinom, großzelliges Bronchialkarzinom.
- ***Makrokoagulopathie:*** Der Tumor bildet thromboplastische Substanzen → Thrombosen (S. 404).
  Vorkommen: Pankreaskarzinom, adenoides Bronchialkarzinom.
- ***Verbrauchskoagulopathie*** (S. 402): Tumor bildet thromboplastische und fibrinolytische Substanzen → Verbrauch der Gerinnungsfaktoren.
  Vorkommen: Leukämien.

> **Merke:** *Diagnostik einer Koagulopathie:*
> - Makrokoagulopathie: thrombembolische Gefäßverschlüsse (v. a. in der Lunge);
> - Verbrauchskoagulopathie: hyaline Mikrothromben (v. a. in der Endstrombahn der Lunge).

Kutane Paraneoplasien

- ***Akanthosis nigricans maligna:*** Hautverdikkung mit deutlich sichtbaren Papillarlinien, Hyperpigmentierung und warzenähnlichen Papillomen.
  Vorkommen: Magenkarzinom, plattenepitheliales Bronchialkarzinom.
- ***Akrokeratose Bazex:*** In Form rötlich-violetter Verhornungsplaques an Händen, Füßen, Nase und Ohren.
  Vorkommen: Zungen-, Tonsillenkarzinom.
- ***Erythema gyratum repens:*** Zebraähnliche Haut-Effloreszenz mit täglichem Wandel (selten!).
  Vorkommen: verschiedene Karzinome.
- ***Hypertrichosis lanuginosa et terminalis acquisita:*** Exzessives Wachstum der Körper- und Kopfhaare (selten!).
  Vorkommen: verschiedene Karzinome.

Damit sind die Vorgänge besprochen, die das biologische Verhalten eines Tumors erklären. Im folgenden werden zum einen die allgemeinen Einteilungs- und Bewertungskriterien eines Tumors geschildert und zum anderen die wichtigsten Tumorformen vorgestellt.

Tumorklassifizierung

Mit der heutigen Tumorklassifizierung wird versucht, die Tumoren nach ihrer geweblichen Herkunft einzuteilen (= Typisierung; „typing") sowie die Tumorausbreitung (= Stadieneinteilung; „staging") und Tumorgraduierung („grading") zu standardisieren.

Tumorstadieneinteilung: Das Stadium einer Tumorkrankheit wird international nach folgenden 3 Kriterien eingeteilt. Sie ergeben zusammen das *TNM-System:*

- **T** = (Primär-) **T**umorgröße (Tiefen-und Flächenausdehnung);
- **N** = (lympho-) **N**odaler Befall (lymphogene Metastasierung);
- **M** = (Fern-) **M**etastasen (hämatogene Metastasierung).

Ergänzende Angaben durch folgende Präfixe:
- TNM = klinisch-radiologische Stadienerhebung,
- pTNM = postoperative, pathohistologische Stadienerhebung,
- yTNM = postchemotherapeutische Stadienerhebung,
- rTNM = Stadienerhebung bei Rezidiv.

Tumorgraduierung: Sie umfaßt die histologische Bewertung, wie sehr ein Tumor mit seinem ursprünglichen Muttergewebe übereinstimmt.

- **G1:** hohe Differenzierung (geringer Malignitätsgrad);
- **G2:** mittelgradige Differenzierung (mittlerer Malignitätsgrad);
- **G3:** geringgradige Differenzierung (hoher Malignitätsgrad);
- **G4:** keine Differenzierung (sehr hoher Malignitätsgrad = Entdifferenzierung, anaplastischer Tumor).

! **Faustregel:** Je undifferenzierter ein Tumor, desto bösartiger, desto schneller sein Wachstum (Mitosezahl), desto größer seine Strahlenempfindlichkeit und seine Spontannekroserate.

Tumortypisierung: Nach ihrer geweblichen Herkunft werden die Tumoren wie folgt eingeteilt (s. u.):
- benigne nichtepitheliale Tumoren,
- maligne nichtepitheliale Tumoren,
- benigne epitheliale Tumoren,
- maligne epitheliale Tumoren.

Nichtepitheliale Tumoren

Allgemeine Definitionen

Mesenchymale Tumoren

Sie bestehen aus Geweben, die sich embryologisch vom mittleren Keimblatt (= Mesoderm) und hier v. a. vom pluripotenten Stützgewebe des Embryos (= Mesenchym) herleiten. Diese Definition gilt für die Tumoren des Binde-, Stütz- und Muskelgewebes.

! **Ausnahmen:**
- Nieren-, Nebennierenrinden- und Mesotheltumoren können epitheliale Gewebemuster entwickeln;
- Zellen des hämato- und lymphopoetischen Systems sind Mesodermabkömmlinge → bilden aber eine eigene Tumorgruppe.
- Schwann-Zell- und Melanozytentumoren bilden als ektodermale Gewebeabkömmlinge mesenchymale Wachstumsmuster.

Aus diesem Grund wurde von der WHO eine weitere Tumorgruppenbezeichnung eingeführt:

Weichteiltumoren

Synonym: soft tissue tumors

Sammelbegriff für nichtepitheliale Tumoren, die aus Zellen des extraskelettalen Gewebes einschließlich des peripheren Nervengewebes hervorgehen.

! **Ausnahmen:** Folgende Tumoren gehören **nicht** dazu:
- Tumoren des Makrophagensystems, Tumoren der Hämato- und Lymphopoese;
- Stützgewebstumoren (Skelett, Glia),
- Melanozytentumoren.

Benigne nichtepitheliale Tumoren

Allgemeine Morphologie: Sie gleichen dem Muttergewebe außerordentlich stark. Daher die Namensgebung eines solchen Tumors: „Muttergewebe" mit der Endigung „-om" (z. B. Fettgewebstumor: Lip-om).

+ **Klinik:** Diese Tumoren wachsen langsam und können sehr groß werden.

Maligne nichtepitheliale Tumoren

Allgemeine Morphologie: Wegen ihrer „fischfleischartigen" Schnittfläche werden sie als „Sarkome" bezeichnet.

+ **Klinik:** Diese Tumoren wachsen rasch expansiv-destruierend und metastasieren v. a. hämatogen.

! **Faustregel** *Sarkom-Graduierung:* Je geringer die Ähnlichkeit mit dem Muttergewebe, je höher die Mitosezahl (ab 10 Mitosen pro 10 Gesichtsfelder bei 40 Objektiv) und je ausgedehnter die Tumornekrosen, desto höher ist der Malignitätsgrad.

Fibrozytentumoren

Abkürzungen: TZ = Tumorzelle(n), TU = Tumor

Fibrom

Vorkommen: ubiquitär, häufig.

Definition und Morphologie: Benigner, knötchenförmiger, fibrozytärer TU.

Je nach Gehalt an Kollagenfasern unterscheidet man:
- *Fibroma durum* (hartes Fibrom),
- *Fibroma molle* (weiches Fibrom).

Fibrosarkom

Vorkommen: v. a. untere Extremitäten, selten.

Definition: Maligner, metastasierender, fibrozytärer TU.

Histologie: Anordnung der spindeligen und polymorphen TZ in einem „Fischgrätenmuster".

Immunhistochemie: Tumorzellen mit Vimentin-haltigem Zytoskelett.
Prognose je nach TU-Stadium und Ausdehnung ungünstig.

Muskeltumoren

Leiomyome

Vorkommen: meist multipel in Uterus (▶ A), Intestinaltrakt, Gefäßwand. Häufig.

Definition: Benigner kugeliger TU aus reifen Leiomyozyten (▶ A).

Histologie: Wirbelig, verflochtene TZ-Anordnung (▶ B). Zigarrenförmige TZ-Kerne. Basalmembranartiger „Strumpf" um jede TZ (= Leiomyozyten). Regressive Veränderungen wie Hyalinisierung, Verkalkung und/oder Verknöcherung (aber keine Nekrosen).

Leiomyosarkom

Vorkommen: Retroperitoneum, selten Uterus (▶ C); insgesamt selten.

Definition: Maligner knotiger TU aus unreifen Leiomyozyten.

Histologie: Meist wie ein zellreiches Leiomyom mit oft geringer Zellpolymorphie (▶ D) aber mit Mitosen (> 10 Mitosen pro 10 Gesichtsfelder mit 40 -Objektiv) und (meist) mit Nekrosen (▶ C).

Immunhistochemie: TZ mit Aktin-haltigem Zytoskelett.
Prognose je nach TU-Stadium ungünstig.

Rhabdomyom

Vorkommen: v. a. Herz; sehr selten.

Definition: Benigner TU aus reifen quergestreiften Muskelzellen.

Histologie: „Spinnenzellen" = polygonale, spinnenförmige TZ mit vakuolisiertem Zytoplasma (Glykogen), z. T. mit Querstreifung.

Rhabdomyosarkom

Vorkommen: selten.
- Kleinkind: Kopf-Hals-Bereich, Genitale,
- Erwachsener: Extremitäten.

Definition: Hochmaligner TU aus embryonalen quergestreiften Muskelzellen.

Histologie: Stern- bis spindelförmige TZ z. T. mit Querstreifung im geschwänzten Zytoplasma (= Kaulquappenzellen). TZ-Polymorphie. Regressive Veränderungen: Nekrosen.

Immunhistochemie: TZ mit Desmin- und Myosin-haltigem Zytoskelett.
Prognose sehr schlecht.

Fettgewebstumoren

Lipom

Vorkommen: subkutan, submukös (selten: intramuskulär → Rezidivneigung!). Häufigster benigner mesenchymaler TU.

Definition: Benigner, fester TU aus reifen, monovakuolär fettspeichernden TZ (= Adipozyten).

Histologie: Perfekte Fettgewebsnachahmung, aber ohne bindegewebige, lobuläre (fettgewebstypische) Gliederung.

Liposarkom

Vorkommen: Oberschenkel (▶ E), Rücken, Retroperitoneum.

Definition: Maligner, gelblich, weicher TU (▶ E) aus Fettzellvorläufern (= Präadipozyten).

Histologie: Multivakuoläre Fettspeicherung (▶ F) im TZ-Zytoplasma und Zellkern (= Unna-Lochkern). Regressive Veränderungen: Nekrosen und myxoide Stromaumwandlung → Extremvariante: myxoides Liposarkom.

Myxoides Liposarkom: Liposarkom mit Dominanz eines myxoiden Stromas; darin auffällige Wucherung von sog. plexiformen Kapillaren, die histologisch Abdrücken von Hühnerfüßen gleichen (= „Hahnentrittmuster").

Immunhistochemie (aller Liposarkome): TZ exprimieren S-100-AG.

Prognose: oft günstig, Rezidive.

A **Leiomyom** (Uterus)

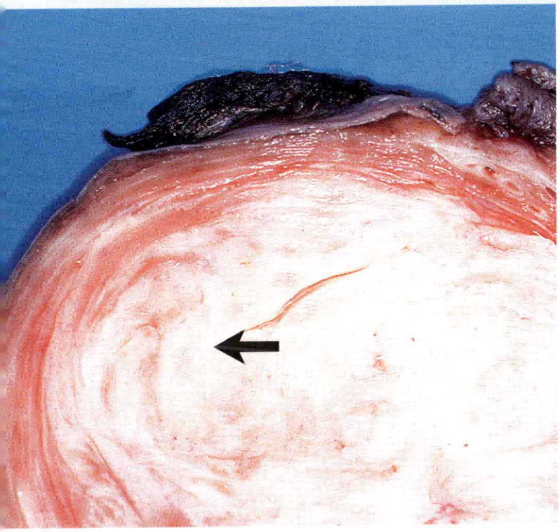

B **Leiomyom** (Uterus)
75x

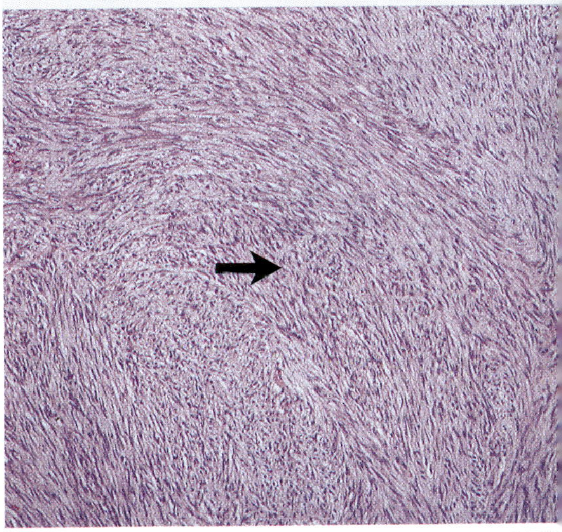

C **Leiomyosarkom** (Uterus)

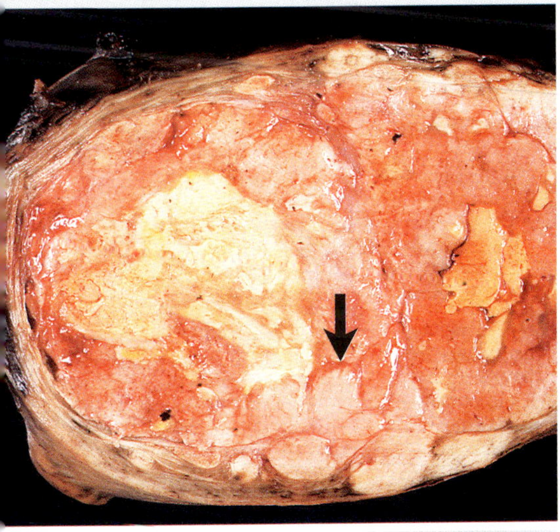

D **Leiomoysarkom** (Uterus)
75x

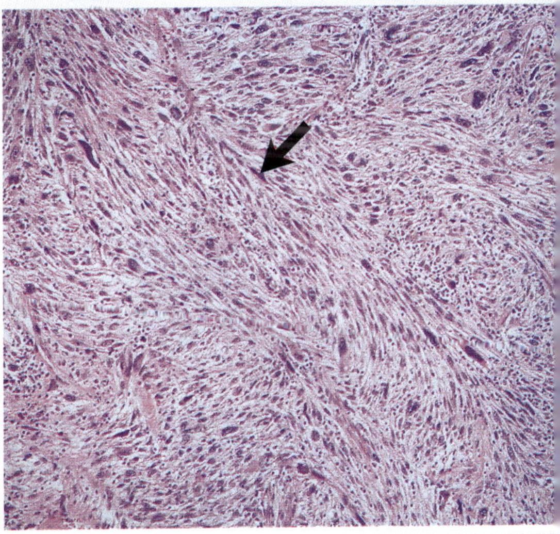

E **Liposarkom** (Haut)

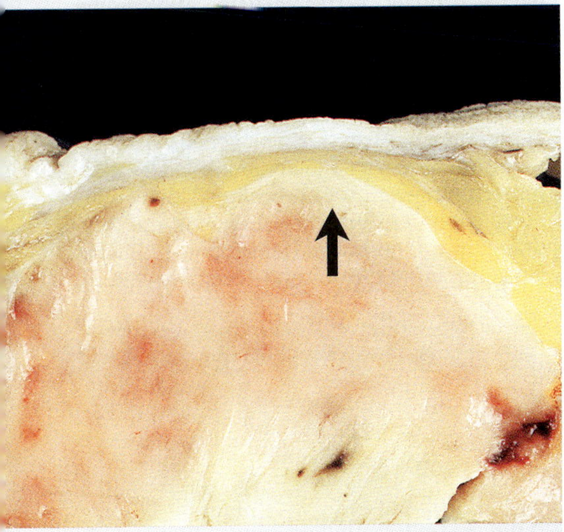

F **Liposarkom** (Haut)
75x

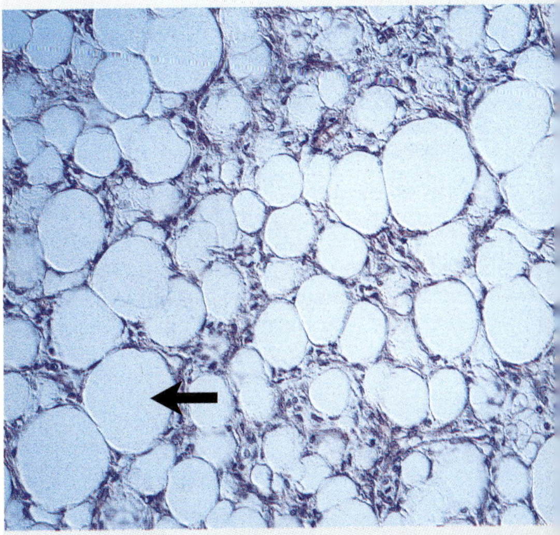

Knorpeltumoren

Chondrom

Vorkommen: Hand-, Fußknocheninneres.

Ekchondrom = kappenförmige Knorpelwucherung auf einem Skelettknochen.

Definition und Morphologie: Benigner Tumor aus reifen Chondrozyten mit perfekter Nachahmung hyalinen Knorpels.

Merke: *„Beckenchondrome"* = Malignome!

Chondrosarkom

Vorkommen: Stammskelett, Epiphysen langer Röhrenknochen wie Humerus, Tibia (► A), Femur (► C).

Definition und Morphologie: Langsam wachsender, maligner Tumor aus Chondrozytenvorstufen (z.T. bizarr-riesenzellig; ► E) mit unvollständiger Imitation hyalinen Knorpels (► E). Regressive Veränderungen: Nekrose, Blutung, Osteolyse.

Knochentumoren

Osteom

Vorkommen: v.a. desmaler Schädelknochen.

Definition und Morphologie: Benigner Tumor aus Osteozyten mit perfekter Imitation eines spongiösen Lamellenknochens mit Faser-/Fettmark; langsam expandierend wachsend (► B).

Osteosarkom

Vorkommen: v.a. Metaphysen langer Röhrenknochen bei Jugendlichen (► D). Häufigster maligner Tumor des Skelettsystems.

Definition: Hochmalignes Sarkom aus pluripotenten Osteozytenvorstufen.

Histologie: Polymorphzellig-sarkomatöses Stroma (► F1) mit unverkalktem Tumor-Osteoid (► F2) und wirrer Tumor-Spongiosa.

Tumorzellen sezernieren Zytokine und Wachstumsfaktoren (= GF). Je nach sezerniertem GF oder Zytokin resultiert einer der folgenden Osteosarkomtypen:

- ***Osteoblastenproliferation*** → Knochenneubildung → osteoplastisches Osteosarkom;
- ***Osteoklastenproliferation*** → Knochenauflösung → osteolytisches Osteosarkom;
- ***Kapillarproliferation*** → teleangiektatisches Osteosarkom.

Leukämien

Definition: Systemische, autonome Wucherung abnormer hämato- oder lymphopoetischer Stammzellen (in Form eines nicht-soliden Tumors).

Je nach biologisch-klinischen Gesichtspunkten unterscheidet man folgende Formen:

- ***Myeloische Leukämien*** aus multipotenten Stammzellen der Hämatopoese;
- ***Lymphatische Leukämien*** aus multipotenten Stammzellen der lymphatischen Zellreihen.

- ***Akute Leukämien*** mit hoher Proliferation, ohne Differenzierung → rascher Verlauf;
- ***Chronische Leukämien*** mit geringer Proliferation aber Immortalisierung und guter Differenzierung → langsamer Verlauf.

- ***Aleukämische Formen*** ohne Ausschwemmung von Tumorzellen ins periphere Blut;
- ***Leukämische Formen*** mit Ausschwemmung von Tumorzellen ins periphere Blut.

- ***Chronische myeloproliferative Erkrankungen:*** Neoplasien multipotenter myeloider Stammzellen (blutzellbildende Knochenmarkstammzellen). Dazu gehören:
  - *Chronisch myeloische Leukämie* (= CML) mit v.a. leukämischer, neoplastischer Granulopoese;
  - *Essentielle Thrombozythämie* mit neoplastischer Megakaryopoese;
  - *Polycythaemia vera* mit v.a. neoplastischer Proliferation der Erythro-, Granulo- und Megakaryopoese;
  - *Primäre Osteomyelofibrose* mit leukämisch-neoplastischer Myelopoese und fibroblastenstimulierender GF-Produktion → fibröse Knochenmarksverödung.
- ***Chronische lymphoproliferative Erkrankung:*** Neoplasien von Stammzellen der B- und der T-Zell-Reihe. Dazu gehört:
  - *Chronisch lymphatische Leukämie* (= CLL).

Je nach Bildung von „Aussiedler-Rezeptoren" (= „homing receptors") besiedeln diese Neoplasien folgende Gewebe:

- Lymphknoten → *nodale Lymphome* s.u.,
- Darmschleimhaut → *MALT-Lymphome*,
- Haut → *kutane Lymphome* (= SALT-Lymphome).

Ätiologische Faktoren:

- ionisierende Strahlen,
- chemische Karzinogene wie Benzol,
- Viren wie das HTLV-1 und HTLV-2.

Pathogenetische Kettenreaktion: Ätiologische Faktoren → Bruch an einem Genort, der im Rahmen der Zelldifferenzierung einer somatischen Rekombination unterliegt (v.a. Loci für Immunglobulin-Leicht-/Schwerketten und den T-Zellrezeptor) → Translokation genetischen Materials an Orte von Proliferations- oder Differenzierungsgenen → Gen-Fehlregulation → Bildung eines leukämischen Zellklons mit Verdrängung der normalen Hämatopoese → Mangel an Leuko-, Erythro- und Thrombozyten.

Klinisches Resultat: Anämie, Leukopenie mit Infektneigung, Thrombopenie mit Blutungsneigung.

A **Chondrosarkom**

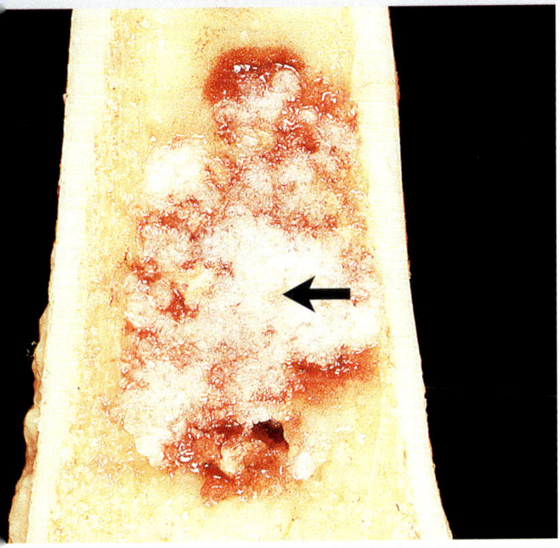

B **Osteom**
EvG, 15x

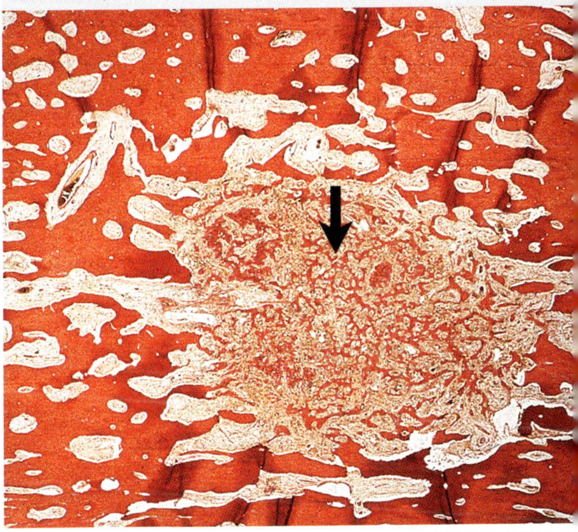

C **Chondrosarkom**

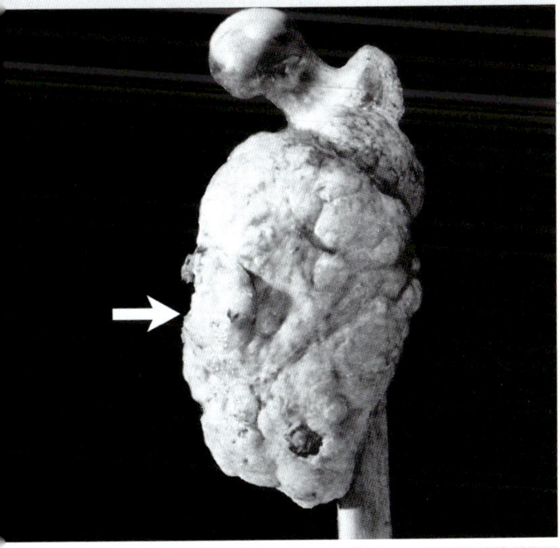

D **Osteosarkom**

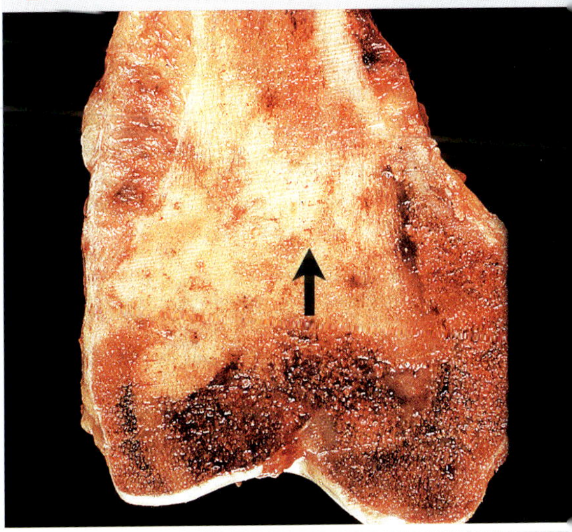

E **Chondrosarkom**
100x

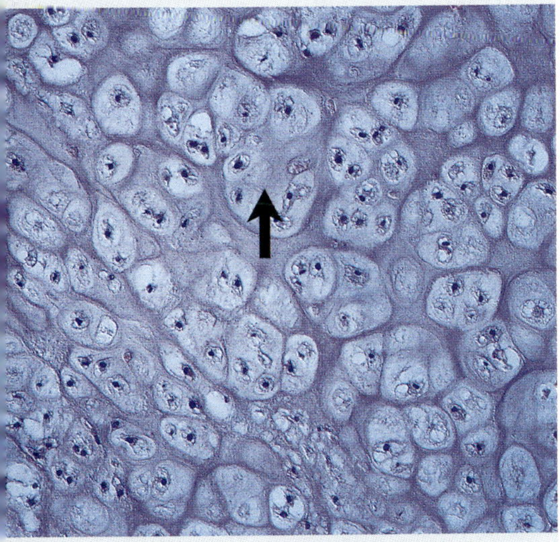

F **Osteosarkom**
EvG, 100x

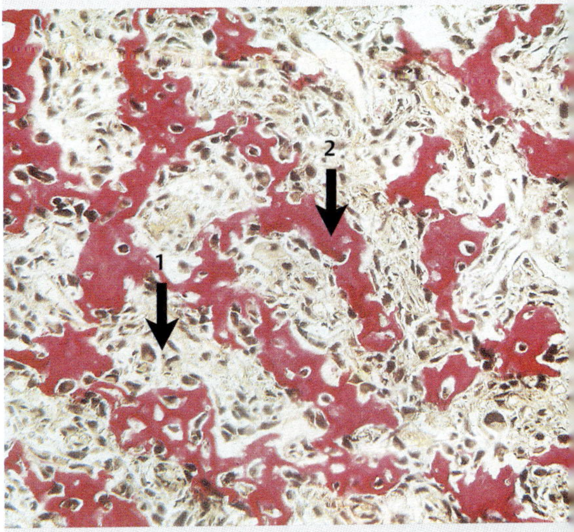

Akute myeloische Leukämien (= AML)

Vorkommen: Erwachsene > Kinder.

Definition: Erkrankung eines Stammzellklons ohne Reifungskapazität.

Zusammensetzung einer AML aus einem oder mehreren der folgenden Zellelemente:
- ***Myeloblasten:*** Peroxidase- und Chloracetatesterase-haltiges Zytoplasma und/oder,
- ***Monozytopoeseelemente:*** α-Naphthylacetatesterase-haltiges Zytoplasma und/oder
- ***Erythrozytopoeseelemente***.

Eine AML wird nach Differenzierung und Reifegrad der Leukämiezellen eingeteilt.

Morphologie:
- *Knochenmark:* Dunkelrot siegellackfarben mit unscharfen gräulichen Leukämieherden → Verdrängung aller 3 hämatopoetischer Zellinien.
- *Hiatus leucaemicus:* Im peripheren Blut finden sich unreife Zellen des neoplastischen Stammzellklons neben reifen Zellen von nichtneoplastischen Stammzellen.
- *Leber:* Geringe Vergrößerung aufgrund von nichtdestruktivem, diffusem, intertrabekulärem Infiltrat.
- *Milz:* Mäßige Vergrößerung aufgrund von diffusem, follikelverdrängendem Infiltrat.
- *Lymphknoten:* kaum befallen.

> **Klinik:** Bei jüngeren Patienten ist mit Hochdosischemotherapie und Transplantation von Knochenmarkstammzellen eine Vollremission möglich.

Chronisch myeloische Leukämie (= CML)

Vorkommen: 4.–6. Lebensdekade.

Definition: Erkrankung eines Stammzellklons mit erhaltener Reifungskapazität.

Zusammensetzung einer CML aus:
- ***Myelopoeseelementen***.

Morphologie:
- *Knochenmark:* Dunkelrot siegellackfarben (► A) mit grau-weißen, millimetergroßen Leukämieherden → Verdrängungssymptomatik (s.o.).
- *Leber:* Diffuses Parenchyminfiltrat → massive Hepatomegalie.
- *Milz:* Massives, diffuses Infiltrat, extramedulläre Blutbildung.

  Folgen davon:
  - Splenomegalie,
  - anämische Milzinfarkte aufgrund von Gefäßstenosen durch Leukämiezellen.
- *Lymphknoten:* Vergrößert aufgrund von Infiltrat (► B1) zwischen den Follikeln (► B2).

> **Klinik:** Nach jahrelangem Verlauf → Akzeleration mit therapierefraktärem Blastenschub (= Blastenkrise).

Akute lymphatische Leukämie (= ALL)

Synonym: Vorläufer B-/T-lymphoblastische Leukämie
Vorkommen: v. a. Kleinkinder (4. Lebensjahr).

Definition: Klonale Proliferation lymphatischer Vorläuferzellen ohne Reifungskapazität.

Zusammensetzung einer ALL aus:
- ***Lymphoblasten:*** PAS-positives-Zytoplasma.

Morphologie:
- *Knochenmark:* Grau-weiße Leukämieinfiltrate → Verdrängungssymptomatik (s.o.).
- *Leber:* Hepatomegalie aufgrund von Portalfeldinfiltrat (ohne Destruktion).
- *Milz:* Splenomegalie aufgrund von diffusem, follikelverdrängendem Infiltrat.
- *Lymphknoten:* Vergrößert aufgrund von diffusem Infiltrat (= Lymphadenie).
- *ZNS:* Diffuse Hirnhautinfiltration → Meningeosis leucaemica → Rezidivquelle nach Chemotherapie.

> **Klinik:** (Nur) bei Kleinkindern stabile Vollremission durch Chemotherapie möglich.

Chronische lymphatische Leukämie (= CLL)

Synonym: Chronische Lymphadenose
Vorkommen: 6. Lebensdekade (♂ >> ♀).

Definition: Klonale Proliferation lymphatischer B-/T-Vorläuferzellen mit „starrer" morphologischer und immunphänotypischer Ausreifung der Leukämiezellen.

Zusammensetzung einer CML aus:
- ***reifen B- (selten T-) Lymphozyten***.

Morphologie:
- *Knochenmark:* Diffus/herdförmig graurot, Verdrängung der chloracetatesterasehaltigen myeloischen Zellen (► E1) durch Leukämiezellen (► E2).
- *Leber:* Hepatomegalie aufgrund von portalen Infiltraten (► C, D).
- *Milz:* Diffuses teils mikronoduläres Infiltrat → Splenomegalie.
- *Lymphknoten:* Systemischer Lymphknotenbefall mit diffuser Infiltration → Lymphadenose (► F) → (= leukämische Lymphomform s. u.).

> **Klinik:** Nach jahrelangem Verlauf bei „wait-and-watch-Therapie" → Übergang in aggressivere (Lymphom-)Form.

A **CML:** Knochenmark

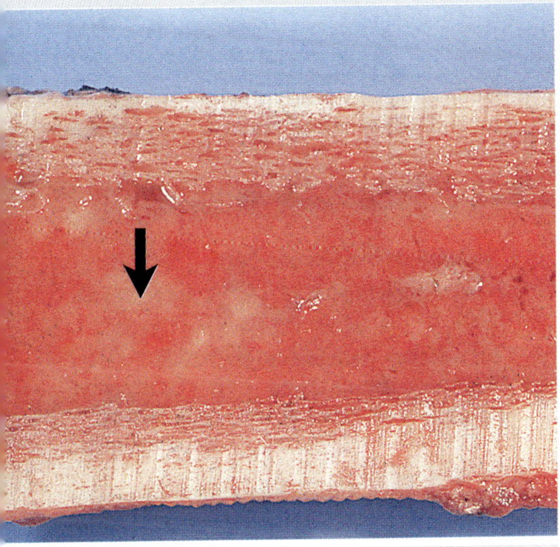

B **CML:** Lymphknoten
ChAE, 25x

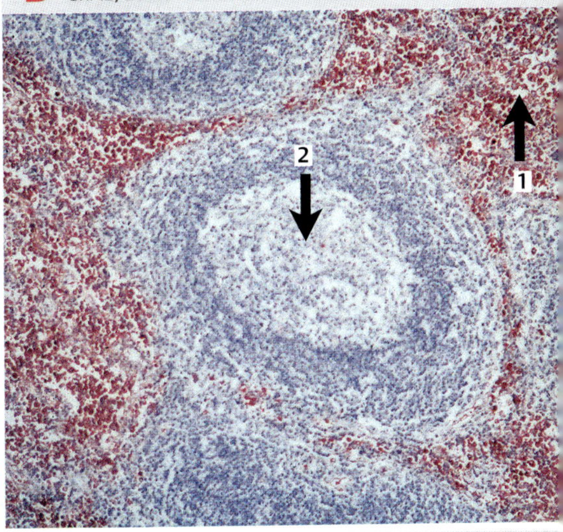

C **CLL:** Leber

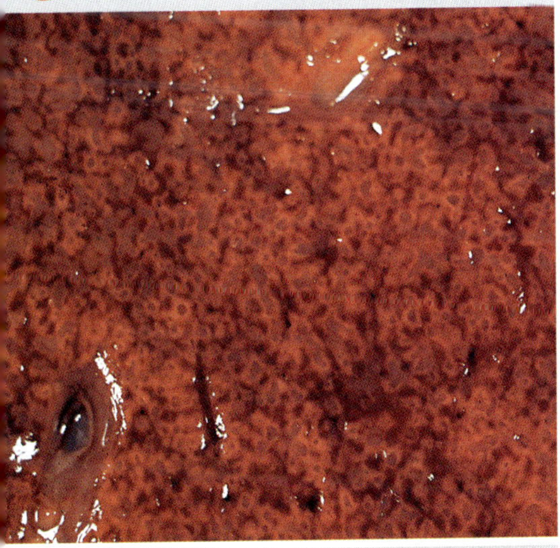

D **CLL:** Leber
EvG, 25x

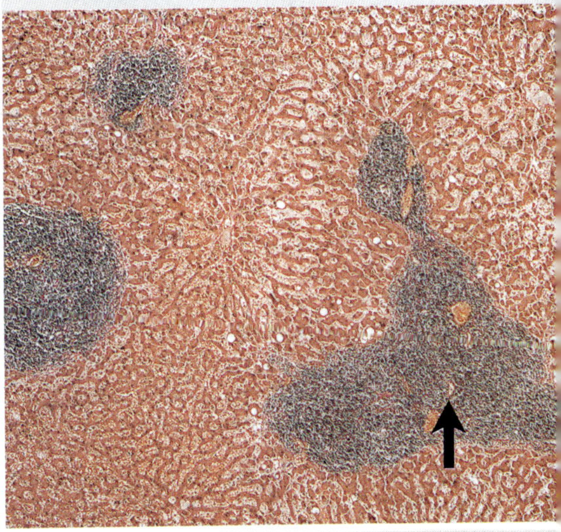

E **CLL:** Knochenmark
ChAE, 100x

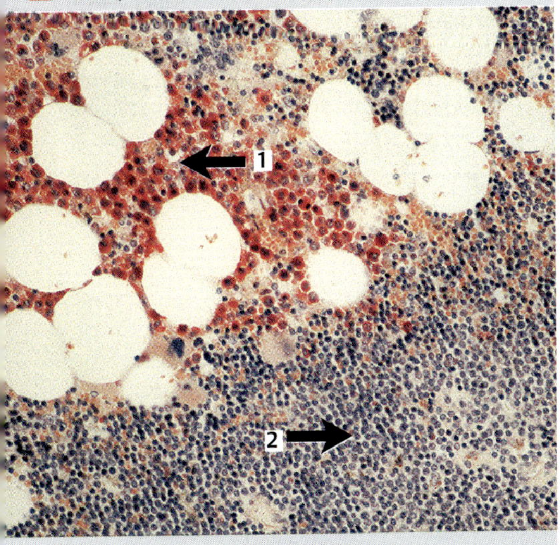

F **CLL:** Lymphknoten

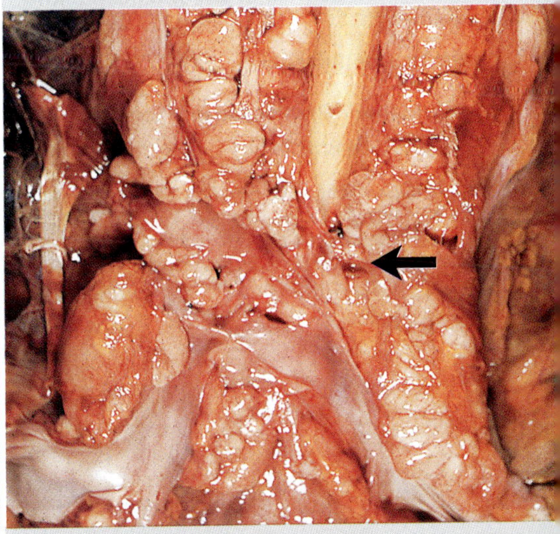

Maligne Lymphome

Definition: Maligne, primäre Neoplasien aus Zellelementen der lymphatischen Reihe.

Sie werden eingeteilt in
- Hodgkin-Lymphome und
- Non-Hodgkin-Lymphome

sowie nach ihrer Manifestation inner- oder außerhalb von Lymphknoten und nach ihrem Malignitätsgrad:
- niedrigmaligne Formen (v. a. aus „-Zyten"),
- hochmaligne Formen (v. a. aus „-Blasten").

Hodgkin-Lymphome

Synonym: Maligne Lymphogranulomatose

Definition: Morphologische Entität heterogener Neoplasien aus (meist) wenigen, aber pathognomonischen, blastären Tumorzellen (Hodgkin-Zellen, Sternberg-Riesenzellen) und aus einer dominierenden Begleitentzündung.

Morphologische Charakteristik:

- ***Blastäre Tumorzellen:***
  - *Hodgkin-Zelle* (► A):
    Ein CD30 exprimierender Blast mit großem bohnenförmigen Zellkern und einem nahezu lymphozytenkern-großen Nukleolus.
  - *Sternberg-Riesenzelle* (► B):
    Eine CD30 exprimierende mehrkernige Riesenzelle (► C), entstanden aus der Fusion von Hodgkin-Zellen.
- ***Entzündungsinfiltrat:***
  - T-, B-Zellen,
  - Neutro-, Eosinophile und Histiozyten sowie
  - Fibroblasten.

Makroskopisch sind die Lymphknoten mit Hodgkin-Befall erheblich vergrößert und auf der Schnittfläche knotig fischfleischartig, oft auch nekrotisch verändert. Je nach Tumorstadium weist die Milz weißliche bis zu 2 cm große Tumorknoten auf (► D) → Schnittaspekt einer grobgriebigen Wurst (= „Bauernwurstmilz"). Die Leber ist meist diffus mit Lymphominfiltraten übersät.

Histologische Subtypen:

Lymphozytenprädominante Form

Vorkommen: Halsbereich (♂ > ♀; 3. und 6. Lebensdekade)
- ***Nodulärer Subtyp:*** Er wird den B-Zell-Lymphomen zugerechnet. Der Übergang in ein großzelliges B-Zell-Lymphom ist möglich, jedoch selten.
- ***Diffuser Subtyp:*** Der Übergang in eine gemischtzellige Form ist möglich.
- ***Tumorzellen:*** Einige „Popcorn-Zellen" (= kleine Hodgkin-Zellen mit popcornförmigem, mehrfach gebuchtetem Zellkern), vereinzelte Sternberg-Riesenzellen.
- ***Entzündungsinfiltrat*** aus reichlich reifen B-Lymphozyten.

✚ **Klinik:** Heilung möglich.

Nodulär-sklerosierende-Form

Vorkommen: Mediastinum (♀ > ♂; 3. Lebensdekade; häufig)

- ***Tumorzellen:*** Einige Hodgkin-Zellen, einige Sternberg-Riesenzellen mit fixationsbedingter Schrumpfung des Zytoplasmas → perizelluläre Hofbildung (= Lakunenzellen; ► E, F1).
- ***Entzündungsinfiltrat*** mit T-Lymphozyten, einigen Neutro- und Eosinophilen sowie Nekrosen und bandförmig sklerosierende Vernarbung (► F2) → knotige Zergliederung der Lymphknoten.

✚ **Klinik:** Heilung möglich. Übergang in großzelliges B-Zellymphom möglich.

Gemischtzellige Form

Vorkommen: Hals-Abdominalbereich (♂ > ♀; 2.–7. Lebensdekade)

- ***Tumorzellen:*** Viele klassische Hodgkin-Zellen und Sternberg-Riesenzellen (► G).
- ***Entzündungsinfiltrat*** mit vielen T-Lymphozyten, vielen Neutro- und Eosinophilen sowie mit kleinen Nekrose-und Vernarbungsherden.

✚ **Klinik:** Schlechte Prognose.

Lymphozytenarme Form

Vorkommen: Abdominalbereich (♂ > ♀; 4. und 8. Lebensdekade)

- ***Tumorzellen:*** Sehr viele Hodgkin-Zellen und Sternberg-Riesenzellen mit ausgeprägter Kernpolymorphie (daher das Synonym: Hodgkin-Sarkom).
- ***Entzündungsinfiltrat*** aus wenigen T-Lymphozyten, kaum Neutro- und Eosinophilen.

✚ **Klinik:** Sehr schlechte Prognose. Oft Endstadium einer gemischtzelligen Form.

A Hodgkin-Zelle
200x

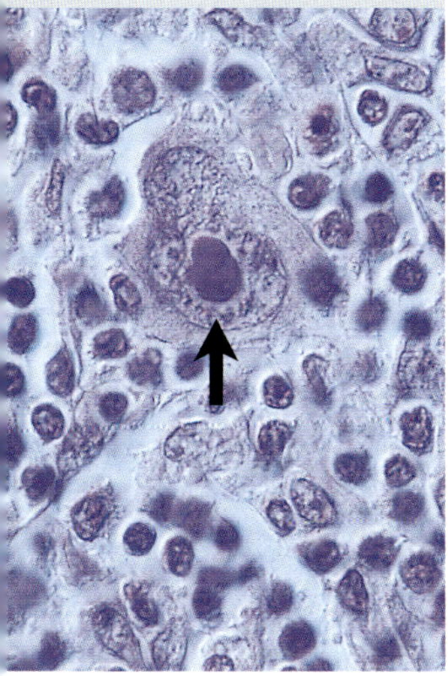

B Sternberg-Riesenzelle
200x

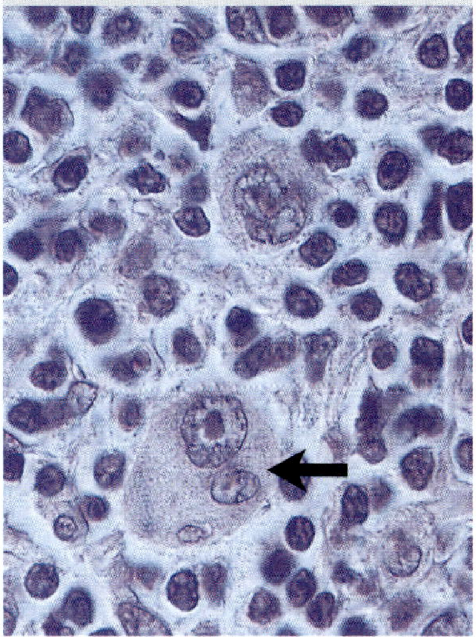

C Sternberg-Riesenzelle
IH (CD30), 200x

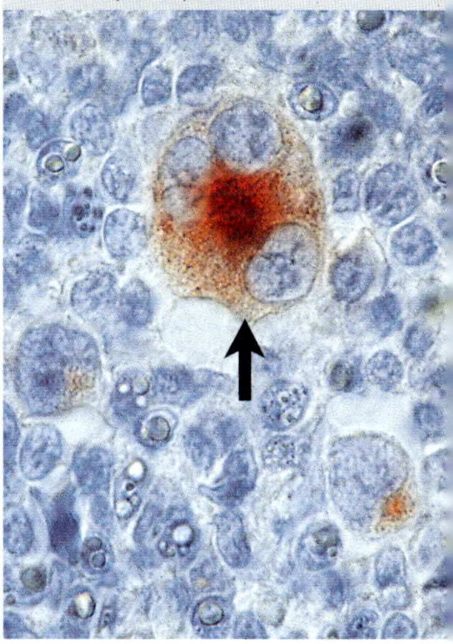

D Bauernwurst-Milz

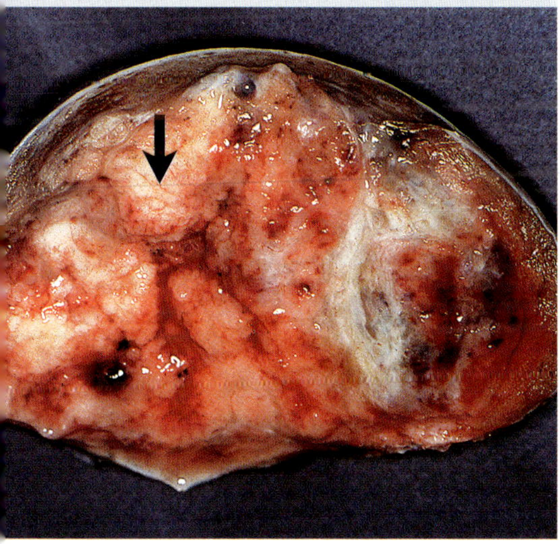

E Lakunenzelle
Gi, 300x

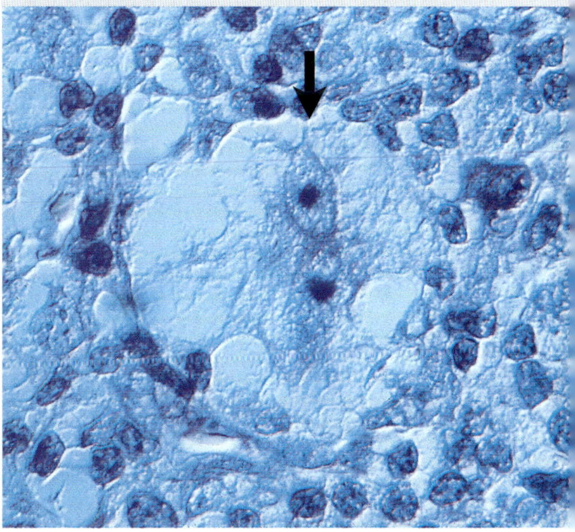

F Nodulär-sklerosierender Hodgkin
25x

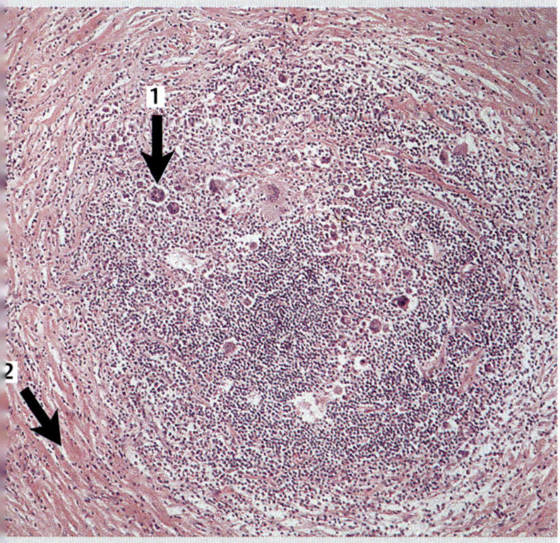

G Gemischter Hodgkin
200x

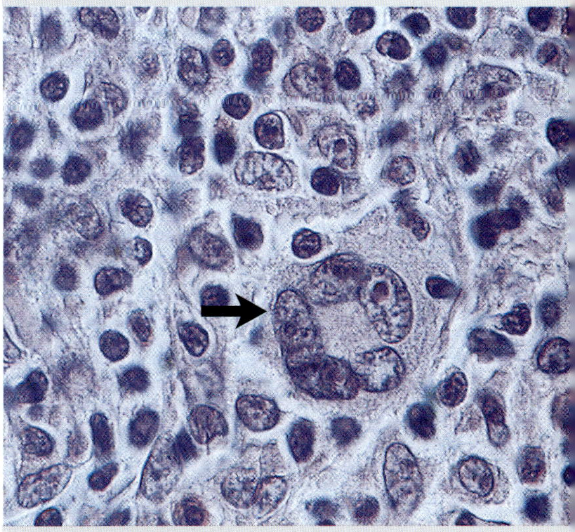

Non-Hodgkin-Lymphome

Abkürzung: NHL

Definition: Heterogene Gruppe von Neoplasien, ausgehend von B- Zellen, T-Zellen oder Histiozyten.

Je nach Expression von Aussiedler-Rezeptoren (= Homing-Rezeptoren) entwickeln die NHL folgende Besiedelungsmuster:
- ***Nodale NHL:*** Besiedlung und Ausdehnung nur in den Lymphknoten;
- ***Extranodale NHL:*** Besiedlung anderer lymphatischer Organe (Thymus, Milz, Knochenmark, MALT) sowie anderer Organgewebe (v. a. Leber, Haut).

Morphologische Charakteristik:

- *Immunhistochemie:*
  - B-Zell-NHL: $CD20^+$ (Pan-B-Zell-Marker),
  - T-Zell-NHL: $CD3^+$ (Pan-T-Zell-Marker).
- *Organotropie* → nodale oder extranodale Manifestation und Ausbreitung.
- *Blutausschwemmung* → ALL/CLL.

Morphologie: Die befallenen Lymphknoten sind oft nur in einzelnen Regionen, manchmal aber auch ubiquitär markig und vergrößert.

Nachstehend werden die häufigsten NHL beschrieben:

CLL (S. 360)

Definition: Niedrigmalignes B-/T- lymphozytisches NHL mit leukämischer Zellausschwemmung und langem Verlauf.

Immunozytom

Definition: Niedrigmalignes NHL aus plasmazellähnlichem B-Zell-Klon mit intrazellulärer Speicherung von monoklonalem IgM (einheitliche κ-/λ-Leichtketten) → Abgabe ins Serum → Makroglobulinämie.

> **Merke:** *Makroglobulinämie Waldenström* = Paraproteinose mit schmalbasigem M-Gradienten im Gammaglobulinbereich → Serum-Hyperviskosität; außerdem Hepatomegalie und Mikrozirkulationsstörungen. ♂ >> ♀.

Plasmozytom

Definition: Niedrigmalignes NHL aus plasmazellartigem B-Zell-Klon (► B) mit Rearrangement oder Deletion von Schwer- und Leichtkettengenen.
Es manifestiert sich in 2 Formen:
- ***Ossäre Form*** (= medulläre Form): Häufigste Form, mit (meist) multiplen osteolytischen Tumorherden im Knochengewebe- und Knochenmark (► A) → „Schrotschußschädel".
- ***Extraossäre Form:*** Seltener, Manifestation in den Lymphknoten.

Tumorzellcharakteristik: Bildung von Immunglobulinen meist in Form von IgG und/oder deren Leichtketten (► C) mit intrazytoplasmatischer Speicherung (= Russel-Korpuskel, S. 12) und Abgabe ins Blut. Folgen davon:
- ***Bence-Jones Proteine:*** Ausscheidung von Leichtketten der Immunglobuline über die Niere → Proteinurie (Kochprobe!).
- ***Plasmozytomniere:*** Intratubulärer Proteinstau → Tubulusverstopfung (► D1) → Fremdkörperreiz → entzündliche Epithelschädigung mit Fremdkörperriesenzellen, die um die geschädigten Tubulusepithelien herum angeordnet sind (► D2) und entzündlicher Exsudation.
  Resultat: Große blasse Niere.
- ***AL-Amyloidose*** (S. 48).

Follikelzentrumlymphom Grad I

Synonym: Zentroblastisch-zentrozytisches NHL

Definition: Niedrigmalignes NHL aus immortalisiertem B-Zell-Klon (► F) mit zentroblastischer und zentrozytischer Differenzierung sowie Lymphfollikel-imitierendem Wachstumsmuster (► E).

Follikelzentrumlymphom Grad III

Synonym: Zentroblastisches NHL

Definition: Hochmalignes NHL aus immortalisiertem B-Zell-Klon (Differenzierungsstopp v. a. auf Zentroblasten-Stufe) mit bläschenförmigem Blastenkern, randständigen Nukleolen und andeutungsweise follikulärem Wachstumsmuster.

Diffus großzelliges B-Zell-Lymphom

Synonym: Immunoblastisches NHL

Definition: Hochmalignes NHL aus einem dauerproliferierenden B-Zell-Klon (Differenzierungsstopp v. a. auf der Stufe der Immunoblasten) mit bläschenförmigem Blastenkern und zentralem großen Nukleolus (► G); kein follikuläres Wachstumsmuster.

Prominenter Patient: M. Reza Pahlewi, letzter iran. Schah von 1941 – 1979.

> **Merke:** (Gängigste) *NHL-Klassifikationen:*
> - Kieler-Klassifikation,
> - REAL-Klassifikation (= **r**evidierte **e**uropäisch-**a**merikanische **L**ymphomklassifikation).

A **Plasmozytom:** Schrotschußschädel

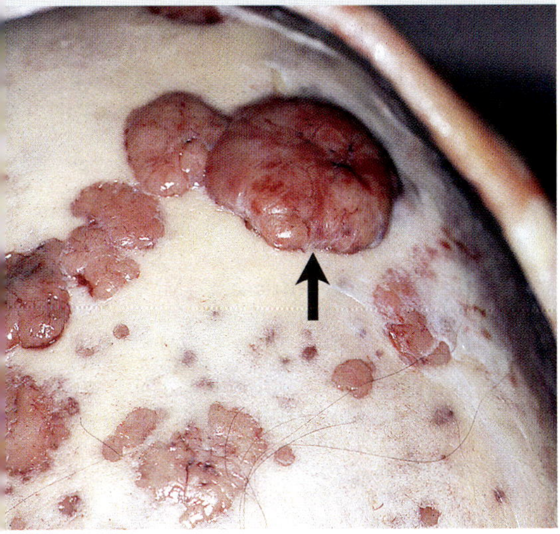

B **Plasmozytom**
Gi, 200x

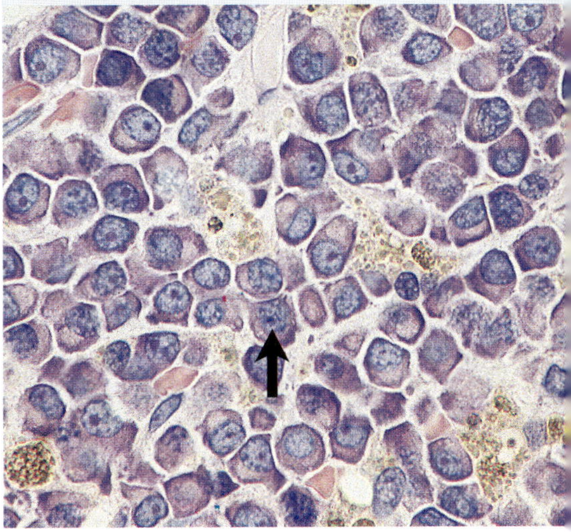

C **Plasmozytom**
IH (λ-Ketten), 200x

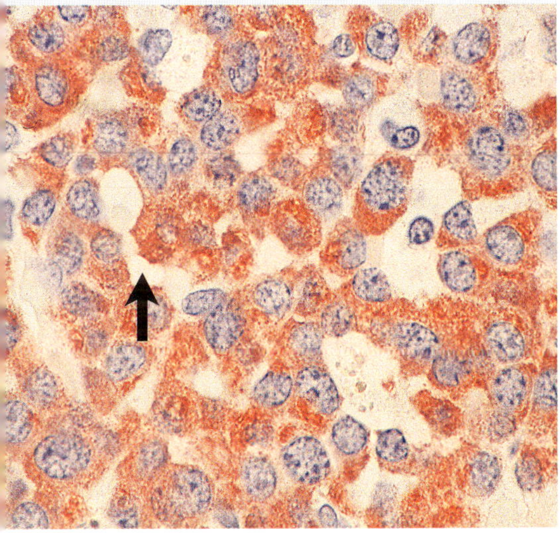

D **Plasmozytomniere**
EvG, 100x

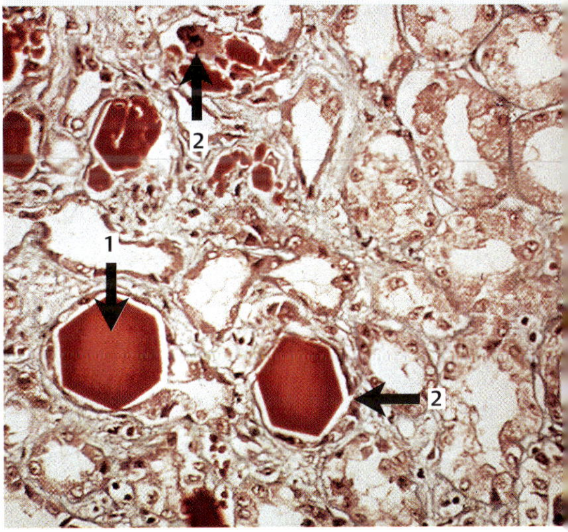

E **Follikelzentrums-Lymphom**
Grad I**:** Ag, 25x

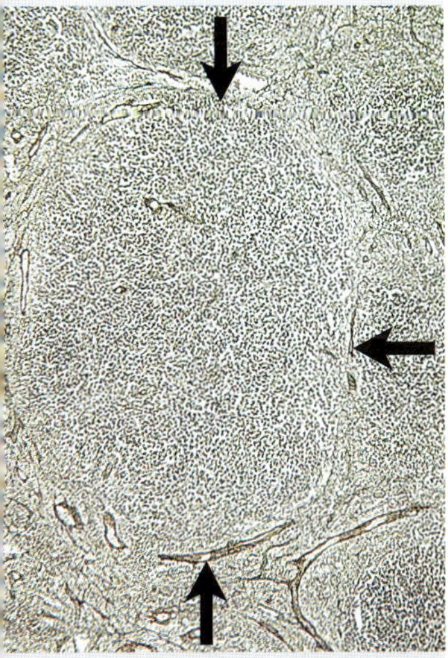

F **Follikelzentrums-Lymphom**
Grad I: IH (CD20), 25x

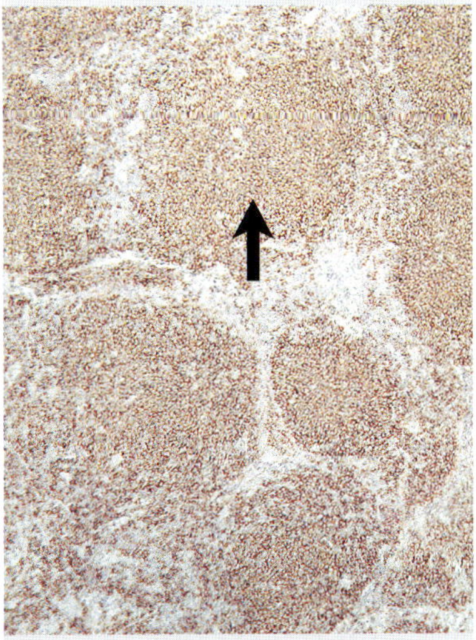

G **Follikelzentrums-Lymphom**
Grad III: 200x

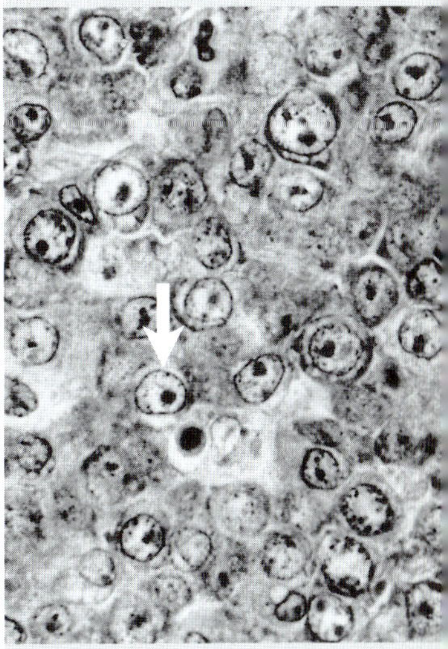

Melanozytentumoren

Abkürzung: MZ = Melanozyten, TU = Tumor(e)

> **Merke:** *Allgemeine Immunhistochemie:*
> Expression von S100-AG, HMB-45-AG.
> MZ = Derivate des Neuroektoderms.

Melanozytennävi

Synonym: Nävuszell-Nävi

Definition: TU aus modifizierten MZ (= Nävuszellen).

Die MZ-Nävi werden nach Lokalisation und Zytologie unterteilt in:

Erworbene MZ-Nävi

Mehrere Millimeter große, dunkelbraune, leicht erhabene, scharf begrenzte Hautflecken aus ovaloidspindeligen MZ mit „nesting" (= guppenweise Zellanordnung).

Lagetypen:
- ***Junktionsnävus:*** Manifestationsalter: Kind. MZ-Nester an der Grenzfläche zwischen Epidermis und Dermis (► A).
- ***Compoundnävus:*** Manifestationsalter: Jungadult. MZ-Nester „tropfen" in die Tiefe der Dermis ab und werden durch Ausreifung kleiner (= vertikale Maturation).
- ***Intradermalnävus:*** Manifestationsalter: Erwachsene. MZ-Nester in der Dermis ohne Kontakt zur Epidermis → Regression → Fibrose.

Angeborene MZ-Nävi

Manifestationsalter: Neugeborene

Gleiche Histologie wie bei den erworbenen Formen; meist größer und behaart (Tierfellnävus).

*MZ-Nävus-**Sonderformen***

- ***Spitz-Nävus*** (benigne): Manifestationsalter: Kind – Jungadult. Benigner rötlich-hellbrauner TU aus epitheloiden und/oder spindelzelligen MZ (meist melaninlos) mit histologischer Ähnlichkeit zum malignen Melanom.
- ***Blauer Nävus*** (benigne): Manifestationsalter: variabel. Solitärer, flacher, schwarz-blauer TU aus spindeligen, melaninbeladenen MZ, eingestreut ins Fasergeflecht der Dermis.
- ***Dysplastischer Nävus:*** Manifestationsalter: Jungadult. Multiple bis zu 1 cm große bräunliche TU aus variabel polymorphen MZ ohne vertikale Maturation → erhöhte Malignitätsrate → malignes Melanom.

Maligne Melanome

Definition: Hochmaligne TU in der Haut oder der hautnahen Schleimhaut.

Pathogenetische Faktoren:
- Suszeptibilitätsgene (S. 338),
- β-Catenin-Mutation (S. 324),
- UV-Exposition (S. 150).

Wuchsformen (maligne Melanome):
- *Horizontales Wachstumsmuster:*
  - ***Superfiziell spreitendes Melanom*** (SSM):
    Vorkommen: ubiquitär (♂ Rücken; ♀ Waden); nicht im Palmoplantarbereich.
    Morphologie: Flache, braun-gescheckte TU (► C) mit Ausbreitung ihrer blasigen TU-MZ (oft „nesting") in und entlang der Epidermis (► D).
  - ***Lentigo-maligna-Melanom*** (LMM):
    Vorkommen: In UV-geschädigter Haut (v. a. im Gesicht) mit entsprechender Präkanzerose in Form einer Lentigo maligna (► E).
    Morphologie: Flache braun-blaß-gescheckte, unscharf begrenzte TU (► E) mit bandartiger Ausbreitung der atypischen MZ in und entlang des Stratum basale bei defekter Basalmembran (► F).
- *Vertikales Wachstumsmuster:*
  - ***Noduläres Melanom:***
    Vorkommen: ubiquitär
    Morphologie: Primär vertikale Ausbreitung; knotig-erhabener, meist dunkelbrauner TU aus atypischen, z. T. pigmentierten MZ (► B).

> **Merke:** *Melanomprognose:* Je fortgeschrittener das Tiefenwachstum, desto schlechter die Prognose.

Hirntumoren

Gliome

Allgemeine Definition: TU von Astro-, Oligodendrozyten, Ependym- und Plexusepithelzellen.

Allgemeine Morphologie: Diese TU zeigen oft folgende rosettenartige (Zell-) Kernanordnungen:
- *Rosette:* Radiäre (Zell-) Kernanordnung um ein nichtvaskuläres Lumen.
- *Pseudorosette:* Radiäre (Zell-) Kernanordnung um ein Gefäß oder um ein virtuelles Zentrum.

> **Merke:** *Allgemeinklinik der Gliome:*
> - *Abgrenzung zum Hirngewebe* ist aufgrund von infiltrativem TU-Wachstum unscharf.
> - *Metastasierung* ist extrem selten systemisch.
> - *Topographie* im Gehirn ist (oft) tumortypisch.
> - *Komplikation:* hoher Hirndruck → Tod.

> **Merke:** *Gliom-Diagnostik:*
> Immunhistochemie: GFAP-Expression (= saures Gliafaserprotein).

Nachstehend werden folgende Gliome besprochen:
- Astrozytome,
- Glioblastom,
- Oligodendrogliom.

A Junktionsnävus
25x

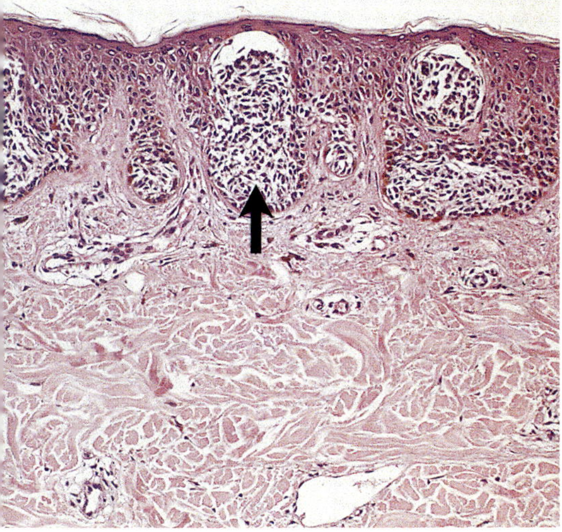

B Noduläres malignes Melanom

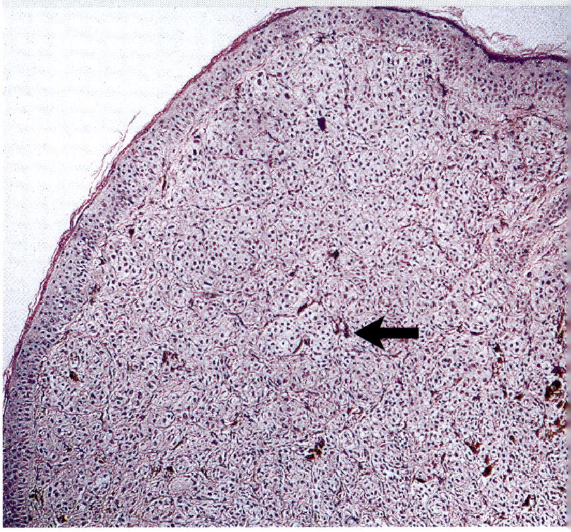

C SSM-Melanom

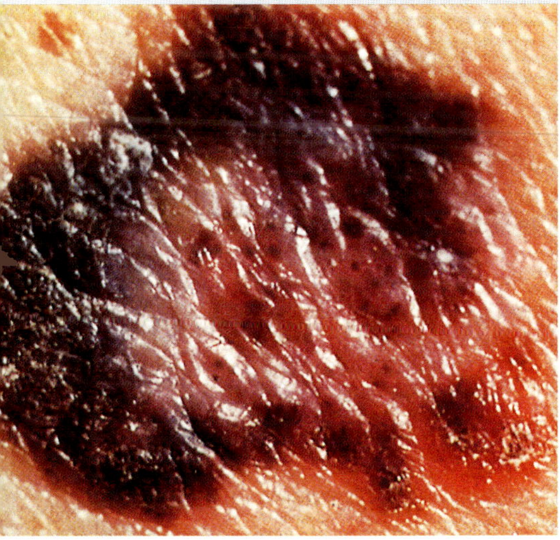

D SSM-Melanom

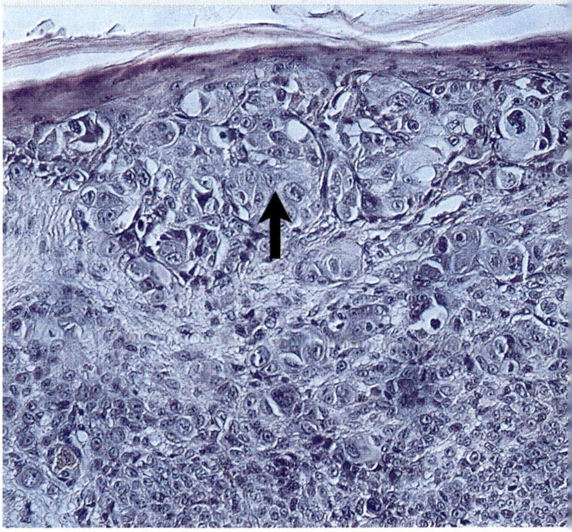

E Lentigo maligna

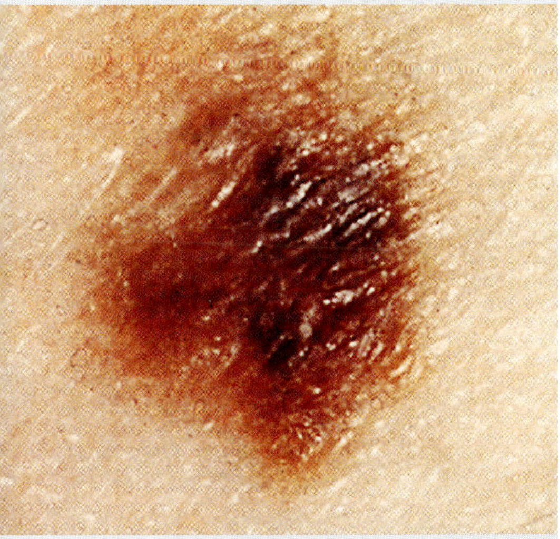

F LMM-Melanom in situ
IH (HMB45), 25x

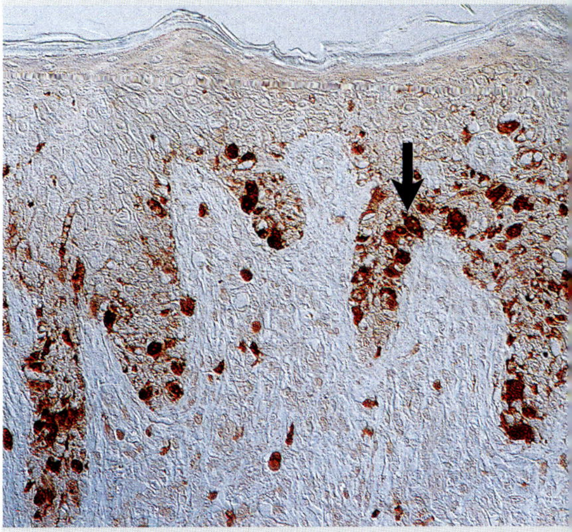

Astrozytome

Abkürzungen: TU = Tumor(e), TZ = Tumorzellen, GF = growth factor

Allgemeine Definition: Astrozytäre Tumoren unterschiedlicher Dignität.

– *Pilozytisches Astrozytom*

Vorkommen: Kleinhirn, III.Ventrikel, Hirnstamm, Großhirn (selten).
Manifestationsalter: Kinder, Jugendliche.

Definition: Gutartiges Gliom.
Morphologie: Knollig derber TU aus länglichen, bipolaren astrozytären TZ mit feinen, haarförmig elongierten Zytoplasmaausläufern. Typisch sind kolbenförmig aufgetriebene Zytoplasmaausläufer mit Gliafaseraggregaten = Rosenthal-Fasern (► A).

+ Klinik: Gute Prognose, kaum Rezidive.

– *Gemischtozytisches Astrozytom*

Vorkommen: Großhirn.
Manifestationsalter: Erwachsene.

Definition: Niedrig-malignes Gliom.
Morphologie: Unscharf begrenzter TU aus großleibigen astrozytären TZ mit GFAP-Anhäufung im Zytoplasma (► B).

+ Klinik: Langsames TU-Wachstum, Rezidiv-, Entdifferenzierungsneigung.

Glioblastom

Vorkommen: Großhirn mit schmetterlingsförmiger Ausdehnung auf die Gegenseite.
Manifestationsalter: Erwachsene.

Definition: Hochmalignes Gliom.
Morphologie: Unscharf begrenzter TU mit bunter Schnittfläche:
- *gelb:* degenerative Verfettung, (histologisch strichförmige) Nekrosen (► D)→ zystischer Zerfall;
- *rot:* Blutungen aufgrund von Nekrosen sowie reichlich glomeruloide Gefäßproliferate durch TU-eigenen GF (= EGF);
- *markig:* Zellreichtum: mehrkernige TU-Riesenzellen (► E) neben polymorph-ovaloid-spindeligen TZ.

+ Klinik: Apoplex-Symptomatik. Sehr schlechte Prognose.

Oligodendrogliom

Vorkommen: Großhirn
Manifestationsalter: Erwachsene

Definition: Langsam wachsender oligodendrozytärer TU.
Morphologie: Unscharf begrenzter TU aus kleinen, dicht zusammenliegenden TZ (dunkler Kern in hellem Zytoplasma) → Bienenwabenmuster. Regressionszeichen: Blutung, Zysten, Verkalkung.

+ Klinik: Epileptiforme Symptomatik. Entdifferenzierungsneigung.

Nervenscheidentumoren

Allgemeine Definition: TU von Hüllzellen kraniospinaler Nerven.

Neurinom

Vorkommen: solitär (v.a. im Kleinhirnbrückenwinkel = Akustikusneurinom) oder multipel bei der Neurofibromatose Typ 2 (S. 324).

Definition und Morphologie: Gutartiger, weicher Tumor in Form einer kolbigen Auftreibung eines meist peripheren Nervens durch gewucherte Schwann-Zellen und perineurale Fibroblasten. Schnittfläche: grau-weiß.
Histologie: Spindelige TZ in lockerem Faserfilz, z.T. fischzugartig angeordnet mit paralleler Kernreihung (► C).

+ Klinik hängt von der Lokalisation ab:
- N. acusticus: einseitiger Hörverlust.
- Nervenwurzel: Paraplegie.

Neurofibrom

Vorkommen: solitär oder multipel bei der Neurofibromatose Typ 1 (S. 324).

Definition und Morphologie: Gutartiger, derb abgekapselter Schwann-Zell-TU kraniospinaler und peripherer Nerven. Schnittfläche: weißgelblich.
Histologie: Spindelige Tumorzellen in lockerwelligem Faserfilz.
Immunhistochemie (aller Nervenscheidentumoren): S-100-AG-Expression.

Meningeome

Vorkommen: Keilbeinrand, Falx cerebri.
Manifestationsalter: Erwachsene (♀ > ♂).

Definition: Gutartige Arachnoidalzell-TU (► F).
Morphologie: Kugelige oder gelappte Tumoren aus spindeligen TZ (= Arachnothelien), die zu wirbeliger, zwiebelschalenartiger Anordnung neigen (► G). TU-Lokalisation zwischen und in den weichen Hirnhäuten (► F) → Kapselbildung → reaktive Schädelhyperostose.

Immunhistochemie: Vimentin-Desmoplakin-Doppelexpression.
Wuchsformen (häufigste Formen):
- ***Meningotheliales Meningeom:*** Epitheldichte TZ-Anordnung mit Bildung zahlreicher „Zwiebelschalenkorpuskel" → Verkalkung → Psammomkörper (S. 136).
- ***Fibroblastisches Meningeom:*** Kollagenfaserreiche TZ-Züge und -wirbel; wenige „Zwiebelschalenkorpuskel".

+ Klinik:
- *Sporadische Meningeome:* meist solitär.
- *Neurofibromatose-Typ-1-assoziierte Meningeome:* multipel.

A Pilozytisches Astrozytom
100x

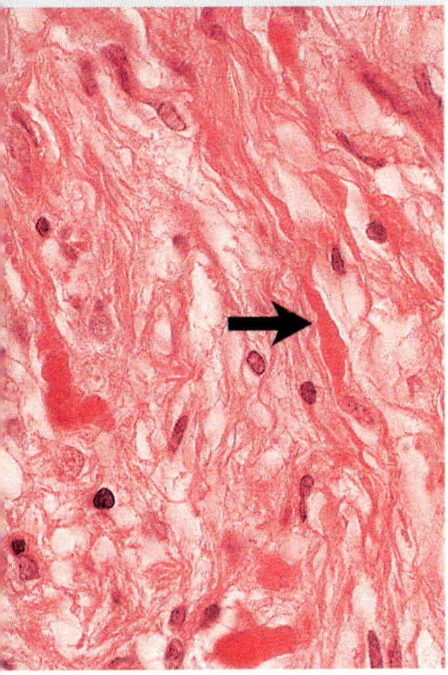

B Gemischtozytisches Astrozytom
100x

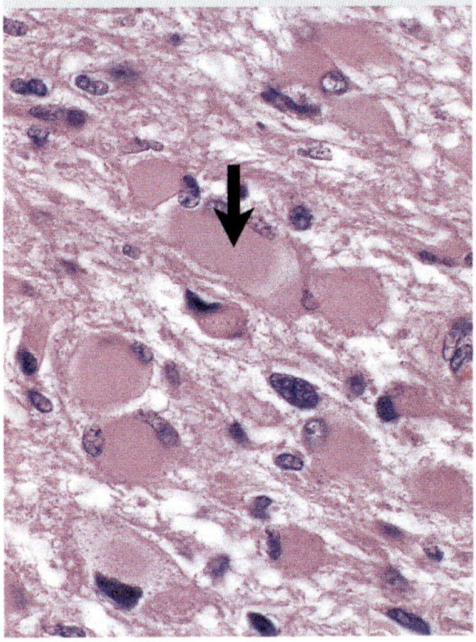

C Neurinom
100x

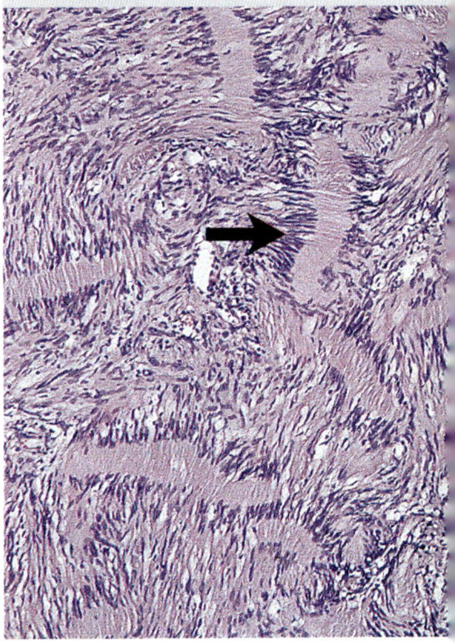

D Glioblastom
100x

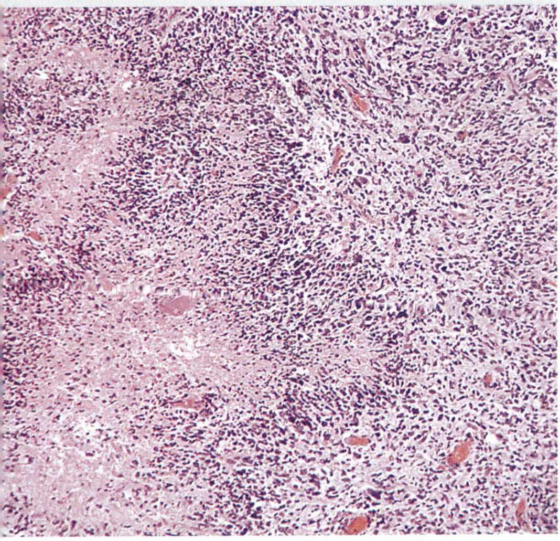

E Glioblastom
IH (GFAP), 400x

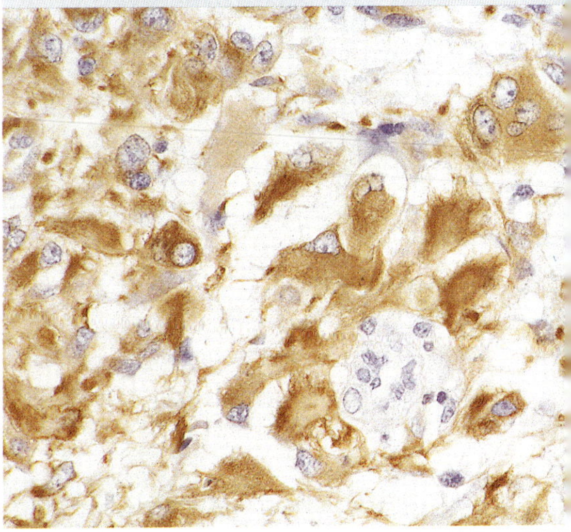

F Meningeom

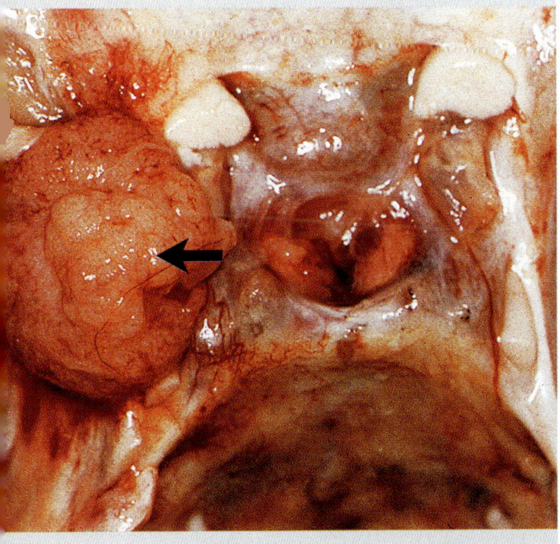

G Meningeom
75x

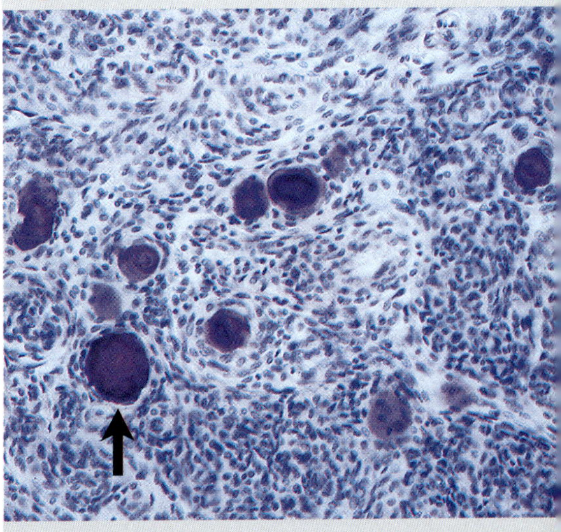

Benigne epitheliale Tumoren

Abkürzung: TU = Tumor(en)

Allgemeine Definition: TU von Oberflächen- oder Drüsenepithelien.

Je nachdem, ob das TU-Epithel sich bäumchenartig- oder röhrenförmig faltet, entstehen Papillome oder Adenome.

Papillome

Definition: Breitbasige Oberflächen-TU mit Auffaltung des TU-Epithels über ein fingerförmig verästeltes, gefäßführendes Stroma.

Je nach vorherrschender Wachstumsrichtung unterscheidet man folgende Formen:

- ***(Exophytische) Papillome:*** häufigste Papillomform! Der TU (► A1) wächst vorwiegend über das Oberflächenniveau des Ausgangsepithels (► A2) hinaus.
- ***Endophytische Papillome:*** Seltene Papillomform! Der TU wächst vorwiegend unterhalb des Oberflächenniveaus des Ausgangsepithels (= invertierte Papillome) und wird größtenteils davon überdeckt. Folgen davon:
  - glatte TU-Oberfläche,
  - Vortäuschung einer Invasivität.

  Cave: Rezidivneigung!

> **Merke:** *Polyp/Definition:* Jede gestielte – auch nichtneoplastische-(Schleim-)Hautvorwölbung.

Je nach Ausgangsepithel entstehen folgende Papillomformen:

Basalzellpapillom

Synonym: Verruca seborrhoica

Vorkommen: Stamm, Arme, Gesicht älterer Menschen.

Morphologie: Kappenförmige Epidermiswucherung aus zapfenförmig (= papillenförmig) in die Tiefe wachsender Stachelzellschicht (= Akanthose) mit schuppender, in die Papillen reichender Epithelverhornung → (Pseudo-)Hornkugeln.

Schleimhaut-Papillome

Vorkommen: Mundhöhle, Nase (dort z. T. als invertierte Form), Nasopharynx, Larynx.

Morphologie: Bäumchenartig verzweigte Wucherung von Zylinder- oder Plattenepithelien (► E).

(Drüsen-)Ausführgang-Papillome

Vorkommen: exokrine Drüsen, Mamma.

Morphologie: Wie Schleimhaut-Papillome. Immunhistochemisch sind die Myoepithelien* durch den Aktin-Nachweis darstellbar (► C = Mamma).

* wie in entsprechenden Adenomen

Urothel-Papillome

Vorkommen: oft multipel; ableitende Harnwege; potentielle Präkanzerose!

Das TU-Gewebe ist wegen Exposition im Harnstrom leicht lädierbar → Mikrohämaturie.

Morphologie: Zottenförmig sich verzweigende Wucherung von Urothelien mit einer Urotheldicke < 7 Zellagen und gefäßreichem Stroma.

> **Merke:** *Papillom/prospektive Bedeutung:* Alle Drüsen- und Schleimhaut-Papillome sind zumindest fakultative Präkanzerosen.

Adenome

Definition: TU ausgehend von Drüsen-, Parenchym- oder Schleimhautepithelien, bestehend aus gewucherten Epithelfalten oder -schläuchen in oder auf einem Stroma; bei Sekretstau → Kammerung.

Je nach Ausgangsgewebe entstehen folgende Adenomformen:

Solide Adenome

Vorkommen: in drüsigen Organen.

Morphologie: Knotige TU mit drüsiger Epithelwucherung (► B1) in einem Stroma; scharfe Abhebung vom umgebenden Muttergewebe; glatte Oberfläche mit fibröser „TU-Kapsel" (► B2).

Tubuläres Adenom

Vorkommen: v. a. Intestinaltrakt.

Morphologie: (Meist) gestielter, oberflächlich glatter TU-Knoten aus gewucherten Epithelschläuchen (= Schleimhaut-„Polyp") in einem Lumen.

Beispiel: Appendix-Adenom (► D).

Villöses Adenom

Vorkommen: v. a. Intestinaltrakt.

Morphologie: (Meist) breitbasig dem Organlumen aufsitzender TU aus Epithelzapfen auf einem gefäßreichen Stroma → zottige, leicht lädierbare Oberfläche → Blutung.

Zystadenom

Vorkommen: v. a. Ovar, Speicheldrüsen.

Morphologie: Ballonierender TU aus gewucherten Epithelien mit Hohlraumbildung durch Sekretstau und glatter Oberfläche.

Fibroadenom

Vorkommen: v. a. Mamma (► F).

Morphologie: Glatter Geschwulstknoten aus Epithelschläuchen (► F1), die je nach Stromavermehrung (► F2) komprimiert und gefaltet werden.

A **Milchgang:** Papillom
25x

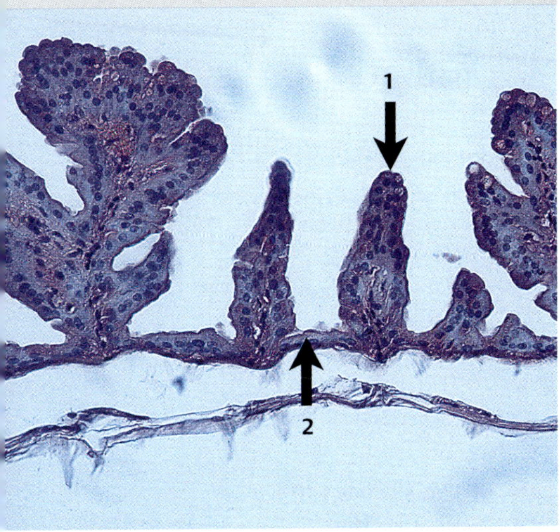

B **Solides Adenom**
50x

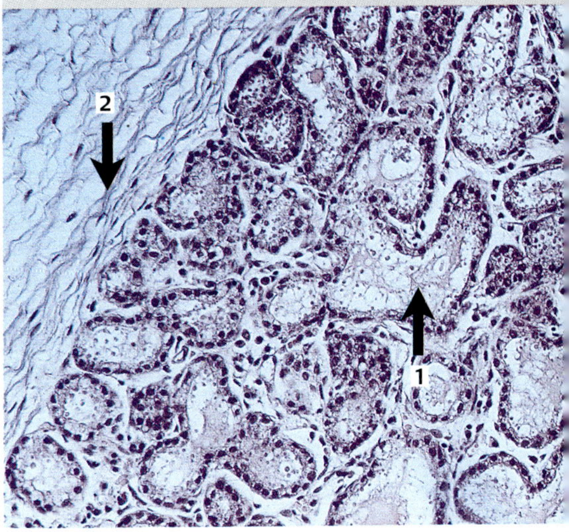

C **Milchgang:** Adenom
IH (Aktin), 50x

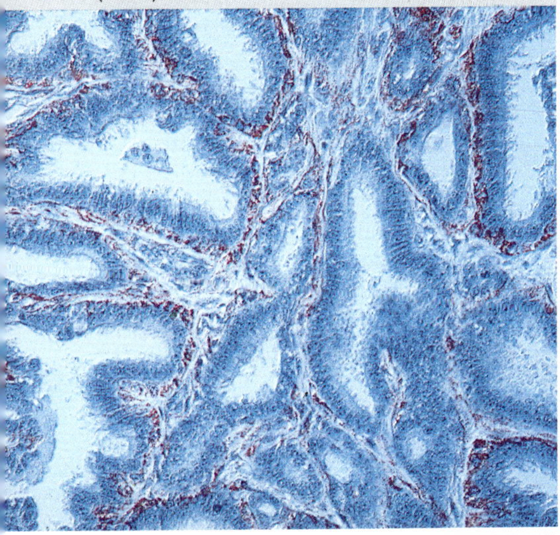

D **Appendix-Adenom**
15x

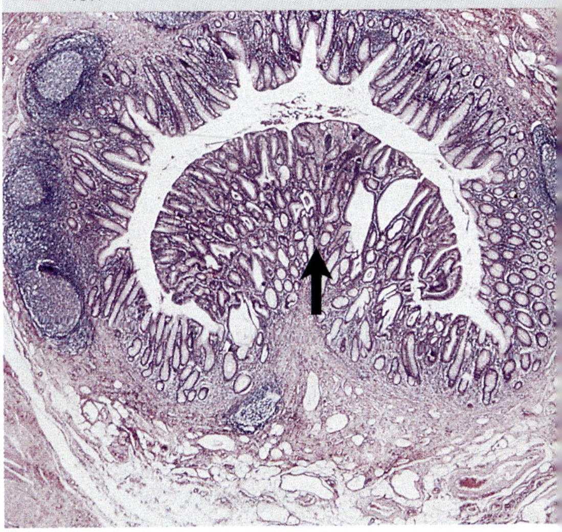

E **Plattenepithelpapillom**
25x

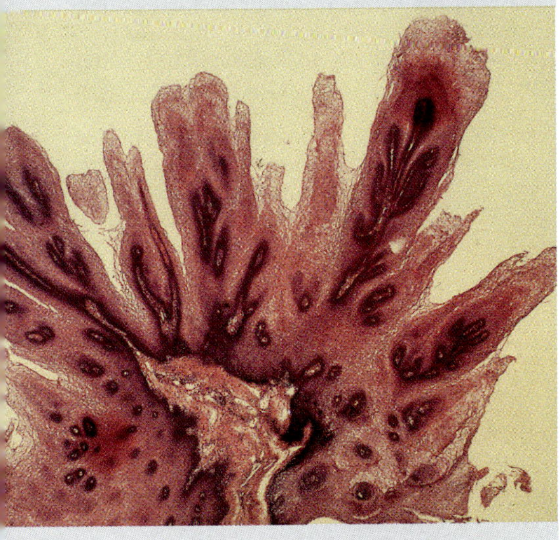

F **Fibroadenom**
25x

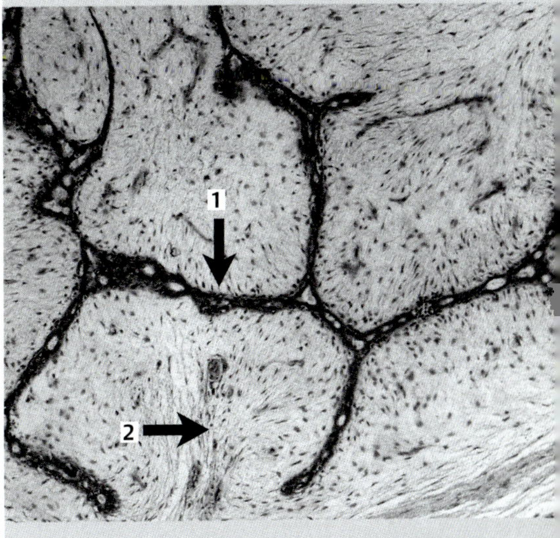

Maligne epitheliale Tumoren

Abkürzung: CA = Karzinom(e), TU = Tumor(en)

Je nach Wuchsform, Nekroseneigung und Stromabildung unterscheidet man:
- ***Papilläre Karzinome:*** Ähnlich wie Papillome, aber mit gröberer Oberfläche.
- ***Polypöse Karzinome:*** Ähnlich wie gutartige Polypen, (meist) aber 2 cm.
- ***Ulzerierte Karzinome:*** Zentrale Nekrose → Geschwürskrater mit ringförmigem Wall (= Ringwall-CA).
- ***Zystische Karzinome:*** Maligne Entartung eines Zystadenoms.
- ***Szirrhöse Karzinome:*** Stromaumwucherung der TU-Zapfen → diffuses TU-Wachstum.
- ***Medulläre Karzinome:*** Stromaarmer, weicher TU-Zell-„Brei" → markiger TU (vgl. Knochenmark).
- ***Multizentrische Karzinome:*** TU entwickelt sich gleichzeitig an mehreren Stellen des Ausgangsepithels.

Plattenepithelkarzinome

Definition: Histologisch ein Plattenepithel nachahmende CA mit entsprechend strähnig-eosinophilem Zytoplasma, scharfen Zellgrenzen und oft auch Verhornung.

Je nach Differenzierungsgrad entwickeln sie Gewebemuster zwischen folgenden Extremen:

Hochdifferenzierte Formen: Sie weisen eine Zellschichtung mit Verhornungsneigung und die Bildung zwiebelschalenförmiger Hornkugeln (► A, B) auf.

Undifferenzierte Formen: Polymorphe, mitosereiche CA (meist) ohne Verhornung.

Histologische Sonderform:
- ***Spindelzelliges Plattenepithelkarzinom:*** Undifferenziertes Plattenepithel-CA mit starker Stromabildung und spindeliger Deformierung der TU-Zellen → sarkomartiges Wachstumsmuster (schlechte Prognose).

Prominenter Patient: Sigmund Freud, österreich. Psychiater (1856 – 1939), starb an den Folgen eines Larynx-Plattenepithel-CA.

Adenokarzinome

Definition: CA von Schleimhaut- oder (exo-/endokrinen) Drüsenepithelien mit Lichtungsbildungen innerhalb von TU-Zellkomplexen oder innerhalb der TU-Zellen selbst (= „innere Oberflächen").

Je nach Differenzierung und/oder Schleimbildung imponieren sie als:

Hochdifferenzierte Formen

Azinäres Karzinom: Das CA-Epithel exprimiert histologisch ein drüsenaziniartiges Gewebemuster.

Tubuläres Karzinom: Das CA ahmt Drüsenschläuche nach, die aufgrund einer geringen Stromareaktion dicht „Rücken an Rücken" liegen (► C).

Mittelhochdifferenzierte Formen

Kribriformes Karzinom: Das CA-Epithel exprimiert ein lochsiebartiges „Drüsen-in-Drüsen-Muster" (► D).

Beispiele: Prostata-CA (S. 374), adenoid-zystisches CA (► D).

Papilläres Karzinom: Das TU-Epithel faltet sich zu TU-Papillen auf.

Beispiele: Bronchial-, Schilddrüsen- oder Ovarial-CA (► E).

Schleimbildende Formen

Je nach Menge und Ablagerungsort des Schleims unterscheidet man:
- ***Zystadenokarzinome:*** Massive Schleimproduktion → zystische Hohlraumbildung des CA-Gewebes.
- ***Tubuläres Karzinom:*** Schleimabsonderung in die CA-Drüsenschläuche.
- ***Gallertkarzinom*** (= muzinöses Karzinom): Massive Schleimbildung in den CA-Drüsenazini → Azini platzen → Schleim wird v. a. extrazellulär abgelagert → glasig-transparenter Schnittaspekt des CA-Gewebes.
- ***Siegelringkarzinom:*** Undifferenziertes, zytodiskohäsiv gewachsenes CA mit massivem intravakuolären Schleimstau in allen TU-Zellen → siegelringförmige Zelldeformierung mit peripherer Kernverlagerung.
- ***Solides Karzinom mit Einzelzellverschleimung:*** Undifferenziertes, zytokohäsiv gewachsenes CA mit wenig intravakuolärem Schleim in einzelnen CA-Zellen ohne nennenswerte Zelldeformierung.

Urothelkarzinome

Synonyme: Transitionalzell-CA, Übergangsepithel-CA

Definition: Maligne CA des Urothels in den ableitenden Harnwegen.

Man unterscheidet 2 Wuchsformen:

Papilläre Formen: CA mit Anaplasie- und/oder Invasionszeichen und Urotheldicke ≥ 7 Zellagen → Bildung makroskopischer Zotten (► F).

Solide Formen: Prädominant solide, pilzförmig ins Harnblasenlumen ragende (oft ulzerierte) CA mit Anaplasie- und Invasionszeichen.

Im folgenden werden die häufigsten Organ-CA besprochen.

A **Plattenepithelkarzinom**
75x

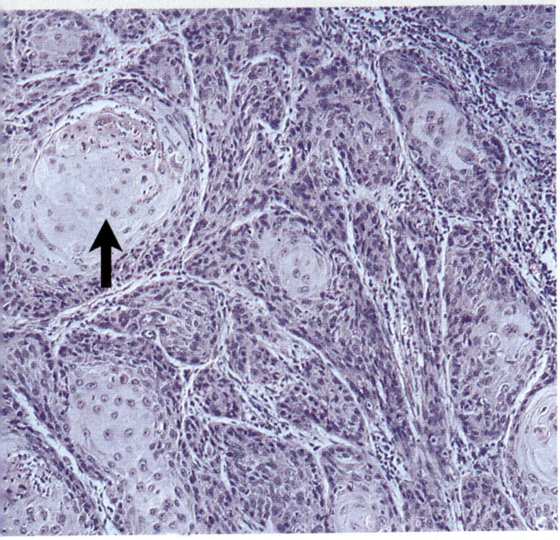

B **Plattenepithelkarzinom**
150x

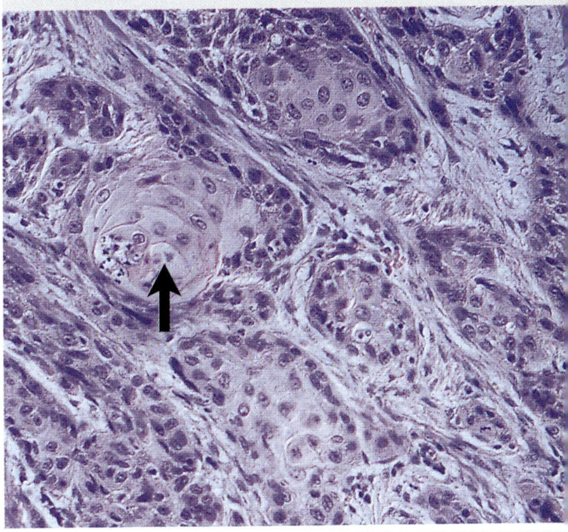

C **Tubuläres Adenokarzinom**
75x

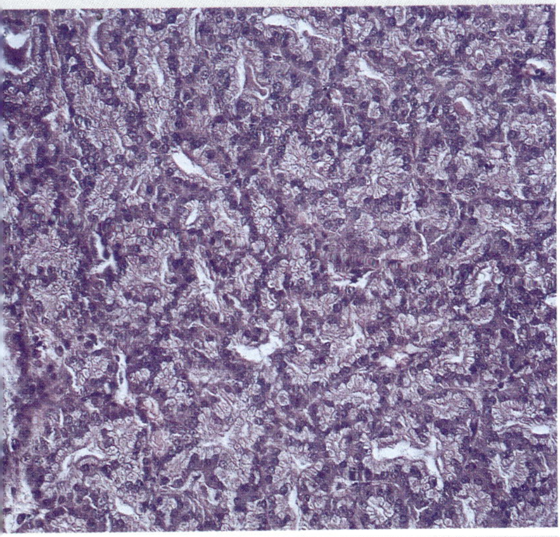

D **Adenoid-zystisches Karzinom:** Speicheldrüse
75x

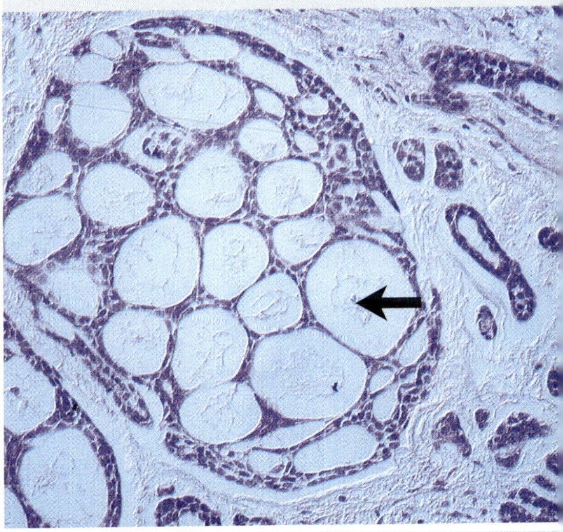

E **Papilläres Karzinom:** Ovar
75x

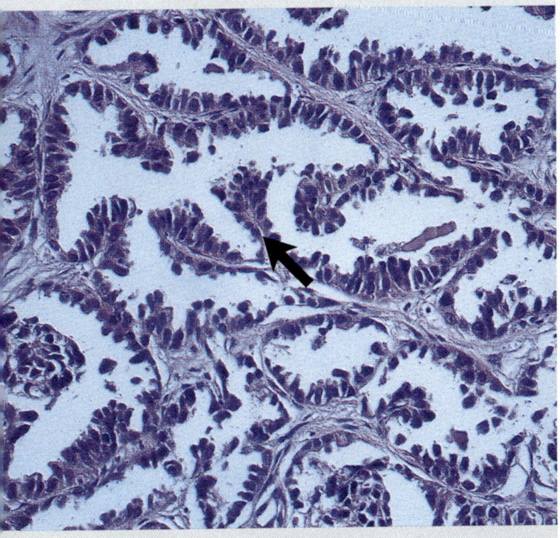

F **Papilläres Karzinom:** Harnblase

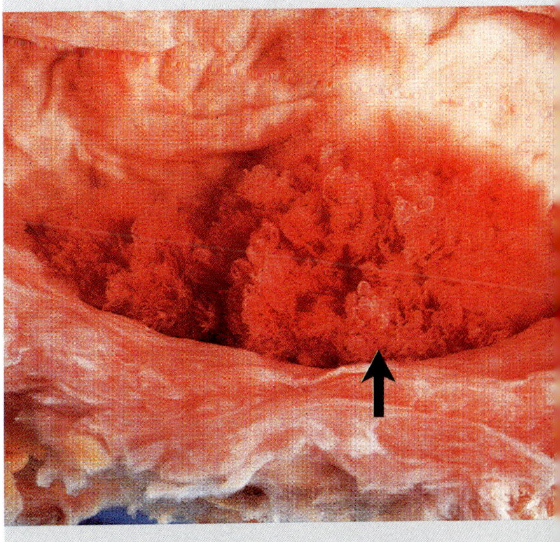

Beispielhafte Organkarzinome

Abkürzungen: PC = Prostatakarzinom(e), TU = Tumor(en), GF = growth factor

Prostatakarzinom

Definition: Sammelbegriff für Karzinome der Prostatadrüse.

Hauptlokalisation: dorsal-periphere Drüsenanteile; Altersgipfel 7. Lebensdekade

Pathogenese: PC sind meist Adenokarzinome mit multizentrischer Entstehung und folgenden Gendefekten:

- ***Suppressorgen***-Allelverlust: 1p, 8p, 10q, 16q sowie auch BRCA-1[1] → Tumorprogression, Differenzierungsverlust.
- ***Onkogen***-Aktivierung: Übermäßiges Androgenangebot im Gewebe bei erhöhter Androgenrezeptordichte → Überexpression von c-erb-B2 mit überschießender Bildung von Epithelwachstumsfaktor-Rezeptoren → Dauerproliferation.
- ***Animetastasengen***-Verlust: Deletionen im α-Catenin-Gen sowie verminderte E-Cadherin-Expression → fehlende Cadherin-assoziierte Zell-Zell-Adhäsion der Prostataepithelien → PC-Invasion.

Morphologie: Das PC geht (multizentrisch) mehrheitlich von äußeren Drüsenanteilen aus (daher rektal tastbar!); zunächst vorwiegend intraprostatische TU-Ausbreitung → erst spät periurethrale TU-Ausbreitung (► F) → Harnwegsobstruktion (= Spätsymptom) → Harnverhalt mit Harnblasenwandhypertrophie (Balkenharnblase).
Makroskopie: Markig-gelblicher, meist homogener TU (► F).

Histologische Tumorgrade: Histologisch handelt es sich bei den PC meist um Adenokarzinome mit unterschiedlichen Dignitätsgraden:

- ***PIN*** (= prostatische intraepitheliale Neoplasie): Präinvasive Neoplasie mit mehrzellbreiten atypischen Epithelien (► A1) mit vergrößerten Zellkernen und Nukleolen innerhalb präexistenter Prostatadrüsen (► A2).
- ***G1–Karzinome:*** Langsam wachsende PC („Haustierkrebse") mit einzellbreiten hellzytoplasmatischen Tubuli. Tumordrüsen liegen eng, oft ohne nennenswerte Strominterposition, zusammen → „Rücken-an-Rücken"-Stellung (► B).
- ***G2-Karzinome:*** PC mit „Drüsen-in-Drüsen"-Formationen (► C) → Bildung eines lochsiebartigen Wachstumsmusters (= kribriformes Karzinom). Plumpe Nukleolen. Diskontinuierliches TU-Wachstum mit Invasion der Nervenscheiden. Das Lochssiebmuster wird oft in den Metastasen beibehalten.
  In der *Zytologie* sind TU-Drüsen an den garbenartig angeordneten Zellformationen (= „Garbenmuster") zu erkennen (► D)
- ***G3-Karzinome:*** Rasch wachsende PC („Raubtierkrebse") mit zytosdiskohäsivem Wachstum → TU-Zellen liegen oft isoliert und zerstreut im präexistenten Prostata-Stroma; kaum Expression eines drüsenartigen Wachstumsmusters.
  Je größer ein PC, desto größer das Nebeneinander verschiedener histologischer TU-Muster.

Metastasierung:

- *Früh:* ***Lymphogene Metastasierung*** → v. a. in regionäre Beckenlymphknoten, →
- *Spät:* ***Hämatogene Metastasierung*** vom Kavatyp → osteoplastische Knochenmetastasen (v. a. in untere Wirbelsäule, Kreuzbein, Becken) aufgrund von TU-eigenem Osteoblasten-GF → Lungenmetastasen.

pTNM-Klassifikation:

- ***pT1:*** klinisch inapparentes, nur histologisch erkanntes PC (= inzidentelles Karzinom).
- ***pT2:*** palpables PC innerhalb der Prostata.
- ***pT3:*** PC → Durchbruch der Prostatakapsel und/oder Infiltration der Samenblase.
- ***pT4:*** PC-Infiltration weiterer Nachbarorgane.

☺ **Prominenter Patient:** François Mitterand, zeitg. franz. Staatspräsident (1916 – 1996).

> **!** **Merke:** *PC-Klinik:*
> - PSA-Erhöhung im Serum (= prostataspezifisches AG, S. 326) → immunhistochemischer Nachweis (► F);
> - rektaler Tastbefund →
> - (Fein)-Nadelbiopsie → Zyto-, Histologie.
> - Antiandrogentherapie.

> **!** **Merke:** *Prostatakarzinom/-hyperplasie:*
> - *PC* entsteht in den peripheren Drüsenanteilen → zentripetales Wachstum → Spätsymptomatik.
> - *Prostatahyperplasie* entsteht in den zentralen Drüsenanteilen → zentrifugales Wachstum → Frühsymptomatik (Harnverhalt).

1 BRCA = breast-cancer-antigen, S. 375

A **PIN**
100x

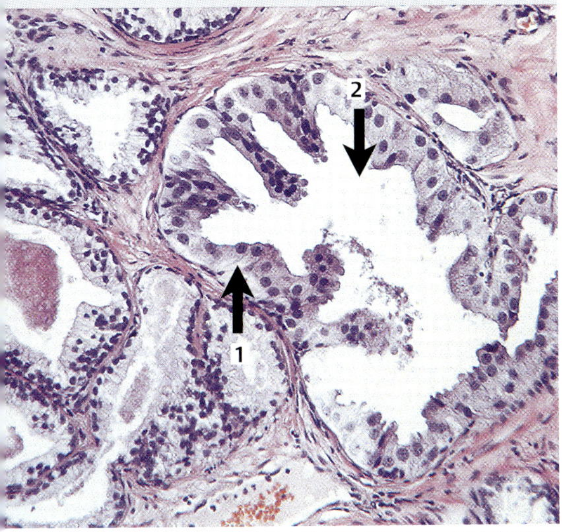

B **Prostatakarzinom Grad I**
100x

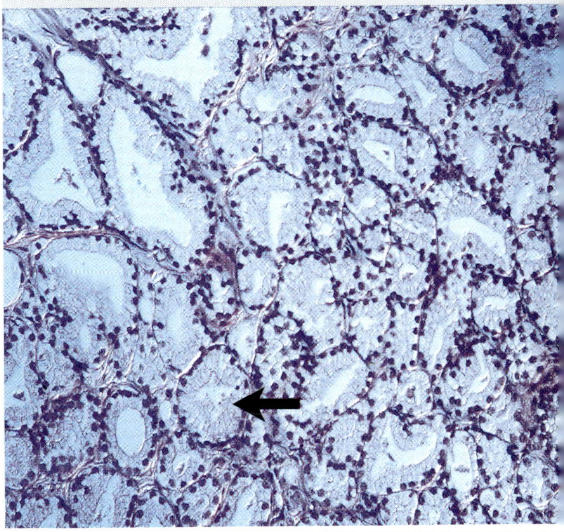

C **Prostatakarzinom Grad II**
100x

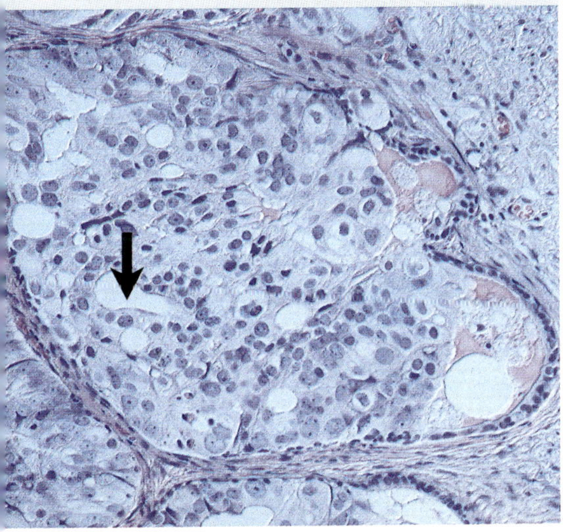

D **Prostatakarzinom** (Zytologie)
600x

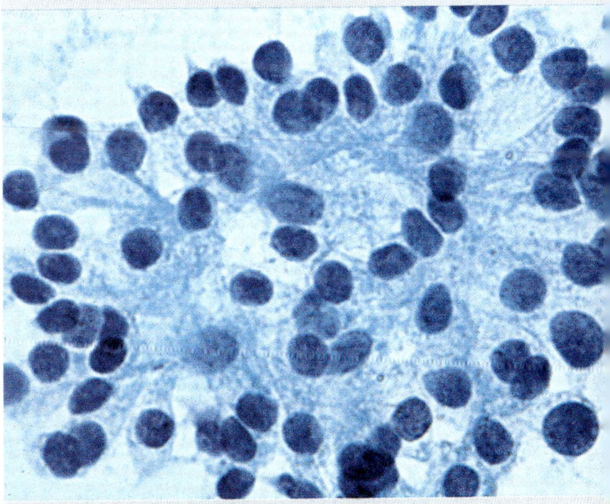

E **Prostatakarzinom**
IH (PSA), 100x

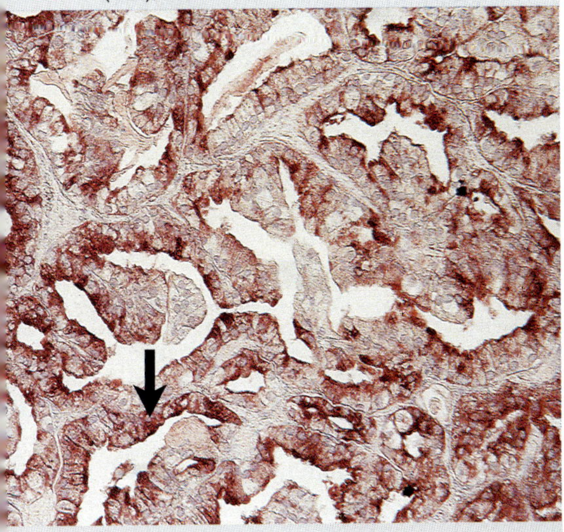

F **Prostatakarzinom**

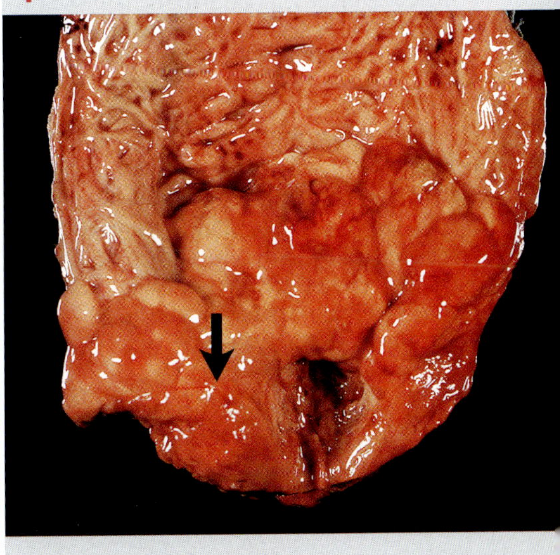

Mammakarzinom

Abkürzung: MC = Mammakarzinom(e)

Definition: Sammelbegriff für Karzinome der Brustdrüse (Brustkrebs).

Hauptlokalisation: oberer äußerer Quadrant.

Prädisponierende Faktoren:
- *Familie:* Mutter mit MC;
- *Zyklus:* frühe Menarche, späte Menopause;
- *Gravidität:* Nullipara, späte Primipara;
- *Ernährung:* fett-, fleischreiche Nahrung;
- *Vorerkrankungen der Brust:*
  - proliferierende Mastopathie mit Atypien → Abgrenzung zu MC kann schwierig sein;
  - MC kontralateral;
  - vorgängiges Ovarialkarziom.

Pathogenese: Karzinogenese durch Häufung folgender Gendefekte:

- ***Suszeptibilitätsgen***-Allelverlust: BRCA-1[1]
  BRCA-1 ist ein Transkriptionsfaktor, der normalerweise als Suppressorgen funktioniert. Allelverlust und Mutation → frühes Auftreten von MC und Ovarialkarzinomen.
- ***Suppressorgen***-Inaktivierung: p53-, RB-Gen.
- ***Onkogen***-Aktivierung: c-ras, c-myc, c-erb2
  Onkogenaktivierung → Dauerproliferation durch ein Östrogenüberangebot im Gewebe.

Histologische Tumortypen:

Duktales Karzinom (70 % aller Fälle)

Histogenese: Das MC geht von den Epithelien der Milchgänge aus.

- ***Intraduktales MC*** (= In-situ-Karzinom). Die MC-Ausbreitung (► A1) erfolgt zunächst nur innerhalb der mit Aktin-haltigen Myoepithelien umgebenen Milchgänge (► A2) → innerhalb der Milchgänge geht das MC-Gewebe zugrunde → zentrale Nekrose mit Verkalkung (Röntgenbild: „Mikrokalk") → Tumordetritus läßt sich wie ein Mitesser ausdrücken (= Komedokarzinom).
- ***Invasives MC:*** Das MC durchbricht die Basalmembran → gangartige, mehrzellbreite Epithelstränge (► B) mit Stromawucherung (= szirrhöses MC) und Mikroverkalkung.

Lobuläres Karzinom

Histogenese: Der Tumor geht (meist multifokal) von den lobulären Drüsenendstücken aus.

- ***Lobuläres Carcinoma in situ:*** Die Entstehung des MC erfolgt oft multizentrisch, bilateral. Das MC breitet sich (oft jahrelang) zunächst nur innerhalb der Lobuli aus (► C) → Sekretstau → Verkalkung.
- ***Invasiv-lobuläres MC:*** Das MC durchbricht die Basalmembran → gänsemarschartige, einzellbreite Tumorzellreihen (► D) entlang von Kollagenfasern, mit tumorinduzierter Stromawucherung (= szirrhöses MC).

Weniger maligne MC-Formen: Diese MC-Formen sind selten und bevorzugen ältere ♀.
- ***Tubuläres Karzinom*** mit rein tubulärer einzellbreiter Gangwucherung.
- ***Papilläres Karzinom*** (S. 372).
- ***Muzinöses Karzinom*** mit exzessiver Schleimbildung und -ablagerung.
- ***Medulläres Karzinom*** (S. 372) mit massiver, lymphoplasmozytärer entzündlicher Infiltration des breiartigen MC-Gewebes.

Wuchsformen aller MC:
- ***Vertikal nach innen*** → Pectoralisinfiltration.
- ***Vertikal nach außen*** → Hautinfiltration (► E) evtl. mit Mamillenretraktion → Hautulzeration.
- ***Horizontal-lymphogen*** → flächenhafte Ausdehnung in den Hautlymphspalten → Lymphstau → Orangenhaut (= großporige Hautläsion).
- ***Horizontal-epidermotrop:*** Bei mamillennahem intraduktalem MC mit Hautaffinität (► F) → geblähte Tumorzellen infiltrieren die Epidermis → ekzemoide Läsion (= Pagetkarzinom).

pTNM-Klassifikation aller MC:
- ***pT1:*** MC $\leqslant$ 2 cm
- ***pT2:*** MC $>$ 2 cm $\leqslant$ 5 cm
- ***pT3:*** MC $>$ 5 cm
- ***pT4:*** MC mit Brustwand-, Hautinfiltration

! **Merke:** *MC-Therapiekonzept:* Östrogen-Progesteron-Rezeptor-Status (Immunhistochemie) → Antiöstrogentherapie.

! **Merke:** *MC-Diagnostik:*
- *Mammographie:* „Mikroverkalkungen" sind wichtige **Hin**weise aber keine **Be**weise für ein MC! Daher:
- *Biopsie* → histologischer MC-Beweis. Daher gilt bei MC-Verdacht: „when in doubt, take it out".

! **Merke:** *Ursachen eines „Brust-Knotens":*
- fibrös zystische Mastopathie,
- Fettgewebsnekrose,
- (benignes) Fibroadenom,
- MC.

☺ **Prominente Patientinnen:**
Mildred Scheel: Frau des dtsch. Bundespräsidenten a.D., Gründerin der gleichnamigen Krebsstiftung.
Bettsy Ford: Frau des US-amer. Präsidenten a.D.

---
1 BRCA = breast-cancer-antigen

A **Duktales Karzinom**
IH (Aktin), 75x

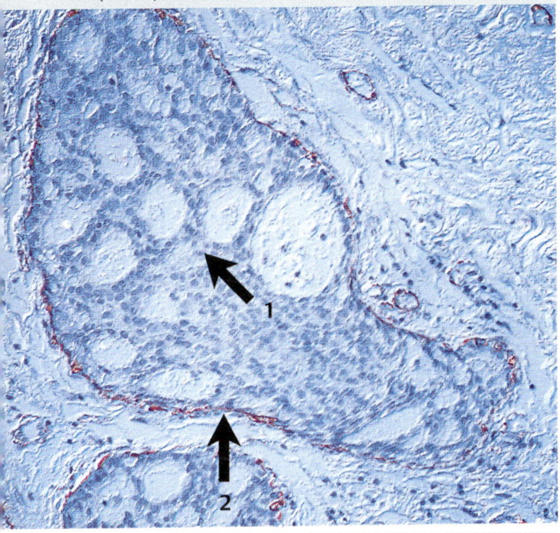

B **Invasiv-duktales Karzinom**
75x

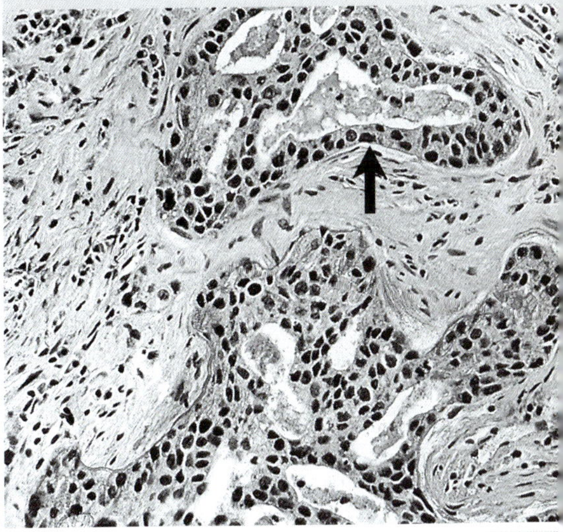

C **Lobuläres Karzinom**
75x

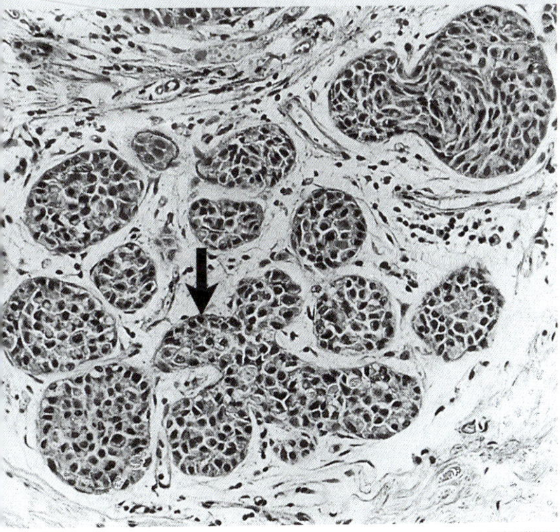

D **Lobulär-invasives Karzinom**
75x

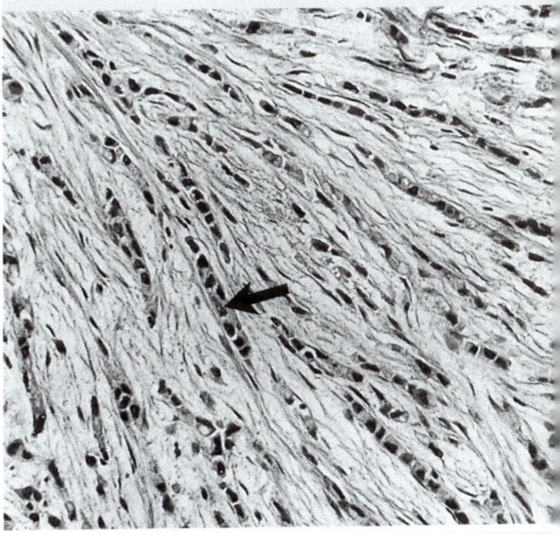

E **Mammakarzinom**

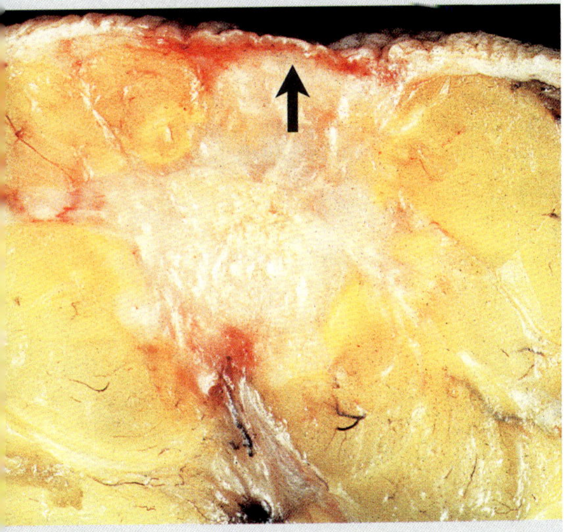

F **Pagetkarzinom**

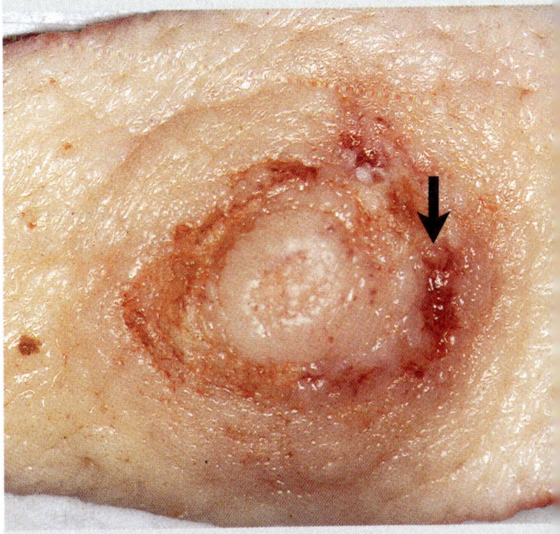

Bronchialkarzinom

Abkürzung: BC = Bronchialkarzinom(e), CA = Karzinom(e)

Definition: Sammelbegriff für hochmaligne CA der Bronchialschleimhautepithelien.

Prädisponierende Faktoren:
- ***Zigarettenkonsum*** (meist) S. 336.
- ***Beruf*** mit inhalativen Noxen (selten): radioaktive Stäube (Uranbergbau), Kokereirohgase, Silikate, Asbest, Chrom, Nickel.

Pathogenese: Noxenexposition → chronische Bronch(iol)itis → maligne Transformation einer „pluripotenten entodermalen Stammzelle“ (daher Neigung zu Paraneoplasien S. 352) über folgende Gendefekte:
- ***Differenzierungsgene***-Allelverlust: 3p.
- ***Suppressorgen***-Inaktivierung: p53-Gen, RB-Gen.
- ***Onkogen***-Aktivierung: c-ras, c-myc,
- ***Antimetastasengen***-Verlust (S. 346).

Topographische Tumortypen:
- ***Diffuses BC*** (selten): pneumonieartige BC-Ausbreitung.
- ***Zentrales BC*** in Hilusnähe (häufig), mit makroskopischem Bezug zu einem Bronchus → Bronchusobstruktion → Retentionspneumonie (► C).
- ***Peripheres BC*** ohne makroskopischen Bezug zu einem Bronchus (► E).

Sonderform der peripheren BC:
- ***Pancoast-Tumor*** = „Ausbrecherkrebs“: Ein BC in der Lungenspitze → BC wächst durch die Thoraxwand hindurch → BC wächst in den Plexus brachialis und den Halssympathikus ein → Horner-Syndrom (= Miose, Lidptose, Enophthalmus).

Histologische Tumortypen:

Plattenepithelkarzinome

Vorkommen: 40 % aller BC; ♂ > ♀; v.a. zentraler Typ.

Makroskopie: Meist an Bronchialaufzweigungen entstehendes grauweiß-markiges CA (► A) mit anfänglich exophytisch-ulzerierendem Wachstum → Tumorzellabschilferung → Sputum (Zytologie!); später: infiltrierendes CA-Wachstum mit Stenosierung (► C).

Histologie: Unterschiedlich gut differenzierte Plattenepithel-CA mit deutlichen Zellgrenzen (interzelluläre Brücken), strähnigem Zytoplasma (Zytokeratin), plumpen Nukleolen und manchmal Hornkugelbildungen.

+ Therapieprinzip: „Stahl – Strahl“ = Totalexstirpation mit Nachbestrahlung.
Bei fortgeschrittenem BC: „Chemikal“ = adjuvante Chemotherapie.

Kleinzellige Karzinome

Vorkommen: 15 % aller BC; ♂ = ♀; v.a. zentraler Typ. „Raucherkrebs“ mit hoher Malignität.

Makroskopie: Frühzeitig fingerförmige CA-Ausbreitung im peribronchovaskulären Bindegewebe. Früh: Nekrosen, Metastasierung.

Histologie: „Zellbrei“ aus kleinen, zytoplasmaarmen Zellen mit hyperchromatischen Kernen („Nacktkerne“) und neuroektodermaler Restdifferenzierung (► B); daher: Chromogranin-Expression (Immunhistochemie!). Aufgrund des schwachen Nukleoskeletts sind die CA-Zellkerne sehr verletzlich (→ Quetschungsartefakte) und dellen sich gegenseitig ein.
Zytologie: „nuclear molding“.

+ Therapieprinzip: Erst „Chemikal“, dann „Stahl“ und schließlich „Strahl“.
Bei frühen BC-Stadien („limited disease“) zuerst „Strahl“ (→ BC-Verkleinerung, Lymphknotenstationen) dann „Stahl“. Hirnschädelbestrahlung → Metastasenprophylaxe.

Adenokarzinome

Vorkommen: 10 % aller BC; ♂ = ♀; v.a. peripherer Typ (selten: diffuser Typ).
„Nichtraucherkrebs“, „Narbenkrebs“.

Morphologie: Rundlich-markiges BC mit Nekrosen.

Histologie: Das BC besteht meist nur aus drüsigen Zellkomplexen (► D1); finden sich plattenepitheliale Anteile = adenosquamöses CA (► D2).

Sonderform der adenoiden BC:
- ***Bronchioloalveoläres Karzinom*** (selten): Die Tumorzellen wachsen diffus in die Bronchiolen und Alveolen ein und tapezieren sie aus (► F).

+ Therapieprinzip: Wie Plattenepithel-CA.

Großzellige Karzinome:

Vorkommen: 10 % aller BC; ♂ > ♀, v.a. peripherer Typ.

Morphologie: Rundlich-markige-BC mit Nekrosen.

Histologie: Meist zytokohäsive Tumorkomplexe aus undifferenzierten, polymorphen, zytoplasmareichen Zellen mit deutlichen Nukleolen.

+ Therapieprinzip: Wie Plattenepithel-CA.

☺ **Prominenter Patient:** Vaclav Havel: zeitgen. tschech. Staatspräsident.

A **BC:** Carcinoma in situ

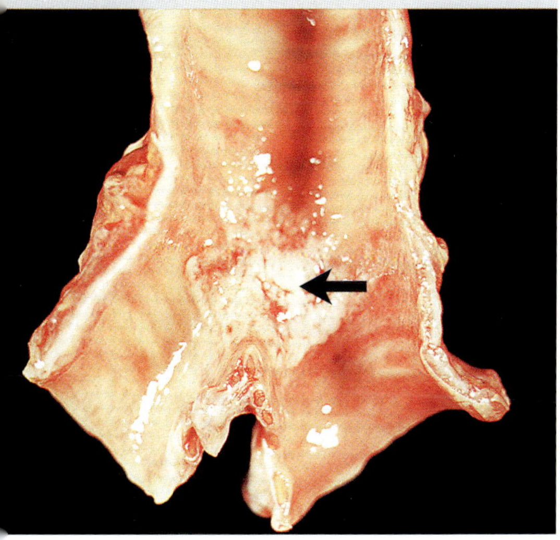

B **Kleinzelliges BC**
50x

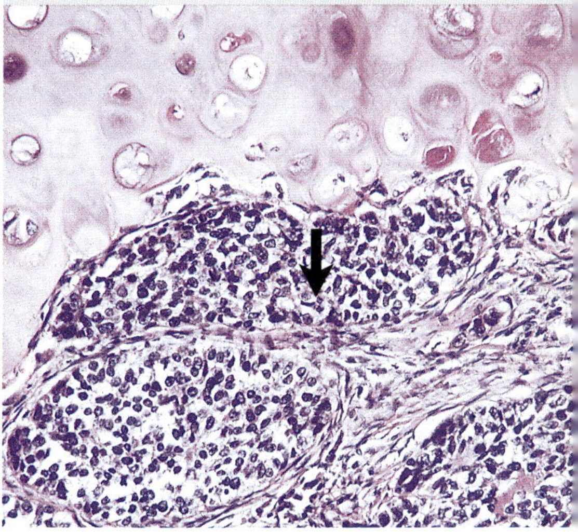

C **Zentrales BC**

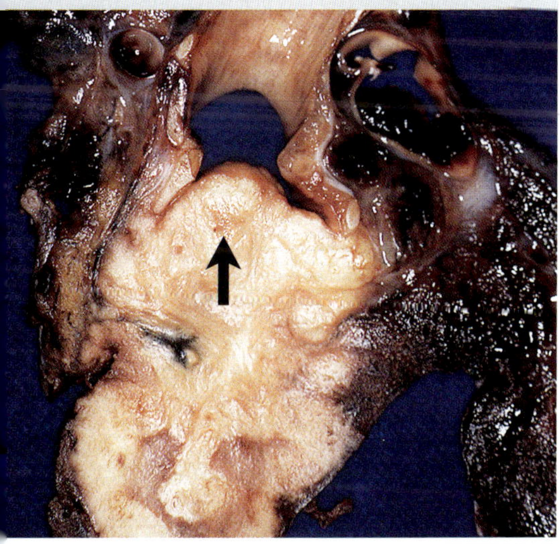

D **Adenosquamöses BC**
50x

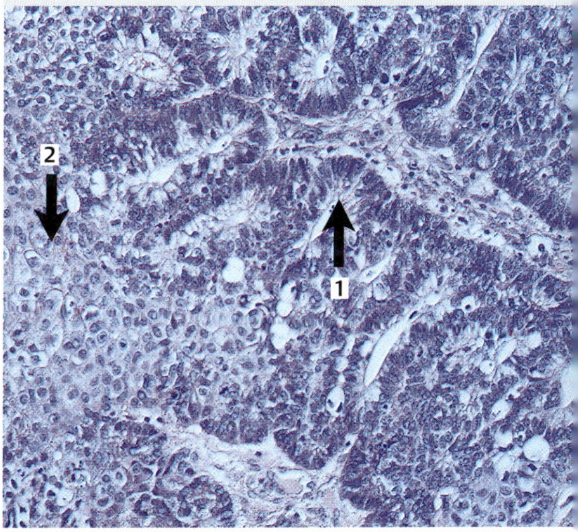

E **Peripheres BC**

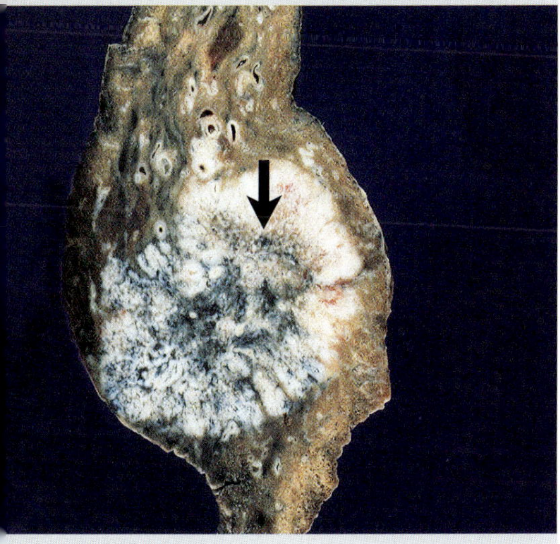

F **Bronchioloalveoläres BC**
50x

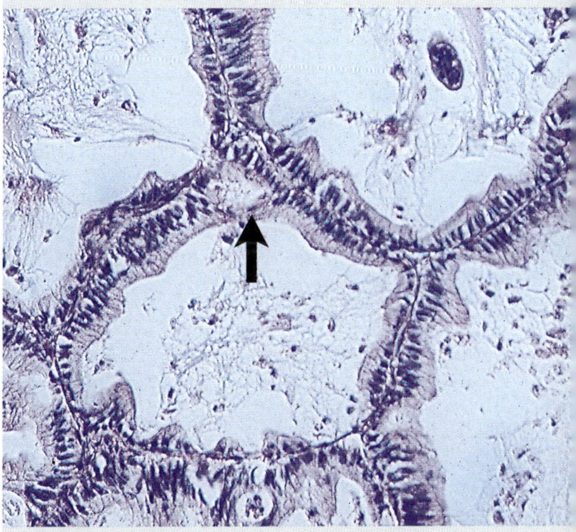

Kolorektalkarzinom

Abkürzung: CRC = Kolorektalkarzinom
Vorkommen: Häufigstes Intestinaltrakt-CA; Altersgipfel in der 5. Lebensdekade; ♂ < ♀.

Definition: Sammelbegriff für CA der Kolonschleimhaut.

Prädestinierende Faktoren (S. 336):
- ***Präkanzeröse Konditionen:***
  - *Colitis ulcerosa* > 10 Jahre krank;
  - *Morbus Crohn* > 10 Jahre krank;
  - *Lynch-Syndrom* („family cancer syndrome") = „erbliches Kolon-CA ohne Polypose" (= HNPCC) mit multiplen syn-/metachronen extraintestinalen Tumoren sowie kolorektalen Zweit-CA.
- ***Präkanzeröse Läsionen:***
  - *mehrere Kolorektaladenome;*
  - *„familiäre adenomatöse* Polyposis *coli*" (= familiäre Adenomatosis coli) in Form einer intestinalen Polypose mit >100 synchronen Adenomen (► A) und syn-/metachronen extraintestinalen Zweittumoren.
- ***Ernährungsfaktoren:***
  - *wenig Pflanzenfasern;*
  - *hoher Fett-, Fleischkonsum.*

Pathogenese: Maligne Transformation von Stammzellen der kolorektalen Schleimhaut über Defekte folgender Gene:
- ***Suszeptibilitätsgen***-Allelverlust:
  Schleimhaut wird empfänglich für Ernährungsfaktoren → Adenombildung.
- ***DNS-Reparaturgen***-Mutation:
  hMSH2- und hMLH1-Gen → Fehlpaarungen von DNS-Basen werden „toleriert".
- ***Suppressorgen***-Defekt:
  APC-Gen (S. 338), p53-Gen (S. 373) → DNS-Schäden werden vor der Zellteilung nicht repariert.
- ***Onkogen***-Aktivierung:
  Aktivierung von c-ras, c-erb, c-myc → „Entzügelung" der Proliferation → proliferierendes Adenom.
- ***Differenzierungsgen***-Defekt:
  DCC-Gen (S. 324) → Adenomentartung → invasives CRC.
- ***Antimetastasengen***-Defekt:
  pNM23-Gen → metastasierendes CRC.

Makroskopische CRC-Typen:
- ***Polypöser Typ*** mit exophytischem Wachstum (► C).
  Prognose: meist günstig.
- ***Schüsselförmig-exulzerierter Typ:*** Kraterförmiges CRC aufgrund einer zentralen Tumornekrose = Ringwall-CA (► E).
  Prognose: abhängig von Invasionstiefe.
- ***Diffus-infiltrierender Typ*** mit endophytischem, diffusem Wachstum bei meist geringer CRC-Differenzierung.
  Prognose: ungünstig.

Histologische CRC-Typen: Histologisch handelt es sich meist um (mehr oder weniger) schleimbildende Adeno-CA (► B):

Muzinöses Karzinom (selten)
Synonym: Gallertkarzinom

CRC mit exzessiver Schleimbildung → extrazelluläre Schleimdeponie (► D) → schleimbildende Zellkomplexe werden an den Rand der „Schleimseen" gedrängt → gallertig-glasige-Schnittfläche.

Schleimbildendes Adenokarzinom (häufig): Die Zellen differenzierter CRC bilden Schleim und geben ihn in das Tumor-Drüsenlumen ab.

Siegelringzellkarzinom (selten): Wenig differenziertes CRC mit zytodiskohäsivem Wachstum → Tumorzellen liegen diffus einzeln im Gewebe und haben in einer Zytoplasmavakuole Schleim gespeichert → siegelringförmige Kompression des Zellkerns (► F).

Metastasierung aller CRC:
- ***Lymphogen*** → parakolisch, -aortale Lymphknoten → Ductus thoracicus → supraklavikuläre Lymphknoten.
- ***Hämatogen:***
  - Rektum-CA → Kavatyp;
  - Kolon-CA → Pfortadertyp.

  Später: Metastasierung vom Lebertyp.

pTNM-Klassifikation aller CRC:
- ***pT1:*** CRC infiltriert Submukosa;
- ***pT2:*** CRC infiltriert Muscularis propria;
- ***pT3:*** CRC infiltriert Subserosa und mehr;
- ***pT4:*** CRC infiltriert Nachbarorgane.

+ Symptomatik aller CRC:
- *Blutungsneigung* aufgrund der
  - guten CRC-Vaskularisierung,
  - Lädierbarkeit des CRC-Gewebes durch Kotballen im Kolon und der
  - nekrosebedingten CRC-Ulzeration.
- *Obstruktionssyndrom* mit Stuhlunregelmäßigkeit: Obstipation → Diarrhö.
- *„Falscher Freund"* (Stuhlabgang anstelle eines vermeintlichen Windes) ist für Rektal-CA typisch.

! Merke: *CRC-Diagnostik :*
- *Immunhistochemie:* CEA-Expression[1]
- *Serum:* CEA-Sekretion ins Serum (CEA = klinischer CRC-Verlaufsparameter; S. 326).
- *Klinik:* okkultes/frisches Blut im Stuhl.
- *Biopsie:* 75 % aller CRC liegen im Rektum-/Sigmabereich → Koloskopie, digitale Palpation!

☺ Prominente Patienten:
Claude Debussy: franz. Komponist (1862 – 1918).
Ronald Reagan: zeitgen. US-amer. Präsident a.D.

1 CEA = carzino-embryonales Antigen

A **Kolorektale Polypose**

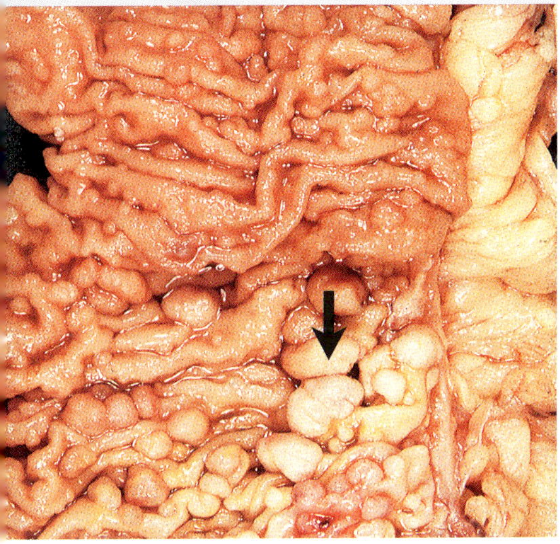

B **Adenokarzinom:** Kolon
PAS, 100x

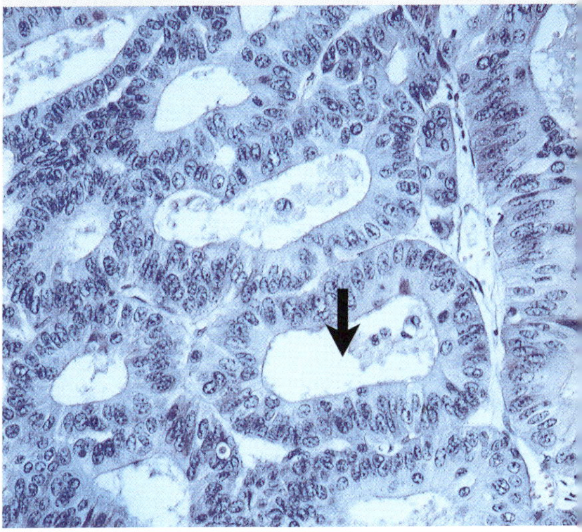

C **Adenokarzinom:** Kolon

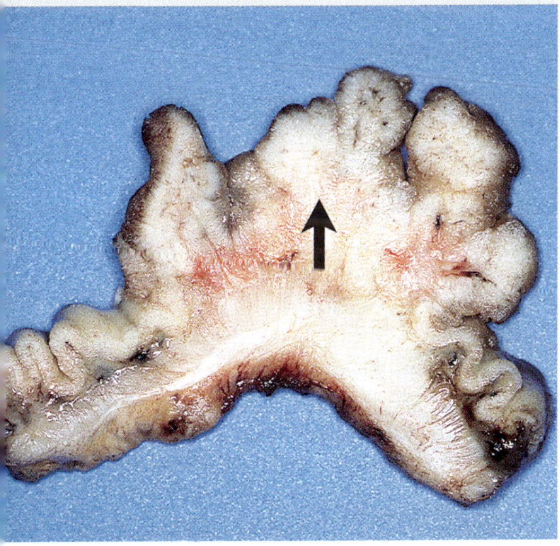

D **Muzinöses Karzinom:** Kolon
PAS, 50x

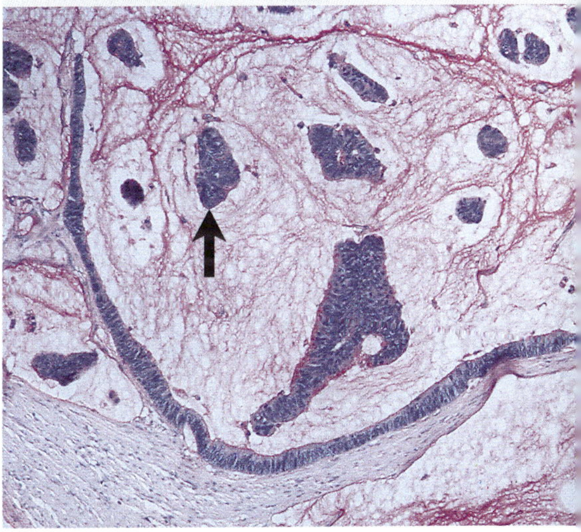

E **Ringwallkarzinom:** Kolon

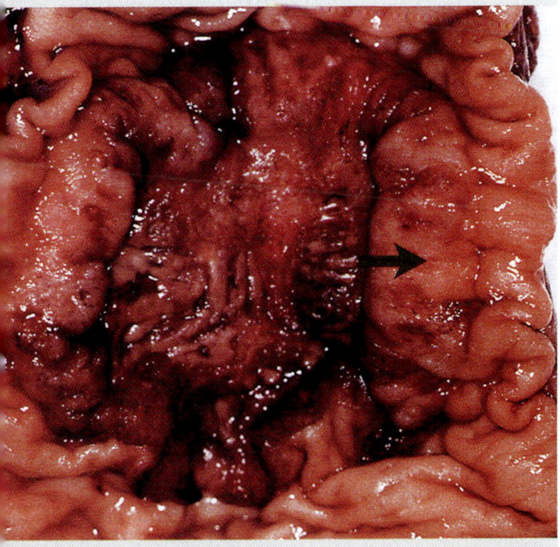

F **Siegelringzellkarzinom:** Kolon
100x

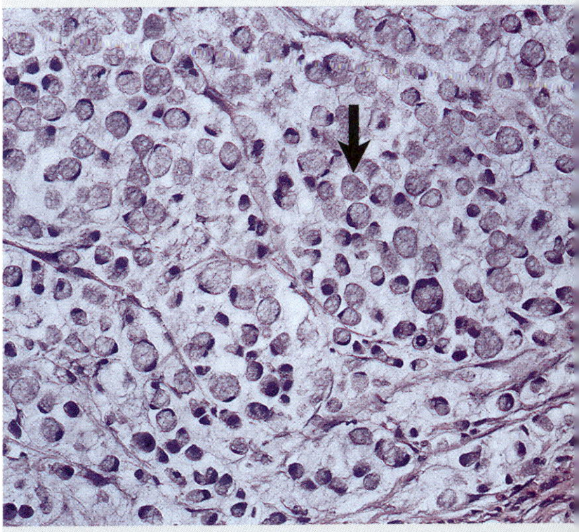

Dysontogenetische Tumoren

Abkürzung: TU = Tumor(en)

Allgemeine Definition: TU aus Keimmaterial, das während der Embryonalentwicklung aus seinem ursprünglichen Entwicklungsfeld versprengt wurde, so daß es sich nicht weiter entwickeln konnte.

Je nach Entwicklungsstufe, auf der das versprengte Keimmaterial stehen bleibt, unterscheidet man folgende TU-Formen:

Teratome

Vorkommen: (30 % aller Neugeborenen-TU) v.a. Keimdrüsen (junge ♂), seltener in Mittellinie von Mediastinum (junge Erwachsene), Retroperitoneum und intrakraniell. Sakrokokzygeal-Teratome meist schon bei Geburt vorhanden (♀).

Allgemeine Definition: TU aus noch pluripotenten Zellen mit ungeordnetem Nebeneinander von Differenzierungsprodukten aller 3 Keimblätter.
Histogenetische Herleitung aus unbefruchteten Keimzellen.

Die Einteilung der Teratome erfolgt nach dem Ausreifungsgrad der am TU-Aufbau beteiligten Gewebe:

Reifes Teratom

Synonym: Teratoma adultum

Definition: Benigner zystischer TU mit ausgereiften Geweben aller 3 Keimblätter.

Teratom-Sonderform:
- ***Ovarielle Dermoidzyste:*** Benigner, glattbegrenzter und zystischer TU mit Talg und Haaren als Inhalt. In seiner Wandung finden sich differenzierte Gewebe wie Talgdrüsen, Haarbälge (► A1), Plattenepithel (► C1), Zähne (► A2), Knorpel, Knochen- und Nervengewebe; gelegentlich kommt darin auch Schilddrüsengewebe (► C2) vor.

Unreifes Teratom

Synonym: Teratoma embryonale

Vorkommen: v.a. Keimdrüsen (junge <♂), selten in der Mittellinie von Mediastinum, Retroperitoneum und intrakraniell.

Definition: Maligner solider oder kleinzystischer TU aus kaum differenzierten, epithelialen und mesenchymalen Geweben in Form von Flimmerepithel (► E1), Hyalinknorpel (► E2) und Knochengewebe (► E3).

Embryonale Tumoren

Synonym: Blastome

Allgemeine Definition: Hochmaligne TU aus noch nicht differenzierten, nicht mehr pluripotenten Zellen einer Organanlage.

Pathogenese: Tumorigenese während der Embryogenese → Manifestation meist in den ersten Lebensjahren.

Neuroblastom (► B, D, F)

Vorkommen: Meist im Nebennierenmark, seltener im Grenzstrangbereich oder Riechepithel (= Ästhesioneuroblastom).

Definition: Maligner, katecholaminbildender TU des sympathischen Nervensystems.

Morphologie: Graurot-markiger TU aus kleinen, zytoplasmaarmen Zellen, z. T. mit Pseudorosettenbildung. Sekundäre Ausreifung der TU-Zellen zu Ganglienzellen möglich → Ganglioneuroblastom → Ganglioneurom → Spontanremission (S. 350).

Metastasierung: früh, hämatogen (Kavatyp).

Medulloblastom

Definition: Häufigster, hochmaligner Kleinhirn-TU im Kindesalter aus undifferenzierten Zellen mit Pseudorosettenbildung.

Metastasierung via Liquor → Großhirn und Rückenmark.
Komplikation: Okklusionshydrozephalus.

Retinoblastom (S. 324)

Nephroblastom (S. 324)

Embryonale Restgewebstumoren

Ameloblastom

Definition: Semimaligner Kiefer-TU von Resten des Schmelzorgans.

Morphologie: (S. 384).

Kraniopharyngeom

Definition: Semimaligner TU von Resten der Kiemengänge, die an der Entstehung des Hypophysenvorderlappens beteiligt sind (= Rathke-Tasche).

Morphologie: (S. 384).

Chordom

Definition: Semimaligner TU von Resten der Chorda dorsalis.

Morphologie (S. 384).

Mesodermaler Mischtumor

Synonym: Müller-Misch-TU

Definition: TU aus pluripotenten Resten der Müller-Gänge, von denen sich der Uterovaginalkanal herleitet.

+ **Allgemeine Klinik** der embryonalen Restgewebs-TU: Meist semimaligne TU (S. 384), die lokal destruktiv wachsen und zu Rezidiven neigen; kaum Metastasierung!

A Dermoidzyste

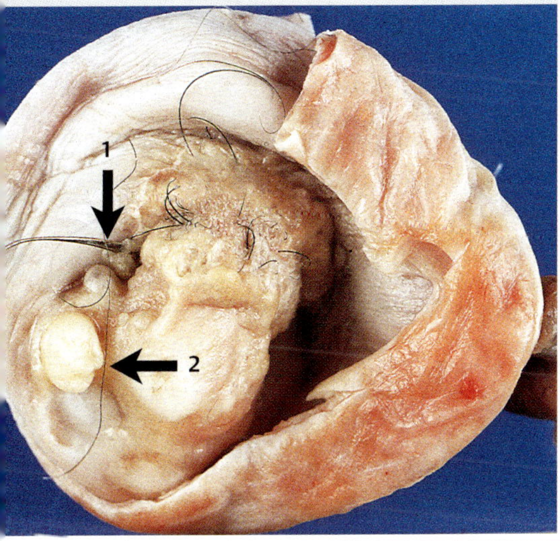

B Neuroblastom

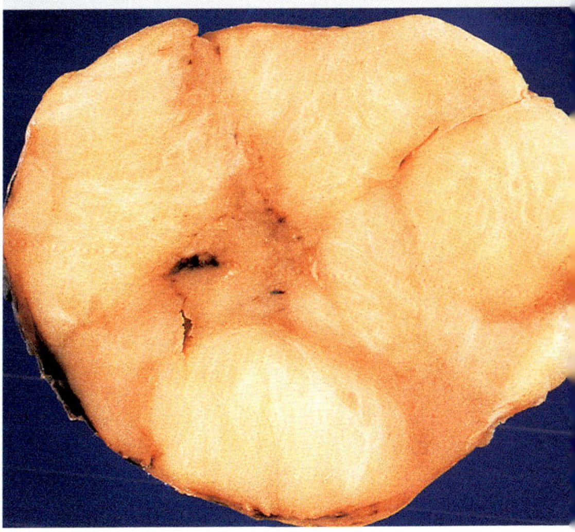

C Adultes Teratom
25x

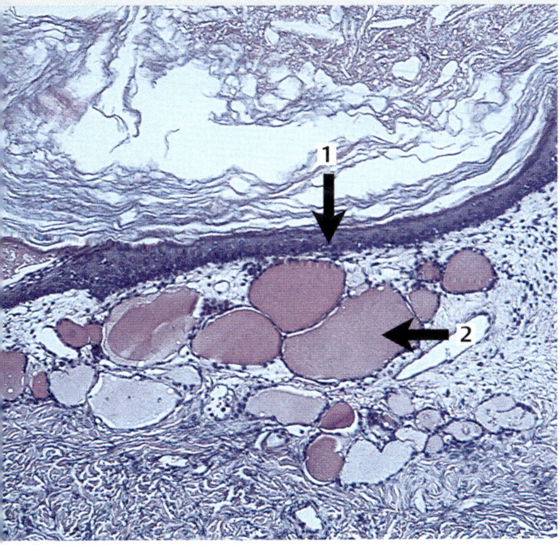

D Neuroblastom
50x

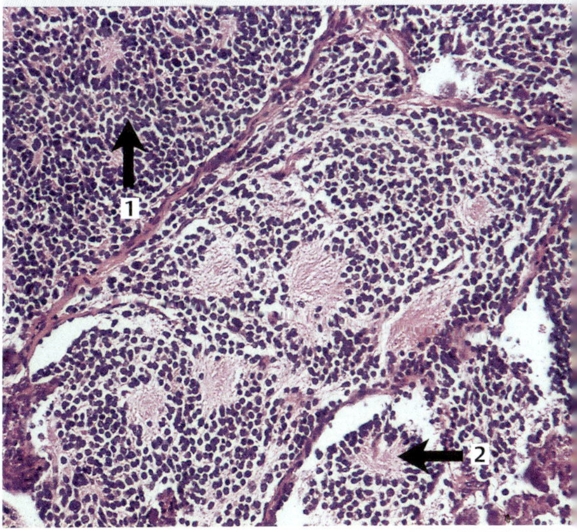

E Embryonales Teratom
25x

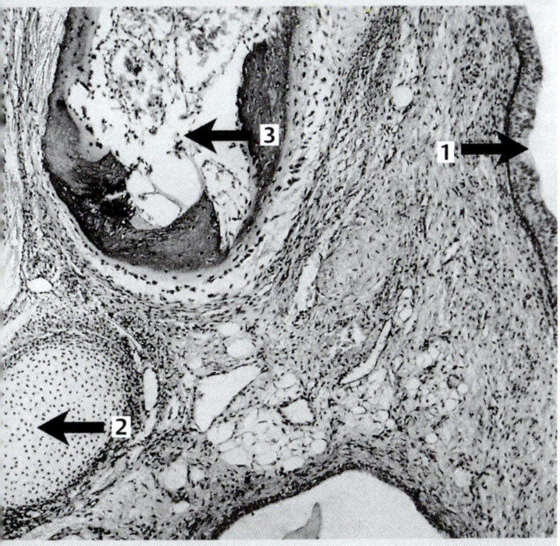

F Ganglioneuroblastom

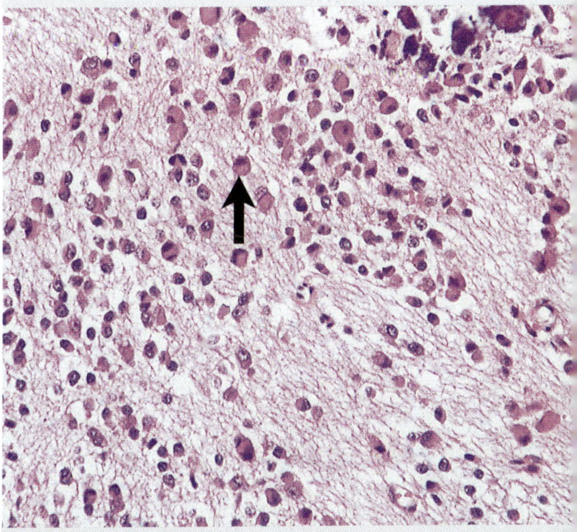

Semimaligne Tumoren

Abkürzung: TU = Tumor(en)

Definition: Destruktiv wachsende, rezidivfreudige, praktisch nie metastasierende TU (S. 320).

Basaliom

Definition: Semimaligner Haut-TU aus basaloiden Epidermiszellen.

Pathogenese: (S. 6, 334, 336).

Morphologie: TU mit Verbindung zum Stratum basale der Haut, aus zapfenartig angeordneten, wenig polymorphen Zellen. Die periphere Epithelschicht ist palisadenartig (► B1) zu dem von den TU-Zellen induzierten, faserig verdichteten Stroma (induziertes Stroma; ► B2) ausgerichtet. Dieses kann auch entzündlich infiltriert sein (reaktives Stroma).

Wuchsformen:

Nodulär-ulzeröses Basaliom

Vorkommen: v. a. Gesichtsbereich.

Exophytisches Wachstum der meist soliden TU-Zell-Komplexe → Infiltration und Penetration der Epidermis mit örtlicher Nekroseneigung → Hautulzeration (► A) → „Ulcus rodens" mit Umsäumung des Tumors durch „reaktives Stroma".

Multizentrisches Basaliom

Vorkommen: v. a. Rumpfbereich.

Der TU wächst oberflächlich invasiv und breitet sich diskontinuierlich v.a in horizontaler Richtung auf „induziertem Stroma" aus.

Klinik: Weite Exzision im Gesunden!

Sklerodermiformes Basaliom

Vorkommen: sonnenexponierte Haut.

Hier dominiert das „induzierte Stroma" → strangförmige Zergliederung mit Kompression der Tumorzellstränge.

Klinik: Große Infiltrations-, Rezidivneigung → weite Exzision im Gesunden.

Prominenter Patient: Ronald Reagan: zeitgen. US-amer. Präsident a. D.

Appendix-Karzinoid

Definition: Semimaligne Standortvariante von TU des diffusen neuroendokrinen Systems.

Morphologie: Gelb-weißlicher TU (selten > 1 cm) füllt meist das ganze Appendixlumen aus und infiltriert das Mesoappendix. Der TU besteht aus läppchenartig gegliederten soliden Tumorzellzapfen mit geringer Zellpolymorphie (► C).

Immunhistochemie: Expression von Chromogranin (► D).

Klinik: Eine Metastasierung ist höchst selten. Der Tumor produziert Serotonin, das aber in der Leber abgebaut wird; daher kein Flush-Syndrom (S. 354).

Merke: *„Diffuses neuroendokrines System"* = neuroendokrine Zellen, die nicht zu einem makroskopischen Organ zusammengelagert sind, sondern vereinzelt oder gruppenweise im Organismus verstreut vorkommen.

Merke: *Karzinoid-Begriff: Sammelbegriff für **alle*** TU des „diffusen neuroendokrinen Systems".

Merke: *Ileum- und Bronchuskarzinoide:* Sie sind häufiger als Appendixkarzinoide stellen aber invasive, niedrig-maligne neuroendokrine Karzinome dar.

Ameloblastom

Vorkommen: Unterkiefer (♂ >> ♀).

Definition: (S. 382).

Morphologie: Keine bindegewebige TU-Kapsel → der TU wächst (poly)zystisch in den Markraum der Kieferknochen ein.
Histologisch besteht der TU aus Zylinderepithelkomplexen, die in der Peripherie palisadenartig zum Stroma angeordnet sind und zentral in ein zahnschmelzpulpaartiges Retikulum übergehen. Der TU bildet entweder eine inselförmig-zellsträngige Epithelanordnung (= follikulärer Typ) oder netzförmig kommunizierende Epithelstränge (= retikulärer Typ, ► E).

Chordom

Vorkommen: Schädelbasis (Clivusbereich), Wirbelsäule.

Definition: (S. 382).

Morphologie: Großblasige, pflanzenähnliche isomorphe TU-Zellen in gallertiger Grundsubstanz (► F).

Kraniopharyngeom

Vorkommen: Hypophysenbereich.

Definition: (S. 382).

Morphologie: Meist plattenepithelialer TU aus netzförmig kommunizierenden Epithelsträngen mit basaliomähnlicher palisadenartiger Epithelanordnung und ameloblastomähnlicher retikulärer Epithelauflockerung.

A **Basaliom**

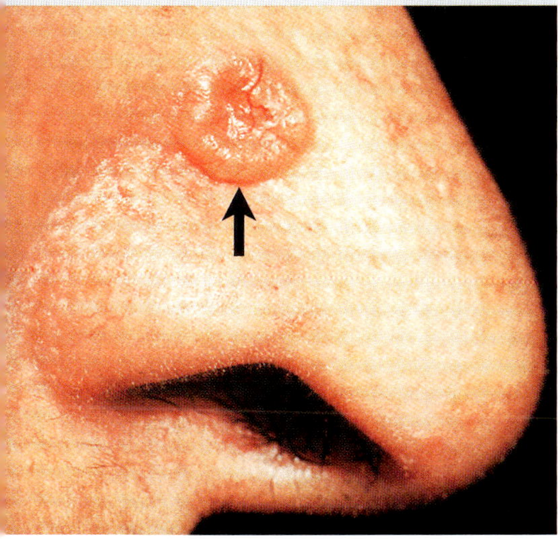

B **Basaliom**
75x

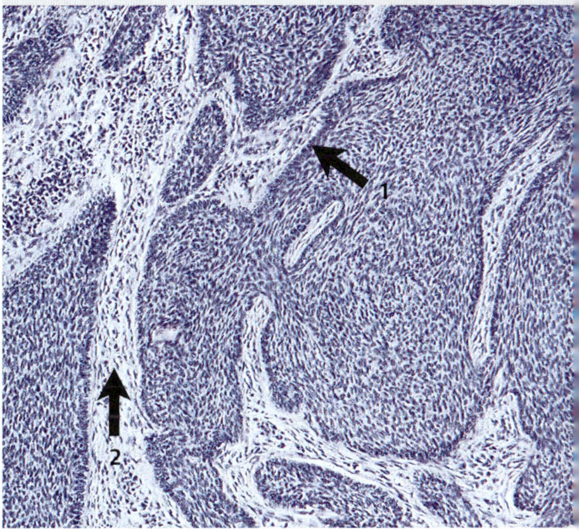

C **Appendix-Karzinoid**
75x

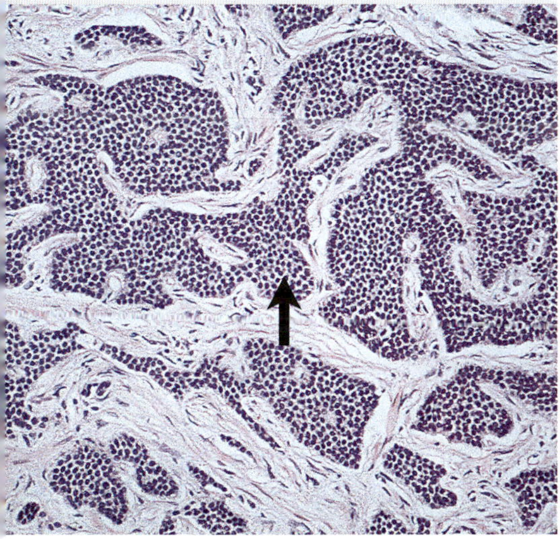

D **Appendix-Karzinoid**
IH (Chromogranin), 75x

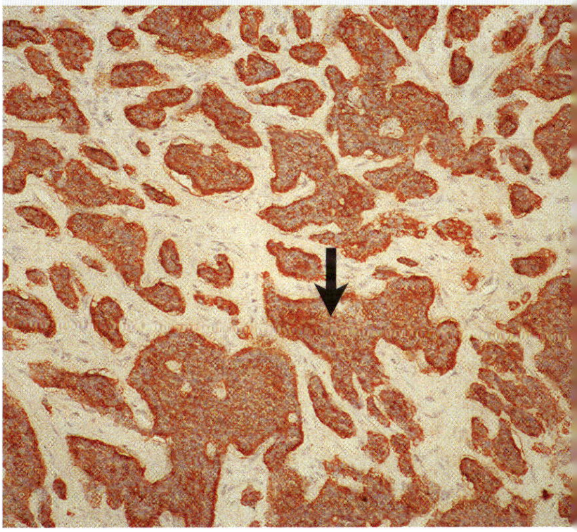

E **Ameloblastom**
75x

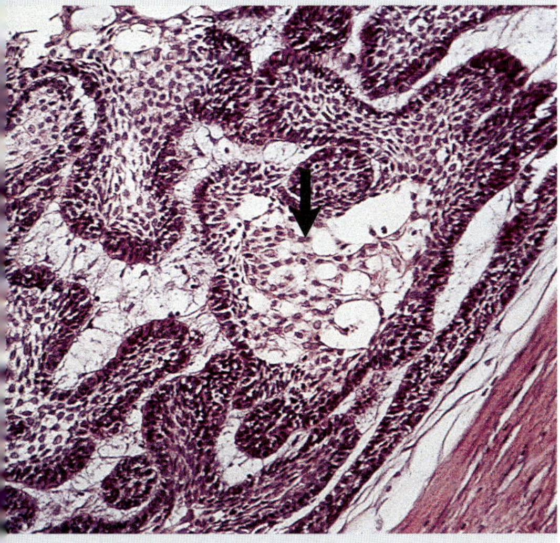

F **Chordom**
100x

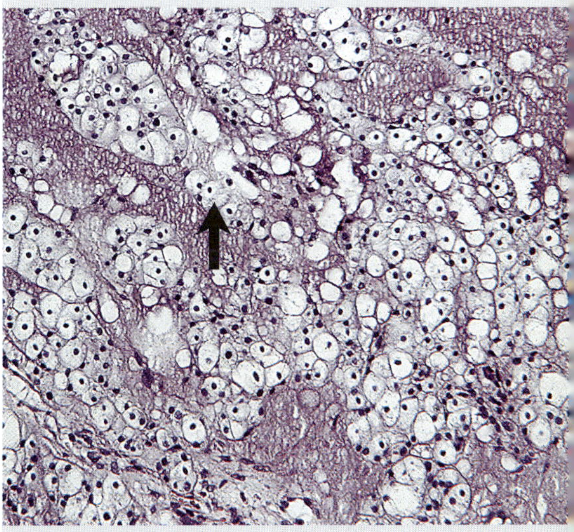

23 Pannen auf dem Weg zur letzten Wiese
Generalisierte Kreislaufstörungen

Zusammenfassung

Der Blutkreislauf wird über ein hierarchisch gegliedertes System reguliert. Seine Störungen in Form eines Zuviel oder Zuwenig können für den Organismus gefährlich sein.

▶ **Hypertonie im großen Kreislauf** (= arterielle Hypertonie): Um die Entgiftung des Organismus sicherzustellen, ist die Niere so in den großen Kreislauf integriert, daß sie ihre Blutdruckbedürfnisse selbst realisieren kann. Dies äußert sich darin, daß ab einem gewissen Schädigungsgrad alle Nierenerkrankungen mit einer Blutdruckerhöhung beantwortet werden (renale Hypertonie). Der größte Teil der Hypertonien im großen Kreislauf ist jedoch pathogenetisch sehr komplex und noch ungeklärt (essentielle Hypertonie); nur ein kleiner Teil ist endokriner, neurogener oder kardiovaskulärer Natur.

▶ **Hypertonie im kleinen Kreislauf** (= pulmonale Hypertonie): Dies ist eine Druckerhöhung in den Pulmonalarterien. Sie kann idiopathisch vorkommen oder Folge einer Veränderung des Lungenparenchyms sein und ist wie alle Hypertonien an Gefäßschäden zu erkennen. Lebenslimitierend ist die Fähigkeit des rechten Herzventrikels, dem pulmonalen Hochdruck mit einer Muskelhypertrophie zu begegnen.

▶ **Portale Hypertonie:** Sie geht auf Abflußbehinderungen des Pfortaderbluts zurück und ist eine regelmäßige Komplikation bei narbigem Umbau des Leberparenchyms. Limitierender Faktor sind die Umgehungsgefäße des verstopften Pfortadergebiets, die erst aussacken und dann platzen.

▶ **Kreislaufschock** (= Hypotonie): Dies ist ein akutes generalisiertes Kreislaufversagen mit kritischer Mangeldurchblutung der lebenswichtigen Organe. Das pathogenetische Kernstück des Schocks ist das progrediente Versagen der Kreislaufregulation. Es beginnt damit, daß anfängliche gegenregulatorische Maßnahmen, wie die Erhöhung des Herzzeitvolumens und die Aussperrung weniger wichtiger Kreislaufgebiete scheitern, so daß schließlich die Kontrolle über die gesamte Endstrombahn zusammenbricht. Darauf folgt eine Aktivierung des Gerinnungssystems mit Mikrothrombenbildung und gleichzeitigem Verbrauch von Gerinnungsfaktoren, was eine (oft) tödliche Verbrauchskoagulopathie mit generalisierten Blutungen nach sich ziehen kann.

▶ **Blutungen:** Sie beruhen auf örtlichen Gefäßverletzungen innerhalb (Diapedeseblutungen) oder außerhalb der Endstrombahn (Rhexisblutungen) oder auf ubiquitären Gefäß- oder Gerinnungsdefekten (hämorrhagische Diathesen).

Arterielle Hypertonie

Abkürzung: HT = Hypertonie, BD = Blutdruck

Allgemeine Definition: Lang andauernde, abnorme arterielle BD-Erhöhung mit folgenden klinisch gemessenen Werten:
- systolischer Druck >160 mmHg;
- diastolischer Druck > 95 mmHg.

Essentielle Hypertonie

Musterkrankheit für multifaktoriell ausgelöste Erkrankung mit polygenem Vererbungsmodus

Definition: Arterielle HT nach Ausschluß aller bekannten BD-steigernden Ursachen.

Pathogenetische Mechanismen:

- ***Genetische Faktoren:*** *Tiermodell:* Es gibt Rattenstämme mit folgenden 2 angeborenen HT-Formen:
  - *neurale Form:* aufgrund einer Hyperaktivität des Sympathikus;
  - *renale Form:* aufgrund defekter Natriumausscheidung.
- ***Defiziente Natriurese*** (Ursachen? Mechanismus?).
- ***Streßfaktoren:*** Streß, Emotion und psychische Konfliktsituationen lösen eine HT aus → Stimulation der vaskulären Barorezeptoren → Drosselung der Erregbarkeit der Hirnrinde und auch der Schmerzempfindung → die arterielle HT ist also eine „erlernbare" Streßbewältigungsstrategie.
- ***Renin-Angiotensin-Aldosteron-System:*** Deregulation (Ursachen? Mechanismus?).

Renale Hypertonie

Definition: Arterielle HT im großen Kreislauf aufgrund folgender Nierenerkrankungen:
- *renoparenchymatöse Hypertonie* mit Schrumpfung des Nierenparenchyms und/oder
- *renovaskuläre Hypertonie* mit Stenosierung der Extra-/Intrarenalarterien.

Pathophysiologie:

Klassisches Tiermodell: Goldblatt-Niere:
- ***1-Nieren-Modell*** (▶ A): Entfernung der einen Niere und Arterienstenosierung der anderen Niere (▶ A) → Minderdurchblutung und Reduktion des harnausscheidenden Nierenparenchyms → Natrium- und Wasserretention → Hypervolämie.
  Resultat: Volumenhochdruck.
- ***2-Nieren-Modell*** (▶ B): Einseitige Nierenarterienstenose bei intakter Kontralateralniere → einseitige Nierenischämie (S. 69) → ischämische Niere bildet vermehrt Renin und damit auch Angiotensin II →
  Resultat: Widerstandshochdruck.
  Später: Aldosteronsekretion durch die Nebennierenrinde → Natrium- und Wasserretention → Hypervolämie.
  Resultat: Volumenhochdruck.

☺ **Prominente Patienten** mit essentieller HT:
W.I. Lenin (1870 – 1924) russ. Revolutionär.
Franklin D. Roosevelt (1882 – 1945) US-amer. Präsident.

A **Goldblatt-Niere:** Eine Niere mit Arterienstenose, bei fehlender zweiter Niere

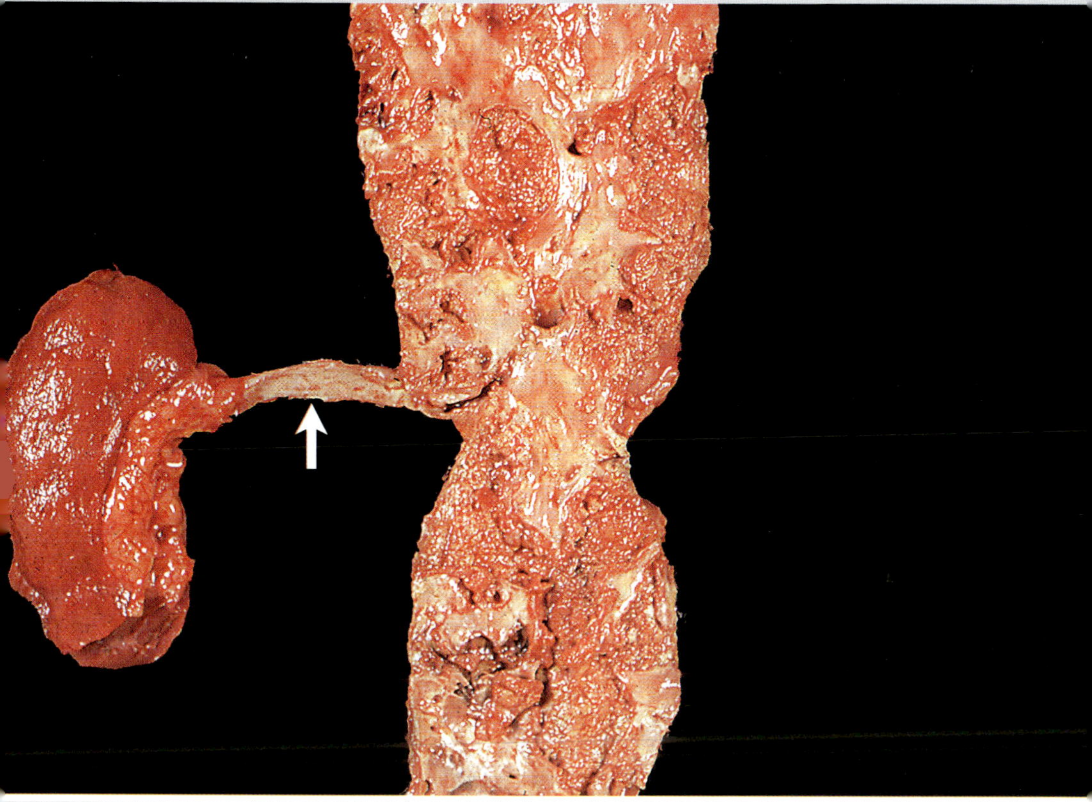

B **Goldblatt-Niere:** Eine Niere mit Arterienstenose, bei intakter zweiter Niere

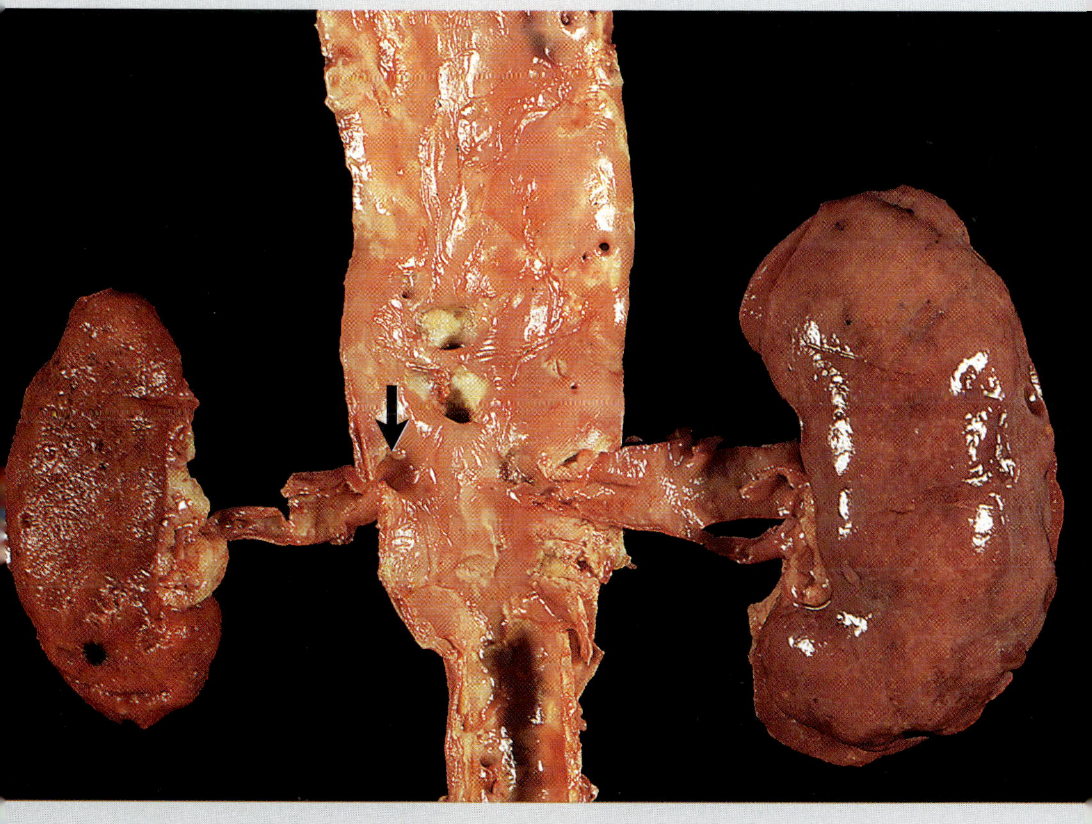

Renovaskuläre Hypertonie

Abkürzung: HT = Hypertonie

Ätiologische Faktoren: Lumeneinengung der einen Nierenarterie um 70 % durch:
- *Arteriosklerose* der Nierenarterie,
- *unvollständige Nierenarterienthrombose*,
- *fibromuskuläre Dysplasie* der Nierenarterien,
- *aortale Medianekrose* (S. 60) unter Einbeziehung der Nierenarterie,
- *Nierenkompression* durch einen Tumor oder durch Schrumpfung der Nierenkapsel bei intakter kontralateraler Niere.

Pathogenese: 2-Nieren-Modell nach Goldblatt (S. 386).

Renoparenchymatöse Hypertonie

Ätiologische Faktoren:
- *beidseitige Nierenparenchymschrumpfung*,
- *einseitige Nierenparenchymschrumpfung* bei stenosierter Arterie der kontralateralen Niere im Rahmen einer Glomerulonephritis, Pyelonephritis, Hydronephrose (= Nierenparenchymatrophie aufgrund von Urinrückstau) oder Arteriolosklerose.

Pathogenese: 1-Nieren-Modell nach Goldblatt (S. 386).

Endokrine Hypertonie (selten)

Definition: Arterielle HT, verursacht durch:
- primäre Störung bestimmter endokriner Organe,
- hohe Dosis eines bestimmten Hormons.

Ätiologische Faktoren (meist):
- ***Phäochromozytom*** (Paragangliom):
  Definition: Meist benigner Tumor des Nebennierenmarks oder der Paraganglien (► A).
  Morphologie: Gelb-brauner Tumor mit Verdrängung der Nebennierenrinden (► A) aus großen ballenartig angeordneten Zellen (= Zellballen-Muster, ► B). Sie enthalten in ihrem schwach basophilen Zytoplasma neuroendokrine Granula. Ihre Kerne sind hyperchromatisch und herdförmig auch polyploid.
  Immunhistochemie: Chromogranin-Expression (► C).
  Komplikationen: Der Tumor produziert z. T. Adrenalin und/oder Noradrenalin; daher: arterielle HT mit paroxysmalen (= plötzlich aufschießenden) HT-Krisen → Tod.
- ***Conn-Syndrom*** (S. 122).
- ***Cushing-Syndrom*** (S. 122).

Kardiovaskuläre Hypertonie

Definition: Arterielle HT infolge pathogener Herz- und/oder Gefäßveränderung.

Ätiologische Faktoren:
- *verminderte Windkesselfunktion* der großen Körperschlagadern → Elastizitätshochdruck;
- *Herzklappenschaden* mit gestörter Blutflußrichtung → Schlagvolumenhochdruck.

Neurogene Hypertonie (Rarität)

Definition: Arterielle HT infolge eines Ausfalls peripherer oder zentraler Blutdruckregulatoren.

Pathogenetisch liegen 2 Formen vor:
- ***Entzügelungshochdruck*** aufgrund eines Ausfalls der Blutdruckrezeptoren im Karotissinusbereich infolge traumatischer, entzündlicher oder sklerotischer Läsionen.
- ***Zerebralhochdruck*** aufgrund traumatischer oder entzündlicher Schäden des Stamm- oder Zwischenhirns.

Arterielle Hypertonie: Folgekrankheiten

Hypertone Herzhypertrophie

Reiner Volumenhochdruck: Vermehrung des Schlagvolumens → Dilatation; *später:* Myokardhypertrophie (S. 116) des linken Ventrikels.

Resultat: (primär) exzentrische Hypertrophie des linken Ventrikels (exzentrisch = dilatativ!).

Reiner Widerstandshochdruck: Erhöhter Austreibungswiderstand → linker Ventrikel adaptiert sich und hypertrophiert.

Resultat: (primär) konzentrische Hypertrophie des linken Ventrikels (konzentrisch = nicht-dilatativ!).

Bleibt der Austreibungswiderstand erhöht → weitere Ventrikelhypertrophie mit Überschreitung des kritischen Herzgewichts von 500 g → Mißverhältnis zwischen Myokardmasse und Kapillarversorgung → Aufpfropfung einer Ventrikeldilatation.

Resultat: (sekundär) exzentrische Hypertrophie des linken Ventrikels.

Hypertone Vaskulopathie

Orthologie: Normalerweise sind die glatten Muskelzellen in der Media gegenläufig spiralförmig angeordnet; dadurch kann die Media die physiologische Druckbelastung in Zugbelastung überführen.

Wird der normale Intravasaldruck überschritten, so werden die Muskelzellspiralen gestreckt → die Gefäße werden länger → Makroskopie: Gefäß-Schlängelung. Die resultierende Druckbelastung wird als mechanischer Streß hauptsächlich von den Mediamyozyten der Gefäßwand aufgefangen → reaktive Wachstumsfaktor-Expression → Umwandlung der kontraktilen Myozyten zu „Faserbildnern" → konzentrische, von der Intima (► D1, E1) zur Media (► D2, E2) fortschreitende Faserverstärkung der Arterienwand → intimafibrotische Arterien (wand)sklerose.

Resultat: Arterienstenosierung → sekundärer Widerstandshochdruck = „Hochdruckfixation".
Komplikation: Hypertone Hirn-Massenblutung (S. 398).

> **!** **Merke:** Intravital Diagnostik der hypertonen Vaskulopathie an den Retinagefäßen des Augenhintergrunds.

> **!** **Merke:** Eine Linksherzinsuffizienz mit kardialem Lungenödem ist ein Zeichen für eine HT mit schlechter Prognose.

A Phäochromozytom

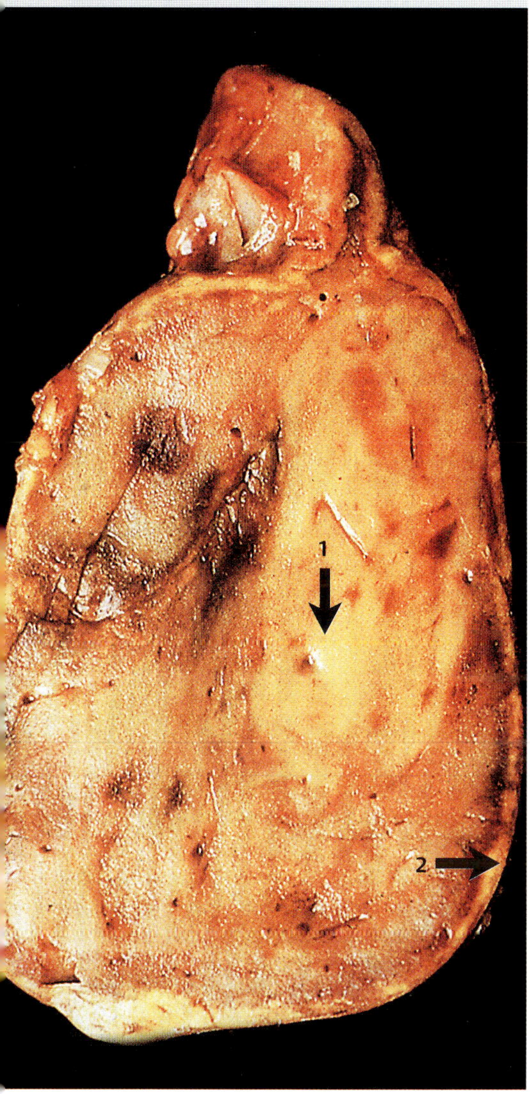

B Phäochromozytom
PAS, 150x

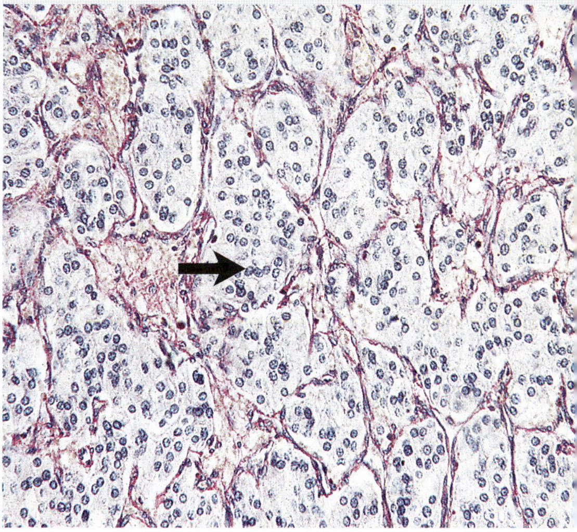

C Phäochromozytom
IH (Chromogranin), 150x

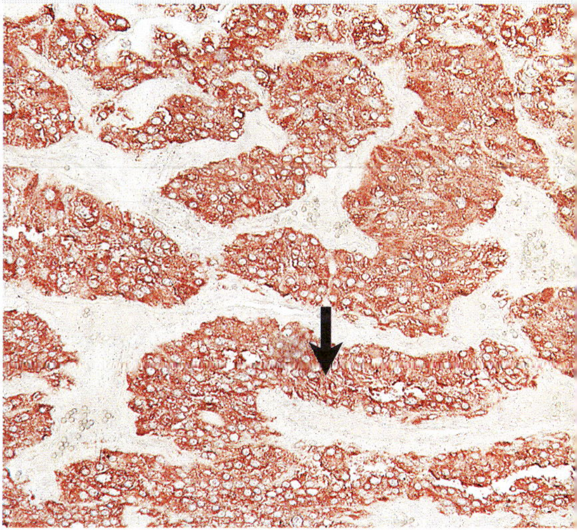

D Hypertone Arteriopathie
EvG, 25x

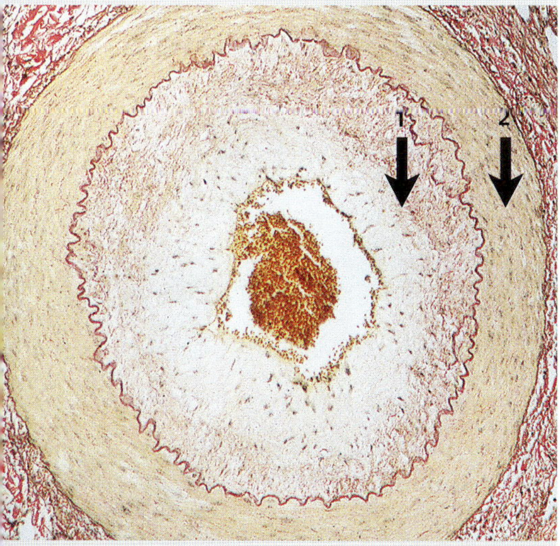

E Hypertone Arteriopathie
TEM, 2000x

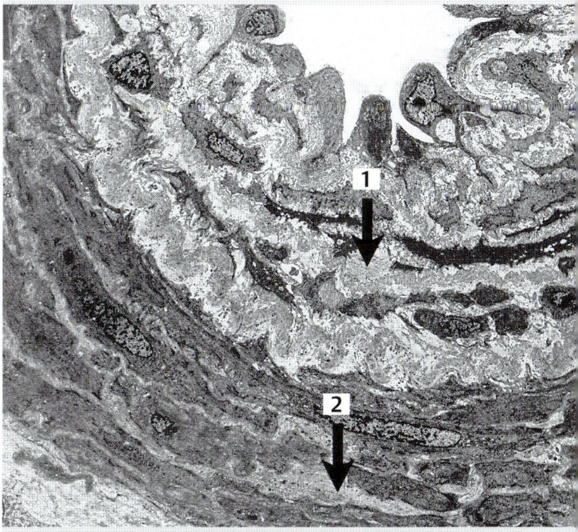

Pulmonale Hypertonie

Abkürzung: HT = Hypertonie

Definition: Klinisch andauernde Erhöhung des Pulmonalarteriendrucks in Ruhe über 30/15 – 20 mmHg.

> **!** **Merke:** *Ausschlußkriterien* pulmonale Hypertonie: Die auslösende Widerstandserhöhung darf nicht auf folgenden Mechanismen beruhen:
> - linksventrikuläre Insuffizienz,
> - Kurzschlüsse zwischen großem/kleinem Kreislauf,
> - Druckerhöhung in den Lungenvenen.

Primäre pulmonale HT

Definition: Ätiologisch ungeklärte, pulmonale HT.

Morphologie:

- ***Elastische Lungenarterien:*** Hier treten wie bei der allgemeinen Arteriosklerose fleckförmige Lipidablagerungen und Verkalkungen (► A) auf = Pulmonalsklerose.
- ***Muskuläre Lungenarterien:*** Hier findet man anfänglich eine konzentrische Intimafibrose (► C). Später: knötchenförmige Myozytenproliferate und angiomähnliche (= kapillargeschwulstartige) Strukturen (► E) in der Intima kleinerer muskulärer Arterien, dazu oft noch Myozytennekrosen in den Wänden der Pulmonalarterien mit sekundärer Entzündungsreaktion.

> **+** **Klinik:** Seltene Erkrankung (♀ >>> ♂). Altersgipfel 3. Lebensdekade.

Sekundäre pulmonale HT

Definition: Ätiologisch geklärte, pulmonale HT.

Sie liegt in folgenden 3 Formen vor:

Vasorestriktive pulmonale HT

Pathogenese: Einschränkung des Lungengefäßquerschnitts und Verminderung des Lungenparenchyms durch:

- destruktive Lungenentzündung,
- proteolytische Lungendestruktion,
- Lungenfibrose (► B) und/oder -Vernarbung,
- Pneumektomie (= einseitige Lungenentfernung).

Folgen davon: Reduktion des Gesamtquerschnitts der Lungenstrombahn und Gefäßobstruktion durch Einbeziehung der verbleibenden Lungengefäße in den Krankheitsprozeß. Dazu kommt noch die reflektorische Konstriktion der kleinen zuführenden Lungenarterien (von-Euler-Liljestrand-Reflex) → alveoläre Hypoxie (S. 22).

Vasoobstruktive pulmonale HT

Pathogenese: Der gesamte Lungengefäßquerschnitt wird mehr als zur Hälfte durch folgende Mechanismen verstopft:

- rezidivierende multiple periphere Lungenembolien (► D; S. 410),
- primäre Entzündungen der Lungenarterien mit nachfolgendem thrombotischen Verschluß,
- Einbeziehung des Gefäßbetts in eine primäre Entzündung des Lungenparenchyms mit nachfolgender Stenosierung.

Vasokonstriktive pulmonale HT

Pathogenese: Fällt der Sauerstoffpartialdruck (= P_{O_2}) bzw. der P_{O_2}/P_{CO_2}-Quotient in den Alveolen ab → reflektorische Verengung der kleinen Lungenarterien. Dies führt bei Patienten mit folgenden Leiden zu einem pulmonalen Widerstandshochdruck:

- Stenosen im Tracheobronchialsystem,
- eingeschränkte Thoraxbeweglichkeit,
- eingeschränkte Compliance des Lungengewebes,
- reduzierter Sauerstoffgehalt der Einatmungsluft.

Pulmonale Hypertonie: Folgekrankheiten

(Chronisches) Cor pulmonale

WHO-Definition: Rechtsventrikuläre Hypertrophie (nicht Insuffizienz!) aufgrund von die Lungenfunktion und/oder -struktur schädigenden Krankheiten.

Pathogenese: Anhaltende Druckerhöhung im kleinen Kreislauf →Mehrleistung des rechten Ventrikels → Folgezustand: konzentrische Hypertrophie des rechten Ventrikels. Bleibt der Austreibungswiderstand erhöht, so erfolgt eine Überschreitung des kritischen Gewichts des rechten Ventrikels von 80 g → Mißverhältnis zwischen Myokardmasse und Kapillarversorgung → Gefügedilatation des Myokards.

Resultat: Exzentrische Hypertrophie des rechten Ventrikels (= Conus pulmonale; ► F).

Hypertone pulmonale Vaskulopathie

(vgl. primäre pulmonale Hypertonie).

> **!** **Merke:** *Herzinsuffizienz:*
> Morphologisches Korrelat = Dilatation.

> **!** **Merke:** Folgen der *Linksherzinsuffizienz:*
> Rückstau via linker Vorhof in die Lunge → intraalveoläres Lungenödem.
> Dauer des Linksherzversagens: lang (mehrere Tage).

> **!** **Merke:** Folgen der *Rechtsherzinsuffizienz:*
> Rückstau in den großen Kreislauf (Halsvenen, Leber!) → Stauungsinduration und -atrophie, kardiale Ödeme.
> Vollständiges Rechtsherzversagen: meist kurze Dauer → sog. Sekundenherztod.

A **Pulmonalsklerose**

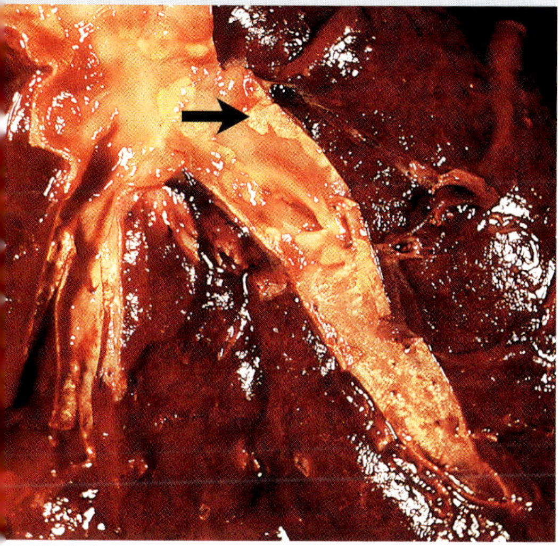

B **Lungenfibrose**
25x

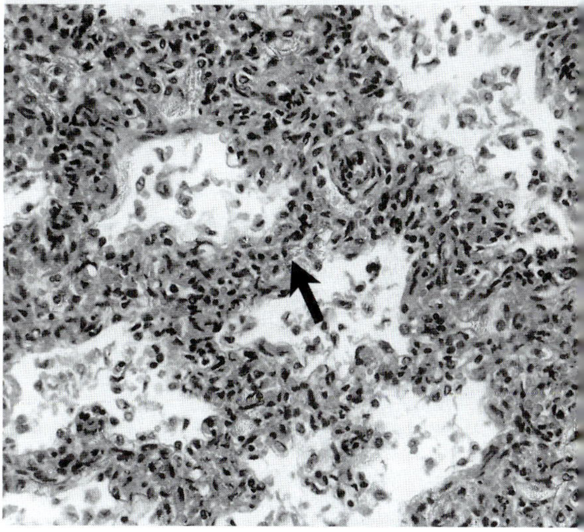

C **Hypertone Pulmovaskulopathie**
15x

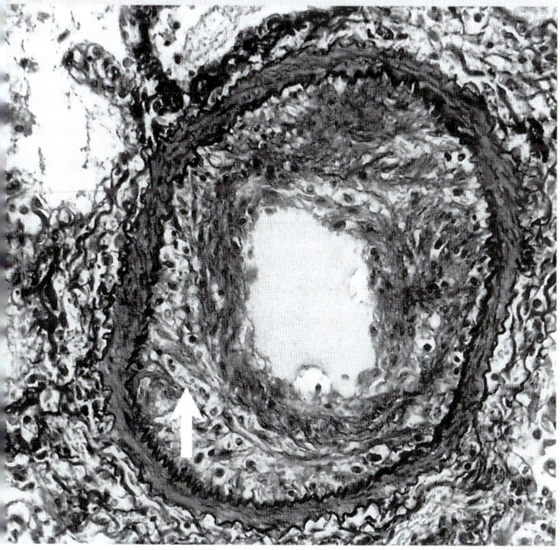

D **Pulmonale Mikroembolie**
25x

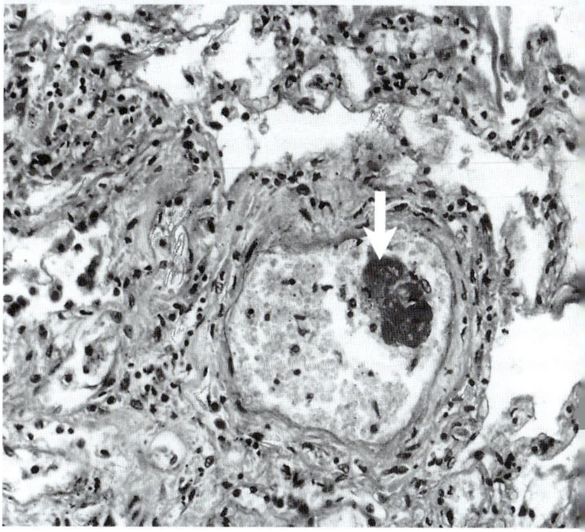

E **Hypertone Pulmovaskulopathie**
EvG, 25x

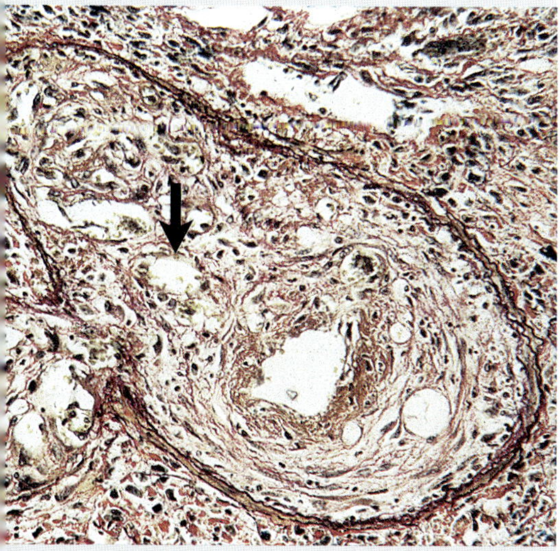

F **Cor pulmonale**

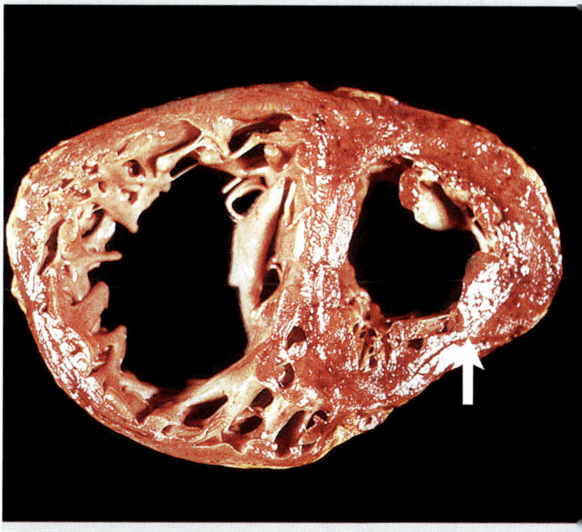

Portale Hypertonie

Abkürzung: Portale HT
Synonym: Pfortaderhochdruck

Definition: Andauernde Erhöhung des Blutdrucks im Pfortaderstammgebiet wegen jedweder Abflußbehinderung des Pfortaderbluts (meist infolge Leberzirrhose; S. 42).

Pathogenetisch liegen der portalen HT folgende Mechanismen zugrunde:

Intrahepatischer Block wegen:

- *Leberzirrhose* (S. 42)
  durch zerstörte Histoarchitektur der lobulären Parenchymgliederung infolge:
  - Störung des Blutabflusses aus dem Leberparenchym von den Zentralvenen;
  - Störung des Bluteinflusses ins Parenchym von den Portalfeldern;
  - intrahepatische Kollateralkreisläufe durch portovenöse und arterioportale Shunts.
- *Leber-Echinokokkose* (S. 282).

Posthepatischer Block (selten) wegen:

- *Abflußbehinderung der Lebervenen*
  infolge von:
  - Rechtsherzinsuffizienz (s.o.),
  - Lebervenenthrombose (Budd-Chiari-Syndrom, Venookklusionskrankheit).

Extrahepatischer Block (selten) wegen:

- *Pfortaderverschluß*
  infolge von:
  - Pfortaderstammthrombose,
  - Pfortaderkompression durch Raumforderung.

Portale Hypertonie: Folgekrankheiten

Kollateralkreislaufbildungen

Synonym: Portosystemische Shunts

Ösophagusvarizen

Definition: Häufigster Umgehungskreislauf bei portaler HT durch pathologische Aufweitung des periösophagealen Venenplexus im distalen Ösophagus.

Pathogenetische Kettenreaktion: Rückstau von Portalblut in die Magenvenen → Blutrückstau in die submukösen Venen des Magenfundus und distalen Ösophagus (► A) → Strömungsumkehr: Venenblutabfluß via V. azygos in die obere Hohlvene (= portokavale Anastomose).

Komplikation: Gestaute Submukosavenen sind aufgrund ihrer exponierten Lage leicht verletzbar → grobe Nahrungsstücke genügen, um eine Varizenruptur auszulösen (► B) → tödliche Blutung.

Merke: Seltene Ursache für Ösophagusvarizen: isolierte Milzvenenthrombose.

Caput medusae

Definition: Pathologische Aufweitung der auf den Nabel zulaufenden Subkutanvenen bei portaler HT (► C).

Pathogenetische Kettenreaktion: Rückstau des Portalbluts → Wiedereröffnung der Nabelvene im Lig. teres hepatis → Ableitung des Venenbluts in die obere und untere Hohlvene.

Merke: *Hämorrhoiden ⇌ Pfortaderhochdruck:* Das Corpus cavernosum recti wird arteriell gespeist und besitzt auf der venösen Seite portokavale Anastomosen. Bei einer portalen HT sind die venösen Druckwerte zu gering für einen Blutrückstau ins Corpus cavernosum recti.

Portale Stauungsmilz

Definition: Stauungsbedingte Milzvergrößerung (Splenomegalie) infolge von:

- Leberzirrhose (häufig),
- Milzvenenthrombose (selten),
- extrahepatischer Pfortaderthrombose (selten).

Pathogenese: Blutrückstau in die Milz → Milzvergrößerung (bis zu 1000 g; ► D, E) mit Hyperplasie der Milzsinus samt Mantelplexus und reaktiver Fibrose (► H) bei unveränderten Milzfollikeln (► F2) → Folgen davon: dichte Lagerung der Sinusendothelien → drüsenartiger Aspekt = „Fibroadenie“ der Milz (► G) → außerdem: fokale Blutaustritte in der Milz → herdförmige Hämosiderinbildung (S. 106) mit Verkalkung und Vernarbung in Form sog. „Gandy-Gamna-Knötchen“ (► F1).

Merke: *Komplikationen einer Milzvergrößerung* (allgemein): Milzvergrößerung → vermehrte Blutzellhamsterung → vermehrter Blutzellabbau in der Milz (sog. Hyperspleniesyndrom) → Anämie.

Aszites

Synonym: Bauchwassersucht

Definition: Eiweißhaltige Flüssigkeitsansammlung im Peritonealsack bei portaler HT.

Pathogenese: Portale HT hat (vermutlich) folgende Konsequenzen (vgl. Ödemgenese S. 424):

- hydrostatische Druckerhöhung im Peritoneum → Transsudation (S. 424);
- gesteigerte Lymphbildung in der Leber;
- onkotische Druckminderung aufgrund einer Hypalbuminämie (Lebersynthesestörung!);
- Blutversackung im prähepatischen Stromgebiet → sekundärer Hyperaldosteronismus (S. 122) → renale Natrium- und Wasserretention → Hypervolämie.

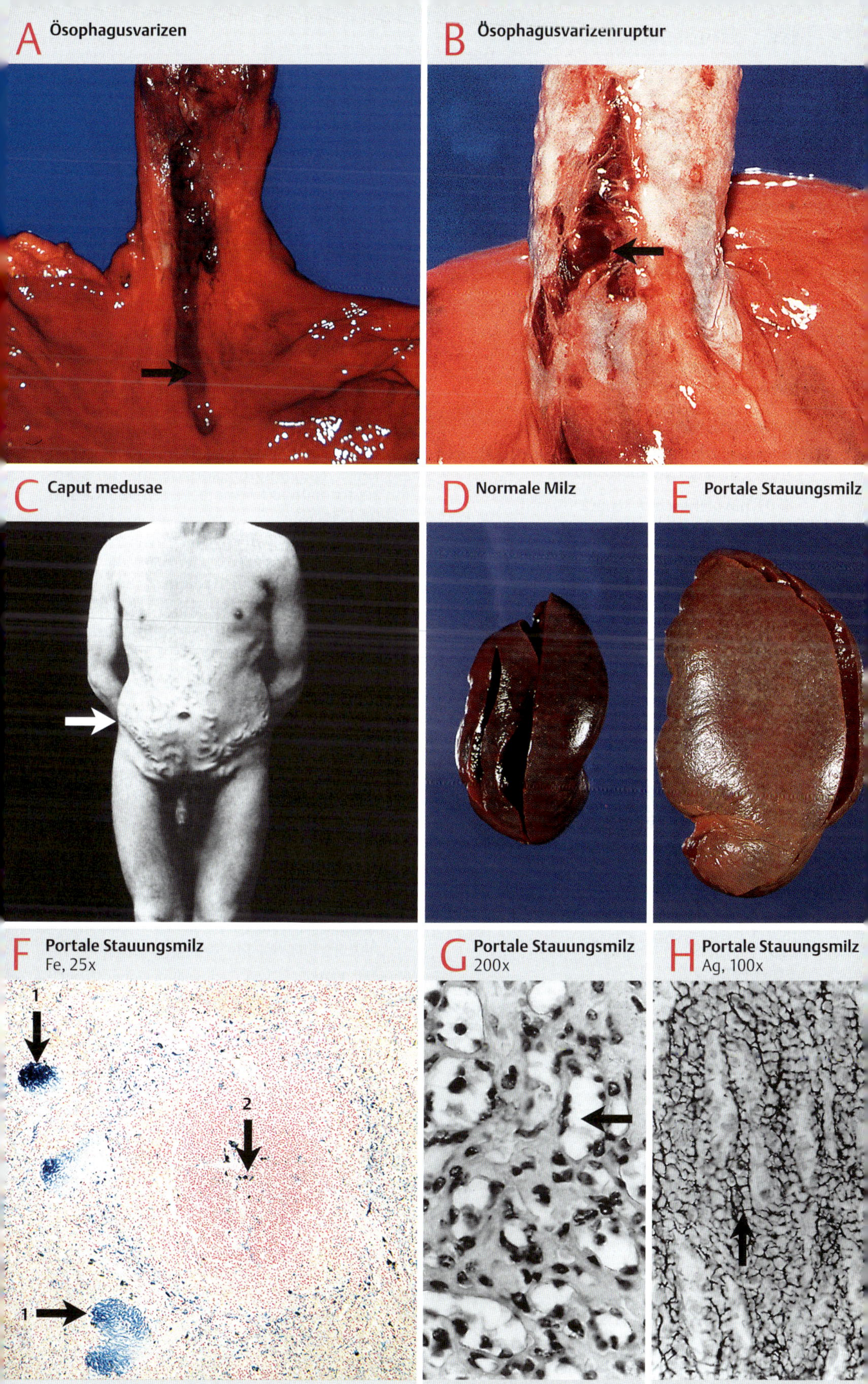
A Ösophagusvarizen
B Ösophagusvarizenruptur
C Caput medusae
D Normale Milz
E Portale Stauungsmilz
F Portale Stauungsmilz
Fe, 25x
1
2
1
G Portale Stauungsmilz
200x
H Portale Stauungsmilz
Ag, 100x

Kreislaufschock

Abkürzungen: EB = Endstrombahn, MDB = Mangeldurchblutung

Musterkrankheit für häufigsten zum Tode führenden Prozeß

Rekapitulation: „Mikrozirkulationsstörungen" (S. 196)

Allgemeine Definition: Akutes generalisiertes Kreislaufversagen mit kritischer MDB der EB in lebenswichtigen Organen und fortschreitender ischämischer Hypoxydose.

Pathogenetische Schockformen

Kardiovaskulärer Schock (häufig)

Vorkommen:
- Aortenaneurysma-, Myokardruptur;
- Myokardinfarkt, Herzrhythmusstörung.

Folgen davon: Verminderte Förderleistung des Herzens und/oder absoluter Blutvolumenmangel → MDB der EB.

Hypovolämischer Schock (häufig)

Vorkommen:
- Blutverlust durch Operation, Trauma;
- Blutplasmaverlust bei Verbrennung, Gewebequetschung (Crush-Syndrom);
- Wasserverlust bei Cholera (S. 262), Coma diabeticum, Addison-Krise (S. 112).

Folgen davon: Absoluter Blutvolumenmangel.

Septisch-toxischer Schock (häufig)

Vorkommen:
- bakterielle Sepsis (S. 222), (z. B. Endotoxinämie);
- Verbrennungsschock (z. B. Verbrennungstoxin).

Folgen davon: Toxischer Endothelschaden → MDB der EB → relativer Blutvolumenmangel.

Anaphylaktischer Schock (selten)

Vorkommen: systemische Anaphylaxie (S. 168).

Folgen davon: Generalisierte Freisetzung vasoaktiver Substanzen → MDB der EB → relativer Blutvolumenmangel.

Endokriner Schock (sehr selten)

Vorkommen:
- Hypophysen-, Nebennieren-Totalschaden;
- Insulinschock (Insulinüberdosis) → Störung des Zellstoffwechsels und Hypovolämie → adrenerge vasomotorische Gegenregulation.
- Adrenalinschock bei Phäochromozytom (S. 388) → massive Vasokonstriktion.

Folgen davon: Relativer Blutvolumenmangel und/oder Gewebeschädigung.

Neurogener Schock (Rarität)

Vorkommen: Vasomotorenschädigung (peripher, zentral) Gefäßtonus sinkt → Blut versackt in der EB.

Folgen davon: relativer Blutvolumenmangel.

Hämodynamische Schockformen

Hyperdynames Schocksyndrom

Pathogenetische Kettenreaktion: Schock → erhöhte Sympathikuswirkung → Aktivierung des Renin-Angiotensin-Aldosteron-Systems → Steigerung des Herzzeitvolumens → Normotonie; dadurch entsteht folgende
Situation in der EB (► B):
- enggestellte präkapilläre Arteriolen
- geöffnete arteriovenöse Kurzschlußgefäße.

Resultat: Verlangsamung des Blutstroms → Verklumpung der Erythrozyten (= „sludge").

Hypodynames Schocksyndrom

Reversibles Schockstadium

Pathogenetische Kettenreaktion: Schock mit vermindertem Herzzeitvolumen → sympathikoadrenerge Reaktion mit Adrenalin- und Vasopressinausschüttung →
Situation in der EB:
- Arteriolenkonstriktion in α-Rezeptor-haltigen Stromgebieten wie Haut, Muskulatur, Nieren und Splanchnikusgebiet;
- keine Durchblutungsdrosselung in β-Rezeptor-haltigen Stromgebieten wie Gehirn und Herz.

Resultat: „Kreislaufzentralisation".

Irreversibles Schockstadium

Pathogenetische Kettenreaktion: Spätstadium des Schocks → saure Zellmetabolite blockieren die Gefäßwandmyozyten gegenüber Katecholaminen; dadurch entsteht folgende
Situation in der EB (► C):
- Dilatation der Arteriolen bei Konstriktion der Venolen → Steigerung des Filtrationsdrucks →
- Abpressen von Flüssigkeit ins Interstitium → Hämatokritanstieg → Hypovolämieverstärkung →
- Blutstromverlangsamung → Erythrozytenverklumpung (= „sludge") → Endothelnekrosen →
- Thrombozytenaggregation →
- Abgabe gerinnungsfördernder Faktoren →
- Aktivierung der plasmatischen Gerinnung.

Resultat: Verbrauch von Gerinnungsfaktoren (S. 402) →Generierung von hyalinen Mikrothromben, die v. a. in der Lungen-EB abgefangen werden.

> **Merke:** Shwartzman-Sanarelli-Reaktion (► A): = klassisches Tiermodell für Schock mit Verbrauch der Gerinnungsfaktoren (vgl. DIG, S. 402).
> - *1. Endotoxininjektion:* → Endothel-, Thrombozytenschädigung sowie Komplementaktivierung (auf alternativem Weg).Folgen davon: a) Aktivierung des Fibrinolysesystems und b) Aktivierung von Gerinnungsfaktoren mit Fibrinbildung → Fibrinphagozytose durch RHS.
> - *2. Endotoxininjektion (24 Stunden später):* erneute Fibrinbildung → Fibrin wird vom RHS nicht mehr phagozytiert → RHS-Blockade (S. 26) → Mikrothrombenbildung → disseminierte intravasale Gerinnung (S. 402) → Schock.

A **Shwartzmann-Sanarelli-Reaktion** (= Modell für Schock mit DIG)

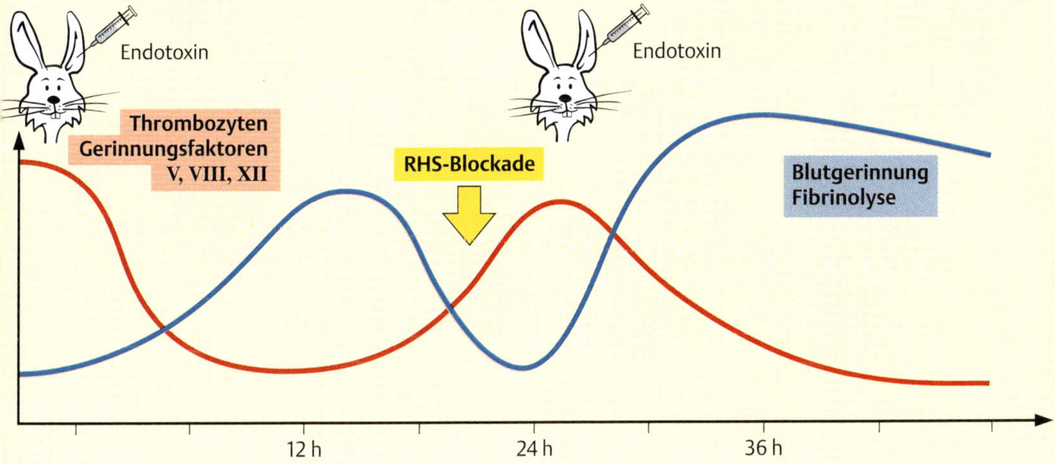

B **Hyperdyname Schockform**

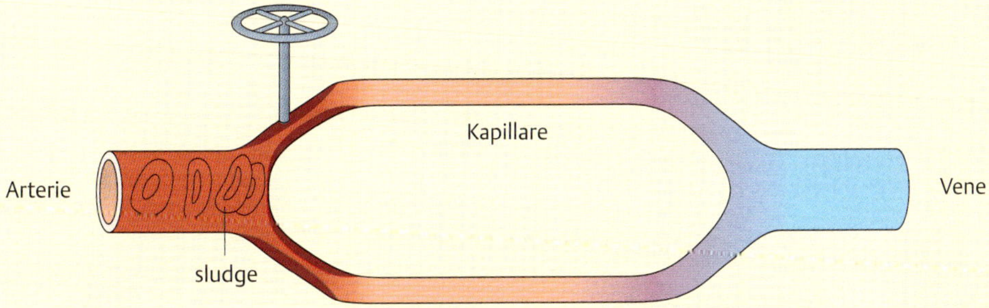

C **Hypodyname Schockform**

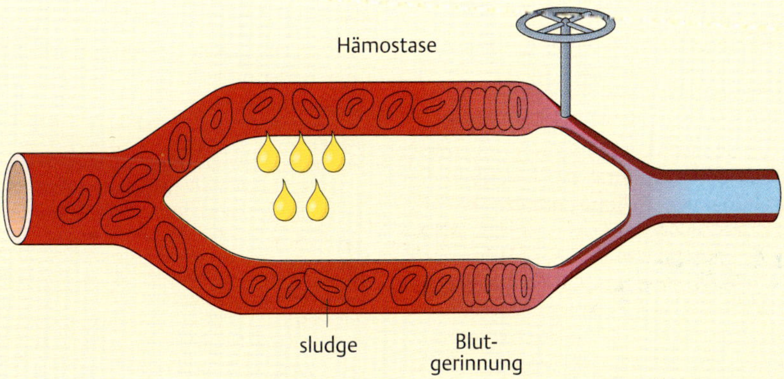

! **Merke:**
„Schockorgane" = Lunge, Niere, Leber, Intestinum.
„Schockäquivalente" = hyaline Mikrothromben.

! **Merke:** *Allgemeine Klinik des Schocks:*
Blässe, feuchte Haut, kalte Akren, kollabierte oberflächliche Venen, arterielle Hypotonie, Bewußtseinsstörungen und akutes Nierenversagen.

Schock-Folgekrankheiten

Schocklunge (sehr häufig)

Musterkrankheit als häufigste Schockmanifestation.

Pathogenese:
- ***Frühphase*** (1.–6. Tag):
  Prinzip: Mediatoraktivierung → exsudat. Alveolitis.
  Kreislaufschock → Aktivierung der klassischen Entzündungsmediatoren (S. 202). Folgen davon:
  - exsudative Alveolitis (diffuses Alveolarschadensyndrom, S. 40) → interstitielles Lungenödem (▶ A, B)→
  - Anlockung und Aktivierung von Leukozyten in der Lungenendstrombahn → Proteasenfreisetzung → Folgen davon:
  - gegenseitig aufschaukelnde Mediatoraktivierung (S. 203) → Entzündungsperpetuierung,
  - Generierung von toxischen O_2- und N_2-Metaboliten.

  Resultat: Zerstörung der alveolären Endothel- und Epithelschicht → fibrinreiches Exsudat gelangt auch an die Alveolenoberfläche und wird durch maschinelle Beatmung zu hyalinen Membranen verdichtet (▶ C).
- ***Spätphase*** (nach 6 Tagen):
  Prinzip: exsudative → sklerosierende Alveolitis.
  Minderdurchblutung und -Belüftung der Lungen durch
  - Fibrosierung des interstitellen Bindegewebes und
  - überschießende Epithelregeneration.

  Resultat: Akutes Atemnotsyndrom (= ARDS, S. 40).

Schockniere (häufig)

Pathogenetisch unterscheidet man folgende 2 Formen der renalen Insuffizienz:
- Nierenversagen durch *funktionelle Ausschaltung* der Nieren aus dem Blutkreislauf;
- Nierenversagen durch *mikrothrombotische Verstopfung* der Arteriolen und Glomerulusgefäße (▶ D).

In beiden Fällen werden die Nieren ischämisch → Drosselung der Aktivität der Ionenpumpen → Schwellung des Tubulusepithels in Form eines apikalen Zellödems (S. 32) → Tubulusverstopfung. Bei anschließender Wiederdurchblutung fehlen aufgrund der Ischämie die energiereichen Verbindungen → Folgen davon: Zellüberflutung mit Ca^2 → Tubulusschädigung → Abschnürung der apikalen Zellblasen → Tubulusverstopfung →
Histologie: Niere mit „weiten Tubuli" (S. 33).

Makroskopische Charakteristiken:
- blasse Nierenrinde wegen Nierenischämie,
- zyanotisches Nierenmark wegen venöser Abflußverzögerung (▶ E).

Resultat: Akutes Nierenversagen.

Schockhepatopathie (häufig)

Pathogenese: Mikrothromben (in 30 % der Fälle) und/oder Ischämie → Nekrosen.

Resultat: Einzelzellnekrosen und/oder zentrolobuläre Lebernekrosen (▶ F).

Schockpankreatopathie (häufig)

Pathogenese: Ischämiebedingte Azinusnekrosen → Autodigestion.

Resultat: Akute Pankreatitis mit herdförmigen Fettgewebsnekrosen (S. 132).

Schockendokarditis (7 – 10 % der Fälle)

Pathogenese: Bei gleichzeitiger Verbrauchskoagulopathie werden die zirkulierenden Thrombozytenaggregate auf den bestehenden Endotheldefekten am Schließungsrand der Mitral- und/oder Aortenklappe wärzchenförmig abgeklatscht.

Resultat: Endocarditis verrucosa simplex.

Schockenterokolopathie (wenig häufig)

Pathogenese: Mikrothromben (S. 406) und/oder stark gedrosselte Darmdurchblutung → hämorrhagische Schleimhauterosionen → Fibrinexsudation auf der Erosionsoberfläche.

Resultat: Ischämische pseudomembranöse Enterokolopathie (S. 208).

Schockenzephalopathie (selten)

Pathogenese: Ischämie wegen protrahierter Hypotonie → Gewebsnekrosen.

Resultat:
- Purpura cerebri (= punktförmige Gehirnmikroblutungen),
- herdförmige Marknekrosen oder symmetrische hämorrhagische Infarkte.

Schockendokrinopathie (Rarität)

Pathogenese: Schockbedingte Mikrothromben und Endstrombahnschädigung in endokrinen Organen.

Resultat:
- Nebennierennekrosen bei Meningokokkensepis (= Waterhouse-Friderichsen-Syndrom; S. 216)
- Hypophysennekrosen bei Schwangerschaftstoxikose (= Sheehan-Syndrom; ▶ G).

☺ **Prominenter Patient** mit Tod im Kreislaufschock: Jesus von Nazareth um 30 n.Chr.:
Auspeitschung → Elektrolytverlust und Hypovolämie → hyperdyname Phase des hypovolämischen Schocks.
Kreuzigung → Orthostase → hypodyname Phase des hypovolämischen Schocks → Tod im Rechtsherzversagen.

A **Normallunge**
FRö, 5x

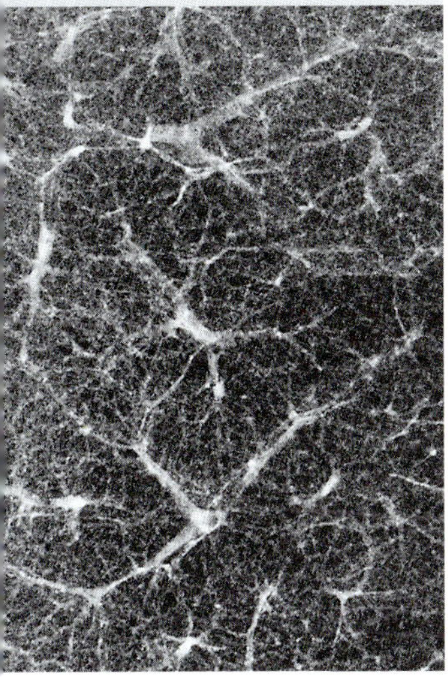

B **Schocklunge**
FRö, 5x

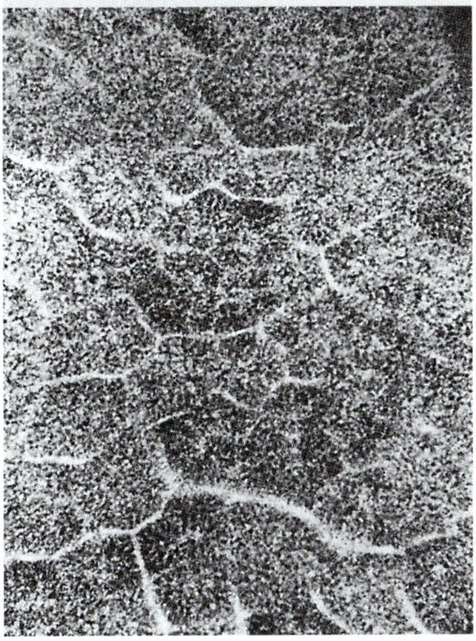

C **Hyaline Membran**
PAS, 100x

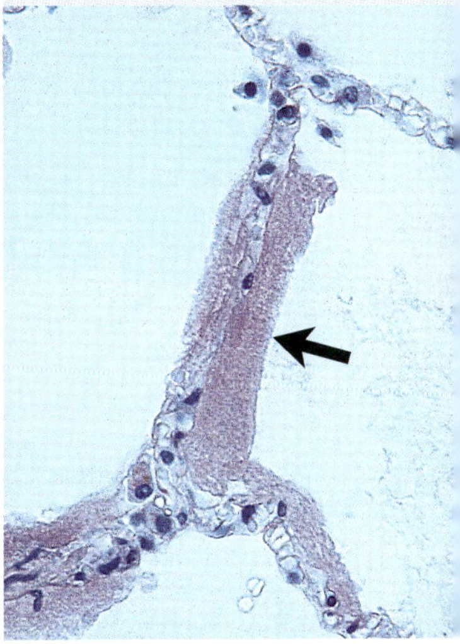

D **Schockniere**
Weigert, 100x

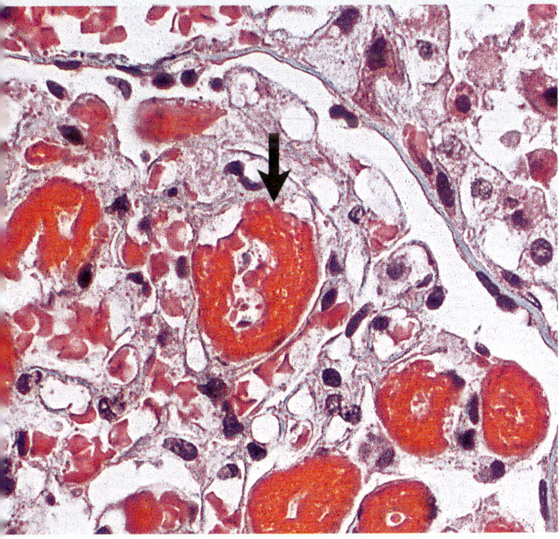

E **Schockniere**

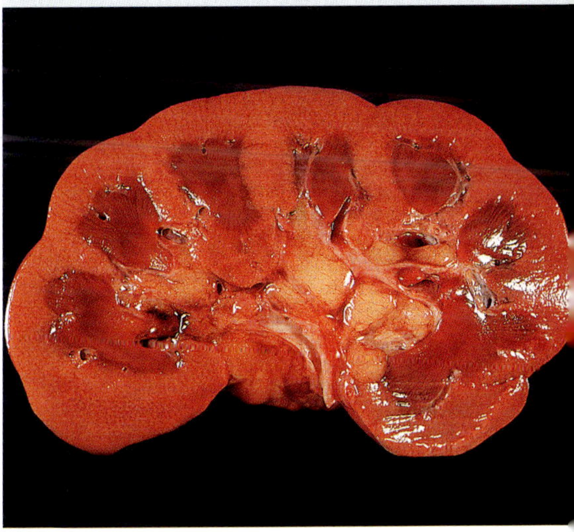

F **Schockleber**

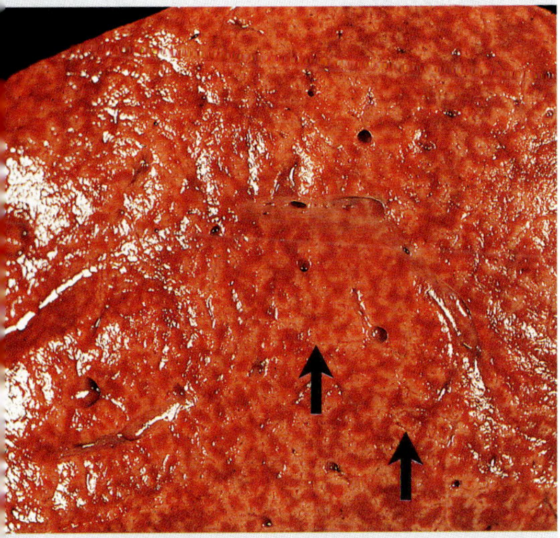

G **Schockhypophyse**
50x

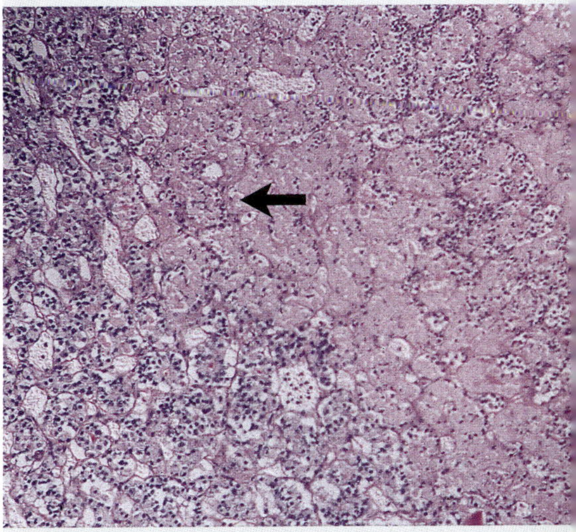

Blutungen

Abkürzung: BL = Blutung, GW = Gefäßwand

Synonym: Hämorrhagien

Allgemeine Definition: Austritt von Blut in seiner vollen Zusammensetzung aus Gefäßen (oder Herz) nach außen oder nach innen.

Rhexisblutungen (häufig)

Synonym: Zerreißblutung

Definition: BL aufgrund eines Nichtstandhaltens der GW-/Herzwand gegenüber der auf sie einwirkenden Kraft (Druck, Zug) mit konsekutivem Einriß.

Pathogenese und Folgen: Grundsätzlich kann eine GW-/Herzwand durch folgende 2 Mechanismen so überfordert sein, daß sie dem Innendruck nachgibt und einreißt:

GW-Schwächung infolge:
- Gefäß-*Texturfehler:*
  - *Zerebralaneurysmen:* angeborene GW-Schwäche der Hirnbasisarterien im Circulus arteriosus →beerenförmiges Aneurysma (► A; S. 62). Folge im mittleren Alter: Aneurysmaruptur wegen GW-Schwäche → Wühl-BL ins Gehirn (= Massen-BL; ► B) → Tod.
  - *Skorbut:* erworbene GW-Schwäche wegen Vitamin-C-Mangel-bedingter Störung der Kollagensynthese (S. 38).
- Gefäß-*Entzündung:*
  - *Mesaortitis luica* (S. 58).
  - *Panarteriitis nodosa* (S. 58).
- Gefäß-*Sklerose:*
  - *arteriosklerotisches Aneurysma* (S. 68).
  - *Hämorrhoiden* (= Phlebosklerose).
  - *Ösophagusvarizen* (= Phlebosklerose).
- Gefäß-*Nekrose:*
  - *zystische Medianekrose* der Aorta (S. 58).
  - *Herzinfarkt:* Ventrikelperforation bei Herzinfarkt (► C). Folge: BL in den Herzbeutel → Herzbeuteltamponade (► D) → Herzstillstand.
- Gefäß-*Neoplasie:*
  - *kavernöses Hämangiom* mit GW-Schwäche.
- Gefäß-*Arrosion:*
  (= Haemorrhagia per diabrosin.) Dabei greifen folgende 3 Prozesse von außen auf die GW über:
  - Umgebungs-*Entzündung:*
  - *Tbc-Lungenkaverne* mit Gewebeeinschmelzung;
  - *akute Pankreatitis* mit Kolliquationsnekrose (S. 132);
  - *erosive Gastroenteritis.*
  - Umgebungs-*Nekrose:*
  - *Enzephalomalazie* bei Hirninfarkt;
  - *Gastroduodenalulkus* mit peptischer Nekrose
  - Umgebungs-*Neoplasie:*
  - *Bronchialkarzinom* mit tumoröser GW-Arrosion.
  - *Glioblastom* mit Neigung zur Spontannekrose → GW-Arrosion (S. 368).

Gefäßüberdehnung infolge:
- *Trauma:* Riß-Quetschwunde.
- *Hypertonie.*

> **Klinik:** *Apoplexie* (= Schlaganfall): Er resuliert aus folgender pathogenetischer Kette: Hochdruck → reaktive Gefäßwandsklerose v. a. der Hirngefäße (Prädilektionsgefäß: A. lenticulo-striata = Apoplex-Arterie) = hypertone Vaskulopathie (S. 388) → GW-Ruptur → Hirnmassen-BL v. a. im Bereich der Stammganglien und im Großhirn (► B) → BL-Höhle im Hirngewebe (evtl. Einbruch in Hirnventrikel) → Apoplexie mit schlaffer, später spastischer Halbseitenlähmung.

Prominente Patienten mit Tod wegen Apoplexie:
Felix Mendelssohn-Bartholdy: dtsch. Komponist (1809 – 1847),
Wladimir I. Lenin: russ. Revolutionär (1870 – 1924).

- *Umgebungsüberdehnung:*

> **Klinik:** *Mallory-Weiss-Syndrom:* Es resultiert aus einem krampfartigem Erbrechen mit Antiperistaltik und gleichzeitiger Kardiaspastik in einem vorgeschädigten Magen (Alkohol, Kortison, Bestrahlung, Schock, Karzinom). Folge: längsgestellte Schleimhauteinrisse in der Kardia-Fundus-Region → Magen-BL.

Diapedeseblutungen

Synonym: Durchtrittsblutung

Definition: Diffuse, meist punktförmige (= Purpura) oder fleckförmige (= Ekchymose) Blutung aufgrund eines Blutdurchtritts durch eine histologisch unauffällige Kapillarwand.

Pathogenetisches Prinzip: Allen Diapedese-BL liegt eine ultrastrukturelle Schädigung der terminalen Gefäßstrombahn zugrunde. Sie wird durch folgende 4 Prozesse ausgelöst:
- *Hypoxie:*
  - Ersticken: Asphyxie mit Venendruckerhöhung → Tardieu-Flecken an serösen Häuten.
  - *Fettembolie* → Ischämie → Gehirnmikro-BL = Purpura cerebri.
- *Infektiös-toxisch:*
  - *Influenzaviren* → Endotheliotoxizität → hämorrhagische Tracheitis/Pneumonie.
  - *Meningokokken* → Endotoxin → Purpura fulminans (► E, Hoden-Purpurablutung).
  - *Streptokokkentoxine* → Scharlach → Petechien.
- *Allergisch-toxisch:*
  → Purpura.
- *Chemisch-toxisch:*
  Chemotherapie bei Tumor → z. B. Magen-Diapedese-BL, ► F).

Prominente Patienten:
TBC-Arrosions-BL: Franz Kafka, österreich. Schriftsteller (1883 – 1924).
Trauma-BL: KZ-Häftlinge Dachau 1943, mit experimenteller Verwundung für BL-Studien.

A Hirnbasisaneurysma

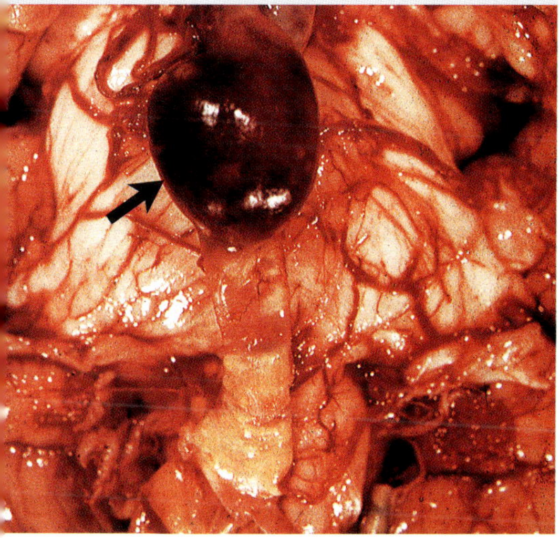

B Hypertone Massenblutung

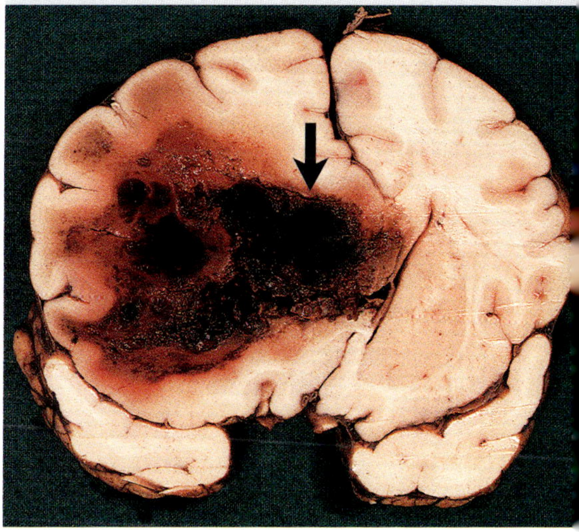

C **Herz:** Ventrikelperforation

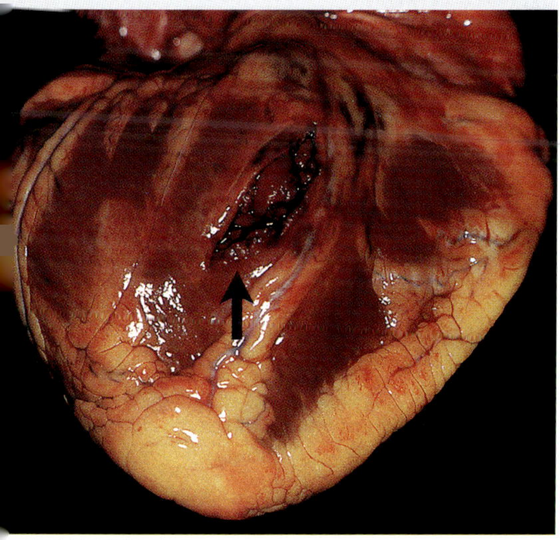

D Herzbeuteltamponade

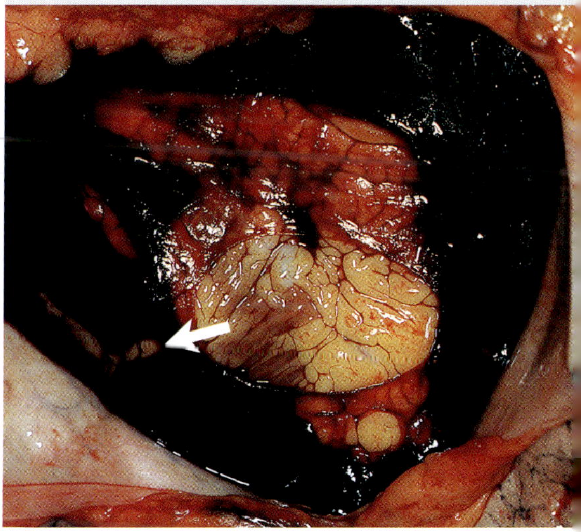

E Hoden-Purpura

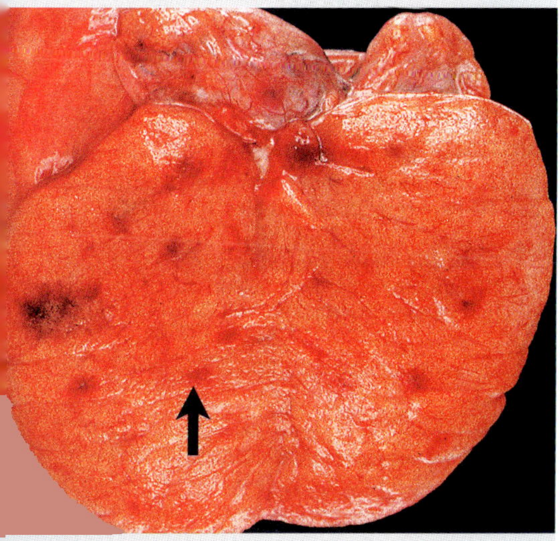

F Magenschleimhaut-Petechien

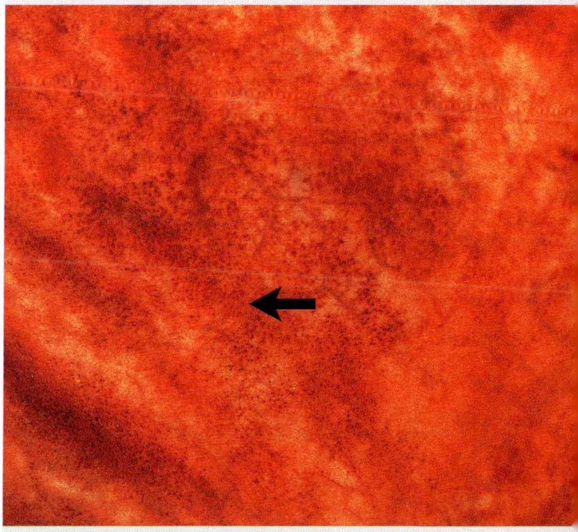

Hämorrhagische Diathesen

Abkürzung: HD = hämorrhagische Diathese, BL = Blutung(en), TC = Thrombozyt(en)

Definition: Verstärkte/verlängerte BL nach adäquater Ursache oder generalisierte BL -Neigung ohne adäquate Ursache.

Merke: *HD → Diapedese-BL:*
Falls histologisch keine Gefäßveränderungen vorliegen, überschneidet sich die HD in Ätiologie und Pathogenese teilweise mit der Diapedese-BL.

Kausalpathogenetisch unterscheidet man folgende 3 HD-Formen:

Vaskuläre Formen

Definition: Allgemeine Blutungsneigung aufgrund von:

- angeborener oder erworbener Gefäßwandschwäche,
- infektiös-toxischer oder
- allergisch-toxischer Gefäßschädigung.

Morbus Osler

Synonym: Teleangiectasia hereditaria haemorrhagica

Definition: HD wegen vererbtem Auftreten von multiplen angiomatösen Teleangiektasien.

Pathogenese: Persistenz (Ursache?) frühfetaler, wandschwacher, arteriovenöser Kurzschlußanastomosen mit aneurysmatischer Aussakkung und leichter Verletzlichkeit.

Morphologie: 1 – 2 mm große sichtbare Gefäßknäuel in Haut und Schleimhaut von Kopf, Rumpf, Respirations-, Intestinal-und Urogenitaltrakt (► A, B) → Bagatelläsion → Blutung.

Klinik: (Sehr seltene Läsion), autosomal dominanter Erbgang mit unregelmäßiger Penetranz. Erstmanifestation in der Pubertät mit schwer stillbarer Epistaxis (= Nasenbluten). Haut-, Schleimhautblutungen im Mund- und Nasenrachen- sowie Akrenbereich; außerdem noch Intestinal-BL, Hämaturie → leichte hypochrome Anämie.

Purpura Schoenlein-Henoch

Definition: Generalisierte Purpura oder Ekchymosen wegen Überempfindlichkeitsreaktion Typ III (S. 170).

Pathogenetisch sind je nach Lebensalter folgende AG entscheidend:

- *Kleinkind:* Parvoviren B19 → Ringelröteln (S. 250);
- *Kind:* (v. a. ♂) Bakterien-AG (oft Streptokokken);
- *ältere Menschen:* Allergene (S. 166).

Dadurch: AG-AK-Reaktion → leukozytoklastische Vaskulitis (s. S. 170, ► D).

Klinik und Morphologie: (wenig häufige Läsion)
- *Haut-, Schleimhaut-BL:*
- *Purpura* = generalisierte, punktförmige BL (► C, Haut-BL),
- *Ekchymosen* = kleinfleckige BL (► D, Konjunktiva); außerdem:
- *Lungen-BL* (Alveolarhämorrhagie);
- *Bauchhöhlen-BL* (= Hämaskos);
- *Darm-(wand-) BL* → Abdominalkolik, Meläna;
- *Nieren-BL* wegen Glomerulonephritis → Hämaturie (oft begleitet von seröser Polyarthritis).

Merke: *Klinische Gemeinsamkeiten* der vaskulären HD-Formen:
- spontan auftretende Purpura,
- positiver Rumpel-Leede-Test bei
  - normaler Thrombozytenzahl und
  - normaler Blutungs- und Gerinnungszeit.

Thrombozytopenische Formen

Allgemeine Definition: Hämorrhagische Diathesen wegen TC-Mangels.

Allgemeine Pathogenese: Pathologisch niedrige TC-Zahl oder defiziente TC-Funktion.
Kausalpathogenetisch unterscheidet man folgende 2 Formen:
- ***Aplastische Formen*** wegen
  - genetisch-bedingter, verzögerter Thrombozytopoese im Knochenmark,
  - toxischer, radiogener oder tumorbedingter Knochenmarksschädigung.
- ***Zytoklastische Formen*** wegen
  - *idiopathisch vermehrtem TC-Abbau* (= Morbus Werlhof = idiopathische thrombozytopenische HD): durch Virusinfekt und/oder Medikamentenunverträglichkeit entstehen autoreaktive AK gegen TC → diese werden von Histiozyten in den Pulpasträngen phagozytiert → Follikelvergrößerung (Zeichen der B-Zell-Aktivierung) und Milzvergrößerung (= Splenomegalie);
  - *sekundär vermehrtem TC-Abbau* wegen Mehrverbrauchs oder toxischer Schädigung.

Klinik und Morphologie:
- *Blutungstests:* positiver Rumpel-Leede-Test, verlängerte Blutungszeit bei normaler Gerinnungszeit.
- *Haut-, Organ-BL:* herdförmig akzentuierte, punktförmige BL (= Petechien) nach Bagatelltrauma, z. T. aber auch „Spontan"-BL. *Beispiele:*
  - ► E: petechiale Magenschleimnhaut-BL;
  - ► F: petechiale Perikard-BL.

Thrombasthenische Formen

Allgemeine Definition: Seltene HD aufgrund einer angeborenen oder erworbenen Störung der TC-Funktion (bei normaler TC-Zahl).

Klinik und Morphologie: (sehr seltene Läsion)
- *Blutungstests:* verlängerte BL-Zeit;
- *Haut-, Organ-BL:* Petechien oder Ekchymosen.

Merke: Nie Gelenk-BL bei Thrombozytopenie.

Merke: *Kritischer Grenzwert der TC-Zahl:* TC-Zahl im Blut mit ausreichender Blutstillung: ca. 30 000 Plättchen pro mm^3.

A Morbus Osler

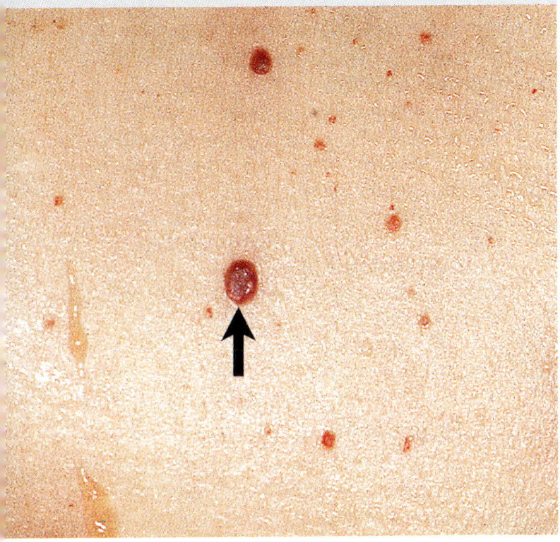

B Morbus Osler 25x

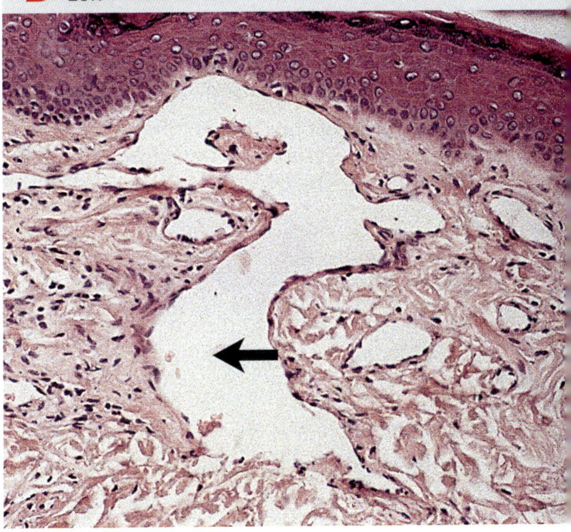

C Purpura Schoenlein-Henoch

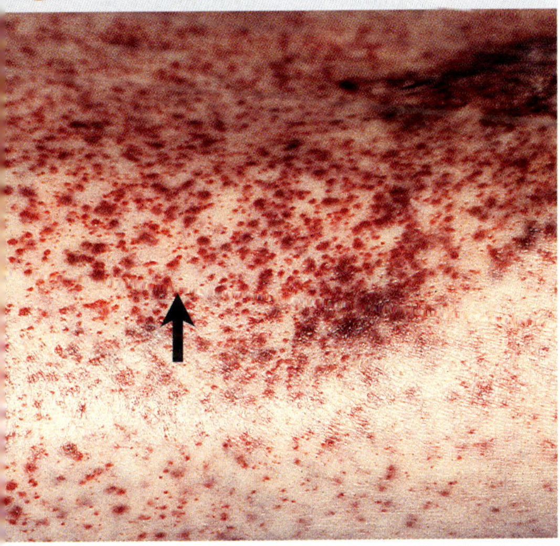

D Konjunktiva-Ekchymose

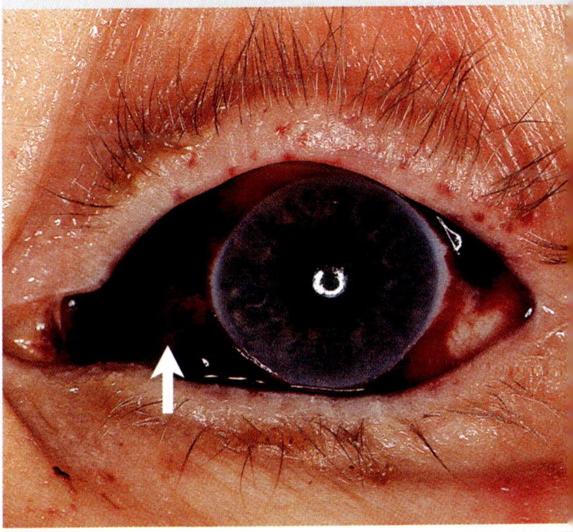

E Magen-Petechien

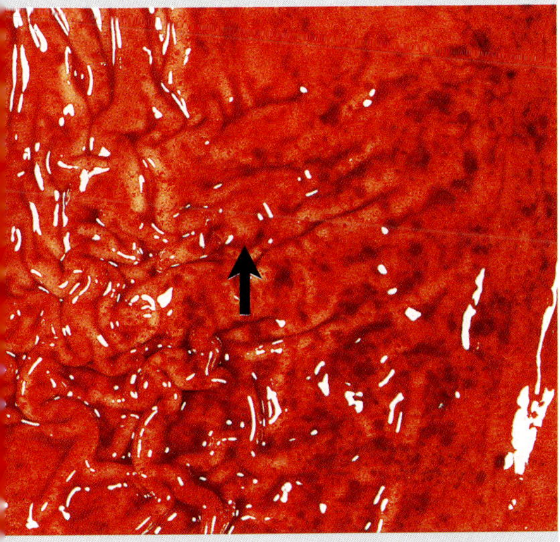

F Perikard-Petechien

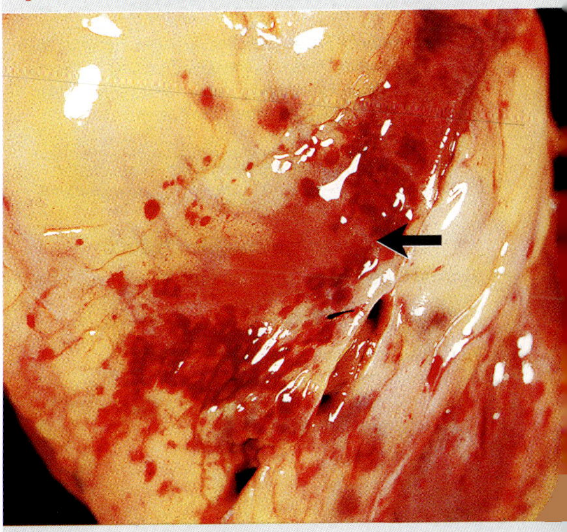

Koagulopathische Formen

Abkürzungen: HD = hämorrhagische Diathese, BL = Blutung(en), BGF = Blutgerinnungsfaktor(en)

Allgemeine Definition: HD aufgrund eines angeborenen oder erworbenen Defekts des plasmatischen Gerinnungssystems.

Allgemeine Klinik: Allen koagulopathischen Formen gemeinsam sind großflächige BL wie Suffusionen (▶ A) oder Ekchymosen (nie Petechien) gelegentlich Weichteilhämatome (Psoas-BL).

Hämophilie A (selten)

Synonym: (klassische) Bluterkrankheit

Musterkrankheit für X-gonosomal rezessiven Defekt

Definition: Erbliche Koagulopathie mit funktionell defektem BGF-VIII.

Der BGF-VIII ist aus folgenden Komponenten aufgebaut:
- BGF-VIII-C = gerinnungsaktiver Teil,
- BGF-VIII-R = Regulator-Trägerprotein,
- BGF-VIII-WF = Plättchenadhärenzfaktor.

Pathogenese: BGF-VIII-C-Dysplasie (Typ A⁺) oder Mindersynthese (Typ A⁻).

Klinik und Morphologie: Vererbung durch Konduktorinnen auf Söhne. Typisch sind folgende BL-Formen:
Hämarthros = Bluterguß (95 %): Bagatelltraumen (Treppenlaufen) →„Kniemikroverletzung" → rezidivierende BL im Gelenkspalt → Blut diffundiert in die Synovialis (▶ B) und den Gelenkknorpel → Blutresorption → Hämosiderinbildung und -ablagerung in der Synovialis und der Gelenkkapsel mit Braunfärbung (▶ C) → irreversible Schädigung des Gelenkknorpels → Arthrosis deformans mit Gelenkversteifung = „Blutergelenk" (▶ B).
Muskelhämatome (60 %): Meist in Form von Psoas-BL nach stumpfem „Mikrotrauma" (Anstoßen).
Zahnfleischbluten (50 %).
Urogenital-BL (40 %): Erkennbar an Hämaturie und Meno-, Metrorrhagie (▶ D, Uterus-BL).
Intestinal-BL (40 %): Erkennbar an Meläna (= Blutstuhl).
Epistaxis = „Nasenbluten" (30 %).

Prominente Patienten: Brit. Königin Victoria (1819 – 1901) = Konduktorin → Verschwägerung am europäischen Hof → Hämophilie-A-Manifestation bei russischen Zaren und spanischen Burbonen.

Merke: *Spontanhämarthros beim Kind:* Wegen Hämophilieverdacht Gerinnungsstatus abklären!

Verbrauchskoagulopathien (häufig)

Synonym: **D**isseminierte **i**ntravasale **G**erinnung = DIG

Definition: HD wegen BGF-Verbrauchs.

Ätiologische Faktoren:
- erhebliche intravasale Gerinnung (häufig),
- primäre Plasminaktivierung bei gleichzeitiger BGF-Proteolyse (selten).

Pathogenetische Kettenreaktion: Exzessive BGF-Aktivierung (nahezu) im gesamten Gefäßsystem durch nachstehende Prozesse:
- *Prokoagulatorische Aktivität*
  infolge Generierung prokoagulatorischer Substanzen wie Histamin, Adrenalin, Serotonin, Endotoxin;
- *Thromboplastinwirkung*
  infolge Einschwemmung thromboplastin-haltigen Materials (z. B. vorzeitige Plazentalösung);
- *Plättchenaktivierung*
  infolge Blutkontakts mit „fremder Oberfläche" (z. B. Hämodialyse);
- *Thrombinaktivierung*
  infolge Einschwemmung proteolytischer Substanzen mit Thrombinwirkung (z. B. Schlangengifte).

Folgen davon (vgl. Shwartzman-Sanarelli-Reaktion, S. 394): Intravasale Gerinnung → Mikrothrombenbildung → RHS-Zellen fangen die Mikrothromben so lange ab, bis sie wegen Rezeptorverbrauchs abgesättigt sind (= RHS-Blockade; S. 26, 350) → Mikrothromben bleiben im Blut und verstopfen die Endstrombahn (▶ E) → hypoxische Endothel- und Gewebeschädigung → Plasminaktivator aus dem Gewebe aktiviert Fibrinolysesystem.

Resultat: Aktivierung des Gerinnungs- und Fibrinolysesystems → HD und multiple Thromben in der Endstrombahn. Folgen davon: Schocksyndrom mit multiplen Mikroinfarkten und/oder größeren Infarkten, v. a. in Gehirn, Nierenrinde.

Experimentelle Beispiele zur DIG:
- Shwartzman-Sanarelli-Reaktion (S. 394)
- In-vitro-Experiment: Wird natives Lungengewebe (Gefrierschnitt) eines DIG-Patienten mit Fibrin überschichtet und inkubiert, so wird wegen des aktivierten Fibrinolysesystems der Fibrinfilm über den Gefäßen lysiert (▶ F).

Merke: *Komplikationen von BL:*
Eisenmangelanämie: Chronischer Blutverlust → Erythroblasten erhalten zu wenig Eisen für die Hämoglobinsynthese. Folgen davon:
- *peripheres Blut:* Verminderung von Erythrozytenzahl und -größe (Mikrozyten) sowie erythrozytärem Hb-Gehalt (Hypochromasie).
- *Knochenmark:* kompensatorische Hyperplasie mit Vermehrung unreifer Erythropoese-Vorläuferzellen.

Anämiefolgen: Chronische hypoxämische Hypoxydose mit entsprechenden Organveränderungen (S. 68ff).

Merke: *Anämie-Definition:*
- ♂: Hb-Konzentration <130g/l.
- ♀: Hb-Konzentration <120g/l.

Neben generalisierten Funktionsstörungen des Kreislaufs in Form einer Fehlsteuerung des Blutdrucks oder der Blutgerinnung können sich auch in einzelnen Gefäßprovinzen Pannen ereignen. Sie werden im folgenden besprochen.

A **Suffusion**

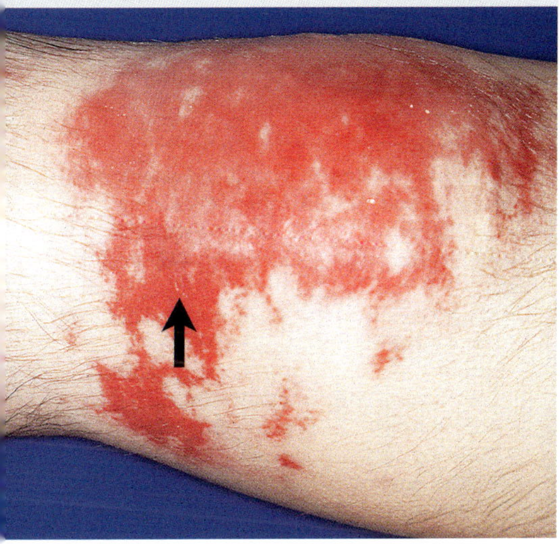

B **Hämarthros**

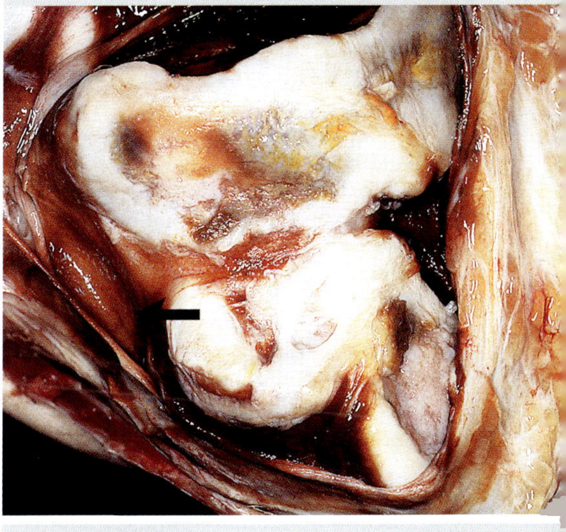

C **Metrorrhagie**

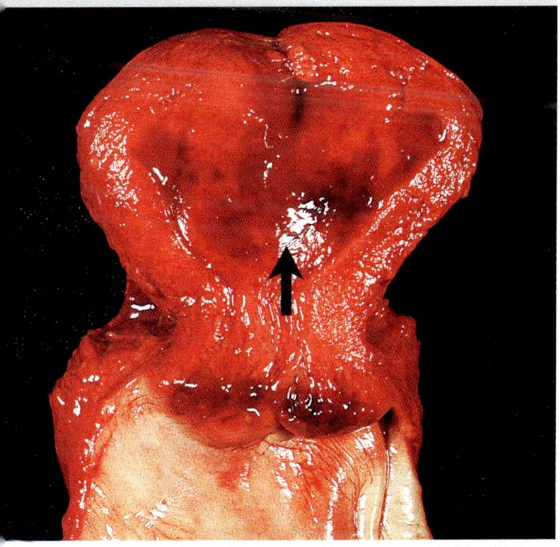

D **Hämarthros**
25x

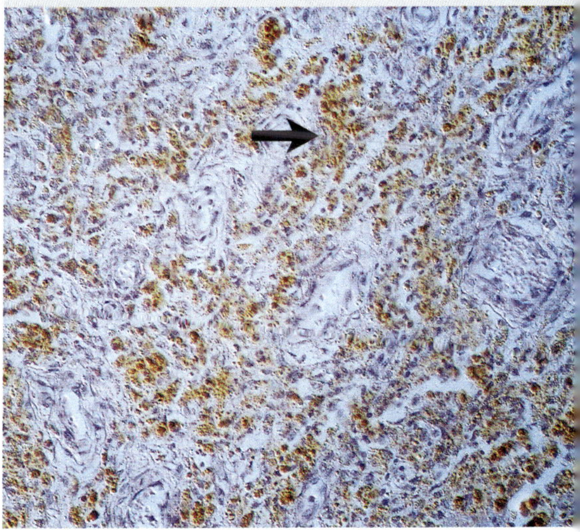

E **Lunge:** Mikrothromben
PAS, 150x

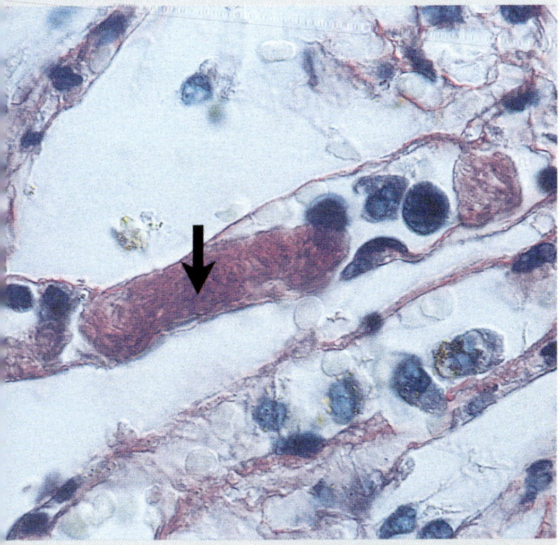

F **Lunge:** Fibrinolyse
15x

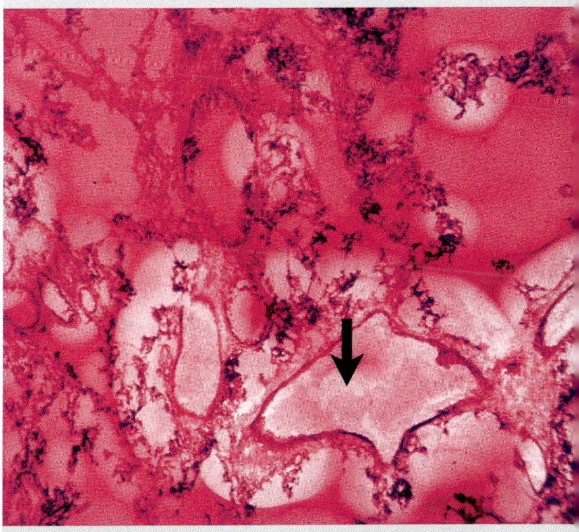

24 Lokalisierte Kreislaufstörungen

Verkehrsstau auf Haupt- und Nebenstraßen

Zusammenfassung

Die Effektivität des Blutkreislaufs hängt wesentlich von den Strömungseigenschaften und Strömungsgegebenheiten des Blutes ab. Sind sie gestört, hat dies folgende Konsequenzen:

► **Thrombose:** Diese intravitale, intravaskuläre Thrombenbildung läßt sich als Blutstillung am falschen Ort apostrophieren und beruht auf Störungen von Gefäßwand, Blutstrom und Blutfestigkeit. Je nachdem welche der 3 Komponenten (thrombogene Trias) die Thrombenbildung anführt, entstehen Abscheidungs- oder Gerinnungsthromben, gemischte oder hyaline Thromben.

► **Embolie:** Darunter wird die Verschleppung von Thromben, Fett und Luft (u. a.) verstanden. Dabei führen die venösen Formen in erster Linie zu Lungenembolien, die arteriellen zu Organinfarkten.

► **Arterielle Zirkulationsstörungen:** Die Beeinträchtigung der Gewebedurchblutung führt zu einer Minderversorgung mit Sauerstoff und einer Minderbeseitigung von Schlackstoffen. Dies bezeichnet man als Ischämie. Sie läßt sich je nach zeitlichem Verlauf und Ausprägung folgendermaßen untergliedern:

- *Absolut anhaltende Ischämie:* vollständiger über längere Zeit anhaltender Verschluß einer Endarterie mit Nekrosen im Versorgungsgebiet.
- *Absolut temporäre Ischämie:* vollständiger, zeitlich limitierter Gefäßverschluß mit kleinen Hypoxämieschäden.
- *Relative Ischämie* (= funktionelle Ischämie): Mißverhältnis zwischen Blutangebot seitens der Gefäße und Sauerstoffbedarf eines Gewebegebiets.

► **Venöse Zirkulationsstörungen:** Sie beruhen auf einem behinderten Rückstrom venösen Blutes, was eine venöse Stauung oder einen hämorrhagischen Infarkt nach sich ziehen kann.

Thrombose

Abkürzungen: TH = Thrombus(-en), TC = Thrombozyten
Synonym: Blutpfropfbildung

Definition: Okklusion von Gefäß-/Herzhöhle durch ein als Thrombus bezeichnetes, intravital entstandenes, fibrinhaltiges TC-Aggregat und/oder Gerinnsel. Sehr häufig.

Kausale Pathogenese

Eine Thrombose ist eine „Blutstillung am falschen Ort" und beruht auf folgender „thrombogener Trias":

- Gefäßwandläsion,
- Hämodynamikstörung und
- Hyperkoagulabilität (= vermehrte Gerinnbarkeit).

Gefäßwandläsion (= „Wandfaktor")

Sie beruht auf folgender *pathogenetischer Kettenreaktion:* Schädigung des Gefäßendothels (z. B. durch Entzündung; ► A); Folgen davon:

- Wegfall von gerinnungshemmenden Endothelfaktoren,
- Entblößung des mikrofibrillären subendothelialen Gewebes → Freilegung seiner TC-Adhäsiven und gerinnungsaktivierenden Wirkung (S. 407 ► A).

Hämodynamikläsion (= „Strömungsfaktor")

Sie wirkt sowohl in Form eines „Zuviels" als auch eines „Zuwenigs" thrombogen:

- *Verlangsamung des Blutstroms* (► B) = Auslöser von Venenthromben.
  Ätiologische Faktoren:
  - Gefäßerweiterung (z. B. Varikose; ► C, D),
  - Hämatokriterhöhung (z. B. Exsikkose),
  - Viskositätserhöhung (z. B. Paraproteinämie),
  - Gefäßabklemmung durch Bettlägerigkeit.

  Folgen davon: Verklumpung der Erythrozyten und TC-Aggregation (► B). Bei stagnierender Blutsäule → zusätzlicher Sauerstoffmangel → Endothelläsion.
- *Strömungsbeschleunigung* = Auslöser von Arterienthromben (zusammen mit Blutwirbelbildung; s. u.).
  Ätiologische Faktoren:
  - lokale Gefäßstenosen.

  Folgen davon: TC werden an die Endotheloberfläche gepreßt → Plättchenthrombus (S. 407 B).
- *Wirbelbildungen* des Blutes:
  Ätiologische Faktoren:
  - lokale Gefäßerweiterung (z. B. Aneurysma);
  - Passagehinderniß (z. B.verkalkte Venenklappen;
  - Gefäßaufzweigungen.

  Folgen davon: Blutwirbel entwickeln Scherkräfte → Endothelabriß von der Unterlage.

Hyperkoagulabilität (= „Blutfaktor"):

Ätiologische Faktoren:

- BGF-Einschwemmung in die Blutbahn durch Gewebeschädigung;
- Thrombozytose (z. B. Polycythaemia vera);
- rasche Inaktivierung von Gerinnungsinhibitoren;
- Hemmung des Fibrinolysesystems;
- Hyperlipidämie;
- Schwangerschaft, orale Antikonzeptiva.

! **Merke:** *Definition „Blutgerinnsel":*
- *Thrombus:* intravitaler, intravaskulärer, durch Blutgerinnung entstandener Blutpfropf.
- *„Blutgerinnsel":* extravaskulär und/oder postmortal entstandenes Gerinnsel.

A **Thrombus auf Endotheldefekt:** Panarteriitis nodosa
PAS, 75x

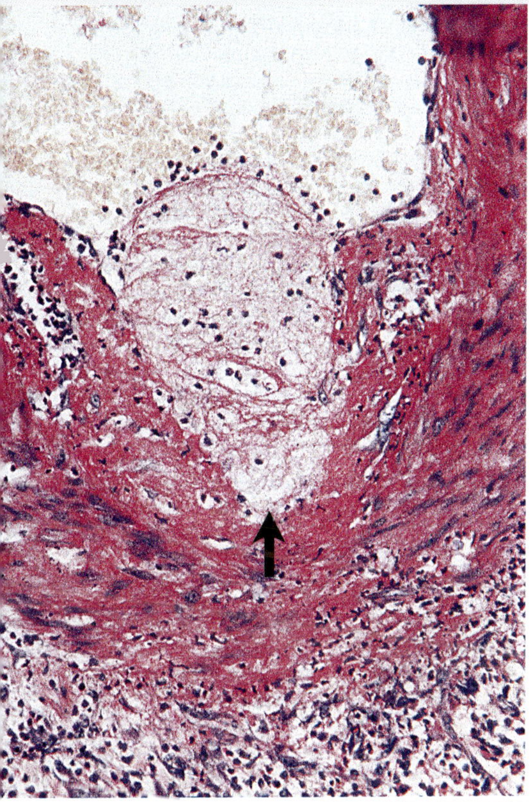

B **Strömungsverlangsamung des Blutes**
IV, 40x

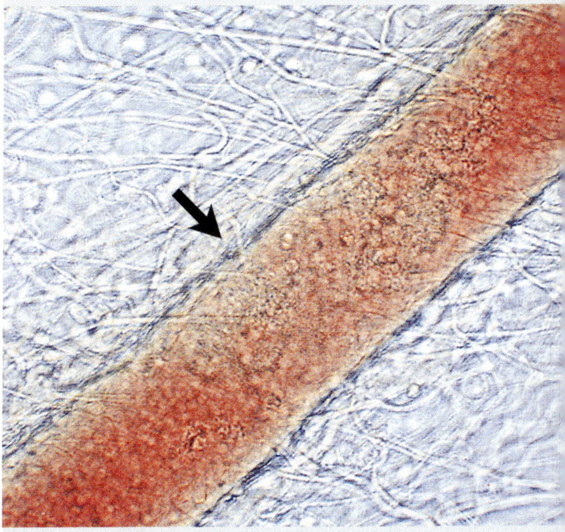

C **Beinvarikose** (antikes Votivbild)

D **Beinvarikose**

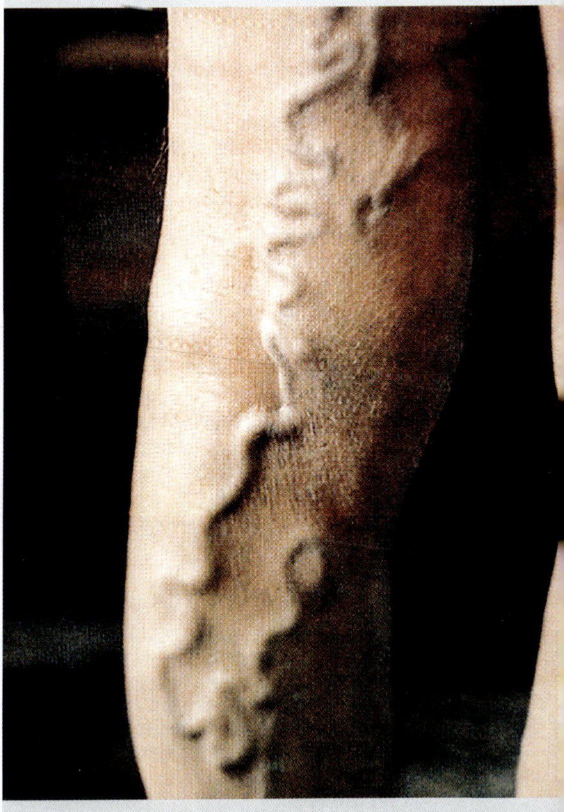

Thrombusformen

Abkürzung: TH = Thrombus(-en), TC = Thrombozyt(en)

Je nach Auslösemechanismus läßt ein Thrombus einen anderen Aufbau erkennen:

Abscheidungsthrombus

Synonym: Geschichteter TH

Ätiologischer Faktor: Endothelschaden bei
- atherosklerotischer Plaqueruptur;
- Vaskulitis, Endokarditis;
- arteriellem, kardialem Aneurysma.

Pathogenese: Endothelschädigung → Freilegung subendothelialer Mikrofibrillen (► A1) → diese kontaktieren das strömende Blut → TC scheiden sich darauf ab (► A2) → „weißer Plättchen-TH“ (= primärer Plättchen-TH, ► B) → Aktivierung des plasmatischen Gerinnungssystems → Fibrinabscheidung über Plättchen-TH → (viele) Erythrozyten und (einige) Leukozyten verfangen sich in den Maschen des Fibrinnetzes → TH wird größer (appositionelles TH-Wachstum) und ragt in den Blutstrom hinein → Wirbelbildung → weitere TC-, Fibrin- und Blutzellabscheidungen → progredientes TH-Wachstum mit folgender periodischer Schichtung (► D):
- „weiße Strukturen“ = TC-Aggregate (► D1)
- „rote Strukturen“ = Fibrin-Erythrozyten (► D2).

Bei flächenhaften TH (= parietalen bildet sich auf der Schnittfläche durch diesen Schichtungsprozess ein jahresringartiges Bild.

Morphologie:
- ***Thrombuskopf***
  Synonyme: Weißer TH, Plättchen-TH
  Brüchig-grauer TH, mit Gefäßwand verklebt. Er besteht aus einer rhythmischen Abfolge von aggregierten TC und mit Fibrin versetzten Erythrozyten.
  TH-Beschaffenheit: fibrinarmer, brüchiger TH.
- ***Thrombusmittelteil***
  Synonyme: Intermediär-TH, „Korallenstock-TH“
  Rhythmisches Zusammenschieben von TC-Erythrozyten-Aggregaten senkrecht zum Blutstrom → Oberflächenstrukturierung wie „Riffelmarken“ eines Sandstrands (► C, Herzohr) → TH-Aufbau: korallenstockartig angeordnete TC-Aggregate mit Granulozyteneinlagerung → weiß-rote TH-Schichtung senkrecht zum Blutstrom (► D).
  TH-Beschaffenheit: fibrinreicher, „recht elastischer“ TH → (gewisse) mechanische Resistenz.

Gerinnungsthrombus

Synonyme: Roter TH, Schwanz-TH, Stagnations-TH

Ätiologischer Faktor: Strömungsreduktion bei:
- *Gefäßligatur* durch eine chirurgische Naht;
- *Gefäßverschluß* durch einen Abscheidungs-TH in einem vorgeschädigten Blutraum/Gefäß;
- *Strömungsverlangsamung des Blutes* durch krankhafte irreversible Aussackungen der Venenwand (= Varizen).

Pathogenese: Auslösefaktoren → stagnierende Blutsäule. Darin: Hypoxydose (S. 22, 68) → TC-Schädigung → Freisetzung von gerinnungsaktivierenden Substanzen aus TC → Fibrinausfällung.
Morphologisch resultiert ein TH mit gleicher homogen-roter Farbe wie das Blut des Entstehungsbereichs (► E). Er wird von einem locker-ungeordneten Fibrinnetz nur dürftig zusammengehalten. *Später:* Fibrinretraktion → TH wird dünner und flottiert frei im Gefäßlumen. Resultat: TH wird (ganz oder teilweise) durch geringfügige Bewegungen des Patienten (z. B. Bauchpresse bei Defäkation) losgerissen → TH-Verschleppung = Embolusbildung.
TH-Beschaffenheit: fibrinarmer, daher „unelastischer, spröder TH“ → geringe mechanische Resistenz.

Gerinnungs-TH wird meist an Intermediär-TH oder Kopf eines Abscheidungs-TH angelagert.

Gemischter Thrombus

Ätiologischer Faktor: langdauernde Blutstase.

Morphologie: TH-Aufbau aus einem oder mehreren Abscheidungs-TH und dazwischenliegenden und/oder angehefteten Gerinnungs-TH.
TH-Beschaffenheit: langer okkludierender TH („thrombotischer Gefäßausguß).

Hyaliner Thrombus

Synonym: Mikro-TH

Ätiologischer Faktor: DIG (S. 400)

Morphologie: Homogen-eosinroter TH in kleinen Gefäßen, wie Kapillaren, Arteriolen, Venolen (► F). TH-Aufbau: aus zerfallenen TC und Fibrin.
TH-Beschaffenheit: hyaliner Mikro-TH

! **Merke:** *Gerinnungs-TH/Klinik:*
Ein Gerinnungs-TH entsteht unbemerkt in der Windstille. Ein Windhauch trägt ihn davon!

! **Merke:** *TH-Adhärenz im Gefäß:*
- *roter TH* „schwebt“ (haftet kaum),
- *weißer TH* „klebt“ (haftet etwas)
- *KorallenstockTH* „haftet“.

! **Merke:** *Häufigste TH-Lokalisation:*
untere tiefe Beinvenen von bettlägerigen Patienten.

! **Merke:** *Thrombosezeichen:*
- Venendruckschmerz,
- Dorsalflexionsschmerz des Fußes,
- Beinödem (vergleichende Umfangsmessung).

A **Thrombozyt auf Endotheldefekt**
TEM, 20000x

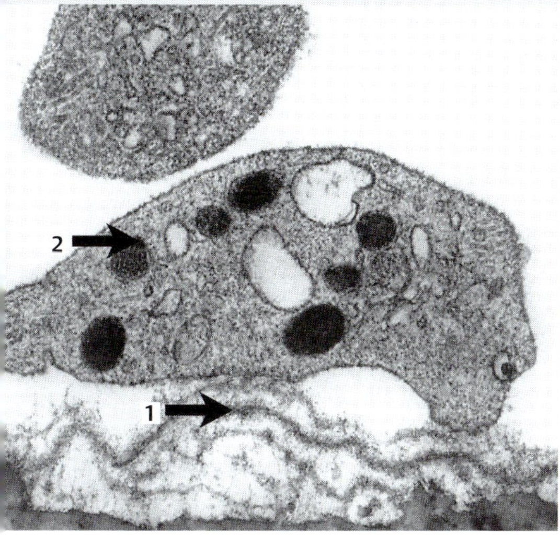

B **Plättchenthrombus**
IV, 25x

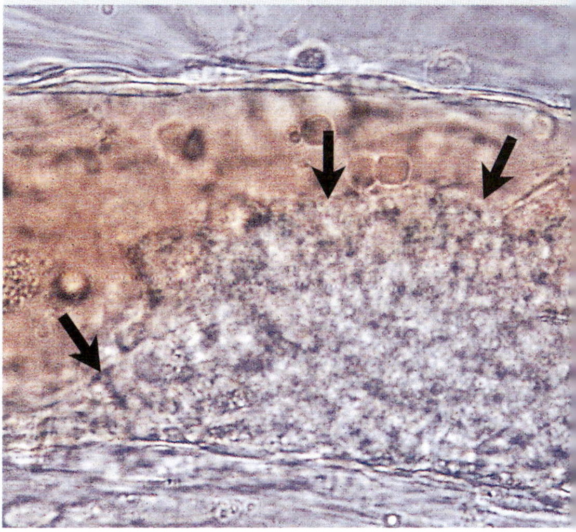

C **Intermediärthrombus:** Riffelmarken

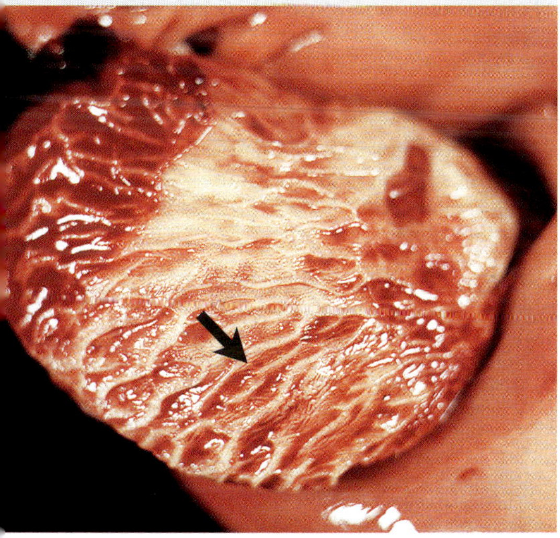

D **Intermediärthrombus**
50x

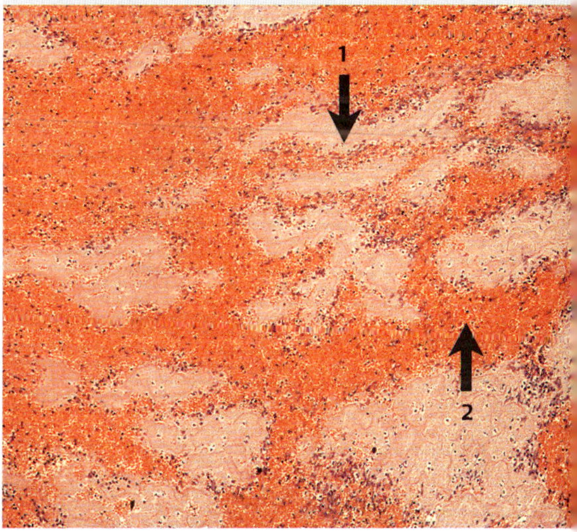

E **Gerinnungsthrombus**

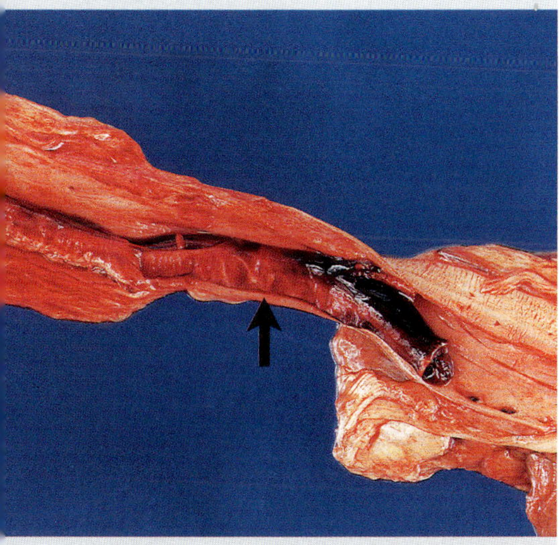

F **Hyaliner Thrombus**
100x

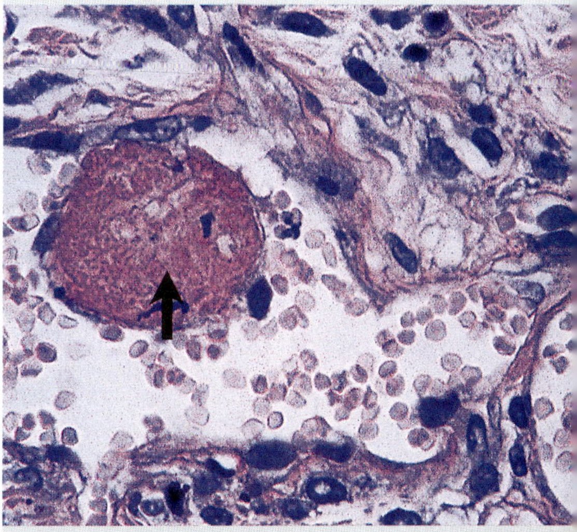

Thromboseformen

Abkürzung: TH = Thrombus

Venöse Thrombose

Vorkommen: Häufigste Thromboseform

Ätiologische Faktoren:
- ***Rechtsherzinsuffizienz*** (v. a. bei Bettlägerigkeit) → Verlangsamung des Blutstroms → tiefe Oberschenkel-, Beckenvenenthrombose (► A) → Lungenembolie.
- ***Varizen*** (= Venenaussackungen) → Verlangsamung des Blutstroms → oberflächliche Beinvenenthrombose → „Thrombophlebitis".
- ***Hirnsinus-Thrombose*** aufgrund einer posttraumatischen oder septischen TH-Entstehung → hämorrhagischer Hirninfarkt (S. 422).

Arterielle Thrombose

Ätiologische Faktoren:
- ***Aneurysma*** (= Arterienaussackung; ► C1) → Wirbelbildung → flächenhafte TH-Bildung auf der Gefäßinnenfläche (= parietaler TH, ► C2) → arterielle Embolie.
- ***Gefäßwandaufbruch*** bei Atherosklerose (S. 90) → parietaler TH.

Kardiale Thrombose

Ätiologische Faktoren:
- ***Endokardläsionen*** bei Endokarditis → TH-Bildung an den Klappenschließungsrändern (= Vegetationen; ► D) → arterielle Embolie.
- ***Herzwandaneurysma*** (= Herzwandaussackung) bei Myokardinfarkt (S. 418) → lokale Ventrikelunbeweglichkeit und Herzwandläsion → parietaler TH.
- ***Herzohrdilatation*** → Verlangsamung des Blutstroms (S. 404) → Kugel-TH.
- ***Herzvorhofdilatation*** bei Mitralstenose, Vorhofflimmern → parietaler TH.

Thrombose-Folgekrankheiten

Thrombusorganisation: Sie vollzieht sich nach folgendem zeitlichen Fahrplan:

1. Tag: TH-Entstehung.

2. Tag: TH-Endothelialisierung: Überhäutung des TH (► E1) mit Endothelzellen (► E2).

3. Tag: Leukozytenverdämmerung im TH → Leukozyten gehen zugrunde und sind nur noch schattenhaft erkennbar („Schattenleukozyten").

4. Tag: vollständige TH-Homogenisierung = Hyalinisierung der Fibrin-Erythrozyten-Aggregate.

7. Tag: TH-Organisation beginnt: kapillarreiches Granulationsgewebe (► F1) sproßt von der Gefäßwand aus (► B2) in das TH-Fibrin (► F3) ein → phagozytotisch-proteolytische TH-Auflösung → die Kapillaren gewinnen Anschluß ans Gefäßsystem → TH-Rekanalisation.

28. Tag: subintimale Myofibroblasten lösen den Sklerosierungsprozeß aus.

Folgen einer gestörten TH-Organisation sind:

Thrombusrezidiv

Pathogenese: Narbige Gefäßintimasklerose → vom ehemaligen TH bleiben im Gefäß netzförmige Bindegewebsstränge (= Strickleitern) zurück → sie sind Ausgangspunkt für ein TH-Rezidiv.

Gefäßobliteration

Pathogenese: TH-Umwandlung in narbigen Gefäßverschluß.

Posttrombotisches Syndrom

Pathogenese: TH-Organisation mit Vernarbung der Venenklappen → Venbostase → Folgen davon: Varizenbildung → TH-Rezidiv → Verstärkung der Venostase → Stauungsödem mit Sklerosierung (= Ödemsklerose) und Hautatrophie → Hautnekrose → venöses Ulkus (häufig: Ulcus cruris).

Puriforme Thrombuserweichung

Pathogenese: Postthrombotisch-reaktive Entzündung der Gefäßwand → granulozytär-proteolytische TH-Aufweichung.

Klinisch: Thrombo-„phlebitis".

Thrombusverkalkung

Pathogenese: Verzögerte TH-Organisation → TH-Verkalkung → *später:* TH-Verknöcherung (= Phlebolith; S. 134).

Thrombembolie (S. 410 ff.)

TH-Lösung von der Gefäßwand → Fortschwemmung des TH mit dem Blutstrom → TH bleibt in einem Gefäßast stecken oder an Gefäßaufgabelung hängen → Gewebsnekrose (S. 128).

+ **Komplikationen** einer Thrombembolie sind je nach Gefäßsystem verschieden:
Arterielle Thrombembolie: Das Arteriensystem verengt sich von der Aorta zu den Arteriolen → losgelöster TH verstopft ein kleines Gefäß.
Resultat: örtlich beschränkter Gewebeschaden.
Venöse Thrombembolie: Das Venensystem erweitert sich im weiteren Stromverlauf von der Venole zur Hohlvene → losgelöster TH verstopft ein großes (Lungen-)Gefäß.
Resultat: v. a. systemische Kreislaufstörung (s. u.).

! **Merke:** *Therapeutische Thrombusauflösung:* Hyaline TH-Herde können jahrelang bestehenbleiben und sprechen immer noch auf eine Fibrinolyse an.

! **Merke:** *Differentialdiagnose Leichengerinnsel:*
Cruor (sanguinis):
Pathogenese: Schnelle postmortale Gerinnung.
Morphologie: Elastisch glatt und homogen-rote Gerinnsel aus allen Blutbestandteilen, v. a. aus Erythrozyten, die mit Fibrin vermengt sind. Keine Haftung auf der Gefäßwand → der Cruor ist bei der Obduktion als Gefäßausguß aus den Gefäßen herausziehbar (► B).
Speckhautgerinnsel:
Pathogenese: Die Erythrozyten sinken infolge der Gerinnungsstörung oder hoher Blutsenkungsgeschwindigkeit ab → darüber bilden sich Gerinnsel.
Morphologie: Elastisch-glatt, nicht wandadhärente, gelblich-glasige Leichengerinnsel ohne Erythrozyten.

A **Thrombus**

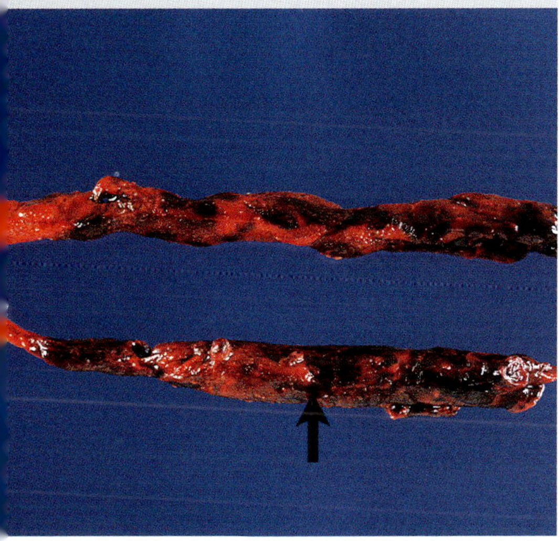

B **Cruor**

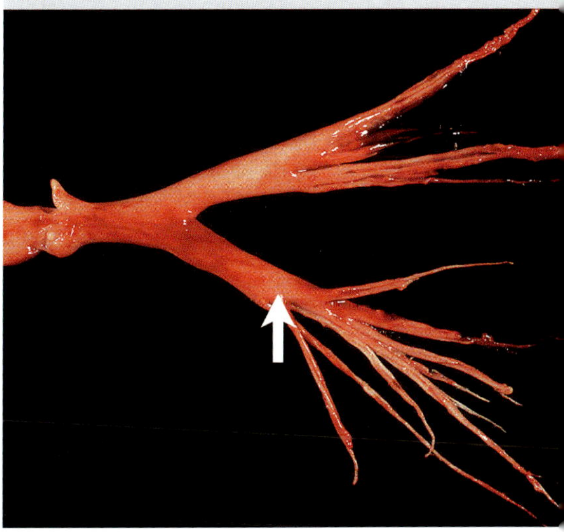

C **Parietaler Thrombus**

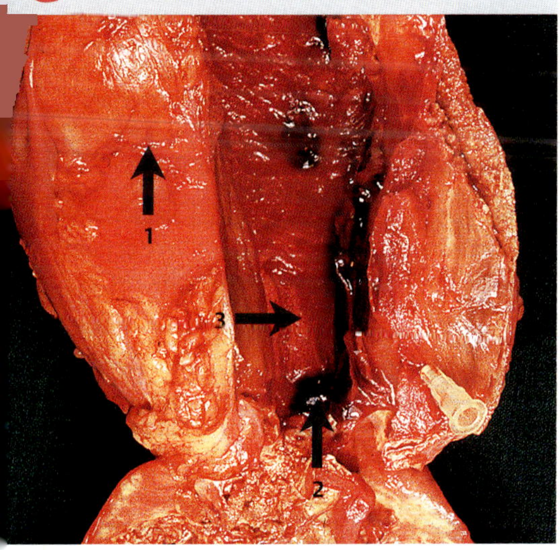

D **Endokarditis**

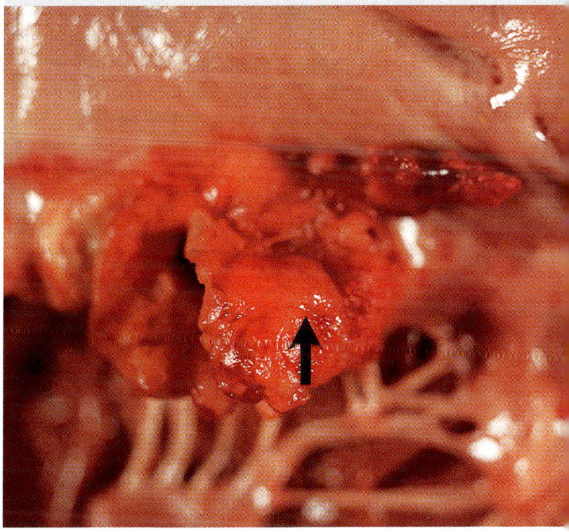

E **Endothelialisierter Thrombus**
25x

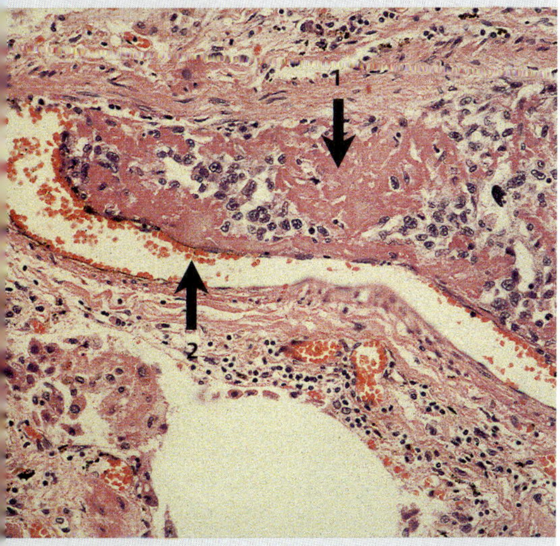

F **Organisierter Thrombus**
EvG, 25x

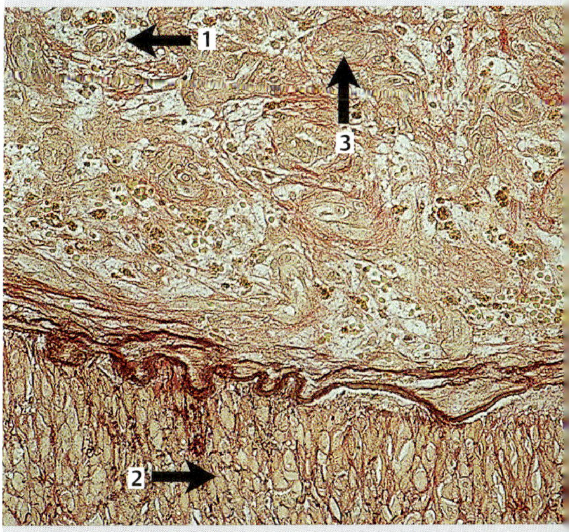

Embolie

Abkürzung: TH = Thrombus(-en), EB = Embolie

Definition: Vorgang, bei dem bestimmte Stoffe ins Blut großer Gefäßäste gelangen, als Klumpen (= Emboli) in kleineren Gefäßen steckenbleiben und diese verstopfen.

Je nach Art des *eingeschwemmten Materials* unterscheidet man folgende, in der Reihenfolge ihrer Häufigkeit aufgeführten Embolusarten:
- ***Thrombembolus*** = losgelöstes Thrombusmaterial,
- ***Fettembolus*** = Fetttropfen, Knochenmarksanteile,
- ***Luftembolus*** = Luftblasen/Luftschaum,
- ***Parasitenembolus*** = Parasitenlarven (S. 413),
- ***Bakterienembolus*** = fibrinummantelte Bakterien,
- ***Tumorembolus*** = Fibrinummantelte Tumorzellen (► S. 349 E),
- ***Fruchtwasserembolus*** = Fruchtwasserbestandteile,
- ***Fremdkörperembolus*** z. B. Venenkatheterspitze.
- ***Organembolus*** z. B. Lebergewebe bei ERCP[1]

Je nach *hämodynamischem Mechanismus* unterscheidet man folgende Formen:
- ***Orthograde Embolie*** = EB in Strömungsrichtung (häufig). Da sich die Venen mit der Stromrichtung erweitern (*Ausnahme:* Pfortaderäste!), kommt diese Embolieform meist nur in den Arterien vor (► A).
- ***Retrograde Embolie*** (sehr selten). Dabei wird z. B. Tumormaterial infolge einer abdominellen Druckerhöhung aus den prävertebralen Venenplexus entgegen der Strömungsrichtung in die Wirbelsäule verschleppt.
- ***Paradoxe Embolie*** = „gekreuzte Embolie" (selten): Im Septum des linken Vorhofs besteht eine anatomische Lücke in Form eines Septumdefekts oder offenen Foramen ovale (► B1). Ist gleichzeitig auch der Druck im rechten Vorhof wesentlich größer als im linken (z. B. bei Rechtsherzinsuffizienz), so kann ein Embolus (► B2) aus dem kleinen Kreislauf in den großen geworfen werden.

Thrombembolie

Definition: Verschleppung von TH-Material ins arterielle oder venöse System.

Venöse Thrombembolie (sehr häufig)

Diese EB-Form findet man zumeist als Lungen-, seltener als Pfortader-EB.

Lungenembolie

Vorkommen: 20 % aller Krankenhauspatienten.

Definition: Verschleppung von TH-Material in die Lungenarterien mit konsekutiver Gefäßverstopfung als lebensbedrohende Komplikation der Venenthrombose.

TH-Entstehungsfaktoren:
- Ernährungszustand: Fettleibige > Schlanke.
- Geschlecht: ♀ : ♂ = 2: 1.
- *Alter:* Ältere > Jüngere.
- *Meteorologie:* Frontendurchgänge.

Quell-TH-Lokalisation:
- tiefe Oberschenkel-, Beckenvenen (90 %),
- tiefe Unterschenkelvenen, paraprostatische oder parauterine Venenplexus (10 %).

TH-Loslösungsmechanismen:
- Strömungsbeschleunigung bei abrupter Betätigung der „Wadenpumpe" (Dorsoplantarflexion des Fußes),
- Schwanz-TH-Abklemmung durch das Leistenband beim Aufsitzen im Bett,
- Steigerung des Venendrucks bei Defäkation, Husten,
- Fibrinolyse mit TH-Auflockerung.

Morphologie der Lungen-EB:
- ***Mantelembolie:***
  - schmerzlos bei Rechtsherzsuffizienz;
  - schmerzhaft bei Linksherzinsuffizienz mit Bluthusten.

  Resultat: „periphere (kleine) EB".
- ***Schrapnellschußembolie:*** Brüchiger Gerinnungs-TH wird beim Losreißen von der Gefäßwand oder beim Aufprall auf eine Gefäßverzweigung zerstückelt → Verstopfung zentraler und peripherer Lungenarterien.

  Resultat: „zentrale und periphere EB".
- ***Reitender Embolus:*** Wenig-brüchiger Abscheidungs-TH knäuelt sich vor einer Gefäßaufzweigung zusammen oder reitet auf einem Gefäßsporn (► C) → Verstopfung des Pulmonalarterienstamms oder der gesamten Ausflußbahn.

  Resultat: „zentrale EB" (► A).

+ Komplikationen der Lungen-EB:
Akutes Cor pulmonale: EB verstopft mehr als 85 % des pulmonalen Gefäßquerschnitts → Tod durch Rechtsherzversagen.
Chronisches Cor pulmonale: Folgezustand nach Überleben
- von massiver Lungen-EB mit subtotaler Verlegung zentraler Pulmonalarterienäste oder
- von Rezidiven peripherer EB.

Lungeninfarkt (► D): Doppelte Gefäßversorgung der Lunge (Pulmonalarterien durch rechtes Herz, Bronchialarterien durch linkes Herz). Daher: Lungeninfarkt bei embolischem Verschluß eines Pulmonalarterienastes nur bei gleichzeitiger Linksinsuffizienz (z. B. Mitralstenose). Wegen geringer Restströmung über die bronchopulmonalen Gefäßanastomosen → Blutaustritt aus Kapillaren der absterbenden Alveolarwände. Daher ist ein Lungeninfarkt (mit wenigen Ausnahmen) immer hämorrhagisch (und keilförmig).
EB-Rezidiv: Lungenembolus wird zu einem Strickleitersystem organisiert (S. 408) → darin verfangen sich kleinere Emboli (► E, F) und verstopfen so einen Pulmonalarterienast → aus einer kleinen EB wird eine zentrale EB.

! Merke: *Thrombemboliehäufigkeit:*
venöse Thrombembolie >> arterielle Thrombembolie

1 ERCP = endoskopisch retrograde Cholangio-Pankreatikographie

A **Lungenembolie**

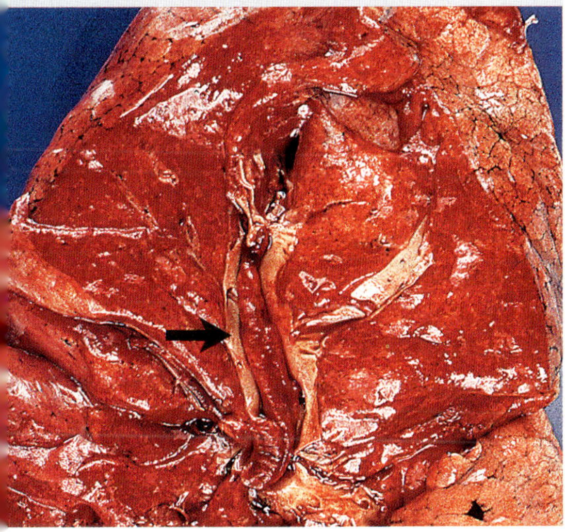

B **Paradoxe Embolie**

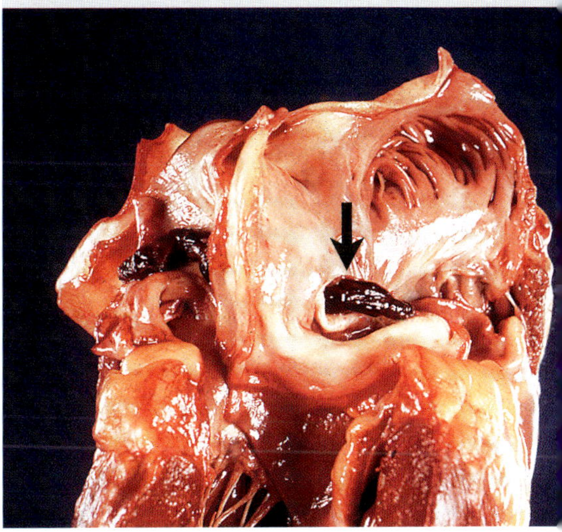

C **Reitender Embolus**

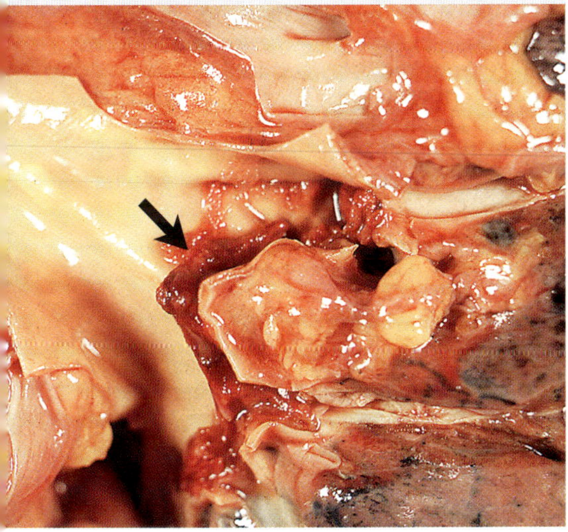

D **Lungeninfarkt**

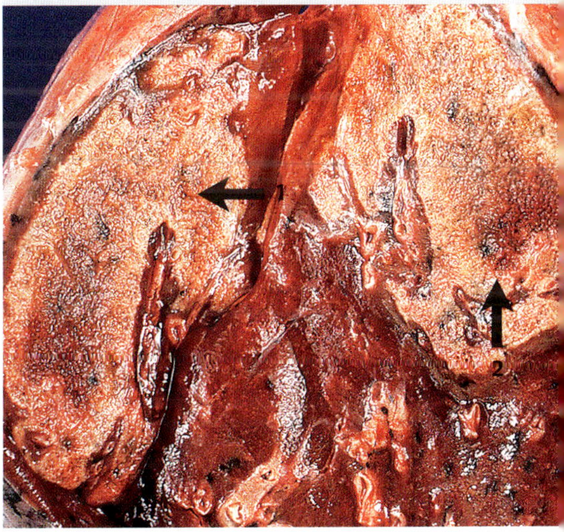

E **Strickleiter:** längs

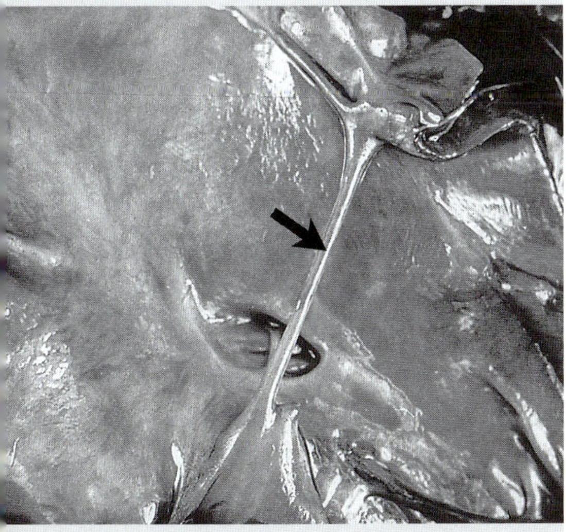

F **Strickleiter:** quer

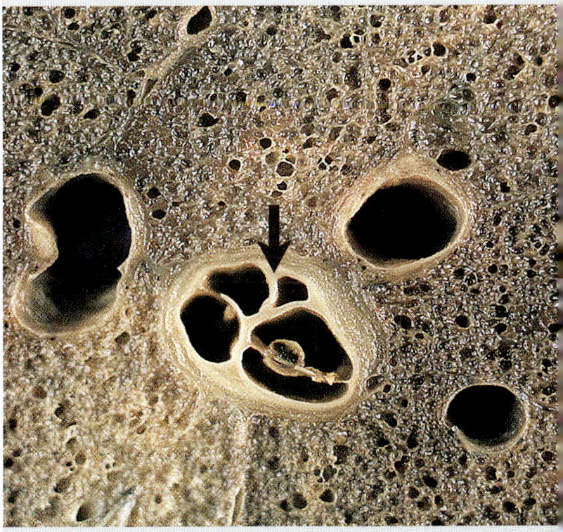

Arterielle Thrombembolie

Abkürzungen: EB = Embolie, TH = Thrombus/Thromben

Pathogenese und Folgen sind je nach TH-Quelle verschieden:

- *Quell-TH-Sitz linkes Herz:*
  - linker Vorhof bei Vorhofflimmern,
  - linker Ventrikel über Myokardinfarkt,
  - linker Ventrikel über Parietalendokarditis,
  - Herzklappen bei bakterieller Endokarditis.
- *Quell-TH-Sitz Aorta:*
  - Atherosklerose mit Plaqueruptur → Parietal-TH → Mikro-EB (oft auch Cholestrin-EB s. u.). Folgen davon: thrombotisches Material gelangt in die arterielle Strombahn → Embolus bleibt in einer peripheren Gefäßaufzweigung stecken.

+ **Komplikationen** je nach embolisiertem Gefäß: ***Enzephalomalazie*** (S. 420) bei Zerebralarterien-EB, ***Dünndarminfarkt*** bei oberer Mesenterialarterien-EB, ***Niereninfarkt*** (Hämaturie) bei Nierenarterien-EB, ***Extremitätengangrän*** bei Femoralarterien-EB.

Fettembolie

Definition: Auftreten von im Blutstrom aggregierten Lipiden mit Verschleppung in die Lungen und von dort aus oft auch in den großen Kreislauf.

Traumatische Fettembolie (häufig)

Ätiologische Faktoren für das Auftreten von embolisierenden Fetttröpfchen:

- ***Mehrfachfraktur*** von Röhrenknochen → Einschwemmung von Fettmark, z. T. auch Knochenmark (► A);
- ***Fettgewebequetschung*** (Subkutis) durch ein Trauma oder Krampfleiden → Einschwemmung von Fetttropfen;
- ***Verbrennung*** von Hautabschnitten mitsamt dem subkutanen Fettgewebe → Fettverflüssigung → Einschwemmung von Fetttropfen.

Pathogenese: Die gebildeten Fetttröpfchen werden zunächst in die Lymphbahn später via venöse Blutbahn in die Lunge eingeschwemmt → dort: Weiterverarbeitung des Fetts.

Resultat der Fettverarbeitung hängt von Fettmenge ab:

- *kleine Fettmengen* → Klärung durch endotheliale Lipase;
- *große Fettmengen* → keine ausreichende Fettklärung → Verstopfung der Lungenendstrombahn (► B) → akutes Cor pulmonale.

Fettembolie-Syndrom (Rarität)

Pathogenese: Entstehung im Rahmen eines traumatischen Schocks nach einem freien Intervall von mehreren Tagen. Die Herkunft des embolisierenden Fetts ist noch ungeklärt:

Möglicher Mechanismus: Sympathikoadrenerge Gegenregulation im hyperdynamen Schock-Stadium → Freisetzung von Katecholaminen → Lipolyse mit einer Freisetzung von Fettsäuren aus dem Fettgewebe → Reesterifizierung der Fettsäuren zu Triglyzeriden durch die Leber → Abgabe ins Venenblut → Abtransport in die Lunge; dort: keine Lipidklärung aufgrund von Endothelschädigung und fehlender Endothel-Lipase →

Resultat: Bildung fetthaltiger Mikro-TH → Fett-EB des Gehirns → Purpura cerebri (= punktförmige Blutungsnekrosen; ► C).

Luftembolie (selten)

Definition: Verstopfung der Lungenendstrombahn durch Luftblasen.

Ätiologische Faktoren für einem Lufteintritt in die venöse Strombahn:

- *Luft-„Einsaugung“* in eine klaffende Vene bei:
  - Strumaoperation,
  - Plazentalösung in atonischem Uterus;
- *Luft-„Ansaugen“* in eine Vene bei Infusionsfehler;
- *Luft-„Einpressung“* in eine Vene bei Explosionsunfällen.

Pathogenese: Eine Luftmenge von mehr als 5 ml kommt rasch ins Venenblut → Auslösung folgender Kettenreaktion: Bildung von Blutschaum → Blutschaum sammelt sich im rechten Herzventrikel → Transport des Blutschaums über die Lungenarterienäste in die Lungenendstrombahn → Folgen davon:

- Unterbrechung der Blutsäule → hypoxische Schädigung der Kapillarendothelien →
- Plättchenadhäsion, -degranulation → Generierung von Entzündungsmediatoren (S. 202).

Resultat: exsudative Alveolitis (S. 40) → interstitielles Lungenödem → Rechtsherzbelastung.

Cholesterinembolie (selten)

Pathogenese: Plaqueruptur bei Atherosklerose (S. 90) oder Stent-Einlage bei atherosklerotischem Aortenaneurysma→ Einschwemmung von cholesterinhaltigem Detritus ins Blut → Embolisierung.

Resultat: arterielle Mikro-EB (v. a. in Abdominalorganen) mit pathognomonischen Cholesterinkristallücken (► D).

Fruchtwasserembolie (selten)

Pathogenese: Einriß des Myometriums beim Blasensprung → Einschwemmung von Fruchtwasseranteilen ins mütterliche Blut mit Thrombokinaseaktivität (→ Hyperkoagulabilität), Fibrinolyseaktivität (→ Fibrinolyse) und Vasoaktivität (→ Schock).

Resultat: DIG-Syndrom (S. 402).

Parasitenembolie (Rarität)

Pathogenese: Einschwemmung von Parasitenmaterial wie Echinokokkusblasen (S. 282) bei kardialer Echinokokkose (► E) in die venöse Strombahn → Embolisierung.

Resultat: Verstopfung der Lungenarterie (► F).

A **Knochenmarkembolie**
Ag, 25x

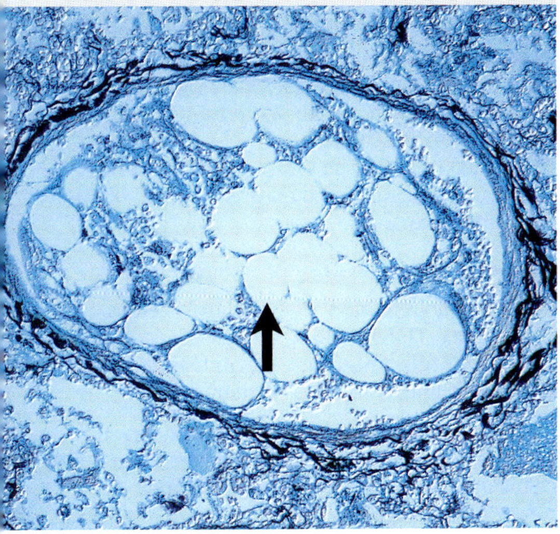

B **Fettembolie**
Osmium, 200x

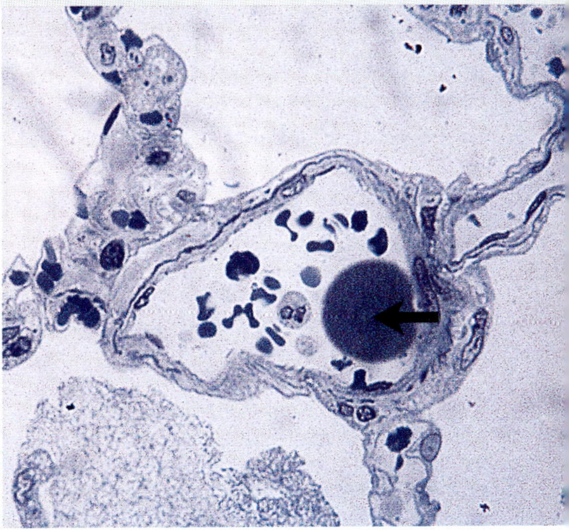

C **Purpura cerebri**
50x

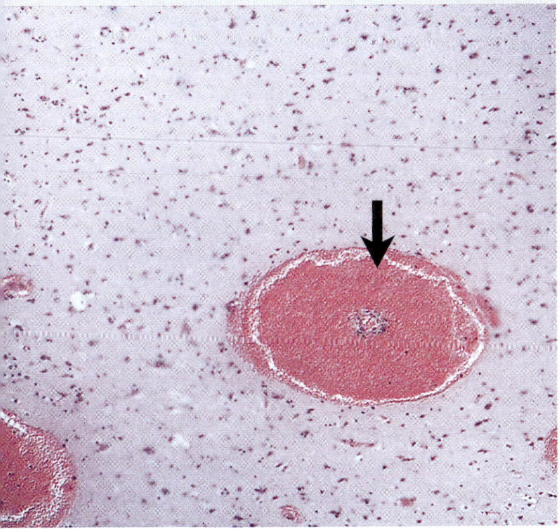

D **Cholesterinembolie**
EvG, 50x

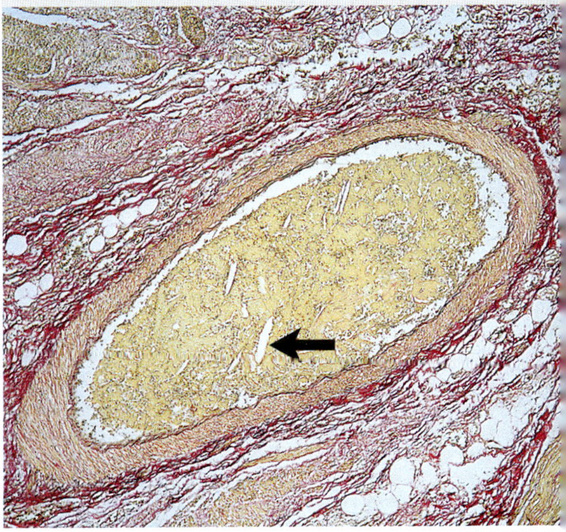

E **Kardiale Echinokokkose**

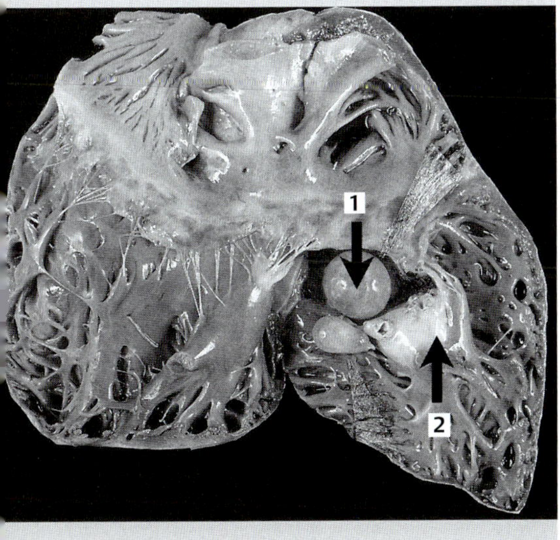

F **Echinokokkus-Hydatiden-Embolie**

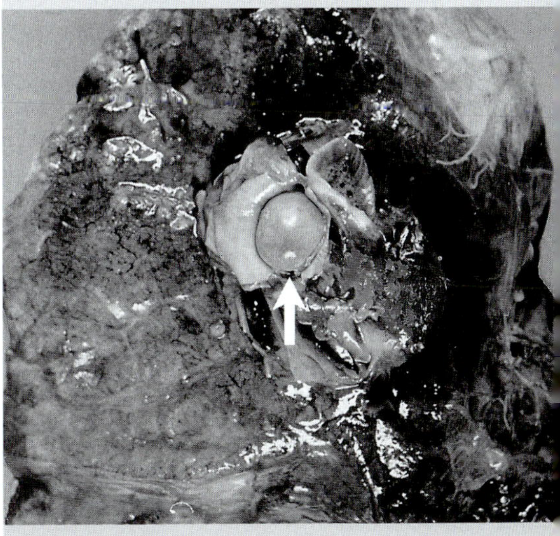

Arterielle Zirkulationsstörungen

Abkürzungen: GWN = Gewebsnekrose, KKL = Kollateralkreislauf = Umgehungskreislauf

zur Rekapitulation: „*Ischämie*", „*Gewebsnekrose*" (S. 22, 68, 128)

Je nach Dauer und Vollständigkeit unterscheidet man folgende Ischämieformen:
- *absolute anhaltende Ischämie*
- *absolute temporäre Ischämie*
- *temporäre, akute relative Ischämie*
- *chronische relative Ischämie*

Absolute anhaltende Ischämie

Allgemeine Definition: Ischämisch-hypoxydotische GWN im Versorgungsgebiet einer Endarterie aufgrund eines vollständigen, lang anhaltenden Verschlusses dieser Endarterie (bei insuffizientem KKL).

Kausalpathogenetische Faktoren einer absolut anhaltenden Ischämie:

Strukturelle Gefäßokklusion einer Gefäßprovinz wegen:
- Thrombose und/oder Embolie,
- Arteriosklerose,
- Vaskulitis (mit Thrombose),
- Gefäßkompression (z. B. Tumorummauerung),
- Gefäßligatur.

Resultat: Okklusionserkrankungen:
- (Obturations-)Infarkt.

Funktionelle Gefäßokklusion mit Minderdruchblutung der abhängigen Gewebeprovinz (► A, B) wegen:
- *hämodynamischer Faktoren:*
  - plötzliche Hypotonie bei subtotaler Gefäßstenose.
- *hämatogener Faktoren:*
  - plötzlich gesteigerter Sauerstoffverbrauch (körperliche Anstrengung wie Treppensteigen),
  - plötzlich reduzierte Sauerstoffsättigung des Blutes,
  - plötzliche Bluteindickung (z. B. Kryoglobuline).
- *vasogener Faktoren* mit anhaltenden Gefäßspasmen anatomisch offener Gefäße (► A1):
  - medikamentös-toxisch Faktoren wie Herzglykoside (► A), Mutterkornalkaloide, Blei-, Nikotinvergiftung,
  - Hypertonie-Krisen,
  - hypothalamische Dysregulation mit sympathischer Gefäßtonussteigerung (Morbus Raynaud).

Resultat = Non-okklusive Erkrankungen:
- Nichtobturations-Infarkt in Herz, Dünndarm (► A2, B),
- Gangrän im Extremitätenbereich.

Pathogenetische Kettenreaktion: Anhaltende absolute Ischämie → GWN = „Infarkt". Infarktgröße hängt ab von:
- Kaliber des verschlossenen Gefäßes,
- Qualität der aktuellen Kollateralgefäße,
- Aufdehnbarkeit der Kollateralgefäße.

Akuter Verschluß eines Hauptgefäßes in einem Organ mit suffizientem KKL → der KKL für die Ernährung der entsprechenden Gefäßprovinz wird insuffizient → der Blutstrom versiegt in peripheren Abschnitten →
Resultat: ischämische GWN (meist strukturerhaltende Koagulationsnekrose (Gehirn: Kolliquationsnekrose) → Infarkt.

Anämischer Infarkt

Allgemeine Definition: GWN aufgrund eines anhaltenden Durchblutungsstopps einer anatomischen Endarterie (ohne KKL) oder einer funktionellen Endarterie (insuffizientem KKL).

Allgemeine Morphologie: Nach 6 Stunden: Frühestes makroskopisches Infarktzeichen in Form eines (meist) lehmgelben Bezirks.
Zonale Infarktgliederung:
- *Zentrum:* vollständige GWN
  (Beispiel: ► C1, D Knocheninfarkt).
- *Peripherie:* hämorrhagische Randzone:
  unvollständige GWN mit Erythrozytenanschoppung der Kapillaren aufgrund geringer, aber insuffizienter Restdurchblutung (► C2).
- *Perinekrotische Zone:* Ödemzone:
  exsudative Entzündung mit sublethaler Zellschädigung.

Das infarktumgebende intakte Organgewebe reagiert auf einen Infarkt wie auf eine Verletzung → Auslösung des Wundheilungsmechanismus → Organisation der Nekrosezone durch Granulationsgewebe mit narbiger Abheilung. Das weitere Infarktschicksal hängt von der jeweiligen Belastung ab:
- druckbelastetes Infarktareal → Dilatation;
- unbelastetes Infarktareal → Schrumpfung.

Hämorrhagischer Infarkt

Allgemeine Definition: GWN aufgrund eines anhaltenden Durchblutungsstopps einer Endarterie bei geringfügigem, aber letztlich insuffizientem Blutzufluß.

Allgemeine Pathogenese: Der Blutzufluß ins Infarktgebiet hat folgende Ursachen:

Arterieller Gefäßverschluß:
- Zufluß via Kollateralen (z. B. Mesenterialinfarkt),
- Zufluß via rückläufige Venen bei erhöhtem Venendruck (z. B. Mesenterialinfarkt, ► B),
- Zufluß via Vas privatum bei verschlossenem Vas publicum der doppelten Blutversorgung (z. B. hämorrhagischer Lungeninfarkt; ► E, F).

Venöser Gefäßverschluß (S. 422):
- Venenthrombose → Behinderung des Blutabflusses; Folgen davon:
  Gewebsischämie mit GWN und
  örtliche Blutdruckerhöhung → Gewebeblutung.

Allgemeine Morphologie: Düsterrote (zyanotische), sich wegen Blutfülle über das Niveau vorwölbende Nekrosezone (► E, F) → narbige Abheilung mittels Granulationsgewebe mit hämosiderinbedingter Braunfärbung.

A **Dünndarm:** Non-Okklusions-Infarkt

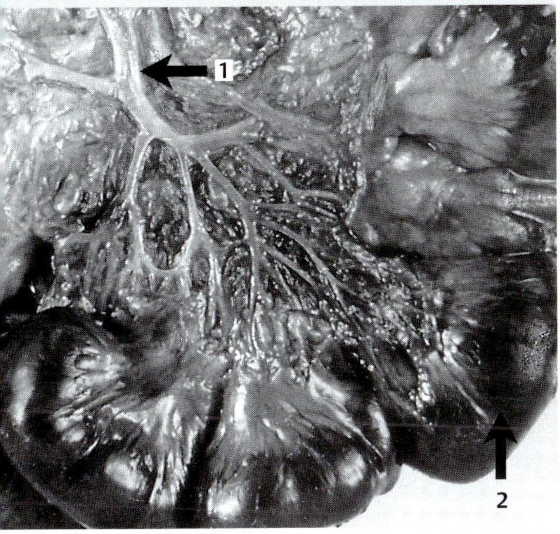

B **Dünndarm:** hämorrhagischer Infarkt
25x

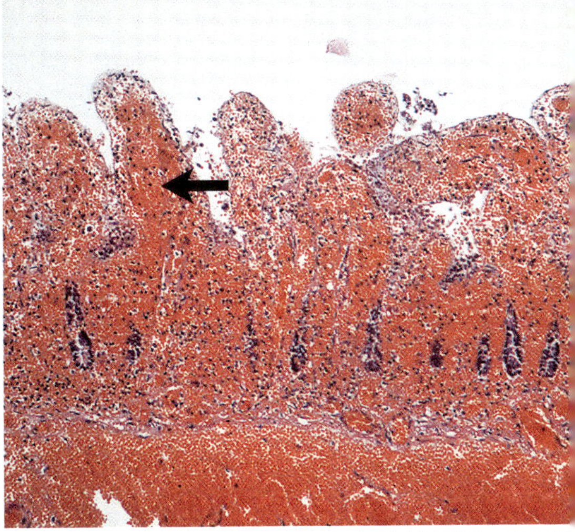

C **Knochen:** anämischer Infarkt

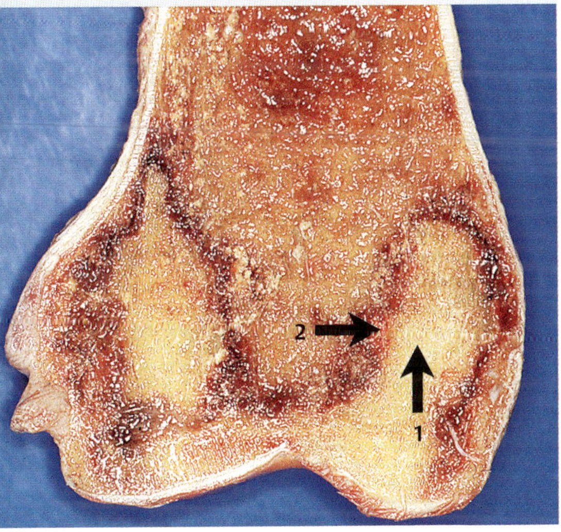

D **Knochen:** anämischer Infarkt
Kossa,15x

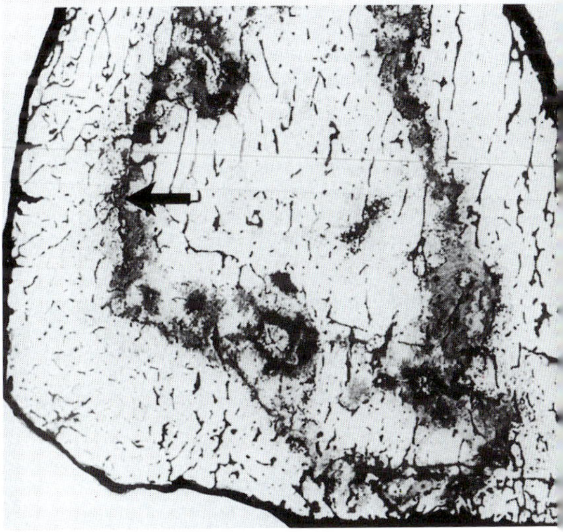

E **Lunge:** hämorrhagischer Infarkt

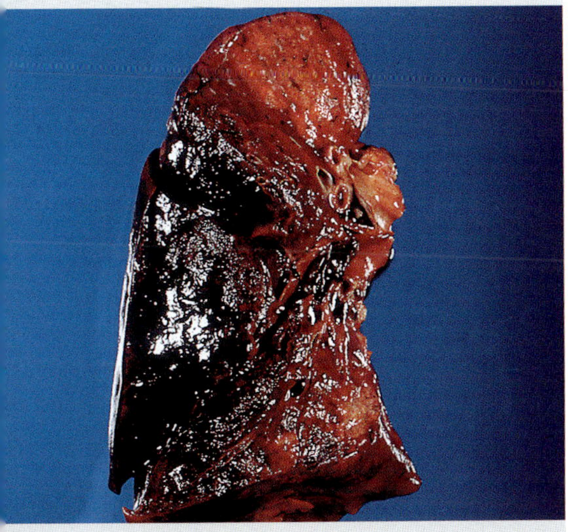

F **Lunge:** hämorrhagischer Infarkt
25x

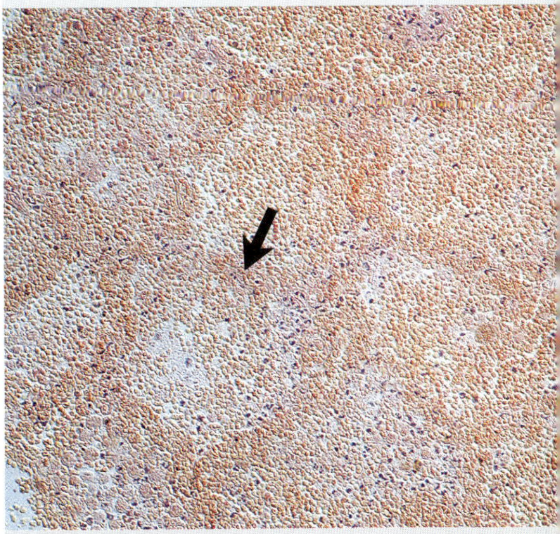

Absolute temporäre Ischämie

Allgemeine Definition: Kleine Gewebeschäden in Form disseminierter Nekrosen oder hypoxämischer Zellveränderungen aufgurnd eines kurzfristigen Durchblutungsstopps.

Allgemeine Pathogenese: Abhängig von der Ischämietoleranz und damit Wiederbelebungszeit eines Organs/Gewebes entstehen nur minimale Gewebeschäden (► A). Sie können meist im Rahmen des Gewebeersatzes wieder behoben werden, wenn der Durchblutungsstopp des betroffenen Gefäßes innerhalb der Wiederbelebungszeit durch folgende Mechanismen beseitigt wird:

- Thrombembolektomie,
- Spasmolyse,
- Lösen der Gefäßklemme bei Organtransplantation.

Relative Ischämie

Synonym: Oligämie

Allgemeine Definition: Mißverhältnis zwischen aktuellem Blutangebot und aktuellem Sauerstoffbedarf eines Organs/Gewebes.

Bildhafter Vergleich: „Prinzip der letzten Wiese“: Ein bestimmter Wasserzufluß ist für die Bewässerung eines Wiesengebietes ausreichend → Verminderung der zufließenden Wassermenge → knapp ausreichende Bewässerung der letzten Wiese. Steigender Wasserbedarf bei heißem Wetter → Austrocknung der letzten Wiese.

Allgemeine Pathogenese: Der Sauerstoffmangel ist hier die Resultante aus folgenden gleichzeitig auch limitierenden Faktoren:

- Menge des Blutzuflusses und/oder Sauerstoffgehalt des Blutes.
- Sauerstoffbedarf des Gewebes.

Diese Faktoren bestimmen das Ausmaß der Oligämie und damit des Sauerstoffdefizits.

Je nach Dauer des Sauerstoffmangels unterscheidet man folgende 2 relative Ischämieformen:

Temporäre, akute relative Ischämie

Allgemeine Definition: Knapp ausreichende Durchblutung in Ruhe und geringer Belastung aufgrund der Stenosierung einer funktionellen Endarterie (► B).

Pathogenetisch liegt eine relative latente Durchblutungsinsuffizienz bei Steigerung der körperlichen Aktivität vor → Auslösung folgender pathogenetischer Kettenreaktion: Erhöhung des Sauerstoffbedarfs im Versorgungsgebiet einer funktionellenen Endarterie → relatives Sauerstoffdefizit → Stoffwechseladaptation mit Umstellung der Glykolyse von aerob auf anaerob → Folgen davon:

- Anstau saurer Metabolite (Lactat, CO_2),
- Mangel an energiereichen Substraten (ATP).

Folgen davon (bei Muskelbefall):

- Reizung nozizeptiver Nervenendigungen → stechende Schmerzen,
- Relaxationsstörung der Muskulatur.

Morphologie = ischämische Zellschäden:

- geringe Schädigung → Mitochondrienschwellung (S. 18);
- starke Schädigung → Koagulationsnekrose einzelner oder kleinerer Zellgruppen (S. 130). Nekroseabheilung: In parenchymatösen Organen heilt die Nekrose als disseminierte Schwielen ab, im Gehirn als millimetergroße Erweichungsherde (v. a. Stammganglien, Capsula interna).

Klinik je nach Organbefall:
Koronarsklerose: Bei körperlicher Anstrengung und/oder Nikotin → Angina pectoris (= ausstrahlender Brustschmerz).
Femoralsklerose: Forcierte Beinbewegung wie Treppensteigen → Claudicatio intermittens (= krampfartige Schmerzen).
Mesenterialsklerose: Schlemmermahlzeit → steigender intestinaler Blutbedarf → Angina abdominalis (= kolikartiger Bauchschmerz).
Zerebralsklerose: Schlaf-Hypotonie → transitorische ischämische Attacke (= TIA). Sie ist schmerzlos, da das Gehirn keine sensible Innervierung besitzt.

Chronische relative Ischämie

Allgemeine Definition: Durchblutungsstörung aufgrund einer so hochgradigen Stenosierung einer funktionellen Endarterie oder Arteriole (Arteriolosklerose), daß die Durchblutung auch in Ruhe nicht mehr ausreicht (► C).

Allgemeine Pathogenese: Chronische relative Ischämie → Bildung reaktiver Sauerstoff- und Stickstoffmetabolite → Apoptose (S. 128, 132) ischämie-vulnerabler Parenchymzellen bei Persistenz ischämie-toleranter Stromazellen.

Morphologische Folgen davon:

- numerische Atrophie des Organs/Gewebes (S. 124),
- reparative Interstitiumfibrose (S. 40, 69).

Resultat: Bildung von Subinfarkten oder Bildung fleckförmiger bis diffuser Fibrosen.

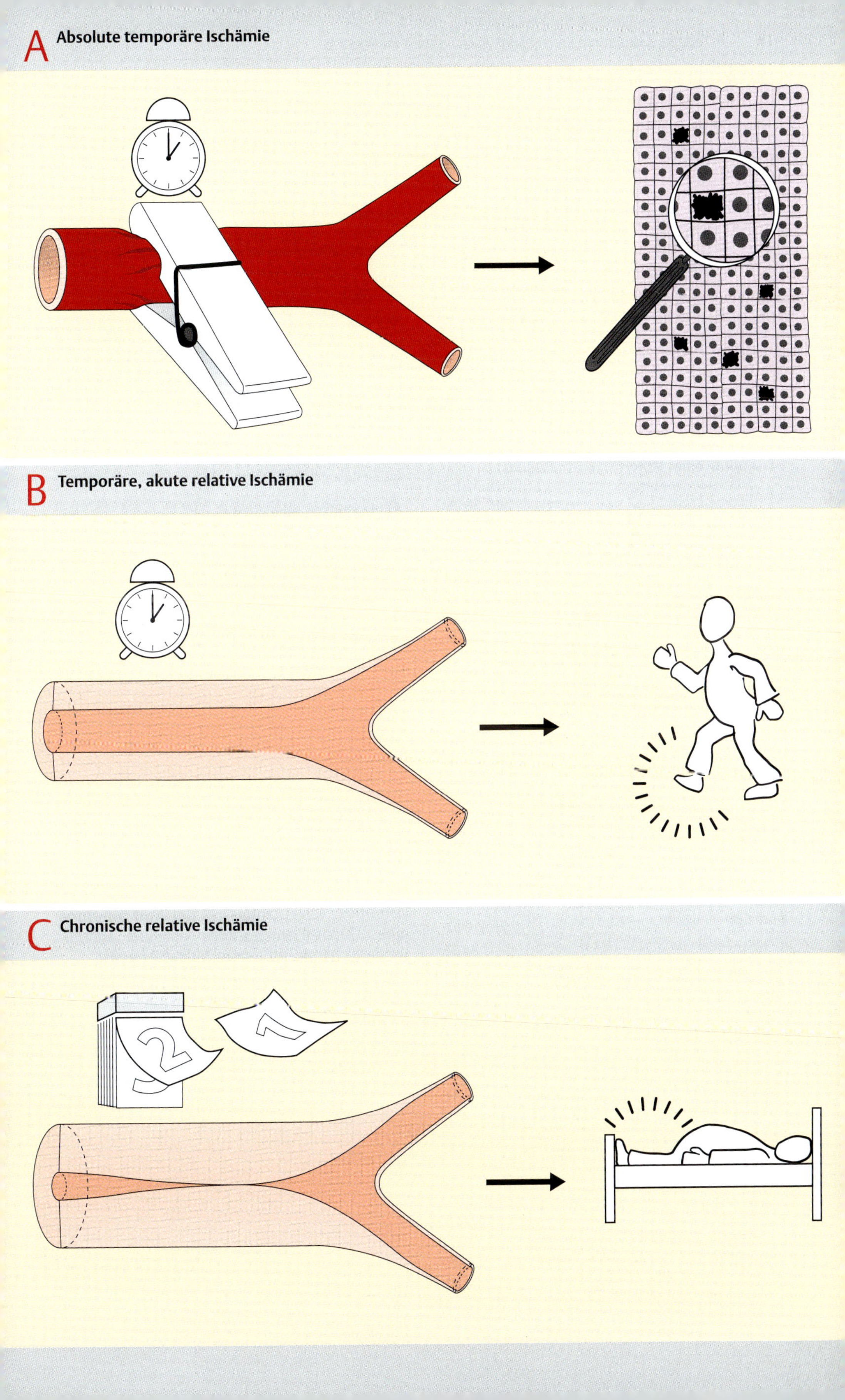
A Absolute temporäre Ischämie
B Temporäre, akute relative Ischämie
C Chronische relative Ischämie

Absolute anhaltende Ischämie: Assoziierte Krankheiten

Abkürzung: NK = Nekrose, KA = Koronararterie

Herzinfarkt

Musterkrankheit für arterielle Durchblutungsstörung.

Definition: (= anämischer Infarkt.) Koagulations-NK eines größeren Myokardbezirks aufgrund eines Durchblutungsstopps in einem der 3 KA-Hauptstämme.

Kausalpathogenetische Faktoren:

- ***Insuffizienz koronarer Gefäßkollateralen*** meist durch atherosklerotische Stenosierung (► A, B1). Sie ist die Voraussetzung zur KA-Insuffizienz. Auf sie pfropfen sich folgende Läsionen auf:
- ***Endothelerosion über Atheroskleroseplaque*** über eine entzündliche Begleitreaktion, die durch Lipid-vertilgende Makrophagen (z. T. auch zytotoxische T-Lymphozyten) vermittelt wird.
- ***Ruptur eines Atheroskleroseplaques*** aufgrund eines Ungleichgewichts zwischen hämodynamischem Streß und Plaquestabilität. Besonders gefährdet sind Plaques mit hohem Lipidgehalt und wenigen Mediamyozyten in ihrer Wandung.
- ***Koronargefäßspasmus*** (selten) Er kommt isoliert oder zusammen mit einer atherosklerotischen Plaquekomplikation vor.

Resultat in jedem Fall: Okkludierende Thrombose (► B2) → absolute anhaltende Ischämie.

Formalpathogenese s. akute Hypoxydose.

Morphologisches Herzinfarktkorrelat entwickelt sich nach folgendem Zeitplan:

6 Stunden (= akuter Infarkt): verstärkte Eosinophilie (und Fuchsinophilie) des Zytoplasmas im Infarktgebiet mit welliger Myozytennordnung („myocytic weaving"; ► D) → Austritt von Zytoplasma-Enzymen (GOT, LDH, CPK) → Enzym-Diagnostik. Die perinekrotische Zone wird bei der postischämischen Reperfusion mit Calcium überladen → Dauerspasmus → Kontrakturband-Nekrose. *Makroskopie:* lehmgelber Infarkt (► C).

24 Stunden: NK löst in der perinekrotischen Zone eine exsudative Entzündungsreaktion aus → Hyperämie und Leukozytenemigration → hämorrhagische Randzone.

4 Tage (= subakuter Infarkt): NK löst den Wundheilungsmechanismus aus → proteolytische NK-Auflösung und Organisation durch Granulationsgewebe aus der perinekrotischen Zone →
Makroskopie: lehmgelber Infarkt mit hämorrhagischem Randsaum.

6 Wochen (= alter Infarkt): Die Infarktzone ist narbig ersetzt →
Makroskopie: weiß-graue Schwiele (► E). Kompensatorische Hypertrophie des Restmyokards.

Infarkttyp nach Stenosetopographie (Variation je nach Links-/Rechtsversorgungstyp):

- ***Vorderwandinfarkt:*** Verschluß des Ramus interventricularis anterior der linken KA (= RIVA) → Vorderwand/Septuminfarkt.
- ***Hinterwandinfarkt:*** Verschluß der rechten KA → Infarkt in der basisnahen Hinterwand.
- ***Seitenwandinfarkt*** (= Kanteninfarkt): Verschluß des Ramus circumflexus der linken KA (= RCX) → Infarkt in der Seitenwand.

Infarkttyp nach Ischämieform:

- ***Innenschichtinfarkt:*** Verschlechterung einer temporär akuten relativen Ischämie durch Stenosierung eines oder mehrerer KA-Hauptstämme → multiple, millimetergroße Infarktherde (= „Mosaikinfarkt") im inneren Myokarddrittel.
- ***Transmuralinfarkt:*** Absolute anhaltende Ischämie durch Stenose von 1 Koronarhauptstamm → zentimetergroßer Infarkt aller 3 Herzwandschichten.

+ Klinik: ♂ >> ♀. Sehr häufige Todesursache. *Symptome:* plötzlicher stenokardischer Anfall mit Vernichtungsgefühl und kardiogenem Schock. *Später:* Leukozytose mit Linksverschiebung, Temperaturanstieg, Transaminasenanstieg, EKG-Veränderung.

☺ **Prominente Patienten** (Tod durch Herzinfarkt): Richard Wagner, dtsch. Komponist (1813 – 1883), Alfred Nobel (1833 – 1896), schwed. Ingenieur, Stifter des „Nobelpreises". Nitroglycerin nutzte er zur Dynamitherstellung und Therapie seiner Angina pectoris.

+ Komplikationen eines Herzinfarkts:
Sekundenherztod (= Herzschlag): Aufgrund von NK-bedingter Reizleitungsstörung → Kammerflimmern.
Pericarditis epistenocardica: Fibrinös-entzündliche Epikardreaktion über einer NK-Zone (*Auskulatation:* Perikardreiben) → *später:* Verwachsung der Herzbeutelblätter (= Syncretio pericardii).
Herzwandaneurysma (S. 408): Ischämische Myokardschädigung → Ventrikelunbeweglichkeit(= Akinesie) → systolische Ausweitung →
Parietale Endokardthrombose: Flächenhafte Thrombose über einer nekrosebedingten Endokardschädigung und in einem Herzwandaneurysma (S. 408) → Emboliegefahr.
Herzwandruptur: Nekrotische und granulozytär-proteolytische Aufweichung des Myokards (= Myomalazie) → Ventrikeleinriß → Folgen davon: Blutung in den Herzbeutel → Herzbeuteltamponade → Herzstillstand.
Mitralinsuffizienz aufgrund einer Papillarmuskel-NK.

Anämischer Milzinfarkt

Definition: Koagulations-NK der Milz aufgrund eines Durchblutungsstopps (absolute anhahltende Ischämie) in einem Milzarterienast.

Morphologie: Scharf abgegrenzter Infarktbezirk, anfänglich düsterrot, später gelb mit hämorrhagischem Randsaum (► F).

Infarktform nach ätiologischen Faktoren:

- ***Dreieckinfarkt*** mit Milzkapsel als Basis aufgrund von:
  - (meist) thrombembolischem Milzarterienverschluß,
  - Milzarterienstenose durch Leukämieinfiltrat;
- ***Fleckmilz*** (multiple, kleine Infarkte) aufgrund von:
  - Panarteriitis nodosa in der Milzarterie (S. 58),
  - Wegener-Arteriitis in der Milzarterie (S. 184),
  - hypertoner Arteriolo-NK,
  - DIG mit intravasalen Mikrothromben (S. 400)
  - Sichelzellanämie mit intravasaler Zellverklumpung.

+ Klinik: „Sofort-Schmerz" unter linkem Rippenbogen.

24 Lokalisierte Kreislaufstörungen

A **Koronargefäß:** Stenose

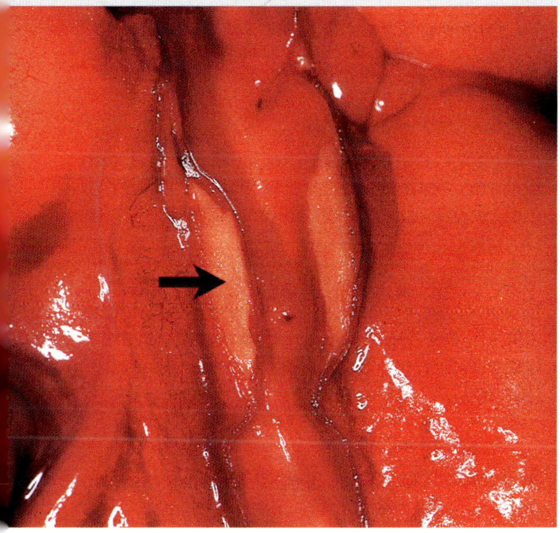

B **Koronargefäß:** Thrombus

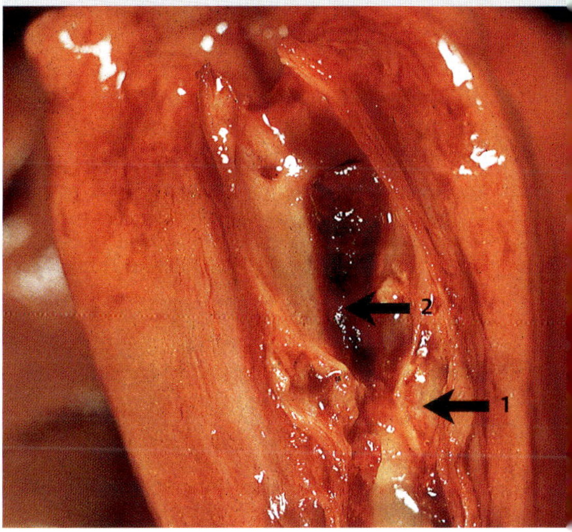

C **Herz:** frischer Infarkt

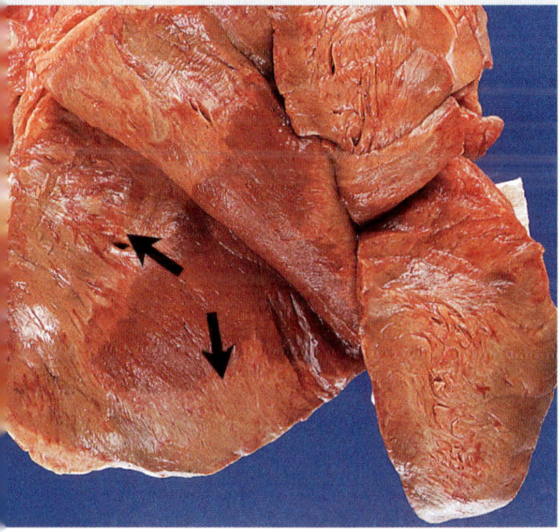

D **Myokard:** frischer Infarkt
Luxol-fast-blue, 50x

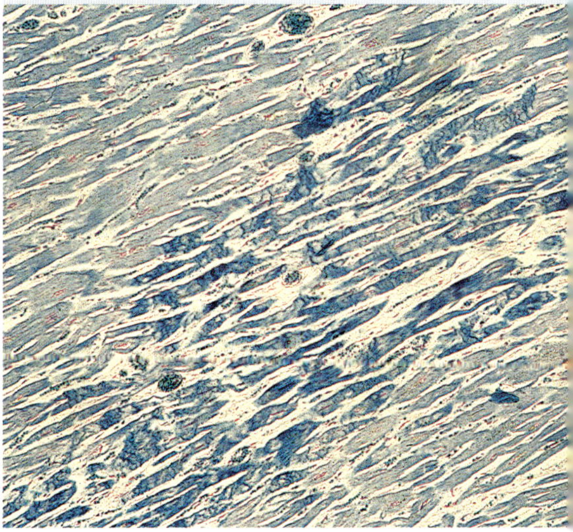

E **Herz:** Infarktnarbe

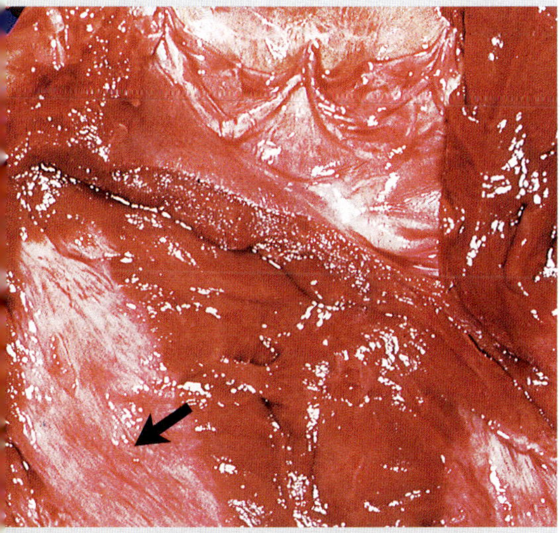

F **Milz:** Infarkt

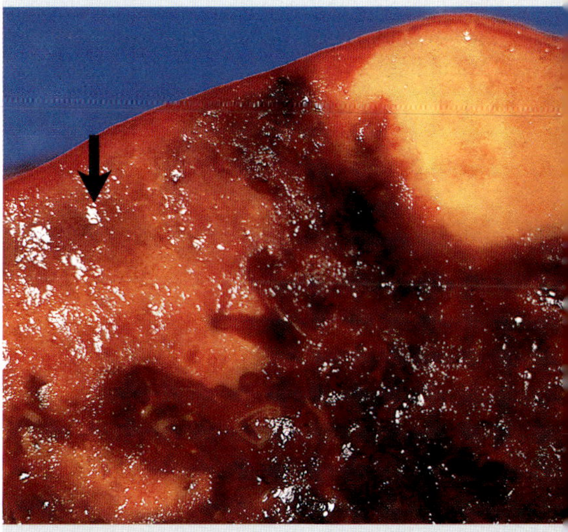

Anämischer Hirninfarkt

Abkürzungen: NK = Nekrose

Definition: Kolliquations-NK einer Hirnregion aufgrund eines Durchblutungsstopps im Hauptstamm einer der 3 Zerebralarterien.

Ätiologische Faktoren des Durchblutungsstopps:
- Insuffiziente zerebrale Gefäßkollateralen bei:
- atherosklerotischer Plaqueruptur (häufig) oder
- zerebrale Thrombembolie bei kardialer Thrombose.

Formalpathogenese s. akute Hypoxydose (S. 22, 68).

Morphologisches Hirninfarktkorrelat entwickelt sich nach folgendem Zeitplan:

0–3 Tage (Demarkationsstadium): NK-Zone ist aufgrund einer Kolliquations-NK leicht geschwollen, teigig-aufgeweicht (= „Enzephalomalazie"), nur schwach anfärbbar und durch ein Perifokalödem demarkiert (► A, C).

2–14 Tage (Resorptionsstadium): Einwanderung von Makrophagen aus der perinekrotischen Zone in den NK-Bezirk → sie phagozytieren Myelinbruchstücke und bauen sie in Heterophagievakuolen (= Lipidvakuolen) ab → Vakuolenanreicherung im Makrophagenzytoplasma → Umwandlung der Makrophagen zu „Fettkörnchenzellen" (= Lipophagen, ► D).
Resultat: NK-Zone wird zu weißlichem Material verflüssigt (= „kalkmilchartige Metamorphose") → „weiße" Enzephalomalazie.

1–8 Wochen (Zystenstadium): Beseitigung der NK durch Makrophagen → Zurücklassung einer Gewebshöhle → *Resultat:* Höhlenbildung mit gliös-bindegewebiger Auskleidung (► B).

***Infarktform** nach Stenosetopographie:*

Totalinfarkt

Synonym: Massenmalazie

Pathogenese: Durchblutungsstopp (absolute anhaltende Ischämie) in basalen Hirnarterien und/oder Anfangsteilen der 3 großen Hirnarterien (A. cerebri media < anterior < posterior).

Morphologie: Scharf begrenzter, keilförmiger Erweichungsherd (Kolliquations-NK) im betroffenen Rinden-Mark-Gebiet mit zystischer Umwandlung.

Klinik: *Apoplexie* = Schlaganfall: Halbseitenlähmung und/oder Extrapyramidalstörungen, Sprechunfähigkeit (Aphasie). Teilbesserung nach Rückbildung des Perifokalödems.

Sonderform des Totalinfarkts:
Wallenberg-Syndrom: Dieses Syndrom resultiert aus einem thrombotischen Abgangsverschluß der A. vertebralis aus der A. subclavia, der auf die A. cerebelli inf. post. übergreift. Folgen davon: Myelomalazie (= Markerweichung) der dorsolateralen Medulla oblongata. Symptomatik durch Gehirnnervenausfälle: Trigeminusparästhesie, Fazialisparese, Lähmung des Gaumensegels, Heiserkeit, Ataxie.

Prominente Patienten (Tod wg. Hirninf.):
Caspar David Friedrich: dtsch. Maler (1774 – 1840), Antonin Dvořák: tschech. Komponist (1841 – 1904).

Grenzzoneninfarkt

Definition: Durchblutungsminderung mit temporärer akuter relativer Ischämie in versorgungsmäßigen Grenzgebieten der 3 großen Hirnarterien.

Morphologie: Multiple, mehrere Millimeter große Rindenerweichungsherde (v. a. in Windungstälern der Hirnrinde) → *später:* NK-Vernarbung mit feingranulärer Rindenumwandlung (Rinden-„Granularatrophie").

Mikroinfarkte

Definition: Durchblutungsminderung mit temporärer akuter relativer Ischämie im Versorgungsgebiet kleiner Hirnarterien/-Arteriolen.

Morphologie: Multiple, winzige, knapp millimetergroße Erweichungsherde (v. a. im Großhirnmarklager und den Stammganglien).

Anämischer Niereninfarkt

Definition: Koagulations-NK aufgrund eines Durchblutungsstopps (absolute anhaltende Ischämie) in der Nierenarterie oder einem Nierenarterienast.

Morphologisches Niereninfarktkorrelat: Es entwickelt sich nach folgendem Zeitplan:

1 Tag nach Gefäßverschluß: Nur noch Zellschatten im makroskopisch grau-gelblichen Infarktareal (► E1, F).

3 Tage später: NK-Organisation durch einsprossendes kapillarreiches Granulationsgewebe („hämorrhagischer Randsaum", ► E2).

4 Wochen später: Narbige NK-Umwandlung → grauweiße Narbe mit trichterförmiger Einziehung.

***Infarktform** nach Stenosetopographie:*
- ***Trapezförmiger Rindeninfarkt*** wegen eines peripheren A.-arcuata-Verschlusses;
- ***Dreieckiger Rindeninfarkt*** wegen eines A.-radiata-Verschlusses (► E1);
- ***Rinden- und Markinfarkt*** wegen eines zentralen A.-arcuata-Verschlusses;
- ***(Sub-)totaler Niereninfarkt*** wegen eines Verschlusses im Nierenarterienstamm (► F).

Merke: *Klinik des Niereninfarkts:* Plötzlicher Lendenschmerz mit Hämaturie.

Merke: *Ischämieform/Niereninfarkt-Form:*
- absolute anhaltende Ischämie → Niereninfarkt.
- chronische relative Ischämie → Nierensubinfarkt (nur hochgradige Parenchymatrophie, keine NK).

A **ZNS:** frischer Infarkt

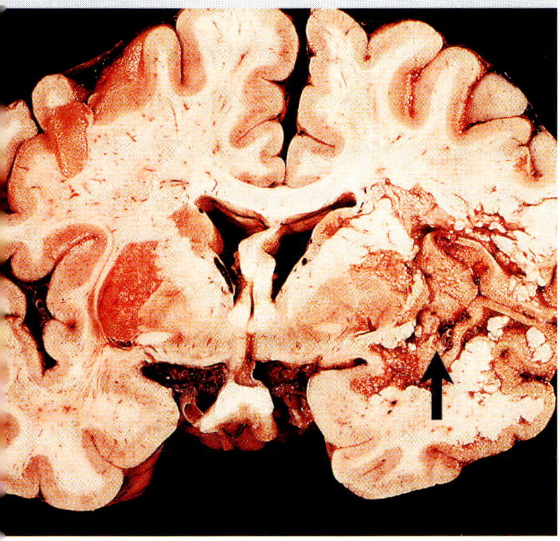

B **ZNS:** alter Infarkt

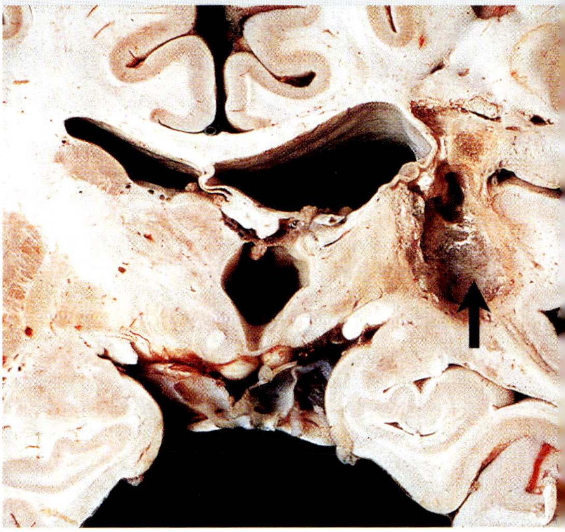

C **Kleinhirn:** frischer Infarkt
75x

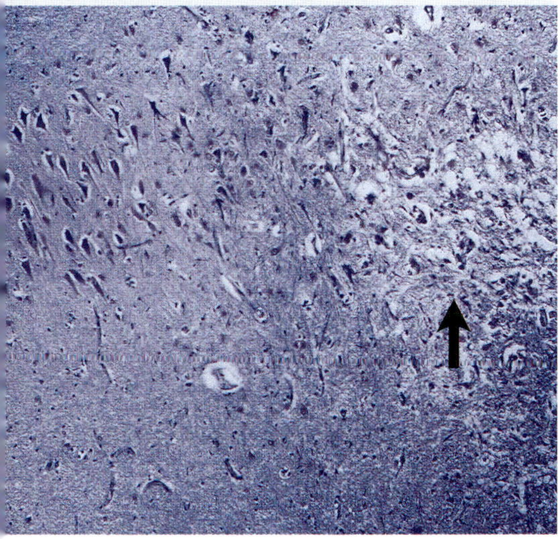

D **ZNS:** nicht ganz frischer Infarkt
75x

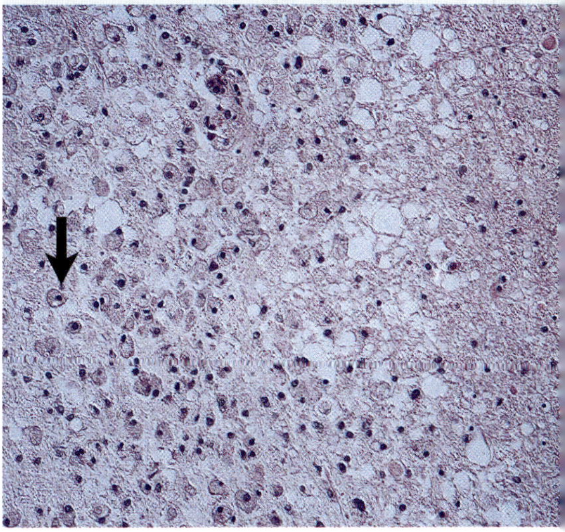

E **Niere:** Infarkt

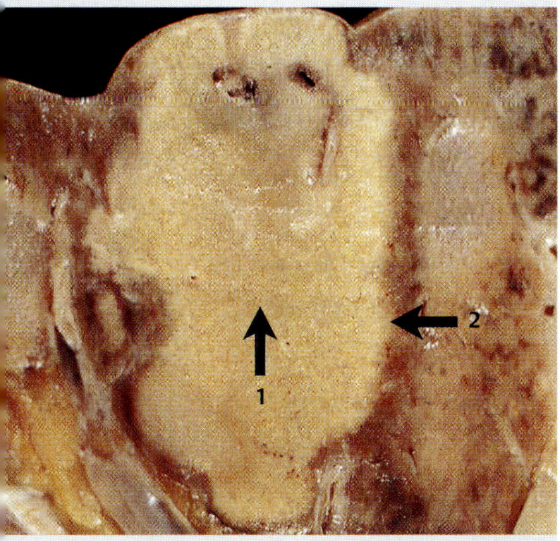

F **Niere:** Subtotalinfarkt

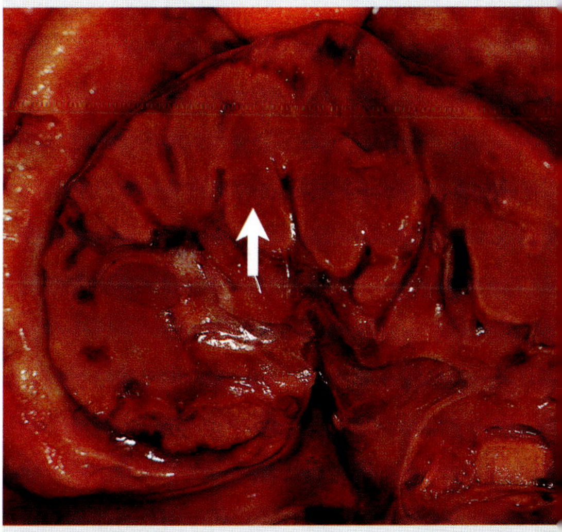

Venöse Zirkulationsstörungen

Venöse Stauung

Synonym: Venostase

Definition: Blutüberfüllung von (Kapillaren und) Venen aufgrund eines behinderten Blutabflusses.

Ätiologische Faktoren:
- *Rechtsherzinsuffizienz* → Stauungshyperämie.
- *stenosierende Phlebopathie* (Venenobliteration).
- *dilatative Phlebopathie* (Varizen).

Morphologie nach Stauungsdauer:
- ***Akute venöse Stauung*** → reine Hypoxiefolgen: zyanotische Organvergrößerung mit subletalen Zellschäden.
- ***Chronische venöse Stauung*** → Folgen von Hypoxie + hydrostatischer Druckerhöhung: kollagenfaserige Organstromaverfestigung (= „Stauungsinduration"; S. 40, 69) → *später:* disseminierter Untergang von Organzellen in Form einer zyanotischen (numerischen) Atrophie (S. 124).

Assoziierte Läsion

Stauungsleber

Definition: Passive venöse Leberhyperämie.

Ätiologische Faktoren:
- *Rechtsherzinsuffizienz,*
- *Pericarditis constrictiva.*

Morphologie nach Stauungsdauer:
- ***Akute Stauungsleber***
  (Dauer: Stunden.) Zyanotische vergrößerte Leber mit punktfömig eingesunkenen Bezirken auf der Schnittfläche = gestaute, läppchenzentrale Sinusoide.
- ***Subakute Stauungsleber***
  (Dauer: Tage.) Netzwerk aus zyanotischen „Stauungsstraßen" zwischen den Zentralvenen.
- ***Chronische Stauungsleber***
  (Dauer: Wochen.) Zyanotische „Stauungsstraßen" mit Umsäumung durch hypoxisch-verfettete, druckatrophische Leberzellbalken. Die Leberzellen gehen zugrunde → Lebertransaminasen treten ins Serum aus. Die Stauungsstraßen verbinden die Läppchenzentren („Muskatnußleber"; ► A, B) → *Langzeitstauung:* fibröser Ersatz des drucknekrotischen Parenchyms → knotige Parenchymzergliederung (= „Cirrhose cardiaque"; S. 42).

Hämorrhagischer Infarkt

Definition: Gewebezerstörung aufgrund eines vollständig unterbrochenen venösen Rückstroms durch plötzliche Verlegung einer großen Organvene.

Ätiologische Faktoren:
- *Venen-Thrombosierung,*
- *Venen-Strangulation,* bei Drehung des gefäßhaltigen Bindegewebestiels (z. B. Hodentorsion, ► C, D).

Pathogenese: Maximale Rückstauung des venösen Blutes → der Blutstrom kommt zum Stillstand → Nekrose und Blutaustritt aus der Endstrombahn.

Morphologie: Blutdurchtränkter, volumetrisch vergrößerter, dunkelroter (= zyanotischer) Bezirk (► C,F).

Assoziierte Krankheiten

Hämorrhagischer Hirninfarkt

Synonym: Rote Enzephalomalazie

Definition: Hirninfarkt aufgrund einer Thrombose von Hirnvenen oder Durasinus.

Ätiologische Faktoren:
- blande Thrombose (ohne Thrombophlebitis),
- septische Thrombose (mit Thrombophlebitis).

Morphologie (► E): Anfänglich roter, geschwollener und aufgeweichter Infarktbezirk (= „rote Malazie") → *später:* histiozytäre Beseitigung des Nekrose- und Blutungsmaterials → Hämosiderinbildung in den Histiozyten (= Siderophagen) → Braunfärbung des Infarktbezirks (= „braune Malazie").

+ **Klinik:** Blutiger Liquor, Bewußtlosigkeit, Krampfanfälle, Apoplexiesymptomatik.

Mesenterialinfarkt

Definition: Hämorrhagischer Infarkt eines Darmabschnitts aufgrund eines arteriellen oder venösen Durchblutungsstopps.

Ätiologische Faktoren:
- *Mesenterialvenenverschluß* wegen Thrombose oder Stieldrehung;
- *Mesenterialarterien-Embolie:* Da zwischen Truncus coeliacus, A. mesenterica superior und inferior ein Kollateralkreislauf besteht, müssen mindestens 2 dieser Gefäße okkludiert sein. Mesenterialarterien sind folglich keine Endarterien; bei einem Verschluß strömt Blut über die Kollateralen ins Infarktgebiet ein → hämorrhagische Infarzierung.

Morphologie (► F): Der infarzierte Darm ist wegen Darmlähmung gebläht, dunkelrot (= zyanotisch) mit brüchiger Wandung und enthält eine schwappende Füllung (*Röntgenbild:* Spiegelbildung; *Auskultation:* metallisches Plätschern). Diese Darmwandnekrose wird von einer (reaktiven) fibrinösen Peritonitis begleitet.
Histologisch ist die Mukosa blutig durchtränkt und wegen der gleichzeitigen Nekrose nur noch schattenhaft erkennbar.

+ **Klinik:** *Symptomentrias:* akutes Abdomen, Schock, blutige Diarrhö.

+ **Komplikationen:** bakterielle, eitrige Durchwanderungsperitonitis, Darmwandruptur.

A Muskatnußleber

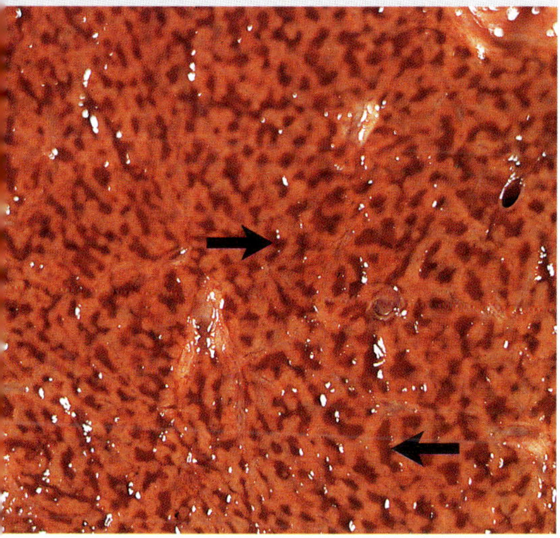

B Muskatnuß

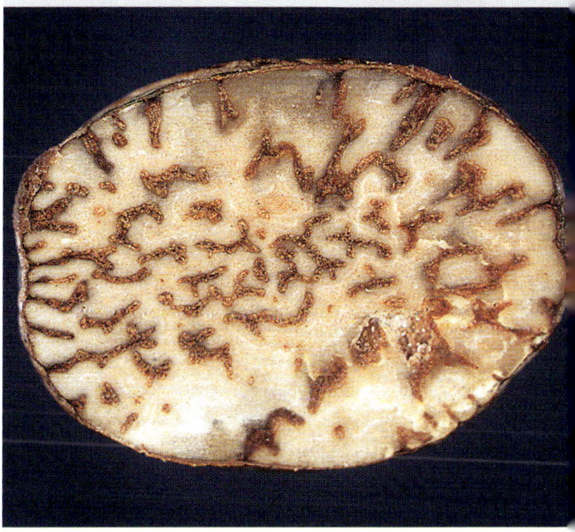

C Hämorrhagischer Hodeninfarkt

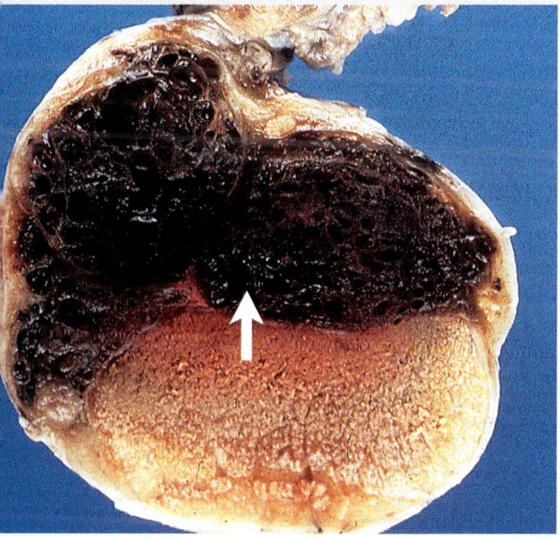

D Hämorrhagischer Hodeninfarkt
75x

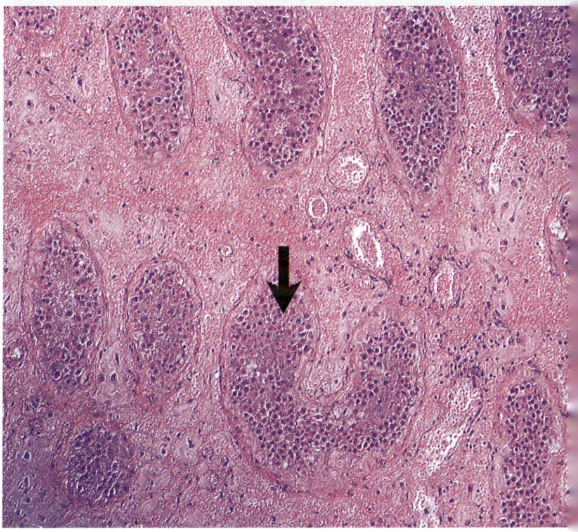

E Hämorrhagischer Hirninfarkt

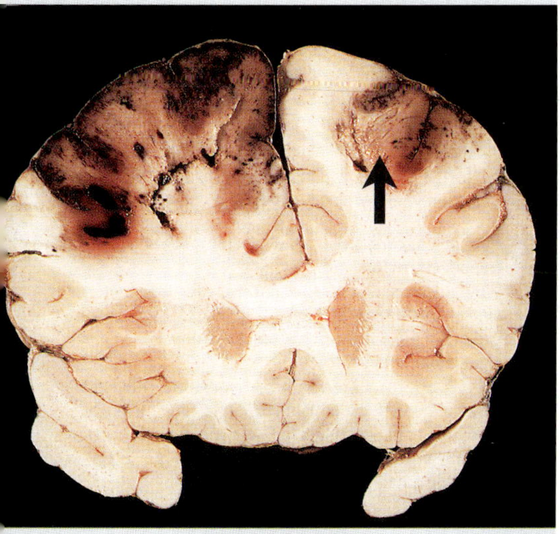

F Hämorrhagischer Darminfarkt

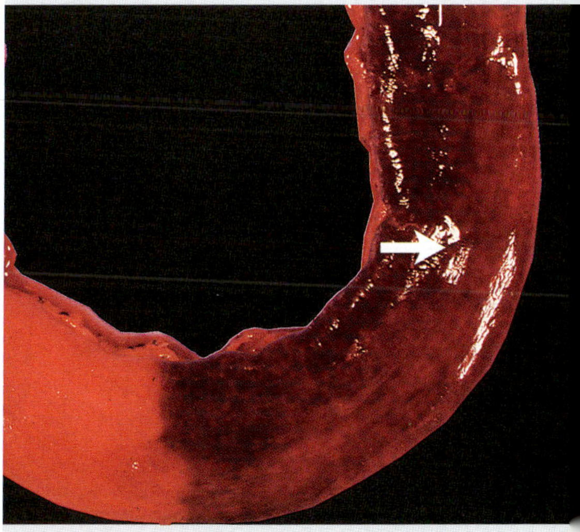

25 Wenn Deichschäden zur Überflutung führen
Ödeme

Zusammenfassung

Der Organismus besteht zur Hälfte aus Wasser; davon befinden sich 2 Drittel innerhalb und 1 Drittel außerhalb der Zellen. Der Extrazellulärraum ist folglich die „wäßrige Umwelt" der Zelle. Es ist deshalb verständlich, daß die Aufnahme und Abgabe des Körperwassers sowie seine Verteilung und Wanderung von der Zelle in den Extrazellulärraum und umgekehrt genau aufeinander abgestimmt sein müssen. Die gesunden Blutgefäße entlassen dementsprechend nur so viel Flüssigkeit, wie das Gewebe zur Ernährung braucht. Fließt mehr Flüssigkeit ins extrazelluläre Gewebe ab, so entsteht ein Ödem. Bei der Ödementstehung kann man vom Starling-Konzept (1909) ausgehen. Es besagt: der normale Flüssigkeitsaustausch zwischen intravaskulärem und interstitiellem, extravaskulärem Raum läuft so ab, daß auf Höhe des arteriellen Kapillarschenkels Wasser vom Blut ins Interstitium austritt und von dort aus – sei es direkt auf der Höhe des venösen Kapillarschenkels, sei es indirekt über die Lymphzirkulation – wieder in die Blutbahn gelangt.

Allgemeine Definition: Ödeme* sind abnorme Flüssigkeitsansammlungen im extravaskulären Abschnitt des Extrazellulärraums.

Allgemeinpathogenetische Faktoren (► A) eines Ödems gemäß Starling-Konzept (einzeln oder kombiniert):
- hydrostatischer Überdruck in den Kapillaren (► A1),
- onkotischer Überdruck im Blut (► A2),
- kapilläre Permeabilitätsstörung (► A3),
- Lymphabflußstörung (► A4).

Aus pathologischer Sicht ist das Ödem das Resultat eines „Exsudationsprozesses".

Merke: *Entzündliches/nichtentzündliches Ödem:*
- Entzündliches Ödem/Erguß (= Exsudat): spezifisches Gewicht > 1,018, da eiweißreich.
- Nichtentzündliches Ödem/Erguß (= Transsudat): spezifisches Gewicht <1,018, da eiweißarm.

Merke: Entzündungsödem = **E**iweißreich.

Hydrostatische Ödeme

Kardiale Ödeme

Definition: Ödeme infolge eines Blutrückstaus in den großen und/oder den kleinen Kreislauf aufgrund einer ungenügenden Förderleistung der rechten und/oder linken Herzkammer.

Ätiologische Faktoren:
- ***Linksherzinsuffizienz***
  Drucksteigerung vor dem linken Herzen → Blutrückstau in die Lungenkapillaren → Abpressen von Blutserum durch die alveolokapilläre Membran (► B1) hindurch in die Alveolenlichtung (► B2) → *Resultat:* „alveoläres Lungenödem"; oft Ödemrückstau als Pleuraerguß.
- ***Rechtsherzinsuffizienz***
  Abflußbehinderung im kleinen Kreislauf (erkennbar an einer pulmonalen Hypertonie) → Blutrückstau in die Hohlvenen und den Ductus thoracicus → Druckerhöhung im venösen Kapillarschenkel sowie Abflußstörung der pleuranahen Lymphdrainage. Dazu kommt oft noch ein sekundärer Hyperaldosteronismus mit Natriumretention.
  Resultat: „periphere Ödeme" in folgenden Organen/Geweben:
  - *Haut* (Anasarka*): in (lagerungs- oder haltungs-) „abhängigen „Partien (v. a. untere Extremitäten) in Form wegdrückbarer Ödeme (► C), die im Unterhautfettgewebe eingelagert sind (► E) und sich beim Einschneiden in die Schnittspalte entleeren (► D).
  - *Pleura:* als Pleuraerguß.

Portale Ödeme

Definition: Ödeme im Einzugsbereich der Pfortader (v. a. Darmbereich) bei Pfortaderhochdruck.

Ein Aszites entsteht nur dann, wenn die postsinusoidalen Gefäße (z. B. durch Leberzirrhose) eingeengt sind.

Phlebödeme

Definition: Ödeme in Bereichen mit gestörtem Abfluß von Venenblut.

Ätiologische Faktoren:
- ***Venenverschluß***
  wegen Thrombose oder Kompression;
- ***Veneninsuffizienz***
  wegen Ausweitung oder defekten Venenklappen bei Varikose.

Osmotische Ödeme

Definition: Ödeme aufgrund eines ungünstigen Verhältnisses von NaCl und Wasser im Blut.

Ätiologische Faktoren:
- ***Hypotone Hydratation***
  wegen exzessiver Wasserzufuhr oder unangemessener Adiuretinsekretion (= Schwartz-Bartter-Syndrom) → Verdünnungshyponatriämie.
- ***Hypertone Hydratation***
  wegen übermäßigen Zufuhr hypertoner Kochsalzlösungen oder einer Überfunktion der Nebennierenrinde mit gesteigerter Natriumrückresorption (Conn-Syndrom, Cushing-Syndrom; S. 122) → Überflußnatriämie.

A **Ödem-Pathogenese**

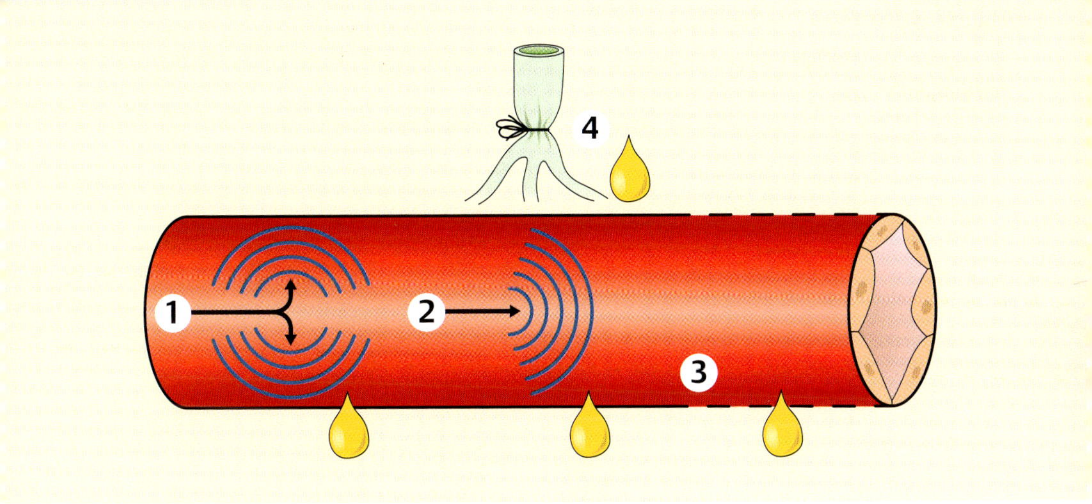

B **Intraalveoläres Lungenödem**
EvG, 25x

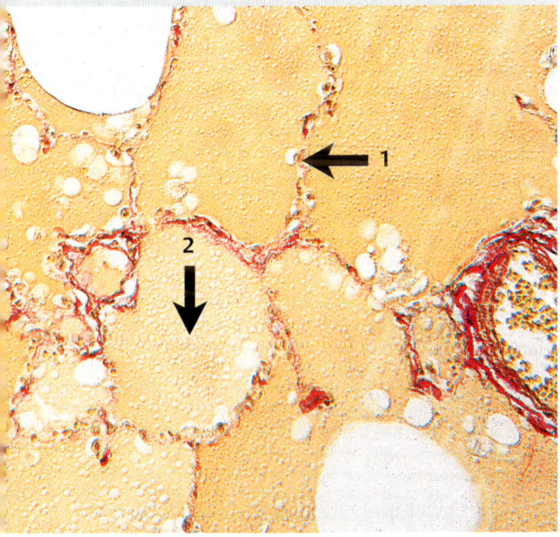

C **Hautödem**

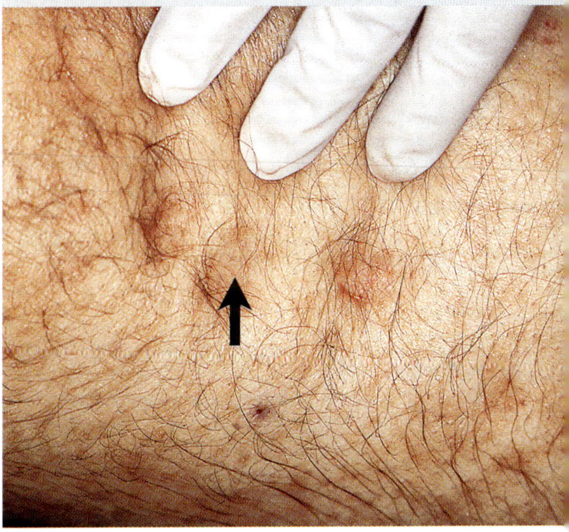

D **Hautödem** (Querschnitt)

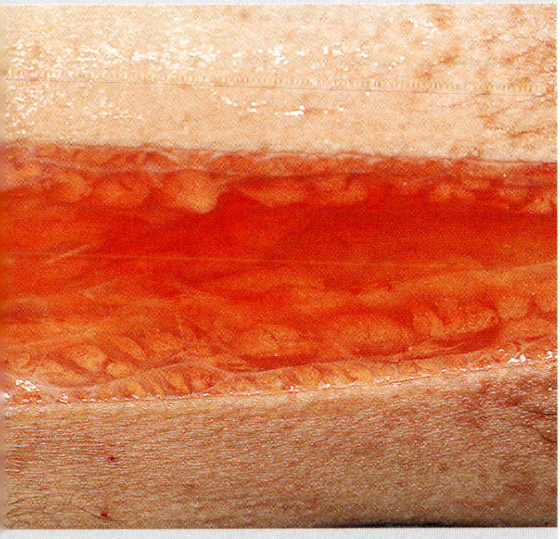

E **Peripheres Ödem**
50x

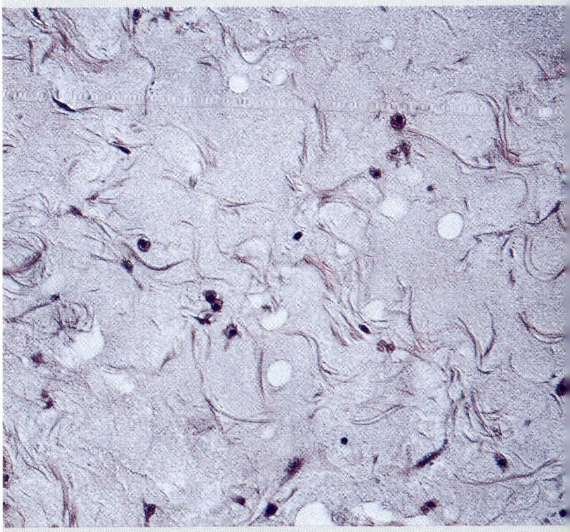

Onkotische Ödeme

Abkürzung: LG = Lymphgefäß

Definition: Ödeme aufgrund eines Proteinmangels und daraus resultierendem zu niedrigem kolloidosmotischen Druck.
(Selten wegen unsachgemäßen Plasmaersatzes.)

Ätiologische Faktoren:
- *Proteinurie* mit renalem Proteinverlust,
- *Eiweißverlust-Enteropathie,*
- *Hunger* (S. 124) mit insuffizienter Proteinaufnahme,
- *Leberzirrhose* (S. 42) mit Albuminsynthesedefekt.

☺ **Prominente Patienten** mit Hungerödemen: Experimentelles Verhungern von Kriegsgefangenen in einem Hamburger Lazarett 1941.

Vaskuläre Ödeme

Definition: Ödeme wegen Generierung von permeabilitätssteigernden Entzündungsmediatoren und/oder Kapillarschädigung (vgl. S. 196).

Ätiologische Faktoren:
- *Erregertoxine* (z. B. Endotoxinschock) → exsudative Entzündungsreaktion.
- *Immunkomplexvaskulitis* (z. B. anaphylaktische Reaktion).
- *Physikalisch-chemische Noxen* (z. B. Senfgas im 1. Weltkrieg).
- *Toxische Metabolite* (z. B. Urämiegifte bei Urämie).
- *Mediatorfreisetzung* bei Entzündung (z. B. Insektenstich).
- *Persistenz von Komplementfaktoren* bei Antagonistenmangel (z. B. Quincke-Ödem, ► A).

Lymphödeme

Orthologie des Lymphabtransports: Etwa die Hälfte der zirkulierenden Plasmaproteine verläßt die Blutkapillaren und gelangt via Interstitium und Proteinresorption durch die Lymphkapillaren in die LG → Venenwinkel → Blutbahn.
„Lymphpflichtige Last“ = pro Zeiteinheit aus dem Interstitium wegzuschaffende Proteinmenge.

Definition: Ödeme infolge funktioneller und/oder obstruktiver Behinderung des Lymphabflusses aus dem Gewebe.
- ***Primäre Lymphödeme*** = Ödeme aufgrund einer angeborenen Fehlbildung oder Sklerosierung der Lymphgefäße.
- ***Sekundäre Lymphödeme*** = Ödeme aufgrund einer Unwegsamkeit oder Ineffizienz von ansonsten funktionsfähigen Lymphgefäßen.

Pathogenese: Lymphabtransportstopp → milchig-gelbliche Ausweitung der LG (= Lymphangiektasie, ► B) → die aus dem Kapillarblut stammenden Proteine stauen sich in Lymphspalten und LG des Gewebeinterstitiums an (► C). Folgen davon: Histiozytenmobilisierung → histiozytäre Proteinphagozytose. Werden die Histiozyten durch zu große Proteinmengen überfordert → Proteinstau → der onkotische Druck steigt an → Wasseransammlung im Gewebe (= Lymphödem).

✚ **Klinik und Morphologie** (ätiologische Gliederung):
Primäre Lymphödeme aufgrund von:
- *Milroy-Meige-Syndrom* = autosomal dominante Hypoplasie der Bein-LG.
- *Lymphangiopathia obliterans* = angeborene stenosierende LG-Sklerose der Unterschenkel.

Sekundäre Lymphödeme aufgrund von:
- *Lymphangiosis carcinomatosa* und/oder metastatischer Obliteration der Lymphknoten mit Lymphstau,
- *rezidivierender Lymphangitis* (z. B. Erysipel) mit entzündlicher LG-Obliteration,
- *LG-Vernarbung* nach Hautverbrennung,
- *(Bein-) Elephantiasis* aufgrund einer parasitären LG-Obstruktion im Rahmen einer Filariasis (S. 284) → monströse Beinschwellung,
- *postthrombotischem Syndrom* und/oder Venenverödung mit reaktiv-fibröser LG-Obliteration.
- *Meigs-Syndrom:* kausalpathogenetisch ungeklärter Aszites und einseitiger Pleuraerguß bei gutartigem Ovarialtumor (meist Fibrom).

! **Merke:** *Ödem-Sonderformen:*
- ***Zellödem*** (gr. oidema = „Schwellung“) aufgrund eines abnormen Wassereinstroms in die Zelle.
- ***Anasarka*** bei ausgedehnter Flüssigkeitsansammlung in der Subkutis.
- ***Hydrops**** ist eine Höhlenwassersucht mit Flüssigkeitsansammlung in präformierten Höhlen eines Organs (z. B. Gallenblasen).
  Sonderformen des Hydrops:
  - *Hydrozephalus* = „Wasserkopf“
  - *Aszites* = „Bauchwassersucht“.

Ödem-Folgekrankheiten

Ödemsklerose: Persistenz des Lymphödems → Proliferationsreiz für die Stromafibroblasten → Bildung von Kollagenfasern → fibrosklerotische Verhärtung des ehemals ödematös-matschigen Gewebes.

Dermatopathie: Hautatrophie, z. T. auch Hyperkeratose im Ödembereich → prädestiniert zu Erysipel:

Rezidivierendes Erysipel (S. 212).

Nodale vaskuläre Sinustransformation: Lymphstau → Umwandlung der Lymphknotensinus in anastomosierendes Netzwerk aus kapillarähnlichen Gefäßkanälchen (► D) und Sklerosierung des Stromas (S. 40).

Stewart-Treves-Syndrom: Seltenes Syndrom, bestehend aus einem „Lymphangiosarkom“, das nach jahrelangem Bestehen eines Lymphödems (meist Oberarm nach Mastektomie aufgrund eines Mammakarzinoms) entstanden ist und sich zentripetal ausbreitet.

! **Merke:** *Lymphangiosarkom* = maligner Tumor aus gewucherten LG, deren Endothelien kein CD34 exprimieren.

A **Quincke-Ödem**

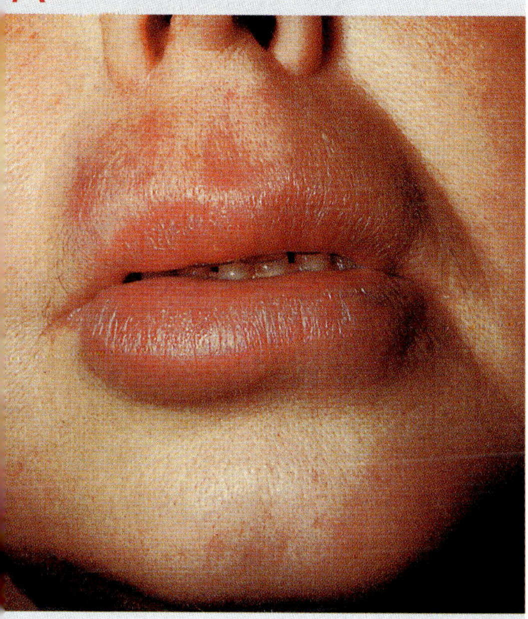

B **Lymphostase:** Darm

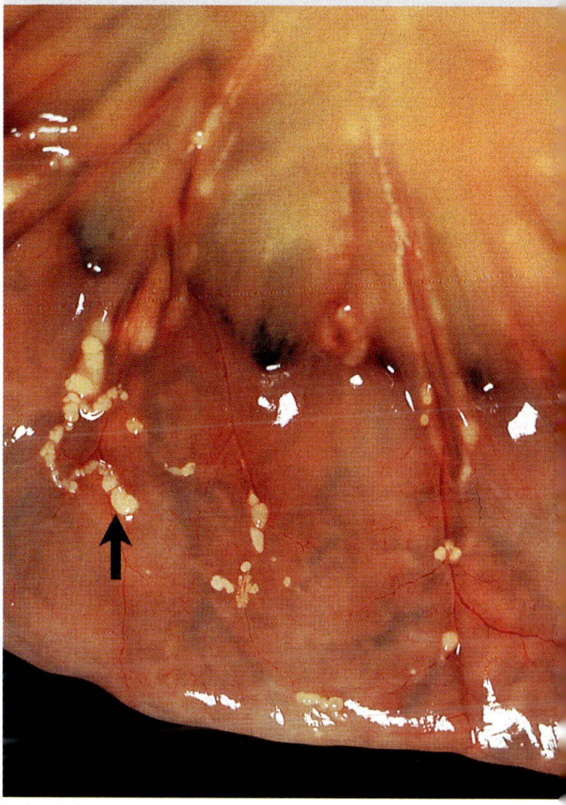

C **Lymphangiektasie:** Ödem
25x

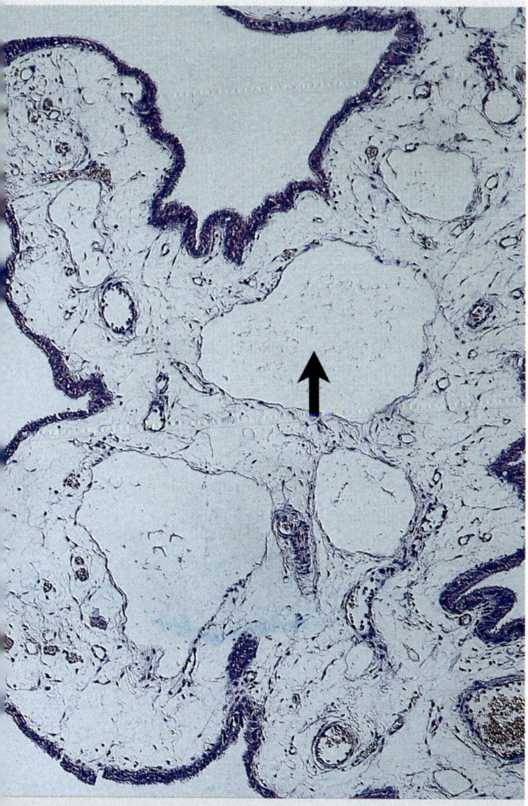

D **Vaskuläre Sinustransformation:** Lymphknoten
IH (CD34), 25x

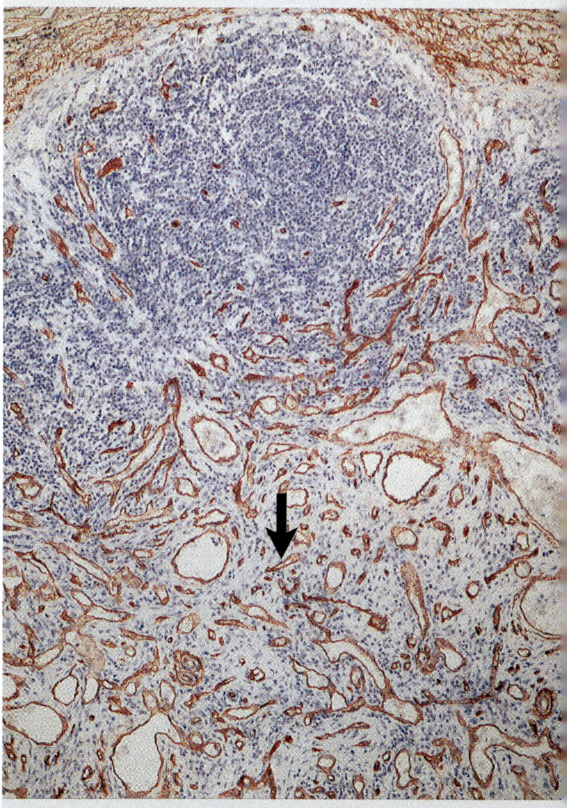

Hirnödem

Abkürzung: BHS = Blut-Hirn-Schranke

Orthologie der Blut-Hirn-Schranke: Funktionsträger der BHS sind die zerebralen Gefäßendothelien mit ihren Haftstrukturen. Sie kontrollieren den Flüssigkeits- und Stoffaustausch zwischen Intra- und extravaskulärem Raum im Zentralnervensystem. Bei Öffnung der BHS-Endothelbarriere → Austritt von Blutplasma in den extrazellulären Raum.

Allgemeine Definition: Diffuse oder lokale Flüssigkeitsvermehrung im Gehirn mit einer Volumenzunahme des Hirngewebes.

Hirnödemformen nach Ausdehnung:
- *generalisiertes Hirnödem* mit diffuser Ausbreitung auf das ganze Gehirn,
- *perifokales Hirnödem* um den Herdprozeß.

Hirnödemformen nach Ursache:
- vasogenes Hirnödem,
- zelluläres Hirnödem,
- interstitielles Hirnödem,
- hyperosmotisches Hirnödem.

Vasogenes Hirnödem

Synonym: Perifokalödem

Definition: Hirnödem wegen Funktionsstörung der BHS in der Umgebung eines Herdprozesses.

Ätiologische Faktoren:
- Hirntumoren (S. 368),
- Hirninfarkte (S. 420),
- Hirnverletzungsherde (S. 316),
- Hirnmassenblutungen (S. 398),
- Hirnabszesse (S. 214).

Pathogenese: Herdprozeß → kontinuierliche Ödemausbreitung via extrazelluläre Räume auf die weiße Substanz (Marklager) → *später:* Ödemausdehnung auf die graue Substanz.

Ödemrückbildung unterscheidet sich je nach Dauer des Hirnödems:
- *kurze Hirnödendauer:* vollständige Rückbildung.
- *persistierendes Hirnödem:* → Schädigung der Markscheiden → Demyelinisierung → (Ödem-)Nekrosebildung.

Zelluläres Hirnödem

Synonym: Zytotoxisches Hirnödem

Definition: Hirnödem wegen Funktionsstörung der BHS infolge eines Zusammenbruchs des zerebralen Energiestoffwechsels.

Ätiologische Faktoren:
- (akute) Hirnischämie (Hirninfarkt),
- hepatogene Enzephalopathie,
- zerebrale Intoxikation (Cyanide).

Pathogenese: Zusammenbruch des zerebralen Energiestoffwechsels → Funktionsverlust der ATP-abhängigen Ionenpumpe → passiver Wassereinstrom in die Ganglienzellen, Gliazellen (v. a. Astrozyten) und Endothelzellen. Folgen davon: Volumenzunahme des Intrazellulärraums aber auch Volumenabnahme des Extrazellulärraums.

Interstitielles Hirnödem

Synonym: Hydrozephales Ödem

Definition: Hirnödem wegen Liquorabflußstörung mit Ausbildung eines Hydrozephalus internus und begleitendem intraventrikulären Druckanstieg.

Ätiologische Faktoren:
- Liquorabflußstörungen,
- Okklusionshydrozephalus.

Pathogenese: Liquorabflußstörung → Folgen davon:
- passiver Liquordurchtritt durch das Ependym ins Hirngewebe oder
- verminderte Drainage von Extrazellulärflüssigkeit ins Ventrikelsystem.

Hyposmotisches Hirnödem

Definition: Hirnödem wegen Hypervolämie mit konsekutiver Hyponatriämie.

Pathogenese: Passiver Flüssigkeitseinstrom ins Hirngewebe entlang eines Osmosegradienten.

+ Komplikationen von Hirnödem/intrakranielle Raumforderung:

Reserveraum-Ausfüllung: (Sub-)akute, diffuse Volumenzunahme → ein Zuviel an Hirngewebe im Schädelinnenraum → Hirnverschiebung in Richtung der Reserveräume (dies sind: Subarachnoidal- und Ventrikelräume).
Morphologie: abgeflachte Gyri, verstrichene Sulci (► A, B). Bei langsam-chronischer Raumforderung entsteht eine Hirnatrophie.

Mittellinien-Verschiebung: Herdförmige Raumforderung/Hirnödem → Verschiebung von Mittellinienstrukturen zur Gegenseite (► C1, D) → Herniation des Gyrus cinguli unter die Falx cerebri (= subfalzinäre Herniation = Falx-Hernie).
Klinik: Kopfschmerzen, Übelkeit und Sehstörungen

Transtentorielle Massenverschiebung: Axiale Verlagerung von Hirngewebe aus der mittleren in die hintere Schädelgrube durch Tentoriumschlitz(► C2) → Herniation, v. a. Uncus des Gyrus parahippocampalis (= transtentorielle Hernie = Uncus-Hernie).
Klinik: differente Pupillenweite (= Anisokorie), Sehstörungen, Hemiparese/Hemiplegie → Dezerebration.

Kleinhirndruckkonus: Dies ist das Resultat der schwersten Hirnödemform. Folge davon: Durchpressen von Kleinhirnteilen durch das Foramen occipitale magnum in den Wirbelkanal (= transforaminelle Zerebellumherniation, ► C3, E).
Klinik: Kreislaufstillstand, Atemlähmung.

A **Normalhirn** (unfixiert)

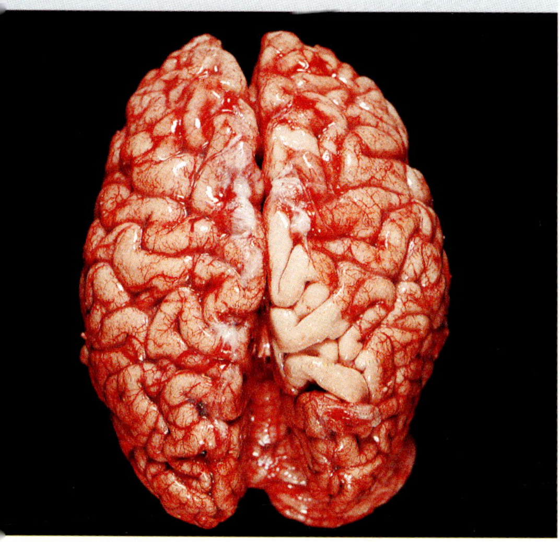

B **Hirnödem** (fixiert)

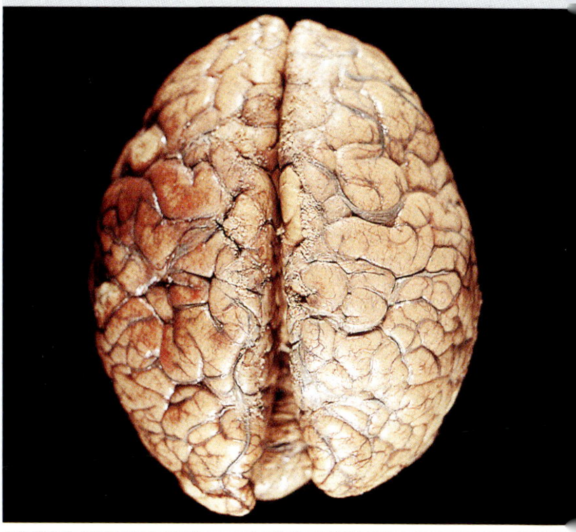

C **Hirnherniationen**

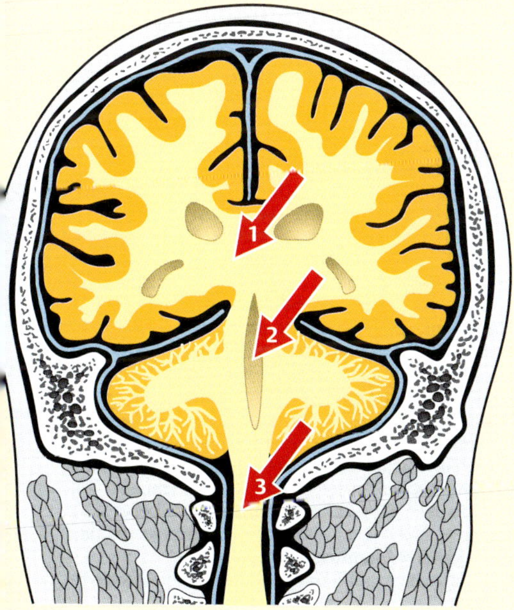

D **Falxhernie**

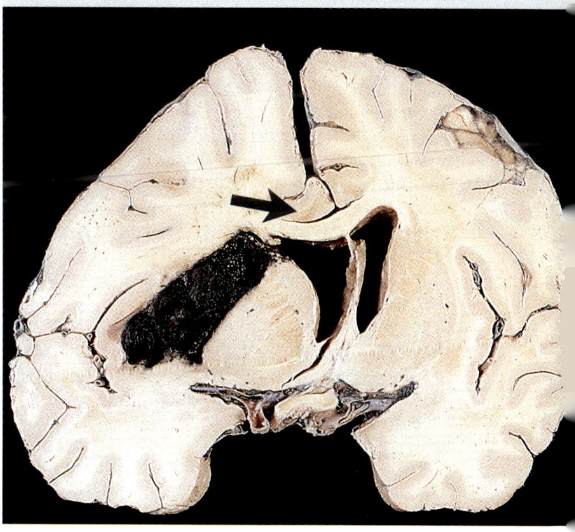

E **Kleinhirndruckkonus**

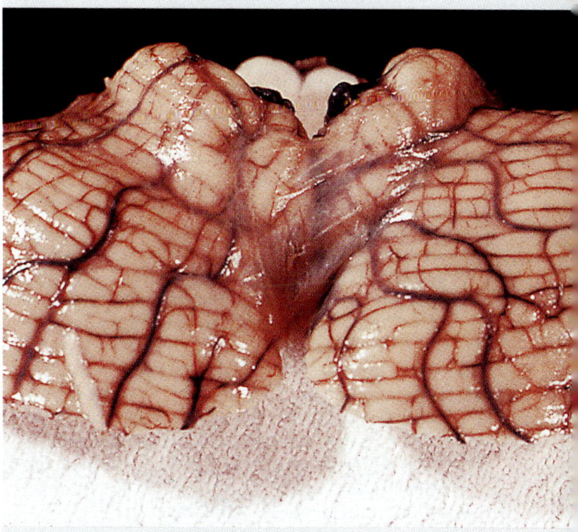

Glossar

A

Abdomen, lat. = Bauch
Abort: aboriri, abortus, lat. = zugrundegehen → volksmed. = „Fehlgeburt" = Ausstoßung der Frucht bis zum Ende des 7. Schwangerschaftsmonats (d. h. bevor Fetus 35 cm lang ist)
Abszeß: abscessus, lat. = Weggang → eitrige Gewebseinschmelzung
Abusus, lat. = Mißbrauch
Achondroplasie, gr. chondros = Knorpel, plasso = bilden = „Knorpelbildungslosigkeit" → enchondrale Ossifikationsstörung
ACTH = **a**drenoco**rt**icopropes **H**ormon (NNR-stimulierendes Hormon)
acuminatus: acumen, lat. = Spitze → spitz(ig)
Adenom, gr. aden = Drüsen, oma = Geschwulst → (gutartiger) Drüsentumor
Adenoviren: Erstisolierung aus „adenoids" (engl.: hyperplastische Tonsillen)
ADH = **a**nti**d**iuretisches **H**ormon
Adipositas, lat. = Fettleibigkeit → volksmed. = „Fettsucht"
Adoleszenz: adolescens, lat. = heranwachsen → Pubertät
Adrenalitis: ad renam, lat = neben der Niere → Nebennierenentzündung
Adynamie, gr. = Antriebslosigkeit
Aesthesioneuroblastom, gr. aisthesis = Empfindung, neuron = Nerv, blastos = Sproß, oma = Geschwulst → maligner Riechnervtumor
Aflatoxin = **A**spergillus-**fla**vus-**Toxin** → leberschädigendes Aspergillus-Pilzgift
Agglutination (Hämagglutination), lat. = (Erythrozyten)-„Zusammenballung"
Akantholyse: akantha, gr. = Dorn, Stachel = „Stachel-Auflösung" → Auflösung der epidermalen Stachelzellschicht infolge Zerstörung der Interzellularbrücken
Akanthom = gutartiger Tumor der epidermalen Stachelzellschicht
Akanthose = hyperplastische Stachelzellwucherung mit Papillarlinienverbreiterung und konsekutiver Hautverdickung
Akren: akron, gr. = äußerst → distale Körperteile wie Finger, Zehen, Nase, Kinn, Augenbrauen, Jochbögen
Aktin = Zytoskelettbestandteil a) zytoplasmatisch, b) glattmuskulär
aktinisch: aktis, gr. = Strahl → strahlungsbedingt
Aktinomyzes = Strahlen-„Pilz" (= anaerobe Bakterien)
Akustikusneurinom = Neurinom am Nervus statoacusticus im Kleinhirnbrückenwinkel
Ala, lat. = Flügel → oberflächliche Oxyurenstacheln
Albinismus: albus, lat. = weiß; d. h. pigmentlos → Hellhäutigkeit → volksmed. = „Pigmentschwund"
Alkaptonurie, arab./gr. al-kalij = kalzinierte Asche, hapto = packen, uron = Harn → Urindunkelfärbung v. a. im alkalischen Bereich → volksmed. = „Schwarzharnkrankheit"
Allel: allelon, gr. = zueinandergehörig → Gene, die in homologen Chromosomen an homologen Genorten (Loci) lokalisiert sind
allos, gr. = anders
alterative Entzündung: alterare, lat. = schädigen → durch Gewebsverletzung ausgelöste Entzündung
Alveolitis: alveolus, lat. = kleine Mulde → Lungenbläschen → Alveolenentzündung mit Einbeziehung des Interstitiums
AMA = **a**nti**m**itochondriale **A**ntikörper
Amalgam: amalgamare, lat. = vermischen → Quecksilberlegierung
Amaurose: amauros, gr. = dunkel, blind → Blindheit
ambulare, lat. = hin und hergehen
Amelie, gr. = „Gliedmaßenlosigkeit"
Ameloblastom, lat./gr. enamelum = Zahnschmelz, blastos = Sproß, oma = Geschwulst → Tumor des Schmelzepithels
Amenorrhö, gr. = „kein Monatsfluß" → ausbleibende Monatsblutung
Aminoazidurie = Aminosäurenausscheidung im Urin
Amniozentese: kentein, gr. = stechen → Fruchtblasenstich-(Diagnostik)
amorph, gr. = gestaltlos
Amotio, lat. = „Ablösung" → Netzhautablösung
Amplifikation, lat. = zahlenmäßige Vermehrung einer Genkopie (mit Verstärkung der Genwirkung)
Amyloid: amylon, gr. = Stärke → Protein mit stärkeartiger Färbeeigenschaft
Analgetikum, gr. An = ohne, algos = Schmerz → Schmerzhemmstoff
Anämie, gr. = Blutlosigkeit → Blutarmut → volksmed. = „Bleichsucht"
Anamnese, gr. anamnesis = Erinnerung → befragende Patientendatenerhebung
Anaphylaxie, gr. = „Schutzlosigkeit" → immunologische Überreaktion ohne antigenischen Vorkontakt
Anaplasie, gr. ana = hinauf, plassein = bilden → Übergang hochdifferenzierter Zellen in undifferenzierte Zellen
Anasarka, gr. = „ins Fleisch hinein" → ausgedehntes Unterhautödem
Anenzephalie, gr. = „Gehirnlosigkeit"
Anergie: fehlende immunologische Abwehrbereitschaft
Aneurysma: aneuryno, gr. = erweitern → örtliche Arterienerweiterung
Angina abdominalis, lat. = „Bauchenge"-Gefühl wegen Durchblutungsstörung
Angina intestinalis, lat. = „Darmenge"(-Gefühl) wegen Durchblutungsstörung
Angina pectoris: pectus, lat. = Brust → „Brustenge"(-Gefühl) wegen Durchblutungsstörung
angioid streaks, engl. = strichförmig imponierende (Netzhaut)-Gefäßveränderungen
Angiopathie, gr. = (nicht-entzündliches) Gefäßleiden
Anilin-Krebs = unkorrekte Bezeichnung für durch aromatische Amine erzeugte Harnblasenkrebse von Chemiearbeitern
Anisokorie, gr. anisos = ungleich, kore = Pupille → seitendifferente Pupillenweite
Anitschkow-Zelle: Anitschkow, Nikolai (1885 - 1964) Leningrader Pathologe und Aschoff-Schüler → Histiozytenreizform bei rheumatischem Fieber
Ankylose: ankylos, gr. = krumm → Gelenkversteifung
anschoppen = Intensivum von „schieben"
Anthraxbazillen: anthrax, gr. = Kohle → Milzbranderreger
Antibiotikum, lat./gr. anti-bios = „gegen das Leben" → Sammelbegriff für bestimmte Stoffwechselprodukte von Pilzen/Bakterien oder deren synthetische Abwandlungsprodukte mit hemmender/abtötender Wirkung gegen Viren, Bakterien, Pilze, Protozoen, (Körperzellen)
Antigen = Abkürzung von **Anti**somato**gen**
Anti-Idiotyp: = Anti-Antikörper → Antikörper, die gegen den variablen Bereich des Antigenbindungsfragmentes eines anderen (körpereigenen) Antikörpers gerichtet sind

apallisches Syndrom: pallium, lat. = „Mantel“ = Hirnrinde → Mittelhirnsyndrom wegen funktioneller Trennung von Rinde und übrigen Hirnzentren charakterisiert durch keine Spontanäußerung, keine Bewegung, keine Blickfixation, kein Emotionskontakt → volksmed. = „Enthirnungsstarre“
Aphasie, gr. = Sprechunfähigkeit
Aphonie, gr. = „keine Stimme“ → Stimmlosigkeit
Aphthe, gr. = Schwämmchen → flach-weißliches Schleimhautgeschwür
apikal: apex, lat. = Spitze → spitzenseitig
Aplasie, gr. = „keine Bildung“ → keine Organanlage
Apoplexie, gr. = Schlagfluß → Schlaganfall
Apoptose: apoptein, gr. = abfallen → programmierter Zelltod mit aus dem Zellverband „tot herausfallenden Zellen“
Arachidonsäure: arachis hypogaea = Erdnuß → vierfach ungesättigte Fettsäure als Zellmembranbestandteil → Ausgangssubstanz für Leukotriene und Prostaglandine (Arachidonatabkömmlinge)
Arachnodaktylie, gr. arachne = Spinne, daktylos = fingrig → Spinnenfingrigkeit
Arachnozyt, gr. = „Spinnen-Zelle“ → spinnenförmige Speicherzelle
Arcus, lat. = Bogen, Kreis
Arenaviren: arenosus, lat. = sandig
Argyrose: argyros, gr. = Silber → Silberablagerung
Arhinenzephalie, gr. = „Riechhirnlosigkeit“
Arrosion: arrodere, lat. = annagen → schädigungsbedingter Wandfraß von Blutgefäßen
Arteriopathie = (nicht-entzündliche) Schlagadererkrankung
Arthralgie, gr. = „Gelenkschmerz“
Arthritis: arthron, gr. = Gelenk → Gelenkentzündung
Arthropathie, gr. = primär nicht entzündlich ausgelöstes Gelenkleiden
Arthrosis deformans, gr./lat. = deformierendes Gelenkleiden → (primär nicht-entzündliche), stadienhaft fortschreitende, vom apoptotisch zugrundegehenden Gelenknorpel ausgehende Gelenkerkrankung unter Miteinbeziehung des subchondralen Knochengewebes (Synonym: Osteoarthrose)
Arzt, ahd. = arzat vom gr. „archiatros“ = Oberarzt
Asbestose: asbestos, gr. = unverbrennbar → Asbeststaub-induzierte Krankheit
Aschoff-Zelle: Aschoff, Ludwig (1866 – 1942) Freiburger Pathologe → histiozytäre Entzündungsriesenzelle beim rheumatischen Fieber
ASMA = **a**nti-**s**mooth-**m**uscle **A**ntikörper
Aspergillus, lat. = Weihwasserschwengel → Gießkannenschimmel
Asphyxie, gr. = Pulslosigkeit → Atemstillstand
Aspiration, lat. = ansaugendes Einatmen von Fremdmaterial in Lunge oder bei Diagnostik (Aspirationsbiopsie)
Asteroidkörperchen: aster, gr = Stern → sternförmige Zelleinschlußkörper
Asthma bronchiale, gr. = Kurzatmigkeit → Atemnot wegen Bronchienenge
Asthma cardiale: Atemnot wegen Lungenstauung infolge Linksherzversagen
Aszites: askos, gr. = Weinschlauch (weinschlauchartig) → Bauchwassersucht
Atavismus: atavus, lat. = Vorfahre → Wiederauftreten von stammesgeschichtlich primitiven Strukturen
Ataxie, gr. = Stehunfähigkeit (wegen Kleinhirnstörung)
Atelektase: ateles ektasis, gr. = „unvollständge Ausdehnung“ → Alveorlarkollaps mit luftleeren Alveolen
Atherom, gr. athyre = Grütze-Brei, oma = Geschwulst → Ansammlung breiförmigen lipidhaltigen Detritusmaterials
Athetose: a-thetos, gr. = un-gestellt → Form der zerebralen Bewegungsstörung mit abruptem Tonuswechsel, ausfahrenden Bewegungen und Stehunvermögen
Atopie: atopos, gr. = ungewöhnlich → ungewöhnlich starke immunologische Reaktion auf ein gewöhnliches (Umwelt-)Antigen
ATP = **A**denosin**tri**phosphat
Atresie: atretos, gr. = ohne Loch → lumenlose „Ausführung“ eines Hohlorganbauplans
Atrophie: gr. = „Nichternährung“ → volksmed. = „Gewebsschwund“
Auskultation: auscultare, lat. = hören → Abhorchen der im Körper entstehenden Schallzeichen.
auto- (Vorsilbe): gr. autos = selbst
Autolyse, gr. = „Selbst-Auflösung“ → Gewebsauflösung nach Tod
Autopsie, gr. = „Selbst-Sicht“ → Leichenöffnung
Autosom: soma, gr. = Körper → Nicht-Geschlechts-Chromosom
AVK = **a**rterielle **V**erschluß**k**rankheit
Azinus: acinus, lat. = Beere
Azoospermie, gr. zoon = Lebewesen, sperma = Samen → spermienloses Ejakulat

B

Bakterium: bakter, gr. = Stock → kleinste einzellige, teilungsfähige, membranumhüllte Mikroorganismen
bakterizid: cidere, lat. = töten → bakterientötend
Balanitis: balanos, gr. = Eichel → Eichelentzündung des Penis
Bantu-Siderose: sideros, gr. = Eisen → Eisenablagerung in der Leber bei der hungernden schwarzen Bevölkerung Mittel-Südafrikas
Barorezeptor = (Blut-)Druckrezeptor (= Pressorezeptoren, „Blutdruckzügler“) → neurale Rezeptoren im Karotissinus und Aortenbogen, die durch Gefäßwanddehnung (wegen erhöhtem Innendruck) erregt werden, dadurch Sympathikushemmung
Bazillus, lat. = Stöckchen, Stäbchen → Gattungsbegriff für grampositive sporenbildende Stäbchenbakterien
bcr = **b**reakpoint **c**luster **r**egion = kleine Genfamilie im Bruchstellenbereich des c-abl-Protoonkogens mit Protein-Tyrosinaseaktivität
Bence-Jones-Proteine = nach Erstbeschreibern benannte nierengängige Leichtketten-(para)-Proteine
Beta-Faltblattstruktur s. Faltblattstruktur
biliär: bilis, lat. = Galle → gallen(weg)seitig
biliodigestiv = „von Galle(-Weg) bis in Darmtrakt reichend“
Blastom, gr. blastos = Sproß, oma = echte (zellneubildungsbedingte) Geschwulst
Blastomatose = Krankheit mit Bildung zahlreicher echter Tumoren
Blenorrhö, gr. = Schleimfluß → eitrige Bindehautentzündung
Bloom-Syndrom = autosomal-rezessive Störung der DNS-Reparatur mit gesteigerter Chromosomenbrüchigkeit (v. a. nach UV-Exposition); Kumulation UV-induzierter Hautschäden (teleangiektatisches Erythem); partielle Hypogammaglobulinämie mit Infektneigung; maligne Tumoren im Kindesalter (Leukämien, Lymphome)
Botulinusbakterien: botulus, lat. = Wurst → volksmed. „Wurstvergiftung“
brachys, gr. = kurz
Bradykardie: gr. bradys = langsam, kardia = Herz → langsame Herzschlagfolge
BRCA = **b**reast-**c**ancer-**a**ntigen (BRCA-1 = Transkriptionsfaktor, Tumorsuppressorgen)

Bronchiallavage: diagnostisches Ausspülen bestimmter Bronchienabschnitte zur Gewinnung von zytodiagnostisch verwertbarem Zellmaterial

Brucellose = durch Landwirtschaftstiere auf den Menschen übertragene Infektionskrankheit mit Sepsis (wechselhafter Fiebertyp) und unterschiedlicher Organmanifestation

Budd-Chiari-Syndrom = Leberveränderungen und allgemeine Begleitsymptome wegen Verlegung der großen Lebervenen

Bulla, lat. = Blase

C

c-abl = Protoonkogen vom **Abel**son-Mäuseleukämie mit Tyrosinaseaktivität

Callus, lat. = Schwiele, Narbe

Calor, lat. = Hitze → Überwärmung des Entzündungsgebietes

Campylobacter, gr. = „gewundene Stäbchen" (-Bakterien)

c-ANCA = **c**ytoplasmatisch diffuse **a**nti-**N**eutrophilencytoplasma-Antikörper

Candida albicans, lat. candidus = weiß-glänzend, albicus = weißmachend → weißlich wachsender Hefepilz

CASPASE = **c**ysteine-**as**parate-**p**roteine cleaving enzyme → apoptosesteuerndes Enzym

Catenin = zytoplasmatisches „Halteprotein" in Kofunktion mit den Ca^{2+}-abhängigen transmembranösen intrazellulären Adhäsionsmolekülen der Cadherinfamilie

c-bcl-2 = Protoonkogen vom **B-c**ell **l**ymphoma → Proteinkodierung mit Apoptoseblockadeeffekt

CD = **c**luster of **d**ifferentation = Differenzierungsantigene, die durch Gruppen (cluster) von monoklonalen Antikörpern definiert worden sind

CD4 = Koligand (Marker) für T-Helferlymphozyten

CD8 = Koligand (Marker) für zytotoxische T-Lymphozyten

CD30 (= vermutlich GF-Rezeptor) = Marker für Sternberg-Riesenzellen, Hodgkin-Zellen und anaplastisch-großzellige Non-Hodgkin-Lymphome

CD34 = Marker für hämatopoetische Stammzellen, undifferenzierte Mesenchymzellen, Endothelzellen

CEA = **c**arcino-**e**mbryonales **A**ntigen (= Differenzierungsgenfamilie) → immunhistochemischer Marker für Gastrointestinaltumoren

Chagrinierung, franz. = maschinelle Ledernarbung (künstlicher Schlangenleder-aspekt)

Chalkose: chalkos, gr. = Kupfer → Kupfervergiftung

Chemokine = („fort"-)bewegungsaktivierende Substanzen für (Entzündungs-)Zellen

Chemokinese: kineo, gr. = bewegen → chemisch induzierte Zell-„fort"-bewegung

Chemotaxis: taxis = gr. Anordnung → chemisch induzierte Zell-„hin"-bewegung

Chimäre: chimaira, gr. = Ziege = Fabelwesen: vorne = Löwe, in der Mitte = Ziege, hinten = Drache → DNA-Moleküle aus Anteilen verschiedener Spezies

Chiragra, gr. chir = Hand, agra = Fangeisen → Handgelenkgicht

Chlamydie: chlamys, gr. = Mantel → phagozytose-überlebende Bakterien mit obligat intrazellulärem Parasitismus

Chloasma: chloazo, gr. = grüne Sprossen treiben → Pigmentring um Mund junger Frauen

Cholangitis, gr./lat. chole = Galle, angium = Gefäß → Gallengangsentzündung

Cholaskos, gr. = „Galleschlauch" → Galle in Peritonealhöhle → gallige Peritonitis

Choledochitis: choledochomai, gr. = Galle aufnehmen → Gallenausführgangsentzündung

Choledocholithiasis, gr = Gallengang-Steinleiden

Cholelithiasis, gr. chole = Galle, lithos = Stein → Gallenblasen-Steinleiden

Cholera: chaul-rah, hebr. = böse Krankheit → schwere, infektiöse Durchfallserkrankung

Cholestase, gr. = Gallestau

Cholezystitis = Gallenblasenentzündung

Chondrozyt: chrondros, gr. = Knorpel → Knorpelzelle

Chorda dorsalis: chorda, lat. = Saite, Strang = „Rückensaite" = frühembryonales Achsenorgan

Chorea, gr. = Tanz → Hirnerkrankung mit schüttelnden Bewegungen (Veitstanz)

Choriomeningitis = kombinierte Hirnhaut-Plexus-chorioideus-Entzündung

Chorion, gr. = Leder, Haut → mittlere Eihaut der Leibesfrucht

Chorioretinitis = kombinierte Ader-Netzhaut-Entzündung des Auges

Choristie: choristos, gr. = abgesondert, getrennt → tumoröses embryonales Gewebe am falschen Ort

Chromogranin = Protein (= Antigen) aus neuroendokrinen Granula → immunhistochemischer Marker für neuroendokrines Gewebe/Tumoren

Chromosom, gr. = „Farb-Körper" = Trägerorganelle des Erbgutes

c-hst = Protoonkogen von „**h**uman **s**tomach **t**umours" mit FGF-Kodierung

Chylomikronen, gr. = „Saft-Winzlinge" → kleinste Fetttransporteinheiten im Blut aus apolipoproteinhaltigen Phospholipoproteinen

– cid (Nachsilbe): cidere, lat = töten

c-int = **ins**er**t**ionsaktiviertes onc von Mausmammakarzinom mit FGF-Kodierung

CIP = **c**hronische **i**nterstitielle **P**neumonie → vom Lungeninterstitium ausgehende, rasch zur fibrotischen Verödung fortschreitende Lungenentzündung

Claudicatio intermittens: claudicare, lat. = hinken → zeitweises (intermittierendes) Hinken wegen AVK = Schaufensterkrankheit (wegen zeitweisem Stehenbleiben z. B. vor Schaufenstern)

clavatus, lat. clavus = mit Keule versehen

Clonorchis sinensis, gr./lat. klon = Zweig, orchis Hoden, sinensis = chinesisch → chinesischer Leberegel (Trematode) mit verzweigter Hodenanlage

Clostridien: kloster, gr. = Spindel → spindelförmige Stäbchenbakterien

c-met = Protoonkogen von „**met**hyl-nitroso-guanidine treated human osteosarcoma" mit HGF-Rezeptorkodierung

CMV = **Cyto**me**g**alo**v**irus

Coccidioides immitis, lat. coccidium = Kernchen, immitis = grob → hochinfektiöser, dimorpher Pilz

coeruleus, lat. = blau

Coeruloplasmin = Kupfertransportprotein

Commotio (cerebri), lat. = Erschütterung → Hirnerschütterung

Compliance, engl. = Nachgiebigkeit → Rückstellkraft eines elastischen Gewebes (Lunge)

constrictivus, lat. = einschnürend

Contiguitas, lat. = Berührung

Contusio (cerebri), lat. = Verdrehung → Hirnquetschung

Conus pulmonale: conus, lat. Kegel → trichterförmiger Teil der rechtsventrikulären Herzausflußbahn

COPD = **c**hronisch **o**bstruktive Lungenerkrankung (**p**ulmonary **d**isease) → Lungenerkrankung wegen ventilartiger Brochienveränderung mit bei der Ausatmung zurückbehaltener Luftmenge (Restluft)

cor, lat. = Herz

Core, engl. = „Kernstück" → zentraler Teil

Corynebakterien: coryne, gr. = Keule → keulenförige Diphtherieerreger
Councilman-Korpuskel: Councilman, William G. (1854–1933), amer. Pathologe → apoptotische, zu einem eosinophil-hyalinen Körperchen geschrumpfte, aus dem Zellverband herausgelöste Leberparenchymzelle bei Virushepatitis
CPK = **C**reatin-**P**hospho**k**inase
cribriform, lat. = siebförmig
Crista, lat. = Leiste
CRP = **C**omplement-**r**eaktives **P**rotein → Akutphasenprotein der Entzündung in Kofunktion mit dem Komplementsystem
Cruor sanguinis, lat. = Blutkuchen, Blutklumpen
Crush-Syndrom: crush, engl. = zerquetschen → akutes Nierenversagen infolge Organ-/Gewebsquetschung
CSF = **c**olony **st**imulating **f**actor → Wachstumsfaktor für Stammzellen mit eingeschränkter Pluripotenz, die zu einem bestimmten Leukozytentyp heranreifen
Cuticula, lat. = Häutchen → häutchenartige Hülle (v. a. von Parasitenlarven)
CVID = **c**ommon **v**ariable **i**mmune **d**eficiency syndrome
Cyclin-A = Genprodukt des c-bcl-1 (aktiviert durch c-myc) → Zellzyklusregulator, vebindet sich in S-Phase mit einem Transkriptionsfaktor

D

Dakryoadenitis: dakryon = Träne → Tränendrüsenentzündung
Darmflora (= Bakterienflora) = physiologische Besiedelung des Darms durch bestimmte Bakterien, die u. a. am Abbau von Kohlehydraten und von Gallesalzen beteiligt sind und sich im Normalfall gegenseitig in ihrem Wachstum kontrollieren
Daumen-Triphalangie: phalanx, gr. = Reihe → Dreigliedrigkeit des normalerweise zweigliedrigen Daumens
Defäkation: faeces, lat. = Kot → Stuhlgang
Degeneration, lat. = abweichend von der Art = „Abartigkeit" → nichtentzündliche Zell-/Gewebsveränderung mit Funktionseinbuße.
Demarkation, lat. = (makroskopische) Abgrenzung krankhaften Gewebes vom gesunden Gewebe
Dementia, lat. = Wahnsinn → Verblödung durch geistigen Zerfall → volksmed. = „Blödsinnigkeit"
Demyelinisierung: myelon, gr. = Mark → Entmarkung im zentralen und peripheren Nervensystem
Dengue-Fieber: dengue, indio. = gebrochener Knochen → virale Infektionskrankheit mit Gliederschmerzen
Dermatitis: derma, gr. = Haut → Hautentzündung
Dermatitis herpetiformis = juckende Hautentzündung mit herpesartig gruppierten Bläschen (v. a. an Extremitäten)
Dermatomyositis = „Hautmuskelentzündung" → autoaggressive Entzündung v. a. von Haut und Skelettmuskulatur
Dermatorhexis, gr. = „Hautzerreißung" → leichte Hautzerreißlichkeit
Desmin = Z- und Glanzstreifen verbindendes Intermediärfilament → muskulärer Tumormarker
Desmoplakin = Adhäsionsprotein der Desmosomen (= Zellhaftorganelle)
Dezerebrierung: cerebrum, lat. = Gehirn → Ausschaltung des Großhirns (s. apallisches Syndrom)
Diabetes mellitus, gr. = „honig-süßer Durchmarsch" → volksmed. = „Zuckerkrankheit"
Diapedese: diapedao, gr. = hindurchdringen → Zelldurchtritt durch mikroskopisch intakte Strukturbegrenzung
Diarrhö, gr. = Durchfluß → Durchfall
Dichotomie, gr. Dicha = getrennt, tome = Schnitt → Aufteilung in 2 gleiche Teile
Dilatation, lat. = Ausweitung
Diphtherie: diphthera, gr. = Tierbalg → häutchenförmige infektiöse Entzündungskrankheit
Diprosopus: prosopon, gr. = Gesicht → Doppelfehlbildung von Gesichtsteilen
dissecans, lat. = spaltend
dissecare, lat = zerschneiden, zergliedern
disseminiert, lat. = „versämt" → ausgestreut
Diuretikum, gr. = „heraus Harn" → die Harnausscheidung förderndes Mittel
Divertikel, lat = Abweg → sackförmige Ausstülpung eines Hohlorgans, aus allen Wandteilen bestehend
dolichos, gr. = lang
Dolor, lat. = Schmerz → Schmerz im Entzündungsgebiet
Drusen: druos, ahd. = Drüse → kristallblumenartiges Gebilde im Gewebsinnern
Duodenitis: duodecim, lat. = 12 → Zwölffingerdarmentzündung
durus, lat. = hart
Dysarthrie = Sprechstörung infolge Koordinationsstörung des Sprachvollzuges
Dysenterie: dys-enteron, gr. = Eingeweide-Übel" → schwere Durchfallkrankheit
Dysmorphie: morphe, gr. = Gestalt → (fetale) Fehlgestaltung
Dysostose, gr. = gestörte Knochenbildung (-Wachstum) bei gestörtem Entwicklungswachstum
Dysotie: os, otis, gr. = Ohr → Ohrmuschelfehlbildung
Dysphagie, gr. = Fehlschlucken → Schluckbeschwerden
Dysraphie: raphe, gr. = Naht → Fehlbildungen wegen gestörtem Schließungsprozeß der Rückenmarkanlage
Dystopie, gr. = „Fehl-ort" → Verlagerung an einen anderen (ursprünglich nicht dafür vorgesehenen) Ort
Dystrophie: dys-trepho, gr. = „Falsch-Ernährung" → Kümmerorgane/-Gewebe infolge Apoptoseauslösung durch Störungen des Struktur-, Energie- oder Erhaltungsstoffwechsels

E

EBV = **E**pstein-**B**arr-**V**irus
Echinokokkus, gr. = „Igel-Kern" → Hundebandwurm mit hakenhaltiger Larve und Kopfteil
Effloreszenz: efflorescere, lat. = erblühen → volksmed. = „Hautblühte" → prototypische Form krankhafter Hautveränderungen
EGF = **e**pidermal **g**rowth **f**actor → Wachstumsfaktor für Keratinozyten, Epithelzellen
EHEC = **e**ntero**h**ämorrhagische **E. c**oli
Eiter: aitra, ahd. = giftiges Geschwür
Eiweißverlust-Enteropathie (= exsudative Enteropathie) = Zustände mit angeborenem/erworbenen massivem Eiweißverlust über den Magen-Darm-Trakt ungeklärter Ätiologie
Ekchymose, gr. = „Saft-Austritt" → Großflächenblutung
Ekstrophie: ekstrepho, gr. = herausdrehen → fehlbildungsbedingte Ausstülpung eines Wandteils nach außen
Ektasie, gr. = Ausweitung (von Hohlorganen)
Ektomie: ektemno, gr. = herausschneiden → Herausschnitt
Ektopie, gr. = außerhalb (Normal-)Ort
Ektotoxin = von lebenden Bakterien abgegebenes Zellgift gegen das der Körper „Gegen"-gifte (= Antikörper) bildet
Ekzem: ekzein, gr. = aufkochen → volksmed. = „nässende Flechte"

Elephantiasis: elephas, gr. = Elephant → monströse Anschwellung von Körperteilen (v. a. Extremitäten)
Embolie: emballo, gr. = hineinschleudern → in Blutgefäße eingeschleppte, verstopfende Partikel
Embryo nodularis = knotig-rudimentäres Embryonalgewebe ohne Ausreifung
Emphysem: emphysaio, gr. = hineinblasen → Gewebsaufblähung
Empyem, gr. = inneres Geschwür → Eiteransammlung in vorbestehendem anatomischem Hohlraum
Enanthem, gr. = „Hineingeblühtes" = entzündlicher Schleimhautausschlag
Endangitis = auf Intima konzentrierte Entzündung (kleiner) Gefäße
Endarteriitis = Arterienentzündung im Intimabereich
Endokarditis = Entzündung im Herzinnenschichtbereich (meist Herzklappen)
Endophyt, gr. = „Hineingewächs" → Tumor mit unter die Oberfläche gerichtetem Wachstum
Endotoxin = Zellgift aus der Wandung gramnegativer Bakterien (v. a. Lipopolysaccharid), das erst nach Bakerienauflösung frei wird und keine Antikörperbildung auslöst
Enophthalmus: ophthalmos, gr. = Auge → Zurücksinken des Auges in Orbitahöhle
Enteritis: enteron, gr. = Dünndarm → Dünndarmentzündung
Enterobius vermicularis: entero-bios, gr. = „in Eingeweiden lebender Wurmförmiger" → Madenwurm
Enteropathie: enteron, gr. = Darm, Eingeweide → (nicht-entzündliche) Darmerkrankung
Enterotoxin = darm-(epithel) schädigendes Ektotoxin
Entzündung: zünten, ahd. = brennen
Enzephalitis: enzephalon, gr. = Gehirn → Gehirnentzündung
Enzephalomalazie, gr. = Hirnerweichung
Enzephalopathie, gr. = Hirnleiden
Enzephalozele, gr. enzephalon = Gehirn, kele = Bruch → bruchartige Ausstülpung des Gehirns und seiner Häute durch einen Defekt im knöchernen Schädeldach → volksmed. = „Hirnbruch"
Eosinophilie a) verstärkte Gewebeanfärbung mit Eosinfarbstoff, b) Ansammlung eosinophiler Granulozyten im Blut/Gewebe
Ependymitis: endyma, gr. = Auskleidung → Entzündung der zellulären ZNS-Höhlen-Auskleidung
Ependymitis granularis = Spätzustand nach überlebter Entzündung der Hirnventrikelräume mit warzenförmigen Glia-(faser)wucherungen in den Ventrikelwänden
EPH-Gestose = schwangerschaftspezifische Krankheit (meist nach 30. Schwangerschaftswoche) infolge Arterienspasmus und Salz-Wasser-Retention mit den Symptomen: Ödem (engl. **e**dema), **P**roteinurie, **H**ypertonie
Epidemie, gr. = „über ein Volk" (verbreitet) → in einer Population gehäuftes Auftreten einer Infektionskrankheit
Epididymitis, gr. = „auf dem Zweifach" (Zweifach = Hoden) → Nebenhodenentzündung
Epignathus: gnathos, gr. = Kiefer → auf Kiefer aufsitzende Zwillingsanlage
Epikanthus: epi-kanthos, gr. = Augenwinkel → angeborene sichelförmige Hautfalte am inneren Rand des oberen Augenlids → volksmed. = „Mongolenfalte"
Epilepsie, gr. = „Fallsucht" → chronisch-rezidivierende, plötzlich einsetzende Gehirnfunktionsstörung infolge einer Entladung der Neuronen mit exzessiv gesteigerter Frequenz und abnormer Synchronie
Epiphysenfuge: epiphysomai, gr. = auf etwas wachsen → knorpelige Wachstumszone im Endstück langer Röhrenknochen
Epistaxis: epistazein, gr. = dauernd tropfen → volksmed. = „Nasenbluten"
Epulis: epi ulon, gr. = dem Zahnfleisch aufsitzend → entzündlich-granulierende, polypöse, tumorartige Läsion des Zahnfleisches (Alveolarkammbereich)
ERCP = **e**ndoskopisch **r**etrograde **C**holangio-**P**ankreatikographie
Erosion: erodere, lat. = zerfressen → (Schleim-)Hautabschürfung bei intakter Gewebsunterlage
eruptiv: erumpere, lat = aufschießen
Erysipel: erythra pella, gr. = „Rot-Haut" → Streptokokken-induzierte Hautentzündung mit flächenhaft lymphogener Ausbreitung → volksmed. = „Rotlauf"
Erythem: erythema, gr. = Rötung → umschrieben-entzündliche Hautrötung
Erythema migrans → volksmed. = „Wanderröte"
Erythema nodosum → volksmed. = „Knötchenröte"
erythrogenes Toxin = erythrozytenschädigendes Ektotoxin
Erythropoese = Bildung und Ausreifung der roten Blutkörperchen im Knochenmark
Erythropoetin = in der Niere gebildeter GF für Wachstum und Differenzierung erythrozytopoetischer Stammzellen
Erythrozyt, gr. = erythros = rot, zytos = Zelle → rotes Blutkörperchen
eu-, gr. = gut, recht
(von) Euler-Liljestrand-Reflex = verminderte Durchblutung lokaler Lungenabschnitte bei geringer Bronchusverengung oder bei Kapillarkompression durch überhöhten Alveolardruck
Ewing-Sarkom = hochmaligner, rundzelliger Knochentumor des Kindesalters ohne Faserbildung und zytoplasmatischer Glykogenspeicherung
Exanthem, gr. = „Herausgeblühtes" → aufschießende entzündliche Hautrötung → volksmed. = „Hautausschlag"
Exfoliation: folium, lat. = Blatt → „ Abblättern" → (diagnostische) Zellabschilferung
Exitus letalis, lat. = tödlicher Ausgang → Tod
Exophthalmus, gr. = heraustretendes Auge → volksmed. = „Stechauge"
Exophyt, gr. = „Herausgewächs" → Tumor mit über die Oberfläche gerichtetem Wachstum
Exsikkose, lat. = Austrocknung
Exsudation: exsudare, lat. = ausschwitzen (von „Blutsaft")
Extrapyramidalsymptome = Bewegungsstörungen infolge eines (oft kombinierten) Zuviels oder Zuwenigs im Bewegungsablauf
Extravasation, lat. = „(Zell-)Austritt aus Gefäß"
Exzitation: exzitare, lat. = anreigen, reizen → Erregung

F

fäkal: faeces, lat. = Kot → kotig
Faltblattstruktur = peptidstabilisierende Anordnung der Peptidkettenebenen wie auf einem regelmäßig gefalteten Papierblatt.
Fanconi-Anämie: autosomal-rezessive Störung der DNS-Reparatur mit gesteigerter Chromosomenbrüchigkeit (v. a. nach Mitomycin, Psoralen-Exposition); im 1. Lebensjahr auftretende aplastische Anämie, Thrombozytämie und Leukopenie; Skelettfehlbildungen
Faunenohren: Faun = altröm. Fruchtbarkeitsgott mit Füßen, Gehörn und spitzzipfligen Ohren eines Ziegenbocks
Feedback-Mechanismus: feed-back, engl. = „Rückfütterung" → Rückkopplungsmechanismus in einem Regelkreis

Fettvakatwucherung = Reaktionsmuster: fettgewebiger Ersatz anstatt eines durch Gewebsschwund entstehenden „Vakuums"

Fetus, lat. = Leibesfrucht → Frucht im Mutterleib nach Abschluß der Organentwicklung

Feuersteinleber: Feuerstein (= Flint) = amorpher, sehr harter Quarz aus kieselsäurespeichernden Meereslebewesen (Diatomeen, Radiolarien) mit punktförmig glitzernder Bruchfläche → luisch-entzündlich-fibrotisch verfestigte Säuglingsleber, durchsetzt mit weißlichen Granulomen

FGF = **f**ibroblast **g**rowth **f**actor → Wachstumsfaktor(familie) für Fibroblasten, glatte Muskelzellen, Endothelzellen → Gefäßneubildung

fibromuskuläre (Arterien-)Dysplasie = fehlbildungsbedingte fibrotisch-stenosierende Arterienwandverdichtung

Fibronektin, lat. = „Faserverbinder" → Strukturglykoprotein mit Bindungsstellen für Kollagen, Proteoglykane, Mikrofibrillen, Fibrin, Zellmembran

Fieber: fiebar, ahd; febris, lat. = krankhafte Erhöhung der Körpereigenwärme auf 38 °C (und mehr)

fila, lat. = Faden

Filopodien, lat./gr. = „Fadenfüße" → fadenförmige Haftfortsätze von bestimmten Erregern

Finne: pfinne, mhd. = Nagel → stiftförmige Wurmlarve

Fissur: findere, fissus, lat. = spalten → natürliche oder krankhafte Spaltbildung

fissural = (entzündlich) spaltförmig

Fistula, lat. = Rohrpfeife → röhrenförmige entzündliche Gewebszerstörung mit Anschluß an Oberfläche

Flagellat: flagellum, lat. = Geißel → Geißeltierchen (Protozooen)

flapping Tremor: flapping, engl. = flattern; tremor, gr. = zittern → unwillkürliches Wackelzittern der Hände bei ausgestreckten Armen

Flash, engl. = „Aufblitzen" → plötzlich auftretende Gesichtsröte

flavus, lat. = gelb (blond)

Fluor (vaginalis), lat. = (Sekret-)Ausfluß aus Scheide

fokal segmentale Glomerulonephritis: fokal = nicht alle Glomeruli betroffen; segmental = nur Glomerulusteile betroffen

Fournier-Gangrän = bakterielles Skrotalgangrän mit abruptem Beginn und Ausdehnung auf das äußere Genitale jüngerer Männer im Anschluß an Urinextravasation, Chemotherapie oder idiopathisch ausgelöst

Fragilität, lat. = Brüchigkeit → leichte Verletzlichkeit

Frei-Intrakutantest: Bildung einer geröteten Papel um Injektion von inaktiviertem Eiter aus vereitertem Lymphknoten

Fuchsinophilie = vermehrte Gewebsanfärbung mit Fuchsinfarbstoff

fumigatus, lat. = rauchgrau

Functio laesa, lat. = verletzte Funktion → Funktionsbeeinträchtigung des Entzündungsgebietes (Schonhaltung)

Fungämie, lat. = Pilze im Blut → Pilzsepsis

Fungus, lat. = Pilz / pilzförmige Geschwulst

Furunkel: furunculus, lat. = kleiner Dieb → eitrig-abszedierende Entzündung des Haarblagdrüsenapparates

G

G0-Phase (des Zellzyklus): gap-Phase = „Lücken-Phase" → Zeitspanne vor der Synthesephase, in der die Zelle keinerlei Anstalten macht, die nächste Zellteilung vorzubereiten

G1-Phase (des Zellzyklus) → Zeitspanne vor der Synthesephase, in der die Zelle die nächste Teilung vorbereitet, aber noch keine DNS repliziert

G2-Phase (des Zellzyklus) → „Ruhe-Phase" vor der Zellteilung

Gallerte = steif-elastische Masse aus eingedicktem Saft pflanzlichen oder tierischen Ursprungs

GALT = **g**astric mucosa **a**ssociated **l**ymphatic **t**issue

Gamet: gametes, gr. = Gatte → Samen-, Eizelle

Ganglion, gr. = Knoten → a) Überbein → pseudozystische Geschwulst in Gelenkkapsel, Sehnenscheide, b) knotenförmige Ganglienzellanhäufung

Ganglioneuroblastom = bösartiger Tumor mit einem Nebeneinander von Neuroblasten und Ganglienzellen

Ganglioneurom = gutartiger Tumor aus ausdifferenzierten Ganglienzellen in einem von Schwann-Zellen umgebenen neurofibrillären Gewebe

Ganglionitis = (Nerven-)Ganglienentzündung

Gangrän: gra, indg. = fressen; gangraina, gr. → brandiges Geschwür

Gargoylismus: gargouille, franz. = Wasserspeier an romanisch-gothischen Kathedralen → Gesichtsdeformität bei Mukopolysaccharidose

Gastritis: gaster, gr. = Magen → Magenentzündung

Gastroenteritis, gr. = Magen-(Dünn-)Darm-Entzündung

Gastromalazia acida, gr. = „saure Magenerweichung" → Magenaufweichung durch Magensäure nach dem Tod

GDP = **G**uanosin**di**phosphat

gelatinös: gelatinosus, lat. = gallertig (s.a. Gallerte)

germinativ: germinare, lat. = keimen

Geschlecht: gislahti, ahd. = jemandem nachschlagen

gesund: sunto, indg. = rüstig, geschwind

GFAP = **g**lial **f**ibrillary **a**cidic **p**rotein der Astrozyten → immunhistochemischer Gliazellmarker

Gibbus, lat. = Buckel (wegen Wirbelsäulenabknickung)

Gicht: gegiht, ahd. = Besprochenes = Behexung, d.h. durch Verwünschung „angezauberte Krankheit" → Harnsäureüberflutungskrankheit

Gigas, gigantos, gr. = Riese (giga- = riesig)

Gingivitis: gingiva, lat. = Zahnfleisch-Entzündung

Glomerulosklerose = schlingenseitig beginnende narbige Glomerulusverödung

Glukosurie = Glucoseausscheidung im Urin

Gluten (= Gliadin), lat. = Kleber → Weizenkleberprotein

Glykosaminoglykane = saure Polysaccharide mit Aminozuckern als Hauptbaubestandteil

Glykogen = komplexer Zucker (Polysaccharid) aus D-Glucose

Gonoblenrrhö: blenorrhoe, gr. = „Schleimfluß" → eitrige Bindehautentzündung bei Gonorrhö

Gonokokken, gr. = „Geschlechts-Kerne" → Geschlechtskrankheiterreger

Gonorrho, gr. = „Samenfluß" → mit eitrigem Ausfluß verbundene Geschlechtskrankheit (volksmed. = „Tripper")

Gonosom = Geschlechts-Chromosom

GOT = **G**lutamat-**O**xalacetat-**T**ransferase

Graft, engl. = Pfropfreis → Spenderorgan/-Gewebe

Granulom, lat./gr. granulum = Körnchen, oma = Geschwulst = „Körnchengeschwulst" → (mehr oder weniger umschriebene) knötchenförmige Anordnung von Entzündungszellen

Granulopoese = Bildung und Ausreifung der Granulozytenvorläufer (= myeloische Reihe) im Knochenmark

granulosus, lat. = gekörnt

Grippe: greipan, got. = ergreifen → rasch um sich greifende Infektionskrankheit

GTP = **G**uanosin**tri**phosphat

Gumma: kommi, ägypt. = Lehnwort für Gummi → weiches Entzündungsknötchen bei Lues
gyratus, gr. = kreisförmig, gewunden

H

Habitus, lat. = „äußere Beschaffenheit" (eines Individuums, die Rückschlüsse auf Krankheitsanlagen zuläßt)
Hämangiosarkom = maligner (Blut-)Gefäßtumor aus gewucherten, mit atypischen Endothelien ausgekleideten Gefäßspalten und immunhistochemischer CD34-Expression und blutig-markiger Schnittfläche
Hamartie: hamartein, gr. = verfehlen → Fehlbildungsgeschwulst
Hämaskos, gr. = „Blutschlauch" → Peritoneal-Blutung
Hämatemesis, gr. haima = Blut, emein = erbrechen → Bluterbrechen
Hämatokrit: krites, gr. = Richter → Anteil der zellulären Bestandteile am Volumen des Blutes
Hämatom: oma, gr. = Geschwulst → Bluterguß
Hämatopoese: poiesis, gr. = Bildung → Bildungsvorgang aller Blutzellreihen
Hämaturie, gr. = Blutharnen
Hämodialyse, gr. = volksmed. „Blutwäsche"
Hämolyse, gr. = „Blutauflösung" → Erythrozytenzerfall
Hämophilie: philia, gr. = Vorliebe, Neigung → volksmed. = „Bluterkrankheit" mit Neigung zu (spontan-)Blutungen
Hämoptoe: ptyo, gr. = Spucken → volksmed. = „Blutspucken"
Hämorrhagie, gr. = „Blut-Riß" → Zerreißblutung („Einblutung")
Hämorrhoiden (innere): hämorrhoides phlebes = blutfließende Adern → knotenförmige Erweiterung und pathologische Hyperplasie des arteriell gespeisten Corpus cavernosum recti (= rektaler Schwellkörper)
haplos, gr. = halb
Hapten: hapto, gr. = ergreifen → inkomplettes Antigen wird durch körpereigenes Trägerprotein zum Vollantigen
Haut, hut, ahd. = Bedeckung
Hautemphysem: = eingepreßte, gefangene Luft im Unterhautfettgewebe
HAV = **H**epatitis-**A**-**V**irus
HBc-AG = Antigen gegen **H**epatitis-**B**-Virus-DNS (= **c**ore)
HBs-AG = Antigen gegen **H**epatitis-**B**-Virus **s**urface-Proteine
HBV = **H**epatitis-**B**-**V**irus
HDL = **h**igh **d**ensity **l**ipoprotein → zentro-(hepato)petales Fett(ab)transportprotein
Hefe, ahd. = heben → (Gärungs-)Sproßpilz
Helicobacter, gr. = „Schraubenstäbchen" → schraubenförmige Stäbchenbakterien
Hemiparese, gr. hemi = halb, paresis = Lähmung → (schwache) Halbseitenlähmung
Hemiplegie: plege, gr. = Lähmung; Lähmung einer Körperseite → volksmed. = „Halbseitenlähmung"
Hepadna-Viren: **hepa-DNA**: hepar, gr. = Leber
Hepatisation: hepar, lat. = Leber → Organgewebe (Lunge) mit leberartiger Konsistenz
Hepatitis: hepar, lat. = Leber → Leberentzündung
Hepatorenomegalie, gr./lat. = Leber-Nieren-Vergrößerung
Hepatosplenomegalie, gr./lat. = Leber-Milz-Vergrößerung
Hernie: hernia, lat. = Bruch → Eingeweidebruch = Vortreten von Eingeweiden aus der Bauchhöhle in eine abnorme Ausstülpung des parietalen Peritoneums
Herpes: herpein, gr. = kriechen → Volksmed. = „kriechende Bläschenflechte"
Herpes zoster: zoster, gr. = Gürtel → volksmed. = „Gürtelrose"
HGF = **h**epatocyte **g**rowth **f**actor mit zeilteilungsfördernder Auflösewirkung auf den normalen und neoplastischen Zellverband
HHV = **h**umane **H**erpes**v**iren
Hiatus, lat. = Spalt
Histiozyt = ins Gewebe eingewanderter (nicht festsitzender) Makrophage
histolyticus, gr. = gewebsauflösend
Histoplasma capsulatum, lat. = „abgekapseltes Gewebsgebilde" → dimorpher Pilz mit kapselähnlicher Außenzone
HIV = **h**umanes **I**nmmundefekt**v**irus
HMB-45 = Melanozyten-spezifisches 45kD-Protein → immunhistochemischer Marker für melanozytäre Tumoren, Angiolipomyome
hMLH1 = **h**uman **m**ut**L**-**h**omolog gene (bakterielles mismatch-repair enzyme) auf Chromosomenlokus 3p21, kooperiert mit hMSH2
hMSH2 = **h**uman **m**ut**S**-**h**omolog gene (bakterielles mismatch-repair enzyme) auf Chromosomenlokus 2p16, erkennt zusammen mit dem Guanin-Thymidin-Bindeprotein (= GTBP) Basenfehlpaarungen → Nukleasen/Helikasen schneiden alterierten DNS-Einzelstrang heraus
HNPCC = **h**uman **n**on-**p**olyposis colon cancer
HOCl = hypochlorige Säure → Bakterizid
Hodentorsion = (spontane) Verdrehung des Hodens um seine eigene Gefäßachse mit Abklemmung der abführenden Venen um 720° mit Durchblutungsblock
Holoprosenzephalie, gr. = „Einheitsgesichtshirn" (wegen Verschmelzung der Frontalhirnlappen)
Home-Mittellappen (der Prostata) = hypertrophierte, harnröhreumgebende Innenzone der Prostatadrüse
Homing-Rezeptor = Adhäsionsmoleküle (auf Lymphozyten) aus der Selectinfamilie, die selektiv an Oligosaccharideterminanten (= Adressine) auf Endothelien bestimmter Gefäßprovinzen binden
Hormon: hormao, gr. = begleiten → (systemisch wirkender) Botenstoff
Hox-Gene (= „Homeobox-Gene") = Wachstumsgradient-regulierende Entwicklungsgene mit evolutiv konservierten Basenpaarsequenzen in Form der sog. Homeobox
HPV = **hu**mane **P**apillomviren
HSV = **H**erpes-**s**implex-**V**iren
HTLV = **h**umanes **T**-Zell-**L**eukämievirus
humidus, lat. = feucht
Humps, engl. = Höcker → höckerartige Immundepots
Hunger: hungar, ahd. = ausdörren, weh tun → vgl. Schmerzen infolge hungerbegleitendem Duodenalulkus
Hyalin: hyalos, gr. = Glas → durchscheinend zellose Bindegewebeshomogenisierung
Hydatide: hydatis, gr. = „Wasserblase" → flüssigkeitsgefülltes zystenartige Gebilde
Hydroa, gr. = Schweiß → volksmed. = „Schweißbläschen"
Hydronephrose, gr. hydros = Wasser, nephros = Niere → volksmed. = „Wassersackniere"
Hydrophobie, gr. hydros = Wasser, phobia = Angst → volksmed. = „Wasserscheu"
Hydrops, gr. = „wasserähnlich" → volksmed. = „Sackwassersucht"
Hydrozephalus, gr. = Wasserkopf → Gehirnventrikelausweitung wegen Hirnwasserstau
Hygrom, gr. hygros = feucht, oma = Geschwulst → geschwulstartige Ergußansammlung in Schleimbeutel/Sehnenscheide → volksmed. = „Wassersack"

Hyperämie, gr. = übermäßige Gewebsblutfülle
Hyperergie, gr. = Arbeit → überschießende immunologische Abwehrbereitsschaft
Hyperkortizismus: cortex, lat. = Rinde → Nebennierenrindenüberfunktion
Hyperplasie, gr. = „Über-Bildung" → reversible Gewebswucherung
Hypertelorismus, gr. tele = Ferne, horizein = begrenzen → zu weiter Augenabstand
Hypertonie: hypertonus, gr. = übermäßig angespannt → Bluthochdruck
Hypertrichose, gr. = „Überbehaarung" → übermäßige Körperbehaarung
Hypertrophie, gr. = „Über-Ernährung" → volumenmäßige Gewebszunahme
Hyperventilation: ventilare, lat. = lüften → übermäßig gesteigerte Atenmtätigkeit
Hyphe: hyphae, gr. = Gewebe → fadenförmige Pilzzellen
Hypokortizismus = Nebennierenrindenunterfunktion
Hypopituitarismus: pituita, lat. = Schleim → Hypophyse (im Altertum: Schleimorganisationsorgan) → Hypophysenunterfunktion
Hypopyon: pyon, gr. = „Eiter drunter" → Augenvorderkammer-Vereiterung
Hyporeflexie = abgeschwächte Muskelreflexe (verminderte Reflexauslösbarkeit)
Hypospadie, gr. hypo = unten, spadon = Spalte → untere Harnröhrenspalte
Hypoventilation: ventilare, lat. = lüften → abnorm verminderte Atemtätigkeit
Hypoxämie, gr. = „Mindersauerstoff-Blut" → Blut-Sauerstoffarmut

I

iatrogen, gr. = durch Arzt ausgelöst
ICAM = **i**nter**c**elluläres **A**dhäsions**m**olekül (= CD54) der Endothelzellen → Bindeprotein für Leukozyten-Integrine und damit für Leukozyten-Anheftung
Idiotie: idiotes, gr. = Eigentümlichkeit → größter Schwachsinnsgrad
Idiotyp: Antikörper, die sich im variablen Bereich des Antigenbindungsfragmentes unterscheiden
IGF-2 = **i**nsulin-**l**ike **g**rowth **f**actor
Ikterus: icteros, gr. = Pirol (= gelber Vogel) → Hyperbilirubinämie → volksmed. „Gelbsucht"
Ileus: eilein, gr. = Darmverschlingung → Darmlähmung → volksmed. = „Darmverschluß"
Immortalität: mors, lat. = Tod → Unsterblichkeit
immunis, lat. = unberührt, rein → gegen Fremdantigen gefeit sein
Impetigo: impetere, lat. = angreifen → vesikulo-pustulöser Hautauschlag mit borkiger Abheilung → volksmed. = „Eiterflechte", „Grindflechte"
Implantat: implantare, lat. = einpflanzen → in den Organismus eingesetztes Fremdmaterial (Allotransplantat), meist in Form von Metallendoprothesen, das in aberwitzig geringen Mengen eine polyklonale CD4-Lymphozyten-Aktivierung hervorruft
Inanition: inanis, lat. = leer → Hungerzustand infolge Nicht-Ernährung
Incestus, lat. = Blutschande → Verwandtenehe
incidere, lat. = hineinfallen
Induration: indurare, lat. = verhärten → Gewebsverhärtung
infantil: infans, lat. = „Nicht-sprechen-könnender" → Kleinkind
Infarkt: infarziere, lat. = hineinstopfen → Gewebstod infolge Minderdurchblutung
Infestation: infestare, lat. = angreifen → Invasionskrankheit
Influenza: influere, lat. = hineinfließen, sich einschleichen → Grippe
Inguina, lat. = Leiste
Initiation, lat. = Einleitung, Einweihung
Insertion, lat. = Einpflanzung
Insudation: insudare, lat. = bei etwas schwitzen → Eindringen von Plasmabestandteilen in die Gefäßwand
Integrine = transmembranöse Rezeptoren in der (Leukozyten-)Zellmembran für extrazelluläre Matrixproteine wie Kollagen, Fibronektin, Laminin
interenterisch, lat./gr. = „zwischen den Darmschlingen gelegen"
Intertrigo, lat. = inter = zwischen, tritus (terere) = reiben → Wundsein → Entzündung im Hautfaltenbereich
intrinsic factor: intrinsic, engl. = innerlich → die Vitamin-B12-Resorptions steuerndes Protein
invertieren, lat. = einstülpen
Ischämie, gr. ischo = zurückhalten, haima = Blut → Minderdurchblutung

J

Juveniszenz: juvenis, lat. = jung → Jugendjahre

K

Kachexie, gr. kakos = schlecht, hexis = Befinden → Auszehrung, Extremform der Magersucht
Kala-Azar, hindostani = schwarzes Fieber → viszerale Leishmaniose
Kallus: callus, lat. = Schwiele, Narbe
Kalziergiesyndrom: ergon, gr. = Tat, Werk → „Schuttverkalkung" = Nekroseverkalkung
Kalziphylaxiesyndrom: phylax, gr. = Wächter → „Schutzverkalkung" = Reaktionsmuster zur Ausschaltung unbrauchbar gewordenen Gewebes
Kamptodaktylie, gr. kampto = beugen, daktylos = Finger → angeborene Beugekontraktur einzelner Fingergelenke
Kardiohepatomegalie = Herz-Leber-Vergrößerung
Kardiomypopathie = nicht-entzündliche Herzmuskelerkrankung mit Funktionseinbuße
karnifizierend, lat. carnis = Fleisch, facere = machen → zu (muskel-)fleischartigem Aspekt umwandelnd
Karyorhexis, gr. = „Kern-Zerreißung" → Kernzerfall in Chromatinbröckel
Karzinogen, karkinos gr. = Krebs, genao = erzeugen → Krebs erzeugender Faktor bzw. Substanz
Karzinom: oma, gr. = Geschwulst = „Krebsgeschwulst" → wie mit Krebsscheren zupackende (neoplastische) Gewebswucherung
Kaskade, franz. = „Wasserfall" → gestaffelt ablaufende Aktivierung eines biologischen Systems
Katarakt, gr. = herabstürzen → (Augen-)Linsentrübung → volksmed. = „grauer Star"
Katarrh, gr. = herabfließen → schleimige Atemwegsentzündung
kateniert: katen, gr. = Kette → kettenförmig
Kaverne, lat. = Höhle → durch Gewebszerfall entstandener Hohlraum
Keloid: chele, gr. = gespaltene Klaue → volksmed. = „Wulstnarbe"
Keratinozyt, gr. keras, keratos = Horn, zytos = Zelle → (verhornende) Hautepithelzelle
Keratitis = (Augen-)Hornhautentzündung
Keratokonjunktivitis = kombinierte (Augen-)Horn- und Bindehautentzündung
Keratopathie = (nicht-entzündliches) (Augen-)Hornhautleiden

Klinodaktylie, gr. klino = zurückliegen, daktylos = Finger = Fingerschiefstellung
Koagulation: koagulare, lat. = gerinnen machen → Blutgerinnung
Kohabitation: cohabitare, lat. = zusammen schlafen → Beischlaf, Coitus
Kohn-Poren = Alveolen-verbindende Alveolar(wand)-Poren
Koilozyt, gr. koilos = hohl, zytos = Zelle → Zelle mit perinukleärem Hohlraum bei HPV-Infekt
Kokzidien: coccidium, lat. = Kernchen → dimorphe Pilze (= Valley-fever-Erreger)
Kolik: kolike nosos = Darmleiden → krampfartige Leibschmerzen
Kolitis = Dickdarmentzündung
Kollagen, lat. = „Leimbildner" → zugfestes Skleroprotein
Kolliquation: kolliquare, lat. = einschmelzen → Gewebseinschmelzung
Kolobom: koloboo, gr. = verstümmeln → Irismißbildung wegen offen geliebenem embryonalen Augenbecher
Kolonisierung: = Besiedelung eines Gewebes mit vermehrungsfähigen Erregern
Kolpitis: kolpos, gr. = busenartige Vertiefung → Scheidenentzündung
Koma, gr. = tiefer, fester Schlaf → Zustand tiefster, durch Außenreiz nicht zu durchbrechender Bewußtseinsstörung
Komedokarzinom: comedere, lat. = mitessen → Karzinom mit mitesserartig ausdrückbaren Gewebsnekrosen auf Schnittfläche
Komplementum, lat. = Ergänzung → Komplementsystem = Proteinkaskade mit wirkungsvervollständigendem (zelltötendem, entzündungssteuerndem) Effekt für Antikörper
Konchoidkörperchen: concha, lat. = Muschel → muschelartige Zytoplasmaeinschlüsse
Konduktor: conducere, lat. = zusammenführen → phänotypisch gesunder Träger eines krankmachenden Gens, der diese Krankheitsanlage auf die nachfolgende Generation überträgt
Kondylom, gr. kondylos = Beule, oma = Geschwulst → beulenförmiger Hauttumor
Koniose: konios, gr. = Staub → Staubkrankheit
kontagiös: contagium, lat. = Ansteckung → ansteckend
Kontamination: contaminare, lat. = besudeln → Verunreinigung, Verschmutzung
Konvexitätsmeningitis: convexus, lat. = gewölbt → Meningitis über gewölbtem Großhirnbereich = Haubenmeningitis
Kopros, gr. = Kot
Korpuskel: corpusculum, lat. = Körperchen
Krampfleiden s. Epilepsie
krank: ger. indg. = sich winden
Kreuzantigenität (Kreuzreaktion) = Bildung von Antikörpern sowohl gegen das auslösende (homologe) Antigen als auch gegen Antigene mit gleichen/ähnlichen determinanten Gruppen
kribriform: cribrum, lat. = Sieb
Kristallnukleator: bestimmte Substanzen wie Schleim, Zelldetritus, Blutgerinnsel und Bakterien wirken als Auslöser der (Mineral-)Kristallisation bei der Steinbildung in Hohlorganen
Kropf: greup, indog. = krümmen → gekrümmt verlaufenden, gestauten Halsvenen → Schilddrüsenvergrößerung
Krupp: kropan, schott. = schreien → mit bellend-heiserem Husten einhergehende Rachenentzündung
Kryoglobuline: kryos, gr. = Kälte (= Kälteglobuline, Kälteagglutinine) → in Kälte reversibel ausfallende Globuline (IgM-Fraktion) mit Blutviskositätserhöhung und Erythrozytenagglutination
kryptogen: kryptos, gr. = verborgen → ungeklärter Ursache
Kryptokokken, gr. kryptos kokkos = „versteckter Kern" → Hefepilz
Kümmerorgan: kumbern, ahd. = in Not sein → Organschrumpfung infolge Stoffwechselstörung
Kuru, neuguin. = lachender Tod („lachend" wegen Verblödung) → Prionenkrankheit
Kwashiorkor, ghan. = „zwei nach eins" → Krankheit des 1. Kindes nach dem 2., wenn das 2. gestillt wird = afrikanische Mangelkrankheit der Kleinkinder
Kyphoskoliose, gr. kyphos = krumm; kolios = krumm → Wirbelsäulenkrümme in der Frontal- und Sagittalebene

L

Laminin: = Basalmembran-Protein mit Bindeeigenschaft für Proteoglykane, Typ-IV-Kollagen und Zelloberfläche; es fördert Adhäsion von Epithelen an die Basalmembran
Langerhans-Zelle: Langerhans, Paul (1847 – 1888) = Berliner Pathologe → „Epidermissternzellen" (Antigen-Präsentationszellen)
Langhans-Zelle: Langhans, Theodor (1859 – 1915), Berner Pathologe → mehrkernige entzündliche Riesenzelle mit kranzartiger Kernanordnung
Laryngitis: larynx, gr. = Kehlkopf → Kehlkopfentzündung
LASER = **l**ight **a**mplification by **s**timulated **e**mission of **r**adiation
latens, lat. = wartend → stumm verlaufend
latus, lat. = breit
Laxantium, laxare, lat. = lockern → Abführmittel
LDH = **L**aktat**deh**ydrogenase
LDL = low density lipopotein → „zentri-(hepato)fugales" Fett(ab)transportprotein
Leber: lip, indg. = Leben. Leber galt vor der Entdeckung des Blutkreislaufes als Blutbildungszentrum und Sitz des Lebens
Leck, german. = undicht → Loch im Schiffsrumpf unter der Wasserlinie → Undichtigkeit bei gefäßchirurgischer Maßnahme
Leckage = Gewichtsverlust bei flüssigem Frachtgut → Blutverlust bei gefäßchirurgischer Gefäßnaht
Leiomyozyt: leios, gr. = glatt → glatte Muskelzelle („Unwillkür-Muskel")
Lektine: legere, lat. = herauslesen → (Glyko-)Proteine mit Bindungsaffinität zu ganz bestimmten Zellzukkern (Oligosaccharide)
lentiformis: lens, lat. = Linse → linsenförmig
Lentigo: lens, lat. = Linse → „Linsenfleck" → linsengroßer Pigmentfleck
Lepra: leprein, gr. = abschälen → volksmed. = „Aussatz"
Leptin: leptos, gr. = dünn → „Schlankhalterhormon"
Leptomeningitis, gr. = Entzündung der weichen Hirnhäute
leptos, gr. = dünn, schmal
letal, lat. = tödlich
Leukämie, gr. = (volksmed.) „Weißblütigkeit" → Blutzellkrebs aus Leukozyten und deren Vorstufen
Leukodystrophie, gr. = „weiße (Hirnsubstanz)-Zerstörung" → Sammelbegriff für nicht-entzündliche Entmarkungskrankheiten
Leukopenie, gr. = (bedrohlicher) Leukozytenmangel
Leukoplakie, gr. leukos = weiß, plakus = Kuchen → weißer nicht wegwischbarer Fleck
Leukozyt, gr. leukos = weiß, zytos = Zelle → weiße Blutkörperchen = Sammelbegriff für alle Blutzellen außer den roten Blutkörperchen)

Leukozytoklasie: klazo, gr. = spalten → „weiße Blutkörperchenspaltung" = Leukozytenapoptose
Lidptose: ptosis, gr. = Fall → Falllid
Lipofuszin, gr./lat. lipos = fett, fuscus = gelb = „gelbes Fett" → gelbbraunes Abnutzungspigment
Lipolyse, gr. = „Fettauflösung" → nekrotische Fettgewebszerstörung
Lipom, gr. lipos = fett, oma = Geschwulst → gutartiger Fettgewebstumor
Lipomatose = überschießende (tumorartige) Fettgewebswucherung
Lipophagen, gr. = „Fettfresser" → Fett phagozytierende Histiozyten
Listeria „monocytogenes": Infekt wird bei Nagern (nicht beim Menschen) von einer Blut-Monozytose begleitet
Livor, lat. = blaue Farbe → Totenfleck
LMP-1 = **l**ate **m**embrane **p**rotein (der Epstein-Barr-Viren) = a) Transformationsprotein mit Aufhebung der Kontaktinhibition und verankerungsabhängigem Zellwachstum, b) Apoptoseblocker (via bc12-Expression) für B-Zellen
Lobus, lat = Lappen
LT = **L**euko**t**riene = Arachidonatabkömmlinge mit entzündungssteuernder Wirkung
Lues, lat. = Seuche → treponemal ausgelöste Geschlechtskrankheit
Lungenazinus: acinus, lat. = Beere → kleinste bronchoarterielle Funktionseinheit der Lunge
Lungenemphysem: emphysaio, gr. = hineinblasen → volksmed. = „Lungenüberblähung"
Lupus, lat. = Wolf → volksmed. = „Fraßflechte"
Lupus erythematodes → volksmed. = „Zehrrose"
Luxation, lat. = Verrenkung → Entfernung einer verschiebbaren Organstruktur aus ihrem für sie vorgesehenen Gewebsbett
Lyell-Syndrom = Syndrom der verbrühten Haut mit blasiger Abhebung der irreversibel geschädigten Epidermis nach medikamentös ausgelöster AG-AK-Reaktion
Lyme-Krankheit: Lyme (Conneticut, USA) = Ort, an dem die Erkrankung erstmals entdeckt wurde → Borrelienerkrankung
Lymphadenie: adenos, gr. = Drüse → Lymphknotenvergrößerung
Lymphadenopathie, gr. = (nicht-entzündliches) Lymphdrüsenleiden
Lymphangitis, gr. = Lymphgefäßentzündung
Lymphom, gr. = maligner Tumor, ausgehend von Zellen der lymphatischen Reihe (Systemneoplasie)
Lyse: lysein, gr. = auflösen → Gewebs-/Strukturauflösung

M

Magenkarzinom = maligner Tumor der Magenschleimhautepithelien mit unterschiedlich ausgeprägter Drüsenimitation und Stromaentwicklung
magnus, lat. = groß
makros, gr. = groß
Makroglossie, gr. = „Großzungigkeit"
Makronesie: nesos, gr. = Insel → Zustand mit abnorm großen Pankreasinseln
Malabsorption: absorbeo = aufsaugen → ungenügende Aufnahme von Nahrungsbestandteilen aus dem Verdauungstrakt (v.a. Dünndarm)
Malaria: mala aria, ital. = schlechte Luft → volksmed. = „Sumpffieber", „Wechselfieber"
Malazie: malazia, gr. = (Gewebs-)Erweichung (von innen her)
Maldigestion: digestio, lat. = Verdauung → ungenügende Verdauung (Aufschluß) des Darminhaltes infolge Mangel oder zu kurzer Einwirkungszeit von Enzymen
Mamma, lat. = Mutterbrust → Brustdrüse
Mastektomie, gr. Mastos = Brust, ektemno = herausschneiden → operative Brustentfernung
Mastigote: mastix, mastigos, gr. = Geißel → begeißelte Protozoenlarve
maternal: mater, lat. = Mutter → mütterlicherseits
Matrix, lat = „Gebärmutter" → geweblicher Mutterboden
Mazeration: macero, lat. = erweichen → (destruktive) Gewebsaufweichung (von außen her)
Mediamyozyt = glatte Muskelzelle der Gefäßwand (-media)
Mediastinalemphysem, lat./gr. = eingepreßte, gefangene Luft im mediastinalen Bindegewebe
Mediator, lat. = „Mittler" → Steuerstoff der Entzündung
Medulla, lat. = Mark
Medusen-Haupt: Gorgo Medusa = gr. Sagengestalt mit lebendigem Schlangenknäueln statt Kopfhaaren → Nabel-Varizen als Umgehungskreislauf bei Pfortaderhochdruck
mega-, gr. = (über-)groß
Megakaryopoese: karyon, gr. = Kern, poiesis = Bildung → Bildung und Ausreifung der (großkernigen) Thrombozytenvorstufen im Knochenmark
Megakolon, gr. = abnorm weitgestellte Dickdarmschlingen wegen Tonusmangel
Megaösophagus, gr. = abnorm weitgestellte Speiseröhre wegen Tonusmangel
Meiose: meiosis = Verkleinerung → Reduktionsteilung (der Gameten) mit 1 resultierenden Tochter mit halbem Chromosomensatz
Mekonium: mekon, gr. = Mohn = während der Intrauterinzeit gebildeter Stuhl → volksmed. = „Kindspech"
Meläna, gr. = Blutstuhl
Melanin: melas, gr. = schwarz → dunkelbraunes Pigment
Melanosom: soma, gr. = Körper = „schwarzes Körperchen" → kleinste Struktureinheit des Melaninpigmentes
Mellitin: mellis, lat. = Honig → Bienengift
mellitus, lat. = honigsüß
Menarche, gr. men = Monat, arche = Beginn → Beginn der Monatsblutung
Meningismus = Symptomenkomplex infolge Meningenerkrankung: u.a. Kopfschmerzen, Lichtscheuheit, Nackensteifigkeit, Kopf-ins-Kissen-bohren (= Opisthotonus), Seitenlage mit angezogenen Knien (= Jagdhundstellung), eingezogener Bauch (= Kahnbauch)
Meningitis: meninx, gr. = Hirnhaut → Hirnhautentzündung → volksmed. = „fieberhafte Genickstarre"
Meningoenzephalitis, gr. = kombinierte Gehirn-Hirnhautentzündung
Meningokokken, gr. = „Hirnhautkerne" = Erreger der Hirnhautentzündung
Menopause = physiologisches, altersbedingtes Sistieren der Monatsblutung
Merlin = **M**oesin-**e**zrin-**r**adixin-**l**ike Prote**in** → Suppressorgen der Neurofibromatose Typ II
Mesaortitis: meso-, gr. = mittleres → „Entzündung der mittleren Aortenschicht"
Mesenchym: meso enchyma, gr. = „mitten (zwischen die Keimblätter) Hineingegossenes" → a) pluripotentes Bindegewebe des Embryos, b) multipotentes Muttergewebe aller Binde- und Stütz-, Muskelgewebe sowie Blut- und Gefäßbildungsgewebe
Mesotheliom = volksmed. = „Brustfellgeschwulst" (von Mesothelzellen ausgehend)

Metachromasie = Gewebsbestandteile färben sich mit bestimmten basischen Farbstoffen (z. B. Toluidinblau) in anderem Farbton als der angewandten Farblösung
Metaplasie: metplasso, gr. = umformen → Umwandlung eines ausdifferenzierten Gewebes eines bestimmten Typs in ein differenziertes Gewebe eines anderen Typs
Metastase, gr. = Versatz → Krankheit- oder Tumorabsiedelung
Migration, lat. = Wanderung → Ein- und Auswandern von Blutzellen oder Tumorzellen
mikrobizid, lat. = mikrobentötend
Mikrogenie: geneion, gr. = Kinn → „Kleinunterkiefer-Zustand"
Mikrognathie: gnathos, gr. = Kiefer → „Kleinoberkiefer-Zustand"
Mikrogyrie, gr. = kleine Kreise → Zustand mit abnorm kleinkalibrigen Hirnrindenwindungen
Mikrohämaturie, gr. = mikroskopisch nachweisbar Erythrozyten im Urin
Mikrovilli = „kleine Zotten" → resorptiver Bürstensaum auf Darmzellen
Miktion: mingere, mictus, lat. = seichen, pissen → natürliche Urinentleerung aus Harnblase
miliare Streuung = Übersäung der Organe mit körnchenförmigen Entzündungsherden bei Erregeraussaat durch Blutstrom
Milium, lat. = Hirsekorn → körnchenartig gestreutes Entzündungsherdchen
Mimikry = auf Signalfälschung beruhende Ähnlichkeit
minutus, lat. = winzig
Miopapovaviridae: frühere Bezeichnung = Polyom-Viren
Miose: meiosis, gr. = Verkleinerung → Pupillenverengerung
Mirazidien: meirakion, gr. = Jugendlicher → Schistosomenjugendform
Mitogen = Substanz, welche die Zellzyklus regulierenden Proteine so verändert, daß eine Zelle von der G2-Phase in die die M-Phase (= Mitosephase) übergeht
Mitose: mitos, gr. = Faden → Zellteilung zu 2 resultierenden identischen Tochterzellen
Mole: mola, lat. = Windei → entartete Leibesfrucht
Molluscum contagiosum, lat. = „ansteckendes Weiches" → Dellwarzen
Moniliasis: monilium, lat. = Halsband → Hefepilzkrankheit
monoklonal, gr. = einstämmig → zu einer von einer Mutterzelle sich herleitenden Zellfamilie gehörig
Mononucleosis infectiosa: mononucleus, lat. = „Einkerner" = monozytenartige Lymphozyten → „ansteckende Monozytenvermehrung"
Morbus Wolman = Cholinesterspeicherkrankheit wegen erblichem Defekt jener sauren lysosomalen Esterase, welche die rezeptor- und -vermittelt aufgenommenen Fette zunächst in der Zelle (und dort in den Lysosomen) hydrolysiert → Bildung von geschwulstartigen Fettdepot (Xanthomen) und Nebennierenverkalkungen
Morbus, lat. = Krankheit (allgemein)
Mortalität: Mors, lat. = Tod → Sterblichkeit
Moskito: mosquito, span. = Mücke → Stechmücke in Sumpfgebieten
Motilitätsfaktor = Protein mit Zell-Zell-Bindung lösender und Zellbewegung fördernder (= motogener) Wirkung
Mucor = saprophytärer Köpfchenschimmel
Mukosa, lat. = (oberflächlich-drüsenhaltige) Schleimhaut
Mukostase: mucus, lat. = Schleim → Schleimstau
Mukoviszidose, lat. = „Zähschleimigkeit" → zystische Fibrose
Mukoziliar-Clearance = Reinigungsmechanismus der peripheren Bronchialäste durch Flimmerhaaraktivität der respiratorischen Epithelien
multilocularis, lat. = vielkammerig
multiple Sklerose (= Enzephalitis disseminata) = häufige Entmarkungskrankheit des ZNS → volksmed. = „herdförmige Gehirn-/Rückenmarkverhärtung"
multiplex, lat. = vielfach
Mumps: mumps, engl. = schmollen → mit Schmollmund einhergehende Speicheldrüsenentzündung
Mundflora (= Bakterienflora) = physiologische Besiedelung der Mundschleimhaut durch bestimmte Bakterien, die sich im Normalfall gegenseitig in ihrem Wachstum kontrollieren
Murein: murus, lat. = Mauer → Hauptbestandteil der Bakterienwand
Muskelatrophie = Muskelschwund mit Kraftverlust
Muskelhypotonie = Muskelschlaffheit (ohne Tonus)
Mutagen: mutare, lat. = ändern → chemischer Stoff mit Fähigkeit zur Mutation
Mutation: mutare, lat. = ändern → Sammelbegriff für bleibende Umwandlung eines genetischen Elements, die zu einem Defekt im Erbgut führt
Mutilation: mutilare, lat. = verstümmeln → Verstümmelung (v. a. Akrenbereich)
Muziphagen = (epithelialen) Schleim phagozytierende Histiozyten
Myasthenia gravis, lat./gr. = „schwere (krankhafte) Muskelschwäche" infolge gestörter neuromuskulärer Erregungsübertragung
Myces: mykes, gr. = Pilz
Mycoplasma, gr. = „Schleimsubstanz" → zellmembranloses Bakterium
Myelomalazie, gr. = (nekrosebedingte Gehirn-) Markerweichung
Myoepithel = dem Epithel entstammende glatte Muskelzellen an den Endstücken von (Speichel-)Drüsen
Myoglobinämie = Myoglobin aus zerfallender Skelettmuskulatur gelangt ins Blut
Myokarditis, gr. = Herzmuskelentzündung
Myoklonus: klonos, gr. = heftige Bewegung → unwillkürliche, blitzartige arrhythmische Einzelzuckungen von Muskeln
Myolyse = Muskelzerfall
Myomalazie, gr. = (ischämische Herz-) „Muskelerweichung" mit Herzwandaussackung oder -ruptur
Myopathie, gr. = (nichtentzündliche) Muskelerkrankung mit Kraftverlust
Myxo- (Vorsilbe), gr. = Schleim; myxoid, gr. = schleimartig
Myzel: mycelium, lat. = Pilzfilz → Geflecht aus fadenförmigen Pilzzellen

N

NADPH = reduziertes **N**ikotinsäure-**a**denin-**d**inucleotid**ph**osphat
Naevus, lat. = Mal → angeborene Gewebswucherung (im Hautbereich) → volksmed. = „Muttermal"
Narbe: narwe, ahd. = Verengung → definitiver, abgeheilter Wundverschluß mit Gewebsschrumpfung
Nasopharyngealkarzinom = Karzinom der Nasenrachenschleimhaut (→ Plattenepithelkarzinom) oder des tonsillären Kryptenepithels mit Homingrezeptoren für Lymphozyten (→ lymphoepitheliales Karzinom)
Nasopharynx, gr. = Nasenrachen
N-CAM = **n**euronal **c**ell **a**dhesion **m**olecule → den Zusammenhalt neuronaler Zellen sichernde Proteine

Nekrose: nekros, gr. = Tod → abgestorbenes Gewebe im lebenden Körper mit mehr oder weniger deutlicher Abwehrreaktion
Nematode: nema, gr. = Faden → Fadenwürmer
Neoplasie, gr. neos = neu; passein = bilden → (autonome Gewebs-)Neubildung
Nephrolithiasis, gr. = „Nieren-Steinleiden"
Nephropathie: nephros, gr. = Niere → (nicht-entzündliche) Nierenerkrankung
Nephrose = nephrotisches Syndrom: Sammelbegriff für Nierenkranheiten mit 1. Proteinurie, 2. Hypo-/Dysproteinämie, 3. Hyperlipidämie und Hypercholesterinämie und 4. Ödembildung (v. a. Lidödeme)
Neuronophagie, gr. = „Nervenfraß" → Ganglienzellphagozytose durch Gliazellen
Neuropathie = (nicht-entzündliche) Erkrankung der peripheren Nerven mit Funktionseinbuße
Neuropil = Geflecht aus Ganglienzellfortsätzen
Neurosyphilis = luischer ZNS-Befall im Stadium II: Meningitis luica; im Stadium III: Zerebrospinallues (gummöse Hirn-Arteriitis), Tabes dorsalis (Rückenmarksbefall), progressive Paralyse (Untergang der grauen Hirnsubstanz)
Neurotoxin = nervenzellschädigendes Ektotoxin
Nierenzellkarzinom = maligner Nierentumor mit Differenzierungsmerkmalen harnbildender oder -ableitender Tubulusepithelien
niger, lat. = braun schwarz
NM-23 (neue Bezeichnung: = NME = **n**on-**m**etastatic cells **e**xpressed) mit Nukleosid-Diphosphat-Kinase als Kodierunsgprodukt = Antimetastasengen
NO = Stickstoffmonoxid
Normergie = normale Abwehrbereitschaft
nozizeptiv, lat. = „schmerz-aufnehmend"
nudus, lat. = nackt, unbekleidet
Nullipara, lat. nulla = keine, parere = gebären → noch nicht entbunden habende Frau
Nysten-Regel: Totenstarre beginnt an Kopf→kleine Gelenke (Arme→Beine) und löst sich in gleicher Reihenfolge wieder auf

O

Obduktion: obducere, lat. = vorführen → Leichenöffnung zur Demonstration der Organveränderung
Obesitas, lat = Fettsucht
Obstipation: obstipare, lat. = verstopfen
Obturation: obturare, lat. = verstopfen → (Hohlorgan-) Verstopfung
Ochronose: ochros, gr. = ocker → (histologisch) braungelbe Gewebsverfärbung bei Alkaptonurie
Ödem: oidema, gr. = (Gewebs-)Schwellung → volksmed. = (Gewebs-) „Wassersucht"
-oid (Wortteil), oido, gr. = erscheinen → ähnlich
Okklusion: occludere, lat. = verschließen → (Hohlorgan-)Verschluß
Okklusionshydrocephalus, gr. = „Verstopfungs-Wasserkopf"
okulokutan, lat. = Auge und Haut betreffend
Oligohydramnion, gr. = zu wenig Amnionflüssigkeit
Oligophrenie: phren, gr. = Sinn → Schwachsinnigkeit
oligos, gr. = wenig, gering
Omnipotenz = (noch) uneingeschränkte Differenzierungsmöglichkeit einer Stammzelle
Onkogen s. Protoonkogen
Onkogen, gr. onkos = geschwollen, genaio = entstehen, werden → volksmed. = „Krebs-Gen" mit dergulierender Wirkung auf Zellwachstum und -differenzierung
Onkosphäre, gr. = „Schwell-Kugel" → mit 6 Haken versehene kugelförmige Larve der Bandwürmer
Onkozyt, gr. = durch Mitrochondrienreichtum geschwollene Zelle
Onychomykose: onyx, gr. = Nagel → Nagelpilzkrankheit
Oophoritis: oophoron, gr. = „Eiträger" → Eierstockentzündung
Ophthalmoplegie, gr. opththalmos = Auge, plege = Lähmung → „Augen(-muskel)-Lähmung"
Opportunismus: auf Zweckmäßigkeit und Vorteil ausgerichtetes Handeln
opportunistischer Keim: Keim gewinnt an Pathogenität bei Immundefekt
Opsonierung: opson, gr. = Würze → Phagozytoseeinleitung durch Antikörpermarkierung des zu phagozytierenden Antigens
oral: os, lat. = Mund → mundseitig (im Mundbereich)
Orchitis: orchis, lat = Hoden → Hodenentzündung
Organotropismus: trepo, gr. wenden → (rezeptorabhängige) Bevorzugung bestimmter Organe durch bestimmte Viren
Oropharynx, gr. = Mundrachen
Osteoklast, gr. = „Knochenspalter" → knochenauflösende Zelle
Osteomalazie, gr. = „Knochenerweichung"
Osteomyelitis, gr. = „Knochenmarkentzündung" → Knochenentzündung
Osteoporose, gr. ostun = Knochen, poros, gr. = Loch → „Knochendurchlöcherung" → Knochenporosität
Otitis media: otis, lat. = Ohr → Mittelohrentzündung
Otomykose, gr. = Pilzentzündung im Mittelohrbereich mit Ausdehnungstendenz auf Innenohr
Ovarialkarzinom = maligner, zur Doppelseitigkeit neigender Ovarialtumor des (pluripotenten) Zoelomepithels
Oxyuryasis: oxiuris, gr. = „Spitz-Schwanz" → Madenwurm
Ozaena: ozein, gr. = stinken → volksmed = „Stinknase"

P

p53 = 53 kD schweres Protein mit (Tumor-)Suppressorwirkung
PAF = (Blut-)**P**lättchen**a**ktivierender **F**aktor mit entzündungssteuernder Wirkung
Pagus: pegnymi, gr. = verbinde → Zwilling
Palisadenanordnung: Palisade = Hindernis aus nebeneinandergesetzten Pfählen → saumförmig nebeneinanderliegende, gleichartige Zellen
pan- (Vorsilbe), gr. = ganz
Panarteriitis, gr. = „ganz-Arterienentzündung" → Entzündung erfaßt die gesamte Arterienwand
Panenzephalitis, gr. = Entzündung aller Hirnschichten
Pankarditis, gr. = Entzündung aller Herzwandschichten
Pankreaskarzinom: pan-kreas, gr. = „ganz aus Fleisch" = maligner Tumor der pankreatischen Gang- oder Bauchspeicheldrüsen-Azinusepithelien
Pankreatitis, gr. = Bauchspeicheldrüsenentzündung
Pankreatolithiasis, gr. = „Bauchspeicheldrüsen-Stein"-Leiden
Pannus, lat. = Lappen → lappenartig bedeckendes Entzündungsgewebe
Panzytopenie, gr. = „Allzellmangel" → Mangelzustand an allen Zellen des blutbildenden Knochenmarks
Papel: papula, lat. = (Haut-)Knötchen
papilläres Karzinom: volksmed. = „Zottenkrebs"
Papillom, lat./gr. papilla = Warze, oma = Geschwulst → (gutartige) warzenartige Geschwulst
Papovaviren: **Pa**pillom-, **Po**lyomviren und **va**kuolisierendes Virus
Paradontose: paraodontium, lat. = Zahnhalteapparat → degenerativ-lockernde Erkrankung des Zahnhalteapparates bei Zahnfleischschwund

Paraneoplasie, gr.„neben Neubildung" → mittelbar durch Tumor ausgelöste Erkrankung
Paraplasma = lebloser Zelleinschluß
Paraplegie = vollständige Lähmung zweier symmetrischer Extremitäten → volksmed. = „Querschnittslähmung"
Paraproteine = monoklonal gebildete, strukturell meist homogen aufgebaute (Immun-)Globuline (resp. Ig-Fragmente), oft ohne Antikörperfunktion
Parasit, gr. parasitus = Mitesser, Schmarotzer → auf Kosten anderer Organismen mit diesen zusammenlebende Organismen
Parästhesie, gr. = „Danebenempfinden" → Sensibilitätsstörung (Kribbeln)
Parenchym: para enchyma, gr. = „das neben (das Stützgerüst) Hineingegossene" → funktionsspezifische (Epithel-)Zellen eines Organgewebes
parental, lat. = elterlich, Ausgangs-
Parese: paresis, gr. = (Muskel-)Lähmung
parietal: paries, lat. = Wand → wandseitig
Parotitis: para otis, gr. = „neben Ohr gelegen" → Ohrspeicheldrüsenentzündung
Partial- : pars, lat. = Teil → Teil-
parvus, lat. = klein
paternal: pater, lat. = Vater → väterlicherseits
Paul-Bunnel-Test = Nachweis heterophiler Antikörper gegen Hammelblut-Erythrozyten zur Diagnose der Mononucleosis infectiosa
PDGF = **p**latelet **d**erived **g**rowth **f**actor → Wachstums- und Migrationsfaktor für Fibroblasten, Endothelien, Gefäßwandmuskelzellen
Pellagra: pelle agra, ital. = „rauhe Haut" → schuppig pigmentierte Hautveränderung bei Vitamin-B_2-Mangel
Pemphigus: pemphix, gr. = Blase → volksmed. = „Blasenausschlag"
– Penie: penia, gr. = Mangel
per primam (secundam) intentionem, lat. = im ersten (zweiten) Anlauf
Peristase: gr. = Umwelt
Perityphlitis: typhlon, gr. = Blinddarm → „Entzündung um Appendix herum"
Perkussion: percutere, lat. = klopfen → Beklopfen der Körperoberfläche zur Beurteilung der (Klopf-) Schallleitung in den darunterliegenden Geweben
perniciosus, lat. = zum Verderben führend
Pes planus, lat. = platter Fuß → volksmed. = „Plattfuß"
Pest: pestis, lat. = ansteckende Krankheit → ansteckendste Infektionskrankheit
Petechien: petecchie, ital. = (punktförmiger) Blutfleck → Kapillarblutung
PG = **Prostaglandine** = Arachidonatabkömmlinge mit entzündungssteuernder Wirkung
Phaeochromozytom, gr. phaios = rot-braun, chroma = Farbe, kytos = Zelle, oma = Geschwulst = „Rotbraunzellgeschwulst" → neuroendokriner, graubrauner Tumor des Nebennierenmarkes oder Paraganglien aus chromaffinen Zellen mit Neuromelanin
Phlebektasie, gr. phlebs = Ader, ektasis = Ausweitung → „Venenausweitung"
Phagozytose: phagein, gr. = fressen → Fremdpartikeleinverleibung in Zelle
Phlegmone: phlego, gr. = anzünden → diffus interstitiell-eitrige Entzündung
Phokomelie, gr. phokos = Seehund; melos = Glied → volksmed. = „Stummelgliedrigkeit"
Phosphatdiabetes = Phosphatausscheidung im Urin
Photophobie, gr. = Lichtscheuheit (= Lichtempfindlichkeit)
Phthise: phthisis, gr. = Schwund → Gewebsschwund
Pickwick-Syndrom: nach der fettleibigen Hauptfigur (= Little Joe) in Charles Dickens' Roman „die Pickwicker".
Picornaviren: **pico-RNA**; pico, ital. = kleinste RNA-Viren
Pigment: pigmentum, lat. = Farbstoff, Schminke
pilus, lat. = Haar
Pinealoblastom = maligner unreifer neuroendokriner Zirbeldrüsentumor
Plakus, gr. = Kuchen
planus, lat. = flach
Plaque, franz. = Platte → plattenartige, fleckförmige Läsion
Plasmin (= Fibrinolysin) = Fibrin und damit Blutgerinnsel spaltendes Enzym
Plättchen = Blutplättchen = (s.) Thrombozyten
Plazentitis: placenta, lat. = Kuchen (gr. plakus) → Mutterkuchenenzündung, Entzündung der Nachgeburt
Plegie: plege, gr. = Lähmung
Pleomorphie, gr. = Vielgestaltigkeit (von Zellen / Gewebe)
plexiform: plexus, lat. = Geflecht → geflechtartig
pluriglandulär: pluris, lat. = mehr → mehrere Drüsen betreffend
Pluripotenz = (etwas eingeschränkte) vielseitige Differenzierungsmöglichkeit einer Stammzelle
Pneumektomie, gr. = „Lungenherausschnitt" → Lungenentfernung
Pneumocystis: pneuma, gr. = Luft; cystis, gr. = Bläschen → in Zysten gelegenes opportunistisches, Pneumonie-auslösendes Protozoon
Pneumokoniose: konios, gr. = Staub → „Staublungenkrankheit"
Pneumonie = Lungen(-parenchym-)Entzündung
Pneumonitis = physikalisch-chemisch ausgelöste Lungenparenchymentzündung
Pneumothorax, gr. = „Luft-Brust" → Lungenkollaps wegen Lufteinstrom in Pleurahöhle
Podozyt, gr. = Fußzellen der Nierenglomeruli
Poliomyelitis, gr. polios = grau, myelon = Mark → Entzündung des grauen Rückenmarks
poly- (Vorsilbe) gr. = viel
Polycythaemia vera, gr./lat. = „echtes Vielzell-Blut" → neoplastische Wucherung des Erythro-, Megakaryo- und Granulozyten bildenden Knochenmarks
Polydaktylie, gr. = Vielfingrigkeit → überzählige Fingeranlage
Polyglobulie, gr./lat. = „Viel-Kügelchen" → zuviele Erythrozyten im Blut
Polynesie, gr. = „Viel-Inseligkeit" (Pankreasinseln)
Polyp: polypus, gr. = „Vielfüßler" → gestielte, in ein Lumen hineinragende Geschwulst (vgl. Süßwasserpolyp)
polypoid = polypenartig
Polyurie, gr. = „Vielharn"-Leiden
Polyvinylchlorid = großtechnisch hergestellter Kunststoff
Porphyrie: porphyra, gr. = Purpur → Hämsynthesedefekt mit Dunkel(rot)-Färbung des Urins
Posthitis: posthe, gr. = Vorhaut → Vorhautentzündung
Potter-Einteilung der Zystennieren (= ZN): Typ I = infantile polyzystische, doppelseitige ZN mit Sammelrohrzysten; Typ II (infantile) ein-/doppelseitige dysplastische ZN mit kortikalen Zysten; Typ III = adulte ZN mit Zysten in allen Nephronabschnitten
praevalere, lat. = Übergewicht haben
präzipitieren, lat. = stürzen
Primipara, lat. = „Erstgebärende"
Prion = **pro**teinaceus **in**fectious age**n**t = Scrapie-Agens
Proboszis, gr. pro = vor; boskein = füttern → rüsselartiges Gebilde als extrakranielle Reste der Nasenanlage
Prodrom: prodromos, gr. = Vorläufer
Proglottide, gr. = „Zungenspitze" → (zungenspitzenförmiges) Bandwurm-Glied

Prognathie: gnathos, gr. = Kiefer → Oberkiefervorstand (vor Unterkiefer)
Prolaps, lat. = Vorfall → Eingeweide-Vorfall
Proliferation: proles ferre, lat. = „Kinder bringen" → mitotische Zellvermehrung
Promotion, lat. = Beförderung, Vorantreiben
Propulsionsbewegung: propellere, lat. = vorstoßen → schnelles Vorschießen beim Gehen infolge Gleichgewichtsstörungen
Prostatitis: prostates, gr. = (Tür-)Vorsteher → Vorsteherdrüsenentzündung
Proteinurie, gr. = Eiweißharnen
Proteoglykane = Sammelbegriff für raumfüllende, makromolekulare Bestandteile der Extrazellulärmatrix mit flaschenbürstenartigem Aufbau aus zentralem Hyaluronat (=Polysaccharid) und angelagerten Proteinen
Protoonkogen, gr. protos = erster, onkos = geschwollen, genes = entstehend → physiologisches „Vorläufer-Krebsgen" mit Zellregulationsfunktion
Pruritus: prurire, lat = jucken → Juckreiz
Psammomkörper: psammos, gr. = Sand → sandkornartiges Körperchen
Pseudarthrose, gr. = „falsches Gelenk" = innerhalb von 8 Monaten nicht abgeheilte Knochenfraktur
Pseudodivertikel = Aussackung eines Hohlorgans, aus Wandanteilen bestehend
Pseudohermaphroditismus, gr. pseudos = falscher, Hermaphrodit = Sagengestalt (Zwitter aus Hermes [Fruchtbarkeitsgott] und Aphrodite [= Liebesgöttin])
Pseudozyste, gr. pseudos = falsch, kystis = Blase → ein-/mehrkammerige Geschwulst mit dick-/dünnflüssigem Inhalt ohne Epithelauskleidung
Pterygium colli: pteryx, gr. = Flügel → „Hals-Flügelfell" = Dreieckhautfalte am Hals
Punktmutation: = Genveränderung infolge Austausch eines Nukleotids in der DNS-Sequenz
purulent: pus, lat. = Eiter → eitrig
Pustel: pustula, lat. = Eiterblase
putridus, lat. = faulig
PVC = **P**oly**v**inyl**c**hlorid
Pyelonephritis: pyelon, gr. = Waschbecken → interstitielle, auf Nierentubuli übergreifende Nierenentzündung → volksmed. = „Nierenbeckenentzündung"
Pygos, gr. = Steiß
Pyknose: pyknos, gr. = dick → (Kern-)Verklumpung
Pylorus, gr. = „Pförtner" → Magenausgangsmuskel
Pyocephalus, gr. = „Eiter-Gehirn" → Vereiterung der inneren und äußeren Liquorräume
Pyodermie: pyon, gr. = Eiter → eitrige Hautentzündung
Pyrogen: pyr, gr. = Feuer → fiebererzeugende Substanz

Q

Quincke-Ödem = spontan aus Wohlbefinden heraus auftretende, 2 Tage anhaltende, rezidivierende Weichteilschwellung (Gesicht, Respirations-, Magentrakt) wegen eines kongenital defekten Esterasehemmers des Komplementsystems
quo ad vitam, lat. = hinsichtlich Lebens(erwartung)

R

Rabies, lat. = Wut → Tollwut
racemosus, lat. = traubig
Rearrangement, engl. = Umlagerung (von Chromosomenmaterial)
restriktiv, lat. = einschränkend
Retardierung, lat. = verspätetes Eintreffen
Retikulin = nichtkollagenes, epitheliales Verankerungsprotein der Extrazellulärmatrix
Retinitis: rete, lat. = Netz → (Augen-)Netzhautentzündung
Retinopathie = (nicht-entzündliches) Netzhautleiden
Retropulsionsbewegung: retropellere, lat. rückwärtsstoßen → Zurückfallen des Patienten beim Versuch, eine Rückwärtsbewegung zu stoppen
Reutilisierung, lat. = Wiederverwendung
Rhabdomyozyt: rhabdos, gr. = Stab → quergestreifte Muskelfaser (= „Willkür-Muskel")
Rheuma, gr. = Fließen = Gliederreißen → entzündliche Gliederschmerzkrankheit
Rheumafaktoren = v. a. körpereigenes IgM gegen körpereigenes IgG
Rhexis, gr. = Zerreißung → (Gewebs-)Zerreißung
RHS = **r**etikulo**h**istiozytäres **S**ystem = Makrophagensystem
Rigor, lat. = Steifigkeit → (Muskel-)Steifigkeit
Rindfleisch-Zelle: Rindfleisch, Georg E. (1836 – 1908): Würzburger Pathologe → Typhuszellen (= Sonder-Histiozyten)
Risus sardonicus, lat. risus = Lachen, sardoa herba = Sauerampfer → „saures Gesichtsverziehen" (beim Wundstarrkrampf)
Roseola: roseus, lat. = rosafarbig → kleinfleckig geröteter (wegdrückbarer) Hautausschlag
RSV = **r**espiratorisches **S**ynzytial**v**irus
Rubor, lat. = Röte → Rötung des Entzündungsgebietes durch Mehrdurchblutung
rubrus, lat. = rot
Ruhr: ruor, mhd. = umrühren → infektiöse Durchfallskrankheit
Rumpel-Leede-Test: positiv, wenn nach Anlagen einer Blutdruckmanschette (5 min > 10 mm diastolischer Blutdruck) Petechien auftreten

S

S-100-AG = Protein mit **100 %** Löslichkeit (**S** = „solubility") in Ammoniumsulfat.
saginatus: saginare, lat. = mästen
Sago = stärkehaltiges, gekörntes Nahrungsmittel aus der Sagopalme
Salpingitis: salpinx, gr. = Trompete → Eileiterentzündung
sanguinolent: sanguis, lat. = Blut → bluthaltig
Saprophyt, gr. sapros = Fäulnis, phyton = Gewächs → auf und von abgestorbenem organischem Material lebende Mikroorganismen
Sarkoidose, gr. sarkos = Fleisch, oido = erscheine → mit fleischiger Lymphknotenschwellung einhergehende granulomatöse Entzündung
Sarkom: oma, gr. = Geschwulst → mesenchymal-bösartige Geschwulst mit (fisch-)fleischartiger Schnittfläche
Saturnismus: Saturn = Alchemistensymbol für Blei → Bleivergiftung
Scatter-Faktor: scatter, engl. = verstreuen → Streufaktor mit Auflösung der Zell-Zell-Bindung und der damit verbundenen Möglichkeit der (mitogenen) Zellwanderung
Schanker: cancer, lat. = Krebs(geschwür) → geschwürige Geschlechtskrankheit
Scharlach: scarlatum, lat. = rote Farbe → mit kleinfleckig gerötetem Hautausschlag einhergehende Streptokokkeninfektion
Schaumzellen = Histiozyten mit histologisch schaumigem Zytoplasma wegen massenhaften fetthaltigen Resorptionsvakuolen

Schießscheiben-Erythrozyten (= Target-Zellen) = dünne hämoglobinarme Erythrozyten mit dichtem Zentrum und umgebendem blasser Ringzone
Schimmel, mhd. = Glanz → wegen oberflächem Glanz der Pilzkultur
- schisis (Wortteil), gr. = Spaltung
Schisto-soma, gr. = „Spalt-Leib" → Pärchenegel
Schnupfen = Intensivum zu „schnaufen" → Erkältungskrankheiut mit „laufender" Nase
Schock: shock, engl. = Stoß, Erschütterung → lebensgefährliches Regulationsversagen der Kreislaufperipherie mit generalisierter Hypotonie
Schweiß: sweis, ah/d = Schweiß, Blut
Schwiele: swilo, ahd. = schwellen → derb-narbiges Gewebsareal
Scirrhus: skirrhos, gr. = hart → volksmed. = „Faserkrebs"
Scrapie: scrape, engl. = aufschürfen → Prionenkrankheit → volksmed. = Schafswahnsinn (mit Dauerscheuern)
Seborrhö, gr. = Talgfluß → schuppende Hautkrankheit
Sectio caesarea = Kaiserschnitt-Entbindung
Seeblau-Histiozyten = Makrophagen mit grünlich-blauen Zeroidpigmentkörnchen (in der Giemsa-Färbung) bei chronischen Grunderkrankungen mit gesteigertem Lipidumsatz
segregare, lat. = absondern
Selektine = calciumunabhängige Zelladhäsionsmoleküle v. a. für Adhäsion der verschiedenen Leukozyten auf der Endotheloberfläche als Voraussetzung für die Leukozytendurchwanderung durch das Endothel
Seneszenz: senilis, lat. = greisenalt → Greisenalter (ab 50 J.)
Senfgas = Dichlordiäthylsulfid → Mitosegifte und SH-Enyzymblocker; Kampfstoff mit lungen- und hautschädigender Wirkung
senilis: senex, lat. = Greis → (greisen-)alt
Sepsis, gr. = Fäulnis → Krankheitsbild wegen pathogener Erreger und deren Toxine im Blut → volksmed. = „Blutvergiftung"
Sequester: sequestrare, lat. = absondern → abgestorbenes, vom umgebenden Gewebe abgetrenntes Gewebe
Serositis: serum, lat. = Molke → Entzündung seröser Häute (Pleuritis, Perikarditis, Peritonitis)
Sheehan-Syndrom = postpartale Hypophysenvorderlappeninsuffizienz (= Hypopituitarismus) mit Prädominanz der NNR- und Schilddrüseninsuffizienz
Sialolithiasis: sialon, gr. = Speichel → Speichel-Steinleiden
siccus, lat. = trocken
Sichelzellanämie = vererbte Hämoglobinopathie der Schwarzen mit Bildung von Hb-S, das bei Sauerstoffmangel polymerisiert → Sichelform der Erythrozyten → hämolytische Anämie und reaktiv hyperplastische Erythropoese
sidero-achrestisch, gr. = „eisen-nicht-verwertend"
Siderophagen, gr. = „Eisenfresser" (= Makrophagen) aufgrund des Blutfarbstoffabbaus
Sirene, gr. = Mädchen mit 1 Fischschwanz anstatt 2 Beinen → Mißbildung mit verschmolzenen Beinanlagen
Skarifikation: scarificere, lat. = einritzen → Anbringen vieler kleiner Hautschnittchen
skip-lesion: skip, engl. = überspringen → weit vom (Haupt-)Krankheisprozeß entfernter, durch scheinbar gesundes Gewebe abgetrennter Krankheitsherd
Sklerodaktylie: skleros, daktylos, gr. = „Hartfingrigkeit"
Sklerodermie: skleros derma, gr. = „Harthaut" → volksmed. = „Starrhautkrankheit"
Sklerose, gr. = Gewebsverhärtung
Skolex, gr. = Wurm → Bandwurmkopfteil
Skoliose, gr. = Krümme → Wirbelsäulenkrümme in der Frontalebene
Skorbut: scheuer-buik, ndl. = „wunder Mund" → Vitamin-C-Mangelkrankheit
slow-virus infection (= SVI) = über mehrere Jahre schleichend verlaufende Infektionskrankheit a) mit defektem Masernvirus oder b) mit Prionen
sludge, engl. = Schlamm, Bodensatz → intravaskulärer Blutsatz
smudge cells, engl. = „Schmutzfleck-Zellen" → adenoviral-nekrotische Zellen
Soor: sohren, mhdt. = verdorren, wundmachen → Hefepilzkrankheit
Spasmus: spasmos, gr. = Krampf → schmerzhafter Muskelkrampf eines Hohlorgans
Spastik: spasmus, gr. = Krampf → abnorm erhöhter Muskeltonus wegen Simultaninnervierung von Beugern und Streckern
Sphärule: sphaira, gr. = Kugel → kleinkugeliger Erreger
S-Phase (des Zellzyklus) → Synthese-Phase mit DNS-Replikation
splanchnon, gr. = Eingeweide
Splendore-Hoeppli-Phänomen: eosinophiler Proteinpräzipitatsaum um Erregeransammlung (wie Aktinomyzesdruse, Kokzidiensphärulen)
Splenohepatomegalie, gr. = Milz-Leber-Vergrößerung
Spongiosa, lat. = (schwammförmig angeordnete) Knochenbälkchen
spongiosus, lat. = schwammig
Sporangium: angeion, gr. = Behälter → Sporenträger von Pilzen
Sprue: sprouw, holl. = Bläschen (-Dermatitis!) → Autoaggresionskrankheit wegen Weizenkleberunverträglichkeit
spurius, lat. = falsch, unecht
Sputum, lat. = Spucke, Auswurf
Staphylokokken, gr. = „Trauben-Kerne" → traubig angeordnete Eitererreger
Steatonekrose: stear, gr. = Fett → Fettgewebsnekrose
Steatorrhö: rheo, gr. = fließen → Fettstuhl
Steatose, gr. = Fettansammlung
Stenose: stenos, gr. = schmal → Lichtungseinengung
Stent: to stent, engl. = ausdehnen → drahtartiges, zu offenbleibendem Röhrchen spreizbares Metallgeflecht
STH = **s**omato**t**ropes **H**ormon → (Körper-)Wachstumshormon
Stomatitis: stoma, gr. = Mund → Entzündung der gesamten Mund-(höhlen-)Schleimhaut
Streptokokken, gr. = „Kettenkerne" → kettenförmig angeordnete Eitererreger
Streß, engl. = Druck, Belastung → körperliche und/oder seelische oder Überbelastung durch Faktoren aus der Umwelt oder aus körpereigenem Stoffwechsel
Streßulkus, engl./lat. = „Belastungs-Geschwür" → meist peptisches Magengeschwür
Stria, lat. = Strich
Stridor, lat. = Zischen
Striktur: stringere, lat. = zusammenziehen → hochgradige Verengung
Stroma, gr. = Decke, Lager → bindegewebiges Organstützgerüst
Struma, lat. = Drüsenschwellung → Schilddrüsenvergrößerung
Submukosa = unter oberflächlich-drüsenhaltiger Mukosa gelegene Bindegewebsschicht
Sucht: suht, ahd. = Krankheit
Suffusion, lat. = „Unter-Etwas-Gegossenes" → flächenhafte Unterhautblutung
Sugillation: sugillatio = Verbeulung → flächenhafte Haut-/Schleimhautblutung

Super-Antigen = (bakterielles) Makromolekül, das über eine (unspezifische) Bindung an konstante Teile des T-Zell-Rezeptors binden kann
Surfactant = **surf**ace **act**ive **a**ge**nt** = Anti-Verklebungsfaktor der Lungenbläschen aus Dipalmitoyllecithin
Suszeptibilität, engl. = Empfänglichkeit
Synaptophysin = Hauptmembrankomponente der synaptischen Vesikel → immunhistochemischer Marker für neuroendokrine Gewebe und Tumoren
Synkretion: syncretio, lat. = (Gewebsschicht-)Verwachsung
Synovialitis: syn-ovium, gr./lat. = Eiklar (Synovia = Gelenkschmiere) → Entzündung der Membrana synovialis
Synzytium, gr. = „Zusammenzelligkeit" → verschmelzungsbedingte Mehrzelligkeit
Syphilis: sifl, arab. = Weltkrankheit → weltweit verbreitete, durch Treponemen induzierte Geschlechtskrankheit

T

Tabes dorsalis, gr./lat. = „Rücken-Schwindsucht" → volksmed. = „Rückenmmarkschwindsucht"
Tachykardie, gr. tachys = schnell, kardia = Herz → (zu) schnelle Herzschlagfolge
tachys, gr. = schnell
Taenien: taenia, lat. = Band → Bandwürmer
Tamm-Horsefall-Protein = von Nierenepithelien ins Tubuluslumen sezernierte (Glyko-)Proteine („Harnmukoid"). Ausfällung bei gestörtem Urinabtransport. Nach Reabsorption gelangen sie in die Blutzirkulation, wirken antigenisch → Nephritisauslösung und -perpetuierung
Taxonomie, gr. = Wissenschaft der Klassifizierung (z. B. der Bakterien)
Teleangiektasie, gr. = „Endgefäß-Ausdehnung" → bleibende Erweiterung oberflächlicher kleiner Hautgefäße
Telos, gr. = Ende
Teratologie: teraton, gr. = Wunder (ter, indog. = Stern) → Fehlbildungen wurden früher als „Fingerzeig" Gottes aufgefaßt (Monstrum: monstrare, lat. = zeigen)
Teratom, gr. = „Wundergeschwulst" → Tumor mit Gewebeanteilen aller 3 Keimblätter
Tetanie: tetanos, gr. = Krampf, Spannung → Dauermuskelkrampf
Tetanus: tetanos, gr. = Krampf → volksmed. = „Wundstarrkrampf"
Tetraspastik = Spastik an allen 4 Extremitäten
TGF = **t**ransforming **g**rowth **f**actor = Wachstumsfaktor-Familie mit Hemmwirkung auf das Epithelwachstum und Förderwirkung auf Fibroblastenwachstum und Chemotaxis
Thalidomid = Contergan = a-Phthalimidoglutarimid (= Beruhigungs-, Einschlafmittel)
Thesaurismose: thesauros, gr. = Schatz, Speicher → Speicherkrankheit
Thigmotaxis, gr. thigma = Kontakt, taxis = Anordnung → Kontaktausbreitung beim Zellwachstum
Thrombin = gerinnungsförderndes Enzym im Blut wegen Umwandlungsaktivität von Fibrinogen in Fibrin
Thrombophlebitis = klinischer Begriff für (immer schmerzhafte) Venenthrombose
Thrombose: thrombos, gr. = geronnenes Blut → intravitales Blutgerinnsel
Thrombozyt, gr. = „Gerinnselzelle" → Blutplättchen
Thrombozytopenie: penia, gr. = Mangel → Blutplättchenmangel
Thymom = benigne/maligne Tumoren des Thymusepithels mit lymphozytärem Begleitinfiltrat
Thyreoiditis: thyreos, gr. = Schild → Schilddrüsenentzündung
Thyreopathie = (nicht-entzündliche) Schilddrüsenerkrankung
Thyreozyten = Auskleidungszelle der Schilddrüsenfollikel
TIA = **t**ransitorische **i**schämische **A**ttacke = ischämiebedingte minuten- bis stundenlang anhaltende neurologische Strörungen (Seh-, Sprach-, Motorik, Gefühlsstörungen)
Tinea, lat. = Raupe → Pilzerkrankung der Kopfhaut
Togaviren: toga, lat. = Mantel → ummantelte Viren; frühere Bezeichnung: Arbo-Viren = **ar**thropode **bo**rne viruses
Tonsillitis: tonsa, lat. = Haltepfahl → (Gaumen, Rachen-) Mandelentzündung
Tophus, gr. = Tuffstein → Gichtknoten im Hautbereich
Torulosis (= Torulopsis), lat./gr. torus = Wulst, opsis = Aussehen → wülstchenförmiger Hefepilz
tot: douls, got. = bewußtlos
Touton-Riesenzelle: (Touton, Karl [1858–1934]: Breslauer Dermatologe) = verfettete histiozytäre daher schaumig-zytoplasmatische, mehrkernige Riesenzelle mit zentralem Kernkranz bei pathologischen Fettspeicherprozeßen
Toxin: toxon, gr. = „Gift" → (meist mikrobielle) zellschädigende Substanz
Toxoplasma: toxon, gr. = Bogen → pfeilbogenförmiges Protozoon
Trabekel: trabeculum, lat. = Bälkchen
Tracheotomie, gr. (arteria)trachea = rauhe Luftröhre; temno, gr. = schneiden → Luftröhrenschnitt
Transferrin = Eisentransportprotein
Transplantat: transplantare, lat. = verpflanzen → Organ-/Gewebsverpflanzung
Treponema pallidum, gr. = „Dreh-Faden"; pallidus, lat. = bleich (wegen schlechter Anfärbbarkeit) → spiralförmiger Keim
Trichine: trichinos, gr. = „aus Haaren gemacht" → Fadenwurm
Trichomonas: monas, gr. = Einheit = „Haar-Einheit" → mehrgeißeliger, einzelliger Schmarotzer
Trichophyton, gr. = „Faden-Pflanze" → Haar-/Nagelpilz
Trichopoliodystrophie, gr. trichos = Haar, polios = grau → kupfermangelbedingte Kümmerkrankheit der grauen Hirnsubstanz und Haare
Trikolore = franz. Flagge (weiß-blau-rot)
Trypanosoma, gr. trypanon = Bohrer, soma = Körper → sich in Gewebe einbohrendes Protozoon
Tuber, lat. = Hügel
Tubulopathie = Krankheit infolge Funktionseinbuße der Tubuli (Nierentubuli)
Tubulus, lat. = Röhrchen
Tumor, lat. = Schwellung → a) Anschwellung des Entzündungsgebietes (entzündliche Geschwulst), b) Gewebsschwellung wegen autonomer Gewebsneubildung
Typhus abdominalis, gr. typhos = Nebel, abdomen = Bauch → hochfebrile Darminfektionskrankheit
Typhus exanthematicus, gr. = hochfiebriger fleckiger Hautausschlag → volksmed. = „Fleckfieber"

U

ubiquitär, lat. = überall vorkommend
Ulkus: ulcus, lat. = Geschwür → bis tief in Submukosa reichender Gewebszerfall
ungual: unguis, lat. Nagel → (zeh-, finger-)nagelbetreffend

Unna-Lochkern (Unna, Paul [1850–1929]: Hamburger Dermatopathologe): Lipidvakuolen-Einschluß im Zellkern, typisch für bösartige Fettgewebstumoren
Urämie, gr. uron = Harn, Häima = Blut → Nierenversagen mit Harnvergiftung (u. a. mit hohen Blut-Harnstoffwerten)
Urämiegifte = Sammelbegriff für harnpflichtige Verbindungen wie Guanidine, Phenolderivate, Kresole und toxische Peptide
Ureteritis, gr. = Harnleiterentzündung
Urethritis, gr. = Harnröhrenentzündung
Urikosurie = Harnsäureausscheidung im Urin
Urolithiasis: lithos, gr. = Stein → Harnsteinleiden
Urozystitis, gr. = Harnblasenentzündung
Urozystolithiasis, gr. = „Harnblasen-Steinleiden“
Urtikaria: urtika, lat. = Brennessel → juckender Hautausschalg → volksmed. = „Nesselsucht“
Uveitis: uvea, lat. = Traube → Aderhaut des Auges (sieht aus wie Beerenhülle einer Weintraube)

V

Varicella, lat. = kleiner Gesichtsausschlag → Windpokken (kleinblasiger Ausschlag)
Variola: varius, lat. = scheckig, gefleckt → Pocken-Infektionskrankheit
Vasa vasorum, lat. = Ernährungsgefäßchen der Gefäßwand
Vaskulitis: vasculum, lat. = Gefäßchen → Entzündung von (v. a. kleinen) Gefäßen
VDL = **v**ery **l**ow **d**ensity **l**ipoprotein → Fetttransportprotein
Vegetatio, lat. = Belebung → oberflächliche Gewebswucherung
VEGF = **v**ascular **e**ndothelial **g**rowth **f**actor (aus der FGF-Familie)
v-erb = Onkogen vom avian **er**ythro**b**lastose-Virus mit Kodierung für Thyroxin-/EGF-Rezeptoren
vermicularis, lat. = wurmartig
Verruca, lat. = (Haut-)Warze
verus, lat. = richtig, echt
Vesica, lat. = Blase
Vestigium, lat. = Spur → Persistenz von normalerweise während der Ontogense zurückgebildetem Embryonalgewebe
v-fos = Onkogen vom **F**BJ-Mäuse-**O**steo**s**arkom-Virus mit Transkriptionsfaktorkodierung und Embryogenesesteuerwirkung
v-fps = Onkogen vom **F**ujinami-**P**RCII-Vogel**s**arkomvirus mit Kodierung für eine zytoplasmatische Tyrosinkinase mit Proliferations- und Differenzierungsfunktion für Hämatopoesezellen
villös: villus, lat. = Zotte → zottig
Vimentin = zellkernverankerndes Intermediärfilament → mesenchymaler Tumormarker
Virchow-Zellen: (Virchow, Rudolf [1821–1902] Berliner Pathologe): histiozytäre Schaumzellen mit intrazytoplasmatisch parasitierenden Leprabazillen
Virilisierung: vir, lat. = Mann → Vermännlichung (der äußeren Geschlechtsmerkmale) bei der Frau
Virulenz (= „Giftigkeit“) = Grad der Aggressivität eines Erregers im Organismus
Virus, lat. = Gift → entweder aus DNA oder RNA bestehende, stoffwechsel-/enzymlose, umhüllte, sich nicht selbständig vermehrende Erreger
Viszeromegalie: viscera, lat. = Eingeweide → abnorme Eingeweidegröße
Vitiligo (vermutlich von „vitium“, lat. = Blamage) → pigmentloser Hautfleck
Vitium (cordis), lat. = Fehler (des Herzens) → Herzklappenfehler
v-jun = Onkogen vom Vogelsarkom-Virus-17 (**jun**ana, jap. = 17) mit Transkriptionsfaktorkodierung
v-mil = Onkogen vom Vogel-**Mil**l-Hill-2-Retrovirus mit Kodierung für eine Serin-/Threoninkinase
v-mos = Onkogen vom **Mo**lony-Maus**s**arkomvirus mit Kodierung für eine Serin-/Threoninkinase und Kontrolle der Mitosespindelbildung
v-myb = Onkogen vom Vogel-**My**elo**b**lastose-Virus mit Kodierung für Transkriptionsregulatorprotein
v-myc = Onkogen vom Vogel-**My**elo**c**ytatose-Virus mit Transkriptionsfaktorkodierung und Differenzierungssteuerung
volatil: volare, lat. = fliegen → „flugfähig“ = durch Luft übertragbar
v-ras = Onkogen vom **Ra**tten**s**arkom-induzierenden murinen Sarkomvirus mit GTPase-Kodierung
v-rel = Onkogen vom Vogel-**Re**ticu**l**oendotheliose-Virus mit Transkriptionsfaktorkodierung
v-sis = Onkogen vom **si**mian **s**arcoma Virus mit PDGF-Kodierung
v-src = Onkogen vom Rous-**s**a**rc**oma Virus mit Protein-Tyrosinkinase-Kodierung
vulnus, lat. = Wunde
VZV = **V**aricella-**Z**oster-**V**irus

W

Wadenpumpe = Venenpumpe = „Saugherzen der unteren Extremität“ → den Rückstrom unterstützender Pumpeffekt bei der Unterschenkel-Fuß-Bewegung durch von der Muskulatur und Faszien in die Venenwand einstrahlende Bindegewebszüge
Widal-Reaktion = auf Erythrozytenagglutination beruhender Nachweis spezifischer Antikörper im Serum, das mit Bakteriensuspension zusammengebracht wird
Windkesselfunktion = Auffangvorrichtung für Druckwellen zur Erzeugung einer gleichmäßigen Durchströmung
Wolman-Krankheit s. Morbus Wolman

X

Xanthom, gr. xanthos = gelb, oma = Geschwulst → „Gelbgeschwulst“ → geschwulstförmige Fettansammlung
xenos gr. = fremd
Xeroderma pigmentosum, gr./lat. = „pigmentierte Trokkenhaut“ → solare Hautschädigungskrankheit wegen ineffizienter DNS-Reparatur

Z

Zerkarien: kerkos, gr. = schwanzförmige Larvenform der Pärchenegel
Zeroid: cera, lat. = Wachs → wachsartiges (histiozytäres) Pigment
Zervizitis: cervix, lat. = Hals → Entzündung der Cervix uteri = Gebärmutterhalsentzündung
Zestoden: kestos, gr. = Band → Bandwürmer
Zirrhose: kirrhos, gr. = gelb → narbig verhärtetes Kümmerorgan (meist Leberzirrhose mit Gelbsucht!)
Zisterne, lat. = Behältnis → einem Gangsystem angegliederter Hohlraum mit Speicherfunktion
Zöliakie: koilakos, gr. = „an Verdauung leidend“ → Autoaggressionskrankheit wegen Glutenunverträglichkeit
Zwerg: tuer, indg. = schädigen, hintergehen → der hinterlistig Dämonische → Kleinwüchsiger

Zyanose: zyanos, gr. = blaurot → bläuliche Gewebsfarbe wegen Minderarterialisierung des Blutes → volksmed. „Blausucht"
Zygote: zygota, gr. = zweispännig → befruchtete Eizelle
Zyklopie, gr. zyklos = Kreis, ops = Auge → Einäugigkeit (nach den gr. Sagengestalten der Zyklopen in Form einäugiger Riesen)
Zylindrurie, gr. kylindros = Walze, uron = Urin → Auftreten von walzenförmigen protein-, erythrozyten- oder gallehaltigen Gebilden (= Nierentubulusausgüsse)
Zyste: kystis, gr. = Blase → ein-/mehrkammerige Geschwulst mit dick-/dünnflüssigem Inhalt und Auskleidung durch Epithel
Zystizerkus, gr. = „Bläschen-Schwanz" → Bandwurm-Finne
zytodiskohäsiv = Zellen liegen vereinzelt im Gewebe
Zytokeratin = skleroproteinhaltiger Zytoskelettanteil → epithelialer Tumormarker
Zytokin, gr. kinein = bewegen → von Entzündungszellen produziertes Zellhormon
zytokohäsiv = Zellen bilden einen (Gewebs-)Verband
zytopathischer Effekt: nach ihrer Vermehrung in einer Wirtszelle schädigen DNS-Viren selbige und werden in die Umgebung freigesetzt → Wirtszelle stirbt dabei
zytozid = zelltötend

Sachverzeichnis

M. Grosse-Perdekamp

Fette Ziffern verweisen auf ausführliche Textstellen, *kursive* auf Seiten mit Abbildungen

A

B

C (s. auch K, Z)

D

F

G

H

J

K (s. auch C)

M

O

P

Q

R

T

U

V

W

X

Y

Z (s. auch C)